现代数字电路设计与实践

陆 广 编著

北京航空航天大学出版社

内 容 简 介

本书介绍摩尔周期时代的数字电路基础理论及其设计方法,并给出几个采用现代理论和工具的 FPGA 设计例子。基础理论部分介绍一些重要且又新颖的观点、理论和方法,包括基于有限自动机基础理论、同步电路基础理论以及硬件描述语言的综合理论。设计实例给出一个精简指令集 CPU 的"造芯"例子,一个直接序列扩频通信的完整设计例子和一个数字图像中值滤波处理的完整设计例子。

本书适合数字电子专业的现场工程师和高等学校学生作为参考或教程。

图书在版编目(CIP)数据

现代数字电路设计与实践 / 陆广编著. --北京：
北京航空航天大学出版社,2019.12
ISBN 978-7-5124-3114-0

Ⅰ. ①现… Ⅱ. ①陆… Ⅲ. ①数字电路－电路设计
Ⅳ. ①TN79

中国版本图书馆 CIP 数据核字(2019)第 216097 号

现代数字电路设计与实践
陆 广 编著
责任编辑 金友泉

*

北京航空航天大学出版社出版发行

北京市海淀区学院路 37 号(邮编 100191) http://www.buaapress.com.cn
发行部电话:(010)82317024 传真:(010)82328026
读者信箱: goodtextbook@126.com 邮购电话:(010)82316936
北京时代华都印刷有限公司印装 各地书店经销

*

开本:787 mm×1 092 mm 1/16 印张:47 字数:1 203 千字
2020 年 1 月第 1 版 2020 年 1 月第 1 次印刷 印数:2 000 册
ISBN 978-7-5124-3114-0 定价:145.00 元

序 1

作为现代电子产品设计的基础,数字电路设计在现代工业设计中起着越来越重要的作用。对于一个优秀的数字电路设计工程师,创造性和严谨性是必须兼顾的两个重要特质。丰富的想象力和创造性可以让工程师设计出新颖、独特的产品;但只有具备严谨性的设计才能赋予产品高度的可靠性和实用性。

本书作者在阐述现代数字电路设计方法时,从基础理论介绍开始,中间穿插一些实用化例子,重点介绍了现代数字电路设计中一些常用的方法,如多路选择器、有限状态机和序列机等。其中最具亮点的是,详细而严谨地阐述了同步电路的概念,包括对同步电路的时序分析、时序约束、流水线等都做了非常详细的介绍,尤其是对时序分析中用到的一些公式和计算方法,都做了非常详细的说明。大家应该知道,在现代数字电路设计中,时钟频率越来越高,逻辑单元之间的时延越来越短,如果要实现一个可靠的设计,严谨而细致的时序分析和时序约束是必不可少的,但是目前看到的数字电路设计书籍,都对这一部分介绍的不够详尽,而本书对时序分析和约束的阐述,恰恰是为提高数字电路设计工程师的严谨性而不可或缺的一部分。

本书的第 6 到第 11 章重点介绍了几个设计范例,包括数字逻辑通信,I^2C 控制器、精简指令集 CPU、数字扩频通信和图像处理中的滤波等,都在现代数字电路设计中被广泛地用到,但我觉得包含在范例中的设计方法,才是其精华所在,作者非常巧妙地通过这些设计范例,介绍了现代数字电路设计中一些重要的方法,如流传输方法,可综合性概念,自顶向下设计方法,通信中的信号同步方法,流水线设计等。读者可以通过这些范例,将这些现代数字电路设计中常用的方法充分掌握,设计出既有创新性,又具备严谨性的作品。

最后希望所有有志于数字电路设计的爱好者,在本书的帮助下,都能成为一个严谨却富有创造力的工程师,也希望大家多多关注 Intel FPGA 大学计划和 Intel FPGA 官方授权的培训合作伙伴,让我们共同努力,为推动中国的半导体产业向前发展尽自己一份微薄之力。

2019 年春节,于上海

Intel FPGA 大学计划经理,袁亚东

序 2

集成电路作为一项工业及科技的基础产业,广泛应用于各个传统及新兴的科技行业。这一基础产业不仅是国家工业的"粮食",是所有整机设备的"心脏",还是国家安全的保障,也是当下衡量一个国家综合国力的重要指标。

相对于我国洪水般的高考大军,真正选择集成电路相关专业,并能学有所成的同学却远远难以满足时下高速发展的产业所需。如今,人才缺口已经成为制约我国集成电路发展的瓶颈。目前,我国集成电路从业人员总数不足 30 万,预计到 2020 年我国集成电路产业人才缺口将达到 70 万人,所有半导体企业人力资源部门都面临着前所未有的巨大挑战和机遇。

鉴于此,至芯开源科技有限责任公司(至芯)在北京航空航天大学夏宇闻教授的支持和鼓励下,于 2010 年成立了。至芯致力于整合现场可编程序阵列(FPGA,Field Prog roummahle Gat Array)的教学资源,为高校提供完整的 FPGA 教学体系,提供最新的 FPGA 使用工具,提供最新的 FPGA 教学仪器,提供最实用的 FPGA 教学教程。积极培养新生代 FPGA 人才,更积极推进校企合作,努力使厂方→至芯→高校三方形成一个稳定的 FPGA 生态系统,培养出更多卓越的 FPGA 工程师。

7 年前,一个偶然的机会,认识了李凡老师。从此,我们一起,风雨同舟,日夜兼程,为了至芯的 FPGA 培训事业并肩奋斗。李凡老师,上课严谨、认真、负责、一丝不苟,深得学生爱戴。

经过多年努力,至芯已将数千学生送上工作岗位。这些学生能被企业认可,无不凝聚着李老师的心血。本书作为李老师 7 年的教学沉淀,数十年的外文文献检索汇总,无疑是一本反映现代数字电子技术前沿理论和进步的重要读物,是一本电子类工程师必须收藏的宝典。

注:李凡是作者陆广在至芯的笔名。

2019 年 5 月

北京至芯开源科技有限责任公司 总经理 雷斌

前　　言

　　集成电路的摩尔周期使得世界发生迅速变化,推动摩尔周期以及世界发展的不仅是表面看到的那些芯片,更重要的是近半个世纪以来数字电路理论体系发生了翻天覆地的进步和演变。接触现代技术的芯片应用和研发的工程技术人员,大多是通过技术手册或厂家的说明书来了解和学习,往往很多的技术单词中初次看到,很多技术结构初次接触,很多的解决方案常会看得云里雾里。例如,同步电路系统的节拍分析是现代数字设计的工作重点,但即便这样严谨而几乎不可或缺的工作,却很少有人会加以关注。包括笔者在内的许多电子设计自动化从业者,大多都有"上调下调和调通了收工"这种普遍性的"工作经验",殊不知,现代数字设计的每一个环节,都是"精密设计"和"形式逻辑"的结果。基于此,本书希望为读者提供一本经过摩尔周期磨合、以进化了的数字电路理论为主体介绍的书籍,以及采用这些现代方法和工具进行数字设计的实例。

　　因此,本书的读者定位为:

　　(1) 需要了解现代数字设计技术基础的现场工程师和 EDA 研发团队;

　　(2) 参与高等学校数字电路课程改革的教研团队;

　　(3) 数字电路相关专业的高校研究生;

　　(4) 数字电路相关专业的高校本科生;

　　(5) 企业级或充电班培训班的学员。

　　本书中提到的一些观点和方法,部分来源于对外文文献研究分析的结果,很多观点的旁证需要读者有外文文献检索的能力。现代数字技术或 EDA 技术理论发展的一个特点是它们不全都来自高校和研究机构,更多的是来自企业,例如 Synopsys、Candence、IBM。并且这些观点中或许有重复、互相冲突的部分,例如同步信号的取值是右侧取样还是左侧取样,相同的行为语句、不同的综合理论则给出不同的结论。作者以当下应用和引用最广泛作为评估标准,并且坚信"真理"一定是"收敛"的这个原则。这是对本书高端读者的要求。

　　对于现场工程师或者已经在 EDA 专业中学习和应用的读者,仅仅需要掌握其基础理论,并观察体验这些基础理论的应用即可。不同于对语言学习和对工具学习的指导书籍,本书仅仅是一张"渔网",而非一桶"大马哈鱼"。因此,本书并不特别侧重具体的语言语法讲解,也并不特别侧重工具的使用介绍(例如 Quartus II、MATLAB、ModelSim 等),虽然在需要的时候有尽可能的注解。坚实的基础,可以"盖摩天大楼"。"授之于鱼而不如授之于渔"这句古训,可以作为很多古往今来那些成功和失败的诠释。例如 HDL 行为语句综合后的电路是什么,AXI总线的物理基础是什么这样类似的问题,在本书中应该能够找到答案。

　　对于数字设计的初学者,对于那些没有传统概念束缚的高等学校学生,本书希望提供一本从包括结果关注到过程关注的精细化系统化数电教程。书中不仅包括对技术本身的介绍,也包括对技术历史的叙述,从而让读者知道它的前世今生,如第 9 章的"造芯"课程《精简指令集CPU 设计实践》,不仅讨论了一个精简指令集 CPU 的设计例子,也叙述了 CPU 技术的历史。这部分读者需要的背景知识是数电基础和弱电专业的基础课程。

本书的第 1 章至第 7 章部分为基础理论部分，从第 8 章后为高端实践部分。

在基础理论部分，第 1 章重点讨论数字电路设计的历史变迁，包括硬件平台和软件平台。第 2 章叙述现代数字电路不可或缺的基础：CMOS 电路、输入输出标准、布尔代数（强调 EDA 使用的方法和概念）。第 3 章叙述 HDL 语言，重点讨论 HDL 语言一般性的概念（数据流、行为和结构化），引入代码模型分析这些非常重要的现代概念，并且叙述讨论了 HDL 语言中的数据类型、循环语言和条件语句，它们与软件算法语言的异同之处。第 3 章还介绍 HDL 的重点：验证。

从第 1 章到第 3 章是经典的数字电路理论，其中大部基础理论知识可以从一般性的数字电路教材（文献或出版物）中查阅。但从第 4 章开始至第 7 章，则是仅现代才出现的全新的知识体系。

第 4 章介绍 EDA 和数字电子设计中最热门的话题：有限状态机。在该章节中，将对经典状态机理论的现代衍生做一个较全面的介绍，包括现代 EDA 对摩尔（Moore）状态机和米利（Mealy）状态机的注解，有限状态机理论中的有限自动机 FA 的理论和应用，以及衍生的算法机和线性序列机内容。并且讨论了其现代架构 FSMD 和 ASMD。另一个重点则是有限状态机的设计规划工具，在书中有选择地讨论了算法机流程图 ASMD Charts 和现代改进的状态转移图 STG 以及状态转移表。值得一提的是改进的称之为现代版的状态转移图，比较传统经典的状态转移图区分了不同的设计观点：是基于转移观点的设计（EBD），还是基于状态观点的设计（NBD），这对于 EDA 的建模和验证非常重要。此外，现代状态机理论中大量运用了同步电路的理论，例如同步节点的开节点（ON，Opened Node）和闭节点（CN，Closed Node）概念，这些新知识点同样对于 EDA 的设计至关重要。最后讨论了当下热门的线性序列机（LSM），但本书并没有如某些西方文献中仅仅理论部分的讨论，而是就其最实质的应用，如线性转移做了具体介绍，并给出了实际可操作可应用的方案。

关于本书的第 5 章，主要讲解同步电路基础，这是基础理论的重点掌握部分。在很多文献和教材中，同步电路的知识体系是分散介绍的，例如时序分析和时序约束。同步电路是一个非常完整的技术体系，其中引申的结论或定律，其重要性绝不亚于基尔霍夫定律或戴维南定律。对于从事数字电路的工程技术人员而言，无论系统多大多复杂，每个信号，每个节拍，每一个电路位置，都应该具有明确的意义，这在设计阶段就应该做到。要做到这一点，就必须进行精准的节拍分析（或潜伏期分析），但很多工程师忽略这个步骤，甚至不知道这个步骤，当然也就不知道节拍分析的方法。其方法或理论基础，隶属于同步电路的离散信号分析。更多的现场工程师，可能更关注时序约束工具的使用，这是因为苦于项目的速度问题。但对于提速而言，时序约束和布局约束可能并不如想象那么重要。很多文献和工具手册上也讨论基于节点的最高频率公式，例如以时钟偏斜和时钟延迟、信号延迟为参量的计算公式，但它的背景则是一个朴素的物理数学模型，是一个基于传输延迟和惯性延迟得到的时钟和数据"约会"问题的模型，这些则隶属于同步电路连续信号分析范畴。本章的最后，讨论了亚稳态问题，隶属于同步电路的无关时钟域范畴。

比较早期的基于分立器件的数字系统设计中，器件模型之间 IO 通信的通道大都是单端标准逻辑（例如 TTL/CMOS），因此，逻辑和逻辑之间的通信系统比较原始和简单，例如应答信号（ACK）、选通信号（STB）等，这些逻辑通信的方式方法分布在一些早期的 I/O 标准中。现代 EDA 体系支持大量的逻辑门的设计，这些不同的逻辑单元，或者分布在不同的器件中，或者同在一个 FPGA/ASIC 芯片中,逻辑之间通信的速度更快,方法更复杂。对于这种数字逻辑通信方法的学习,主要是基于一些具体的标准和协议,例如 Avalon、AXI 等。在这些人为规则的背后,则是全新的物理概念和基础。第 6 章重点介绍这些"全新"的物理规则,之所以用双引号括弧全新二字,是因为这些规律对于西方某些先进企业而言(例如 Synopsys),早就不是新的了,但其规律的确是普遍适用的物理概念。本章尽可能收集和分析这些物理概念,并站在基础物理分析的角度讨论数字逻辑通信之间的普遍规律,并给出一般性的结论。所以第 6 章并不是某种协议的使用指南,而是讨论这些现代总线规则背后的物理意义。这又是一个"渔"与"鱼"的不同之处。

第 7 章讨论 HDL 语言的可综合性。它讨论什么样的代码将综合成什么样的电路;反之,设计者需要什么样的电路,可以使用什么样的语句描述而得到。这被称为面向综合和编码风格 CSS(Coding Style for Synthesizable)。缺乏可综合编码(CSS)知识背景的 EDA 建模,往往出现综合效率低下,甚至不可综合的结果。由于同是计算机语言,很多 HDL 的编制者会使用其算法语言的概念和经验进行 EDA 建模,最常见的例子就是算法的直译:认为 Verilog 与 C仅仅是语法细节的不同,是可以通过语法对照"翻译",由此导致许多令人困惑的错误。例如循环变量的非常量错误、安全行为警告、锁存器警告以及如何消灭锁存器等,这些涉及代码与综合的问题,是软件技术范畴中从没有的概念和问题。同样,CSS 是一个完整的技术体系,也是"形式逻辑"的结果,仍然是从看似简单纯朴的物理规律推导出的各种复杂结论,从而形成当今的综合理论。但现代的综合理论不同于传统的院校派别理论,它从物理规律发现至理论升华的过程,大多是建立在企业文化的背景下。这种基于企业文化背景的理论体系,有很强的生命力和效率,但也有一个缺点,就是它的流通性不如院校文化,企业在技术层面上有更强烈的知识产权保护意愿。在第 7 章中,从代码模型分析角度来分析推导各种 HDL 语言结构必然导致的综合结果。对读者而言,掌握第 7 章的方法和技术结论,是写出高质量 HDL 代码的必须,是贯彻"综合友好"的必须,也是高质量算法实现的必须。

从第 8 章开始,本书进入高端设计实践部分。

第 8 章讨论一个基于开漏输出模型的 I^2C 控制器设计,它引用了线性序列机的设计方案。

第 9 章是一个"造芯"的例子,它讨论了一个精简指令集 CPU 的设计全过程。不同于嵌入式教材中的 CPU 课程,这里并没有太多的讨论 CPU 本身,而是就它的芯片级设计和实现做了具体详尽的示例。本章中,首先对 CPU 设计的基本架构方案 FSMD 进行探讨,还讨论了状态机的模型方案:分段线性序列机 PLSM(或分段序列机 PSM);然后讨论了它的指令集设计和支持该指令集的一个架构方案。例子中设计了四个 8 位的输出端口和一个中断源输入端口。形成有限状态机的控制管理模式(FSMD)架构之后,画龙点睛的事情则是控制器的设计:在正确的时间发出正确的信号,这依赖同步电路的知识背景和状态机理论的知识背景,从架构得到节拍关系,从节拍关系得到状态转移图。在这种遵循物理规律前提下的人为设计中,规划→设计→最终实现是"三点一线"的关系,是一个精密吻合的过程。

第 10 章示例了一个现代通信技术的芯片级设计实现的例子,即一个完整的扩频通信,包括基带的发送接收缓冲、汉明纠错码、以及直接序列扩频的伪噪声发生器,介绍了涉及现代串行通信技术时钟同步(比特对齐)的 DPA 和动态相位调整(CDR)技术,基—频同步(基—频对齐)和帧同步的一种现代方案,以及扩频通信接收端的统计判决(最小二乘法)。本章中用比较大的篇幅介绍了线性反馈移位寄存器(LFSR)的 M 序列,以及它的本原多式、数学模型,实现电路和仿真。在文中,使用了第6章数字逻辑通信、第4章有限状态机和第5章同步电路的背景知识,重点讨论基于流水线的设计方法,以及基于连续帧缓存和非连续帧缓存的设计考虑。第10章的验证部分,采用了基于断言的验证(ABV),使用不同的信噪比,在20万次传输过程中,基于五阶本原多项式和汉明线性七四分组码,得到对应的误码率以及纠错码的拦截率。本书在第5章的示例中,尽可能展示通信领域中最前沿的设计理念和方案。

在本书的第11章,示例了一个数字图像处理的完整例子。其中以图像中值滤波器为例,示例了一个具有流水线结构的并能够支持高达千帧速率的设计过程。这不仅包括对现代同步电路和状态机基础理论的重要运用,也包括对第7章综合理论的重要运用。对读者而言,第11章中的重点在于使用节拍分析图的完整流水线设计的全新概念和方法,以及 FPGA/ASIC 的算法实现(使用综合理论得到的架构,而非语言的直译)的例子。

在本书出版之际,感谢家人、朋友和我的学生们的支持。感谢北航夏宇闻老师和北京至芯科技雷斌总经理的帮助,使得笔者(至芯执教使用的笔名:李凡)能够在知天命的年龄转向安静地阅读和思考,从而得以在7年的 EDA 教学实践中完成本书的写作与出版。

书中所有程序代码均可通过扫描本页的二维码→关注"北航科技图书"公众号→回复"3114"获得百度云盘的下载链接。也可以登录北京航空航天大学出版社官网(http://press.buaa.edu.cn/)下载专区免费下载。如有疑问请发邮件至 goodtextbook@126.com 或者拨打 010−82317037 联系图书编辑。

目　　录

第1章　现代数字电路设计导论

本书讨论的 HDL 与现代数字硬件设计方法有关。数字硬件设计方法的进步与数字电子设备的进步密不可分。而现代数字电子设备直接体现了现代人类的文明进步。从早上的牛奶-汉堡、iphone8、高速公路、GPS 导航到晚上的高清晰电视（HDTV）体现先进的电子设备无处不在。

从 17 世纪到 19 世纪，物理学领域发生的四个重要事件开启了人类现代文明的进程，它们是：牛顿的经典物理学，麦克斯韦的电磁方程组，爱因斯坦的相对论以及普朗克的量子力学。现代物理学的重大进展促进了人类进步，而技术领域的发展速度更为惊人，典型的例子就是美国硅谷的摩尔周期：18 个月诞生一代新技术（注：Intel 公司的 Gordon Moore 在 1965 年预言集成电路的密度将约两年（18～24 个月）翻一番，但实际速度是每 18～20 个月翻一番，并保持近 40 年）。

从某种意义上说，现代人类文明的进程就是电子技术进步的进程。一种新器件的诞生，背后有基础科学的支持、市场的需求和发明者的创新和探索。而新器件的应用将进一步促进更多更新的需求出现，根据新出现的器件和需求，传统的设计方法和设计理论不断被更新，由此诞生新的电子设备，从而使科技日新月异。这四者之间的关系如图 1-1 所示。

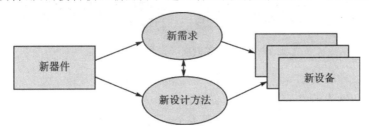

图 1-1　新器件的发明促成新的设计方法和新的电子设备

1.1　硬件平台

1904 年，英国物理学家约翰·弗莱明（John Fleming）发明了世界上第一个电子管（见图 1-2）。

图 1-2　电子管的发明和 ENIAC 计算机

1909 年马克尼(Guglielmo Marconi)使用它制作出世界上第一台无线电收发报机,从此人类具有了无线远距离通信的技术。之后诞生的无线电收音机,使得几乎整整一代人因之受益,人们可以迅速获知最新的消息,收听音乐等,这使得 20 世纪的人类比之前的人类更幸福。1946 年 2月 14 日,美国宾夕法尼亚大学诞生了世界上第一台计算机埃尼阿克(ENIAC:The Electronic Numerical Integrator And Calculator),ENIAC 使用电子管作为其主要工作器件。

1947 年 12 月,美国贝尔实验室的肖克利(Shockley,William Bradford)团队研发出基于固体物理技术的锗半导体三极管(见图 1-3),较之电子管,它小型化、低功耗的特性立刻引起世界的关注,迅速引发一场新的技术革命。几乎电子管的所有设备都可以被晶体管取代,晶体管不仅用于通信和计算机领域,还用于许多控制领域。由于肖克利团队对半导体研究和发现晶体管效应这些重大贡献,他与巴丁(John Bardeen)和布拉顿(Walter Brattain)分享了 1956 年度的诺贝尔物理学奖,肖克利也获得了"晶体管之父"的赞誉。

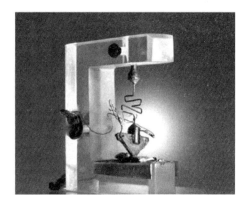

图 1-3　贝尔实验室和肖克利的晶体管

优秀的技术成功改变了人类命运,使得人类更聪明,更幸福,更强大。成功的秘诀是人类的知识传播能力和技术研发的良性循环,促使技术给人带来好处,同时帮助和刺激了技术的研发。源自 18 世纪工业革命的自由贸易,使得每个新技术的发明人,都在为自己发明的市场化而努力。

当时,由于斯坦福大学临近旧金山(San Francisco),肖克利于 1956 年,在斯坦福大学南边的山景城(Mountain View)创立肖克利半导体实验室,成为硅谷的最早创业者,其中的 8 位工程师创建了仙童半导体公司(Fairchild Semiconductor),后来,Intel 公司和 AMD 公司从中诞生。正是肖克利,触发了形成硅谷半导体工业创业的连锁反应。Fairchild 被称作硅谷半导体公司的"母校"。

硅谷(Silicon Valley,见图 1-4)是指从旧金山南端,沿 101 公路至圣何塞的狭长地带。硅谷地区聚集着全世界最优秀的工程师、企业家和风险投资人,有上万家著名的高科技企业汇集于此,包括 IBM、Intel、苹果(Apple)、思科(Cisco)和惠普(HP)等。许多现代技术正是在这里策划和实施,并影响到全人类。硅谷模式为人类世界的技术进步做出了重要贡献。

由于晶体管技术的出现,电子设备大量采用晶体管替代早期的电子管,如半导体收音机、晶体管计算机等。1958 年,美国德州仪器公司的工程师杰克•基尔比(Jack Kilby)提出将整个电路(5 个晶体管的移相振荡器)在一个硅片实现(见图 1-5),这不仅需要在同一个硅片上构成这 5 个晶体管的工艺,而且需要实现连接它们的电阻、电容和导线的工艺。

图 1-4　美国硅谷为电子技术进步做出了贡献

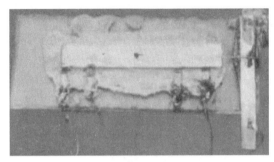

(a) 集成电路　　　　　　　　　　　　(b) 杰克·基尔比

图 1-5　德州仪器的基尔比发明集成电路

图 1-5(a)为长度不足半英寸的第一个集成电路的模型。但在那个年代,仅仅是电路尺寸缩小这一事实并没有引起这样的关注,直到 2000 年,集成电路问世 42 年以后,人们终于了解到基尔比和他的发明的价值,他才在那一年被授予了诺贝尔物理学奖。诺贝尔物理学奖评审委员对于基尔比的评价是"为现代信息技术奠定了基础"。从晶体管到集成电路,电子设备的进步是不言而喻的。但早期的集成电路中晶体管的数量并不多。随着集成度的增加,集成电路中的晶体管数量越来越多,功能也越来越强大。2008 年 Intel 公司发布的酷睿 i7 芯片,已经集成了 774×10^6 个晶体管。从早期的标准集成电路,到现在的通用集成电路(UIC)、专用集成电路(ASIC)和专用标准化电路(ASSP),芯片级解决方案已经成为现代电子硬件设计的最重要手段,如图 1-6 所示。

图 1-6　Intel 公司 2008 年发布的酷睿 i7 集成了 7.74 亿个晶体管

某种意义上说,集成电路的发展历程正是现代电子硬件设计的发展历程。虽然集成电路的标准化器件(TTL54/74,CMOS4000)出现后,许多解决方案可以由此得到,但现场灵活定制的电路逻辑仍然没有解决,那时的一种很勉强的解决方案是使用 ROM(Read-Only Memory)或它的家族 PROM(Programmable ROM)、EPROM(Erasable Programmable Read Only Memory)、OTPROM(One Time Programmable Read Only Memory)和 EEPROM(Electrically Erasable Programmable Read Only Memory),通过将定制组合逻辑的真值表写入 ROM 后实现现场可编程逻辑。这些都被称为基于 ROM 的组合逻辑(ROM-Based Combinational Logic)。

例如设计一个宽度为 2 bit 的双输入比较器,逻辑框图(见图 1-7)及真值表如图 1-8 所示。

图 1-7　比较器例子的框图

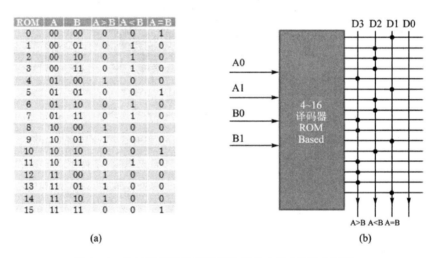

(a)　　　　　　　　　　　　(b)

图 1-8　比较器例子的真值表和基于 ROM 的组合逻辑

真值表有 16 个输入行和 3 个输出信号,使用满足 4 个寻址宽度的 ROM,并且位宽大于等于 3 的 ROM 即可实现。例子中选择了具有 16 个字容量、字宽为 4bit 的 ROM。

此时,ROM 的地址端口成为图 1-7 逻辑框图的输入端,将真值表写入 ROM 的单元中,图 1-8(b)中黑色节点即为写入 1 的位。将 ROM 的 4 bit 数据输出端作为图 1-7 逻辑的输出端,比较器例子仅使用了前 3 bit。若 ROM 能实现图 1-8(a)的真值表,就意味着实现了真值表对应的组合逻辑电路。

在 PLD 的发展历程中,基于 ROM 的可编程逻辑称为 PROM 模式。将 PROM 的地址译码部分看成是固定的与阵列,将 PROM 的存储器部分看成是可编程的"或阵列",如图 1-9 所示。

图 1-9 中,PROM 输出位线的布尔表达式为(真值中为 1 的 SOP 乘积项):

$$D3(A>B) = \overline{A0} \cdot A1 \cdot \overline{B0} \cdot \overline{B1} + A0 \cdot \overline{A1} \cdot \overline{B0} \cdot \overline{B1} + A0 \cdot \overline{A1} \cdot B0 \cdot B1 +$$
$$A0 \cdot A1 \cdot \overline{B0} \cdot \overline{B1} + A0 \cdot A1 \cdot \overline{B0} \cdot B1 + A0 \cdot A1 \cdot B0 \cdot \overline{B1}$$

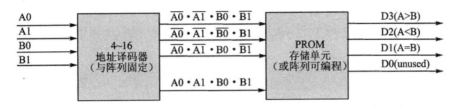

图 1 - 9　PROM 模式的与阵列固定或阵列可编程

$$D2(A < B) = \overline{A0} \cdot \overline{A1} \cdot B0 \cdot \overline{B1} + \overline{A0} \cdot \overline{A1} \cdot B0 \cdot B1 + \overline{A0} \cdot A1 \cdot B0 \cdot \overline{B1} + \overline{A0} \cdot A1 \cdot B0 \cdot B1 + A0 \cdot \overline{A1} \cdot B0 \cdot B1$$

$$D1(A = B) = \overline{A0} \cdot \overline{A1} \cdot \overline{B0} \cdot \overline{B1} + \overline{A0} \cdot A1 \cdot \overline{B0} \cdot B1 + A0 \cdot \overline{A1} \cdot B0 \cdot \overline{B1} + A0 \cdot A1 \cdot B0 \cdot B1$$

将图 1 - 8 的绘制方式做些修改,使得上述"与或阵列"的乘积项结构如图 1 - 10 所示。图 1 - 10 中,用黑色圆表示固定连接,"×"表示可编程连接。在 PROM 模式中,"与阵列"是固定连接,"或阵列"则是通过写入 PROM 存储单元的真值表,以实现可编程连接。

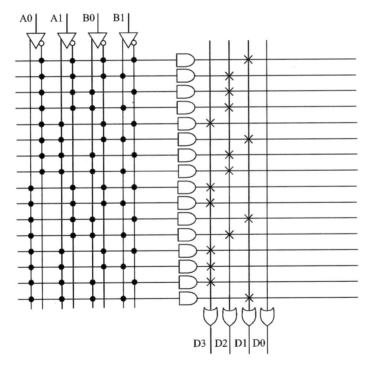

图 1 - 10　比较器例子的"与阵列"固定"或阵列"编程的 PROM 模式

基于 ROM 的可编程逻辑称为 PROM 模式的可编程逻辑器件(PLD),不需要专用的平台和工具,但其缺点是显而易见的:速度慢,无法实现时序逻辑,规模小并且资源浪费大,功耗大。1969 年,仙童公司的工程师德罗里(Ze′ev Drori)创建了 MMI 公司,并于 1978 年推出了第一个与或阵列均可编程的 PLD 器件,称为 PAL16R6(见图 1 - 11(a)),开创了 PLD 器件的发展及电子硬件技术进步之路。MMI 公司于 1987 年被 AMD(Advanced Micro Devices)公司收购,之后又从 AMD 中剥离为独立的威特信(Vantis)公司,1999 年晶格半导体(Lattice Semiconductor,又名莱迪思半导体)公司从 AMD 手中收购了威特信。

MMI 的约翰·博肯(John Birkner)和 H. T. Chua 发明的第一个可编程逻辑阵列 PLA

(Programmed Logic Array)如图 1-11 所示,其采用的"与或阵列"编程的原理是基于组合逻辑的 SOP(Sum Of Product,积之和)公式,图 1-11(b)中"×"为可编程节点。

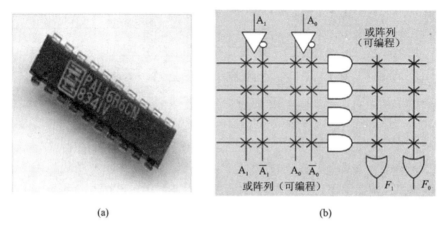

图 1-11　MMI 发明基于"与或阵"列均可编程的 PLA 器件

例如,设计一个半加器,其框图和真值表如图 1-12 所示。

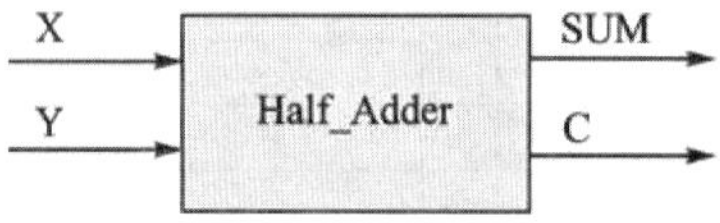

x	y	c	sum
0	0	0	0
0	1	0	1
1	0	0	1
1	1	1	0

图 1-12　半加器例子的逻辑框图和真值表

根据 SOP 乘积项公式,从真值表中取 1 的行为积项,输出则为积项之和,如图 1-13 所示。

$$\left.\begin{array}{l} SUM = \overline{X} \cdot Y + X \cdot \overline{Y} \\ C = X \cdot Y \end{array}\right\}$$

关于节点编程,早期的 PROM(Programmable Read Only Memory)采用"与阵列"固定、"或阵列"可编程方式,由于输入变量的增加引起存储容量急剧上升的缺陷,PLA 改进为"与或阵列"均可编程。但由于"与阵列"和"或阵列"都可编程时软件算法复杂,而且资源浪费大,故之后 AMD 进一步修改为"或阵列"固定、"与阵列"可编程,并称为 PAL(Programmable Array Logic,见图 1-14)。但无论是 PLA 或是 PAL,总会被一种更为有效的方式所取代并成为现代 PLD 的主要编程方式,这种方式就是查找表 LUT(Look-Up Table)。

从 PROM 到 PAL 和 PLA 器件,也称为基于 PROM 的 PLD 技术。不同于光可擦除 EPROM 和电可擦除 EEPROM,基于 PROM 的 PLD 普遍采用熔丝/反熔丝方式(Fuse/Anti-Fuse),统称为熔通编程技术,采用一次性方式编程 OTP(One-Time Programmable,见图 1-15)。反熔丝编程前,节点之间的阻抗

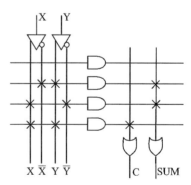

图 1-13　半加器例子在 PLA 中的
"与或阵列"编程模式

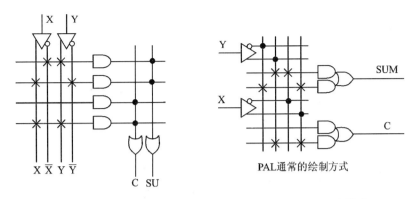

图 1-14　半加器在 PAL 中的"与阵列"编程"或阵列"固定模式

超过 100 MΩ,视为断开状态。编程后,原来断开的节点被短接,并且这种短接是永久性的。短接后的阻抗大致为 50～100 Ω。

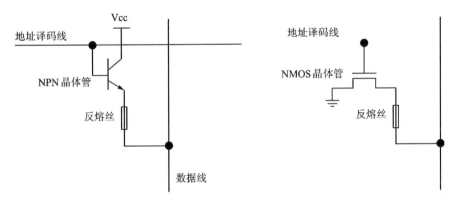

图 1-15　PROM 模式下存储单元采用 OTP 反熔丝编程

　　一次性方式用于 PROM 模式的可编程逻辑器件,较之可擦除的 ROM,具有成本低、速度快的特点,但应用中却带来许多不便。此外,PLA 和 PAL 的编程规模仍然偏小,速度仍然偏慢,无法适应现代电子硬件设计的需求。1984 年,位于美国俄勒冈州的莱迪思半导体公司(Lattice Semiconductor)在 PAL 的基础上,主要就编程问题进行了改革,研发并推出了一种可以反复擦除的可编程器件,称之为通用逻辑阵列 GAL(Generic Array Logic),其可反复擦除的工艺技术称为在线编程 ISP(In System Programmable)。

　　尽管 GAL 性能得以提高,但依据 PROM 架构无法实现更大规模的逻辑。20 世纪 80 年代中期,不仅莱迪思公司,世界上许多优秀的工程师和企业家发现了这个研究方向和它的巨大商机。这也就从 MMI、AMD 和 Lattice 中酝酿和诞生了 Altera、Xilinx 以及 Actel 等许多著名的 PLD 企业。

　　从通用逻辑阵列中继续发展的过程奠定了现代 FPGA 的架构,这个过程中的一个重要的产品就是 CPLD(Complex Programmable Logic Device)。CPLD 继承了通用逻辑阵列之前所有 PLD 器件的特点,并增加了如下一些重要功能。

1. 可编程的逻辑宏单元(见图 1-16)

　　将 GAL 前的整体阵列分成独立的单元,并为之配置触发器,以实现时序逻辑。这些单元称为可编程的逻辑宏单元,在 CPLD 中将大型的逻辑分解成由一系列宏单元组成的整体逻辑,而诸单元之间的组织连线则通过可编程的路由结构实现。Altera 的 MAX II 称为宏单元。

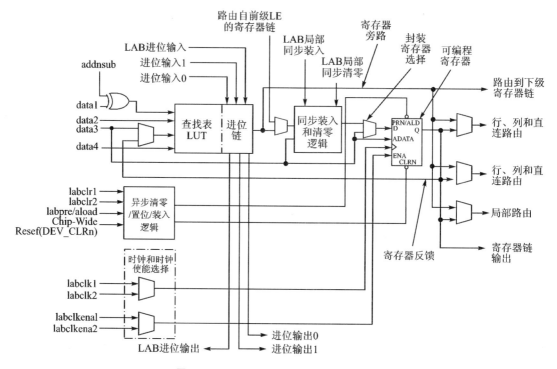

图 1-16　Altera MAX II 的逻辑单元 LE

2. 可编程的 IO 单元(见图 1-17)

不仅内部逻辑按单元组织 IO 部分也按单元组织,称为 IO 单元。这些 IO 单元可对其编程,以支持不同的 IO 接口,如 Altera 的 MAX II 支持以下的 IO 标准:3.3 V LVTTL/LVC-MOS,2.5 V LVTTL/LVCMOS,1.8 V LVTTL/LVCMOS,1.5 V LVTTL/LVCMOS,开漏(OD),3.3 V PCI。与可编程逻辑宏单元相同,这些 IO 单元也通过可编程的路由结构实现与目标逻辑的连接。

3. 全局时钟通道和全铜层的等长布线(见图 1-18)

由于速度的提高,从时钟源至寄存器时钟输入端的信号延迟的不同引起时钟偏斜,时钟偏斜现象导致高速同步逻辑的错误。为解决时钟偏斜问题,CPLD 采用了专用的全局时钟通道,并采用全铜层的等长均衡树布线,使得从时钟源至任何寄存器时钟端口之间的传输延迟接近于一个常数值。等长布线的路由资源也是可编程的,全局时钟通道也可用作全局复位。

4. 使用查找表以替代 GAL 之前的"与或阵列"

任意组合逻辑或可编程逻辑的实现,在 GAL 之前均采用基于 PROM 结构的可编程与"或阵列"。尽管最新的 PAL 采用"或阵列"固定,或阵列可编程的结构解决了许多问题,但软件效率仍然不高,资源浪费仍然存在,速度仍然有待提高。因此从复杂可编程逻辑器件(CPLD)开始,放弃了基于 PROM"与或阵列"编程的思想,采用一种基于 RAM 和多路器的解决方案,称为查找表。由于查找表在软件实现和速度等方面的优越性,成为现代 FPGA 器件主要的可编程逻辑实现方式。

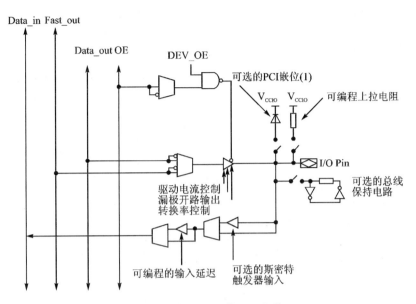

图 1-17　MAX II 的 IOE 架构

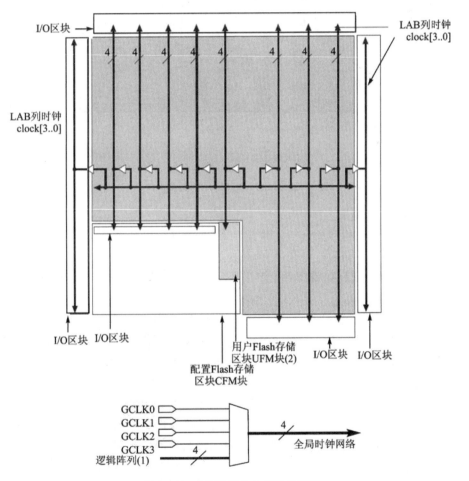

图 1-18　MAX II 的全局时钟网络

5. 可编程的路由通道以及路由数据（网表）的 EDA 实现

　　CPLD 中将所有的资源布置在平面 CMOS 硅片上，用户逻辑和用户的现场定制通过 HDL 语言交互至 EDA，并由 EDA 软件将用户的意图用这些资源实现。具体而言，就是为目标逻辑编制 CPLD 资源的网表，并通过 CPLD 可编程的路由通道，将它们连接成如图 1-19 所示的 MAX II 架构。

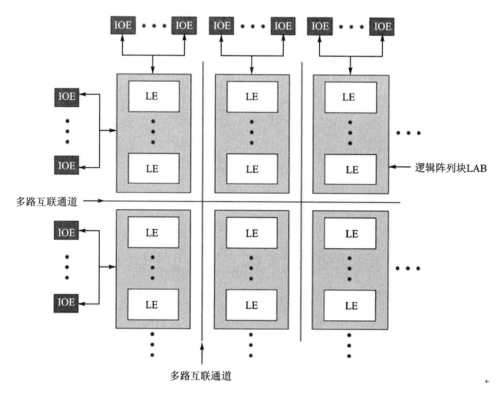

图 1-19　MAX II 的架构

6. 可预知的电路延迟

　　由于采用逻辑单元结构和固定工艺的器件，因此对于指定的单元，具有固定的延迟参数。因为有了这些固定的可预知的电路延迟，为高速数字电路的设计提供了非常重要的依据，在实际硬件生产之前，仅依靠 EDA，设计者就可以评估设计中存在高速运行时的缺陷并进行修改，例如 Altera 的 MAX+Plus。

　　查找表在 CPLD 中的应用是 PLD 器件进步的一个重要里程碑。查找表不同于基于 PROM 的"与或阵列"编程（PROM & AND-OR Arrays），而是采用基于 RAM 的多路器实现。为了说明其工作原理，下面仍然采用图 1-7 的比较器示例（见图 1-20），但这里输出仅有 A>B。

　　比较器有图 1-21 所示的基于 RAM 多路器的架构和真值表。

　　图 1-21(a) 所示的真值表输出项为 Y，图 1-21(b) 为它基于 RAM 的多路器架构，其中深色框 X0～X15 为 RAM 单元。根据真值表，Y 输出的完整的乘积项公式为：

$$Y = \overline{A1} \cdot \overline{A0} \cdot \overline{B1} \cdot \overline{B0} \cdot Y(0) + \overline{A1} \cdot \overline{A0} \cdot \overline{B1} \cdot B0 \cdot Y(1) + \cdots\cdots +$$
$$A1 \cdot A0 \cdot B1 \cdot \overline{B0} \cdot Y(14) + A1 \cdot A0 \cdot B1 \cdot B0 \cdot Y(15)$$

图 1-20　使用查找表的比较器例子

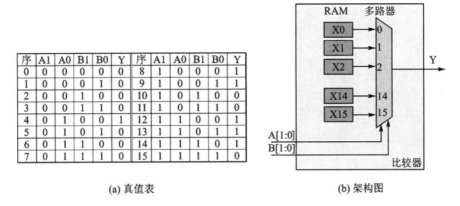

（a）真值表　　　　　　　　　　（b）架构图

图 1-21　比较器例子的真值表和基于 RAM 多路器架构

又根据基于 RAM 和多路器架构有：

$$Y = \overline{A1} \cdot \overline{A0} \cdot \overline{B1} \cdot \overline{B0} \cdot X(0) + \overline{A1} \cdot \overline{A0} \cdot \overline{B1} \cdot B0 \cdot X(1) + \cdots \cdots +$$
$$A1 \cdot A0 \cdot B1 \cdot \overline{B0} \cdot X(14) + A1 \cdot A0 \cdot B1 \cdot B0 \cdot X(15)$$

若 $X(i) = Y(i)$，$i = 1, 2, \cdots, 15$，则图 1-21（b）的基于 RAM 和多路器架构能实现比较器的逻辑，即 RAM 单元 X 填写了真值表项 Y（见图 1-22）。

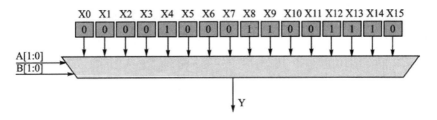

图 1-22　比较器例子的查找表的解决方案

这种基于 RAM 和多路器的 PLD 编程方案，原真值表（见图 1-21（a））输出项的 Y 改为多路器的输入常数项 X 后，新表不再称真值表，改称为查找表。查找表原为一种软件算法，意为将函数的数值以表格形式存储，输入索引值后查表得到函数输出。若组合逻辑的布尔函数的输入值为索引，查表获得对应输出则是可编程逻辑器件中的查找表。FPGA/CPLD 中的查找表的输入位数有 3 输入～6 输入的。上述例子是一个 4 输入的查找表，图中的 RAM 按照编址，对表的 RAM 阵列编程，即可实现任意的组合逻辑。挥发性 RAM 介质，在上电过程中通过外部设备（如 Flash）进行初始化配置。

实现输入位数大于 4 的大型逻辑时，理论上可以用多个 4 输入查找表组合完成，也可用图 1-23 所示 8 输入逻辑的 4 输入查找表实现。

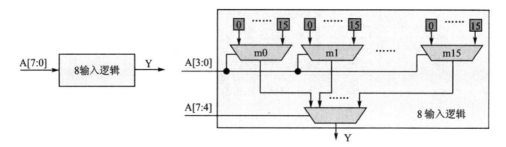

图 1-23　查找表级联例子

图 1-23 的示例中,可知输入变量的增加引起存储容量急剧上升,其中输入为 8 时,需要的存储器增加为 $16 \times 16 = 256$。理论上 n 输入的查找表需要 2^n 个存储器。查找表在实际应用时,采用减输入化简/变换算法可解决,即将输入大于 4 的大型逻辑变换化简为由多个输入小于或等于 4 的小型逻辑组成,如图 1-24 所示。

图 1-24　16 输入的比较器逻辑框图

图 1-24 所示的比较器逻辑具有 16 位输入,即需要 $2^{16} = 65\ 536$ 个存储器单元,但实际上这是不可能的。实际综合时,化简为如图 1-25 所示的由 4 输入查找表构成的结构。

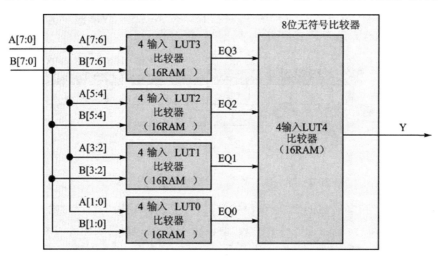

图 1-25　使用 4 输入构成的 16 输入比较器逻辑框图

采用图 1-25 所示的减输入结构,仅需要 5 个 4 输入的查找表,即 $5 \times 16 = 80$ 个存储器单元。这些存储单元的数值由如表 1-1 所列的真值表构成。

表 1-1　比较器例子的查找表 LUT

LUT0～LUT3

A	B	EQ(A=B)
00	00	1
00	01	0
00	10	0
00	11	0
01	00	0
01	01	1
01	10	0
01	11	0
10	00	0
10	01	0
10	10	1
10	11	0
11	00	0
11	01	0
11	10	0
11	11	1

LUT4

EQ3	EQ2	EQ1	EQ0	Y
0	0	0	0	0
0	0	0	1	0
0	0	1	0	0
0	0	1	1	0
0	1	0	0	0
0	1	0	1	0
0	1	1	0	0
0	1	1	1	0
1	0	0	0	0
1	0	0	1	0
1	0	1	0	0
1	0	1	1	0
1	1	0	0	0
1	1	0	1	0
1	1	1	0	0
1	1	1	1	1

　　查找表中的存储单元,理论上可以是任何存储介质,比如 SROM、闪存(FLASH)、反熔丝。事实上,Altera 的 CPLD 中使用的正是闪存器。使用闪存器作为存储单元的好处是非挥发存储器可避免上电配置,但其缺陷是速度不高。PLD 中 SRAM 的大量使用则是在 FPGA 器件出现以后。表 1-2 列出了不同存储介质的性能对照。

表 1-2　PLD 中不同存储介质的对照

存储介质	优　点	缺　点	结　构
SRAM	1.可重复编程 2.速度快 3.集成度高 4.支持动态配置	1.挥发性(Volatilisation),上电时需要重新配置 2.具有单粒子翻转 SEU(Single Event Upset)问题 3.平均每个单元需要 8 个晶体管	 8晶体管
FLASH	1.可重复编程 2.非挥发性(Non-Volatilisation) 3.成本低 4.平均每个单元需要 2 个晶体管	1.速度低 2.集成度低 3.不支持动态配置	 2晶体管

存储介质	优　点	缺　点	结　构
Anti-Fuse 反熔丝	1. 非挥发性(Non-Volatilisation) 2. 功耗低 3. 成本低	1. 不可重复编程 2. 集成度低 3. 不支持动态配置	反熔丝

CPLD 之所以首字母冠以 C(Complex),是因为它摆脱了简单的组合/时序逻辑方式,具有更多现代电子设计意义的功能被引入。而 FPGA 则不再使用 Complex 这样的描述性字样,正式更名 FPGA,并在 CPLD 的方向上继续发展,使现代 FPGA 器件具有几乎完美的现场编程架构,成为现代数字硬件芯片级解决方案的设计平台和实现平台。

现代 FPGA 器件具有深刻的历史意义。以下列出了 Altera 和 Xilinx 两家公司的发展历程(见表 1-3 和表 1-4),从中可以看到 FPGA 作为现代硬件设计平台和实现平台的进步,虽然在速度和成本方面仍与 ASIC 有差距,但这种差距正在缩小,重要的是,FPGA 体现的硬件设计的核心创造力是 ASIC 无法弥补和替代的。

表 1-3　Altera 公司发展历程

年　份	发展历程
1983	Altera 公司在 San Jose 成立
1988	Altera 推出 MAX 5000 CPLD,同一年推出 GUI 的 EDA 工具 MAX+PLUS
1992	Altera 推出首款 FPGA:FLEX 8000 FPGA
1993	Altera 推出支持参数化模块库(LPM)的 Quartu 软件,以替代 MAX+PLUS II
1996	Altera 推出带有集成锁相环(PLL)的 FPGA:FLEX © 10KA FPGA 支持带有嵌入式模块 RAM 支持 JTAG 在系统编程 ISP
1999	Altera 升级 Quartus 软件 支持嵌入式逻辑分析器 SignalTap 支持加密 IP 内核 支持 GUI 的 LPM 支持 IP 内核工具(MegaWizard©)
2001	Altera 推出 180nm 技术的带有嵌入收发器的 Mercury™ FPGA
2002	Altera 推出 130nm 技术的 Stratix 和它的低成本器件 Cyclone 同年推出 Quartus II 软件
2004	Altera 公司推出 90nm 技术的 Stratix II 次年推出相同密度的低成本器件 Cyclone II 和 ASIC 器件 Hardcopy II
2006	Altera 推出 65nm 技术的 Stratix III 次年推出相同密度的低成本器件 Cyclone III Quartus II 软件可支持 SDC 约束,支持 TCL 脚本

续表 1-3

年　份	发展历程
2008	Altera 推出 40nm 技术的 Stratix IV,具有高达 8.5 Gb/s 的收发器 为 PCI Express Gen 1/2 提供硬核知识产权(IP)模块 次年推出相同密度的 Cyclone III LS(低成本,低功耗和 IP 保护) 次年推出集成了 11.3 Gb/s 收发器的 Stratix GT 和功耗最低的 Array II GX
2011	Altera 推出 28nm 技术的 FPGA 器件 Stratix V、Cyclone V、Array V,以及 ASIC 器件 Hardcopy V。其中 Stratix V 提供光学接口。28nm 技术成为现代半导体技术的一个重要分水岭
2012	Altera 将含有处理器、外设和 100 Gb/s 高性能互联的双核 ARM© Cortex™ - A9 MPCore™ 硬核处理器系统(HPS)集成到 28nm 低功耗(28LP) FPGA 架构中
2015	Altera 被 Intel 斥资 167 亿美元收购

表 1-4　Xilinx 公司发展历程

年　份	发展历程
1984	Xilinx 公司在 San Jose 成立
1985	Xilinx 公司推出的首款 FPGA 器件:XC2064™
1989	Xilinx 公司创办人罗斯·费里曼(Ross Freeman)去世
1991	Xilinx 推出 XC4000™ 系列 FPGA
2003	Xilinx 推出 90nm 技术的 Spartan®™ - 3
2006	Xilinx 推出 65nm 技术的 Virtex - 5
2010	Xilinx 推出 28nm 技术的 6 系列产品:Virtex - 6,Spartan - 3,EasyPath - 6
2012	Xilinx 推出 20nm 技术产品,推出 7 系列 FPGA 产品:Virtex - 7,Spartan - 7,KinTex - 7,EasyPath - 7

事实上,从锁相环到双速率同步动态(DDR)专用电路,FPGA 的硬件平台已经越来越展示出其强大的魅力。图 1-26 为 Altera Cyclone II(EP2C20)的平面架构。

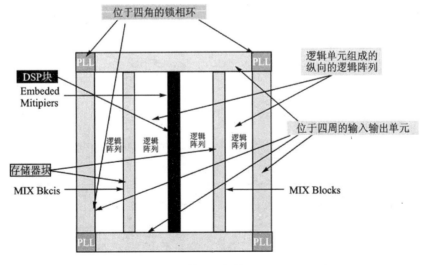

图 1-26　FPGA 的平面架构(Altera EP2C20)

表 1-5 列出了世界主要 PLD 厂商的信息。

表 1-5　世界主要 PLD 生成商

公司名称	总　部	Logo	公司简介
Altera	加州圣何塞 Altera Corporation 101 Innovation Drive San Jose，CA 95134 (408) 544-7000 网址：www.altera.com	ALTERA.	Altera 公司(NASDAQ：ALTR)是可编程逻辑解决方案的倡导者,帮助系统和半导体公司快速高效地实现创新,突出产品优势,赢得市场竞争。Altera 的 FPGA、SoC FPGA、CPLD 和 HardCopy © ASIC 结合软件工具、知识产权、嵌入式处理器和客户支持,为全世界 13 000 多名客户提供非常有价值的可编程解决方案。Altera 成立于 1983 年,2010 年年度收益达到 19.5 亿美元。Altera 总部位于加州圣何塞,拥有分布在 19 个国家的 2 600 多名员工。2015 年被 Intel 收购
Lattice Semiconductor 中文名：莱迪思半导体 晶格半导体	俄勒冈州希尔斯伯勒市 5555 NEMoore Ct，Hillsboro OR 97124 Tel：(503) 268-8000 Fax：(503) 268-8347 网址：www.latticesemi.com	LATTICE	莱迪思半导体(NASDAQ：LSCC)引领极低功耗的可编程集成电路解决方案,以用于智能手机,移动手持设备,蜂网设备,工业控制和汽车娱乐等领域。过去 10 年器件的销售总量超过 10 亿。莱迪思半导体提供卓越的 FPGA,CPLD 和低功耗解决方案
Xilinx	加州圣何塞 2100 Logic Drive San Jose，CA 95124-3400 Tel：(408) 559-7778 Fax：(408) 559-7114 网址：www.xilinx.com	XILINX	成立时间：1984 年,3 000 位员工,20 000 个客户 2500 多项专利,2013 财政年公司收入达 21.7 亿美元 50% 以上的市场份额 行业领先者和创新者
MicroSemi 中文名：美高森 (并购 Actel)	加州亚里索维耶荷 One Enterprise Aliso Viejo，CA 92656 USA Tel：(949) 380-6100 Fax：(949) 215-4996 网址：www.microsemi.com	Microsemi	ACTEL 公司成立于 1985 年,20 多年里 ACTEL 一直效力于美国军工和航空领域,具有反熔丝系列和基于 Flash 的可重复擦除的 ProASIC3 系列。2012 年 9 月 22 日,Actel 被 MicroSemi 收购。其产品序列已并入 MicroSemi 的 FPGA 系列中

与 CPLD 类似,FPGA 的逻辑单元(见图 1-27)由查找表和触发器、同步/异步管理、时钟管理、路由管理和进位链管理这些部分组成。

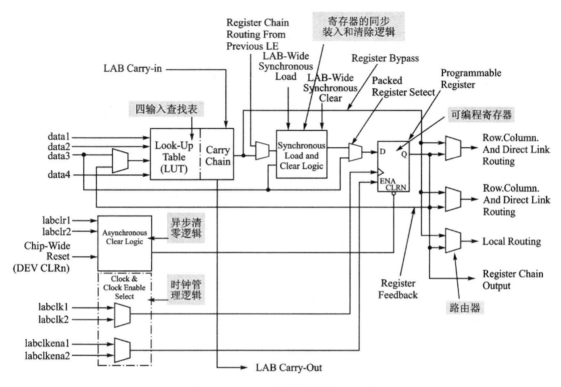

图 1 - 27　FPGA 逻辑单元(EP2C20)

1.2　软件平台

随着电子硬件平台的发展,对应的计算机辅助设计(CAD)领域中,EDA 电子硬件设计软件是不可或缺的重要一环。比起硬件平台而言,EDA 中最重要的是硬件描述语言 HDL (Hardware Description Language)的引入,以及行为描述所带来的重要意义。早期集成电路设计方法基本等同于传统的方法:器件→符号→图纸→实现。由于集成电路密度的迅速增加,这种基于人工设计的方法受到很大限制,CAD 技术应运而生,其 EDA 工具和 HDL 语言是本书讨论的主要内容,而它的发展历程同样值得关注。

EDA 的发展历程主要体现在以下几个方面:

(1) 用于支持 EDA 工具的人机交互语言,即硬件描述语言的发展过程。

(2) PLD 厂家软件设计平台的发展历程。

(3) 第三方综合工具的发展历程和研发厂商。

(4) 第三方仿真工具的发展和研发厂商。

(5) 板级解决方案 EDA 软件的发展历程和厂商。

(6) 数学建模工具支持。

1. VHDL

20 世纪 70 年代,随着集成电路工艺技术的提高,集成密度迅速增加,从小规模集成电路 SSIC(Small Scale Integrated circuits)到大规模集成电路 LSIC(Large Scale Integrated cir-

cuits)和超大规模集成电路 VLSI(Very Large Scale Integrated circuits),从单片集成数十个晶体管发展到单片集成超 10 万个晶体管。集成电路传统的人工设计方法需要从原理图到光学掩模几乎全过程的手工操作,已经无法适应。因此有人开始研发设计自动化,20 世纪 70 年代中期,设计自动化会议国际组织成立。1980 年,美国学者卡弗尔·米德(Carver Mead)提出超大规模集成电路 VLSI 的设计思想,其中包括 EDA 工具、HDL 语言,以及仿真验证这些具有划时代意义的想法。基于对这种思想体系的支持,也是基于摆脱传统设计方法的束缚,当年美国国防部就提出研发用于设计高速集成电路的硬件描述语言。该语言被命名为 VHSIC HDL(Very High - Speed Integrate Circuit Hardware Description Language),也即今天的 VHDL。VHDL 从 1983 年开始正式开发,至 1987 年被电气和电子工程师协会 IEEE 发布为国际标准,标准号为 IEEE Std 1076 - 187,之后,于 1993 年、2000 年和 2002 年被修订,最后发布的标准号为 IEEE Std 1076 - 2008。

2. Verilog 和 HDVL

20 世纪 80 年代后,另一个重要的 HDL 语言也在发展中。美国工程师菲尔·莫比萌发了自己创建一种 HDL 语言,并为此创业的想法。1983 年,他成立了一个公司,命名为集成电路自动设计公司,并发布了基于 C 语言系统的 HDL,这种语言被命名为 Verilog - HDL。随语言一同发布的还有本公司的第一个 EDA 软件产品:Verilog - HDL 仿真器。1985 年,集成电路自动设计公司更名为 GDA 公司(Gateway Design Automation),莫比也在这一年完成了 Verilog 的主要设计。1989 年,Cadence Design System 收购了 GDA。1990 年,并入 Cadence 的 Verilog 被划分成两个产品,一个用于企业内部,一个用于公共发布,前者称为 Verilog - XL(用于快速门级仿真的 XL 算法),后者则是 Verilog - HDL。正是这种不经意的划分,Verilog 才在这一年被公众认知和传播,由于 C 语言体系的灵活性,Verilog 很快被业界的许多工程师和学者接受。为此,它的国际组织在当年成立,命名为开源 Verilog 国际组织(Open Verilog International),缩写 OVI。至 1995 年,美国电子和电气工程师协会 IEEE 接纳了 Verilog,通过修订后,发布的第一个标准号是 IEEE Std 1364—1995。2001 年调整修订了一些重要的功能后,例如敏感列表、多维数组、生成语句块、命名端口连接等,IEEE 重新发布为 IEEE Std 1364—2001。为了支持对模拟和混合信号建模,也为了支持成为 SystemVerilog 的超集(Superse),2005 年 Verilog 再次修改,发布号为 IEEE Std 1364—2005。2009 年,IEEE 将 SystemVerilog 的标准 IEEE Std 1800—2005 与 Verilog 标准 IEEE Std 1364—2005 合并,发布为 IEEE Std 1800—2009,并命名为硬件描述和验证语言 HDVL(Hardware Description and Verification Language)。

3. VHDL - AMS 和 Verilog - AMS

为了对模拟信号和数模混合信号 AMS(Analogue And Mixed - Signal)的建模支持,VHDL 和 Verilog 都开发了它们的 AMS 扩展。其中 VHDL - AMS 是 VHDL 的扩展,于 1999 年成为 IEEE 标准,标准号为 IEEE Std 1076.1 - 1999。它支持对于数字连续、数字离散、模拟连续、数字模拟混合连续系统的描述和仿真,用于混合系统和机电一体化系统的建模。Verilog 的 AMS 扩展标准为 IEEE Std 1364 - 2005 以及 IEEE Std 1800 - 2009。

4. SystemVerilog

为了支持片上系统 SoC(System On Chip)的设计自动化,需要加强硬件描述的功能和硬件验证的功能。为此,国际标准组织 Accellera 在 2001 年就开始开发这种兼具硬件描述语言

HDL 和硬件验证语言 HVL(Hardware Verification Language)的语言,也称为 HDVL 语言,并命名为 SystemVerilog。2005 年,SystemVerilog 在吸收和继承了 Verilog HDL、VHDL、C 和 C++,以及 SystemC 诸语言特点后,被 IEEE 接纳并发布,发布号为 IEEE Std 1800 - 2005。之后随着 Verilog 发布号的更新,在 2009 年与 Verilog2005 版的标准合并为:IEEE Std 1800 - 2009。最新的 SystemVerilog 标准于 2012 年发布,标准号为 IEEE Std 1800 - 2012。

SystemVerilog 具有以下一些重要特点:

(1)支持验证方法学 VMM(Verification Methodology Manual)、开放验证方法学 OVM (Open Verification Methodology)、高级验证方法学 AVM(Advanced Verification Methodology)和通用验证方法学 UVM(Universal Verification Methodology)。

(2)继承 Verilog HDL 2005。

(3)接口描述功能更强大,描述更简洁。

(4)支持类 Class、动态变量 Dynamic、数组 Array 和枚举 Enum。

(5)增加了支持验证方法学的断言语句,例如 Assertion。

(6)支持直接编码接口 DPI(Direct Programming Interface)。通过 DPI,SystemVerilog 可以很方便地与 C、C++和 SystemC 的函数对接。因此,它可以引入更多语言系统下的资源。

鉴于 SoC 系统建模复杂性的增加以及验证要求的增加,SystemVerilog 的重要性也越来越突出,业界也将它视为当前最具发展前景的 HDVL 语言。

5. SystemC

在研发 EDA 软件的过程中,早期的许多公司直接在 C 和 C++语言环境下进行建模的尝试,这种基于 OOP(面向对象程序设计,Object Oriented Programming)的研发中,产生了支持软件开发平台和硬件开发平台交融的一种 ANSI 标准 C++类库,被命名为 SystemC。由于这种切入 EDA 的方式可以使用大量熟练的 C 程序员和 C++程序员,因而早期这个领域非常活跃,1999 年,40 多家著名的企业,如 ARM,Sony(索尼),Synopsys(新思科),Taxas Instruments(德州仪器)等,成立了类似 OVI 的 SystemC 开源组织 OSCI(Open SystemC Initiative),2005 年,SystemC 被 IEEE 接纳,正式发布为 IEEE 1666—2005 标准。

6. Synplify 和 Synplify Pro

与 HDL 和 HVL 语言系统的创建不同,Synplicity 公司的研究方向是综合工具(见图 1 - 28)。综合工具软件在输入了 HDL 后,输出门级网表用于 FPGA/CPLD 的实现。

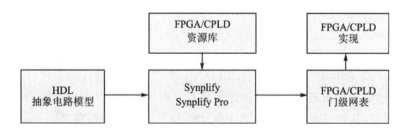

图 1 - 28 Synplicity 公司的综合工具

Synplicity 公司这两款综合工具软件 Synplify 和 Synplify Pro 在业界非常有名,是因为它们具有如下特色:

(1)具有性能优秀的优化算法,以针对速度和面积的不同要求。

（2）速度快。

（3）对 SystemVerilog 的支持。

（4）支持流水线功能（Pipeline）。

（5）支持对显式状态机的识别和优化。

（6）支持静态时序分析，并给出时序分析报告。

（7）支持 RTL 视图功能。

Synplicity 公司于 2008 年被 Synopsys 公司收购，其产品亦并入 Synopsys 的产品系列中。

7. ModelSim

Mentor Graphics 是 1981 年成立的，总部位于美国俄勒冈州的 EDA 公司。它的 ModelSim 是业界最负盛名的仿真软件。仿真软件的目的，是对抽象的 HDL 代码模型，在 EDA 层面上加以激励，使描述的电路模型在抽象环境中运行，以得到验证的结果（见图 1-29）。

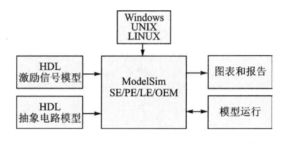

图 1-29　Mentor 公司的 ModelSim 仿真软件

ModelSim 仿真软件得到广泛的应用，具有如下特点：

（1）仿真速度快。

（2）性能优异的 RTL 和门级优化算法。

（3）强大的调试功能。

（4）支持 Verilog 和 VHDL。

（5）支持 SystemVerilog，SystemC 和 PSL。

（6）提供众多 FPGA 厂商的 OEM 版本，例如 Actel、Atmel、Altera、Xilinx 以及 Lattice。

（7）DPI 支持 C、TCL 和 TK。

Mentor Graphics 另外一些板级 EDA 软件，如 PCB 设计工具、PADS、Mentor EE 和 Board Station 等也非常有名。

8. MATLAB 和 SimuLink

EDA 的数学建模工具中，人气最高的当属美国 MathWorks 公司出品的 MATLAB，以及包含在 MATLAB 中的建模工具（SimuLink）。

1984 年，即在 Xilinx 成立的同一年，美国马萨诸塞州（Massachusetts）的纳蒂克市（Natick），成立了一个以数学和图像处理软件为主要产品的公司 MathWorks。当时 MathWorks 的主要方向是为科学计算提供一种比 FORTHAN 和 C 更便捷有效的软件。创始人杰克.李特（Jack Little）的想法是通过简单快捷的图形用户界面（GUI，Graphical User Interface），而不是复杂的程序编制，就可以完成各种科学计算。MathWorks 要做的就是创建这样一种高效的计算环境，由于大量的科学技术，工程和图像的计算均由数学矩阵表述，故该款软件被命名为 MATLAB，意为矩阵实验室，MATLAB 即为 MATrix LABoratory 的缩写。

由于 MATLAB 的便利性，很快被科学界、工程界和大学接受，与 Mathematica 和 Maple 共誉为三大科学计算软件。许多可重用的 m 文件积累后，按照功能被组织成为工具箱（Toolbox），这些工具箱包括数值分析、数值和符号处理、工程与科学绘图、控制系统的设计与仿真、数字图像处理、数字信号处理、通信系统的设计与仿真和财务金融管理等。

　　MATLAB 与 EDA 的关系,在 SimuLink 出现前,也仅是一个便利的计算平台,此时工具箱提供的设计与仿真代码,其意义与 SystemC 类似。在工具包拓展的过程中,为满足对线性系统、非线性系统、控制系统和数字信号系统的建模和和仿真,出现了解决方案的集合,MathWorks 认为这些主要用于系统建模和仿真的解决方案有别于那些用于科学技术的工具箱,因而专门将它们作为一个子系统进行开发,并命名为 SimuLink。SimuLink 可用于动态系统的建模、仿真和综合分析,并提供与 EDA 和其他程序的接口。而大量的动态系统,如 DSP、图像处理、控制等均需要硬件实现,因此,自 SimuLink 诞生,即与 EDA 结下不解之缘,使得这样的复杂系统建模变得十分便捷:通过 GUI 接口和简单的鼠标操作,即可构成所要处理的复杂系统,在图像界面下可以进行仿真和分析,通过与 Verilog 和 VHDL 的接口,可以将建模代码直接转入 EDA 系统,虽这些模型不一定可综合,如图 1 - 30 所示。

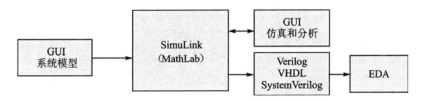

图 1 - 30　MathWorks 的 SimuLink 系统建模工具

9. 集成开发环境

　　无论何种 EDA 软件,在 PLD 实现过程,往往需要其厂家提供的工具支持,这些工具软件也称为集成开发环境,包括编辑、综合、优化、时序分析、仿真和编程配置、内置逻辑分析仪、SoC 支持等诸功能,使之完成从建模到实现全过程的自动化。常用的集成开发环境列于表 1 - 6 和图 1 - 31 中。

表 1 - 6　常用的集成开发环境

公　　司	集成开发环境	最新版本	SoC 支持	内置逻辑分析仪
Altera	Quartus II	Quautus II 13.0	Qsys	Signal Tap II
Xilinx	ISE DesignSuit	ISE DesignSuit 14.7	Vavado	ChipScope Pro
Lattice	ispLEVER Classic	ispLEVER Classic 1.5	LatticeMico System	
MicroSemi(Actel)	Libero IDE	Libero IDE v9.2	Libero SoC	

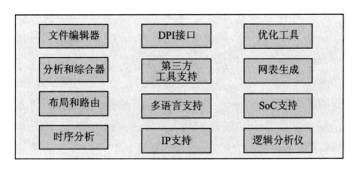

图 1 - 31　FPGA 的集成开发环境

第 2 章　现代数字电路基础

为了更好地理解和学习由 EDA 工具和 HDL 建模构成的现代数字设计体系,有必要对现代数字电路的背景知识做一个回顾。

2.1　基本逻辑门和 CMOS 电路

晶体管(Transistor,独立晶体管或集成电路中的晶体管)按照工艺技术分为双极性器件和 CMOS 器件。由于 CMOS(Complementary Metal Oxide Semiconductor)不仅具有功耗低、噪声容限大等优势,又可以采用大规模集成电路中的光学衬底平面工艺,方便了生产,因此成为现代大规模集成电路最主要的工艺。例如 Intel 从 8086 到酷睿,Altera 的 FPGA 以及各类 ASIC 器件,均采用 CMOS 工艺制作。

图 2-1 概括了一个 p 沟道三极管(p-Channel Transistor)的典型工艺流程。

图 2-1(a)表示了单晶硅的制作过程,初始用的硅材料要求很高的纯度(10^{10} 个硅原子中杂质原子个数小于 1),在 1 500 ℃的坩埚内被融化,然后按 Czochralski 方式拉出单晶硅硅锭。此时若将 p-或 n-杂质引入,可得到 p-衬底或 n-衬底的硅片材质;图(b)表示了将硅锭切割成薄的圆晶片的过程,亚微米工艺要求晶面的切割方向为(111)晶面或(100)晶面,典型的厚度是 600 μm;切割后的圆晶片经过抛光和进一步的切割,得到图(c)的形式;在开始制作集成电路 IC(Integrated Circuit)时,第一步是将它们放置在高温炉中,使其生长出一层二氧化硅层(SiO_2),如图(d)所示,使用这个氧化层可以进行精确的窗口光刻和杂质离子注入;为了进行光刻,需要在具有氧化层的硅片上旋涂液体光刻胶,光刻胶的厚度约 1 μm,然后在 100 ℃的温度下烘干(见图(e));光刻胶曝光时,通过掩模板,用紫外线(UV,$\lambda < 200$ nm)照射(见图(f)),被照射的光刻胶在显影时留下来,未被照射的区域则被溶解去除,如图(g)所示;然后依靠光刻胶窗口的掩蔽作用,对下层的氧化层进行刻蚀,典型的刻蚀氧化层的方法有干法等离子刻蚀工艺和湿法腐蚀工艺,通过刻蚀,图形被转移到氧化层(见图(h));随后将杂质离子源用离子注入机,通过氧化层窗口注入到底层的硅基片中,离子注入机由电靶和质谱仪构成,离子穿透的深度为几个微米,而具体的深度范围则取决于对注入能量的精确控制(通常在 10~100 个 keV 之间,1 eV=1.6×10^{-19} J),如图(i)所示;之后经过去胶(见图(j))和去氧化层(见图(k)),就得到第一个晶体管的扩散层,通过重复步骤见图(a)~图(k),可得到更多的扩散层,从而得到所需要的 IC 结构,每个扩散层的光刻都有自己的掩模板,如图(m)所示;完成扩散层后,通常还需要积淀其他材料层,例如氮化硅层的化学气相积淀(CVD)和金属层的溅射法积淀,形成欧姆电极后引出(见图(n));在这个例子中,一个 p 沟道的 CMOS 三极管被制作,它的电路符号如图(o)所示。

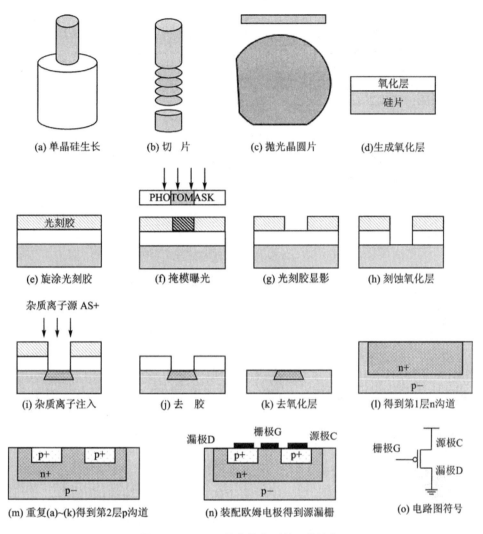

(a) 单晶硅生长　　　(b) 切　片　　　(c) 抛光晶圆片　　　(d)生成氧化层

(e) 旋涂光刻胶　　　(f) 掩模曝光　　　(g) 光刻胶显影　　　(h) 刻蚀氧化层

(i) 杂质离子注入　　　(j) 去　胶　　　(k) 去氧化层　　　(l) 得到第1层n沟道

(m) 重复(a)~(k)得到第2层p沟道　　　(n) 装配欧姆电极得到源漏栅　　　(o) 电路图符号

图 2-1　CMOS 晶体管典型的工艺流程

　　同样的工艺方法不仅可以得到 PMOS 管,还可以得到 NMOS 管,图 2-2 表示了它们的电路符号和等效逻辑。对于图(a)所示的 PMOS 管而言,当栅极为高电平($V_g = V_{dd}$)时,源栅截止,该 PMOS 管处于截止状态;当栅极为低电平时($V_g = 0$),源栅导通,该 PMOS 管转为导通。如果将导通看成正逻辑,则 PMOS 管输入为 1 时,状态为负逻辑 0;若输入为 0 时,状态为正逻辑 1,于是在图(a)的逻辑符号中,其栅极上绘制了一个表示反相的小圆。

　　对于图(b)所示的 NMOS 管则正好相反,当栅极为高($V_g = V_{dd}$)时,NMOS 管导通;当栅极为低时,NMOS 管截止。当 NMOS 管导通时,它的漏极被下拉至低电平;当 PMOS 管导通时,它的漏极被上拉至 Vdd。

2.1.1　反相器和 CMOS 电路

　　对于一个实际使用的反相器而言,可以用 PMOS 也可以用 NMOS 构成。图 2-3(a)所示为一个 NMOS 反相器。NMOS 管的漏极通过上拉电阻接入 Vdd,当输入为 1 使其导通时,V_o

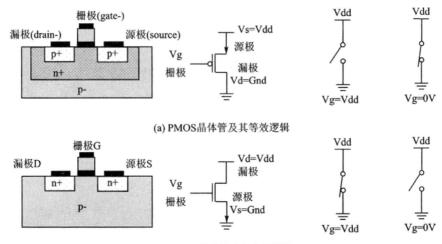

(a) PMOS晶体管及其等效逻辑

(b) NMOS晶体管及其等效逻辑

图 2 - 2　逻辑开关和 CMOS 晶体管

被下拉为低电平。图(b)是反相器的电路符号,输出端口用小圆表示反相。图(a)电路在高速运行时,其电阻会与分布电容构成延迟充放电,从而影响工作速度。现代器件在处理类似输出时,通常采用 NMOS 和 PMOS 组成的互补输出(Complememtary MOS),见图(c),输入为 1 时,下 NMOS 管导通,上 PMOS 管截止;输入为 0 时,上 PMOS 管导通,下 NMOS 管截止。这种互补的图腾柱输出(Totem Pole)不仅工作速度快,而且负荷能力大。互补(Complememtary)一词的首字母 C,便于 MOS(Metal Oxide Semiconductor,金属—氧化物—半导体),共同组成为 CMOS。

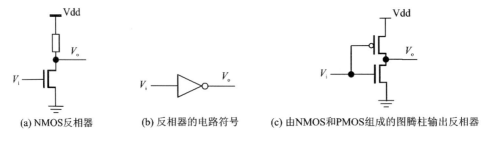

(a) NMOS反相器　　　(b) 反相器的电路符号　　　(c) 由NMOS和PMOS组成的图腾柱输出反相器

图 2 - 3　反相器和它的图腾柱输出

反相器的布尔表达式为: $$V_o = \overline{V_i}$$

图 2 - 3(c)所示的互补图腾柱其上部为 PMOS 管,下部为 NMOS 管。这种互补结构不仅可以构成反相器这样简单的逻辑,也可以构成其他更复杂的逻辑。在这样的互补结构中,CMOS 将其下部所有由 NMOS 管组成的电路称为 PDN(pull-down network,下拉网络),而将上部所有由 PMOS 管组成的电路称为 PUN(pull-up network,上拉网络)。图 2 - 4 所示为 PDN 和 PUN 的框图表示法。

对于一个布尔表达式而言

$$Y = B(x_1, x_2, \cdots, x_n) = \overline{F} \tag{2-1}$$

于是得到:

$$F = \overline{Y} = \overline{B(x_1, x_2, \cdots, x_n)} \qquad (2-2)$$

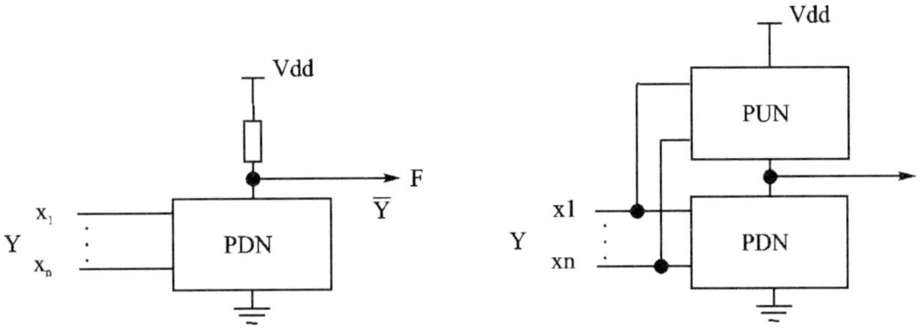

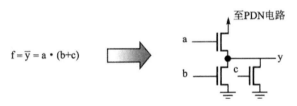

（a）NMOS驱动电路　　　　　（b）互补CMOS驱动电路

图 2 - 4　用 CMOS 构成的 PDN 和 PUN 架构

构成 PDN 电路时，采用式(2-2)，将其用德摩根(De Morgan)定理变换为适当的形式，然后用 NMOS 管按照 OR＝并联、AND＝串联的形式构成其 PDN 电路。

构成 PUN 电路时，采用式(2-1)，用德摩根变换为合适的形式，然后用 PMOS 管按照 OR＝并联、AND＝串联的形式构成其 PUN 电路。最后，PUN 的所有输入取其反相。

例 2 - 1：将布尔表达式 $y = \overline{a \cdot (b+c)}$ 构成 CMOS 电路。

解题：首先考虑 PDN 的布尔表达式：$f = \overline{y} = a \cdot (b+c)$。

按照 OR＝并联(和项并联)和 AND＝串联(积项串联)的原则，用 NMOS 管组成的 PDN 见图 2-5。

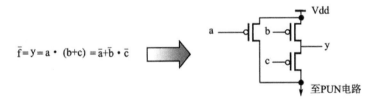

图 2 - 5　例 2 - 1 中由 NMOS 管组成的 PDN 电路

然后考虑 PUN 的布尔表达式：

$$\overline{f} = y = \overline{a \cdot (b+c)} = \overline{a} + \overline{b} \cdot \overline{c}$$

按照 OR＝并联(和项并联)和 AND＝串联(积项串联)的原则，用 NMOS 管组成 PUN 见图 2-6(注意输入反相)。

$$\overline{f} = y = \overline{a \cdot (b+c)} = \overline{a} + \overline{b} \cdot \overline{c}$$

图 2 - 6　例 2 - 1 中由 PMOS 管组成的 PUN 电路

最后，将 PDN 和 PUN 结合在一起，即构成例 2-1 的 CMOS 电路，该 CMOS 电路如图 2-7 所示。

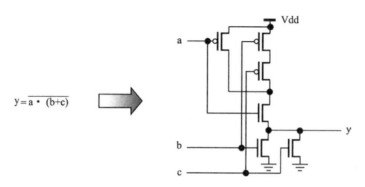

$$y = \overline{a \cdot (b+c)}$$

图 2－7　例 2－1 中由 PUN 和 PDN 组成的 CMOS 互补电路

2.1.2　基本逻辑单元

与门（AND）和与非门（NAND）是 ASIC/FPGA 的基础逻辑门，它的符号和 CMOS 开关管原理图如图 2－8 所示。

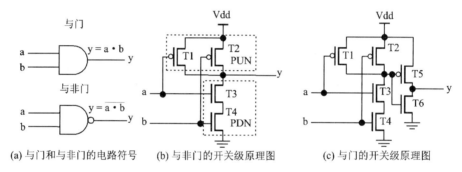

(a) 与门和与非门的电路符号　　(b) 与非门的开关级原理图　　(c) 与门的开关级原理图

图 2－8　与门和与非门的 CMOS 解释

图 2－8(b)为一个典型 NAND 的 PUN＋PDN 结构，它的真值如表 2－1(a)所列，将 NAND 的输出反相后得到 AND 逻辑，CMOS 结构上在图 2－8(b)(NAND 逻辑)的输出加上图 2－3(c)(NOT 逻辑)，得到 AND 结构(见图 2－8(c))，其真值如表 2－1(b)所列。

表 2－1　CMOS 与门和与非门的真值表

a	b	y	T1	T2	T3	T4
0	0	1	on	on	off	off
0	1	1	on	off	off	on
1	0	1	off	on	on	off
1	1	0	off	off	on	on

a	b	y	T1	T2	T3	T4	T5	T6
0	0	0	on	on	off	off	off	on
0	1	0	on	off	off	on	off	on
1	0	0	off	on	on	off	off	on
1	1	1	off	off	on	on	on	off

(a) CMOS 与非门的真值表(y＝$\overline{a \cdot b}$)　　　　(b) CMOS 与门的真值表(y＝a·b)

或门（OR）和或非门（NOR）是 ASIC/FPGA 的基础逻辑门，图 2－9 是它的符号和 CMOS 结构。

图 2－9(b)结构中，当 a 为 1 时，对应的 PUN 开关 T1 截止，而对应的 PDN 开关管 T3 导通，y 被下拉至低电平 0；而 b 为 1 时，T2 截止，T4 导通，y 输出 0；其真值如表 2－2(a)所列。同样，在该图腾结构的输出加以反相，即得到或门逻辑(见图 2－9(c))，它的真值如表 2－2(b)所列。

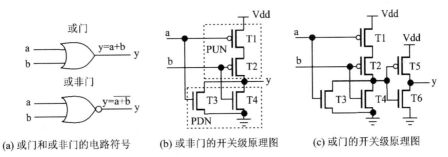

图 2 - 9　或门和或非门的 CMOS 解释

表 2 - 2　CMOS 或非门和或门的真值表

a	b	y	T1	T2	T3	T4
0	0	1	on	on	off	off
0	1	0	on	off	off	on
1	0	0	off	on	on	off
1	1	0	off	off	on	on

(a) CMOS 或非门的真值表($y=\overline{a+b}$)

a	b	y	T1	T2	T3	T4	T5	T6
0	0	0	on	on	off	off	off	on
0	1	1	on	off	off	on	on	off
1	0	1	off	on	on	off	on	off
1	1	1	off	off	on	on	on	off

(b) CMOS 或门的真值表($y=a+b$)

注意图 2-8 和图 2-9 的区别，与逻辑在 PDN 中，用正逻辑描述，且所有 NMOS 管串联（所有串联管导通，该 PDN 才导通）；与逻辑在 PUN 中，用负逻辑描述，且所有 PMOS 管并联（任一 PMOS 管导通，该 PUN 导通），或逻辑则相反，如表 2-3 所列。

表 2 - 3　PDN 和 PUN 的逻辑和结构

正逻辑	负逻辑	PDN	PUN	备　注
$y=a \cdot b$	$\overline{y}=\overline{a \cdot b}=\overline{a}+\overline{b}$	NMOS 管串联	PMOS 管并联	PDN 用正逻辑，PUN 用负逻辑
$y=a+b$	$\overline{y}=\overline{a+b}=\overline{a} \cdot \overline{b}$	NMOS 管并联	PMOS 管串联	PDN 用正逻辑，PUN 用负逻辑

从图 2-8(b) 和图 2-9(b) 可以看出，CMOS 的互补结构直接得到的是与非门和或非门，与门和或门是它们的扩展。实际上，CMOS 结构中，许多逻辑都由两类基础门构成。例如图 2-10 所示的一个由与非门构成的异或逻辑：

$$y=\overline{a}b+a \cdot \overline{b}=\overline{\overline{a \cdot a \cdot b}}+\overline{\overline{a \cdot \overline{b} \cdot b}}=\overline{\overline{a \cdot a \cdot b}+\overline{a \cdot b \cdot b}}=\overline{\overline{a \cdot a \cdot b} \cdot \overline{a \cdot b \cdot b}}$$

a	b	y
0	0	0
0	1	1
1	0	1
1	1	0

图 2 - 10　由与非门构成的异或逻辑

实际上，异或门(XOR)也是 ASIC/FPGA 的基础逻辑门，也有它的 CMOS 电路，如图 2-11 所示。

图 2-11 中，其 PDN 为正逻辑，布尔表达式为：

$$y=a \cdot \overline{b}+\overline{a} \cdot b$$

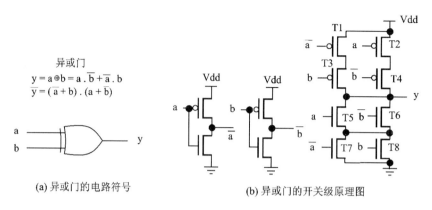

(a) 异或门的电路符号　　　　　　　(b) 异或门的开关级原理图

图 2-11　异或门的 CMOS 解释

表现为积项的串联与和项的并联;PUN 为负逻辑,其布尔表达式为:

$$\overline{y} = \overline{a \cdot \overline{b} + \overline{a} \cdot b} = (\overline{a} + b) \cdot (a + \overline{b})$$

表现为和项的并联和积项的串联。表 2-4 所列为其真值表。

表 2-4　CMOS 异或电路的真值表

a	b	$\overline{a}$	$\overline{b}$	T1	T2	T3	T4	PUN	T5	T6	T7	T8	PDN	Y
0	0	1	1	off	on	on	off	off	off	on	on	off	on	0
0	1	1	0	off	on	off	on	on	off	off	on	on	off	1
1	0	0	1	on	off	on	off	on	on	off	off	off	off	1
1	1	0	0	on	off	off	off	off	off	off	off	on	0

除了上述基础逻辑门之外,CMOS 电路常用的基本逻辑单元还有:与或非门(AOI,And-Or-Invert)和或与非门(OAI,Or-And-Invert)。使用 AOI 和 OAI 可以更容易地组成 SOP 和 POS 逻辑,图 2-12 为与或非门和或与非门的逻辑符号。

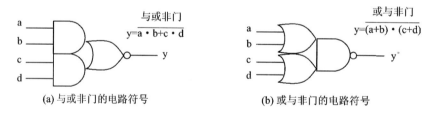

(a) 与或非门的电路符号　　　　　　(b) 或与非门的电路符号

图 2-12　与或非门和或与非门

传输门 TG(见图 2-13)是 CMOS 中将 PMOS 和 NMOS 并联后得到的一种基础逻辑门,使用 CMOS 管的传输门(TG)可以更有效地构成锁存器和触发器电路,避免互补图腾柱输出的短路危险。由此可见,CMOS 至少有两种方法可实现所需要的逻辑;

(1) 使用 CMOS 基础门构成(例如与非门或者或非门);

(2) 使用 PUN 和 PDU 构成。

通常用 CMOS 基础门构成所需门数比较多的大型和专用逻辑,使用 PUN 和 PDU 构成 CMOS 的基础门。

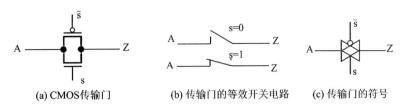

(a) CMOS传输门	(b) 传输门的等效开关电路	(c) 传输门的符号	

图 2 - 13　传输门逻辑

例 2 - 2：用 CMOS 或非门构成如下三输入表决逻辑(表决输出取决于 2 个或 2 个以上相同的输入逻辑，见图 2 - 14)。

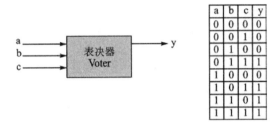

a	b	c	y
0	0	0	0
0	0	1	0
0	1	0	0
0	1	1	1
1	0	0	0
1	0	1	1
1	1	0	1
1	1	1	1

图 2 - 14　三输入表决器及其真值表

解题：根据真值表，可使用 SOP(见 2.3.6 节)公式和德摩根变换(见 2.3.2 节)，得到：

$$y = \overline{a} \cdot b \cdot c + a \cdot \overline{b} \cdot c + a \cdot b \cdot \overline{c} + a \cdot b \cdot c =$$
$$\overline{\overline{\overline{a} \cdot b \cdot c + a \cdot \overline{b} \cdot c + a \cdot b \cdot \overline{c} + a \cdot b \cdot c}} =$$
$$\overline{\overline{\overline{a} \cdot b \cdot c} \cdot \overline{a \cdot \overline{b} \cdot c} \cdot \overline{a \cdot b \cdot \overline{c}} \cdot \overline{a \cdot b \cdot c}} =$$
$$\overline{(a + \overline{b} + \overline{c}) \cdot (\overline{a} + b + \overline{c}) \cdot (\overline{a} + \overline{b} + c) \cdot (\overline{a} + \overline{b} + \overline{c})} =$$
$$\overline{a + \overline{b} + \overline{c}} + \overline{\overline{a} + b + \overline{c}} + \overline{\overline{a} + \overline{b} + c} + \overline{\overline{a} + \overline{b} + \overline{c}}$$

据此得到用或非门描述的表达式，用其构建的电路如图 2 - 15 所示。

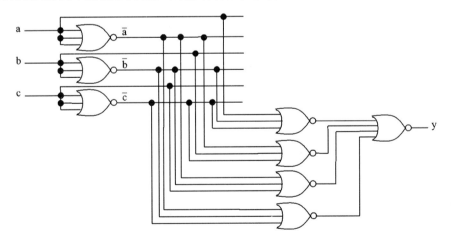

图 2 - 15　三输入表决器的或非门实现

例 2 - 3：使用 CMOS 的 PDN 和 PUN 互补结构实现如图 2 - 16 所示的多路器逻辑。

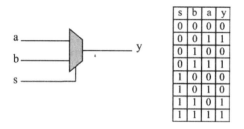

s	b	a	y
0	0	0	0
0	0	1	1
0	1	0	0
0	1	1	1
1	0	0	0
1	0	1	0
1	1	0	1
1	1	1	1

图 2 - 16　二选一多路器及其真值表

解题：根据真值表,使用 SOP 公式和德摩根变换,得到 y 正逻辑表达式：

$$y = \bar{s} \cdot \bar{b} \cdot a + \bar{s} \cdot b \cdot a + s \cdot b \cdot \bar{a} + s \cdot b \cdot a =$$
$$(\bar{s} \cdot \bar{b} \cdot a + \bar{s} \cdot b \cdot a) + (s \cdot b \cdot \bar{a} + s \cdot b \cdot a) =$$
$$\bar{s} \cdot a + s \cdot b$$

而 y 的负逻辑则为：

$$\bar{y} = \overline{\bar{s} \cdot a + s \cdot b} = (s + \bar{a}) \cdot (\bar{s} + \bar{b})$$

将 $\bar{y}$ 表达式装配到 PDN,将 y 表达式装配到 PUN(信号取反),得到图 2 - 17 所示电路。

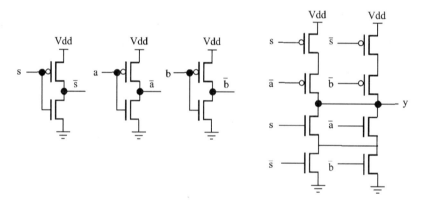

图 2 - 17　二选一多路器的 CMOS 实现

2.2　输入和输出

本节讨论 FPGA/ASIC 器件端口之间的连接信号。

2.2.1　端口 I/O 标准

FPGA/ASIC 器件用于与其他数字设备通信时,是通过遵循一系列 I/O 标准而实现的,如图 2 - 18 所示。

现代数字系统的 I/O 标准包括早期的 LVTTL 标准、LVCMOS 标准、HSTL 标准和较新的 LVDS 等标准。不同的标准支持的器件不同,支持的传输速度不同,支持的噪声容限也不同。从另一个侧面看,I/O 标准的进步反映了数字系统的进步。表 2 - 5 为 Altera Stratix II 器件支持的 I/O 标准。

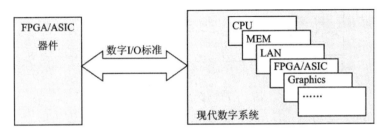

图 2－18　数字 I/O 标准和现代数字系统

表 2－5　Altera Stratix II 器件支持的 I/O 标准

I/O 标准	类　型	电压/V	应　用
LVTTL	单端(Single－Ended)	3.3/1.8	通　用
LVCMOS	单端(Single－Ended)	3.3/1.5	通　用
2.5 V	单端(Single－Ended)	2.5	通　用
1.8 V	单端(Single－Ended)	1.8	通　用
1.5 V	单端(Single－Ended)	1.5	通　用
3.3－V PCI	单端(Single－Ended)	3.3	PC 和嵌入式系统
3.3－V PCI－X	单端(Single－Ended)	3.3	PC 和嵌入式系统
SSTL－2 Class I	单端伪差分(Pseudo differential)	2.5	DDR SDRAM
SSTL－2 Class II	单端伪差分(Pseudo differential)	2.5	DDR SDRAM
SSTL－18 Class I	单端伪差分(Pseudo differential)	1.8	DDR2 SDRAM
SSTL－18 Class II	单端伪差分(Pseudo differential)	1.8	DDR2 SDRAM
HSTL－18 class I	单端伪差分(Pseudo differential)	1.8	QDRII SRAM/RLDRAM II/SRAM
HSTL－18 class II	单端伪差分(Pseudo differential)	1.8	QDRII SRAM/RLDRAM II/SRAM
HSTL－15 class I	单端伪差分(Pseudo differential)	1.5	QDRII SRAM/SRAM
HSTL－15 class II	单端伪差分(Pseudo differential)	1.5	QDRII SRAM/SRAM
HSTL－12	单端伪差分(Pseudo differential)	1.2	通　用
Differential SSTL－2 Class I	双单端伪差分(Pseudo differential)	2.5	DDR SDRAM
Differential SSTL－2 Class II	双单端伪差分(Pseudo differential)	2.5	DDR SDRAM
Differential SSTL－18 Class I	双单端伪差分(Pseudo differential)	1.8	DDR2 SDRAM
Differential SSTL－18 Class II	双单端伪差分(Pseudo differential)	1.8	DDR2 SDRAM
Differential HSTL－18 class I	双单端伪差分(Pseudo differential)	1.8	QDRII/RLDRAM 时钟接口
Differential HSTL－18 class II	双单端伪差分(Pseudo differential)	1.8	QDRII/RLDRAM 时钟接口
Differential HSTL－15 class I	双单端伪差分(Pseudo differential)	1.5	QDRII/RLDRAM 时钟接口
Differential HSTL－15 class II	双单端伪差分(Pseudo differential)	1.5	QDRII/RLDRAM 时钟接口
LVDS	差分(Full differential)	2.5	高速通信
LVPECL	差分(Full differential)	3.3/1.5	视频图像和时钟发布

　　I/O 端口标准按照信号的传输方式,分为单端信号(见图 2－19)、差分信号(见图 2－20)和伪差分信号(见图 2－21)。

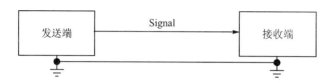

图 2-19　单端信号的传输

　　单端信号传输时,在单独的导线上传输信号,其逻辑电平相对于地(参考点)。发送端以相对于地的逻辑进行驱动,接收端也用相对于地的逻辑进行捕获。LVTTL 标准和 LVCMOS 标准都是单端信号标准。

　　差分信号传输时,在传输线上使用两条互补的信号,发送端以两信号的差值进行逻辑驱动,接收端亦以两信号的差值进行逻辑捕获。差分信号具有很强的抗共模能力,因此它的速度性能和噪声性能较好,用于高速数据传输。LVDS 标准为 I/O 差分标准。

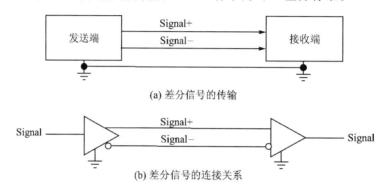

(a) 差分信号的传输

(b) 差分信号的连接关系

图 2-20　差分信号的传输

　　伪差分标准采用一种简化的方式进行传输:信号的接收端虽然仍然是一个差分接收器,但仅一端连接发送端,而另一端连接到本地的一个参考电压上 V_{ref},V_{ref} 设置为传输电平幅度的一半。

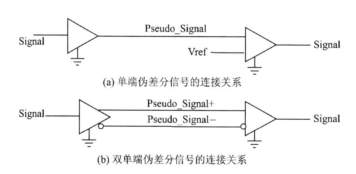

(a) 单端伪差分信号的连接关系

(b) 双单端伪差分信号的连接关系

图 2-21　伪差分信号的传输

　　伪差分信号在 FPGA/ASIC 中应用时,分为单端伪差分(Pseudo differential with Single-Ended)和双单端伪差分(Pseudo differential with Two Single-Ended)。单端伪差分的发送端按照单端信号发送,接收端的差分接收器的正输入端连接信号,而负输入端连接一个参考信号。当差分值为正值(Pseudo_Signal $>V_{ref}$)时,Signal 为 1,否则 Signal 为 0,如图 2-21(a)所示。

　　双单端伪差分传输时,发送端用单端方式发送两路信号,其中一个信号反相;接收端则按照单端伪差分对这两路信号分别解码,解码的结果只取其中一路用于输出,如图 2 - 21(b)所示。

伪差分标准的信号输出幅度比较小,电路逻辑比全差分电路简单,噪声容限大,而且与 JEDEC 支持的 SDRAM 的 L - Bank 结构相对应,所以被应用于 SDRAM 的低成本接口,数据速率可以达到 600 Mb/s。

1. LVTTL 标准

低电压晶体管-晶体管逻辑 LVTTL 标准是 EIA/JEDEC 组织为早期的双极器件定制的一种 I/O 标准:JESD8 - B (Revision of JESD8 - A)。美国电子工业协会 EIA、JEDEC(Joint Electron Device Engineering Council),电子器件工程联合委员会,均是重要的国际标准化组织。

LVTTL 为数字设备的端口通信定义了直流操作参数,Altera Stratix II 器件支持其从 $3.3 \sim 1.8$ V 的单端 I/O 标准,不需要参考电压(V_{ref})和终端电压(V_{tt})支持。如图 2 - 22 所示,输入信号 S0 驱动 TTL 的输出信号(Signal),受噪声干扰后,其接收端逻辑电平如仍旧处于灰色的容限区域内,则可正确恢复(见图 2 - 22)。

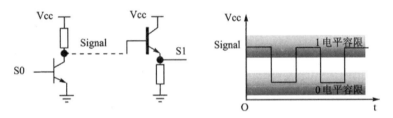

图 2 - 22　LVTTL 标准的电平逻辑

2. LVCMOS 标准

LVCMOS 标准是为 CMOS 电路逻辑定制的 I/O 标准。它同样具有噪声容限的 I/O 标准,应用于 CMOS 分立器件和 CMOS 集成电路的标准化产品 4000 系列。由于现代的 FP-GA/ASIC 主要采用 CMOS 工艺,所以它也是 CMOS 器件主要的 I/O 通信标准。

LVCMOS 同样遵循 EIA/JEDEC 组织发布的标准:JESD8 - B (Revision of JESD8 - A)。Altera Stratix II 器件支持其从 $3.3 \sim 1.5$ V 的单端 I/O 标准,同样不需要参考电压和终端电压支持。如图 2 - 23 所示,CMOS 的 Signal 具有比 TTL 更大的噪声容限,接收端信号在收到干扰后,如果仍处于电平容限范围内,则可被正确接收(见图 2 - 23)。

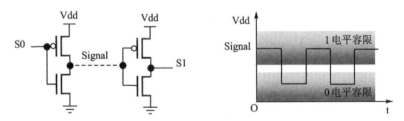

图 2 - 23　LVCMOS 标准的电平逻辑

3. PCI 和 PCI - X 标准

3.3 V PCI(Peripheral Component Interconnect,外设部件互联标准)和 3.3 V PCI - X 遵

循的是 SIG 组织的标准：PCI Local Bus Specification Revision 2.2。SIG(PCI Special Interest Group)，即 PCI 特别兴趣小组也是一个国际标准组织，ADSL 也是它的标准。

　　3.3 V PCI 标准定义了 PCI 局部总线的逻辑、机械、电气和配置协议，以连接该 PCI 插槽的各类外围设备，如处理器、加速器、图像和存储器的插件板等。3.3 V PCI Local Bus Specification Revision 2.2 支持的总线宽度为 64 b，频率为 66 MHz。

　　3.3 V PCI - X 是继 PCI 之后，随着总线速度发展而提出的更高速度的标准，其速度上升到 133 MHz，吞吐量达至 1 Gb/s，总线宽度仍为 64 b。PCI - X 兼容早期的 33 MHz 和 66 MHz 设备。

　　虽然 PCI 和 PCI - X 支持的速度高达 133 MHz，但对于现代 FPGA/ASIC 器件端口性能而言，并不是一个非常高的速度，所以 FPGA 器件并没有为其设置专用电路。

4. SSTL 标准

　　SSTL(Stub Series Terminated Logic)标准也译为短线端接逻辑，遵循 JEDEC 组织发布的 JESD8 - 9A(SSTL - 2)和 JESD8 - 15(SSTL - 18)。前者用于 DDR SDRAM 器件，频率可达到 400 MHz/s(时钟 200 MHz)；后者用于 DDR2 SDRAM 器件，频率达到 667 MHz/s(时钟 333 Hz)。

　　SSTL 采用伪差分传输机制，并且具有终端匹配电阻。根据其传输方向不同，分为 Class I 和 Class II，前者用于单向信号传输，后者用于双向信号传输，SSTL 采用单端伪差分。由于 SSTL 是既有终端电阻又有参考电压的接口逻辑标准，因此必须配置 V_{tt}(终端电压)和 V_{ref}(参考电压)。与 LVTTL 和 LVCMOS 不同，SSTL 的电平逻辑由参考电压 V_{ref} 划分：高于此值取 1，低于此值取 0。当 V_{ref} 非常精确时，SSTL 能提供接近全电压范围的噪声容限，如图 2 - 24 所示。

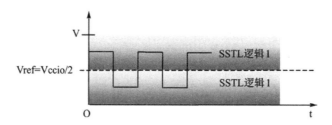

图 2 - 24　SSTL 的电平逻辑

　　对应单端伪差分方式，分别称为 SSTL - 25 Class I、SSTL - 25 Class II 和 SSTL - 18 Class I、SSTL - 18 Class II，其端接方式分别如图 2 - 25 和图 2 - 26 所示。

　　在图 2 - 25 中，SSTL - 25 的发送端缓冲器和接收端缓冲器在 FPGA 中由专用电路构成，使用专用电路的方法由厂家提供，此外，还必须正确地配置支持专用电路的引脚。图中 Vccio 为发送和接收缓冲器的工作电压(FPGA 中由对应工作 Bank 的 Vccio 端口加载)。

　　对于 Class I，发送端或临近发送端应加入一个串联的电阻，用于对信号完整性的改善，称为衰减电阻；接收端或临近接收端应有一个上拉到终端电压的终端电阻，用于吸收发射，匹配阻抗，改善 SI。对于 Class II，用于 DDR SDRAM 的 DQ 双向端口，所以发送端增加了一个终端电阻。现代 FPGA/ASIC 器件支持在片内设置这些电阻，称为 ODT(On - Die Termination)或 OCD(On - Chip Termination)。

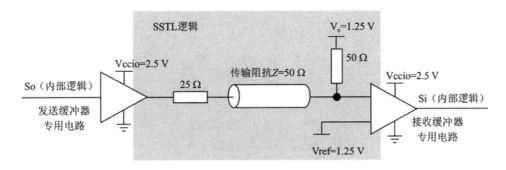

(a) SSTL-25 Class I 端接图（用于单向传输）

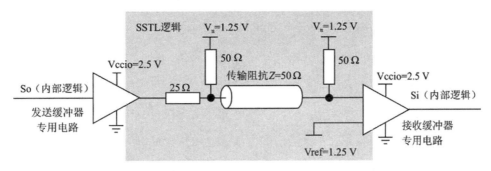

(b) SSTL-25 Class II 端接图（用于双向传输）

图 2 - 25　SSTL - 25 的端接图

图 2 - 26 为 SSTL - 18 单端伪差分方式的端接图，与 SSTL - 25 相比，仅仅是电压不同。随着电压等级的降低，SSTL - 18 得以支持 DDR2 SDRAM 器件的 DQ，DQS 端口之间以 667 MHz 的速度工作。SSTL 的双单端伪差分端接可参考 HSTL 的端接图（见图 2 - 27）。

5. HSTL 标准

HSTL(High Speed Transceiver Logic)即高速收发逻辑标准，由 JEDEC 于 1995 年为 QDR SRAM 器件制定。QDR 器件为四倍速率存储器，使用 SRAM 技术，每个 QDR 的存储单元由 6 个开关管组成，而每个 DRAM 的存储单元由一个开关管和一个电容组成。虽然 QDR 密度低，功耗大，成本高，但它的读写采用独立的端口，在 DDR 技术基础上，可同时进行读写操作，因而称为 QDR。QDR 技术在提高时钟速度、ODT 和减少功耗（通过降低端口电压）方面的进步，使得它被应用于类似高速缓存（Cache）场合。最新的 QDR 技术结合 SRAM 和 SDRAM，称为 QDR II＋SDRAM，其时钟为 350 MHz、32 b 宽度时的吞吐量可达 44.8 Gb/s（此时 1.333 GHz 的 DDR3 的吞吐量为 34.1 Gb/s），带宽效率可达 85％（DDR 为 70％）。

另一类可应用 HSTL 标准的器件是 RLDRAM(reduce latency dynamic random access memory，低潜伏期 DRAM)。RLDRAM 时钟以其低潜伏期，应用于高速缓存和高速实时系统中。

为了支持 QDR 的低电压特性，HSTL 支持的电压标准从 0.9～1.8 V(1.6 V)，Altera 的 Stratix 系列支持其中的 1.5 V（HSTL - 15）和 1.8 V（HSTL - 18）。与 SSTL 类似，HSTL 也是一种伪差分电平逻辑，它也具有如图 2 - 24 所示的中心参考电压取样的电平逻辑，若采用双单端伪差分传输，也同样具有终端匹配电阻。同样，根据终端匹配电阻的方式不同，HSTL 也分为 Class I 和 ClassII，前者用于单向传输时的终端匹配，后者用于双向传输时的终端匹配。

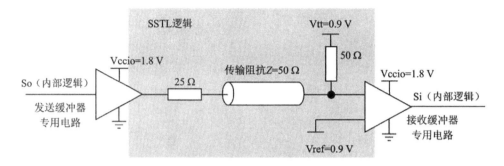

(a) SSTL-18 Class I端接图（单端伪差分）

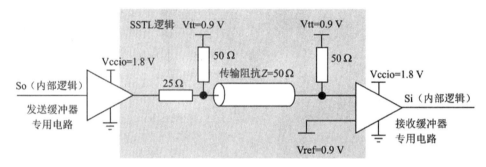

(b) SSTL-18 Class II端接图（单端伪差分）

图 2-26　SSTL-18 的端接图

因此,HSTL 的端口电路同样需要配置 Vtt(终端电压)和 Vref(参考电压)。

　　图 2-27 是使用双单端伪差分方式的 HSTL-18 的端接图。其发送和接收专用电路的电压为 1.8 V,两端的终端电压 Vtt 和参考电压 Vref 均为其一半,即 0.9 V,为了精确保证全电压域噪声容限,通常参考电压用专用电路产生。与 SSTL 类似,HSTL Class I 的终端电阻端接为单方向传输,例如地址 A 和时钟使能 CKE 的端接;HSTL Class II 的终端电阻端接则考虑到双向传输,例如 DQ 与 DQS 信号的端接。HSTL-15 的端接与 HSTL-18 相同,只是驱动电压 Vccio 为 1.5 V,Vtt=0.75 V,以及 Vref=0.75 V。

6. LVDS 差分传输标准

　　LVDS 差分传输标准为现代最热门的端口标准之一,它于 1994 年由美国国家半导体公司(NS)提出,之后被美国国家标准协会 ANSI(American National Standards Institute)、美国电信工业协会 TIA(Telecommunications Industry Association)和美国电子工业协会 EIA(Electronic Industries Association)三个组织共同发布,即 EIA-644 标准。而低电压差分信号接口的电气性能称为 RS644 标准(见图 2-28)。

　　LVDS 的差分信号为正负配对的真差分信号,电压振幅约 350 mV,要求 PCB 布线时遵循差分原则(平行间距,双线过孔等)。它具有高速、低电压、优良的电磁干扰(EMI,Electro-Magnetic Interforence)性能、低功耗和标准化接口等特性,理论上的传输速度可达到 1.923 Gb/s,实际应用时为 800～655 Mb/s(EIA 推荐值)。由于可以集束传输,在位宽为 24 b、随路时钟为 800 MHz 时,它的吞吐量达到 19.2 GHz。LVDS 是现代短线连接(桌面距离)标准中最快的一种技术标准。

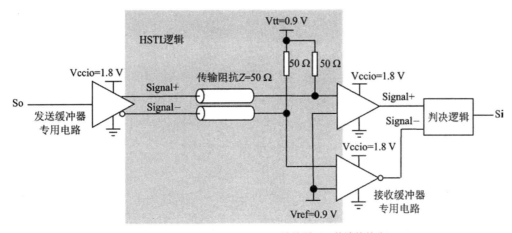

(a) Perudo Differential HSTL-18 Class I端接图（双单端伪差分）

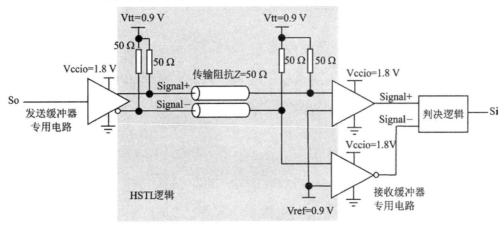

(b) Perudo Differential HSTL-18 Class II端接图（双单端伪差分）

图 2-27　Differential HSTL-18 的端接图

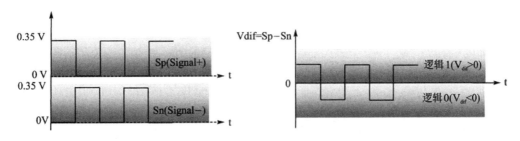

图 2-28　LVDS 标准的电平逻辑

如图 2-29 所示，由于 LVDS 标准采用真差分信号，接收端根据其差分信号的电压差进行逻辑判断：正压差判为 1，负压差判为 0，不同于伪差分标准的中心线取样，因此不需要参考电压。在终端电阻设置上，也不同于伪差分标准，不支持双向端口，因而在接收端需要 100 Ω 的终端匹配电阻，发送端不需要，如图 2-29 所示。对于 Altera 的 FPGA 器件（例如 Stratix II）而言，支持使用 ODT 方式设置该电阻，因而不需要在 PCB 上布置。

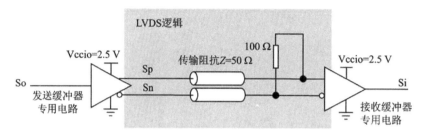

图 2 - 29 LVDS 标准的端接图

7. LVPECL 差分传输标准

LVPECL(见图 2 - 30)的英文全拼有两种拼法,第一种拼法为低压正发射极耦合逻辑;第二种为低压伪差分发射极耦合逻辑。但这两种拼法表达的结论是一致的,即采用 TTL 结构的三极管组成差分对管,用其驱动和捕获信号。

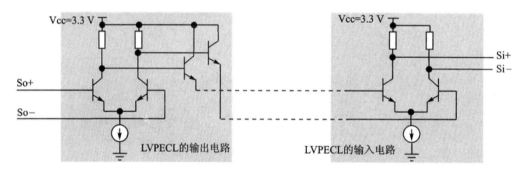

图 2 - 30 LVPECL 的输出和输入电路

在图 2 - 30 所示的 LVPECL 的输出电路中,三极管组成的差分对管采用射极输出,具有很高的输入阻抗和很低的输出阻抗。接收端则采用差分对管捕获信号,具有很高的抗共模干扰能力。因此,LVPECL 具有比 LVDS 更高的传输速度,理论速度可达 10 Gb/s,实际应用于 5 Gb/s 的长线领域,如背板走线、高速线缆驱动等。LVPECL 在差分传输时也需要在接收端有一个 100 Ω 的匹配电阻,其端接图如图 2 - 31 所示。

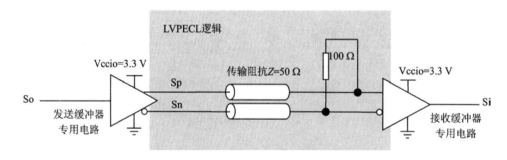

图 2 - 31 LVPECL 标准的直流耦合端接图

虽然 LVPECL 具有上述优点,但由于 LVPECL 采用如图 2 - 22 所示的 TTL 逻辑电平,其噪声容限小,摆幅小,而且功耗大,使其应用受到很大限制。相关的技术还在发展中,暂时还没有看到关于它的国际标准组织文件。

2.2.2　逻辑值和噪声容限

从发送端发出的信号,由于线路的噪声影响,其电平可能升高或降低,因而接收端必须在一个电平范围内判断它的逻辑值,该电平范围称为噪声容限。不同的信号传输方式和 I/O 标准有不同的噪声容量(NM,Noise Margin)和逻辑值判断方式。图 2-32 为单端信号传输方式时的噪声容量示意图。

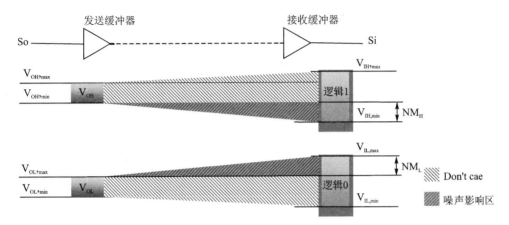

图 2-32　单端信号传输时的逻辑值和噪声容限

图 2-32 中,当发送端发送 1 信号时,其输出高电平称为 V_{OH},它的最小输出值称为 $V_{OH,min}$,使其增加的噪声部分只会使得接收端信号电平更高,因而更容易判断为逻辑 1;使 $V_{OH,min}$ 减小的噪声,使得接收端信号电平更低,为了能够接收在一定范围内被减小的电平,输入端高电平阀值的最低点($V_{IH,min}$),应该低于输出端高电平的最小值 $V_{OH,min}$,如图 2-32 中间的图所示。对应的差值就是高电平信号的噪声容限:$NM_H = V_{OH,min} - V_{IH,min}$,表 2-6 为其标准电平。

表 2-6　单端信号标准的电平逻辑

I/O 标准	V_{IL}(max)/V	V_{OL}(max)/V	NML/V	V_{OH}(min)/V	V_{IH}(min)/V	NMH/V	VCCIO/V	V_{REF}/V
3.3 V LVTTL	0.8	0.45	0.35	2.4	1.7	0.7	3.3	
2.5 V LVTTL	0.7	0.4	0.3	2.0	1.7	0.3	2.5	
1.8 V LVTTL	0.63	0.45	0.18	1.35	1.17	0.18	1.8	
3.3 V LVCMOS	0.8	0.2	0.6	3.1	1.7	1.4	3.3	
2.5 V LVCMOS	0.7	0.4	0.3	2.0	1.7	0.3	2.5	
1.8 V LVCMOS	0.63	0.45	0.18	1.35	1.17	0.18	1.8	
1.5 V LVCMOS	0.525	0.375	0.15	1.125	0.975	0.15	1.5	
PCI and PCI-X	0.99	0.33	0.66	2.97	1.65	1.32	3.3	
SSTL-2 class I	$V_{REF}-0.18$ (DC) $V_{REF}-0.35$(AC)	0.68	0.39	1.82	$V_{REF}+0.18$ (DC) $V_{REF}+0.35$(AC)	0.39	2.5	1.25
SSTL-2 class II	$V_{REF}-0.18$ (DC) $V_{REF}-0.35$(AC)	0.49	0.58	2.01	$V_{REF}+0.18$ (DC) $V_{REF}+0.35$ (AC)	0.58	2.5	1.25
SSTL-18 class I	$V_{REF}-0.125$ (DC) $V_{REF}-0.25$ (AC)	0.425	0.35	1.375	$V_{REF}+0.125$ (DC) $V_{REF}+0.25$ (AC)	0.35	1.8	0.9

I/O 标准	$V_{IL}(max)/V$	$V_{OL}(max)/V$	NML/V	$V_{OH}(min)/V$	$V_{IH}(min)/V$	NMH/V	VCCIO/V	V_{REF}/V
SSTL - 18 class II	$V_{REF}-0.125$ (DC) $V_{REF}-0.25$ (AC)	0.28	0.495	1.52	$V_{REF}+0.125$ (DC) $V_{REF}+0.25$ (AC)	0.495	1.8	0.9
HSTL - 18 class I	$V_{REF}-0.1$ (DC) $V_{REF}-0.2$ (AC)	0.4	0.4	1.4	$V_{REF}+0.1$ (DC) $V_{REF}+0.2$ (AC)	0.4	1.8	0.9
HSTL - 18 class II	$V_{REF}-0.1$ (DC) $V_{REF}-0.2$ (AC)	0.4	0.4	1.4	$V_{REF}+0.1$ (DC) $V_{REF}+0.2$ (AC)	0.4	1.8	0.9
HSTL - 15 class I	$V_{REF}-0.1$ (DC) $V_{REF}-0.2$ (AC)	0.4	0.25	1.1	$V_{REF}+0.1$ (DC) $V_{REF}+0.2$ (AC)	0.25	1.5	0.75
HSTL - 15 class II	$V_{REF}-0.1$ (DC) $V_{REF}-0.2$ (AC)	0.4	0.25	1.1	$V_{REF}+0.1$ (DC) $V_{REF}+0.2$ (AC)	0.25	1.5	0.75

由于输出高电平的最大值 $V_{OH,max}$ 和输入高电平的最大值 $V_{IH,max}$ 不参与噪声容限的计算,因此通常将 $V_{OH,min}$ 简化表述为 V_{OH},将 $V_{IH,min}$ 简化为 V_{IH},而噪声容限公式(高电平)也相应简化,单端信号传输时的高电平噪声容限公式为:

$$NM_H = V_{OH} - V_{IH} \qquad (2-3)$$

同样,可以得到单端信号传输时的低电平噪声容限公式为:

$$NM_L = V_{IL} - V_{OL} \qquad (2-4)$$

表 2 - 6 列出了 FPGA/ASIC 器件中常用 I/O 标准的电平逻辑,数据来源于 Altera 的 Cyclone II 的数据手册。在单端伪差分标准中,采用参考电压取样,具有对称的噪声容限。

2.2.3 漏极开路输出(OD)和集电极开路输出(OC)

在 FPGA/ASIC 器件的输出端口中,为了下述目的而采用漏极开路输出 OD(Open - Drain Output)或集电极开路输出 OC(Open - Collector Output),如图 2 - 33 所示。

(1) 当输出信号用于线与或线或结构,例如 I^2C 总线,线与中断时。

(2) 当输出信号的电平逻辑为用户特定的电平逻辑,例如 LVTTL 端口通过 OD 驱动 5V 逻辑。

(3) 当输出信号主要用于电流控制目的,例如对继电器的驱动。

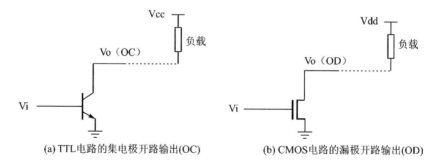

(a) TTL电路的集电极开路输出(OC)　　　　(b) CMOS电路的漏极开路输出(OD)

图 2 - 33 OC 和 OD 输出

图 2 - 33 的负载如果以电流驱动,当 OC 或 OD 的输入为高时,电流负载被驱动为 1,否则,该负载失去动作的电流。这种典型的应用例子是对(微小型)继电器的控制,如图 2 - 33

所示。

OD 和 OC 的用途是支持线与和线或操作，例如线与中断、I^2C 总线、线或使能等。图 2 - 34 所示的线与结构中，所有的输入 V_{Oi} 直接相连，并通过一个电阻上拉，该节点中任一个输入为低电平时，将把输出拉低，因此输出是所有输入端相与的结果。由于线与结构简单，I^2C 仅用 2 根线进行主从的命令和数据交换，这是一种高效的应用方式。但如果采用 CMOS 的互补输出结构或 TTL 的图腾柱输出结构进行线与，则有发生短路的可能，如图 2 - 34(b) 所示：T0 互补管输入 0，其 T0N 导通，T0P 截止；T1 互补管输入 1，其 T1P 导通，T1P 截止，等效电路如图 (c) 所示，这样就发生了短路。显然，此时 OD 和 OC 输出可以避免这样的危险。

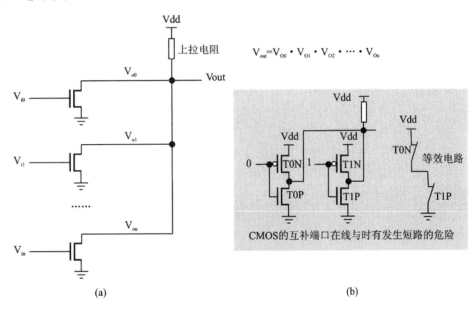

图 2 - 34　开漏输出与线与结构

2.2.4　端口的上拉和下拉电阻

FPGA/ASIC 数字电路中，很多情况下要在端口使用上拉电阻或下拉电阻。上拉（Pull - Up）和下拉（Pull - Down）电阻需要在器件外布置，称为外部电阻，有时则由器件内部提供，称为内部电阻；上、下拉电阻接在输入端口，或接在输出端口；接入阻值正常，称为强类型，若接入很大的阻值，称为弱类型；作为由器件提供的内部电阻时，若接入具有固定的阻值，有时其阻值可通过器件的配置寄存器进行设定。正确的理解它们的功能和用途，对于现代数字设计有重要的意义。

1. 线与输出和 OD 输出

多个子电路产生输出信号直接相连后输出，在端口接入上拉电阻后，构成线与输出结构（见图 2 - 35）。

在图 2 - 35 中，所有子电路的输出直接相连后从端口输出，端口通过一个上拉电阻连接到 Vdd 或 Vcc，其中任何一个子电路的输出为低电平时，均可以通过上拉电阻将输出拉低，如果将 Out0～Outn 看成是线与电路的输入，将输出看成是线与电路的输出，则任何一个输入为低导致输出为低；而它的任何一个输入为高电平对输出均无影响，只有全部输入为高电平，输出才为高电平。显然,这是与(And)逻辑:Output＝In_0·In_1·…·In_n。

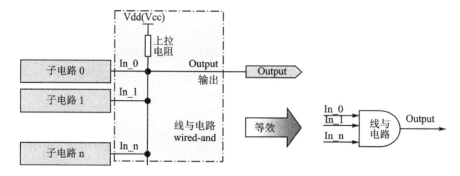

图 2 - 35　线与输出结构需要上拉电阻

　　这些子电路可以是 FPGA/ASIC 内部逻辑,也可以是外部逻辑。线与典型的应用(例如 I^2C 标准)通常要求这些子电路具有 OC 或 OD 的输出驱动以避免短路危险(见 2.2.3 节)。上拉电阻的阻值由驱动负载能力(DC)和工作速度(AC)决定。

　　另外一种不常用的线或输出结构如图 2 - 36 所示。图中所有子电路的输出直接相连后输出,端口通过一个下拉电阻与地相连,构成线或输出结构。如果将这些子电路的输出看成是线或电路的输入,则端口的输出看成是线或的输出。线或的任何一个高电平输入,都将通过下拉电阻将输出拉高,使输出为高电平;仅当全部输入为低电平时,输出才为低电平。显然,这是或逻辑,即 Output＝In_0＋In_1＋…＋In_n。同样,线或门下拉电阻的阻值也由负载能力(DC)和工作速度(AC)决定。采用 CMOS 互补的线或输出同样有短路的危险,此时要求发射极/源极开路或射极/源极跟随器电路。

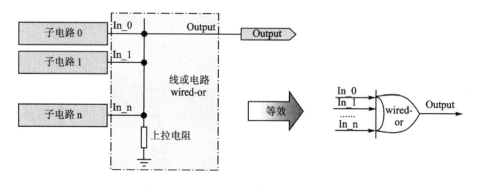

图 2 - 36　线或输出结构需要下拉电阻

　　由此,采用漏极开路(OD)或集电极开路(OC)的输出电路,要求上拉电阻;采用发射极开路或源极开路的电路要求下拉电阻。相比之下,前者应用较多。

　　在第 7 章的代码模型分析中,将多个子电路输出相同信号的代码模型,称为线与(Wired_And)。在 FPGA/ASIC 内部逻辑中,线与门是不允许的,此时 EDA 软件将适当地处理这个问题,通常会用多路器和选通逻辑来替代线与门(详见第 7 章 7.3 到 7.6 节),因此内部逻辑的信号传输无须上拉和下拉电阻。

2. 不同电平标准的端口间直接对接

　　不同电平标准的逻辑相连,比较好的方式是采用电平转换器件,如 Maxim 公司的逻辑电平转换器系列,可以兼顾电平逻辑和速度。但有时也需要将不同电平标准的逻辑简单地直接相连。

(1) LVTTL 逻辑驱动 LVCMOS 逻辑,可以根据噪声容限(见 2.2.2 节),在 TTL 的输出端口使用上拉电阻直接连接到 CMOS 端口,上拉电阻典型的阻值为 10 kΩ,如图 2 - 37 所示。

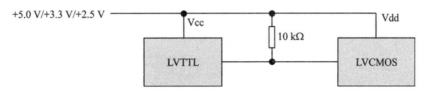

图 2 - 37　TTL 逻辑通过上拉电阻直接连接 CMOS 逻辑

(2) 低电平逻辑驱动高电平逻辑时的上拉电阻直联方案如图 2 - 38 所示。

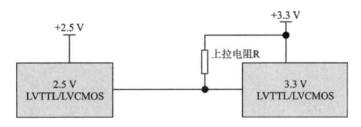

图 2 - 38　低电平逻辑驱动带有上拉电阻的高电平逻辑

此时根据噪声容限(见 2.2.2 节),可以在高电平逻辑的输入端口接上拉电阻,其阻值需要根据扇出数值来计算。

3. 输入输出端口的初始值以及 POR 设置

某些信号需要在上电复位 POR(Power On Reset)期间维持一个初始值。对于输入端口而言,外部驱动信号尚未稳定需要一个初始值,或者外部输入三态期间本地逻辑需要一个初始值,或者作为驱动信号的默认值。通过使用上拉电阻或下拉电阻得到这个初始值。例如器件低电平有效的复位信号 reset_n,通过上拉电阻使其有一个高电平的初始值(负逻辑 1 是假,同时支持线与),如图 2 - 39 所示。

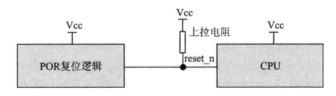

图 2 - 39　上电复位电路需要上拉电阻

同样,对于输出端口而言,有时需要上电的初始值、或三态和驱动信号的默认值,也可以通过上拉或下拉的方式实现。图 2 - 40 所示的键盘电路中,图(a)为常用的负逻辑电路,当按键没有闭合,其输出 key_n 通过上拉电阻设置默认值为高,按键闭合(操作按下)之后,key_n 通过上拉电阻被拉至 0,键盘逻辑检测到低电平有效的信号时,认为按键被按下。键盘的正逻辑电路为图 2 - 40(b)所示,键盘打开时,key 线输出低电平,键盘闭合时,通过下拉电阻,key 线被拉至 1。由于电磁干扰等方面的原因,采用键盘负逻辑较多。

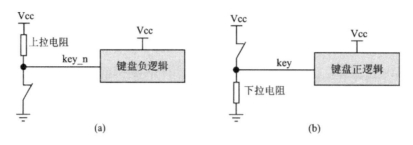

图 2 - 40　键盘电路的上拉负逻辑和下拉正逻辑

4. 电磁兼容 EMC 和信号完整性 SI

由于现代 FPGA/ASIC 器件大多采用 CMOS 电路,许多手册都要求避免引脚(Pin)悬空,以减小电磁兼容 EMC 问题,例如弱上拉(见图 2 - 41)。

FPGA 应用时有许多未使用引脚(Unused Pins)是需要管理的,一般要求接入一个内部的弱上拉(许多 CMOS 器件提供的端口保护电路内具有弱上拉)。EDA 软件还提供有对这些未使用引脚更多的处理方式。

对于一些避免高阻抗输入的高速通信端口,通常也采用内部或外部的上拉电阻来减小输入阻抗。对于具有终端电阻标准的端口逻辑,则通过上拉或下拉进行阻抗匹配,该电阻又称终端匹配电阻,详见 2.2.1 节中的相关内容。

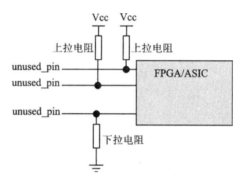

图 2 - 41　未使用的引脚需要上拉或下拉

电磁兼容性 EMC(Electro magnetic Compatibility)研究电磁干扰问题,包括抵抗外部 EMI 能力(不被干扰)和抑制自身 EMI(不发出干扰)的能力。信号完整性是指高速信号在传输过程中由于串扰、反射等原因引起的传输质量问题。信号完整性越好,表明信号从源到目标的传输质量越好。信号完整性较差导致错误和不稳定的数字逻辑结果。监视信号完整性典型的方法是使用高速示波器观察信号的眼图。EMC 和信号完整性除了简单地采用上拉/下拉或匹配电阻外,还可以采取更多的措施,详见引文参考。

5. FPGA 的可配置内部弱上拉

FPGA 器件为 I/O 引脚提供可配置的内部弱上拉电阻,为电路设计和调试带来很多方便。Altera 器件中的弱上拉电阻的典型值为 25 kΩ,可以通过 Quartus II 软件进行如图 2 - 42 所示配置,具体步骤如下:

(1) 设计模块具有输入和输出端口,并通过分析和综合。

(2) 单击 Quartus II 的菜单"Assignments"→"Assignment Editor",或者快捷键 Ctrl+Shift+A。

(3) 在"Assignment Editor"窗口中,选择"Category"为"I/O Features"。

(4) 在电子表格"To"列的"<<new>>"处双击,单击"Node Finder"。

(5) 在"Node Finder"窗口中选择需要上拉的端口,从"Nodes Found"选到"Selected Nodes"中,单击"OK",退出"Node Finder"。

（6）双击对应行的"Assignment Name"列的单元格，选择"Weak Pull – Up Resistor"。

（7）将对应行的"Enabled"设置为"Yes"。

（8）将对应行的"Value"设置为"On"。

（9）保存当前设置，单击菜单"File"→"Save"，或快捷键 Ctrl＋S。

（10）正常全编译，单击菜单"Processing"→"Start Compilation"，或快捷键 Ctrl＋L。

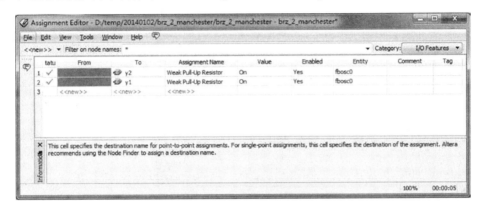

图 2 – 42　使用 Quartus II 设置内部弱上拉

经过上述步骤，需要弱上拉的端口已经被配置，下载编程后，FPGA 器件即可使用片上的电阻实现上拉。

2.3　布尔代数

本节讲述内容包括：基础知识，德莫根定理（DeMorgen's Laws），异或逻辑，香农扩展，布尔空间，积之和（SOP）与和之积（POS），非全配逻辑和逻辑化简。

2.3.1　基础知识

布尔代数（Boolean Algebra）描述逻辑变量的关系，而逻辑变量又是开关变量，取值为真或假，布尔代数中将真值用数字 1 表示，假值用数字 0 表示。这与二进制相似，但这里的 0 和 1 仅表示逻辑，与数值并无直接关联。因此，布尔函数是真值和假值的集合，或 1 和 0 的集合（另一种以开关的闭合与打开为集合的代数称为开关代数，开关代数与布尔代数类似）：

$$Boolean = \{true, false\} = \{1, 0\} \tag{2-5}$$

基本逻辑关系有非逻辑、与逻辑和或逻辑三类：

1. 非逻辑

若逻辑变量 A 为 1 时，逻辑变量 Y 则为 0；若逻辑变量 A 为 0 时，则逻辑变量 Y 为 1。

$$Y = \overline{A} \tag{2-6}$$

读作"B 等于 A 取反"，A 字母上面的一横线为取反操作符。

例 2 – 4：若 A 在场，则 B 一定不在场；若 A 不在场，则 B 一定在场。

若 A 在场为真值 1，则 A 不在场为假值 0；若 B 在场为真值 1，则 B 不在场为假值 0。

例 2 – 5：若开关 A 闭合，则灯 B 不亮；若开关 A 未闭合，则灯 B 亮。

若开关 A 闭合为真值 1，则 A 未闭合为假值 0；若灯 B 亮为真值 1，则 B 不亮为假值 0。

2. 与逻辑

若逻辑变量 $A_0 \sim A_n$ 全部为真值 1,逻辑变量 B 则为 1;反之,若逻辑变量 $A_0 \sim A_n$ 中有且至少有一个为假值 0,则逻辑变量 B 为假值 0。

$$B = A_0 \cdot A_1 \cdot \cdots \cdot A_n \qquad (2-7)$$

式中的操作符"·"称作与操作符(AND operator），又称为积操作符(Product operator)。

例 2 - 6:"若今天能做完这些工作,明天天气又好,我们则去八达岭,否则,哪里都不去。"

这里,今天完成工作用 A_0 表示,若果真做完这些工作,则为真值 1,否则为假值 0;明天天气事件用 A_1 表示,若明天果真天气好(无风沙无雾霾),则为真值 1,否则为假值 0;而去八达岭的事件则用 B 表示,真的去了取真值 1,没有去为假值 0。于是,其表达式为:$B = A_0 \cdot A_1$。

3. 或逻辑

若逻辑变量 $A_0 \sim A_n$ 全部为假值 0,逻辑变量 B 则为 0;反之,若逻辑变量 $A_0 \sim A_n$ 中有且至少有一个为真值 1,则逻辑变量 B 为真值 1。

$$B = A_0 + A_1 + \cdots + A_n \qquad (2-8)$$

式中的操作符"+"称作或操作符(OR operator),又称作和操作符(Sum operator)。

以这三个基本逻辑关系为基础,衍生出其组合,表 2-7 列出了常用的基本逻辑图。

表 2 - 7　布尔代数的基本逻辑

名　称		表达式	IEEE 符号	国标符号
非	NOT	$B = \overline{A}$		
与	AND	$B = A_0 \cdot A_1 \cdot \cdots \cdot A_n$		
或	OR	$B = A_0 + A_1 + \cdots + A_n$		
与非	NAND	$B = \overline{A_0 \cdot A_1 \cdot \cdots \cdot A_n}$		
或非	NOR	$B = \overline{A_0 + A_1 + \cdots + A_n}$		
异或	XOR	$Y = A \cdot \overline{B} + \overline{A} \cdot B$		

例 2 - 7:"2014 巴西 FIFY 世界杯小组赛 E 组 2 轮后,法国队已经积 6 分(瑞士 3 分,厄瓜多尔 3 分,洪都拉斯 0 分),在随后的第 3 轮剩下的 2 场比赛中(洪都拉斯对阵瑞士,法国对阵厄瓜多尔)。法国队出线的条件是,如果瑞士胜洪都拉斯同积 6 分,则在与厄瓜多尔的对阵中,

要么胜(积 9 分),要么平(积 7 分,);如果瑞士未胜洪都拉斯(平或负),则法国已经出线"。这里,事件 A_0 表示法国胜厄瓜多尔,事件 A_1 表示法国平厄瓜多尔,而事件 B 则表示在瑞士或胜时法国出线,其表达式为:

$$B = A_0 + A_1$$

若将瑞士胜洪都拉斯的事件用 C 表示,则法国队出线的布尔表达式为:

$$B = C \cdot (A_0 + A_1) + \overline{C}$$

一般性的布尔表达式中,既可以使用基于与逻辑的描述,也可以使用基于或逻辑的描述。前者强调真值导致的结论,后者强调假值导致的结论。基于真值结论的与逻辑运算项称为积项(Product Term),而基于假值的或逻辑运算项则称为和项(Sum Term)。

基于与逻辑描述的一般形式可表示为:

$$Y = P_0 + P_1 + \cdots + P_n$$

式中,$P_i = A_{i0} \cdot A_{i1} \cdot \cdots \cdot A_{in}$。例如:$Y = A \cdot \overline{B} + \overline{A} \cdot B$,

这种强调真值结论的与或表达式称为积之和 SOP(Sum - Of - Products)形式。

基于或逻辑描述的一般形式是可表示为:

$$Y = S_0 \cdot S_1 \cdot \cdots \cdot S_n$$

式中,$S_i = A_{i0} + A_{i1} + \cdots + A_{in}$,例如:$Y = (A + \overline{B}) \cdot (\overline{A} + B)$。

这种强调假值结论的或与表达式称为和之积 POS(Product - Of - Sums)形式。

总之,相同的逻辑结论,既可以用 SOP 描述,也可以用 POS 描述。

布尔代数的运算规则在表 2-8 列出。

表 2-8　布尔代数的运算规则

运算规则名	积之和形式(SOP)	和之积形式(POS)
结合律	$A + 0 = A$ $A + 1 = 1$	$A \cdot 0 = 0$ $A \cdot 1 = 1$
交换律	$A + B = B + A$	$A \cdot B = B \cdot A$
组合律	$(A + B) + C = A + (B + C) = A + B + C$	$(A \cdot B) \cdot C = A \cdot (B \cdot C) = A \cdot B \cdot C$
分配律	$A \cdot (B + C) = A \cdot B + A \cdot C$	$A + B \cdot C = (A + B) \cdot (A + C)$
幂等律	$A + A = A$	$A \cdot A = A$
蜕化律	$\overline{\overline{A}} = A$	
互补律	$A + \overline{A} = 1$	$A \cdot \overline{A} = 0$

EDA 工程中,布尔代数与二进制数据紧密关联,布尔变量的真值既可以对应二进制数值的 1,也可以对应于二进制的 0,反之亦然。例如,对于低电平有效的复位信号 reset_n,取值为 0(二进制)时对应的布尔量为真值(1,boolean),而对于高电平有效的置位信号则反之,它的二进制信号取值 1 对应的布尔量为真值。为了甄别这两种情况,并对布尔代数和二进制有一个统一的操作术语,现代数字系统中,统一地将布尔量设置为真值的操作称为 Assert,将布尔量设置为假值的操作称为 Deassert。于是,当对 reset_n 信号进行 Assert 操作,即是对其赋予低电平 0 置真;对于 reset_n 信号进行 Deassert 操作,则是对其赋予高电平 1 置假。

讨论复杂逻辑系统时,术语 Assert 和 Deassert 就显得非常重要,而这两个词的中文译名一直没有统一。关于 Assert 一词,许多文献中将其翻译为"断言",如新的验证理论中关于 Assert 算法和基于断言的验证 ABV。笔者认为,站在中文观点理解"断言"一词,与西方文献中 Assert 一词的真正含义相差甚远。仅仅用中文词典中关于"断言"一词的解释来理解 EDA 的"Assert",很容易使人糊涂和混淆。

2.3.2 德摩根定律

1847 年,英国数学家奥古斯通·德·摩根(Augustus de Morgan)于伦敦大学发表了《形式逻辑》,用一组简单明了的数学公式,揭示了基于真值判断的积之和逻辑与基于假值判断的和之积逻辑之间的关系,它由两个数学公式组成:

$$\overline{A \cdot B} = \overline{A} + \overline{B} \tag{2-9}$$

$$\overline{A + B} = \overline{A} \cdot \overline{B} \tag{2-10}$$

由于许多复杂逻辑的转换和化简都可据此得到,人们将其称为德摩根定律(DeMorgen's Laws)。

德摩根定律的一般形式为:

$$\overline{A_0 \cdot A_1 \cdot \cdots \cdot A_n} = \overline{A_0} + \overline{A_1} + \cdots + \overline{A_n} \tag{2-11}$$

$$\overline{A_0 + A_1 + \cdots + A_n} = \overline{A_0} \cdot \overline{A_1} \cdot \cdots \cdot \overline{A_n} \tag{2-12}$$

有时也写成如下形式:

$$A_0 \cdot A_1 \cdot \cdots \cdot A_n = \overline{\overline{A_0} + \overline{A_1} + \cdots + \overline{A_n}} \tag{2-13}$$

$$A_0 + A_1 + \cdots + A_n = \overline{\overline{A_0} \cdot \overline{A_1} \cdot \cdots \cdot \overline{A_n}} \tag{2-14}$$

SOP 和 POS 的一些重要的化简定理据此推出,如表 2-9 所列。

表 2-9 布尔表达式化简定理

定　理	SOP(积之和)形式	POS(和之积)形式
邻接律(logical adjacency)	$A \cdot B + A \cdot \overline{B} = A$	$(A+B) \cdot (A+\overline{B}) = A$
吸收律(absorption)	$A + A \cdot B = A$	$A \cdot (A+B) = A$
或等律(logical or)	$A + \overline{A} \cdot B = A + B$	$(A+\overline{B}) \cdot A = A \cdot B$
分解律(factoring)	$(A+B) \cdot (\overline{A}+C) = A \cdot C + \overline{A} \cdot B$	$A \cdot B + \overline{A} \cdot C = (A+C) + (\overline{A}+B)$
合并律(consensus)	$A \cdot B + B \cdot C + \overline{A} \cdot C = A \cdot B + \overline{A} \cdot C$	$(A+B) \cdot (B+C) \cdot (\overline{A}+C) = (A+B) \cdot (\overline{A} \cdot C)$

2.3.3 异或逻辑

布尔代数中,由基本的与或非逻辑拓展出许多复合逻辑。表 2-7 所列的复合逻辑中,异或逻辑也是与或非的拓展,但由于异或逻辑与二元码运算有重要的联系,许多情况下需要将异或逻辑作为一个独立的问题进行讨论。

从逻辑学观点看,对于二元逻辑 A 和逻辑 B,若描述:$E = A \cdot \overline{B} + \overline{A} \cdot B$,则说明:当逻辑 A 和逻辑 B 相异时,逻辑 E 为真,否则逻辑 E 为假,布尔代数称为异或 XOR。表 2-10 为异或逻辑与二元码的关系。

表 2 - 10　异或逻辑与二元码的关系

A	B	$E=A \cdot \overline{B}+\overline{A} \cdot B$	$Sum=A+B$	$Y=A \oplus B$
0	0	0	00	0
0	1	1	01	1
1	0	1	10	1
1	1	0	11	0

　　计算机技术和通信技术中,仅有两个取值(0 和 1 作为数值)的运算称为二进制码;当它并非作为数值时(例如 CRC 编码),称为二元码。前者运算过程将考虑数值的进位,通常采用数学运算规则描述,后者并非数值,所以不需要进位和数值计算,而是考虑对码值的操作,通常采用多项式描述。

　　现代数字理论指出,所有的二进制运算都是二元码理论的特例。基于此,对于二元码的加法操作则可以看成是忽略进位操作的二进制加法,或者说是对于单比特二元码运算的最基本操作。如表 2 - 10 所列,为了区别二进制的加法和二元码的加操作,将后者的加号用一个圆括起来,写成“$\oplus$”,而由于此时二元码的码值真值表与布尔代数中的异或真值表一致,所以许多时候“$\oplus$”和“XOR”被混合在一起使用,而它们原来是有差异的,前者描述的是二元码码值,后者则是布尔变量。

　　由于数值运算的基础是计数,基于计数的拓展,得到加减乘除,继而得到现代数学系统。而计数系统的原始模型则可以归结为一系列的异或运算。因此,理论上说,所有复杂的数学系统都是基本异或运算的拓展,这一点,在基于二元码的通信编码理论中得到证明。

　　不同于与或逻辑,基本的异或逻辑是基于二输入的逻辑,当输入数目增加时,则构成二叉树结构,图 2 - 34 所示的三输入异或逻辑:$F=A \oplus B \oplus C$,其二叉树和真值表列于图 2 - 43 中。

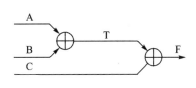

A	B	C	T	F
0	0	0	0	0
0	0	1	0	1
0	1	0	1	1
0	1	1	1	0
1	0	0	1	1
1	0	1	1	0
1	1	0	0	0
1	1	1	0	1

图 2 - 43　基于二输入的异或逻辑构成多输入的二叉树

　　可以证明,无论如何安排这种二叉树,其输出结论 F 不变。由此推导出异或运算的结合律、交换律、组合律、分配率和互补律如表 2 - 11 所列。

表 2 - 11　异或运算定理

定　理	表　达　式
结合律	$A \oplus 0 = A$ $A \oplus 1 = \overline{A}$ $A \oplus A = 0$ $A \oplus \overline{A} = 1$

续表 2－11

定　理	表　达　式
交换律	$A \oplus B = B \oplus A$
组合律	$A \oplus B \oplus C = (A \oplus B) \oplus C = A \oplus (B \oplus C)$
分配律	$A \cdot (B \oplus C) = A \cdot B \oplus A \cdot C$
互补律	$\overline{A \oplus B} = A \oplus \overline{B} = \overline{A} \oplus B = A \cdot B + \overline{A \oplus B}$

2.3.4　香农扩展

若有布尔函数：$\qquad Y = F(A_0, A_1, \cdots, A_i, \cdots, A_n)$

使用香农扩展(Shannon Expansion)，将其转换成具有两个积项的积之和表达式，即

$$Y = A_i \cdot F(A_0, A_1, \cdots, 1, \cdots, A_n) + \overline{A_i} \cdot F(A_0, A_1, \cdots, 0, \cdots, A_n) \qquad (2-15)$$

若将式中的 $F(A_0, A_1, \cdots, 1, \cdots, A_n)$ 用 F_i 表示，即：$F_i = F(A_0, A_1, \cdots, 1, \cdots, A_n)$，再将式中的 $F(A_0, A_1, \cdots, 0, \cdots, A_n)$ 用 $F_{\bar{i}}$ 表示，即：$F_{\bar{i}} = F(A_0, A_1, \cdots, 0, \cdots, A_n)$，则香农扩展可写成如下异或形式：

$$Y = F(A_0, A_1, \cdots, A_i, \cdots, A_n) =$$
$$A_i \cdot F(A_0, A_1, \cdots, 1, \cdots, A_n) + \overline{A_i} \cdot F(A_0, A_1, \cdots, 0, \cdots, A_n) =$$
$$A_i \cdot F_i + \overline{A_i} \cdot F_{\bar{i}} \qquad (2-16)$$

香农扩展最主要的用途是通过调整面积和多路器的方式，使得电路逻辑具有更快的速度优势。

例 2－8：有一逻辑：$Y = \overline{A} \cdot B + C$ 使用香农扩展为其提速，写出逻辑图。

解：由于 $Y_b = \overline{A} \cdot 1 + C = \overline{A} + C$，　$Y_{\bar{b}} = \overline{A} \cdot 0 + C = C$，根据香农扩展公式有：

$$Y = \overline{A} \cdot B + C = B \cdot Y_b + \overline{B} \cdot Y_{\bar{b}} = B \cdot (\overline{A} + C) + \overline{B} \cdot C$$

得到如图 2－44 所示扩展例子。

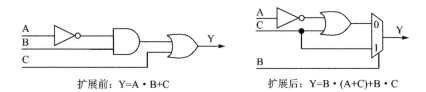

扩展前：$Y = A \cdot B + C$　　　　　　扩展后：$Y = B \cdot (A+C) + B \cdot C$

图 2－44　香农扩展例子

至于香农扩展后的逻辑是否等同于扩展前的逻辑，可将扩展后的公式化简，即

$$Y = B \cdot (\overline{A} + C) + \overline{B} \cdot C = B \cdot \overline{A} + B \cdot C + \overline{B} \cdot C = B \cdot \overline{A} + C \cdot (B + \overline{B}) = B \cdot \overline{A} + C$$

由此可见，香农扩展是布尔化简的逆运算。由于在 EDA 设计中，多路器可以使用硬核得到，因此图 2－44 的组合电路延迟从路由三个门的延迟，减少为路由二个门的延迟。

2.3.5　布尔空间

对于具有多个逻辑变量的布尔函数，可以使用多维空间的方式进行表述，因而可以使用向量数学工具进行分析。

由 n 个布尔变量组成 n 维布尔空间，用黑体字 $\boldsymbol{B^n}$ 表示。布尔空间的一个点，称为一个布尔向量(Vertex)，布尔向量用其所在布尔空间的坐标表示，例如点 $\overline{A}B\overline{C}$ 的坐标为(101)。

对应布尔变量或开关变量,如果将输入变量的集合定义为 B,即 B={0,1}。将输出变量的集合定义为 Y,则 Y={0,1,x},式中 x 为 Don't care(不管项)。

对于输入变量组成的空间 $[x1,\cdots,x_n] \in \boldsymbol{B^n}$,以及输出变量组成的空间 $[y1,\cdots,y_m] \in \boldsymbol{Y^m}$,则布尔函数可表示为:$\boldsymbol{B^n} \rightarrow \boldsymbol{Y^m}$。

当 m=1 时,称其为单输出函数;当 m>1 时,称其为多输出函数。

一个布尔函数是由其输入变量在布尔空间的诸点组成,有些点对应于输出变量的 1,这些点组成 on-set 集合(1 集);有些点对应于输出变量的 0,这些点组成 off-set 集合(0 集),还有些点对应于不管项,组成 x-set(不管集)。而完整描述布尔函数的空间点的集合,称为晶格(cube)。对于单输出函数,它只有一个晶格,对于多输出函数,则有多个晶格(cubes)。这晶格的集合则称为一个布尔空间(cover)。

例 2-9:对于一个 $\boldsymbol{B^3} \rightarrow \boldsymbol{Y^2}$ 的布尔函数,其真值表和框图如表 2-12 所列。

表 2-12 布尔空间例子真值表

order	X_1	X_2	X_3	Y_1	Y_2
0	0	0	0	1	1
1	0	0	1	1	0
2	0	1	0	0	1
3	0	1	1	0	1
4	1	0	0	1	0
5	1	0	1	1	x
6	1	1	0	1	1
7	1	1	1	x	1

例子逻辑有两个输出,m=2 为多输出函数。因此,它有两个晶格(C_1,C_2),其中,每个晶格又包含各自的集合 1、集合 0 和不管集,如图 2-45 所示。

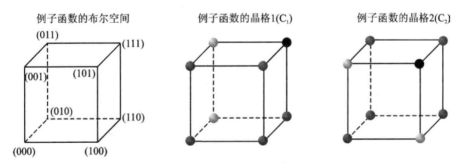

图 2-45 例子逻辑二输出函数的布尔空间和它的两个晶格

对应 C_1 和 C_2 的集合 1、集合 0 和不管集如表 2-13 所列。

表 2－13　例子函数的 1 集、0 集和 x 集

晶格 1(C_1)				晶格 2(C_2)		
on－set	off－set	x－set		on－set	off－set	x－set
(000)	(010)	111		(000)	(000)	101
(001)	(011)			(010)	(100)	
(100)	，			(011)		
(101)				(110)		
(110)				(111)		

　　用布尔空间描述的布尔函数(见图 2－46)，例如：$Y = A \cdot \overline{B} + B \cdot \overline{C}$，这里布尔函数 Y 有 3 个变量 A、B、C，因此由 A、B、C 构成 3 维布尔空间 B^3。在这里，函数具有两个晶格，分别对应布尔空间的两个向量集合(点集合)，分别称为 C_0 和 C_1，即

$$C_0 = 10x = A \cdot \overline{B}$$
$$C_1 = x10 = B \cdot \overline{C}$$

式中的 x 称为不管项。这两个晶格则由相关联的布尔向量(或点)组成，即

$$C_0 = 10x = \{100, 101\} = \{m_8, m_9,\}$$
$$C_1 = x10 = \{010, 110\} = \{m_2, m_6,\}$$

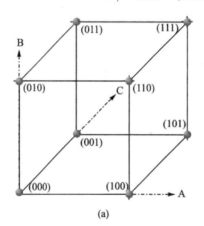
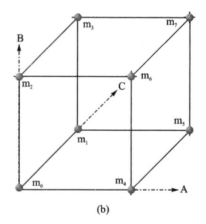

图 2－46　布尔空间例子示意图

　　布尔向量既可以用布尔空间的坐标表示(见图 2－46(b))，也可以用布尔空间坐标的十进制序列表示(见图 2－46(a))。

　　晶格是点的集合，构成决策项，因此也称为积项。正因为它是由布尔空间的诸点组成，一个晶格中，诸坐标字母或者出现一次，或者一次也不出现，但不可能出现一次以上，例如 $B \cdot \overline{C}$ 或者 $A \cdot B \cdot \overline{C}$ 是一个晶格，但 $A \cdot B \cdot \overline{C} \cdot \overline{B}$ 不是。

　　布尔空间是布尔代数的更高级模型，是现代 EDA 综合优化软件中数学工具的基础，例如 IBM 的多输入端的逻辑化简和综合优化，ESPROSSO，以及集成在 Synopsys 的综合，仿真工具中的逻辑化简和优化工具中。更多的了解，可以参阅附录中的引文。

2.3.6　积之和与和之积以及非全配逻辑

布尔代数处理逻辑问题时既可以根据真值进行推论,也可以根据假值进行推论。前者得到"积之和"(Sum of Products,SOP)表达式,后者得到"和之积"(Product of Sums,POS)表达式。

例如图 2-47 所示的逻辑和真值表。当考虑真值推论时,依据真值表 F 输出为真值 1 时的各种可能性。根据图 2-47 真值表的 F 列,可得到:$F = A'BC + AB'C' + AB'C + ABC' + ABC$,即输入变量的任一种组合导致输出为 1,这些组合形式中的积项是最小决策项,因此将其称为最小项。而所有最小项的或逻辑,则构成 F 输出的各种可能,从而得到称为积之和的表达式。

No.	A	B	C	F	F'
0	0	0	0	0	1
1	0	0	1	0	1
2	0	1	0	0	1
3	0	1	1	1	0
4	1	0	0	1	0
5	1	0	1	1	0
6	1	1	0	1	0
7	1	1	1	1	0

图 2-47　"积之和"与"和之积"逻辑和真值表

最小项是积项,其中,每一个输入变量仅出现一次,或者是真值,或者是假值(反码)。最小项的另一种表达方式是用真值表的行号作为小写字母 m 的下标,如表 2-14 所列。

F 逻辑的"积之和"表达式可以写成:

$$F = A'BC + AB'C' + AB'C + ABC' + ABC$$
$$= m_3 + m_4 + m_5 + m_6$$
$$= \sum m(3,4,5,6) \tag{2-17}$$

注意到最小项表达式包含所有的 0 输出项和 1 输出项,而"积之和"则省略了所有的 0 输出项。

表 2-14　积之和真值表

No	A	B	C	F	最少项
0	0	0	0	$0 = f_0$	$A'B'C' = m_0$
1	0	0	1	$0 = f_1$	$A'B'C = m_1$
2	0	1	0	$0 = f_2$	$A'BC' = m_2$
3	0	1	1	$1 = f_3$	$A'BC = m_3$
4	1	0	0	$1 = f_4$	$AB'C' = m_4$
5	1	0	1	$1 = f_5$	$AB'C = m_5$
6	1	1	0	$1 = f_6$	$ABC' = m_6$
7	1	1	1	$1 = f_7$	$ABC = m_7$

F 逻辑的"积之和"表达式可以写成:
$$F = A'BC + AB'C' + AB'C + ABC' + ABC =$$
$$m_3 + m_4 + m_5 + m_6 =$$
$$\sum m(3,4,5,6)$$

当考虑假值推论时,依据真值表 F 输出为假值 0 时的各种可能性。根据图 2-47 真值表的 F 列,可得到:$F' = A'B'C' + A'B'C + A'BC'$,由德摩根定律,得到:

$$F = (A+B+C) \cdot (A+B+C') \cdot (A+B'+C)$$

式中,输入变量的任一组合作为和项,输出则取决于所有和项的积。由于它们是最大决策项,因此称为最大项,由最大项得到的逻辑表达式则称为和之积表达式。同样,最大项的另一种表示形式是采用真值表的行号作为大写字母 M 的下标,如表 2-15 所列。

表 2-15　和之积真值表

No	A	B	C	F	F'	Maxterms
0	0	0	0	$0 = f_0$	$1 = f'_0$	$A+B+C = M_0$
1	0	0	1	$0 = f_1$	$1 = f'_1$	$A+B+C' = M_1$
2	0	1	0	$0 = f_2$	$1 = f'_2$	$A+B'+C = M_2$
3	0	1	1	$1 = f_3$	$0 = f'_3$	$A+B'+C' = M_3$
4	1	0	0	$1 = f_4$	$0 = f'_4$	$A'+B+C = M_4$
5	1	0	1	$1 = f_5$	$0 = f'_5$	$A'+B+C' = M_5$
6	1	1	0	$1 = f_6$	$0 = f'_6$	$A'+B'+C = M_6$
7	1	1	1	$1 = f_7$	$0 = f'_7$	$A'+B'+C' = M_7$

F 逻辑的"和之积"表达式可以写成:
$$F = (A+B+C) \cdot (A+B+C') \cdot (A+B'+C) = $$
$$M_0 \cdot M_1 \cdot M_2 = $$
$$\prod M(0,1,2)$$

F 逻辑采用最大项更一般的描述称为最大项表达式,即

$$F = (f_0 + M_0)(f_1 + M_1)(f_2 + M_2)(f_3 + M_3)(f_4 + M_4)(f_5 + M_5)(f_6 + M_6)(f_7 + M_7) = $$
$$\prod_{i=0}^{7} (f_i + M_i)$$

同样,注意在最大项表达式中包含所有的 1 输出项和 0 输出项目,而"和之积"则省略了所有的 1 输出项(f' 的所有 0 项)。

得到积之和与"和之积"之后,则可以通过对逻辑表达式的化简,得到如图 2-48 所示电路。

$$F = A'BC + AB'C' + AB'C + ABC' + ABC = $$
$$A'BC + AB'C' + AB'C + ABC' + ABC = $$
$$A'BC + AB' + AB = $$
$$A'BC + A = $$
$$BC + A$$

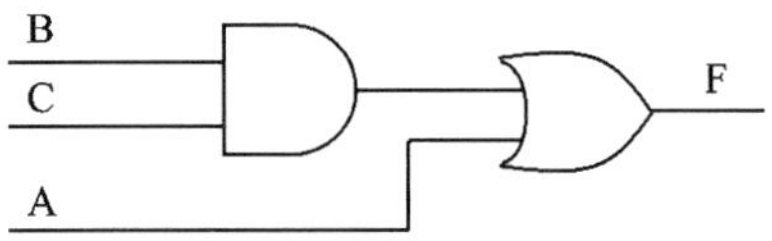

图 2-48　"积之和"和"和之积"逻辑的实现电路

对于某些逻辑,其输入变量实际上并不会得到所有的组合,此时在真值表中,绝不会发生的输入组合对应的输出则写为不管逻辑。例如,一个检测 BCD 码是否能被 3 整除的逻辑,当输入 BCD 码(8-4-2-1 码)为 0,3,6,9 时,Z 输出为 1,否则 Z 输出为 0,如表 2-16 所列。

表 2－16　非全配逻辑输出表

No	A	B	C	D	Z
0	0	0	0	0	1
1	0	0	0	1	0
2	0	0	1	0	0
3	0	0	1	1	1
4	0	1	0	0	0
5	0	1	0	1	0
6	0	1	1	0	1
7	0	1	1	1	0
8	1	0	0	0	0
9	1	0	0	1	1
10	1	0	1	0	X
11	1	0	1	1	X
12	1	1	0	0	X
13	1	1	0	1	X
14	1	1	1	0	X
15	1	1	1	1	X

这种输出包括 X(don't－care)的逻辑,称为非全配逻辑,对应的非全配函数为:

$$Z = \sum m(0,3,6,9) + \sum d(10,11,12,13,14,15)$$

式中,$d_{10} = AB'CD'$,$d_{11} = AB'CD$,……

由于 BCD 码不可能出现 $d_{10} \sim d_{15}$,所以函数的输出逻辑,既可以将它输出 0,也可输出 1。非全配函数是实际逻辑中经常出现的现象,对于这种不管逻辑,常用它帮助逻辑化简。此时,根据化简需要,对应的 d 项既可设置为 1,也可设置为 0。

2.3.7　逻辑化简

使用 2.3.6 节"积之和"表达式或"和之积"表达式,可得到由与门和或门组成的实现电路,这被称为二级电路逻辑(Two－Level Circuit)。显然,实现电路的成本与这些门的数量有关,也与二级电路的输入端口数量有关,逻辑门越少,输入端口越少,成本越低。因此,"积之和"和"和之积"需要化简。化简的目的是得到"积之和"最小化,或者"和之积"最小化。

"积之和"最小化是指它具有最小的和项数和最小的积项数(对应最小数量的与门以及最小数量的输入端),"和之积"最小化是指它具有最小的积项数和最小的和项数(对应最小数量的或门以及最小数量的输入端)。

由于逻辑化简对于现代数字电路的重要性不仅体现在成本,更多体现在实现逻辑的速度和可实现性上,因此逻辑化简的理论方法以及工具都在不断地进步。通常的数字电路课程中,会讨论公式化简法、卡诺图化简法和表格化简法。前两种化简方法大多用于人工作业,而表格法(或奎因—麦克拉斯基法)则可以用计算机语言完成。现代 EDA 工具中,主要采用专用逻辑化简软件如 ESPRESSO。

对于现代 EDA 工程师,既要能够使用公式法和卡诺图法进行小规模逻辑的手工作业,也要能够编写 C 代码处理稍大规模的逻辑化简,更多还必须知道 EDA 处理大规模逻辑化简的原理和使用方法,这样才能有准备地处理各种现代数字工程问题。

与公式法以及其他方法相比,卡诺图(Karnaugh Map)解决化简问题会更快、更容易些。当然,它的局限性在于只能讨论较少数量输入端的逻辑,例如三输入端和四输入端逻辑,而处理五输入端和六输入端以及更多的输入端的逻辑时,卡诺图处理的效率会变低。另外,完全人工方式的卡诺图化简过程不是一个系统化的过程(虽然 Roth - Kenner 流程给出了一种系统化的方法),不便于在 EDA 中使用。尽管如此,现代化简理论和 ESPRESSO 中,仍以它为基础。因此,在讨论奎因—麦克拉斯基法之前,重点讨论人工方式的卡诺图逻辑化简,而后再讨论 EDA 方式的逻辑化简。

1. 二变量卡诺图

对于二变量卡诺图,其真值表和图样如图 2 - 49 所示。

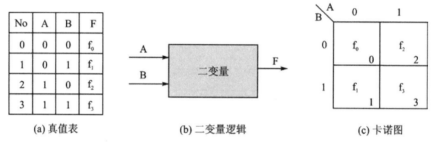

图 2 - 49　二变量卡诺图

将真值表中输出为 1 的最小项填入卡诺图,然后使用 $XY' + XY = X$(邻接律)和 $X + X = X$(幂等律),直接在图上化简,如图 2 - 50 所示。

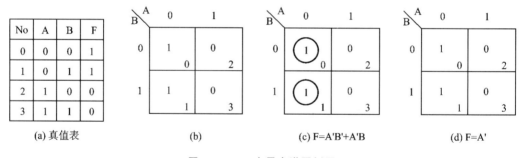

图 2 - 50　二变量卡诺图例子

将真值表填入卡诺图,即将真值表的输出值填写到卡诺图的对应区域中(称为一个最小项),即图 2 - 49(c)的图样中,每个区域右下角标志有对应真值表的行号。

然后,将相邻的 1 圈起来。注意在二变量图中,每个最小项仅有两个邻接点,即左和上、左和下、右和上和右和下。所圈区域或包含 1 个最小项,或包含 2 个或 4 个最小项,但所圈最小项必须全部是 1,所圈区域称为函数 F 的蕴涵项。蕴涵项是"积之和"的一个积项。

最后,将蕴涵项所在坐标中跨越的变量去除,将所有蕴涵项作为"积之和"的积项相加

(或),得到“积之和”的最小化。

例 2-10： 二变量函数 $F(A,B)=\sum m(1,2)=\prod(2,3)$，使用卡诺图求其“积之和”最小化表达式。

在图 2-50(b)的卡诺图中,已经将图(a)中的真值表填入;图(c)中具有两个蕴涵项,分别是 $A'B'$ 和 $A'B$,显然,它们是邻接的;图(d)将它们圈起,形成的蕴涵项跨越变量 B,而整个蕴涵项的坐标是 A',故直接得到 $F=A'$。

2. 三变量卡诺图

三变量卡诺图的真值表和图样如图 2-51 所示。

No	A	B	C	F
0	0	0	0	f_0
1	0	0	1	f_1
2	0	1	0	f_2
3	0	1	1	f_3
4	1	0	0	f_4
5	1	0	1	f_5
6	1	1	0	f_6
7	1	1	1	f_7

(a) 真值表

(b)　(c)

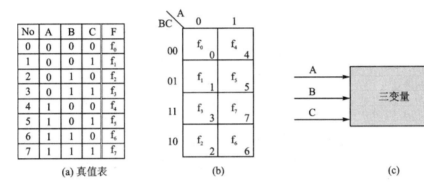

图 2-51　三变量卡诺图

三变量卡诺图化简时,同样执行如二变量卡诺图所示的三个步骤:首先将真值表填入卡诺图,然后将相邻项(蕴涵项)圈起;最后,将最终蕴涵项的坐标中的跨越变量去除。注意:三变量卡诺图中,每个最小项或蕴涵项具有上、下、左、右和边界这些邻接点。

例 2-11： 三变量函数 $F(A,B,C)=\sum m(1,3,5)=\prod M(0,2,4,6,7)$，使用卡诺图对其化简。

图 2-52 示意了三变量卡诺图化简过程:图(a)为函数 F 的真值表,图(b)显示真值表填入三变量卡诺图,图(c)是使用蕴涵项化简的过程:

将邻接的 $A'B'C$ 和 $A'BC$ 圈起成为一个蕴涵项:$P_0=A'B'C+A'BC=AC'$。

将邻接的 $A'B'C$ 和 $AB'C$ 圈起成为另一个蕴涵项:$P_1=A'B'C+AB'C=B'C$。

函数为所有蕴涵项之和:$F=P_0+P_1=A'C+B'C$。

注意到这里最小项 $A'B'C$ 使用了两次,相当于幂等律的运用:$A'B'C=A'B'C+A'B'C$。

对应的公式化简过程如图 2-52 所示。

$$
\begin{aligned}
F= & A'B'C+A'BC+AB'C= \\
& A'B'C+A'BC+A'B'C+AB'C= \\
& (A'B'C+A'BC)+(A'B'C+AB'C)= \\
& AC'+B'C
\end{aligned}
$$

例 2-12： 三变量函数 $F(A,B,C)=\sum m(2,3,4,6,7)=\prod M(0,1,5)$，使用卡诺图化简如图 2-53 所示。

图 2-53 的图(b)为填入真值表后的三变量卡诺图,图(c)为使用蕴涵项化简的示意,其过程为:

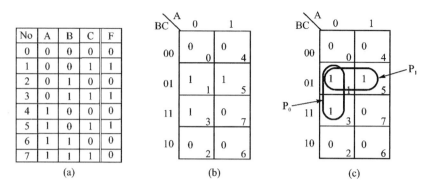

No	A	B	C	F
0	0	0	0	0
1	0	0	1	1
2	0	1	0	0
3	0	1	1	1
4	1	0	0	0
5	1	0	1	1
6	1	1	0	0
7	1	1	1	0

(a)

(b) (c)

图 2-52 三变量卡诺图化简例一

No	A	B	C	F
0	0	0	0	0
1	0	0	1	0
2	0	1	0	1
3	0	1	1	1
4	1	0	0	1
5	1	0	1	0
6	1	1	0	1
7	1	1	1	1

(a)

(b) (c)

图 2-53 三变量卡诺图化简例二

(1) 将相邻项 A′BC, A′BC′, ABC 和 ABC′ 圈起，成为一个蕴涵项 P_0，即

$$P_0 = A'BC + A'BC' + ABC + ABC' = B$$

(2) 将相邻项(跨边界)ABC′和 AB′C′圈起，成为另一个蕴涵项 P_1，即

$$P_1 = ABC' + AB'C' = AC'$$

(3) 函数为所有蕴涵项的和：$F = P_0 + P_1 = B + AC'$

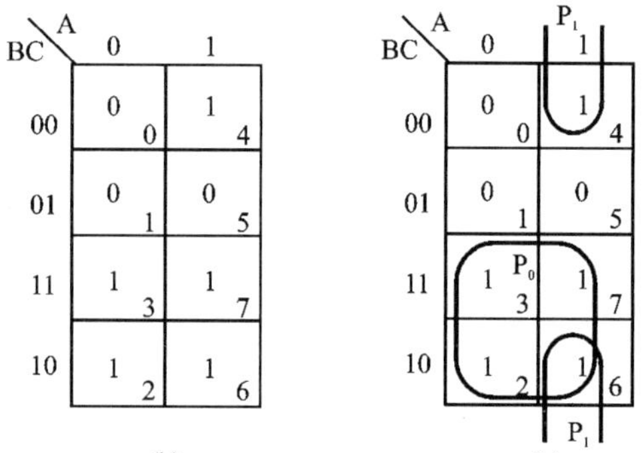

例 2-13：三变量函数 $F(A,B,C) = \sum m(1,3,6,7) = \prod M(0,2,4,5)$，使用卡诺图化简。

图 2-54(c)中示意了重复项情形，当所有 1 都被圈起成为蕴涵项后，A′BC 和 ABC 则成了重复项，重复项应该被省略。其过程如下：

(1) 将 A′B′C 和 A′BC 圈起，成为蕴涵项：$P_0 = A'B'C + A'BC = A'C$。

(2) 将 ABC 和 ABC′圈起，成为蕴涵项：$P_1 = ABC + ABC' = AB$。

(3) 最小化 SOP 为：$F = P_0 + P_1 = A'C + AB$。

例 2-14：三变量函数 $F(A,B,C) = \sum m(0,1,2,5,6,7) = \prod M(3,4)$，使用卡诺图化简，如图 2-55 所示。

图 2-55 示意了从卡诺图中得到的两个或多个最小化 SOP 的情形。

对于图(b)，得到：$F = P_0 + P_1 + P_2 = A'B' + AC + BC'$。

对于图(c)，得到：$F = P_0 + P_1 + P_2 = A'C' + BC' + AB$。

得到的这两个方案都是“积之和”的最小化函数，其逻辑意义是相同的。

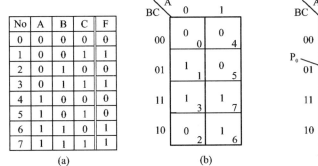
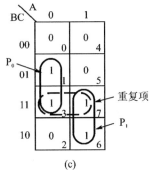

图 2－54　三变量卡诺图化简例三

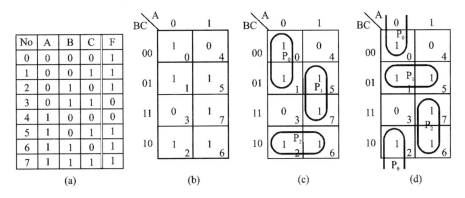

图 2－55　三变量卡诺图化简例四

3. 四变量卡诺图

四变量卡诺图的真值表和图样如图 2－56 所示。

四变量卡诺图化简过程与前述过程类似,合并邻接项(蕴涵项)时,具有上、下、左、右和跨边界和跨对角五种情况,三变量卡诺图中出现的重复项现象和多个最小"积之和"方案现象同样存在。以下同样通过例子加以说明。

例 2－15: 四变量函数 $F(A,B,C,D)=\sum m(1,3,4,5,10,12,13)$,使用卡诺图化简,如图 2－57 所示。

(1) 合并邻接项 m_1 和 m_3 为蕴涵项 P_0:
$$P_0=m_1+m_3=A'B'C'D+A'B'CD=A'B'D$$

(2) 合并邻接项 m_4,m_5,m_{12} 和 m_{13} 成为蕴涵项 P_1:
$$P_1=m_4+m_5+m_{12}+m_{13}=A'BC'D'+A'B'C'D+ABC'D+ABC'D=BC'$$

(3) 最小项 m_{10} 没有 1 的邻接点,故它独立成为一个蕴涵项 P_2
$$P_2=m_{10}=AB'CD'。$$

(4) 由此得到函数 F 的"积之和"最小化:
$$F=P_0+P_1+P_2=A'B'D+BC'+AB'CD'$$

例 2－16: 四变量函数 $F(A,B,C,D)=\sum m(0,2,3,5,6,7,8,10,11,14,15)$,使用卡诺图化简,如图 2－58 所示。

No	A	B	C	D	F
0	0	0	0	0	f_0
1	0	0	0	1	f_1
2	0	0	1	0	f_2
3	0	0	1	1	f_3
4	0	1	0	0	f_4
5	0	1	0	1	f_5
6	0	1	1	0	f_6
7	0	1	1	1	f_7
8	1	0	0	0	f_8
9	1	0	0	1	f_9
10	1	0	1	0	f_{10}
11	1	0	1	1	f_{11}
12	1	1	0	0	f_{12}
13	1	1	0	1	f_{13}
14	1	1	1	0	f_{14}
15	1	1	1	1	f_{15}

(a)

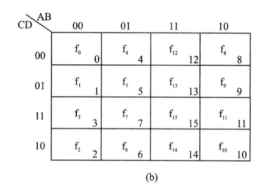

(b)

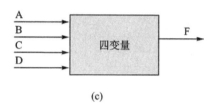

(c)

图 2-56　四变量卡诺图

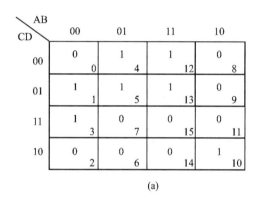

(a)

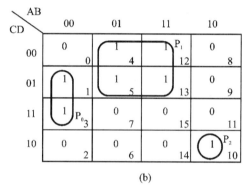

(b)

图 2-57　四变量卡诺图例一(单独最小项成为蕴涵项)

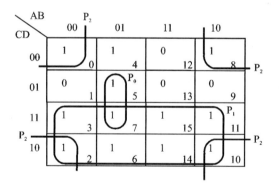

图 2-58　四变量卡诺图例二(跨对角邻接)

（1）合并邻接项 m_5 和 m_7 为蕴涵项 P_0，$P_0 = m_5 + m_7 = A'BD$。

（2）合并邻接项 $\sum m(2,3,6,7,10,11,14,15)=P_1$，得到蕴涵项：$P_1=C$。

（3）合并跨对角邻接项 $\sum m(0,2,8,10)=P_2$，得到蕴涵项：$P_2=B'D'$。

（4）由此得到函数 F 的 SOP 最小化：$F=P_0+P_1+P_2=A'BD+C+B'D'$。

例 2-17：四变量非全配函数 $F(A,B,C,D)=\sum m(1,3,5,7,9)+\sum d(6,12,13)$，卡诺图化简，如图 2-59 所示。

如 2.3.6 节所述，真值表中，那些不可能出现的值称为不管项，用 X 标识，对应的逻辑函数则称为非全配函数（Incompletely Specified）。这些用 X 标志的不管项用 d 字符表示，并以行数为下标，类似最小项的字母 m 出现在积之和表达式中。由于这些 X 既可以是 1，也可以是 0，用在卡诺图化简过程中，若能够被邻接，则将它作为 1；若它不能被邻接，则将它作为 0。

图 2-59 的化简过程如下：

（1）合并邻接项 $\sum m(1,3,5,7)$，将之作为蕴涵项 P_0，$P_0=\sum m(1,3,5,7)=A'D$。

（2）合并邻接项 $\sum m(1,5,9)+\sum d(13)$，将之作为蕴涵项 P_1，则得到

$$P_1=\sum m(1,5,9)+\sum d(13)=C'D$$

（3）未邻接的不管项 $\sum d(6,12)$ 视为 0。

由此得到函数 F 的 SOP 最小化：$F=P_0+P_1=A'D+C'D$。

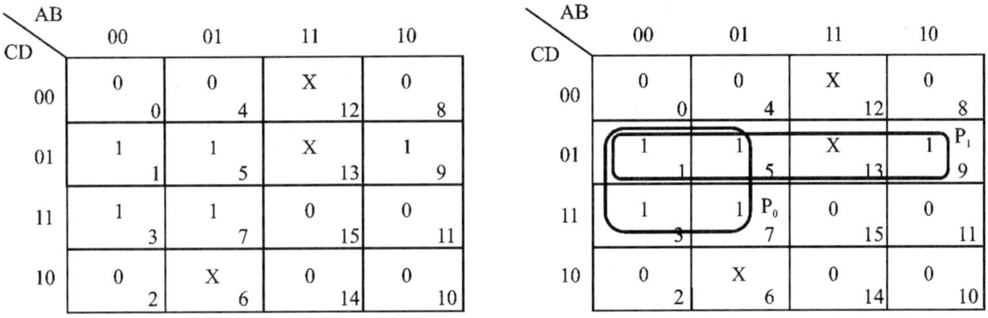

图 2-59　四变量卡诺图例三（非全配函数）

4. 本原项和 Roth—Kinne 流程

随着输入变量的增多，卡诺图的化简过程也变得复杂起来。为了使得这种基于人工作业的过程更准确和系统有序，德州大学的 Charkes H·Roth 和明尼苏达大学的 Larry L·Kinne 提出一种流程，其中一些重要的概念和术语如下：

（1）蕴涵项（Implicant）：卡诺图上由单独的 1 和成对邻接的 1 组成的区域成为 SOP 的一个积项，被称为是一个蕴涵项（Implicant）。

（2）原项（Prime Implicant）：如果一个蕴涵项不能够通过被另一个蕴涵项合并的方式实现消除变量的目的，则称为一个原项（Prime Implicant），亦译为素项。

例 2-18：对于四变量函数 $\sum m(0,2,3,6,8,9,12,13)$，其卡诺图如图 2-60 所示。

对于由单独最小项 m_0 构成的蕴涵项 $A'B'C'D'$ 而言，它不是原项，因为可以通过与另一个蕴涵项 $A'B'CD'$（$\sum m(0,2)$，跨边界邻接）的合并，实现对变量 C 的消除，或通过对 $\sum m(0,$

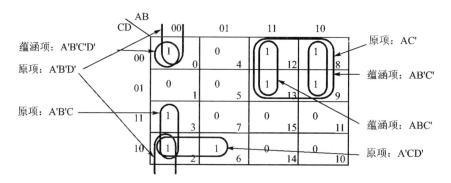

图 2-60　原项与蕴涵项

8) 的合并,实现对变量 A 的消除。

但对于由 $\sum m(0,2)$ 组成的蕴涵项 $A'B'D'$ 而言,该蕴涵项的邻接项没有对应的 1 区域,无法通过合并邻接蕴涵项的方式实现变量消除,因此是一个原项。同理,由 $\sum m(8,9)$ 构成的蕴涵项 $AB'C'$,以及由 $\sum m(12,13)$ 构成的蕴涵项 ABC',都可以通过互相合并而消除变量,因此都不是原项。但它们合并后的蕴涵项 $\sum m(8,9,12,13)$,则无法通过合并连接项消除变量,因此 $\sum m(8,9,12,13) = AC'$ 是一个原项。

(3) 本原项:如果一个最小项仅被一个原项覆盖,该原项被称作本原项。

一个函数的 SOP 最小化表达式,其积项应该是由尽可能多的原项组成(不一定全部积项都必须是原项组成)。但由尽可能多的原项构成的 SOP 最小化表达式,却不一定是最小的化简方案。

例 2-19:一个四变量函数 $\sum m(0,2,3,6,8,9,12,13)$,其卡诺图如图 2-61 所示。

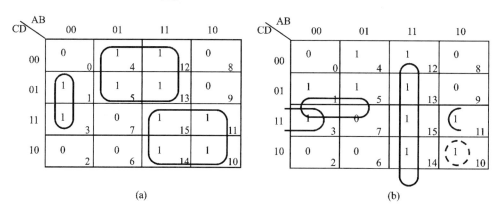

(a)　　　　　　　　　　　　　(b)

图 2-61　原项与 SOP 最小化

图 2-61(b)中,仅 m_{10} 不是原项,所有的原项分别是 $\sum m(1,3)$,$\sum m(4,5,12,13)$,$\sum m(10,11,14,15)$,$\sum m(1,5)$,$\sum m(3,11)$ 和 $\sum m(12,13,14,15)$,从图(a)得到的 SOP 最小化为:

$$F_{图(a)} = \sum m(1,3) + \sum m(4,5,12,13) + \sum m(10,11,14,15) = A'B'D + BC' + AC$$

但从图(b)得到的 SOP 最小化为：

$$F_{图(b)} = \sum m(1,5) + \sum m(3,11) + \sum m(12,13,14,15) + m10 =$$
$$A'C'D + B'CD + AB + AB'CD'$$

在这个例子中，函数 F 存在多个原项和由不同原项组成的不同方案，这些不同方案中存在最小化的方案和非最小化的方案。例中，由于图(a)的原项组成的方案有 3 个积项（4 输入），而图(b)方案有 4 个积项，故图(a)方案成为该函数的最小化方案。如何选择原项，或者说选择原项的顺序，成为是否能够系统地得到最小化方案的关键所在。

例 2 - 20：四变量函数 $\sum m(2,3,5,7,10,11,13,14,15)$，不同的原项选择顺序得到不同的结果。

解：在图 2 - 62(a)中，若首先选择原项 $\sum m(3,7,11,15)$，为了覆盖剩余的 1，需要 $\sum m(2,3,11,10)$，$\sum m(10,11,14,15)$ 和 $\sum m(5,7,13,15)$ 这些蕴涵项，而它们都是原项，据此得到的结果是：

$$F_{图(a)} = \sum m(3,7,11,15) + \sum m(2,3,11,10) +$$
$$\sum m(10,11,14,15) + \sum m(5,7,13,15) =$$
$$CD + B'C + AC + BD$$

然而，如果首先选择 $\sum m(2,3,11,10)$，或者 $\sum m(10,11,14,15)$，或者 $\sum m(5,7,13,15)$，则会得到图(b)方案，其中不需要 $\sum m(3,7,11,15)$：

$$F_{图(b)} = \sum m(2,3,11,10) + \sum m(10,11,14,15) + \sum m(5,7,13,15) =$$
$$B'C + AC + BD$$

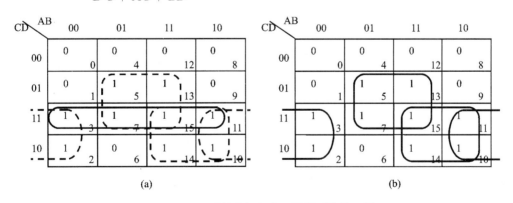

图 2 - 62　原项的选择顺序不同得到结果不同

注意到图 2 - 62(a)有些最小项仅仅被一个原项覆盖，而有些最小项则同时被二个和多个原项覆盖。图 2 - 62(a)包括所有的原项。考察原项 $\sum m(2,3,11,10)$，它覆盖的最小项 m_2 不会被其他原项覆盖，因此 $\sum m(2,3,11,10)$ 是一个本原项；考察 $\sum m(10,11,14,15)$，它覆盖的最小项 m_{14} 不会被其他原项覆盖，因此 $\sum m(10,11,14,15)$ 是一个本原项；考察 $\sum m(5,7,13,15)$，最小项 m_5 和最小项 m_{13} 不会被其他原项覆盖，因此 $\sum m(5,7,13,15)$ 也是一个本原项。

但 $\sum m(3,7,11,15)$ 中的每个最小项 1 都被其他原项覆盖,因此它不是一个本原项。

为了能够从一张卡诺图中有效地找到"积之和"最小化,能够在输入变量增加的情况下仍然能够有序地寻找,或者说能够用计算机帮助进行这种寻找,需要找到一种系统化的方法。一种方法是从所有的本原项开始寻找,尽量使用本原项覆盖所有的 1;本原项用完后若还有未被覆盖的 1,则使用原项覆盖。

例 2-21:有四变量函数 $\sum m(0,1,2,4,5,7,11,15)$,使用本原项对其化简,如图 2-63 所示。

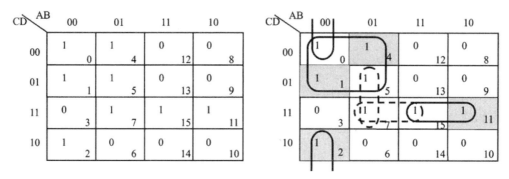

图 2-63   使用本原项化简流程

解:简化步骤是:

(1) 寻找那些仅被一个原项覆盖的 1,分别是 m_1,m_2,m_4 和 m_{11}。

(2) 将覆盖 m_1,m_2,m_4 和 m_{11} 原项绘制成为本原项。

(3) 剩余的 1(m_7)既可以与 m_5 组成原项,也可以与 m_{15} 组成原项,以完成对所有 1 的覆盖。

(4) 据此,得到包括有 2 个解的"积之和"最小化公式:

$$F_1 = \sum m(0,1,4,5) + \sum m(0,2) + \sum m(11,15) + \sum m(5,7) =$$
$$A'C' + A'B'D' + ACD + A'BD$$

$$F_2 = \sum m(0,1,4,5) + \sum m(0,2) + \sum m(11,15) + \sum m(7,15) =$$
$$A'C' + A'B'D' + ACD + BCD$$

对于具有不管项输出的非原配函数,不可用 X=1 来决定本原项,但可以用来构成原项。换句话说,若有仅被一个原项覆盖的 X,该原项不可认定为本原项。Roth 和 Kinne 建议的一种寻找"积之和"最小化的步骤是:

(1) 顺序遍历所有最小项,从中选择一个还没有被覆盖的 1。

(2) 找到与之相邻接的所有 1 和 X。

(3) 如果有一个单独的原项能覆盖该最小项和所有邻接的 1 和 X,则该原项是一个本原项,并将它绘制出来。

(4) 重复步骤(1)~(3),直到所有的本原项都被选择(遍历了所有的最小项)。

(5) 找到能够覆盖剩余 1 的原项。如果有多个这样的原项,则选择其中变量数最少的项目。

Roth – Kinne 方法不仅使卡诺图的化简过程系统有序,甚至可以用于编写计算机程序。例如,用 C 程序求得更多变量和更复杂逻辑的化简,其流程如图 2 – 64 所示。

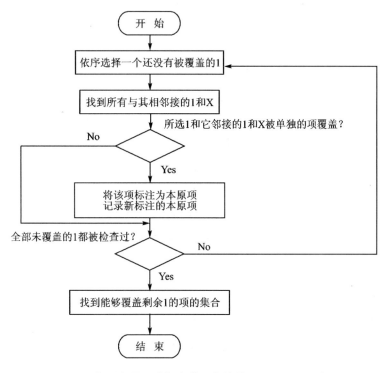

图 2 – 64　使用本原项进行卡诺图化简的 Roth – Kinne 流程图

例 2 – 22：四变量非全配函数 $F = \sum m(4,5,6,8,9,10) + \sum d(0,7,15)$,使用 Roth – Kinne 流程进行卡诺图化简,如图 2 – 65 所示。

AB\CD	00	01	11	10
00	X ⁰	1 ⁴	0 ¹²	1 ⁸
01	0 ¹	1 ⁵	1 ¹³	1 ⁹
11	0 ³	X ⁷	X ¹⁵	0 ¹¹
10	0 ²	1 ⁶	0 ¹⁴	1 ¹⁰

图 2 – 65　本原项化简流程例 2 – 22(Roth – Kinne 流程)

解：按照 Roth – Kinne 流程,其步骤为：

(1) 按照序号,首先找到 $m_4 = 1$。

(2) 与 m_4 相邻接的 1 和 X 是 $m_0 = X$,$m_5 = 1$ 和 $m_6 = 1$。

(3) 当前 1(m_4)和它的邻接点(m_0,m_5 和 m_6)不能被单独项覆盖,所以它的相关项不是本原项,因此 m_4 被通过。

(4) 再按序号找到下一个 1,即 $m_5 = 1$。关于 1 和 X 的邻接项是 m_4,m_7 和 m_{13},它们也不

能被单独项覆盖,所以 m_5 的相关项也不是成本原项,m_5 被通过,如图 2-65 所示。

(5) 接着找到 $m_6 = 1$。它的邻接项是 $m_4 = 1, m_7 = X$,在这里可以被一个单独项 $\sum m(4, 5, 6, 7)$ 所覆盖,所以 $\sum m(4, 5, 6, 7)$ 成为一个本原项,这个本原项被记录(或绘制出来),如图 2-66 所示。

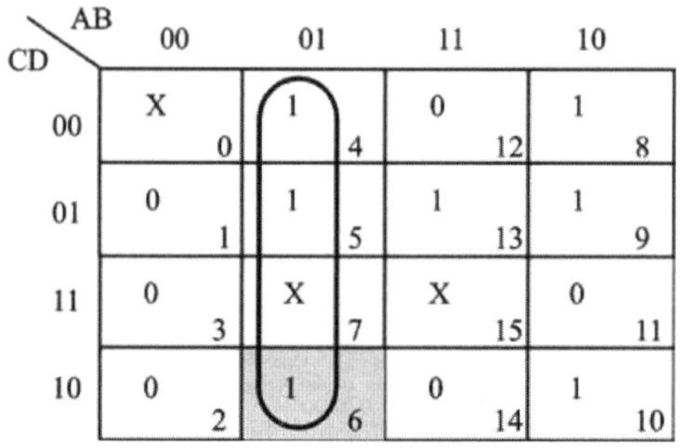

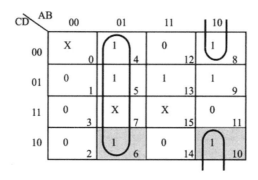

图 2-66 Roth-Kinne 流程找到第一个本原项

(6) 接着是 $m_8 = 1$。它的邻接项是 $m_9 = 1, m_{10} = 1$ 和 $m_0 = X$,没有覆盖其单独项,m_8 被放弃。

(7) 接着是 $m_9 = 1$。它的邻接项是 $m_8 = 1$ 和 $m_{13} = 1$,也没有覆盖其单独项,m_9 被通过。

(8) 接着找到 $m_{10} = 1$。它的唯一邻接项是 $m_8 = 1$,$\sum m(1, 10)$ 构成单独覆盖项,成为第二个找到的本原项,将它记录和绘制下来,如图 2-67 所示。

图 2-67 Roth-Kinne 流程找到第二个本原项

(9) 最后找到 $m_{13} = 1$。它的邻接项是 $m_5 = 1, m_9 = 1, m_{15} = X$,显然它们也不能被单独项覆盖,所以 m_{13} 被通过。

(10) 现在所有的 1 都被检查过,剩余的 1 项是 m_9 和 m_{13},能够覆盖它们的项自然是 $\sum m(9, 13)$。

(11) 最后,得到化简结果是 $F = A'B + AB'D' + AC'D$,如图 2-68 所示。

5. 五变量卡诺图

超过四变量的卡诺图,可采用 3 维图方式处理(人工方式),也可采用布尔空间向量(EDA 方式)处理。本节介绍人工处理方式,在讨论奎因-麦克拉斯基法(Quine-McCluskey Method)中,再介绍 EDA 方式。

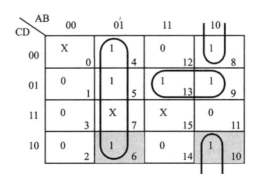

图 2 - 68　Roth - Kinne 流程—覆盖剩余的 1 后得到化简结果

五变量卡诺图的三维图样和符号框图如图 2 - 69 所示。

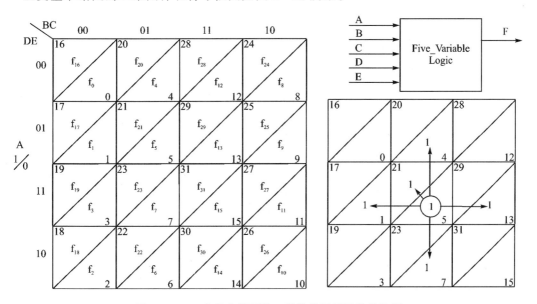

图 2 - 69　五变量卡诺图的三维简化图样及其连接项

图 2 - 69 所示的三维简化绘制法比其他方法更简单和直观。注意到将 A 变量作为纵轴，采用斜线（分数线）绘制，分子为 A（A＝1），分母为 A'（A＝0）。有了这种绘制方法，仍然可以使用 Roth - Kinne 流程等进行化简。五变量卡诺图中，每个最小项的邻接项有五个，分别是位于相同层（A 轴）的上、下、左、右和位于相反层的对应项。这里相同图层的上、下、左、右四个方向涵盖了跨边界和跨对角。

例 2 - 23：五变量函数 $F(A,B,C,D,E)=\sum m(0,1,4,5,13,15,20,21,22,23,24,26,28,30,31)$，使用卡诺图化简，如图 2 - 70 所示。

解：采用 Roth - Kinne 流程，发现 m_0 和的邻接项 m(0, 1, 4) 能够被单独项 m(0, 1, 4, 5) 覆盖，故 $\sum m(0, 1, 4, 5)$ 成为第一个找到的本原项。

顺序找到 m_{24} 的邻接项 m(28, 26)，能够被单独项 m(24, 26, 28, 30) 覆盖，$\sum m(24, 26, 28, 30)$ 成为第二个也是最后一个被找到的本原项，如图 2 - 71 所示。

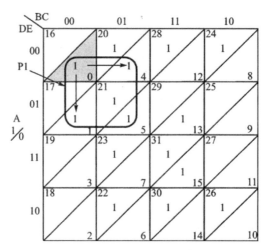

图 2-70 五变量卡诺图例一:找到第一个本原项 $P1 = \sum m(0, 1, 4, 5)$

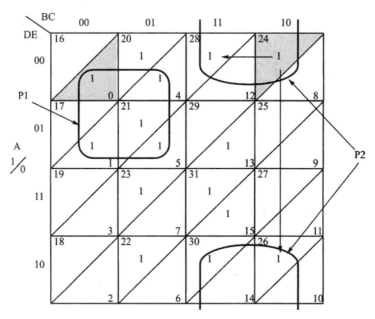

图 2-71 五变量卡诺图例一:找到第二个本原项 $P2 = \sum m(24, 26, 28, 30)$

根据 Roth - Kinne 流程,所有 1 已经被检查过后,开始寻找覆盖剩余 1 项的原项(见图 2-72)。于是,首先找到 $P3 = \sum m(13, 15)$,接着找到 $P4 = \sum m(22, 23, 30, 31)$。

最后剩余的两个 1 项 $m(20, 21)$ 不是原项,将之进一步去变量后成为原项时,从图中可以看到有两种组合方法可满足,即 $P5_1 = \sum m(20, 21, 22, 23)$ 和 $P5_2 = \sum m(3, 5, 20, 21)$。这就得到了函数最小化全部的解(见图 2-73)。

于是,得到最小化结果:

$$F(A,B,C,D,E) = \sum m(0,1,4,5,13,15,20,21,22,23,24,26,28,30,31) =$$

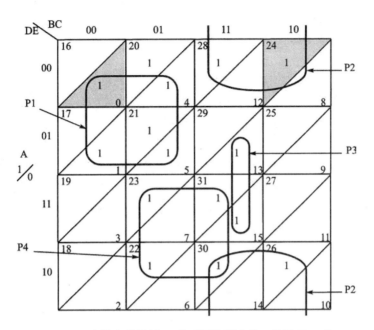

图 2 − 72　五变量卡诺图例一：找到覆盖剩余的 1 的原项 P3 和 P4

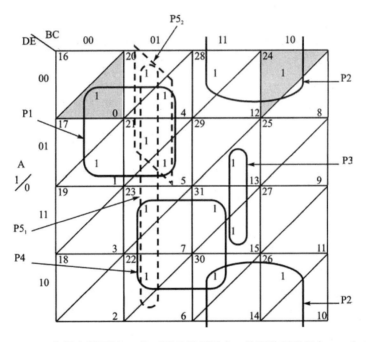

图 2 − 73　五变量卡诺图例一：找到覆盖最后剩余 1 的两种原项组合 $P5_1$ 和 $P5_2$

$$P1 + P2 + P3 + p4 + \begin{cases} P5_1 \\ P5_2 \end{cases} =$$

$$A'B'D' + ABE' + ACD + A'BCE + \begin{cases} AB'C \\ B'CD' \end{cases}$$

6. 奎因-麦克拉斯基法

现代 EDA 工具需要更强大的自动化逻辑化简算法，Quine - McCluskey Methold（奎因-麦克拉斯基法）则是这样一种适合 EDA 的逻辑化简算法。奎因-麦克拉斯基算法执行对"积之和"格式的逻辑化简，包含以下两个步骤：

① 通过对公式 $XY+XY'=X$ 的应用，得到仅由原项组成的最小化的"积之和"表达式。

② 通过对称为原项流程的应用，在原项中选择一个最小的集合，从而得到最终化简结果。

6-1 原　理

奎因-麦克拉斯基法的第一步是尽可能消除字母，也称为获得函数的原项，称为表格法，因为它是基于对公式：$XY+XY'=X$ 的应用。

奎因-麦克拉斯基法关于原项和蕴涵项（Implicant）的定义如下。

◆ 蕴涵项（Implicant）

给定一个具有 n 变量的函数 F，它的一个积项 P 是一个蕴涵项的条件是：当且仅当由诸变量 n 组成的 P，在 P 等于 1 时，F 总是等于 1。

例 2 - 24：观察表达式 $F(a,b,c)=a'b'c'+ab'c'+ab'c+abc=b'c'+ac$，分析蕴涵项。

如果积项 $a'b'c'=1$，则 $F=1$，因此积项 $a'b'c'$ 是函数 F 的一个蕴涵项。

如果积项 $ac=1$，则 $F=1$，因此积项 ac 也是函数 F 的一个蕴涵项。

但考察积项 bc，当 $bc=1$ 时，如果 $a=0$，注意函数中的 abc 积项会导致 $F=0$，因此，bc 不是 F 的蕴涵项。

通常，如果 F 写成"积之和"的形式，它的诸积项就是函数 F 的蕴涵项。F 的最小项也就是它的蕴涵项。

◆ 原项（Prime Implicant）

函数 F 的一个蕴涵项成为 F 的一个原项的条件是：当从该蕴涵项中删除任何字母后，它就不再是 F 的蕴涵项。

例 2 - 25：在例 2 - 24 中，蕴涵项 $a'b'c'$ 不是函数 F 的原项，因为若删除字母 a'，剩余的 $b'c'$ 仍然是 F 的蕴涵项。

证明：而蕴涵项 $b'c'$ 则是 F 的原项，因为无论删除哪个字母，剩余的积项都不成为 F 的蕴涵项。同样，蕴涵项 ac 也是 F 的原项，无论删除哪个字母，所剩余字母均不是 F 的蕴涵项。

据此，"积之和"的最小化表达式必定是函数原项的集合。换句话说，如果一个"积之和"表达式中的某积项不是原项，则该表达式必定不是最小化表达式。显然，非原项中包含有多余的字母。

奎因-麦克拉斯基法得到原项化简的方法可使用表格进行，以下通过例子说明：

例 2 - 26：函数化简：$F(a,b,c,d)=\sum m(0,1,2,5,6,7,8,9,10,14)$。

解：奎因-麦克拉斯基法首先将函数的所有最小项按照 1 的数量进行分类，如表 2 - 17 所列。

由于使用 $XY+XY'=X$ 进行化简，这里将 Y 看成一个字母，将这些最小项进行对比检查时，若出现仅一个字母不同时，该字母可消除。

据此，非邻接组不需要进行这种对比检查，因为非邻接组最少相差两个字母；同组内的最小项也不需要进行这种对比检查，因为它们相差两个字母。因此，仅需要对邻接组进行对比检查即可。这种对比检查的过程，也可以用表格形式，如表 2 - 18 所列。

表 2 - 17　奎因-麦克拉斯基法的最小项分组

组号(1 的数量)	m_i	最小项值	最小项
group 0	0	0000	$a'b'c'd'$
group 1	1	0001	$a'b'c'd$
	2	0010	$a'b'cd'$
	8	1000	$ab'c'd'$
group 2	5	0101	$a'bc'd$
	6	0110	$a'bcd'$
	9	1001	$ab'c'd$
	10	1010	$ab'cd'$
group 3	7	0111	$a'bcd$
	14	1110	$abcd'$

表 2 - 18　奎因-麦克拉斯基法的分组化简消除字母

表 1					表 2					表 3		
组号	m_i	值	检查		组号	m_i	值	检查		组号	m_i	值
0	0	0000	√		0	0,1	000—	√		0	0,1,8,9	—00—
1	1	0001	√			0,2	00—0	√			0,2,8,10	—0—0
	2	0010	√			0,8	—000	√			0,8,1,9	—00
	8	1000	√		1	1,5	0—01				0,8,2,10	—0—0
2	5	0101	√			1,9	—001			1	2,6,10,14	——10
	6	0110	√			2,6	0—10	√			2,10,6,14	——10
	9	1001	√			2,10	—010	√				
	10	1010	√			8,9	100—					
3	7	0111	√			8,10	10—0	√				
	14	1110	√		2	5,7	01—1					
						6,7	011—					
						6,14	—110	√				
						10,14	1—10	√				

检查化简的步骤如下:

(1) 检查对比表 2 - 18 内的表 1 的 m_0 和 m_1,$m_0 = 0000$ 和 $m_1 = 0001$,对比化简为 $m(0,1) = 000—$,其中"—"表示消除的字母。将它填写到表 2 - 18 内的表 2 的 $m_i = (0,1)$ 行的值列中。

(2) 对比检查 m_0 和 m_2,$m_0 = 0000$ 和 $m_2 = 0010$ 的化简结果为 $m(0,2) = 00—0$,填写到表 2 - 18 内的表 2 的 $(0,2)$ 行的值列中。

(3) 检查 m_0 和 m_8,$m_0 = 0000$ 和 $m_8 = 1000$ 的化简结果为 $m(0,8) = —000$,填写到表 2 - 18 内表 2 的 $(0,8)$ 行的值列中。基于 0 组的检查(邻接 1 组)已经全部完成,在表 2 - 18 内的表 1 的 $m_i = 0$ 行的检查列中打一个勾表示该组的检查已经完成。接着开始基于 1 组的对比检查。

(4) 在顺序的 $m(1,5)$ 检查中,得到 $m(1,5) = 0—01$,填写到表 2 - 18 内的表 2 中。

（5）接着检查 m(1,6)，由于 $m_1=0001$ 和 $m_6=0110$ 有三个字母不同，无法使用 $XY+XY'=X$ 消除字母，故跳过。

（6）检查 m(1,9)，得到化简 m(1,9)＝−001，填写到表 2−18 内表 2。后续的 m(1,10)有三个字母不同，跳过。1 组的 m_1 已经全部与邻接组对比检查完，故在表 1 的检查列打钩。

（7）用类似的方法完成表 2−18 内的表 1 所有检查，得到表 2−18 内的表 2。

（8）开始对表 2−18 内表 2 的检查。首先 0 组的 m(0,1)与邻接组的 m(1,5)对比检查。由于不是一个字母的变化，故跳过。之后凡非单字母变化的对比检查均跳过。

（9）m(0,1)与 m(8,9)的检查，这里 m(0,1)＝000−而 m(8,9)＝100−，因此 m(0,1,8,9)＝−00−，将它填写到表 2−18 内表 3 中。由于 m(0,1)之后与 m(8,10)的检查跳过，故 m(0,1)已经与邻接组完成全部检查，故在表 2−18 内的表 2 的 m(0,1)行的检查列打钩。

（10）m(0,2)与 m(8,10)检查，这里 m(0,2)＝00−0 而 m(8,10)＝10−0，因此 m(0,2,8,10)＝−0−0，将它填写到表 2−18 内表 3 中。m(0,2)完成对所有邻接组的检查，在表 2−18 内表 2 的对应检查列打钩。

（11）用类似的方法完成 m(0,8)与邻接组的检查。表 2−18 内的表 3 中得到的 m(0,8,1,9)与 m(0,1,8,9)相同，故可删除它（表格中绘中线划出）。

（12）将表 2−18 内卷 2 的 m(1,5)与邻接组对比检查，由于与 2 组的 m(5,7)，m(6,7)，m(6,14)，m(10,14)全部最小项检查均跳过（非单字母变化），故表 2−18 内表 2 中 m(1,5)行的检查列未打钩。

（13）用类似的方法完成表 2−18 内的表 2 的全部对比检查。

（14）表 2−18 内表 3 的对比检查已经全部是非单字母变化（全部未打钩）。至此，已经不可以继续消除字母了。

（15）将未打钩的最小项写成 SOP 的形式，即可得到函数 F 的原项表达式，即

$$F(a,b,c,d)=\sum m(0,1,2,5,6,7,8,9,10,14)=$$
$$m(1,5)+m(5,7)+m(6,7)+m(0,1,8,9)+$$
$$m(0,2,8,10)+m(2,6,10,14)=$$
$$a'c'd+a'bd+a'bc+b'c'+b'd'+c'd'$$

在这里得到的原项表达式并不是函数的最小化表达式，因为函数可进一步的化简为：

$$F(a,b,c,d)=a'bd+b'c'+cd'$$

如何使用系统化的方法将函数的原项表达式转为最小表达式，是奎因-麦克拉斯基法的第二步，即原项流程的应用。

6−2 原项流程

通过 6−1 节所示的步骤，得到组成函数最小化的原项的集合，但它并不是函数最小化，得到函数最小化的必要条件是：最小化函数中必须包括所有本原项。

奎因-麦克拉斯基法关于本原项的定义为：

如果一个最小项仅仅被一个原项覆盖，则该原项称为本原项。

原项流程则是通过表格化的形式，从最小化的原项集合中选择本原项和剩余部分的原项化简。

通过表 2−18 示例的化简过程，得到原项集合（表格中所有没有被检查打勾和所有没有被化简划出的项），即 m(0，1，8，9)，m(0，2，8，10)，m(2，6，10，14)，m(1，5)，m(5，7)以及 m(6，7)。原项流程将它们用表格的形式绘制如表 2−19 所列。

表 2-19 原项流程例子步骤一:找到本原项

原 项		最 小 项									
		0	1	2	5	6	7	8	9	10	14
m(0,1,8,9)	b'c'	X	X					X	X		
m(0,2,8,10)	b'd'	X		X				X		X	
m(2,6,10,14)	cd'			X		X				X	X
m(1,5)	a'c'd		X		X						
m(5,7)	a'bd				X		X				
m(6,7)	a'bc					X	X				

在表 2-19 中,每一行对应一个原项,在表格的最小项部分,用 X 填入。根据本原项的定义,可以很容易找到该表中的最小项 9 和 14,它们仅被一个原项覆盖(对应列中仅有一个 X),因此,覆盖它们的原项 m(0,1,8,9)和 m(2,6,10,14)为本原项。这两个本原项必须出现在函数的最小化集合中。为此,原项流程用线条将它们划出,如表 2-20 所列。

表 2-20 原项流程例子步骤二:划出本原项

原 项		最 小 项									
		0	1	2	5	6	7	8	9	10	14
m(0,1,8,9)	b'c'	X	X					X	X		
m(0,2,8,10)	b'd'	X		X				X		X	
m(2,6,10,14)	cd'			X		X				X	X
m(1,5)	a'c'd		X		X						
m(5,7)	a'bd				X		X				
m(6,7)	a'bc					X	X				

由于在划出的本原项中,相同列的最小项被覆盖,因此可由此将对应列的 X 划出,如表 2-21 所列。

表 2-21 原项流程例子步骤三:划出对应列

原 项		最 小 项									
		0	1	2	5	6	7	8	9	10	14
m(0,1,8,9)	b'c'	X	X					X	X		
m(0,2,8,10)	b'd'	X		X				X		X	
m(2,6,10,14)	cd'			X		X				X	X
m(1,5)	a'c'd		X		X						
m(5,7)	a'bd				X		X				
m(6,7)	a'bc					X	X				

在未被划出的 X 的最小项(5,7)中寻找最小化方法。类似该例这种小而简单的原项流程中,通过简单的比较即可得到结果,例如这里选择 m(5,7),将同时覆盖 m(1,5),剩余的 5 和 m(6,7)剩余的 7 见表 2-22。在大而复杂的原项流程中,还需要采用一些特殊的方法处理,例如皮特里克法(Petrick's Methold)。

表 2 - 22　原项流程例子步骤四:剩余项化简

原　项		最　小　项									
		0	1	2	5	6	7	8	9	10	14
~~m(0, 1, 8, 9)~~	$b'c'$	X	X					X	X		
m(0, 2, 8, 10)	$b'd'$	X		X				X		X	
~~m(2, 6, 10, 14)~~	cd'			X		X				X	X
m(1, 5)	$a'c'd$		X		X						
~~m(5, 7)~~	$a'bd$				X		X				
m(6, 7)	$a'bc$					X	X				

于是得到函数的最小化表达式由所划出的三个原项组成(前两个为本原项),即

$$F(a,b,c,d) = \sum m(0,1,2,5,6,7,8,9,10,14) =$$
$$m(0,1,8,9) + m(2,6,10,14) + m(5,7) =$$
$$b'c' + cd' + a'bd$$

上述例子中,原项流程中出现的列中仅有一个 X 的情况,可方便地判定对应行为本原项。但并不一定所有的原项流程都有本原项。当原项流程中(或剩余项中)的所有列都包含两个或多个 X 的时候,没有本原项,称为环型原项流程,简单情况下仍然可以使用比较的方法找到最小化的解。

例 2 - 27:用奎因-麦克拉斯基法求解下列五输入函数的"积之和"最小化表达式。

$$F(A,B,C,D,E) = \sum m(0,2,3,5,7,9,11,13,14,16,18,24,26,28,30)$$

解:首先根据最小项中 1 的个数填写到表 2 - 23 的表 1 中,接着,从 $m_i = 0$ 开始,分别与其他最小项对比,找到仅有一个比特变化的配对项,填入表 2 - 23 的表 2 再填写表 1 的检查列中。

表 2 - 23　例 2 - 27 的表格检查和化简

	表　1		
组号	m_i	值	检查
0	0	00000	√
1	2	00001	√
	16	10000	√
2	3	00011	√
	5	00101	√
	9	01001	√
	18	10010	√
	24	11000	√
3	7	00111	√
	11	01011	√
	13	01101	√
	14	01110	√
	26	11010	√
	28	11100	√
4	30	11110	√

	表　2		
组号	m_i	值	检查
0	0,2	000—0	√
	0,16	—0000	√
1	2,3	0001—	
	2,18	—0010	√
	16,18	100—0	√
	16,24	1—000	√
2	3,7	00—11	
	3,11	0—011	
	5,7	001—1	
	5,13	0—101	
	9,11	010—1	
	9,13	01—01	
	18,26	1—010	√
	24,26	110—0	√
	24,28	11—00	√
3	14,30	—1110	
	26,30	11—10	√
	28,30	111—0	√

	表　3	
组号	m_i	值
0	0,2,16,18	—00—0
	~~0,16,2,18~~	~~—00—0~~
	16,18,24,26	1—0—0
	~~16,24,18,26~~	~~1—0—0~~
	24,26,28,30	11——0
	~~24,28,26,30~~	~~11——0~~

得到表格中没有被划去和检查的原项是：m(0,2,16,18)，m(16,18,24,26)，m(24,26,28,30)，m(2,3)，m(3,7)，m(3,11)，m(5,7)，m(5,13)，m(9,11)，m(9,13)，m(14,30)。用它们进行原项流程化简，如表 2-24 所列。

表 2-24　例 2-27 的原项流程表

原　项		最　小　项													
		0	2	3	5	7	9	11	13	14	16	18	24	26	28	30
m(0,2,16,18)	−00−0	X	X								X	X				
m(16,18,24,26)	1−0−0										X	X	X	X		
m(24,26,28,30)	11−−0												X	X	X	X
m(2,3)	0001−		X	X												
m(3,7)	00−11			X		X										
m(3,11)	0−011			X				X								
m(5,7)	001−1				X	X										
m(5,13)	0−101				X				X							
m(9,11)	010−1						X	X								
m(9,13)	01−01						X		X							
m(14,30)	−1110									X						X

从表 2-24 中，找到本原项，即只出现一个 X 的列所对应的行，即最小项的 0 列、14 列和 28 列；对应的行是 m(0,2,16,18)，m(24,26,28,30)，m(14,30)，它们是本原项，如表 2-25 所列。

表 2-25　例 2-27 从原项流程图中找到本原项

原　项		最　小　项													
		0	2	3	5	7	9	11	13	14	16	18	24	26	28	30
m(0,2,16,18)	−00−0	X	X								X	X				
m(16,18,24,26)	1−0−0										X	X	X	X		
m(24,26,28,30)	11−−0												X	X	X	X
m(2,3)	0001−		X	X												
m(3,7)	00−11			X		X										
m(3,11)	0−011			X				X								
m(5,7)	001−1				X	X										
m(5,13)	0−101				X				X							
m(9,11)	010−1						X	X								
m(9,13)	01−01						X		X							
m(14,30)	−1110									X						X

接着可以将本原项划去，并同时划去覆盖列中的 X，如表 2-26 所列。

表 2 – 26　例 2 – 27 的原项流程图中划去本原项和覆盖列的 X

原　项		最　小　项														
		0	2	3	5	7	9	11	13	14	16	18	24	26	28	30
m(0,2,16,18)	—00—0	X	X								X	X				
m(16,18,24,26)	1—0—0										X	X	X	X		
m(24,26,28,30)	11——0												X	X	X	X
m(2,3)	0001—		X	X												
m(3,7)	00—11			X		X										
m(3,11)	0—011			X				X								
m(5,7)	001—1				X	X										
m(5,13)	0—101				X				X							
m(9,11)	010—1						X	X								
m(9,13)	01—01						X		X							
m(14,30)	—1110									X						X

最后，对剩余项（未被划去的 X）进行化简，可采用 m(3,11)，m(5,7) 和 m(9,13) 方案。

表 2 – 27　例 2 – 27 中对剩余项进行化简的方案一

原　项		最　小　项														
		0	2	3	5	7	9	11	13	14	16	18	24	26	28	30
m(0,2,16,18)	—00—0	X	X								X	X				
m(16,18,24,26)	1—0—0										X	X	X	X		
m(24,26,28,30)	11——0												X	X	X	X
m(2,3)	0001—		X	X												
m(3,7)	00—11			X		X										
m(3,11)	0—011			X				X								
m(5,7)	001—1				X	X										
m(5,13)	0—101				X				X							
m(9,11)	010—1						X	X								
m(9,13)	01—01						X		X							
m(14,30)	—1110									X						X

该方案得到的最小化表达式为：

$F(A,B,C,D,E) =$

$\sum m(0,2,3,5,7,9,11,13,14,16,18,24,26,28,30) =$

$m(0,2,16,18) + m(24,26,28,30) + m(14,30) + m(3,11) + m(5,7) + m(9,13) =$

$B'C'E' + ABE' + BCDE' + A'C'DE + A'B'CE + A'BD'E$

而另一种最小化方案如表 2 – 28 所列。

表 2 - 28　例 2 - 27 中对剩余项进行化简的方案二

原　项		最　小　项													
		0	2	3	5	7	9	11	13	14	16	18	24	26	28	30
m(0,2,16,18)	—00—0	X	X								X	X				
m(16,18,24,26)	1—0—0										X	X	X	X		
m(24,26,28,30)	11——0												X	X	X	X
m(2,3)	0001—		X	X												
m(3,7)	00—11			X		X										
m(3,11)	0—011			X				X								
m(5,7)	001—1				X	X										
m(5,13)	0—101				X				X							
m(9,11)	010—1						X	X								
m(9,13)	01—01						X		X							
m(14,30)	—1110									X						X

得到最小化表达式为：

$F(A,B,C,D,E) =$

$$\sum m(0,2,3,5,7,9,11,13,14,16,18,24,26,28,30) =$$

$m(0,2,16,18) + m(24,26,28,30) + m(14,30) + m(3,7) + m(5,13) + m(9,11) =$

$B'C'E' + ABE' + BCDE' + A'B'DE + A'CD'E + A'BC'E$

6 - 3　皮特里克法

使用奎因-麦克拉斯基法，通过原项流程得到本原项后，对于剩余项的最小化需要进行比较以得到最小化表达式，这在输入变量增加后变得异常复杂。而皮特里克法(Petrick's Method)是对剩余项进行最小化处理的方法之一，虽然它并不特别适合人工处理，但却适合于 EDA。

例 2 - 28：考虑一个环形原项流程的化简例子(见表 2 - 29)：$F(A,B,C) = \sum m(0,1,2,5,6,7)$。

表 2 - 29　例 2 - 28 的皮特里克法表格化简

表　　1					表　　2			
组号	m_i	值	检查		组号	m_i	值	检查
0	0	000	√		0	0,1	00—	
1	1	001	√			0,2	0—0	
	2	010	√		1	1,5	—01	
2	5	101	√			2,6	—10	
	6	110	√		2	5,7	1—1	
3	7	111	√			6,7	11—	

解：使用奎因-麦克拉斯基表格法，得到原项集合(见表 2 - 29 内的表 2)，由此绘制原项流程如表 2 - 30 所列。

表 2-30 例 2-28 的原项流程

原　项		最　小　项					
		0	1	2	5	6	7
m(0,1)	00—	X	X				
m(0,2)	0—0	X		X			
m(1,5)	—01		X		X		
m(2,6)	—10			X		X	
m(5,7)	1—1				X		X
m(6,7)	11—					X	X

从表 2-30 可看到,所有的列均有两个 X,构成环形原项流程(没有本原项),采用比较的方法进行化简得到多种方案,如表 2-31 所列。

表 2-31 例 2-28 中化简剩余项的两种方案

原　项		最　小　项					
		0	1	2	5	6	7
m(0,1)	00—	X	X				
m(0,2)	0—0	X		X			
m(1,5)	—01		X		X		
m(2,6)	—10			X		X	
m(5,7)	1—1				X		X
m(6,7)	11—					X	X

(a)

原　项		最　小　项					
		0	1	2	5	6	7
m(0,1)	00—	X	X				
m(0,2)	0—0	X		X			
m(1,5)	—01		X		X		
m(2,6)	—10			X		X	
m(5,7)	1—1				X		X
m(6,7)	11—					X	X

(b)

表 2-31 所列,表(a)采用 m(0,1),m(2,6)和 m(5,7)的方案,表(b)则采用 m(0,2),m(1,5)和 m(6,7)的方案,两种方案的最小化结果如下:

方案一:$F=m(0,1)+m(2,6)+m(5,7)=A'B'+BC'+AC$

方案二:$F=m(0,2)+m(1,5)+m(6,7)=A'C'+B'C+AB$

以上结果是用比较的方法得到的。当原项流程的变量较多时,这种基于人工作业的比较尝试法显得比较笨拙。

皮特里克法处理例 2-28 时,首先对原项流程的每一行分配一个变量名,如表 2-32 所列。

表 2-32 例 2-28 原项流程中的所有原项分配变量名

原　项			最小项					
			0	1	2	5	6	7
P1	m(0,1)	00—	X	X				
P2	m(0,2)	0—0	X		X			
P3	m(1,5)	—01		X		X		
P4	m(2,6)	—10			X		X	
P5	m(5,7)	1—1				X		X
P6	m(6,7)	11—					X	X

在表 2-32 中,每一行分配的变量名分别是 P1,P2,…,P6。如果要覆盖最小项 0,则要么选择 P1,要么选择 P2,用逻辑描述则为 P1+P2;如果要覆盖最小项 1,则是 P1+P3;……如果

要覆盖最小项 7,则是 P5+P6。

由于最小项结果需要覆盖全部 X。将覆盖全部 X 的逻辑表示为 P,当 P=1,即覆盖全部 X 为真时,得到以下的逻辑表达式:

$$P=(P1+P2) \cdot (P1+P3)(P2+P4)(P3+P5)(P4+P6)(P5+P6)$$

使用(X+Y)(X+Z)=X+YZ 对其化简和展开:

$$\begin{aligned} P &= (P1+P2) \cdot (P1+P3) \cdot (P2+P4) \cdot \\ &\quad (P3+P5) \cdot (P4+P6) \cdot (P5+P6) = \\ &\quad (P1+P2 \cdot P3) \cdot (P4+P2 \cdot P6) \cdot (P5+P3 \cdot P6) = \\ &\quad (P1P4+P1P2P6+P2P3P4+P2P3P6)(P5+P3P6) = \\ &\quad P1P4P5+P1P2P5P6+P2P3P4P5+P2P3P5P6+P1P3P4P6 + \\ &\quad P1P2P3P6+P2P3P4P6+P2P3P6 \end{aligned}$$

然后使用 X+XY=X 对展开后的逻辑表达式进行化简,得到:

$$P=P1P4P5+P1P2P5P6+P2P3P4P5+P1P3P4P6+P2P3P6$$

注意:式中加号对应的或逻辑,等式右边 5 个积项都是覆盖全部 X 的解,而最小化的解则显然是 P1P4P5 和 P2P3P6,前者选择 m(0,1),m(2,6)和 m(5,7);后者选择 m(0,2),m(1,5)和 m(6,7)。

由此,可得到全部最小化的两个解:

$$F=P1P4P5=m(0,1)+m(2,6)+m(5,7)=A'B'+BC'+AC$$
$$F=P2P3P6=m(0,2)+m(1,5)+m(6,7)=A'C'+B'C+AB$$

皮特里克法的步骤如下:

(1)使用原项流程找到本原项,划去本原项所在行和对应的列。

(2)为原项流程中剩余的原项分配变量名,例如 P1,P2,P3。

(3)得到覆盖所有剩余 X 的逻辑函数 P。

(4)使用 X+XY=X 公式对 P 公式进行化简。

(5)化简结果中的每一个积项,对应一种全部覆盖 X 的解。其中变量数最少的项构成最小化的解。

(6)根据最小化的解,得到最小化的原项选择,用化简函数的字母替代。

皮特里克法的上述步骤可以用计算机实现,因而这是一种 EDA 的逻辑化简算法。

7. 非全配函数的化简

当化简逻辑包含不管项,对应的逻辑为非全配逻辑,非全配函数采用奎因-麦克拉斯基法进行化简时,遵循如下规则:

(1)将不管项作为最小项对待。

(2)表格得到的原项集合中,不包含未被选择的不管项。

例 2-29:有非全配函数如下

$$F(A,B,C,D)=\sum m(2,3,7,9,11,13)+\sum d(1,10,15)$$

采用奎因-麦克拉斯基法对其进行化简。

解:见表 2-33 和表 2-34。

表 2 - 33　例 2 - 29 奎因-麦克拉斯基法化简非全配函数之表格

表 1				表 2				表 3			
组号	m_i	值	检查	组号	m_i	值	检查	组号	m_i	值	检查
1	1	0001	√	1	1,3	00−1	√	1	1,3,9,11	−0−1	
	2	0010	√		1,9	−001	√		~~1,9,3,11~~	~~−0−1~~	
2	3	0011	√		2,3	001−	√		2,3,10,11	−01−	
	9	1001	√		2,10	−010	√		~~2,10,3,11~~	~~−01−~~	
	10	1010	√	2	3,7	−011	√	2	3,7,11,15	−−11	
3	7	0111	√		3,11	−011	√		~~3,11,7,15~~	~~−−11~~	
	11	1011	√		9,11	10−1	√		9,11,13,15	1−−1	
	13	1101	√		9,13	1−01	√		~~9,13,11,15~~	~~1−−1~~	
4	15	1111	√		10,11	101−	√				
				3	7,15	−111	√				
					11,15	1−11	√				
					13,15	11−1	√				

表 2 - 34　包含不管项的原项流程(下画线为不管项)

原　项		最　小　项								
		1	2	3	7	9	10	11	13	15
m(1,3,9,11)	−0−1	X		X		X		X		
m(2,3,10,11)	−01−		X	X			X	X		
m(3,7,11,15)	−−11			X	X			X		X
m(9,11,13,15)	1−−1					X		X	X	X

将表 2 - 34 的原项集合中,删除不管项 d(1,10,15),得到表 2 - 35。

表 2 - 35　删除了不管项的原项流程

原　项		最　小　项					
		2	3	7	9	11	13
m(1,3,9,11)	−0−1		X		X	X	
m(2,3,10,11)	−01−	X	X			X	
m(3,7,11,15)	−−11		X	X		X	
m(9,11,13,15)	1−−1				X	X	X

由于 2,7 和 13 列均仅有一个 X,所以对应的本原项是 m(2,3,10,11),m(3,7,11,15) 和 m(9,11,13,15),在表 2 - 35 中用灰色加以标注。划去本原项和对应的列后,已经覆盖所有的 X,于是得到化简结果:

$$F(A,B,C,D)=\sum m(2,3,7,9,11,13)+\sum d(1,10,15)=$$
$$m(2,3,10,11)+m(3,7,11,15)+m(9,11,13,15)=$$
$$B'C+CD+AD$$

2.4　习　题

2.1 布尔函数 E 和 F 具有如右表所列的真值表,请列出:

a) 列出它们的最小项和最大项;

b) 列出其反码 $(\overline{E},\overline{F})$ 的最大项;

c) 列出其和 $(E+F)$ 的最小项;

d) 列出其积 $(E \cdot F)$ 的最小项。

X	Y	Z	F	E
0	0	0	0	0
0	0	1	0	1
0	1	0	0	0
0	1	1	1	1
1	0	0	1	0
1	0	1	1	0
1	1	0	1	1
1	1	1	1	1

2.2 将下列表达式转换为 **SOP** 形式和 **POS** 形式:

a) $(AB+C)(B+\overline{C}D)$;

b) $X+X(X+\overline{Y})(Y+\overline{Z})$;

c) $(A+B\overline{C}+CD)(\overline{B}+EF)$。

2.3 使用三变量卡诺图,优化下列布尔函数:

a) $F(A,B,C)=\sum m(3,4,5,6,7)$;

b) $F(A,B,C)=\sum m(1,3,6,7)$;

c) $F(A,B,C)=\sum m(3,6,7)$;

d) $F(A,B,C)=\sum m(1,3,4,5,6,7)$。

2.4 使用四变量卡诺图,优化下列布尔函数:

a) $F(A,B,C,D)=\sum m(3,4,5,6,7,12,13)$;

b) $F(A,B,C,D)=\sum m(4,6,7,12,13)$;

c) $F(A,B,C,D)=\sum m(0,1,4,5,6,7,12,13)$;

d) $F(A,B,C,D)=\sum m(1,3,4,5,6,7)$。

2.5 在下列布尔函数中,找到所有的原项,并指出其中的本原项:

a) $F(W,X,Y,Z)=\sum m(0,2,5,7,8,10,12,13,14,15)$;

b) $F(A,B,C,D)=\sum m(0,2,3,5,7,8,10,11,14,15)$;

c) $F(A,B,C,D)=\sum m(1,3,4,5,9,10,11,12,13,14,15)$。

2.6 找到下列布尔表达式中所有的原项以及对应的本原项,并且运用 Roth‐Kinny 流程进行优化:

a) $F(A,B,C,D)=\sum m(0,1,5,6,7,11,12,13,15)$;

b) $F(A,B,C,D)=\sum m(1,3,5,7,13,15)$;

c) $F(A,B,C,D)=\sum m(0,2,4,8,10,12,13,15)$。

2.7 将下列布尔表达式优化为积之和形式:

a) $F(A,B,C,D)=\sum m(1,2,3,5,6,7,13,14,15)$;

b) $F(A,B,C,D)=\sum m(0,1,2,3,6,8,9,10,11,14)$。

2.8 优化下列布尔表达式为积之和形式,以及和之积形式:

a) $A\overline{C}+\overline{B}D+\overline{A}CD+ABCD$

b) $(\overline{A}+\overline{B}+\overline{D})(A+\overline{B}+\overline{C})(\overline{A}+B+\overline{D})(B+\overline{C}+\overline{D})$;

c) $(\overline{A}+\overline{B}+D)(\overline{A}+\overline{D})(A+B+\overline{D})(A+\overline{B}+C+D)$。

2.9 将下列最大项形式的布尔表达式优化为积之和与和之积形式:

a) $F(A,B,C,D)=\prod M(2,5,6,7,8,9,10,11,14)$;

b) $F(A,B,C,D)=\prod M(5,7,9,11)$。

2.10 将下列具有非全配函数(不管条件)的布尔表达式优化为积之和形式:

a) $F(A,B,C,D)=\sum m(2,3,4,6,8,10,12,13,14)+\sum d(0,1,15)$;

b) $F(A,B,C,D)=\prod M(5,7,13,15)\cdot\prod d(9,11)$。

2.11 优化下列具有非全配函数(不管条件)的布尔表达式,找到所有的原项并指出其本原项:

a) $F(A,B,C)=\sum m(3,5,6)+\sum d(0,7)$;

b) $F(W,X,Y,Z)=\sum m(0,2,4,5,8,14,15)+\sum d(7,10,13)$;

c) $F(A,B,C,D)=\sum m(4,6,7,8,12,15)+\sum d(2,3,5,10,11,14)$。

2.12 优化下列非全配函数 F 的布尔表达式,找到所有原项并指出其本原项:

a) $F(A,B,C,D)=\sum m(0,1,4,5,11,15)+\sum d(7,8,9,12)$;

b) $F(A,B,C,D)=\sum m(2,3,7,8,10,12)+\sum d(0,9,13,14)$。

2.13 将下列布尔表达式转换为仅用异或门和与门组成的电路,并且使得门输入端最少:

$F(A,B,C,D)=AB\overline{C}D+A\overline{D}+\overline{A}D$

2.14 设计一个能够实现如下布尔表达式函数组合的电路,并且具有最小的面积(最少的逻辑门):

$$\begin{cases} F_0=Z(XY+\overline{YX}+\overline{Z}(X\overline{Y}+\overline{X}Y)) \\ F_1=\overline{W}(X\overline{Y}+\overline{X}Y)+W(XY+\overline{XY}) \end{cases}$$

2.15 化简如习题 **2.15** 图中 F 和 G 的电路函数。

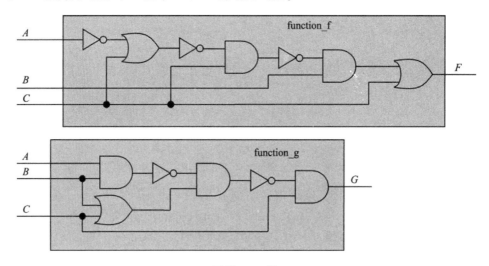

习题 **2.15** 图

2.5 参考文献

［1］Joseph Cavanagh,Sequential Logic and Verilog HDL Funamentals,Broken Sound Parkway,NW:CRC Press,2016.

［2］Brodersen,R. Anatomy of Silicon Compiler,Kluwer, Boston, 1992.

［3］Campbell, S. The Science and Engineering of Microelectronic Fabraication, Oxford University, New York, 1996.

［4］Cavanagh, J. J. F. Digital Computer Arithmetic Design and Implementation, McGraw-Hill, New York, 1984.

［5］Chandrakasan, A. P. and R. Brodersen,Low Power Digital CMOS Design, Kluwer, Boston, 1995.

［6］Chang, C. Y. and S. M. Sze. ULSI Technology, McGraw-Hill, New York, 1996.

［7］Chen, C. H. Computer Engineering Handbook, McGraw-Hill, New York, 1992.

［8］Bartlett K, et al. "Multilevel Logic Minimization Using Implicit Don't-Cares. " IEEE Transactions on Computer Aided Design of Integrated Circuits, CAD-5, 723-740, 1986.

［9］Weste NHE, Eshraghian K. Principles of CMOS VLSI Design. Reading, MA: Addison-Wesley, 1993.

［10］Charles H. Roth, Jr. , Larray L. Kinney. Fundamentals of Logic Design 7th ed. Stamford: Pengage Learning, 2014.

［11］Mano, M. Morris and MIchael D. Ciletti,Digital Design, 5th ed. Upper Saddle River, NJ:Prentice Hall, 2012.

［12］Brayton, Robert King. Logic minimization algorithms for VLSI synthesis. Boston:Kluwer Academic Publishers, 2000.

［13］Jha, Niraj K. Switching and finite automata theory. Cambridge, New York, UK:Cambridge University Press, 2010.

［14］Givone, Donald D. Digital Principles and Design. New Youk:McGraw-HIll, 2003.

［15］Keaslin H. Digital integrated circuit design. Cambrige Unverisity Press 2008.

［16］Krzysztof Iniewski. hardware design and implementation. , Hoboken, New Jersey : Wiley, c2013.

［17］Michael D. Ciletti,Advanced Digital Design with the Verilog HDL, Prentice Hall, 2011.

［18］闫石. 数字电子技术基础,清华大学电子学教研组,北京:高等教育出版社,2014.

［19］康华光.电子技术基础,数字部分,华中科技大学电子技术课程组.北京:高等教育出版社,2014.

［20］潘松,陈龙,黄继业.数字电子技术基础,2 版.北京:科学出版社,2014.

［21］陈欣波,伍刚,基于 FPGA 的现代数字电路设计.北京:北京理工大学出版社,2018.

［22］周斌,数字电路与逻辑设计.武汉:华中科技大学出版社,2018.

［23］胡晓光,数字电子技术基础.北京:北京航空航天大学出版社,2016.

［24］周立功,刘银华,夏宇闻.可编程逻辑电路设计基础教程,北京:北京航空航天大学出版社,2012.

［25］刘昌华,管庶安,数字逻辑原理与 FPGA 设计.北京:北京航空航天大学出版社,2009.

［26］Donald A. Neamen. Microelectronics:circuit analysis and design. 北京:清华大学出版社,2018.

［27］Victor P. , Nelson, et al. 数字逻辑电路分析与设计.段晓辉,译.北京:清华大学出版社,2016.

第3章 硬件描述语言入门

    本章将讨论 FPGA/ASIC 设计实践中必须掌握的数字电路基础知识，以及讨论 HDL 语言现代设计和验证流程的理论和概念，并给出本书使用的方法。本章既兼顾基础知识的复习，又强调现代 EDA 理论在 HDL 的体现，后者正是许多初涉 EDA 领域工程技术人员的困惑。因此，本章并不是一个语言体系的指导手册，而是介绍这些语言中的 EDA 精髓。一个具有现代计算机语言基础的技术人员学习 EDA 时，真正需要的不是 Verilog 的语法手册，而是 Verilog 语言系统中的 EDA 思想。

    3.2 节简要讲述 HDL 语言的基础知识，包括 Verilog HDL 和 VHDL，该小节内容既可用作 HDL 语言的快捷学习，也可以作为 HDL 语言知识的复习总结。3.3 节中的层次化设计将介绍 EDA 参照的层次树。3.8 节介绍 HDL 软件中的数据类型，是迅速理解掌握 HDL 语言的基础。3.9 节的代码模型分析是现代综合理论的基础。3.10 节和 3.11 节介绍了顺序框架和其循环语句，是理解 HDL 语言与算法语言中循环语句的异同点的关键所在。3.12 节重点介绍验证和仿真的理论方法以及工具和流程。

    本书后续章节中叙述的所有实验，其编码原则、设计理论和流程、工具使用和验证过程等，都是基于本章的叙述或约定。因此，即便是对数字电路设计非常熟悉的读者，也必须和了解 3.3 节和 3.12 节的有关内容。

3.1   数字电子设计概述

    数字硬件的设计流程，在长时间内都是遵循从基本器件到符号和图纸描述、硬件实现、测试和反馈的一个漫长的过程，如图 3-1 所示。

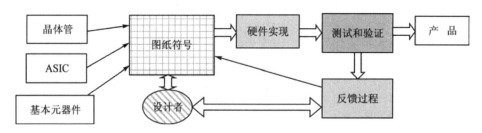

图 3-1   基于图纸符号的设计流程

    这种基于图纸符号的作业流程完全依靠人工方式设计，其过程无法有效地处理大量的逻辑门（例如以 M 为单位的百万门），而且其验证过程依赖于目标硬件的实现，开发周期长、费用高。随着集成电路密度的增加，新的设计方式迅速出现，最重要的改进就是引入计算机技术，EDA 是电子设计领域的计算机辅助设计（CAD）。

    在 EDA 方式中，虽然许多工具仍然保留了图纸和符号功能，但对于大型逻辑的描述，则依靠更强大的计算机语言:Verilog HDL、VHDL,或者其他硬件描述语言。统称为 HDL 是因为它强调的是硬件描述,这正是与其他算法语言的区别。HDL 语言的硬件描述意义不仅体现在对传统图纸符号的替代,而且对于大型逻辑系统的设计也提供了可能,早期验证使得在实际硬件实现之前检验其设计是否正确。EDA 的工具软件还提供许多优化功能,如对于面积、速度、功耗和综合速度的优化它的时序分析工具成为高速电路实现的重要手段;它还提供 SSN(同步翻转噪声),SI(信号完整性),EMC(电磁兼容)以及功耗评估的各种分析工具。

用计算机语言设计一个数字电路系统,是用一种语言系统描述一个硬件模型。虽然现在 HDL 已经有多种语言版本,而且还在发展中。但本书讨论的 HDL 仅包括现在最经常使用的 Verilog HDL 和 VHDL 两种语言。

与其他类型的计算机语言不同,HDL 语言的重点是描述,或者称为建模(Modeling)。例如,C 语言的最终目的是生成一系列的计算机指令,而 HDL 的最终目的则是建立如图 3-2 所描述的一个电路模型。此电路模型应该具有全部电路特征,即必要的输入和输出、必要的内部信号、特定的逻辑和时序行为等。

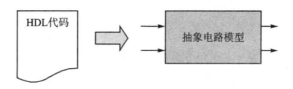

图 3-2 使用 HDL 语言建模

用 HDL 描述的抽象硬件电路模型,Verilog 称为 Module,VHDL 称为 Component。有了一个抽象的电路模型,就可以在该模型的基础上进行 FPGA 的设计。又由于该模型是用计算机语言编写的,因此就可以采用 EDA 软件来设计。FPGA 是由许多单元(Cells)组成,构成这些单元可以是查找表(LUT)、输入输出单元(IOE)、存储器资源等(参见 1.1 节)。将抽象电路模型转变为 FPGA 实际电路结构的过程称为综合(synthesis)。具体而言,就是使用 FPGA 的路由资源,将诸多资源组织起来,使其成为所描述的电路模型。这种描述 FPGA 资源组织的文件就是综合后的结果(见图 3-3),称为网表(netlist)。

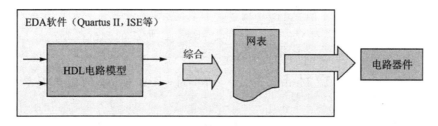

图 3-3 模型—综合—下载

事实上,任何设计都可能发生错误,及时发现并纠正错误,也正是 EDA 软件的特点之一。模型是用计算机语言编写,代码检查所编写的代码是否正确的实现了设计者的意图,这一点与其他算法语言类似,但也有重要的不同。算法语言(如 C,JAVA)最终实现的是指令流。为了检验代码是否正确,通常的做法是将算法语言编译成指令,并尝试在目标机器上运行,这在算法语言程序开发步骤中称为调试(debug),具体方法包括断点和跟踪等。但 HDL 最终实现的是电路,HDL 代码仅仅是对该模型的描述。为了检验代码是否正确,需要像真实电路模型那样,对其进行测试。这种对抽象电路模型进行的测试称为验证(Verification)。为了进行这样的验证,需要单独编写一段 HDL 代码,建立一个用于测试目的的抽象模型称为测试台。在 Testbench 中,将需要测试的模型装入其中,并对该模型的输入加载激励信号,观察其输出和内部信号。精心地用 HDL 语法设计激励信号,可以观察到输出输入及诸信号之间的逻辑时序关系,以检验其是否符合设计者的意图(见图 3-4)。

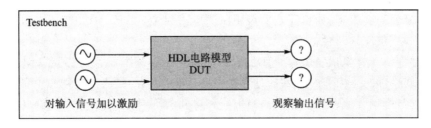

图 3-4 电路模型 DUT 的测试台

注意:Testbench 本质上仍旧是一段 HDL 建模代码,本身并不能运行,但 EDA 软件提供了一种运行 Testbench 的方法,即按照电路模型机制,生成需要的激励信号并观察和分析模型中的信号。这种运行抽象模型的方法称为仿真,对应的工具则称为仿真工具。常用的仿真工具有 ModelSim,VCS 等。

实际上,综合过程分为两步,EDA 首先将源 HDL 模型转变为基本的门级网表,即将设计者模型转变为基本的门模型,称为编译。这种由基本门描述的模型并没有分配对应的单元。CAD 软件随后再为这些基本门模型分配具体的单元,这时的步骤称为映射,又称为装配,对应的操作称做布局和路由。

因为综合由诸步骤组成,所以验证的方法也可以多样化:综合前验证(Presynthesis Verification)时测试代码加载的测试模型是用户 RTL 模型,而此时验证的内容主要是测试模型的逻辑性能。因此,综合前验证又被称为功能仿真或 RTL 仿真(Function/RTL Simulation),有时也被简单地称为前仿(Pre-Simulation)。

综合后验证(Postsynthesis Verification)时,测试代码加载的测试模型已经是装配后的由基本门描述的模型,即网表,此时验证的内容主要是设计模型的时序性能,因此综合后验证又被称为时序仿真或门级仿真(Timing/Gate-level Simulation),有时也被简单地称为后仿(Post-Simulation)。

上述所有的操作都由 EDA 软件完成,不仅是语法分析、综合、验证的步骤理所被 EDA 实现,而且许多人工处理过程,如布尔表达式、逻辑化简、常用逻辑调用等也被自动完成。因此,传统数字电路课程中的许多知识并不十分需要,但一些新的问题或新知识却产生了,如面积和速度的折中、流水线等。常用的 EDA 软件有 Altera 公司的 Quartus II,Xiling 的 ISE 等。图 3-5 描述了使用 EDA 工具进行数字电路设计的一种流程。

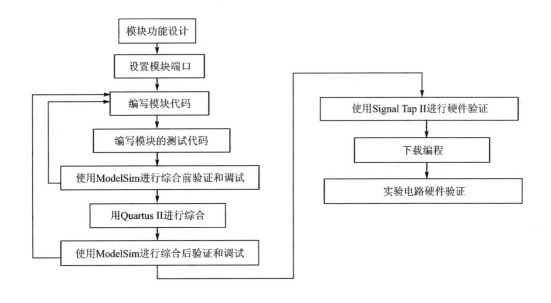

图 3-5　使用 EDA 工具(Quartus II)进行数字电路设计的流程

3.2　硬件描述语言

随着硬件描述语言(HDL)的发展和标准化,使用 HDL 建模并用 EDA 验证和实现,已成为现代数字硬件设计中不可或缺的重要手段。图 3-6 为 HDL 描述的抽象层次。

HDL 语言可完成建模、设计描述和实现电路模型的过程,完成从设计者到 EDA 工具,从高级抽象到底层物理抽象的过程。

用不同级别的抽象描述同一个电路模型如图 3-6 所示:高级别的语法抽象描述需求和概念(系统级);需求概念用数学形式描述解释(算法级);用功能模块以及它们的互联解释算法(架构级);使用 HDL 语言的数据流—行为—结构化描述需要的电路(3.4 节),称为寄存器传输级(RTL)抽象;EDA 工具将 RTL 模型转变为用 FPGA 器件逻辑门实现的(Gate - Level)的门级模型;门级模型在 EDA 装配后指向 FPGA 的具体开关,则称之为开关级模型。

图 3-6　HDL 的各种描述的抽象层次

由于历史的原因,在 EDA 的应用中,Verilog 和 VHDL 既有共同发展、十分相似的一面,又各有偏重、存在差异的另一面,并且影响到不同的 EDA 领域。如器件设计领域 Verilog 应用比较多,系统研发领域则比 VHDL 更广泛。一个合格的 EDA 工程师,必须具备基本的"多语"能力,才能在工作中得心应手。如表 3-1 和表 3-2 列出了两种语言(Verilog,VHDL)常用语法的速览表。

表 3 - 1　Verilog 和 VHDL 语法速览表一

项　目	Verilog				VHDL	
建　模	module ＜模块名＞(＜端口表＞); 　＜端口方向声明＞ 　＜参数声明＞ 　＜模块语句＞ 　…… endmodule				library ieee; use ieee. std_logic_1164. all; entity ＜实体名＞ is 　｜＜类属声明＞｜ 　＜端口声明＞ end entity ＜实体名＞; architecture ＜结构体名＞ of ＜实体名＞ is 　＜结构体信号声明＞ begin 　＜结构体语句＞ 　…… 　end architecture ＜结构体名＞	
	(1) Verilog 中描述的模型称为模块 Module (2) 描述代码由 module 开始至 endmodule 结束 (3) module 之后必须有一个合法的模块名 (4) 模块名之后的圆括号中填写模块的所有端口名,以逗号做间隔 (5) Verilog 支持多种灵活的格式,如包括方向声明的端口表				(1) VHDL 中描述的模型称为组件 component (2) 组件由三部分组成:库声明,实体和结构体 (3) 库声明包括组件代码中引用的库 (4) 实体部分包括端口的声明和类属声明 (5) 结构体部分包括对组件模型的描述	
逻辑运算	位运算符	原　语	例　子		运算符	例　子
与	&	and	assign z = (a & b);		and	z ＜= (a and b);
与非		nand	assign z = ~(a & b);		nand	z ＜= (a nand b);
或非		nor	assign z = ~(a ｜ b);		nor	z ＜= (a nor b);
非	~	not	assign z = ~z;		not	z ＜= (a not b);
或	｜	or	assign z = (a ｜ b);		or	z ＜= (a or b);
同或	^~	xnor	assign z = (a ^~ b);		xnor	z ＜= (a xnor b);
异或	^	xor	assign z = (a ^ b);		xor	z ＜= (a xor b);
算术运算	运算符	例　子			运算符	例　子
加	+	z ＜= (a + b);			+	z ＜= (a + b);
减	−	z ＜= (a − b);			−	z ＜= (a − b);
乘	*	z ＜= (a * b);			*	z ＜= (a * b)
除	/	z ＜= (a / b);			/	z ＜= (a / b);
指数					* *	z ＜= (a * * b);
模	%	z ＜= (a % b);			mod	z ＜= (a mod b);
余数					rem	z ＜= (a rem b);
绝对值					abs	z ＜= (a abs b);
关系运算	运算符	例　子			运算符	例　子
等于	==	if (a == b) then			=	if (a = b) then… end if;
不等于	! =	if (a ! = b) then			/=	if (a /= b) then… end if;
小于	＜	if (a ＜ b) then			＜	if (a ＜ b) then… end if;

算术运算	运算符	例 子	运算符	例 子
小于等于	$<=$	if (a $<=$ b) then	$<=$	if (a $<=$ b) then⋯ end if;
大于	$>$	if (a $>$ b) then	$>$	if (a $>$ b) then⋯ end if;
大于等于	$>=$	if (a $>=$ b) then	$>=$	if (a $>=$ b) then⋯ end if;
相与	&&	if (a && 8'h55) then	and	if (a and b) then⋯ end if;
相或	||	if (a || 8'haa) then	or	if (a or b) then⋯ end if;
非	!	if (! a) then	not	if (not a) then⋯ end if;

表 3 - 2 Verilog 和 VHDL 语法速览表二

项 目	Verlog			VHDL		
移位运算	运算符	例 子		运算符	例 子	
逻辑左旋				rol	z $<=$ (a rol 2);	
逻辑右旋				ror	z $<=$ (a ror 2);	
算术左移				sla	z $<=$ (a sla 2); ——移出位补右	
逻辑左移	$<<$	z $<=$ (a $<<$ 2); //最右补零		sll	z $<=$ (a sll 2); ——最右补零	
算术右移				sra	z $<=$ (a sra 2); ——移出位补左	
逻辑右移	$>>$	z $<=$ (a $>>$ 2); //最左补零		srl	z $<=$ (a srl 2); ——最左补零	
赋 值	类 型	运算符	例 子	类 型	运算符	例 子
	阻塞赋值	$=$	assign z $=$ a;	信号赋值	$<=$	z $<=$ a;
	非阻塞赋值	$<=$	z $<=$ a;	变量赋值	$:=$	z $:=$ a;
拼接	运算符	例 子		运算符	例 子	
	{ }	assign z $=$ {a, b};		&	z $<=$ (a & b);	
数值类型	常 量	例 子		类 型	声明类型	例 子
	二进制	a $<=$ 8'b1111_0000;		二进制 逻辑变量	std_logic	signal z: std_logic; z $<=$ '1';
	十进制	a $<=$ 240;		二进制 逻辑总线	std_logic_vector	signal q:std_logic_vector[7 downto 0]; q $<=$"11110000";
	十六进制	a $<=$ 8'hf0;		十进制 逻辑总线	std_logic_vector	signal q:std_logic_vector[7 downto 0]; q $<=$ 240;
	不定值	a $<=$ 4'b10x0;		十六进制 逻辑总线	std_logic_vector	signal q:std_logic_vector[7 downto 0]; q $<=$ X"f0";
	高阻	a $<=$ 12'bz'; z $<=$ 8'h?;				signal f : std_logic_vector[3 :0] :="ZZZZ";

续表 3-2

项　目	Verilog		VHDL		
移位运算	运算符	例　子	运算符	例　子	
数值类型	常　量	例子	类　型	声明类型	例子
	位变量	wire a, z；assign z ＝ a；	位变量	bit	signal z：bit；z ＜＝ '1'；
	总线	wire [7:0] a；reg [15:0] z；	位总线	bit_vector	
信号类型	数据类型	例　子	类　型	例　子	
	reg	reg a，b；reg [15:0] count；	signal	signal z：std_logic；	
	wire	wire a,b；wire [15:0] q；	variable	variable：std_logic；	
	integer	integerI；	type..is	type state_type is (s0，s1)；	
	parameter	parameter HW ＝ 3；			
数组	memory	reg [7:0] mem [15:0]；	array	type ram_a is array(0 to 15) of std_logic_vector(7 downto 0)；	

HDL 语言学习之初,是用硬件设计的方法替代软件的方法,而不是将 HDL 看作一门新的软件语言进行学习。硬件设计方法有很多,但最重要的一个原则是:EDA 中对电路建模(HDL 编码)的实质是描述硬件电路;反言之,描述和设计电路模型的 EDA 方法就是建模(编码)。EDA 中,目标任务从需求到实现的全过程是"设计—建模—验证"。建模并不是 EDA 任务的全部,甚至并不是最重要的。

一个复杂的硬件电路系统往往由很多小的单元组成,这些下层的电路模型,按组织形式称为组件或模块(Module)。无论是包含很多组件的上层电路模型,还是最下层的基本电路模型,都有如下特性:

(1) 具有明确的功能;

(2) 具有明确的输入和输出端口;

(3) 诸端口之间具有明确的逻辑时序关系。

以上三个特性的确定或设计称为设计准备的三部曲,是所有建模编码工作开始前要做的事。在编码之前还将讨论硬件的架构、信号时序分析和状态机的规划。一个有序有规划的设计,不仅使设计思路更加清晰、系统便于维护升级,更重要的是,可使设计电路或项目的可实现性(Feasibility)或可行性得以提升,便于核心技术的积淀和团队作战。这是现代大中型企业CHD 和 CTO 追求的目标。

Verilog 的建模由以下四部分组成(见图 3-7):

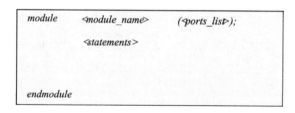

图 3-7　Verilog 建模的语句格式

(1) 模块框架:由保留字 module 和 endmodule 组成的模块框架。

(2) 模块名:在保留字 module 之后,为该模块起一个名字。模块的命名要有实际意义,要自己看得懂,同行看得懂,十年以后的自己仍看得懂,称为三个知道(Three-Know)。

(3) 端口声明:在模块名之后的圆括号中填写所设计的模块端口,以及声明端口的类型属性。

(4) 模块代码描述部分:用 Verilog 语法描述所设计的电路模型,使其上电并在输入端口加载信号后,输出端口能够按照三级的设计并正常工作。

VHDL 的建模(Component)由以下几部分组成(见图 3-8):

(1) 库声明:所有引用的支持库。

(2) 实体部分:由保留字 entity 和 end entity 组成的实体框架,其中声明端口(port)和类属(generic)。

(3) 结构体部分:由保留字 architecture 和 end architecture 组成的结构体框架,其中用VHDL 语法描述所设计的电路模型,使其在上电并在输入端口加载信号后,输出端口能够按照三部曲(Three-Stage)中的设计正常工作。

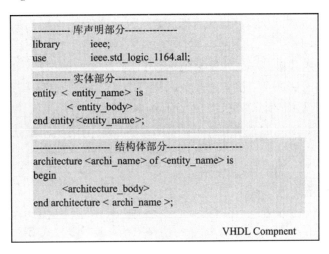

图 3-8　VHDL 建模(Component)的语句格式

完成建模的编码后,必须检验它是否有错误,是否按照三部曲的设计正确工作。传统的电路设计必须有了实际硬件才可以验证:在真实的实验室中,用真实的信号发生器加载到电路的输入端口,用真实的示波器观察输出端口的波形或内部信号的波形,以此判断电路设计是否正确。现代 EDA 工具提供了在完全虚拟的环境下进行这种测试的能力:HDL 代码对应的是虚拟抽象的电路模型,在虚拟的测试平台上,EDA 加载虚拟的激励信号,并将虚拟的输出信号和内部信号绘制在屏幕上。这样,在还没有实际硬件的生产之前,就可得知设计是否有错误,并可进行相应修改。

以下是一个简单的双输入与门建模—综合—验证的例子,展示了使用 Verilog 和 VHDL两种语言,在 Quartus II 工具环境下完整的"设计—建模—验证"流程。

例 3-1:布尔表达式为 f=a·b,画出端口时序及电路逻辑建模和验证。

解:根据三级设计;

(1) 功能:双输入与门组合逻辑。

(2) 端口:输入端口 a 和输入端口 b,以及输出端口 f。

(3) 逻辑时序关系(见图 3-9)。

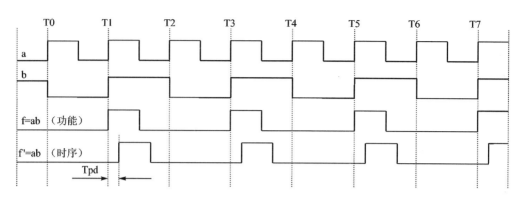

图 3-9　双输入与门的端口时序

这里，f(t)为电路的逻辑功能输出端口沿时间轴的电平变化曲线，即

$$f(t) = a(t) \cdot b(t) \qquad (3-1)$$

$f'(t)$为电路的输出端口经过逻辑门的 T_{pd} 延迟后沿时间轴的电平变化曲线：

$$f'(t) = a(t - T_{bd}) \cdot b(t - T_{bd}) \qquad (3-2)$$

式（3-1）为该电路输入和输出之间的逻辑关系，式（3-2）为该电路输入和输出的时序关系，输出端口在完成逻辑功能后加入了组合逻辑的延迟 T_{pd}。f'为真实电路示波器观察的信号，而 f 则仅在功能仿真中可见。因此，对前者的验证称为时序验证，对后者的验证则称为功能验证。

由此，该电路的框图设计如图 3-10 所示。

虽然图 3-10 框图模型 and_gate 内部绘制了一个与门符号，但三态（Three-Stage）并不关心模块的内部结构，此时需要明确的是电路模型顶层的"What do"，而不是"How to do"。

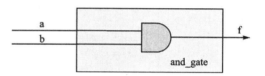

图 3-10　双输入与门模型的框图设计

1. 双输入与门建模示例（Verilog）

开始为双输入与门建模时，编制 Verilog 代码（见例程 3-1）。

```
1   module and_gate(a, b, f);
2
3       input a;
4       input b;
5       output f;
6
7       assign f = a & b;
8
9   endmodule
```

例程 3-1　双输入与门模型的 Verilog 代码

例程 3-1 中，行 1 和行 9 分别声明了 and_gate 模块和它的端口列表，行 3～行 5 声明了端口的类型（端口的方向），Row7 则用一行 Verilog 语句描述了 and_gate 电路模型，这行语句用 Assign 语句描述双输入与门的布尔表达式,这一种高级抽象的描述,EDA"理解"这种数学抽象,并最终用逻辑门来实现。

现在,为例程 3-1 编写 Testbench(例程 3-2),以验证这个电路模型是否能够正确工作。正如之前的讨论,Testbench 是测试平台的虚拟抽象,其中(行 8~11)放置了待测试模型 and_gate,称为实例化或映射。行 8 的字符 DUT 为例化名(Design Under Test),行 9~11 用点标识端口,用圆括弧标识映射(外部连接)的线路名称。行 13~21 为虚拟的激励信号,由于 EDA 提供虚拟验证可以用 Verilog 语言描述这种激励,这里用 Initial 语句和 forever 语句设计了激励,称为测试用例,即对输入端口 a 和 b,每间隔 20 ns,产生图 3-9 所示的激励信号。

```
1    timescale 1ns/1ns
2
3    module and_gate_tb;
4
5        reg a, b;
6        wire f;
7
8        and_gate DUT(
9            .a(a),
10           .b(b),
11           .f(f));
12
13       initial begin
14           a = 0; b = 0;
15           forever begin
16               #20 a = 1; b = 0;
17               #20 a = 0; b = 0;
18               #20 a = 1; b = 1;
19               #20 a = 0; b = 1;
20           end
21       end
22
23       initial #2000 $ stop;
24
25   endmodule
```

例程 3-2　双输入与门模型 Verilog 代码的 Testbench

将上述两段代码文件分别保存并命名为 and_gate. v 和 and_gate_tb. v,然后运行功能仿真(EDA RTL Simulation),就可得到符合电路公式(3-1)的功能验证结果(见图 3-11)。

在 Quartus II 中执行全编译后运行时序仿真(EDA Gate-Level Simulation),得到符合电路公式(3-2)的时序验证结果(见图 3-12)。

以上过程中工具的使用细节(Quartus II 开发环境,Nativelink,ModelSim),参见 3.12.2 节。

2. 双输入与门建模示例(VHDL)

根据图 3-9 和图 3-10 模型,VHDL 编码见例程 3-3。

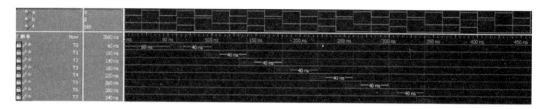

图 3 - 11 双输入与门 and_gate 模型(Verilog)的功能仿真波形

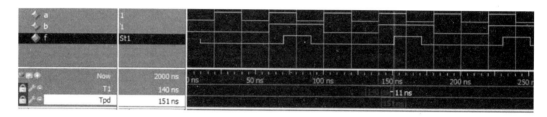

图 3 - 12 双输入与门 and_gate 模型(Verilog)的时序仿真波形

```
1    Library ieee;
2    use ieee.std_logic_1164.all;
3
4    entity and_gate_vh is
5        port(
6            a : in std_logic;
7            b : in std_logic;
8            f : out std_logic
9        );
10   end and_gate_vh;
11
12   architecture dataflow of and_gate_vh is
13
14   begin
15
16       f < = a and b;
17
18   end dataflow;
```

例程 3 - 3 双输入与门建模的 VHDL 代码

例程 3 - 3 中,行 1～2 为部件 and_gate_vh 的库声明部分,行 4～10 为该部件的实体部分,行 12～18 为该部件的结构体部分。

库声明部分,行 1 声明了 IEEE 库,行 2 声明了 IEEE 库中文件夹中的封装库 std_logic_1164,小数点后的 all 表示引用该库中的所有元件。实体部分,行 5～9 声明了该部分的端口,包括端口名、方向和类型。

结构体部分,在行 16 描述了双输入与门的布尔表达式,以算法级抽象描述该电路模型。

同样,在得到 VHDL 的抽象电路模型后,也为其编写抽象的测试平台,将 and_gate_vh 部件放置其中,对输入加以激励,观察它的输出以验证是否能够正确地工作。

```
1    Library ieee;
2    use ieee.std_logic_1164.all;
3
4    entity and_gate_vh_tb is
5    end and_gate_vh_tb;
6
7    architecture behaviour of and_gate_vh_tb is
8
9        component and_gate_vh
10           port(
11                a : in std_logic;
12                b : in std_logic;
13                f : out std_logic
14           );
15       end component;
16
17       signal a : std_logic : = '0';
18       signal b : std_logic : = '0';
19       signal f : std_logic;
20
21   begin
22
23       u1 : and_gate_vh port map(
24                a = > a,
25                b = > b,
26                f = > f
27           );
28
29       process
30       begin
31           wait for 0 ns;      a < = '1'; b < = '0';
32           wait for 20 ns;     a < = '0'; b < = '0';
33           wait for 20 ns;     a < = '1'; b < = '1';
34           wait for 20 ns;     a < = '0'; b < = '1';
35           wait for 20 ns;
36       end process;
37
38   end behaviour;
```

例程 3-4　双输入与门模型 VHDL 代码的测试平台

　　例程 3-4 中,同样由三部分组成:行 1~2 为库声明部分,行 4~5 为实体部分,行 7~38 为结构体部分。

　　由于测试平台对外没有端口,故实体部分中没有端口声明。

　　结构体的行 9~19 为该结构体的局部声明部分,其中,行 9~15 声明了将被引用的部件 and_gate_vh,行 17~19 声明了测试代码结构体中的局部信号 a、b 和 f。

　　结构体的行 23~27 为部件 and_gate_vh 的实例化,其映射语法是"＝＞"左侧为部件的端

口名,右侧为连接信号名。由于行 17~19 声明的内部信号名与部件的端口名相同,故映射符
"=>"左右侧的名字相同,这只是巧合。行 29~36 为激励信号的描述,所使用 process 语句
和 wait for 语句描述了每 20 ns 变化一个 bit 的 a 和 b 的输入激励。

执行功能仿真(EDA RTL Simulation)和时序仿真(EDA Gate‑Level Simulation)后,仿
真结果应该与图 3‑11 和图 3‑12 相同。

3.3　自上而下和层次化

HDL 的建模对应的是数字电路系统的设计,当数字电路系统越来越庞大,越来越复杂时,
描述该电路系统的图纸或其他描述文件也会变得复杂和庞大,这在 EDA 中也是如此。一种
传统的解决方法是,将原本庞大的系统,细分为若干个部件,这些部件又进一步的细分。这种
层层细分,从全局到局部、从整体到细节的设计流程称为自上而下的设计方法,如图 3‑13
所示。

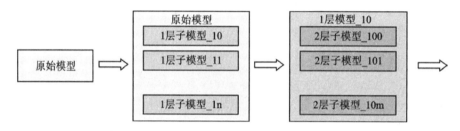

图 3‑13　将原始模型自上而下逐步细化

显然,自上而下的系统中,其结构就形成了树(Tree)见图 3‑14。

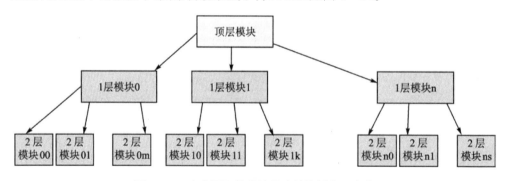

图 3‑14　自上而下的设计导致结构树和层次化

在这种树结构中,复杂系统被层层分解:首先描述顶层模块,其次是组成顶层的那些部件,
即图 3‑14 中为 1 层的诸模块的描述,然后是组成 1 层各模块的部件的描述。由这样一个层
次化系统组成的抽象描述集合,作为大型复杂系统的整体描述,是现代 EDA 理论所倡导的方
法,也是众多 EDA 工具依赖的方法。

自上而下和层次化的原则与人类的思维方式有关,也与信息检索技术有关。使用自上而
下设计的文档,便于阅读和交流,便于人际传播。而 EDA 的机器技术,则更依赖这种方法。
无论是综合器或仿真器,机器如何理解人类的设计,理解 HDL 语言所描述的内容均与人机交
互技术有关。层次化显然是人机交互的最佳选择,它便于机器理解,便于机器检索和机器

处理。

另一种方法是自下而上(Bottom - Up)的设计流程。自下而上的设计者会首先仔细考虑细节,在每个细节问题解决的基础上,逐步将它们组装成一个较大的部件,然后通过层层装配,最终形成完整的系统。一般而言,即便自上而下的设计者,如果完全没有细节处理的认知,也无法有效地组织其设计。在所有工具和手册倡导自上而下(Top - Down)时,并不意味着放弃细节的考虑。首先考虑细节和最后考虑细节也并不一定是"自上而下"和"自下而上"的区别,重要的是它们的文件组织形式。

本节通过一个行波进位加法器的例子,体验和实践 HDL 的自上而下和层次化设计。

行波进位加法器 RCA(Ripple - Carry Adder)是一种逐级进位的加法器结构,即本级加法器的进位信号来自前级加法器的输出。RCA 具有结构简单,逻辑清晰的特点,但由于进位链逐级传输带来的延时,使得它的速度不快。这里仅讨论 RCA 和它的设计流程以及文件组织。

例 3 - 2:设计一个 16 比特的行波进位加法器,将其命名为 rca_16,为其进行层次化建模和验证。

根据三部曲,设计一个 rca_16 的顶层:

(1) 功能:完成包含前级进位的无符号加法。

(2) 端口:输入端口 a 和 b,分别为加数和被加数,宽度为 16 比特;输入端口 c_in,单比特,为前级进位信号;输出端口 sum,宽度 16 比特;输出端口 c_out,本级的进位信号。

(3) 功能逻辑:{c_out, sum}=a+b+c_in,
时序逻辑这里从略。

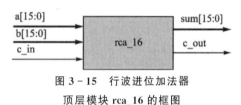

图 3 - 15　行波进位加法器
顶层模块 rca_16 的框图

由此,顶层模块框图设计如图 3 - 15 所示。

开始设计顶层组织:四个 4 比特的 rca_4 组成顶层 rca_16,M0~M3 为例化名,如图 3 - 16 所示。

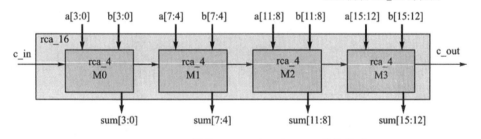

图 3 - 16　顶层模块 rca_16 由四个 rca_4 模块构成

进一步设计第二层模块 rca_4 可由四个单比特的全加器 adder_full 组成,B0~B3 为例化名,如图 3 - 17 所示。

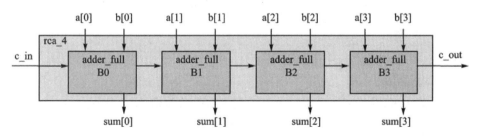

图 3 - 17　第二层模块 rca_4 由四个 adder_full 模块构成

全加器 adder_full 的设计可以从真值表得到(见图 3-18),采用 SOP 的最小项公式,计算它的布尔表达式 c_out 和 sum。

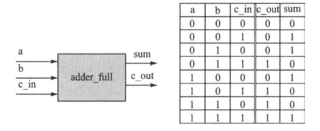

a	b	c_in	c_out	sum
0	0	0	0	0
0	0	1	0	1
0	1	0	0	1
0	1	1	1	0
1	0	0	0	1
1	0	1	1	0
1	1	0	1	0
1	1	1	1	1

图 3-18　全加器 adder_full 的真值表

c_out 与 sum 的逻辑等式如下:

$$c\_out = \bar{a} \cdot b \cdot c\_in + a \cdot \bar{b} \cdot c\_in + a \cdot b \cdot \overline{c\_in} + a \cdot b \cdot c\_in =$$
$$c\_in \cdot (\bar{a} \cdot b + a \cdot \bar{b}) + a \cdot b \qquad (3-3)$$

$$sum = \bar{a} \cdot \bar{b} \cdot c\_in + \bar{a} \cdot b \cdot \overline{c\_in} + a \cdot \bar{b} \cdot \overline{c\_in} + a \cdot b \cdot c\_in =$$
$$c\_in \cdot (\bar{a} \cdot \bar{b} + a \cdot b) + \overline{c\_in} \cdot (\bar{a} \cdot b + a \cdot \bar{b}) \qquad (3-4)$$

由于 $(\bar{a} \cdot b + a \cdot \bar{b}) = a \oplus b$ 而且 $(\bar{a} \cdot \bar{b} + a \cdot b) = \overline{a \oplus b}$,代入式(3-3)、式(3-4)后得:

$$c\_out = c\_in \cdot (a \oplus b) + a \cdot b$$
$$sum = c\_in \cdot \overline{(a \oplus b)} + \overline{c\_in} \cdot (a \oplus b) = c\_in \oplus (a \oplus b) \qquad (3-5)$$

又如若有函数 Half_Carry(a,b) = a·b,而且 Half_Sum(a,b) = a⊕b 则式(3-5)可表示为:

$$c\_out = c\_in \cdot (a \oplus b) + a \cdot b = \qquad (3-6)$$
$$Half\_Carry(c\_in, Half\_Sum(a,b)) + Half\_Carry(a,b)$$

$$sum = c\_in \oplus (a \oplus b) = \qquad (3-7)$$
$$c\_in \oplus Half\_Sum(a,b) =$$
$$Half\_Sum(c\_in, Half\_Sum(a,b))$$

由此,得到用半加器 adder_half 描述的全加器(见图 3-19)以及半加器(见图 3-20)的结构,即第三层和第四层模块构成。

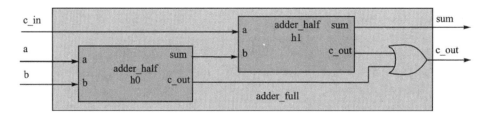

图 3-19　第三层模块 adder_full 由二个 adder_half 模块和一个或门组成

根据式(3-6)和式(3-7)中半加器函数(Half_Carry,Half_Sum)的布尔表达式,得到第四层模块的结构(见图 3-20)。

根据以上设计,编码和文件组织时可遵循自上而下的原则,以下使用 Verilog 语言说明其步骤和编码:

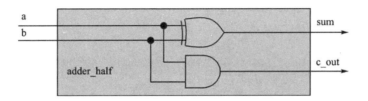

图 3 - 20　第四层模块 adder_half 由一个异或门和一个与门组成

（1）系统下新建一个文件夹，命名为"rca_16"。

（2）启动 EDA 工具（例如 Quartus II 或 ISE），定位到"rca_16"文件夹。

（3）新建一个 Verilog 文件，保存为"rca_16.v"，将其设置为顶层，为其编码（见例程 3 - 5（a）），图 3 - 5（b）为 Quartus II 在编译后形成的层次图（Hierarchy）。

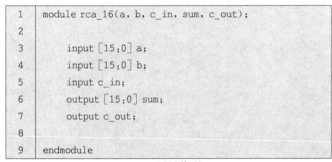

```
1   module rca_16(a, b, c_in, sum, c_out);
2
3       input [15:0] a;
4       input [15:0] b;
5       input c_in;
6       output [15:0] sum;
7       output c_out;
8
9   endmodule
```

（a）顶层代码

（b）层次图

例程 3 - 5：层次化示例第 1 步：建立顶层框架

（4）由图 3 - 16 可知，顶层结构是由第二层 rca_4 组成，所以需建立第二层框架。新建一个 Verilog 文件，命名并保存为"rca_4.v"，为其框架编码如例程 3 - 6 所示。

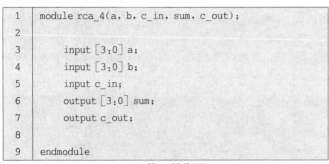

```
1   module rca_4(a, b, c_in, sum, c_out);
2
3       input [3:0] a;
4       input [3:0] b;
5       input c_in;
6       output [3:0] sum;
7       output c_out;
8
9   endmodule
```

（a）第二层代码

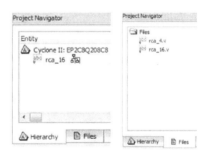

（b）层次图

例程 3 - 6　层次化示例第 2 步：建立第二层框架

（5）回到顶层文件"rca_16.v"，根据图 3 - 16 为 rca_16 建模，见例程 3 - 7。

```
1    module rca_16(a, b, c_in, sum, c_out);    24        rca_4 m2(
2                                              25            .a(a[11:8]),
3        input [15:0] a;                       26            .b(b[11:8]),
4        input [15:0] b;                       27            .c_in(m1_cout),
5        input c_in;                           28            .sum(sum[11:8]),
6        output [15:0] sum;                    29            .c_out(m2_cout));
7        output c_out;                         30
8                                              31        rca_4 m3(
9        wire m0_cout, m1_cout, m2_cout;       32            .a(a[15:12]),
10                                             33            .b(b[15:12]),
11       rca_4 m0(                             34            .c_in(m2_cout),
12           .a(a[3:0]),                       35            .sum(sum[15:12]),
13           .b(b[3:0]),                       36            .c_out(c_out));
14           .c_in(c_in),                      37
15           .sum(sum[3:0]),                   38    endmodule
16           .c_out(m0_cout));                 39
17                                             40
18       rca_4 m1(                             41
19           .a(a[7:4]),                       42
20           .b(b[7:4]),                       43
21           .c_in(m0_cout),                   44
22           .sum(sum[7:4]),                   45
23           .c_out(m1_cout));                 46
```

（a）建模的代码　　　　　　　　　　　　　　　　　　　　　（b）层次图

例程 3 - 7　层次化示例第 3 步：完成顶层建模

　　例程 3 - 7 中，行 9 声明了 3 个内部进位链信号。图（a）为完成顶层建模后编译形成的层次关系，可见在顶层 rca_16 之下出现四个节点。注意以上步骤（4）至步骤（5）的特点，需要首先完成框架代码，但并不需要实现代码，然后回到上层进行具体实现。这样处理体现了自上而下的思想，便于团队作战。

　　（6）为了实现图 3 - 17 所示的第二层 rac_4 的建模，需要第三层模型 adder_full 的框架，同样新建一个 Verilog 文件，另存为"adder_full. v"，编制它的框架，见例程 3 - 8。

```
1    module adder_full(a, b, c_in, sum, c_out);
2
3        input a;
4        input b;
5        input c_in;
6        output sum;
7        output c_out;
8
9    endmodule
```

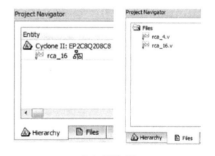

（a）建模的代码　　　　　　　　　　　　　　　　　　　　　（b）层次图

例程 3 - 8　层次化示例第 4 步：建立第三层框架

(7) 回到第二层,根据图 3 - 17 为 rca_4 建模(见例程 3 - 9),编译后的层次关系见图例程 3 - 9(b)。

```
1    module rca_4(a, b, c_in, sum, c_out);        24
2                                                  25        adder_full b2(
3        input [3:0] a;                            26            .a(a[2]),
4        input [3:0] b;                            27            .b(b[2]),
5        input c_in;                               28            .c_in(b1_cout),
6        output [3:0] sum;                         29            .sum(sum[2]),
7        output c_out;                             30            .c_out(b2_cout));
8                                                  31
9        wire b0_cout, b1_cout, b2_cout;           32        adder_full b3(
10                                                 33            .a(a[3]),
11       adder_full b0(                            34            .b(b[3]),
12           .a(a[0]),                             35            .c_in(b2_cout),
13           .b(b[0]),                             36            .sum(sum[3]),
14           .c_in(c_in),                          37            .c_out(c_out));
15           .sum(sum[0]),                         38
16           .c_out(b0_cout));                     39    endmodule
17                                                 40
18       adder_full b1(                            41
19           .a(a[1]),                             42
20           .b(b[1]),                             43
21           .c_in(b0_cout),                       44
22           .sum(sum[1]),                         45
23           .c_out(b1_cout));                     46
```
　　　　　(a) 建模的代码　　　　　　　　　　　　　(b) 第二层层次关系

例程 3 - 9　层次化示例第 5 步:实现第二层建模

(8) 接着编制的第四层框架(adder_half)。新建一个 Verilog 文件,另存为"adder_half.v",框架代码见例程 3 - 10。

```
1    module adder_half(a, b, sum, c_out);
2
3        input a;
4        input b;
5        output sum;
6        output c_out;
7
8    endmodule
```

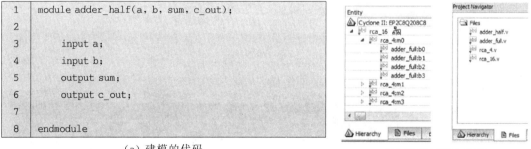

　　　　(a) 建模的代码　　　　　　　　　　　　(b) 第四层层次关系

例程 3 - 10　层次化示例第 6 步:建立第四层框架

(9) 回到第三层,根据图 3 - 19 为 adder_full 建模,见例程 3 - 11。层次关系见例程 3 - 12 图(b)。

```
1   module adder_full(a, b, c_in, sum, c_out);
2       input a;
3       input b;
4       input c_in;
5       output sum;
6       output c_out;
7       wire h0_sum, h0_cout, h1_cout;
8
9       adder_half h0(.a(a), .b(b), .sum(h0_sum), .c_out(h0_cout));
10      adder_half h1(.a(c_in), .b(h0_sum), .sum(sum), .c_out(h1_cout));
11      assign c_out = h0_cout | h1_cout;
12  endmodule
```

例程 3 - 11　层次化示例第 7 步:实现第三层建模

(10) 由于第四层就是底层,所以根据图 3 - 20 编制底层模块 adder_full 的代码,见例程 3 - 12(a)。

```
1   module adder_half(a, b, sum, c_out);
2
3       input a;
4       input b;
5       output sum;
6       output c_out;
7
8       assign sum = a ^ b;
9       assign c_out = a & b;
10
11  endmodule
```

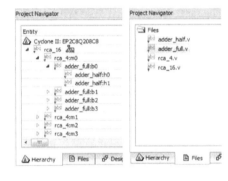

(a) adder_full 代码　　　　　　　　　　　(b) 层次关系

例程 3 - 12　层次化示例第 8 步:实现第四层建模

(11) 至此,全部建模完成。例程 3 - 12(b)显示的是整个系统的层次关系和文件组织。

为了验证上层模块是否能正常工作,必须首先保证下层模块是正确的。因为下层模块正确是上层模块正确的必要条件,完整的验证过程应该是自下而上:首先验证最底层,然后逐步向上层验证。为此,首先验证最底层 adder_half,为其编写了代码。新建一个 Verilog 文件,另存为"adder_half_tb.v",编码和仿真波形如例程 3 - 13 所示。

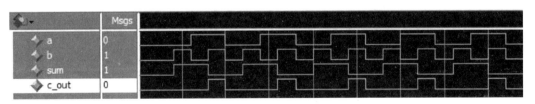

图 3 - 21　层次化示例第 9 步:验证低层模型 adder_half

```
1   `timescale 1ns/1ns
2
3   module adder_half_tb;
4
5       reg a, b;
6       wire sum, c_out;
7
8       adder_half u1(.a(a), .b(b), .sum(sum), .c_out(c_out));
9
10      initial begin
11          a = 0; b = 0;
12          forever begin
13              #20 a = 0; b = 0;
14              #20 a = 0; b = 1;
15              #20 a = 1; b = 0;
16              #20 a = 1; b = 1;
17          end
18      end
19
20  endmodule
```

Project Navigator

Files
- adder_half.v
- adder_full.v
- rca_4.v
- rca_16.v
- adder_half_tb.v

⚠ Hierarchy　📄 Files

(a)　　　　　　　　　　　　　　　(b)

例程 3 - 13　层次化示例第 9 步：实现第五层建模

(12) 第三层验证 adder_full：新建测试代码中文件"adder_full_tb. v"，见例程 3 - 14 和图 3 - 22。

```
1   timescale 1ns/1ns                          14          #20 a = 0; b = 1; c_in = 0;
2   module adder_full_tb;                      15          #20 a = 1; b = 1; c_in = 0;
3       reg a, b, c_in;                        16          #20 a = 0; b = 0; c_in = 1;
4       wire sum, c_out;                       17          #20 a = 1; b = 0; c_in = 1;
5                                              18          #20 a = 0; b = 1; c_in = 1;
6       adder_full u1(.a(a), .b(b), .c_in(c_in), 19        #20 a = 1; b = 1; c_in = 1;
7   .sum(sum), .c_out(c_out));                 20      end
8                                              21    end
9       initial begin                         22
10          a = 0; b = 0; c_in = 0;            23  endmodule
11          forever begin                      24
12              #20 a = 0; b = 0; c_in = 0;    25
13              #20 a = 1; b = 0; c_in = 0;    26
```

例程 3 - 14　层次化示例第 10 步：验证第三层模型

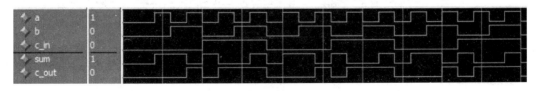

图 3 - 22　第三层模型的仿真波形

（13）第二层验证 rca_4：新建测试代码文件"rca_4_tb.v"，其中使用了一个整型的 for 循环产生周期的激励信号，以此作为测试用例见例程 3-15 和图 3-23。

```
1    timescale 1ns/1ns
2
3    module rca_4_tb;
4
5        reg [3:0] a, b;
6        reg c_in;
7        wire [3:0] sum;
8        wire c_out;
9        integer i;
10
11       rca_4 u1(.a(a), .b(b), .c_in(c_in), .sum(sum), .c_out(c_out));
12
13       initial begin
14           a = 0; b = 0; c_in = 1'b0;
15           forever begin
16               for (i = 0; i<16; i = i + 1) begin
17                   #20 a = i; b = i; c_in = 1'b0;
18                   #20 a = i; b = i; c_in = 1'b1;
19               end
20           end
21       end
22
23   endmodule
```

(a)

Project Navigator

Files
　abcd adder_half.v
　abcd adder_full.v
　abcd rca_4.v
　abcd rca_16.v
　abcd adder_half_tb.v
　abcd adder_full_tb.v
　abcd rca_4_tb.v

⚠ Hierarchy   📄 Files

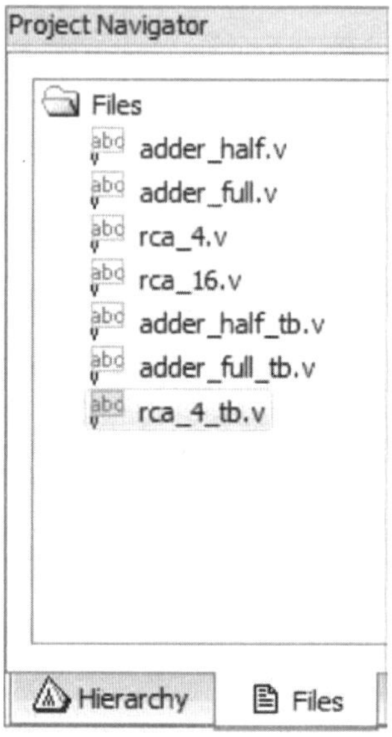

(b)

例程 3-15　层次化示例第 11 步：验证第二层模型 rca_4

图 3-23　第二层模型 rca_4 的验证

（14）验证顶层模型 rca_16：新建测试代码文件"rca_16_tb.v"，如图 3-16 和图 3-24 所示。

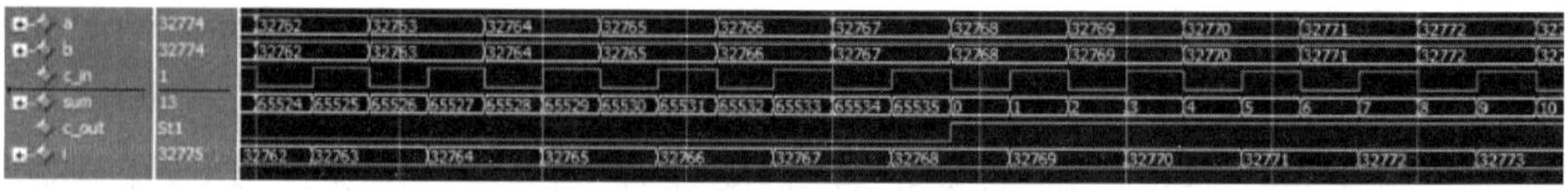

图 3-24　顶层模型 rca_16 的仿真波形

经过上述各步骤，有序地完成了 rca_16 的建模和验证。这种自上而下和层次化的过程是进一步研究和学习 HDL 建模的基础。上述实施的过程总结如图 3-25 所示。

```
1    `timescale 1ns/1ns
2
3    module rca_16_tb;
4
5        reg [15:0] a, b;
6        reg c_in;
7        wire [15:0] sum;
8        wire c_out;
9        integer i;
10
11       rca_16 u1(.a(a),.b(b),.c_in(c_in), .sum(sum),.c_out(c_out));
12
13       initial begin
14           a = 0; b = 0; c_in = 1'b0;
15           forever begin
16               for (i = 0; i<65536; i = i+1) begin
17                   #20 a = i; b = i; c_in = 1'b0;
18                   #20 a = i; b = i; c_in = 1'b1;
19               end
20           end
21       end
22
23   endmodule
```

(a)

Project Navigator

Files
  adder_half.v
  adder_full.v
  rca_4.v
  rca_16.v
  adder_half_tb.v
  adder_full_tb.v
  rca_4_tb.v
  rca_16_tb.v

⚠ Hierarchy   📄 Files

(b)

例程 3 - 16　层次化示例第 12 步：验证顶层模型 rca_16

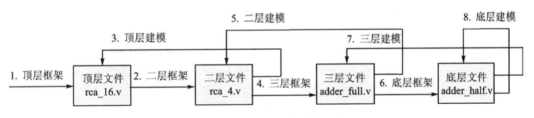

图 3 - 25　自上而下的攀岩式解决方案(Climbing - Solution)

　　当规划上层文件时，仅有下层模块的框架，并不知道下层的结构，这种逐步细化的流程类似攀岩，编制或设计下层框架的过程类似打岩钉，所以称为攀岩方式。攀岩方式的好处是便于大项目的团队作战，上层规划者无须考虑下层的细节，明确下层模块的端口和功能即可进行任务部署。攀岩方式也称为企业方式。

　　另一种方案称为一揽子解决方案，如图 3 - 26 所示。

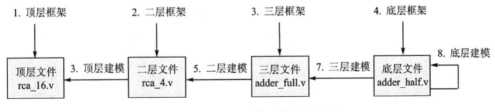

图 3 - 26　自上而下的一揽子解决方案

　　一揽子解决方案的设计者必须知道全部的细节，并进行总体规划，在设计之初要做的工作比攀岩方案多,但一旦完成规划,实施过程便于控制,在团队作战时所有层次模块可同时进行实施,因此项目进度比攀岩方案快。

3.4　数据流—行为—结构化

RTL 建模是抽象层次塔中最重要的一个人工介入环节。设计者通过 RTL 建模,将设计思想用 HDL 交互给 EDA。经典的 EDA 理论中,将 RTL 级建模的描述方式分为以下三种(见图 3 - 27):

(1) 数据流建模。

(2) 行为建模。

(3) 结构化建模。

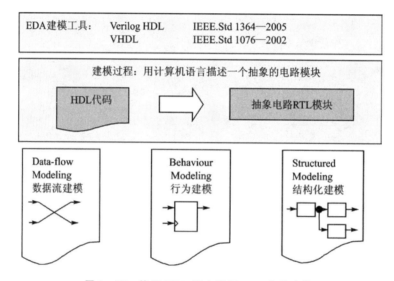

图 3 - 27　使用 HDL 语言进行 RTL 电路建模

在 RTL 建模中,对信号资源分配(或组合逻辑的连接)的描述称为数据流描述(Data - flow Description),或数据流建模(Data - flow Modeling)。在 RTL 建模中对信号的行为进行的描述,称为行为描述(Behavioral Description)或行为建模(Behavioral Modeling);在 RTL 建模中,将诸模块组织成一个更大的模块,其描述称为结构化描述(Structural Description)或称结构化建模(Structural Modeling)。

图 3 - 27 是使用 HDL 语言进行建模的示意图。通常的 RTL 建模方式往往由上述三种方法之一或它们的组合完成。

由于行为建模是对模块及其信号行为的抽象描述,故 HDL 的魅力主要体现在行为描述上。行为描述就是用 HDL 语言叙述"What do"的过程,数据流和结构化则更多描述的是"做什么"。描述电路"做什么"和描述电路"如何去做"是截然不同的。前者必须明确输入和输出之间的逻辑时序关系,然后尝试用一种人—机表达、机器—理解的形式语言完成人机交互。此时,设计者的主要注意力是如何用高级语言表达设计意图,至于电路是如何实现的,则交由 EDA 完成。后者则是用符号和数据库组织那些已有的资源(例如查找表、寄存器、逻辑门已完成的模块等),使之完成指定的功能。此时,设计者的注意力不仅是"做什么",还要用物理电路实现"如何去做"。

　　例如二选一多路器,数据流描述何时将哪个输入连接到输出,结构化则描述如何用基本逻辑门(或其他已有资源)实现两个输入端口的输出切换;而行为描述则使用高级语言向 EDA 表述这种设计意图,至于具体实现则由 EDA 决定。

3.4.1　组合逻辑例一:二选一多路器的数据流描述

　　例 3 - 3:图 3 - 28 所示为二选一多路器的模块框图,请使用数据流建模和验证。

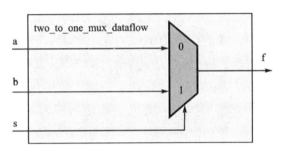

图 3 - 28　二选一多路器的框图

1. Verilog 设计(见例程 3 - 17)

```
1    module two_to_one_mux_dataflow(a, b, s, f);
2
3        input a;
4        input b;
5        input s;
6        output f;
7
8        assign f = s ? b : a;
9
10   endmodule
```

例程 3 - 17　二选一多路器的 Verilog 数据流建模

　　例程 3 - 17 为 Verilog 的数据流建模代码,行 1~10 为该模块完整的描述,其中行 1 包括保留字模式,模块名为 two_to_one_mux_dataflow,及圆括弧中的端口列表。行 3~6 为端口方向声明,行 8 则使用 Verilog 的 assign 语句进行二选一多路器的数据流描述。例程 3 - 18 是它的测试代码。

```
1    `timescale 1ns/1ns
2
3    module two_to_one_mux_dataflow_tb;
4
5        reg a = 1'b0;
6        reg b = 1'b0;
7        reg s = 1'b0;
8        wire f;
9
10       two_to_one_mux_dataflow u1(.a(a), .b(b), .s(s), .f(f));
11
```

```
12      always begin
13          #10     a = 1´b0; b = 1´b0; s = 1´b0;
14          #10     a = 1´b0; b = 1´b1; s = 1´b0;
15          #10     a = 1´b1; b = 1´b0; s = 1´b0;
16          #10     a = 1´b1; b = 1´b1; s = 1´b0;
17          #10     a = 1´b0; b = 1´b0; s = 1´b1;
18          #10     a = 1´b0; b = 1´b1; s = 1´b1;
19          #10     a = 1´b1; b = 1´b0; s = 1´b1;
20          #10     a = 1´b1; b = 1´b1; s = 1´b1;
21      end
22
23  endmodule
```

例程 3 - 18   二选一多路器的测试代码

由于代码没有外部端口,所以第 3 行中其端口表为空。第 5 行到第 8 行为内部信号声明。由于要对测试模块 two_to_one_mux_dataflow 的输入加以激励,所以需要将这些输入信号声明为 reg 类型,其输出用于观察,声明为 wire 即可。第 10 行到第 14 行为加载到测试平台中的待测试模型,也称为例化,u1 为其实例名。第 16 行到第 26 行为用于生成激励信号的语句,反复生成每 10 ns 变化一次的不同的输入激励。使用 ModelSim 运行测试平台,将输入信号与输出信号波形列出,进行观察比较(见图 3 - 29),即可验证设计是否正确。

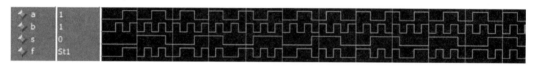

图 3 - 29   二选一多路器的仿真波形

2. VHDL 设计(见例程 3 - 19 和例程 3 - 20)

```
1   library ieee;
2   use ieee.std_logic_1164.all;
3
4   entity two_to_one_mux_dataflow_vh is
5       port(
6           a : in std_logic;
7           b : in std_logic;
8           s : in std_logic;
9           f : out std_logic);
10  end entity two_to_one_mux_dataflow_vh;
11
12  architecture dataflow of two_to_one_mux_dataflow_vh is
13
14  begin
15
16      with s select f <= a when ´0´,
17                      b when ´1´,
18                      a when others;
19
20  end dataflow;
```

例程 3 - 19   二选一多路器的 VHDL 数据流建模

```
1    library ieee;
2    use ieee.std_logic_1164.all;
3
4    entity two_to_one_mux_dataflow_vh_tb is
5    end two_to_one_mux_dataflow_vh_tb;
6
7    architecture behaviour of
8    two_to_one_mux_dataflow_vh_tb is
9
10       component two_to_one_mux_dataflow_vh
11          port(
12             a : in std_logic;
13             b : in std_logic;
14             s : in std_logic;
15             f : out std_logic);
16       end component;
17
18       signal a : std_logic := '0';
19       signal b : std_logic := '0';
20       signal s : std_logic := '0';
21
22       signal f : std_logic;
```

```
23   begin
24
25       u1 : two_to_one_mux_dataflow_vh port map(
26             a => a,
27             b => b,
28             s => s,
29             f => f);
30
31       process
32       begin
33          wait for 0 ns; s <= '0'; a <= '0'; b <= '0';
34          wait for 10 ns; s <= '0'; a <= '0'; b <= '1';
35          wait for 10 ns; s <= '0'; a <= '1'; b <= '0';
36          wait for 10 ns; s <= '0'; a <= '1'; b <= '1';
37          wait for 10 ns; s <= '1'; a <= '0'; b <= '0';
38          wait for 10 ns; s <= '1'; a <= '0'; b <= '1';
39          wait for 10 ns; s <= '1'; a <= '1'; b <= '0';
40          wait for 10 ns; s <= '1'; a <= '1'; b <= '1';
41          wait for 10 ns;
42       end process;
43
44   end behaviour;
```

例程 3 - 20　二选一多路器的测试代码

例程 9 - 19 中,行 1~2 为库声明部分,用以声明所使用的参考库;行 4~10 为实体部分,声明该组件的端口(方向和类型);行 12~21 为结构体部分,描述该组件的实现,其中行 16~19 使用了 VHDL 的数据流语句 With - Select,描述根据 s 的电平选择输出路由。

同样,为了验证该组件,需要为其编写如例程 3 - 20 的测试代码。行 9~15 是该组件在测试代码中的全局声明,行 17~21 还声明了测试代码中的内部信号。行 23 后的结构体 begin 部分为实现代码,其中行 25~29 为待测试组件的例化部分,行 31~42 是生成激励信号的代码。

使用数据流建模时,仅描述组合逻辑的连接和传输,对信号资源进行分配和调度,信号无记忆特征,因此这些信号在 Verilog 中可声明为 wire 类型;在 VHDL 中,数据流建模时,在不违背信号声明方向情况下可直接在对应描述语句块中使用该信号,不必考虑是否记忆类型。

例程 3 - 20 的仿真波形与图 3 - 29 相同。

3.4.2　组合逻辑例二:二选一多路器的行为描述

行为是 HDL 的高级抽象,是 EDA 中最重要的人机交互,行为的引入是数字电子设计的里程碑。HDL 的行为描述将大量复杂烦琐的具体电路构成,交由 EDA 完成,使得设计者可关注设计本身。此时,设计者仅仅需要使用类似 if - endif 或 case - endcase 的行为语句描述电路的外在行为,描述电路的“What do”,完全不必描述“How to do”。EDA 的编译器理解了设计者的“What do”描述后会根据既有的综合理论得到实现逻辑,从而完成“How to do”。

由 Mead 提出的行为语句在 HDL 语言运用中具有如下三个要素:

(1) 行为语句必须放置在 HDL 文件的一个特定结构体中,EDA 的软件方能够识别并进行处理(综合或非综合)。这个特定的结构体称为行为体。Verilog 的行为体有初始化行为体和循环行为体;VHDL 的循环行为体为 process begin - end。因此,Verilog 中的 Always 语句与 C 语言的或英文含义"永远反复"的意义并不相同,并没有"反复执行"的意义,仅仅是一种约定。行为语句必须放置在这个结构体中,EDA 方能够识别并进行处理。

(2) 经典的 Mead 体系(VHDL 体系)中定义行为语句(行为体)应用于非综合目的时,必须由设计者通知 EDA 软件何时执行这些行为语句(若无此,则会导致 EDA 软件的开销非常大),这就是信号敏感表。非综合目的时,若信号敏感表中列出的信号发生变化,EDA 软件将执行一次对应的行为体。Verilog 的信号敏感表位于 always 保留字之后(always @ (<信号敏感表>)),VHDL 的信号敏感表位于 process 之后(process(<信号敏感表>))。经典的 EDA 理论认为信号敏感表与综合无关(仅用于非综合目的),但这个思想并没有及时传递到 Moorbe 的 Verilog 编译器开发团队(或者另有原因),在 Verilog 中,信号敏感表竟然与综合有关。

(3) 被行为驱动的信号 Verilog 要求强制声明为 reg 类型。综合后这些被声明为 reg 的行为驱动信号却并不一定具有记忆能力的寄存器信号。此问题也曾经作为 Verilog 被提出过:这里的"reg"单词有"欺骗和误导"嫌疑。VHDL 则按照 signal 类型描述行为驱动信号可,综合结果交由综合器。

行为描述可以用于描述组合逻辑,也可以用于描述时序逻辑。以下是 Veriog 和 VHDL 的二选一多路器行为建模的例子。

例 3 - 4:对图 3 - 30 所示的二选一多路器的模块框图,使用行为建模和验证。

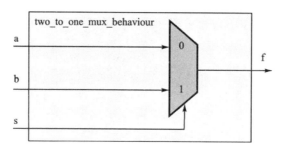

图 3 - 30　二选一多路器的框图

1. Verilog 设计(见例程 3 - 21)

1	module two_to_one_mux_behaviour(a, b, s, f);
2	
3	input a;
4	input b;
5	input s;
6	output f;
7	
8	reg f;
9	

10	always @ (a, b, s)
11	if (s)
12	f <= b;
13	else
14	f <= a;
15	
16	endmodule
17	
18	

例程 3 - 21　二选一多路器 Verilog 的行为建模

例程 3 - 21 中,行 10～14 使用高级语言 Always 语句和 if 语句描述二选一多路器的行为。这种抽象的描述是语言系统的一种约定,机器根据语法能够"理解"并可编译成实现其功能的门级电路结构。

Verilog 的 Always 语句是最重要的行为描述语句,称为循环行为语句(Cyclic - Behaviour

Statements)。循环行为语句在 HDL 中使用的频率非常高,大量的行为结构语句都必须依靠循环行为语句才得以实现。VHDL 的循环行为语句是 Process。与软件中的算法语言不同,这里的循环行为并没有执行意义上的循环,仅是描述意义上的循环。

行为描述代码中,行 10 的"@"后的圆括号中为该段模块中所有引用信号的列表,称为信号敏感表。信号敏感表用于行为的辅助性描述,综合和仿真软件必须再次确认设计者意图中的输入信号(引用信号),虽然已经在该循环行为中写出(详见 3.9 节)。

例程 3-21 中 two_to_one_mux_behaviour 模块的测试代码与例程 3-20 类似,仅行 3 和行 10 中将原例化名 two_to_one_mux_dataflow 改为 two_to_one_mux_behaviour 即可,其仿真波形与图 3-29 相同。

例程 3-22 的 VHDL 建模代码中,行 1~2 为库声明部分,行 4~11 为实体部分,行 13~26 为结构体部分。其中行 17~24 为循环行为语句 process 描述块,使用了 case 语言描述二选一电路的行为。

虽然二选一多路器的例子中用循环行为语句描述的是组合逻辑,但循环行为语句更多地用于描述时序逻辑。需要注意的是,行为语句块描述的仍然是硬件电路,有输入和输出。代码模型分析(见 3.9 节)指出:其语句块中被引用了的信号是该电路模型的输入信号,其语句块中被驱动(赋值)的信号,就是该电路的输出信号。具体而言,就是在行为语句块中,凡出现在圆括号和赋值号右边的信号为输入信号;凡出现在赋值号左边的信号为输出信号。设计中,清晰地知道代码和电路模型的关系非常重要。

2. VHDL 设计(见例程 3-22)

```
1    library ieee;
2    use ieee.std_logic_1164.all;
3
4    entity two_to_one_mux_behaviour_vh is
5        port(
6            a : in std_logic;
7            b : in std_logic;
8            s : in std_logic;
9            f : out std_logic
10       );
11   end two_to_one_mux_behaviour_vh;
12
13   architecture behaviour of two_to_one_mux_behaviour_vh is
14
15   begin
16
17       two_to_one_mux_process : process(a, b, s)
18       begin
19           case s is
20               when '0'    =>    f <= a;
21               when '1'    =>    f <= b;
22               when others =>    f <= a;
23           end case;
24       end process;
25
26   end behaviour;
```

例程 3-22　二选一多路器的 VHDL 行为建模代码

3.4.3　组合逻辑例三：二选一多路器的结构化描述

例 3 - 5：对图 3 - 31 所示的二选一多路器的模块框图，使用结构化进行建模和验证。

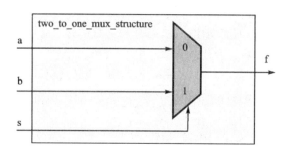

图 3 - 31　二选一多路器的框图

解：用基础门描述的方式是结构化描述的方式，但结构化也包括对已有资源的组织。因此，门级描述是结构化描述，但结构化描述却不一定是门级描述。结构化建模描述了模块实例之间的互联映射关系，既描述"做什么"，又描述"如何做"。这里以二选一多路器为例，用 Verilog 语言和 VHDL 语言讲述其结构化建模。

图 3 - 32(a)为二选一多路器的门级实现，其中有 1 个非门模型的例化(u1)，2 个与门模型的例化(u2 和 u3)和一个或门的例化(u4)，并有三个内部信号：x1、x2 和 x3。编码时，首先要获得这三个基本模型，然后用网表的形式将它们连接。以下 Verilog 示例中，这三个基本模型使用门级原语描述，VHDL 中示例中则按照层次化设计。

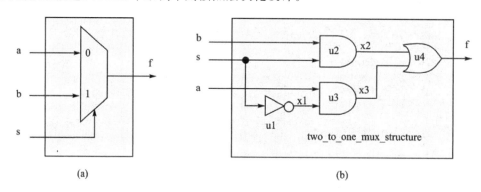

(a)　　　　　　　　　　　　　　　(b)

图 3 - 32　二选一多路器的门级电路设计

Verilog 支持对门级的原语描述，即它有直接描述基础逻辑门的语句，包括非门、与门、与非门、或非门、异或门和异或非门等。门级原语的基础逻辑门语句支持不同的输入数，用函数重载的形式实现：

<门级原语名>　<实例名>(<输出端口映射>,<输入端口映射>,…,<输入端口映射>)

关于门级原语的更多内容详见本章引文。

1. Verilog 设计(见例程 3-23)

例程 3-23 中,行 8 声明了内部信号 x1、x2 和 x3,行 10～13 为门级原语描述的电路结构(见图 3-33)。注意圆括弧中第一个参数为输出映射信号,其余为输入映射信号。

```
1   module two_to_one_mux_structure(a, b, s, f);
2
3       input a;
4       input b;
5       input s;
6       output f;
7
8       wire x1, x2, x3;
9
10      not u1(x1, s);
11      and u2(x2, b, s);
12      and u3(x3, a, x1);
13      or  u4(f, x2, x3);
14
15  endmodule
```

例程 3-23　二选一多路器的 Verilog 结构化建模代码

同样,例程 3-23 验证时,其测试平台可参照例程 3-18,行 3 和 10 中将原例化名 two_to_one_mux_dataflow 改为 two_to_one_mux_structure 即可,其仿真波形与图 3-29 相同。

VHDL 的示例采用层次化,即首先以基础逻辑门作为部件的顶层(第一层),然后再为这些底层(第二层)逻辑门建模。采用一揽子解决方案,顶层架构如图 3-32 所示,三种逻辑门的框图设计如图 3-33 所示。

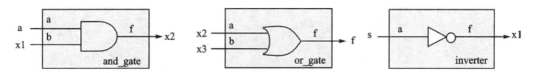

图 3-33　基本逻辑门模型的框图和映射

2. VHDL 设计

例程 3-24 为二选一多路器的 VHDL 结构化建模代码,行 1～44 为顶层模块 two_to_one_mux_structure_vh 描述,行 46～62 为底层模块 and_gate 描述,行 64～80 为底层模块 or_gate 描述,行 82～97 为底层模块 inverter 描述。

```
1   ------------------------- top_component -------------------------
2   library ieee;
3   use ieee.std_logic_1164.all;
4
5   entity two_to_one_mux_structure_vh is
6       port(
7           a : in std_logic;
8           b : in std_logic;
9           s : in std_logic;
```

```
10          f : out std_logic);
11    end entity two_to_one_mux_structure_vh;
12
13    architecture structure of two_to_one_mux_structure_vh is
14
15        component and_gate
16            port(
17                a : in std_logic;
18                b : in std_logic;
19                f : out std_logic);
20        end component;
21
22        component or_gate
23            port(
24                a : in std_logic;
25                b : in std_logic;
26                f : out std_logic);
27        end component;
28
29        component inverter
30            port(
31                a : in std_logic;
32                f : out std_logic);
33        end component;
34
35        signal x1, x2, x3 : std_logic;
36
37    begin
38
39        u1 : inverter port map(a => s, f => x1);
40        u2 : and_gate port map(a => b, b => s, f => x2);
41        u3 : and_gate port map(a => a, b => x1, f => x3);
42        u4 : or_gate port map(a => x2, b => x3, f => f);
43
44    end structure;
45
46    --------------- bottom_component:and_gate --------------------
47    library ieee;
48    use ieee.std_logic_1164.all;
49
50    entity and_gate is
51        port(
52            a : in std_logic;
53            b : in std_logic;
54            f : out std_logic);
55    end and_gate;
56
57    architecture and_gate_dataflow of and_gate is
58    begin
59
60        f <= a and b;
61
62    end and_gate_dataflow;
```

```
63
64    ---------------bottom_component:or_gate---------------
65    library ieee;
66    use ieee.std_logic_1164.all;
67
68    entity or_gate is
69        port(
70            a : in std_logic;
71            b : in std_logic;
72            f : out std_logic);
73    end or_gate;
74
75    architecture or_gate_dataflow of or_gate is
76    begin
77
78        f <= a or b;
79
80    end or_gate_dataflow;
81
82    ---------------bottom_component:inverter---------------
83    library ieee;
84    use ieee.std_logic_1164.all;
85
86    entity inverter is
87        port(
88            a : in std_logic;
89            f : out std_logic);
90    end inverter;
91
92    architecture inverter_dataflow of inverter is
93    begin
94
95        f <= not a ;
96
97    end inverter_dataflow;
```

例程 3-24　二选一多路器的 VHDL 结构化建模代码

在顶层模块的描述中,其结构体声明部分行 15~33 声明了将被引用的三个部件 and_gate、or_gate、inverter,行 35 声明了内部连线 x1、x2 和 x3,在结构体描述部分,行 39~42 描述了二选一多路器的门级电路结构(见图 3-32)。

例程 3-24 的测试代码与例程 3-20 类似,仅将例程 3-20 中行 4、行 5、行 7、行 9 和行 25 这 5 处位置的例化部件名称替换:将 two_to_one_mux_dataflow_vh 替换为 two_to_one_mux _structure_vh,其仿真波形与图 3-29 相同。

3.4.4　时序逻辑例一:锁存器和触发器的结构化描述

组合逻辑(CL,Combinational Logic)的输出仅是输入信号的逻辑函数,是一个无记忆系统,如图 3-34 所示。

时序逻辑(SL,Sequential Logic)的输出不仅是输入信号的函数,也是时间的函数,因为连续时间可用离散的时钟序列表示,因此时序逻辑的输出是输入信号和时钟序列的函数,如

图 3 - 35 所示。

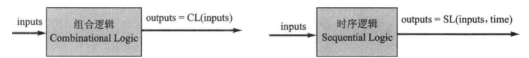

图 3 - 34　组合逻辑的输出是其输入的函数　　　图 3 - 35　时序逻辑的输出是其输入和状态的函数

时序逻辑中为了响应不同的时钟序列,需要对信号进行储存。存储信号的电路常用的有锁存器和触发器,前者使用时钟电平捕获信号,后者使用时钟沿捕获信号。对于使用时钟沿捕获数据的电路结构,同步系统中用寄存器表示。

在下面的例子中,分别用 Verilog 和 VHDL 作出一个 D 锁存器和 D 触发器的结构化和行为建模示例。首先,讨论它们的结构化实现,即门级电路结构。

例 3 - 6:对图 3 - 36 所示的由交叉耦合的或非门组成的 RS 锁存器的建模和验证。

交叉耦合结构的或非门组成的 RS 锁存器和真值表如图 3 - 36 所列,代码见例程 3 - 25。

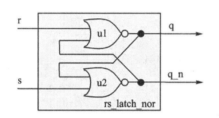

r	s	q	q_n
0	0	保持	保持
0	1	1	0
1	0	0	1
1	1	禁止	禁止

图 3 - 36　或非门 RS 锁存器的框图和真值表

```
1   module rs_latch_nor(r, s, q, q_n);
2
3       input r;
4       input s;
5       output q;
6       output q_n;
7
8       nor u1(q, r, q_n);
9       nor u2(q_n, q, s);
10
11  endmodule
12
```
(a)

```
1   `timescale 1ns/1ns
2
3   module rs_latch_nor_tb;
4
5       reg r, s;
6       wire q, q_n;
7
8       rs_latch_nor u1(.r(r), .s(s),
9           .q(q), .q_n(q_n));
10
11      initial begin
12          r = 0; s = 0;
```
(b)

```
1       forever begin
2           #20 r = 0; s = 1; //set
3           #20 r = 0; s = 0; //hold
4           #20 r = 1; s = 0; //reset
5           #20 r = 0; s = 0; //hold
6       end
7   end
8
9   endmodule
10
11
12
```
(c)

例程 3 - 25　或非门 RS 锁存器的 Verilog 建模和代码

例程 3 - 25(a)为或非门 RS 锁存器的 Verilog 建模代码,图(b)和图(c)为它的代码。建模代码中使用了或非门的门级原语(行 8 ～ 9)描述图 3 - 36 电路结构,仿真波形如图 3 - 37 所示。

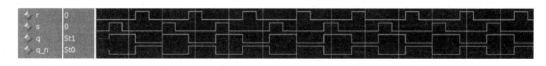

图 3 - 37　或非门 RS 锁存器的仿真波形

例 3 - 7:用交叉耦合的与非门构成 RS 锁存器,以下为其框图和 VHDL 代码(见图 3 - 38,例程 3 - 26)。

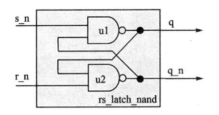

r_n	s_n	q	q_n
0	0	禁止	禁止
0	1	0	1
1	0	1	0
1	1	保持	保持

图 3 - 38　与非门 RS 锁存器的框图和真值表

```vhdl
1   Library ieee;
2   use ieee.std_logic_1164.all;
3
4   entity rs_latch_nand_vh is
5       port(
6           r_n    : in     std_logic;
7           s_n    : in     std_logic;
8           q      : out std_logic;
9           q_n    : out    std_logic);
10  end rs_latch_nand_vh;
11
12  architecture structure of rs_latch_nand_vh is
13
14      component nand_gate
15          port(
16              a : in std_logic;
17              b : in std_logic;
18              f : out std_logic);
19      end component nand_gate;
20
21      signal q_int, q_n_int : std_logic;
22
23  begin
24
25      u1 : nand_gate port map(a => s_n, b => q_n_int, f => q_int);
26      u2 : nand_gate port map(a => q_int, b => r_n, f => q_n_int);
27
28      q <= q_int;
29      q_n <= q_n_int;
30
31  end structure;
32
33  ----------- nand_gate -----------------
34  library ieee;
35  use ieee.std_logic_1164.all;
36
37  entity nand_gate is
38      port(
39          a : in std_logic;
40          b : in std_logic;
41          f : out std_logic);
42  end nand_gate;
43
44  architecture dataflow of nand_gate is
45  begin
46      f <= not(a and b);
47  end dataflow;
```

例程 3 - 26　与非门 RS 锁存器的 VHDL 建模和代码

同样,图 3-38 的输入端 s_n 和 r_n 为高电平时,无论之前的状态如何,交叉耦合的结果都是稳定的,它的 VHDL 建模代码(见例程 3-26)中,采用层次化方案描述图 3-38 的电路结构:行 1～31 为顶层模块 rs_latch_nand_vh 的建模代码,行 33～47 为下层的与非门建模代码。

由于结构化示例的需要,这里仍然采用层次化方案。但就该例子而言,层次化方案并不是唯一的结构化解决方案,也不是最好的速度优化或面积优化解决方案。

例程 3-26 的代码见例程 3-27,仿真波形见图 3-39。

```
1   library ieee;
2   use ieee.std_logic_1164.all;
3
4   entity rs_latch_nand_vh_tb is
5   end rs_latch_nand_vh_tb;
6
7   architecture behaviour of rs_latch_nand_vh_tb is
8
9       component rs_latch_nand_vh
10          port(
11              r_n     : in      std_logic;
12              s_n     : in      std_logic;
13              q       : out     std_logic;
14              q_n     : out     std_logic);
15      end component;
16
17      signal r_n : std_logic : = '1';
18      signal s_n : std_logic : = '1';
19      signal q, q_n : std_logic;
20
21  begin
22
23      u1 : rs_latch_nand_vh port map(
24          r_n     = > r_n,
25          s_n     = > s_n,
26          q       = > q,
27          q_n     = > q_n);
28
29      process
30      begin
31          wait for 0    ns; r_n < = '1'; s_n < = '0';   - - set
32          wait for 20   ns; r_n < = '1'; s_n < = '1';   - - hold
33          wait for 20   ns; r_n < = '0'; s_n < = '1';   - - reset
34          wait for 20   ns; r_n < = '1'; s_n < = '1';   - - hold
35          wait for 20   ns;
36      end process;
37
38  end behaviour;
```

例程 3-27　与非门 RS 锁存器的测试代码

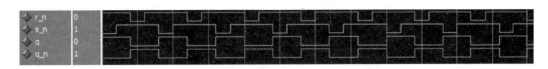

图 3 - 39 与非门 RS 锁存器的仿真波形

在例程 3 - 27 的测试用例中,首先激励 s_n 为低电平(行 31),对应的输出 q=1;20 ns 后将激励信号 s_n 恢复为高(行 32),但输出仍然保持 q=1;再经 20 ns 后,激励 r_n 为低电平(行 33),对应输出 q=0;最后 20 ns 后,激励信号 r_n 恢复为高,输出保持 q=0。

例 3 - 8:有了 RS 锁存器的建模,现在开始讨论 D 锁存器。D 锁存器是在 RS 锁存器基础上,将原 Set 和 Reset 信号双输入端改成 Data 信号的单输入端。D 锁存器的门级结构化设计如图 3 - 40 所示。

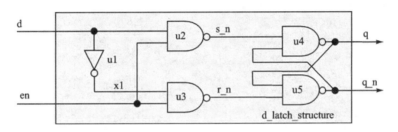

图 3 - 40 D 锁存器的结构化设计框图

当 en 为低时,s_n 和 r_n 信号均为高,则由 u4 和 u5 组成的交叉耦合双稳态电路得以保持原状态;当 en 为高时,d 信号(data)被传递到 q 输出端。前者称为锁存,后者称为透明传输。以下为 D 锁存器结构化建模 Verilog 代码(见例程 3 - 28)。

```
1    module d_latch_structure(en, d, q, q_n);
2
3        input en;
4        input d;
5        output q;
6        output q_n;
7
8        wire x1, r_n, s_n;
9
10       not     u1(x1, d);
11       nand    u2(s_n, d, en),
12           u3(r_n, x1, en),
13           u4(q, s_n, q_n),
14           u5(q_n, q, r_n);
15
16   endmodule
```

例程 3 - 28 D 锁存器的 Verilog 结构化代码

例程 3 - 28 中,使用 Verilog 的门级原语描述了图 3 - 40 的电路结构。行 8 声明了内部信号 x1、r_n 和 s_n,行 10 的非门原语和行 11 的与非门原语描述了门级电路结构。在它的测试平台中,设计了一段带毛刺的输入信号,并在测试平台(见例程 3 - 29)中使用了时钟信号 clk。

```
1    `timescale 1ns/1ns
2
3    module d_latch_structure_tb;
4
5        reg clk, d;
6        wire q;
7
8        d_latch_structure u1(.en(clk), .d(d), .q(q));
9
10       initial begin
11           clk = 1; d = 0;
12           forever begin
13               #60 d = 1;
14               #22 d = 0;
15               #2 d = 1;
16               #2 d = 0;
17               #16 d = 0;
18           end
19       end
20
21       always #20 clk = ~clk;
22
23   endmodule
```

例程 3 - 29　D 锁存器的 Verilog 结构化代码的测试平台

图 3 - 41 的仿真波形中,clk 信号周期为 40 ns,该时钟信号被接入到 D 锁存器的使能端 en。当 clk 为高电平时,输入信号 d 穿透到输出端 q;当 clk 为低电平时,输出信号被保持,被称为电平敏感。

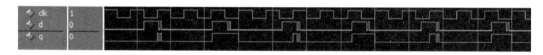

图 3 - 41　D 锁存器的 Verilog 结构化代码的仿真波形

在电平敏感的锁存器逻辑中,保持信号的捕获发生在时钟(使能)信号由高至低的瞬间(负沿),因此一个具有主从-维持阻塞的结构将能够得到沿敏感(Edge - Sensitive)的捕获逻辑。图 3 - 42 就是 D 触发器(D - Type Flip Flop)。

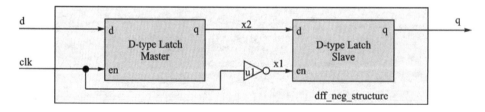

图 3 - 42　D 触发器(负沿触发)的电路结构

图 3 - 42 中,由 D 锁存器组成的主从电路结构实现维持阻塞的沿触发机制:clk 为高电平

时，Master 穿透，Slave 阻塞当前信号，并维持之前的信号；clk 为低电平时，Master 在负沿采样 d 信号，并维持该信号，而 Slave 穿透。

编制结构化的 D 触发器代码前，需要例程 3 - 28 的 D 锁存器代码模型（可复制该文件至当前文件夹）。

负沿采样 D 触发器的结构化建模代码见例程 3 - 30。

```
1   module dff_neg_structure(clk, d, q);
2
3       input clk;
4       input d;
5       output q;
6
7       wire x1, x2;
8
9       not u1(x1, clk);
10      d_latch_structure master(.en(clk), .d(d), .q(x2));
11      d_latch_structure slave (.en(x1), .d(x2), .q(q));
12
13  endmodule
```

例程 3 - 30　负沿采样 D 触发器的 Verilog 结构化建模

例程 3 - 30 的结构化建模可参照例程 3 - 29，将行 3 和行 8 中 d_latch_structure 替换为 dff_neg_structure，并修改行 8 中的 .en 为 .clk，仿真波形如图 3 - 43 所示。

图 3 - 43　负沿采样 D 触发器的仿真波形

如果需要正沿采样，修改图 3 - 42，将反相器的输出连接到 Master 的 en 端，将 Slave 的 en 端连接 clk，而反相器的输入端仍然连接到 clk。注意，上述结构化描述的过程重点在于描述电路的实现方式，EDA 理解这种描述是很容易的，因为结构化描述的实质是组织 EDA 的数据结构，对数据结构的描述属于一种较低级（或较底层）的抽象。3.4.5 节将讨论锁存器和触发器较高级的抽象：行为描述。

3.4.5　时序逻辑例二：锁存器和触发器的行为描述

例 3 - 9：当使用更高级的抽象描述锁存器和触发器时，重点是如何有效地进行人机交互，即设计者和 EDA 软件的交互。此时设计者要做的就是，用一种约定的语法格式告知 EDA，"我要一个锁存器"或者"我要一个寄存器"，这种约定的 HDL 语句就是行为语句，如图 3 - 44 所示。

图 3 - 44 中并没有具体描述 D 锁存器的实现电路"去做"，而是通过行 8~4 中高级抽象语句 always 和 if 描述了"我要一个锁存器"以及该锁存器的行为：en 为高时，d 穿透到 q；en 为低时，保持住 q。EDA 软件阅读这段代码并加以理解（编译），最终转换为用基础逻辑门实现的具体电路（见例程 3 - 28）。

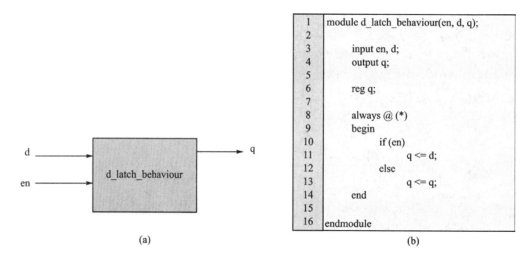

```
1    module d_latch_behaviour(en, d, q);
2
3        input en, d;
4        output q;
5
6        reg q;
7
8        always @ (*)
9        begin
10           if (en)
11               q <= d;
12           else
13               q <= q;
14       end
15
16   endmodule
```

图 3-44　D 锁存器的 Verilog 行为描述

图 3-44(b)例程的结构化建模与例程 3-29 类似,仅将行 3 和行 8 中的 d_latch_structure 修改为 d_latch_behaviour。仿真波形与图 3-29 相同,例程 3-31 为 VHDL 代码。

```
1    library ieee;
2    use ieee. std_logic_1164.all;
3
4    entity d_latch_behaviour_vh is
5        port(
6            en : in std_logic;
7            d : in std_logic;
8            q : out std_logic);
9    end d_latch_behaviour_vh;
10
11   architecture behaviour of d_latch_behaviour_vh is
12   begin
13
14       process(en, d)
15       begin
16           if (en = ´1´) then
17               q < = d;
18           end if;
19       end process;
20
21   end behaviour;
```

例程 3-31　D 锁存器的 VHDL 行为描述

VHDL 语言系统中,D 锁存器的描述同样使用高级抽象的行为语句 process 和 if-then(行 14~19),注意:行 16~18 的 if 语句中条件不全,即仅描述了 en 为高条件时的输出,没有描述 en 为低时的输出,这种默认的行为,EDA 理解为保持。例程 3-32 为其测试代码。

```
1    library ieee;
2    use ieee.std_logic_1164.all;
3
4    entity d_latch_behaviour_vh_tb is
5    end d_latch_behaviour_vh_tb;
6
7    architecture behaviour of d_latch_behaviour_vh_tb is
8
9        component d_latch_behaviour_vh
10           port(
11                en : in      std_logic;
12                d : in       std_logic;
13                q : out      std_logic);
14       end component;
15
16       signal clk     : std_logic : = ´0´;
17       signal d       : std_logic : = ´0´;
18       signal q       : std_logic;
19
20   begin
21
22       u1 : d_latch_behaviour_vh port map(
23               en = > clk,
24               d = > d,
25               q = > q);
26
27       d_process : process
28       begin
29           wait for 0     ns;     d < = ´0´;
30           wait for 60    ns;     d < = ´1´;
31           wait for 22    ns;     d < = ´0´;
32           wait for 2     ns;     d < = ´1´;
33           wait for 2     ns;     d < = ´0´;
34           wait for 16    ns;
35       end process;
36
37       clk_process : process
38       begin
39           wait for 0     ns;     clk < = ´1´;
40           wait for 20    ns;     clk < = ´0´;
41           wait for 20    ns;
42       end process;
43
44   end behaviour;
```

例程 3 - 32　　D 锁存器的 VHDL 行为描述的测试代码

　　如果说上述锁存器的行为描述和二选一多路器的行为描述还不够深刻的话,那么下面寄存器的行为描述,无疑将使得我们更充分地认识到什么是行为(见图 3 - 45)。

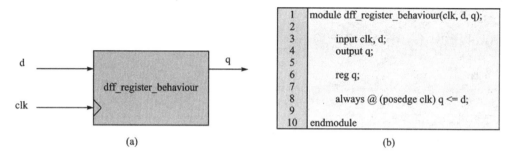

```
1    module dff_register_behaviour(clk, d, q);
2
3        input clk, d;
4        output q;
5
6        reg q;
7
8        always @ (posedge clk) q <= d;
9
10   endmodule
```

(a)　　　　　　　　　　　　　　　　　　(b)

图 3 - 45　DFF 寄存器的 Verilog 行为描述

这里的寄存器由 D 触发器构成,但图 3 - 45(b)例程的代码中并没有直接描述它的电路结构,而是使用高级抽象语句 always 描述。此时,在信号敏感表中出现了 posedge clk 语句,表示:"我需要一个上沿采样的触发器"。行 8 描述了这个意图,并告知 EDA 在 clk 上沿采样 d,EDA 将生成一个具体的门级描述的电路来实现这段描述,例如:结构化的例程 3 - 30。图 3 - 45 所示的测试代码可参照例程 3 - 29,将行 3 和行 8 中 d_latch_structure 替换为 dff_register_behaviour,并修改行 8 中的 .en 为 .clk,由于是上沿采样,仿真波形(见图 3 - 46)与图 3 - 43 不同。

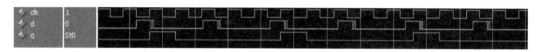

图 3 - 46　正沿采样 D 触发器的仿真波形

DFF 寄存器的 VHDL 行为代码见例程 3 - 33。

```
1    library ieee;
2    use ieee.std_logic_1164.all;
3
4    entity dff_register_behaviour_vh is
5        port(
6            clk  : in      std_logic;
7            d    : in      std_logic;
8            q    : out     std_logic);
9    end dff_register_behaviour_vh;
10
11   architecture behaviour of dff_register_behaviour_vh is
12
13   begin
14
15       process(clk, d)
16       begin
17           if (clk'event and clk = '1') then
18               q < = d;
19           end if;
20       end process;
21
22   end behaviour;
```

例程 3 - 33　DFF 寄存器的 VHDL 行为描述

　　例程 3 - 33 所示的 VHDL 代码中,行 15～20 使用 process 语句描述 DFF 行为,其中在行 17～19 的 if - then 语句的条件中,使用了事件驱动的高级抽象,以此来告知 EDA:"我需要一个正沿采样的寄存器",至于如何实现这种电路,设计者不必关心。

　　从抽象的行为到具体的结构化,对设计者而言有一个不断升华的过程:原始的认识是结构化,升华后使用行为抽象,最终仍然要回到结构化。深入理解行为和使用行为后,就需要关注哪些行为语句会综合成哪些结构化的电路。反之,当明确需要哪些结构化的电路时,设计者必须知道,对应的行为描述代码是什么。相关的讨论详见第 7 章"可综合编码"。

　　例程 3 - 33 的测试代码可通过修改例程 3 - 32 得到:将行 4～5,行 7,行 9 和行 22 中的 d_latch_behaviour_vh 修改为 dff_register_behaviour_vh,修改行 11 和行 23 的 en 为 clk,仿真波形与图 3 - 46 相同。

　　以上介绍的三种建模方式,在实际的设计工程中将结合起来使用。也可以说各种各样的建模代码实际上都可以归类于这三种基本描述类型或它们的组合。

3.5　信号延迟

　　出于仿真调度的目的,两种语言都支持对信号延迟的描述,虽然延迟语句通常是无法被综合,如图 3 - 47 所示。

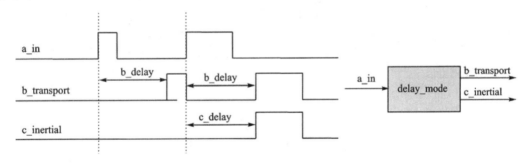

图 3 - 47　HDL 对信号延迟的描述

1. 传输延迟

　　信号 b_transport 对信号 a_in 进行了一次长度为 b_delay 的时间平移,称为传输延迟。传输延迟的函数为:b_transport(t)=a_in(t-b_delay)。

　　传输延迟在 HDL 中被用作描述电路信号的传输特性,时序分析时使用它描述端口至端口、内部路由,以及组合逻辑的 t_{PD} 延迟等传输延迟特性。仿真时也使用它模仿真实电路的延迟(如 PCB 布线延迟),以得到接近真实的仿真波形。

2. 惯性延迟

　　信号 c_inertial 则对 a_in 信号大于等于 c_delay 的稳定状态进行一次时间平移,称为惰性延迟或惯性延迟(inertial delay)。惯性延迟的函数如下:

$$c\_inertial(t) = \begin{cases} a\_in(t-c\_delay), a\_in(x)=Constant, (t-c\_delay) < x \leqslant t \\ a\_in(t-c_{delay}+\Delta t), a\_in(x) \neq Constant, (t-c\_delay) < x \leqslant t \end{cases}$$

(3 - 3)

　　式中，Δt 为最近的一个时间采样点（$t' = t - c_{delay}$ 右侧逼近点）。惯性延迟用于描述电路系统的非线性特性（如积分特性），也可用于描述同步电路的潜伏期，在时序分析工具和仿真工具中起辅助作用，使得 EDA 的虚拟抽象更接近真实。

　　在例程 3 – 34 中的 Verilog 代码，行 11～14 语法描述传输延迟，行 16 语法描述惯性延迟。例程 3 – 35 为信号延迟的 VHDL 代码。例程 3 – 36 为信号延迟后的 VHDL 模块的测试代码。在例程 3 – 36 中的 VHDL 代码，行 15 语法描述传输延迟，行 16 语法描述惯性延迟，仿真波形如图 3 – 48 所示。

```
1   `timescale 1ns/1ns
2
3   module delay_model(a, b, c);
4
5       input a;
6       output b;
7       output c;
8
9       reg b;
10
11      always @ (a)              //transport delay(传输延迟描述)
12      begin
13          b <= #10 a;
14      end
15
16      assign #10 c = a;         //inertial delay(惯性延迟描述)
17
18  endmodule
```

(a)

```
1   `timescale 1ns/1ns
2
3   module delay_model_tb;
4
5       reg a;
6       wire b, c;
7
8       delay_model u1(.a(a), .b(b), .c(c));
9       initial
10      begin
11                  a = 0;
12          #100    a = 1;
13          #3      a = 0;
14          #50     a = 1;
15          #60     a = 0;
16      end
17
18  endmodule
```

(b)

例程 3 – 34　信号延迟的 Verilog 代码和测试代码

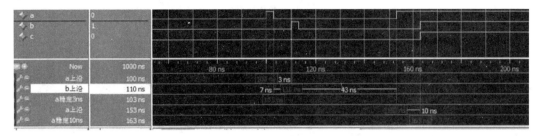

图 3 - 48   信号延迟模块的仿真波形

```
1   library ieee;
2   use ieee.std_logic_1164.all;
3
4   entity delay_model_vh is
5       port(
6           a : in std_logic;
7           b : out std_logic;
8           c : out std_logic);
9   end delay_model_vh;
10
11  architecture behaviour of delay_model_vh is
12
13  begin
14
15      b < = transport a after 10 ns;      --传输延迟
16      c < = inertial a after 10 ns;       --惯性延迟
17
18  end behaviour;
```

例程 3 - 35   信号延迟的 VHDL 代码

```
1   library ieee;
2   use ieee.std_logic_1164.all;
3
4   entity delay_model_vh_tb is
5   end delay_model_vh_tb;
6
7   architecture behaviour of delay_model_vh_tb is
8
9       component delay_model_vh
10          port(
11              a : in std_logic;
12              b : out std_logic;
13              c : out std_logic);
14      end component;
15
16      signal a : std_logic : = '0';
17      signal b : std_logic;
18      signal c : std_logic;
19
20  begin
```

例程 3 - 36   信号延迟 VHDL 模块的测试代码

```
21
22        u1 : delay_model_vh port map(
23                   a => a,
24                   b => b,
25                   c => c);
26
27        process
28        begin
29             wait for      0      ns;    a <= '0';
30             wait for      100    ns;    a <= '1';
31             wait for      3      ns;    a <= '0';
32             wait for      50     ns;    a <= '1';
33             wait for      60     ns;    a <= '0';
34             wait;
35         end process;
36
37    end behaviour;
```

例程 3 - 36　信号的延迟 VHDL 模块的测试代码(续)

从图 3 - 48 可知,a 信号宽度为 3 ns 的脉冲被 b 信号平移 10 ns,但被 c 信号屏蔽;而 a 信号第 2 个上沿后大于 10 ns 的变化,均被 b 和 c 信号平移 10 ns。例程 3 - 35 中行 16 的保留字 inertial 可以省略。

上述两种延迟都是对输入信号响应的延迟描述。HDL 中另外一种非常重要的延迟描述语句,无关响应时间,仅是对于激励信号延迟的描述,被大量用于测试代码中获得测试用例所需的激励信号。理论上,任何数字信号都可以被 EDA 虚拟,用于分析和测试,这种延迟称为激励延迟。

对于获得指定延迟的激励信号,Verilog 通常的做法是在 Initial 语句中使用 #<延迟值>,如例程 3 - 34(b)Testbench 的行 12~15 所示;VHDL 通常的做法是在 process 语句中使用 wait for,如例程 3 - 36 中行 29~34,注意行 wait 用法,这里是将 process 循环挂起,此时的 wait 会一直等待。

Verilog 与 VHDL 在字母大小写敏感上的规定是不同的:前者对于大小写加以区别,后者则不区别。Verilog 认为 Delay_model 和 delay_model 是两个不同的名字,VHDL 则认为是一个。

3.6　内部信号

初学 HDL 编码时遇到最多的问题之一是内部信号的处理问题。在 Verilog 中,是如何界定 Reg 信号和 Wire 信号的区别,在 VHDL 中,是如何处理中间信号。这种语法的差异,使得内部信号的处理成为学习 HDL 的必不可少的技能。

下面就图 3 - 49 所示电路展开讨论。

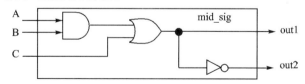

图 3 - 49　内部信号的例子

描述图 3 - 49 电路的 Verilog 代码见例程 3 - 37。

```
1   module mid_sig_dataflow(a, b, c, out1, out2);
2
3       input a；
4       input b；
5       input c；
6       output out1；
7       output out2；
8
9       assign out1 = (a & b) | c；
10      assign out2 = ～out1；
11
12  endmodule
```

例程 3 - 37　使用 Verilog 数据流描述内部信号

例程 3 - 37 中，out2 可以直接引用 out1（行 10），因为它们都是 wire 型（未声明则默认为 wire）。在 assign 语句中，可以对 wire 类型的信号进行调度（wire 既可以用于赋值，也可以用于被赋值）。这些信号不需要记忆，但在行为描述中则不然，见例程 3 - 38。

```
1   module mid_sig_behaviour(a, b, c, out1, out2);
2
3       input a；
4       input b；
5       input c；
6       output out1；
7       output out2；
8
9       reg out1；
10      reg out2；
11
12      always @ (a, b, c, out1)
13      begin
14          out1 <= (a & b) | c；
15          out2 <= ～out1；
16      end
17
18  endmodule
```

例程 3 - 38　使用 Verilog 行为描述内部信号

如果例程 3 - 38 中没有在行 9～10 中将 out1 和 out2 声明为 reg，编译器将无法综合，这是因为 Verilog 认为行为模块的所有输出信号都应该记忆，需要记忆的信号为 reg 类型，因此凡 always 语句块中被驱动的信号（输出信号），都需声明成 reg 类型。无须记忆的信号为 wire 类型。而输入信号由于被行为描述部分直接引用，无须记忆，显式声明或缺席声明为 wire 类型。注意 out1 即是输出信号，又被 out2 引用，是一个内部信号。因此，Verilog 的内部信号如用数据流描述，则应声明为 wire 类型，如用行为描述，则应声明为 reg 类型。有意思的是，VHDL 对内部信号的处理更规整合理（见例程 3 - 39）。

```
1    library ieee;
2    use ieee.std_logic_1164.all;
3
4    entity mid_sig_vh is
5        port(
6            a : in std_logic;
7            b : in std_logic;
8            c : in std_logic; .
9            out1 : out std_logic;
10           out2 : out std_logic);
11   end mid_sig_vh;
12
13   architecture dataflow of mid_sig_vh is
14
15       signal out1_internal : std_logic;
16
17   begin
18
19       out1_internal <= (a and b) or c;
20       out1 <= out1_internal;
21       out2 <= not out1_internal;
22
23   end dataflow;
```

例程 3 - 39   使用 VHDL 数据流描述中间信号

在例程 3 - 39 中,行 15 声明了一个中间信号 out1_internal。如果没有这个中间信号,例如行 21 写成:out2<=not out1,则编译器势必报错。VHDL 认为不可以这样做的理由是:由于 out1 为输出信号,VHDL 规定输出信号是不可以在模块内部被引用(输出信号不可以作为输入的内部信号)。解决的方法是:在结构体声明部分声明一个内部信号,一个没有规定方向的内部信号,在 VHDL 中既可以用作输入,也可以用作输出;既可以出现在赋值号左侧(Row19),也可以出现在赋值号右侧(行 20~21)。

当 VHDL 做行为描述时,上述规定同样有效。内部信号不仅可以是 signal 类型,也可以是 variable 类型,如例程 3 - 40 所示。

```
1    library ieee;
2    use ieee.std_logic_1164.all;
3
4    entity mid_sig_behaviour_vh is .
5        port(
6            a : in std_logic;
7            b : in std_logic;
8            c : in std_logic;
9            out1 : out std_logic;
10           out2 : out std_logic);
11   end mid_sig_behaviour_vh;
12
13   architecture behaviour of mid_sig_behaviour_vh is
14
15   begin
16
```

```
17   mid_sig_process : process(a, b, c)
18       variable out1_internal : std_logic;
19   begin
20       out1_internal : = (a and b) or c;
21       out1 < = out1_internal;
22       out2 < = not out1_internal;
23   end process;
24
25 end behaviour;
```

例程 3 - 40　使用 VHDL 行为描述中间信号

在例程 3 - 40 的行为描述代码中，内部信号 out1 既可以声明成全局的内部信号，也可以声明成一个局部的 variable。注意两种语言的赋值符号不同，VHDL 中没有 Verilog 阻塞赋值（＝）和非阻塞赋值赋值（＜＝）的烦恼，赋值符号仅与被赋值的信号类型有关：

signal 类型赋值符号为："＜＝"

variable 类型赋值符号为："：＝"

例程 3 - 40 的测试代码见例程 3 - 41。

```
1  library ieee;
2  use ieee.std_logic_1164.all;
3
4  entity mid_sig_behaviour_vh_tb is
5  end entity mid_sig_behaviour_vh_tb;
6
7  architecture behaviour of mid_sig_behaviour_vh_tb is
8
9      component mid_sig_behaviour_vh
10         port(
11             a : in std_logic;
12             b : in std_logic;
13             c : in std_logic;
14             out1 : out std_logic;
15             out2 : out std_logic);
16     end component;
17
18     signal a : std_logic : = ´0´;
19     signal b : std_logic : = ´0´;
20     signal c : std_logic : = ´0´;
21
22     signal out1 : std_logic;
23     signal out2 : std_logic;
24
25 begin
26
27     u1 : mid_sig_behaviour_vh port map(
28             a = > a,
29             b = > b,
30             c = > c,
31             out1 = > out1,
32             out2 = > out2);
```

例程 3 - 41　使用 VHDL 行为描述中间信号例子的测试代码

```
33
34     process
35     begin
36        wait for 0  ns；a ＜= ′0′；b＜= ′0′；c＜= ′0′；
37        wait for 10 ns；a ＜= ′0′；b＜= ′0′；c＜= ′1′；
38        wait for 10 ns；a ＜= ′0′；b＜= ′1′；c＜= ′0′；
39        wait for 10 ns；a ＜= ′0′；b＜= ′1′；c＜= ′1′；
40        wait for 10 ns；a ＜= ′1′；b＜= ′0′；c＜= ′0′；
41        wait for 10 ns；a ＜= ′1′；b＜= ′0′；c＜= ′1′；
42        wait for 10 ns；a ＜= ′1′；b＜= ′1′；c＜= ′0′；
43        wait for 10 ns；a ＜= ′1′；b＜= ′1′；c＜= ′1′；
44        wait for 10 ns；
45     end process；
46
47  end behaviour；
48
```

例程 3－41　使用 VHDL 行为描述中间信号例子的测试代码(续)

关于 Verilog 中的 reg 和 wire，以及阻塞和非阻塞更多的讨论，参见第 7 章内容。

3.7　可定参设计

许多情况下，经过调试成熟的一段代码会被重新用在其他场合。这种代码的重用，有时将原模块重新装配即可，有时仅需简单地修改一些参数。例如，描述一个具有 5 ns 惯性延迟的与门：

VHDL 代码为：c ＜＝(a and b) after 5 ns；

Verilog 代码为：`timescale 1ns/1ns ……assign #5 c= (a & b)；

在另一个设计里，可能仍然需要这段代码，仅仅是延时参数改变为 7 ns。为此，Verilog 和 VHDL 都具有这种称为定参 LPM(Library of Parameterized Modules)的建模方式。具体而言，Verilog 用 parameter，VHDL 用 generic 进行模块上层的参数设置。

例 3－10：两种语言进行定参设计的例子如图 3－50 所示(惯性延迟参数)，定参设计见例程 3－42。

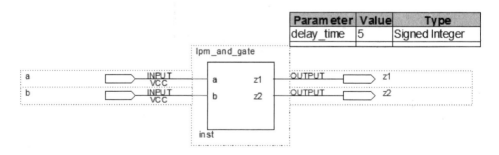

Parameter	Value	Type
delay_time	5	Signed Integer

图 3－50　定参设计例子：具有惯性延迟的 LPM 双输入与门

1	`timescale 1ns/1ns`		1	`timescale 1ns/1ns`
2			2	
3	`module lpm_and_gate(a, b, z1, z2);`		3	`module lpm_and_gate_tb;`
4			4	
5	`input a;`		5	`reg a, b;`
6	`input b;`		6	`wire z1, z2;`
7	`output z1;`		7	
8	`output z2;`		8	`lpm_and_gate`
9	`parameter delay_time = 5;`		9	`#(.delay_time(7))`
10			10	`DUT(`
11			11	`.a(a),`
12	`assign #5 z1 = (a & b);`		12	`.b(b),`
13	`assign #delay_time z2 = (a & b);`		13	`.z1(z1),`
14			14	`.z2(z2)`
15	`endmodule`		15	`);`
16			16	`initial    begin`
17			17	`a = 1'b0; b = 1'b0;`
18			18	`#10    a = 1'b0; b = 1'b1;`
19			19	`#10    a = 1'b1; b = 1'b0;`
20			20	`#10    a = 1'b1; b = 1'b1;`
21			21	`end`
22			22	`endmodule`

　　　　　　　　　(a)　　　　　　　　　　　　　　　　　　　(b)

例程 3 - 42　定参设计的 Verilog 例子

例程 3 - 42 模块中的代码 12 行中,z1 输出具有固定的惯性延迟 5 ns,第 13 行的 z2 输出则使用了 parameter 参数的 delay_time,它在第 9 行声明,并且有一个默认值 5 ns。例程 3 - 42 所示的测试代码中,第 9 行使用 # 为 parameter 赋予新值 7 ns,仿真波形如图 3 - 51 所示。

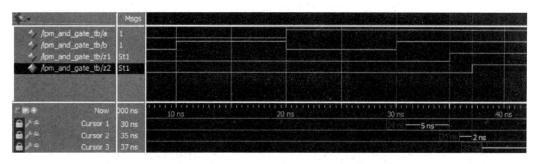

图 3 - 51　惯性延迟双输入与门的仿真波形

例 3 - 11:下面的 VHDL 例子中(见图 3 - 52),将上述双输入与门改为三输入与门,并且用结构化建模的方式实现。

VHDL 中,惯性延迟的语句样式是:a <= inerial b after 10 ns;但省略的写法是:a <= b after 10ns;而参数设置使用保留字 generic,中文译为类属,在实体部分声明,见例程 3 - 43。

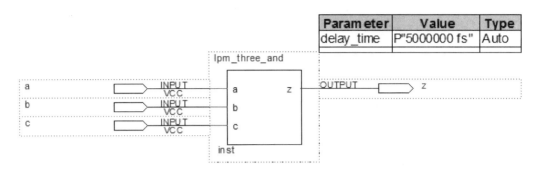

Parameter	Value	Type
delay_time	P"5000000 fs"	Auto

图 3-52　惯性延迟三输入与门的例子

```
1   library ieee;
2   use ieee.std_logic_1164.all;
3
4   entity lpm_three_and is
5       generic(
6           delay_time : time := 5 ns);
7       port(
8           a : in std_logic;
9           b : in std_logic;
10          c : in std_logic;
11          z : out std_logic);
12  end lpm_three_and;
13
14  architecture behaviour of lpm_three_and is
15
16  begin
17
18      delay_process : process(a, b, c)
19      begin
20          z <= (a and b and c) after delay_time;
21      end process;
22
23  end behaviour;
```

例程 3-43　惯性延迟三输入与门的 VHDL 代码

　　顶层设计中(见例程 3-44)，分别用结构化建立了三个具有不同惯性延迟的输出端口 z1、z2 和 z3，分别延迟 1ns(行 28~33)，5 ns(行 35~40)和 10 ns(行 42~47)。结构体声明部分声明了 lpm_three_and 组件(行 16~24)。例程 3-45 为其测试代码。

```
 1   library ieee;
 2   use ieee. std_logic_1164. all;
 3
 4   entity lpm_top is
 5       port(
 6           a : in std_logic;
 7           b : in std_logic;
 8           c : in std_logic;
 9           z1 : out std_logic;
10           z2 : out std_logic;
11           z3 : out std_logic);
12   end lpm_top;
13
14   architecture structural of lpm_top is
15
16       component lpm_three_and
17           generic(
18               delay_time : time : = 5 ns);
19           port(
20               a : in std_logic;
21               b : in std_logic;
22               c : in std_logic;
23               z : out std_logic);
24       end component;
25
26   begin
27
28
29       U1 : lpm_three_and
30       generic map(delay_time = > 1 ns)
31       port map(
32           a = > a,
33           b = > b,
34           c = > c,
35           z = > z1
36       );
37
38       U2 : lpm_three_and
39       generic map(delay_time = > 5 ns)
40       port map(
41           a = > a,
42           b = > b,
43           c = > c,
44           z = > z2
45       );
46
47       U3 : lpm_three_and
48       generic map(delay_time = > 10 ns)
49       port map(
50           a = > a,
51           b = > b,
52           c = > c,
53           z = > z3
54       );
55
56   end structural;
```

例程 3 - 44   惯性延迟 LPM 例子的 VHDL 顶层代码

```
1   library ieee;
2   use ieee.std_logic_1164.all;
3
4   entity lpm_top_tb is
5   end lpm_top_tb;
6
7   architecture behaviour of lpm_top_tb is
8
9       component lpm_top
10          port(
11              a : in std_logic;
12              b : in std_logic;
13              c : in std_logic;
14              z1 : out std_logic;
15              z2 : out std_logic;
16              z3 : out std_logic);
17      end component;
18
19      signal a : std_logic : = '0';
20      signal b : std_logic : = '0';
21      signal c : std_logic : = '0';
22
23      signal z1 : std_logic;
24      signal z2 : std_logic;
25      signal z3 : std_logic;
26
27  begin
28
29      u1 : lpm_top port map(
30              a = > a,
31              b = > b,
32              c = > c,
33              z1 = > z1,
34              z2 = > z2,
35              z3 = > z3);
36
37      testbench_process : process
38      begin
39        wait for 0 ns;      a < = '0'; b < = '0'; c < = '0';
40        wait for 20 ns;     a < = '0'; b < = '0'; c < = '1';
41        wait for 20 ns;     a < = '0'; b < = '1'; c < = '0';
42        wait for 20 ns;     a < = '0'; b < = '1'; c < = '1';
43        wait for 20 ns;     a < = '1'; b < = '0'; c < = '0';
44        wait for 20 ns;     a < = '1'; b < = '0'; c < = '1';
45        wait for 20 ns;     a < = '1'; b < = '1'; c < = '0';
46        wait for 20 ns;     a < = '1'; b < = '1'; c < = '1';
47        wait for 20 ns;
48      end process;
49
50  end behaviour;
```

例程 3-45   惯性延迟 LPM 例子的 VHDL 顶层代码的测试代码

3.8   数据类型

两种语言都有自己的数据类型,使用这些类型的数据以定义信号、节点、端口和内部变量。系统地了解和掌握两种语言数据类型的用法,并知道它们的异同点和长短处,是一个熟练的

HDL 工程师必备的知识。

虽然两种语言的文档组织和术语不尽相同,而且相关标准也非常庞大,但仍然可以按照电路硬件描述和进程软件描述分类,它们最常用的应用类型如表 3-3 所列。

表 3-3 两种语言对于硬件对象的常用描述

硬件对象	Verilog 格式	VHDL 格式
输入端口	input ＜输入端口名＞	＜输入端口名＞ in ：＜数据类型＞
输入端口总线	input ［＜总线宽度＞］＜输入端口名＞	＜输入端口名＞ in ：＜具有向量和范围的数据类型＞
输出端口	output ＜输出端口名＞	＜输出端口名＞ out ：＜数据类型＞；　--不能被内部引用 ＜输出端口名＞ buffer ：＜数据类型＞；--可以被内部引用
输出端口总线	output ［＜总线宽度＞］＜输出端口名＞	＜输出端口名＞ out ：＜具有向量和范围的数据类型＞ ＜输出端口名＞ buffer ：＜具有向量和范围的数据类型＞
双向端口	inout ＜双向端口名＞	＜双向端口名＞ inout ：＜数据类型＞
双向端口总线	inout ［＜总线宽度＞］＜双向端口名＞	＜双向端口名＞ inout ：＜具有向量和范围的数据类型＞
节　点	wire ＜节点名＞；//用于数据流描述 reg ＜节点名＞；//用于行为-组合逻辑描述	signal ＜节点名＞ ：＜数据类型＞ variable ＜节点名＞ ：＜数据类型＞；--局部节点

总　线	wire ［＜总线宽度＞］＜总线名＞；
	//数据流描述
	reg ［＜总线宽度＞］＜总线名＞；
	//行为-组合逻辑
		signal ＜节点名＞ ：＜具有向量和范围的数据类型＞
		variable ＜节点名＞ ：＜具有向量和范围的数据类型＞

三态信号	tri ＜三态信号名＞	--无特定格式,数据类型为标准逻辑类赋高阻
三态总线	tri ［＜总线宽度＞］＜总线名＞	--无特定格式,数据类型为标准逻辑向量类赋高阻
寄存器	reg ＜寄存器名＞；//行为-时序逻辑	signal ＜寄存器名＞ ：＜数据类型＞ variable ＜寄存器名＞ ：＜数据类型＞；--局部寄存器
寄存器总线	reg ［＜总线宽度＞］＜总线名＞； //行为-时序逻辑	signal ＜节点名＞ ：＜具有向量和范围的数据类型＞ variable ＜节点名＞ ：＜具有向量和范围的数据类型＞
存储器	reg ［＜总线宽度＞］＜存储器名＞ ［＜寻址范围＞］	type ＜存储器类型名＞ is array （＜寻址范围＞） of ＜具有向量和范围的数据类型＞ signal ＜存储器名＞ ：＜存储器类型名＞ variable ＜存储器名＞ ：＜存储器类型名＞

Verilog 中,硬件对象声明之后可选择绑定数据类型(默认绑定无符号数),理论上可以使用任意数据类型进行赋值操作,赋值时无须使用类型转换语句,这使得 Verilog 用起来非常方便,但问题是不够严谨,类型交替赋值有时会带来意想不到的麻烦。

VHDL 则相反,它过于严谨,所有硬件对象赋值时都必须强制绑定它声明的数据类型。这种绑定了数据类型的硬件对象只能在模块语句中使用相同的数据类型进行赋值操作,否则编译器会报错。强类型语句在保证严谨的同时,牺牲的是它的便利性。不仅可由用户定义的硬件对象属于这种强制类型,VHDL 的某些语法甚至也要求特定的数据类型(例如 rol 移位语句强制要求 bit 类型数据)。图 3-53 为两种语言的数据绑定格式。

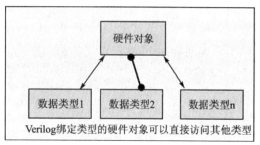 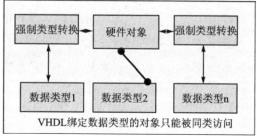

图 3 - 53　两种语言具有不同的数据绑定格式

1. Verilog 中使用数据的策略

(1) 声明硬件对象,如端口、节点等。

(2) 显式声明或隐式声明代码描述需要的数据类型。

(3) 直接使用这些类型的数据对象为不同类型的硬件对象进行赋值操作。

(4) 编译器支持所有可能的转换,除非根本无法转换时报错。

2. VHDL 中使用数据的策略

(1) 声明硬件对象的同时强制声明该对象的数据类型。

(2) 用不同的数据类型操作该硬件对象时,无论是否可以合理转换,编译器均报错。

(3) 使用类型转换函数支持不同类型的转换,因为类型一致,所以编译器认可。

这样看来,Verilog 采取的是先给予充分地自由,待真的出错时才给出报告的策略,对应汉语中后发制人的策略;VHDL 则采取的是未雨绸缪,不给出错的机会。这两种策略各有长短,也可以说,正是这种差异,才成就了 HDL 世界丰富多彩的解决方案。

表 3 - 4 列出了两种语言对 EDA 常用软件对象常用的描述格式。

表 3 - 4　两种语言对于 EDA 软件对象的常用描述

软件对象	Verilog 格式	VHDL 格式
常　　数	parameter＜常数名＞ ＝ ＜常数表达式＞ 'define ＜宏常数名＞ ＜宏常数定义值＞	constant ＜常数名＞: ＜数据类型＞ := ＜表达式＞
布尔变量	//无定义	boolean -- 数据类型,例如 signal bt : boolean
整形变量	integer ＜整形变量名＞	integer -- 数据类型,例如 signal i : integer
实型/浮点	real ＜实型变量名＞	real -- 数据类型,例如 signal x : real
有符号数	regsigned［范围］＜有符号数变量名＞ wire signed［范围］＜有符号数变量名＞	signed -- 数据类型 -- 例如 signal t : signed（0 to 7）
无符号数	unsigned ＜无符号数变量名＞; //默认类型	unsigned -- 数据类型 -- 例如 signal y : unsigned（0 to 7）
线路逻辑	//无定义	std_logic　　-- 数据类型,例如 signal rst : std_logic bit　　　　　-- 数据类型,例如 signal en : bit

软件对象	Verilog 格式	VHDL 格式
总线逻辑	//无定义	std_lobic_vector -- 数据类型 -- 例如 signal s : std_logic_vector(7 downto 0) bit_vector -- 数据类型 -- 例如 signal h : bit_vector(7 downto 0)
字　符	//见字符串	character -- 数据类型,例如 variable c : character :='1'
字符串	reg [8 * <字符串长度>-1:0] <字符串名>	string -- 数据类型,例如 variable c : string(0 to 7)
自定义类型	//无定义	type <数据类型名> is <数据类型> [of <基本类型>] [<范围>] -- 例如:type digit is integer range 0 to 7
时间变量	realtime <实型时间变量> time <时间变量>	time -- 数据类型,例如 constant f1: time = 180 ns
数组	见表 3-3 存储器描述	见表 3-3 存储器描述

以下给出一个有符号数乘加器的建模例子,其中有类型转换过程。在 Verilog 中,这种转换是默认的,在 VHDL 中,这种转换则需要强制声明。

例 3 - 12:分别使用 Verilog 和 VHDL 为图 3 - 54 所示的乘加器建模和验证。

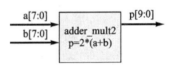

图 3 - 54　乘加器例子框图

所建模型有两个 8 比特的输入端口 a 和 b,a 端口输入整数 0～255,b 端口输入有符号数 127～-128,一个 10 的输出端口 p 输出有符号运算结果 $p=2 \times (a+b)$ 比特。

1. Verilog 代码(见例程 3 - 46)

```
1   module adder_mult2(a, b, p);
2
3       `define DWIDTH 8
4       input [`DWIDTH-1:0] a;
5       input signed [`DWIDTH-1:0] b;
6       output signed [`DWIDTH+2:0] p;
7
8       integer a_integer;
9       wire signed [`DWIDTH+1:0] sum;
10      wire signed [`DWIDTH:0] a_signed;
11      wire unsigned [`DWIDTH+1:0] sum_unsigned;
12
13      always @ (a) a_integer = a;
14      assign a_signed = a_integer;
15      assign sum = a_signed + b;
16      assign p[`DWIDTH+2] = sum[`DWIDTH+1];
17      assign sum_unsigned = sum[`DWIDTH:0] << 1;
18      assign p[`DWIDTH+1:0] = sum_unsigned;
19
20  endmodule
```

例程 3 - 46　乘加器例子的 Verilog 代码

在例程 3 - 46 中,行 3 声明了一个描述输入总线宽度的常数值,行 4～6 在声明端口对象 a、b、p 的同时,绑定了它们的数据类型(行 4 默认绑定无符号)。行 8 声明了整形寄存器 a_integer,行 9～10 声明了有符号的节点 sum 和 a_signed,行 11 声明了无符号的节点 sum_unsigned,行 13 行将默认无符号类型的端口 a 的值赋予整型寄存器 a_integer。行 14 将整形寄存器对象的值赋予了有符号节点 a_signed。行 15 则描述了一次有符号类型的加法,其结果被赋予有符号节点 sum。行 16 先将 sum 的符号位取出,赋予输出端口 p 的符号位,这是一次 bit 操作。行 17 执行了一次左移,结果存放在无符号节点 sum_unsigned。最后,行 18 描述一次比特操作,将无符号节点 sum_unsigned 接入有符号输出端口 p。这些 Verilog 代码中的数据类型转换过程如图 3-55 所示。

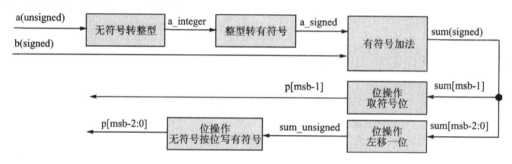

图 3-55　乘加器 Verilog 例子的数据类型转换过程

```
1    module adder_mult2_tb;
2
3        reg unsigned [7:0] a;
4        reg signed [7:0] b;
5        wire signed [10:0] p;
6
7        adder_mult2 u1(.a(a), .b(b), .p(p));
8        initial begin
9            a = 0; b = 0;
10           forever begin
11               #10 a = 10; b = 120;
```
(a)

```
12               #10 a = 5; b = 23;
13               #10 a = 125; b = -33;
14               #10 a = 15; b = -62;
15               #10 a = 255; b = 127;
16               #10 a = 255; b = -128;
17               #10 a = 0; b = 127;
18               #10 a = 0; b = -128;
19           end
20       end
21
22   endmodule
```
(b)

例程 3-47　乘加器 Verilog 例子的测试代码

例程 3-47 所示的测试代码中,设计了 8 个测试用例,前 4 个随机选取,后 4 个分别以整数端口 a 的最大值 255 和最小值 0,与有符号端口 b 的最大值 127 和最小值 -128 组合,仿真波形如图 3-56 所示。

a	10	5	125	15	255		0		10	5	125	15	255	0
b	120	23	-33	-62	127	-128	127	-128	23	-33	-62	127	-128	127
a_integer	10	5	125	15	255		0		10	5	125	15	255	0
sum	130	28	92	-47	382	127	127	-128	130	28	92	-47	382	127
sum_unsigned	260	56	184	930	764	254	254	768	260	56	184	930	764	254
a_signed	10	5	125	15	255		0		10	5	125	15	255	0
p	260	56	184	-94	764	254	254	-256	260	56	184	-94	764	254

图 3-56　乘加器例子的仿真波形

Verilog 中,数据类型分为用于显式绑定对象的数据类型和寄存器类型。显式绑定硬件对象(端口、寄存器、节点)的数据类型仅为 signed 和 unsigned,默认为 unsigned,大多数情况下的代码都按默认方式。整型 integer 和实型 real 属于寄存器类型,等同于 reg 声明。表 3 - 5 为 Verilog 的数据绑定格式。

表 3 - 5　Verilog 语言常用的数据绑定格式

数据类型		绑定格式	例　子

端口对象	隐式绑定
	unsigned
		input [范围] <输入端口名>
		output [范围] <输出端口名>
		inout [范围] <双向端口名>
			input [7:0] data;　//data 为 unsigned
			output detected; //detected 为 unsigned
			inout [15:0] q;　//q 为 unsigned

	显式绑定
	signed/un-signed
		input <signed | unsigned> [范围] <端口名>
		output < signed | unsigned > [范围] <端口名>
		inout < signed | unsigned > [范围] <端口名>
			input signed [7:0] d; //d 为 signed
			output unsigned wrreq; //wrreq 为 unsigned
			inout signed [15:0] q; //q 为 signed

	显式绑定 整型或实型	不支持	
节点对象	隐式绑定 unsigned	wire [范围] <节点名>	wire [7:0] x1;　//x1 为 unsigned
	显式绑定 signed/un-signed	wire <signed | unsigned> [范围] <节点名>	wire signed x2; //x2 为 signed
	显式绑定 整型或实型	不支持	
寄存器对象	隐式绑定 unsigned	reg [范围] <寄存器名>	reg [15:0] count; //count 为 unsigned

	显式绑定
	signed/un-signed
		reg <signed | unsigned> [范围]
		<寄存器名>
			reg signed [7:0] temp; //temp 为 signed
			reg unsigned x; //x 为 unsigned

	显式绑定 integer	integer <整型寄存器名>	integer i; //i 为 32bit 整型,即 32bit 的无符号数
	显式绑定 real(浮点实数)	real <浮点寄存器名>	real s; //s 为 64bit 实型,即 64bit 的双精度数

在 Verilog 中,integer 和 real 仅用于寄存器对象,并且不需要再声明 reg 保留字。对于它们的描述也仅限于行为描述,不支持数据流。

强类型的 VHDL 处理这个乘加器例子中的数据类型绑定和转换方式见例程 3 - 48。

例程 3 - 48 的行 8 声明了输入端口对象 a,绑定数据类型为整型并给出整型范围。行 9~10 声明端口 b 和 p 的同时,绑定它们的数据类型为有符号数。在行 13~34 的结构体中,行 15 声明了一个描述输入总线宽度的常数对象,并绑定数据类型为整型。行 16~17 声明了有符号类型的内部信号对象 a_signed 和 sum_signed,绑定它们为有符号类型的同时给出范围。行 18~19 声明了内部信号对象 sum_bit 和 p_bit,绑定它们为位向量类型,以用于移位操作。行 20~21 声明了从位向量转换至有符号过程中的中间过渡信号。

在结构体描述部分,行 25 使用类型转换函数 conv_signed,将整型对象 a 的值转换为有符号对象 a_signed。使用 conv_signed 时,它的第二个参数用于指定目标的宽度,可以实现不同宽度的信号类型转换。行 26 描述了有符号数类型的加法,运算结果输出给有符号对象 sum_signed。

2. VHDL 代码

```
1    library ieee;
2    use ieee.std_logic_1164.all;
3    use ieee.std_logic_unsigned.all;
4    use ieee.std_logic_arith.all;
5
6    entity adder_mult2_vh is
7        port(
8            a : in          integer range 0 to 255;
9            b : in          signed(7 downto 0);
10           p : out      signed(10 downto 0));
11   end adder_mult2_vh;
12
13   architecture behaviour of adder_mult2_vh is
14
15       constant DWIDTH      :      integer := 8;
16       signal a_signed      :      signed(DWIDTH + 1 downto 0);
17       signal sum_signed    :      signed(DWIDTH + 1 downto 0);
18       signal sum_bit       :      bit_vector(DWIDTH + 2 downto 0);
19       signal p_bit         :      bit_vector(DWIDTH + 2 downto 0);
20       signal p_std         :      std_logic_vector(DWIDTH + 2 downto 0);
21       signal p_int         :      integer;
22
23   begin
24
25       a_signed <= conv_signed(a, DWIDTH + 2);
26       sum_signed <= a_signed + b;
27
28       sum_bit <= to_bitvector(conv_std_logic_vector(sum_signed, DWIDTH + 3));
29       p_bit <= sum_bit sll 1;
30       p_std <= to_stdlogicvector(p_bit);
31       p_int <= conv_integer(p_std);
32       p <= CONV_SIGNED(p_int, DWIDTH + 3);
33
34   end behaviour;
```

例程 3-48　乘加器例子的 VHDL 代码

为了描述一次用左移实现的乘 2 计算,这里使用 VHDL 强类型标准中的位操作,因此,要将有符号对象 sum_signed 转换为位向量对象 sum_bit,然后再使用位操作语句处理 sum_bit。行 28~29 描述了上述过程。行 28 使用嵌套方式,先将有符号数转换为标准逻辑向量,然后再转换成位向量。左移后的计算结果输出给位向量对象 p_bit。VHDL 的转换过程如图 3-57

所示。

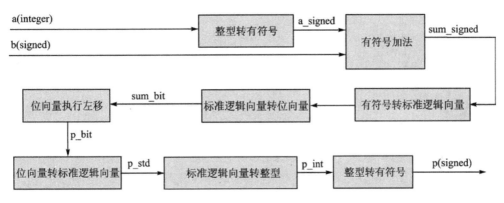

图 3 - 57　乘加器 VHDL 例子的数据类型转换过程

由于输出端口为有符号对象 p,要将向量对象 p_bit 转换为有符号对象 p,示例中先将位向量转标准逻辑向量,然后标准逻辑向量转整型,最后使用指定宽度的转换函数 conv_signed,将整型转有符号。行 30~32 描述了转换过程。为了使代码清楚,这里没有用嵌套方式,而是列出了中间信号。

由此可见,强制类型转换的确带来不少麻烦,但应看到其建模代码在稳定性和可维护性方面的好处,其测试代码见例程 3 - 49。

```
1    library ieee;
2    use ieee.std_logic_1164.all;
3    use ieee.std_logic_arith.all;
4    use ieee.std_logic_unsigned.all;
5
6    entity adder_mult2_vh_tb is
7    end adder_mult2_vh_tb;
8
9    architecture behaviour of adder_mult2_vh_tb is
10
11       component adder_mult2_vh
12          port(
13             a : in      integer range 0 to 255;
14             b : in      signed(7 downto 0);
15             p : out     signed(10 downto 0));
16       end component;
17
18       signal a : integer range 0 to 255 : = 0;
19       signal b : signed(7 downto 0) : = X"00";
20       signal p : signed(10 downto 0);
```

例程 3 - 49　乘加器 VHDL 例子的测试代码

```
21
22    begin
23
24        u1 : adder_mult2_vh port map(
25            a => a,
26            b => b,
27            p => p);
28
29        process
30        begin
31            wait for 0  ns;  a <= 10;    b <= signed(conv_std_logic_vector(120, 8));
32            wait for 10 ns;  a <= 5;     b <= signed(conv_std_logic_vector(23, 8));
33            wait for 10 ns;  a <= 125;   b <= signed(conv_std_logic_vector(-33, 8));
34            wait for 10 ns;  a <= 15;    b <= signed(conv_std_logic_vector(-62, 8));
35
36            wait for 10 ns;  a <= 255;   b <= signed(conv_std_logic_vector(127, 8));
37            wait for 10 ns;  a <= 255;   b <= signed(conv_std_logic_vector(-128, 8));
38            wait for 10 ns;  a <= 0;     b <= signed(conv_std_logic_vector(127, 8));
39            wait for 10 ns;  a <= 0;     b <= signed(conv_std_logic_vector(-128, 8));
40
41            wait for 10 ns;
42        end process;
43    end behaviour;
```

例程 3-49　乘加器 VHDL 例子的测试代码(续)

在例程 3-49 中,由于激励信号 a 为整数,b 为有符号数,故行 31~39 的激励信号描述中,a 直接赋予整数,b 则使用整数转标准逻辑向量,再转有符号数的嵌套转换函数描述。其测试用例与 Verilog 的测试代码相同(例程 3-47),仿真波形如图 3-58 所示。

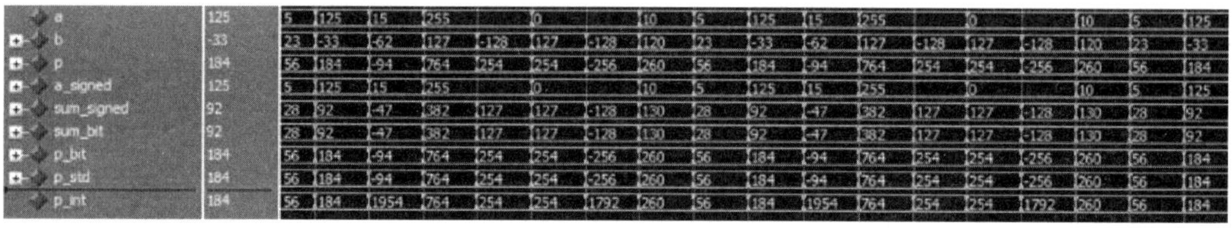

图 3-58　乘加器 VHDL 例子的仿真波形

VHDL 语言中,数据类型转换是一个颇为麻烦的事情。有些第三方的库给出了简化这些复杂处理的函数。Synopsys 的类型转换函数见表 3-6 和表 3-7。对于复合转换,表中给出了推荐的复合转换方法。表中 MA 即按位人工装配。

表 3-6　VHDL 语言常用数据类型转换对照表一

源	目标			
	std_logic	std_logic_vector	bit	bit_vector
std_logic	—	MA	to_bit()	to_bit()=>MA
std_logic_vector	MA	conv_integer() => conv_std_logic_vector() //指定宽度	MA=> to_bit()	to_bitvector() //宽度匹配

源	目　标			
	std_logic	std_logic_vector	bit	bit_vector
bit	to_stdulogic()	to_stdulogic()=＞MA	—	MA
bit_vector	MA=＞ to_stdlogic()	to_stdlogicvector() //宽度匹配	MA	—
integer	conv_std_logic_vector() =＞MA	conv_std_logic_vector() //指定宽度	conv_std_logic_vector() =＞ to_bit()	conv_std_logic_vector() =＞to_bitvector() //指定宽度

unsigned	MA=＞std_logic()	std_logic_vector()
		//宽度匹配
		conv_std_logic_vector()
		//指定宽度
			conv_std_logic_vector()
			=＞ to_bit()
				conv_std_logic_vector()
				=＞to_bitvector()
				//指定宽度

signed	MA=＞std_logic()	std_logic_vector()
		//宽度匹配
		conv_std_logic_vector()
		//指定宽度
			conv_std_logic_vector()
			=＞ to_bit()
				conv_std_logic_vector()
				=＞to_bitvector()
				//指定宽度

表 3 - 7　VHDL 语言常用数据类型转换对照表二

源	目　标		
	integer	unsigned	signed
std_logic	无	conv_unsigned();　//指定宽度	conv_signed();　//指定宽度
std_logic_vector	conv_integer() //宽度匹配	unsigned();　　//宽度匹配	signed()　　//宽度匹配
bit	无	to_stdlogic()=＞unsigned()	to_stdlogic()=＞signed()
bit_vector	to_stdlogicvector()=＞ conv_integer() //宽度匹配	to_stdlogicvector()=＞unsigned() //宽度匹配 to_stdlogicvector()=＞ conv_integer=＞ conv_unsigned();　//指定宽度	to_stdlogicvector()=＞signed() //宽度匹配 to_stdlogicvector()=＞ conv_integer=＞ conv_signed();　//指定宽度

integer	conv_integer()
	//宽度匹配
	//范围不同
		conv_unsigned();　//指定宽度	conv_signed();　//指定宽度

unsigned	conv_integer() //宽度匹配	conv_unsigned();　//指定宽度	conv_signed();　//指定宽度
signed	conv_integer() //宽度匹配	conv_unsigned();　//指定宽度	conv_signed();　//指定宽度

　　表 3 - 6 和表 3 - 7 可作为一般性的数据转换参考。源对象转换至目标对象时,源对象所在行对应的目标对象所在列,其单元格中列出了使用 synopsys 库时可用的转换函数,当没有直接转换函数时,列出了建议的复合转换方式。

　　例如,位向量对象转无符号对象推荐转换的方式有两种:

　　(1) 要求源和目标宽度匹配:to_stdlogicvector()=>unsigned()。

　　表示首先将位向量转换为标准逻辑向量,使用 to_stdlogicvector 函数完成;然后再将标准逻辑向量转无符号,使用 unsigned 转换符完成。宽度匹配的转换仅用于简单的类型转换。

　　(2) 指定目标的转换宽度:to_stdlogicvector()=>conv_integer=>conv_unsigned()。

　　表示此时的复合转换分三步,首先将位向量转标准逻辑向量,使用 to_stdlogicvector()完成;第(2)步则将标准逻辑向量转整型,使用 conv_integer 完成;最后将整型对象转换为无符号对象,使用 conv_unsigned 完成。由于 conv_unsigned 为指定宽度转换,故整个转换过程可以指定目标宽度。指定目标宽度的类型转换可以处理比较复杂的类型转换。

　　通过例程 3 - 48,可以看到使用 VHDL 预定义的位移操作是非常困难的。为此,Synopsys 提供了两个位移库函数(ieee. std_logic_arith. all),以支持 unsigned 和 signed 类型的位移操作(表 3 - 8 Synopsys 的位移库函数),见表 3 - 8。例程 3 - 50 为使用 shl 库函数的例子。

表 3 - 8　Synopsys 的位移库函数

位移操作	库函数	说　　明	例　　子
逻辑左移	shl(a, count)	将 signed 或 unsigned 逻辑左移 参数 a 为 signed 或 unsigned 参数 count 为 unsigned 右侧补零	signal a : signed(7 downto 0) := X"55" signal x : unsigned(7 downto 0) := X"01" signal s : signed(7 downto 0) s <= shl(a, x);　//a 左移 1 次
逻辑右移	shr(a, count)	将 signed 或 unsigned 逻辑左移 参数 a 为 signed 或 unsigned 参数 count 为 unsigned 左则补零	signal a:signed(7 downto 0) := X"55" signal s : signed(7 downto 0) s <= shl(a, conv_unsigned(3, 8));　//a 左移 3 次

```
1   library ieee;
2   use ieee.std_logic_1164.all;
3   use ieee.std_logic_unsigned.all;
4   use ieee.std_logic_arith.all;
5
6   entity adder_mult2_vh is
7       port(
8           a : in      integer range 0 to 255;
9           b : in      signed(7 downto 0);
10          p : out     signed(10 downto 0));
11  end adder_mult2_vh;
12
13  architecture behaviour of adder_mult2_vh is
14
```

例程 3 - 50　使用 shl 库函数的乘加器 VHDL 代码

```
15    constant DWIDTH      :     integer : = 8;
16    signal a_signed      :      signed(DWIDTH + 2 downto 0);
17    signal b_signed      : signed(DWIDTH + 2 downto 0);
18
19  begin
20
21    a_signed < = conv_signed(a, DWIDTH + 3);
22    b_signed < = conv_signed(b, DWIDTH + 3);
23    p < = shl((a_signed + b_signed), conv_unsigned(1, DWIDTH + 3));
24
25  end behaviour;
```

例程 3 - 50　使用 shl 库函数的乘加器 VHDL 代码(续)

3.9　代码模型分析

HDL 的建模语句,例如 Verilog 的 module 和 VHDL 的 component,具有明确的保留字和语法构成模型的框架,具有明确命名的模块名,具有明确命名的端口以及明确声明的端口方向和端口信号类型,这被称为显式建模 EM(Explicit Modeling,见图 3-59)。显式建模与电路框图类似,综合后的实际电路(门级网表)也会有同样的输入输出端口和同样的端口逻辑时序,这被称为代码-模型的一致性。之前例子的建模都是显式建模。

另一种大量存在的建模描述,其代码和模型也存在一致性,即局部的代码块与对应的子电路模型一致。此时,局部代码块并没有明确的保留字构建框架,没有明确的模块命名,也没有明确声明的端口名、端口方向和端口信号类型。但局部代码和对应子电路模型的关系却是明确的:代码块中被引用的信号是该子电路模型的输入信号;代码块中被驱动的信号是该子电路的输出信号,这些输入输出信号的名称和类型已由该代码所在的层声明。这种建模方式被称为隐式建模(Implicit Modeling,IM,见图 3-60)。

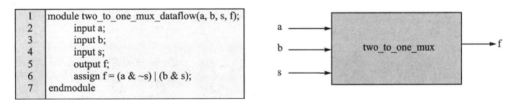

图 3 - 59　显式建模与抽象电路模型的关系

例如,对于用 module 语句建立的显式建模(见图 3-59),其输入输出端口是明确的。但对于图 3-60(a)中局部代码的行 2～7 而言,该代码块描述了图 3-60(b)的子电路模型。

在图 3-60 的行 2～7 代码块中,行 4 的赋值语句的右侧,信号 a、b、c 被引用,所以是对应模型的输入信号;行 5 和 6 中 out1_internal 被引用,所以也是输入信号,在行 4 的左侧该信号被驱动,所以 out1_internal 同时也是输出信号。从当前层模块看,out1_internal 实际上是从该模型的输出端反馈到输入端;行 5 和 6 的左侧出现 out1 和 out2 信号,它们被驱动,所以是输出信号。

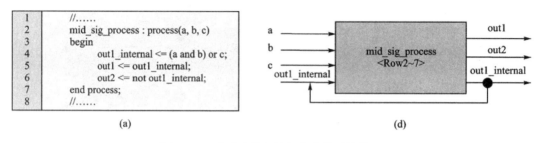

图 3 - 60　隐式建模与抽象电路模型的关系

在一个 HDL 工程中,可能包含若干个显式建模,而显式建模又可能包含若干隐式建模和它下层的若干显式建模。对于上层显式建模和下层显式建模,已经形成明确层次关系。当前层显式建模和它下层显式建模之间的连接关系(电路结构)也是明确的。考虑到隐式建模,则当前层显式建模和它的诸隐式建模之间的连接关系也是明确的。因此,整个 HDL 工程的可综合代码都有明确的结构关系。这种对整体的结构性分析称为代码模型分析(Code - Model Analysis,CMA),也称为结构性分析(Structural Analysis)或 RTL 视图分析(RTL - View Analysis)。

EDA 的综合工具软件中,会以每个代码语句为隐式建模单元进行这种分析,并由此得到 RTL 架构,在此基础上进行优化,最终得到门级网表实现。因此,设计者要想知道自己的高级行为描述代码会得到什么样的综合结果,就必须进行代码-模型分析。

以下的示例中,显式模型 EM 框图内模块名和例化名使用正体字标识,隐式模型框图内的模块名和例化名则使用斜体字标识。

3.9.1　代码模型分析例一:七段数码管驱动电路和 Verilog 显式建模

数码管在电子设备中经常用到,内部有 8 个 LED 发光管,导通时对应的段位被点亮。图 3 - 61 是共阳电路结构,公共端 com 由于电流比较大,需要使用驱动管(如达林顿管)驱动。段位端一般不大于 20 ms,通常可以直接由器件(例如 FPGA)直接带动,将包括 dp 的 8 个段位端口用总线 seg[7:0]表示,seg[0]为 a 端口,seg[7]为 dp 端口。当显示多个数字时,通常采用时分方案,例如下例中 8 个数码管的电路,将 seg 并联在一起,每个公共端 com 则作为该数字的选择信号 sel,每次仅一个字被点亮,如图 3 - 62 所示。

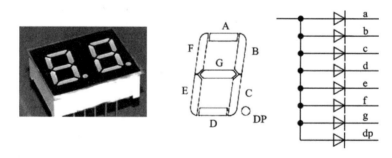

图 3 - 61　七段 LED 数码管及其电路结构(共阳)

例 3 - 13:实现一个对图 3 - 62 所示的 8 位数码管电路的驱动模块设计和 Verilog 显式建模。

该建模称为驱动器(led8_driver),因为用它可以将内核逻辑中的数值显示,而不管它是计

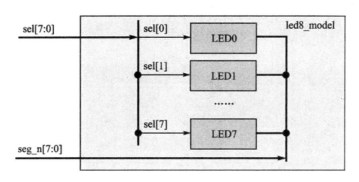

图 3 - 62 8 字数码管的电路结构（含公共端驱动）

数器、加法器或者传感器输入输出。将数码管电路模块称为 led8_model，采用共阳电路（Common - Anode），因此段位端低电平有效，命名为 seg_n[7:0]。

在图 3 - 63 中，其 led8_driver 为设计例子，由于分时显示，每个字可显示对应十六进制的 0～f 共 16 个字符，因此每个字使用 4 个比特的输入，8 个字共 32 比特，命名为 hex[31:0]。时钟信号 clk 的频率为 100 kHz，以满足 LED 公共端驱动电路的特性。复位信号 rst 采用异步复位。

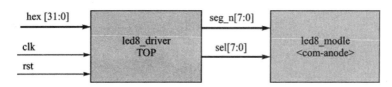

图 3 - 63 数码管驱动器的设计例子框图

为了满足上述要求，根据自上而下原则，对 led8_driver 的顶层结构设计如图 3 - 64 所示。

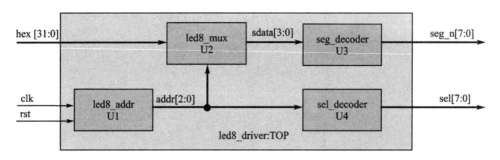

图 3 - 64 数码管驱动器 led8_driver 的顶层结构设计

图 3 - 64 显示结构中，led8_adder 周期性地产生数码管字选择的地址信号 addr，由于是 8 个字的驱动，所以地址信号的宽度为 3；led8_mux 根据地址 addr 决定将 32 位的 hex 输入中的哪 4 位输出给 seg_decoder，通过七段码译码器 seg_decoder，4 比特输入的十六进制信号 sdata[3:0]被转换为七段数码管的显示代码 seg_n[7:0]；字选择译码器 sel_decoder 则将当前的字地址译码为 led8_model 需要的独热码。以上四个子模块首先使用显式建模（EM）设计，然后再讨论 IM 设计。四个子模块中仅 led8_addr 是时序电路，其余为组合电路。顶层模块“led8_driver. v”的 Verilog 代码见例程 3 - 51、例程 3 - 52 和例程 3 - 53。

```
1   module led8_driver(clk, rst, hex, seg_n, sel);
2
3       input clk;
4       input rst;
5       input [31:0] hex;
6       output [7:0] seg_n;
7       output [7:0] sel;
8
9       wire [2:0] addr;
10      wire [3:0] sdata;
11
12      led8_addr        U1(.clk(clk), .rst(rst), .addr(addr));
13      led8_mux         U2(.hex(hex), .adder(adder), .sdata(sdata));
14      seg_decoder      U3(.sdata(sdata), .seg_n(seg_n));
15      sel_decoder      U4(.adder(addr), .sel(sel));
16
17  endmodule
```

例程 3-51   数码管驱动器 led8_driver 顶层模块的 Verilog 代码

例程 3-51 采用结构化方式描述图 3-64 的电路,行 9~10 声明了图 3-64 中的两个内部信号 adder 和 sdata;行 12~15 则用 4 个显式建模 U1~U4 的例化映射,实现图 3-64 的结构。

```
1   module led8_addr(clk, rst, addr);
2
3       input clk, rst;
4       output [2:0] addr;
5       reg [2:0] addr;
6
7       always @ (posedge clk, posedge rst)
8       begin
9           if (rst)
10              addr <= 0;
11          else
12              addr <= addr + 1;
13      end
14
15  endmodule
```

```
1   //seven_segment_head.v
2   //seven-segment for common cathode(共阴)
3   `define SEG0 7'b0111111
4   `define SEG1 7'b0000110
5   `define SEG2 7'b1011011
6   `define SEG3 7'b1001111
7   `define SEG4 7'b1100110
8   `define SEG5 7'b1101101
9   `define SEG6 7'b1111101
10  `define SEG7 7'b0000111
11  `define SEG8 7'b1111111
12  `define SEG9 7'b1101111
13  `define SEGA 7'b1110111
14  `define SEGB 7'b1111100
15  `define SEGC 7'b0111001
16  `define SEGD 7'b1011110
17  `define SEGE 7'b1111001
18  `define SEGF 7'b1110001
19
```

(a)　　　　　　　　　　(b)

例程 3-52   数码管驱动器 led8_addr 子模块以及七段码头文件

```
1   module led8_mux(hex, addr, sdata);
2
3       input [31:0] hex;
4       input [2:0] addr;
5       output [3:0] sdata;
6       reg [3:0] sdata;
7       always @ (addr, hex)
8       begin
9           case (addr)
10              0       :    sdata <= hex[3:0];
11              1       :    sdata <= hex[7:4];
12              2       :    sdata <= hex[11:8];
13              3       :    sdata <= hex[15:12];
14              4       :    sdata <= hex[19:16];
15              5       :    sdata <= hex[23:20];
16              6       :    sdata <= hex[27:24];
17              7       :    sdata <= hex[31:28];
18              default :    sdata <= 0;
19          endcase
20      end
21  endmodule
```

(a)

```
1   module sel_decoder(addr, sel);
2
3       input [2:0] addr;
4       output [7:0] sel;
5       reg [7:0] sel;
6       always @ (addr)
7       begin
8           case (addr)
9               0       :    sel <= 8'b0000_0001;
10              1       :    sel <= 8'b0000_0010;
11              2       :    sel <= 8'b0000_0100;
12              3       :    sel <= 8'b0000_1000;
13              4       :    sel <= 8'b0001_0000;
14              5       :    sel <= 8'b0010_0000;
15              6       :    sel <= 8'b0100_0000;
16              7       :    sel <= 8'b1000_0000;
17              default : sel <= 8'b0000_0000;
18          endcase
19      end
20
21  endmodule
```

(b)

例程 3-53　数码管驱动器 led8_mux 和 sel_decoder 子模块

例程 3-52(a)为 8 字地址编码器 led8_adder 的建模,行 7~13 采用行为语句描述了沿敏感的 adder 计数功能,由于是模 8 的计数,故宽度为 3 的 adder 仅执行加一操作即可。该例程保存为"led8_adder.v"。例程 3-52(b)为七段码的宏定义头文件,由于七段码译码和仿真都可能使用这段宏定义,作为头文件,使用比较方便,保存文件名为"seven_segment_head.v"。

例程 3-53(a)为 led8_mux 子模块,行 8~20 使用 always 语句描述根据 adder 从 hex 中选择 sdata 的行为;例程 3-53(b)为 sel_decoder 模块,同样使用行为语句在行 7~19,描述了将 3 比特二进制的 adder 输入信号转换为 8 比特 One-Hot 的 sel 输出信号。

例程 3-54 的 7 段码译码器,其行 7~27 使用 always 语句,描述了将 4 比特宽度的十六进制输入信号 sdata 转换为 8 比特宽度的七段码输出信号 seg_n 的行为。由于例子中简化使用 dp 位,所以行 10~15 赋值符右侧使用拼接符"{}"描述 MSB 的 dp 位,又由于行 1 引用了头文件中的宏,这些宏定义了七段码的编码,而这些共阴电路的七段码定义用在共阳电路时,需要反相,所以拼接符左侧加入了一个反相符"~"。

```verilog
1   include "seven_segment_head.v"
2   module seg_decoder(sdata, seg_n);
3       input [3:0] sdata;
4       output [7:0] seg_n;
5       reg [7:0] seg_n;
6
7       always @ (sdata)
8       begin
9         case (sdata)
10             0 :    seg_n <= ~{1'b0, `SEG0};
11             1 :    seg_n <= ~{1'b0, `SEG1};
12             2 :    seg_n <= ~{1'b0, `SEG2};
13             3 :    seg_n <= ~{1'b0, `SEG3};
14             4 :    seg_n <= ~{1'b0, `SEG4};
15             5 :    seg_n <= ~{1'b0, `SEG5};
16             6 :    seg_n <= ~{1'b0, `SEG6};
17             7 :    seg_n <= ~{1'b0, `SEG7};
18             8 :    seg_n <= ~{1'b0, `SEG8};
19             9 :    seg_n <= ~{1'b0, `SEG9};
20             10 :   seg_n <= ~{1'b0, `SEGA};
21             11 :   seg_n <= ~{1'b0, `SEGB};
22             12 :   seg_n <= ~{1'b0, `SEGC};
23             13 :   seg_n <= ~{1'b0, `SEGD};
24             14 :   seg_n <= ~{1'b0, `SEGE};
25             15 :   seg_n <= ~{1'b0, `SEGE};
26             default : seg_n <= ~{1'b0, `SEG0};
27         endcase
28       end
29
30  endmodule
```

例程 3-54　数码管驱动器 seg_decoder 子模块

在例程 $3-55$ 所示的 Testbench 中,激励了一个 100 kHz(周期 10 μs)的 clk 信号,hex 加载了一个固定的 8 字信号:"12345678",最高位是 1,最低位是 8。为了在测试代码中能够方便地观察到七段码 seg_n 信号对应的十六进制数字,测试代码在行 9 声明了一个 8 比特宽度的 reg 信号,并在行 24~44 使用 always 语句使它获得 ASCII 码。图 $3-65$ 为其仿真波形。

```verilog
1   `timescale 1us/1us
2   `include "seven_segment_head.v"
3
4   module led8_driver_tb;
5
6       reg clk, rst;
7       reg [31:0] hex;
8       wire [7:0] seg_n, sel;
9       reg [7:0] monitor;
10
11
12       led8_driver u1(.clk(clk), .rst(rst), .hex(hex),
13   .seg_n(seg_n), .sel(sel));
14
15       initial begin
16           clk = 1;
17           rst = 1;
18           hex = 32`h12345678;
19           #100
20           rst = 0;
21       end
22
23       always #5 clk = ~clk;
24
25       always @ (seg_n)
26       begin
27       casex (seg_n)
28           {1`bx, ~`SEG0} : monitor <= "0";
29           {1`bx, ~`SEG1} : monitor <= "1";
30           {1`bx, ~`SEG2} : monitor <= "2";
31           {1`bx, ~`SEG3} : monitor <= "3";
32           {1`bx, ~`SEG4} : monitor <= "4";
33           {1`bx, ~`SEG5} : monitor <= "5";
34           {1`bx, ~`SEG6} : monitor <= "6";
35           {1`bx, ~`SEG7} : monitor <= "7";
36           {1`bx, ~`SEG8} : monitor <= "8";
37           {1`bx, ~`SEG9} : monitor <= "9";
38           {1`bx, ~`SEGA} : monitor <= "A";
39           {1`bx, ~`SEGB} : monitor <= "B";
40           {1`bx, ~`SEGC} : monitor <= "C";
41           {1`bx, ~`SEGD} : monitor <= "D";
```

```
42          {1´bx, ~´SEGE} : monitor <= "E";
43          {1´bx, ~´SEGF} : monitor <= "F";
44      endcase
45      end
46
47  endmodule
48
```

例程 3 - 55　数码管驱动器 led8_driver 的测试代码

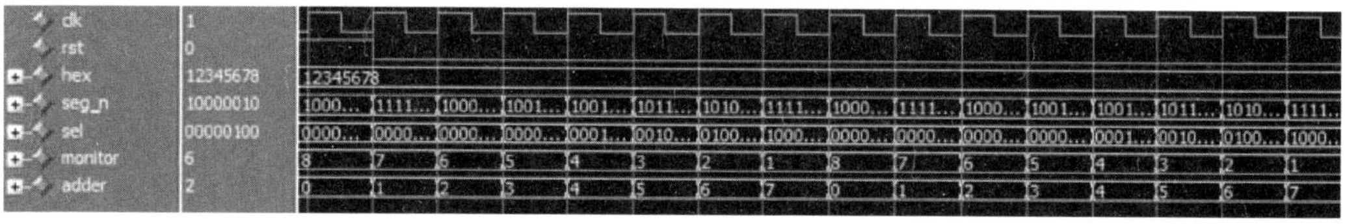

图 3 - 65　数码管驱动器的仿真波形

　　以上的建模过程均为显式建模,底层的四个子模块,均使用 module 框架完成,甚至作为单独的文件保存。代码中显式模型的连接关系就是图 3 - 64 的连接关系,因为编码依据图 3 - 64,编码后的代码模型结构应该就是图 3 - 64。

　　例 3 - 14:用隐式模型描述七段数码管驱动器(见图 3 - 66 和例程 3 - 56)。

```
1   ´include "seven_segment_head.v"
2   module led8_driver_im(clk, rst, hex, seg_n, sel);
3       input clk;
4       input rst;
5       input [31:0] hex;
6       output reg [7:0] seg_n;
7       output reg [7:0] sel;
8
9       reg [2:0] addr;
10      reg [3:0] sdata;
11
12      always @ (posedge clk, posedge rst)
13      begin : U1
14          if (rst)
15              addr <= 0;
16          else
17              addr <= addr + 1;
18      end
19
20      always @ (addr, hex)
21      begin : U2
22          case (addr)
23              0       :   sdata <= hex[3:0];
24              1       :   sdata <= hex[7:4];
25              2       :   sdata <= hex[11:8];
26              3       :   sdata <= hex[15:12];
27              4       :   sdata <= hex[19:16];
28              5       :   sdata <= hex[23:20];
29              6       :   sdata <= hex[27:24];
30              7       :   sdata <= hex[31:28];
31              default : sdata <= 0;
32          endcase
```

```
33        end
34
35        always @ (sdata)
36        begin : U3
37           case (sdata)
38              0 : seg_n <= ~{1′b0, ′SEG0};
39              1 : seg_n <= ~{1′b0, ′SEG1};
40              2 : seg_n <= ~{1′b0, ′SEG2};
41              3 : seg_n <= ~{1′b0, ′SEG3};
42              4 : seg_n <= ~{1′b0, ′SEG4};
43              5 : seg_n <= ~{1′b0, ′SEG5};
44              6 : seg_n <= ~{1′b0, ′SEG6};
45              7 : seg_n <= ~{1′b0, ′SEG7};
46              8 : seg_n <= ~{1′b0, ′SEG8};
47              9 : seg_n <= ~{1′b0, ′SEG9};
48              10 :   seg_n <= ~{1′b0, ′SEGA};
49              11 :   seg_n <= ~{1′b0, ′SEGB};
50              12 :   seg_n <= ~{1′b0, ′SEGC};
51              13 :   seg_n <= ~{1′b0, ′SEGD};
52              14 :   seg_n <= ~{1′b0, ′SEGE};
53              15 :   seg_n <= ~{1′b0, ′SEGF};
54              default : seg_n <= ~{1′b0, ′SEG0};
55           endcase
56        end
57
58        always @ (adder)
59        begin : U4
60           case (adder)
61              0 : sel <= 8′b0000_0001;
62              1 : sel <= 8′b0000_0010;
63              2 : sel <= 8′b0000_0100;
64              3 : sel <= 8′b0000_1000;
65              4 : sel <= 8′b0001_0000;
66              5 : sel <= 8′b0010_0000;
67              6 : sel <= 8′b0100_0000;
68              7 : sel <= 8′b1000_0000;
69              default : sel <= 8′b0000_0000;
70           endcase
71        end
72     endmodule
```

例程 3 - 56　数码管驱动器的隐式建模

　　根据例程 3 - 56 以及它的代码模型分析:引用信号为输入、驱动信号为输出的原则,应重新绘制它的代码模型,如图 3 - 66 所示。

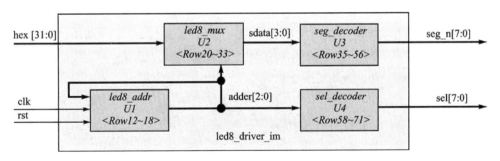

图 3 - 66　采用隐式建模的数码管驱动器 led8_driver_im 的代码模型

观察图 3-66,原图 3-64 中例化名为 U1 的 led8_addr 的显式建模现在行 12～18 的隐式建模代码块替代。在这段代码中,时钟信号 clk 出现在行 12 的信号敏感表中,被引用,故它是输入,并且连接到端口;复位信号 rst 出现在行 12 和行 14 的圆括弧中,被引用,故它也是输入,也被连接到端口;地址信号 adder 不仅出现在行 15 和行 17 赋值符的左则(被驱动),也出现在行 17 赋值符的右侧(被引用),故 adder 不仅是输出信号,也是输入信号,绘制在代码模型中。行 12～18 代码块组成的 IM,具有反馈连接的 adder 信号。

图 3-64 中例化名为 U2 的 led8_mux,被行 20～32 的隐式建模代码块替代。在这段代码中,信号 adder 出现在行 20 和行 22 的圆括弧中,被引用,故它是输入信号;hex 信号出现在行 20 的圆括弧中,以及出现在行 23～30 赋值符的右侧,被引用,故它也是输入信号;sdata 信号出现在行 23～30 赋值符的左侧,被驱动,故它是输出信号。这些输入信号和输出信号使用的当前层的信号名和端口名,故它们被连接到端口和当前层。

同样,显式建模中例化名为 U3 的 seg_decoder,在这里被行 34～54 的隐式建模代码替代。其中,信号 sdata 出现在行 34 和行 36 的圆括弧中,被引用,故它是输入;seg_n 信号出现在行 37～52 赋值符的左侧,被驱动,故它是输出信号。这些信号与当地层的端口和信号名相同,故它们被连接到当前层。

最后,显式建模中例化名为 U4 的 sel_decoder,则这里被行 56～68 的隐式建模代码替代。其中,信号 addr 出现在行 56 和行 58 的圆括弧中,被引用,故它是输入;信号 sel 出现在行 59～66 赋值符的左侧,被驱动,故它是输出信号。它们与当前层信号同名,因此被连接至当前层。

经上述的代码/模型分析结果绘制出图 3-66。由于七段数码管驱动器例子的设计是基于结构化,最终的分析结果又验证了相同的结构。而更多的时候,是要从基于行为的设计判断该设计的最终结构,代码模型分析(CMA)便成为非常有用的工具。后续章节中,有许多这种基于代码/模型分析的例子。

3.9.2　代码模型分析例二:七段数码管驱动电路和 VHDL 显式建模

例 3-15:实现一个对图 3-62 所示的八字数码管电路的驱动模块的设计和 VHDL 显式建模。

VHDL 的显式建模编码仍然采用图 3-64 的结构,按照层次化,自上而下的原则编码,其顶层模块"led8_driver_vh. vh"的代码如下:

例程 3-57 中,行 1～2 为库声明部分,行 4～11 为实体部分,行 13～59 为结构体部分。在结构体声明部分,行 15～43 声明了将被引用的四个下层部件。行 45～46 声明了例程 3-57 中的两个内部信号。在结构体描述部分,行 50～56 使用对下层四个部件的连接映射,实现了对图 3-62 的结构化描述。该文件保存为"led8_driver_vh. vh"。

```
1   library ieee;
2   use ieee.std_logic_1164.all;
3
4   entity led8_driver_vh is
5       port(
6           clk : in std_logic;
```

```
 7          rst : in std_logic;
 8          hex : in std_logic_vector(31 downto 0);
 9          seg_n : out std_logic_vector(7 downto 0);
10          sel : out std_logic_vector(7 downto 0));
11  end led8_driver_vh;
12
13  architecture structure of led8_driver_vh is
14
15      component led8_addr
16          port(
17              clk : in std_logic;
18              rst : in std_logic;
19              addr : out std_logic_vector(2 downto 0)
20          );
21      end component;
22
23      component led8_mux
24          port(
25              hex : in std_logic_vector(31 downto 0);
26              addr : in std_logic_vector(2 downto 0);
27              sdata : out std_logic_vector(3 downto 0)
28          );
29      end component;
30
31      component seg_decoder
32          port(
33              sdata : in std_logic_vector(3 downto 0);
34              seg_n : out std_logic_vector(7 downto 0)
35          );
36      end component;
37
38      component sel_decoder
39          port(
40              adder : in std_logic_vector(2 downto 0);
41              sel : out std_logic_vector(7 downto 0)
42          );
43      end component;
44
45      signal sdata : std_logic_vector(3 downto 0);
46      signal adder : std_logic_vector(2 downto 0);
47
48  begin
49
50      U1 : led8_adder port map(clk => clk, rst => rst,
51          adder => adder);
52      U2 : led8_mux port map(hex => hex,
53          adder => adder, sdata => sdata);
54      U3 : seg_decoder port map(sdata => sdata,
55          seg_n => seg_n);
56      U4 : sel_decoder port map(adder => adder,
57          sel => sel);
58
59  end structure;
60
```

例程 3 – 57　数码管驱动器 led8_driver_vh 顶层模块的 VHDL 代码

例程 3 – 58 为"led8_addr. vh"文件,它用显式建模的方式描述了 led8_addr 子模型。其中行 19~26 采用循环行为 process 语句,描述了异步复位和同步计数的编址器。VHDL 内部信号的处理作为输出端口的 addr 必须通过内部信号 int_addr 实现反馈加一计数。

```
1    library ieee;
2    use ieee.std_logic_1164.all;
3    use ieee.std_logic_arith.all;
4    use ieee.std_logic_unsigned.all;
5
6    entity led8_addr is
7        port(
8            clk : in std_logic;
9            rst : in std_logic;
10           addr : out std_logic_vector(2 downto 0));
11   end led8_addr;
12
13   architecture behaviour of led8_addr is
14
15       signal int_addr : std_logic_vector(2 downto 0);
```

```
1    begin
2
3        adder_process : process(clk, rst, int_addr)
4        begin
5            if (rst = '1') then
6                int_addr <= (others => '0');
7            elsif (clk'event and clk = '1') then
8                int_addr <= int_addr + 1;
9            end if;
10       end process;
11
12       addr <= int_addr;
13
14   end behaviour;
15
```

例程 3 - 58   数码管驱动器 **led8_addr** 子模块的 VHDL 代码

多路器子模块的 VHDL 代码如例程 3 - 59。

```
1    library ieee;
2    use ieee.std_logic_1164.all;
3
4    entity led8_mux is
5        port(
6            hex : in std_logic_vector(31 downto 0);
7            addr : in std_logic_vector(2 downto 0);
8            sdata : out std_logic_vector(3 downto 0));
9    end led8_mux;
10
11   architecture behaviour of led8_mux is
12
```

例程 3 - 59   数码管驱动器 **led8_mux** 子模块的 VHDL 代码

```
13   begin
14
15       mux_process : process(hex, addr)
16       begin
17         case addr is
18           when "000" => sdata <= hex(3 downto 0);
19           when "001" => sdata <= hex(7 downto 4);
20           when "010" => sdata <= hex(11 downto 8);
21           when "011" => sdata <= hex(15 downto 12);
22           when "100" => sdata <= hex(19 downto 16);
23           when "101" => sdata <= hex(23 downto 20);
24           when "110" => sdata <= hex(27 downto 24);
25           when "111" => sdata <= hex(31 downto 28);
26           when others => sdata <= (others => '0');
27         end case;
28       end process;
29
30   end behaviour;
```

例程 3 - 59　数码管驱动器 led8_mux 子模块的 VHDL 代码(续)

例程 3 - 59 中,行 15~28 采用行为语句 process 和 case 描述了多路器的行为。由于 when 语句的中使用二进制格式(行 18~25),所以库声明中(行 1~2)仅需要 ieee 的 1164 即可。例程 3 - 59 保存为"led8_mux.vh"。在编写七段码译码器 seg_decoder 之前,关于七段码的定义资源也需要在 VHDL 系统中共享出来,VHDL 采用库声明的方式实现这种共享,为此编制它的封装库如下(见例程 3 - 60),以及七段码编码器代码(见例程 3 - 61)。

```
1    library ieee;
2    use ieee.std_logic_1164.all;
3
4    package seven_segment_code is
5
6        --------- seven segment for common cathode(共阴) ----------
7        constant SEG0 : std_logic_vector(6 downto 0) := "0111111";
8        constant SEG1 : std_logic_vector(6 downto 0) := "0000110";
9        constant SEG2 : std_logic_vector(6 downto 0) := "1011011";
10       constant SEG3 : std_logic_vector(6 downto 0) := "1001111";
11       constant SEG4 : std_logic_vector(6 downto 0) := "1100110";
12       constant SEG5 : std_logic_vector(6 downto 0) := "1101101";
13       constant SEG6 : std_logic_vector(6 downto 0) := "1111101";
14       constant SEG7 : std_logic_vector(6 downto 0) := "0000111";
15       constant SEG8 : std_logic_vector(6 downto 0) := "1111111";
16       constant SEG9 : std_logic_vector(6 downto 0) := "1101111";
17       constant SEGA : std_logic_vector(6 downto 0) := "1110111";
18       constant SEGB : std_logic_vector(6 downto 0) := "1111100";
19       constant SEGC : std_logic_vector(6 downto 0) := "0111001";
20       constant SEGD : std_logic_vector(6 downto 0) := "1011110";
21       constant SEGE : std_logic_vector(6 downto 0) := "1111001";
22       constant SEGF : std_logic_vector(6 downto 0) := "1110001";
23
24   end seven_segment_code;
```

例程 3 - 60　包含七段码定义的 VHDL 封装库

```
1   use work. seven_segment_code. all;
2   library ieee;
3   use ieee. std_logic_1164. all;
4   use ieee. std_logic_arith. all;
5   use ieee. std_logic_unsigned. all;
6
7   entity seg_decoder is
8       port(
9           sdata : in std_logic_vector(3 downto 0);
10          seg_n : out std_logic_vector(7 downto 0));
11  end seg_decoder;
12
13  architecture behaviour of seg_decoder is
14  begin
15
16      seg_n_process : process(sdata)
17      begin
18          case sdata is
19              when conv_std_logic_vector(0, 4) = > seg_n < = not('0' & SEG0);
20              when conv_std_logic_vector(1, 4) = > seg_n < = not('0' & SEG1);
21              when conv_std_logic_vector(2, 4) = > seg_n < = not('0' & SEG2);
22              when conv_std_logic_vector(3, 4) = > seg_n < = not('0' & SEG3);
23              when conv_std_logic_vector(4, 4) = > seg_n < = not('0' & SEG4);
24              when conv_std_logic_vector(5, 4) = > seg_n < = not('0' & SEG5);
25              when conv_std_logic_vector(6, 4) = > seg_n < = not('0' & SEG6);
26              when conv_std_logic_vector(7, 4) = > seg_n < = not('0' & SEG7);
27              when conv_std_logic_vector(8, 4) = > seg_n < = not('0' & SEG8);
28              when conv_std_logic_vector(9, 4) = > seg_n < = not('0' & SEG9);
29              when conv_std_logic_vector(10, 4) = > seg_n < = not('0' & SEGA);
30              when conv_std_logic_vector(11, 4) = > seg_n < = not('0' & SEGB);
31              when conv_std_logic_vector(12, 4) = > seg_n < = not('0' & SEGC);
32              when conv_std_logic_vector(13, 4) = > seg_n < = not('0' & SEGD);
33              when conv_std_logic_vector(14, 4) = > seg_n < = not('0' & SEGE);
34              when conv_std_logic_vector(15, 4) = > seg_n < = not('0' & SEGF);
35              when others = > seg_n < = (others = > '0');
36          end case;
37      end process;
38  end behaviour;
```

例程 3 - 61　数码管驱动器 seg_decoder 子模块的 VHDL 代码

　　例程 3 - 60 示例的封装库 seven_segment_code 中,行 1～2 为它的库声明部分,行 4～24 为它的封装体部分,在这里例子中它仅包含行 7～22 的七段码的常数定义。将例程 3 - 60 保存为"seven_segment_code. vh"。七段码译码器 seg_decoder 代码为例程 3 - 61。

　　在例程 3 - 61 中,行 1 声明了七段码定义的封装库文件 seven_segment_code,由于保存在当前文件夹,VHDL 将当前文件夹设置为 work 库。由于行 19～34 的 when 语句中使用了类型转换函数 conv_std_logic_vector,所以行 3～4 的 IEEE 库声明部分,增加了算术库 std_logic _arith 和无符号库 std_logic_unsigned。行 19～34 中赋值符右侧，首先在圆括弧内使用拼接符"&"，将 dp 位和七段码拼接成 8 比特的 seg_n 总线，由于引用的七段码定义是共阴编码，例子中是共阳电路，故使用 not 语句将它反相。最后，编制字选择译码器 sel_decoder 见例程 3-62，即独热码编码器代码如下。

```
1    library ieee;
2    use ieee.std_logic_1164.all;
3    use ieee.std_logic_arith.all;
4    use ieee.std_logic_unsigned.all;
5
6    entity sel_decoder is
7        port(
8            addr : in std_logic_vector(2 downto 0);
9            sel : out std_logic_vector(7 downto 0));
10   end sel_decoder;
11
12   architecture behaviour of sel_decoder is
13
14   begin
15
16       sel_process : process(addr)
17       begin
18           if (addr = 0) then
19               sel <= "00000001";
20           elsif (adder = 1) then
21               sel <= "00000010";
22           elsif (adder = 2) then
23               sel <= "00000100";
24           elsif (adder = 3) then
25               sel <= "00001000";
26           elsif (adder = 4) then
27               sel <= "00010000";
28           elsif (adder = 5) then
29               sel <= "00100000";
30           elsif (adder = 6) then
31               sel <= "01000000";
32           elsif (adder = 7) then
33               sel <= "10000000";
34           else
35               sel <= "00000000";
36           end if;
37       end process;
38   end behaviour;
```

例程 3-62　数码管驱动器 sel_decoder 子模块的 VHDL 代码

注意：例程 3-62 中，行 18～34 使用 if 语句进行 adder 与整数的比较不需要类型转换语句，但库声明部分（行 2～4）必须加入 IEEE 的算术库和无符号库。例程 3-62 保存为"sel_decoder. vh"。以上全部文件应该在同一个工程文件夹中,VHDL 默认的当前文件夹即 Work 库。全部编译成功后,为顶层模块 led8_driver_vh 编制测试代码,代码见例程 3 - 63。例程 3 - 63 中,为了便于在仿真波形中读七段码,行 1 声明了 work. seven_segment_code 以引用七段码的定义库。行 26 声明了用于检测七段码的 monitor 信号,它为字符类型(character)。行 37～42 描述了周期为 10 μs 的时钟激励信号。行 44～49 描述了复位信号 rst 和 32 比特的十六进制输入信号 hex,上电以后进入复位,将 hex 固定为十六进制的"12345678",100 μs 后置位,电路开始工作。其仿真波形与图 3 - 65 相同。

例 3 - 16:实现一个对图 3 - 67 所示的八字数码管电路的驱动模块的设计和 VHDL 隐式建模(见例程 3 - 63)。

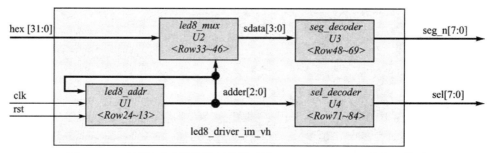

图 3 - 67 采用隐式建模的数码管驱动器 **led8_driver_im_vh** 的代码模型

```
1    use work. seven_segment_code. all;
2
3    library ieee;
4    use ieee. std_logic_1164. all;
5
6    entity led8_driver_vh_tb is
7    end led8_driver_vh_tb;
8
9    architecture behaviour of led8_driver_vh_tb is
10
11       component led8_driver_vh
12          port(
13             clk : in std_logic;
14             rst : in std_logic;
15             hex : in std_logic_vector(31 downto 0);
16             seg_n : out std_logic_vector(7 downto 0);
17             sel : out std_logic_vector(7 downto 0));
18       end component;
19
20       signal clk : std_logic : = '1';
21       signal rst : std_logic : = '1';
22       signal hex : std_logic_vector(31 downto 0) : = (others = > '0');
23       signal seg_n : std_logic_vector(7 downto 0);
24       signal sel : std_logic_vector(7 downto 0);
25
26       signal monitor : character;
27
```

例程 3 - 63 数码管驱动器 **led8_driver_vh** 的测试代码

```
28   begin
29
30       DUT :    led8_driver_vh port map(
31                clk => clk,
32                rst => rst,
33                hex => hex,
34                seg_n => seg_n,
35                sel => sel);
36
37       clk_process : process
38       begin
39           wait for 0 us;    clk <= '1';
40           wait for 5 us;    clk <= '0';
41           wait for 5 us;
42       end process;
43
44       main_process : process
45       begin
46           wait for 0        us;    rst <= '1'; hex <= X"12345678";
47           wait for 100      us;    rst <= '0';
48           wait;
49       end process;
50
51       monitor_process : process(seg_n)
52       begin
53           case (not seg_n(6 downto 0)) is
54               when SEG0 => monitor <= '0';
55               when SEG1 => monitor <= '1';
56               when SEG2 => monitor <= '2';
57               when SEG3 => monitor <= '3';
58               when SEG4 => monitor <= '4';
59               when SEG5 => monitor <= '5';
60               when SEG6 => monitor <= '6';
61               when SEG7 => monitor <= '7';
62               when SEG8 => monitor <= '8';
63               when SEG9 => monitor <= '9';
64               when SEGA => monitor <= 'A';
65               when SEGB => monitor <= 'B';
66               when SEGC => monitor <= 'C';
67               when SEGD => monitor <= 'D';
68               when SEGE => monitor <= 'E';
69               when SEGF => monitor <= 'F';
70               when others => monitor <= 'N';
71           end case;
72       end process;
73
74   end behaviour;
```

例程 3 - 63 数码管驱动器 **led8_driver_vh** 的测试代码(续)

同样,根据图 3 - 67 得到隐式建模 VHDL 代码见例程 3 - 64。

```vhdl
1    use work. seven_segment_code.all;
2
3    library ieee;
4    use ieee.std_logic_1164.all;
5    use ieee.std_logic_arith.all;
6    use ieee.std_logic_unsigned.all;
7
8    entity led8_driver_im_vh is
9        port(
10           clk : in std_logic;
11           rst : in std_logic;
12           hex : in std_logic_vector(31 downto 0);
13           seg_n : out std_logic_vector(7 downto 0);
14           sel : out std_logic_vector(7 downto 0));
15   end led8_driver_im_vh;
16
17   architecture behaviour of led8_driver_im_vh is
18
19       signal sdata : std_logic_vector(3 downto 0);
20       signal adder : std_logic_vector(2 downto 0);
21
22   begin
23
24       U1 : process(clk, rst, adder)
25       begin
26           if (rst = '1') then
27               adder <= (others => '0');
28           elsif (clk'event and clk = '1') then
29               adder <= adder + 1;
30           end if;
31       end process;
32
33       U2 : process(hex, adder)
34       begin
35         case adder is
36           when "000" => sdata <= hex(3 downto 0);
37           when "001" => sdata <= hex(7 downto 4);
38           when "010" => sdata <= hex(11 downto 8);
39           when "011" => sdata <= hex(15 downto 12);
40           when "100" => sdata <= hex(19 downto 16);
41           when "101" => sdata <= hex(23 downto 20);
42           when "110" => sdata <= hex(27 downto 24);
43           when "111" => sdata <= hex(31 downto 28);
44           when others => sdata <= (others => '0');
45         end case;
46       end process;
47
48       U3 : process(sdata)
49       begin
50         case sdata is
51           when conv_std_logic_vector(0, 4) =>
52             seg_n <= not('0' & SEG0);
53           when conv_std_logic_vector(1, 4) =>
54             seg_n <= not('0' & SEG1);
55           when conv_std_logic_vector(2, 4) =>
56             seg_n <= not('0' & SEG2);
57           when conv_std_logic_vector(3, 4) =>
58             seg_n <= not('0' & SEG3);
59           when conv_std_logic_vector(4, 4) =>
60             seg_n <= not('0' & SEG4);
61           when conv_std_logic_vector(5, 4) =>
```

例程 3 - 64　数码管驱动器隐式建模 led8_driver_im_vh 的 VHDL 代码

```
62          seg_n <= not('0' & SEG5);
63        when conv_std_logic_vector(6, 4) =>
64          seg_n <= not('0' & SEG6);
65        when conv_std_logic_vector(7, 4) =>
66          seg_n <= not('0' & SEG7);
67        when conv_std_logic_vector(8, 4) =>
68          seg_n <= not('0' & SEG8);
69        when conv_std_logic_vector(9, 4) =>
70          seg_n <= not('0' & SEG9);
71        when conv_std_logic_vector(10, 4) =>
72          seg_n <= not('0' & SEGA);
73        when conv_std_logic_vector(11, 4) =>
74          seg_n <= not('0' & SEGB);
75        when conv_std_logic_vector(12, 4) =>
76          seg_n <= not('0' & SEGC);
77        when conv_std_logic_vector(13, 4) =>
78          seg_n <= not('0' & SEGD);
79        when conv_std_logic_vector(14, 4) =>
80          seg_n <= not('0' & SEGE);
81        when conv_std_logic_vector(15, 4) =>
82          seg_n <= not('0' & SEGF);
83        when others => seg_n <= (others => '0');
84
85        end case;
86      end process;
87
88      U4 : process(adder)
89      begin
90        case adder is
91        when conv_std_logic_vector(0, 3) =>
92          sel <= "00000001";
93        when conv_std_logic_vector(1, 3) =>
94          sel <= "00000010";
95        when conv_std_logic_vector(2, 3) =>
96          sel <= "00000100";
97        when conv_std_logic_vector(3, 3) =>
98          sel <= "00001000";
99        when conv_std_logic_vector(4, 3) =>
100         sel <= "00010000";
101       when conv_std_logic_vector(5, 3) =>
102         sel <= "00100000";
103       when conv_std_logic_vector(6, 3) =>
104         sel <= "01000000";
105       when conv_std_logic_vector(7, 3) =>
106         sel <= "10000000";
107       when others =>
108         sel <= (others => '0');
109       end case;
110     end process;
111
112 end behaviour;
```

例程 3 − 64　数码管驱动器隐式建模 led8_driver_im_vh 的 VHDL 代码(续)

　　VHDL 代码模型分析的方法与 Verilog 类似,被引用的信号是输入,被驱动的信号是输出。但关于引用信号定义在这里的细小区别是:Verilog 的引用信号包括信号敏感表中的信号,而 VHDL 不包括信号敏感表中的信号。

　　VHDL 例程 3 − 64 的代码模型分析过程如下:行 24～31 代码块中,clk 信号出现在行 28 的 if 语句圆括弧中并被引用,因此 clk 是该代码模块的输入信号;rst 信号出现在行 26 的 if 圆括弧中并被引用,因此 rst 是输入信号。行 27 和行 29 间的 adder 信号,即被引用(出现在赋值符右侧),又被驱动(出现在赋值符左侧),故 adder 既是输入也是输出信号,通过当前层,adder 在该模块构成反馈。行 24～31 隐式代码模块在 VHDL 中被命名为 led8_adder(行 24)。

另一个命名为 led8_mux 的隐式建模模块是由代码行 33～46 构成,hex 信号出现在行 36～43 赋值符的右侧被引用,故它是输入信号;adder 信号出现在行 35 的 case 语句中被引用,故它是输入信号;sdata 信号出现在行 36～44 赋值符的左侧被驱动,故它是输出。

同理可分析由行 48～69 组成的隐式代码模块 seg_decoder 和由行 71～84 组成的 sel_decoder。以上代码模块分析中,所有的输入、输出信号与当前层信号同名,故被连接到当前层,形成图 3-67 的电路结构。

3.10　顺序框架

在 3.9 节中,已讨论了显式建模和隐式建模。其中隐式建模是模型(Module 和 Component)中部分语句所对应的子电路描述。这些子电路模型在当前层被组织,而组织这些子电路模型的方式,或描述这些组织的方式,包括并行结构的描述、顺序结构的描述、多结构的描述和受控制的描述。这些高级行为的描述统称为并发—顺序—循环—控制。

既然部分语句有对应的隐式子电路模型,那么描述这些子电路模型是并行工作还是顺序工作的语句则就是并发语句(CAS,Concurrent Assignment Statements)和顺序语句(SAS,Sequence Assignment Statements)。也就是说,并发语句描述的子电路模型是并行工作的,顺序语句描述的子电路模型则是受序列逻辑控制的。HDL 对于并发语句没有特定的语法规定,但对于 SAS 通常指定专门的语法格式,例如 If、Case 等称为顺序框架(EQ),或 SAS 框架(SAS Frame)。

关于并发语句和顺序语句的定义,一般定义为:若代码块的位置改变时,对应电路结构不发生变化,此时的语句为并发,否则为顺序。仅用顺序框架描述的语句块,逻辑上按顺序执行,其对应子模块为序列逻辑控制结构;其余的皆为并发语句,对应的子模块为并联结构。但 HDL 中关于"Concurrent"和"Sequence"的译文"并发"和"顺序"却不能按算法语言的意义进行理解:并发语句并不是描述语句的并发进程,而是描述一种并行的电路结构(可综合)或行为(不可综合);顺序语句也并不是按照设计的序列执行进程,而是描述一种受控的电路结构(可综合)或行为(不可综合)(见图 3-68 和图 3-69),其顺序语句描述代码块对应的综合电路并没有流程图展示的"顺序"结构。

按照算法语言对算法流程图的理解,其"顺序"体现在"先来后到"的安排:第 1 个判断框先执行,第 2 个判断框后执行,那么 EDA 生成的电路结构是否也会有这个"顺序",即处理 s=1 的电路在前,处理 s=2 的电路在后,最后是 s=3 的电路。但事实是,虽然综合器最后的结果可能会有些差异,但所有关于 s 的处理过程均是同时的(见图 3-68(b))。s 输出的选择是由一个多路器实现,实际电路中没有谁先谁后的问题,但它之所以仍然称为顺序语句,是由于其抽象逻辑结构具有的顺序意义,如图 3-69 所示。

由于 HDL 也是一种计算机的语言,习惯算法语言编程的学者,从执行指令流的观点理解并发和顺序,甚至关联到并发线程。有些课件和工具也支持这种理解。另一种观点认为用于综合目的的描述语言并没有执行的意义,不适合关联软件的线程,因此这是一个有争议的话题。详见第 7 章 7.2 节"并发语句和顺序语句的可综合性"。

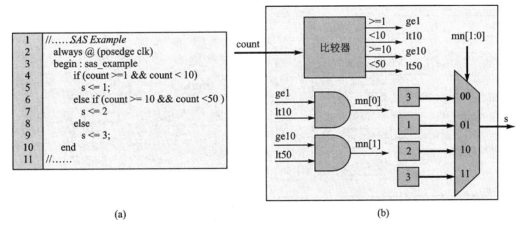

图 3-68　顺序语句例子对应的电路结构

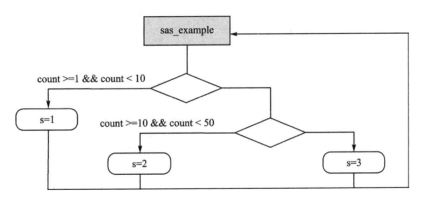

图 3-69　顺序语句例子的算法流程图

　　根据代码模型寄存器传输级分析（CMA 或 RTL 视图分析），所有顺序框架外部的语句块构成并发，而在其顺序框架内部的语句块构成顺序见表 3-9。

表 3-9　并发语句和顺序语句

语　句	代码模型分析	例　子

并发语句
CAS
1. 非顺序框架内
2. 不允许公共输出
3. 语句块独立输出
4. 无控制输入
	input1 → 语句块1 → output1
	input2 → 语句块2 → output2
	inputn → 语句块n → outputn
	非顺序框架语句块
		......
		always @ (*)
		begin : block1
		　f <= s ? a : b;
		　en <= s & ena;
		　s <= a & b;
		end
		......

续表 3－9

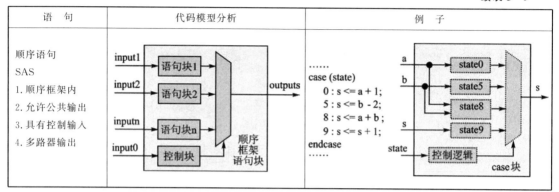

语　句	代码模型分析	例　子
顺序语句 SAS 1. 顺序框架内 2. 允许公共输出 3. 具有控制输入 4. 多路器输出		

表 3－9 列出了 HDL 中并发语句和顺序语句的编码特征和代码模型分析。

Verilog 中常用的顺序框架有：If－else 语句（见表 3－10）和 Case 语句（见表 3－11）。

表 3－10　Verilog 顺序框架之 if－else 语句

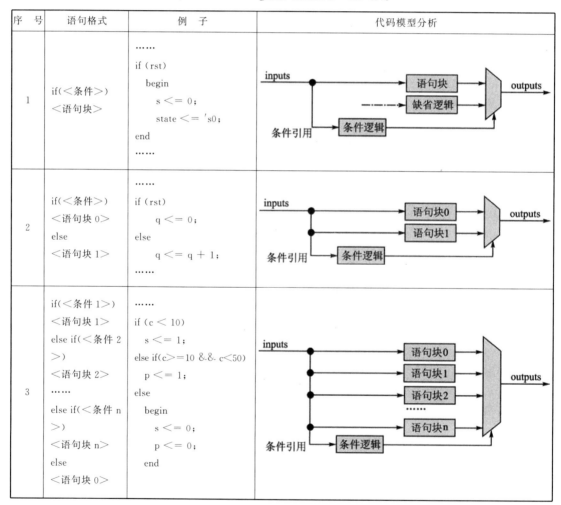

序　号	语句格式	例　子	代码模型分析

1	if(＜条件＞)
	＜语句块＞
		……
		if (rst)
		　begin
		　　s <= 0;
		　　state <= 's0;
		　end
		……	

2	if(＜条件＞)
	＜语句块 0＞
	else
	＜语句块 1＞
		……
		if (rst)
		　q <= 0;
		else
		　q <= q + 1;
		……	

3	if(＜条件 1＞)
	＜语句块 1＞
	else if(＜条件 2＞)
	＜语句块 2＞
	……
	else if(＜条件 n＞)
	＜语句块 n＞
	else
	＜语句块 0＞
		……
		if (c < 10)
		　s <= 1;
		else if(c>=10 && c<50)
		　p <= 1;
		else
		　begin
		　　s <= 0;
		　　p <= 0;
		　end	

表 3 – 11　Verilog 顺序框架之 Case 语句

序　号	语句格式	例　子
1	case(＜表达式＞) ＜分支项 1＞:＜表达式等于分支项 1 时的执行语句块 1＞ ＜分支项 2＞:＜表达式等于分支项 2 时的执行语句块 2＞ …… ＜分支项 n＞:＜表达式等于分支项 n 时的执行语句块 n＞ ＜default＞　:＜其余情况时的执行语句块 0＞ endcase	case(state) 　0 : state <= 1; 　1 : state <= 2; 　…… 　default : state <= 0; endcase
2	casez(＜表达式＞) ＜分支项 1＞:＜表达式等于分支项 1 时的执行语句块 1＞ ＜分支项 2＞:＜表达式等于分支项 2 时的执行语句块 2＞ …… ＜分支项 n＞:＜表达式等于分支项 n 时的执行语句块 n＞ ＜default＞:＜其余情况时的执行语句块 0＞ endcase	casez(data) 　8'b11 101 1 : q<=8'hf0; 　8'b1111 : q<=8'he0; 　…… 　default : q<=0; endcase
3	casex(＜表达式＞) ＜分支项 1＞:＜表达式等于分支项 1 时的执行语句块 1＞ ＜分支项 2＞:＜表达式等于分支项 2 时的执行语句块 2＞ …… ＜分支项 n＞:＜表达式等于分支项 n 时的执行语句块 n＞ ＜default＞:＜其余情况时的执行语句块 0＞ endcase	casex(data) 　8'b11x101x1 : q<=8'hf0; 　8'b1111xxxx : q<=8'he0; 　…… 　default : q<=0; endcase
代码模型分析 CMA		

对于构成并发的语句块,其特征是:

(1) 这些语句块均位于非顺序框架内。

(2) 每个语句块均有独有的输出信号,每个从语句块输出的信号也就是当前框架的输出信号。

(3) 不允许存在公共的输出信号,若不同的语句块输出同名的信号,将发生内部线与,综合器将禁止这种内部线与。

(4) 每个语句块独立的输出,不受框架其他信号的控制,没有控制信号的输入。

VHDL 中常用的顺序框架有：If-then-else 语句和 Case 语句，如表 3-12 所列。

表 3-12　VHDL 的顺序框架语句一览表

序　号	语句格式	例　子	例子 CMA

1	if ＜条件 1＞ then
	　＜语句块 1＞
	elsif ＜条件 2＞ then
	　＜语句块 2＞
	……
	elsif ＜条件 n＞ then
	　＜语句块 n＞
	else
	　＜语句块 0＞
	end if;
	--if-then-else 框架
	--用于行为描述
		……
		if (c ＜10) then
		　s ＜= 1;
		elsif (c＞=10 and c＜50) then
		　p ＜= 1;
		else
		　s ＜= 0;
		　p ＜= 0;
		end if;
		……	

2	case ＜表达式＞ is when ＜分支项 1＞ =＞ ＜语句块 1＞ when ＜分支项 2＞ =＞ ＜语句块 2＞ …… when ＜分支项 n＞ =＞ ＜语句块 n＞ when others =＞ ＜语句块 0＞ end case; --case-when 框架 --用于行为描述	…… case sel is 　when"00" =＞q＜=a+b; 　when"01"=＞q＜=a-b; 　when"10"=＞q＜=a+c; 　when"11"=＞q＜=a-c; 　when others =＞ q ＜= X"00"; end case; ……	
3	z＜= 　＜值 1＞ when ＜条件 1＞ else 　＜值 2＞ when ＜条件 2＞ else …… 　＜值 n＞ when ＜条件 n＞ else 　＜值 0＞; --when-else 框架 --用于数据流描述	…… z ＜= a + b when sel = "00" else 　　a - b when sel = "01" else 　　a + c when sel = "10" else 　　a - c when sel = "11" else 　　X"00"; ……	

续表 3 – 12

序　号	语句格式	例　子	例子 CMA
4	with ＜表达式＞ select z ＜＝ ＜值 1＞ when ＜条件 1＞, ＜值 2＞ when ＜条件 2＞, …… ＜值 n＞ when ＜条件 n＞, ＜值 0＞ when others； －－ whit－select 框架 －－用于数据流描述	…… with state select green ＜＝ 　yellow when Y_TO_G, 　red　　when R_TO_G, 　green＋red when G_TO_RG, 　yellow＋red＋green when TO_W, 　green when others； ……	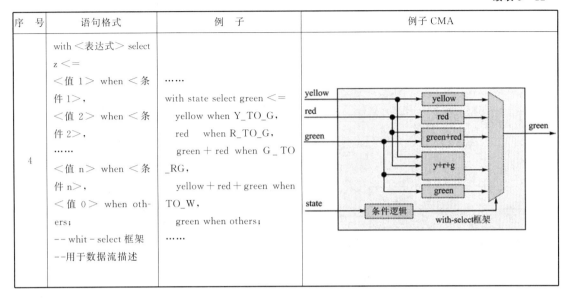

对应构成顺序的语句块,其特征是:

(1) 这些语句块均位于顺序框架内。

(2) 这些语句块可以有独有的输出信号,也可以有公共的输出信号。

(3) 公共输出信号是同名信号,即不同的语句块允许有同名的输出信号。

(4) 公共输出信号是受控的信号,因此顺序框架具有控制信号的输入。

(5) 公共输出信号的框图结构为多路器结构。因此,顺序具有多路器输出,并且该多路器是隐含描述的(即没有直接用语言来描述这个多路器)。

表 3–10 和表 3–11 列出的顺序框架中,其“顺序”的含义在条件逻辑中,什么条件得到什么输出,将按照图 3–69 的流程图产生,该流程图具有由明确的“顺序”意义。

关于 Verilog 的 Casez 语句,若分支项比特为“z”或“?”,则在与表达式的值项比较中,该比特被忽略(不进行比较,或认可该比特)。Casex 语句中,不仅分支项中为“z”或“?”或“x”的比特位被忽略,表达式比较项中的“z”或“?”或“x”的比特位也将被忽略。其条件逻辑的输出,导致多路器输出指向唯一的一个输入端。

3.11　循环框架和循环语句

行为描述的特点是非常接近算法语言,但算法语言中的循环语句与 HDL 的循环语句则有着非常大的差异。

算法语言中,对一段指令(函数或代码块)的反复执行,大量使用循环语句。在循环语句中,使用循环变量进行控制。但无论是线程技术或多核技术,在某个时刻,只有确定的某些语句被执行,是一个顺序过程。在这里,算法语言依赖 CPU,强调的是“执行”,即一个指令或一段指令序列被 CPU 执行,如图 3–70 所示。

HDL 中,基于综合目的,可以实现部件或子模块(含隐式建模)的重复组织;基于非综合目的,可以描述信号的重复激励,因此都需要使用循环语句以增强编码效率(见图 3–71)。

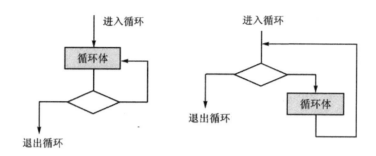

图 3-70　算法语句中的循环语句

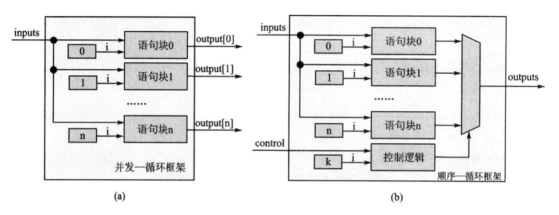

图 3-71　HDL 的并发循环框架和顺序循环框架

在某个时刻,循环语句组织中的所有语句或语句块均独立输出,则与 CAS 相同,它的运行是并发的,称为并发—循环;在某个时刻,全部或部分语句块被逻辑控制而输出,并遵循逻辑顺序,称为顺序—循环。HDL 语言不依赖 CPU,强调的是"描述",即一段代码或语句块对应描述一个电路,这段描述能被 EDA 读懂,从而实现 CAD 目的(网表,PhotoMask 等)。

广义的循环语句是指所有执行循环的语句,狭义的循环语句则指这些语句的上层组织者(例如 for,whool 等)。为了加以区别,后者称为循环框架(Loop Frame)。在循环框架内的语句或语句块被组织成循环体,这些语句块则称为循环语句块(Cyclic Statements)。

图 3-71(a)所示为并发循环框架。放置在框架内的诸语句块构成并发语句。此时,这些语句块需要具备的条件是:

(1)语句块内的代码或例化模块是相同的,用于它的重复组织。

(2)有相同的输入信号,如 inputs 信号。

(3)有循环参考信号的输入,如 i 信号。循环框架使得诸代码块具有不同的 i 输入值。

(4)有引用循环参考信号的输出,如 output[i]信号。输入 i 不同,输出信号也不同。即不同的语句块没有相同的输出信号。

符合上述条件时,HDL 的循环框架行为语句(如 for)则会为这些语句块生成如图 3-71(a)所示的框图结构。注意其中连接 i 的常数框,均由 EDA 生成。循环的描述语句在这里变成了重复实现的电路结构。

图 3-71(b)为顺序循环框架。放置在框架内的语句块构成顺序结构,这些语句块需要具备的条件是:

(1) 语句块内的代码或例化模块是相同的,用于它的重复组织。

(2) 有相同的输入信号,如 inputs 信号。

(3) 有循环参考信号的输入,如 i 信号。循环框架使得诸代码块具有不同的 i 输入值。

(4) 具有非引用循环参考信号的输出,即不同的语句块存在相同的输出信号。综合器避免内部线与,在输出端生成多路器。

(5) 具有控制逻辑的语句块描述,具有控制信号的输入。

(6) 控制逻辑语句块具有循环参考信号的输入端。

图 3-72 为 HDL 的并发顺序循环框架,表 3-13 列出了 Verilog 的常用循环框架。

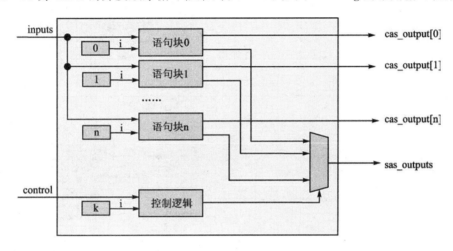

图 3-72　HDL 的并发顺序循环框架

表 3-13　Verilog 常用循环框架

循环框架	例　子	例子 CMA

//cas-for 框架:
//语句块所有输出信号参照循环变量
//循环框架内没有嵌套 SAS 框架
//用于行为描述
for(<初值>;<结束条件>;<增值描述>)
begin
　<语句块>
end
	......
	integer i;
	......
	always @ (*)
	begin
	for (i=0; i<=255; i=i+1)
	begin
	　q[i] <= a[i] & b[255-i];
	end
	end
	......
		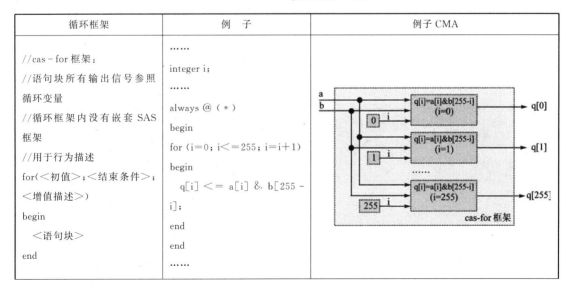

循环框架	例　子	例子 CMA
//sas - for 框架 //语句块没有输出信号参照循环变量 //循环框架内嵌套了 SAS 框架 //用于行为描述 for(<初值>;<结束条件>;<增值描述>) begin 　<顺序框架> 　　<语句块> end	…… `define ST 127 integeri; reg [7:0] e [255:0]; …… always @ (＊) begin for (i=0; i<=255; i=i+1) begin 　if (e[i] == `ST) q <= d + e[i]; end end ……	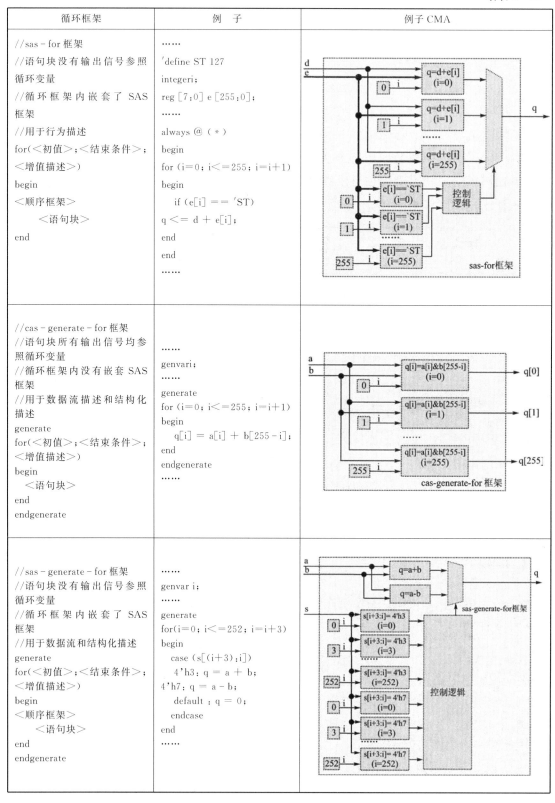

//cas - generate - for 框架
//语句块所有输出信号均参照循环变量
//循环框架内没有嵌套 SAS 框架
//用于数据流描述和结构化描述
generate
for(<初值>;<结束条件>;<增值描述>)
begin
　<语句块>
end
endgenerate
	……
	genvari;
	……
	generate
	for (i=0; i<=255; i=i+1)
	begin
	　q[i] = a[i] + b[255-i];
	end
	endgenerate
	……	

//sas - generate - for 框架
//语句块没有输出信号参照循环变量
//循环框架内嵌套了 SAS 框架
//用于数据流和结构化描述
generate
for(<初值>;<结束条件>;<增值描述>)
begin
　<顺序框架>
　　<语句块>
end
endgenerate
	……
	genvar i;
	……
	generate
	for(i=0; i<=252; i=i+3)
	begin
	　case (s[(i+3):i])
	　4'h3: q = a + b;
	4'h7: q = a - b;
	　default : q = 0;
	　endcase
	end
	……	

当 n 比较小时,无论是并发循环或是顺序循环,都可以逐行编写。但如果要描述的 n 比较大,如总线的 1 024 bit,逐行编写 1 024 个几乎相同的代码块,这显然是愚笨的。HDL 的循环语句正是为此而生。实际工程中,循环框架中,可能既有并发语句也有顺序语句。此时,并发语句的独立输出信号直接输出,顺序语句的相同信号则通过多路器在控制逻辑控制下输出。

循环语句的使用一直是 HDL 学习的障碍之一。有这样两个记忆方法:

方法一,在使用循环语句前,将循环次数修改为 1～2,然后不使用循环语句,只用数据流或结构化将它们实现,类似中学课程中的数学归纳法,再增加一次循环,是否仍可以实现。如若实现,则一定可以用循环语句描述,从而使得代码精简。

方法二,永远记住一个事实,HDL 的循环变量,综合后会变成常量,EDA 是用这些常量控制电路逻辑,从而实现设计者所要求的目的。因此只要判断循环变量是否能实现为常量,即可判断那这段循环语句的代码是否是可综合的。当然,不可综合时,EDA 也会告知你的循环条件中出现了非常量。

Verilog 常用的可综合循环框架有 for 语句和 generate – for 语句,其格式、例子和代码模型分析在表 3 – 13 中列出。

VHDL 可综合的常用循环框架有 For – Loop 语句,见表 3 – 14。

除了用于可综合目的的循环框架,HDL 还提供用于非综合目的的 while 循环语句(见表 3 – 15),以支持对于激励信号的循环行为描述,这些语句常被用于测试平台中。此时的 HDL 更接近于算法语言,可以使用"执行"的概念理解语言格式,当循环条件满足时,循环体被执行,循环体执行结束回到开始处,判断是否退出循环,请见以下例子。

表 3 – 14　VHDL 常用循环框架

循环框架	例　子	例子 CMA

//cas – for 框架:
//语句块所有输出信号参照循环变量
//循环框架内没有嵌套顺序语句框架
//用于行为描述
for <循环变量> in <向量范围> loop
<循环语句块>
end loop;
	……
	signal q, a, b
	: std_logic_vector
	(7 downto 0);
	……
	process (a, b)
	　varablei : integer;
	begin
	for i in 0 to 255 loop
	q(i) <= a(i) and b(255 − i);
	end loop;
	end process;
	……
		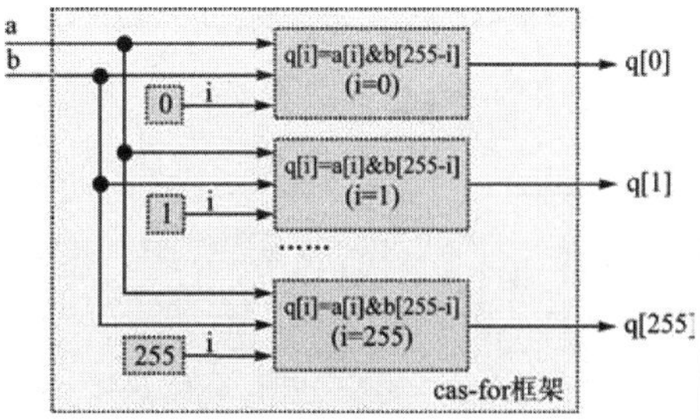

续表 3 - 14

循环框架	例　子	例子 CMA

//sas - for 框架
//语句块没有输出信号参照循环变量
//循环框架内嵌套顺序语句框架
//用于行为描述
for＜循环变量＞ in ＜向量范围＞ loop
＜SAS 框架＞
＜循环语句块＞
end loop；
	……
	architecture be of sas_for is
	signal d
	：std_logic_vector
	（7 downto 0）；
	constant ST：integer：= 127；
	type mt is array (0 to 255) of
	　std_logic_vector(0 to 7)；
	signal e：mt；
	……
	begin
	……
	process()
	varablei：integer；
	begin
	for i in 0 to 255 loop
	　　if (e(i) = ST) then
	q ＜= d + e[i]；
	　　end if；
	end loop；
	end process；
	……
	end be；
		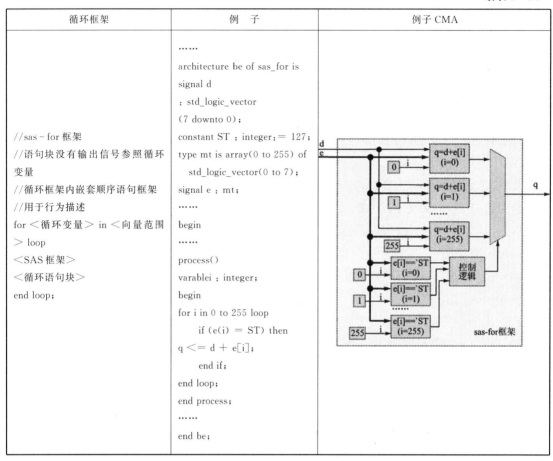

表 3 - 15　HDL 中的 While 循环语句

Verilog while 语句	例　子	VHDL while - loop 语句	例　子

while ＜循环条件＞
begin
　＜循环体＞
end
	……
	initial begin
	　s = 0；
	while (s＜255)
	begin
	　　♯10 s = s + 1；
	end
	end
	……
		while ＜循环条件＞ loop
		＜循环体＞
		end loop；
			……
			process
			begin
			　wait for 0 ns；s ＜= X"00"；
			while (s＜255) loop
			　wait for 10 ns；s ＜= s + 1；
			end loop；
			end process；
			……

　　循环语句使用"数学归纳法"例子：HDL 中，循环语句是最具代表性的行为语句，当完全按照软件的"执行"观点使用循环语句时，常发生综合效率低，甚至不可综合的结果。正确理解 HDL 中循环语句和其可综合性，是一个合格 EDA 工程师必须知道的基本知识。而"数学归纳法"则是辅助这种可综合性的理解，校正软件中循环语句使用习惯的一种方法。

中学数学中的数学归纳法用于证明一个数据序列,首先证明序列值在基数时公式或推论正确,然后假设序列值为 N 时成立,若证明 N+1 时也成立,则可完整地证明该数据序列。使用循环语句时,按照如下四个步骤:

(1) 先将循环次数修改为尽可能小的一个基数。由于循环次数非常小,因此可以不使用循环语句,而用结构化的方式描述,并加以验证。

(2) 将基数加一,仍然使用结构化而不采用循环语句,修改后加以验证。

(3) 尝试用循环语句描述步骤(2),并将循环次数用参数可定制引出,但循环次数与步骤(2)相同,并加以验证。

(4) 若步骤(3)验证正确,则例化时增加参数可定制的循环次数(最接近的一个增量),若验证同样成功,则这些循环语句的可综合性得到证明。反之,则这些循环语句的可综合性存在问题。

例 3-17:设计一个如图 3-73 所示的具有 64 个输入端的异或电路,要求使用双输入口的异或电路为基本部件,采用树结构实现,每个输入端口的位宽度为 8。

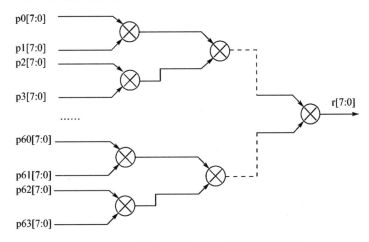

图 3-73　具有树结构的 64 个输入端异或电路

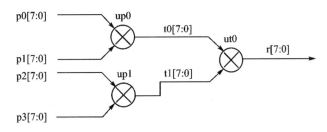

图 3-74　首先用结构化设计一个 4 输入端口的电路

采用二输入异或门构成树结构,输入端口可以是 2,4,8,16,32,64。为此,这里采用 4 输入端口(见图 3-74)开始结构化的设计和验证(步骤(1))和例程 3-65。

```
1    module for_xor_4(p0, p1, p2, p3, r);
2
3        input [7:0] p0, p1, p2, p3;
4        output [7:0] r;
5
6        wire [7:0] t0, t1;
7
8        xor_byte up0(.a(p0), .b(p1), .f(t0));
9        xor_byte up1(.a(p2), .b(p3), .f(t1));
10
11       xor_byte ut0(.a(t0), .b(t1), .f(d0));
12
13   endmodule
```

```
1    module xor_byte(a, b, f);
2
3        input [7:0] a, b;
4        output [7:0] f;
5
6        assign f = a ^ b;
7
8    endmodule
```

例程 3 – 65   循环语句的"数学归纳法"例子步骤(1)

修改例程 3 – 65 可以得到增加一个基数的结构(见例程 3 – 66),即输入端口为 8 的模块(步骤(2))。

```
1    module for_xor_8(p0, p1, p2, p3, p4, p5, p6, p7, r);
2
3        input [7:0] p0, p1, p2, p3, p4, p5, p6, p7;
4        output [7:0] r;
5
6        wire [7:0] t0, t1, t2, t3, d0, d1;
7
8        xor_byte up0(.a(p0), .b(p1), .f(t0));
9        xor_byte up1(.a(p2), .b(p3), .f(t1));
10       xor_byte up2(.a(p4), .b(p5), .f(t2));
11       xor_byte up3(.a(p6), .b(p7), .f(t3));
12
13       xor_byte ut0(.a(t0), .b(t1), .f(d0));
14       xor_byte ut1(.a(t2), .b(t3), .f(d1));
15
16       xor_byte ud0(.a(d0), .b(d1), .f(r));
17
18   endmodule
```

例程 3 – 66   循环语句的"数学归纳法"例子步骤(2)

使用视图工具得到其 RTL 视图,视图如图 3 – 75 所示。

开始步骤(3),将步骤(2)的结构化修改为循环语句(见例程 3 – 67)。注意引入可定制的参数:端口数的幂值 PortNum_Power,而端口数 PortNum 则由 PortNum_Power 计算。行 15～16 行计算中间信号下标的起点。行 11 将中间信号 t 声明为宽度为 8 的数组。由于采用参数可定制,输入端口采用大总线形式,即 p_bus 包含所有 64×8 位宽,然后在行 18～22 将其分裂出独立的位宽为 9 的诸局部总线 p,同样,p 在行 12 行被声明成位宽为 8 的数组。行 24～36 则采用两个嵌套的 for 循环描述该电路。最外层的 k 循环,描述树结构的级数,内层的 j 循环描述当前级的连接。行 30 描述的树根连接到从大总线分离的局部总线,行 33 则描述其余树权

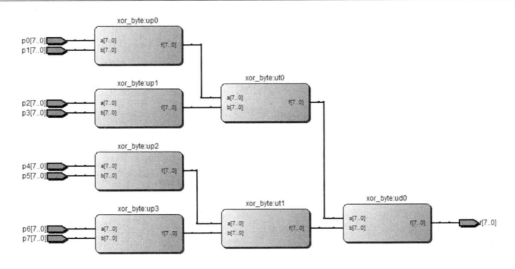

图 3-75　步骤(2)得到的 RTL 视图

的连接,注意这里使用中间信号 t 进行连接。最后,行 38 将最后一个中间信号的值输出给 r。
步骤(3)编译后,其 RTL 视图见图 3-76 与图 3-75 相同。

```
1   module for_xor_lpm(p_bus, r);
2
3       parameter WIDTH = 8;
4       parameter PortNum_Power = 3;
5
6       localparam PortNum = 2 * * PortNum_Power;
7
8       input [WIDTH * PortNum - 1:0] p_bus;
9       output [WIDTH - 1:0] r;
10
11      wire [7:0] t [PortNum - 2 : 0];                 //中间信号
12      wire [7:0] p [PortNum - 1 : 0];                 //总线分离成数组
13
14      genvar i, j, k;
15      `define N (2 * * PortNum_Power - 2 * * (k + 1))  //当前起点
16      `define M (`N - 2 * * (k + 1))                   //前一级起点
17
18      generate for(i = 0; i < PortNum; i = i + 1)
19          begin : gfor_p
20              assign p[i] = p_bus[((i + 1) * 8 - 1):(i * 8)];
21          end
22      endgenerate
23
24      generate for(k = PortNum_Power - 1; k > = 0; k = k - 1)
25          begin : gfor_k
26              for(j = 0; j < 2 * * k; j = j + 1)
27                  begin     : gfor_j
28                      if (k = = PortNum_Power - 1)
29                          begin
30                              xor_byte uj0(.a(p[j * 2]), .b(p[j * 2 + 1]), .f(t[`N + j]));
31                          end
32                      else
33                          xor_byte uj1(.a(t[`M + j * 2]), .b(t[`M + j * 2 + 1]), .f(t[`N + j]));
34                  end
35          end
36      endgenerate
37
38      assign r = t[2 * * PortNum_Power - 2];
39  endmodule
```

例程 3-67　循环语句的"数学归纳法"例子步骤(3)

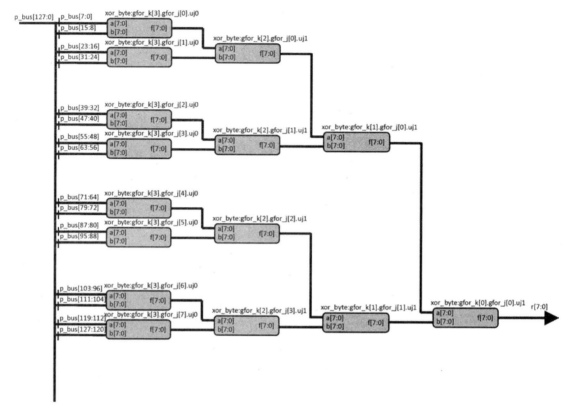

图 3 - 76　循环语句的"数学归纳法"例子步骤(4)

最后,执行步骤(4),增加可定制循环参数为最近的一个基数,这里将 PortNum_Power 的 3 修改为 4,即端口数由 8 增加到 16。编译后其寄存器可传输级视图证明了该循环语句的可综合性(见图 3 - 76)。

3.12　验　　证

本节将简要地讨论验证及其工具的使用,并重点讨论并推荐使用 Altera 的 NativeLink 方式以及 ModelSim 仿真工具,这种验证方式将贯穿全书的课程和实验。

3.12.1　验证的理论和方法

HDL 语言是一种计算机语言,它描述的抽象电路模型可以在实际硬件生成之前进行验证。与实际电路的验证一样,对抽象电路模型的输入加以激励,观察其输入信号,并与输入信号和必要的内部信号进行对比,分析其逻辑关系和时序关系,以验证所编写代码的正确性。

EDA 的仿真工具能提供运行抽象电路模型的方法:

(1) 根据描述生成对应的激励信号。

(2) 对应组合逻辑的功能验证,根据组合逻辑函数的计算,可得到输出;组合逻辑的时序验证,在功能验证基础上加入传输延迟,可得到输出。

(3) 对应时序逻辑,仿真工具首先计算时钟,然后在每个沿上计算时序逻辑并发的结果,将其作为激励,在下一个沿上响应,以获得结果。

(4) 仿真工具执行仿真前,将进行 HDL 的语法分析;执行仿真时,从顶层信号开始,按照层次化原则逐层计算。计算结果以图表或报告的形式交互。

(5) 仿真的理论依据遵从 HDL 的数据流、行为和结构化建模理论。

EDA 软件通常集成了仿真工具,也提供对第三方仿真工具的支持。这些集成的仿真工具使用厂家各自格式的激励方式,而使用 HDL 编写的测试代码,用其作为测试平台这种标准化的操作,已得到广泛的使用。因此本节重点介绍使用测试代码进行仿真的方法。

在众多的仿真工具中,Mentor 的 ModelSim 由于其编译速度快,与平台无关,功能齐全等特点,成为 QuartusII 和 ISE 等软件中首次支持的第三方工具。所以,本书关于仿真工具的介绍则选择 ModelSim。

ModelSim 仿真时,即可以单独运行,按照 Mentor 的方式操作运行;也可以与 FPGA 的 GUI 设计平台软件,如 Altera 的 QuartusII、Xilinx 的 ISE 等连接后自动化运行。这种自动运行的方式在 QuartusII 中称为 NativeLink 方式,由于 NativeLink 方便快捷,避免了装配编译库等烦琐的操作,使得开发者将注意力集中在开发代码模块本身,所以被广泛应用,也代表验证自动化的方向。关于 NativeLink 方式,本节将重点介绍,并贯穿全书的课程和实验。

图 3-77 为仿真工具编译库简化的运行框图,图中,时钟按照测试代码的分辨率及其时钟信号计算并运行循环。功能仿真时,若没有特别指定,传输延迟为零,仿真工具前一个时钟沿作用而生成的寄存器信号保存到临时变量中,在后一个沿到达时才赋给该寄存器,这样,仿真工具将能够区别模块逻辑内部信号的先后顺序。但测试代码在同一时钟沿加载的信号,一般而言,仿真工具在前仿时是无法正确分辨的(加载的那一刻发生在沿之前或沿之后),这就需要测试代码中加以注明。时序仿真时,仿真工具将在功能仿真的基础上,加入由 EDA 工具提供的或由人工提供的门延迟数据,以计算带延迟的输出结果。

3.12.2 验证工具和操作流程

1. 运行仿真的人工方式

本节以 ModelSim-Altera 6.6d 为例,介绍 3.4.1 节中二选一多路器的 Verilog 模块(见例程 3-17)以及它的测试代码(见例程 3-18)的人工仿真过程。

整个仿真过程可按照如下步骤进行(见图 3-78):

(1) 新建一个文件夹,命名为“mux_sim”。

(2) 将二选一多路器的 Verilog 代码(见例程 3-17)写入一个文本文件中,可使用任何文本编辑工具,也可以直接使用 QuartusII 和 ISE,保存为“two_to_one_mux_dataflow. v”。

(3) 同样将其测试代码(见例程 3-18)也写入一个文本文件中(在同一个文件夹中),保存为“two_to_one_mux_dataflow_tb. v”。

(4) 启动 ModelSim-Altera 6.6d,单击[File]-[New]-[Project…],创建一个新工程。

(5) 在“Creat Project”窗口中,单击[Browse…]按钮,定位到“mux_sim”文件夹,在“Project Name”中输入一个工程名:“mux_sim”,然后单击[OK]按钮。

(6) 在“ADD items to the project”窗口中,单击“Add Existing File”。

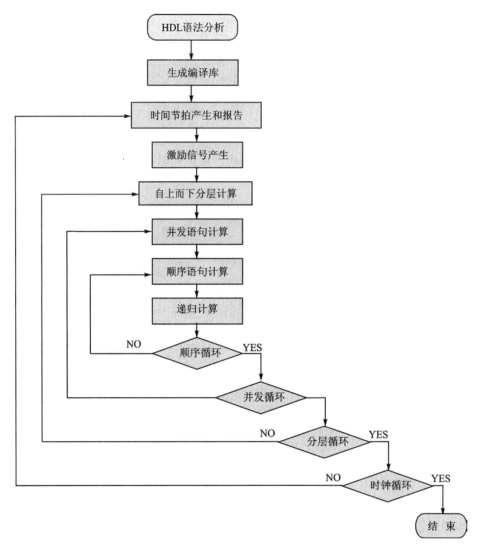

图 3-77　仿真工具运行架构简图

（7）在"Add file to Project"窗口中，单击"Browse…"按钮，将上述 2 个.v 文件加入，单击
[OK]和[Close]。

（8）在"Project"窗口中，可以看到加入的这两个文件，选择它们，右键菜单并选择"Compile All"。

（9）在"Library"窗口中，打开 work 目录旁的＋号，右击"two_to_one_mux_dataflow_
tb"，选择"Simulate"。

（10）在"Sim"窗口中，右击"two_to_one_mux_dataflow_tb"，选择[Add]－[To Wave]－
[All items in region]。

（11）在"Transcript"窗口中，输入"run 1 μs"。

（12）在"Wave"窗口中，将看到仿真波形。

还有一种直接编译库的用法，如图 3-79 所示。

（1）新建文件夹，命名为"mux_sim"，将两个 Verilog 文件加入其中。

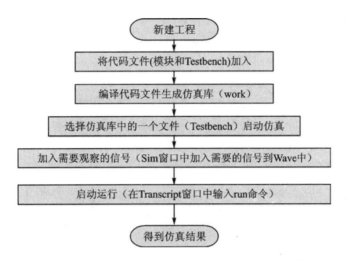

图 3 - 78 使用 ModelSim 进行仿真的人工方式操作顺序(新建工程方式)

图 3 - 79 使用 ModelSim 进行仿真的人工方式操作顺序(直接编译方式)

（2）启动 ModelSim。

（3）删除"Library"中的"work"目录（如果有的话）。

（4）单击［File］－［Change Directory…］，定位到"mux_sim"。

（5）单击［Compile］－［Compile…］，在"Compile Source Files"窗口中，选择所有需要的文件，然后单击［Compile］按钮，按［Done］退出。

（6）在"Library"窗口中，打开 work 目录旁的＋号，右击"two_to_one_mux_dataflow_tb"，选择"Simulate"。

（7）在"Sim"窗口中，右击"two_to_one_mux_dataflow_tb"，选择［Add］－［To Wave］－［All items in region］。

（8）在"Transcript"窗口中，输入"run 1 μs"。

（9）在"Wave"窗口中，将看到仿真波形。

2. 运行仿真的自动方式（NativeLink）

由于 FPGA 设计时，需要在器件厂商的集成平台上进行综合、验证、编程和其他操作，当使用第三方仿真工具时，许多文件需要跨平台调用，以及有许多烦琐的设置和操作，这在人工方式时非常不方便。Altera 的 Quartus II 提出一种一键 Ok 的跨平台自动化方式，称其为 NativeLink，NativeLink 支持多种第三方工具，而 Altera 厂商首推的第三方仿真工具为集成了 Altera 器件仿真库的 ModelSim 版本，称为 ModelSim－Altera 版本，本书使用的就是其中的 ModelSim－Altera 6.6d。使用该版本时，仿真速度比其他方式更快。NativeLink 也代表了一种 EDA 设计中仿真运行自动化的方向，是受到业界欢迎，并被广泛使用的一种方式（见图 3－80）。

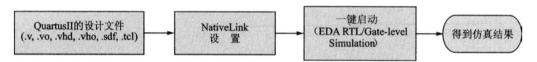

图 3－80 使用 QuartusII 进行仿真的自动方式（NativeLink）

使用 NativeLink 仿真方式的步骤如下：

（1）在 QuartusII 中建立模块的编码（如：test_model. v），并编写其测试代码（如 test_model_tb. v）。

（2）将 test_model. v 装配到当前工程中，即从顶层文件自上而下的层次中包含了它（例如，top. v 中包含有 test_model. v 的例化）。

（3）进行 NativeLink 的设置：［Assignments］－［Settings…］，"EDA Tool Settings"－"Simulation"，"NativeLink Settings"－"Compile test bench"，［Test Benchs…］，［New］，设置 Testbench 的名字，设置顶层模块名（如：test_model_tb），设置仿真周期，加入其测试代码文件。

（4）如执行前仿（RTL Simulation），需要准备好 Verilog 或 VHDL 代码文件（1）和（2）的步骤，在 NativeLink 设置后，至少进行一次分析和归纳（Analysis and Elabrotion）；如执行后仿（Gate－level Simulation），需要完整的层次设计，并至少进行一次全编译（Compilation），以获得网表和延时数据。

（5）单击［EDA RTL Simulation］启动前仿；单击［EDA Gate－level Simulation…］启动后仿。

下面就以 3.4.1 节中的二选一多路器（two_to_one_mux_dataflow：例程 3－17）和它的代码（two_to_one_mux_dataflow_tb：例程 3－18）为例，详细说明操作步骤。

（1）新建一个文件夹（如 d:/temp/20130326/t6），启动 QuartusII，单击新工程向导：［File］－［New Project Wizard…］，在"Introduction"引导窗口中单击［Next］，在接下来的"Directory,Name,Top－Level Entity"窗口中，设置"what is the working directory for this project?"（当前工程的路径），设置"wait is the name of this project·"（工程命名），使用默认的顶层模块名，单击［Next］，见图 3－81。

（2）在"Add Files"窗口中，直接单击［Next］。

（3）在"Family & Device Settings"器件设置窗口中，选择当前使用的器件（例如："Device Family"选择"Cyclone II"，"Available device"选择"EP2C8Q208C8"）。

（4）在"EDA Tool Settings"窗口中，"Simulation"的工具选择"ModelSim－Altera"，语言选择"Verilog"（见图 3－82）。

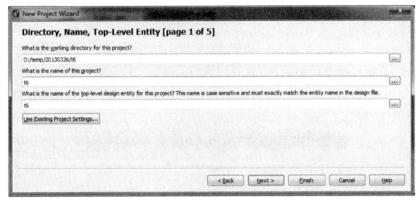

图 3 - 81　在新工程向导中定位工作路径并为工程命名

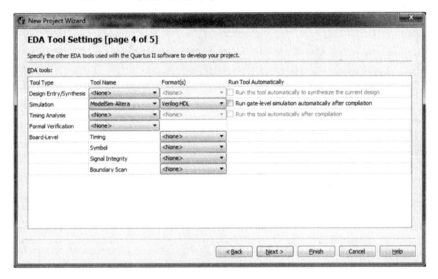

图 3 - 82　在新工程向导中指定仿真工具和 HDL 语言

（5）在最后的"Summary"窗口中，单击［Finish］完成
向导过程。

（6）新建一个 Verilog 文件：［File］－［New…］，在
"New"窗口中选择框图原理图文件（Block Diagram/Sche-
matic File），单击［OK］，如图 3 - 83 所示。

（7）将新建的文件定位和命名：［File］－［Save As…］，
使用默认的名字（t6. bdf），保存到当前文件夹（这里为"d:/
temp/20130326/t6"）。

（8）新建一个 Verilog 文件：［File］－［New…］，在
"New"窗口中选择"Verilog HDL File"。

（9）立即另存为，为其定位［File］－［Save As…］，命名
为"two_to_one_mux_dataflow. v"，保存到当前文件夹。

（10）在 QuartusII 的"two_to_one_mux_dataflow. v"
窗口中，编写例程 3 - 1 中的二选一多路器的代码（也可以

图 3 - 83　在创建新文件窗口
中指定文件类型

直接从 pdf 文件中复制)。

(11) 将编写完成的 two_to_one_mux_dataflow 模块转为符号(Symbol),以便在顶层框图中使用:单击[File]—[Create/Update]—[Create Symbole Files for Current File]。

(12) 回到 t6.bdf,在空白处双击,在弹出的"Symbol"窗口中,打开左侧"Librarys"中的"Project",单击刚生成的符号"two_to_one_mux_dataflow",单击[OK],将其放置到画面合适位置,如图 3-84 所示。

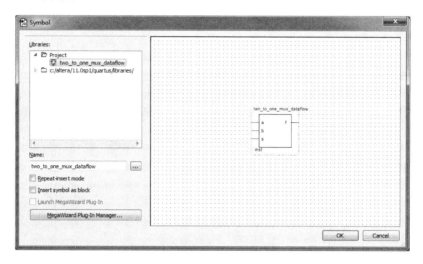

图 3-84　在符号窗口中选定模块符号

(13) 右击画面上的"two_to_one_mux_dataflow"符号,在弹出菜单上选择"Generate Pins for Symbol Ports",为所选符号自动生成引脚(见图 3-85)。这样做的目的是该模块放置并加入当前工程的层次化设计中,使得 NativeLink 能够找到它。引脚生成后,保存 t6.bdf(见图 3-85)。

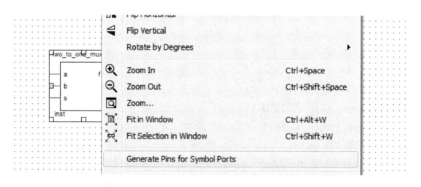

图 3-85　为模块符号生成引脚

(14) 可以为 two_to_one_mux_dataflow 编写测试代码,新建一个 Verilog 文件,另存为"two_to_one_mux_dataflow_tb.v",并保存到当前文件夹(t6)中。

(15) 将例程 3-2 的代码编写到"two_to_one_mux_dataflow_tb.v"(也可以直接从 pdf 文件中复制)。

(16) 进行 NativeLink 的设置:首先将 Testbench 中的模块名"two_to_one_mux_dataflow

_tb"复制到粘贴板上(Ctrl - C),单击[Assignments]－[Settings…],在"Settings"窗口中,分类选择"Simulation",在"NativeLink Settings"中选择"Compile test bench"(见图 3 - 86)。

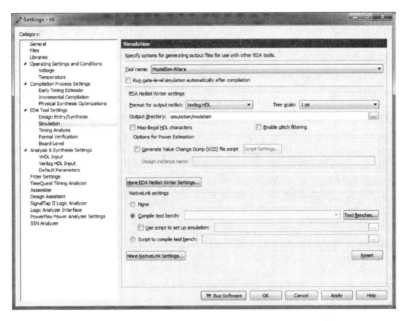

图 3 - 86　在设置窗口中选择 NativeLink 仿真方式

(17) 单击图 3 - 86 中"NativeLink Settings"中右侧的按钮[Test benchs…]。

(18) 在弹出的"Test Benches"窗口中,单击[New]按钮。

(19) 在"New Test Bench Settings"窗口中做三件事,命名并设置顶层,设置仿真周期,加入测试代码文件。命名时,将粘贴板上信息贴入:即"two_to_one_mux_dataflow_tb"作为命令,顶层默认同样的名字;仿真周期选择 1us;加入"two_to_one_mux_dataflow_tb. v"。

图 3 - 87　在 NewTestbench 窗口中命名、设置和加入 Testbench 文件

(20) 在"New Test Bench Settings"中单击[OK],回到"Test Benches"窗口,继续单击

[OK]，回到"Settings"窗口，再次单击[OK]按钮，完成 NativeLink 的设置。

（21）启动 RTL 仿真前，需要运行一次分析和归纳以进行 NativeLink 的准备：[Processing]-[Start]-[Start Analysis and Elaboration]，也可以直接运行一次分析和综合，快捷键 Ctrl-K。

（22）执行一键 OK 的仿真体验：单击[Tools]-[Run EDA Simulation tool]-[EDA RTL Simulation]，直接等待跨平台的 ModelSim 运行结果，查看 Wave 窗口即可看到图 2-10 所示的仿真波形。

（23）为了执行跨平台的后仿，需要将顶层框图原理图 bdf 文件转为 Verilog 代码文件，单击"t6.bdf"，单击[File]-[Create/Update]-[Create HDL Design File for Current File…]。创建成功后，打开"t6.v"，将它装入工程，并从工程中移除"t6.bdf"。

（24）为 t6.v 编写测试代码：新建一个 Veriloga 文件，另存为时，命名为"t6_tb.v"，将原模块测试代码复制过来修改：将"two_to_one_mux_dataflow_tb.v"的代码全部复制到"t6_tb.v"中，将第 3 行和第 10 行的"two_to_one_mux_dataflow"替换为"t6"，保存。

（25）为 t6_tb 进行 NativeLink 的设置，新建一个 NativeLink 的测试代码，设置方法如步骤 （16）～（20），最后退出"Setting"窗口前，在"Compile test bench"右侧的弹出菜单中，选择 t6_tb。

（26）后仿前必须运行一次全编译：单击[Processing]-[Start Compilation]（或快捷键 Ctrl-L）。

（27）全编译正确结束后，即可以单击[EDA RTL Simulation]一键启动顶层文件的前仿，也可以单击[EDA Gate-level Simulation…]，一键启动顶层文件的后仿。

初次使用 NativeLink 时，对上述操作有点陌生，但多练习几次，连贯起来后，会感觉非常方便，无论设计的工程有多大，多复杂，无论是否使用了 Mega Core，无论是前仿或后仿，其操作方式都是同样的，使得设计者可以将注意力真正放在自己的设计上，即有利于研发进度，也有利于操作验证标准化。

3.13　习　题

3.1 为具有如下称为 **A1 算法**的电路（见习题 3.1 图）自上而下层次化建模，并验证：

$$q = \begin{cases} a+b(sel\_in=1) \\ a-b(sel\_in=0) \end{cases}, \quad sel\_out = \begin{cases} 1((a+b)>(a \oplus b)) \\ 0((a+b)>(a \oplus b)) \end{cases}$$

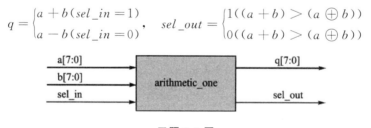

习题 3.1 图

3.2 使用习题 3.1 的电路模型 **arithmetic_one**，为如习题 3.2 图中电路进行建模和验证。

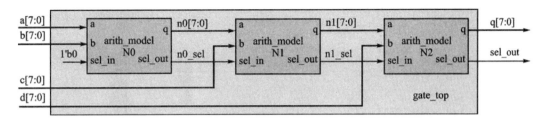

习题 3.2 图

3.3 分别使用 HDL 的数据流、行为和结构化的描述,为具有如下布尔表达式的电路建模和验证:

$$y = \overline{(a+d) \cdot (b \cdot c \cdot \overline{d})}$$

$$y = \begin{cases} \overline{(a+d) \cdot (b \cdot c \cdot \overline{d})} & (sel = 0) \\ a \cdot b & (sel = 1) \\ c \oplus d & (sel = 2) \end{cases}$$

3.4 分别使用 HDL 的数据流、行为和结构化、层次化的描述,使用 T 触发器的异步分频器进行自上而下的建模和验证。

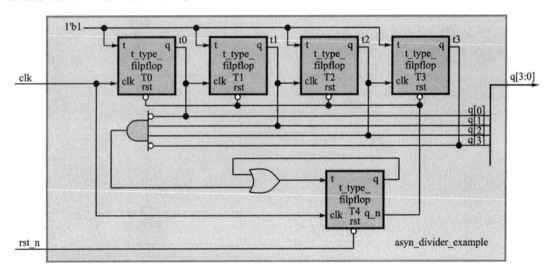

习题 3.4 图

3.5 为具有如下数学模型的四比特二进制同步计数器进行建模和验证:

计数器的输出由四个比特序列组成,即 $q = b_3 b_2 b_1 b_0$,式中:

$b_0 = \overline{b_0}$ （↑）

$b_1 = \overline{b_1}$ （↑,$b_0 = 1$）

$b_2 = \overline{b_2}$ （↑,$b_0 \cdot b_1 = 1$）

$b_3 = \overline{b_3}$ （↑,$b_0 \cdot b_1 \cdot b_2 = 1$）

↑:时钟上升沿

3.6 为习题 3.6 表所叙述的 8 位环形蠕动计数器(Jerky Ring Counter)进行建模和验证:

计数器输出 $:q=b_7b_6b_5b_4b_3b_2b_1b_0$。

习题 3.6 表

B7	B6	B5	B4	B3	B2	B1	B0
0	0	0	0	0	0	0	1
0	0	0	0	0	0	1	0
0	0	0	0	0	0	0	1
0	0	0	0	0	1	0	0
0	0	0	0	0	0	0	1
0	0	0	0	1	0	0	0
0	0	0	0	0	0	0	1
0	0	0	1	0	0	0	0
0	0	0	0	0	0	0	1
0	0	1	0	0	0	0	0
0	0	0	0	0	0	0	1
0	1	0	0	0	0	0	0
0	0	0	0	0	0	0	1
1	0	0	0	0	0	0	0

3.7 为如习题 3.7 表的 8 位格雷码计数器进行建模和验证:计数器输出 $:q=b_7b_6b_5b_4b_3b_2b_1b_0$。

习题 3.7 表

B7	B6	B5	B4	B3	B2	B1	B0
0	0	0	0	0	0	0	0
0	0	0	0	0	0	0	1
0	0	0	0	0	0	1	1
0	0	0	0	0	0	1	0
0	0	0	0	0	1	1	0
0	0	0	0	0	1	1	1
0	0	0	0	0	1	0	1
0	0	0	0	0	1	0	0

3.8 为如习题 3.8 表的 8 位约翰斯计数器(**Johnson Counter**)进行建模和验证:计数器输出 $:q=b_7b_6b_5b_4b_3b_2b_1b_0$。

习题 3.8 表

B7	B6	B5	B4	B3	B2	B1	B0
0	0	0	0	0	0	0	0
1	0	0	0	0	0	0	0
1	1	0	0	0	0	0	0
1	1	1	0	0	0	0	0
1	1	1	1	0	0	0	0
1	1	1	1	1	0	0	0
1	1	1	1	1	1	0	0

习题 3.8 续表

B7	B6	B5	B4	B3	B2	B1	B0
1	1	1	1	1	1	1	0
1	1	1	1	1	1	1	1
0	1	1	1	1	1	1	1
0	0	1	1	1	1	1	1
0	0	0	1	1	1	1	1
0	0	0	0	1	1	1	1
0	0	0	0	0	1	1	1
0	0	0	0	0	0	1	1
0	0	0	0	0	0	0	1

3.14 参考文献

[1] IEEE Standard Hardware Description Language on the Verilog Hardware Description Language, Language Reference Manual, IEEE Std, 1364-1995, Piscataway, NJ: Institute of Electrical and Electronic Engineers, 1996.

[2] IEEE Standard VHDL Language Reference Manual, IEEEStd, 1076-1987. Piscateway, NJ: Institute of Electrical and Electronic Engineers, 1988.

[3] Fitzpatrick D, Miller I. Analog Behavioural Modeling with Verilog-A Language, Boston: Kluwer, 1998.

[4] Breuer MA, Friedmam AD. Diagnosis and Design of Reliable Digital Systems. Rockville, MD: Computer Science Press, 1976

[5] Katz RH. Contemporary Logic Design, 2nd ed. Upper Saddle River, NJ: Prentice-Hall, 2004.

[6] Wakerly JF. Digital Design Principles and Practices, 4th ed. Upper Saddle River, NJ: Prentice-Hall, 2007.

[7] Tinder RF. Engineering Digital Design, 2nd ed. San Diego, CA: Academic Press, 2000.

[8] Breeding KJ. Digital Design Fundamentals, 2nd ed. Upper Saddle River, NJ: Prentice-Hall, 1997.

[9] Hachtal GD, Somenzi F. Logic Synthesis and Verification Algorithms. Boston, MA: Kluwer, 1996.

[10] Thomes R, Mooby P. The Verilog Hardware Description Language, Boston: Kluwer 2008.

[11] Ciletti MD. Modeling Synthesis and Rapid Prototyping with the Verilog HDL. Upper Saddle River, NJ: Prentice-Hall, 1999.

[12] Lee S. Design of Compters and Other Comlex Digital Devices. Upper Saddle River, NJ: Prentice-Hall, 2000.

[13] Clare CR. Designing Logic Systems Using State Machine. New York: McGraw-Hill, 1971.

[14] De Micheli G. Synthesis and Optimization of Digital Circuits. New York: McGraw-Hill, 1994.

[15] Gajshi D, et al. High-Level Synthesis. Boston, MA: Kluwer, 1992.

[16] Roth CW, Jr. Digital System Design Using VHDL. Boston, MA: CL-Engineering, 1998.

[17] ven der Hoven A. Concepts and Implementation of a Design System for Digital Signal Processor Arrays. Delft, The Netherlands: Delft University Press, 1990.

[18] Kaeslin, H., Digital Integrated Circuits. Cambridge: Cambridege University Press, 2008.

[19] Weste NHE, Eshraghian K. Principles of CMOS VLSI Design. Reading, MA: Addison-

Wesley，1993.

［20］Thomas DE，Moorby PR. The Verilog Hardware Description Language，3rd ed. Boston，MA：Kluwer，1996.

［21］Charles H. Roth，Jr. ，Larray L. Kinney. Fundamentals of Logic Design 7th ed. Stamford：Pengage Learning，2014.

［22］Mano，M. Morris and MIchael D. Ciletti，Digital Design，5th ed. Upper Saddle River，NJ：Prentice Hall，2012.

［23］Brayton，Robert King. Logic minimization algorithms for VLSI synthesis. Boston：Kluwer Academic Publishers，2000.

［24］Jha，Niraj K. Switching and finite automata theory. Cambridge，UK ；New York ：Cambridge University Press，2010.

［25］Givone，Donald D. Digital Principles and Design. New Youk：McGraw-HIll，2003.

［26］Krzysztof Iniewski. hardware design and implementation. ，Hoboken，New Jersey ：Wiley，c2013.

［27］Michael D. Ciletti，Advanced Digital Design with the Verilog HDL，Prentice Hall，2011.

［28］Brent，R. and H. T. Kung，A regular layout for parallel adders，IEEE Transactions on Computers，1982.

［29］夏宇闻，韩彬，Verilog 数字系统设计教程，5 版. 北京：北京航空航天大学出版社.2018.

［30］Michael D. Ciletti，Advanced Digital Design with the Verilog HDL Second Edition，北京：电子工业出版社，2014.

第4章 有限状态机

有限状态机 FSM(Finite State Machine)用于描述各种复杂的时序行为,是使用 HDL 进行数字逻辑设计的最重要方法之一。它的基础为有限自动机 FA(Finite Automata),由它延伸出的理论模型有:序列机 SM(Sequential Machine),线性序列机 LSM(Linear Sequential Machine)以及算法机 ASM(Algorithmic State Machine)。实际工程中,FSM、LSM 和 ASM 以及 ASMD(Algorithmic State Machine and Datapath)或单独或组合应用。因为 LSM 和 ASM 都是从 FSM 演变过来,所以有时广义地将上述所有状态机统称为 FSM。用于 FSM 的规划工具以状态转移图 STG(State Transition Graphs)和算法流程图 ASMc(Algorithmic State Machine charts)应用较多,在 LSM 情况下,也可以用 SMF 表规划(Sequential Machine Flow)。

本小节将就上述这些课题中比较重要的部分做一个简捷的介绍,更详细的了解可参阅引文索引部分。

4.1 有限状态机理论

如图 4-1 所示的机器函数为:

$$\text{outputs(t)} = \text{FA}[\text{inputs}(t - T_{fa})] \qquad (4-1)$$

若输出信号是有限多个数值(符号)组成的集合,称 FA 函数为有限自动机函数,对应的机器模型则为有限自动机 FA(Finite Automata)。式中 T_{fa} 为输入(激励)和输出(响应)之间的延迟。

图 4-1　有限自动机模型

式(4-1)在给定输入时其输出响应并非唯一的值,称为非确定性有限自动机 NFA(Nondeterministic Finite Automaton);否则称为确定性有限自动机 DFA(Deterministic Finite Automation)。大部分的无记忆的组合逻辑(例如多路器)和有记忆的时序逻辑(例如计数器)都是 DFA。

有记忆的时序逻辑如图 4-2 所示。

若将输入看成激励,将输出看成响应,则时序电路的有限自动机函数为:

$$R(t) = \text{FA}[S(t), t] \qquad (4-2)$$

式中 FA 是电路模型的有限自动机函数,输出响应 R 不仅是输入激励 S 的函数,也是时间 t 的函数。

图 4 - 2　抽象时序电路的行为模型

由于数字系统中连续时间值 t 是由离散的时钟 clk 引入：

$$t = beat \times period + base \tag{4-3}$$

式中：

　　t：连续时间数值；

　　beat：具有某个相对点的时钟 clk 的节拍计数，即时钟的离散化数值；

　　period：时钟周期；

　　base：初始时钟相位。

　　式（4 - 3）中时钟周期 period 和初始相位 base 是常数，故机器函数公式（4 - 2）可以表示为：

$$R(t) = F[S(t), t] = F^!\,[S(beat), beat] \tag{4-4}$$

若机器函数 $F^!$ 可以用有限自动机 FA 表达，无限的时钟节拍 beat 可以用有限状态表达：

$$state(beat) = SM[S(beat), beat] \tag{4-5}$$

式中 SM 称为序列机（见图 4 - 3），state（beat）为有限状态序列。式（4 - 5）的含义是：

（1）无限长时间轴上的任意离散取样点，对应机器函数 $F^!$ 的一个有限状态。

（2）机器函数的有限状态沿着时间轴顺序，组成一个特定状态序列。

（3）序列机模型是将无限节拍转换为有限状态序列的机器。

图 4 - 3　序列机的一般性模型

图 4 - 3 中，仍然用电路特征的 inputs（t）表示输入激励，则序列机的一般性公式为：

$$state(t) = SM[inputs(t), t_{clk}] \tag{4-6}$$

式中：

　　t：连续时间观察点；

　　t_{clk}：离散时间观察点；

　　inputs：关联有限状态序列的输入信号；

　　state：有限状态序列。

　　式（4 - 6）称为有限状态机定理。它的物理意义是：若一个时序逻辑的有限自动机模型是确定的，则该时序逻辑必定存在唯一与其输出对应的有限状态序列。换句话说，当时序逻辑满足确定性有限自动机条件，则必定有"无限节拍对应有限状态"这个事实。用参考样式：有限状态机定理又称为图灵定理。现代已经证明在人类所处的时空尺度是正确的。

　　序列机将无限节拍转换为有限的状态序列，它的任务是：

（1）在当前输入条件下，当前状态转向何处（Where）；

（2）何时发生这种状态的变迁（When）。

序列机是由两个模块分别完成何处和何时的描述(见图 4-4)。

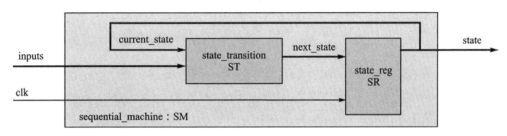

图 4-4　序列机架构

图 4-4 的架构描述了序列机是如何实现将无限节拍转换为有限状态序列状态,其中 ST 根据当前输入和当前状态,描述状态序列转向何处;SR 则描述这个转移何时发生。

有限状态机定理(式 4-6)中,状态序列的变迁发生在离散时间点,即 t_{clk} 时刻,同步电路中,将这种由相同或相关时钟驱动的信号,称为同步信号。由于状态在 SR 的输出端口,是时钟沿之后经 T_{co} 延迟的输出,功能仿真和分析时,认为这个同步信号发生在时钟沿右侧,故又称为"右侧逼近"信号。因此,序列机输出的状态信号是时钟域"右侧逼近"的同步信号。由此得到状态机设计的一个重要依据:"无限节拍对应有限转移"。这个结论是有限状态机定理的推论,本书中后续大量的设计均要依据这个推论,故仍然称其为有限状态机定理。

考虑时序电路的有限自动机模型(见式 4-2)中有限状态序列与输出的关系,有如图 4-5 所示的两种经典模型。

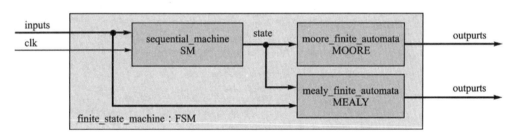

图 4-5　有限状态机的一般性架构

当电路的输出仅仅与状态有关时,该有限状态机称为摩尔型状态机(见图 4-6);当电路输出不仅与状态有关,也与当前的输入信号有关时,称为米利型状态机(见图 4-7)。

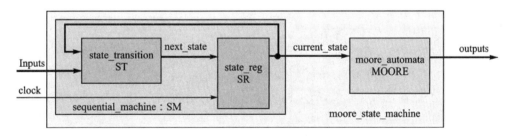

图 4-6　摩尔机的框图结构

摩尔机的输出仅是状态的逻辑函数,其数学模型为:

$$\text{outputs} = \text{MOORE}(\text{current\_state}) \qquad (4-7)$$

$$\text{next\_state} = \text{ST}(\text{inputs},\text{current\_state}) \qquad (4-8)$$

$$\text{current\_state} = \text{SR}(t_{\text{clk}},\text{next\_state}) \qquad (4-9)$$

式中：

  outputs：时序逻辑的输出信号；

  current_state：时序逻辑的当前状态；

  next_state：时序逻辑的下一个状态；

  MOORE：时序逻辑的摩尔函数；

  ST：时序逻辑中的状态转移函数；

  SR：时序逻辑中的状态转移寄存器；

  t_{clk}：时序逻辑的离散时间观察点。

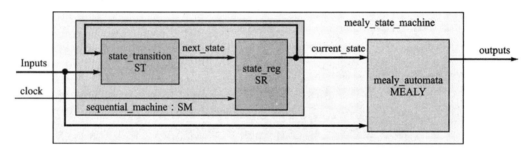

图 4-7　米利机的框图结构

米利机的输出不仅是状态的逻辑函数，也是当前输入的逻辑函数，其数学模型为：

$$\text{outputs} = \text{MEALY}(\text{current\_state},\text{inputs}) \qquad (4-10)$$

$$\text{next\_state} = \text{ST}(\text{inputs},\text{current\_state}) \qquad (4-11)$$

$$\text{current\_state} = \text{SR}(t_{\text{clk}},\text{next\_state}) \qquad (4-12)$$

式中：

  outputs：时序逻辑的输出信号；

  current_state：时序逻辑的当前状态；

  next_state：时序逻辑的下一个状态；

  MEALY：时序逻辑的米利函数；

  ST：时序逻辑中的状态转移函数；

  SR：时序逻辑中的状态转移寄存器；

  t_{clk}：时序逻辑的离散时间观察点。

对比米利机(见图 4-7)和摩尔机(见图 4-6)，可以总结如下：

(1) 状态未变而输入有变化时，摩尔机的输出不会改变，而米利机会变。米利机的实时响应要快于摩尔机。

(2) 摩尔机的输出要跟随输入的变化，需要首先发生状态转移，然后在特定状态下产生输出，即"先转移后输出"原则。

(3) 同步电路中，高速逻辑的一个节点，需要精确设计有限状态机的延迟，摩尔机满足这个条件，而米利机则难以满足，因此高速逻辑必须使用摩尔机，以潜伏期换速度(即同步电路的潜伏期效应,见第 5 章)。

　　(4) 米利机的面积更小一些,摩尔机的面积更大一些。

　　(5) 摩尔机的速度更快一些,米利机的速度更慢一些。

　　(6) 米利机的潜伏期更短一些,实时性更好一些。

　　(7) 米利机的设计更直观、容易和简便,摩尔机的设计要抽象、复杂和困难一些。

4.2　有限状态机中的同步电路背景知识

　　由于后续涉及有限状态机的讨论,均需要引用同步电路(见第 5 章)中的理论和方法,故本节先就这些必需的背景知识点做一个简短的介绍。详细内容可参阅第 5 章 5.1 节。

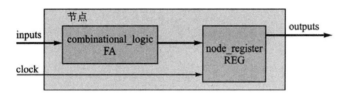

图 4-8　同步电路中的最小设计单元:节点

　　图 4-8 是现代同步电路设计分析中最基本的单元,称为一个节点(Node)。它由前级的组合逻辑和后级的寄存器组成。在图 4-8 所示的结构机器中,末级由寄存器输出,称为闭节点 CN(Closed Node)。在一个同步电路数字系统中,相同时钟域情况下,多个节点之间用同一个时钟驱动,并互相通信。同步电路理论指出,这些节点在特定情况下可以等效。若某个机器模型的末级驱动并非寄存器,或者该机器本身就没有寄存器,或者寄存器位于该机器的前级,则称其为开节点 ON(Opened Node),如图 4-9 所示。

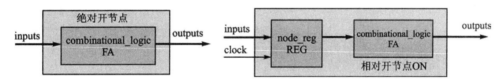

图 4-9　同步电路中的开节点

　　同步电路的信号分析中,开节点必须转换为等效节点的结构,方可运用同步电路的基础物理定理(见图 4-10)。

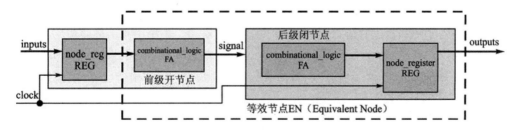

图 4-10　同步电路中的等效节点

　　对应于开节点和闭节点的 HDL 描述(见表 4-1),类似于对同步复位和异步复位的描述。

在 Verilog 的 always 语句中,若信号敏感表中有一个未被引用的沿敏感信号,则为闭节点描述,所综合的电路将为有限状态机的所有输出生成寄存器(隐含描述的寄存器),沿捕获后输出;反之则为开节点描述,综合结果为组合逻辑;在 VHDL 中的 process 语句中,若信号敏感表中没有时钟,或虽然敏感表中有时钟,但在语句块中没有对时钟沿的引用,则为开节点描述,综合结果为组合逻辑或自动机逻辑,反之,语句块中有时钟沿的引用,则为闭节点描述。除非特别声明,本书后续讨论中所叙述的开节点均为绝对开节点。

表 4 - 1　开节点和闭节点的 HDL 描述

Verilog		VHDL	
开节点描述	闭节点描述	开节点描述	闭节点描述

always @ (*)
begin
　<开节点 FA 描述语句>
end
	always @ (posedge clk)
	begin
	　<闭节点 FA 描述语句>
	end
		process(reset,a, b)
		begin
		　<开节点 FA 描述语句>
		end process;
			process(clk, reset)
			begin
			　if (clk'event and clk = '1') then
			　<闭节点 FA 描述语句>
			　end if;
			end process;

1. 信号敏感表中没有时钟沿 2. 代码将被综合成组合逻辑	1. 信号敏感表中有时钟沿 2. 综合成一个闭节点 3. 隐式描述节点寄存器	1. 信号敏感表中没有时钟 2. 块中没有对时钟沿的引用 3. 代码将被综合成组合逻辑	1. 信号敏感表中有时钟 2. 块中有对时钟沿的引用 3. 综合成一个闭节点

现代同步电路理论(参考同步相关引文)中,对于同步信号在某个时刻的值,定义是其右侧逼近时钟沿的值,基于此,将节点的输入视为激励(Stimulate),输出视为响应(Response),则单个节点的激励和响应必定相差一拍,即

$$R(t_{clk}) = FA[S(t_{clk} - T_{clk})]　\qquad (4-13)$$

式中:

R:节点的输出响应信号,该信号为 clk 时钟域的同步信号;

S:节点的输入激励信号,该信号亦是 clk 时钟域的同步信号;

FA:节点的有限自动机模型;

t_{clk}:时钟沿采样点,即由时钟引入的离散时间观察点;

T_{clk}:当前节点驱动时钟的时钟周期。

式(4-13)的物理意义为:单个节点(闭节点或等效节点),输入和输出的潜伏期为一拍,即基于节点的输入激励和输出响应之间,具有单拍潜伏期规律。本书中称为同步电路第一定理,使用该物理规律,可以准确地进行同步电路的设计。本章后续的状态机设计,将采用这种基于物理规律的"架构—节拍—状态转移"的设计流程。

4.3　有限状态机的编码描述

在 4.1 节理论模型基础上实现有限状态机的编码描述,常用三种方式:

(1) 用 1 个 HDL 的循环行为体(见 3.4.2 节)描述摩尔或米利有限状态机,称为一段式描

述(One - Segment Description)。

（2）用 2 个 HDL 的循环行为体描述 FSM（摩尔或米利），称为二段式描述（Two— Segments Description）。

（3）用 3 个 HDL 的循环行为体描述 FSM（摩尔或米利），称为三段式描述（Three— Segments Description）。

4.3.1 有限状态机的一段式描述

图 4 - 11 为一段式描述的框图结构。一段式在一个行为语句块中（Verilog 为 always，VHDL 为 process）中，包括全部摩尔机框图结构（见图 4 - 6）或全部米利机框图结构（见图 4 - 7）。也就是说，在这一个语句块中，包含了状态转移逻辑，状态寄存器逻辑和输出逻辑。由于是闭

图 4 - 11 有限状态机一段式描述的代码模型

节点描述，所以较之图 4 - 6 和图 4 - 6，增加了输出端的寄存器。图 4 - 12 和图 4 - 13 是其内部架构。

注意：代码模型中，输入信号在代码中对应被引用的信号，出现在赋值号右侧或 if、case 语句的引用括弧中；输出信号在代码中对应被驱动的信号，出现在赋值号左侧。关于代码模型，参见 3.9 节"代码模型分析"。

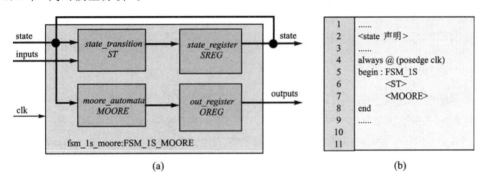

图 4 - 12 摩尔状态机的一段式描述

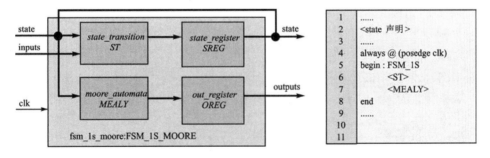

图 4 - 13 米利状态机的一段式描述

图 4 - 12(b)和图 4 - 13 分别为摩尔状态机和米利状态机的一段式代码模型架构，其装配关系和特性总结如下（以摩尔机为例，米利机类似）：

（1）闭节点，故信号敏感表中出现一个未被引用的沿敏感信号 clk。

（2）在循环行为体 FSM_1S_MOORE 中（begin－end 块），描述 ST，则综合得到 ST（见图 4-12(a)）。

（3）在循环行为体 FSM_1S_MOORE 中描述 MOORE，则综合得到 MOORE（见图 4-12(a)）。

（4）基于闭节点的描述（有且有一个未被引用的沿敏感信号 clk），则隐含描述了关联传输输出的 SREG 寄存器和关联摩尔输出的 OREG 寄存器，综合器生成这两个隐含描述的寄存器。

（5）据代码模型，循环行为体中 state 即是输入，又是输出，则即被引用，又被驱动；出现在赋值号的右侧或引用括弧中，又出现在赋值号的左侧。又由于循环行为体所处的上层有其声明（state 声明），故形成迭代。

（6）对比摩尔机的理论模型（见图 4-6），如理论模型中有的结构，代码架构（见图 4-12(a)）中有，并且连接关系一致；但理论模型中没有的结构（OREG）在代码架构（见图 4-12(a)）也有。则代码模型中比理论模型多了一个输出寄存器，则图 4-12 满足有限状态机（理论模型）的充分条件，但却不是必要条件（一段代码模型是一个充分但不必要的状态机模型）。

（7）由于有限状态机理论模型中的 next_state 为隐式寄存器描述的中间信号，RTL 层中没有这个信号，故将仅有的 current_state 直接写成 state。

一段式描述代码比较简洁，转配关系清晰，输出和转移的关系也非常明确，是 EDA 中常用的一种描述方式。但由于其并非充分必要的有限状态机理论模型，数学物理分析时（例如 Simulink）必须注意。另外，一段式描述是闭节点输出，允许输入和输出之间构成迭代，即输入信号和输出信号可以同名。允许迭代时为设计提供许多便利。

4.3.2　有限状态机的二段式描述

使用两个循环行为体描述 FSM 为二段式描述，它的代码模型如图 4-14 所示。

注意：二段描述时，其第一段 FSM_2S1 为闭节点，其第二段 FSM_2S2 为开节点，并且此时的状态信号是由当前状态 current_state 和下一个状态 next_state 组成（见图 4-15 和图 4-16）。

图 4-15(b) 和图 4-16 分别为摩尔状态机和米利状态机的二段式代码模型架构，其装配关系和特性总结如下（同样以摩尔机为例，米利机类似）：

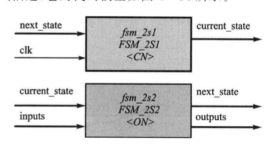

图 4-14　有限状态机二段式描述的代码模型

（1）第一段 FSM_2S1 为闭节点，故它的信号敏感表中出现唯一未被引用的沿敏感信号 clk。

（2）第二段 FSM_2S2 为开节点，故它的信号敏感表中填以星号。

（3）第一段 FSM_2S1 循环行为体中隐式描述 SREG（行 4～7），故综合得到隐式描述（见图 4-15(a)）。

（4）第二段 FSM_2S2 循环行为体开节点描述 ST（行 11），综合得到体开节点描述（见图 4-15(a)）。

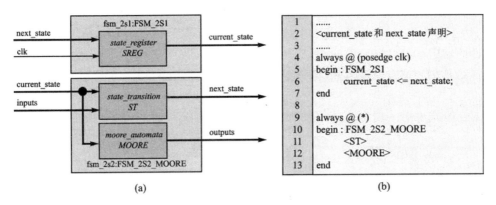

图 4 - 15　摩尔状态机的二段式描述

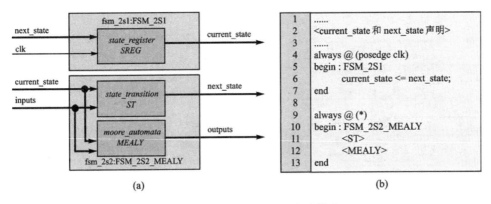

图 4 - 16　米利状态机的二段式描述

（5）第二段 FSM_2S2 循环行为体开节点描述 MOORE（行 12），综合得到 MOORE 自动机（见图 4 - 15(a)）。

（6）对比摩尔机的理论模型（见图 4 - 6），理论模型中具有的结构、代码模型（见图 4 - 16 (a)）中有，并且连接关系一致；理论模型中没有的结构在代码模型（见图 4 - 16(a)）也没有。因此二段式状态机的代码模型是一个充分必要的有限状态机模型。

（7）在二段式状态机的代码模型中，状态信号 next_state 不再是隐含描述，RTL 层中有这个信号，故编码中必须声明这个信号。

二段式状态机描述是最经典和完备的描述，许多工具手册点名这种描述方式，其数学物理特征充分，很容易与第三方的理论工具对接。EDA 的工具对其的支持力度也是最大的。二段式状态机描述适合大规模高速逻辑的设计，其缺点是设计过程工作量比较大，开节点信号处理比较复杂烦琐（毛刺，冒险竞争，生成锁存器，非安全行为），控制设计和调试过程关注点比较多，尤其是摩尔机的二段状态机，既要考虑基于节点的单拍潜伏期规律，又要考虑基于组合逻辑或绝对开节点的零拍潜伏期，会提高设计的难度。但毋庸置疑，二段式描述，尤其是二段式摩尔机描述是高速数字电路中性能最优秀的一种设计方案。

4.3.3　有限状态机的三段式描述

使用三个循环行为体描述有限状态机为三段式描述，它的代码模型如图 4 - 17 所示。

考虑到二段开节点输出信号设计处理的复杂性（冒险竞争和非安全行为），将其中的 FSM2S2 的输出逻辑写成闭节点，则可以得到安全且便于处理的闭节点同步信号（见图 4-18 和图 4-19）。

（1）三段式中第一段 FSM_3S1，则是 FSM_2S1。

（2）三段式中的第二段 FSM_3S2，则是 FSM_2S2 输出部分去除 outputs 信号。

（3）三段式中的第三段 FSM_3S3，则是 FSM_2S2 改变为闭节点，并去除 next_state 输出。

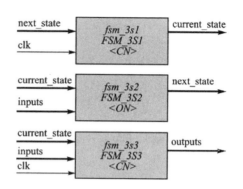

图 4-17　有限状态机三段式描述的代码模型

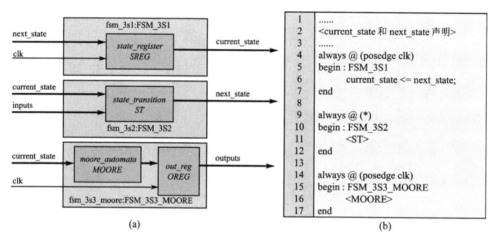

图 4-18　摩尔状态机的三段式描述

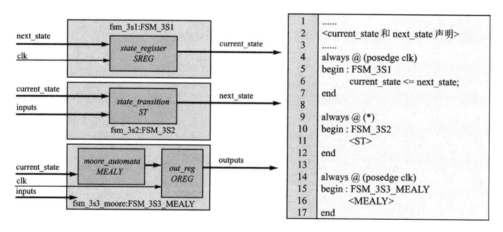

图 4-19　米利状态机的三段式描述

图 4-18(b)和图 4-19 分别为摩尔状态机和米利状态机的三段式代码模型架构，其装配关系和特性总结如下（同样以摩尔机为例，米利机类似）：

（1）第一段 FSM_3S1 为闭节点，故它的信号敏感表中出现唯一未被引用的沿敏感信号 clk。

（2）第二段 FSM_3S2 为开节点，故它的信号敏感表中出现星号。

（3）第二段是 FSM_2S2，输出部分删除 outputs 信号的剩余部分，故行为体中仅描述 ST（行 11），综合得到 ST（见图 4-18（b）的 FSM_3S2）。

（4）第一段 FSM_3S1 循环行为体中隐式描述 SREG（行 4～7），综合得到 SREG（见图 4-18（a））。

（5）第三段 FSM_3S3 循环行为体闭节点描述摩尔机（行 16），综合得到摩尔机同时得到隐含描述的 OREG（见图 4-18（a）FSM_3S3）。

（6）对比摩尔机的理论模型（见图 4-6），理论模型中具有的结构，代码模型（见图 4-18（a））中有，并且连接关系一致；理论模型中没有的结构在代码模型（见图 4-18（a））也有（OREG）。因此三段式状态机的代码模型也是一个充分且不必要的有限状态机模型。

（7）同样在三段状态机的代码模型中，状态信号 next_state 不再是隐含描述，RTL 层中有这个信号，故编码中必须声明这个信号。

三段式描述的好处是：

（1）闭节点输出的同步信号便于处理。

（2）模型接近二段式，可以等效为二段式，比较一段式更便于数学分析。

（3）三段式描述中，输出逻辑和转移逻辑分别放置在不同的循环行为体中，便于综合器识别和优化。

缺点是：

（1）综合面积和功耗比较大。

（2）速度性能居中。

（3）设计者编码时，输出逻辑和转移逻辑分别描述时会带来不便。

有限状态机的设计应遵循本节讨论的描述方式，引用正确的信号和驱动正确的信号，方能得到具有数学物理背景支持的优秀架构，并且能够得到工具的正确支持（状态机优化），异想天开的行为描述，会导致或者不可综合，或者综合得到的是一个不稳定不安全的电路系统。后续章节还将介绍有限状态机和确定性有限状态机的特例和拓展：线性序列机和算法状态机以及它们的控制—管理模式（FSMD，ASMD）。

除常用的这三段式描述，有一种多段式描述，将 FSM_3S3 的每一个输出信号用一个循环行为体描述。从第 7 章《可综合编码》可知：这种多段式描述在综合结果上完全等效于 FSM_3S3。

4.4　状态转移图

简单的有限状态机设计可以在稍做规划后立即开始编码。但复杂的设计，不仅需要精细地规划，还需要不断地修改更新。代码的维护、重用和项目的再实现时，需要这些准确的规划信息。因此，就需要有一种手段能够将这种规划信息描绘出来。状态转移图就是最经典也是最常用的规划方法。

经典数字电路设计中的状态转移图，常使用一个分式形式描述在发生转移时的输入（激励)和输出(响应)的关系,或者在特定状态下的输入(激励)和输出(响应)的关系。这两者在传统的状态转移图中是不加区别的,设计者主观或客观的站在转移角度讨论分析,或站在状态角度讨论分析,或者兼而有之。两种分析方法唯一的不同就是基于状态的描述其分式绘制在状态的圆中,基于转移的描述绘制在转移线段附近。引入 EDA 之后,电路逻辑的规模大,信号多,因果关系复杂,传统的状态转移图常常无能为力,因而引入改良的状态转移图。某些文献反映出算法流程图 ASM Charts 的状态转移图替代。虽然 ASM Charts 的确具有状态转移图不具备的优点(例如条件分支),但也有非常重要的缺陷。在现代数字设计中,ASM Charts 是无法完全替代(改进)的 STG。

关于状态转移图和 ASM Charts,本书的观点是整体设计仍然需要依据(改进)状态转移图,但局部转移则可以用 ASM Charts 讨论和描述。本书后续某些设计例子中将采用这种方法。

状态机设计时,基于状态的分析讨论和基于转移的分析讨论,将会得到性能目的完全不同的结果。因此,引入 EDA 后改进的状态转移图(见图 4-20)中对这两种描述做了重要的区分:

(1) 用圆表示状态,称其为节点。

(2) 用带箭头的线段表示转移,称其为峰(Edge)。

(3) 将基于转移图中状态的描述称为 NBD(Node-Based Description),即设计者站在状态的角度讨论信号之间的因果关系。

(4) 将基于转移图中转移的描述称为 EBD(Edge-Based Description),即设计者站在转移的角度讨论信号之间的因果关系。

(5) NBD 仍然是一个分式,分子是状态名和可选的条件(输入),有多个条件可以分行写;分母则是关联的输出驱动,有多个输出驱动时可以分行写。分子可以没有条件,但不能没有状态名。本书约定 NBD 用灰色背景文本框描述。

(6) EBD 也仍然是一个分式,分子是可选的(输入)条件,分母则是关联的输出驱动。分子和分母也可以多行描述。无条件的转移描述时,分子填写星号;无驱动的转移描述,没有分母,则分数线可省略;无条件无驱动的转移,则完全省略 EBD;与当前状态的其余所有转移条件相悖的无驱动转移,也可以全部省略 EBD。本书约定 EBD 用白色背景文本框描述。

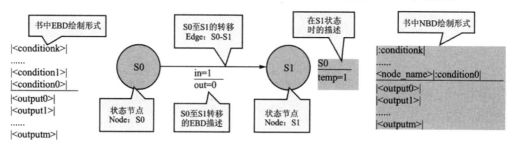

图 4-20 状态转移图的节点和峰

例 4-1:如图 4-21 所示的一个序列检测器 detector(1001)对其进行状态转移图设计及建模验证。

图中所示,当串行输入端出现 1001 的信号时,检测器应该在下一拍发出一个序列检测标志(detected 输出一拍高电平)。这样的序列检测器被用作串行传输时帧的同步,其状态转移图如图 4-22 所示。

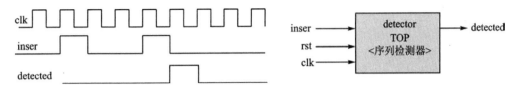

图 4 - 21 检测 1001 序列的序列检测器

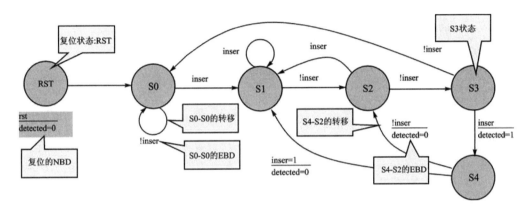

图 4 - 22 序列检测器的状态转移图

根据状态转移图,使用有限状态机的一段式建模,并使用 VHDL 语言编码见例程 4 - 1。

```
1   library ieee;
2   use ieee.std_logic_1164.all;
3
4   entity detector is
5       port(
6           clk      :      in      std_logic;
7           rst      :      in      std_logic;
8           inser    :      in      std_logic;
9           detected :      out     std_logic);
10  end detector;
11
12  architecture behaviour of detector is
13
14      type state_type is (s0, s1, s2, s3, s4);
15      signal state : state_type;
16
17  begin
18
19      process(clk, rst, inser)
20          begin
21      if (clk'event and clk = '1') then
22          if (rst = '1') then
23          detected <= '0';
24          state <= s0;
25          else
26          case state is
27              when s0 =>      if (inser = '0') then
28                      state <= s0;
29                  else
30                      state <= s1;
31                  end if;
32
```

例程 4 - 1 序列检测器的 VHDL 代码

```
1          when s1 =>      if (inser = '0') then
2                     state <= s2;
3                 else
4                     state <= s1;
5                 end if;
6
7          when s2 =>      if (inser = '0') then
8                     state <= s3;
9                 else
10                    state <= s1;
11                end if;
12
13         when s3 => if (inser = '0') then
14                    state <= s0;
15                else
16                    detected <= '1';
17                    state <= s4;
18                end if;
19
20         when s4 => if (inser = '0') then
21                    detected <= '0';
22                    state <= s2;
23                else
24                    detected <= '0';
25                    state <= s1;
26                end if;
27             end case;
28          end if;
29       end if;
30    end process;
31
32 end behaviour;
```

例程 4 - 1 序列检测器的 VHDL 代码(续)

例程 4 - 1 中,使用 Case - When 语句描述状态转移图(见图 4 - 22),其测试平台代码如例程 4 - 2 所示。

```
1  library ieee;
2  use ieee.std_logic_1164.all;
3
4  entity detector_tb is
5  end detector_tb;
6
7  architecture behaviour of detector_tb is
8
9     component detector
10        port(
11            clk      :     in      std_logic;
12            rst      :     in      std_logic;
13            inser    :     in      std_logic;
14            detected :     out     std_logic);
15     end component;
16
17     signal clk : std_logic : = '0';
18     signal rst : std_logic : = '1';
19     signal inser : std_logic : = '0';
```

例程 4 - 2 序列检测器的测试平台

```
20      signal detected : std_logic;
21
22   begin
23
24      u1 :      detector port map(
25               clk => clk,
26               rst => rst,
27               inser => inser,
28               detected => detected);
29
30      clk_pro : process
31      begin
32          wait for 0  ns;      clk <= '0';
33          wait for 10 ns;      clk <= '1';
34          wait for 10 ns;      clk <= '0';
35      end process;
36
37      rst_inser_pro : process
38      begin
39          wait for 0       ns;      rst <= '1';
40          wait for 211     ns;      rst <= '0';
41          wait;
42      end process;
43
44      inser_pro : process
45      begin
46          wait for 0       ns;      inser <= '0';
47          wait for 311     ns;      inser <= '1';      - - 01001
48          wait for 20      ns;      inser <= '0';
49          wait for 20      ns;      inser <= '0';
50          wait for 20      ns;      inser <= '1';
51          wait for 20      ns;      inser <= '1';      - - 1111
52          wait for 20      ns;      inser <= '1';
53          wait for 20      ns;      inser <= '1';
54          wait for 20      ns;      inser <= '1';
55          wait for 20      ns;      inser <= '0';      - - 0010
56          wait for 20      ns;      inser <= '0';
57          wait for 20      ns;      inser <= '1';
58          wait for 20      ns;      inser <= '1';
59
60          wait;
61      end process;
62
63   end behaviour;
64
```

例程 4-2   序列检测器的测试平台(续)

根据上述状态转移图的性质和约定,得到一些常用的规律和表示方法如下:

(1) 将复位视作一种状态进行描述,但是复位引起的状态转移则省略。同步复位既可用基于转移节拍的描述,亦可用基于节点状态的描述;异步复位则仅可用基于节点状态的描述。因此,本书后续部分的复位均采用基于节点状态的描述。

（2）输出信号没有新的驱动时，对该信号的描述可省略，如 detected＝0 描述省略了。

（3）在有限状态机同步描述中，基于转移节拍的描述适合描述米利机输出，基于转移状态的描述适合描述米利机输出，也适合描述摩尔机输出。

（4）在 FSM 的同步类型中，基于转移节拍的描述适合描述同步信号或闭节点闭节点信号，不适合描述开节点信号。基于转移状态的描述不仅适合描述同步信号（或闭节点信号），也可以用于描述异步信号（或开节点信号）。

（5）基于转移节拍的描述比较直观，简洁，描述内容必须与时钟沿关联。

（6）基于转移状态的描述略微抽象，便于优化，描述内容不必与时钟沿关联。

状态转移图是有限状态机设计的基础，编码之前应该将其绘制出来，并进行必要的调整，然后根据状态转移图编写代码，这样编写出的代码条理清晰，便于分析和维护，是设计文档中最重要的部分之一。但状态转移图也有局限性，也能够反映出状态转移过程，但对于有限状态机的信号逻辑（控制）流程，无法准确反映。此外，状态转移图中对于时钟节拍分析，仅能揭示模块内部信号的时钟节拍关系，至于模块上层和下层，以及打平后的时钟节拍关系无法体现。尽管如此，状态转移图仍是最重要的设计辅助工具。在随后的设计例子中，将充分讨论基于转移节拍的描述与基于转移状态的描述，如摩尔和米利、闭节点输出和开节点输出之间的关系。

在第 5 章"同步电路基础"中，将采用更严谨并且更适合 EDA 大规模集成电路设计的流程进行有限状态机的设计：基于架构得到的同步信号节拍关系，基于同步信号的节拍关系得到的状态信号因果关系，称为"架构—节拍—状态转移图"流程。并引入状态转移图设计的标准图样 TPS(The Pattern of STG)解决方案，在特定的条件下引用特定的 TPS，将多快好省地解决复杂设计问题。TPS 图样的使用，类似采用已经证明的三角函数转换公式解决现场复杂的三角计算问题。

4.5　有限状态机设计例子：参数可定制分频器

本节将以一个分频器的设计为例（见图 4 - 23），分别用 FSM_1S、FSM_2S、FSM_3S 三种不同方式进行建模，并讨论状态转移图中有关基于转移节拍和基于转移状态的描述，讨论摩尔和米利机以及与闭节点和开节点信号之间的关系。

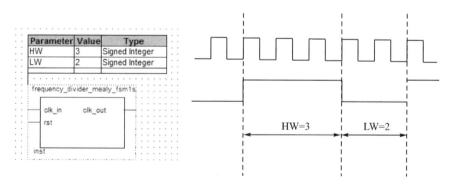

图 4 - 23　具有定参占空比和分频数的分频器例子

图 4 - 23 所示参数可定制的分频器（LPM），是一个通过设置输出参数可定制模块高电平的时钟数和低电平的时钟数，可以获得指定占空比和分频数的一个分频器。复位信号采用低

电平有效的同步复位 rst_n。这样的分频器用途很多,比如可以从参考时钟分频出所需要的较低频率,提供给诸如 UART、IIC、矩阵键盘、LED 数码管显示等,甚至可以直接用它驱动无源蜂鸣器,以获得音乐交互。

在采用 FSM 进行编码前,首先要讨论需要哪些内部存储信号,即由于计数节拍的需要,需要一个计数器。为了提供比较大的分频,将该计数器设置为 32 位,因此可以提供从 $2^1 \sim 2^{32}$ $-1(2 \sim 2\ 294\ 967\ 296)$ 的分频。若输入时钟频率为 clk_in,输出时钟频率为 clk_out,占空比 50% 时,HW=LW=DW,则有如图 4-24 所示。

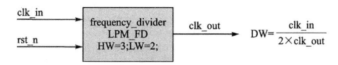

图 4-24　分频器的符号和计算公式

4.5.1　基于转移观点的 FSM_1S 编码米利机设计方案

例 4-2:考虑采用 FSM 的一段式描述的米利机,并采用基于转移观点设计分频器(fd_ebd _mealy_1s),如图 4-25 所示。

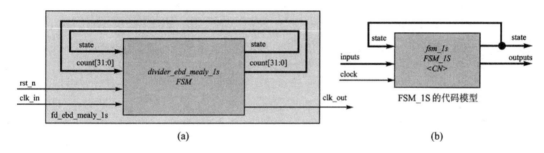

图 4-25　采用 ebd_mealy_1s 方案的分频器代码模型

图 4-25 中在分频器顶层 LPM_FD 内部,仅有一个隐模(斜体字框图)的有限状态机,由于采用 FSM_1S 方案,对照 4.5.1 节关于 FSM_1S 的讨论(见图 4-25(b)),其输入信号包括 count、rst_n;其输出信号包括 count、clk_out。由于是闭节点模型,允许迭代,故输入信号和输出信号允许同名。

根据代码模型分析(见 3.9 节),输入信号是代码块中被引用的信号;输出信号是代码块中被驱动的信号,则 count、state 两个信号既被引用,又被驱动,代码块中既出现在赋值号右侧或引用括弧中,又出现在赋值号的左侧。

根据同步电路的基于节点的单拍潜伏期规律(见 4.2 节或第 5 章"同步电路基础"),根据架构绘制时序图的闭节点用 1.5 磅黑边框,如图 4-26 所示。

图 4-26 设计时序中,依据架构(见图 4-25)和同步电路第一定理(基于节点的单拍潜伏期)绘制。图中用带箭头虚线反映这种基于节点的单拍潜伏期规律,不带箭头一端,指向激励时刻和激励信号,带箭头一端指向响应时刻和响应信号,单节点的激励响应潜伏期为一拍:

(1) 在 T0 时刻,输入激励 rst_n 导致 state 和 clk_out 在 T1 时响应。

(2) 在 T3 时刻,输入激励 cnt 为 2(HW−1)时,导致 state 和 clk_out 在 T4 时响应。

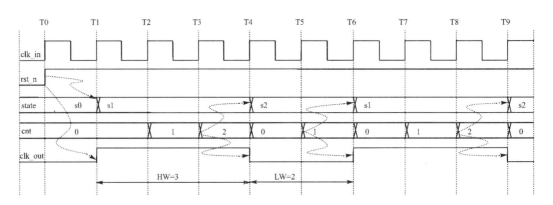

图 4 - 26　分频器的米利机一段式基于转移节拍的设计时序

（3）在 T5 时刻，输入激励 cnt 为 1（LW—1）时，导致 state 和 clk_out 在 T6 时响应。

（4）在 T8 时刻，输入激励 cnt 为 2（HW—1）时，导致 state 和 clk_out 在 T9 时响应。

根据有限状态机定理推论（见 4.1 节式（4—6）），时序图中的每一个时刻均对应状态转移图中的一个转移，得到的状态转移如图 4 - 27 所示。

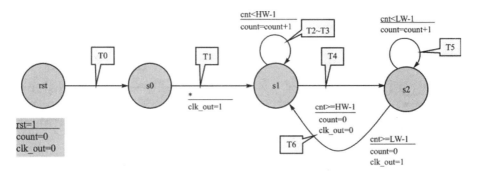

图 4 - 27　采用 FSM_1S - Mealy - EBD 方案分频器的状态转移图

状态转移图设计的实质，是根据同步电路物理规律进行状态转移图信号之间的因果关系设计。时序图中同步信号在某个时刻的取值，是按照"右侧逼近"原则进行，即对应时刻时钟沿右侧的数值为当前时刻信号的数值，因此，在 T3 时刻，"因"是 cnt 为 2（即 HW - 1），"果"是 T4 时刻的响应的状态转移至 s2，以及 clk_out 驱动为 0。

从这种改进的状态转移图（见图 4 - 27）中，就立即可以评估其状态机的性能和特性：

（1）所有输出都写在基于转移节拍的分母，是站在转移角度考虑状态因果关系。因此该图可称为是基于转移节拍设计的状态转移图。

（2）其中 S1 - S1、S1 - S2、S2 - S2、S2 - S1 这些基于转移节拍，分子中有引用信号，赋值号右侧有引用信号（count＝count＋1），则可判断为米利机（输出和输入关联）。

（3）输出驱动语句中，赋值号左右出现同名信号，count＝count＋1 中，count 信号既出现在左侧，又出现在右侧，则 count 必定综合为上层的迭代。因此，该状态转移图仅可以用于支持输入输出迭代的闭节点结构，即 FSM_1S 和 FSM_3S，不支持开节点结构的 FSM_2S。

根据图 4 - 27 编写代码（见例程 4 - 3）以及其测试代码（见例程 4 - 4），得到仿真波形（见图 4 - 28）。

```
1    module fd_ebd_mealy_1s(clk_in, rst_n, clk_out);
2
3        parameter HW = 3;
4        parameter LW = 2;
5
6        input clk_in, rst_n;
7        output reg clk_out;
8
9        reg [31:0] count;
10       reg [1:0] state;
11
12       localparam s0 = 2'd0;
13       localparam s1 = 2'd1;
14       localparam s2 = 2'd2;
15
16       always @ (posedge clk_in)
17       begin : FSM
18           if (! rst_n)
19               begin
20                   count <= 0;
21                   clk_out <= 0;
22                   state <= s0;
23               end
24           else
25               case (state)
26                   s0 : begin
27                           clk_out <= 1;
28                           state <= s1;
29                       end
30
```

```
1                    s1 : if (count < HW - 1)
2                            begin
3                              count <= count + 1;
4                              state <= s1;
5                            end
6                         else
7                            begin
8                              count <= 0;
9                              clk_out <= 0;
10                             state <= s2;
11                           end
12
13                   s2 : if (count < LW - 1)
14                            begin
15                             count <= count + 1;
16                             state <= s2;
17                           end
18                         else
19                           begin
20                             count <= 0;
21                             clk_out <= 1;
22                             state <= s1;
23                           end
24               endcase
25       end
26
27   endmodule
28
29
30
```

例程 4 - 3　分频器 EBD_MEALY_1S 方案的代码

1	timescale 1ns/1ps
2	
3	module fd_ebd_mealy_1s_tb;
4	
5	reg clk_in, rst_n;
6	wire clk_out;
7	
8	fd_ebd_mealy_1s DUT(
9	.clk_in(clk_in),
10	.rst_n(rst_n),
11	.clk_out(clk_out)
12	);
13	
14	initial begin

1	clk_in = 1;
2	rst_n = 0;
3	
4	#200
5	@ (posedge clk_in)
6	rst_n = 1;
7	
8	#2000 $ stop;
9	end
10	
11	always #10 clk_in = .~clk_in;
12	
13	endmodule
14	

例程 4 - 4　分频器 fd_ebd_mealy_1s 的测试代码

建模代码(见例程 4 - 3)中,行 9 和行 10 是声明架构图 4 - 25 中的中间信号(未出顶层边框的信号,它们是 count 和 state);行 16~27 用一个循环行为体有限状态机描述图 4 - 27,注意此时编码者的任务不是用行为语句做现场的发挥,而是精密描述状态转移图。

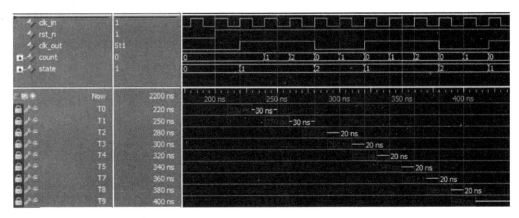

图 4 - 28　分频器 fd_ebd_mealy_1s 的仿真波形

4.5.2　基于状态观点的 FSM_1S 编码米利机设计方案

例 4 - 3:采用基于节点(状态)的设计分频器(fd_nbd_mealy_1s),如图 4 - 29 所示。

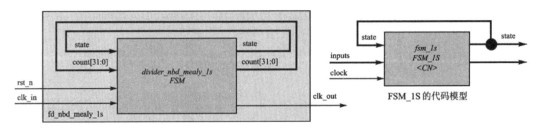

图 4 - 29　采用 nbd_mealy_1s 方案的分频器代码模型

基于节点(状态)仅仅是分析问题的角度不同,架构仍然同前(见图 4-25)。基于状态的因果分析,可以用一个状态 s_h 描述高电平周期,另一个状态 s_l 描述低电平周期,状态机在对应的状态下产出对应的输出,图 4-26 时序图仅仅是 clk_out 输出具有单拍潜伏期的改变(见图 4-30)。

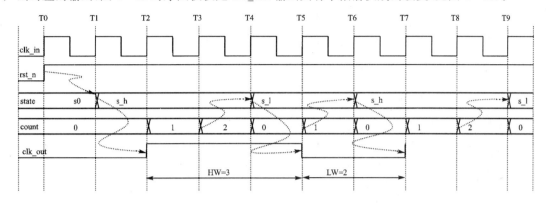

图 4-30 分频器的米利机一段式 NBD 设计时序

得到基于 NBD 观点的状态转移图(见图 4-31)和代码(见例程 4-5),仅从图中可得到评估如下:

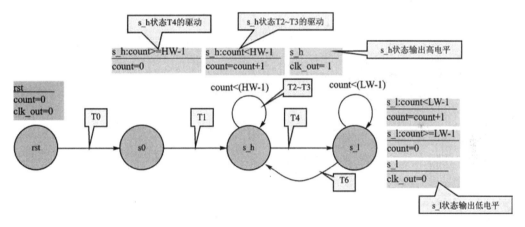

图 4-31 采用 FSM_1S-Mealy-NBD 方案的状态转移图

(1) 基于状态的观点:s_h 为高电平状态,s_l 为低电平状态。

(2) 所有的输出驱动都写在 NBD 的分母,该状态转移图是基于转移状态的设计。

(3) 状态转移图中仍有转移节拍,但所有的转移节拍仅仅描述输入和转移的关系,没有驱动分母。

(4) 图中的 s_h 至 s_l 转移没有写转移节拍,是由于这个转移节拍是无驱动(无分母),转移条件与当前状态其余转移条件相悖,故省略。

(5) 图中既有转移状态,又有转移节拍。转移状态文本框使用灰色背景,转移节拍的文本框使用白色背景。输入和输出之间的"因果关系"用转移状态描述;输入和转移之间的"因果关系"则用转移节拍描述。

(6) 转移状态描述框对应的时刻,为当前状态下输出转移的时刻。这可根据"无限节拍对应有限转移",每一个转移对应时序图上的一个时钟沿对齐的时标刻度(节拍)得到。

（7）由于转移状态分子部分有条件信号引用（例如 s_h 状态 T4 驱动转移状态，分子引用 count），故分母输出与输入关联，则是米利机。

（8）又由于转移状态分母部分赋值号两则存在同名信号（count＝count＋1），意味着有 count 将迭代，故该状态转移图仅适用 CN 状态机（FSM_1S，FSM_2S），不适用 ON 状态机（FSM_2S）。

```verilog
module fd_nbd_mealy_1s(clk_in, rst_n, clk_out);

    parameter HW = 3;
    parameter LW = 2;

    input clk_in, rst_n;
    output reg clk_out;

    reg [31:0] count;
    reg [1:0] state;

    localparam s0 = 2'd0;
    localparam s_h = 2'd1;
    localparam s_l = 2'd2;

    always @ (posedge clk_in)
    begin : FSM
        if (! rst_n)
            begin
                count <= 0;
                clk_out <= 0;
                state <= s0;
            end
        else
          case (state)
            s0   :    state <= s_h;

            s_h:    begin
                    clk_out <= 1;
                    if (count < HW - 1)
                        count <= count + 1;
                    else
                        count <= 0;
                    if (count < HW - 1)
                        state <= s_h;
                    else
                        state <= s_l;
                    end

            s_l:    begin
                    clk_out <= 0;
                    if (count < LW - 1)
                        count <= count + 1;
                    else
                        count <= 0;
                    if (count < LW - 1)
                        state <= s_l;
                    else
                        state <= s_h;
                    end
            endcase
    end

endmodule
```

例程 4 - 5   采用 FSM_1S - Mealy - NBD 方案的分频器代码

根据状态转移图(见图 4-31)编写的例程 4-5 中,s_h 状态既有基于节点的描述,又有基于节拍的描述,则在 begin-end 块(行 28～38)中,既描述了节点(行 29～33),又描述了节拍(行 34～37)。注意到节点带条件的两个分支描述,由于这两个条件是相悖的,故 else 语句不再需要叙述条件了。另外,注意到基于节点节拍的分别叙述,或者 begin-end 块中三个基于节拍分支和两个基于节点分支的分别描述,综合得到对应的独立电路,是一个"并联"结构,与描述先后顺序无关。其测试代码例程 4-6 所示。

```
1   `timescale 1ns/1ps
2
3   module fd_nbd_mealy_1s_tb;
4
5       reg clk_in, rst_n;
6       wire clk_out;
7
8       reg [23:0] state_monitor;
9
10      always @ ( * )
11      begin
12          case (DUT. state)
13              2'd0  : state_monitor = "s0";
14              2'd1  : state_monitor = "s_h";
15              2'd2  : state_monitor = "s_l";
16              default : state_monitor = "???";
17          endcase
18      end
19
20      fd_nbd_mealy_1s DUT(
21          .clk_in(clk_in),
22          .rst_n(rst_n),
23          .clk_out(clk_out)
24      );
25
26      initial begin
27          clk_in = 1;
28          rst_n = 0;
29
30          #200
31          @ (posedge clk_in)
32          rst_n = 1;
33
34          #2000 $ stop;
35      end
36
37      always #10 clk_in = ~clk_in;
38
39  endmodule
40
```

例程 4-6　采用 FSM_1S-Mealy-NBD 方案分频器的测试代码

例程 4-6 为基于节点方案的测试代码,其中行 8 声明了一个状态监视器,使得状态名在仿真波形中以 ASCII 码显示。仿真波形(见图 4-32)与设计时序(见图 4-30)一致。在这里后者是需求,前者是实现。

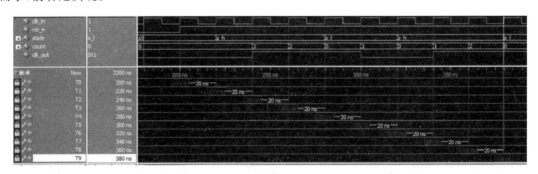

图 4-32　采用 FSM_1S-Mealy-NBD 方案分频器的仿真波形

4.5.3　基于转移观点的 FSM_3S 编码米利机设计方案

例 4 - 4:考虑采用有限状态机的三段式描述的米利机,并采用基于节点转移设计分频器(fd_ebd_mealy_3s)。由于状态机的三段式描述 FSM_3S 和一段式描述均是闭节点输出,故 4.5.1 节的设计中的状态转移图支持闭节点输出,故可以直接使用。三段式描述的架构和代码模型如图 4 - 33 所示。

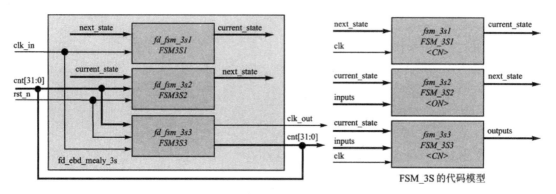

图 4 - 33　采用 ebd_mealy_3S 方案的分频器代码模型

其设计时序与图 4 - 26 相比,状态拆分为 current_sate 和 next_state(见图 4 - 34)。

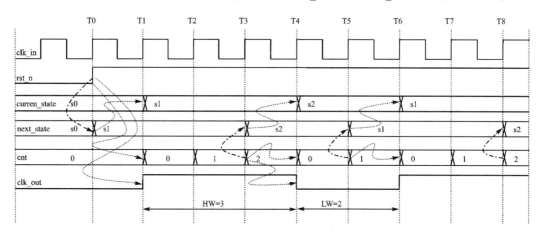

图 4 - 34　分频器的米利机三段式基于状态转移节拍的设计时序

图 4 - 34 中使用带箭头的点画线(零拍矢量线)描述开节点输入和输出的零拍潜伏期,仍然用带箭头的圆点虚线(单拍矢量线)表示闭节点输入和输出的单拍潜伏期,下面是图 4 - 34 设计时序的生成步骤:

(1) rst_n 激励和 next_state 响应,是开节点 FSM_3S2 的输入和输出,故用零拍矢量线绘制其激励—响应关系:不带箭头一端指向激励信号和激励时刻,带箭头一端指向响应信号和响应时刻。零拍矢量线的潜伏期是 0 拍,故 T0 时刻 rst_n 为 1(假)的激励导致 T0 时刻 next_state 响应(从 s0 转移至 s1)。

(2) next_state 激励和 current_state 响应,是闭节点 FSM_3S1 的输入和输出,故用单拍矢量线绘制其激励—响应关系:T0 时刻 next_state 的激励(转移至 s1),导致 T1 时刻 current_

state 的响应(转移至 s1)。

（3）rst_n 激励(激励包括输入信号和 current_state 信号)和 cnt 响应,是闭节点 FSM_3S3 的输入和输出,故用单拍矢量线绘制其激励—响应关系,即 T0 时刻 currnet_state＝s0 以及 rst_n 为 1 的激励导致 T1 时刻 cnt 响应为 0。

（4）同样,rst_n 激励(同样包括 current_state 激励)和 clk_out 响应,是闭节点 FSM_3S3 的输入和输出,用单拍矢量线绘制,其激励—响应关系,即 T0 时刻 current_state＝s0 以及 rst_n 为 1 的激励导致 T1 时刻 clk_out 为 1。

（5）cnt 激励(以及 current_state 激励)和 next_state 响应是 FSM_3S2 开节点的输入和输出,用零拍矢量线绘制:T3 时刻 cnt 为 2,current_state 为 s1,导致 T3 时刻 next_state 响应(转移至 s2)。

（6）next_state 激励和 current_state 响应是 FSM_3S1 闭节点的输入和输出,用单拍矢量线绘制,即 T3 时刻 next_state 为 s2 导致 T4 时刻 current_state 响应(s1 转移至 s2)。

（7）cnt 激励(以及 current_state 激励)和 clk_out 响应,是 FSM_3S3 闭节点的输入和输出,故用单拍矢量线绘制,即 T3 时刻 cnt 为 2 和 current_state 为 s1,导致 clk_out 响应为 0。

（8）依据架构中的开节点和闭节点激励—响应关系,得以完成全部时序设计。注意到激励—响应关系是人为的,依据架构得到的节拍关系则是物理规律,是固定的。人为的激励—响应关系要合理、优化和正确。

三段式状态机的状态转移图(见图 4-35)中,状态转移是 FSM_3S2 中流传输的描述,输出则是 FSM_3S3 的描述,其中基于状态转移节拍的分母动作发生的时刻对应该转移发生的时刻,分子引用条件信号发生的时刻则是前一拍。同样,从图中就可以得到状态机的性质:

（1）信号因果关系是基于转移观点的设计,该设计是基于状态转移节拍的设计。

（2）基于状态转移节拍的分式中,分子和赋值号右侧均有信号变量,故输出与输入关联,是米利机。

（3）赋值号左右出现同名信号,意味着有该信号将迭代,故该图仅适用于闭节点输出机器。

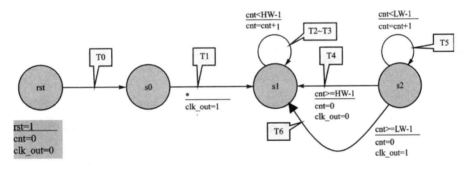

图 4-35　采用 FSM_3S-Mealy-EBD 方案的状态转移图

将图 4-35 与 FSM_1S-Mealy-EBD 方案的状态转移图(见图 4-27)相对比完全相同。对比两种方案的时序图,如果忽略 next_state,将 current_state 看成 state,则也完全相同。同步电路理论指出,此时闭节点输出状态机的状态转移图可以通用的(FSM_1S 和 FSM_3S 可共用)。据此得到的代码可见例程 4-7 和例程 4-8。

```
1    module fd_ebd_mealy_3s(clk_in, rst_n, clk_out);
2
3        parameter HW = 3;
4        parameter LW = 2;
5
6        input clk_in, rst_n;
7        output reg clk_out;
8
9        reg [31:0] cnt;
10       reg [1:0] current_state, next_state;
11
12       localparam s0 = 2'd0;
13       localparam s1 = 2'd1;
14       localparam s2 = 2'd2;
15
16       always @ (posedge clk_in)
17       begin : FSM3S1
18           current_state <= next_state;
19       end
20
21       always @ (*)
22       begin : FSM3S2
23           if (! rst_n)
24               next_state = s0;
25           else
26             case (current_state)
27               s0 : next_state = s1;
28               s1 : if (cnt < HW - 1)
29                   next_state = s1;
30                 else
31                   next_state = s2;
32               s2 : if (cnt < LW - 1)
33                   next_state = s2;
34                 else
35                   next_state = s1;
36             endcase
37       end
38
39       always @ (posedge clk_in)
40       begin : FSM3S3
41           if (! rst_n)
42               begin
43                   cnt <= 0;
44                   clk_out <= 0;
45               end
46           else
47             case (current_state)
48               s0 : clk_out <= 1;
49               s1 : if (cnt < HW - 1)
50                   cnt <= cnt + 1;
51                 else
52                   begin
53                       cnt <= 0;
```

例程 4 - 7　采用 FSM_3S - Mealy - EBD 方案的分频器代码

```
54              clk_out <= 0;
55            end
56        s2 : if (cnt < LW - 1)
57              cnt <= cnt + 1;
58          else
59            begin
60              cnt <= 0;
61              clk_out <= 1;
62            end
63          endcase
64      end
65
66  endmodule
```

例程 4 - 7   采用 FSM_3S - Mealy - EBD 方案的分频器代码(续)

```
1   timescale 1ns/1ps                    13          clk_in = 1;
2   module fd_ebd_mealy_3s_tb;           14          rst_n = 0;
3                                        15
4       reg clk_in, rst_n;               16          #200
5       wire clk_out;                    17          @ (posedge clk_in)
6                                        18          rst_n = 1;
7       fd_ebd_mealy_3s DUT(             19
8           .clk_in(clk_in),             20          #2000 $ stop;
9           .rst_n(rst_n),               21      end
10          .clk_out(clk_out)            22
11      );                               23      always #10 clk_in = ~clk_in;
12      initial begin                    24
```

例程 4 - 8   采用 FSM_3S - Mealy - EBD 方案分频器的测试代码

例程 4 - 7 为三段式编码,其中行 16~19 为 FSM_3S1;行 21~37 为 FSM_3S2;行 39~64 为 FSM_3S3。在 FSM_3S2 中,仅描述状态转移图中的转移,这些转移当然要参照基于节拍的分子;在 FSM_3S3 中,仅描述基于节拍的分母输出,当然需要同时描述输出的条件。图 4 - 36 是仿真波形与设计时序吻合。

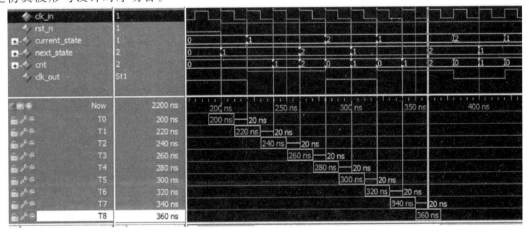

图 4 - 36   采用 FSM_3S - Mealy - EBD 方案分频器的仿真波形

4.5.4　基于转移观点的 FSM_2S 编码米利机外置计数方案

例 4-5：采用 FSM 的二段式描述的米利机，并采用基于状态转移节拍的设计分频器(fd_ebd_mealy_2s)，这是开节点信号用 EBD 描述的例子。考虑到分频器计数器的引用和驱动，若采用开节点机器 FSM_2S 必然存在违法迭代（组合电路的输入输出直联），故开节点机器中，引用计数值和驱动计数值必须分开。计数器外置方案如图 4-37 所示。

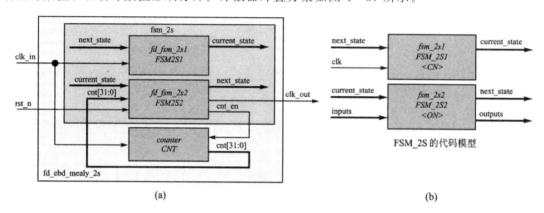

图 4-37　采用 ebd_mealy_2s 方案的分频器代码模型

其设计时序如图 4-38 所示。

（1）rst_n 激励和 next_state 以及 clk_out 响应是开节点 FSM_2S2 的输入和输出，故激励—响应的潜伏期为零拍。T0 时刻 rst_n＝1 的激励导致 T0 时刻 next_state 响应转移至 s1，导致 T0 时刻 clk_out 响应为 1。

（2）next_state 激励和 current_state 响应是闭节点 FSM_2S1 的输入和输出，其激励—响应潜伏期为 1 拍。T0 时刻 next_state＝s1 的激励导致 T1 时刻 current_state＝s1 的响应。

（3）current_state 激励和 cnt_en 响应是开节点 FSM_2S2 的输入和输出，其激励—响应潜伏期为零拍。T1 时刻 current_state＝s1 的激励导致 T1 时刻 cnt_en＝1 的响应。

（4）计数器 CNT 为闭节点，故其输入 cnt_en 激励和 cnt 响应始终为一拍。若前一拍 cnt_en＝0 的激励，导致下一拍 cnt＝0 的响应；若前一拍 cnt_en＝1 的激励，导致下一拍 cnt＝cnt＋1 的响应。

（5）cnt 激励和 next_state、cnt_en 以及 clk_out 响应，是 FSM_2S2 的输入和输出，其激励—响应潜伏期为零拍。T3 时刻 cnt＝2 的激励导致 T3 时刻 next_state 转移至 s2，cnt_en＝0 以及 clk_out＝0 的响应。

（6）类推，完成全部设计时序。

根据时序图得到状态转移图如图 4-39 所示。

不同于闭节点机器的状态转移图，FSM_2S 的状态转移图中，状态转移基于节拍的分子和分母均与对应的转移时刻关联（闭节点机器中分子条件和关联状态对应前一拍，分母对应当前拍），但状态转移基于节拍中关联的状态却仍然与前一拍对应。同样，从图中可得到以下机器的性能：

（1）所有因果关系均是基于转移的考虑，在发生转移时，其状态转移节拍的描述因果关系，故该图是状态转移节拍的设计。

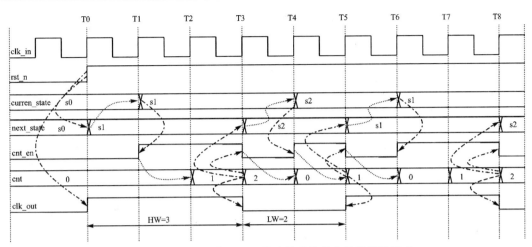

图 4-38　分频器米利机二段式基于转移节拍的设计时序

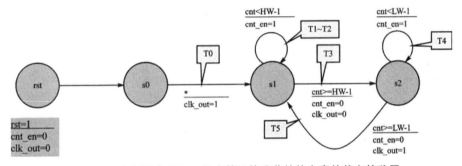

图 4-39　分频器米利机二段式基于转移节拍的方案的状态转移图

（2）虽然在所有包括输出分母的部分，赋值号右侧均是常数，但分子有引用信号 cnt，故输出与输入关联，是米利状态机。

（3）分母驱动部分，赋值号左右没有同名信号，故该机器没有迭代信号，可以用于开节点输出机器。虽然从迭代观点看，该图也同样适用于闭节点机器，但时序设计不同，因果关系不同，因此仍然不可以直接用于闭节点机器。

（4）分母输出是开节点信号，并不与时钟沿对齐，故基于转移节拍的的分母描述并不真实。

例程 4-9 代码中，行 9～11 描述图 4-37(a)的中间信号；行 17～20 描述 FSM2S1；行 22～61 描述 FSM2S2（开节点阻塞赋值）；行 63～69 描述外置计数器。例程 4-10 为其测试代码，图 4-40 为其仿真波形。

```
1   module fd_ebd_mealy_2s(clk_in, rst_n, clk_out);
2
3       parameter HW = 3;
4       parameter LW = 2;
5
6       input clk_in, rst_n;
7       output reg clk_out;
8
9       reg [31:0] cnt;
```

例程 4-9　分频器米利机二段式 EBD 方案的代码

```
10      reg cnt_en;
11      reg [1:0] current_state, next_state;
12
13      localparam s0 = 2'd0;
14      localparam s1 = 2'd1;
15      localparam s2 = 2'd2;
16
17      always @ (posedge clk_in)
18      begin : FSM2S1
19          current_state <= next_state;
20      end
21
22      always @ ( * )
23      begin : FSM_2S2
24          if (! rst_n)
25              begin
26                  cnt_en = 0;
27                  clk_out = 0;
28                  next_state = s0;
29              end
30          else
31            case (current_state)
32              s0 : begin
33                  clk_out = 1;
34                  next_state = s1;
35                end
36
37              s1: if (cnt < HW - 1)
38                  begin
39                      cnt_en = 1;
40                      next_state = s1;
41                  end
42                else
43                  begin
44                      cnt_en = 0;
45                      clk_out = 0;
46                      next_state = s2;
47                  end
48
49              s2 : if (cnt < LW - 1)
50                  begin
51                      cnt_en = 1;
52                      next_state = s2;
53                  end
54                else
55                  begin
56                      cnt_en = 0;
57                      clk_out = 1;
58                      next_state = s1;
59                  end
60            endcase
61      end
62
63      always @ (posedge clk_in)
64      begin : CNT
65          if (! cnt_en)
66              cnt <= 0;
67          else
68              cnt <= cnt + 1;
69      end
70
71  endmodule
72
```

例程 4 - 9　分频器米利机二段式 EBD 方案的代码(续)

```
1    timescale 1ns/1ps                        15        clk_in = 1;
2                                              16        rst_n = 0;
3    module fd_ebd_mealy_2s_tb;                17
4                                              18        #200
5        reg clk_in, rst_n;                    19        @ (posedge clk_in)
6        wire clk_out;                         20        rst_n = 1;
7                                              21
8        fd_ebd_mealy_2s DUT(                  22        #2000 $ stop;
9            .clk_in(clk_in),                  23    end
10           .rst_n(rst_n),                    24
11           .clk_out(clk_out)                 25    always #10 clk_in = ~clk_in;
12       );                                    26
13                                             27 endmodule
14       initial begin                         28
```

例程 4 - 10　分频器米利机二段式 EBD 方案的测试代码

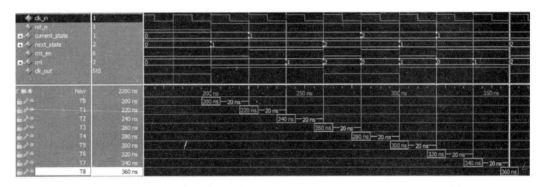

图 4 - 40　分频器米利机二段式 EBD 方案的仿真波形

4.5.5　基于状态观点的 FSM_2S 编码米利机外置计数方案

摩尔机的输出和输入无直接关联,仅与状态相关。因此,摩尔状态机的输入和输出之间的因果关系,是通过"先转移、再输出"的过程实现。由于摩尔机的输出仅直接关联状态,因此,基于节点状态观点的设计更适合描述摩尔状态机。

例 4 - 6:采用 FSM 的二段式描述的米利机,并采用基于状态观点设计分频器(fd_nbd_moore_2s),如图 4 - 41 所示。

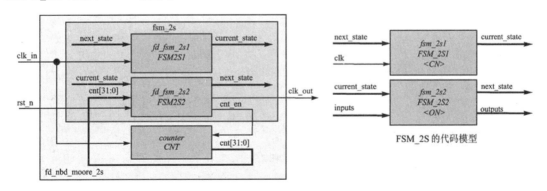

图 4 - 41　采用 nbd_moore_2s 方案的分频器代码模型

　　同样,FSM_2S 开节点机器不支持迭代信号,cnt 的引用和驱动必须分开,因此,计数器必须外置,其设计时序如图 4-42 所示。

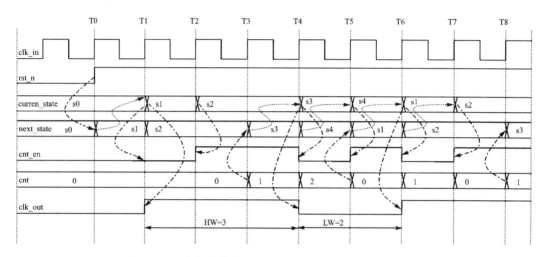

图 4-42　分频器摩尔机二段式基于节点转移的设计时序

　　图 4-42 与图 4-38 相对比,摩尔机设计的要点在于输入不能够直接与输入关联,输入输出不能直接形成因果关系,此时,输入和输出的因果关系是,输入必须先转移至一个特定的状态,在这个特定的状态下产生特定的输出,即"先转移、再输出"。这个特定的状态称为摩尔状态。摩尔状态下,状态是"因",输出是"果";而输入导致转移的状态称为临界状态。临界状态下,输入是"因",状态是"果"。因此,摩尔机的输入和输出的因果关系是由两个状态(临界状态发生转移,摩尔状态产生输出)实现。图 4-42 的生成步骤如下:

　　(1) rst_n 激励和 next_state 响应,是开节点 FSM_2S2 的输入和输出,潜伏期为零拍,故 T0 时刻 rst_n=1 的激励,导致 T0 时刻 next_state 转移至 s1。

　　(2) next_state 激励和 current_state 响应,是闭节点 FSM_2S1 的输入和输出,潜伏期为 1 拍,故 T0 时刻 next_state 转移至 s1 的激励,导致 T1 时刻 current_state 转移至 s1 的响应。

　　(3) 注意 s0 为临界状态,s1 为摩尔状态。current_state 激励和 cnt_en 以及 clk_out 响应,是开节点 FSM_2S2 的输入和输出,潜伏期为 0 拍,故 T1 时刻 current_state 转移至 s1 的激励,导致 T1 时刻 cnt_en=0 和 clk_out=1 的响应。

　　(4) 摩尔状态是用一个特定的状态产生输出,故这里仅仅需要一个状态节拍,current_state 激励和 next_state 响应是 FSM_2S2 的输入和输出,潜伏期为 0 拍,故 T1 时刻 current_state=s1 的激励,导致 T1 时刻 next_state=s2 的响应(该矢量线图中省略了)。

　　(5) s2 是临界状态,根据 cnt 响应转移。至于 s2 状态依据 cnt 的何值发生响应,时序图作业时可以"倒推"得到:由于要求的高电平宽度是 3 拍(HW=3),clk_out 在 T1 为高,则应该在 T4 时刻拉低。clk_out 响应的激励信号是 current_state,由于 current_state 和 clk_out 是 FSM_2S2 的输入和输出,潜伏期为 0 拍,故 T4 时刻 clk_out=0 的响应,必定是 T4 时刻 current_state 发生新转移的时刻(current_stae=s3)。

　　(6) 继续"倒推":由于 current_state 响应和 next_state 激励,是闭节点 FSM_2S1 的输出和输入,潜伏期为 1 拍,故 T4 时刻 current_state=s3 的激励,必定是由 T3 时刻 next_state=s3 的响应所导致。

（7）继续"倒推"，得到 cnt 的引用值：由于 next_state 的响应和其对应的激励 cnt，是开节点 FSM_2S2 的输出和输入，潜伏期为 0 拍。故 T3 时刻 next_state＝s3 的响应，必定是 T3 时刻 cnt＝1 的激励所导致。这里注意，同步信号均是时钟沿右侧取值，称为同步信号"右侧逼近"，另外宽度为 3 时（HW＝3），引用 cnt 为 1，则 cnt 的引用值＝WIDTH－2。

（8）因此，s2 为临界状态，s3 为摩尔状态，在产生输出的摩尔状态下，T4 时刻 current_stae＝s3 的激励，不仅导致 clk_out＝0 的响应，也导致外置计数器 cnt_en＝0 的响应，使得 cnt 重新归零，为低电平周期计数做准备。

（9）时序设计的其余部分，均可参照同步信号激励和响应的潜伏期关系得到（至少分析一个周期）。

根据图 4－42 得到基于节点的状态转移图如图 4－43 所示。

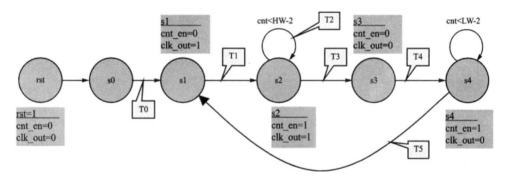

图 4－43　分频器摩尔机二段式 NBD 方案的状态转移图

二段式状态机的状态转移图中，输出信号发生的时刻仍然遵循架构：

（1）转移的引用是前一拍，即状态转移图中的峰关联是时刻，是 next_state 发生转移的时刻，基于状态转移节拍和无条件转移的关联状态则前一个状态。如 T0 是 s0 至 s1 的转移，是 next_state 发生的时刻，引用的状态是前一个 s0 状态；T3 时刻 next_state 转移至 s3，引用的是 s2 状态下的 cnt＝HW－2（闭节点 FSM_2S1 的单拍激励—响应）。

（2）基于节拍状态分母信号发生时刻是，current_state 等于分子状态名时发生转移的时刻，如 s1 状态的基于节点中分子 s1，分母 cnt_en＝0 和 clk_out＝1 的动作，发生在 current_state＝s1 期间发生的转移中（s1 转 s2）。

（3）关联输入和转移的 EBD 中，无驱动省略分母，分子信号发生的时刻与当前转移时刻为同一拍（开节点 FSM_2S2 的零拍激励—响应）。

同样，从图中可以分析得到：

（1）所有的输出均是以基于节拍状态分母描述，用 s1 和 s2 状态定义高电平周期，其中 s1 还用于驱动外置计数器归零；用 s3 和 s4 状态定义低电平周期，其中 s3 用于驱动外置计数器归零，故当前设计时基于状态观点的设计。

（2）描述输出的节点状态中，分子部分没有信号变量，分母赋值号右侧均为常数，故输出仅仅与当前状态有关，是摩尔机。

（3）所有输出驱动（节点状态分母驱动）中，赋值号左右没有同名信号，则该状态转移没有迭代信号，支持开节点状态机（FSM_2S）。

需要说明的是，摩尔机限制要求输出与输入无关，若赋值号右侧信号变量在当前输入/输出关联的临界状态＋摩尔状态下均确定为不变的数值,可视为常量,该机器仍然是摩尔机。例程 4 – 11 为其代码,图 4 – 44 为其仿真波形。

```verilog
module fd_nbd_moore_2s(clk_in, rst_n, clk_out);

    parameter HW = 3;
    parameter LW = 2;

    input clk_in, rst_n;
    output reg clk_out;

    reg [31:0] cnt;
    reg cnt_en;
    reg [2:0] current_state, next_state;

    localparam s0 = 3'd0;
    localparam s1 = 3'd1;
    localparam s2 = 3'd2;
    localparam s3 = 3'd3;
    localparam s4 = 3'd4;

    always @ (posedge clk_in)
    begin : FSM2S1
        current_state <= next_state;
    end

    always @ ( * )
    begin : FSM2S2
        if (! rst_n)
            begin
                cnt_en = 0;
                clk_out = 0;
                next_state = s0;
            end
        else
          case (current_state)
            s0 : next_state = s1;

            s1 : begin
                cnt_en = 0;
                clk_out = 1;
                next_state = s2;
            end

            s2 : begin
                cnt_en = 1;
                clk_out = 1;
                if (cnt < HW - 2)
                    next_state = s2;
                else
                    next_state = s3;
                end
```

例程 4 – 11　分频器摩尔机二段式状态转移图基于节点方案的代码

```
50
51          s3 : begin
52              cnt_en = 0;
53              clk_out = 0;
54              next_state = s4;
55            end
56
57          s4 : begin
58              cnt_en = 1;
59              clk_out = 0;
60              if (cnt < LW - 2)
61                  next_state = s4;
62              else
63                  next_state = s1;
64            end
65          endcase
66      end
67
68      always @ (posedge clk_in)
69      begin : CNT
70          if (! cnt_en)
71              cnt <= 0;
72          else
73              cnt <= cnt + 1;
74      end
75
76  endmodule
```

例程 4 - 11　分频器摩尔机二段式状态转移图基于节点方案的代码(续)

例程 4 - 11 中,行 9~11 描述架构(见图 4 - 11)的中间信号;行 19~22 描述如图 4 - 11 的 FSM_2S1;行 24~66 根据状态转移图(见图 4 - 43)描述 FSM_2S2;最后行 68~74 描述外置计数器。开节点 FSM_2S2 的行为驱动赋值为阻塞赋值。仿真波形如图 4 - 44 所示,与设计时序一致(测试代码类似,从略)。

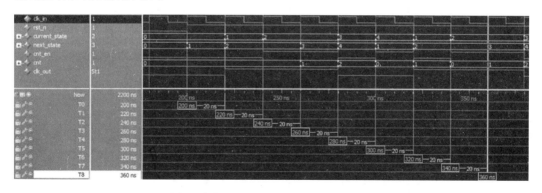

图 4 - 44　分频器摩尔机二段式状态转移图基于节点方案的波形

4.5.6　基于转移观点的 FSM_1S 编码米利机外置计数方案

不同于 4.5.4 节,外置计数器并不是闭节点计数器 FSM_1S 的必须。也不同于 4.5.1 节内置计数器,这一节的外置计数器引用,其精细设计过程仍然体现现代同步电路理论和状态机理论的重要性。

例 4 - 7:采用 FSM 的一段式描述的米利机,并采用基于转移观点设计具有外置计数器的分频器(fd_ebd_melay_1s_builtout),如图 4 - 45 所示。

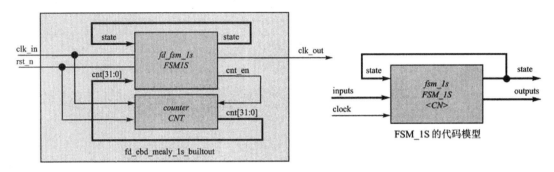

图 4 - 45 采用 ebd_mealy_1s_builtout 方案的分频器代码模型

设计时序如图 4 - 46 所示。

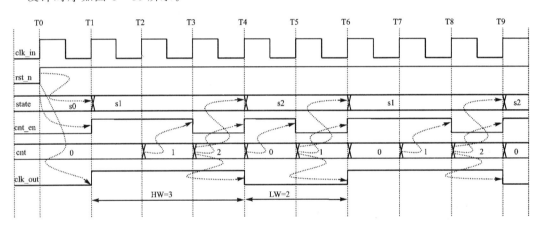

图 4 - 46 分频器的米利机一段式基于转移节拍设计时序

米利机设计不在受限输入和输出的直接关联,FSM_1S 闭节点机器,所有的激励—响应均为一拍,不同于 4.5.1 节仅仅是计数器的引用和控制关系。设计时序的生成步骤如下:

(1) T0 时刻,由于 rst_n=1 的激励,导致 T1 时刻 state=s1、cnt_en=1 以及 clk_out=1 信号的响应。

(2) T2 时刻,由于 state=s1 和 cnt=1 的激励,导致 T3 时刻 cnt_en=0 的响应,用于重置计数器。这里的 cnt 引用值=HW−2。

(3) T3 时刻,由于 state=s1 和 cnt=2 的激励,导致 T4 时刻 cnt_en=1、clk_out=0 以及 state=s2 的响应。这里的 cnt 引用值=HW−1。

(4) T4 时刻,由于 state=s2 和 cnt=0 的激励,导致 T5 时刻 cnt_en=0 的响应。

(5) T5 时刻,由于 state=s2 和 cnt=1 的激励,导致 T6 时刻 cnt_en=1、clk_out=1 以及 state=s1 的响应,这里的 cnt 引用值=LW−1。

(6) T7 时刻,state=s1 和 cnt=1 的激励,导致 T8 时刻 cnt_en=0 的响应。至此,T7~

T8 的激励响应已经于 T2～T3 的激励响应相同,完成一个周期的分析。

(7) 计数器始终遵循单拍潜伏期,当前 cnt 的数值取决与前一拍 cnt_en 是否为真。若前一拍 cnt_en 为真,当前拍 cnt 加一,否则 cnt 清零。

根据图 4-46 得到状态转移如图 4-47 所示。

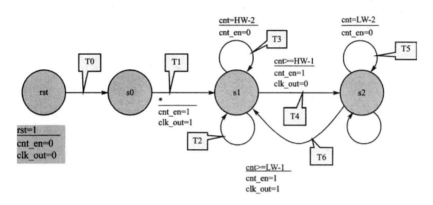

图 4-47　采用 ebd_mealy_1s_builtout 方案分频器的状态转移图

从图 4-47 可以分析该状态机的性能:

(1) 所有输出均写在状态转移节拍分母,是基于转移观点的设计。

(2) 状态转移节拍分子引用和分母驱动,在 FSM_1S 模型中,均为单拍潜伏期。即分母对应当前转移发生的时刻,而分子发生的时刻是前一拍。

(3) 虽然状态转移节拍的分母赋值号右侧没有信号变量,均为常量。但在 s1～s2 转移的状态转移节拍中,以及 s2～s1 转移的节拍中,分母中均引用了 cnt 输入信号。这样,输出就与输入直接关联了,属于米利机。

(4) 分母赋值驱动中,赋值号左右没有同名信号,故该机器没有迭代信号。虽然没有迭代信号这一点判断的确适用于开节点机器,但由于开节点机器的激励—响应关系不同(零拍潜伏期),其设计时序不同,所以图 4-47 仍然不可以直接用于开节点机器。

不同于之前的状态转移图,这里外置计数器重置(cnt_en=0)的动作,放在当前周期的最后一拍(后置清零),这样做,是避免置位激励响应(T0～T1 的激励响应)与高电平周期激励响应(T5-T6 的激励响应)不一致。

代码(例程 4-12)中,行 10～12 描述了图 4-45 的中间信号;行 18～62 描述了一段式状态机 FSM1S;行 64～70 描述了外置计数器。由于状态转移图(见图 4-47)的 s1 状态有三个转移:cnt=HW-2 时转向自身,cnt=HW-1 时转向 s2,其余时候转向自己。代码中使用 if—else if 条件行为描述,转向 s2 时将条件修改为 cnt≥HW-1,是安全写法。同样,s2 状态也有三个转移,代码处理方法相同。测试代码相同,这里从略,仿真如图 4-48 所示。

```
1    module fd_ebd_mealy_1s_builtout(clk_in,
2    rst_n, clk_out);
3
4        parameter HW = 3;
5        parameter LW = 2;
6
7        input clk_in, rst_n;
8        output reg clk_out;
9
10       reg [31:0] cnt;
11       reg cnt_en;
12       reg [1:0] state;
13
14       localparam s0 = 2'd0;
15       localparam s1 = 2'd1;
16       localparam s2 = 2'd2;
17
18       always @ (posedge clk_in)
19       begin : FSM1S
20           if (! rst_n)
21            begin
22                cnt_en <= 0;
23                clk_out <= 0;
24                state <= s0;
25             end
26            else
27             case (state)
28               s0 : begin
29                   cnt_en <= 1;
30                   clk_out <= 1;
31                   state <= s1;
32                  end
33
34               s1 : if (cnt == HW - 2)
35                   begin
36                   cnt_en <= 0;
37                   state <= s1;
38                   end
39                 else if (cnt >= HW - 1)
40                   begin
41                   cnt_en <= 1;
42                   clk_out <= 0;
43                   state <= s2;
44                   end
45                 else
46                   state <= s1;
47
48               s2 : if (cnt == LW - 2)
49                   begin
50                   cnt_en <= 0;
51                   state <= s2;
52                   end
53                 else if (cnt >= LW - 1)
```

例程 **4 - 12**　采用 **ebd_mealy_1s_builtout** 方案的分频器测试代码

```
54              begin
55                  cnt_en <= 1;
56                  clk_out <= 1;
57                  state <= s1;
58              end
59          else
60              state <= s2;
61          endcase
62      end
63
64      always @ (posedge clk_in)
65      begin : CNT
66          if (! cnt_en)
67              cnt <= 0;
68          else
69              cnt <= cnt + 1;
70      end
71
72 endmodule
```

例程 4 - 12　采用 ebd_mealy_1s_builtout 方案的分频器测试代码(续)

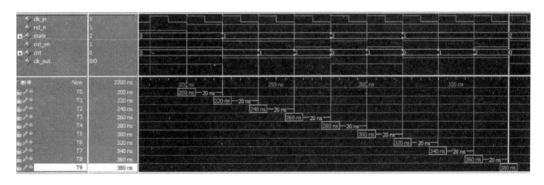

图 4 - 48　采用 ebd_mealy_1s_builtout 方案分频器的仿真波形

4.5.7　基于转移观点的 FSM_1S 编码摩尔机外置计数方案

从上面的例子中,可以看到米利机采用转移节拍的观点设计,摩尔机采用基于节点的观点设计时比较方便,但反之亦可。本节就是一个用转移节拍的观点设计摩尔机的例子。

例 4 - 8:采用有限状态机的一段式描述的摩尔机,并采用基于转移转移节拍的设计具有外置计数器的分频器(fd_ebd_moore_1s),考虑摩尔闭节点机器潜伏期较高,故默认高电平宽度 HW=4,低电平宽度 LW=3,如图 4 - 49 所示。

摩尔机要求计数器必须外置(输入输出无直接关联)。同是一段式状态机,代码模型(见图 4 - 49)与图 4 - 45 类似。闭节点机器 FSM_1S 所有激励—响应为 1 拍。外置计数器必须在高电平周期和低电平周期中有一拍清零重置,这里采用后置清零方案。摩尔机时序设计重点在于"先转移(境界状态)再输出(摩尔状态)",其时序图如图 4 - 50 所示。

图 4 - 50 的摩尔机设计中,s0,s2,s5 为临界状态,s1,s3 和 s4 为摩尔状态。其设计时序的生成步骤如下:

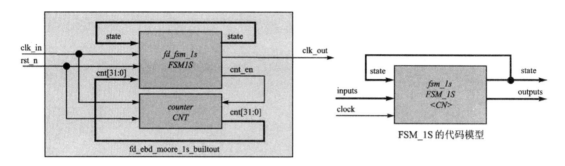

图 4-49　采用 ebd_moore_1s_builtout 方案的分频器代码模型

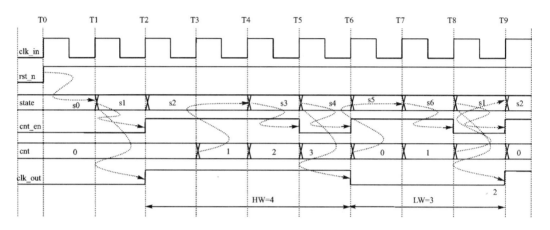

图 4-50　分频器的米利机一段式基于转移节拍外置计数器摩尔机设计时序

（1）T0 时刻，由于 rst_n＝1 的激励（临界状态），导致 T1 时刻 state＝s1 的响应。

（2）T1 时刻，由于 state＝s1 的激励（摩尔状态），导致 T2 时刻 cnt_en＝1 和 clk_out＝1 的响应。

（3）T3 时刻，由于 cnt＝1（HW－3）的激励（临界状态），导致 T4 时刻 state＝s3 的响应。

（4）T4 时刻，由于 state＝s3 的激励（摩尔状态），导致 T5 时刻 cnt_en＝0 的响应，cnt 后置清零。

（5）T5 时刻，由于 state＝s4 的激励（摩尔状态），导致 T6 时刻 cnt_en＝1 和 clk_out＝0 的响应。

（6）T6 时刻，由于 cnt＝0（LW－3）的激励（临界状态），导致 T7 时刻 state＝s6 的响应。

（7）T7 时刻，由于 state＝s6 的激励（摩尔状态），导致 T8 时刻 cnt_en＝0 的响应。

（8）T8 时刻，摩尔状态无条件转移至 s1，形成一个完整的高低电平周期。

（9）外置计数器为闭节点，cnt_en 激励和 cnt 始终为 1 拍。若前一拍 cnt_en＝0，则当前拍 cnt＝0；若前一拍 cnt_en＝1，则当前拍 cnt＝cnt＋1。

图 4-51 为依据该时序设计的状态转移图，例程 4-13 为其编码：

（1）闭节点机器 FSM_1S，所有的激励—响应均为 1 拍，故状态转移节拍的分母驱动对应当前转移发生时刻，而分子（含引用状态）对应前一拍。例如 T2 时刻的状态转移节拍，虽然分子是星号，但其引用的状态是 T1 时刻 state＝s1。

（2）所有的输出驱动均写在状态转移节拍分母，是基于转移观点的状态转移节拍设计。

（3）具有分母（输出）的状态转移节拍中，赋值号右侧均为常数，而状态转移节拍的分子均为星号,则输出驱动与输入无直接关联,符合摩尔机的限定条件,即输出不得与输入直接关联的是摩尔机。

（4）分母驱动赋值号左右,没有同名信号,不存在信号迭代。

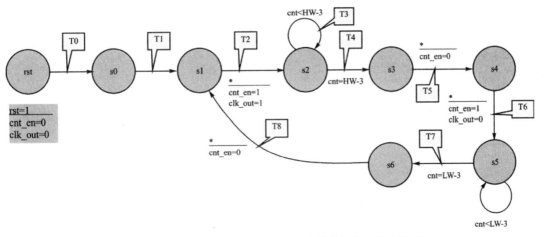

图 4-51　采用 ebd_moore_1s_builtout 方案分频器的状态转移图

```
1    module fd_ebd_moore_1s_builtout(clk_in,
2    rst_n, clk_out);
3
4        parameter HW = 4;
5        parameter LW = 3;
6
7        input clk_in, rst_n;
8        output reg clk_out;
9
10       reg [31:0] cnt;
11       reg cnt_en;
12       reg [2:0] state;
13
14       localparam s0 = 3'd0;
15       localparam s1 = 3'd1;
16       localparam s2 = 3'd2;
17       localparam s3 = 3'd3;
18       localparam s4 = 3'd4;
19       localparam s5 = 3'd5;
20       localparam s6 = 3'd6;
21
22       always @ (posedge clk_in)
23       begin : FSM1S
24           if (! rst_n)
25               begin
26                   cnt_en <= 0;
27                   clk_out <= 0;
28                   state <= s0;
29               end
30           else
31               case (state)
```

例程 4-13　采用 ebd_moore_1s_builtout 方案分频器的代码

234现代数字电路设计与实践

```
32              s0 : state <= s1;
33
34              s1 : begin
35                  cnt_en <= 1;
36                  clk_out <= 1;
37                  state <= s2;
38                  end
39
40              s2 : if (cnt < HW - 3)
41                  state <= s2;
42                  else
43                  state <= s3;
44
45              s3 : begin
46                  cnt_en <= 0;
47                  state <= s4;
48                  end
49
50              s4 : begin
51                  cnt_en <= 1;
52                  clk_out <= 0;
53                  state <= s5;
54                  end
55
56              s5 : if (cnt < LW - 3)
57                  state <= s5;
58                  else
59                  state <= s6;
60
61              s6 : begin
62                  cnt_en <= 0;
63                  state <= s1;
64                  end
65              endcase
66          end
67
68      always @ (posedge clk_in)
69      begin : CNT
70          if (! cnt_en)
71              cnt <= 0;
72          else
73              cnt <= cnt + 1;
74      end
75
76  endmodule
```

例程 4 - 13   采用 ebd_moore_1s_builtout 方案分频器的代码(续)

例程 4 - 13 的代码中,行 10～12 描述图 4 - 49 的中间信号;行 22～66 描述 FSM1S;行 68～74 描述计数器。状态机的描述依据状态转移图见图 4 - 51,其中 s2 状态有两个条件相悖的转移(指向自身和指向 s3),代码中用 if 语句描述了指向自身的转移(行 40～41),else 语句描述条件相悖的转移(行 42～43),s5 类似。

从代码中,也可以用状态转移节拍写摩尔机的特点,其中 s0、s2 和 s5 状态,描述输入与转移的因果关系,它们是临界状态;s1,s3,s4 和 s6,这些状态下单纯描述输出,是摩尔状态。虽然摩尔状态下也会有转移,但这种转移不再依据输入,是无条件的转移。关于 s0 状态,由于其是系统置位的"因"导致转移的"果",故也视为临界状态。测试代码几乎相同故从略(可参考例程 4-6),仿真波形(见图 4-52)与设计时序一致。

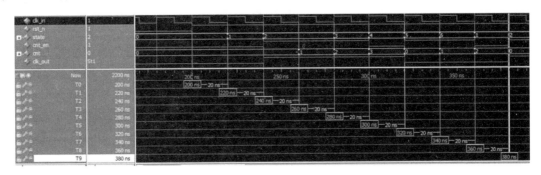

图 4-52　采用 ebd_moore_1s_builtout 方案分频器的仿真波形

4.6　有限状态机设计例子:自动售货机

在 4.5 节的分频器例子中,状态机的设计中信号的"因果"与节拍之间的依赖关系非常紧密。而另一种类型的设计中,重点在信号的"因果关系"导致的逻辑关系,但与节拍之间的依赖关系相对简单,并不成为重点。前者称为时钟紧密型状态机,后者称为过程紧密状态机。4.5 节的分频器例子就是一个时钟紧密状态机,本节将以自动售货机为例,讨论一个过程紧密状态机的设计。不同于上一节参数可定制分频器,自动售货机模型可以在 ON(FSM_2S)和 CN(FSM_1S/FSM_3S)框架上实现,不涉及计数器结构。由于上一节已经讨论了米利机和摩尔机的 NBD 和 EBD 多种解决方案,这一节则重点讨论 FSM 的 CN(FSM_1S 和 FSM_3S)和 ON(FSM_2S)两种架构,以及 EBD 和 NBD 两种观点,米利机和摩尔机两种模型关于自动售货机的建模:

(1) CN 架构,米利机模型的 EBD 描述,标记为 VM_CN_Mealy_EBD。

(2) CN 架构,米利机模型的 NBD 描述,标记为 VM_CN_Mealy_NBD。

(3) CN 架构,摩尔机模型的 NBD 描述,标记为 VM_CN_Moore_NBD。

(4) ON 架构,米利机模型的 NBD 描述,标记为 VM_ON_Melay_NBD。

(5) ON 架构,摩尔机模型的 NBD 描述,标记为 VM_ON_Moore_NBD。

自动售货机(见图 4-53)在街头和大学校园经常见到,有一个投币口,投入合适的硬币后,自动售出饮料或食品等。这个例子中,唯一的饮料价格为 2.5 美元,可以投入 1 美元的硬币或者 0.5 美元的硬币,当投入三次 1 美元时,不仅售出一份饮料,还要找还一个 0.5 美元的硬币。

自动售货机的投币机用于检测投入的硬币并生成驱动信号,投币机根据投入物的重量和面积,还有一些金融机构的秘密,自动判断投入的是 1 美元,0.5 美元,或者是一个啤酒瓶盖。如果是 1 美元,则驱动 one_dollar 为一拍高电平,如果是 0.5 美元,则驱动 half_dollar 为一拍高电平。由于投币机本身不是讨论的焦点,所以不必理会它是如何动作的。根据从投币机发

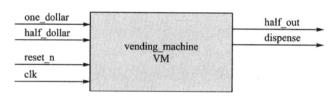

图 4-53　自动售货机的框图

来的信号(one_dollar，half_dollar)，计算是否售出或找零。同样，售出时，它驱动 dispense 信号为一拍高电平，售出机构的电磁系统据此执行售出一份饮料的动作；若它驱动 half_dollar_out 信号为一拍高电平，找零机构的电磁系统则据此执行弹出一枚 0.5 美元的动作。

4.6.1　采用 CN_Mealy_EBD 方案的设计例子

虽然闭节点机器 FSM_1S 和 FSM_3S 代码模型不同，但都是闭节点输出，根据同步电路的节点等效原则，FSM_3S 可以与 FSM_1S 等效(见第 5 章相关讨论)，因此可采用完全相同的闭节点设计方案。

例 4-9：采用如图 4-54 所示 CN_Mealy_EBD 的方案设计自动售货机。

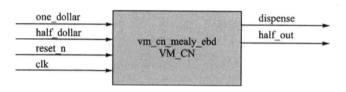

图 4-54　自动售货机 VM_CN 方案的顶层模型

图 4-55 为 FSM_1S 方案的代码模型架构，FSM_3S 可以与之等效。根据闭节点输出机器具有单拍潜伏期的规律，引用(激励)和驱动(响应)相差一拍，根据自动售货机的处理逻辑，可以直接得到状态转移图 STG，如图 4-56 所示。

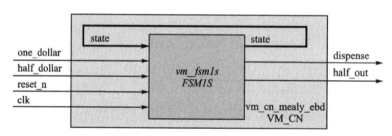

图 4-55　自动售货机 CN_Mealy_EBD 方案的模型架构

图中的状态名用 SXY 表示，XY 表示已经投入的 X.Y 美元。例如 S00 表示当前状态没有投币，S05 表示当前状态已经获得 0.5 美元。

在状态 S00，若没有投币，则等待；若投币 1 美元，则 one_dollar 信号驱动状态转移到 S10；若投币 0.5 美元，则 half_dollar 信号驱动状态转移到 S05。此时的状态转移节拍没有驱动(售出信号 dispenst 和找零信号 half_out 保持复位后的状态)，按照本书状态转移图绘制约定(见 4.4 节)，无分母的 EBD 其分数线可省略，与其余转移条件相悖且无分母输出的状态转移节拍可全部省略。

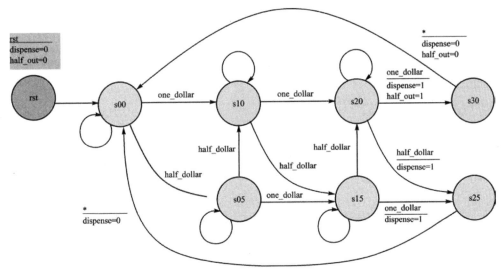

图 4-56　自动售货机 **VM_CN_Mealy_EBD** 方案的状态转移图

AM 机获得 1.5 美元之前(s15 之前)均有三个转移：投入 1 美元转移至状态名加入 1 美元；投入 0.5 美元转移至状态名加入 0.5 美元；未投入硬币时在当前状态下等待(图中全相悖条件，指向自身的转移，基于转移节拍已经省略)。在状态 s15，若获得 1 美元(one_dollar)，则不仅状态转移到 s25，而且还要售出一份饮料(dispense=1)。因此从 s15 至 s25 的基于转移节拍是有驱动的，而此时的输出 dispense 不仅取决于当前状态 s15，还取决于输入信号 one_dollar，属于米利机类型。

依据该状态转移图(见图 4-56)，以及代码模型(见图 4-54)，得到 VHDL 代码 vm_cn_mealy_ebd_vh，见例程 4-14 如下代码。

```
1   library ieee;
2   use ieee.std_logic_1164.all;
3
4   entity vm_cn_mealy_ebd_vh is
5   port(
6       clk        : in     std_logic;
7       reset_n    : in     std_logic;
8       one_dollar : in     std_logic;
9       half_dollar : in    std_logic;
10      dispense   : out    std_logic;
11      half_out   : out    std_logic
12      );
13  end vm_cn_mealy_ebd_vh;
14
15  architecture behaviour of
16  vm_cn_mealy_ebd_vh is
17
18      type state_type is (s00, s05, s10, s15,
19          s20, s25, s30);
20      signal state : state_type;
```

例程 4-14　自动售货机 **VM_CN_Mealy_EBD** 方案的 VHDL 代码

```
21
22    begin
23
24        fsm_1s : process(clk, reset_n,
25            one_dollar, half_dollar, state)
26        begin
27          if (reset_n = '0') then
28              dispense <= '0';
29              half_out <= '0';
30              state <= s00;
31          elsif (clk'event and clk = '1') then
32              case state is
33                  when s00 => if (one_dollar = '1') then
34                          state <= s10;
35                      elsif (half_dollar = '1') then
36                          state <= s05;
37                      else
38                          state <= s00;
39                      end if;
40
41                  when s05 => if (one_dollar = '1') then
42                          state <= s15;
43                      elsif (half_dollar = '1') then
44                          state <= s10;
45                      else
46                          state <= s05;
47                      end if;
48
49                  when s10 => if (one_dollar = '1') then
50                          state <= s20;
51                      elsif (half_dollar = '1') then
52                          state <= s15;
53                      else
54                          state <= s10;
55                      end if;
56
57                  when s15 => if (one_dollar = '1') then
58                          dispense <= '1';
59                          state <= s25;
60                      elsif (half_dollar = '1') then
61                          state <= s20;
62                      else
63                          state <= s15;
64                      end if;
65
66                  when s20 => if (one_dollar = '1') then
67                          dispense <= '1';
68                          half_out <= '1';
69                          state <= s30;
70                      elsif (half_dollar = '1') then
71                          dispense <= '1';
72                          state <= s25;
73                      else
74                          state <= s20;
75                      end if;
76
77                  when s25 => dispense <= '0';
78                          state <= s00;
79
80                  when s30 => dispense <= '0';
81                          half_out <= '0';
82                          state <= s00;
83
84              end case;
85          end if;
86      end process;
87
88  end behaviour;
```

例程 4-14   自动售货机 VM_CN_Mealy_EBD 方案的 VHDL 代码(续)

代码中行 24~86 为一段式状态机的循环行为体,其中行 33~39 为 S00 的基于转移节拍的描述,行 41~47 为 S05 的基于转移节拍的描述,…,行 57~64 为 S15 转移至 S25 的基于转移节拍的描述(带驱动分母),行 66~69 为 S20 转移至 S30 的基于转移节拍的描述,行 70~72 为 S20 转移至 S25 峰的基于转移节拍的描述。行 77~78 为 S25 转移至 S00 的基于转移节拍的描述(无条件转移),行 80~82 为 S30 转移至 S00 的基于转移节拍的描述(无条件转移)。其测试代码见例程 4-15,图 4-57 为仿真波形。

```
1    library ieee;
2    use ieee.std_logic_1164.all;
3
4    entity vm_cn_mealy_ebd_vh_tb is
5    end vm_cn_mealy_ebd_vh_tb;
6
7    architecture behaviour of
8    vm_cn_mealy_ebd_vh_tb is
9
10       component vm_cn_mealy_ebd_vh
11         port(
12            clk            : in      std_logic;
13            reset_n        : in      std_logic;
14            one_dollar     : in      std_logic;
15            half_dollar    : in      std_logic;
16            dispense       : out     std_logic;
17            half_out       : out     std_logic
18         );
19       end component;
20
21       signal clk            :        std_logic : = '0';
22       signal reset_n        :        std_logic : = '0';
23       signal one_dollar     :        std_logic : = '0';
24       signal half_dollar    :        std_logic : = '0';
25       signal dispense       :        std_logic;
26       signal half_out       :        std_logic;
27
28       signal reset_n_delay        :        std_logic;
29       signal one_dollar_delay     :        std_logic;
30       signal half_dollar_delay    :        std_logic;
31
32   begin
33
34       DUT : vm_cn_mealy_ebd_vh port map(
35            clk            = > clk,
36            reset_n        = > reset_n_delay,
37            one_dollar     = > one_dollar_delay,
38            half_dollar    = > half_dollar_delay,
39            dispense       = > dispense,
40            half_out       = > half_out
41         );
42
43       clk_process : process
44       begin
45            wait for 0 ns;      clk < = '1';
```

例程 4-15　自动售货机 VM_CN_Mealy_EBD 方案的代码

```
46            wait for 10 ns;      clk <= '0';
47            wait for 10 ns;      clk <= '1';
48        end process;
49
50        reset_process : process
51        begin
52            wait for 0      ns; reset_n <= '0';
53            wait for 200     ns; reset_n <= '1';
54            wait;
55        end process;
56
57        insert_coin : process
58        begin
59            wait for 0      ns;     half_dollar <= '0';
60  one_dollar <= '0';
61
62            - - insert two one_dollar and one half_dollar
63            wait for 201     ns;     one_dollar <= '1';
64            wait for 20     ns;     one_dollar    <= '0';
65            wait for 100     ns;     one_dollar      <= '1';
66            wait for 20     ns;     one_dollar      <= '0';
67            wait for 100     ns;     half_dollar <= '1';
68            wait for 20     ns;     half_dollar <= '0';
69
70            - - insert three one_dollar
71            wait for 200     ns;     one_dollar      <= '1';
72            wait for 20     ns;     one_dollar      <= '0';
73            wait for 100     ns;     one_dollar      <= '1';
74            wait for 20     ns;     one_dollar      <= '0';
75            wait for 100     ns;     one_dollar      <= '1';
76            wait for 20     ns;     one_dollar      <= '0';
77
78            wait;
79        end process;
80
81        reset_n_delay <= transport reset_n after 20 ps;
82        one_dollar_delay <= transport one_dollar after 20 ps;
83        half_dollar_delay <= transport half_dollar after 20 ps;
84
85    end behaviour;
86
```

例程 4 - 15　自动售货机 VM_CN_Mealy_EBD 方案的代码(续)

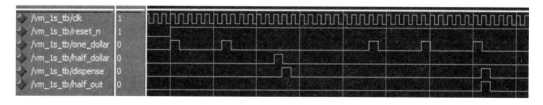

图 4 - 57　自动售货机 VM_CN_Mealy_EBD 方案的仿真波形

在测试代码中(见例程 4 - 15),测试用例设计了首先投入两个 1 美元和一个 0.5 美元,自动售货机应该在随后一拍启动 dispense 为高,以驱动售货机构售出一瓶饮料;然后投入了 3 个 1 美元的,自动售货机应该在随后一拍启动 dispense 和 half_out 为高,以完成售出和找零。由于 reset_n,one_dollar 和 half_dollar 是测试代码驱动的信号,前仿时 EDA 无法判断这些信号是在沿之前还是沿之后发生,所以这些信号必须具有传输延迟。例程 4 - 15 中行 28~30 声明了这些延迟信号,行 36~38 在组件的例化中接入了这些信号,行 81~83 则使用 transport 语句设置了这些信号的传输延迟 20 ps,即闭节点同步信号的单拍潜伏期。

4.6.2　采用 CN_Mealy_NBD 方案的设计例子

例 4 - 10:采用如图 4 - 58 所示 CN_Mealy_NBD 方案的自动售货机设计。

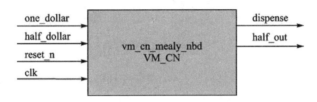

图 4 - 58　自动售货机 VM_CN 方案的顶层模型

由于图 4 - 59 所示的架构没有变化,所以仅围绕状态转移图进行讨论。图 4 - 60 是状态转移节拍输出的一个方案。

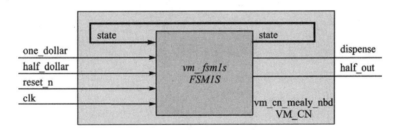

图 4 - 59　自动售货机 CN_Mealy_NBD 方案的模型架构

图 4 - 60 与 VM_CN_Mealy_NBD 方案(见图 4 - 56)相比,是将 S15、S20、S25 和 S30 四个状态的转移节拍输出做了修改,修改为基于状态节点的状态转移节拍描述,并且与输出、输入直接关联米利机。

例程 4 - 14 为其 VHDL 代码,其中,行 55~57 为状态转移图(见图 4 - 60)中 S15 的 NBD 代码描述,行 58~64 为 S15 的 EBD 代码描述;行 66~71 为 S20 的 NBD 代码描述,行 72~78 为 S20 的 EBD 代码描述;S25 和 S30 的代码描述与例程 4 - 14 的部分相同,但行 80 和行 83~84 是 NBD 代码描述,行 81 和行 85 是 EBD 的代码描述。

例程 4 - 16 的测试代码可参照例程 4 - 15,仿真结果与图 4 - 57 相同,这里就不再赘述了。

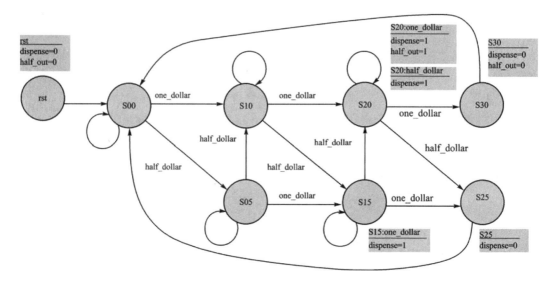

图 4 – 60 自动售货机 VM_CN_Mealy_NBD 方案的状态转移图

```vhdl
 1  library ieee;
 2  use ieee.std_logic_1164.all;
 3
 4  entity vm_cn_mealy_nbd_vh is
 5      port(
 6          clk          : in      std_logic;
 7          reset_n      : in      std_logic;
 8          one_dollar   : in      std_logic;
 9          half_dollar  : in      std_logic;
10          dispense     : out     std_logic;
11          half_out     : out     std_logic);
12  end vm_cn_mealy_nbd_vh;
13
14  architecture behaviour of vm_cn_mealy_nbd_vh is
15
16      type state_type is (s00, s05,
17          s10, s15, s20, s25, s30);
18      signal state : state_type;
19
20  begin
21
22      fsm_1s : process(clk, reset_n,
23          one_dollar, half_dollar, state)
24      begin
25        if (reset_n = '0') then
26              dispense <= '0';
27              half_out <= '0';
28              state <= s00;
29        elsif (clk'event and clk = '1') then
30          case state is
31            when s00 => if (one_dollar = '1') then
32                  state <= s10;
33                elsif (half_dollar = '1') then
```

```
34                            state <= s05;
35                        else
36                            state <= s00;
37                        end if;
38
39        when s05 => if (one_dollar = '1') then
40                        state <= s15;
41                    elsif (half_dollar = '1') then
42                        state <= s10;
43                    else
44                        state <= s05;
45                    end if;
46
47        when s10 => if (one_dollar = '1') then
48                        state <= s20;
49                    elsif (half_dollar = '1') then
50                        state <= s15;
51                    else
52                        state <= s10;
53                    end if;
54
55        when s15 => if (one_dollar = '1') then
56                        dispense <= '1';
57                    end if;
58                    if (one_dollar = '1') then
59                        state <= s25;
60                    elsif (half_dollar = '1') then
61                        state <= s20;
62                    else
63                        state <= s15;
64                    end if;
65
66        when s20 => if (one_dollar = '1') then
67                        dispense <= '1';
68                        half_out <= '1';
69                    elsif (half_dollar = '1') then
70                        dispense <= '1';
71                    end if;
72                    if (one_dollar = '1') then
73                        state <= s30;
74                    elsif (half_dollar = '1') then
75                        state <= s25;
76                    else
77                        state <= s20;
78                    end if;
79
80        when s25 => dispense <= '0';
81                    state <= s00;
82
83        when s30 => dispense <= '0';
84                    half_out <= '0';
85                    state <= s00;
86        end case;
87    end if;
88  end process;
89
90  end behaviour;
```

例程 4 - 16　自动售货机 VM_CN_Mealy_NBD 方案的代码

4.6.3　采用 CN_Moore_NBD 方案的设计例子

例 4 - 11：采用 CN_Moore_NBD 方案的自动售货机设计，采用摩尔机方案时，架构与上两节相同，所以仅需讨论 STG(见图 4 - 61)。

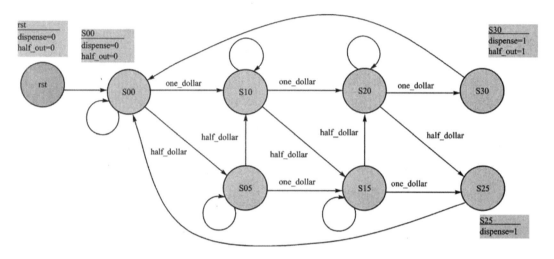

图 4 - 61　自动售货机 VM_CN_Moore_NBD 方案的状态转移图

摩尔机要求输出与输入无关，不同的状态获得不同的输出。因此，图 4 - 61 中，状态 S25 已经获得 2.5 美元投币，已售出一份饮料；状态 S30 已经获得 3 美元，售出一份饮料同时启动一次找零(找回 0.5 美元)，因此对应的 NBD 描述的就是这些驱动。驱动信号的归零则在状态 S00 的 NBD 中描述。对应 VHDL 代码见例程 4 - 17。

```
1    library ieee;
2    use ieee.std_logic_1164.all;
3
4    entity vm_cn_moore_nbd_vh is
5        port(
6            clk          : in    std_logic;
7            reset_n      : in    std_logic;
8            one_dollar   : in    std_logic;
9            half_dollar  : in    std_logic;
10           dispense     : out   std_logic;
11           half_out     : out   std_logic
12       );
13   end vm_cn_moore_nbd_vh;
14
15   architecture behaviour of vm_cn_moore_nbd_vh is
16
17       type state_type is (s00, s05, s10, s15,
18       s20, s25, s30);
19       signal state : state_type;
20
21   begin
22
23       fsm_1s : process(clk, reset_n, one_dollar,
24           half_dollar, state)
25       begin
26         if (reset_n = '0') then
27           dispense <= '0';
```

```
28              half_out <= '0';
29              state <= s00;
30          elsif (clk'event and clk = '1') then
31            case state is
32              when s00 => dispense <= '0';
33                          half_out <= '0';
34                          if (one_dollar = '1') then
35                            state <= s10;
36                          elsif (half_dollar = '1') then
37                            state <= s05;
38                          else
39                            state <= s00;
40                          end if;
41
42              when s05 => if (one_dollar = '1') then
43                            state <= s15;
44                          elsif (half_dollar = '1') then
45                            state <= s10;
46                          else
47                            state <= s05;
48                          end if;
49
50              when s10 => if (one_dollar = '1') then
51                            state <= s20;
52                          elsif (half_dollar = '1') then
53                            state <= s15;
54                          else
55                            state <= s10;
56                          end if;
57
58              when s15 => if (one_dollar = '1') then
59                            state <= s25;
60                          elsif (half_dollar = '1') then
61                            state <= s20;
62                          else
63                            state <= s15;
64                          end if;
65
66              when s20 => if (one_dollar = '1') then
67                            state <= s30;
68                          elsif (half_dollar = '1') then
69                            state <= s25;
70                          else
71                            state <= s20;
72                          end if;
73
74              when s25 => dispense <= '1';
75                          state <= s00;
76
77              when s30 => dispense <= '1';
78                          half_out <= '1';
79                          state <= s00;
80            end case;
81          end if;
82      end process;
83
84  end behaviour;
```

例程 4 - 17　自动售货机 VM_CN_Moore_NBD 方案的 VHDL 代码

例程 4-17 中,行 32～33 为 S00 的 NBD 输出描述,S15 和 S20 仅保留 EBD 转移描述,在 S25 和 S30 的代码描述中,行 74 和行 77～78 为对应的 NBD 描述,行 75 和行 79 为对应的 EBD 描述。测试代码与例程 4-15 类似,仿真波形与图 4-57 相同。

4.6.4　采用 ON_Mealy_NBD 方案的设计例子

在已经讨论过的状态机编码方案中唯一的 ON 架构是二段式状态机 FSM_2S(见图 4-62)。以下的讨论围绕着 FSM_2S 编码展开。

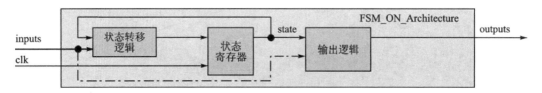

图 4-62　状态机的开节点架构

一般而言,开节点输出的信号,是不适合用状态转移节拍描述的,这是因为基于峰的描述是以时钟沿为参照,但开节点输出并不是参照时钟沿的"右侧逼近"同步信号,故这样的描述不真实。在开节点架构中的状态转移节拍输出描述,可能会带来意想不到的错误。

例 4-12:采用 ON_Mealy_NBD 的方案设计自动售货机。

米利机架构中,开节点的输出逻辑,其输入信号(激励)和输出信号(响应)的潜伏期为零,输入的变化立即反映到输出端,这是米利机模型(FSM-2S)的典型动作。对应自动售货机模型,它的 TP 图如图 4-63 所示。

反映到模型中,最后一枚投币信号的激励将与输出售卖信号同一拍发生,并且带有毛刺。图 4-64 是 VM-ON-Mealy-NBD 方案的状态转移图。

图 4-63　自动售货机开节点架构时的信号 TP 图

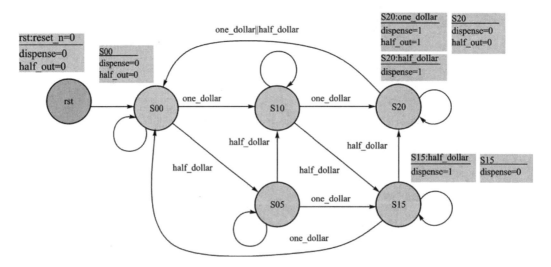

图 4-64　自动售货机 VM_ON_Mealy_NBD 方案的状态转移图

图中,S15 的状态转移节点描述米利机类型的 dispense 输出信号,它依赖输入信号 half_dollar;S20 的状态转移节点描述米利机类型的 dispense 和 half_out 输出信号,它依赖输入信号。由于组合电路的毛刺导致的非安全行为(参见现代数字电路设计与;实践《实践篇》第 2 章关于非安全行为的讨论),此时的状态转移节点描述必须描述全部条件,并且在每一分支中描述全部信号,这种"全条件全信号"的处理称为安全行为描述。综合理论告诉我们安全行为描述的综合结果中,将由多路器替代非安全的锁存器。

与闭节点方案相比,这里减少了两个状态,即 S25 和 S30,替代它们的是在 S15 和 S20 状态下,NBD 判断当前输入,从而决定当前输出。对于 S15 而言,已经获得 1.5 美元投币,如果检测到 0.5 美元投币信号,则可立即发出售出信号,而不必等待下一拍;对于 S20 而言,已经获得 2 美元投币,如果检测到 0.5 美元的投币信号,立即发出售出信号,如果检测到 1 美元的投币信号,则立即发出售出信号和找零信号。ON - Mealy 类型有限状态机,输出与输入的关系为组合逻辑关系(绝对开节点),即 Mealy 机的理论模型如图 4 - 16 所示。

例程 4 - 18 中,行 38～39 为 S00 的 NBD 描述,行 64～67 为 S15 的 NBD 描述,行 68～74 为 S15 转出的 EBD 描述,行 76～83 为 S20 的 NBD 描述,行 84～88 为 S20 转出的状态转移节拍描述,仿真波形如图 4 - 65 所示。

```
1   library ieee;
2   use ieee.std_logic_1164.all;
3
4   entity vm_on_mealy_nbd_vh is
5       port(
6           clk          : in     std_logic;
7           reset_n      : in     std_logic;
8           one_dollar   : in     std_logic;
9           half_dollar  : in     std_logic;
10          dispense     : out    std_logic;
11          half_out     : out    std_logic
12      );
13  end vm_on_mealy_nbd_vh;
14
15  architecture behaviour of vm_on_mealy_nbd_vh is
16
17      type state_type is (s00, s05, s10, s15, s20);
18      signal current_state, next_state : state_type;
19
20  begin
21
22      fsm_2s_1 : process(clk, next_state)
23      begin
24          if (clk'event and clk = '1') then
25              current_state <= next_state;
26          end if;
27      end process;
28
29      fsm_2s_2 : process(clk, reset_n, one_dollar,
30  half_dollar, current_state)
31      begin
32          if (reset_n = '0') then
33              dispense <= '0';
34              half_out <= '0';
35              next_state <= s00;
36          else
37              case current_state is
```

```
38              when s00 => dispense <= '0';
39                      half_out <= '0';
40                      if (one_dollar = '1') then
41                        next_state <= s10;
42                      elsif (half_dollar = '1') then
43                        next_state <= s05;
44                      else
45                        next_state <= s00;
46                      end if;
47
48              when s05 => if (one_dollar = '1') then
49                        next_state <= s15;
50                      elsif (half_dollar = '1') then
51                        next_state <= s10;
52                      else
53                        next_state <= s05;
54                      end if;
55
56              when s10 => if (one_dollar = '1') then
57                        next_state <= s20;
58                      elsif (half_dollar = '1') then
59                        next_state <= s15;
60                      else
61                        next_state <= s10;
62                      end if;
63
64              when s15 => dispense <= '0';
65                      if (half_dollar = '1') then
66                        dispense <= '1';
67                      end if;
68                      if (one_dollar = '1') then
69                        next_state <= s00;
70                      elsif (half_dollar = '1') then
71                        next_state <= s20;
72                      else
73                        next_state <= s15;
74                      end if;
75
76              when s20 => dispense <= '0';
77                      half_out <= '0';
78                      if (one_dollar = '1') then
79                        dispense <= '1';
80                        half_out <= '1';
81                      elsif (half_dollar = '1') then
82                        dispense <= '1';
83                      end if;
84                  if (one_dollar = '1' or half_dollar = '1') then
85                        next_state <= s00;
86                      else
87                        next_state <= s20;
88                      end if;
89            end case;
90          end if;
91      end process;
92
93  end behaviour;
94
```

例程 4 - 18　自动售货机 VM_ON_Mealy_NBD 方案的 VHDL 代码

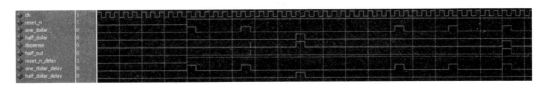

图 4-65 自动售货机 VM_ON_Mealy_NBD 方案的仿真波形

由于测试代码(见参考例程 4-15)设置了 20 ps 的传输延迟,所以米利机结构的组合逻辑输出(dispense 和 half_out)出现毛刺,并且最后一枚投币信号与输出信号发生在同一拍。对于开节点输出毛刺,可采用后级寄存器捕获后形成闭节点信号,因此,实际工程中,并不直接使用这样的开节点输出信号。实际使用开节点输出信号前必定用寄存器捕获后,故仿真波形应该与图 4-57 相同(最后一枚投币信号的下一拍发出输出信号)。

4.6.5 采用 ON_Moore_NBD 方案的设计例子

讨论在开节点架构下,采用摩尔模型和 NBD 描述的解决方案。

例 4-13: 采用 ON_Moore_NBD 方案的自动售货机设计。

架构与 4.6.4 节相同,所以可直接讨论状态转移图(输出与输入无直接关联)(见图 4-66),以及根据状态转移图得到的代码(见例程 4-19)。

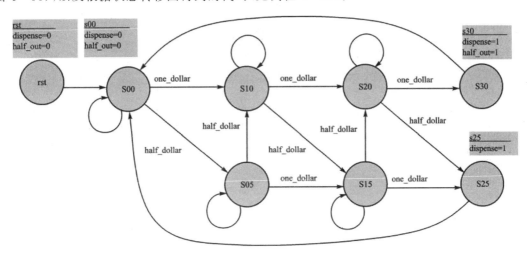

图 4-66 自动售货机 VM_ON_Moore_NBD 方案的状态转移图

```
1    library ieee;
2    use ieee.std_logic_1164.all;
3
4    entity vm_on_moore_nbd_vh is
5        port(
6            clk          : in     std_logic;
7            reset_n      : in     std_logic;
8            one_dollar   : in     std_logic;
9            half_dollar  : in     std_logic;
10           dispense     : out    std_logic;
11           half_out     : out    std_logic
12       );
13   end vm_on_moore_nbd_vh;
```

```
14
15    architecture behaviour of vm_on_moore_nbd_vh is
16
17    type state_type is
18    (s00, s05, s10, s15, s20, s25, s30);
19    signal current_state, next_state : state_type;
20    begin
21
22        fsm_2s_1 : process(clk, next_state)
23        begin
24            if (clk'event and clk = '1') then
25                current_state <= next_state;
26            end if;
27        end process;
28
29    fsm_2s_2 : process(clk, reset_n, one_dollar,
30    half_dollar, current_state)
31        begin
32          if (reset_n = '0') then
33            dispense <= '0';
34            half_out <= '0';
35            next_state <= s00;
36          else
37            case current_state is
38            when s00 => dispense <= '0';
39                        half_out <= '0';
40                        if (one_dollar = '1') then
41                            next_state <= s10;
42                        elsif (half_dollar = '1') then
43                            next_state <= s05;
44                        else
45                            next_state <= s00;
46                        end if;
47
48            when s05 => if (one_dollar = '1') then
49                            next_state <= s15;
50                        elsif (half_dollar = '1') then
51                            next_state <= s10;
52                        else
53                            next_state <= s05;
54                        end if;
55
56            when s10 => if (one_dollar = '1') then
57                            next_state <= s20;
58                        elsif (half_dollar = '1') then
59                            next_state <= s15;
60                        else
61                            next_state <= s10;
62                        end if;
63
64            when s15 => if (one_dollar = '1') then
65                            next_state <= s25;
66                        elsif (half_dollar = '1') then
67                            next_state <= s20;
68                        else
69                            next_state <= s15;
70                        end if;
71
72            when s20 => if (one_dollar = '1') then
73                            next_state <= s30;
74                        elsif (half_dollar = '1') then
```

```
75                        next_state <= s25;
76                    else
77                        next_state <= s20;
78                    end if;
79
80          when s25 => dispense <= '1';
81                    next_state <= s00;
82
83              when s30 => dispense <= '1';
84                        half_out <= '1';
85                        next_state <= s00;
86          end case;
87        end if;
88      end process;
89
90  end behaviour;
```

例程 4 - 19　自动售货机 VM_ON_Moore_NBD 方案的 VHDL 代码

对于摩尔机使用状态转移节拍描述时,其基本思路是:将输出驱动的任务分配到不同的状态即可。在图 4 - 66 中,S30 为获得 3 美元的状态,其状态转移节拍描述对应的动作是:出售一份饮料并且启动一次找零;S25 为获得 2.5 美元的状态,其状态转移节拍描述:出售一份饮料。对应代码见例程 4 - 19 代码。

从图 4 - 66 中得到:

(1) 所有的输出驱动都写在状态转移节拍的分母中,基于状态观点的设计,即在 S30 状态(收到 3 美元)执行对应的动作(售出一份饮料并启动一次找零);在 S25 状态(收到 2.5 美元)执行对应的动作(仅售出一份饮料)。在 S00 状态(无投币状态),及时清除售出信号和找零信号。显然,这是基于状态转移节拍的设计。

(2) 摩尔机与米利机的不同之处,在于输入和输出遵循"先转移后输出"的间接关联关系,即在 S15 状态下(已经收到 1.5 美元),若收到 1 美元投币信号,米利机是根据这个信号立即产生输出,而摩尔机则先转移至 S25 状态,然后产生输出。

(3) 状态转移节拍的分母驱动发生时刻是当前状态下发生转移的时刻,即 S25 的状态转移节拍分母驱动信号发生的时刻,对应于 S25 唯一的一个转移,即 S25～S00 转移的时刻(状态机定理:无限节拍对应有限转移)。

例程 4 - 19 的测试代码与例程 4 - 15 相同,其仿真波形与 CN_Mealy_EBD 方案的仿真波形(见图 4 - 57)相同,最后一枚投币信号的后一拍产生输出,这是因为米利机输出与输入潜伏期所致,其中闭节点的"先转移"用一拍,开节点的"后输出"为零拍。

4.7　多种方案的总结

本章 4.5 节和 4.6 节分别就参数可定制分频器和自动售货机为例,列举了一系列的有限状态机解决方案。下面为这些不同的方案做一个总结,以此作为深入了解状态机设计的基础。应该说,这些列举的方案都有其优点和缺陷,没有一个是多余的,也没有一个是完美无缺的。理解这些解决方案,有助于深入了解有限自动机和有限状态机的理论和应用。

在 4.5 节讨论的参数可定制分频器本身并不复杂,其逻辑函数与时钟的关联程度很高(需要计数高电平周期和低电平周期),属于时钟紧密型有限状态机。该章节列举了多种实现方案,以此来比较各种架构(计数器内置方案和计数器外置方案),各种有限状态机编码方案(FSM-1S,FSM-2S,FSM-3S),各种开、闭节点输出类型,各种有限状态机模型,各种状态转移输出描述的适用性如表4-2所列。

表4-2　LPM分频的多种解决方案对照表

序号	编码方案	FSM 模型		输出类型	STG 输出描述		章　节	说　明
		类　型	允　许		EBD 输出	NBD 输出		
1	FSM-1S	Moore	NO	CN	图4-27	图4-31	4.5.1节 4.5.2节	内置 count 逻辑为 Mealy
2		Mealy	YES					
3	FSM-2S	Moore	NO	ON				ON 禁止 count 反馈
4		Mealy	NO					ON 禁止 count 反馈
5	FSM-3S	Moore	NO	CN	图4-35		4.5.3节	内置 count 逻辑为 Mealy
6		Mealy	YES					与 FSM-1S 模型相似
7	FSMD-1S	Moore	YES	CN	图4-51		4.5.7节	
8		Mealy	YES		图4-47		4.5.6节	
9	FSMD-2S	Moore	YES	ON	—	图4-43	4.5.5节	
10		Mealy	YES		图4-39		4.5.4节	EBD 并不适用 ON,不建议
11	FSMD-3S	Moore	YES	CN				与 FSM-1S 模型相似
12		Mealy	YES					与 FSM-1S 模型相似

在4.6节中的自动售货机设计例子为过程紧密机器,列举的五种方案中,如表4-3中讨论了闭节点架构下摩尔和米利机的状态转移图,其中摩尔采用 NBD 描述,摩尔既采用了 EBD 描述也采用了 NBD 描述;讨论了开节点架构下摩尔和米利机的状态转移图,全部采用 NBD 描述。闭节点架构的讨论支持 FSM_1S 和 FSM_3S 编码,开点节架构的讨论支持 FSM_2S 编码。其中开节点米利机架构,输入和输出的关系为组合逻辑。

表4-3　自动售货机的多种解决方案对照表

序号	编码方案	FSM 模型		输出类型	STG 输出描述		章　节	说　明
		类　型	允　许		EBD 输出	NBD 输出		
1	FSM_1S	Moore	YES	CN		图4-61	4.6.3节	Moore 适用于 NBD 描述
2		Mealy	YES		图4-56	图4-60	4.6.1节 4.6.2节	Mealy 即可用 EBD,也可用 NBD 描述
3	FSM_2S	Moore	YES	ON		图4-66	4.6.5节	ON 架构不适合 EBD
4		Mealy	YES			图4-64	4.6.4节	输出与输入为组合逻辑
5	FSM_3S	Moore	YES	CN		图4-61	4.6.3节	同 FSM_1S
6		Mealy	YES		图4-56	图4-60	4.6.1节 4.6.2节	同 FSM_1S

总　结:

(1) NBD 适合于摩尔机描述,EBD 既适合于摩尔机也适合于米利机。

（2）开节点架构（FSM_2S）不适合于 EBD 描述。

（3）所有开节点架构的输出都可能带有毛刺，可能生成锁存器，导致非安全行为。

（4）仅在开节点米利机架构中，输出信号与输入信号同拍，而且有毛刺。

（5）一般而言，比较快捷的设计思路是 CN_Mealy_EBD 方案，占用面积较少，但速度较慢；比较完善的设计思路是 ON_Moore_NBD 方案，占用面积比较多，但速度较快。

（6）考虑后级延迟时序关系时，可采用 ON_Mealy_NBD 方案，将本级有限状态机当作组合逻辑。

状态转移图中，输入、输出、转移、节拍和状态五者之间关系的总结：

（1）节拍和转移永远遵循"无限节拍对应有限转移"，即时序图（或节拍分析图）中的任何一个时刻（名）一定对应状态转移图中的一个转移。反之亦然，状态转移图的一个转移一定对应一个节拍。

（2）FSM_1S 的状态转移图，转移描述的是 current_state（或 state）。状态转移节拍分母输出发生在 state 转移对应的节拍上。

（3）FSM_2S 的状态转移图，转移描述的是 next_state，状态转移节拍分母输出发生在与 next_state 转移对应的节拍上

（4）FSM_3S 的状态转移图，转移描述的 next_state，但状态转移节拍分母输出发生在 current_state 转移对应的节拍上。

（5）闭节点输出状态机（FSM_1S 和 FSM_3S），输入激励和输出响应为一拍，故状态转移节拍分子引用的信号发生时刻比分母早一拍。

（6）开节点输出状态机（FSM_2S），输入激励和输出响应为零拍，故状态转移节拍分子引用输入信号发生时刻比分母发生早一拍。

（7）任何状态转移节点的描述都可以转换为当前状态下的基于节拍的转移，并分析分子分母信号发生的时刻。

状态转移图的表述方式目前还没有统一的规范，本书使用并约定的方式（详见 4.4 节）为一种改进的状态转移图。它既可以表达状态转移，也可以表达信号的算法流程；既可以表达同步信号的迁徙，也可以表达组合逻辑信号的驱动；即可以表达状态的转移，也可以表达信号数据的流向。状态转移图与编码之间有直接的对应关系。但状态转移图对于条件的描述并不清楚，复杂条件的准确表达困难。因此，本书后续章节将介绍其他一些方式，如状态表和算法机。同样，算法机和状态转移图比较，也各有短长，因此，作者的观点是主体设计用改进的状态转移图描述，具有复杂转移的局部细节用 ASM Charts 补充。

4.8　状态转移表（键盘去抖电路设计例子）

在经过本章 4.4 节的讨论和实践后，读者对于状态转移图的应用具有比较深刻的认识，转移图中不仅要描述状态的转移，还要描述状态机的输出，大而复杂的系统设计中，图面将显得比较混乱。复杂条件的转移无法准确表述，而且基于转移节拍和转移节点的就近布置原则，对于描述而言并不严密。

一种早期的解决方案是使用状态表作为转移图的补充。状态表的思想是将状态机用三个表格描述：

（1）用第一个表格描述状态机的编码，称为 State Encoding Table（或 State Assignment Table）。

（2）用第二个表格描述状态的转移，称为 State Transtions Table。

（3）用第三个表格描述状态机的输出，称为 State Output Table。

由于状态机的输出涉及复杂的描述过程，现代 EDA 工具倾向于仅使用前两个表格，即重点描述状态机的编码和它的转移过程，而将输出逻辑交由其他工具描述。状态表比状态转移图的抽象层次更低。

常用的状态编码分为以下几种：

（1）二进制码，状态数比较少（<5）时使用。

（2）独热码采用单线译码，具有最快的速度，但面积也最大。

（3）格雷码相邻编码仅 1 个位变化，兼顾面积和速度。

（4）约翰逊码类似于格雷码，但比格雷码的资源用量少。

例如，对于一个具有四个状态的有限状态机，它的二进制编码表如表 4－4 所列。

表 4－4　具有四个状态的二进制编码表

State Name	Bit_1	Bit_0
S0	0	0
S1	0	1
S2	1	0
S3	1	1

状态转移表描述状态转移过程，它的一种形式如表 4－5 所列。

表 4－5　状态转移表的形式

源状态	目标状态	条　件
＜状态名＞	＜状态名＞	＜条件描述＞
＜状态名＞	＜状态名＞	＜条件描述＞
＜状态名＞	＜状态名＞	＜条件描述＞
＜状态名＞	＜状态名＞	＜条件描述＞

状态输出表描述输出动作，它的一种形式如表 4－6 所列。

表 4－6　状态输出表的形式

状态名	输　出	条　件
＜状态名＞	＜输出描述＞	＜条件描述＞
＜状态名＞	＜输出描述＞	＜条件描述＞
＜状态名＞	＜输出描述＞	＜条件描述＞
＜状态名＞	＜输出描述＞	＜条件描述＞

状态转移表例子：键盘去抖电路。通过一个键盘去抖电路的例子（见图 4－67）说明状态表的设计和应用。

键盘操作时，触点闭合瞬间，若有数十毫秒的毛刺产生，对于数字电路而言，这是需要避免

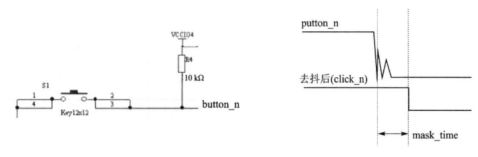

图 4-67 键盘输入电路产生的毛刺

的。键盘去抖有很多种方案,其中一种方案是用电路逻辑产生一个 mask_time,当键盘输入信号在 mask_time 期间不再变化时,取它的值输出。

例 4-14:根据上述定时掩码思想,设计一个具有可定参(掩模周期 MASK_TIME)的键盘过滤器 lpm_keysfilter 如图 4-68 所示。

图 4-68 键盘过滤器框图

绘制它的状态转移图和填写状态表,时间紧密机采用比较直观的 FSM_1S_Mealy_EBD 方案,如图 4-69 所示。

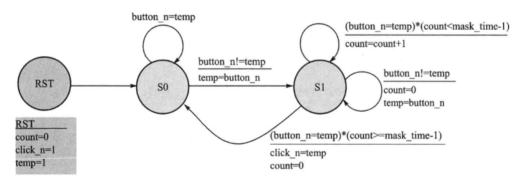

图 4-69 键盘过滤器的状态转移图设计

其状态表如表 4-7 和表 4-8 所列。

表 4-7 键盘过滤器的状态表(编码表和转移表)

Name	Bit_1	Bit_0
S0	0	0
S1	0	1

源状态	目标状态	条 件
Reset	Reset	rst_n=0
S0	S0	button_n=temp
S0	S1	button_n！=temp
S1	S1	(button_n！=temp) || (button_n=temp&&count<mask_time-1)
S1	S0	button=temp&&count>=mask_time-1

表 4 - 8　键盘过滤器的状态输出表

状态名	输　　出	条　　件
Reset	count＝0 click_n＝1 temp＝1	rst－n＝0
S0	temp＝button_n	button_n！＝temp
S1	count＝count＋1	button_n＝temp&&count＜mask_time－1
	count＝0 temp＝button_n	button_n！＝temp
	click_n＝temp count＝0	button＝temp&&count＞＝mask_time－1

　　状态转移图(见图 4 - 69)的思路是：中间寄存器 temp 的值与输入 button_n 不同，就启动判断过程而言，将新值赋给 temp，计算 temp 保持不变的节拍数，若大于 mask_time 就将 temp 赋于输出 click_n。表 4 - 7 和表 4 - 8 则是它的状态表。无论是之前的状态转移图，或是现在的状态表，关于复位的描述都必不可少。而复位信号有效后从诸节点返回复位状态的描述都被省略。EDA 的显式状态机工具则会将包含复位转移的全部过程填写到状态转移表中。

　　以下是键盘过滤器的 Verilog 代码(例程 4 - 20)，它的测试代码(例程 4 - 21)和仿真波形如图 4 - 70 所示。

```
1   module lpm_keysfilter(clk, rst_n, button_n, click_n);
2
3       parameter MASK_TIME = 100;
4
5       input clk;
6       input rst_n;
7       input button_n;
8       output click_n;
9
10      localparam s0 = 1'b0;
11      localparam s1 = 1'b1;
12
13      reg click_n, temp;
14      reg [31:0] count;
15      reg state;
16
17      always @ (posedge clk, negedge rst_n)
18      begin
19        if (! rst_n)
20          begin
21            count <= 0;
22            click_n <= 1;
23            temp <= 1;
24            state <= s0;
25          end
```

```
26          else
27            case (state)
28              s0 :      if (button_n = = temp)
29                          state < = s0;
30                else
31                  begin
32                    temp < = button_n;
33                    state < = s1;
34                  end
35
36              s1 :      if (button_n = = temp)
37                    if (count < MASK_TIME − 1)
38                      begin
39                        count < = count + 1;
40                        state < = s1;
41                      end
42                    else
43                      begin
44                        click_n < = temp;
45                        count < = 0;
46                        state < = s0;
47                      end
48                  else
49                      begin
50                        count < = 0;
51                        temp < = button_n;
52                      end
53            endcase
54        end
55
56  endmodule
```

例程 4 - 20 键盘过滤器的 Verilog 代码

在测试代码中,设计了 2 个下拉的毛刺和 2 个上拉的毛刺,并给出了符合过滤的输入信号。

```
1   timescale 1ns/1ns
2
3   module lpm_keysfilter_tb;
4
5       reg clk, rst_n;
6       reg button_n;
7       wire click_n;
8
9       lpm_keysfilter
10          # (
11              .MASK_TIME(10)
12          )
13          u1(
14              .clk(clk),
15              .rst_n(rst_n),
16              .button_n(button_n),
```

例程 4 - 21 键盘过滤器的测试代码

```
17              .click_n(click_n)
18           );
19
20      initial begin
21          clk = 1;
22          button_n = 1;
23          rst_n = 0;
24          #201
25          rst_n = 1;
26
27          //按下小于 10 拍
28          #200
29          button_n = 0;
30          #10
31          button_n = 1;
32          #20
33          button_n = 0;
34          #80
35          button_n = 1;
36
37          //一直按下
38          #200
39          button_n = 0;
40
41          //抬起小于 10 拍
42          #400
43          button_n = 1;
44          #10
45          button_n = 0;
46          #20
47          button_n = 1;
48          #80
49          button_n = 0;
50
51          //一直抬起
52          #200
53          button_n = 1;
54      end
55
56      always #10 clk = ~clk;
57
58  endmodule
```

例程 4 - 21　键盘过滤器的测试代码(续)

在图 4 - 70 中可以看到,click_n 输出信号的确是将 button_n 的毛刺过滤了。

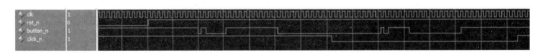

图 4 - 70　键盘过滤器的仿真波形

状态表的描述虽然严谨,但绘制在表格中的描述不够直观,用于设计时不如状态转移图清晰,所以状态表是状态转移图的补充,可用于 EDA 的底层数据结构。作为辅助设计方法,它不可以替代状态转移图。

4.9　算法机和算法流程图

ASM 为算法状态机的英文缩写(Algorithmic State Machine),EDA 模块的输入和输出之间的因果关系是基于算法描述。这样描述的模型则称为算法机(基于状态转移的描述则是FSM)。

很多时候,模块复杂的时序行为需要用控制器加数据通道的方式描述。这时的模型是由一个控制器(ASM 或 FSM)和闭节点的数据通道组成,控制机按照算法描述对数据通道发出各种命令信息,以完成模块的时序动作。对数据通道描述的算法机称为算法机的控制管理模式,ASMD。

在 FSMD 架构中,有限状态机(FSM)或算法状态机(ASM)并不直接参与逻辑的因果控制,逻辑的因果控制交由数据通道完成,此时控制器仅根据数据通道反馈的信息对其进行控制,从而完成需求的逻辑因果关系。需要说明的是,FSM 可以直接参与逻辑因果关系控制,好比"游击队","自己指挥自己的战斗";有限状态机控制管理模式(FSMD)或算法机的控制管理模式(ASMD)则好比"正规军",FSM/ASM 是指挥机构(司令部),数据通道是"战斗兵团"。

由于算法描述的 HDL 模型具有类似于算法语言的特点,因此可以采用一种类似算法语言中的程序流程图 PF Charts(Program Flow Charts)作为规划工具,这就是算法机流程图ASM Charts,本书写成 ASMc(下同);或算法路径流程图 ASMD Charts,本书必要时也写成ASMDc,但更多的时候用广义的 ASMc 统称所有这些算法机流程图。

在 ASMc 中,用矩形框表示状态,用菱形框表示分支,用带圆角的矩形框描述,如图 4 - 71所示。

图 4 - 71　算法流程图的符号

以下是一个采用算法机 ASMD 架构的同步先进先出设计例子。

例 4 - 15: 设计一个宽度 8、深度 256 的同步先进先出例子,如图 4 - 72 所示。

图 4 - 72　同步先进先出设计例子

同步先进先出读写端共用一个时钟,依据环形缓冲器工作原理(可参考 Ciletti《Verilog 高级数字设计》),内部具有双地址口(读地址端口和写地址端口)的 SRAM,其 ASMD 架构如图 4 - 73所示。

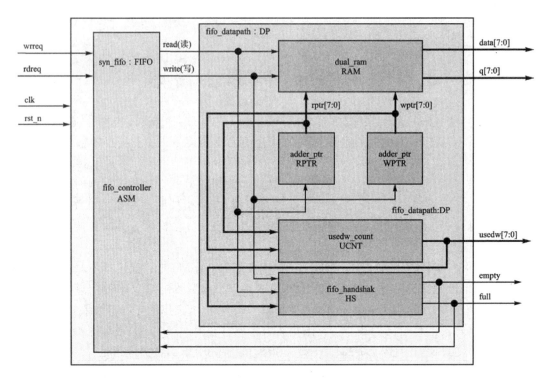

图 4 - 73 同步先进先出的 ASMD 架构

图 4 - 73 中,顶层先进先出由算法机和两个显模(EM,正体字)描述,其中算法机构成控制器,两个显模根据控制器的信号实现先进先出的定制逻辑;在 DP 中,双地址口的 RAM,根据读命令,将读指针指向的单元数据输出至 q 端口;根据写命令将数据写入写指针指向的单元。其中读指针模块(RPTR)和写指针模块(WPTR)均根据其输入的读命令和写命令执行加一计数,在 8 位输出时,构成模 256 的环形缓冲器。UCNT 则根据环形缓冲器的读写指针,计算当期先进先出中的装入数据:

$$usedw = wptr - rptr + 256 \tag{4-14}$$

最后,握手信号模块则根据当前先进先出的用量指示 usedw 以及当前命令(read 和 write),正确的发出空指示和满指示信号。其中握手模块 HS 的算法流程图 ASMc 如图 4 - 74 所示。

图 4 - 74 中,复位状态下空指示信号为真,满指示信号为假;置位后唯一的状态 s0 中,算法流程图可以清楚地描述有读有写、无读无写、有读无写和有写无读四种情况下的握手信号:有读有写和无读无写时,不影响握手信号;有写无读时,先进先出必定非空,并且若当前用量已经到达 255,则必须发出满指示信号;有读无写时,先进先出必定非满,并且若当前用量仅为 1 时,则必须发出空指示信号。

主控制器根据先进先出的外部命令(rdreq 和 wrreq),以及当前握手指示(full,empty)发出先进先出的内部命令,遵循"空不读,满不写"保证数据安全的控制策略(见图 4 - 75),据此得到见例程 4 - 22、例程 4 - 23、例程 4 - 24、例程 4 - 25 和例程 4 - 26 的代码。

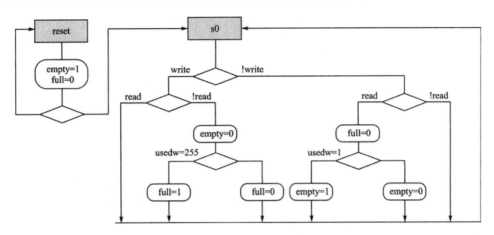

图 4 - 74　同步先进先出握手模块 HS 的算法流程图

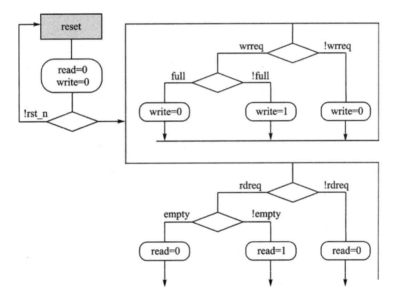

图 4 - 75　同步先进先出主控制器的算法流程图

```
1    module syn_fifo(clk, rst_n, data, wrreq, rdreq,       18         .empty(empty),
2    empty, full, usedw, q);                              19         .full(full)
3                                                         20      );
4        input clk, rst_n;                                21
5        input [7:0] data;                                22      fifo_datapath DP(
6        input wrreq, rdreq;                              23         .clk(clk),
7        output empty, full;                              24         .rst_n(rst_n),
8        output [7:0] usedw, q;                           25         .write(write),
9                                                         26         .read(read),
10       wire read, write;                                27         .data(data),
11                                                        28         .q(q),
12       fifo_controller ASM(                             29         .usedw(usedw),
13          .rst_n(rst_n),                                30         .empty(empty),
14          .wrreq(wrreq),                                31         .full(full)
15          .rdreq(rdreq),                                32      );
16          .write(write),                                33
17          .read(read),                                  34   endmodule
```

例程 4 - 22　同步先进先出顶层代码

```
1   module fifo_datapath(clk, rst_n, write, read,        29          );
2   data, q, usedw, empty, full);                        30
3                                                          31          adder_ptr WPTR(
4       input clk, rst_n;                                 32              .clk(clk),
5       input write, read;                                33              .rst_n(rst_n),
6       input [7:0] data;                                 34              .inc(write),
7       output [7:0] q;                                   35              .adder(wptr)
8       output [7:0] usedw;                               36          );
9       output empty, full;                               37
10                                                         38          usedw_count UCNT(
11      wire [7:0] rptr, wptr;                            39              .rst_n(rst_n),
12                                                         40              .rptr(rptr),
13      dual_ram RAM(                                      41              .wptr(wptr),
14          .clk(clk),                                     42              .usedw(usedw)
15          .rst_n(rst_n),                                 43          );
16          .read(read),                                   44
17          .write(write),                                 45          fifo_handshak HS(
18          .rptr(rptr),                                   46              .clk(clk),
19          .wptr(wptr),                                   47              .rst_n(rst_n),
20          .data(data),                                   48              .read(read),
21          .q(q)                                          49              .write(write),
22      );                                                 50              .usedw(usedw),
23                                                         51              .empty(empty),
24      adder_ptr RPTR(                                    52              .full(full)
25          .clk(clk),                                     53          );
26          .rst_n(rst_n),                                 54
27          .inc(read),                                    55  endmodule
28          .adder(rptr)                                   56
```

例程 4 - 23   同步先进先出的数据通道代码

```
1   module fifo_handshak(clk, rst_n, read, write,        18              empty <= 0;
2   usedw, empty, full);                                 19              if (usedw == 255)
3                                                          20                  full <= 1;
4       input clk, rst_n;                                 21              else
5       input read, write;                                22                  full <= 0;
6       input [7:0] usedw;                                23          end
7       output reg empty, full;                           24          else if (! write && read)
8                                                          25              begin
9       always @ (posedge clk)                            26                  full <= 0;
10      begin                                              27                  if (usedw == 1)
11          if (! rst_n)                                   28                      empty <= 1;
12              begin                                      29                  else
13                  empty <= 1;                            30                      empty <= 0;
14                  full <= 0;                             31              end
15              end                                        32      end
16          else if (write && ! read)                     33
17              begin                                      34  endmodule
```

例程 4 - 24   同步先进先出握手模块 HS 的代码

```
1   module adder_ptr(clk, rst_n, inc, adder);
2
3       input clk, rst_n;
4       input inc;
5       output reg [7:0] adder;
6
7       always @ (posedge clk)
8       begin
9           if (! rst_n)
10              adder <= 0;
11          else if (inc)
12              adder <= adder + 1;
13      end
14
15  endmodule
```

```
1   module usedw_count(rst_n,rptr,wptr,usedw);
2
3       input rst_n;
4       input [7:0] rptr, wptr;
5       output reg [7:0] usedw;
6
7       always @ ( * )
8       begin
9           if (! rst_n)
10              usedw = 0;
11          else
12              usedw = wptr + 256 - rptr;
13      end
14
15  endmodule
```

例程 4 - 25　同步先进先出的地址指针和用量计数器代码

```
1   module dual_ram(clk, rst_n,read,write,rptr,
2   wptr, data, q);
3
4       input clk, rst_n;
5       input read, write;
6       input [7:0] rptr, wptr;
7       input [7:0] data;
8       output reg [7:0] q;
9
10      reg [7:0] dram [255:0];
11
12      always @ (posedge clk)
13      begin
14          if (! rst_n)
15          q <= 0;
16          else
17              begin
18                  if (read) q <= dram[rptr];
19                  if (write) begin
20                      q <= dram[wptr];
21                      dram[wptr] <= data;
22                  end
23              end
24      end
25
26  endmodule
```

```
1   module fifo_controller(rst_n, wrreq, rdreq,
2       write, read, empty, full);
3
4       input rst_n;
5       input wrreq, rdreq;
6       output reg write, read;
7       input empty, full;
8
9       always @ ( * )
10      begin
11          if (! rst_n)
12              begin
13                  read = 0;
14                  write = 0;
15              end
16          else
17              begin
18                  if (wrreq && full)
19                      write = 0;
20                  else if (wrreq && ! full)
21                      write = 1;
22                  else
23                      write = 0;
24
25                  if (rdreq && empty)
26                      read = 0;
27                  else if (rdreq && ! empty)
28                      read = 1;
29                  else
30                      read = 0;
31              end
32      end
33
34  endmodule
```

例程 4 - 26　同步先进先出的双口 RAM 和 ASM 主控制器代码

主控制器 fifo_controller 的 ASMc 见图 4-75。开节点(组合逻辑)的算法流程图,并不依赖时钟(开节点也没有时钟),仅仅是描述"空不读满不写"的算法。其中置位后对于 write 和 read 的两个独立条件行为分支,将综合为独立的两个电路,可以同时响应(同一拍既有读又有写)。测试流程(见例程 4-27),仿真波形如图 4-76、图 4-77、图 4-78 和图 4-79 所示。

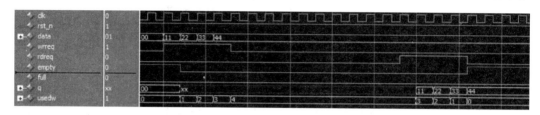

图 4-76　同步先进先出的写—读测试

```
1   timescale 1ns/1ps              42      data = 8'h22;
2                                   43      @ (posedge clk)
3   module syn_fifo_tb;            44      data = 8'h33;
4                                   45      @ (posedge clk)
5      reg clk, rst_n;              46      data = 8'h44;
6      reg [7:0] data;             47      @ (posedge clk)
7      reg wrreq, rdreq;            48      wrreq = 0;
8      wire empty, full;           49
9      wire [7:0] q, usedw;        50      #200
10                                  51      @ (posedge clk)
11     integer i;                   52      rdreq = 1;
12                                  53      @ (posedge clk)
13     syn_fifo DUT(               54      @ (posedge clk)
14         .clk(clk),              55      @ (posedge clk)
15         .rst_n(rst_n),          56      @ (posedge clk)
16         .data(data),            57      rdreq = 0;
17         .wrreq(wrreq),          58
18         .rdreq(rdreq),          59      //写满测试
19         .empty(empty),          60      #200
20         .full(full),            61      for(i=0; i<=255; i=i+1) begin
21         .usedw(usedw),          62         @ (posedge clk)
22         .q(q)                    63         wrreq = 1;
23     );                           64         data = i;
24                                  65      end
25     initial begin                66      @ (posedge clk)
26         clk = 1;                67      wrreq = 0;
27         rst_n = 0;              68
28         data = 0;               69      //读空测试
29         rdreq = 0;              70      for(i=0; i<=255; i=i+1) begin
30         wrreq = 0;              71         @ (posedge clk)
31                                  72         rdreq = 1;
32         #200                     73      end
33         @ (posedge clk)         74      @ (posedge clk)
34         rst_n = 1;              75      rdreq = 0;
35                                  76
36         //读写测试               77      #200 $ stop;
37         #200                     78   end
38         @ (posedge clk)         79
39         wrreq = 1;              80   always #10 clk = ~clk;
40         data = 8'h11;          81
41         @ (posedge clk)         82 endmodule
```

例程 4-27　同步先进先出的测试代码

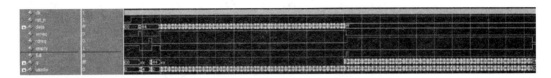

图 4 - 77　同步先进先出的全程仿真波形

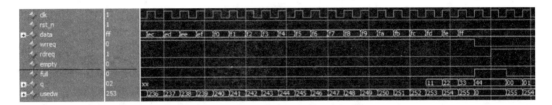

图 4 - 78　同步先进先出的写满测试

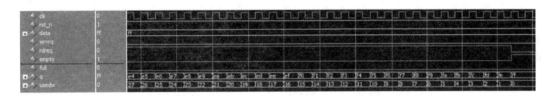

图 4 - 79　同步先进先出的读空测试

　　算法机与有限状态机的区别,不仅在于其设计依据不同(前者依赖算法,后者依赖状态转移),更重要的是因为有限状态机依赖转移,而转移又与时钟绑定(无限节拍对应有限转移)有关,故有限状态机一定是依赖时钟,是基于时钟的机器。但算法机则不一定,它可以有时钟(闭节点机器),也可以没有时钟(开节点机器,如本例),它依赖的是算法本身,并不依赖时钟。算法机的控制管理模式的控制很多基于算法系统中应用非常普遍,许多经常使用的集成芯片中例如双口 RAM、三口 RAM 和同步/异步先进先出正是基于 ASMD 架构。

4.10　线性序列机

　　在用 HDL 建模时,许多具有复杂行为的逻辑需要被精确地描述,除了作为基础的有限状态机以外,常用的机器模型还有由有限状态机衍生出的线性序列机和算法机。有限状态机是基于状态转移,并且用有限状态描述无限时间变量的机器。单纯的状态转移则是序列机模型,如图 4 - 80 所示。

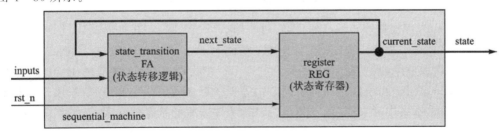

图 4 - 80　序列机框图

　　图 4-80 的机器执行的是单纯的状态转移,如果这种转移的序列是一个线性序列,可以用时钟节拍对状态进行描述(模或终止符)时,则可以使用线性序列机建模。线性序列机最典型的表现就是:节拍等于状态。这在许多情况下十分有用,如 UART 收发器、特定波形发生器、数控机床和机器人控制等,因为这些时候的数学模型是线性序列模型,当用线性序列机建模时,将比有限状态机具有更清晰简明的代码和更优化的综合结果。线性序列机线性转移是有限状态机一般性转移的特例,因此可以直接从 FSM_3S 得到线性序列机模型,如图 4-81 所示。

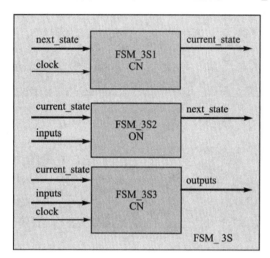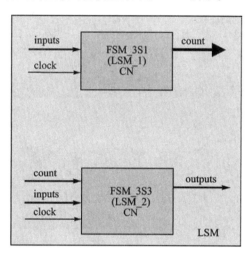

图 4-81　线性序列机模型与 FSM_3S 模型的关系

　　在图 4-81 中,当节拍等于状态时,节拍数可用一个计数器获得,FSM_3S1 的输出 current_state 则可改写成 count 成为 LSM_1;线性转移时由于转移逻辑可化简,故整个 FSM_3S2 可以省略。最后将 FSM_3S3 的输入端口 current_state 改名为 count 成为 LSM_2。

　　虽然状态转移可以用连续的节拍描述,但线性序列的分支(或称为分段序列机)仍然必须处理,因此 LSM_1 的输入端口有时需要输入信号来控制这些分支。典型的 LSM_1 的用法是作为一个带模数运行或带终止符运行的并有启动信号控制的计数器如图 4-82 所示。

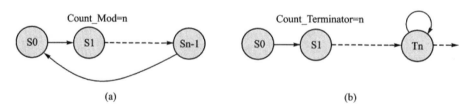

图 4-82　带模运行的和带终止符运行的线性序列机

　　图 4-82(a)为带模数的线性序列机,它每一拍执行一个状态,并且反复执行 s0→sn-1 的线性序列,这种带模数的线性序列机,书中称为 LSM_M。图(b)为带终止符的线性序列机。它每次执行一次线性序列,并且停止在某个状态 Tn 并获得控制,这种带终止符的线性序列机,书中称为 LSM_T。由于线性序列机的节拍等于状态,所以图 4-82 用状态表描述相对状态转移图更简洁,本书中称 LSM 的 State-Table 为序列机的状态转移表,如表 4-9 所列。

表 4 - 9　带模数运行线性序列机 LSM_M 的 SMF 表

state/count	LSM_1(转移表)		LSM_2(输出表)	
	转移描述	转移条件	输出描述	输出条件
reset	＜复位转移描述＞	＜复位条件＞	＜复位输出描述＞	＜输出条件＞
0	＜count＋1＞		＜输出描述＞	＜输出条件＞
1	＜count＋1＞		＜输出描述＞	＜输出条件＞
…	…		…	＜输出条件＞
N－1	count＝0		＜输出描述＞	＜输出条件＞
others	＜count＋1＞		＜缺席输出描述＞	＜缺席输出条件＞

表 4 - 9 为带模数 N 的 SMF 表样式,其中 state/count 一列描述状态名。由于 LSM 时,状态等于节拍,故 state 可以用节拍数 count 描述。LSM_1 列描述状态的转移,由于带模数的 LSM 总是加一运行,且到 sn 后循环至 s0,故除 s0 行以外,全部是＋1 的逻辑。LSM_2 列描述的摩尔机或米利机的输出,当摩尔机时,输出仅由当前节拍决定;米利机时,输出不仅有当前节拍,也由当前输入决定。但它们都可以在 LSM_2 的列中描述,如图 4 - 83 所示。

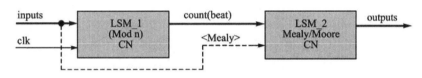

图 4 - 83　带模数线性序列机 LSM_M 的模型框图

图 4 - 83 为带模 LSM_M 的框图,其中 LSM_1 产生节拍序列,虽然有输入信号,但仅控制它的使能(例如 reset),置位后(或使能后)它将开始带模计数;LSM_2 则为输出逻辑,仅由计算(状态或拍)决定输出为摩尔,有输入参与时为米利。图 4 - 84 为 LSM_1(Mod n)的 ASMc 方案。

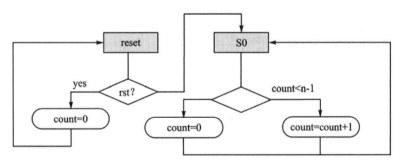

图 4 - 84　带模 LSM_M 序列发生器的算法流程图

表 4 - 10 描述了一个带终止符的 LSM_T,线性序列的进入和再进入由终止符的状态控制,但输出仍然可以 LSM_2 的表格描述,即何拍何事。

表 4 - 10　带终止符运行线性序列机 LSM_T 的 SMF 表

state/count	LSM_1(转移表)		LSM_2(输出表)	
	转移描述	转移条件	输出描述	输出条件
reset	<复位转移描述>	<复位条件>	<复位输出描述>	<输出条件>
0	<count+1>		<输出描述>	<输出条件>
1	<count+1>		<输出描述>	<输出条件>
...	...		...	<输出条件>
n−1 (Terminal)	<转移描述>	<启动条件>	<输出描述>	<输出条件>
	<hold>	<等待条件>		
others	<count+1>	<缺席转移条件>	<缺席输出描述>	<缺席输出条件>

图 4 - 85 为带终止符线性序列机 LSM_T 的框图,图中 LSM_1 同样为序列发生器,它在复位后或运行到线性序列的终点将停止下来,在终止符接收输入信号的控制。因此在终止符以后并不按线性序列运行,此时 LSM 的工作机制称为分段线性序列机 PLSM。以下是 LSM_1 的算法流程图的两个方案如图 4 - 86 和图 4 - 87 所示。

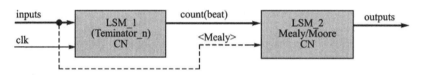

图 4 - 85　带终止符线性序列机 LSM_T 的模型框图

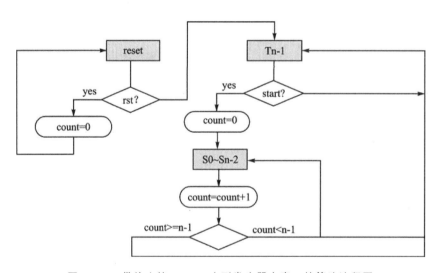

图 4 - 86　带终止符 LSM_T 序列发生器方案一的算法流程图

图 4 - 82 所示方案的终止符布置在序列首端,另一种方案是终止符布置在序列末端。图 4 - 86 和图 4 - 87 中 count 就是状态。方案一将终止符布置在首端,置位后停在终止符;方案二将终止符布置在末端,置位后首先运行一次线性序列 S0—>Tn−1,然后停止在终止符。

在以下展示两个简单的例子,一个为带模 LSM_M 示例的周期信号发生器,另一个为带终止符 LSM_T 示例的 UART 接收器。在本书后续的实践章节中,将有更多更深入的 LSM 应

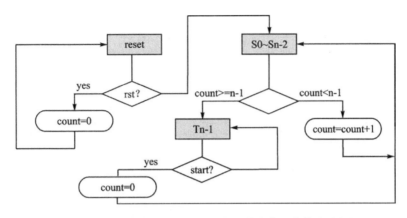

图 4-87　带终止符 LSM_T 序列发生器方案二的算法流程图

用例子。

　　关于线性序列机更多的理论和应用可参考本章的引文。线性序列机的理论是 20 世纪由美国的霍尔曼(Huffman)提出,直到 EDA 深入发展的最近十年才重新被世界关注。经典的 LSM 叙述的是一个由乘加器组成的线性序列,即其有限状态机部分的每一个节点仅限一个乘加器的线性数学运算,节点与节点之间的转移是点对点,即本书叙述的转移(一个状态直接转移至下一个状态),某些文献称之为基于线性链的有限状态机(Finite, State Machine Based Linear Char ins of State)包含两个意义。

　　本书重点讨论的是后者,以及由此导致的状态机设计方法和综合结果的重要变化。必须说明的是,LSM 的理论仍在发展和探讨中,目前缺乏工具的支持。必要的综合优化甚至需要设计者自己处理。另外,LSM 的状态线性转移,很多情况下必然导致状态的数学计算(例如计数器的增量运算),这并不符合经典的有限状态机综合理论,根据这一综合理论,有限状态机的状态是不可以进行数学运算的。尽管如此,在线性序列机最新理论和工具面世之前,它的运用已经展开,并且研究指出,线性序列机的速度将比相同的有限状态机要快,面积要小。当然这里的先决条件是必须"人工优化"。

4.10.1　线性序列机例子:周期信号发生器

　　例 4-16:设计如图 4-88 所示的周期信号发生器,并且为之建模和验证。

　　带模线性序列机 LSM_M 的例子是一个用于机电一体化中经常看到的周期信号发生器,它按照图 4-89 所示的时序工作。对于图 4-89 所示的例子,LSM_1 需要一个模 6 的计数器,并

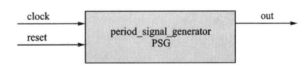

图 4-88　周期信号发生器顶层框图

用 reset 控制启动(LSM 全部闭节点信号,激励—响应均为 1 拍,故 T0 时刻 reset=1 的激励导致 count 在 T1 时刻开始计数),而 LSM_2 则根据当前节拍计数值决定对输出驱动为高或为低即可。由于 LSM_2 仅根据状态产生输出,因此这是一个典型的摩尔机(关联复位信号仍然是)。此时的计数值对应于 FSM_3S3 的 current_state。

　　例程 4-28 中,行 10～16 行描述 LSM_1,计算值既是输入也是输出,模 6 计数;行 18～29

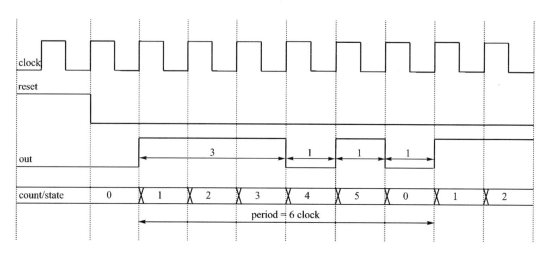

图 4 - 89 周期信号发生器时序图

行描述 LSM_2,用 Case 行为语句描述根据计算产生的输出逻辑。图 4 - 90 为其代码模型,例程 4 - 29 为该示例的测试代码,图 4 - 91 为其仿真波形。

```
1   module lsm_example(clk, rst, out);
2
3       input clk;
4       input rst;
5       output out;
6
7       reg out;
8       reg [2:0] count;
9
10      always @ (posedge clk)
11      begin : LSM_1
12          if (rst || count >= 5)
13              count <= 0;
14          else
15              count <= count + 1;
16      end
17
18      always @ (posedge clk)
19      begin : LSM_2
20          if (rst)
21              out <= 0;
22          else
23              case (count)
24                  0 : out <= 1'b1;
25                  3 : out <= 1'b0;
26                  4 : out <= 1'b1;
27                  5 : out <= 1'b0;
28              endcase
29      end
30
31  endmodule
```

按输出逻辑得到的 SMF 表

state/count	LSM_1	LSM_2
reset	count = 0	out = 0
0	count = count + 1	out = 1
1	count = count + 1	out = 1
2	count = count + 1	out = 1
3	count = count + 1	out = 0
4	count = count + 1	out = 1
5	count = 0	out = 0

简化后得到的 SMF 表

state/count	LSM_1	LSM_2
reset	count = 0	out = 0
0	count = count + 1	out = 1
3	count = count + 1	out = 0
4	count = count + 1	out = 1
5	count = 0	out = 0

例程 4 - 28 周期信号发生器 LSM_M 方案的 Verilog 代码和 SMF 表

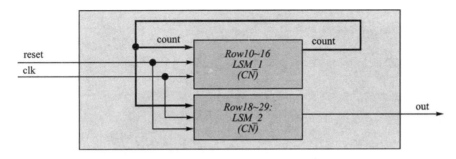

图 4 - 90 周期信号发生器的代码模型

1	`timescale 1ns/1ns	13	initial
2		14	begin
3	module lsm_example_tb;	15	clk = 1;
4		16	rst = 1;
5	reg clk, rst;	17	#201
6	wire out;	18	rst = 0;
7		19	end
8	lsm_example u1(	20	
9	.clk(clk),	21	always #10 clk <= ~clk;
10	.rst(rst),	22	
11	.out(out));	23	endmodule
12		24	

例程 4 - 29 周期信号发生器的测试代码

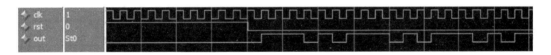

图 4 - 91 周期信号发生器的仿真波形

4.10.2 线性序列机例子:LPM 分频器

在 4.5 节中讨论了参数可定制(LPM)分频器的多种 FSM 解决方案,现再补充一个线性序列机解决方案。

例 4 - 17:采用线性序列机方案设计分频器(fd_lsm、HW=3、LW=2),如图 4 - 92 所示。

分频器除了可以使用 4.5 节讨论的有限状态机和其管理模式的解决方案,还有另外一种更简单实用的建模方法,就是使用线性序列机建模。一种朴素的想法是,如果使用一个带模的计数器(例如 Mod 5),count 为零时 clk_out 设置为低,count 为 LW 时将其设置为高,则可同样方便地实现 HW=3,LW=2 的分频器如图 4 - 93 所示。

从图 4 - 93 可以看到,这是一个带模数的线性序列机(LSM_M)。LSM_1 的模 N=HW +LW,而 LSM_2 则关注在哪一拍做什么事即可,其 SMF 表如表 4 - 11 所列。

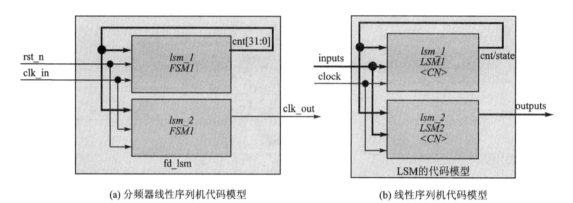

(a) 分频器线性序列机代码模型　　　(b) 线性序列机代码模型

图 4 - 92　两种方案的代码模型

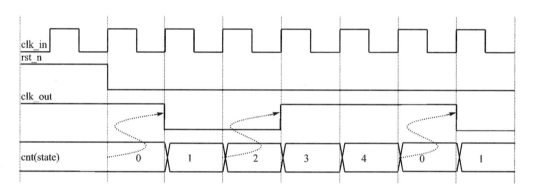

图 4 - 93　分频器的 LSM_M 方案

表 4 - 11　分频器 LSM_M 解决方案的 SMF 表

State/Count	LSM_1		LSM_2	Note
	转　移	条　件		
Reset	count＝0	rst_n＝0	clk_out＝0	
0	count＝count+1		clk_out＝0	
LW	count＝count+1		clk_out＝1	
HW＋LW−1	count＝0			
others	count＝count+1			

依据表 4 - 11,编写 Verilog 代码(见例程 4 - 30 代码)。

例程 4 - 30 中,行 12～20 为 LSM_1 代码模块,行 22～31 为 LSM_2 代码模块。在 LSM_1 模块中,行 14～15 为 SMF(见表 4 - 11)中 LSM_1 在 Reset 行中的描述,行 16～19 为 LSM_1 其余行的描述;在 LSM_2 模块中,行 24～25 为 SMF 表中 LSM_2 列在 Reset 行的描述,行 27～30 为 LSM_2 其余行的描述。测试代码和例程 4 - 4 相同,仿真波形与图 4 - 28 相同。

```
1   module divider_lsm(clk_in, rst, clk_out);      18          else
2                                                   19              count <= count + 1;
3       parameter HW = 3;                           20      end
4       parameter LW = 2;                           21
5       input clk_in;                               22      always @ (posedge clk_in)
6       input rst;                                  23      begin : lsm_2
7       output clk_out;                             24          if (rst)
8                                                   25              clk_out <= 0;
9       reg clk_out;                                26          else
10      reg [31:0] count;                           27              case (count)
11                                                  28                  0    : clk_out <= 0;
12      always @ (posedge clk_in)                   29                  LW   : clk_out <= 1;
13      begin : lsm_1                               30              endcase
14          if (rst)                                31      end
15              count <= 0;                         32
16          else if (count >= HW + LW - 1)          33  endmodule
17              count <= 0;                         34
```

例程 4 - 30　分频器 LSM_M 解决方案的 Verilog 代码

4.10.3　线性序列机例子:UART 接收器

通用异步收发器 UART 的常用的标准有 EIA RS - 232 - C,EIA RS - 485。它规定的信号格式如图 4 - 94 所示。

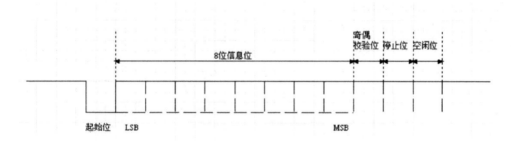

图 4 - 94　UART 的串行数据格式示例

图 4 - 94 中,美国电子工业协会(EIA)规定:

(1) 起始位:线路空闲时为高电平,当截获第一个低电平比特时,则为起始位。

(2) 信息位:在起始位之后,按低位首发原则,顺序发送信息位的最低位至最高位,信息位的宽度可以是 4、5、6、7、8 中的一个。

(3) 奇偶校验位:信息位之后则是一个可选的奇偶校验位,它可以是无校验、奇校验、偶校验中的一个,无校验时,信息位之后就是停止位。奇偶校验时,使得信息位和校验位的所有 1 的个数保持是奇数或偶数。

(4) 停止位:停止位的长度可以是 1、1.5 或 2 中的一个,它是高电平。

(5) 空闲位:持续的高电平。

(6) 波特率:每秒钟传输的数据位(bit)数为波特率。RS - 232 - C 的波特率可以是 50、

75、100、150、300、600、1 200、2 400、4 800、9 600、19 200，单位波特每秒。

　　EIA 推荐的信号捕获方式如图 4-95 所示。接收端必须知道发送端 UART 的波特率，并以 16 倍波特率为时钟（uart_clk）。时钟上升沿采样信号线电平，当获得低电平信号，则定位为起始点。从起始点往后的 24 个时钟，则正好是 LSB 的中心位置，就以此点取样 LSB 位电平，随后再往后 16 个时钟，取下个位的电平，直至完整的一帧数据被捕获，然后用并行总线将捕获的数据发往内部接收缓冲器。

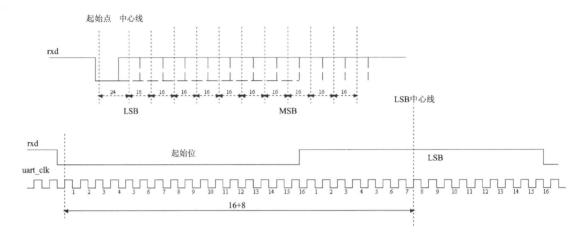

图 4-95　UART 数据捕获原理

　　例 4-18：使用 LSM_T 方案设计 UART 接收器（见图 4-96）。1 个起始位，8 个数据位，2 个停止位，1 个空闲位，波特率 9 600。

　　图 4-96 框图中，rxd 为 UART 的信号输入端口，uart_clk 的频率等于 16×baud_rate，当一帧数据被捕获后，data 端口将其送至下游的缓存器，data_wrreq 是接收器与下游缓冲器的握手信号，它为高（一拍）时，表

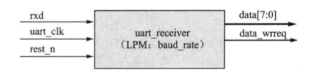

图 4-96　UART 接收器的框图设计

示将把当前节拍的数据写入缓冲器中。如图 4-95 所示，其接收过程的状态转移是一个典型的线性序列：空闲时，状态停止在终止符，并在终止符监测启始位（即监测低电平跳变），低电平的监测为 start 信号，使得状态开始清零并计数节拍；在第 24 拍捕获 data[0]，第 24+16 拍捕获 data[1]，…，第 24+7*16 拍捕获 data[7]，之后在停止位即 24+8*16 拍将 data 写入下游缓冲器。

　　据此，终止符 N=24+10×16=184 可以开始设计 SMF 表（见表 4-12）。依据表 4-12，编写 UART 接收器的 Verilog 代码（见例程 4-31）。其中，行 10～20，宏定义了 SMF 表（见表 4-12）的 State/Count 列，即状态名定义；行 25～33 为 LSM_1 的隐式代码模型，这是一个带终止符 N 的 LSM_1，并且是序列首端布置；行 35～55 为 LSM_2 的隐式代码模型，其中，行 37～41 为 SMF 表中 LSM_2 列在 Reset 状态的输出描述，行 43～54 为 SMF 表中 LSM_2 列其余各行的代码描述。

表 4-12 UART 接收器的序列机状态转移表

State/Count	LSM_1		LSM_2	Note
	转　移	条　件		
Reset	count = N	rst_n = 0	data = 0 data_wrreq = 0	复位停在终止符
N	count = 0	rxd = 0		等待启动条件
24 + (0 * 16)	count = count + 1		data[0] = rxd	
24 + (1 * 16)	count = count + 1		data[1] = rxd	
24 + (2 * 16)	count = count + 1		data[2] = rxd	
24 + (3 * 16)	count = count + 1		data[3] = rxd	
24 + (4 * 16)	count = count + 1		data[4] = rxd	
24 + (5 * 16)	count = count + 1		data[5] = rxd	
24 + (6 * 16)	count = count + 1		data[6] = rxd	
24 + (7 * 16)	count = count + 1		data[7] = rxd	
24 + (8 * 16)	count = count + 1		data_wrreq = 1	在停止位写缓冲
24 + (8 * 16) + 1	count = count + 1		data_wrreq = 1	写请求清除
others	count = count + 1			

```
1    module uart_receiver_lsm(uart_clk, rst_n, rxd,
2        data, data_wrreq);
3
4        input uart_clk;
5        input rst_n;
6        input rxd;
7        output [7:0] data;
8        output data_wrreq;
9
10       `define N 184
11       `define G0 24
12       `define G1 `G0 + 16
13       `define G2 `G1 + 16
14       `define G3 `G2 + 16
15       `define G4 `G3 + 16
16       `define G5 `G4 + 16
17       `define G6 `G5 + 16
18       `define G7 `G6 + 16
19       `define GW `G7 + 16
20       `define CW `GW + 1
21
22       reg [7:0] data, count;
23       reg data_wrreq;
24
25       always @ (posedge uart_clk)
26       begin : lsm_1
27           if (! rst_n)
28               count <= `N;
29           else if (count >= `N && rxd == 1'b0)
30               count <= 0;
31           else if (count < `N)
32               count <= count + 1;
33       end
34
```

例程 4-31 UART 接收器的代码

```
35
36        always @ (posedge uart_clk)
37        begin      : lsm_2
38            if (! rst_n)
39                begin
40                    data <= 0;
41                    data_wrreq <= 0;
42                end
43            else
44                case (count)
45                    `G0 :     data[0] <= rxd;
46                    `G1 :     data[1] <= rxd;
47                    `G2 :     data[2] <= rxd;
48                    `G3 :     data[3] <= rxd;
49                    `G4 :     data[4] <= rxd;
50                    `G5 :     data[5] <= rxd;
51                    `G6 :     data[6] <= rxd;
52                    `G7 :     data[7] <= rxd;
53                    `GW :     data_wrreq <= 1;
54                    `CW :     data_wrreq <= 0;
55                endcase
56        end
57 endmodule
58
```

例程 4-31　UART 接收器的代码(续)

例程 4-32 是它的测试代码。测试用例中,波特率设置为 9 600,激励 rxd 发送了一次 8'h55 和一次 8'hAA。例程 4-32 中,行 1～4 定义了波特率 9 600,使用表达式计算宏:波特率周期 tbaud,波特率时钟周期(波特率时钟=16 倍波特率)trclk,以及半波特率时钟周期 trclk_half;行 13 定义了一个中间寄存器 temp,用于发送串行数据;行 31～43 激励 rxd 发送 8'h55,行 45～57 激励 rxd 发送 8'haa。

```
1  `define baudrate 9600
2  `define tbaud (1000000.0/baudrate)
3  `define trclk (1000000.0/(16.0 * baudrate))
4  `define trclk_half (`trclk/2.0)
5
6  `timescale 1us/1ns
7
8  module uart_receiver_lsm_tb;
9
10     reg clk, rst_n, rxd;
11     wire [7:0] data;
12     wire wrreq;
13     reg [7:0] temp;
14
15     uart_receiver_lsm u1(
16         .uart_clk(clk),
17         .rst_n(rst_n),
18         .rxd(rxd),
19         .data(data),
20         .data_wrreq(wrreq));
21
22     initial
23     begin
24         clk = 1;
25         rst_n = 0;
```

例程 4-32　UART 接收器 LSM_T 方案的测试代码

```
26          temp = 0;
27          rxd = 1;
28          #20
29          rst_n = 1;
30
31          #200
32          rxd = 0; temp = 8'h55;
33          #tbaud rxd = temp[0];
34          #tbaud rxd = temp[1];
35          #tbaud rxd = temp[2];
36          #tbaud rxd = temp[3];
37          #tbaud rxd = temp[4];
38          #tbaud rxd = temp[5];
39          #tbaud rxd = temp[6];
40          #tbaud rxd = temp[7];
41          #tbaud rxd = 1;
42          #tbaud rxd = 1;
43          #tbaud rxd = 1;
44
45          #200
46          rxd = 0; temp = 8'haa;
47          #tbaud rxd = temp[0];
48          #tbaud rxd = temp[1];
49          #tbaud rxd = temp[2];
50          #tbaud rxd = temp[3];
51          #tbaud rxd = temp[4];
52          #tbaud rxd = temp[5];
53          #tbaud rxd = temp[6];
54          #tbaud rxd = temp[7];
55          #tbaud rxd = 1;
56          #tbaud rxd = 1;
57          #tbaud rxd = 1;
58      end
59
60      always #trclk_half clk <= ~clk;
61
62  endmodule
```

例程 4 - 32   UART 接收器 LSM_T 方案的测试代码(续)

仿真波形如图 4 - 97 所示。

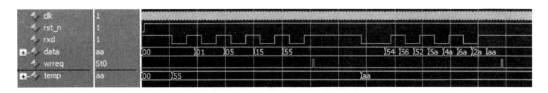

图 4 - 97   UART 接收器 LSM_T 方案的仿真波形

注意: wrreq 有效的那一拍,data 对应的数据的确是 8'h55 和 8'haa。

4.11   习   题

4.1   设计一个如习题 4.1 图所示间隔检测器,计算输入端口(data)的两个连续 1 之间的最大间隔 gap_max 和最小间隔 gap_min,并分别用摩尔机和米利机方案进行建模和验证。

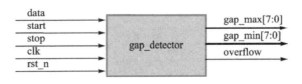

习题 4.1 图

4.2 设计一个如习题 4.2 所示巧克力自动售货机,售出的巧克力每块 25 美分。该机器只接收 5 美分(nickels)、10 美分(dimes)和 25 美分(quarters)的硬币。当投入的硬币总值达到或超过 25 美分时,机器通过一个时钟周期的 dispense 信号置 1,售出一巧克力,机器就返回到初始状态。在总投入值小于 25 美分时,按下取消键 cancel,机器通过一个时钟周期的 coin_return 信号置 1,将已经投入的硬币全部退回。要求使用摩尔机设计这个状态机,要求绘制基于状态观点的状态转移图。

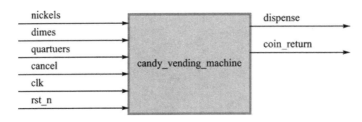

习题 4.2 图

4.3 设计一个如习题 4.3 所示苏打水自动售货机,1.5 美元一瓶。机器仅接收 1 美元(one_dollar)和 25 美分(quarters)的硬币。当投入硬币总值大于等于 1.5 美元(例如 2 个 1 美元)时,机器通过将 2 个时钟周期的 coin_return 信号置 1,找回 2 个 25 美分硬币;然后机器的 LED 指示灯点亮(light 信号设置为高),以指示客户选择苏打水的口味,此时用户可以选择按下可乐口味(一个时钟周期的可乐),柠檬口味(一个时钟周期的柠檬),橙汁口味(一个时钟周期的橙汁),或者是沙士口味(root_beer)。之后机器售出一瓶汽水(一个时钟周期的 dispense,以及对应的口味 flavor),并返回到初始状态(包括 LED 灯熄灭)。要求:

a) 分别绘制习题 4.3 图所示的米利机和摩尔机的顶层设计、顶层架构和状态转移图。

b) 仿真验证。

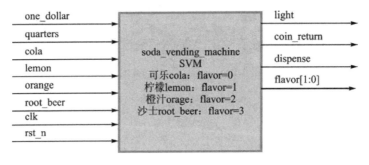

习题 4.3 图

4.4 设计如习题 4.4 图所示的十字路口交通指示灯控制器,t 信号用于输入控制,其间隔即是车辆和行人走停的时间。其输出信号如习题 4.4 表 1-1 所列。

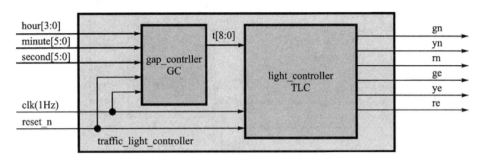

习题 4.4 图

习题 4.4 表 1-1

输出信号	灯的颜色	方 向	说 明
gn	绿灯	南北	南北方向放行
yn	黄色	南北	南北方向警示
rn	红灯	南北	南北方向禁行
ge	绿灯	东西	东西方向放行
ye	黄灯	东西	东西方向警示
re	红灯	东西	东西方向禁行

如习题 4.4 表 1-2 所示,在输入 t 为 0 期间,某个初始方向(例如南北方向)的绿灯点亮,而另一个方向(例如东西方向)的红灯点亮。t 为 1 期间,初始方向(南北方向)原绿灯亮改为黄灯亮,而另一个方向(东西方向)的红灯仍然保持亮着。当 t 再次回到 0,初始方向(南北方向)原黄灯亮改为红灯亮,另一个方向(东西方向)的红灯亮改为绿灯亮。而 t 的时钟周期(放行时间间隔)在一天 24 小时中具有不同的值,以适应不同时段的交通情况。

习题 4.4 表 1-2

时 间	绿灯通行时间(t=0)/min	黄灯警示时间(t=1)/s	备 注
5:30~7:00	3	10	次高峰时段
7:00~9:00	5	15	高峰时段
9:00~17:00	2	10	普通时段
17:00~20:00	5	15	高峰时段
20:00~22:00	3	10	次高峰时段
22:00~0:00	2	10	普通时段
0:00~5:30	1	5	午夜时段

4.5 设计习题 4.5 图所示流水灯,输入 led_n[3:0]分别驱动四个负逻辑的 LED,复位时全部灯熄灭,任何时候按下 start_n 键,触发流水灯开始运行;任何时候按下 stop_n 键,触发流水灯全部熄灭回到初始状态。流水灯一旦开始运行,则首先最低位(LSB)的灯首先点亮,维持 200 ms 后熄灭,熄灭状态维持 50 ms,之后下一灯点亮,同样维持 200 ms 点亮,全熄 50 ms。四个 LED 灯如此周而复始运行。要求分别用米利状态机和摩尔状态机为之设计(STG)、建模和验证。

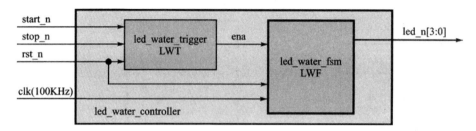

习题 4.5 图

4.12　参考文献

[1] Charles H. Roth, Jr., Larray L. Kinney. Fundamentals of Logic Design 7th ed. Stamford: Pengage Learning, 2014.

[2] Mano, M. Morris and MIchael D. Ciletti, Digital Design, 5th ed. Upper Saddle River, NJ: Prentice Hall, 2012.

[3] Brayton, Robert King. Logic minimization algorithms for VLSI synthesis. Boston: Kluwer Academic Publishers, 2000.

[4] Jha, Niraj K. Switching and finite automata theory. Cambridge, UK ; New York : Cambridge University Press, 2010.

[5] Givone, Donald D. Digital Principles and Design. New Youk: McGraw-HIll, 2003.

[6] Keaslin H. Digital integrated circuit design. Cambrige Unverisity Press 2008.

[7] Krzysztof Iniewski. hardware design and implementation. , Hoboken, New Jersey : Wiley, c2013.

[8] Michael D. Ciletti, Advanced Digital Design with the Verilog HDL, Prentice Hall, 2011.

[9] Jean P., Elena V., L. T., Digital System From Logic Gates to Processors, Switzerland: Springer, 2017.

[10] Brock. Lameres, Introduction to Logic Circuits & Logic Design with VHDL, Switzerland: Springer, 2017.

[11] Vaibbhav T., Digital Logic Design Using Verilog Coding and RTL Synthesis, India: Springer, 2016.

[12] Mattias K., Mathias W., Behavioural Models From Modeling Finite Automata to Analysing Business Proceses, Switzerland: Springer, 2016.

[13] Alexander B., Larysa T., et al. Logic Synthesis for FPGA-Based Finite State Machines, Cham Heidelberg, New York: Springer, 2016.

[14] Alexander B., Larysa T., et al. Logic Synthesis for Finite State Machine Based on Linear Chains of States, Cham Heidelberg, New York: Springer, 2016.

[15] Adamski, M., Barkalov, A. Architectural and Sequential Synthesis of Digital Devices. University of Zielona Gora Press, 2006.

[16] Altera(Intel) Corp. Altera(Intel) Homepage. HTTP://www. altera. com.

[17] Xilinx Corp. Xilinx Homepage. HTTP://www. xilinx. com.

[18] Michael D. Ciletti, Advanced Digital Design with the Verilog HDL Second Edition. 北京: 电子工业出版社, 2014.

第 5 章 同步电路基础

同步电路课程或学术范畴,研究分析采用时钟基准的数字系统中那些特定的物理现象,运用数学物理方法得出结论,从而指导数字系统的设计。同步电路已经成为现代数字电路设计最重要的基础理论,在高速数字逻辑系统中和现代数字工具中得到广泛应用。不夸张地说,离开同步电路,就不可能有今天数字世界的辉煌。采用统一的时钟基准构成数字系统的思想,其历史已经跨越半个世纪,EDA 时代和摩尔周期推动同步电路的理论研究,从而发展为今天这些学术分支:同步信号的离散分析,同步信号的连续分析,流水线,同步电路物理。可以说,同步电路的理论(例如静态时序定理),堪比早期电路理论(例如基尔霍夫定理),无论是重要性和应用深度,都有过之而无不及。同步电路学术范畴原本就是一个完整的体系,本章将就这个系统的现状以及国际上比较前沿的观点方法做尽可能严谨全面的讨论。

本章包括 FPGA/ASIC 同步电路设计的概念和方法。在介绍传统概念的同时,也介绍一些实用性强的新观点和新方法,这些观点在国内外的工程实践中已经是事实上大量采用,将之概念化为方法,有助于清晰思路,有助于对 FPGA/ASIC 高层次设计的学习和理解。

现代高速数字电路设计中,大量采用沿敏感的触发器构成单元信号的输出驱动,触发器捕获前级组合逻辑的输出,以此为单元组成流水线结构。这样的单元被称为时钟节点(Pipeline Node),或直接称为节点。理解和学习时钟节点的概念,有助于对现代高速逻辑的实现和理解,本节将介绍时钟节点的概念以及相关的理论和原则,如 One-Clock 原则(即时钟节点的单拍潜伏期以及引申的潜伏期分析的概念和应用)。本节还将介绍同步设计中比较关键的一些技术问题,如同步翻转噪声 SSN,时钟偏斜和抖动,基于时钟节点的时序分析以及亚稳态问题等。

由于后续的课程将用到其中的概念和方法,读者应该在阅读后续章节前,学习本节课程。读者通过本节学习实践,将了解和掌握 FPGA 数字设计中普遍采用的概念和方法,将具有独立使用这些概念开发复杂系统的能力。

5.1 同步电路的概念

同步设计(Synchronous Design)的概念由来已久,但在高速数字系统和 FPGA/ASIC 系统中,其重要性开始显现,其理论和方法也开始升华。

5.1.1 提高速度

同步的概念萌发于速度问题。在早期的分立器件中,例如异步计数器,其高位的翻转由低位的翻转逐步传递而来。图 5-1 所示是由 D 触发器构成的行波计数器以及其时序(见图 5-2)。

从时钟沿到达 D 触发器时钟端口,至 D 触发器有效翻转完成的延迟,是双稳态电路从一个稳态翻转至另一个稳态所需的时间,称为时钟输出延迟 t_{co}。在 FPGA/ASIC 器件中,大部

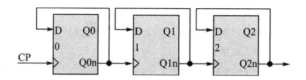

图 5 - 1　由 D 触发器构成的行波计数器(加计数)

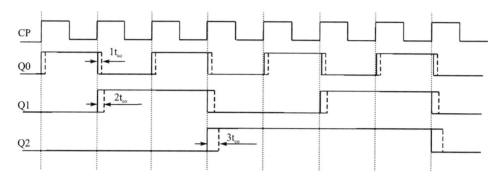

图 5 - 2　行波计数器中传输延时 t_{co} 的累积

分称为寄存器的 D 触发器具有几乎相同的 t_{co} 延迟。如图 5 - 2 所示,每一级 D 触发器的时钟均来自前一级的输出,导致 t_{co} 的延迟将随着级联的 D 触发器的数量增加而逐级累积。在由 n 个 D 触发器级联的系统中,系统总的延迟为:

$$t_{sys} = n \cdot t_{co} \qquad (5-1)$$

式中: t_{sys} :系统总延迟时间。

　　n:异步系统的触发器级联数。

　　t_{co} :异步系统的单级延迟(时钟输出延迟)。

　　系统的最高频率受限于 t_{sys} :

$$f_{max} \leqslant 1/t_{sys} \leqslant n \cdot t_{co} \qquad (5-2)$$

　　系统的最高频率受限于系统的总延迟周期(更多关于周期的概念将在后续章节介绍),当异步逻辑的级数越多,速度就越慢。因此,速度慢是异步逻辑最主要的缺陷之一。

　　由于速度慢是因为异步系统中逐级翻转所造成,早期研究者的思路是:如果能避免逐级翻转,在时钟作用下,所有寄存器都能够直接翻转到位,则可以提高速度。根据这个思想,出现了如图 5 - 3 所示的同步系统。

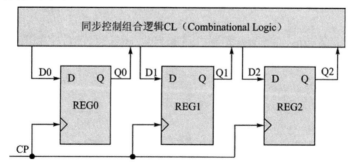

图 5 - 3　由 D 触发器构成的同步计数器

图 5-3 为一个同步计数器结构示意图,这里将所有沿敏感的触发器称为寄存器,所有这些寄存器依照同一个时钟 CP 捕获数据和翻转,同步控制逻辑是一个组合逻辑,它根据输入(Q0,Q1,Q2)产生对应的输出(D0,D1,D2),从而使图中的三个寄存器(D 触发器)能够同步翻转。表 5-1 为同步控制逻辑的真值表。

表 5-1　同步计数器控制逻辑的真值表

Q2,Q1,Q0		D2,D1,D0		Q2,Q1,Q0		D2,D1,D0	
000	0	001	1	100	4	101	5
001	1	010	2	101	5	110	6
010	2	011	3	110	6	111	7
011	3	100	4	111	7	000	0

根据真值表 5-1,可以很容易地使用逻辑进行实现(增量逻辑),如图 5-4 和图 5-5 所示。

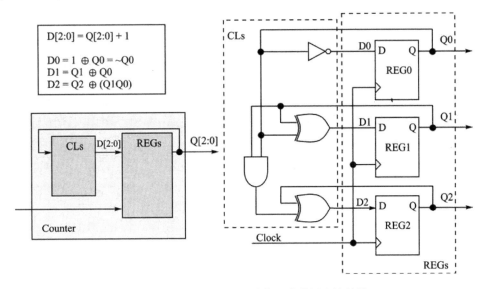

图 5-4　使用 CL+REG 结构组成的同步计数器

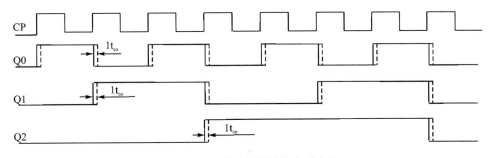

图 5-5　同步计数器的输出时序图

由于同步系统中的门延迟 t_{PD} 不会积累,系统最高频率仅受限于单级延迟周期 t_{PD},所以同步系统的速度更快。图 5-4(a)为框图,是图 5-3 的另外一种绘制方法。它将组合逻辑

CLs 绘制在左侧,将时钟沿敏感的 REGs 绘制在右侧,这种由组合逻辑 CL 实现逻辑运算、由 REG 产生输出信号的 CL+REG 的同步电路架构 SYN(Synchronous Structure)基本组件,一直沿用到现在,成为现代高速数字电路的主要组成部分。REG 一词,在这里表述的是沿敏感的触发器,大多数情况下是由 D 触发器构成。

5.1.2 避免毛刺

组合逻辑中多输入的不同延迟造成的输出毛刺(Glitches),由此引发了竞争冒险(Race and Hazard),如图 5-6 所示。

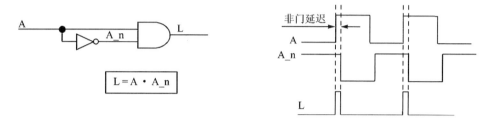

图 5-6 组合逻辑导致的竞争冒险

由图 5-6 所产生的毛刺会产生许多不可预期的结果。应对这些毛刺,会使系统非常复杂且不稳定。在 FPGA 设计中,则普遍使用同步设计避免毛刺,如图 5-7 所示。

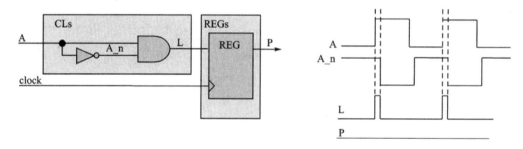

图 5-7 使用同步电路结构消除毛刺

由于同步设计中依据统一时钟采样输入信号,因此由组合逻辑 CLs 部分产生的延迟(例如图 5-7 中 A 与 A_n 之间的延迟),只要不大于时钟周期(严格说,还要考虑 REGs 的建立时间和保持时间等因素,详见 5.9 节中关于时序分析的讨论),系统就能保持正确的输出。显然,使用同步设计时,在避免毛刺的同时,也规范了设计,系统中所有的电路按统一的方式工作,保证了整个系统的稳定性。

5.2　激励和响应

在同步系统中,所有信号的翻转都发生在同一时钟的同一参考点(上沿或下沿)上。

复杂的同步系统可以看成是由许多功能模块 FM 组成,将功能模块的输入信号看成是系统的激励 S(t),将功能模块的输出信号看成是系统响应 R(t),如图 5-8 所示。

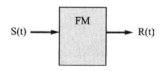

图 5-8 同步系统的数学模型

其数学模型为：

$$S(t) = FM[R(t)] \tag{5-3}$$

在同步系统中，FM 的最低响应周期为一个时钟周期，由此，同步电路起到了隔离迭代的作用，并以图 5-9 所示简单的反相器为例加以说明。

在图 5-9 中，组合逻辑 CL0 和 CL1 产生的激励和响应关系为：

$$R(t) = CL0[S(t - t_{PD0})] \tag{5-4}$$

$$R'(t) = CL1[R(t - t_{PD1})] = CL[S(t - t_{PD})] \tag{5-5}$$

式中：CL0 为反相器逻辑，CL1 为其余逻辑，t_{PD0} 为反相器组合逻辑的延迟，t_{PD1} 为其余组合逻辑的延迟，CL 为全部组合逻辑，而 t_{PD} 表示全部组合逻辑的延迟。

如 $S(t) = R'(t)$，则有：$S(t) = CL[S(t - t_{PD})]$，这里 S(t) 信号在 CL 中被迭代。如果 CL 输入输出相位相反，将导致迭代震荡或反馈震荡，其频率为 t_{PD} 的倒数。

采用同步电路后迭代被隔离，如图 5-10 所示。

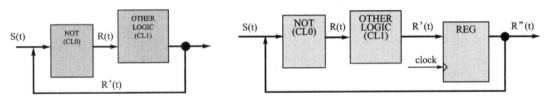

图 5-9　迭代现象的产生　　　　　　图 5-10　使用同步架构后迭代信号被隔离

采用同步电路后，$R''(t) = S(t)$，$R'(t)$ 的信号仅在时钟沿上被捕获输出，尽管存在反馈，但迭代被隔离。此时如果全部组合逻辑 CL 的输出仍然是输入的反相，则 R'' 的频率为 clock 的频率的一半，如图 5-11。

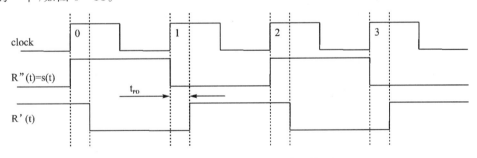

图 5-11　反相器组合逻辑的同步反馈时序图

如图 5-11 所示，忽略 REG 的时钟输出时间，R'' 在时钟的上升沿捕获 R'，被反馈到 S 端；S 信号被组合逻辑延迟 t_{PD} 输出为 R'。R' 的改变直到下一个时钟沿，才再次被 R'' 捕获。如果将反馈信号看成是激励 S，则图 5-12 所示的同步结构（CLs + REGs，即 SYNx）其响应 R'' 要比 S 晚一拍，即：

$$R''(t) = SYN[S(t - tCLK)] \tag{5-6}$$

事实上，在一拍的时钟周期中，从 R' 被改变后（t_{PD} 之后），直至下一个时钟沿到来前，需要留有足够余量以保证 REG 的建立时间 t_{SU}，而时钟沿到来后，REG 的输入 R' 仍然需要维持保持最小的保持时间 t_H，上述条件满足后，REG 正确捕获 R'，但其输出 R'' 会有一个时钟输出延迟 t_{CO}。高速同步系统中，精确地规划这些时间，使得一拍周期内尽可能做更多的事情。

图 5 - 12 将这种输入和输出之间的时序关系做了更一般的说明：在同步系统中，前级 SYN0 的输出就是后级 SYN1 的输入，该信号在时钟沿之后经延时（t_{CO}）被变更；对于 SYN1 而言，其组合电路 CLs1 的 t_{PD} 延时后，输出至 SYN1 的 REG，在下一个时钟沿捕获 CLs1 的输出；从时序上说，在这一拍的时间内，组合电路要完成逻辑运算（t_{PD1}），前级的时钟建立时间（t_{COO}），本级的时钟建立时间（t_{SU}），还要有足够的余量（Margin），SYN1 才能在输出端响应其输入；从逻辑上说，对于基本的同步结构（CLs＋REGs＝SYN，）输入信号的变更一拍后才能被响应，即输出端对输入端的变更有一拍的延迟。这种延迟被称为潜伏期（Latency）。

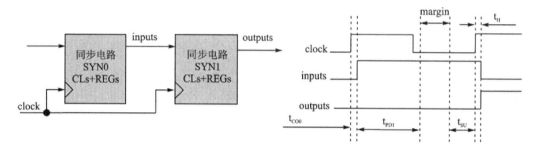

图 5 - 12　同步电路单元输入和输出之间的单拍潜伏期 Latency

由于基本同步结构的潜伏期为一拍，同步结构的级联所组成的流水线，则按照单拍潜伏期计算总的潜伏期，以此作为流水线的潜伏期。潜伏期的概念，是现代高速数字电路设计中最重要的概念之一。这种关于节点的控制信号（激励）与被控制信号（响应）相差一个时钟周期的机制，本书中称其为 One - Clock 机制，正是这种机制，提供了同步系统工作的基本原理和理论依据。而与之相关的基本同步结构：组合逻辑 CLs＋寄存器 REGs，则称为时钟节点，如图 5 - 13 所示。

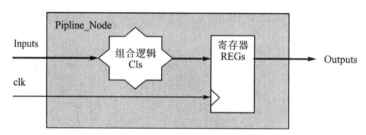

图 5 - 13　将基本同步结构（组合逻辑＋寄存器）称为同步节点

同步节点所具有的单拍潜伏期原则被应用到设计中，在 5.8 节中，称这个原则为同步电路第一定理。运用这个定理，可以对庞大复杂数字系统中的所有数字同步信号进行精准的关于"时间—地点"的设计。

5.3　同步机制

进一步的研究和应用发现，异步时序不仅速度慢，容易产生毛刺，还具有不利于器件移植，不利于时序分析，不利于系统规范化设计等缺陷。

在同步系统中的同一个时钟域中（时钟域的概念将随后介绍），所有信号均在同一时刻翻转，这种电路系统的翻转依赖于统一时钟基准的机制称为同步机制（Synchronous mechanism），其设计则称为同步设计（Synchronous Design）。

现代高速数字系统的正是依赖于这样的同步机制，同步设计已经成为高速数字电路和 FPGA 中事实上的设计规范。但同步系统也会有别的问题：

（1）需要更多的资源。

（2）大量的器件在同一时刻翻转，所产生的噪声和功耗是同步系统最重要的问题和挑战。

（3）不同时钟域之间的信号传输问题。

5.4　同步翻转噪声和功耗

早期数字开关电路中，功耗主要由动态功耗组成。由于数字开关管的功耗为其电压和电流的乘积。导通状态下，开关管的电压接近饱和电压（接近零），故功耗接近零；截止状态下，开关管的电流为截止电流（很小），故功耗仍然很小。只有在开关管翻转的过程中，其功耗才最大，这被称为动态功耗。现代器件（FPGA）的功耗由静态功耗、动态功耗，传输功耗和 I/O 功耗组成。其中动态功耗仍然是由开关电路的翻转功耗引起，并占最大比重的功耗。图 5 - 14 展示了不同器件中功耗的比例。

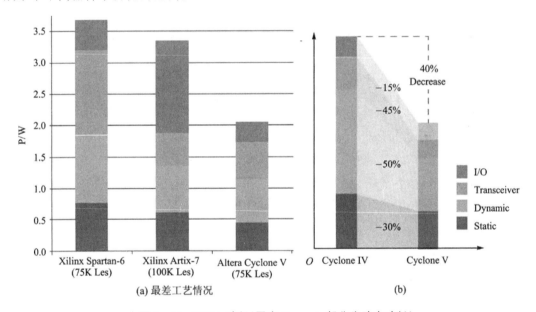

图 5 - 14　FPGA 功耗（图中 Dynamic 部分为动态功耗）

同步系统工作时，不仅动态功耗会随着系统规模的增加而增加，而且由于其瞬间电流很大，由此产生的噪声称为同步翻转噪声 SSN（Simultaneous Switching Noise），SSN 是同步系统中最重要的瓶颈，它影响到系统的信号完整性 SI（Signal Integrity），严重时将使系统变得不稳定，甚至无法正常工作。

在图 5 - 15 所示的 SSN 模型中，灰色部分表示一个 Stratix II GX 器件其封装的内部模型，在其模块的 I/O 中最多有 85 个驱动器，可以同时进行开关操作，从内模至器件封装之间的连接是通过一种称为 C4 的内部连接器，而内模到焊盘的连接还将通过传输线。封装内部的电源平面为芯片提供电源。最后，封装内所有的信号、电源和地都通过焊盘连接到 PCB，图中用灰色之外的部分表示,图中所示的信号标准为 HSTL class II。

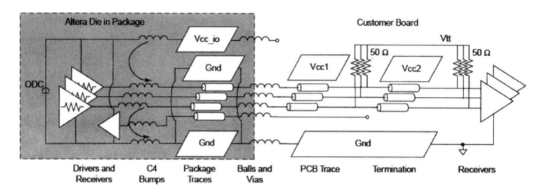

图 5 - 15　Altera 的同步翻转噪声模型

1. 根据 SSN 模型的分析同步翻转噪声产生的原因

(1) 感应耦合:通过电磁感应,电流从一根信号线耦合到另一根信号线。

(2) Delta - I:当大量的电流流入或流出封装时,仅通过少数的电源和地引脚,由此产生的压降噪声。

(3) 电源变形(Power Supply Compression):大量的瞬间电流在不同地平面和电源平面上产生的电压差,表现在参考地电平,则称为地弹(Ground bounce)。

2. FPGA 的同步设计时减缓 SSN 的措施

(1) 降低驱动电流:通过 FPGA 的可调节驱动电流端口(增加约束),降低 I/O 端口的驱动电流强度。

(2) 采用具有终端电阻的 I/O 标准:通过匹配终端电阻减少反射。

(3) 采用低电压 I/O 标准:例如 HSTL15,LVDS。

(4) 增加回路:包括尽量将未使用的 I/O 引脚作为电源和地的引入脚;为危险性较大的引脚(入侵引脚)单独提供回路,使之尽可能远离被侵引脚。

(5) 将入侵引脚和被侵引脚尽可能靠近电源和地平面。

尽管有 SSN 问题,但同步设计仍然是 FPGA 工作的基本规范,在较大型的 FPGA 工程中,通常具有多个时钟(域)在工作,采用多时钟(域)方式也是减缓 SSN 影响的措施之一。具体设计中,通常按照上述 5 个措施做,然后可使用 Quartus II 提供的 SSN 工具进行评估,如果评估和验证未获得通过,则可以修改设计,采用增加时钟域或继续调整上述 5 个措施。

5.5　时钟偏斜和时钟抖动

当系统中许多时钟节点参照同一个时钟时,若时钟信号到达各节点的时间不同,则可能造成系统错误,这种现象称为时钟偏斜(Clock Skew),如图 5 - 16 所示。

FPGA 厂商对于时钟偏斜采取了如下措施进行缓解采用了全铜层的全局时钟驱动网络以均衡传输阻抗,采用了平衡树结构的等长传输线以减少传输延迟的差异。如今,在 FPGA 器件中使用全局时钟网络资源时具有非常小的时钟偏斜。因此,在 FPGA 同步设计中,减缓时钟偏斜的重要措施就是尽可能使用全局时钟资源,主要包括如下具体措施:

（1）尽量使用 FPGA 器件指定的时钟输入端口引入时钟或参考时钟。这些时钟端口已直接连接到全局时钟网络。

（2）尽量使用锁相环 PLL(Phase - Locked Loop)产生需要的时钟或产生多时钟，由 PLL(Megafunction)产生的时钟其输出的默认方式是使用全局时钟网络。

（3）由用户逻辑构成的时钟逻辑输出，应尽量使用约束的方式，使之可以通过全局时钟资源加载到对应的节点。

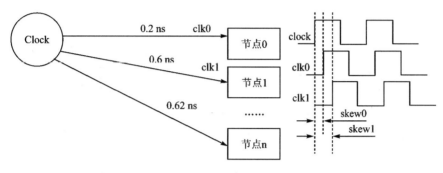

图 5 - 16　时钟偏斜

时钟抖动(Jitter)是指时钟源输出时钟的相位不稳定的情况，如图 5 - 17 所示。实际应用中，任何时钟都存在抖动。在 FPGA 的同步设计中，分析研究抖动，控制在可以接受的范围内，则是设计中所要做的工作。时钟抖动分为确定性抖动和随机抖动，前者是由于噪声和串扰等因素引起，后者则是由如温度和 EMI 指标等引起。

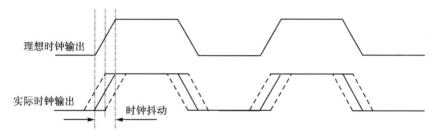

图 5 - 17　时钟抖动

在 FPGA 设计中，高频时钟通常是由内部的锁相环提供。由于 VCO(电压控制振荡器)的时钟抖动受温度和电源电压影响比较大，现代 FPGA 技术提供电压温度跟踪调节功能 VTT(Voltage and Temperature Tracking)。对于设计者而言，高频高速电路中，应考虑如下措施：

（1）启用设计器件提供的 VTT 功能，是避免和减小时钟抖动的重要措施之一。

（2）尽量使用厂家提供的 PLL 以产生需要的时钟。

（3）PCB 布线时注意热源处理和 EMI(电磁兼容)处理。

5.6　同步电路的节点

同步电路中最小分析单位称为节点。一个节点是由电平敏感的有限自动机 FA 和末级的寄存器 REG 组成如图 5 - 18 所示。

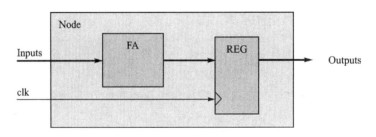

图 5 - 18　节点的引入

图 5 - 18 中的 Inputs 为该节点的所有输入信号,Outputs 为该节点所有的输出信号。FA 为有限自动机。这里用有限自动机 FA 代替图 5 - 13 中的组合逻辑 CLs,包括组合电路 CLs 的布尔逻辑描述和时序性能的描述(如 t_{co},t_{pd} 等)。使用 FA 替代组合逻辑有利于进行必要的约算,可在分析计算过程中得到理想的同步信号,详见 5.9 节《同步电路的设计》。

时钟节点是最小的同步电路单元,是现代数字电路的一种重要的基本结构。许多概念(如潜伏期 Latency、时序分析、时钟域、亚稳态)都是由此而引发。因此,对时钟节点的描述是 HDL 语言建模中频度最高的任务之一。在同步系统的设计中,时钟节点也是最小的同步设计单位,表 5 - 2 显示的编码结构,综合和仿真的结果会在该模型的信号输出时,用对 clk 沿敏感的 Register 捕获有限自动机的输出信号,同时也用 clk 沿驱动该节点的输出信号,以此实现对一个时钟节点的描述。

同步系统(同步时钟域)中可以有一个或多个时钟节点,使用唯一的时钟信号的域称为相同时钟域。

时钟节点具有以下特性:

(1) 输入信号具有参照时钟基准,是输入时钟沿驱动的同步信号。

(2) 输出信号具有参照时钟基准,是输出时钟沿驱动的同步信号。

(3) 时钟沿到来前,时钟节点的输入输出均保持前一次状态。

(4) 时钟沿到来后,输入和输出均发生翻转。

系统中可以有一个或多个时钟,每个时钟组成单独的时钟域,由唯一时钟为基准点的电路系统称为相同时钟域系统。系统中不同时钟域之间传输的信号称为跨时钟域信号:

(1) 若源时钟域基准时钟和目标时钟域基准时钟为同一个时钟,称为相同时钟域。

(2) 若源时钟域基准时钟和目标时钟域基准时钟之间具有有限多个相位差,称为相关时钟域。

(3) 若源时钟域基准时钟和目标时钟域基准时钟之间具有无限多个相位差,称为无关时钟域。

5.6.1　使用行为语句描述节点

HDL 描述节点时其编码的综合意义在第 7 章 7.4 节"行为语句的可综合性"中将加以详细讨论。表 5 - 2 列出了循环行为体描述沿敏感机器和描述电平敏感机器的格式语法。根据 HDL 循环行为体语句描述类型不同,以及信号路由路径的不同,对应时钟节点将具有如下 5 种类型:

(1) 闭节点类型,沿敏感机器,信号路径前有寄存器。

（2）开节点类型，电平敏感机器，信号路径前后都有寄存器。

（3）空节点类型，电平敏感机器，信号路径后无寄存器。

（4）输入节点类型，沿敏感机器，信号路径前无后有寄存器。

（5）输出节点类型，沿敏感机器，信号路径前有后无寄存器。

使用 HDL 循环行为体描述的机器类型如表 5-2 所列。

表 5-2　HDL 循环行为体语句描述的时钟节点

机器类型	Verilog 描述	VHDL 描述	综合结果

沿敏感机器	always@(posedge clk)
	begin
	　　//有限自动机 FA 描述
	　　……
	end
		process(＜信号敏感表＞)
		begin
		　　……
		　　if (clk`event and clk = '1') then
		　　　--有限自动机 FA 描述
		　　　……
		　　end if;
		end process;
			fa_input → FA → fa_output → REG → output，clk

电平敏感机器	always@(*)
	begin
	　　//有限自动机 FA 描述
	　　……
	end
		process(＜信号敏感表＞)
		begin
		　　--有限自动机 FA 描述
		　　……
		end process;
			fa_input → FA → fa_output

5.6.2　闭节点

一个沿敏感的循环行为语句块综合后得到的对应电路结构构成一个时钟闭节点 CN，如图 5-19 所示。对于 Verilog 语言而言，有限状态机（FA）是 always 语句块所描述的电路（电平敏感逻辑），REG 是综合器根据语法描述所生成的沿敏感触发器（沿敏感寄存器），当信号敏感表中有且仅有一个未被其 FA 引用的沿敏感信号时，由综合器自动生成。

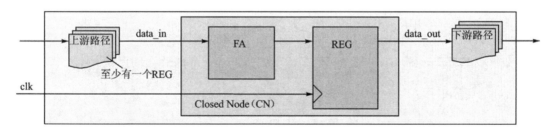

图 5-19　HDL 行为语句描述的闭节点机器

时钟闭节点构成一个同步时钟节点，其 HDL 描述的 FA 即是该节点的 FA，其 HDL 生成的寄存器即是该节点的寄存器。所有有关时钟节点的性质和时序分析都对其有效，比如时钟节点中最重要的 data_out 与 data_in 信号之间的单拍潜伏期性质。

闭节点的条件：

(1) data_in 为 clk 时钟域的同步信号输入信号 S_{si}，其上游馈给路径中至少有一个相同时钟域的闭节点。

(2) data_out 为 clk 时钟域的同步输出信号 S_{so}。

(3) 沿敏感描述的循环行为体如表 5-2 所列。

5.6.3　开节点

若一个 HDL 的循环行为语句为电平敏感的描述，但其输出信号路由连接至后级沿敏感循环语句块(相同时钟域寄存器)，则该循环语句综合得到的一个开节点，如图 5-20 所示。

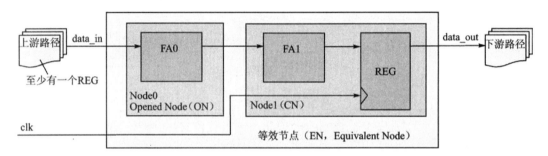

图 5-20　HDL 行为语句描述的开节点机器和它的等效节点

开节点的条件：

(1) 本级机器为电平敏感描述的循环行为体，例如图 5-20 中的 Node0。

(2) 本级行为描述的机器其输入信号 data_in 为同步输入信号 S_{si}，来自闭节点或者开节点，但其上游的路由路径中至少有一个闭节点。

(3) 本级行为描述的机器其输出信号 data_out 为节点内部信号 S_{fa}，在它的下游输出路由路径中，可以包括闭节点和开节点，但其下游的第一个闭节点必须与 data_in 信号为相同时钟域。

开节点与其下游的第一个闭节点构成一个等效节点，对于等效节点，所有有关时钟节点的性质和时序分析都对其有效，比如 data_out 与 data_in 信号之间的单拍潜伏期。

5.6.4　空节点

若 HDL 的行为语句描述的电平敏感逻辑，其输出将作为设计顶层的信号输出，不再会有寄存器捕获和驱动它，则构成一个无节点机器，如图 5-21 所示。

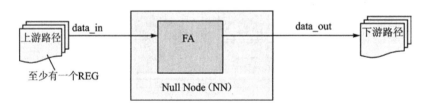

图 5-21　HDL 语句描述的无节点机器

无节点机器的条件：

(1) 本级行为语句描述电平敏感逻辑。

（2）本级行为语句块的输出信号 data_in 为同步输入信号 S_{si}，其上游路径中至少有一个闭节点。

（3）本级行为语句块的输出信号 data_out 为节点内部信号 S_{fa}，其下游路径中没有闭节点。

对于空节点，不能够直接采用同步电路的静态时序分析方法，也不可以直接应用同步电路基于节点的时序分析理论和工具，时序分析时需要输入必要的时序参数，并根据传输延迟或惯性延迟进行分析。

5.6.5　节点的等效

单节点具有单拍潜伏期（详见 5.8 节）。若信号流经相同时钟域中的 n 个节点，则该信号具有 n 拍的潜伏期，据此，可正确处理何时何地对该信号驱动和捕获的离散问题；另外，单节点是 STA 分析的基础，依据单节点的传输延迟和惯性延迟，分析和解决数字信号的连续问题。在复杂系统中，依据信号的路由路径，要正确分辨出其对应的时钟节点，则需要应用时钟节点的等效，如图 5－22 所示。

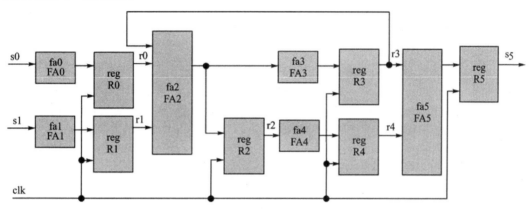

图 5－22　复杂系统时钟节点的例子

为进行同步电路的分析，图 5－22 中的电路结构拓扑可转换为节点拓扑，其闭节点和开节点如图 5－23 所示。

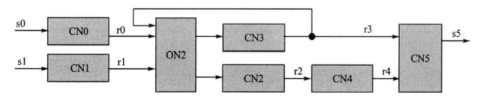

图 5－23　复杂系统例子的节点拓扑

图 5－23 节点拓扑与图 5－22 结构拓扑的关系以及对应 HDL 节点描述方式为：

（1）CN0＝FA0＋R0，闭节点，沿敏感循环行为体描述 FA0。

（2）CN1＝FA1＋R1，闭节点，沿敏感循环行为体描述 FA1。

（3）ON2＝FA2，开节点，电平敏感循环行为体描述 FA2。

（4）CN2＝R2，闭节点。

(5) CN3＝FA3＋R3,闭节点,沿敏感循环行为体描述 FA3。

(6) CN4＝FA4＋R4,闭节点,沿敏感循环行为体描述 FA4。

(7) CN5＝FA5＋R5,闭节点,沿敏感循环行为体描述 FA5。

虽然图 5-23 以节点进行描述,但同步电路的基础分析,最终要归结于一个实际的物理节点,于是需要将图 5-23 更进一步转换为等效节点描述的拓扑图,如图 5-24 所示。

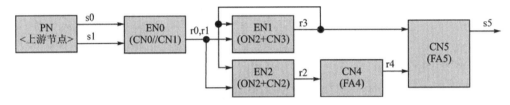

图 5-24 复杂系统例子的等效节点拓扑

其中等效节点(见图 5-24)与行为节点(见图 5-23)的转换关系为:

(1) 等效节点 EN0 是 CN0 和 CN1 的并联等效。

(2) 等效节点 EN1 是 ON2 和 CN3 的串联等效。

(3) 等效节点 EN2 是 ON2 和 CN2 的串联等效。

根据图 5-24,引用基于节点的单拍潜伏期规律(见5.8节)得到图 5-25。可以清楚地看到,从 s0 和 s1 信号的激励到 S5 的响应,需要 4 拍潜伏期;若以 EN0 的激励 s0 和 s1 为参考起点(即 0 拍),则 EN0 的响应 r0 和 r1 发生在第 1 拍;对于 EN1 和 EN2 第 1 拍激励 r0 和 r1 则第 2 拍得到它们的响应 r3 和 r2;第 3 拍得 CN4 的 r4 的响应,第 4 拍得 s5 的响应。

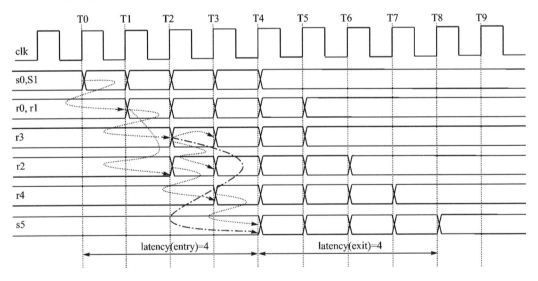

图 5-25 复杂系统例子的离散时序图

根据等效节点和闭节点的拓扑图,得到全系统信号的时间(时钟节拍)和地点(节点)规律。这种基于时间离散点的信号分析(节拍分析),已经有多种方案和工具,本书既使用经典的离散时序图分析(见图 5-25),也使用更便捷和更强大的节拍分析图作业(见图 5-26)。

由此可知,为了计算潜伏期和进行时序分析,必须正确地分析端口信号和内部信号的节拍关系,传统的时序图虽然可以揭示这些关系,但时序图仅描述了何时,并没有清楚地描述何地,

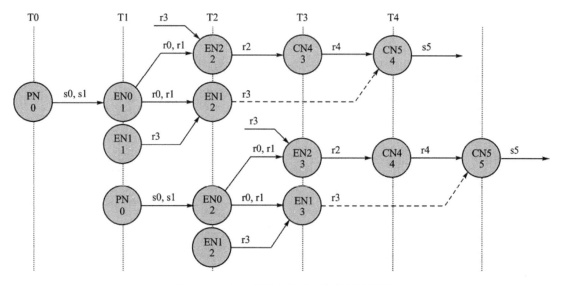

图 5 - 26　复杂例子中使用节拍分析的例子

而且信号之间的节拍关系需要仔细辨别，并不清晰，时序图的绘制也比较花时间。对比之下，节拍分析图则是一种更简便的工具。FSM 设计时要做的首先是将同步电路系统中的开节点和闭节点标志出来，然后对开节点进行等效，根据等效节点和闭节点绘制节拍分析图，最后根据节拍分析图中得到的关于控制信号时间地点的分析结论来绘制状态转移图或流程图。由此，节点等效则成为控制设计和时序分析环节中的一个重要步骤。根据等效前和等效后电路的输入输出信号其逻辑和时序性质不变这一原则，时钟节点的等效电路包括如下几种形式：

（1）电平敏感有限自动机（LS－FA）的串并联等效。

（2）时钟节点的并联等效。

（3）时钟节点的串联等效。

1. 电平敏感有限自动机的输入等效

若节点寄存器之前的有限自动机部分是由多个电平敏感的 FAs 逻辑组成，无论这些 FAs 的拓扑关系如何，总可以用一个 FA 等效，在其等效电路中，原 FAs 所有的同步输入信号 S_i 视为该节点的输入信号，它们与同步输出信号 Sout 之间构成单拍潜伏期，如图 5-27 所示。

时钟节点的输入等效定律（LS－FA Equivalent Law）：若一个时钟节点的 LS－FA 部分是由多个电平敏感逻辑（LS－Logic）组成，且该节点的输入信号 S_{si} 连接到这些电平敏感逻辑阵列的不同端口，在等效节点对应的电路中，其等效自动机（LS－FA Equivalent）的逻辑函数为原 LS－FA 阵列的逻辑函数，等效节点的输入为 LS－FA 的输入，所有这些输入信号和输出信号之间，不仅逻辑函数关系不变，而单拍潜伏期的诸时序性能亦不变。

输入等效定律的数学解释是：若一个有效同步节点 FA 的逻辑系统为：

$$R = LS\_FA(r_0, r_1, \cdots, r_n) \tag{5-7}$$

是由多个子系统组成，公式 5-8：

$$\left. \begin{array}{l} r_0 = FA_0(Sub_0(s_0, s_1, \cdots, s_n)) \\ r_1 = FA_1(s_0, s_1, \cdots, s_n) \\ \cdots \\ r_m = Sub_m(s_0, s_1, \cdots, s_n) \end{array} \right\} \tag{5-8}$$

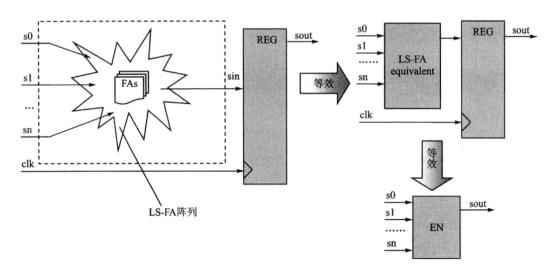

图 5 - 27　时钟节点输入信号的有限自动机等效(Equivalent FA)

则可以等效为：

$$R = EN[s_0, s_1, \cdots, s_n] \tag{5-9}$$

式 5 - 9 假定同步节点具有正的 Slack 值,即该节点的建立时间和保持时间能够得到满足。

　　应用输入等效定律,可对信号路径上的 ON 节点进行等效合并,从而得到精准的同步信号离散分析和连续分析。

　　例 5 - 1: 分析图 5 - 28 所示同步系统中诸信号的节拍关系。输入信号 a,b,c 以及 count 均为 clk 时钟域的同步输入信号,当 count 为 0 时: $d\_out = \overline{a \cdot b} \cdot c$;当 count 为 2 时: $d_{out} = \overline{\overline{a \cdot b} + c}$, count 为其他值时保持。使能后 count 每一拍加 1 模 4。其 FSMD 方案如图 5 - 28 所示。

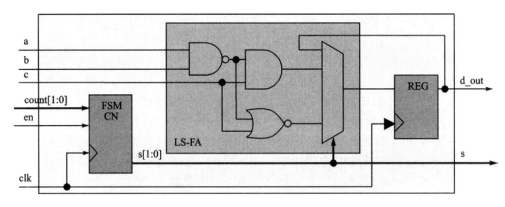

图 5 - 28　时钟节点输入等效定律例子

　　等效电路如图 5 - 29 和图 5 - 30 所示。

　　从图 5 - 31 的节拍分析图中,可以看到 count 至 d_out 的潜伏期为 2 拍,而 a,b,c 信号至 d_out 的潜伏期为 1 拍,CN1 输入信号相差的这一拍必须由 FSM(CN0)补上,即激励 s 时对应的 count 值必须加 1;从图中可以清楚地看到虽然 count 与 abc 信号在同一拍被激励,但由于 s 信号的加 1 补偿,CN1 仍然正确对齐了 s 和 abc。以下为该例子的 Verilog 代码(例程 5 - 1),以及测试代码(例程 5 - 2)和功能仿真波形(见图 5 - 32)。

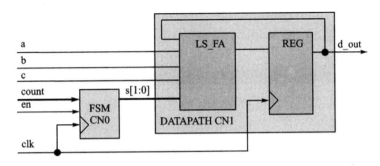

图 5 - 29　输入等效定律例子的 LS - FA 等效电路

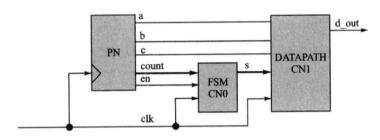

图 5 - 30　输入等效定律例子的等效节点框图

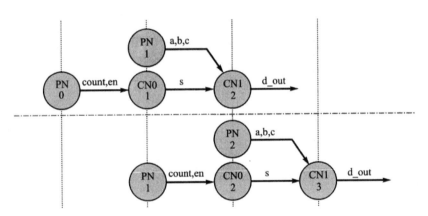

图 5 - 31　输入等效定律例子的节拍分析图

```
1    module equivlent_lsfa_law_example(clk, rst_n, a, b, c, count, d_out, s);
2
3        input clk;
4        input rst_n;
5        input a;
6        input b;
7        input c;
8        input [1:0] count;
9        output d_out;
10       output [1:0] s;
11
12       fsm_cn0 cn0(.clk(clk), .rst_n(rst_n), .count(count), .s(s));
13       datapaht_cn1 cn1(.clk(clk), .rst_n(rst_n), .a(a), .b(b), .c(c), .s(s), .d_out(d_out));
14
15   endmodule
```

```
1    module fsm_cn0(clk, rst_n, count, s);
2
3        input clk;
4        input rst_n;
5        input [1:0] count;
6        output reg [1:0] s;
7
8        always @ (posedge clk)
9        begin
10           if (! rst_n)
11             s <= 0;
12           else
13             s <= count + 1;
14       end
15   endmodule
16
17
18
19
20
21
22
23
```

```
1    module datapaht_cn1(clk,rst_n,a,b,c,s,d_out);
2
3        input clk;
4        input rst_n;
5        input a;
6        input b;
7        input c;
8        input [1:0] s;
9        output reg d_out;
10
11       always @ (posedge clk)
12       begin
13           if (! rst_n)
14             d_out <= 0;
15           else
16             case (s)
17               2'b00   : d_out <= ~(a & b) & c;
18               2'b10   : d_out <= ~(~(a & b)|c);
19               default : d_out <= d_out;
20             endcase
21       end
22
23   endmodule
```

例程 5 - 1　输入等效定律例子的 Verilog 代码

图 5 - 32 的仿真波形图中,在 280 ns 位置看做节拍分析图中的起点 0 拍,在这一拍 count 被激励为 3,一拍潜伏期后 s＝count＋1=0(mod 4)在 300 ns 处被激励;300 ns 对应节拍分析图中的第 1 拍,在这一拍输入信号 abc 被激励为 001,count 被激励为 0;同样一拍潜伏期后,在 320ns 处 d_out 被激励。

该例子为有限状态机架构的一个片段,其有限状态机作为控制器可能包含更多的功能和控制信号,它必须识别所控制模块所需控制信号何时何地的问题。虽然例子中 LS - FA 部分有多个不同逻辑的输入(a,b,c),但等效为时钟节点后,这些输入与输出的潜伏期符合节点的单拍潜伏期原则。据此绘制的 TP 图,可得到关于控制信号何时何地的精准信息。关于节拍分析或 TP 图分析更详细的讨论,参见 5.8 节"同步电路的离散信号分析"。

```
1    timescale 1ns/1ps
2
3    module equivlent_lsfa_law_example_tb;
4
5        reg clk;
6        reg rst_n;
7        reg a, b, c;
8        reg [1:0] count;
9        wire d_out;
10       wire [1:0] s;
11       integer i;
12
13       equivlent_lsfa_law_example u1(.clk(clk),
14           .rst_n(rst_n), .a(a), .b(b), .c(c),
15           .count(count), .d_out(d_out), .s(s));
16
17       initial begin
18           clk = 1;
```

例程 5 - 2　输入等效定律例子 Verilog 代码的测试代码

```
19          rst_n = 0;
20          a = 0; b = 0; c = 0; count = 0;
21
22          #200.1
23          rst_n = 1;
24
25          forever begin
26              for(i = 0; i <= 7; i = i + 1) begin
27                  #20 {a, b, c} = i; count = 0;
28                  #20 {a, b, c} = i; count = 1;
29                  #20 {a, b, c} = i; count = 2;
30                  #20 {a, b, c} = i; count = 3;
31              end
32          end
33      end
34
35      always #10 clk = ~clk;
36
37      initial #1000 $stop;
38
39  endmodule
40
41
42
43
44
45
46
```

例程 5 - 2　输入等效定律例子 Verilog 代码的测试代码(续)

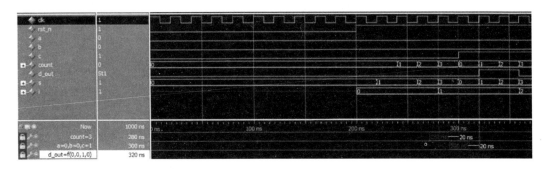

图 5 - 32　输入等效定律例子的仿真波形

2. 节点的并联等效

某时钟节点 CN 的输入信号来自多个相同时钟域的不同节点 Ns,则可以将前级的所有这些节点 Ns 等效为一个节点,Ns 的所有输入信号成为等效节点的输入信号群,Ns 的所有输出成为等效节点的输出信号群,等效节点的输入信号和输出信号之间符合单拍潜伏期定义,这称为节点并联等效定律(Parallel Equivalent Law)。并联等效定律的数学描述为:若节点 N_0,N_1,$\cdots$,N_n 并联,它们的 LS_FA 分别为 FA_0,FA_1,$\cdots$,FA_n,则对应的等效节点的 FA_e 见式 5 - 10、图 5 - 33 和图 5 - 34 所示。

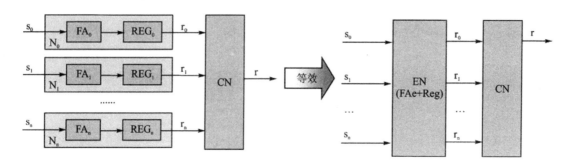

图 5-33 节点的并联等效

$$FA_e = FA_0 \,||\, FA_1 \,||\, FA_2 \,||\, \cdots \,||\, FA_n \qquad\qquad (5-10)$$

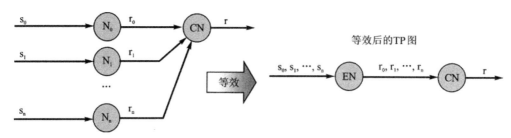

图 5-34 并联等效的 TP 图

3. 节点的串联等效

由 n 个时钟节点 N_s 串联构成的电路结构,可等效为一个潜伏期为 n 的时钟节点(见图 5-35 和图 5-36),这称为时钟节点的串联等效定律(Series Equivalent Law)。

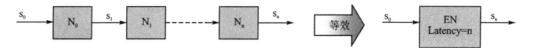

图 5-35 时钟节点的串联等效

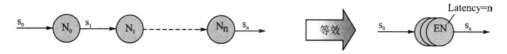

图 5-36 时钟节点串联等效的 TP 图

串联定律是同步电路系统工作的基础,完整设计的潜伏期分析据此得到。通常情况下,一个系统的潜伏期与该系统的工作速度(最高频率)相互制约,成为矛盾的两个方面。潜伏期增加的情况下,系统的响应时间减少,工作速度增加;反之,当潜伏期减少时,系统的响应时间增加,工作速度减慢(见图 5-37),这称为同步电路的潜伏期—速度效应(Latency - Speed Effect)。现实工程实践中,许多情况下,潜伏期的适当增加是可以被容忍和接受的,但速度指标往往是硬性指标,必须实现。

图 5-37 中:

系统的潜伏期:$L_{sys} = A - a = B - b = C - c$。

系统的速度(响应周期):$T_{sys} = b - a = B - A$。

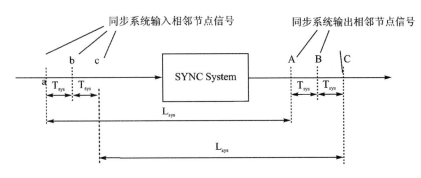

图 5 - 37 同步系统的潜伏期和工作速度

在复杂系统的局部电路中,若对 S_0 至 S_1 的中间信号无须关注,使用串联等效可简洁设计,快速得到潜伏期分析和时序分析的结论,以及进行关键路径的分析。

5.7 同步信号

在相同时钟域中,所有节点的输出信号采用同一个时钟进行驱动,所有节点的输入信号采用同一个时钟进行捕获。由于时钟节点是由电平敏感(Level Sensitive)的 FA 机器和一个沿敏感(Edge Sensitive)的寄存器组成,因此同步系统中将包括如下信号类型:

(1) 沿敏感寄存器的输出信号,即时钟节点的输出信号,书中标注为 S_{so},称为同步输出信号。

(2) 电平敏感 FA 的输入信号,即时钟节点的输入信号,书中标注为 S_{si},称为同步输入信号。

(3) 电平敏感 FA 的输出信号,书中标注为 S_{fa},称为节点内部信号。

(4) 考虑路由延迟的同步信号(时序分析),书中标注为 S_{st}。

(5) 未考虑时序延迟的同步信号(功能分析),书中标注为 S_{syn}。

未考虑时序延迟的同步信号 S_{syn} 即是通常意义上所说的同步信号,例如 PTL 仿真或功能仿真中的响应信号是未考虑时序延迟因素,仅用于功能分析和功能验证。其所有信号基于同一个时钟(相同沿)进行翻转的前提在实际电路中并不存在,因此,这是一种理想化的同步信号。虽然是一种并不真实存在的信号,但却有助于各种数学分析,尤其是系统分析工具,因此现代 EDA 的一种观点是通过各种约算的形式将其抽象出来,典型的做法是在时钟节点中用 FA 替代 CLs,将原触发器的参数指标(例如建立时间)约算到时钟节点中。

由此可见,即便是理想化的同步信号,也仅包括同步输出信号 S_{so} 和同步输入信号 S_{si},并不包括时钟节点的内部信号 S_{fa}。因为即便忽略所有延迟,但寄存器的输入信号 S_{fa} 和输出信号 S_{so} 仍然是不同的信号。因此,严格意义上,在真实电路中不存在理想化的同步信号,在进行适当的抽象后,也仅有输入和输出为理想的同步信号,标注为 S_{syn},但更多的时候,会将同步系统中的所有上述五类信号,广义地统称为同步信号(S_{ync},Synchronizing signal),如图 5 - 38 所示。

理想的同步信号 S_{syn},发生在时钟沿右侧,称为"右侧逼近",S_{syn} 加上 T_{co} 延迟,则是同步输出信号 S_{so};再加上路由延迟则是下一级节点的同步输入信号 S_{si},继续加上下一级的 FA 延

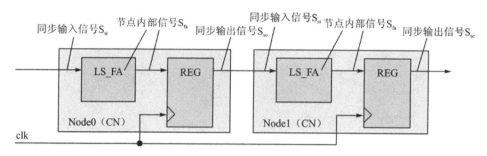

图 5 - 38　时钟节点流水线中的同步信号

迟(含路由),则是 S_{fa},其表达式如下:

$$S_{so}(t) = S_{syn}(t - T_{co}) \tag{5-11}$$

$$S_{si}(t) = S_{so}(t - T_{route}) = S_{syn}(t - T_{co} - T_{route}) \tag{5-12}$$

$$S_{fa}(t) = S_{si}(t - T_{fa}) = S_{so}(t - T_{route} - T_{fa}) = S_{syn}(t - T_{co} - T_{route} - T_{fa}) \tag{5-13}$$

式中:

S_{syn}:理想同步信号,或未考虑延迟的同步信号,或广义的同步信号。

S_{so}:发生在前一级节点输出端口的同步输出信号,考虑了前级寄存器的时钟输出延迟(T_{co})。

S_{si}:发生在当前节点输入端口的同步输入信号,考虑了路由延迟(T_{route})。

S_{fa}:发生在当前节点寄存器输入端口的同步信号,考虑了当前节点的自动机延迟(T_{fa})。

式中,理想同步信号 S_{syn} 是计算基准,既是离散时刻的计算基准,也是连续时刻的计算基准,因此,在本书中如没有特别声明,同步信号一词即指 S_{syn}。

同步电路的离散信号分析,是站在时间轴离散点(时钟基准时刻),研究分析数字系统中同步信号的时间—地点规律。从而得出正确的架构,正确的控制(正确的时间,在正确的地点发出正确的信号)。离散信号分析的另一种说法就是同步电路的节拍分析。同步电路的连续信号分析,则是站在时间轴任意观察点,数字系统中同步信号的时间—地点规律,从而得到避免建立保持违规的设计,使得数字系统能够在指定的时间段完成指定的任务。连续信号分析的另一种说法则是时序设计,时序约束和亚稳定性分析。

同步信号用于离散分析时,假设没有发生建立保持违规,取其右侧稳定的数值作为当前时刻的数值,因此用于离散分析时同步信号的定义如下:

(1)离散同步信号 S_{syn} 是发生在基准时钟(时钟沿)的右侧功能信号,因功能仿真和分析时"逼近"于时钟沿右侧,故又称其为基于时钟沿的"右侧逼近信号"。

(2)离散同步信号 S_{syn} 是被当前时钟域时钟驱动的信号。

(3)离散同步信号 S_{syn} 具有满足建立和保持的假设条件。

5.8　同步电路的离散信号分析

同步电路在相同时钟域中,信号的驱动和捕获相对于唯一的时钟沿,在基于"右侧逼近"的讨论中,关于信号在系统中的时间(用节拍表现的离散时间点)和地点(用节点描述的最小同步架构)关系的分析,称为潜伏期分析(Latency Analysis)或节拍分析(Tick Analysis)。

5.8.1　原则和概念

离散信号分析是站在离散时刻观察分析信号,或者说是站在节拍观点观察信号。此时的时间轴取样点 t 是离散的(例如 20 ns,1 040 ns),是时钟沿(例如上升沿)对应时刻,或者相对节拍(例如 T0,T8)。离散同步信号在离散时刻(50 ns 或 T6),有且有唯一值。但如图 5-39 所示,在一个时钟周期,同一个信号有多次变化,离散信号在离散点的取值定义则至关重要(见图 5-39)。

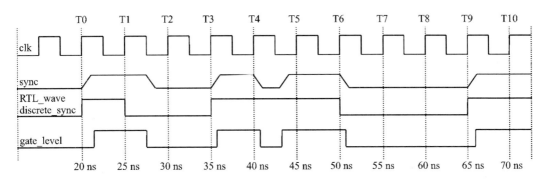

图 5-39　离散信号的不同绘制方法和它的离散取值定义

图 5-39 中,sync 为仪器观察到的同步信号,沿着时间轴的不同时刻有不同的变化;门级仿真分析信号为 gate_level,仍然是沿时间轴不同时刻有不同的变化,而 RTL 仿真分析信号,则在一个时钟周期维持一个不变固定的数值。离散同步信号(discrete_sync)与 5.7 节中的理想同步信号 S_{syn} 一致,是暂时忽略延迟(传输延迟和惯性延迟,见 5.9 节“同步电路的连续信号分析”)的结果。本文以下除非特别声明,所述同步信号 S_{syn} 是指离散同步信号。如 5.7 节所述,S_{syn} 在离散时刻的取值,是该信号在功能(仿真/分析)波形中位于时钟沿右侧的数值,称为“右侧逼近”信号。其数学表述为:若离散同步信号 S_{syn} 对应的功能波形为 RTL_wave,则有:

$$S_{syn}(t) = RTL\_wave(\lim x \to t+) \tag{5-14}$$

式中:

t:离散时刻。

$(\lim x \to t+)$:x 从右侧逼近 t,x 为 RTL_wave 的取样点。

S_{syn}:离散同步信号。

RTL_wave:忽略延迟的同步信号,即功能(仿真/分析)波形。

应用式 5-14 有一个重要的假设条件,即 S_{syn} 对应的门级连续信号 gate_level 没有发生建立和保持的违规。式 5-14 又称为离散信号取样定律。根据该定律,图 5-39 中离散同步信号 discrete_sync 在不同时刻的取值如表 5-3 所列。

表 5-3　同步电路的离散信号取值例子(图 5-39)

离散时刻/ns	相对节拍	离散信号的取值	说　明
20	T0	discrete_sync(T0)=1	T0 时刻 RTL_wave 的值,T0 左侧是 0,右侧是 1,取右侧值 1
25	T1	discrete_sync(T1)=0	T1 时刻 RTL_wave 的值,T1 左侧是 1,右侧是 0,取右侧值 0
30	T2	discrete_sync(T2)=0	T2 时刻 RTL_wave 的值,T2 左侧是 0,右侧是 0,取右侧值 0

续表 5 - 3

离散时刻/ns	相对节拍	离散信号的取值	说　明
35	T3	discrete_sync(T3)=1	T3 时刻 RTL_wave 的值,T3 左侧是 0,右侧是 1,取右侧值 1
40	T4	discrete_sync(T4)=1	T4 时刻 RTL_wave 的值,T4 左侧是 1,右侧是 1,取右侧值 1
45	T5	discrete_sync(T5)=1	T5 时刻 RTL_wave 的值,T5 左侧是 1,右侧是 1,取右侧值 1
50	T6	discrete_sync(T6)=0	T6 时刻 RTL_wave 的值,T6 左侧是 1,右侧是 0,取右侧值 0
55	T7	discrete_sync(T7)=0	T7 时刻 RTL_wave 的值,T7 左侧是 0,右侧是 0,取右侧值 0
60	T8	discrete_sync(T8)=0	T8 时刻 RTL_wave 的值,T8 左侧是 0,右侧是 0,取右侧值 0
65	T9	discrete_sync(T9)=1	T9 时刻 RTL_wave 的值,T9 左侧是 0,右侧是 1,取右侧值 1
70	T10	discrete_sync(T4)=1	T10 时刻 RTL_wave 的值,T10 左侧是 1,右侧是 1,取右侧值 1

由于单节点的潜伏期为一个时钟(见图 5 - 40),对于单个时钟节点的输入信号 S(激励 stimulus)和输出信号 R(响应 response)而言,有:

$$R(t) = FA[S(t - t_{clk})] \tag{5-15}$$

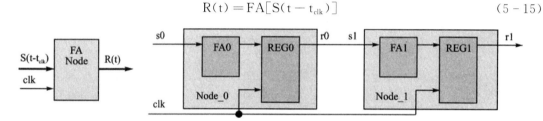

图 5 - 40　时钟节点的单拍潜伏期

这种基于节点的激励信号和响应信号相差一个时钟周期的概念,称为节点的单拍潜伏期规律,本书称为同步电路第一定律。应用这个物理定律,可以对同步电路中基于离散时间轴,以节拍为坐标的信号进行完整精确的有关时间地点的分析。

5.8.2　应用例子

例 5 - 2:设计一个 moore 类型可调节宽度的单脉冲发生器 lpm_pulser,LPM 参数 WIDTH 默认为 2,从使能 ena 有效到 p_out 有效的潜伏期 latency 为 2,框图和需求时序如图 5 - 41 所示。

为了实现摩尔机类型,采用如图 5 - 42 所示的 FSMD 方案。其中有限状态机采用闭节点输出类型(FSM_1S)。

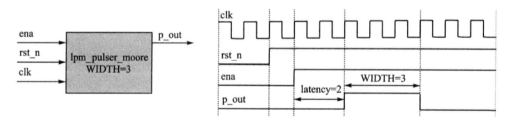

图 5 - 41　节点潜伏期应用的例子:宽度可调单脉冲发生器

由于 counter 和有限状态机具为单节点,它们的输入信号和输出信号之间符合同步电路

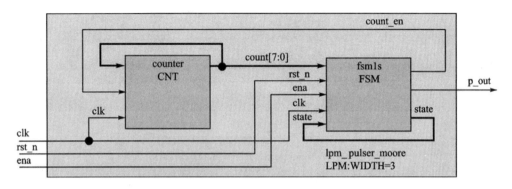

图 5 - 42 宽度可调单脉冲发生器的 FSMD 架构设计

第一定律,都具有单拍潜伏期。摩尔机的设计,输入激励导致状态转移的响应,状态转移的激励再导致输出的响应,由此绘制时序图,如图 5 - 43 所示。

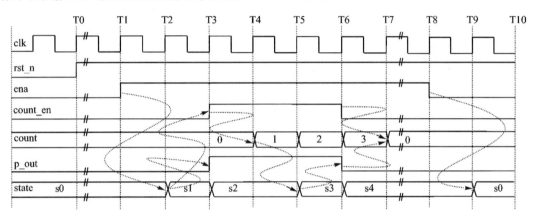

图 5 - 43 lpm_pulser_moore 的离散时序设计(功能时序设计)

图 5 - 43 中的虚线指示了对应激励信号和响应信号的单拍潜伏期,如表 5 - 4 所列。

表 5 - 4 lpm_pulser 中节点信号的单拍潜伏期

激励时刻	激励信号	响应时刻	响应信号	节点名	说 明
T1	ena=1	T2	state=s1	FSM	临界转移
T2	state=s1	T3	count_en=1 p_out=1	FSM	摩尔输出
T3	count_en=1	T4	count=1	CNT	计数
T4	count=1	T5	state=s3	FSM	临界转移 引用 cnt=WIDTH−2=1
T5	state=s3	T6	count_en=0 p_out=0	FSM	摩尔输出
T7	ena=0	T8	state=s0	FSM	临界转移

据此,可绘制状态转移图,如图 5 - 44 所示。

依照图 5 - 44,lpm_pulser 的 Verilog 代码编写如下(见例程 5 - 3 和例程 5 - 4)。

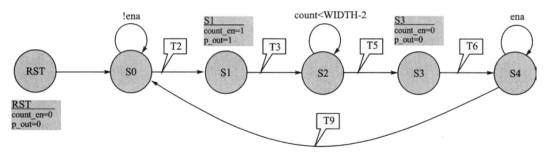

图 5 - 44　lpm_pulser_moore 的状态转移图

```
1    module lpm_pulser_moore(clk, rst_n, ena, p_out);
2
3        input clk;
4        input rst_n;
5        input ena;
6        output reg p_out;
7
8        parameter WIDTH = 3;
9
10       reg [7:0] count;
11       reg count_en;
12       reg [2:0] state;
13
14       localparam s0 = 3'b000;
15       localparam s1 = 3'b001;
16       localparam s2 = 3'b010;
17       localparam s3 = 3'b011;
18       localparam s4 = 3'b100;
19
20       always @ (posedge clk)
21       begin : counter_node
22           if (! rst_n || ! count_en)
23               count <= 0;
24           else
25               count <= count + 1;
26       end
27
28       always @ (posedge clk)
29       begin : fsm_node
30           if (! rst_n)
31               begin
32                   count_en <= 0;
33                   p_out <= 0;
34                   state <= s0;
35               end
36           else
37               case (state)
38               s0 : if (! ena)
39                       state <= s0;
40                   else
41                       state <= s1;
42
43               s1 :     begin
44                   count_en <= 1;
45                   p_out <= 1;
46                   state <= s2;
47               end
```

例程 5 - 3　lpm_pulser_moore 的 Verilog 代码

```
48
49              s2 : if (count < WIDTH - 2)
50                       state <= s2;
51                   else
52                       state <= s3;
53
54          s3 :     begin
55                   count_en <= 0;
56                   p_out <= 0;
57                   state <= s4;
58               end
59
60          s4    : if (ena)
61                       state <= s4;
62                   else
63                       state <= s0;
64               endcase
65      end
66
67  endmodule
68
```

例程 5 - 3　lpm_pulser_moore 的 Verilog 代码(续)

```
1   `timescale 1ns/1ps                  16              ena = 0;
2                                       17              #200.1
3   module lpm_pulser_moore_tb;         18              rst_n = 1;
4                                       19
5       reg clk, rst_n, ena;            20              forever begin
6       wire p_out;                     21                  #200 ena = 1;
7                                       22                  #200 ena = 0;
8       lpm_pulser_moore                23              end
9           #(.WIDTH(3))                24          end
10          u1(.clk(clk), .rst_n(rst_n),25
11           .ena(ena), .p_out(p_out)); 26      initial #5000 $ stop;
12                                      27
13      initial begin                   28      always #10 clk = ~clk;
14          clk = 1;                     29
15          rst_n = 0;                   30  endmodule
```

例程 5 - 4　lpm_pulser_moore 的 Testbench

　　将实现时序(见图 5 - 45)与设计时序(见图 5 - 43)对照,所有的信号都精密吻合。从这个例子可以看到,基于节点的单拍潜伏期规律(同步电路第 1 定律)的重要性。只有理解了节点输入(激励)和输出(响应)之间单拍延迟性质,才能够对多个节点信号之间的何时何地问题进行设计和规划,比如为什么从使能(ena=1)到输出(p_out)的潜伏期是 2 拍;为什么它的状态转移图(见图 5 - 44)中 S2 的 EBD 中,对 count 的判断取值是小于 2;又为什么 lpm_pulser 最小的脉冲宽度是 2。

　　例 5 - 2 简单的潜伏期规划设计的例子,使用离散信号时序图方式分析同步信号关于驱动和捕获时的时间地点问题。从类似图 5 - 43 的时序图中,可以比较清楚地分析信号的何时(激励和响应),但它却不能直接表述何地。另外,时序图的绘制比较麻烦,需要仔细分辨信号之间的关系,无法重点描述和分析关键信号的何时何地问题。应用于大型复杂系统的设计时,这些

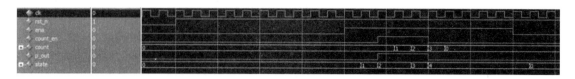

图 5 - 45　lpm_pulser_moore 的仿真波形

缺陷尤其突出,为了弥补时序图进行潜伏期分析的不足,下节提出一种称为 TP 图的工具,应用 TP 图,可以快速准确地分析潜伏期,从而得到同步电路中诸信号之间的时间地点关系,为高速同步电路精确地设计规划提供依据。

5.8.3　使用节拍流程图进行节拍分析

由于同步系统是由诸多时钟节点组成,根据同步电路第一定律(式 5 - 15),每个节点的输入激励和输出响应相差一个时钟周期,由此展开的完整分析,可得到数字系统中同步信号的时间分布规律,这叫节拍分析,这有助于对信号进行精准控制,也有助于对信号时序的预见和理解。TP 图是节拍分析的重要工具。

节拍流程图 TP(Ticks Process Charts)关注的是信号流的时钟节拍状况(即潜伏期),其定义为(见图 5 - 46):

(1) 用圆表示一个时钟节点中 FA(电平敏感有限自动机)信号的激励—响应关系。因此该圆亦称为节点圆(Node)。可在圆中标注该节点的名称和参考节拍数。连接圆的线段表示的该节点 FA 的激励(输入信号)和响应(输出信号)。TP 图中并不需要详细描述这些信号的逻辑关系,仅指出那些是输入信号,那些是输出信号,以及它们在当前节拍下的潜伏期关系即可。由于不需要描述逻辑功能,所以并不需要将节点所有的输入信号绘制,未绘制的输入信号为最近的激励值。

(2) 用线段表示信号或信号群激励和引用关系,以及它们的潜伏期。称为信号期段(line of signal period)或称为矢量线,在期段上标识该信号和信号群的名称,称为矢量名。矢量名可以使用"( )"表示它们的值,或者使用"@"表示它维持的周期数。矢量线由一个单端箭头或连续线段组成,线段无箭头的一端为起点,指向该信号矢量被驱动的时间地点;线段中有箭头的那一端表示终点,指向该信号矢量被引用的时间地点。

(3) 节点圆的输入称为激励矢量(信号),一个节点可以有一个或多个激励矢量。

(4) 节点圆的输出称为响应矢量(信号),一个节点可以有一个或多个响应矢量。

根据同步电路第一定律,基于一个时钟节点的激励矢量和响应矢量相差一个时钟。在 TP 图中用单拍矢量线绘制(矢量起点至终点为 1 拍的黑色粗实线)。

图 5 - 46　信号的节拍流程图(TP 图)

图 5-42 中,count_en 信号流的节拍分析(TP 图)如图 5-47 所示,其中,由 FSM 节点在 0 拍激励的 count_en 信号,1 拍潜伏期后被节点 CNT 引用,节点 CNT 在第 1 拍引用 count_en 信号并激励 count 信号。由于 count 信号是在第 1 拍被激励,根据同步电路第一定律,在第 2 拍方被节点 FSM 引用。在第 2 拍 FSM 节点的 FA 引用 Count 信号并激励 p_out 信号。从 TP 图中可以清楚地看到所有信号在何时何地被激励和引用:

(1) count_en 信号在第 0 拍被 FSM 节点激励,在第 1 拍被 CNT 节点(即 Counter 节点)所引用。

(2) count 信号在第 1 拍被 CNT 激励,在第 2 拍被 FSM 引用。

(3) p_out 信号在第 2 拍被 FSM 激励。

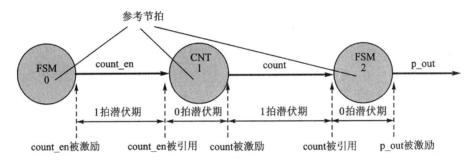

图 5-47　lpm_pulser_moore 部分信号的节拍分析图

图中将时钟节点名(地点)和参考节拍(时间)写入节拍分析图的节点圆中,由于节拍分析图的节点圆描述的是节点中电平敏感有限自动机的信号时序关系,因此节点圆的潜伏期为 0。图 5-42 中从使能信号 ena 至输出信号 p_out 的流程中,有关 FSM 控制信号(时间地点分析)的 TP 图绘制如图 5-48 所示。

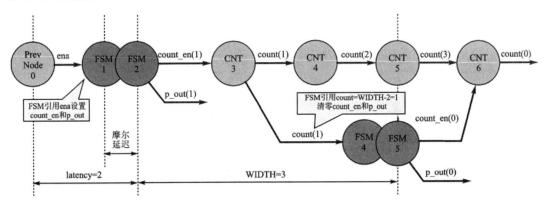

图 5-48　摩尔单脉冲发生器 lpm_pulser_moore 的节拍分析图

绘制节拍分析图时,除非特别需要,并不需要将节点所有的激励信号绘制出来,那些未绘制出的激励信号采用最近的值,例如图 5-48 中 CNT3 节点,它的激励信号应该还包括 count 信号,这里未绘制是采用之前的复位后或使能结束后的默认值 count=0。

为了得到有限状态机何时将 p_out 和 count_en 信号设置和清除的解,需要像绘制时序图去分析 ena 信号、p_out 信号、count_en 信号与 count 信号之间的潜伏期,采用节拍分析图分析时(见图 5-48)的步骤如下:

（1）绘制 ena 信号的期段线，ena 信号的激励由驱动它的前级节点发出，参考节拍标志为 0。

（2）根据架构（见图 5-42），ena 信号是有限状态机节点的输入，count_en 信号和 p_out 信号是有限状态机节点的输出。由于指定采用摩尔类型，摩尔机需要经过激励—状态变更—响应这样附加的一个周期，因此图中绘制有限状态机 1 和有限状态机 2 相邻的两个有限状态机节点，连接它们的输入信号 ena 和输出信号 count_en 和 p_out。这样便可以看到，从 ena 的第 1 拍被有限状态机引用（激励），在第 2 拍被有限状态机驱动（响应）。

（3）根据图 5-42，count_en 信号是 Counter 节点的输入，count 是该节点的输出，所以绘制节点圆 CNT，连接 count_en 输入信号和 count 输出信号。由于 Counter 节点中 count 也是输入信号，但这里没有绘制，采用它的复位后的数值 0，因此，count 的输出响应值为 1。

（4）绘制 CNT 节点至第 5 拍，在第 5 拍，count 信号被激励为 3。

（5）由于 WIDTH=3，p_out 在第 2 拍被设置，它应该在第 5 拍被清除，p_out 的驱动节点为有限状态机，因此，在第 5 拍绘制有限状态机节点圆，根据摩尔类型要求，它的激励应该由摩尔周期前的第 4 拍引用，因此同时绘制有限状态机的 4 拍的节点圆，由有限状态机 4 引用第 3 拍激励的 count=1 期段线得到完整的 TP 图后（见图 5-48），不仅可以观察到 FSM 或整个系统中信号的引用和驱动是在何时何地实现的，以此来指导 STG 的编码和进行优化，还可以计算系统的潜伏期以及 count 的引用值（游程计算）。

计算潜伏期：从使能信号 ena 被激励的第 0 拍至 p_out 信号被激励的第 2 拍，其时长为 2 拍，因此：latency=2。从图中也可以看到，采用摩尔机时最短潜伏期等于 2。

计算 count 引用值：从图中可以看到，由于 Counter 节点潜伏期和摩尔周期的影响，FSM 并不能直接使用 count==WIDTH 条件作为驱动 p_out 和 count_en 的依据，而是需要提前 2 拍，即 count≥WIDTH 条件作为驱动 p_out 和 count_en 的依据。从图中也可以看到，最小宽度 WIDTH=2（即 FSM 的两个摩尔节点往左最多仅可移动一拍），如图 5-49 所示。

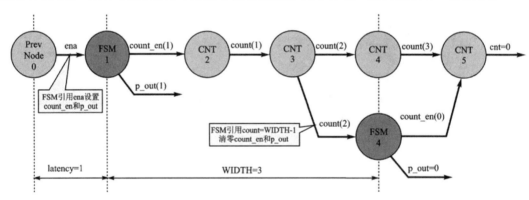

图 5-49　米利单脉冲发生器 lpm_pulser_mealy 的 TP 图

若将改为米利类型 lpm_pulser_mealy，而且不限定从 ena 至 p_out 的潜伏期（即设计最短潜伏期），则摩尔机图 5-48 修改后得到米利机图 5-49。从图 5-49 中可以看到，按照米利机类型的流水线，从 ena 至 p_out 的潜伏期为 3 拍。这包括：从 ena 激励至 count_en 响应的 1 拍，从 count_en 激励至 count 响应的 1 拍，以及从 count 激励至 p_out 响应的 1 拍。据此得到状态转移如图 5-50 所示。

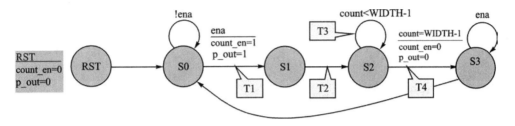

图 5 - 50　lpm_pulser_mealy 的状态转移图(EBD 输出)

根据图 5 - 50,得到 Verilog 的建模编码(见例程 5 - 5)和代码(见例程 5 - 6)如下:

```
1    module lpm_pulser_mealy(clk, rst_n, ena, p_out);
2
3        input clk;
4        input rst_n;
5        input ena;
6        output reg p_out;
7
8        parameter WIDTH = 3;
9
10       reg [7:0] count;
11       reg count_en;
12       reg [2:0] state;
13
14       localparam s0 = 2'b00;
15       localparam s1 = 2'b01;
16       localparam s2 = 2'b10;
17       localparam s3 = 2'b11;
18
19       always @ (posedge clk)
20       begin : counter_node
21           if (! rst_n || ! count_en)
22               count <= 0;
23           else
24               count <= count + 1;
25       end
26
27       always @ (posedge clk)
28       begin
29           if (! rst_n)
30               begin
31                   count_en <= 0;
32                   p_out <= 0;
33                   state <= s0;
34               end
35           else
36               case (state)
37               s0 :     if (! ena)
38                       state <= s0;
39                   else
40                   begin
41                       count_en <= 1;
42                       p_out <= 1;
43                       state <= s1;
44                   end
```

例程 5 - 5　lpm_pulser_mealy 的 Verilog 代码

```
45
46              s1 :     state <= s2;
47
48              s2 :     if (count < WIDTH - 1)
49                       state <= s2;
50                  else
51                  begin
52                       count_en <= 0;
53                       p_out <= 0;
54                       state <= s3;
55                  end
56
57              s3 :     if (ena)
58                       state <= s3;
59                  else
60                       state <= s0;
61              endcase
62      end
63
64  endmodule
```

例程 5-5   lpm_pulser_mealy 的 Verilog 代码(续)

```
1   `timescale 1ns/1ps                    16              ena = 0;
2                                          17              #200.1
3   module lpm_pulser_mealy_tb;            18              rst_n = 1;
4                                          19
5       reg clk, rst_n, ena;               20              forever begin
6       wire p_out;                        21                  #200 ena = 1;
7                                          22                  #200 ena = 0;
8       lpm_pulser_mealy                   23              end
9           #(.WIDTH(3))                   24          end
10          u1(.clk(clk), .rst_n(rst_n),   25
11              .ena(ena), .p_out(p_out)); 26          initial #5000 $ stop;
12                                         27
13      initial begin                      28          always #10 clk = ~clk;
14          clk = 1;                       29
15          rst_n = 0;                     30  endmodule
```

例程 5-6   lpm_pulser_mealy 的测试代码

仿真波形如图 5-51 所示。

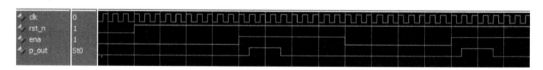

图 5-51   lpm_pulser_mealy 的功能仿真波形

5.8.4   单拍矢量的闭节点分析和零拍矢量的开节点分析

根据 5.8.1 节的离散信号分析,闭节点激励—响应为 1 拍。时序图中标注这种具有 1 拍激励—响应的曲线,不带箭头一端指向激励信号,带箭头一端指向响应信号,它的长度为 1 拍,称为单拍激励—响应关系线,本书中使用 0.75 磅,黑色圆点虚线绘制(见图 5 - 43);而 TP 图中,描述这种单拍激励—响应关系则更侧重时间—地点的表达,采用 1.5 磅一端带箭头的黑色实线描述(见图 5 - 46),不同于单拍激励—响应关系线,不带箭头一端指向信号发出的节点(时间—地点),带箭头一端指向信号被引用的节点(时间—地点),长度为 1 拍,称为单拍矢量线。信号名标注在单拍矢量线上,圆括号可中简洁标注信号的数值如图 5 - 52。

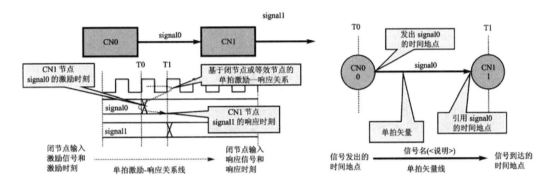

图 5 - 52　闭节点的单拍激励—响应关系线和单拍矢量线

开节点的激励—响应为 0 拍,时序图中则使用零拍激励—响应关系线标注,本书中使用一端带箭头的 0.75 磅点画线绘制,不带箭头一端指向激励的信号,带箭头一端指向响应的信号,它的长度是 0 拍;在 TP 图中,称为零拍矢量线,本书中使用灰色(黑文 50 ％)1.5 磅线带箭头实线绘制,不带箭头一端指向信号发出的节点(时间—地点),带箭头的一端指向信号被引用的节点(时间—地点),它的长度为 0 拍(见图 5 - 53)。

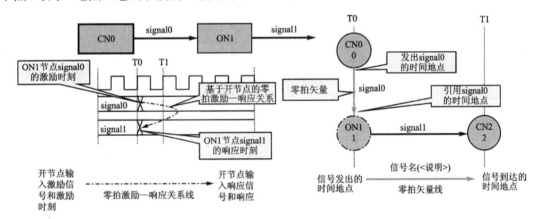

图 5 - 53　开节点的零拍激励—响应关系线和零拍矢量线

根据 5.8.1 节的定义,又根据 TP 图中时间轴线是从左至右,因此有关于开节点和闭节点的节拍分析图矢量绘制原则如图 5 - 54 所示。

(1)闭节点的输入矢量线是单拍矢量线,横向绘制,可以是直线或横线,或使用节方式简洁图面。

(2)开节点的输入矢量线是零拍矢量线,纵向绘制,可以是直线或节形式。

(3)无论是开节点或闭节点的输出矢量线,其类型(单拍或零拍)取决于该矢量信号到达的节点,按原则 1 和原则 2 处理。

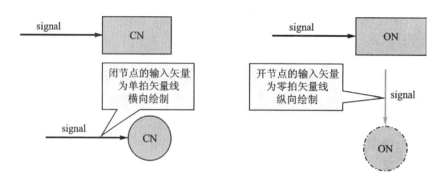

图 5 - 54　闭节点和开节点的输入矢量线

例 5 - 3：摩尔状态机的单脉冲发生器（见图 5 - 55），二段式状态机描述（FSM_2S），分别采用离散时序图和 TP 图分析节拍，根据节拍得到状态转移图，并编码建模和验证。

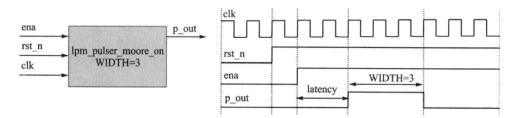

图 5 - 55　摩尔二段式单脉冲发生器的端口时序

根据 4.3.2 节讨论的二段式状态机的代码模型，得到摩尔二段式单脉冲发生器的架构，如图 5 - 56 所示。

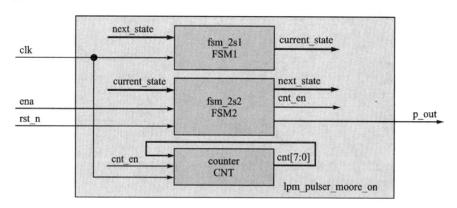

图 5 - 56　摩尔二段式单脉冲发生器的架构

根据图 5 - 57 架构，得到离散时序设计或功能设计时序设计，如图 5 - 57 所示。

（1）T0 时刻，ena 和 next_state 分别是开节点 FSM2 的输入激励和输出响应，零拍潜伏期，故使用零拍激励—响应关系线绘制。

（2）根据架构，next_state 和 current_state 分别是闭节点 FSM1 的输入激励和输出响应，单拍潜伏期（T1～T2）。

（3）根据架构，current_state 和 p_out 以及 cnt_en 分别为开节点 FSM2 的输入和输出，零拍潜伏期（T2）。

（4）外置计数器是闭节点，其输入 cnt_en 和输出 cnt 是单拍潜伏期。

（5）根据 WIDTH＝3，T2 时刻 p_out 置 1，必须在 T5 时刻 p_out 置 0。

（6）根据架构，p_out 和 cnt_en 是开节点 FSM2 的输出，其摩尔机关联状态是 current_state，零拍潜伏期（T5）。

（7）由于 current_state 和 next_state 分别是闭节点 FSM1 的输出和输入，单拍潜伏期（T4 至 T5）。

（8）摩尔机由 cnt 激励导致 next_state 响应，是开节点 FSM2 的输入输出，零拍潜伏期（T4），并且引用 cnt 的数值，在 T4 拍时是 2，等于 WIDTH－1。

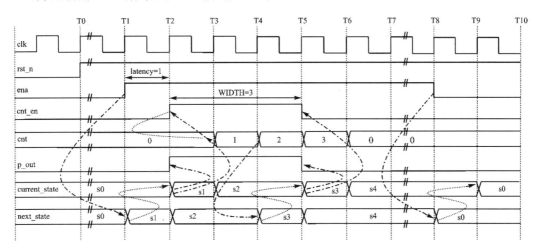

图 5 - 57 lpm_pulser_moore_on 的离散时序设计（功能时序设计）

采用节拍分析图的离散/功能设计如图 5 - 58 所示。

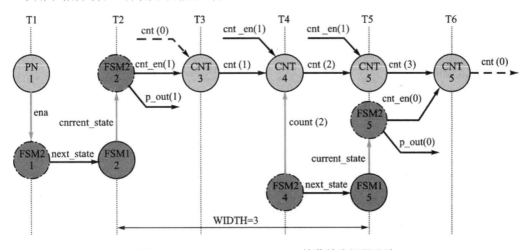

图 5 - 58 lpm_pulser_moore_on 的节拍分析图设计

图中：

（1）因为 ena 信号是开节点 FSM2 的输入，故绘制为零拍矢量线，T1 时刻由前级节点 PN1 发出，T1 时刻被 FSM2 引用。

（2）因为 next_state 信号是闭节点 FSM1 的输入，故绘制为单拍矢量线，T1 时刻由 FSM2

发出,T2 时刻被 FSM1 引用。

（3）因为 current_state 信号是开节点 FSM2 的输入,故绘制为零拍矢量线,T2 时刻发自 FSM1,T2 时刻到达 FSM2。

（4）在 T2 时刻,摩尔机根据当前状态产生输入 p_out=1 和 cnt_en=1,它们都将到达一下游节点（闭节点或等效节点）,故绘制为单拍矢量线。故 T2 时刻 p_out 矢量发自 FSM2,它的接收地点省略。cnt_en 矢量 T2 发自 FSM2,T3 到达 CNT 节点。

（5）cnt 信号是闭节点 CNT 的输入,故绘制为单拍矢量线,CNT 节点在 T3 时刻根据激励（cnt_en=1 和 cnt=0）得到它的响应 cnt=1。故 T3 时刻 cnt 信号发自 CNT,T4 时刻被 CNT 引用。图中信号名 cnt 之后的圆括号中填写的是它的值。图中 T3 时刻的 cnt 为 0 的矢量,绘制为虚线,是因为它是一个多拍信号（从被激励到被引用超过一拍,又称为多径信号,见下一节讨论）。

（6）cnt 非零值的矢量均为单拍矢量,故 T3 为 1,T4 为 2,T5 为 3。

（7）因为默认定制宽度为 3（WIDTH=3）,T2 发出的 p_out=1,应该在 T5 发出 p_out=0。根据架构,p_out 信号发出地点是 FSM2,故 p_out 矢量的发出时刻地点都有了。接收地点省略。

（8）据 p_out 信号倒推,它应该是摩尔机状态 current_state 的响应信号。而 current_state 的到达地点的开节点 FSM2,故绘制为零拍矢量线。current_state 矢量于 T5 时刻发自 FSM1,于 T5 时刻到达 FSM2。

（9）继续倒推,current_state 是 FSM1 由于激励 next_state 的响应。next_state 信号是闭节点 FSM1 的输入,故绘制为单拍矢量线。它于 T4 时刻发自 FSM1 节点,于 T5 时刻到达 FSM2 节点。

（10）继续倒推,next_state 是 FSM2 节点根据 cnt 激励的响应。现在,cnt 信号是开节点 FSM2 的输入,故绘制为零拍矢量线。它于 T4 时刻发自 CNT,于 T4 时刻到达 FSM2。由于 T4 时刻 cnt 的值为 2,故 WIDTH-1=2 是 FSM2 判断发生转移的条件。

（11）T5 时刻是 FSM2 驱动 p_out=0 的时刻,是摩尔机中摩尔状态的输出,故 cnt_en=0 驱动也应该由该摩尔状态输出。cnt_en 是闭节点 CNT 的输入,单拍矢量线。T5 时刻发自 FSM2,T6 时刻到达 CNT。

（12）T6 时刻 CNT 节点根据它的激励（cnt_en=0）导致的响应 cnt=0。cnt 是闭节点的输入,单拍矢量线。故 T6 时刻发自 CNT,它将于 T7 之后的节拍被 CNT 引用,故绘制为多拍矢量线（1.5 磅虚实线）。

有了节拍关系（见图 5-57 和图 5-58）,根据有限状态机理论（推论 2:无限节拍对应有限转移）,得到状态转移图如图 5-59 所示。

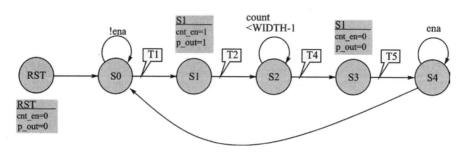

图 5-59　lpm_pulser_moore_on 的状态转移图

　　根据 STG(见图 5-59),得到代码(见例程 5-7)和代码(见例程 5-8),以及功能仿真波形(见图 5-60)。

　　例程 5-7 中,行 20~23 是闭节点 FSM1 的描述,行 25~62 是开节点 FSM2 的描述,其中完整准确地描述了图 5-59 的状态转移图。行 64~70 是闭节点 CNT 计数器的描述。功能仿真波形图 5-60 和图 5-61 与设计时序图 5-57 必须一致,以实现基于离散信号分析的精准设计。

```
1   module lpm_pulser_moore_on(clk, rst_n,
2   ena, p_out);
3
4       parameter WIDTH = 3;
5
6       input clk, rst_n;
7       input ena;
8       output reg p_out;
9
10      reg [7:0] cnt;
11      reg cnt_en;
12      reg [2:0] current_state, next_state;
13
14      localparam s0 = 3'd0;
15      localparam s1 = 3'd1;
16      localparam s2 = 3'd2;
17      localparam s3 = 3'd3;
18      localparam s4 = 3'd4;
19
20      always @ (posedge clk)
21      begin : FSM1
22          current_state <= next_state;
23      end
24
25      always @ ( * )
26      begin : FSM2
27          if (! rst_n)
28              begin
29                  cnt_en = 0;
30                  p_out = 0;
31                  next_state = s0;
32              end
33          else
34              case (current_state)
35                  s0 : if (! ena)
36                      next_state = s0;
37                  else
38                      next_state = s1;
39
40                  s1 : begin
41                      cnt_en = 1;
42                      p_out = 1;
43                      next_state = s2;
44                  end
45
46                  s2 : if (cnt < WIDTH - 1)
47                      next_state = s2;
48                  else
49                      next_state = s3;
50
51                  s3 : begin
```

例程 5-7　lpm_pulser_moore_on 的代码

```
52              cnt_en = 0;
53              p_out = 0;
54              next_state = s4;
55           end
56
57        s4 : if (ena)
58              next_state = s4;
59           else
60              next_state = s0;
61        endcase
62     end
63
64     always @ (posedge clk)
65     begin : CNT
66        if (! cnt_en)
67           cnt <= 0;
68        else
69           cnt <= cnt + 1;
70     end
71
72  endmodule
```

例程 5 - 7　lpm_pulser_moore_on 的代码(续)

```
1   timescale 1ns/1ps                          22              @ (posedge clk)
2                                               23          rst_n = 1;
3   module lpm_pulser_moore_on_tb;              24
4                                               25          #200
5     reg clk, rst_n;                           26              @ (posedge clk)
6     reg ena;                                  27          ena = 1;
7     wire p_out;                               28          #200
8                                               29          ena = 0;
9     lpm_pulser_moore_on DUT(                  30
10        .clk(clk),                            31          #200
11        .rst_n(rst_n),                        32              @ (posedge clk)
12        .ena(ena),                            33          ena = 1;
13        .p_out(p_out)                         34          #200
14    );                                        35          ena = 0;
15                                              36
16    initial begin                            37          #200 $ stop;
17        clk = 1;                             38      end
18        rst_n = 0;                           39
19        ena = 0;                             40      always #10 clk = ~clk;
20                                              41
21        #200                                 42  endmodule
```

例程 5 - 8　lpm_pulser_moore_on 的 Testbench

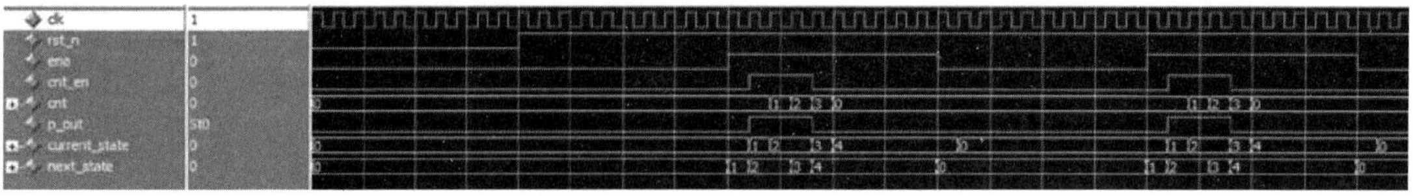

图 5 - 60　lpm_pulser_moore_on 的功能仿真波形

图 5-60 为 ModelSim-Altera 的功能仿真波形,注意到所有信号,无论是端口输出信号,或是中间信号,以及两个状态信号,波形时序与设计时序(见图 5-57)完全一致。

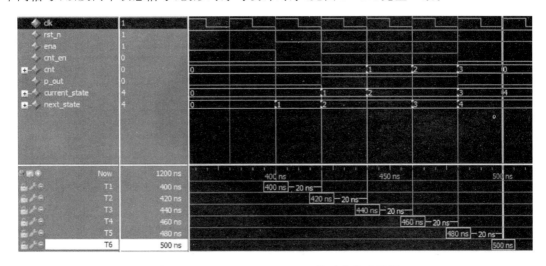

图 5-61　lpm_pulser_moore_on 的功能仿真局部

图 5-61 是图 5-60 的局部,并加入了时标线,时标名与设计时序(见图 5-57)和节拍分析图(见图 5-58)相同。ModelSim 软件的消息窗口(Msgs)能够报告对应时标时刻信号的离散值(右侧逼近值)。表 5-5 是设计时序,TP 图时序和仿真波形消息窗口在给定时刻的值对照表。

表 5-5　lpm_pulser_moore_on 仿真与设计对照表

时标	设计时序图							节拍分析图时序						仿真 Msgs 报告						
	rst_n	ena	cnt_en	cnt	p_out	cs	ns	ena	cnt_en	cnt	p_out	cs	ns	rst_n	ena	cnt_en	cnt	p_out	cs	ns
T0	1	0	0	0	0	s0	s0							1	0	0	0	0	s0	s0
T1	1	1	0	0	0	s0	s1	1					TR	1	1	0	0	0	s0	s1
T2	1	1	1	0	1	s1	s2		1				TR	1	1	1	0	1	s1	s2
T3	1	1	1	1	1	s2	s2			1				1	1	1	1	1	s2	s2
T4	1	1	1	2	1	s2	s3			2			TR	1	1	1	2	1	s2	s3
T5	1	1	0	3	0	s3	s4		0	3	0		TR	1	1	0	3	0	s3	s4
T6	1	1	0	0	0	s4	s4		0					1	1	0	0	0	s4	s4
T7	1	1	0	0	0	s4	s4							1	1	0	0	0	s4	s4
T8	1	0	0	0	0	s4	s0							1	0	0	0	0	s4	s0
T9	1	0	0	0	0	s0	s0							1	0	0	0	0	s0	s0

表 5-5 为按照"右侧逼近"离散信号取样定律的数值对照,可以看到所有信号均按照设计要求精确地在指定时间地点实现。节拍分析图并不需要标志所有信号,它仅仅标志出关键信号的时间地点,其中的数值(节拍分析图中括弧内的数值)仅仅是该信号发生变化时的数值。其中状态的 TR 为 Transition,即发生状态变迁。使用节拍分析图时,仅需要找到 ena 为真的时钟沿,将它标注为 T1,则相对与 T1 的 T2~T6 的信号,可以直接从仿真波形中或仪器中读

出,其右侧取值应该与节拍分析图精密吻合,这不仅用于复杂系统的设计,亦可以用于复杂数字系统的维护。本书中随后的离散节拍分析,大多采用 TP 图工具。

5.8.5 节拍间隔控制

通过同步数字系统的离散信号分析,以确定系统中同步信号的时间—地点,从而得到正确的引用和正确的控制。而这其中,很多具有相同特征的控制,是可以预先分析并提炼出它们的一般性规律,从而形成 STG 的控制图样 TPS(The Pattern of STG)。复杂系统设计时,使用 TPS 解决现场问题将具有很高的效率,并且减少现场分析的失误。节拍的间隔控制,是时钟紧密机器(TCM)设计中出现频度最高的复杂控制。本节将给出一个节拍间隔控制的模型,通过这个模型,得到不同架构条件下的节拍分析,继而得到它们的状态转移图,并从中提取出可以共享的部分以形成 TPS。最后通过一个脉冲宽度调制器 PWM 的设计例子,示例这些不同架构条件 TPS 的引用。TPS 图样除了应用于节拍间隔控制,还可以应用于许多其他具有共性的控制逻辑中。将常用的 TPS 记录下来,复杂应用时直接引用将非常的方便快捷。这有点像九九乘法表和三角函数转换公式的使用。

1. 节拍间隔控制器模型

研究如下一个具有共性的节拍间隔控制模型如图 5-62 所示。

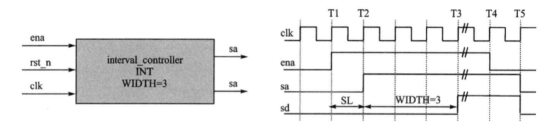

图 5-62 节拍间隔控制器模型

间隔控制器 INT 在 T1 时刻使能信号为真时,经过尽可能短的系统潜伏期 SL(System Latency),将 sa 信号设置真(T2),这里的 sa 信号是一个抽象的信号,sa 意即 signal assert,将某布尔量设置为真;可定制的间隔宽度默认值为 3(WIDTH=3),则在 T3 时刻 sd 信号设置为真,同样 sd 意即 signal dessert,将某布尔量设置为假。这个抽象模型并没有具体的实际意义,研究这个抽象模型仅仅用于抽象间隔控制的一般性规律。因此,sa 信号和 sd 信号,可以与实际应用的同一个信号对应,sa 将其做真,sd 将其做假;也可以与一个逻辑动作的集合对应,sa 对应该集合的逻辑真,sd 对应该集合的逻辑假。连续控制时 sa 和 sd 必须对称。

考虑到实际应用的各种情况,例如控制器输出类型(CN 或 ON),状态机类型(Moore 或 Mealy),节拍计数器是内置(Built-In)或外置(Built-Out)。它们的所有组合非常多,本章将就工程实践中常用的四种组合情况作讨论:

(1) 控制器闭节点输出(一段式描述或三段式描述),米利状态机,节拍计数器内置。

(2) 控制器闭节点输出(一段式描述或三段式描述),摩尔状态机,节拍计数器外置。

(3) 控制器闭节点输出(一段式描述或三段式描述),米利状态机,节拍计数器外置。

(4) 控制器开节点输出(二段式描述),摩尔状态机,节拍计数器外置。

2. 闭节点米利机内置计数器方案

例 5-4：闭节点米利机内置计数器方案的节拍间隔控制器设计(见图 5-63 和图 5-64)，并给出其 TPS。

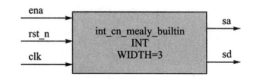

图 5-63　int_cn_mealy_builtin 方案节拍控制器的顶层框图

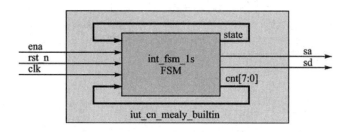

图 5-64　int_cn_mealy_builtin 的架构图

闭节点输出方案采用 FSM_1S 描述，根据代码模型以及计数器内置，得到该方案的架构图(见图 5-64)。根据架构得到节拍分析(见图 5-65)如下：

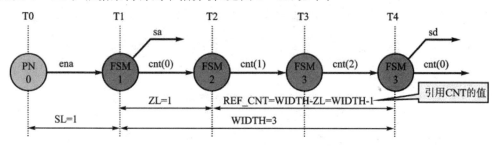

图 5-65　int_cn_mealy_builtin 的节拍分析

TP 图中，SL 为系统潜伏期，当前方案的 SL=1；ZL 为节拍计数器清零周期，ZL=1；当节拍计数器连续循环使用时，必须在每一个间隔周期重置 0，当这种重置在当前间隔周期的开始位置时，称为前置清零，否则称为后置清零。因此，理论上每一种节拍控制方案，都有其对应的两种节拍计数器的清零方案。根据 sa 和 sd 对称原则，连续或非连续节拍控制采用前置清零比较方便。根据图 5-65 绘制状态转移图(见图 5-66)和代码(见例程 5-9)如下：

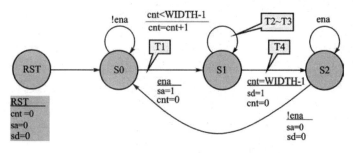

图 5-66　int_cn_mealy_builtin 的状态转移图

```
1   module int_cn_mealy_builtin(clk, rst_n, ena, sa, sd);
2
3       parameter WIDTH = 3;
4
5       input clk, rst_n;
6       input ena;
7       output reg sa, sd;
8
9       reg [7:0] cnt;
10      reg [1:0] state;
11
12      localparam s0 = 2'd0;
13      localparam s1 = 2'd1;
14      localparam s2 = 2'd2;
15
16      always @ (posedge clk)
17      begin : FSM
18          if (! rst_n)
19              begin
20                  cnt <= 0;
21                  sa <= 0;
22                  sd <= 0;
23                  state <= s0;
24              end
25          else
26              case (state)
27                  s0 : if (! ena)
28                      state <= s0;
29                      else
30                          begin
31                              sa <= 1;
32                              cnt <= 0;
33                                  state <= s1;
34                          end
35
36                  s1 : if (cnt < WIDTH - 1)
37                      begin
38                          cnt <= cnt + 1;
39                          state <= s1;
40                      end
41                      else
42                          begin
43                              sd <= 1;
44                              cnt <= 0;
45                                  state <= s2;
46                          end
47
48                  s2 : if (ena)
49                      state <= s2;
50                      else
51                          begin
52                              sa <= 0;
53                              sd <= 0;
54                                  state <= s0;
55                          end
56              endcase
57      end
58
59  endmodule
60
```

例程 5 - 9　int_cn_mealy_builtin 的代码

使用 TP 图设计时,仍然遵循有限状态机第二推论:"无限节拍对应有限转移",注意 EBD

中分母描述驱动的时刻,即是该转移发生的时刻,闭节点信号均为单拍潜伏期,故分子引用与分母驱动相差一拍。例程 5 - 10 为其测试代码,图 5 - 67 为其仿真波形。

1	timescale 1ns/1ps	24	rst_n = 1;
2		25	
3	module int_cn_mealy_builtin_tb;	26	♯200
4		27	@ (posedge clk)
5	reg clk, rst_n;	28	ena = 1;
6	reg ena;	29	♯200
7	wire sa, sd;	30	@ (posedge clk)
8		31	ena = 0;
9	int_cn_mealy_builtin DUT(	32	
10	.clk(clk),	33	♯200
11	.rst_n(rst_n),	34	@ (posedge clk)
12	.ena(ena),	35	ena = 1;
13	.sa(sa),	36	♯200
14	.sd(sd)	37	@ (posedge clk)
15	);	38	ena = 0;
16		39	
17	initial begin	40	♯200 $ stop;
18	clk = 1;	41	end
19	rst_n = 0;	42	
20	ena = 0;	43	always ♯10 clk = ~clk;
21		44	
22	♯200	45	
23	@ (posedge clk)	46	endmodule

例程 5 - 10　int_cn_mealy_builtin 的 Testbench

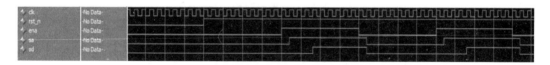

图 5 - 67　int_cn_mealy_builtin 的功能仿真波形

从状态转移图(见图 5 - 66)中,可以抽象出闭节点米利机内置计数器情况下的 TPS(The Pattern of STG,见图 5 - 68)。

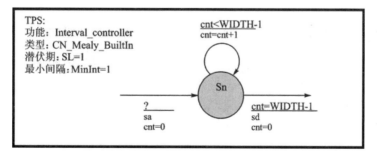

图 5 - 68　闭节点米利机内置计数器的节拍间隔控制图样

使用图 5-68 所示 TPS 的条件是：

（1）控制器是闭节点输出，对应于有限状态机的一段式描述或三段式描述。

（2）有限状态机类型为 Mealy 机类型，输入与输出之间具有直接因果关系。

（3）节拍计数器内置于控制器，控制器既引用 cnt 同时又控制 cnt。

其性能是：

（1）系统潜伏期 SL＝1，即从使能有效，到开始输出为 1 拍。

（2）最小控制间隔 MinInt＝1，这是因为引用 CNT(REF_CNT＝WIDTH－1)，无符号计数器的最小值为零。

关于该 TPS 应用的例子参见 5.8.6 节"使用 TPS 的设计例子：脉冲宽度调制器 PWM"。

3. 闭节点摩尔机外置计数器方案

例 5-5：闭节点摩尔机外置计数器方案的节拍间隔控制器设计（见图 5-69），并给出其 TPS。其架构如图 5-70 所示。

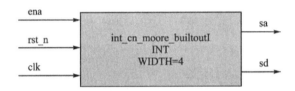

图 5-69 int_cn_moore_builtout 方案节拍控制器的顶层框图

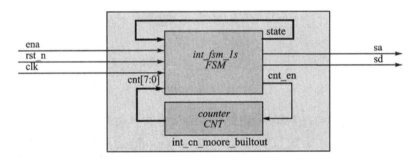

图 5-70 int_cn_moore_builtout 方案节拍控制器的架构图

根据架构（见图 5-70），得到节拍分析图（见图 5-71）如下：

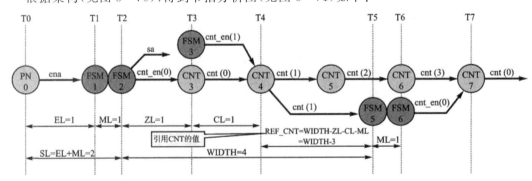

图 5-71 int_cn_moore_builtout 方案节拍控制器的节拍分析

根据节拍分析（见图 5-71）得到状态转移图（见图 5-72），代码（见例程 5-11）如下：

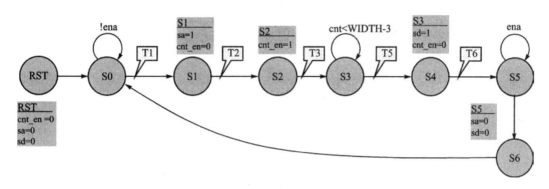

图 5 - 72　int_cn_moore_builtout 方案节拍控制器的状态转移图

图 5 - 71 中,外部信号潜伏期 EL＝1,摩尔延迟 ML＝1,从 ena 有效至 sa 有效的系统潜伏期 SL＝EL＋ML＝2;摩尔机的 TP 图可使用双圆("摩尔双圆")描述输入和输出关系。T5 和 T6 的摩尔双圆引用 cnt 的数值是 1,引用值 REF_C 将用间隔宽度 WIDTH,减去清零潜伏期 ZL＝1,减去外部计数器的激励—响应潜伏期 CL＝1,减去摩尔延迟 ML＝1,故为 WIDTH－3。例程 5 - 12 为其测试代码,图 5 - 73 为其仿真波形。

```verilog
1   module int_cn_moore_builtout(clk, rst_n, ena, sa, sd);
2
3       parameter WIDTH = 4;
4
5       input clk, rst_n;
6       input ena;
7       output reg sa, sd;
8
9       reg [7:0] cnt;
10      reg cnt_en;
11      reg [2:0] state;
12
13      localparam s0 = 3'd0;
14      localparam s1 = 3'd1;
15      localparam s2 = 3'd2;
16      localparam s3 = 3'd3;
17      localparam s4 = 3'd4;
18      localparam s5 = 3'd5;
19      localparam s6 = 3'd6;
20
21      always @ (posedge clk)
22      begin : FSM
23          if (! rst_n)
24              begin
25                  cnt_en <= 0;
26                  sa <= 0;
27                  sd <= 0;
28                  state <= s0;
29              end
30          else
31              case (state)
32                  s0 : if (! ena)
33                      state <= s0;
34                  else
35                      state <= s1;
```

例程 5 - 11　int_cn_moore_builtout 方案节拍控制器的测试代码

```
36
37                    s1 : begin
38                        sa <= 1;
39                        cnt_en <= 0;
40                        state <= s2;
41                      end
42
43                    s2 : begin
44                        cnt_en <= 1;
45                        state <= s3;
46                      end
47
48                    s3 : if (cnt < WIDTH - 3)
49                         state <= s3;
50                       else
51                         state <= s4;
52
53                    s4 : begin
54                        sd <= 1;
55                        cnt_en <= 0;
56                        state <= s5;
57                      end
58
59                    s5 : if (ena)
60                         state <= s5;
61                       else
62                         state <= s6;
63
64                    s6 : begin
65                        sa <= 0;
66                        sd <= 0;
67                        state <= s0;
68                      end
69                  endcase
70        end
71
72        always @ (posedge clk)
73        begin : CNT
74            if (! cnt_en)
75                cnt <= 0;
76            else
77                cnt <= cnt + 1;
78        end
79
80    endmodule
```

例程 5 - 11　int_cn_moore_builtout 方案节拍控制器的测试代码(续)

```
1    `timescale 1ns/1ps                        24            rst_n = 1;
2                                               25
3    module int_cn_moore_builtout_tb;          26            #200
4                                               27            @ (posedge clk)
5        reg clk, rst_n;                        28            ena = 1;
6        reg ena;                               29            #200
7        wire sa, sd;                           30            @ (posedge clk)
8                                               31            ena = 0;
9        int_cn_moore_builtout DUT(             32
10           .clk(clk),                         33            #200
11           .rst_n(rst_n),                     34            @ (posedge clk)
12           .ena(ena),                         35            ena = 1;
13           .sa(sa),                           36            #200
14           .sd(sd)                            37            @ (posedge clk)
15       );                                     38            ena = 0;
16                                              39
17       initial begin                         40            #200 $ stop;
18           clk = 1;                           41        end
19           rst_n = 0;                         42
20           ena = 0;                           43        always #10 clk = ~clk;
21                                              44
22           #200                               45
23           @ (posedge clk)                    46    endmodule
```

例程 5 - 12　int_cn_moore_builtout 方案节拍控制器的测试代码

图 5 - 73　int_cn_moore_builtout 方案节拍控制器的功能仿真波形

ModelSim 的仿真波形(见图 5 - 73)中,从 ena＝1 至 sa＝1 的系统潜伏期的确为 2,从 sa＝0 到 sd＝1 的定制间隔宽度的确为 4。

从状态转移图(见图 5 - 72)得到闭节点摩尔机外置计数器方案的 TPS(见图 5 - 74)。

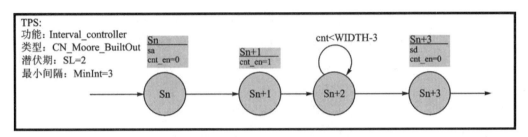

图 5 - 74　闭节点摩尔机外置计数器的节拍间隔控制图样

使用图 5 - 74 所示 TPS 的条件是:

(1) 闭节点控制器输出,对应于有限状态机的一段式描述或三段式描述。

(2) 有限状态机为摩尔机类型,输入与输出的因果关系是先转移再输出,即 TP 图的"摩尔双圆"。

(3) 节拍计数器外置于控制器。控制器引用 cnt,控制 cnt_en,引用和控制分开。

其性能为:

(1) 从使能有效至输出有效的系统潜伏期 SL 为 2 拍。

(2) 最小控制间隔 MinInt 为 3。

4. 闭节点米利机外置计数器方案

例 5 - 6:闭节点米利机外置计数器方案的节拍间隔控制器设计(见图 5 - 75),并给出其 TPS。其架构如图 5 - 76 所示。

根据架构图(见图 5 - 76),得到节拍关系(见图 5 - 77)。由于是米利机,输入和输出的激励—响应为 1 拍,故用状态机的输入输出关系描述。前置清零,sa 和 sd 对称(sa 和 sd 具有相同的外部动作:cnt_en),这样节拍控制之外计数器是清零状态。

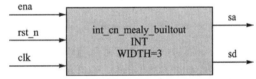

图 5 - 75　int_cn_mealy_builtout 方案节拍
控制器的顶层框图

从图中可观察到,从使能 ena 有效至输出有效的系统潜伏期 SL＝1,引用计数值 REF_CNT 等于宽度 WIDTH 减去清零潜伏期 ZL＝1,减去计数器激励—响应潜伏期 CL＝1,故 REF_CNT＝WIDTH−ZL−CL＝WIDTH−2。根据节拍关系,状态转移图的设计绘制遵循 TP 图中在指定节拍发出指定驱动,如图 5 - 78 所示。

据图 5 - 77 得到状态转移图(见图 5 - 78),代码(见例程 5 - 13),Testbench(见例程 5 - 14)和仿真波形(图 5 - 79)如下:

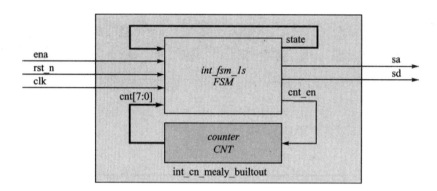

图 5 – 76　int_cn_mealy_builtout 方案节拍控制器的架构图

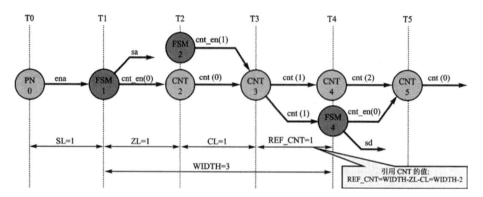

图 5 – 77　int_cn_mealy_builtout 方案节拍控制器的节拍分析图

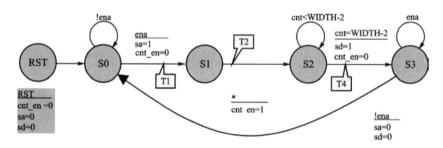

图 5 – 78　int_cn_mealy_builtout 方案节拍控制器的状态转移图

```
1    module int_cn_mealy_builtout(clk, rst_n, ena, sa, sd);
2
3        parameter WIDTH = 3;
4
5        input clk, rst_n;
6        input ena;
7        output reg sa, sd;
8
9        reg [7:0] cnt;
10       reg cnt_en;
11       reg [1:0] state;
12
13       localparam s0 = 2'd0;
14       localparam s1 = 2'd1;
15       localparam s2 = 2'd2;
```

```
16        localparam s3 = 2'd3;
17
18    always @ (posedge clk)
19    begin : FSM
20        if (! rst_n)
21            begin
22                cnt_en <= 0;
23                sa <= 0;
24                sd <= 0;
25                state <= s0;
26            end
27        else
28            case (state)
29                s0 : if (! ena)
30                    state <= s0;
31                else
32                    begin
33                        sa <= 1;
34                        cnt_en <= 0;
35                        state <= s1;
36                    end
37
38                s1 : begin
39                    cnt_en <= 1;
40                    state <= s2;
41                end
42
43                s2 : if (cnt < WIDTH - 2)
44                    state <= s2;
45                else
46                    begin
47                        sd <= 1;
48                        cnt_en <= 0;
49                        state <= s3;
50                    end
51
52                s3 : if (ena)
53                    state <= s3;
54                else
55                    begin
56                        sa <= 0;
57                        sd <= 0;
58                        state <= s0;
59                    end
60            endcase
61    end
62
63    always @ (posedge clk)
64    begin : CNT
65        if (! cnt_en)
66            cnt <= 0;
67        else
68            cnt <= cnt + 1;
69    end
70
71 endmodule
72
```

例程 5 - 13　int_cn_mealy_builtout 方案节拍控制器的代码

```
1    `timescale 1ns/1ps                      24           rst_n = 1;
2                                            25
3    module int_cn_mealy_builtout_tb;        26           #200
4                                            27           @ (posedge clk)
5        reg clk, rst_n;                     28           ena = 1;
6        reg ena;                            29           #200
7        wire sa, sd;                        30           @ (posedge clk)
8                                            31           ena = 0;
9        int_cn_mealy_builtout DUT(          32
10           .clk(clk),                      33           #200
11           .rst_n(rst_n),                  34           @ (posedge clk)
12           .ena(ena),                      35           ena = 1;
13           .sa(sa),                        36           #200
14           .sd(sd)                         37           @ (posedge clk)
15       );                                  38           ena = 0;
16                                           39
17       initial begin                       40           #200 $ stop;
18           clk = 1;                        41       end
19           rst_n = 0;                      42
20           ena = 0;                        43       always #10 clk = ~clk;
21                                           44
22           #200                            45
23           @ (posedge clk)                 46   endmodule
```

例程 5 - 14　　int_cn_mealy_builtout 方案节拍控制器的代码

图 5 - 79　int_cn_mealy_builtout 方案节拍控制器的功能仿真波形

从状态转移图(见图 5 - 78)中得到闭节点米利机外置计数器方案的节拍控制 TPS,如图 5 - 80 所示。

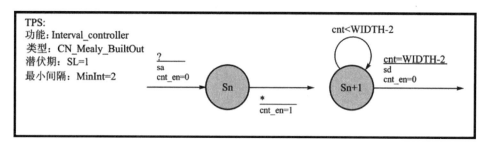

图 5 - 80　闭节点米利机外置计数器方案的节拍间隔控制图样

使用图 5 - 80 所示 TPS 的条件是:

(1)闭节点控制器输出,对应于有限状态机的一段式描述或三段式描述。

(2)有限状态机为米利机类型,输入与输出直接有直接的因果关系,在 TP 图中表现为

"单圆"描述。

（3）节拍计数器外置于控制器。控制器引用 cnt，控制 cnt_en，引用和控制分开。

其性能为：

（1）从使能有效至输出有效的系统潜伏期 SL 为 1 拍。

（2）最小控制间隔 MinInt 为 2。

5. 开节点摩尔机外置计数器方案

例 5 - 7：开节点摩尔机外置计数器
方案的节拍间隔控制器设计，并给出其
TPS，如图 5 - 81 所示。

开节点方案采用二段式状态机描述，
得到的架构图如图 5 - 82 所示。

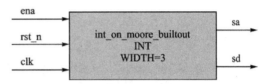

图 5 - 81 int_on_moore_builtout 方案节拍
控制器的顶层框图

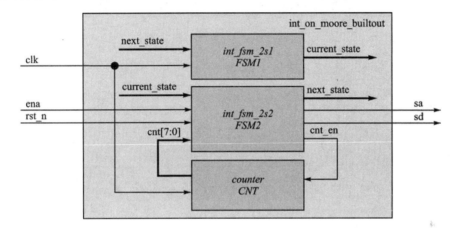

图 5 - 82 int_on_moore_builtout 方案节拍控制器的架构图

同样，根据架构进行节拍分析，如图 5 - 83 所示。

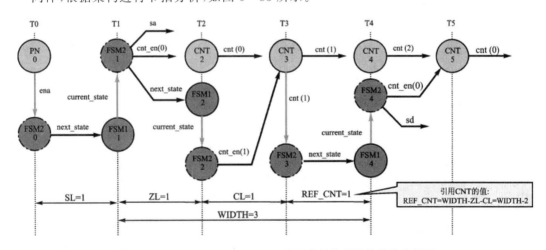

图 5 - 83 int_on_moore_builtout 方案节拍控制器的节拍分析图

根据图 5 - 83 节拍得到状态转移图（见图 5 - 84），其代码见例程 5 - 15 和例程 5 - 16，仿真
波形如图 5 - 85 所示。

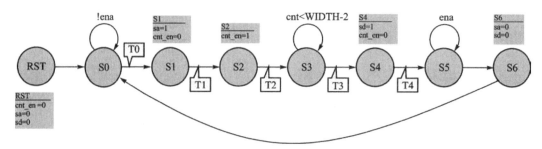

图 5 - 84 int_on_moore_builtout 方案节拍控制器的状态转移图

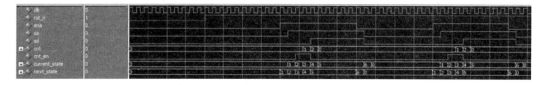

图 5 - 85 int_on_moore_builtout 方案节拍控制器的功能仿真波形

以上设计中,注意到 ena 信号是开节点 FSM2 的输入,故绘制为零拍矢量;current_state 是开节点 FSM2 的输入,绘制为零拍矢量;T3 拍的 cnt 是开节点 FSM2 的引用输入,也是零拍矢量,其余为单拍矢量。状态转移图中,对应转移发生时刻的时间标注,是单拍矢量 next_state 转移的时刻。另一个重要的关注点,则是实际工程应用需要加入安全行为(见节脉冲调制器设计)。

```
1   module int_on_moore_builtout(clk, rst_n, ena, sa, sd);
2
3       parameter WIDTH = 3;
4
5       input clk, rst_n;
6       input ena;
7       output reg sa, sd;
8
9       reg [7:0] cnt;
10      reg cnt_en;
11      reg [2:0] current_state, next_state;
12
13      localparam s0 = 3'd0;
14      localparam s1 = 3'd1;
15      localparam s2 = 3'd2;
16      localparam s3 = 3'd3;
17      localparam s4 = 3'd4;
18      localparam s5 = 3'd5;
19      localparam s6 = 3'd6;
20
21      always @ (posedge clk)
22      begin : FSM1
23          current_state <= next_state;
24      end
25
26      always @ ( * )
27      begin : FSM2
28          if (! rst_n)
29              begin
30                  cnt_en = 0;
31                  sa = 0;
```

例程 5 - 15 int_on_moore_builtout 方案节拍控制器的代码

```
32                          sd = 0;
33                          next_state = s0;
34                    end
35              else
36                  case (current_state)
37                      s0 : if (! ena)
38                          next_state = s0;
39                            else
40                          next_state = s1;
41
42                      s1 : begin
43                          sa = 1;
44                          cnt_en = 0;
45                          next_state = s2;
46                        end
47
48                      s2 : begin
49                          cnt_en = 1;
50                          next_state = s3;
51                        end
52
53                      s3 : if (cnt < WIDTH - 2)
54                          next_state = s3;
55                            else
56                          next_state = s4;
57
58                      s4 : begin
59                          sd = 1;
60                          cnt_en = 0;
61                          next_state = s5;
62                        end
63
64                      s5 : if (ena)
65                          next_state = s5;
66                            else
67                          next_state = s6;
68
69                      s6 : begin
70                          sa = 0;
71                          sd = 0;
72                          next_state = s0;
73                        end
74                  endcase
75        end
76
77    always @ (posedge clk)
78    begin : CNT
79        if (! cnt_en)
80            cnt <= 0;
81        else
82            cnt <= cnt + 1;
83    end
84
85  endmodule
```

例程 5 - 15　　int_on_moore_builtout 方案节拍控制器的代码(续)

```
1    `timescale 1ns/1ps                     24              rst_n = 1;
2                                           25
3    module int_on_moore_builtout_tb;       26              #200
4                                           27              @ (posedge clk)
5        reg clk, rst_n;                    28              ena = 1;
6        reg ena;                           29              #200
7        wire sa, sd;                       30              @ (posedge clk)
8                                           31              ena = 0;
9        int_on_moore_builtout DUT(         32
10           .clk(clk),                     33              #200
11           .rst_n(rst_n),                 34              @ (posedge clk)
12           .ena(ena),                     35              ena = 1;
13           .sa(sa),                       36              #200
14           .sd(sd)                        37              @ (posedge clk)
15       );                                 38              ena = 0;
16                                          39
17       initial begin                      40              #200 $ stop;
18           clk = 1;                       41          end
19           rst_n = 0;                     42
20           ena = 0;                       43      always #10 clk = ~clk;
21                                          44
22           #200                           45
23           @ (posedge clk)                46  endmodule
```

例程 5 – 16   int_on_moore_builtout 方案节拍控制器的测试代码

节拍分析(见图 5 – 83)和仿真波形(见图 5 – 85)的对比:图 5 – 85 中,若将 ena 为真的时钟沿标志位 T0,则 T1 的必定 sa=1,并且 cnt_en=0;T3 必定 cnt 为 1;……依次类推。

从状态转移图(见图 5 – 84)得到 TPS 如图 5 – 86 所示节拍控制图标。

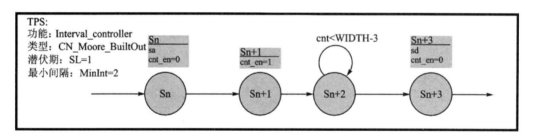

图 5 – 86   开节点摩尔机外置计数器方案的节拍间隔控制图样

使用图 5 – 86 所示状态转移表特定图样的条件是:

(1)开节点控制器输出则对应于有限状态机的二段式描述。

(2)有限状态机为摩尔机类型。在节拍分析图中,输入激励关联 next_state,输出响应关联 current_state,也可以等效为"摩尔双圆"。

(3)节拍计数器外置于控制器。控制器引用 cnt,控制引用 cnt_en,引用和控制分开。

其性能为:

(1)从使能有效至输出有效的系统潜伏期为 1 拍。

（2）最小控制间隔 MinInt 为 2。

5.8.6　使用 TPS 的设计例子：脉冲宽度调制器

脉冲宽度调制器，其输出的脉冲宽度是由数据信息调制，常用于机电一体化，机器人技术，某些时候也用于通信技术。以上是一个脉冲宽度调制器（PWM）的模型例子，如图 5 - 87 所示。

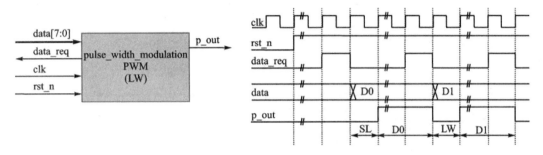

图 5 - 87　脉冲宽度调制器例子

如图 5 - 87 所示为一个输出连续被 data 调制宽度的调制模型。p_out 的高度平宽度是 data 的数值，LW 为可定制的低电平宽度。PWM 需要及时地发出数据请求，以保证 p_out 在每一个 data 宽度的高电平周期后紧跟一个 LW 宽度的低电平周期。验证时，需要一个单拍潜伏期非综合目的的数据发生器，每一次数据请求 data_req，将随机产生一个 8 位数据，用于 PWM 调制，其请求潜伏期（发出请求至数据可用）为 2，如图 5 - 88 所示。

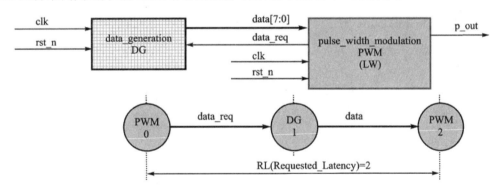

图 5 - 88　脉冲宽度调制器例子的请求潜伏期为 2 拍

1. 闭节点米利机内置计数器方案

例 5 - 8：使用闭节点米利机内置计数器方案的 TPS 设计脉冲宽度调制器，如图 5 - 89 所示。

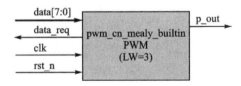

图 5 - 89　pwm_cn_mealy_builtin 方案 PWM 的顶层框图

闭节点采用一段式状态机描述，其架构如图 5 - 90 所示。

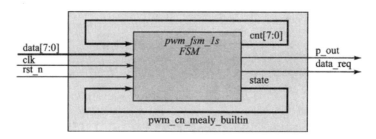

图 5-90   pwm_cn_mealy_builtin 方案 PWM 的架构图

显然这是一个时间紧密型设计,可以直接引用 TPS 从而省略节拍分析,如图 5-91 所示。

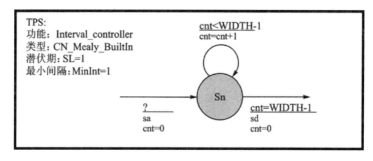

图 5-91   pwm_cn_mealy_builtin 方案 PWM 的引用 TPS

引用该 TPS 直接得到状态转移图如图 5-92 所示。

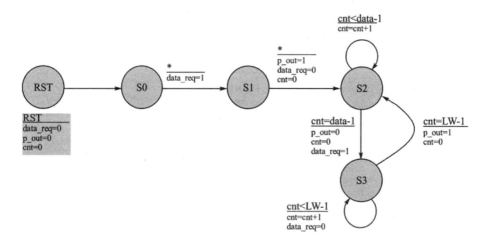

图 5-92   pwm_cn_mealy_builtin 方案 PWM 的状态转移图

　　注意:高电平周期的 sd(p_out=0)与低电平周期的 sa(p_out=0)是相同的动作;低电平周期的 sd(p_out=1)与高电平周期的 sa(p_out=1)亦是相同的动作。sa 意即信号做真,sd 意即信号做假。因此,S2 为高电平周期的引用 TPS,S3 为低电平周期的引用 TPS。S2 的输出转移线以及 EBD(高电平周期的 sd),等同于 S3 的输入转移以及 EBD(低电平周期的 sa);S3 的输出转移以及 EBD(低电平周期的 sd),等同于 S2 的输入转移以及 EBD(高电平周期的 sa)。另外,发出数据请求 data_req 至引用 data 控制为大于等于 2 拍,以满足给定 PWM 例子的请求潜伏期=2 的要求。代码见例程 5-17 和例程 5-18,仿真波形如图 5-93 所示。

```
1    module pwm_cn_mealy_builtin(clk, rst_n, data,
2    data_req, p_out);
3
4        parameter LW = 3;
5
6        input clk, rst_n;
7        input [7:0] data;
8        output reg data_req, p_out;
9
10       reg [7:0] cnt;
11       reg [1:0] state;
12
13       localparam s0 = 2'd0;
14       localparam s1 = 2'd1;
15       localparam s2 = 2'd2;
16       localparam s3 = 2'd3;
17
18       always @ (posedge clk)
19       begin : FSM
20           if (! rst_n)
21               begin
22                   data_req <= 0;
23                   p_out <= 0;
24                   cnt <= 0;
25                   state <= s0;
26               end
27           else
28               case (state)
29                   s0 : begin
30                       data_req <= 1;
31                       state <= s1;
32                   end
33
34                   s1 : begin
35                       p_out <= 1;
36                       data_req <= 0;
37                       cnt <= 0;
38                       state <= s2;
39                   end
40
41                   s2 : if (cnt < (data - 1))
42                       begin
43                           cnt <= cnt + 1;
44                           state <= s2;
45                       end
46                   else
47                       begin
48                           p_out <= 0;
49                           cnt <= 0;
50                           data_req <= 1;
51                           state <= s3;
52                       end
53
54                   s3 : if (cnt < (LW - 1))
55                       begin
56                           cnt <= cnt + 1;
57                           data_req <= 0;
58                           state <= s3;
59                       end
60                   else
61                       begin
```

例程 5 - 17　**pwm_cn_mealy_builtin** 方案 PWM 的代码

```
62                    p_out <= 1;
63                    cnt <= 0;
64                    state <= s2;
65                end
66            endcase
67        end
68
69  endmodule
70
```

例程 5 - 17　pwm_cn_mealy_builtin 方案 PWM 的代码(续)

```
1   timescale 1ns/1ps
2
3   module pwm_cn_mealy_builtin_tb;
4
5       reg clk, rst_n;
6       wire [7:0] data;
7       wire data_req, p_out;
8
9       pwm_cn_mealy_builtin PWM(
10          .clk(clk),
11          .rst_n(rst_n),
12          .data(data),
13          .data_req(data_req),
14          .p_out(p_out)
15      );
16
17      data_generation DG(
18          .clk(clk),
19          .rst_n(rst_n),
20          .data_req(data_req),
21          .data(data)
22      );
23
24      initial begin
25          clk = 1;
26          rst_n = 0;
27
28          #200
29          @ (posedge clk)
30          rst_n = 1;
31
32          #20_000 $ stop;
33      end
34
35      always #10 clk = ~clk;
36
37  endmodule
```

(a)

例程 5 - 18　pwm_cn_mealy_builtin 方案 PWM 的测试代码和数据发生器代码

```
1   module data_generation(clk, rst_n, data_req, data);
2
3       input clk;
4       input rst_n;
5       input data_req;
6       output reg [7:0] data;
7
8       reg state;
9       localparam s0 = 1'b0;
10      localparam s1 = 1'b1;
11
12      always @ (posedge clk)
13      begin
14          if (! rst_n)
15              begin
16                  data <= 0;
17                  state <= s0;
18              end
19          else
20              case (state)
21                  s0 : if (! data_req)
22                          state <= s0;
23                      else
24                          begin
25                          data <= 3 + ({$random} % 16);
26                          state <= s1;
27                          end
28
29                  s1 : if (data_req)
30                          state <= s1;
31                      else
32                          state <= s0;
33              endcase
34      end
35
36  endmodule
37
```

(b)

例程 5 - 18 pwm_cn_mealy_builtin 方案 PWM 的测试代码和数据发生器代码(续)

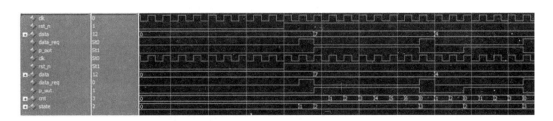

图 5 - 93 pwm_cn_mealy_builtin 方案 PWM 的功能仿真波形

数据生产器中(例程 5 - 18),为避免周期太长观察不便,第 25 行最小周期限制为 3,并且随机生成 15 之内的数(最大宽度 15)。

340   现代数字电路设计与实践

2. 闭节点摩尔机外置计数器方案

例 5 - 9：使用闭节点摩尔机外置计数器方案的 TPS 设计脉冲宽度调制器，该方案的顶层框图如图 5 - 94 所示。

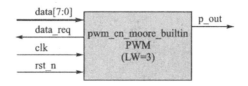

图 5 - 94   pwm_cn_moore_builtout 方案的顶层框图

这里的闭节点机器仍然采用一段式状态描述，得到架构图（见图 5 - 95）、引用 TPS（见图 5 - 96）和 STG（见图 5 - 97）。

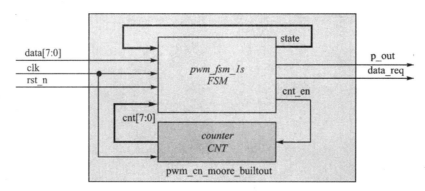

图 5 - 95   **pwm_cn_moore_builtout 方案 PWM 的架构**

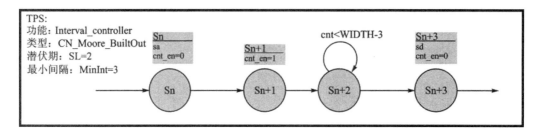

图 5 - 96   **pwm_cn_moore_builtout 方案 PWM 的引用 TPS**

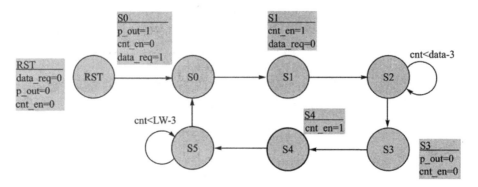

图 5 - 97   **pwm_cn_moore_builtout 方案 PWM 的状态转移图**

引用 TPS 直接绘制状态转移图(见图 5 - 97),这里 S0～S3 组成了高电平控制周期,S3～S0 组成了低电平控制周期。同样,高电平周期的 sa 即是低电平周期的 sd,低电平周期的 sa 即是高电平周期的 sd。data_req 与 data 引用之间可以保持 2 拍。据此编码见例程 5 - 19。

```
1   module pwm_cn_moore_builtout(clk, rst_n, data,
2   data_req, p_out);
3
4       parameter LW = 3;
5
6       input clk, rst_n;
7       input [7:0] data;
8       output reg data_req, p_out;
9
10      reg [7:0] cnt;
11      reg cnt_en;
12      reg [2:0] state;
13
14      localparam s0 = 3'd0;
15      localparam s1 = 3'd1;
16      localparam s2 = 3'd2;
17      localparam s3 = 3'd3;
18      localparam s4 = 3'd4;
19      localparam s5 = 3'd5;
20
21      always @ (posedge clk)
22      begin : FSM
23          if (! rst_n)
24              begin
25                  data_req <= 0;
26                  p_out <= 0;
27                  cnt_en <= 0;
28                  state <= s0;
29              end
30          else
31              case (state)
32                  s0 : begin
33                      p_out <= 1;
34                      cnt_en <= 0;
35                      data_req <= 1;
36                      state <= s1;
37                  end
38
39                  s1 : begin
40                      cnt_en <= 1;
41                      data_req <= 0;
42                      state <= s2;
43                  end
44
45                  s2 : if (cnt < data - 3)
46                      state <= s2;
47                  else
48                      state <= s3;
49
```

例程 5 - 19　pwm_cn_moore_builtout 方案 PWM 的代码

```
50              s3 : begin
51                  p_out <= 0;
52                  cnt_en <= 0;
53                  state <= s4;
54                end
55
56              s4 : begin
57                  cnt_en <= 1;
58                  state <= s5;
59                end
60
61              s5 : if (cnt < LW - 3)
62                  state <= s5;
63                else
64                  state <= s0;
65            endcase
66      end
67
68      always @ (posedge clk)
69      begin : CNT
70          if (! cnt_en)
71              cnt <= 0;
72          else
73              cnt <= cnt + 1;
74      end
75
76  endmodule
```

例程 5 - 19　pwm_cn_moore_builtout 方案 PWM 的代码(续)

数据发生器与例程 5 - 18(b)相同,测试代码与例程 5 - 18(a)类似。其仿真波形如图 5 - 98 所示。

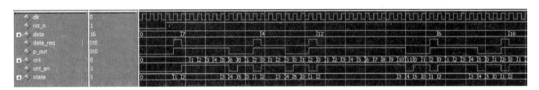

图 5 - 98　pwm_cn_moore_builtout 方案 PWM 的功能仿真波形

3. 闭节点米利机外置计数器方案

例 5 - 10:使用闭节点米利机外置计数器方案的 TPS 设计脉冲宽度调制器,其顶层框图如图 5 - 99 所示。

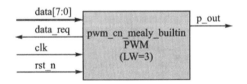

图 5 - 99　pwm_cn_mealy_builtout 方案 PWM 的顶层框图

图中的闭节点机器采用三段式状态机描述,计数器外置,则架构如图 5-10 所示。

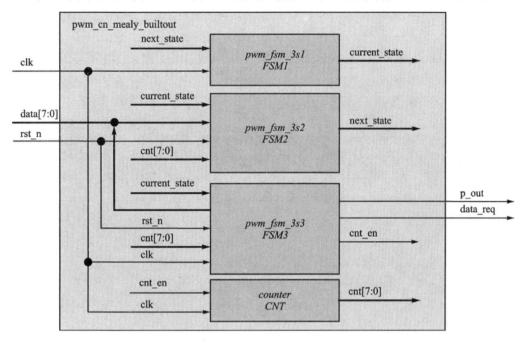

图 5-100　pwm_cn_mealy_builtout 方案 PWM 的三段式架构

同样,此时的时间紧密机器设计可直接引用 TPS(见图 5-101)从而省略大量的节拍分析工作。

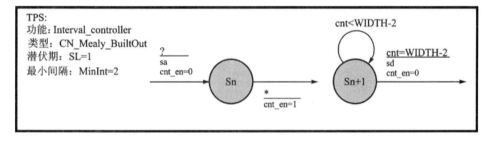

图 5-101　pwm_cn_mealy_builtout 方案 PWM 的引用 TPS

引用 TPS 后得到 STG,STG 如图 5-102 所示。

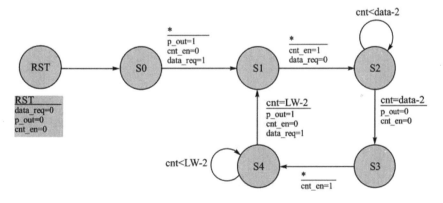

图 5-102　pwm_cn_mealy_builtout 方案 PWM 的状态转移图

在图 5-102 中,S1 和 S2 组成高电平周期,S3 和 S4 组成低电平周期。其中 S3 的输入转移 EBD 是低电平周期做真的 sa,等同于 S2 的输出转移 EBD 是高电平周期做假的 sd;S4 的输出转移 EBD 是低电平周期做假的 sd,等同于 S1 的输入转移 EBD 是高电平做真的 sa。其代码为例程 5-20,数据发生器与例程 5-18(b)相同,测试代码与例程 5-18(a)类似,得到的仿真波形如图 5-103 所示。

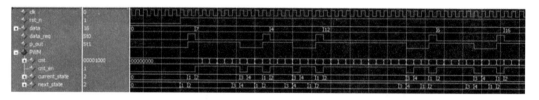

图 5-103　pwm_cn_mealy_builtout 方案 PWM 的状态转移图

```
1    module pwm_cn_mealy_builtout(clk, rst_n, data,
2    data_req, p_out);
3
4        parameter LW = 3;
5
6        input clk, rst_n;
7        input [7:0] data;
8        output reg data_req, p_out;
9
10       reg [7:0] cnt;
11       reg cnt_en;
12       reg [2:0] current_state, next_state;
13
14       localparam s0 = 3'd0;
15       localparam s1 = 3'd1;
16       localparam s2 = 3'd2;
17       localparam s3 = 3'd3;
18       localparam s4 = 3'd4;
19
20       always @ (posedge clk)
21       begin : FSM1
22           current_state <= next_state;
23       end
24
25       always @ (*)
26       begin : FSM2
27           if (! rst_n)
28               next_state = s0;
29           else
30               case (current_state)
31                   s0 : next_state = s1;
32                   s1 : next_state = s2;
33                   s2 : if (cnt < data - 2)
34                       next_state = s2;
35                     else
36                       next_state = s3;
37                   s3 : next_state = s4;
38                   s4 : if (cnt < LW - 2)
```

例程 5-20　pwm_cn_mealy_builtout 方案 PWM 的代码

```
39                     · next_state = s4;
40                 else
41                     next_state = s1;
42             default : next_state = s0;
43             endcase
44    end
45
46    always @ (posedge clk)
47    begin : FSM3
48        if (! rst_n)
49            begin
50                data_req <= 0;
51                p_out <= 0;
52                cnt_en <= 0;
53            end
54        else
55            case (current_state)
56                s0 : begin
57                    p_out <= 1;
58                    cnt_en <= 0;
59                    data_req <= 1;
60                end
61                s1 : begin
62                    cnt_en <= 1;
63                    data_req <= 0;
64                end
65                s2 : if (cnt == (data - 2))
66                    begin
67                        p_out <= 0;
68                        cnt_en <= 0;
69                    end
70                s3 : cnt_en <= 1;
71                s4 : if (cnt == (LW - 2))
72                    begin
73                        p_out <= 1;
74                        cnt_en <= 0;
75                        data_req <= 1;
76                    end
77            endcase
78    end
79
80    always @ (posedge clk)
81    begin : CNT
82        if (! cnt_en)
83            cnt <= 0;
84        else
85            cnt <= cnt + 1;
86    end
87
88  endmodule
```

例程 5 - 20　**pwm_cn_mealy_builtout** 方案 PWM 的代码(续)

4. 开节点摩尔机外置计数器方案

例5-11：使用开节点摩尔机外置计数
器方案的 TPS 设计脉冲宽度调制器的顶层
图和架构图如图5-104和图5-105所示。

开节点机器采用二段式状态机描述，
时间紧密机器，采用 TPS 时更直接、方便和
准确。引用 TPS 如图5-106所示。而状
态转移图如图5-107所示，其代码如例程5-21所示。

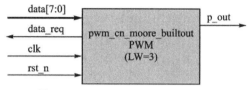

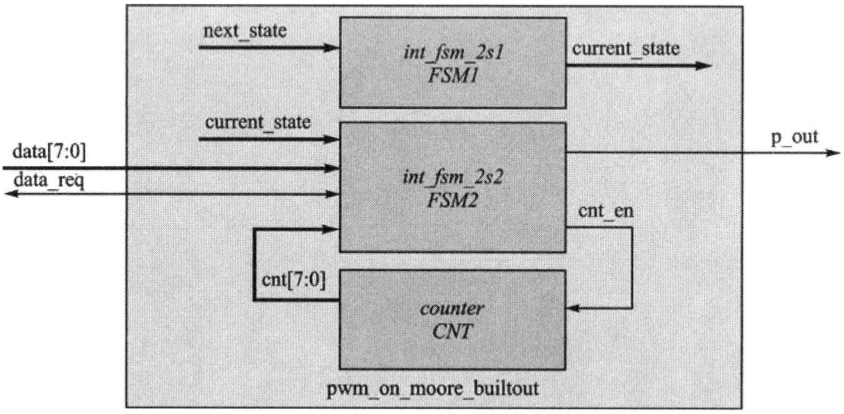

图5-104　pwm_on_moore_builtout
方案 PWM 的顶层框图

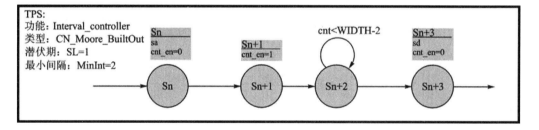

图5-105　pwm_on_moore_builtout 方案 PWM 的架构图

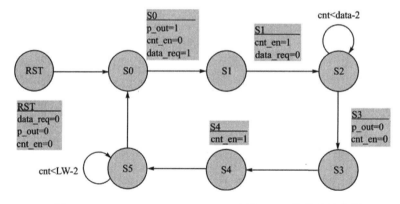

图5-106　pwm_on_moore_builtout 方案 PWM 的引用 TPS

图5-107　pwm_on_moore_builtout 方案 PWM 的状态转移图

```
1    module pwm_on_moore_builtout(clk, rst_n, data,
2    data_req, p_out);
3
4        parameter LW = 3;
5
6        input clk, rst_n;
7        input [7:0] data;
8        output reg data_req, p_out;
9
10       reg [7:0] cnt;
11       reg cnt_en;
12       reg [2:0] current_state, next_state;
13
14       localparam s0 = 3'd0;
15       localparam s1 = 3'd1;
16       localparam s2 = 3'd2;
17       localparam s3 = 3'd3;
18       localparam s4 = 3'd4;
19       localparam s5 = 3'd5;
20
21       always @ (posedge clk)
22       begin : FSM1
23           current_state <= next_state;
24       end
25
26       always @ ( * )
27       begin : FSM2
28           if (! rst_n)
29               begin
30                   data_req = 0;
31                   p_out = 0;
32                   cnt_en = 0;
33                   next_state = s0;
34               end
35           else
36               case (current_state)
37                   s0 : begin
38                       p_out = 1;
39                       cnt_en = 0;
40                       data_req = 1;
41                       next_state = s1;
42                   end
43
44                   s1 : begin
45                       cnt_en = 1;
46                       data_req = 0;
47                       next_state = s2;
48                   end
49
50                   s2 : if (cnt < data - 2)
51                       next_state = s2;
52                   else
53                       next_state = s3;
```

例程 5 - 21　pwm_on_moore_builtout 方案 PWM 的代码

```
54
55                s3 : begin
56                      p_out = 0;
57                      cnt_en = 0;
58                      next_state = s4;
59                    end
60
61                s4 : begin
62                      cnt_en = 1;
63                      next_state = s5;
64                    end
65
66                s5 : if (cnt < LW - 2)
67                      next_state = s5;
68                    else
69                      next_state = s0;
70              endcase
71        end
72
73      always @ (posedge clk)
74      begin : CNT
75          if (! cnt_en)
76              cnt <= 0;
77          else
78              cnt <= cnt + 1;
79      end
80
81  endmodule
82
```

例程 5 - 21　pwm_on_moore_builtout 方案 PWM 的代码(续)

　　状态转移图中,S0 - S1 - S2 - S3 构成高电平周期,S3 - S4 - S5 - S0 构成低电平周期。高电平周期 S3 的 NBD,是将高电平做假 sd,等同于低电平周期的低电平做真 sa;低电平周期的 S0 其 NBD,是将低电平做假 sd,等同于高电平周期的高电平做真 sa。数据发生器与例程 5 - 18(b) 相同,测试代码与例程 5 - 18(a)类似。图 5 - 108 所示为功能仿真波形。

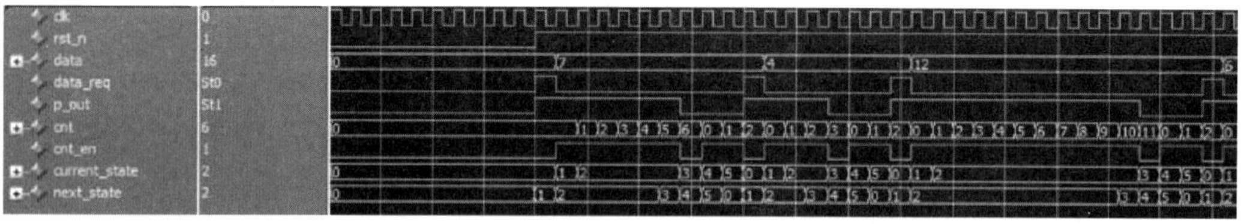

图 5 - 108　pwm_on_moore_builtout 方案 PWM 的功能仿真

　　开节点机器有安全行为问题,根据第 2 章的讨论,RTL 代码在这里必须写安全行为。安全行为代码(见例程 5 - 22)是在条件行为语句中每一个分支叙述所有信号且含全部条件。

```
1    module pwm_on_moore_builtout_safe(clk, rst_n,
2    data, data_req, p_out);
3
4        parameter LW = 3;
5
6        input clk, rst_n;
7        input [7:0] data;
8        output reg data_req, p_out;
9
10       reg [7:0] cnt;
11       reg cnt_en;
12       reg [2:0] current_state, next_state;
13
14       localparam s0 = 3'd0;
15       localparam s1 = 3'd1;
16       localparam s2 = 3'd2;
17       localparam s3 = 3'd3;
18       localparam s4 = 3'd4;
19       localparam s5 = 3'd5;
20
21       always @ (posedge clk)
22       begin : FSM1
23           current_state <= next_state;
24       end
25
26       always @ ( * )
27       begin : FSM2
28           if (! rst_n)
29               begin
30                   data_req = 0;
31                   p_out = 0;
32                   cnt_en = 0;
33                   next_state = s0;
34               end
35           else
36               case (current_state)
37                   s0 : begin
38                       p_out = 1;
39                       cnt_en = 0;
40                       data_req = 1;
41                       next_state = s1;
42                   end
43
44                   s1 : begin
45                       cnt_en = 1;
46                       data_req = 0;
47                       p_out = 1;
48                       next_state = s2;
49                   end
50
51                   s2 : begin
52                       cnt_en = 1;
53                       data_req = 0;
```

例程 5-22　pwm_on_moore_builtout 方案 PWM 的安全状态机代码

```
54                      p_out = 1;
55                      if (cnt < data - 2)
56                          next_state = s2;
57                      else
58                          next_state = s3;
59                  end
60
61              s3 : begin
62                  p_out = 0;
63                  cnt_en = 0;
64                  data_req = 0;
65                  next_state = s4;
66              end
67
68              s4 : begin
69                  cnt_en = 1;
70                  p_out = 0;
71                  data_req = 0;
72                  next_state = s5;
73              end
74
75              s5 : begin
76                  cnt_en = 1;
77                  p_out = 0;
78                  data_req = 0;
79                  if (cnt < LW - 2)
80                      next_state = s5;
81                  else
82                      next_state = s0;
83              end
84
85              default : begin
86                      data_req = 0;
87                      p_out = 0;
88                      cnt_en = 0;
89                      next_state = s0;
90                  end
91          endcase
92      end
93
94      always @ (posedge clk)
95      begin : CNT
96          if (! cnt_en)
97              cnt <= 0;
98          else
99              cnt <= cnt + 1;
100     end
101
102 endmodule
```

例程 5 - 22   pwm_on_moore_builtout 方案 PWM 的安全状态机代码(续)

5.9　同步电路的连续信号分析

同步电路的连续信号分析是基于时间-空间任意位置,分析同步系统中信号的时间—地点规律,并分析对系统性能的影响。它由时序分析和时序约束构成,它通常包括这样一些目的:

（1）指定的同步电路（整体或局部）的最高工作速度是多少,能否达到设计要求。

（2）指定的同步电路（整体或局部）的工作速度如果达不到设计要求,问题出在哪。

（3）如何对指定的同步电路（整体或局部）进行提速。

必须看到,现代 EDA 提供了许多理论方法和工具支持同步电路的时序分析和约束,虽然方法各有不同,但基础却都是基于如下两点:

（1）节点的电平敏感逻辑 LS-FA（或组合逻辑 CL）的传输延迟和惯性延迟与工作速度的关系。

（2）节点的沿敏感寄存器 Register 正常触发翻转与工作速度的关系。

5.9.1　节点中的电平敏感逻辑与工作速度的关系

电平敏感逻辑 LS-FA（或组合电路 CL）的输入信号 S_{si} 和输出信号 S_{fa} 之间会产生特定的传输延迟,称为 t_{pd},即引脚至引脚间的延迟,如图 5-109 所示。

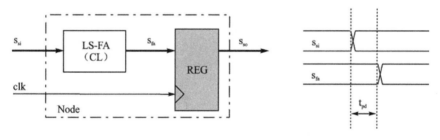

图 5-109　电平敏感逻辑 LS-FA 的 t_{pd} 延迟

t_{pd} 的延迟时间是由 LS-FA 逻辑电路中电子器件的电子迁徙和阻容负载特性构成,前者构成传输延迟,后者构成惯性延迟。基于 LS-FA 输入输出的讨论时,传输延迟并不会直接影响工作速度,但惯性延迟会。当惯性延迟大于或等于同步电路的时钟周期时,LS-FA 的输出信号将不能够正确响应输入的变化。

图 5-110 示意了传输延迟和时钟周期的关系,无论传输延迟 t_{td} 是小于时钟周期 t_{clk} 时,或大于等于时钟周期时,S_{fa} 均能够正确的响应 S_{si} 信号,两者相差 t_{td},即 $S_{fa}(t) = LSFA(S_{si}(t-t_{td}))$。传输延迟可类似于连接导线的延迟,导线两端设备的速度通常并不直接受导线传输延迟的制约。惯性延迟则不同如图 5-111 所示。当惯性延迟 t_{id} 小于时钟周期 t_{clk} 时,S_{fa} 能够正确响应 S_{si},但 t_{id} 大于等于时钟周期 t_{clk} 时,输出则变得不确定,成为一个无效值。

由于 FPGA/ASIC 延迟时间的预知,在获得网表情况下,组合逻辑或电平敏感逻辑的 t_{pd} 即可由厂家给出。通常厂家的器件手册或时序仿真模型中会给出特定逻辑的 t_{pd} 延迟数值,它既包含了特定逻辑的传输延迟 t_{td},也包括它的惯性延迟 t_{id},但通常由于惯性延迟比较小,现代 EDA 的许多工具都将作为传输延迟进行简化处理。当时钟节点 LS-FA 的 t_{pd} 延迟作为传输延迟处理时,重点考虑它与寄存器时序配合的关系,即 t_{pd} 对寄存器建立和保持时间的影响。

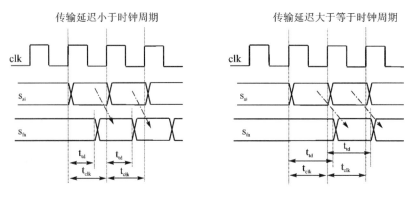

图 5 - 110　传输延迟和时钟周期的关系

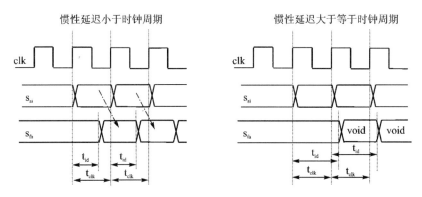

图 5 - 111　惯性延迟和时钟周期的关系

5.9.2　节点中的寄存器与工作速度的关系

正如上节所述,若忽略时钟节点 LS - FA 时序延迟 t_{pd} 中的惯性延迟部分,则制约工作速度主要由寄存器的工作状态有关。而构成的寄存器主要部件:双稳态触发器(DFF,D - type FilpFlop)其行为特性则成为同步电路与速度有关的主要方面,这主要体现在以下两个性质:

(1)性质一:欲使沿敏感的双稳态触发器从一个稳态向另一个稳态翻转的能量条件必须满足:即时钟沿之前符合电平标准的输入信号最小的稳定时间段称为建立时间 t_{su};时钟沿之后符合电平标准的输入信号最小的稳定时间段称为保持时间 t_h。

(2)性质二:双稳态电路从触发翻转开始(时钟沿)到翻转结束(获得稳定输出信号),需要一个确定的时间段,称为时钟输出时间 t_{co}(Clock Output)。t_{co} 是构成双稳态电路的电子器件从一个状态翻转到另一个状态所需的电子迁徙时间。

注意上述性质的前者(性质一)为触发器稳定翻转的必要条件,若不满足该条件,则触发寄存器翻转的能量不够,此时双稳态电路将会发生不可预计的结果,并产生亚稳态性问题。亚稳定性问题将在 5.9.12 节"无关时钟域和亚稳定性"中详细讨论;上述性质的后者(性质二)为触发器工作的表象。因此可以说,前者是因,后者是果。为了满足触发器工作的必要条件(性质一),就必须在一个时钟周期内,合理地安排所有可能发生的时间延迟,使得所需的建立时间和保持时间得到满足。现代时序分析理论虽然很庞大,但其实质就是实现这样一个目的,多方面的理论方法和工具都是据此展开。在时钟节点中,需要合理安排的并可能发生的时间延迟如

图 5-112 所示。图 5-112 并没有全部展示出所有可能发生在 FPGA/ASIC 时钟节点电路中的延迟,一般而言,在一个时钟周期内实际电路的时钟节点内会发生的时序延迟,或占用的时间开销如下:

(1) 前级输出(本级输入)信号相对于时钟沿的 t_{co} 延迟(图中的前级 t_{co} 延迟)。

(2) 前级寄存器输出至本组电平敏感有限自动化(LS-FA)输入端口的路由延迟 t_{rd0}。

(3) 本级 LS-FA 逻辑的延迟 t_{pd}。

(4) 本级 LS-FA 至本级寄存器的路由延迟 t_{rd1}。

(5) 本级寄存器的时钟输出延迟 t_{co}。

(6) 时钟信号偏斜和抖动所占开销。

时序分析所要做的事情,就是在一个时钟周期内安排并分析了所有这些必定会发生的延迟后,寄存器是否仍然能够满足其建立时间和保持时间,同步和异步输入信号是否仍然具有足够的触发翻转能量以保证寄存器可靠地翻转,如图 5-112 所示。

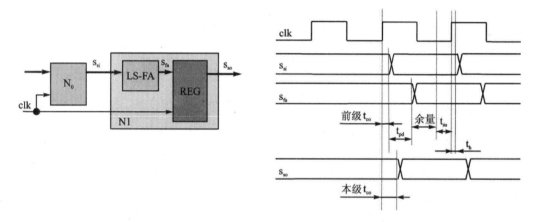

图 5-112 节点中寄存器的工作时序简图

5.9.3 时序设计概述

时序设计的目的是通过验证—调整这样的循环迭代,使得设计任务中指定的工作速度指标得以实现。时序设计包括时序分析 TA(Timing Analysis)和时序约束 TC(Timing Constrain)两个方面,前者是果,后者是因。

现代 EDA 的时序分析方法具有如下两种类型:

(1) 动态时序分析 DTA(Dynamic Timing Analysis)。

(2) 静态时序分析 STA(Static Timing Analysis)。

同步电路的最小工作单位是节点,电路系统中可能具有多个时钟域,每个时钟域内所有的节点参照相同时钟捕获和驱动信号。为保证整个设计能够在指定的工作频率下正常工作,就需要对全部设计系统中的所有节点做上述分析。在 FPGA 的网表形成后,整个电路系统的延迟数据已经得到,可以依据这些预知的延迟参数展开讨论和分析。因此一种自然而然的想法是:为顶层设计(HDL 输出文件或网表文件)写一个代码,在代码中为顶层模块提供(激励)输入信号,然后运行后仿(时序仿真),在后仿运行过程中,根据寄存器时钟信号和输入信号,以及异步输入信号之间的关系,判断每个寄存器是否满足建立和保持,是否满足翻转必需的触发能量(异步信号的脉冲宽度)。如不满足,称为发生时序违规(Timing Violation),代码报告时序违规现场(发生时刻和诸信号)。设计者据此修改原有的设计,调整原电路结构,并再次进行后仿,直至通过。这种分析方法称为动态时序分析DTA。DTA的工作方式如下:

(1) 需要对顶层输入信号加以激励,即需要测试用例信号。

(2) 自上而下地对所有信号的变迁(Signal Transition)加以标注,并引入时序延迟,即时序仿真。

(3) 时序仿真的运行时间需要设计者指定,或者说时序仿真的结论仅限于仿真运行时间。

(4) 仿真运行期间,监视所有寄存器的时钟沿到达时刻和同步输入信号变迁时刻的时间段,判断是否满足建立时间和保持时间。

(5) 仿真运行期间,监视所有寄存器异步信号的触发能量(例如脉冲宽度)。

(6) 如果发生时序违规,则报告违规现场。

动态时序分析通常是通过编写带有时序违规验证代码的测试平台并进行后仿,在Testbench中设计者需正确编写顶层输入信号测试用例的激励代码,关于对测试模型所有寄存器的监测和报告,通常FPGA/ASIC厂商提供的器件仿真库或已经提供这些功能。设计者通过这种验证—修改—验证的迭代,使得设计任务的速度指标得以实现(设计者约束),或者通过向EDA工具传达设计者需要的时序目标,由EDA的综合器和编译器通过优化原设计的门级网表进行实现(工具优化)。

因此这种验证—调整—验证的迭代流程有两种:基于设计者通过修改HDL源代码调整时序性能的方法称为设计约束(Design Constrain);另外,对于EDA工具而言,从HDL语言的源代码编译转换为门级网表,可以有许多种优化策略,指定时序目标的优化策略时,例如路由时可以使得相邻时钟节点的LE单元邻接,这种基于EDA工具调整时序性能的方法称为EDA约束(EDA Constrain),通常所说的时序约束既是指EDA约束,例如著名的SDC(Synopsys Design Constrain)。

动态时序分析虽然具有精准的时序分析能力,但它也有一些重要缺陷:

(1) 需要对顶层输入信号加以激励,不同的测试用例可能带来不同的结果。

(2) 时序验证的方法步骤与具体设计有关,不便于EDA的设计自动化。

(3) 由于后仿是基于门级网表的仿真,通常需要比较长的时间。

(4) 仿真后得到的结论不仅与测试用例有关,还与仿真运行时间有关,不同的仿真运行时间也有可能得到不同的结果。

(5) 在验证—调整—验证这个迭代流程中不便于实现EDA的自动化。

(6) 为了进行局部时序分析,也必须整体运行后仿和迭代过程,效率比较低。

因此,另外一种更实用的时序分析方法被提出,这就是静态时序分析(STA)。如果说DTA是基于信号的时序验证,STA则是一种基于路径的时序验证。STA不需要对顶层信号的激励,不需要运行后仿,仅仅根据门级网表电路结构的固有延迟参数,即可以得到整个系统或局部结构的时序分析结论。由于其进行时序验证的方法步骤与具体的设计无关,因此自然可以将其集成到开发环境中,由EDA自动完成。静态时序分析的工作方式如下:

(1) 虽然不需要提供顶层输入信号的激励,但需要设计者提供所有相关的时钟信号参数。

(2) STA依据时钟信号路由延迟、寄存器和寄存器路径延迟(含端口与寄存器之间的延迟)的静态时序参数,估算出是否发生时序违规(关于STA是如何使用静态时序参数进行时序分析的详细工作原理在下一节"约会谜题和静态时序定律"中讨论)。

(3) 若发生时序违规,则报告违规路径和该路径的 Slack 值。因此,STA 是通过 Slack 值的标准来判断是否发生时序违规。

由于 STA 的方便准确和自动化优势,成为现代 EDA 软件中时序分析和时序约束的主要方法。几乎大多数涉及时序的讨论,词汇、理论方法和工具都与之有关。而深刻地理解现代STA 的方法和原理,这将与高速数字电路的 FPGA/ASIC 的成功设计具有直接的关系。时序设计的目标是通过分析和约束加以实现,缺一不可。通过时序分析设计者知道问题出在哪里,通过时序约束设计者或 EDA 修改(优化)原设计从而解决问题。必须承认,虽然 STA 得到广泛的应用,其基本方法大致相同,但其工具理论方法却随着不同的厂商和企业有不同的注解,一个优秀的设计者同样需要同时关心这些不同理论体系的异同之处。

5.9.4 约会谜题和静态时序定律

要理解 STA 是如何通过电路结构的固定时序延迟参数判断出是否发生时序违规和其他时序分析结论,可以先研究讨论如下一个有趣的数学问题,这里称为约会谜题(Dating Puzzle),如图 5-113 所示。

男孩终于向他心仪许久的那个女孩表白了:"我们约会去吧"。女孩沉默了一会儿,笑着慢慢地问道:"何时? 何地?"。男孩:"北海如何,周六早上九点,北海北门吧",女孩又沉默了一会,之后就有了以下非常重要的一段对话:

女孩:"从你家到北海怎么走"?

男孩:"天通苑北乘坐地铁 5 号线到东四换 6 号线至北海北";

女孩:"高速我全程的时间需要多长";

男孩:"天通苑北至东四的地铁 5 号线区段需要 20 min,东四换乘需要 5 min,东四至北海北的地铁 6 号线区段需要 15 min";

女孩:"想知道我的路线和时间吗"?

女孩:"我从地铁 6 号线青年路上车,至北海北需要 30 min";

男孩:"为什么需要知道这些?"

女孩笑着说:"现在你听好了,如果你能够给出我下面问题的正确答案,我就同意这次约会"。

"这包括三个条件"。

女孩:"第一个条件是你和我从各自的目的地同时出发,之后每过一个固定的时间间隔,就会有一个抽象的你(男孩)和抽象的我(女孩)再次从各地的目的地出发,经过完全相同的行程,再次到达约会地点"。

女孩:"第二个条件是,在约会地点,仅当新到的你(男孩)和新到的我(女孩)到达后,原先的那个人才可以离开,即新人换旧人"。

女孩:"最后一个条件是,在约会地点你(男孩)必须先我(女孩)5 min 到达,晚我 3 min 离开,注意,包括所有的每一次抽象的你(男孩)和我(女孩)都必须如此"。

女孩:"现在我要你告诉我,两次相邻抽象男孩或两次相邻抽象女孩重复从目的地出发的最短时间间隔是多少?"。

题目给定条件是每经过一个固定的时间段,就有一个相同的男孩和女孩分别从各自目的地同时出发,行程固定,并且要求任何一个男孩都必须符合早于女孩 5 min 到达,晚于女孩

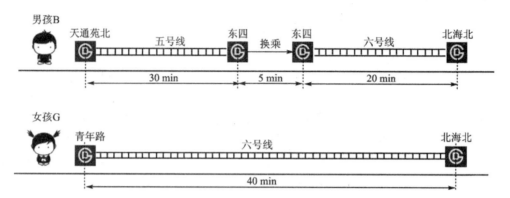

图 5-113 约会谜题示意图

3 min 离开这个条件。问最小时间间隔 T_{clk} 是多少。

图 5-114 中,用 T_{clk} 表示男孩和女孩同时出发的固定间隔,用 T_G 和 T_B 分别表示女孩和男孩路途上花费的时间,用 B0、B1 和 B2 表示男孩的行程,用 G0、G1 和 G2 表示女孩的行程,黑实线表示旅途时间段,黑虚线表示在目的地逗留时间段。另外,用 T_{su} 表示男孩早于女孩到达的时间,用 T_h 表示男孩晚于女孩离开的时间。以下分别用 t_{su} 和 t_h 表示题目中给定的数值:男孩早于女孩 5 min 到达($t_{su}=5$ min),男孩晚于女孩 3 min 离开($t_h=3$ min)。

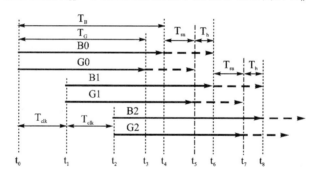

图 5-114 约会谜题的解题分析

在 t_0 时刻,第 1 个男孩和第 1 个女孩出发;在 t_1 时刻,第 2 个男孩和第 2 个女孩出发;在 t_2 时刻,第 3 个男孩和第 3 个女孩出发;…。

第 1 个女孩 G0 于 t_3 时刻到达,此时男孩 B0 还在路途中,因此 t_3 时刻发生了一次违规(男孩早于女孩 5 min 到达这一要求违规);第 1 个男孩 B0 于 t_4 时刻到达。

第 2 个女孩 G1 于 t_5 时刻到达,此时,男孩 B0 已经在 T_{su} 之前的 t_4 到达,若 $T_{su}>t_{su}$ 则满足男孩早 5 min 到达的要求;第 2 个男孩 B1 于 t_6 到达,此时 B0 离开,此时女孩已经在之前的 T_h 的 t_5 到达,若 $T_h>t_h$ 则满足男孩晚 3 min 离开的要求。于是,根据图 5-114 得到如下两组不等式,如图 5-115 所示。

据图 5-115(a),有:B0+T_{su}+T_h=T_{clk}+B1。

由于 B0=B1=T_B,故得到:T_{su}+T_h=T_{clk}。

又由于根据题意有:$T_{su}>t_{su}$,$T_h>t_h$,代入上式后:$T_{clk}=T_{su}+T_h>t_{su}+t_h$。

因此得到第一个制约不等式:$T_{clk}>t_{su}+t_h$。

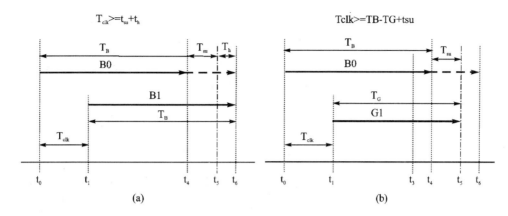

$$T_{clk}>=t_{su}+t_h \qquad\qquad T_{clk}>=T_B-T_G+t_{su}$$

(a)　　　　　　　　　　　　　(b)

图 5 – 115　约会谜题不等式

同样,根据图 5 – 115(b),有:$B0+T_{su}=T_{clk}+G1$。

由于 $B0=T_B$,$G1=T_G$,故得到:$T_B+T_{su}=T_{clk}+T_G$,或:$T_{su}=T_{clk}+T_G-T_B$。

根据题意有:$T_{su}>t_{su}$,代入上式后:$T_{su}=T_{clk}+T_G-T_B>t_{su}$。

整理后得到第二个制约不等式:$T_{clk}>T_B-T_G+t_{su}$。

这两个制约不等式构成约会谜题解的如下方程组:

$$\begin{cases} T_{clk}>t_{su}+t_h \\ T_{clk}>T_B-T_G+t_{su} \end{cases} \qquad (5-16)$$

根据题意,$t_{su}=5$ min,$t_h=3$ min,$T_B=55$ min,$T_G=40$ min,代入上式后得到:

$$\begin{cases} T_{clk}>5+3=8 \\ T_{clk}>55-40+5=20 \end{cases}$$

因此得到最短周期(或最小时间间隔):$T_{clk}=20$ min。

式(5 – 16)对于同步电路的静态时序设计具有重要意义,在不需要明确男孩女孩具体出发时刻的前提下,它就能够提供准确的时序分析需要的两个重要结论:

(1) 最短周期是多少;

(2) 特定周期条件下是否会发生违规,属于何种违规。

现在讨论式(5 – 16)的电子学意义(见图 5 – 116):在时钟节点中,若将寄存器时钟信号的路由看成是女孩 G 的行程 T_G,将数据信号的路由看成是男孩 B 的行程 T_B,则 t_{su} 即为该寄存器的建立时间,t_h 即为该寄存器的保持时间。在确定 T_B 和 T_G 具有相同的起点和相同的周期 T_{clk} 的前提下,依据式(5 – 16)则可以得到时序分析的诸多结论。这就是静态时序分析 STA 的工作原理。

若寄存器时钟信号 clk 与输入信号 S_{fa} 具有相同的时间计算起点,则时钟周期 T_{clk} 既要大于该寄存器建立时间 t_{su} 和保持时间 t_h 之和,又要大于输入信号路由(TR_{fa})与时钟信号(TR_{clk})路由时差与建立时间 t_{su} 之和,该寄存器方能够稳定工作。这便是同步电路的静态时序定律:

$$\begin{cases} T_{clk}>t_{su}+t_h \\ T_{clk}>TR_{fa}-TR_{clk}+t_{su} \end{cases} \qquad (5-17)$$

至于如何获得静态时序定律需要的时钟信号与输入信号的相同计算起点,同步电路时钟

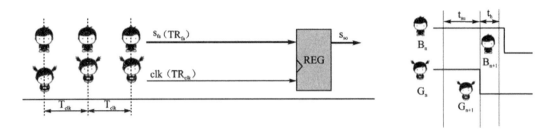

图 5-116　约会谜题(Dating Puzzle)的电子学意义

节点的结构告诉我们,在同步电路的相同时钟域中,本级节点的输入即是前级节点的输出,而前级节点输出信号的变更时刻,与前级寄存器的时钟有关,前后级节点具有基于相同的时钟源,因此可获得相同的计算起点。

在获得计算相同起点的办法之后,STA 仅使用同步电路结构固有的静态延迟诸参数,就可以快速精确地计算出在指定频率下,该结构(整体或局部)是否发生时序违规。因此,进行 STA 时序分析的三个必要条件是:

(1) 具有相同时钟域或相关时钟节域的寄存器路径;

(2) 具有该寄存器路径的相同或相关时钟信号;

(3) 具有指定器件在指定工作环境(稳定,工艺和电源电压)下网表的延迟参数。

5.9.5　静态时序分析

FPGA/ASIC 同步设计中,为获得希望的性能,可以为特定时序增加设计约束(结构优化和流水线)和工具约束(综合,映射,布局和布线),以减少逻辑和布线延迟。对综合后的网表进行静态时序分析(STA),评估整体设计和局部时序路径的时序性能,发现时序违规。

所有厂家的时序约束和时序分析都是基于同步设计的 STA 基础理论。不同厂商的模型会有差别,但基本概念是一致的,虽然许多说明书中并没有指明时钟节点这个术语,但事实上,Altera 和 Xilinx 的时序模型确实是基于时钟节点而为。本节所叙述的这些概念,是高速复杂系统设计的基础知识。高速数字系统的设计流程大致为:逻辑性能设计和验证(正常速度或低速),时序性能的设计和验证(工作速度或破坏性速度测试)。后者又称为提速过程。提速时,通过调整设计架构的性能,调整流水线结构以及进行时序约束得以实现。

5.9.6　节点的时钟输出延迟 t_{co}

如 5.9.5 节所述,STA 必须从相同的起点计算时钟节点时钟信号和输入信号路由,这个计算起点就是时钟源。对于图 5-117 的 Node_B 节点而言,它的输入信号 S_{si_b} 的路由也必须从相同的时钟源开始起算。其中 S_{so_a} 为 Node_A 节点寄存器输出端口的信号,经过确定的路由延迟到达 Node_B 的寄存器输入端。而 S_{so_a} 信号与起算点(时钟源)之间的延迟,则是寄存器的时钟输出延迟 tm_{co} 和时钟源至 Node_A 寄存器时钟端口之间的路由延迟 t_{cd_a} 之和。

触发器(寄存器)的时钟输出延迟 tu_{co} 是指从作用于触发器时钟端口的时钟沿有效至输出信号稳定的延迟时间段,其前提是触发器输入信号的建立时间和保持时间符合,如图 5-118 所示。

如图 5-118 所示,从作用于寄存器时钟端口时钟信号的上升沿开始,至输出信号翻转至

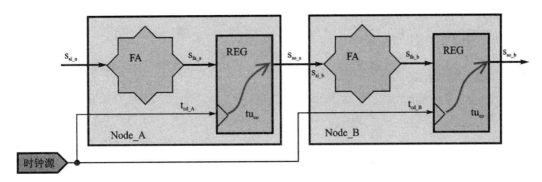

图 5-117　基于时钟节点的时钟输出延迟 t_{co}

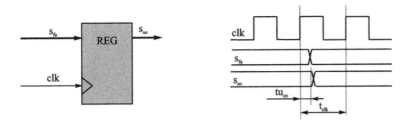

图 5-118　寄存器的时钟输出延迟 tu_{co}

稳定状态的时间段称为时钟输出延迟 tu_{co}，在单独讨论寄存器和触发器的情况下，直接称之为 t_{co}。由于是讨论时钟节点，为了将寄存器的时钟输出延迟区别于时钟节点的时钟输出延迟，则将前者称为 tu_{co}，后者称为 t_{co}。显然，构成寄存器的双稳态触发翻转是一个电子迁徙的过程，CMOS 互补电路或图腾柱电路中，其中一个开关管将从饱和翻转之截止，另一个则将从截止翻转至导通，电子迁徙的过程导致原先的一个稳态转至另一个稳态，该时间段则是时钟输出延迟 tu_{co}。

　　STA 分析时，是以时钟节点为单位，需要从时钟源开始计算，因此大多数 EDA 软件厂商都希望将时钟节点中寄存器的时钟输出延迟约算到时钟节点中，这将使得计算更加简便快捷和标准化。当进行这种约算时，时钟节点的时钟输出延迟是指从位于时钟源的上升沿开始至时钟节点有效输出的延迟时间段，如图 5-119 所示。

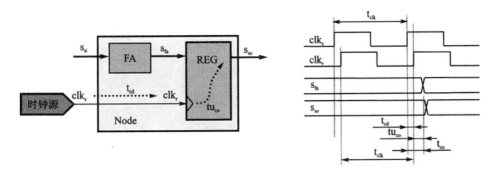

图 5-119　时钟节点时钟输出延迟 t_{co}

　　如图 5-119 所示，时钟节点的时钟输出延迟 t_{co} 的计算公式如下：

$$t_{co} = t_{cd} + tu_{co} \qquad\qquad (5-18)$$

式中(同图 5-119 中):

t_{cd} 为从时钟源至节点寄存器时钟端口的路由延迟;

tu_{co} 为节点寄存器的时钟输出延迟。

与寄存器的时钟输出延迟类似,时钟节点的时钟输出延迟 tu_{co} 的正常计算条件是该时钟节点的寄存器未发生建立时间和保持时间违规。将寄存器的时钟输出延迟约算到时钟节点,从而得到时钟节点的时钟输出延迟,STA 之所以要这样做,正是为基于时钟节点的各种计算提供便利。

5.9.7　基于节点的最短周期与最高频率

基于节点的时钟周期 $Period_{min}$ 分析如图 5-120 所示。

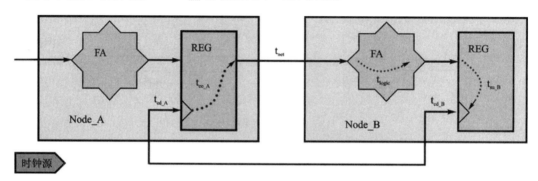

图 5-120　基于时钟节点的时钟周期

使用式(5-17)可对同步电路中的最小时序单位:时钟节点进行分析,计算最短周期 $Period_{min}$ 和最高工作频率 f_{max}。显然,它们互为倒数:$Period_{min} = 1/f_{max}$,$f_{max} = 1/Period_{min}$。

图 5-120 中:

t_{cd_A} 为时钟源至前级节点 Node_A 寄存器时钟端口的路由延迟;

t_{cd_B} 为时钟源至后级节点 Node_B 寄存器时钟端口的路由延迟;

t_{co_A} 为前级节点 Node_A 寄存器的时钟输出延时;

t_{net} 为包括前级 Node_A 寄存器至后级 Node_B 有限自动机的路由延时,以及 Node_B 有限自动机至 Node_B 寄存器的路由延时;

t_{logic} 为 Node_B 中电平敏感有限自动机的 t_{pd} 延迟。

根据静态时序定律,图 5-120 中的起算点为时钟源,则有:

$$TR_{fa} = t_{cd\_A} + t_{co\_A} + t_{net} + t_{logic}$$

$$TR_{clk} = t_{cd\_B}$$

根据式(5-17),考虑到 $TR_{fa} - TR_{clk} > t_{su}$ 则有:

$$Period_{min} = TR_{fa} - TR_{clk} + t_{su} = t_{cd\_A} + t_{co\_A} + t_{net} + t_{logic} - t_{cd\_B} + t_{su} \qquad (5-19)$$

由于 $t_{cd\_A} - t_{cd\_B} = t_{skew}$,即:

t_{skew} 为时钟源至 Node_A 与时钟源至 Node_B 的路由时差,称为时钟偏斜,则得到时钟节点的最短周期计算公式:

$$\begin{cases} \text{Period}_{min} = t_{skew} + t_{co\_A} + t_{net} + t_{logic} + t_{su} \\ t_{skew} = t_{cd\_A} - t_{cd\_B} \end{cases} \tag{5-20}$$

有些文献中也写成：

$$\begin{cases} \text{Period}_{min} = t_{co\_A} + t_{net} + t_{logic} + t_{su} - t_{skew} \\ t_{skew} = t_{cd\_B} - t_{cd\_A} \end{cases} \tag{5-21}$$

最高工作频率 f_{max} 为：

$$f_{max} = 1/\text{Period}_{min} \tag{5-22}$$

设计系统中，可能包含多个时钟节点路径（或寄存器路径），此时制约整个系统速度的关键路径即是其中 f_{max} 最慢的那个路径，EDA 的时序分析软件（例如 TimeQuest）通常会分析所有的寄存器—寄存器路径，并将最差的 N 条路径报告出来，并用最差的 f_{max} 作为整个系统的最高频率报告出来。由于 f_{max} 能综合体现设计的时序性能，因此是最重要的时序指标之一，在 EDA 中使用 STA 工具可迅速获得该指标，用于及时修改和更正自己的设计。

参照 5.5 节介绍时钟偏斜的概念，如今所有的 FPGA 器件都提供对于全芯片范围具有极低时钟偏斜 t_{skew} 的网络结构，既时钟树结构。因此设计中，时钟信号应该尽量采用全局时钟网络的系统，以获得较好的时序性能。

5.9.8 基于节点的建立时间 t_{su} 和保持时间 t_h

与时钟节点的时钟输出时间 t_{co} 类似，时钟节点的建立时间 t_{su} 和保持时间 t_h，同样是将节点内寄存器的建立时间 tu_{su} 和保持时间 tu_h 约算到时钟节点，以时钟节点为基本计算单位进行 STA 的相关计算。

节点内寄存器的建立时间 tu_{su} 和保持时间 tu_h，是指构成寄存器的双稳态触发器在获得时钟沿触发时，其端口输入信号相对于时钟端口的时钟沿前后的最小稳定时段。它们构成了触发器触发翻转的能量条件。当输入信号不满足建立时间和保持时间时，触发器未能获得可靠和迅速翻转必需的触发能量，将进入亚稳态。亚稳态会导致系统失效。因此，时序分析的重要任务之一就是检查系统中所有的寄存器，判断它们是否在当前工作条件下发生建立和保持的时序违规，保证所有寄存器的 S_{fa} 与 clk 信号符合建立时间和保持时间，如图 5-121 所示。

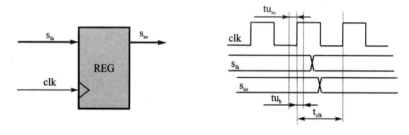

图 5-121 时钟节点中寄存器的建立时间 tu_{su} 和保持时间 tu_h

当单独讨论寄存器或触发器时，建立时间和保持时间用 t_{su} 和 t_h 表示，这里为了区别约算到时钟节点的建立时间 t_{su} 和保持时间 t_h，将时钟节点内寄存器的建立时间用 tu_{su} 表示，保持时间用 tu_h 表示。图 5-121 中的 clk 信号是位于寄存器时钟端口取样的信号，S_{fa} 也是位于寄存器输入端口取样的信号，即寄存器的建保时间是从寄存器端口开始起算。约算到时钟节点后，则时钟节点的建立时间和保持时间，其输入信号从时钟节点的端口起算，而其时钟信号则必须从时钟源起算,如图 5-122 所示。

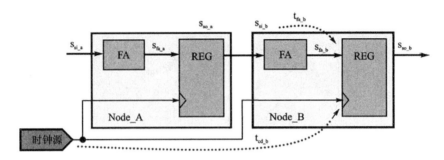

图 5-122　时钟节点的建立时间 t_{co} 和保持时间 t_h

时钟节点的建立时间和保持时间,是指相对于时钟源的上升沿前后,时钟节点输入端口信号稳定的最小时间段,如图 5-123 所示。

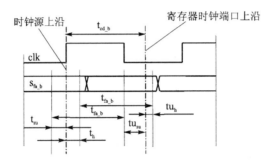

图 5-123　时钟节点的建立保持时间与寄存器建立保持时间的关系

根据图 5-123,两个建立时间的关系为: $t_{su} + t_{cd\_b} = tu_{su} + t_{fa\_b}$,移项后得到:

$$t_{su} = tu_{su} + t_{fa\_b} - t_{cd\_b} \qquad\qquad (5-23)$$

时钟节点的建立时间 t_{su} 等于其寄存器的建立时间 tu_{su} ,加上从节点端口起算的数据路由与时钟源起算的时钟路由的时差,这被称为时钟节点的建立定律。

同样可观察到两个保持时间的关系为: $t_h + t_{fa\_b} = tu_h + t_{cd\_b}$,移项后得到:

$$t_h = tu_h + t_{cd\_b} - t_{fa\_b} \qquad\qquad (5-24)$$

时钟节点的保持时间 t_h 等于其寄存器的保持时间 tu_h ,加上从时钟源起算的时钟路由与从节点端口起算的数据路由的时差,这被称为时钟节点的保持定律。

虽然以时钟节点为基本时序单位进行时序分析的思想在不同厂商的许多工具中得到体现,但必须看到,这并不是绝对的和统一的,仍然存在以寄存器为基本单位进行时序分析的大量应用。现代 EDA 工程师重要的是要知道它们那些具有共性的实质,那些相同的基础方法。

5.9.9　时序检查

为了确定设计中的时序性能,就需要使用静态时序分析(STA)进行时序检查,发现违规路径,然后通过约束修改完善设计。设计者通过这种检查—约束—检查的迭代实现设计目标。时序检查则是通过以上时序分析的公式,发现问题的过程。时序检查需要做如下这些事情:

(1) 整体设计或局部设计的最高频率是多少。

（2）整体设计或局部设计中，在指定工作环境下，是否发生时序违规，这也可称为有没有发生违规的检查，或称为定性检查。

（3）整体设计或局部设计中，如发生违规，违规现场涉及哪些信号和路径，称为谁违规的检查。

（4）未发生违规时，被检查对象的时序性能超越发生违规的界限有多远，称为余量检查。

（5）发生违规时，被检查对象的时序性能距离不发生违规的界限有多远，称为欠量检查。

显然，时序检查的目的不仅要得到定性检查结果，也需要得到定量检查结果。这种定量检查需要得到一个时序余量和时序欠量的值。STA 将这个值称为时序余量（Slack.），为正值时表示余量，为负值时表示欠量。Slack 的一种音译方案为"迟来刻"，意译的一种方案为"时序余量"，或简称为余量，本书在需要意译注解 Slack 一词时将采用后者，如图 5-124 所示。

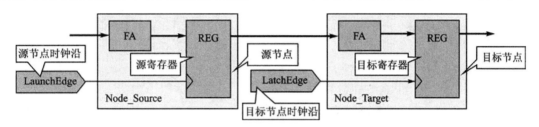

图 5-124　时序检查的源节点和目标节点

STA 的时序检查是依据静态时序定律展开的以指定寄存器路径为基本单位的检查，被检查路径由源节点（或源寄存器）与目标节点（或目标寄存器）组成，目标节点数据信号的馈给者称为源寄存器或源节点。检查路径中，源节点时钟信号的起算时刻称为发送沿（LauchEdge），目标节点时钟信号的起算时刻称为锁存沿（LatchEdge）。

时序检查时，根据源节点时钟（发送沿时钟）和目标节点时钟（锁存沿时钟）的关系，分为以下 3 种类型：

（1）相同时钟域（Same Clock Domains）的时序检查：发送沿时钟和锁存沿时钟为相同的时钟信号，发送沿和锁存沿之间的相位差集合由整数倍时钟周期组成。

（2）相关时钟域（Related Clock Domains）的时序检查：发送沿时钟和锁存沿时钟具有线性关系，发送沿和锁存沿之间的相位差集合由有限个可能的相位关系组成。

（3）无关时钟域（UnRelated Clock Domains）的时序检查：发送沿时钟和锁存沿时钟没有确定的关系，发送沿和锁存沿之间的相位差集合由无限多个可能的相位关系组成。无关时钟域检查包含异步时钟域（Asynchronous Clock Domains）检查。

对于相同时钟域的时序检查，可以依据静态时序定律展开；对于相关时钟域的时序检查，则需要对已知的有限个相位关系逐一进行检查，此时两个时钟起算点的相位差将折算到以数据到达时间表示的 TR_{fa} 和数据需要时间表示的 TR_{clk} 中；对于无关时钟域的时序检查，则需要分析何时会发生亚稳态现象，如何缓解亚稳定性问题，如何采用统计值定量地描述无关时钟域信号传输时可能发生的失效，即平均无故障时间 MTBF。

5.9.10　相同时钟域的时序检查

相同时钟域的时序检查，即使指源节点或源寄存器与目标节点或目标寄存器具有相同的时钟源。检查的内容包括：

(1) 相同时钟域的最高频率或最短周期。

(2) 相同时钟域的建立时间检查，即源节点至目标节点路径建立时间时序余量的计算。

(3) 相同时钟域的保持时间检查，即源节点至目标节点路径保持时间时序余量的计算。

(4) 相同时钟域的多径检查，即目标节点是由多个源节点馈给信号的时序检查。

相同时钟域建立时间检查其发送沿和锁存沿为时钟信号相邻的两个沿，前者为发送沿，后者为锁存沿。保持时间检查其发送沿和锁存沿为时钟信号相同的沿，如图 5-125 所示。

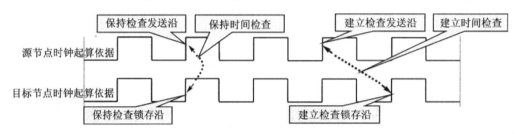

图 5-125 相同时钟域建立检查和保持检查的发送沿和锁存沿

1. 相同时钟域的建立时间检查

相同时钟域的建立时间检查如图 5-126 所示，时序余量是目标节点寄存器的捕获时钟沿之前，实际输入信号的最早稳定点早于寄存器固有建立时间左边界的时间余量。

如图 5-126 所示，为了进行相同时钟域的建立时间余量计算，需要使用时钟源相邻的两个沿分别作为数据信号的起算点和时钟信号的起算点，前一个沿称为发送沿，用它作为数据信号的起算点，发送沿时钟加载到源节点寄存器的时钟输入端，用它驱动源节点的数据信号；后一个沿称为锁存沿，用它作为时钟信号的起算点，锁存沿时钟加载到目标节点寄存器的时钟输入端，用它捕获目标节点的数据信号。两个沿的时间间隔就是当前时钟源的时钟周期，图 5-127 为建立检查的路径。

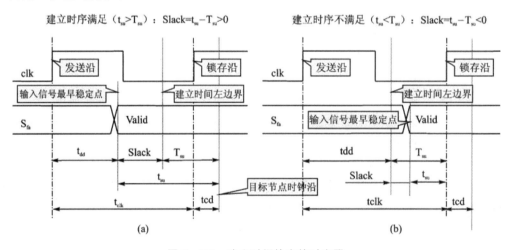

图 5-126 建立时间检查的时序图

图 5-126 中：

t_{su} 为目标节点的实际建立时间，即目标节点寄存器输入信号最早稳定点早于目标节点寄

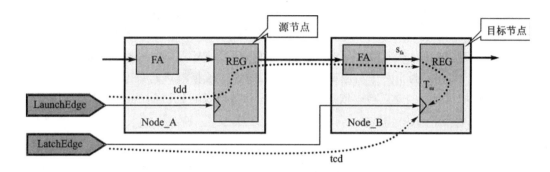

图 5 - 127　建立时间检查的源节点和目标节点路径

存器捕获时钟沿的时间段。

T_{su} 为目标节点寄存器的固有建立时间,即目标寄存器固有建立时间最左端至目标节点寄存器捕获时钟沿的时间段。

tdd 为自时钟源的发送沿起算,至目标节点寄存器输入端口的数据信号延迟时间。

tcd 为自时钟源的锁存沿起算,至目标节点寄存器时钟端口的时钟信号延迟时间。

Slack:时序余量,这里是建立时间的时序余量,正的符号位表示满足建立时序,负的符号位表示不满足建立时序,因此它的符号位定性,它的数值定量。

t_{clk} 为时钟周期。

LaunchEdge 为发送沿,即源节点寄存器驱动数据信号的时钟沿。

LatchEdge 为锁存沿,即目标节点寄存器捕获数据信号的时钟沿。

在相同时钟域的时序检查中,锁存沿和发送沿是时钟源信号相邻的两个时钟沿,因此:
$$LatchEdge = LaunchEdge + t_{clk} \tag{5-25}$$

从图 5 - 126(a)(建立时序满足,Slcak 正值)可以看到:
$$tdd + Slack + T_{su} = t_{clk} + tcd$$

移项后得到:
$$Slack = tcd - T_{su} - tdd + t_{clk} \tag{5-26}$$

这里引入自锁存沿起算的数据需要时间,即
$$DataRequirdTime = tcd - T_{su} + t_{clk} \tag{5-27}$$

以及自发送沿起算的数据到达时间,即
$$DataArrivalTime = tdd \tag{5-28}$$

则式(5 - 26)可改写为标准的建立时间余量 $Slack_{setup}$ 的一般性计算公式:
$$\begin{cases} Slack_{setup} = DataRequirdTime - DataArrivalTime \\ DataRequirdTime = tcd - T_{su} + t_{clk} \\ DataArrivalTime = tdd \end{cases} \tag{5-29}$$

式中:

$Slack_{setup}$ 为建立时间的时序余量;

tcd 为自时钟源端口至目标节点寄存器时钟端口的时钟信号路由延迟。

T_{su} 为目标节点寄存器的固有建立时间。

t_{clk} 为当前时钟源的时钟周期。

tdd 为自时钟源端口至目标节点寄存器数据端口的数据信号路由延迟。

DataRequirdTime 为自锁存沿起算至目标节点寄存器时钟端口的时钟到达时刻,减去目标节点的固有建立时间,或者说,它是自发送沿起算,数据信号需要的最晚到达时刻。

DataArrivalTime 为自发送沿起算至目标节点寄存器数据端口的数据到达时刻。

相同时钟域情况下的建立检查依据的静态时序参数以及它们之间的路由关系如图 5 – 128 所示。

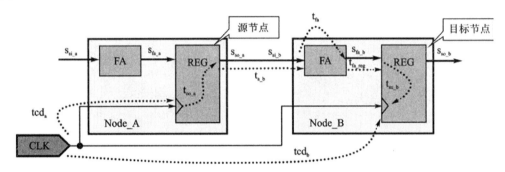

图 5 – 128　建立时间检查诸参数以及它们的路由关系

这里:

$DataArrivalTime = tcd_a + t_{co\_a} + t_{a\_b} + t_{fa} + t_{fa\_reg}$

$DataRequirdTime = tcd_b - t_{su\_b} + t_{clk}$

代入式(5 – 29)后得到使用静态延迟参数计算 $Slack_{setup}$ 的公式:

$$\begin{cases} DataArrivalTime = tcd_a + t_{co\_a} + t_{a\_b} + t_{fa} + t_{fa\_reg} \\ DataRequirdTime = tcd_b - t_{su\_b} + t_{clk} \\ Slack_{setup} = DataRequiredTime - DataArrivalTime \end{cases} \qquad (5-30)$$

式中(同图 5 – 128):

$Slack_{setup}$ 为建立时间检查的时序余量;

DataRequiredTime 为检查路径中目标节点的数据需要时间;

DataArrivalTime 为检查路径中目标节点的数据到达时间;

tcd_b 为从时钟源端口至目标节点寄存器时钟端口的时钟信号路由时间;

tcd_a 为从时钟源端口至源节点寄存器时钟端口的时钟信号路由时间;

t_{co_a} 为源节点寄存器的时钟输出延迟;

t_{a_b} 为源节点寄存器输出端口至目标节点 FA 输入端的路由延迟;

t_{fa} 为目标节点中电平敏感有限自动机(或组合电路)的 t_{pd} 延迟;

t_{fa_reg} 为目标节点中 FA 输出端口至寄存器输入端口之间的路由延迟;

t_{su_b} 为目标节点寄存器的建立时间;

t_{clk} 为当前时钟周期。

式(5 – 30)中显示的分析方法可以用约会谜题进行解释,其中数据到达时间类似于男孩的行程 T_B 中的到达时刻,数据需要时间类似于男孩的需要时间,第 1 个男孩当然应该满足在第 2 个女孩到达时刻之前 5 min 到达,因此:

第 1 个男孩的需要时刻＝第 2 个女孩到达时刻－5 min＝
第 1 次出发时刻－5 min＋出发周期

2. 相同时钟域的保持时间检查

对于保持时间检查如图 5-129 所示,其时序余量(Slack)就是目标节点寄存器的捕获时钟沿之后,实际输入信号最晚稳定点晚于寄存器固有保持时间右边界的时间余量。

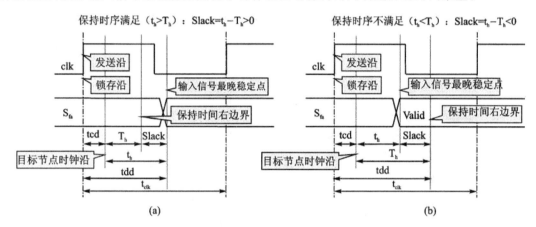

图 5-129　保持时间检查的时序图

与建立时间的检查不同,相同时钟域时,为了计算保持时间的时序余量,需要两个相同的时钟沿分别作为驱动源节点寄存器的时钟信号和驱动目标节点寄存器的时钟信号,前者称为发送沿,后者称为锁存沿,两者相差零拍时钟周期 t_{clk}。图 5-130 为其路径图。

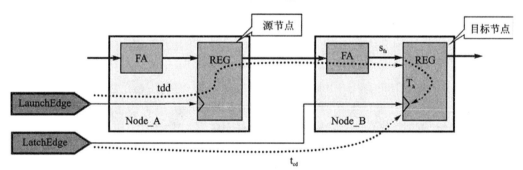

图 5-130　保持时间检查的源节点和目标节点路径

图中:

t_h 为目标节点寄存器的实际保持时间,即从目标节点寄存器捕获时钟沿至输入信号最晚稳定点的时间段。

T_h 为目标节点寄存器的固有保持时间,即目标节点时钟沿至目标节点寄存器保持时间最右端的时间段。

tdd 为自时钟源的发送沿算起,至目标节点寄存器输入端口的数据信号延迟时间。

tcd 为自时钟源的锁存沿算起,至目标节点寄存器时钟端口的时钟信号延迟时间。

Slack:时序余量,即保持时间的时序余量。正的符号位表示满足保持时序,负的符号位表示不满足保持时序,因此其符号位定性,其数值定量。

LaunchEdge 为发送沿,即源节点寄存器驱动数据信号的时钟沿。

LatchEdge 为锁存沿,即目标节点寄存器捕获数据信号的时钟沿。

从图 5 - 129(a)(保持时序满足,Slack 正值)中,可以看到:

$$tdd = tcd + T_h + Slack$$

移项后得到:

$$Slack = tdd - (tcd + T_h) \tag{5-31}$$

这里同样可以引入数据需要时间和数据到达时间:

$$DataRequirdTime = tcd + T_h \tag{5-32}$$

$$DataArrivalTime = tdd \tag{5-33}$$

则式(5 - 31)可改写为保持时间余量 $Slack_{hold}$ 的一般性计算公式:

$$\begin{cases} Slack_{hold} = DataArrivalTime - DataRequirdTime \\ DataRequirdTime = tcd + T_h \\ DataArrivalTime = tdd \end{cases} \tag{5-34}$$

式中:

$Slack_{hold}$ 为保持时间的时序余量。

tcd 为自时钟源端口至目标节点寄存器时钟端口的时钟信号路由延迟。

T_h 为目标节点寄存器的固有保持时间。

tdd 为自时钟源端口至目标节点寄存器数据端口的数据信号路由延迟。

DataRequirdTime 为自锁存沿起算至目标节点寄存器时钟端口的时钟到达时刻,减去目标节点的固有建立时间,或者说,它是自发送沿起算,数据信号需要的最早到达时刻。

DataArrivalTime 为自发送沿起算至目标节点寄存器数据端口的数据到达时刻。

图 5 - 131 示意相同时钟域情况下的保持检查依据的静态时序参数以及它们之间的路由关系。

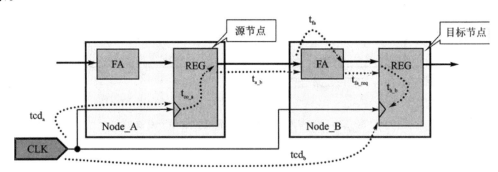

图 5 - 131 保持时间检查诸参数以及它们的路由关系

图中:

$$DataArrivalTime = tcd_a + t_{co\_a} + t_{a\_b} + t_{fa} + t_{fa\_reg}$$

$$DataRequirdTime = tcd_b + t_{h\_b}$$

代入式(5 - 34)后,得到使用静态延迟参数计算 $Slack_{hold}$ 的公式:

$$\begin{cases} \text{DataArrivalTime} = tcd_a + t_{co\_a} + t_{a\_b} + t_{fa} + t_{fa\_reg} \\ \text{DataRequirdTime} = tcd_b + t_{h\_b} \\ \text{Slack}_{hold} = \text{DataArrivalTime} - \text{DataRequirdTime} \end{cases} \qquad (5-35)$$

式中：

Slack_{hold} 为保持时间检查的时序余量。

DataArrivalTime 为检查路径中目标节点的数据到达时间。

DataRequirdTime 为检查路径中目标节点的数据需要时间。

tcd_a 为从时钟源端口至源节点寄存器时钟端口的时钟信号路由时间。

tcd_b 为从时钟源端口至目标节点寄存器时钟端口的时钟信号路由时间。

t_{co_a} 为源节点寄存器的时钟输出延迟。

t_{a_b} 为源节点寄存器输出端口至目标节点 FA 输入端的路由延迟。

t_{fa} 为目标节点中电平敏感有限自动机（或组合电路）的 t_{pd} 延迟。

t_{fa_reg} 为目标节点中 FA 输出端口至寄存器输入端口之间的路由延迟。

t_{h_b} 为目标节点寄存器的保持时间。

注意保持时间 Slack_{hold} 计算式（5-34）和建立时间 Slack_{setup} 计算式（5-29）的区别：

$\text{Slack}_{setup} = \text{DataRequirdTime} - \text{DataArrivalTime} = $ 数据需要时间 $-$ 数据到达时间

$\text{Slack}_{hold} = \text{DataArrivalTime} - \text{DataRequirdTime} = $ 数据到达时间 $-$ 数据需要时间

式（5-35）、（5-36）中，数据到达时间的计算是相同的，但对于建立检查和保持检查计算所引用的数据需要时间却不同：

对于建立时间检查：　　　　$\text{DataRequirdTime} = tcd - t_{su} + t_{clk}$

对于保持时间检查：　　　　$\text{DataRequirdTime} = tcd + t_{h}$

上述相同时钟域的建立和保持检查中虽然也引入了发送沿和锁存沿，但建立时间的发送沿和锁存沿是相邻的两个时钟沿，它们之间相差一个时钟周期。用约会谜题解释则是：第 1 个男孩到达的时刻和第 2 个女孩到达的时刻构成建立时间（男孩先到），因此第 1 个男孩的需要时间则是第 1 次出发时刻起算的女孩行程加上一个出发周期后减去男孩先到的建立时间。

而保持时间的发生沿和锁存沿是相同的时钟沿，它们之间相差零个时钟周期。用约会谜题的解释则是：第 1 个男孩离开的时刻和第 2 个女孩到达的时刻构成保持时间（男孩后离开），由于新人换旧人，换句话说，第 2 个男孩到达的时刻和第 2 个女孩到达的时刻构成保持时间。因此第 1 个男孩的需要时间是从第 2 个女孩出发时刻起算的时刻，加上女孩的行程，再加上需要的保持时间，第 1 个男孩必须逗留到这个时刻之后才可以离开，换句话说，就是第 2 个男孩必须在这个时刻之后才可以到达。

虽然保持时间检查公式中没有直接引入时钟周期 t_{clk} 进行制约，看起来保持时间余量 Slack 与工作频率无关，单 t_{clk} 减去 tdd 的部分，正是建立时间检查区段。当数据路由时间 tdd 长了，则建立时间余量 Slack_{setup} 减少；当数据路由时间 tdd 短了，则保持时间余量 Slack_{hold} 减少。因此，将建立时间检查和保持时间检查合并构成的建立保持检查中，则可以看到 Slack_{hold} 仍然受到 t_{clk} 的制约。

3. 相同时钟域的最高频率和最短周期

相同时钟域中某节点路径的最高频率计算（见图 5-132）可直接依据式（5-17）的静态时序定律：

$$\begin{cases} T_{clk} > t_{su} + t_h \\ T_{clk} > TR_{fa} - TR_{clk} + t_{su} \end{cases} \qquad (5-36)$$

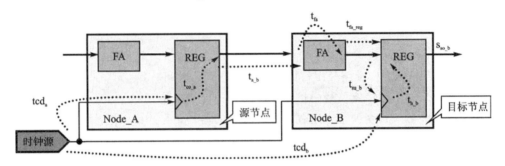

图 5 – 132   相同时钟域的最高频率分析

若将数据到达时间和数据需要时间引入,则有:

$$\begin{cases} Period > t_{su\_b} + t_{h\_b} \\ Period > DataArrivalTime - DataRequirdTime \end{cases} \qquad (5-37)$$

式中:

   Period 为检查路径的最短工作周期;

   t_{su_b} 为目标节点寄存器的建立时间;

   t_{h_b} 为目标节点寄存器的保持时间。

   DataArrivalTime 为目标节点的数据到达时间:

$$DataArrivalTime = tcd_a + t_{co\_a} + t_{a\_b} + t_{fa} + t_{fa\_reg} \qquad (5-38)$$

   DataRequirdTime 为目标节点的数据需要时间:

$$DataRequirdTime = tcd_b - t_{su\_b} \qquad (5-39)$$

式(5 – 38)(5 – 39)中:

   tcd_a 为时钟源端口至源节点寄存器时钟端口的时钟信号路由时间;

   tcd_b 为时钟源端口至目标节点寄存器时钟端口的时钟信号路由时间;

   t_{co_a} 为源节点寄存器的时钟输出时间;

   t_{a_b} 为源节点寄存器输出端口至目标节点 FA 输入端口的数据信号路由时间;

   t_{fa_reg} 为目标节点 FA 输出端口至目标节点寄存器输入端口的数据信号路由时间;

   t_{fa} 为目标节点电平敏感有限自动机的 t_{pd}(输入端口至输出端口)延迟时间;

   t_{su_b} 为目标节点寄存器的建立时间。

   与建立时间检查和保持时间检查不同,不需要使用发送沿和锁存沿进行计算,式(5 – 37)中的数据需要时间和数据到达时间是基于相同时钟源的一个基准时钟沿进行计算,默认的起算点为 0。考虑到一般情况下数据路由时间与时钟路径时间之差都将大于保持时间 th,故检查路径的最短周期 Period 公式为:

$$\begin{cases} Period = DataArrivalTime - DataRequirdTime \\ DataArrivalTime = tcd_a + t_{co\_a} + t_{a\_b} + t_{fa} + t_{fa\_reg} \\ DataRequirdTime = tcd_b - t_{su\_b} \end{cases} \qquad (5-40)$$

   由 n 个路径组成的相同时钟域中,其中最长周期的路径成为最差路径,该周期值则成为该

设计域的工作周期 $Period_{Domain}$，其倒数则是该设计域的最高工作频率 $Frequency_{Domain}$：

$$\begin{cases} Period_{Domain} = \max\{Period_0, Period_1, \cdots, Period_n\} \\ Frequency_{Domain} = 1/Period_{Domain} \end{cases} \tag{5-41}$$

同样，由 n 个路径组成的相同时钟域中，其中最差 Slack 值构成该时钟域的 Slack 值，即：

$$Slack_{Domain} = \min\{Slack_0, Slack_1, \cdots, Slack_n\} \tag{5-42}$$

4. 相同时钟域的多径分析

无论是建立时间检查或保持时间检查，都需要对指定节点的数据到达时间进行计算，它是基于同一个时钟源的相同时钟信号进行计算。如前两节所述，数据到达时间是由时钟源输出端口至前级寄存器的延迟 t_{cd_a}，前级寄存器的时钟输出延迟 t_{co_a}，前级寄存器至本级 FA 的传输延迟 t_{net_prev}，本级 FA 至本级寄存器的传输延迟 t_{net_me}，以及本级 FA 的 t_{fa} 延迟构成，如图 5-133 和图 5-134 所示。

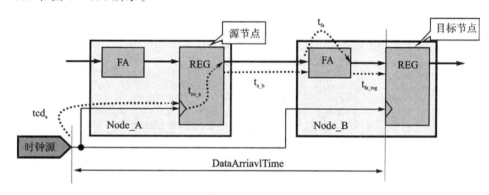

图 5-133　时钟节点的数据到达时间

式(5-30)和式(5-35)中数据到达时间都具有如下形式：

$$DataArrivalTime = tcd_a + t_{co\_a} + t_{a\_b} + t_{fa} + t_{fa\_reg} \tag{5-43}$$

图 5-134 及上述讨论中，目标节点仅有一个源节点馈给数据信号，但很多情况下，目标节点的 FA 可能有多个输入信号，它们分别来自不同的源节点寄存器。为此，计算节点的数据信号的数据到达时间需要计算多条路径，例如图 5-134 中目标节点 Node_B 的寄存器和其输入信号连接的多个源节点寄存器(Node_A0, ⋯, Node_An)均使用相同的时钟信号，这种现象称为多径(Multicycle Paths)。图 5-134 所示的多径为相同时钟域的并联路径，所以又称为并联多径。另一种情况是源寄存器和目的寄存器并不是相同时钟，而是相关时钟时的串联多径(详见后节 5.9.11《相关时钟域的时序检查》)，则称为串联多径。

对于指定目标节点的相同时钟并联多径，时序检查时，无论是最高频率计算，还是建立和保持的余量 Slack 计算，所引用的数据到达时间(DataArrivalTime, DAT)称为多径数据到达时间(DataArrivalTimeOnMulticyclePaths，以下使用缩写 DATMP)。DATMP 是对多径中各个路径单独计算得到的那些数据到达时间中的最差值(即最大值)。最差值对应的路径则是最差路径(Worst Path)，发现和修改最差路径对于改善时序性能非常重要。

如图 5-134 所示，对于由 n 个源节点和 1 个目标节点组成的多径而言，其 DATMP 为：

$$DATMP = \max\{DAT_0, DAT_1, \cdots, DAT_n\} \tag{5-44}$$

式中：

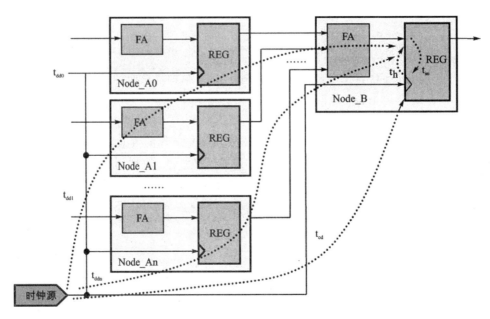

图 5 - 134　相同时钟域的并联多径分析

DATMP 为当前并联多径的数据到达时间,使用 DATMP 得以计算该多径的时序性能;

DAT_0,DAT_1,…,DAT_n 分别为第 i 条路径的自时钟源的发送沿起算至目标寄存器数据输入端口的数据路由延时。

由于多径的线性叠加特性,每条路径在计算其数据到达时间 DAT 时,可单独进行计算,此时可视其他路径不存在。据式(5 - 43)得

$$DAT_i = DataArrivalTime_i = tcd_{a\_i} + t_{co\_a\_i} + t_{a\_b} + t_{fa} + t_{fa\_reg} \quad (i = 0,1,\cdots,n) \quad (5-45)$$

式中:

tcd_{a_i} 为第 i 条路径时钟源至源节点寄存器时钟端口的时钟信号路由延迟。

$t_{co\_a\_i}$ 为第 i 条路径源节点寄存器的时钟输出时间 t_{co}。

t_{a_b} 为第 i 条路径源节点寄存器输出端口至目标节点 FA 输入端口的数据信号路由延迟。

t_{fa_i} 为目标节点 FA 的 t_{pd} 延迟时间。

t_{fa_reg} 为目标节点 FA 输出端口至目标节点寄存器输入端口的数据信号路由延迟。

于是,相同时钟域并联多径的建立时间 $Slack_{setup}$ 的计算公式为:

$$\begin{cases} DataRequirdTime = t_{cd} - t_{su} + t_{clk} \\ Slack_{setup} = DataRequirdTime - DATMP \end{cases} \quad (5-46)$$

式中:t_{clk} 为时钟周期;

t_{cd} 为时钟源至目标节点寄存器时钟端口的时钟信号路由延迟时间;

t_{su} 为目标节点寄存器的建立时间;

DATMP 为从时钟源起算的并联多径的数据到达时间;

$Slack_{setup}$ 为相同时钟域并联多径建立时间的时序余量。

相同时钟域并联多径保持时间 $Slack_{hold}$ 的计算公式为:

$$\begin{cases} DataRequiredTime = t_{cd} + t_h \\ Slack_{hold} = DATMP - DataRequiredTime \end{cases} \quad (5-47)$$

式中：t_{clk} 为时钟周期；

　　t_{cd} 为时钟源至目标节点寄存器时钟端口的时钟信号路由延迟；

　　t_h 为目标节点寄存器的保持时间；

　　DATMP 为从时钟源起算的并联多径的数据到达时间；

　　$Slack_{hold}$ 为相同时钟域并联多径保持时间的时序余量。

相同时钟域并联多径的最高频率 Frequency 和最短周期 Period 的计算公式为：

$$\begin{cases} Period = DATMP - DataRequirdTime \\ DataRequirdTime = t_{cd} - t_{su} \\ Frequency = 1/Period \end{cases} \tag{5-48}$$

5. 相同时钟域时序检查的例子

例 5-12：一个 2 比特同步计数器 syn_counter 的门级网表如图 5-135 所示，其静态时序参数在表 5-6 列出，计算其最高工作频率，分别计算在 300 MHz 和 800 MHz 时钟频率下的建立时间和保持时间的 Slack 值，并指出最差路径。同步复位信号的时序分析这里从略。根据图 5-135 所示的同步计数器模型，有：$\begin{cases} d_0 = 1 \oplus q_0 = \overline{q_0} \\ d_1 = q_1 \oplus q_0 \end{cases}$

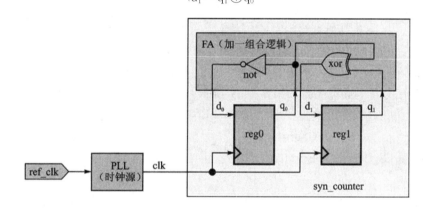

图 5-135　同时钟域建立保持检查的例子：2 比特同步计数器

表 5-6　2 比特同步计数器 syn_counter 网表中的时序参数

参　数	值	说　　明	参　数	值	说　　明
t_{cd0}	1.537ns	自 pll 起算的 reg0 时钟信号的传输延迟	t_{not}	0.393ns	FA 逻辑中反相器的 t_{pd} 延迟
t_{cd1}	1.537ns	自 pll 起算的 reg1 时钟信号的传输延迟	t_{xor}	0.637ns	FA 逻辑中异或逻辑的 t_{pd} 延迟
t_{co0}	0.304ns	reg0 的时钟输出延迟	t_{q0_not}	0.001ns	reg0 至 not 的传输延迟
t_{co1}	0.304ns	reg1 的时钟输出延迟	t_{q0_xor}	1.01ns	reg0 至 xor 的传输延迟
t_{su0}	0.8ns	reg0 的建立时间	t_{d0}	0.002ns	d0 信号的传输延迟
t_{su1}	0.8ns	reg1 的建立时间	t_{q1}	0.002ns	q1 信号的传输延迟
t_{h0}	0.5ns	reg0 的保持时间	t_{d1}	0.001ns	d1 信号的传输延迟
t_{h1}	0.5ns	reg1 的保持时间			

为了计算的需要，图 5-135 用等效节点重新绘制见图 5-136。

从等效节点图中可以看到 syn_counter 的两个等效节点 EN0 和 EN1。其中 EN1 节点具

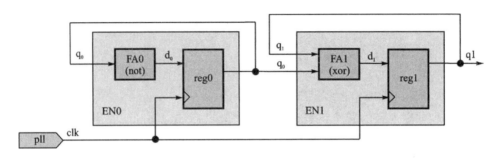

图 5 - 136　二比特同步计数器的等效节点图

有两个馈给信号 q1 和 q0，表明 EN1 节点具有两个馈给路径，为并联多径。为此，将逐个分析 EN0 和 EN1 为目标节点所构成路径的时序结论，并将其中最差的时序结论作为该设计（Syn-Counter）的时序分析结论。注意到 EN0 为目标节点构成单径（EN0→EN0），EN1 为目标节点构成多径（MP1→EN1）。解题时必须针对这两个路径逐个分析，其中 MP1→EN1 多径包含两个源节点路径分别是：EN0→EN1 和 EN1→EN1，多径分析时对这两个源节点路径也是逐个进行分析，以其最差结论作为 MP1→EN1 多径的时序结论。

本题需要进行求解的时序结论有：

(1) syn_counter 设计时钟域的最高频率 $f_{max,syn}$ 和最短周期 $T_{min,syn}$；

(2) syn_counter 设计在 300 MHz 时的 $Slack_{SetupSynCounter300M}$，$Slack_{HoldSynCounter}$，WorstPath

(3) syn_counter 设计在 800 MHz 时的 $Slack_{SetupSynCounter800M}$，$Slack_{HoldSynCounter}$，WorstPath

本题中时序分析的路径关系如图 5 - 137 所示：

$$SynCounter = \begin{cases} EN0 \rightarrow EN0 \\ MP1 \rightarrow EN1 = \begin{cases} EN0 \rightarrow EN1 \\ EN1 \rightarrow EN1 \end{cases} \end{cases}$$

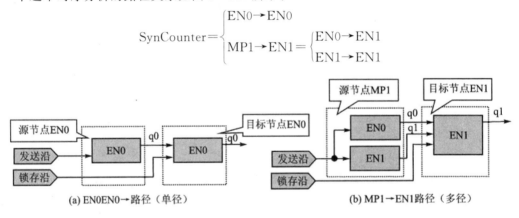

图 5 - 137　Syn_Counter 的时序分析路径

本题求解的步骤是：

(1) 求解当前设计的最高频率 $f_{max,syn}$ 和最短周期 $T_{min,syn}$

1) 计算 EN0→EN0 单径的最高频率 Frequency0 和最短周期 Period0；

2) 计算 MP1→EN1 多径的最高频率 Frequency1 和最短周期 Period1：

● 计算 EN0→EN1 路径的数据到达时间 DAT01；

● 计算 EN1→EN1 路径的数据到达时间 DAT11；

● 依据 DAT01 和 DAT11 计算出 MP1→EN1 多径的 DATMP 值；

● 依据 DATMP，计算出 MP1→EN1 多径的最高频率和最短周期。

3）依据 Frequency0 和 Frequency1 计算出当前设计的 $\text{Freqency}_{\text{SynCounter}}$。

（2）求解当前设计在 300 M 和 800 M 时的建立时间余量 $\text{Slack}_{\text{SetupSynCounter}}$

1）计算 EN0→EN0 单径在 300M 和 800M 的建立时间余量 $\text{Slack0}_{\text{setup300M}}$ 和 $\text{Slack0}_{\text{setup800M}}$

2）计算 MP1→EN1 多径两个频率的建立时间余量 $\text{Slack1}_{\text{setup300M}}$ 和 $\text{Slcak1}_{\text{setup800M}}$

● 依据 1.23 得到的 DATMP 值计算 MP1→EN1 多径在两个频率的数据需要时间：

$$\text{DataRequirdTime}_{300M}$$

$$\text{DataRequirdTime}_{800M}$$

● 依据 2.21 得到的两个 DataRequirdTime 值计算出：

$$\text{Slack1}_{\text{setup300M}}$$

$$\text{Slcak1}_{\text{setup800M}}$$

3）依据 $\text{Slack0}_{\text{setup300M}}$ 和 $\text{Slack1}_{\text{setup300M}}$ 计算出

$$\text{Slack}_{\text{SetupSynCounter300M}}$$

$$\text{Slack}_{\text{SetupSynCounter800M}}$$

（3）求解当前设计的保持时间余量 $\text{Slack}_{\text{HoldSynCounter}}$

1）计算 EN0→EN0 单径的保持时间余量 $\text{Slack0}_{\text{hold}}$

2）计算 MP1→EN1 多径的保持时间余量 $\text{Slack1}_{\text{hold}}$

● 依据 1.23 得到的 DATMP 计算出 $\text{Slack1}_{\text{hold}}$

3）依据 $\text{Slack0}_{\text{hold}}$ 和 $\text{Slack1}_{\text{hold}}$ 计算出 $\text{Slack}_{\text{HoldSynCounter}}$

为清楚起见，将表 5－6 中的参数标注到图 5－136 中，见图 5－138 所示。

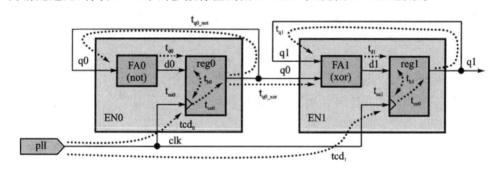

图 5－138　syn_counter 等效节点中的静态时序参数

步骤 1：求解当前设计的最高频率 $\text{Frequency}_{\text{Syncounter}}$ 和最短周期 $\text{Period}_{\text{SynCounter}}$。

为了求解当前设计时钟域的最高频率，需要分别计算 EN0→EN0 单径和 MP1→EN1 多径的最高频率 f_{max0} 和 f_{max1}（或最短周期 T_{min0} 和 T_{min1}），用其中的最差值作为当前设计的最高频率（或最短周期）。单径计算时引用相同时钟域工作周期计算式（5－37）、式（5－38）和式（5－39），见 5.9.10 节叙述。

多径计算时引用多径周期频率计算式（5－45）、式（5－44）和式（5－48），见 5.9.10 节叙述。

1.1　计算 EN0→EN0 单径的最高频率 f_{max0} 和最短周期 T_{min0}。

目标节点 EN0 的输入信号来自自身，故它是单径，其源节点和目标节点均是 EN0，如图 5－139 所示。

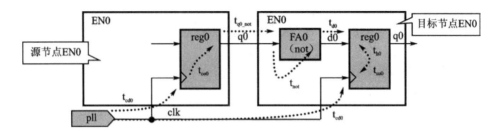

图 5 - 139　EN0 节点的等效路径

根据相同时钟域工作周期计算式(5-37)、式(5-38)和式(5-39)。

式中：

$$DataArrivalTime = tcd_0 + t_{co0} + t_{q0\_not} + t_{not} + t_{d0} =$$
$$1.537 \text{ ns} + 0.304 \text{ ns} + 0.001 \text{ ns} + 0.393 \text{ ns} + 0.002 \text{ ns} = 2.237 \text{ ns}$$

$$DataRequirdTime = tcd_0 - t_{su0} = 1.537 \text{ ns} - 0.8 \text{ ns} = 0.737 \text{ ns}$$

代入后得到：

$$\begin{cases} Period > t_{su0} + t_{h0} = 0.8 \text{ ns} + 0.5 \text{ ns} = 1.3 \text{ ns} \\ Period > DataArrivalTime - DataRequirdTime = 2.237 \text{ ns} - 0.737 \text{ ns} = 1.5 \text{ ns} \end{cases}$$

因此得到 EN0→EN0 路径的工作周期 $Period_0$ 为：

$$Period_0 = 1.5 \text{ ns}$$

以及 EN0→EN0 路径的最高频率 $Frequency_0$ 为：

$$f_0 = 1/Period_0 = 1/1.5 \text{ ns} = 666.67 \text{ MHz}$$

1.2　计算 MP1→EN1 多径的最高频率 f_{max1} 和最短周期 T_{min1}。

为了计算 MP1→EN1 多径的时序，需要使用该多径的 DATMP 值。为了得到 DATMP 值，则需要对 MP1→ENÎ 多径的两条源路径分别计算其数据到达时间 DAT 值，即对于 EN1 到 EN1 路径计算其 DAT_{11} 值，对于 EN0 到 EN1 路径计算其 DAT_{01} 值，用其中最差值作为多径的 DATMP。

得到 MP1→EN1 多径 DATMP 值后，则引用多径周期频率式(5-44)式(5-39)计算出它的最高频率 f_{max1} 和最短周期 T_{min1}。

计算 DAT 时引用多径计算中源路径的数据到达时间 DAT 的计算公式见式(5-45)。

计算 DATMP 时引用多径数据到达时间 DATMP 的计算公式见式(5-44)。

计算 MP1→EN1 多径的最高频率和最短周期时，引用多径的频率周期计算公式见式(5-48)。

1.2.1　计算 EN0→EN1 路径的数据到达时间 DAT01(见图 5-140)。

根据并联多径 DAT 的计算式(5-45)，将 EN0→EN1 路径中的诸参数代入后，得到：

$$DAT_{01} = t_{cd0} + t_{co0} + t_{q0\_xor} + t_{xor} + t_{d1} =$$
$$1.537 \text{ ns} + 0.304 \text{ ns} + 1.01 \text{ ns} + 0.637 \text{ ns} + 0.001 \text{ ns} =$$
$$3.489 \text{ ns}$$

1.2.2　计算 EN1→EN1 路径的数据到达时间 DAT11(见图 5-141)。

同样，将 EN1→EN1 路径中的诸参数代入式(5-45)后得到：

$$DAT_{11} = t_{cd1} + t_{co1} + t_{q1} + t_{xor} + t_{d1} =$$
$$1.537 \text{ ns} + 0.304 \text{ ns} + 0.002 \text{ ns} + 0.637 \text{ ns} + 0.001 \text{ ns} =$$

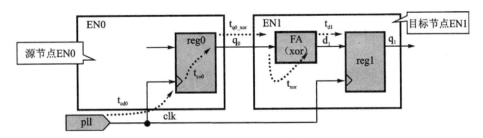

图 5 - 140　以 EN0 为源节点、EN1 为目标节点路径的数据到达时间

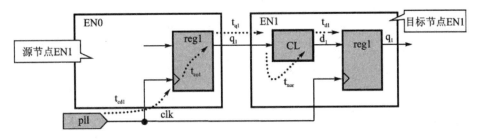

图 5 - 141　以 EN1 为源节点、EN1 为目标节点路径的数据到达时间

2. 381 ns

1.2.3　依据 DAT01 和 DAT11 计算出 MP1→EN1 多径的 DATMP 值。

根据 DATMP 的计算式(5 - 44),这里:

$$DATMP = max\{DAT_{01}, DAT_{11}\} = max\{3.489\ ns, 2.381\ ns\} = 3.489\ ns$$

同时得到 MP1→EN1 多径中的最差路径为:$WorstPath_{MP\_EN1} = EN0 \to EN1$。

1.2.4　依据 DATMP 计算出 MP1→EN1 多径的最高频率 f_{max1} 和最短周期 T_{min1}(见图 5 - 142)。

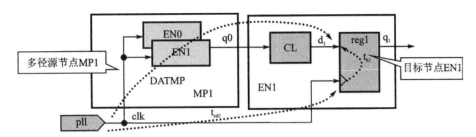

图 5 - 142　EN1 多径的最高频率计算

根据多径最高频率计算式(5 - 48),将诸参数代入后,得到:

$$DataRequirdTime = t_{cd1} - t_{su1} = 1.537\ ns - 0.8\ ns = 0.737\ ns$$

$$Period_1 = DATMP - DataRequirdTime =$$

$$3.489\ ns - 0.737\ ns = 2.752\ ns$$

$$Frequency_1 = 1/Period_1 = 1/2.752\ ns = 363.372 MHz$$

1.3　依据 $Frequency_0$ 和 f_{max1} 计算出当前设计的 $Freqency_{SynCounter}$。

根据设计时钟域最高频率计算公式(5 - 41)

$$Period_{Domain} = max \begin{cases} Period_0,\ Period_1, \cdots,\ Period_n \\ Frequency_{Domain} = 1/Period_{Domain} \end{cases}$$

将 EN0 的工作周期 $Period_0$ 和 EN1 的工作周期 T_{min1} 代入后,得到:

$Period_{SynCounter} = max\{Period_0, Period_1\} = max\{1.5\ ns, 2.752\ ns\} = 2.752\ ns$

$Frequency_{SynCounter} = 1/Period_{Domain} = 1/2.752\ ns = 363.372MHz$

同时得到最差路径为:$WorstPath_{SynCounter} = MP1 \rightarrow EN1$。

MP1→EN1 即是 EN1 为目标节点时形成多径时的最差路径,这里 MP1 为多径的等效源节点,而 EN1 是多径中的最差路径为 $WorstPath_{MP\_EN1} = EN0 \rightarrow EN1$。因此:$WorstPath_{SynCounter} = MP1 \rightarrow EN1 = EN0 \rightarrow EN1$,即整个设计中的最差路径为 EN0→EN1 路径。

步骤 2:求解当前设计在 300MHz 和 800MHz 时建立的时间余量 $Slack_{SetupSynCounter}$。

计算当前设计时钟域的建立余量 $Slack_{setup\_SynCounter}$ 时,需要分别计算 EN0→EN0 的单径和 MP1→EN1 多径这样两个路径的 $Slack_{setup0}$ 和 $Slack_{setup1}$,用其中最差值作为当前设计时钟域的建立时间余量 $Slack_{setup\_SynCounter}$。

EN0→EN0 单径的 Slack 计算可直接使用单径 Slack 的计算公式(5 - 30)和公式(5 - 35)进行。

MP1→EN1 多径的 Slack 计算引用公式(5 - 45)、公式(5 - 44)、公式(5 - 46)和公式(5 - 47)进行计算。

2.1 计算 EN0→EN0 单径在 300 MHz 和 800 MHz 时建立的时间余量 $Slack0_{setup300M}$ 和 $Slack0_{setup800M}$(见图 5 - 143)。

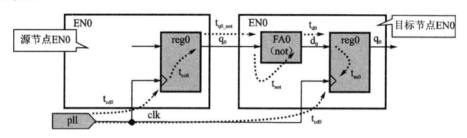

图 5 - 143　EN0 - EN0 路径的 $Slack0_{setup}$ 计算

根据建立时间余量 $Salck_{setup}$ 的计算公式(5 - 30),等:

$DataArrivalTime = t_{cd0} + t_{co0} + t_{q0\_not} + t_{not} + t_{d0} =$
　　　　　　$1.537\ ns + 0.304\ ns + 0.001\ ns + 0.393\ ns + 0.002\ ns =$
　　　　　　$2.237\ ns$

300 MHz 和 800 MHz 的时钟周期分别为 $t_{300M} = 3.333\ ns$ 和 $t_{800M} = 1.25\ ns$,于是对应的数据需要时间为:

$DataRequirdTime_{300M} = t_{cd0} - t_{su0} + t_{300M} = 1.537\ ns - 0.8\ ns + 3.333\ ns = 4.07\ ns$

$DataRequirdTime_{800M} = t_{cd0} - t_{su0} + t_{800M} = 1.537\ ns - 0.8\ ns + 1.25\ ns = 1.987\ ns$

代入后得到 300 MHz 和 800 MHz 时钟周期的 $Slack_{setup300M}$ 和 $Slack_{setup800M}$:

$Slack0_{setup300M} = DataRequirdTime_{300M} - DataArrivalTime =$
　　　　　　$4.07\ ns - 2.237\ ns =$
　　　　　　$1.833\ ns$

$Slack0_{setup800M} = DataRequirdTime_{800M} - DataArrivalTime =$
　　　　　　$1.987\ ns - 2.237\ ns =$

$$-0.25 \text{ ns}$$

因此得到 EN0→EN0 单径两个频率的建立时间余量：

$$\text{Slack0}_{\text{setup300M}} = 1.833 \text{ ns}$$

$$\text{Slack0}_{\text{setup800M}} = -0.25 \text{ ns}$$

2.2 计算 MP1→EN1 多径在两个频率的建立时间余量 $\text{Slack1}_{\text{setup300M}}$ 和 $\text{Slcak1}_{\text{setup800M}}$（见图 5-144）。

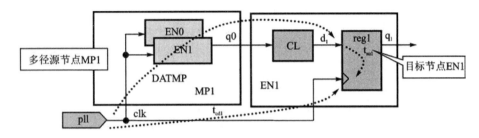

图 5-144　MP1→EN1 多径建立时间余量的计算

根据并联多径 DATMP 的计算公式和并联多径 $\text{Slack}_{\text{setup}}$ 的计算公式（5-44）、（5-45）和（5-46）。

由于 1.23 节中已经计算得到 DATMP = 3.489 ns，将之代入式（5-46）即可计算 $\text{Slack1}_{\text{setup}}$。

2.2.1　依据 1.2.3 得到的 DATMP 值计算 MP1→EN1 多径在两个频率的数据需要时间

300 MHz 和 800 MHz 的时钟周期分别为 $t_{300M} = 3.333$ ns 和 $t_{800M} = 1.25$ ns，代入式（5-46）后得到：

$$\text{DataRequirdTime}_{300 \text{ MHz}} = t_{cd1} - t_{su1} + t_{300M} = 1.537 \text{ ns} - 0.8 \text{ ns} + 3.333 \text{ ns} = 4.07 \text{ ns}$$

$$\text{DataRequirdTime}_{800 \text{ MHz}} = t_{cd1} - t_{su1} + t_{800M} = 1.537 \text{ ns} - 0.8 \text{ ns} + 1.25 \text{ ns} = 1.987 \text{ ns}$$

2.2.2　依据 2.21 得到的两个 DataRequirdTime 值计算出 $\text{Slack1}_{\text{setup300 MHz}}$ 和 $\text{Slcak1}_{\text{setup800 MHz}}$，即

$$\text{Slack1}_{\text{setup300 MHz}} = \text{DataRequirdTime}_{300 \text{ MHz}} - \text{DATMP} = 4.07 \text{ ns} - 3.489 \text{ ns} = 0.581 \text{ ns}$$

$$\text{Slack1}_{\text{setup800 MHz}} = \text{DataRequirdTime}_{800 \text{ MHz}} - \text{DATMP} = 1.987 \text{ ns} - 3.489 \text{ ns} = -1.502 \text{ ns}$$

即 MP1→EN1 多径在 300 MHz 时钟频率下的建立时间余量 $\text{Slack1}_{\text{setup300 MHz}}$ 为 0.581 ns，建立时序满足；在 800 MHz 时钟频率下的建立时间余量 $\text{Slack1}_{\text{setup800 MHz}}$ 为 -1.502 ns，建立时间不满足。

2.3　依据 $\text{Slack0}_{\text{setup300 MHz}}$ 和 $\text{Slack1}_{\text{setup300 MHz}}$ 计算出 $\text{Slack}_{\text{SetupSynCounter300 MHz}}$ 和 $\text{Slack}_{\text{SetupSynCounter800 MHz}}$。

用两个计算路径（EN0→EN0，MP1→EN1）中的最差值作为当前设计的 $\text{Slack}_{\text{setup\_SynCounter}}$ 值，根据时钟域 Slack 计算公式（5-42）：

$$\text{Slack}_{\text{Domain}} = \min \{\text{Slack}_0, \text{Slack}_1, \cdots, \text{Slack}_n\}$$

式中：

$$\text{Slack}_{\text{SetupSynCounter300 MHz}} = \min\{\text{Slack0}_{\text{setup300M}}, \text{Slack1}_{\text{setup300M}}\} =$$
$$\min\{1.833 \text{ ns}, 0.581 \text{ ns}\} =$$
$$0.581 \text{ ns}$$

同时得到最差路径：$\text{WorstPath}_{300 \text{ MHz}} = \text{MP1} \rightarrow \text{EN1}$

$$\text{Slack}_{\text{SetupSynCounter800 MHz}} = \min\{\text{Slack0}_{\text{setup800 MHz}}, \text{Slack1}_{\text{setup800 MHz}}\} =$$
$$\min\{-0.25 \text{ ns}, -1.502 \text{ ns}\} =$$
$$-1.502 \text{ ns}$$

同时得到最差路径：$\text{WorstPath}_{800 \text{ MHz}} = \text{MP1} \rightarrow \text{EN1}$

因此解得当前设计在 300 MHz 时的建立时间余量为 0.581 ns，在 800 MHz 时的建立时间余量为 -1.502 ns。

步骤 3：求解当前设计的保持时间余量 $\text{Slack}_{\text{HoldSynCounter}}$。

求解前要对当前设计时钟域的 EN0→EN0 单径和 MP1→EN1 多径分别计算各自的保持时间余量 $\text{Slack0}_{\text{hold}}$ 和 $\text{Slack1}_{\text{hold}}$，用其中的最差值作为当前设计时钟域的保持时间余量。

计算 EN0→EN0 单径时，引用的相同时钟域单径保持时间余量的计算公式为(5-35)。

计算 MP1→EN1 多径时，引用的相同时钟域多径保持时间余量的计算公式为(5-47)。

计算当前设计时钟域的保持时间余量 $\text{Slack}_{\text{HoldSynCounter}}$ 时，引用相同时钟域保持余量公式为(5-42)。

由于相同时钟域的保持余量计算不直接涉及时钟周期，故这里无须分别计算在 300 MHz 和 800 MHz 时钟频率下的保持余量。

3.1 计算 EN0→EN0 单径的保持时间余量 Slack0hold(见图 5-145)。

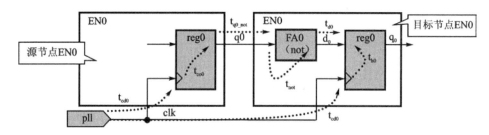

图 5-145 EN0→EN0 单径的 Slack0$_{\text{hold}}$ 计算

根据保持时间余量 Slackhold 的计算式(5-35)，这里：

$$\text{DataArrivalTime} = t_{cd0} + t_{co0} + t_{q0\_not} + t_{not} + t_{d0} =$$
$$1.537 \text{ ns} + 0.304 \text{ ns} + 0.001 \text{ ns} + 0.393 \text{ ns} + 0.002 \text{ ns} =$$
$$2.237 \text{ ns}$$

$$\text{DataRequirdTime} = t_{cd0} + t_{h0} = 1.537 \text{ ns} + 0.5 \text{ ns} = 1.837 \text{ ns}$$

代入后得到：

$$\text{Slack0}_{\text{hold}} = \text{DataArrivalTime} - \text{DataRequirdTime} =$$
$$2.237 \text{ ns} - 1.837 \text{ ns} =$$
$$0.4 \text{ ns}$$

3.2 计算 MP1→EN1 多径的保持时间余量 Slack1$_{\text{hold}}$(见图 5-146)。

式中：$\text{DataRequiredTime} = t_{cd1} + t_{h1} = 1.537 \text{ ns} + 0.5 \text{ ns} = 2.037 \text{ ns}$

根据 1.23 节计算得到的 DATMP=3.489 ns，代入公式(5-47)，得到：

$$\text{Slack1}_{\text{hold}} = \text{DATMP} - \text{DataRequiredTime} = 3.489 \text{ ns} - 2.037 \text{ ns} = 1.452 \text{ ns}$$

3.3 依据 Slack0$_{\text{hold}}$ 和 Slack1$_{\text{hold}}$ 计算出 Slack$_{\text{HoldSynCounter}}$。

根据公式(5-42)，得到：

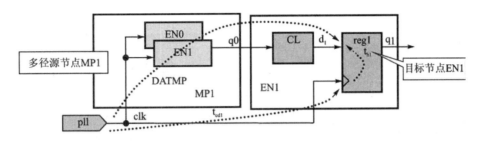

图 5 - 146　MP1→EN1 路径的 Slack1$_{hold}$ 计算

$$\text{Slack}_{HoldSynCounter} = min\{\text{Slack0}_{hold}, \text{Slack1}_{hold}\} = min\{0.4\ ns, 1.452\ ns\} = 0.4\ ns$$

5.9.11　相关时钟域的时序检查

若检查路径中源时钟 clk_{source} 和目标时钟 clk_{target} 符合如下线性关系：

$$clk_{target} = \frac{K}{M}? \ clk_{source} + \varphi \tag{5-49}$$

则称源时钟和目标时钟是相关时钟，此时的时序检查则称为相关时钟域(Related Clock Domain)的时序检查，对应的检查路径也称为相关时钟域路径。通常这些相关时钟是由锁相环 PLL 按照整数的乘法因子和除法因子对参考时钟倍频后获得式(5-49)，如图 5-147 所示。

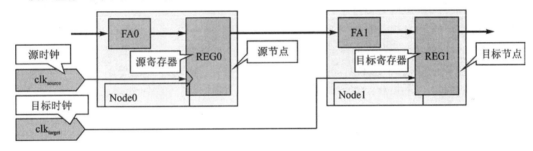

图 5 - 147　相关时钟域的源时钟和目标时钟

相关时钟域的时序检查(见图 5-148)与相同时钟域有相似之处，也有不同之处：

(1) 若 K/M 等于 1 而 C 不等于零，则源时钟和目标时钟频率相同，仅相位不同。此时的静态时序分析可以直接使用静态时序定律，计算公式也可以直接使用相同时钟域的诸公式，仅是在目标节点时钟路由时间 tcd_1 或数据需要时间中加入该相位差延迟即可。注意到此时发送沿和锁存沿具有唯一的相位差。

(2) 若 K/M 不等于 1，则意味着源时钟和目标时钟频率不同，说明发送沿和锁存沿的相位差 θ 集合是由 n 个固定值组成：$\theta \in \{\varphi_0, \varphi_1, \cdots, \varphi_n\}$，这里 n = K·M。此时的静态时序分析不能直接使用静态时序定律，有许多理论和研究涉及相关时钟域分析，现代 EDA 工具比较倾向于多相位分析，即对发送沿和锁存沿所有可能的相位差情况(最大 n 次)，以及当前发送沿和当前锁存沿前后沿配对情况，各做一次数据到达时间和数据需要时间的分析，以此计算时序结论。

如图 5-148 所示，相关时钟域的时序检查将在一个检查周期内，对目标时钟的每个锁存沿寻找与其配对的源时钟发送沿，使用它们计算数据到达时间和数据需要时间，以此进行时序分析。从图中可见，这种锁存沿和发送沿配对的时序检查在一个检查周期内需要做 M 次，此时正好是源时钟的 K 次。图中 t_{source} 和 t_{target} 分别为源时钟周期和目标时钟周期。一个检查周

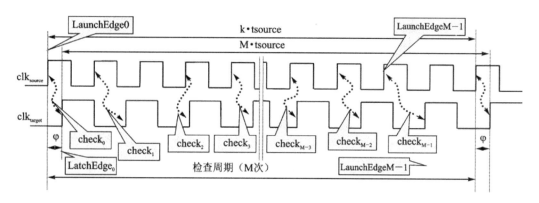

图 5 - 148 相关时钟域的时序检查

期内的 M 次检查结论中的最差者,成为当前路径的时序检查结论。

锁相环 PLL(Phase - Locked Loop)用分频因子 CD(Clock Division)与参考时钟频率 f_{ref} 相乘得到需要的输出时钟 f_{out}(见图 5 - 149):

$$f_{out} = CD \cdot f_{ref} = f_{ref} \cdot MF/DF \tag{5-50}$$

式中:

f_{out} 为锁相环的输出时钟频率;

f_{ref} 为锁相环的输入参考时钟频率;

MF 为锁相环的乘法因子(Multiplication Factor),正整数;

DF 为锁相化的除法因子(Division Factor),正整数;

CD 为分频因子,CD=MF/DF。

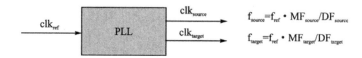

图 5 - 149 相关时钟域中锁相环输出的源时钟和目标时钟

因此:

$f_{source} = f_{ref} \cdot MF_{source}/DF_{source}$

$f_{target} = f_{ref} \cdot MF_{target}/DF_{target}$

或者写成:

$f_{ref} = f_{source} \cdot DF_{source}/MF_{source} = f_{target} \cdot DF_{target}/MF_{target}$

移项后得到:

$$f_{target} = f_{source} \cdot \frac{DF_{source}}{DF_{target}} \cdot \frac{MF_{target}}{MF_{source}} = f_{source} \cdot \frac{K}{M}$$

对照式(5 - 49),得到锁相环输出源时钟和目标时钟的 K 因子和 M 因子计算公式,即

$$\begin{cases} K = DF_{source} \cdot MF_{target} \\ M = DF_{target} \cdot MF_{source} \end{cases} \tag{5-51}$$

相关时钟域的时序检查主要包括如下内容:

(1) 找到当前设计中的相关时钟域路径,包含相关域单径和相关域多径;

（2）检查所有相关时钟域路径的建立时间关系；

（3）检查所有相关时钟域路径的保持时间关系。

检查周期 CheckPeriod 是 K 个源时钟周期的时间段或者 M 个目标时钟周期的时间段即

$$CheckPeriod = K \cdot t_{source} = M \cdot t_{target} \tag{5-52}$$

源时钟周期区段 $K \cdot t_{source}$ 与目标时钟周期区段 $M \cdot t_{target}$ 之间相差 φ 相位差时段，由于频率不同，在检查周期内不同的配对发送沿→锁存沿将具有不同的相位差。显然数学方法是可以计算出整个检查周期的相位差，以便引用静态时序定律进行检查。但现代 STA 工具使用更简便快捷的方法：

（1）建立时间检查，一个检查周期内，每个锁存沿与离它前方最近的一个发送沿配对。

（2）保持时间检查，一个检查周期内，用建立检查发送沿与后一个锁存沿配对，再用建立检查锁存沿与前一个发送沿配对。

1. 相关时钟域的建立时间检查

相关时钟域的建立时间检查将在一个检查周期内，对于每一个锁存沿执行一次检查：将当前锁存沿（目标节点时钟沿）之前最近的一个数据稳定点早于建立时间左边界的余量作为本次检查的 $Slack_{setupi}$ 值，整个检查周期的 M 次检查中的最差值作为当前路径的 $Slack_{setup}$ 值，如图 5-150 所示。

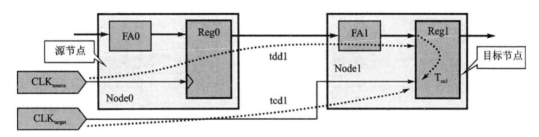

图 5-150　相关时钟域的建立时间检查

为了得到整个检查周期的数据稳定点，则需要计算整个检查周期中每一个发送沿起算的数据到达时间，并与检查周期中的每一个锁存沿起算的数据需要时间配对，用两者计算 Slack 值。一种更简便的方法则是仅计算每一个锁存沿和与目标节点时钟沿前方最近稳定点对应的发送沿，以此配对得到建立时间余量，如图 5-151 所示。

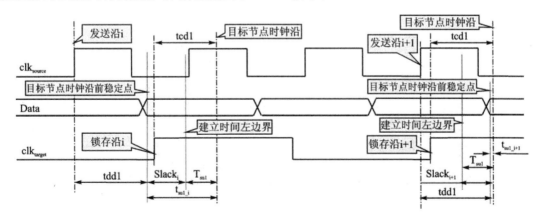

图 5-151　相关时钟域建立时间检查时序图

当目标时钟和源时钟符合式(5-49)时,一个检查周期中 M 个锁存沿 $LatchEdge_i$ 的计算如下:

$$LatchEdge_i = i \cdot clk_{target} = i \cdot \frac{K}{M} \cdot clk_{source} + i \cdot \varphi (i=0,1,\cdots,M) \quad (5-53)$$

距离 $LatchEdge_i$ 前方最近的发送沿 $LaunchEdge_i$ 符合条件:

$$LaunchEdge_i < LatchEdge_i + tcd1 - tdd1 \quad (5-54)$$

由锁存沿 $LatchEdge_i$ 和发送沿 $LaunchEdge_i$ 配对,执行一次 $Slack_{setupi}$ 的计算:

$$\begin{cases} DataRequirdTime = LatchEdge_i + tcd1 - T_{su1} \\ DataArrivalTime = LaunchEdge_i + tdd1 \\ Slack_{setupi} = DataRequirdTime - DataArrivaltime \end{cases} \quad (5-55)$$

一个检查周期将得到 M 个 $Slack_{setupi}$,取其中最差值作为当前路径的 $Slack_{setup}$ 值:

$$Slack_{setup} = \min \{Slack_{setup0}, Slack_{setup1}, \cdots, Slack_{setupM-1}\} \quad (5-56)$$

2. 相关时钟域的保持时间检查

相关时钟域的保持时间检查(见图5-152)将在一个检查周期内,对于每一个锁存沿执行一次检查:将当前锁存沿(目标节点时钟沿)之后最近的一个数据稳定点晚于保持时间右边界的余量作为本次检查的 $Slack_{holdi}$ 值,整个检查周期的 M 次检查中的最差值作为当前路径的 $Slack_{hold}$ 值。

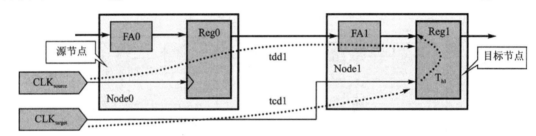

图5-152 相关时钟域的保持时间检查

保持时间检查时,将以每一个目标节点端时钟沿为基准沿,以驱动基准沿的 clk_{target} 沿为当前锁存沿,以该基准沿后方最近稳定点对应的 clk_{source} 沿为当前发送沿,将之配对,逐一检查。另一种简便的保持检查方法是:用当前锁存沿前方的锁存沿与当前发送沿配对,再用当前发送沿后方的发送沿与当前锁存沿配对,各做一次保持时间检查,用其中最差值作为当前保持检查 $Slack_{holdi}$ 的值,如图5-153所示。

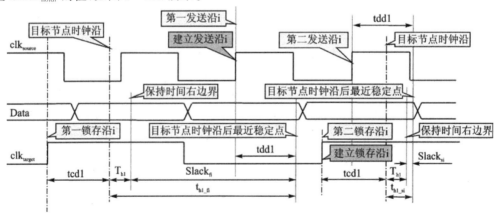

图5-153 相关时钟域保持时间检查时序图

从图中可以看到，相关时钟域的保持时间检查时需要检查两对发送－锁存沿，即 $LaunchEdge_{first}$ 和 $LatchEdge_{first}$、$LaunchEdge_{second}$ 和 $LatchEdge_{second}$，它们依据建立时间检查的发送沿 $LaunchEdge_i$ 和锁存沿 $LatchEdge_i$ 得到。

用建立发送沿 $LaunchEdge_i$ 作为第一发送沿 $LaunchEdge_{fi}$，用建立锁存沿 $LatchEdge_i$ 之前的一个目标节点时钟沿作为第一锁存沿 $LatchEdge_{fi}$，用公式表示为：

$$\begin{cases} LaunchEdge_{fi} = LaunchEdge_i \\ LatchEdge_{fi} = LatchEdge_i - t_{target} \end{cases} \tag{5-57}$$

用建立锁存沿 $LatchEdge_i$ 作为第二锁存沿 $LatchEdge_{si}$，用建立发送沿 $LaunchEdge_i$ 之后的一个源节点时钟沿作为第二发送沿 $LaunchEdge_{si}$，其公式表示为：

$$\begin{cases} LatchEdge_{si} = LatchEdge_i \\ LaunchEdge_{si} = LaunchEdge_i + t_{source} \end{cases} \tag{5-58}$$

在一个检查周期内，得到 M 个建立发送锁存沿对，每一个建立发送锁存沿对执行两次保持检查：

$$\begin{cases} DataArrivalTime = LaunchEdge_{xi} + tdd1 \\ DataRequirdTime = LatchEdge_{xi} + tcd1 + T_{h1} \\ Slack_{holdxi} = DataArrivalTime - DataRequirdTime \end{cases} \tag{5-59}$$

这里下标 xi 中的 x 表示 f(first) 和 s(second)。

两次保持时间检查中的最差值作为当前检查的 $Slack_{holdi}$

$$Slack_{holdi} = \min\{Slack_{holdfi}, Slack_{holdsi}\} \tag{5-60}$$

一个检查周期将得到 M 个 $Slack_{holdi}$，取其中最差值作为当前路径的 $Slack_{hold}$ 值：

$$Slack_{hold} = \min\{Slack_{hold0}, Slack_{hold1}, \cdots, Slack_{holdM-1}\} \tag{5-61}$$

5.9.12　无关时钟域和亚稳定性

1. 何为亚稳定性（Metastability）

数字器件（例如 FPGA）中所有的寄存器都具有所设定的时序要求。根据该要求，每一个寄存器都可以正确地捕获它输入端口的数据，并激励输出信号至它的输出端口。为了保证这种操作的可靠，寄存器的输入信号必须在时钟沿之前的最小时间段保持稳定（寄存器建立时间 t_{su}），以及在时钟沿之后的最小时间段保持稳定（寄存器保持时间 t_h）。然后在特定的时钟输出延迟（t_{co}）之后，寄存器产生有效的输出。如果某个信号的传输违背了上述建立时间 t_{su} 和保持时间 t_h 的要求，该寄存器就有可能进入亚稳态。发生亚稳态时（某些时钟周期），寄存器的输出值会漂浮在高电平（高状态）和低电平（低状态）之间，这也就意味着指定的输出高状态和输出低状态会在 t_{co} 之后再度被延迟。在同步系统中，输入信号总是满足寄存器的时序要求（设计必须），所以亚稳态不会发生。通常，若在无关时钟域电路或异步时钟域电路之间发生信号传输，亚稳态问题将会发生。此时，设计者不能保证这些信号能符合 t_{su} 和 t_h，这是因为这些信号可能在相对于目标域时钟的任何时刻到达。而这些信号中的任何一个若发生 t_{su} 和 t_h 时序违规，将导致一次亚稳态输出。寄存器或者不符合时序要求进入亚稳态，或者符合时序要求回到稳态，这两种可能性兼而有之，而它们很大程度上取决于 FPGA 器件的制造工艺技术，以及运行时的条件。大多数情况下，寄存器将快速地返回到指定的稳定状态。

寄存器在时钟沿采样一个数据的过程，可以用一个球在山丘间的跌落来图示（见图 5-154）。

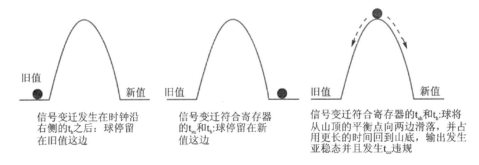

图 5-154　用球在山丘间的跌落示意亚稳态现象

如图 5-154 所示,山丘的两边表示稳定状态:时钟沿之后信号的旧值和新值;山丘顶表示亚稳态。图中示意球停留在山顶正中的情况在真实电路中实际不会发生,球总会在山顶微微地偏向一边,继而滚落到山底,快速地到滑落至山丘底部的那侧的稳定状态。

如果数据变迁发生在时钟沿右侧的 t_h 之后,好似球跌落至山丘的"旧值"这边,此时输出信号保持为原先的值。当寄存器的输入数据变迁发生在当前时钟沿左侧的 t_{su} 之前,以及前一个时钟沿右侧的 t_h 之后,则好似球跌落至山丘的"新值"一边,而输出在充分满足 t_{co} 后会快速到达稳定的新状态。因而,当寄存器的数据变迁时刻违背 t_{sh} 和 t_h 时,这就好似球从山顶向两边跌落。球开始跌落的时刻越接近山的顶部,它返回底部的时间就越长,这就使得从数据变迁时钟沿至输出稳定状态的延迟将大于 t_{co}。

图 5-155 示意了一个亚稳态输出时序,在时钟信号变迁期间,输入信号从低电平变迁到高电平,违反了寄存器需要的建立时间 t_{su} 要求。因而输出信号从低电平状态变迁到亚稳态,它在高电平状态和低电平状态之间(山顶处)游动(细微的差异导致亚稳态向两个不同方向的稳态翻转,译者注)。输出 A 示意了它跟随输入数据变异到新的状态(逻辑 1),而输出 B 则返回到输入数据的原状态(逻辑 0)。在这两种情况中,输出信号变迁到新状态逻辑 0 或逻辑 1 的时刻,都将要延迟到寄存器的 t_{co} 之后。

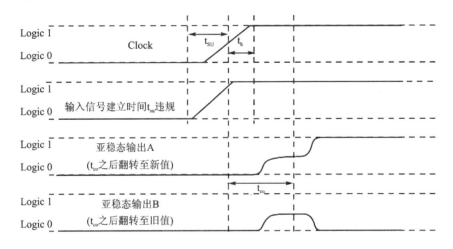

图 5-155　亚稳态输出的例子

2. 亚稳态何时会导致设计失效

如果数据输出信号是在下一个寄存器捕获它之前就已滑落至一个稳定的状态,此时的亚稳态信号并不会给系统带来负面影响。但是如果亚稳态输出信号不能在它到达下一个寄存器之前滑落到低或高的稳定状态,它将导致系统失效。这仍然可使用球和山丘来解释,当球跌落至山底的时间超过所允许的时间(允许的时间是指时序分析中,对应寄存器路径中的这些寄存器的正的 t_{co} 的 Slack 值)。当亚稳态信号没有在允许的时间段内滑落至稳定状态,将发生逻辑混乱和失效,此时目标寄存器将出现相互矛盾的逻辑状态。也就是说,对于相同的亚稳态信号,不同的寄存器将会捕获到不同的值。

3. 同步寄存器

当信号在非相关时钟域电路或异步时钟域电路之间传输时,引用该信号前,必须要将其同步到新的时钟域。新时钟域的第一个寄存器则成为同步寄存器。

为了使异步信号传输的亚稳定性所导致的失效尽可能地最小,电路设计者通常会在目标时钟域使用一个寄存器序列(同步寄存器链或同步器),以达到再同步的目的。同步寄存器链将该信号再次同步到新的目标时钟域。这些寄存器提供额外的时间,用于那些可能出现的亚稳态信号,使得这些亚稳态信号能够在它们被引用(捕获)前滑落至一个已知值(0 或 1),当然这是在设计的时间空挡中完成。位于同步器中寄存器—寄存器路径的有效 Slack 值,也就成为对亚稳态信号进行约算的可用时间,称其为亚稳定性的可用约算时间(Settling time)。

同步寄存器链或同步器,其定义是一个符合如下要求的寄存器序列(寄存器链):

(1)链中的所有寄存器或者使用相同的时钟源作为驱动时钟,或者使用具有相对相位关系的不同时钟源作为驱动时钟。

(2)链中的第一个寄存器的输入信号,或者来自一个非相关时钟域,或者来自一个异步时钟域。

(3)除链中最后一个寄存器外,所有寄存器的输出仅扇出至一个寄存器。

同步寄存器链的长度是指同步时钟域中符合上述要求的寄存器的个数。图 5-156 例子中同步寄存器链的长度为二,其输出信号可扇出至多个寄存器。

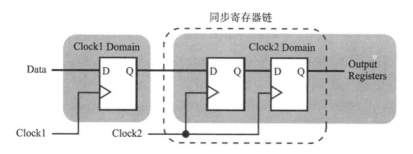

图 5-156　同步寄存器的例子

注意到任何一个异步输入信号,或那些在非相关时钟域之间传输的信号,都可能在相对于捕获寄存器时钟沿的任何一个时刻发生变迁。因此,设计者不能够预知这些变迁发生的序列,以及变迁发生前目标时钟域时钟沿的个数。例如,如果一个异步总线信号跨时钟域传输,并且被同步,这些数据信号将在不同的时钟沿上发生变迁,其结果就是,所接收到的总线的数值不正确。这就是说,带有连续节拍的总线跨时钟域时,不能直接使用同步寄存器链的方式进行同步。鉴于此,设计者必须习惯于采用例如双时钟 FIFO 这样的电路(DCFIFO)来存取数据和进行握手。FIFO 逻辑仅使用同步器传输转换两个时钟域之间的控制信号,而数据的读和写则使用双端口的存储器。Altera 提供的 DCFIFO 即用于此目的,其中,对于那些跨时钟域的控制信号,提供了多级潜伏期设置和亚稳态的保护。另外,如果跨时钟域握手信号中的有异步信号,这些异步的握手信号能够用于指示当前跨数据域的数据传输。此时,同步寄存器用于保证亚稳态现象不会影响到这些控制信号的接收,对于可能发生的任何亚稳态条件,信号数据都有足够的约算时间,使得在这些信号被使用前,亚稳态已经滑落至稳态。在一个基于完备的设计(properly - designed)中,正确的功能设计,就是使所有的信号在它被使用前就已经滑落至一个稳定值。

4. 亚稳定性 MTBF 值的计算

两次失效之间的平均时间,即平均无故障时间(MTBF),是亚稳定性能的一个评估指标,它是由亚稳态所致的两次失效之间的平均间隔。一个较高的 MTBF 值表示一个更稳定的系统(例如,两次亚稳态失效之间的间隔达到数百或数千年)。所需要的 MTBF 值的大小,取决于系统的应用,例如,一个医学生命维持系统所需要的 MTBF,就比一个视频娱乐系统的 MT-BF 要高。亚稳定性 MTBF 值的增加,就意味着设备中信号传输时发生亚稳态问题的机会减小。

无论是特定的信号传输的 MTBF,还是当前设计中全部信号传输的 MTBF,都可以依据设计参数和器件参数进行计算。同步寄存器链 MTBF 的计算使用下列公式和参数:

$$MTBF = \frac{e^{tmet/C_2}}{C_1 \cdot f_{clk} \cdot f_{data}} \tag{5-62}$$

式中:

常数 C_1 和 C_2 取决于器件的工艺和操作环境。

f_{clk} 和 f_{data} 取决于设计,其中 f_{clk} 是接收异步信号时钟域的时钟频率,而 f_{clk} 是驱动异步数据信号的时钟频率。f_{clk} 越快或 f_{data} 越快,MTBF 值将越小(亚稳定性恶化)。

t_{met} 是空闲的亚稳定性约算时间,或者说它是从寄存器的 t_{co} 之后,到亚稳态信号滑落至已知值这个区间其时序分析的 Slack 值。同步寄存器链的 t_{met} 则是该链中各个寄存器输出时序的 Slack 之和。

整个设计系统的 MTBF 值则可由设计系统中各个同步寄存器链的 MTBF 值确定。由于每一个同步器的失效率为 1/MTBF,因而整个设计系统的失效率可以由每个同步器的失效率累加而得到,如下式所示:

$$Failure\_rate_{design} = \frac{1}{MTBF_{design}} = \sum_{i=1}^{SN} \frac{1}{MTBF_i} \tag{5-63}$$

式中:

$Failure\_rate_{design}$:整个设计系统的失效率;

SN:设计系统中同步寄存器链(或同步器)的数量;

$MTBF_{design}$:整个设计系统的 MTBF 值;

$MTBF_i$:每个同步寄存器链的 MTBF 值。

因此,整个设计系统的 MTBF 为:$MTBF_{design} = 1/Failure\_rate_{design}$

使用某些 FPGA 厂商提供的 EDA 工具,设计者并不需要人工计算式(5 - 63),因为这些

EDA 软件已经在其内置的工具中集成了亚稳态参数的计算。EDA 软件将报告每一个被标识为同步寄存器链的 MTBF 值,同时也报告整个设计系统的亚稳定性指标。

5. 亚稳定性常数的决定

亚稳定性 MTBF 计算公式中的常数值是由 FPGA 的生产厂商提供的。而决定这个常数值的困难在于:通常的 FPGA 设计中,其 MTBF 值是以年为单位,以此来计算两次亚稳态之间的间隔,而这用于模拟真实操作环境的真实电路时却并不实际。为了计量特定器件的亚稳态常数,Altera 使用一种具有很短 MTBF 值的电路作为测试电路,如图 5 - 157 所示。

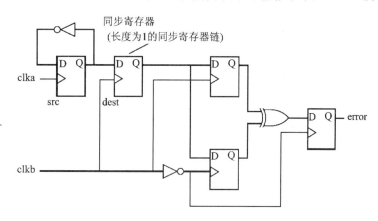

图 5 - 157 亚稳态测试电路架构

在图 5 - 157 所示的设计中,clka 和 clkb 是两个无关的时钟信号。输入至同步寄存器链的数据在每一输入时钟(clka)周期翻转。由于仅单独的同步寄存器向两个目标寄存器提供信号,因此此时的同步寄存器链长度为 1。而目标寄存器捕获同步寄存器链的输出,一个是发生在一拍之后,另一个则是发生在半拍之后。如果信号在滑落至下一个时钟沿之前进入亚稳态,该电路将检测到所采样的两个信号是不同的,因而输出一个错误信号(异或电路所致)。这个测试电路检测到的亚稳态事件大多发生在半周期时间段。

用这个测试电路在指定器件的相关实例寄存器中的重复测试,以避免局部电路测试可能带来的噪声耦合等影响。Alter 对每一个测试电路进行 1 min 的测试,并计数其错误次数。测试电路加载不同的测试频率,将 MTBF 对比 t_{met} 的结果绘制在对数坐标图中。C_2 对应与实验曲线的斜率,而 C_1 则对应线性线段的坐标。

6. 亚稳定性 MTBF 的改善

由于 MTBF 公式中指数因子 e^{t_{met}/C_2} 的作用,使得 MTBF 计算中 t_{met}/C_2 项影响最大。因此,既可以通过使用增强架构优化器件的 C_2 常数使得亚稳定性得到改善,也可以增加同步寄存器链中的 t_{met} 值以优化设计。

MTBF 公式中的亚稳定性时间常数 C_2,其取值的诸多因素与制造该器件的工艺有关,这包括三极管的速度和工作电压。更快的工艺技术和更快的三极管则使得亚稳态信号的滑落速度更快。当 FPGA 的几何尺寸从 180 nm 发展到 90 nm 时,通常此时由于三极管速度的增加因而使得亚稳定性 MTBF 得到改善。因此说,亚稳定性问题的主角并不是设计者本身。

另外,当使用小几何尺寸的工艺技术时,工作电压也因此减小,而电路的阈值电压却不能成比例地减少。当一个寄存器进入亚稳态,它的电压则接近工作电压的一半。减小电源电压时,亚稳态电平则更接近电路的阈值电压。当亚稳态电平和电路的阈值电压接近时,电路的增益将下降,因而电路将占用更多的时间用于完成亚稳态的输出转换。当 FPGA 进入 65 nm 工艺或更低的工艺,其电源电压在 0.9 V 或更低,阈值电压问题将比三极管速度问题更加严重。通常此时的亚稳定性会变得更差,除非厂商能够提供更稳定的亚稳定电路系统。

某些 FPGA 厂商使用其 FPGA 架构中的亚稳定性分析架构以优化电路,从而改善亚稳定性指标 MTBF。例如 Altera 40 nm 的 Stratix IV 架构和新器件的开发中,经过改进的增强架构,通过减少 MTBF 的 C_2 常数,使得器件亚稳定电路的鲁棒性(robustness)得到改善。

MTBF 公式中的指数因子意味着当设计要素 t_{met} 增加的同时,同步器的 MTBF 值也更随指数的增加。例如,C_2 常数由指定器件给定,系统的操作条件 t_{met} 由 50 ps 增加至 200 ps,使得指数增加了 200/50,由于 MTBF 的因子为 e^4,所以 MTBF 增加了 50 倍以上。当 t_{met} 增加至 400 ps 时,此时 MTBF 的因子为 e^8,故 MTBF 值增加约 3 000 倍。

另外,最差的 MTBF 链成为对整个设计的 MTBF 指标的主要影响。例如,考虑同样具有 10 个同步寄存器链的两个不同设计,其中一个设计中的十个同步寄存器链具有相同的 1 万年的 MTBF 值,而另一个设计中具有 9 个 100 万年的 MTBF 值的同步寄存器链,和一个只有 100 年 MTBF 值的同步寄存器链。由于系统总的失效率是各个同步寄存器链失效率的总和,即总的失效率=1/MTBF。第一个设计中 10 个同步寄存器链的总失效率是 $10×1/10\ 000 = 0.001$,因此,该设计的 MTBF 为 1 000 年。第二个设计中,其总失效率是 $9×1/1\ 000\ 000 + 1/100 = 0.010\ 09$,因而该设计的平均无故障时间(MTBF)值约为 99 年,略低于最差同步寄存器链的 MTBF 值。

换句话说,同步寄存器链中最差者将控制支配整个设计的亚稳定性指标。由于这个原因,对所有的跨时钟域同步信号进行亚稳态分析就显得尤为重要。设计者或工具厂商针对最差 MTBF 的同步寄存器链改善其 t_{met} 具有重要的意义。

为改善亚稳定性目的,设计者增加 t_{met},这可以通过扩展同步寄存器链的级联实现。每一个级联至寄存器—寄存器链的寄存器,其时序 Slack 值都将加入该同步寄存器链的 t_{met} 中。设计者通常使用两级寄存器用于同步一个信号,但 Altera 推荐使用标准的三级寄存器用于更好的亚稳态保护。然而,一个寄存器的增加也将导致同步逻辑的潜伏期增加了一级,所以设计者必须评估这是否可以被接受。

如果一个设计中使用 EDA 厂商的读写时钟分离的 FIFO 核并用于处理跨时钟域信号,设计者可以通过增加亚稳定性保护(和潜伏期),以得到更好的 MTBF 值。例如 Altera 的 Quartus II 软件,其 MegaWizard™ Plug-In Manager 提供一个选项,用于选择三级或更多级数的同步寄存器链,以增加对亚稳态的保护。

某些 EDA 软件(例如 Quartus II)提供亚稳态分析工具和优化工具,用于增加再同步寄存器链的 t_{met} 值。当有同步器被标识时,软件将会在布置时使得这些寄存器互相靠近,以增加同步寄存器链输出时序的 Slack 有效值,并且将亚稳态指标 MTBF 报告出来。

7. 无关时钟域设计例子:异步 FIFO

例 5-13:异步 FIFO 又称为双时钟 FIFO(DCFIFO),使用双口 RAM 以及单比特(格雷码)握手跨时钟域,以下为一个深度为 256、宽度为 8 的 DCFIFO 顶层框图,如图 5-158 所示。

图 5-158 中,为了清楚地观察到两个时钟域以及跨时钟域的处理,将不同时钟域的信号用不同的方式绘制:

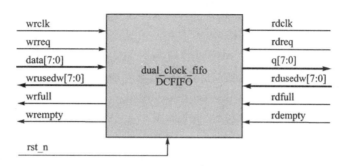

图 5-158　双时钟 DCFIFO 的顶层框图

（1）写时钟域信号用黑色线段绘制：_____

（2）读时钟域信号用灰色线段绘制：_____

（3）异步时钟域或混合时钟域信号用深灰色绘制：_____

根据同步 FIFO 的讨论（见 4.9 节的例子），异步 FIFO（DCFIFO）的架构如图 5-159 所示。

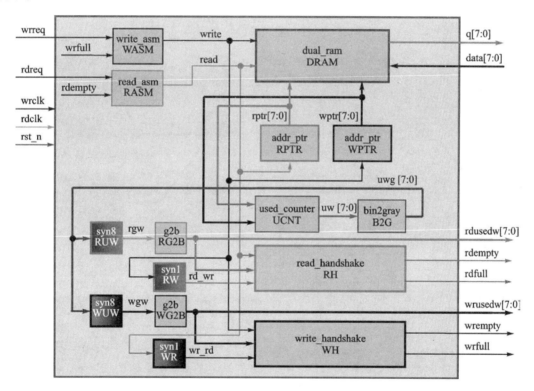

图 5-159　双时钟 DCFIFO 的架构图

图中，双口 RAM 在读命令 read 时，将读指针指向的数据读出到 q 端口；在写命令时，将数据写入写指针指向的单元中。读指针管理器（RPTR）是工作在读时钟域，写指针管理器（WPTR）工作在写时钟域。其用量计算模块（VCNT），写指针减去读指针，加上 256 的模数（参见 4.9 节的同步 FIFO 例子），这里组合逻辑的混合时钟域，因此其输出 uw 为混合时钟域信号。异步 FIFI 的特殊之处在于用量信号 us 的跨时钟域，普遍采用格雷码方案，任意码长相邻码元仅有一个比特变化,故 B2G 单元将 uw 转格雷码 uwg,然后跨时钟域,使用 RUW 模块,将混合时钟域的格雷码用量 uwg 同步到读时钟域,得到读时钟域的格雷码用量 rgw,接着在读时钟域 RG2B 将它转换为二进制,即读时钟域的 FIFO 用量 rdusedw 信号。同样,WUW 将混合时钟域的格雷码用量 uwg 同步到写时钟域,得到些时钟域的格雷码用量 wgw,WG2B 在将其转换为二进制,得到写时钟域的 FIFO 用量 wrusedw。握手单元中,读握手模块 RH,需要读时钟域的写命令 rd_wr,故 RW 模块将写时钟域的写命令 write 同步到读时钟域,得到 rd_wr;写握手模块 WH,需要写时钟域的读命令 wr_rd,WR 模块则将读时钟域的读命令 read 同步到写时钟域,得到 wr_rd。算法机部分,执行安全算法空不能读,满不能写,故它们分别是两个时钟域的组合逻辑 WASM 和 RASM。

在这个设计例子中,同步寄存器采用二级同步寄存器链,其安全读节拍分析如图 5-160 所示。

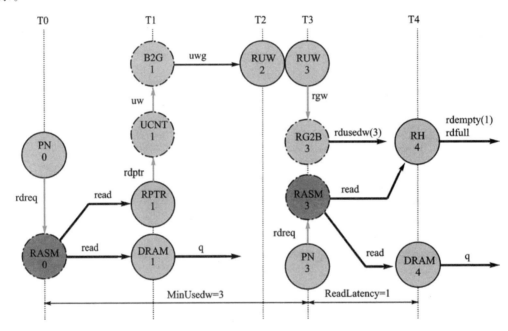

图 5-160　双时钟 DCFIFO 的安全读信号节拍分析

图中,DCFIFO 的读潜伏期为正常的同步潜伏期 1 拍,则最小用量 MinUsedw=3。RH 根据当前读激励 read=1 和最小用量 rdusedw=MinUsedw 将 rdempty 置 1:

(1) 当前 T3 的读为真 read=1 时,若 rdusedw>3,则 RH 将空握手 rdempty 设置 0(假)。

(2) 当前 T3 的读为真 read=1 时,若 rdusedw=3,又若 T0 发出读请求之后,至当前(T3)每一拍都有读请求,连续读 FIFO,则将 rdempty 设置为真(1)。

(3) 当前 T3 的读为真 read=1 时,若 rdusedw=2,又若 T0 发出读请求之后,至当前(T3)仅有 2 个读请求,非连续读 FIFO,则将 rdempty 设置为真(1)。

(4) 当前 T3 的读为真 read=1 时,若 rdusedw=1,又若 T0 发出读请求之后,至当前(T3)仅有 1 个读请求,非连续读 FIFO,则将 rdempty 设置为真(1)。

为避免设计例子过于复杂,本例子中仅仅设计连续读空 FIFO 的代码和结构,即该例子仅仅支持连续读空(上述握手说明的 1 和 2)。若要执行非连续读空(当用量 rdusedw<=3),读

请求并不连续,则可能有数据无法读出,此时,要么完整实现上述全部握手(在本例中增加代码),要么写入数据压出。安全写节拍分析如图 5-161 所示。

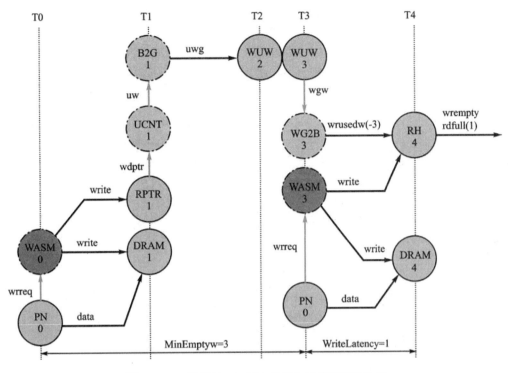

图 5-161 双时钟 DCFIFO 的安全写信号节拍分析

图中,DCFIFO 的写潜伏期为正常的同步潜伏期 1 拍,则最小空量 MinEmtyw=3。WH 根据当前写激励 write=1 和最小空量 wrusedw=DEPTH-MinEmtyw 将 wrfull 置 1。这里 DEPTH 是 DCFIFO 的深度。

根据安全读信号节拍分析,得到读握手模块 RH 的算法流程图 ASM Charts 如图 5-162 所示。

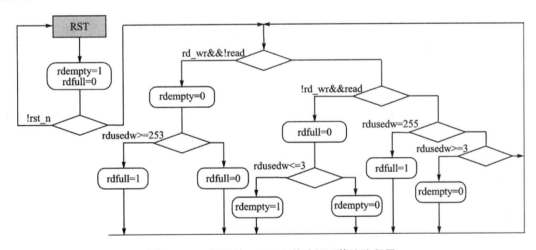

图 5-162 双时钟 DCFIFO 的读握手算法流程图

　　图中,仅有写命令(读时钟域的写命令 rd_wr)而没有读命令的分支,DCFIFO 不再为空,故将 rdempty 设置为假,而此时若最小空量 MinEmptyw＝3(256－3＝253)满足,则将 rdfull 设置为真;仅有读命令而没有写命令的分支,DCFIFO 不再为满,故 rdfull 为假,而此时若最小用量 MinUsedw＝3 满足,则将 rdempty 设置为1;考虑到 DCFIFO 的读时钟域用量 rdusedw 的增加并不一定每一次都能与读时钟域的写命令对应,故必须单独判断安全写用量,故无读无写或有读有写的分支中,若最小空量满足,则将读时钟域的满握手 rdfull 设置为真。

　　同样,根据安全写信号节拍分析,写握手模块 WH 的算法流程图 ASM Charts 如图 5－163 所示。

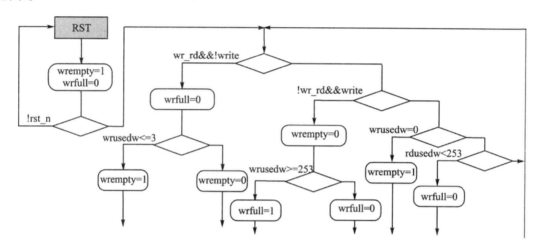

图 5－163　双时钟 DCFIFO 的写握手算法流程图

　　图中,无写有读(写时钟域的读命令 wr_rd),DCFIFO 不再满,故 wrfull 设置为假,而此时若最小用量满足 MinUsedw＝3,则将写时钟域的空握手 wrempty 设置为真;有写无读时,DCFIFO 不再为空,故将 wrempty 设置为假,而此时若满足最小空量 MinEmptyw＝3(256－3＝253),则将 wrfull 设置为真;同样考虑到写时钟域的用量 wrusedw 并不一定能够与写时钟域的读命令对应,故无读无写或有读有写的分支中,若最小用量满足,则将写时钟域的空信号 wrempty 设置为真。

　　将二进制转格雷码(bin2gray),其算法结构图如图 5－164 所示。

　　有二进制码序列:$B_7 B_6 \cdots B_2 B_1 B_0$,转换为对应的格雷码序列:$G_7 G_6 \cdots G_2 G_1 G_0$,则:

$$\begin{cases} B_8 = 0 \\ G_i = B_i \oplus B_{i+1} (i = 7, 6, \cdots, 2, 1, 0) \end{cases} \tag{5-64}$$

将格雷码转换为二进制(g2b),其算法结构如图 5－165 所示。全部代码(例程 5－23 至例程 5－29):

　　有格雷码序列:$G_7 G_6 \cdots G_2 G_1 G_0$,转换为对应的二进制序列:$B_7 B_6 \cdots B_2 B_1 B_0$,则:

$$\begin{cases} B_8 = 0 \\ B_i = G_i \oplus B_{i+1} (i = 7, 6, \cdots, 2, 1, 0) \end{cases} \tag{5-65}$$

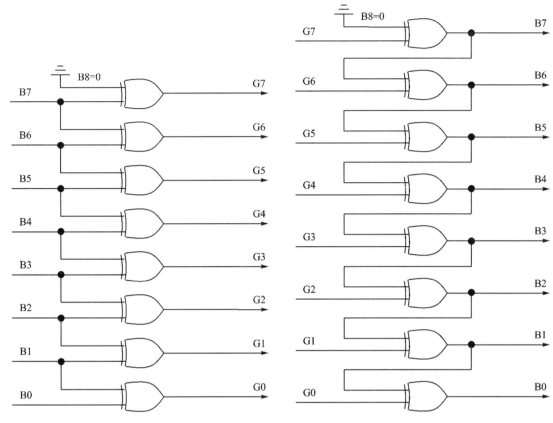

图 5 - 164 八位二进制转格雷码的门级结构　　　图 5 - 165 八位格雷码转二进制的门级结构

```
1    module bin2gray(bin, gray);
2
3        input [7:0] bin;
4        output [7:0] gray;
5
6        assign gray[7] = 1'b0 ^ bin[7];
7        assign gray[6] = bin[7] ^ bin[6];
8        assign gray[5] = bin[6] ^ bin[5];
9        assign gray[4] = bin[5] ^ bin[4];
10       assign gray[3] = bin[4] ^ bin[3];
11       assign gray[2] = bin[3] ^ bin[2];
12       assign gray[1] = bin[2] ^ bin[1];
13       assign gray[0] = bin[1] ^ bin[0];
14
15   endmodule
```

```
1    module g2b(gray, bin);
2
3        input [7:0] gray;
4        output [7:0] bin;
5
6        assign bin[7] = 1'b0 ^ gray[7];
7        assign bin[6] = bin[7] ^ gray[6];
8        assign bin[5] = bin[6] ^ gray[5];
9        assign bin[4] = bin[5] ^ gray[4];
10       assign bin[3] = bin[4] ^ gray[3];
11       assign bin[2] = bin[3] ^ gray[2];
12       assign bin[1] = bin[2] ^ gray[1];
13       assign bin[0] = bin[1] ^ gray[0];
14
15   endmodule
```

例程 5 - 23　双时钟 DCFIFO 中的格雷码与二进制转换代码

```
1   module addr_ptr(clk, rst_n, inc, ptr);
2       input clk, rst_n;
3       input inc;
4       output reg [7:0] ptr;
5       always @ (posedge clk, negedge rst_
6
7       begin
8           if (! rst_n)
9               ptr <= 0;
10          else if (inc)
11              ptr <= ptr + 1;
12      end
13  endmodule
```

```
1   module used_counter(rst_n, rptr, wptr, uw);
2       input rst_n;
3       input [7:0] rptr, wptr;
4       output reg [7:0] uw;
5
6       always @ ( * )
7       begin
8           if (! rst_n)
9               uw = 0;
10          else
11              uw = 256 + wptr - rptr;
12      end
13  endmodule
```

例程 5-24 双时钟 DCFIFO 的写算法机的指针管理器和用量计数器代码

```
1   module dual_clock_fifo(wrclk, rdclk, rst_n,
2       wrreq, data, wrusedw, wrfull, wrempty,
3       rdreq, q, rdusedw, rdfull, rdempty);
4
5       input wrclk, rdclk, rst_n;
6       input wrreq, rdreq;
7       input [7:0] data;
8       output [7:0] q;
9       output [7:0] wrusedw, rdusedw;
10      output wrfull, wrempty;
11      output rdfull, rdempty;
12
13      wire write, read;
14      wire [7:0] rptr, wptr, uw, uwg, rgw, wgw;
15      wire     rd_wr, wr_rd;
16
17      write_asm WASM(
18          .rst_n(rst_n),
19          .wrreq(wrreq),
20          .wrfull(wrfull),
21          .write(write)
22      );
23
24      read_asm RASM(
25          .rst_n(rst_n),
26          .rdreq(rdreq),
27          .rdempty(rdempty),
28          .read(read)
29      );
30
31      dual_ram DRAM(
32          .rdclk(rdclk),
33          .wrclk(wrclk),
34          .rst_n(rst_n),
35          .write(write),
36          .read(read),
37          .rptr(rptr),
38          .wptr(wptr),
39          .q(q),
40          .data(data)
41      );
```

例程 5-25 双时钟 DCFIFO 的顶层代码

```
42        addr_ptr RPTR(
43            .clk(rdclk),
44            .rst_n(rst_n),
45            .inc(read),
46            .ptr(rptr)
47        );
48
49        addr_ptr WPTR(
50            .clk(wrclk),
51            .rst_n(rst_n),
52            .inc(write),
53            .ptr(wptr)
54        );
55
56        used_counter UCNT(
57            .rst_n(rst_n),
58            .rptr(rptr),
59            .wptr(wptr),
60            .uw(uw)
61        );
62
63        bin2gray B2G(
64            .bin(uw),
65            .gray(uwg)
66        );
67
68        syn8 RUW(
69            .clk(rdclk),
70            .data(uwg),
71            .q(rgw)
72        );
73
74        g2b RG2B(
75            .gray(rgw),
76            .bin(rdusedw)
77        );
78
79        syn1 RW(
80            .clk(rdclk),
81            .data(write),
82            .q(rd_wr)
```

```
83        );
84
85        read_handshake RH(
86            .rdclk(rdclk),
87            .rst_n(rst_n),
88
89            .rdusedw(rdusedw),
90            .read(read),
91            .rd_wr(rd_wr),
92
93            .rdempty(rdempty),
94            .rdfull(rdfull)
95        );
96
97        syn8 WUW(
98            .clk(wrclk),
99            .data(uwg),
100            .q(wgw)
101        );
102
103        g2b WG2B(
104            .gray(wgw),
105            .bin(wrusedw)
106        );
107
108        syn1 WR(
109            .clk(wrclk),
110            .data(read),
111            .q(wr_rd)
112        );
113
114        write_handshake WH(
115            .wrclk(wrclk),
116            .rst_n(rst_n),
117            .wrusedw(wrusedw),
118            .write(write),
119            .wr_rd(wr_rd),
120            .wrempty(wrempty),
121            .wrfull(wrfull)
122        );
123 endmodule
```

例程 5-25　双时钟 DCFIFO 的顶层代码(续)

```
1  module write_asm(rst_n,wrreq,wrfull,write);
2
3      input rst_n, wrreq, wrfull;
4      output reg write;
5
6      always @ ( * )
7      begin
8          if (! rst_n)
9              write = 0;
10         else if (wrreq && ! wrfull)
11             write = 1;
12         else
13             write = 0;
14     end
15
16 endmodule
```

```
1  module read_asm(rst_n,rdreq,rdempty,read);
2
3      input rst_n, rdreq, rdempty;
4      output reg read;
5
6      always @ ( * )
7      begin
8          if (! rst_n)
9              read = 0;
10         else if (rdreq && ! rdempty)
11             read = 1;
12         else
13             read = 0;
14     end
15
16 endmodule
```

例程 5-26　双时钟 DCFIFO 中的写算法机 WASM 和读算法机 RASM 代码

```
1    module syn8(clk, data, q);
2        input clk;
3        input [7:0] data;
4        output reg [7:0] q;
5        reg [7:0] r;
6
7        always @ (posedge clk)
8        begin
9            r <= data;
10           q <= r;
11       end
12   endmodule
```

```
1    module syn1(clk, data, q);
2        input clk;
3        input data;
4        output reg q;
5        reg r;
6
7        always @ (posedge clk)
8        begin
9            r <= data;
10           q <= r;
11       end
12   endmodule
```

例程 5 - 27　双时钟 DCFIFO 中的同步器代码

```
1    module read_handshake(rdclk, rst_n,
2    rdusedw, read, rd_wr, rdempty, rdfull);
3
4        input rdclk, rst_n;
5        input [7:0] rdusedw;
6        input read, rd_wr;
7        output reg rdempty, rdfull;
8
9        always @ (posedge rdclk, negedge rst_n)
10       begin
11           if (! rst_n)
12               begin
13                   rdempty <= 1;
14                   rdfull <= 0;
15               end
16           else if (rd_wr && ! read)
17               begin
18                   rdempty <= 0;
19                   if (rdusedw >= 253)
20                       rdfull <= 1;
21                   else
22                       rdfull <= 0;
23               end
24           else if (! rd_wr && read)
25               begin
26                   rdfull <= 0;
27                   if (rdusedw <= 3)
28                       rdempty <= 1;
29                   else
30                       rdempty <= 0;
31               end
32           else if (rdusedw == 255)
33               rdfull <= 1;
34           else if (rdusedw >= 3)
35               rdempty <= 0;
36       end
37
38   endmodule
```

```
1    module write_handshake(wrclk, rst_n,
2    wrusedw, write, wr_rd, wrempty, wrfull);
3
4        input wrclk, rst_n;
5        input [7:0] wrusedw;
6        input write, wr_rd;
7        output reg wrempty, wrfull;
8
9        always @ (posedge wrclk, negedge rst_n)
10       begin
11           if (! rst_n)
12               begin
13                   wrempty <= 1;
14                   wrfull <= 0;
15               end
16           else if (wr_rd && ! write)
17               begin
18                   wrfull <= 0;
19                   if (wrusedw <= 3)
20                       wrempty <= 1;
21                   else
22                       wrempty <= 0;
23               end
24           else if (! wr_rd && write)
25               begin
26                   wrempty <= 0;
27                   if (wrusedw >= 253)
28                       wrfull <= 1;
29                   else
30                       wrfull <= 0;
31               end
32           else if (wrusedw == 0)
33               wrempty <= 1;
34           else if (wrusedw < 253)
35               wrfull <= 0;
36       end
37
38   endmodule
```

例程 5 - 28　双时钟 DCFIFO 中的读握手模块和写握模块代码

1	module dual_ram(rdclk,wrclk,rst_n,write,	14	if (! rst_n)
2	read, rptr, wptr, q, data);	15	q <= 0;
3		16	else if (read)
4	input rdclk, wrclk, rst_n;	17	q <= dram[rptr];
5	input write, read;	18	end
6	input [7:0] rptr, wptr;	19	
7	output reg [7:0] q;	20	always @ (posedge wrclk)
8	input [7:0] data;	21	begin
9		22	if (write) dram[wptr] <= data;
10	reg [7:0] dram [255:0];	23	end
11		24	
12	always @ (posedge rdclk, negedge rst_n)	25	endmodule
13	begin	26	

例程 5 - 29　双时钟 DCFIFO 中的双口 RAM 代码

测试代码中(例程 5 - 30),首先进行读空测试:写 DCFIFO 四个数据,然后读空它们;然后进行写满测试:写 256 个数据。读空测试检测最后一个字读出至 q,单拍潜伏期的读时钟域空握手信号 rdempty 必须为真;写满测试检测写满 256 个字后,单拍潜伏期的写时钟域满握手信号必须为真。这是 DCFIFO 的安全访问的基础。图 5 - 166 至图 5 - 168 为仿真波形。

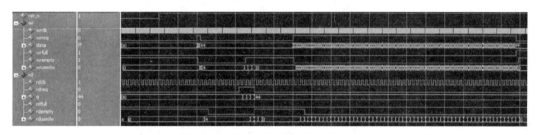

图 5 - 166　包含读空测试和写满测试的功能仿真波形

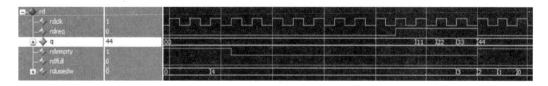

图 5 - 167　读空测试细节

注意:图 5 - 167 显示的读空验证的功能仿真细节中:

(1) 最后一个字 44H 读出后,rdempty 的确为真(最后一个 rdreq=1 至 rdempty=1 为 1 拍);

(2) 此时的读时钟域用量 rdusedw 的确为等于最小用量 MinUsedw=3。

同样,图 5 - 168 显示的写满验证的功能仿真细节中:

(1) 最后一个字写入后,wrfull 的确为真(最后一个 wrreq=1 至 wrfull=1 为 1 拍);

(2) 此时的写时钟域用量 wrusedw 的确等于最小空量 MinEmptyw=3(256-3=253)。

图 5 - 168　写满测试细节

1	`timescale 1ns/1ps	29	initial begin	27	@ (posedge rdclk)
2		30	rdclk = 1;	28	@ (posedge rdclk)
3	module dual_clock_fifo_tb;	31	wrclk = 1;	29	@ (posedge rdclk)
4		32	rst_n = 0;	30	@ (posedge rdclk)
5	reg wrclk, rdclk, rst_n;	33	wrreq = 0;	31	rdreq = 0;
6	reg wrreq, rdreq;	34	rdreq = 0;	32	
7	reg [7:0] data;	35	data = 0;	33	//write full
8	wire [7:0] q;	36		34	#200
9	wire [7:0] wrusedw, rdusedw;	37	#200	35	@ (posedge wrclk)
10	wire wrfull, wrempty;	38	rst_n = 1;	36	wrreq = 1;
11	wire rdfull, rdempty;	39		37	data = 8'h00;
12	integer i;	40	//read empty	38	for (i=1; i<=255; i=i+1)
13		41	#200	39	begin
14	dual_clock_fifo DUT(	42	@ (posedge wrclk)	40	@ (posedge wrclk)
15	.wrclk(wrclk),	43	wrreq = 1;	41	data = i;
16	.rdclk(rdclk),	44	data = 8'h11;	42	end
17	.rst_n(rst_n),	45	@ (posedge wrclk)	43	@ (posedge wrclk)
18	.wrreq(wrreq),	46	data = 8'h22;	44	wrreq = 0;
19	.data(data),	47	@ (posedge wrclk)	45	
20	.wrusedw(wrusedw),	48	data = 8'h33;	46	#200 $stop;
21	.wrfull(wrfull),	49	@ (posedge wrclk)	47	end
22	.wrempty(wrempty),	50	data = 8'h44;	48	
23	.rdreq(rdreq),	51	@ (posedge wrclk)	49	always #10 rdclk = ~rdclk;
24	.q(q),	52	wrreq = 0;	50	always #2.3 wrclk = ~wrclk;
25	.rdusedw(rdusedw),	53		51	
26	.rdfull(rdfull),	54	#200	52	endmodule
27	.rdempty(rdempty)	55	@ (posedge rdclk)	53	
28	);	56	rdreq = 1;	54	

例程 5 - 30　双时钟 DCFIFO 的测试代码

5.10　使用 TimeQuest 的时序检查和时序约束

在 5.9.9 节到 5.9.11 节中,讨论了同步电路连续信号分析中基于静态时序定律的算法。基于 STA 的算法有很多,但以上章节讨论的算法基本上可以代表 EDA 业界的主流,这些算法是 Synopsys 公司首先提出,并给出了 TimeQuest Timing Analyzer 工具。实际上,现代数字设计中,所有这些时序检查时序约束,都是自动化的,是 EDA 的产物。学习理解这些算法,并不是需要人工计算设计中的每一个节点路径,而是要知道 EDA 是如何进行这种计算的,能够看懂 EDA 时序工具的报告,则为时序工具的使用铺垫基础。

由于 Synopsys 这种使用数据到达时刻和数据需要时间时刻之差来定量定性描述同步电路中的连续信号规律,不仅形象便于记忆,而且非常高效。TimeQuest Timing Analyzer 则是这种算法实现的工具,被广泛采用。本节将讨论 TimeQuest 工具的使用。

TimeQuest Timing Analyzer 在不同的开发环境中,具有不同的 GUI 特色。本节不打算详细讨论它的 GUI 细节(需要可参考其手册,或浏览 Synopsys 的网站),而是通过一个引信控制器模型逐步提速的例子,既示例 QuartusII 平台下 TimeQuest 工具的使用方法,又为静态时序分析和约束做示例。提速过程的示例中,不仅示例了使用工具约束进行提速,也示例了通过改良结构以及使用流水线技术的提速。

　　EDA 设计中,一个痛苦而迷茫的问题则是设计电路的速度问题。有些开发者仅仅将速度的提升,完全寄托于工具(例如时序约束工具)。且不说这些约束工具是否被正确使用,很多时候即便正确约束也无法得到要求的速度性能,这是因为,必须知道约束是在做什么,它固然很重要,但不要迷信它,它既不是提速的唯一手段,甚至不是提速最重要的手段。EDA 的时序约束工具,是一种自动化工具,它根据设计者的时序要求,主要实现布局和路由的优化,而结构的优化,工具基本帮不到你。如果将提速比喻为马拉松赛跑,则约束仅仅在其百米冲刺期间具有助力的作用。如果电路结构的性能很好,则约束的提速效果明显,正如一个优秀的长跑运动员对其给出的约束(目标)效果明显,反之如果对一个不善运动的普通人,无论如何约束(给出何种目标)都不可能出现马拉松比赛的奇迹。现代的 EDA 设计中,RTL 阶段,设计者就完全有多种强有力的方法,保证系统运行到指定速度,具体可参考后续《流水线设计》相关章节。

1. 使用时序工具的例子:引信控制器的设计和提速

　　例 5 - 14:设计如图 5 - 169 所示的引信控制器原始模型,要求其不仅能够在 50 MHz 时钟下正常工作,并且要求能够将时钟频率提速至 400 MHz 。使用 TimeQuest Timing Analyzer 工具进行时序检查和时序约束,并给出时序检查的报告(最高频率以及此时的建立余量 $Slack_{setup}$ 和保持余量 $Slack_{hold}$)。

　　引信控制器输入 y(y 可能是 GPS 定位或红外跟踪/雷达跟踪数据)的简化模型为:

$$y = k \cdot x + c \tag{5-66}$$

　　当 y 到达(大于等于)阈值 B 时,引信雷管控制开关闭合 S=1,否则 S=0:

$$s = \begin{cases} 0, & (y < b) \\ 1, & (y \geq b) \end{cases} \tag{5-67}$$

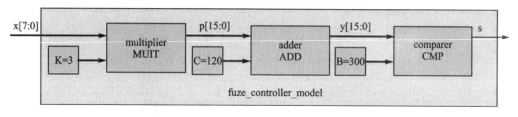

图 5 - 169　引信控制器的原始模型

　　首先,设计出这个完全由组合逻辑组成的原始模型,使得它能够通过功能验证,然后才开始为其提速。自上而下建模步骤如下:

　　(1) 描述顶层框架代码,对应于 VHDL 的实体 entity 编码。

　　(2) 生成乘法器 IP:在 QuartusII 中使用 Megafunction－Arithmetic－LPM_MULT 的 GUI,生成一个宽度为 8 的无符号非流水线乘法器,具体 GUI 设置(熟悉可跳过)为:

　　● 输出文件类型(Which type of output file do you want creat?):选择 Verilog;

　　● 输出文件名(What name do you want for the output file?):在当前路径后打入 multiplier;

　　● 乘法器配置中(Multiplier configuration):选择 dataa 乘 datab(Multiply 'dataa' input by 'datab' input);

- 宽度选择 8 比特;
- 输出宽度(How should the width of the 'result' output be determined?):选择自动计算宽度(Automatically calculate the width);
- 是否常数输入(Does the 'datab' input bus have a constant value?):选择非常数(No);
- 乘法器类型(Multiplication Type):选择无符号数(U nsigned);
- 实现方式(Implementation):选择默认设置(Use the default implementation);
- 是否采用流水线(Do you want to pipeline the function?):选择不(No);
- 优化方式(What type of optimization do you want?):选择默认(Default)。

(3) 生成加法器 IP:在 QuartusII 中使用 Megafunction－Arithmetic－LPM_ADD_SUB 的 GUI,生成一个宽度为 16 的无符号非流水线加法器,具体 GUI 设置为(熟悉可跳过):

- 输出文件类型(Which type of output file do you want creat?):选择 Verilog;
- 输出文件名(What name do you want for the output file?):在当前路径后打入 adder;
- 宽度(How wide should the 'dataa' and 'datab' input buses be?):选择 16;
- 加法器/减法器模式(Which operating mode do you want for adder/subtractor?):选择仅加法器(Addtion only);
- 是否常数输入(Is the 'dataa' or 'datab' bus value a constant?):选择不(No);
- 数据类型(Whice type of addition/subtraction do you want?):选择无符号数(U nsigned)。
- 是否采用流水线(Do you want to pipeline the function?):选择不(No)。

(4) 生成比较器 IP:在 QuartusII 中使用 Megafunction－Arithmetic－LPM_COMPARE 的 GUI,生成一个宽度为 16 的无符号非流水线比较器,具体 GUI 设置为(熟悉可跳过):

- 输出文件类型(Which type of output file do you want creat?):选择 Verilog;
- 输出文件名(What name do you want for the output file?):在当前路径后打入 comparer;
- 宽度(How many 'dataa' input bits do you want to compare to the 'datab' input bits?):选择 16;
- 比较类型(Which outputs do you want?):选择 a>=b(greater than or equal);
- 是否与常数端口比较(Is the 'datab' input bus value a constant?):选择不(No);
- 数据类型(Whice type of comparison do you want?):选择无符号数(U nsigned);
- 是否采用流水线(Do you want to pipeline the function?):选择不(No)。

(5) 开始装配顶层代码,并为其写 Testbench 进行验证,见例程 5－31。

(6) 执行功能仿真,得到功能仿真的波形图(见图 5－170),在功能仿真波形图中,可以看到所设计的电路功能正确,当输入 x 为 59 时,$y=59*3+120=297<300$,此时 $s=0$;当输入 x 为 61 时,$y=61*3+120=303>300$,此时 $s=1$。

```
1   module fuze_controller_model(x, s);
2
3       input [7:0] x;
4       output s;
5
6       wire [15:0] p, y;
7
8       multiplier MUIT(
9           .dataa(x),
10          .datab(8'd3),
11          .result(p)
12      );
13
14      adder ADD(
15          .dataa(p),
16          .datab(16'd120),
17          .result(y)
18      );
19
20      compare CMP(
21          .dataa(y),
22          .datab(16'd300),
23          .ageb(s)
24      );
25
26  endmodule
```

```
1   `timescale 1ns/1ps
2
3   module fuze_controller_model_tb;
4
5       reg [7:0] x;
6       wire s;
7
8       fuze_controller_model
9   DUT(.x(x), .s(s));
10
11      initial begin
12          x = 0;
13
14          #200
15          forever begin
16              #20 x = 59;
17              #20 x = 61;
18          end
19      end
20
21      initial #2000 $ stop;
22
23  endmodule
```

例程 5 - 31　引信控制器例子的非流水线架构代码

图 5 - 170　引信控制器例子非流水线架构的功能仿真波形

　　(7) 尝试运行 STA(TimeQuest)：在 QuartusII 中执行全编译(快捷键 Ctrl＋L)，在编译报告可见"没有可报告的路径"(No path to report)。这是因为 STA 需要寄存器路径，需要节点与节点之间的通道以及时钟。因此，非流水线的引信控制器无法得到 STA 的支持。

　　(8) 采用后仿方式观察该引信控制器的系统延迟和速度。选择慢模进行后仿，得到时序仿真波形(见图 5 - 171)，从中可以看到从 x 为 61，至 s 稳定输出的延迟为 19.61 ns，对应的速度(最高频率)为 50.99 MHz。

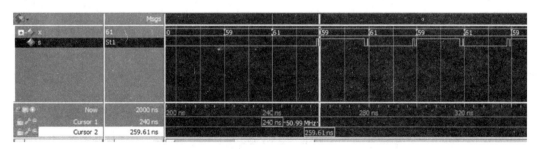

图 5 - 171　引信控制器例子非流水线架构的时序仿真波形

（9）为了得到 STA 的支持，现仅在首尾处加入寄存器，使之具有寄存器路径和时钟如图 5-172 所示。

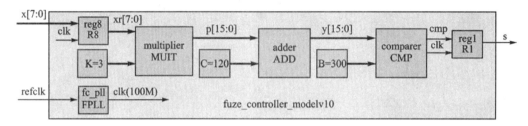

图 5-172　引信控制器的首尾处加入寄存器

（10）据图 5-172 生成锁相环 IP：在 QuartusII 中使用 Megafunction－I/O－ALTPLL 的 GUI，生成一个输出时钟名为 clk，频率为 100 MHz 的锁相环。具体 GUI 设置（熟悉可跳过）为：

- 输出文件类型（Which type of output file do you want creat?）：选择 Verilog；
- 输出文件名（What name do you want for the output file?）：在当前路径后打入 fc_pll；
- 填写输入参考时钟频率（What is the frequency of inclk0 input?）：50 MHz；
- 锁相环类型（Which PLL type will you be using?）：选择自动选择（Select the PLL automatically）；
- 操作模式（Operation Mode）选择带反馈的正常模式（In normal mode）；
- 可选择的输入端口（Optional Inputs），不选任何（将默认的'areset'选项去除）；
- 锁定信号输出（Lock Output）不选任何（将默认的 Creat 'locked' output 选项去除）；
- 带宽设置（How would you like to specify the bandwidth setting?）选择自动（Auto）；
- 在抽头 c0 页面中，设置乘法因子为 2，除法因子为 1；时钟相移（Clock phase shift）。为 0°（deg），占空比（Clock duty cycle）填写 50 %。

（11）装配图 5-172，得到首尾加入寄存器的 V1 版本代码，见例程 5-32。

```verilog
1    module fuze_controller_modelv1(refclk, x, s);
2
3        input refclk;
4        input [7:0] x;
5        output s;
6
7        wire [15:0] p, y;
8        wire [7:0] xr;
9        wire clk, cmp;
10
11       reg8 R8(
12           .clk(clk),
13           .data(x),
14           .q(xr)
15       );
16
17       multiplier MUIT(
18           .dataa(xr),
19           .datab(8'd3),
20           .result(p)
21       );
22
23       adder ADD(
24           .dataa(p),
25           .datab(16'd120),
26           .result(y)
27       );
28
29       compare CMP(
30           .dataa(y),
31           .datab(16'd300),
32           .ageb(cmp)
33       );
34
35       reg1 R1(
36           .clk(clk),
37           .data(cmp),
38           .q(s)
39       );
40
41       fc_pll FPLL(
42           .inclk0(refclk),
43           .c0(clk)
44       );
45
46   endmodule
```

例程 5-32　首尾寄存器 V1 版本的引信控制器代码

（12）同样需要功能验证，证明此时的功能正确，见例程 5-33。

```
1    `timescale 1ns/1ps                      17              x = 0;
2                                            18
3    module fuze_controller_modelv1_tb;      19           #100
4                                            20           forever begin
5        reg refclk;                         21               @(posedge DUT.clk)
6        reg [7:0] x;                        22               x = 59;
7        wire s;                             23               @(posedge DUT.clk)
8                                            24               x = 61;
9        fuze_controller_modelv1 DUT(        25           end
10           .refclk(refclk),                26       end
11           .x(x),                          27
12           .s(s)                           28       initial #2000 $stop;
13       );                                  29
14                                           30       always #10 refclk = ~refclk;
15       initial begin                       31
16           refclk = 1;                     32   endmodule
```

例程 5 - 33　首尾寄存器 V1 版本引信控制器的测试代码

（13）执行功能仿真，得到功能仿真波形（见图 5 - 173）。注意仿真波形中，从最早（最左）的 x 等于 61，至 s=1 的潜伏期为 2 拍，正好与图 5 - 172 对应。

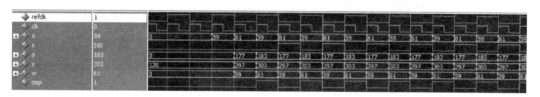

图 5 - 173　首尾寄存器 V1 版本引信控制器的功能仿真波形

（14）在功能正确基础上，验证评估其速度性能，但此时由于有了寄存器路径和时钟，则可以使用 STA 工具 TimeQuest，这要比后仿更快捷，更准确。此时仅仅需要在 QuartusII 环境中执行一次全编译即可。得到时序报告（最高频率 Fmax=114.89 MHz），如图 5 - 174 所示。

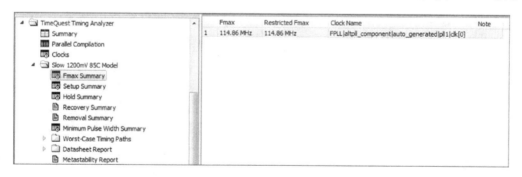

图 5 - 174　首尾寄存器 V1 版本引信控制器的时序报告

（15）由于目标速度是 400 MHz，现在加入 400 MHz 的约束。加入时序约束的基本方法是通知 TimeQuest 有哪些时钟，时钟周期如何，上升沿和下降沿时刻。TimeQuest 将会沿着给定的时钟域，分析域中所有的寄存器路径，并执行按指定目标的装配—检查—装配—检查的自动迭代循环,EDA 在给出其努力后,会给出含最差路径的时序分析报告。加入约束既可以直接在 TimeQuest 的 GUI 中完成,也可以在其时序分析向导(TimeQuest Timming Analyzer Wizard),也可以直接编辑 TCL 格式的 SDC 文件,这里示例直接编写 SDC 的方式:首先需要得到门级网表中的 clk 名和路径.这可以使用 QuartusII 的节点查找器(Node Finder)。调出 Node Finder 的方法是进入 Assignment Editor(单击下拉菜单 Assignments－Assignment Editor),然后在"To"列中双击,再单击 Node Finder 的图标。Filter 选择编译后网表(Post－Compilation),Look in 选择 FPLL,单击 List,出现如图 5－175 所示。

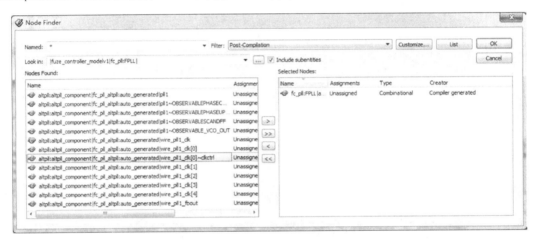

图 5－175　使用节点查找器找到门级网表的时钟名和路径

单击 OK 后,从"To"列中复制出这个含路径的门级时钟名:"fc_pll:FPLL|altpll:altpll_component|fc_pll_altpll:auto_generated|wire_pll1_clk[0]～clkctrl"。

(16) 新建一个 SDC 文件(Synopsys Design Constrain),另存为"fuze_controller_model. sdc",然后编辑如图 5－176 所示程序段。

```
1    # Clock constraints
2
3    create_clock -name "refclk" -period 20.000ns [get_ports {refclk}] -waveform {0.000 10.000}
4    create_clock -name "clk" -period 2.500ns [get_ports
5    {fc_pll:FPLL|altpll:altpll_component|fc_pll_altpll:auto_generated|wire_pll1_clk[0]~clkctrl}] -waveform {0.000 1.250}
6
7
8    # Automatically constrain PLL and other generated clocks
9    derive_pll_clocks -create_base_clocks
10
11   # Automatically calculate clock uncertainty to jitter and other effects.
12   derive_clock_uncertainty
```

图 5－176　设置 400 MHz 的 SDC 约束

(17) 将锁相环的频率调整到 400 MHz(进入 MegaWizard,编辑 fc_pll,修改时钟的乘法因子为 8)。

(18) 全编译后,得到加入 400 MHz 约束后的 TimeQuest 报告,$f_{max}=124.91$ MHz,略有提升,此时的时钟为 400 MHz,报告有建立时间违规(Slack＝－5.506 ns),如图 5－177 和图 5－178 所示。

(19) 显然,仅有首尾寄存器的架构,未约束的 $f_{max}=114.89$ Hz,约束 400 MHz 时 $f_{max}=$

图 5-177　加入 400 MHz 约束后的时序报告

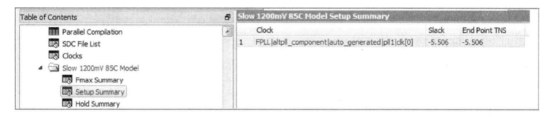

图 5-178　加入 400 MHz 约束后有建立时序违规

124.91 Hz,此时的 EDA 已经"努力"了,因此,提速的措施在约束之外。现在,加入流水线寄存器,乘法器,加法器和比较器各加一级。

- 编辑乘法器的 IP("Tools"-"MegaWizard Plug - In Manager"),选择编辑已经生成的 IP(Edit an existing custom megafunction variation),选择"multipier. v",在其 GUI 窗口的流水线(Pipeline)标签页中,流水线功能(Do you want to pipeline the function)选择是(Yes),并将潜伏期设置为 1(I want output latency of "1")。
- 编辑加法器的 IP("Tools"-"MegaWizard Plug - In Manager"),选择编辑已经生成的 IP(Edit an existing custom megafunction variation),选择"adder. v",在其 GUI 窗口的流水线(Pipeline)标签页中,流水线功能(Do you want to pipeline the function)选择是(Yes),并将潜伏期设置为 1(I want output latency of "1")。
- 编辑比较器的 IP("Tools"-"MegaWizard Plug - In Manager"),选择编辑已经生成的 IP(Edit an existing custom megafunction variation),选择"compare. v",在其 GUI 窗口的流水线(Pipeline)标签页中,流水线功能(Do you want to pipeline the function)选择是(Yes),并将潜伏期设置为 1(I want output latency of "1")。

(20) 在顶层代码中为乘法器、加法器和比较器加入时钟端口,并修改顶层为 V2(见例程 5-34)。

(21) 重新编译得到一级流水线架构 V2 版设计的时序报告(见图 5-179),f_{max} = 267.38 MHz。

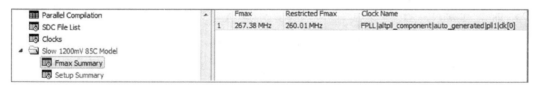

图 5-179　加入一级流水线 V2 版的时序报告

```
1    module fuze_controller_modelv2(refclk, x, s);
2
3        input refclk;
4        input [7:0] x;
5        output s;
6
7        wire [15:0] p, y;
8        wire [7:0] xr;
9        wire clk, cmp;
10
11       reg8 R8(
12           .clk(clk),
13           .data(x),
14           .q(xr)
15       );
16
17       multiplier MUIT(
18           .clock(clk),
19           .dataa(xr),
20           .datab(8'd3),
21           .result(p)
22       );
23
24       adder ADD(
25           .clock(clk),
26           .dataa(p),
27           .datab(16'd120),
28           .result(y)
29       );
30
31       compare CMP(
32           .clock(clk),
33           .dataa(y),
34           .datab(16'd300),
35           .ageb(cmp)
36       );
37
38       reg1 R1(
39           .clk(clk),
40           .data(cmp),
41           .q(s)
42       );
43
44       fc_pll FPLL(
45           .inclk0(refclk),
46           .c0(clk)
47       );
48
49   endmodule
50
```

例程 5 - 34　加入一级流水线 V2 版的引信控制器顶层代码

　　(22) 与目标 400 MHz 仍然有很大差距,采用再加入一级流水线(乘法器、加法器和比较器各两级),并且将其一个端口常数化,这可以看成是结构的优化。

● 与步骤 19 相同,边界乘法器,加法器和比较器的 IP 代码,再增加一级流水,使得潜伏期设置为 2(I want output latency of "2")。
● 修改常数输入端口,乘法器的乘法端口为 datab,常数值时十进制的 3;加法器的常数端口为 datab,常数值为 120;比较器的常数其数值为 300。

　　(23) 重新编写顶层代码(例程 5 - 35),将乘法器、加法器和比较器的 datab 端口删除。

```
1    module fuze_controller_modelv3(refclk, x, s);
2
3        input refclk;
4        input [7:0] x;
5        output s;
6        wire [15:0] p, y;
7        wire [7:0] xr;
8        wire clk, cmp;
9        reg8 R8(
10           .clk(clk),
11           .data(x),
12           .q(xr)
13       );
14       multiplier MUIT(
15           .clock(clk),
16           .dataa(xr),
17           .result(p)
18       );
19       adder ADD(
20           .clock(clk),
21           .dataa(p),
22           .result(y)
23       );
24       compare CMP(
25           .clock(clk),
26           .dataa(y),
27           .ageb(cmp)
28       );
29       reg1 R1(
30           .clk(clk),
31           .data(cmp),
32           .q(s)
33       );
34       fc_pll FPLL(
35           .inclk0(refclk),
36           .c0(clk)
37       );
38   endmodule
```

例程 5 - 35　加入二级流水线和常数化的 V3 版代码

（24）重新运行全编译（Ctrl＋L），得到 V3 版的 TimeQuest 报告，如图 5 - 180 所示。

图 5 - 180　加入二级流水线和常数化 V3 版的时序报告

（25）这次 STA 的报告指出 f_{max}＝430.85 MHz，设计目标已经在 EDA 层面上实现。为了证明这个设计的功能，仍然需要执行一次仿真。Testbench 与例程 5 - 33 相同，仅仅是 DUT 为 V3 版，功能仿真波形如图 5 - 181 所示。

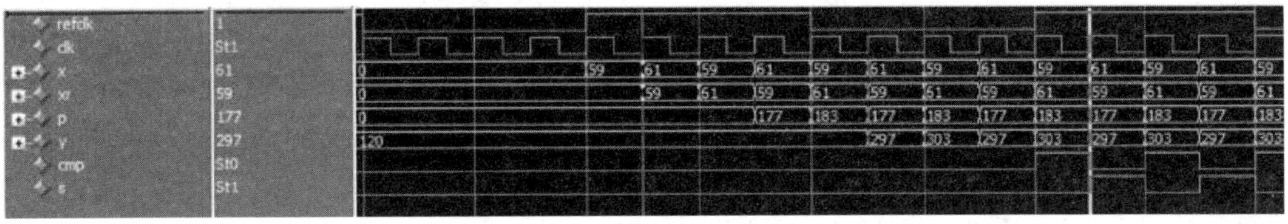

图 5 - 181　加入二级流水线和常数化 V3 版的功能仿真波形

从仿真波形中可以看到，从 x＝61，至 s＝1 的系统潜伏期 SystemLatency＝8，这里：

$$\text{SystemLatency}＝L_{in}＋L_{mult}＋L_{add}＋L_{compare}＋L_{out}＝1＋2＋2＋2＋1＝8 \tag{5-68}$$

这里：

SystemLatency：引信控制器的系统潜伏期。

L_{in}：输入寄存器潜伏期，这里为 1。

L_{mult}：乘法器潜伏期，这里为 2。

L_{add}：加法器潜伏期，这里为 2。

$L_{compare}$：比较器潜伏期，这里为 2。

L_{out}：输出寄存器潜伏期，这里为 1。

表 5 - 7 列出了引信控制器的加速过程总结。

表 5 - 7　引信控制器模型例子的加速过程

步　骤	架　　构	时序分析工具	最高频率/MHz
1～8	组合电路架构	ModelSim 的门级仿真	50.99
9～14	加入首尾寄存器，V1 版	TimeQuest Timing Analyzer	114.89
15～21	乘法器，加法器和比较器各插入 1 级流水，V2 版	TimeQuest Timing Analyzer	267.38
22～24	乘法器，加法器和比较器各插入 2 级流水并且一个端口常数化，V3 版	TimeQuest Timing Analyzer	430.85

5.11　流水线设计

在同步电路系统中，流水线是指能够在连续地时间和空间中进行多个信息流加工处理的数字系统。单独一个数据流(Streaming)沿着空间分布时,在不同的时间段,不同的空间(节点)执行该数据流的不同任务;多个数据流沿着时间分布时,在同一个时刻,不同的空间(节点)执行不同数据流的任务。流水线设计是现代数字系统的精华,是数字逻辑提速的主要措施,也是以空间换时间的最直接方式。

数字系统流水线的原理(见图 5 - 182)并不复杂,但在数字系统的实现却很复杂,这是由于:

(1) 流水线设计中需要很多均衡寄存器(Balanced Register),这些匹配信号节拍的均衡寄存器,使得流水线架构复杂性增加。

(2) 很多算法的实现,要求流水线具有对称的潜伏期结构,这种匹配对称潜伏期的对称寄存器和特定架构,亦增加了流水线架构的复杂性。

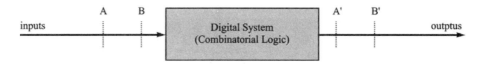

图 5 - 182　组合逻辑系统的流行线

在图中所示的组合逻辑系统中,示意两个连续信息流:Streaming A＝＞A′和 Streaming B＝＞B′的处理过程。其中 Streaming A＝＞A′输入系统的时刻是 T_A,输出系统的时刻是 $T_{A'}$;Streaming B＝＞B′输入系统的时刻是 T_B,输出系统的时刻是 $T_{B'}$。若其中信息流连续,并且系统无数据堆积(输入端口和输出端口的吞吐量相等),则有

$$\begin{cases} T_{dp} = T_{A'} - T_A = T_{B'} - T_B \\ T_{speed} = T_B - T_A = T_{B'} - T_{A'} \end{cases} \quad (5-69)$$

式中:

T_{pd}:组合逻辑系统管脚至引脚的延迟(Pin to Pin Delay),即从数据进入系统到数据输出系统的延迟,是系统加工信息的总时间延迟。

T_{speed}:系统单位时间加工的信息的速度周期,它的倒数即系统单位时间的产量或吞吐量 Throughput＝$1/T_{speed}$。

$T_{A'}$ 和 T_A:信息流 A 输出数字系统的时刻(前者)和信息流 A 输入数字系统的时刻(后者)。

$T_{B'}$ 和 T_B:信息流 B 输出数字系统的时刻(前者)和信息流 A 输入数字系统的时刻(后者)。

单节点同步逻辑系统中(图 5 - 183),$T_{speed} = T_{clk}$,若在 T_{fa} 和 T_{clk} 条件下,该节点满足时序检查,此时的 Slack 为正数,于是有

$$\begin{cases} T_{clk} = T_B - T_A = T_{B'} - T_{A'} = T_{fa} + \text{Slack} \\ T_{pd} = T_{A'} - T_A = T_{B'} - T_B = T_{co} + T_{clk} \end{cases} \quad (\text{Slack} > 0) \quad (5-70)$$

式中:

T_{clk}:单节点时序逻辑系统的时钟周期。

T_{pd}:节点时序逻辑系统引脚至引脚的延迟,即从数据进入系统到数据输出系统的延迟。它等于节点寄存器的时钟输出延迟 T_{co} 加上单节点的单拍潜伏期 T_{clk}。

T_{fa}:单节点中有限自动机的延迟(含组合电路的延迟,路由的延迟以及约算延迟),是数字

加工处理所需的时间延迟。

T_{co}：节点输出寄存器的时钟输出延迟（Clock to Output Delay）。

Slack：该节点的时序余量，要求 Slack＞0。

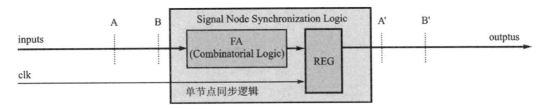

图 5 – 183　单节点同步逻辑系统的流水线

多节点系统中（图 5 – 184），每一个节点都有一个单拍潜伏期，K 个节点若满足空间连续，则总潜伏期 Latency＝K，因此有：

$$\begin{cases} T_{clk} = T_B - T_A = T_{B'} - T_{A'} = Max(T_{fa} + Slack) \\ T_{pd} = T_{A'} - T_A = T_{B'} - T_B = T_{co} + Latency \cdot T_{clk} = T_{co} + \sum_0^k (T_{fai} + Slack_i) \end{cases} \quad (5-71)$$

式中：

Latency：多节点同步逻辑系统的潜伏期，这里 Latency＝k。

T_{fai}：多节点流水线序列中第 i 个节点的有限自动机延迟。

$Slack_i$：多节点流水线序列中第 i 个节点的时序余量，要求 $Slack_i$＞0。

多节点系统中，全部信息加工时间 T_{fa} 即是：

$$T_{fa} = \sum_0^k T_{fai} \quad (5-72)$$

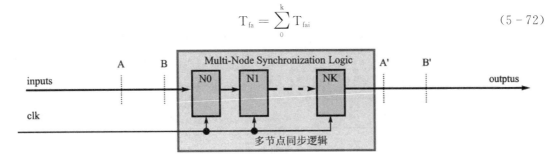

图 5 – 184　多节点同步系统的流水线

若将连续两个信息流 Streaming A＝＞A' 和 Streaming B＝＞B' 之间的时间间隔用 T_{st} 表示，

$$T_{st} = T_B - T_A = T_{B'} - T_{A'} \quad (5-73)$$

功能分析时按照右侧逼近原则，忽略 T_{co}，则有：

$$\begin{cases} T_{clk} = T_{st} \\ T_{sys} = Latency \cdot T_{clk} \end{cases} \quad (5-74)$$

式中：

T_{st}：同步流水线系统中连续两个信息流的时间间隔，$T_{st} = T_B - T_A = T_{B'} - T_{A'}$。

T_{sys}：同步流水线系统的信息加工延迟时间，$T_{sys} = T_{A'} - T_A = T_{B'} - T_B = \sum_0^k (T_{fai} + Slack_i)$。

T_{clk}:同步流水线系统的工作时钟频率。

Latency:同步流水线系统的潜伏期。

式 5-74 称为同步系统的流水线定律,它的物理意义是:流水线系统的工作时钟周期等于连续两个信息流的时间间隔,而流水线系统的全部工作所需时间被工作时钟划分为 Latency 个节拍完成。流水线定律的另一种形式,则是公式 5-74 的移项:

$$T_{clk} = T_{sys}/Latency \tag{5-75}$$

式(5-75)亦称为流水线定律的推论:若系统对信息的加工时间为固定的 T_{sys},则潜伏期 Latency 与工作时钟周期 T_{clk} 成反比。潜伏期越大,工作时钟周期越短,系统的速度(单位时间加工信息的数量)就越快。

5.11.1　流水线的均衡

流水线定律解释了插入流水线后提速的原理,若一个单节点加法器的信息加工时间 $T_{sys} = T_{clk} \cong T_{fa} = 22$ ns,此时的 Latency=1。插入一级流水线后 Latency=2,根据式(5-75),则 $T_{clk} = T_{sys}/Latency \cong 22$ ns$/2 = 11$ ns,即工作时钟频率约提升一倍,如图 5-185 所示。

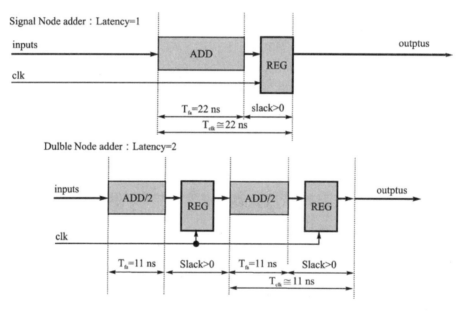

图 5-185　单节点加法器和双节点加法器

但同步系统中,插入寄存器后就有单拍潜伏期的延迟,若不采取措施,那些原本同时到达的信号,将会在不同的节拍陆续到达,从而导致错误。图 5-186 示意这种均衡结构图。

如图 5-186 所示,其中左图为单节点架构,其中 CL0,CL1 和 CL2 将在同一拍到达 N1 节点,N1 节点的据此驱动生成 q 信号;若在原 CL0 中插入 2 级流水线,在 CL1 中插入 4 级流水线,在 CL2 中插入 3 级流水线,则原本同步对齐的 d0,d1 和 d2,会导致 cl0 在 2 拍后到达,cl1 会在 4 拍后到达,而 cl2 则会在 3 拍后到达,N1 节点在当前时钟下的计算结果必然是错误的(中图)。为了解决这个问题,则需要在 CL0 之后再插入 2 个寄存器,在 CL2 之后再插入 1 个寄存器,使得 cl0,cl1 和 cl2 均能够在 4 拍之后同时到达 N1。图中的 R0 和 R2 寄存器称为流水线的均衡寄存器。

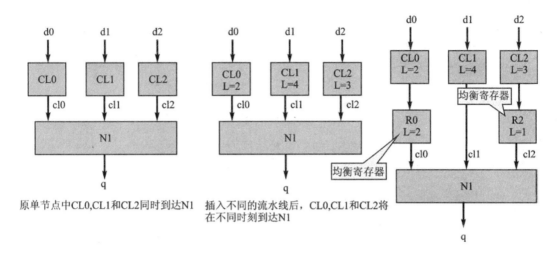

图 5 - 186　流水线系统中同步信号的均衡

5.11.2　流水线的设计方法

流水线设计是以空间换时间,将连续的信息流输入机器系统中,进行精准的时空分布,使得系统中沿着时间轴观察和设计同一个信息加工流程在不同空间的信号分布(时间分布);以及沿着空间轴观察和设计在同一个时刻不同的信息流的信号分布(空间分布)。流水线设计的任务,则是使得这些信号的时空分布正确合理,并具有最大效率。

为此,流水线设计中大量的工作就是分析研究信号的节拍关系,这些基于流水线设计目的的节拍分析,最经典的方式就是时序图(离散信号时序图),虽然时序图准确,但复杂系统的离散信号时序图会非常复杂,同步信号的时间一地点关系均为隐含的,并不明确,更重要的是,离散时序图仅仅可以描述信号的时间分布规律,流水线的空间分布规律几乎无法体现。本书参考文献的引文部分,其中介绍了一些现代方法。本书则采用称为节拍分析图的分析设计方法,并强烈推荐这种方法。关于节拍分析图的详细讨论参见 5.9 节《同步电路的离散信号分析》。采用节拍分析图进行流水线设计的好处是:

(1) 同步信号的时间一地点描述准确清晰。

(2) 可以局部信号,关键信号作图分析,快速找到需要的节拍关系。

(3) 用于流水线设计时,如果在 Word 中作业,采用称之为"平移"操作,可以非常准确迅速地得到流水的时间分布规律和空间分布规律。

例 5 - 15:如图 5 - 187 所示的架构中,使用 TP 图分析其流水线的信号时一空分布。

节拍分析图的节拍分析如图 5 - 188 所示。

在图 5 - 187 所示的架构中,是要将 a,b 和 c 组成的八位运算结果,组装为一个 32 位的总线数据。这样一个 32 位的 q 输出字,就需要四个连续的 8 位信息流(st0,st1,st2 和 st3)。图中 R5 是流行线寄存器,使得与运算和异或运算分别占用一个时钟周期以提速;R4 寄存器是均衡寄存器,用于使得采用异或运算的数据是同一个信息流的数据;R3~R0 则是字节转字的装配寄存器,其中 R3 是 q 总线的最高位字节,R0 是 q 总线的最低位字节。

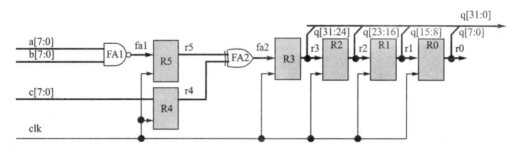

图 5 - 187　流水线设计例子

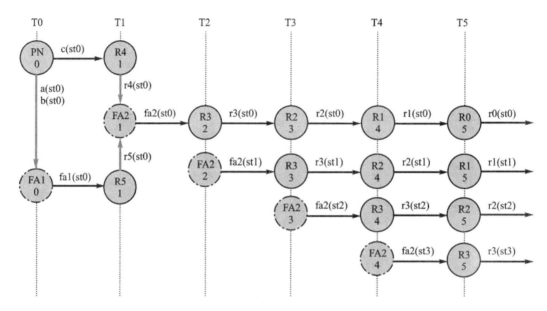

图 5 - 188　流水线设计的 TP 图节拍分析例子

图 5 - 188 则是使用节拍分析图的节拍分析。图中描述了四个信息流,其中 st0 作了完整的描述:

（1）信息流 st0 的 a,b 和 c 是 T0 时刻,由前级节点 PN 发出。

（2）a 和 b 是开节点 FA1 的输入,零拍矢量,T0 时刻发自 PN,T0 时刻到达 FA1。

（3）c 是闭节点 R4 的输入,单拍矢量,T0 时刻发自 PN,T1 时刻到达 R4。

（4）fa1 是闭节点 R5 的输入,单拍矢量,T0 时刻发自 FA1,T1 时刻到达 R5。

（5）r4 和 r5 信号均是开节点 FA2 的输入,均有零拍矢量,T1 时刻分别发自 R4 和 R5 节点,T1 时刻到达 FA2。

（6）fa2 信号是闭节点 R3 的输入,单拍矢量,T1 时刻发自 FA2,T2 时刻到达 R3。

（7）之后的 r3 至 r0,均是闭节点输入,单拍矢量。

为了设计和分析另外三个信息流,可以将 st0 的节拍分析图流程,完整的复制后向右移动一拍,称为 TP 图的平移操作,省略 R4,R5,FA1 和 PN 节点,得到 st1 信息流(即图中标志 st1 从 FA2～R1 的流程);继续平移一拍,得到 st2 信息流(图中标志 st2 从 FA2～R2 的流程)。

最后在平移一拍,得到 st3 的信息流。

现在,在图 5-188 中,既可以看到每一个信息流在不同时刻的分布规律(时间分布),又可以看到在同一个时刻,不同信息流在不同节点的分布规律(空间分布)。

例如,若信息流 st1 在 T4 时刻的数值,则节拍分析图告诉你,它运行到 R2(r2 信号在 T4 拍时 st1 的数值);又例如,若在 T3 时刻当前机器各个节点的数值时什么,TP 图告诉你,此时 r2 是 st0,r3 是 st1,而 st2 刚走到 fa2;又例如,图中可以看到 q 总线的有效数值时 T5 时刻,连续流水线时,仅仅在 T5 时刻,R0 输出 st0,R1 输出 st1,R2 输出 st2,R3 输出 st3,形成一个 32 位字,对应的写操作则应该在这一拍发出。

图 5-187 的例子也许并不复杂,甚至眼睛也可以直接判断,但在 EDA 需要处理的大规模逻辑,节点数已经信号数多达数百以上,几乎没有人可以直接得到这些错综复杂的节拍关系。必须借助于 TP 图或 EDA 算法。后续的实践例子中可以得到更多这样的体验。

5.11.3　流水线设计的例子:流水线加法器

例 5-16:设计 16 位无符号流水线加法器(见图 5-189),采用行波进位链连接(超前进位链的例子可以参考下一节超前进位链计数器)。而行波进位链加法器的设计,架构和代码组织,则可以参考 3.3 节"层次化设计例子:行波进位加法器"。

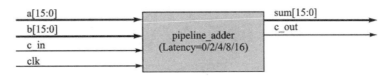

图 5-189　流水线加法器顶层框图

以下,按照如下两个步骤提速:

(1) 使用 1 个 16 位加法器的 0 级流水线加法器(潜伏期 2,节点输入 33)。

(2) 将 16 位加法器分成 2 个 8 位加法器的 1 级流水线加法器(潜伏期 3,节点输入 17)。

步骤 1:同步加法器(零级流水线加法器),图 5-190。

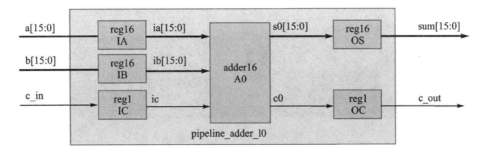

图 5-190　零级流水线加法器(同步加法器)

图中,IA、IB 和 IC 寄存器是信号 a,b 和 c_in 的输入寄存器;OS 和 OC 则是 sum 和 c_out 信号的输出寄存器。例程 5-36 为顶层代码:

```
1   module pipeline_adder_l0(clk,a,b,c_in,c_out,sum);
2
3       input clk;
4       input [15:0] a, b;
5       input c_in;
6       output c_out;
7       output [15:0] sum;
8
9       wire [15:0] ia, ib, s0;
10      wire ic, c0;
11
12      reg16 IA(
13          .clk(clk),
14          .data(a),
15          .q(ia)
16      );
17
18      reg16 IB(
19          .clk(clk),
20          .data(b),
21          .q(ib)
22      );
23
24      reg1 IC(
25          .clk(clk),
26          .data(c_in),
27          .q(ic)
28      );
29
30      adder16 A0(
31          .a(ia),
32          .b(ib),
33          .c_in(ic),
34          .c_out(c0),
35          .sum(s0)
36      );
37
38      reg16 OS(
39          .clk(clk),
40          .data(s0),
41          .q(sum)
42      );
43
44      reg1 OC(
45          .clk(clk),
46          .data(c0),
47          .q(c_out)
48      );
49
50  endmodule
```

例程 5 - 36　零级流水线加法器的顶层代码

16 位的行波进位加法器 adder16（例程 5 - 37），使用 16 个全加器行波级联。顶层代码中（例程 5 - 38），使用等价项覆盖的测试激励，以避免穷举的时间过长（甚至不可能）。等价项覆盖了边界，即进位链翻转的前后激励（例如 32768 互加）。功能仿真波形（见图 5 - 191）中，可以观察到 2 拍潜伏期（例如从 a＝32768，b＝32768，c_in＝0 至 sum＝0，c_out＝1），的确是 2 拍。仿真波形中的 cs 信号，是在 ModelSim 中使用 c_out 和 sum 组合的二进制信号（使用 U nsigned 格式显示），用于观察包含进位链的输出值。图 5 - 191 为其仿真波形。

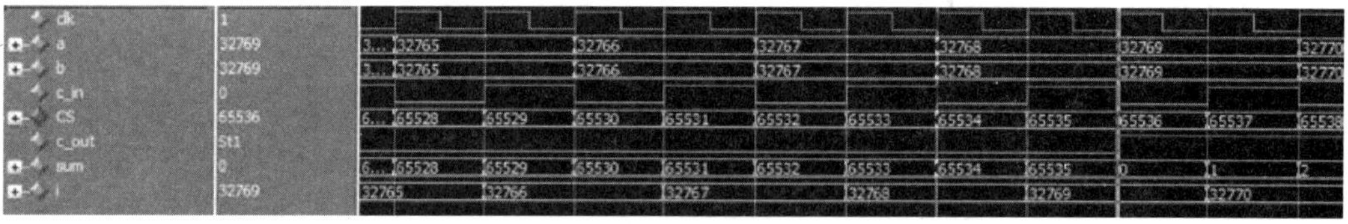

图 5 - 191　零级流水线加法器的功能仿真波形

```
1   module adder16(a, b, c_in, c_out, sum);          1   module adder_full(a, b, c_in, c_out, sum);
2                                                     2
3       input [15:0] a, b;                            3       input a, b, c_in;
4       input c_in;                                   4       output c_out, sum;
5       output c_out;                                 5
6       output [15:0] sum;                            6       wire h0_sum, h0_cout, h1_cout;
7                                                     7
8       wire [14:0] carry;                            8       adder_half H0(.a(a), .b(b), .c_out(h0_cout), .sum(h0_sum));
9       genvar i;                                     9       adder_half H1(.a(h0_sum), .b(c_in), .c_out(h1_cout), .sum(sum));
10                                                    10
11      adder_full A0(                                11      assign c_out = h0_cout | h1_cout;
12          .a(a[0]),                                 12
13          .b(b[0]),                                 13  endmodule
14          .c_in(c_in),
15          .c_out(carry[0]),          1   module adder_half(a, b, c_out, sum);
16          .sum(sum[0])               2
17      );                             3       input a, b;
18                                     4       output c_out, sum;
19      generate                       5
20      for (i=1; i<=14; i=i+1) begin : A   6   assign c_out = a & b;
21          adder_full AI(             7       assign sum = a ^ b;
22              .a(a[i]),              8
23              .b(b[i]),              9   endmodule
24              .c_in(carry[i-1]),
25              .c_out(carry[i]),      1   module reg16(clk, data, q);
26              .sum(sum[i])           2
27          );                         3       input clk;
28      end                            4       input [15:0] data;
29      endgenerate                    5       output reg [15:0] q;
30                                     6
31      adder_full A15(                7       always @ (posedge clk)   q <= data;
32          .a(a[15]),                 8
33          .b(b[15]),                 9   endmodule
34          .c_in(carry[14]),
35          .c_out(c_out),             1   module reg1 (clk, data, q);
36          .sum(sum[15])              2
37      );                             3       input clk;
38                                     4       input data;
39  endmodule                         5       output reg q;
40                                     6
41                                     7       always @ (posedge clk)   q <= data;
42                                     8
                                       9   endmodule
```

例程 5 - 37 零级流水线加法器的底层代码

```
1   `timescale 1ns/1ps                23          a = 0; b = 0; c_in = 0;
2                                      24          #100
3   module pipeline_adder_l0_tb;       25          for (i = 0; i<65536; i = i + 1) begin
4                                      26              @ (posedge clk)
5       reg clk;                       27              a = i; b = i; c_in = 0;
6       reg [15:0] a, b;               28              @ (posedge clk)
7       reg c_in;                      29              a = i; b = i; c_in = 1;
8       wire c_out;                    30          end
9       wire [15:0] sum;               31
10      integer i;                     32          for (i = 0; i<65536; i = i + 1) begin
11                                     33              @ (posedge clk)
12      pipeline_adder_l0 DUT(         34              a = i; b = i; c_in = 0;
13          .clk(clk),                 35              @ (posedge clk)
14          .a(a),                     36              a = i; b = i; c_in = 1;
15          .b(b),                     37          end
16          .c_in(c_in),               38
17          .c_out(c_out),             39          #200 $ stop;
18          .sum(sum)                  40      end
19      );                             41
20                                     42      always #10 clk = ~clk;
21      initial begin                  43
22          clk = 1;                   44  endmodule
```

例程 5 - 38 零级流水线加法器的测试代码

　　STA 的时序报告如下（见图 5－192），在未加约束（默认约束 1G），其 TimeQuest 的报告（慢模，器件为 Altera 的 EP4CE6F17C8）指出，最高频率 f_{max} 为 138.62 MHz。

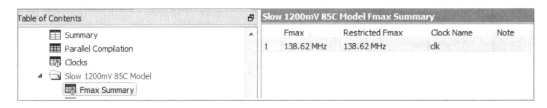

图 5－192　零级流水线的 STA 报告（$f_{max}=138.62$ MHz）

　　步骤 2：一级流水线加法器（见图 5－193）。

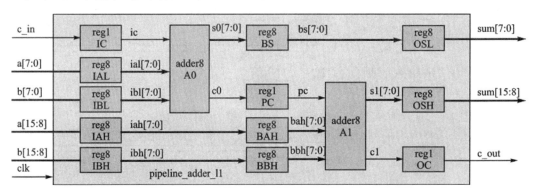

图 5－193　一级流水线加法器

　　图中，IAL，IBL 分别为 a 和 b 信号的低 8 位输入寄存器；IAH，IBH 分别为 a 和 b 信号的高 8 为输入寄存器；IC 为进位链信号 c_in 的输入寄存器；PC 为其中唯一的流水线寄存器，插入在 A0 和 A1 的进位链中间；BS 则为 A0 的 sum 输出均衡寄存器，以对齐 sum 和 c_out 信号；BAH 和 BBH 则为 a 和 b 高 8 为的输入均衡寄存器，以对齐 pc 信号；OSH 和 OSL 则分别是信号 sum 的高 8 位和低 8 位输出寄存器；OC 是 c_out 的输出寄存器。代码见例程 5－39。

```
1   module pipeline_adder_l1(clk, a, b, c_in, c_out, sum);
2
3       input clk;
4       input [15:0] a, b;
5       input c_in;
6       output c_out;
7       output [15:0] sum;
8
9       wire ic, c0, c1, pc;
10      wire [7:0] ial, ibl, iah, ibh;
11      wire [7:0] s0, s1, bs, bah, bbh;
12
13      reg1 IC(.clk(clk), .data(c_in), .q(ic));
14      reg8 IAL(.clk(clk), .data(a[7:0]), .q(ial));
15      reg8 IBL(.clk(clk), .data(b[7:0]), .q(ibl));
16      reg8 IAH(.clk(clk), .data(a[15:8]), .q(iah));
17      reg8 IBH(.clk(clk), .data(b[15:8]), .q(ibh));
18
19      adder8 A0(
20          .a(ial), .b(ibl), .c_in(ic),
```

```
21            .c_out(c0), .sum(s0)
22        );
23
24    reg8 BS(.clk(clk), .data(s0), .q(bs));
25    reg1 PC(.clk(clk), .data(c0), .q(pc));
26    reg8 BAH(.clk(clk), .data(iah), .q(bah));
27    reg8 BBH(.clk(clk), .data(ibh), .q(bbh));
28
29    adder8 A1(
30            .a(bah), .b(bbh), .c_in(pc),
31            .c_out(c1), .sum(s1)
32        );
33
34    reg8 OSL(.clk(clk), .data(bs), .q(sum[7:0]));
35    reg8 OSH(.clk(clk), .data(s1), .q(sum[15:8\]));
36    reg1 OC(.clk(clk), .data(c1), .q(c_out));
37
38 endmodule
```

例程 5 - 39　一级流水线加法器的顶层代码

其底层代码与零级流水线加法器相同或类似(例程 5 - 37),这里从略。其 Testbench 与例程 5 - 38 相同(仅 DUT 命名不同),这里从略。功能仿真波形(图 5 - 194)和 STA 报告(图 5 - 195)。

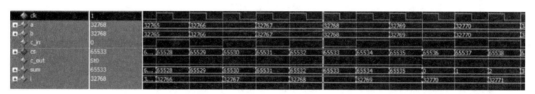

图 5 - 194　一级流水线加法器的功能仿真波形

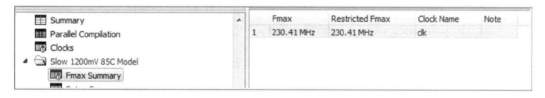

图 5 - 195　一级流水线加法器的 STA 报告($f_{max}=230.41$ MHz)

插入一级流水线以后,将无流水时的 $F_{max}=138.62$ MHz 提速至 $f_{max}=230.41$ MHz。

5.12　习　题

5.1　如习题 5.1 图所示的占空比调节电路,输出时钟频率的周期固定为 200 个输入频率周期,输出时钟占空比可通过 duty_ration 进行调节。尝试采用如下方案进行建模和验证:

a) 一段式状态机米利机内置计数器方案;

b) 三段式状态机摩尔机外置计数器方案;

c) 一段式状态机米利机外置计数器方案;

d) 二段式状态机开节点摩尔机外置计数器方案。

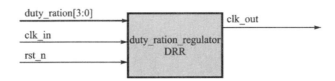

端口信号名	方　向	宽　度	说　明
clk_in	input	1	工作时钟,其时钟周期为 T_{in}
clk_out	output	1	输出时钟,其时钟周期为 $T_{out} = 200T_{in}$,占空比可调
rst_n	input	1	同步复位信号
duty_ration	input	4	占空比设置信号,clk_in 时钟域信号: 0:占空比 15%　　　1:占空比 20% 2:占空比 25%　　　3:占空比 30% 4:占空比 35%　　　5:占空比 40% 6:占空比 45%　　　7:占空比 50% 8:占空比 55%　　　9:占空比 60% 10:占空比 65%　　11:占空比 70% 12:占空比 75%　　13:占空比 80% 14:占空比 85%　　15:占空比 90%

习题 5.1 图

5.2　习题 5.2 图所示的乘-加器模块执行无符号计算:$product = (a+b) \times c$,采用 FSMD(控制管理模式),尝试绘制 TP 图以得到节拍分析,根据节拍分析绘制状态转移图,依据架构和状态转移图编码建模和验证。其中加法器 ADD 具有 5 拍对称潜伏期,乘法器 MULT 具有 7 拍对称潜伏期。(注:对称潜伏期时,一次计算仅需要一个节拍的使能,非流水线)。

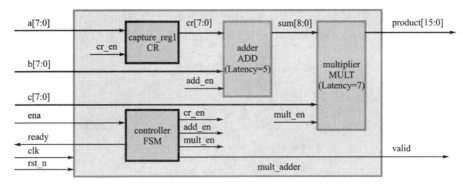

端口信号名	方　向	宽　度	说　明
a	input	8	计算公式中的加法因子 a
b	input	8	计算公式中的加法因子 b
c	input	8	计算公式中的乘法因子 c
ena	input	1	乘—加器使能信号。为真时,输入诸参数有效
ready	output	1	乘—加器的就绪信号,为真时,可以接受新的计算
clk	input	1	时钟,100 MHz
rst_n	input	1	同步复位信号,为真时,内部寄存器在时钟沿上初始化
product	output	16	计算结果:$product = (a+b) \times c$
valid	output	1	输出结果有效。为真时,product 信号有效

习题 5.2 图

5.3 考虑习题 5.2 图的流水线设计方案,使得该乘–加器的吞吐量为每一个时钟节拍产生一次计算结果。并且当 ena 为假时,内部的所有使能信号在正确的节拍时恢复为假。要求有:

a) 节拍分析(TP 图);

b) 状态转移图;

c) 基于断言的 ABV 仿真验证。

5.4 尝试如习题 5.4 图所示的相同时钟域寄存器路径做静态时序分析,根据 STA 计算得到:

a) 最高工作频率;

b) 时钟频率为 35 MHz 而建立 Slack 和保持 Slack;

c) 时钟频率为 200 MHz 而建立 Slack 和保持 Slack。

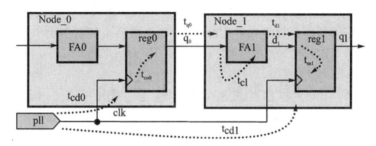

延迟参数	值	说 明
t_{cd0}	6 ps	自 pll 起算的 reg0 时钟信号的传输延迟
t_{cd1}	7 ps	自 pll 起算的 reg1 时钟信号的传输延迟
t_{co0}	1.5 ns	reg0 的时钟输出延迟
t_{co1}	1.6 ns	reg1 的时钟输出延迟
t_{su0}	2.7 ns	reg0 的建立时间
t_{su1}	2.9 ns	reg1 的建立时间
t_{h0}	1.2 ns	reg0 的保持时间
t_{h1}	1.1 ns	reg1 的保持时间
t_{cl}	17 ns	组合逻辑的 t_{pd} 延时
t_{q0}	2.3 ns	q0 信号的传输延迟
t_{d0}	2.6 ns	d0 信号的传输延迟
t_{q1}	2.1 ns	q1 信号的传输延迟
t_{d1}	2.4 ns	d1 信号的传输延迟

习题 5.4 图

5.5 尝试如习题 5.5 图所示的相关时钟域寄存器路径做静态时序分析,其中 clk0 的时钟频率为 10 MHz,clk1 的时钟频率为 30 MHz,两个时钟的初始相位差为零。延迟参数与第 5.4 题相同。根据 STA 计算得到:

a) 最高工作频率;

b) 最差建立 Slack;

c) 最差保持 Slack。

5.6 试设计一个能够在 Intel(Altera)Cyclone IV 器件中,以 400 MHz 时钟频率运行的 128 位计数器(提示:需要 STA,需要插入流水线,需要超前进位链)。

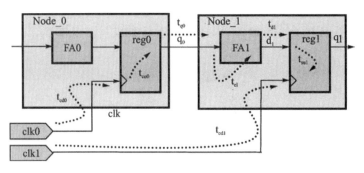

习题 5.5 图

5.7　尝试设计一个执行浮点运算的激光武器拦截系统(拦截火箭弹,忽略大气阻力,抛物面内计算),该系统使用牛顿迭代法求解四次方程(抛物线与直线交点的解)。该拦截系统输入来自雷达系统的火箭弹发射角度和发射初速度,拦截系统输出拦截角度和启动信号。(提示:注意浮点运算模块的潜伏期,注意流水线均衡,需要 **MATLAB** 配合)。

5.13　参考文献

［1］Charles H. Roth, Jr., Larray L. Kinney. Fundamentals of Logic Design 7th ed. Stamford: Pengage Learning, 2014.

［2］Mano, M. Morris and MIchael D. Ciletti, Digital Design, 5th ed. Upper Saddle River, NJ: Prentice Hall, 2012.

［3］Jha, Niraj K. Switching and finite automata theory. Cambridge, UK ; New York : Cambridge University Press, 2010.

［4］Givone, Donald D. Digital Principles and Design. New Youk: McGraw-HIll, 2003.

［5］Keaslin H. Digital integrated circuit design. Cambrige Unverisity Press 2008.

［6］Krzysztof Iniewski. Hardware Design and Implementation. , Hoboken, New Jersey : Wiley, c2013.

［7］Michael D. Ciletti, Advanced Digital Design with the Verilog HDL, Prentice Hall, 2011.

［8］Mattias K., Mathias W., Behavioural Models From Modeling Finite Automata to Analysing Business Proceses, Switzerland: Springer, 2016.

［9］Hima nshu B., Advanced ASIC Chip Synthesis, Boston, New York: Kluwer Acadimc Pubishers, 2002.

［10］Brock. Lameres, Introduction to Logic Circuits &. Logic Design with VHDL, Switzerland: Springer, 2017.

［11］Vaibbhav T., Digital Logic Design Using Verilog Coding and RTL Synthesis, India: Springer, 2016.

第6章 数字逻辑通信

由于摩尔周期导致的集成度的迅速提高，在一个芯片内，可以有多达百万门的器件在同时工作，不同逻辑功能模块之间的通信成为诸多设计的要点。另外，HDL语言导致的各类算法和专用电路的出现，使得知识产权IP(Intellectual Property)之间的有效通信成为一个问题。这些都需要有一个公共的协议进行约定，使得逻辑块和逻辑块之间，IP模块之间，能够保证在如下条件下能够进行正常的通信：

(1) 信号和数据信息的传输是正确的。即发送端发送的信息，接收端能够正确接收。

(2) 发送端和接收端有通过握手信号、叫停对方的权利，这用于当本地逻辑处理其他事务时，暂时停止响应对方的信号和数据请求。

(3) 发送端和接收端都有通过握手信号响应暂停的义务。

(4) 无论何种握手，无论是连续节拍的数据信息，或者是非连续节拍的信号，协议均能够保证正确的传输(芯片内)，并提供最高的传输效率。

这种发生在芯片内部的逻辑握手协议，即本地接口协议LIP(Local Interface Protocol)，它的基本的任务是组织一种恰当的握手和接口，使得：

(1) 在任何时候、任何情况下，数据和信号的传输均正确，既不会发生数据丢失，也不会发生错误捕获。

(2) 既支持连续节拍的数据信号传输，也支持非连续节拍的数据信号传输。或者说，在连续节拍传输过程中，通信的另一端发生各种叫停时均能保证数据信息的完整正确。

(3) 支持各类设备的数据信号传输。

(4) 支持突发(Burst)传输和非突发传输。

(5) 支持具有不同潜伏期(Latency)类型的数据信号传输(固定潜伏期和可变潜伏期)。

(6) 支持对接口的优化，保证最高的传输效率。

LIP研究实现以上任务的那些物理现象和规律，并给出经过优化的解决方案。由于现代数字电子领域对于IP的大量应用，LIP已然成为现代EDA构架的重要基础，很难想象没有LIP基础的人能够熟练应用各类复杂繁多的IP，能够有效地组织复杂的大规模的数字逻辑。不同的研究组织和公司，可能对LIP有不同的定义和注释，例如Altera公司的Avalon protocal，Xilinx公司的AXI protocol。但正确的思想往往是收敛的。其中的基本物理规律，使得不同的研究者得到近乎相同的结论。因此，本章着重介绍本地接口呈现的基本物理概念而不是重复叙述这些协议本身。理解和掌握这些物理概念，才是学习应用各种本地接口的基础。本章推导出在各种不同握手模式和控制模式时，数字逻辑模块之间通信时发生的物理现象、规律和特征，继而介绍现代技术体系给出的典型解决方案。

…

6.1　基本概念

当数据信息流在位于相同芯片内部的两个模块之间传输时按照传输规律可分类如下：

（1）数据信息流仅仅在一个方向的流动时，称为单向传输（Unidirectional Transfer），如图 6-1 所示。

图 6-1　本地逻辑的单向传输接口

（2）数据信息流在两个模块之间均有流动时，称为双向传输（Bidirectional Transfer），如图 6-2 所示。

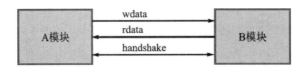

图 6-2　本地逻辑的双向传输接口

（3）伴随有地址信息和控制信息的数据传输，称为存储器映射传输（Memory - Mapped Transfer），如图 6-3 所示。

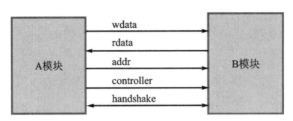

图 6-3　本地逻辑的存储器映射接口

（4）无伴随地址信息，仅根据握手信号和控制信号发生的数据传输，称为流式传输（Streaming Transfer），如图 6-4 所示。

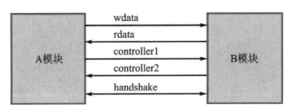

图 6-4　本地逻辑的双向流式接口

虽然流式接口支持双向定义，但流式接口的一般性定义是单方向的，如图 6-5 所示。

（5）仅有单向制约（单向发出走或停的控制命令，以下称为"叫停"）的传输，称为无反制传输（Transfer without Backpressure），如图 6-6 所示。

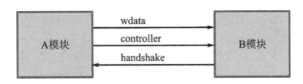

图 6-5　本地逻辑的单向流式接口

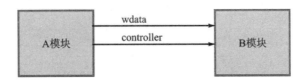

图 6-6　本地逻辑的流式无反制传输接口

无反制传输时,仅发送端有叫停的权利,接收端仅有响应叫停的义务。不仅流式传输有无反制传输模式,存储器映射传输也具有无反制传输模式,如图 6-7 所示。

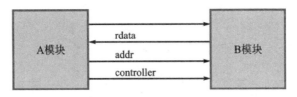

图 6-7　本地逻辑的存储器映射无反制接口

(6) 在无伴随地址信息的单向流式传输(Streaming Transfer)中,数据信息从发送端口流向接收端口。称发送端口为源接口(Source Interface),称接收端口为宿接口(Sink Interface),这种传输模式又称为源宿传输(Source - Sink Transfer),或被直接称为流传输(Streaming Transfer),如图 6-8 所示。

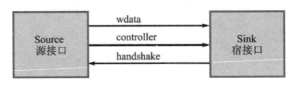

图 6-8　基于单向流式传输的源接口和宿接口

(7) 在有伴随地址信息的存储器映射传输(Memory - Mapped Transfer)中,数据信息是双向的,但地址信息和主控信息是单向的。此时,将发出地址信息和主控信息的接口称为主接口(Master Interface),将响应地址信息和主控制信息的接口称为从接口(Slave Interface),对应的传输模式又称为主从传输(Master - Slave Transfer)。主从传输中,地址以及数据端口wdata、rdata 均不是必需的,如图 6-9 所示。

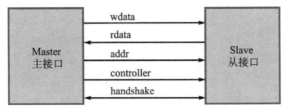

图 6-9　基于存储器映射传输的主接口和从接口

（8）在主从传输中，数据信息伴随有对应的地址信息和控制信息。如果每一个节拍的数据都有对应的地址信息和控制信息伴随，这称为随机传输（Random Transfer），如图 6 - 10 所示。

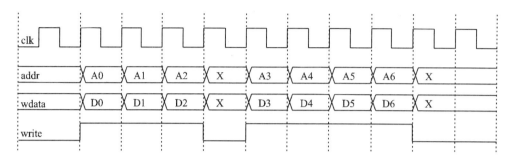

图 6 - 10　随机写传输的例子

（9）如果在一次约定传输个数的通信中，主机仅在传输开始时的握手阶段发送数据的首地址信息和控制信息，而后传输的数据信息并不伴随地址和控制信息，主从自行管理后续数据的地址（通常是自动递增），这称为突发传输（Burst Transfer），如图 6 - 11 所示。

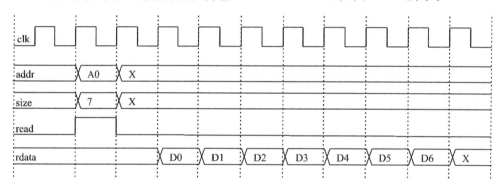

图 6 - 11　突发读传输的例子

6.2　流传输

中文"流传输"和"流水线"在英文中是两个不同意义的单词，前者对应的是"Streaming"，后者则是"Pipeline"。许多文献将无伴随地址信息的单向传输称为流式传输，包括有反制和无反制两种方式。并且将单向流传输的上游接口称为源接口，下游称为宿接口。这种单向数据传输，数据永远是从上游流向下游。如果传输发生时上游和下游均有叫停的权利，亦都有响应被叫停的义务，称为下游反制的流传输。如果仅上游有叫停的权利，下游仅被动的根据上游的请求接收数据时，称为无反制的流传输。反制（backpressure）一词其含义是下游反制上游、下游叫停上游的一种制式。而无论下游是否反制，上游总是具有控制（叫停）下游的权利。

在上下游均可叫停的模式中，要保证在连续节拍的数据传输过程中，无遗漏无错误，则需要合理的握手制式。另外，在流传输模式中，通常都要求该接口逻辑具有对称潜伏期特性，即从输入有效到输出有效的潜伏期，要与从输入无效到输出无效的潜伏期相等：

$$LatencyEntry=LatencyExit \tag{6-1}$$

6.2.1　无反制的流式传输

在无反制的流式接口（ST Without Backpressure）中，上游控制全部的数据传输，其典型的接口规则如图 6-12 所示。

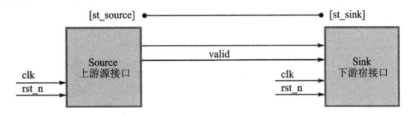

图 6-12　无反制的流式接口

图中的 valid 信号是上游握手下游的数据传输控制信号。当该信号为真时，下游必须在对应节拍及时捕获 data，其时序如图 6-13 所示。

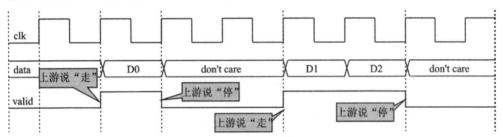

图 6-13　无反制的流接口时序例子

下游接口架构的状态机例子如图 6-14 所示，状态机捕获 data 输出内部的 q 信号。

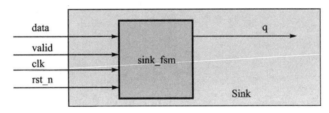

图 6-14　无反制的状态机例子

在无反制的模式下，下游必须无条件地服从上游的控制。当 valid 为真时，必须捕获数据；当 valid 为假时，停止捕获数据。其米利状态转移图如图 6-15 所示。

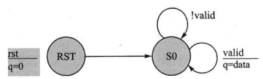

图 6-15　无反制的流式宿接口的状态转移图

例 6-1：图 6-16 所示的无反制的流式宿接口电路建模和验证：上游用握手（valid）信号发出数据，宿接口电路必须立即捕获，并输出至其下游的七段 LED 显示。验证时使用伪随机数,模拟源接口随机发出的叫停信号,并采用基于断言的 ABV 验证。

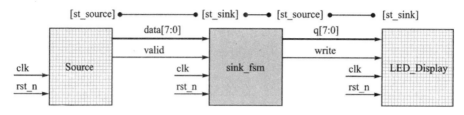

图 6-16 无反制流式宿接口例子

宿接口状态机的状态转移图如图 6-17 所示。

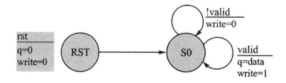

图 6-17 例 6-1 的状态转移图

对应的 Verilog 代码如例程 6-1 所写。

1	`module sink_fsm(clk,rst_n,data,valid,q,write);`	17	`write <= 0;`
2		18	`else`
3	`input clk, rst_n;`	19	`begin`
4	`input [7:0] data;`	20	`q <= data;`
5	`input valid;`	21	`write <= 1;`
6	`output reg [7:0] q;`	22	`end`
7	`output reg write;`	23	`end`
8		24	
9	`always @ (posedge clk)`	25	`endmodule`
10	`begin`	26	
11	`if (! rst_n)`	27	
12	`begin`	28	
13	`q <= 0;`	29	
14	`write <= 0;`	30	
15	`end`	31	
16	`else if (! valid)`	32	

例程 6-1 例 6-1 宿接口的 Verilog 代码

基于断言 ABV 的验证架构如图 6-18 所示。

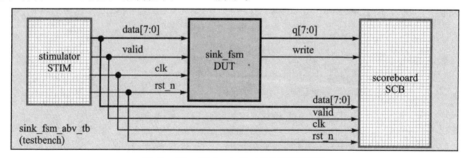

图 6-18 例 6-1 的 ABV 验证框架

基于 ABV 的测试代码见例程 6-2。

```
1   module sink_fsm_abv_tb;
2
3       wire clk, rst_n;
4       wire write, valid;
5       wire [7:0] data, q;
6
7       stimulator STIM (
8           .clk(clk),
9           .rst_n(rst_n),
10          .data(data),
11          .valid(valid)
12      );
13
14      sink_fsm DUT(
15          .clk(clk),
16          .rst_n(rst_n),
17          .data(data),
18          .valid(valid),
19          .q(q),
20          .write(write)
21      );
22
23      scoreboard SCB(
24          .clk(clk),
25          .rst_n(rst_n),
26          .q(q),
27          .write(write),
28          .data(data),
29          .valid(valid)
30      );
31
32  endmodule
33
34
35
36
```

```
1   `timescale 1ns/1ps
2
3   module stimulator(clk, rst_n, data, valid);
4
5       output reg clk, rst_n;
6       output reg [7:0] data;
7       output reg valid;
8
9       initial begin
10          clk = 1;
11          rst_n = 0;
12          data = 0;
13          valid = 0;
14          #200
15          @ (posedge clk)
16          rst_n = 1;
17
18          #200
19          forever begin
20              @ (posedge clk)
21              if ((({$random} % 8) >= 2)
22                  begin
23                      data = {$random} % 256;
24                      valid = 1;
25                  end
26              else
27                  begin
28                      data = 0;
29                      valid = 0;
30                  end
31          end
32      end
33      always #10 clk = ~clk;
34      initial #20000 $stop;
35
36  endmodule
```

例程 6-2　例 6-1 的测试代码和激励器

在激励器中,使用伪随机数的系统任务,模拟源端口随机发出的"走"和"停"的激励信号,在例程 6-3 记分板则评估 DUT 在 20 μs 时间段中的宿端口正确接收了多少数据,全部正确时应该是不多也不少,其 Verilog 代码见例程 6-3。

```
1   `timescale 1ns/1ps
2
3   module scoreboard(clk, rst_n, q, write, data, valid);
4
5       input clk, rst_n;
6       input [7:0] q, data;
7       input write, valid;
8
9       reg [7:0] data_int;
10      reg valid_int;
11
12      always @ (posedge clk) valid_int <= valid;
13      always @ (posedge clk) data_int <= data;
14
15      always @ (posedge clk)
16      begin
17          if (write) begin
18          if (q == data_int)
19              $display("Ok:Time = %0t data = %0d q = %0d", $time, data_int, q);
20          else
21              $error("Error:Time = %0t data = %0d q = %0d", $time, data_int, q);
22          end
23      end
24
25  endmodule
```

例程 6-3　例 6-1 的 ABV 验证中记分板的 Verilog 代码

仿真波形如图 6-19 所示。

图 6-19 例 6-1 的 ABV 仿真波形

波形图中未出现任何红色的错误标志,仿真的脚本报告亦报告了所有正确接收的数据,如图 6-20 所示。

```
# Ok:Time=19740000 data=192 q =192
# Ok:Time=19760000 data=78 q =78
# Ok:Time=19780000 data=214 q =214
# Ok:Time=19800000 data=178 q =178
# Ok:Time=19840000 data=46 q =46
# Ok:Time=19860000 data=106 q =106
# Ok:Time=19880000 data=1 q =1
# Ok:Time=19900000 data=208 q =208
# Ok:Time=19960000 data=126 q =126
# Break in Module stimulator at D:/lg/edu/doc/design_and_practice/current/code/v2017/chapter7/example7_1_ST_without_bp/stimulator.v line 38
```

图 6-20 例 6-1 的 ABV 仿真中的脚步报告(最后 10 行)

6.2.2 具有反制功能的流式传输(SAB,SFB,SPB)

具有反制功能的流式接口(ST With Backpressure)的上下游均有叫停对方的权利和响应被对方叫停的义务,典型接口如图 6-21 所示。

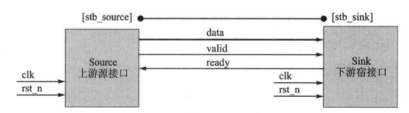

图 6-21 有反制功能的单向流式传输

反制流传输时,既要保证上游源逻辑和下游宿逻辑正确的握手,又要保证数据的连续性,即:

● 上下游逻辑的叫停,不会导致流传输时发生数据错误(数据不多不少);

● 上下游逻辑的握手,不影响连续数据流传输。

据此,可得到三种流反制的握手规则:

(1) 上游的数据有效信号(valid)仅在下游就绪信号(ready)为真时有效,即上游仅在下游就绪时被动发出握手信号;下游根据需要主动发出是否就绪信号,这被称为下游主动反制 SAB(Sink - Active Backpressure mode)模式。下游主动反制模式符合同步电路的单拍潜伏期规律,故又被称为正常同步模式(Normal Synchronous mode)。

SAB 模式犹如"点餐业务":下游想要数据就要,想不要就不要;而上游则是下游要才给(或者不给),下游不要则肯定不给。如果下游比喻客户,上游比喻餐馆,则餐馆(上游)一定要等待客户(下游)点菜后才开始下单作业,虽然有时客户点的菜餐馆没有(下游要上游可以不给),但可以肯定,基于这种业务的餐馆一定不会在客户点菜前开始下单作业(下游不要上游肯定不给)。

（2）上游（源）和下游（宿）单纯根据自身需要发出握手：上游的握手为 valid，下游的反制握手为 ready，该模式称为下游快速反制 SFB(Sink - Fast Backpressure mode)。SFB 又被称为前置同步模式(SAS,Show - Ahead Synchronous mode)，统称为 SFB 快速反制。

SFB 模式犹如"快餐业务"：SFB 时上游根据自身需要，发出给或不给的握手，下游取走后给收条（收条就是 ready），之后上游仍然根据自身需要，或者继续给或者不给。同样，如果上游是餐馆，下游是客户，此时餐馆经营"快餐业务"，无论是否有客户，无论客户是否需要，都会主动将快餐菜品准备好，客户就餐时，可以立即取走需要的菜品，而餐馆要做的，就是及时补充被取走的菜品，虽然有时餐馆也可以不补充那些缺失的菜品。

（3）下游的握手 ready 仅在上游 valid 为真时有效，即下游仅在上游 valid 有效时，被动发出 ready 握手；上游则根据反制 ready 加载新的 valid 握手命令。这被称为下游被动反制 SPB (Sink - Passivity Backpressure)。

SPB 模式犹如"送餐业务"：上游想给就给，想不给就不给；而下游则是上游给就要（或不要），上游不给就不要。由此推导出下游被动反制的一个特殊要求：上游给出数据后，必须检测下游是否拿走，如下游未拿走，则要保持。若上游是餐馆，下游是客户，餐馆免费给客户送餐，当然是送不送全凭餐馆说了算，不同于餐馆情形的是，所赠菜品客户如果要，就必须立即收下，否则过时作废。

基于下游反制上游的握手，从下游宿接口发出就绪信号到上游源接口响应后发出数据有效的潜伏期，称为就绪潜伏期（ReadyLatency）；从上游源接口发出数据有效到下游宿接口响应后发出就绪信号的潜伏期称为请求潜伏期（ValidLatency），如图 6 - 22 所示。

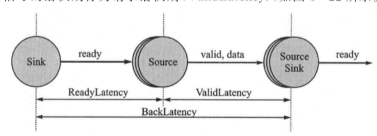

图 6 - 22　连续反制传输时的就绪潜伏期和请求潜伏期

从激励为真到响应为真，称为潜伏期的进入周期；从激励为假到响应为假，称为潜伏期的退出周期。所谓"对称潜伏期"，是指特定逻辑的潜伏期进入周期等于潜伏期的退出周期：LatencyEntry＝LatencyExit，这称为"Latency - Symmetrical 对称潜伏期"。大多数同步电路构成的逻辑具有对称潜伏期结构，但某些特定算法组成的架构，却可能得到非对称的潜伏期结构。反制流传输要求接口逻辑必须具有对称潜伏期，如图 6 - 23 所示。

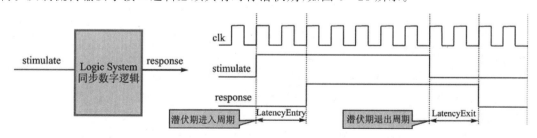

图 6 - 23　潜伏期的进入周期和退出周期

反制流传输是由一系列具有源接口和宿接口的逻辑序列组成,这些逻辑称为流节点,如图 6 - 24 所示。

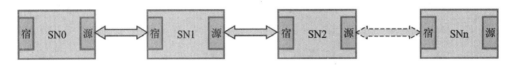

图 6 - 24　流传输是由一系列流节点组成

一个自最上游源节点至最下游宿节点的全程数据流,称为一个河流,图 6 - 24 就是一个河流。在一个每个节点都具有反制功能的河流中,如果仅有唯一的握手规则,则称为单规则河流,单规则河流具有较好的控制效率:

(1) 全河流的节点遵循唯一的握手规则:或者是下游主动反制规则,或者是下游快速反制规则,或者是下游被动反制规则。

(2) 对于下游主动反制,流节点之间必须有该河流相同的就绪潜伏期。虽然具体到某个流节点中,其潜伏期可能与河流的就绪潜伏期不一致,但必须采取措施调整到与河流一致的潜伏期队列中,才可以将数据注入该河流中。

(3) 对于下游被动反制,流节点之间必须有相同的请求潜伏期。而具体流节点的潜伏期必须调整到与河流的潜伏期一致,数据才可以注入该河流。

6.2.3　下游主动反制模式

下游主动反制的"点餐业务"规则如图 6 - 25 所示。

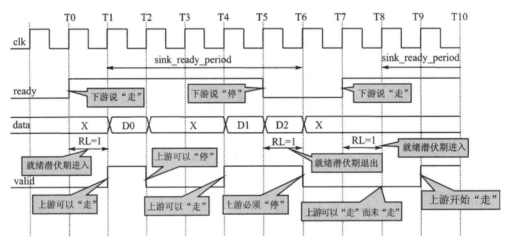

图 6 - 25　下游主动反制的流传输例子(就绪潜伏期 RL＝1)

(1) 下游能够接收数据时,将 ready 置高;下游不能接收数据时,将 ready 置低。下游想要就要 ready＝1,想不要就不要 ready＝0。

(2) 上游按照同步电路的单拍潜伏期规律,检测 ready 信号。

(3) 若下游的 ready 为高,上游则可以选择发送数据 valid＝1,或者不发送数据 valid＝0(若下游要,上游才决定给或不给)。

(4) 若下游 ready 为低,上游则必须停止发送数据 valid＝0(若下游不要,则上游不给)。

如图 6-25 所示：

（1）在 T0 时刻，下游逻辑主动发出就绪信号，表明其可以接收数据。

（2）经过 1 拍的就绪潜伏期，在 T1 时刻上游逻辑响应 T0 的"就绪"信号，发出数据 D0 和握手信号。

（3）在 T2 时刻，上游逻辑说"停"，将握手设置为假。由于此时在下游就绪周期，上游有叫停的权利。

（4）在 T4 时刻，上游逻辑启动传输，将握手设置为真。由于此时仍然在下游就绪周期，上游仍然有说"走"的权利。

（5）在 T5 时刻，虽然下游已经叫停就绪信号，但对称潜伏期导致上游仍然位于下游就绪周期中，上游仍然可以"走"。

（6）在 T6 时刻，下游的就绪周期结束，此时上游必须"停"。

（7）在 T7 时刻，下游重新叫"走"，启动新的下游就绪周期。

（8）在 T8 时刻，上游已经可以"走"，但上游选择叫"停"。

（9）在 T9 时刻，上游说"走"，此时它有这个权利，因为此时为下游就绪周期。

流节点的模型如图 6-26 所示。

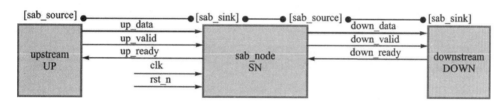

图 6-26　下游主动反制的流传输模型

对于具有 N 拍潜伏期的流节点，其典型的模型如图 6-27 所示。

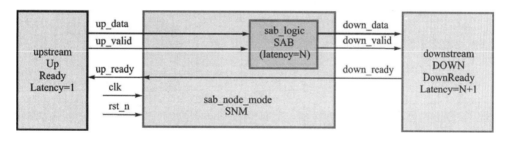

图 6-27　下游主动反制流节点的典型模型

流水线节拍分析如图 6-28 所示。

图中，当上游的就绪潜伏期（UpReadyLatency）为 1，本级逻辑的潜伏期（LogicLatency）为 N，则下游的就绪潜伏期（DownReadyLatency）将是 N+1，从图中可得到：

$$DownReadyLatency = UpReadyLatency + LogicLatency \qquad (6-2)$$

因此，在下游主动反制的流传输中，其就绪潜伏期将从下游至上游逐步发散，除非采取一些措施，否则最下游的就绪潜伏期可能发散成为一个无法容忍的数值。

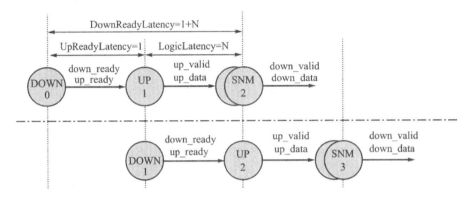

图 6-28　具有 N 拍潜伏期的典型下流主动反制流节点逻辑的节拍分析

例 6-2：图 6-29 所示为上游就绪潜伏期为 1，本级潜伏期为 2（2 级异或）的反制流模型。

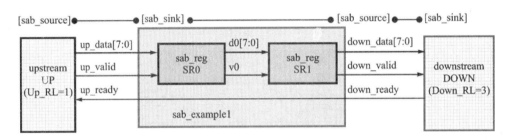

图 6-29　下游主动反制时的例 6-2

在 VBA 验证平台中，激励器随机的产生下游的主动叫停和上游的被动叫停，用记分板评估从上游至下游的数据传输是否正确如图 6-30 所示。

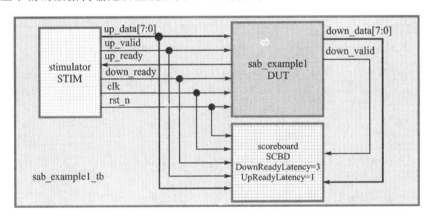

图 6-30　下游主动反制时例 6-2 的 ABV 验证平台

由于上游就绪潜伏期 Up_RL=1，本地逻辑的潜伏期 LogicLatency=2，根据式 6-2，则下游的就绪潜伏期 Down_RL=3。例程 6-4 为例 6-2 的代码。

```
1   module sab_example1(clk, rst_n,
2       up_data, up_valid, up_ready,
3       down_data, down_valid, down_ready);
4
5       input clk, rst_n;
6       input [7:0] up_data;
7       input up_valid;
8       output up_ready;
9       output [7:0] down_data;
10      output down_valid;
11      input down_ready;
12
13      wire [7:0] d0;
14      wire v0;
15
16      sab_reg SR0(
17          .clk(clk),
18          .rst_n(rst_n),
19          .din(up_data),
20          .vin(up_valid),
21          .dout(d0),
22          .vout(v0)
23      );
24
25      sab_reg SR1(
26          .clk(clk),
27          .rst_n(rst_n),
28          .din(d0),
29          .vin(v0),
30          .dout(down_data),
31          .vout(down_valid)
32      );
33
34      assign up_ready = down_ready;
35
36  endmodule
```

```
1   module sab_reg(clk, rst_n, din, vin, dout, vout);
2
3       parameter KEY = 8'h55;
4
5       input clk, rst_n;
6       input [7:0] din;
7       input vin;
8       output reg [7:0] dout;
9       output reg vout;
10
11      always @ (posedge clk)
12      begin
13          if (!rst_n)
14              begin
15                  dout <= 0;
16                  vout <= 0;
17              end
18          else
19              begin
20                  dout <= din ^ KEY;
21                  vout <= vin;
22              end
23      end
24
25  endmodule
```

例程 6-4　下游主动反制时例 6-2 的 Verilog 代码

　　激励器捕获上游数据的条件是，在上游就绪潜伏期（1 拍）之后的流水中，如 up_valid 则捕获；捕获下游数据的条件则是在下游就绪潜伏期（3 拍）之后的流水中，如 down_valid 则捕获。由此产生的上游序列和下游序列必须一致，否则报错。例程 6-5 为 ABV 中激励器和记分板的代码，例程 6-6 为其代码（ABV 顶层）。

```
1   `timescale 1ns/1ps
2
3   module stimulator(clk, rst_n, up_data, up_valid,
4       up_ready, down_ready);
5
6       output reg clk, rst_n;
7       output reg [7:0] up_data;
8       output reg up_valid;
9       input up_ready;
10      output reg down_ready;
11
12      initial begin : generator_clk
13          clk = 1;
14          rst_n = 0;
15
16          #200
17          @ (posedge clk)
18          rst_n = 1;
```

```
1   `timescale 1ns/1ps
2
3   module scoreboard(clk, rst_n, up_data, up_valid,
4       up_ready, down_ready, down_data, down_valid);
5
6       input clk,rst_n;
7       input [7:0] up_data;
8       input up_valid, up_ready;
9       input down_ready;
10      input [7:0] down_data;
11      input down_valid;
12
13      reg [7:0] mem [65535:0];
14      reg r0, r1, r2;
15      reg t0;
16      integer i, j;
17
18      //DownReadyLatency=3
```

例程 6-5　下游主动反制时例 6-2 验证平台中的激励器和记分板

```
19
20              #20000 $stop;
21      end
22
23      always #10 clk = ~clk;
24
25      initial begin : upstram
26          up_data = 0;
27          up_valid = 0;
28
29          #200
30          forever begin
31              @ (posedge clk)
32              if (up_ready)
33                  if (({$random} % 16) > 4)
34                      begin
35                          up_data = {$random} % 256;
36                          up_valid = 1;
37                      end
38                  else
39                      up_valid = 0;
40                  else
41                      up_valid = 0;
42          end
43      end
44
45      initial begin : downstram
46          down_ready = 0;
47
48          #220
49          forever begin
50              @ (posedge clk)
51              if (({$random} % 16) > 4)
52                  down_ready = 1;
53              else
54                  down_ready = 0;
55          end
56      end
57
58  endmodule
59
60
61
62
```

```
19      always @ (posedge clk)
20      begin
21              r0 <= down_ready;
22              r1 <= r0;
23              r2 <= r1;
24      end
25
26  //UpReadyLatency=1
27  always @ (posedge clk) t0 <= up_ready;
28
29  initial begin//UpStream
30          i = 0;
31
32          #220
33          forever begin
34              @ (posedge clk)
35              if (t0 && up_valid) begin
36                  mem[i] = up_data;
37                  i = i + 1;
38              end
39          end
40  end
41
42  initial begin//DownStream
43          j = 0;
44
45          #220
46          forever begin
47              @ (posedge clk)
48              if (r2 && down_valid) begin
49                  if (down_data === mem[j])
50                      $display("Ok: up_data=%0d,
51                      down_data=%0d", mem[j],
52                      down_data);
53                  else
54                      $error("Error: up_data=%0d,
55                      down_data=%0d", mem[j],
56                      down_data);
57                  j = j + 1;
58              end
59          end
60  end
61
62  endmodule
```

例程 6 - 5 下游主动反制时例 6 - 2 验证平台中的激励器和记分板(续)

```
1   module sab_example1_tb;
2
3       wire [7:0] up_data, down_data;
4       wire up_valid, down_valid;
5       wire up_ready,  down_ready;
6       wire clk, rst_n;
7
8       stimulator STIM(
9           .clk(clk),
10          .rst_n(rst_n),
11          .up_data(up_data),
12          .up_valid(up_valid),
13          .up_ready(up_ready),
14          .down_ready(down_ready)
15      );
16
17      sab_example1 DUT(
18          .clk(clk),
19          .rst_n(rst_n),
20          .up_data(up_data),
21          .up_valid(up_valid),
22          .up_ready(up_ready),
23          .down_data(down_data),
24          .down_valid(down_valid),
25          .down_ready(down_ready)
26      );
```

```
27
28      scoreboard SCB(
29          .clk(clk),
30          .rst_n(rst_n),
31          .up_data(up_data),
32          .up_valid(up_valid),
33          .up_ready(up_ready),
34          .down_ready(down_ready),
35          .down_data(down_data),
36          .down_valid(down_valid)
37      );
38
39  endmodule
40
41
42
43
44
45
46
47
48
49
50
51
52
```

例程 6 - 6 下游主动反制时例 6 - 2 的代码

1. 具有先进先出流缓存的下游主动反制

在下游主动反制的流传输中,根据式 6 - 2,数据河流每经过一个具有 N 拍潜伏期的流节点,最下游的就绪潜伏期将增加 N,这在大多数具有多个流节点的实际电路中,其增加的就绪潜伏期是不可容忍的。解决这个问题的核心思想,就是如何将反制流下游的多拍就绪潜伏期,调整为正常同步的单拍潜伏期。使用先进先出流缓存则是常用且简便易行的一种方案,如图 6 - 31 所示。

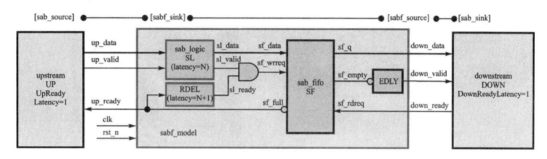

图 6 - 31　使用先进先出调整下游主动反制就绪潜伏期为 1 的方案

将本地逻辑输出的 N+1 级就绪潜伏期,调整为正常单拍潜伏期,必须使用流缓冲器,其节拍分析如图 6 - 32 所示。

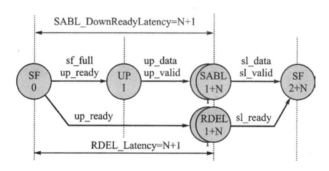

图 6 - 32　采用流缓存将多拍就绪潜伏期调整为单拍

使用先进先出构成单拍潜伏期(正常同步模式)的流缓存,必须注意如下两件事:

(1) 写端口的满信号在单拍潜伏期的流缓存中作为上游的握手,将发生溢出。为避免溢出,必须在真满之前发出"几乎满"(almost_full)标志,以替代 full 标志,如图 6 - 33 所示。

图中,在 T0 时刻,先进先出(SF)已满,因此下一拍 T1,上游将响应 up_valid 为假。根据节拍推算,则本地最后节点 SLN 向先进先出发出 sf_wrreq 为假的信号是在 TN+2 拍。这样,从 T1 时刻开始,至 TN+2 时刻期间的 N+1 个数据都将丢失。为了这 N+1 个数据不丢失,就要在真满之前向上游发出"几乎满"的标志。这个"几乎满"的信号,必须在真满之前,先进先出仍然有一个最小的缓冲深度(BufDepth)时发出。图 6 - 33 的结论是:下游主动反制而先进先出调节下游就绪潜伏期为 1 时,需要的缓冲深度等于 N+1,可用图 6 - 34 解释。

下游主动反制时的流缓冲深度为:

$$BufDepth=LogicLatency+1=N+1$$

式中,LogicLatency 本地逻辑潜伏期,在图 6 - 31 中示意为 N。

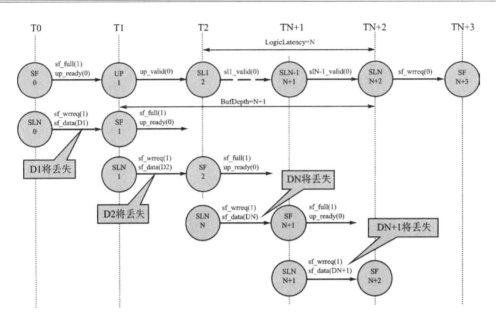

图 6 - 33　下游主动反制"先进先出"调节时的流缓冲深度等于 N+1

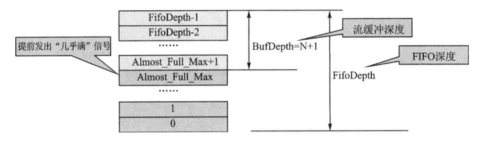

图 6 - 34　下游主动反制采用"先进先出"调节时的流缓冲深度

另外,FIFO 的深度为 FifoDepath,则 Almost_Full 对应的最大值 AFull_Usedw_Max 为 FIFO 深度减去需要的缓冲深度:

$$AlmostFull\_Usedw\_Max = FifoDepth - BufDepth$$

代入后得到下游主动流反制时 FIFO 的 Almost_Full 设置值公式:

$$AlmostFull\_Usedw\_Max = Full\_suedw - BufDepth = FifoDepth - (N+1) \qquad (6-3)$$

据此得到"FIFO"深度必须大于等于 2 倍本地逻辑潜伏期加一,即

$$FifoDepth > 2N+1 \qquad\qquad (6-4)$$

式中:

AlmostFull_Usedw_Max:使用"先进先出"的 almos_full 端口时的设置值。

BufDepth:下游主动反制模式时,使用"先进先出"调节下游就绪潜伏期为一(以满足全河流的一拍就绪潜伏期)所需要的"先进先出"溢出调节(缓冲)深度。

FifoDepth:当前"先进先出"的深度值。

LogicLatency 和 N:当前流节点中逻辑的潜伏期。

（2）读端口的空标志用于单拍潜伏期的流反制握手的 valid 信号,必须延迟一拍。这是因为当先进先出读出最后一个字后,立即将空标志设置为真,如果直接将空标志取反用作 valid,则最后一个字对齐的 valid 为假,如图 6-35 所示。

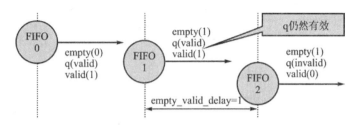

图 6-35　用于单拍潜伏期的流反制时先进先出的空标志必须延迟一拍

例 6-3：类似例 6-2 的两级异或,采用先进先出将下游的就绪潜伏期调整为正常同步的单拍潜伏期(见图 6-36)。

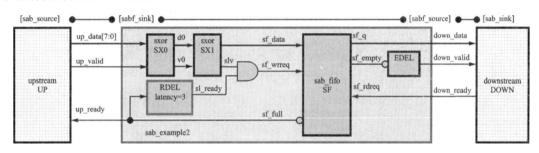

图 6-36　采用先进先出缓存的下游主动反制例子

其验证平台与图 6-30 类似,仅记分板的上下游就绪潜伏期均为一,如图 6-37 所示。

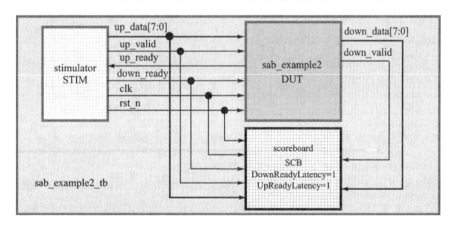

图 6-37　下游主动反制时例 6-3 的验证平台

其中的 sab_fifo 的 GUI 设置宽度为 8,同步 fifo,深度 16,如图 6-38 所示。

Altera 在设置 fifo 时,使用 almost_full 替代 full,如图 6-39 所示。

这里 FIFO 深度设置为 16,本地潜伏期 N＝2,则 AlmostFull_Usedw_Max 为 16－2－1＝13。填入到"becoms true(1) when usedw[] is greater than or equal to"右侧的输入框中。例程 6-7 至例程 6-12 的代码如下：

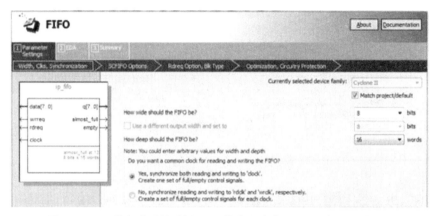

图 6 - 38　下游主动反制时例 6 - 3 的先进先出设置(宽度 8,深度 16)

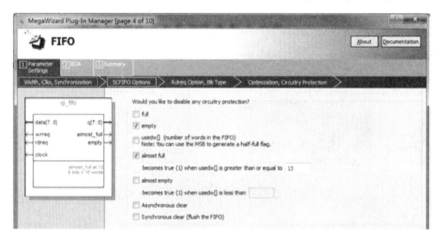

图 6 - 39　下游主动反制时例 6 - 3 的先进先出设置(使用 almost_full)

```
1   module sab_example2 (clk, rst_n, up_data, up_valid,     31          .dout(sf_data),
2   up_ready, down_data, down_valid, down_ready);           32          .vin(v0),
3                                                           33          .vout(slv)
4       input clk, rst_n;                                   34      );
5       input [7:0] up_data;                                35
6       input up_valid;                                     36      rdel RDEL(
7       output up_ready;                                    37          .clk(clk),
8       output [7:0] down_data;                             38          .rst_n(rst_n),
9       output down_valid;                                  39          .up_ready(up_ready),
10      input down_ready;                                   40          .sl_ready(sl_rdreq)
11                                                          41      );
12      wire [7:0] d0, sf_data;                             42
13      wire v0, slv, sl_rdreq, sf_wrreq, sf_full, sf_empty; 43     sab_fifo SF(
14                                                          44          .clk(clk),
15      assign sf_wrreq = slv & sl_rdreq;                   45          .sf_data(sf_data),
16      assign up_ready = ~sf_full;                         46          .sf_wrreq(sf_wrreq),
17                                                          47          .sf_full(sf_full),
18      sxor SX0(                                           48          .sf_q(down_data),
19          .clk(clk),                                      49          .sf_empty(sf_empty),
20          .rst_n(rst_n),                                  50          .sf_rdreq(down_ready)
21          .din(up_data),                                  51      );
22          .dout(d0),                                      52
23          .vin(up_valid),                                 53      edel EDEL(
24          .vout(v0)                                       54          .clk(clk),
25      );                                                  55          .rst_n(rst_n),
26                                                          56          .sf_empty(~sf_empty),
27      sxor SX1(                                           57          .down_valid(down_valid)
28          .clk(clk),                                      58      );
29          .rst_n(rst_n),                                  59
30          .din(d0),                                       60  endmodule
```

例程 6 - 7　下游主动反制时例 6 - 3 的顶层代码

```
1   module rdel(clk, rst_n, up_ready, sl_ready);
2
3       input clk, rst_n;
4       input up_ready;
5       output reg sl_ready;
6
7       reg sr0, sr1; //Latency=3
8
9       always @ (posedge clk)
10      begin
11          if (!rst_n)
12              begin
13                  sr0 <= 0;
14                  sr1 <= 0;
15                  sl_ready <= 0;
16              end
17          else
18              begin
19                  sr0 <= up_ready;
20                  sr1 <= sr0;
21                  sl_ready <= sr1;
22              end
23      end
24
25  endmodule
```

```
1   module sxor(clk, rst_n, din, dout, vin, vout);
2
3       parameter KEY = 5'h55;
4
5       input clk, rst_n;
6       input [7:0] din;
7       input vin;
8       output reg [7:0] dout;
9       output reg vout;
10
11      always @ (posedge clk)
12      begin
13          if (!rst_n)
14              begin
15                  dout <= 0;
16                  vout <= 0;
17              end
18          else
19              begin
20                  dout <= din ^ KEY;
21                  vout <= vin;
22              end
23      end
24
25  endmodule
```

例程 6-8　下游主动反制时例 6-3 的 Verilog 架构代码

```
1   module sab_fifo(clk, sf_data, sf_wrreq, sf_full, sf_q,
2   sf_empty, sf_rdreq);
3
4       input clk;
5       input [7:0]sf_data;
6       input sf_wrreq;
7       output sf_full;
8       output [7:0] sf_q;
9       output sf_empty;
10      input sf_rdreq;
```

```
11      ip_fifo IP_FIFO(
12          .clock(clk),
13          .data(sf_data),
14          .rdreq(sf_rdreq),
15          .wrreq(sf_wrreq),
16          .empty(sf_empty),
17          .almost_full(sf_full),
18          .q(sf_q)
19      );
20  endmodule
```

例程 6-9　下游主动反制时例 6-3 的 sab_fifo 部分

```
1   module edel(clk, rst_n, sf_empty, down_valid);
2
3       input clk, rst_n;
4       input sf_empty;
5       output reg down_valid;
6
7       always @ (posedge clk)
8       begin
9           if (!rst_n)
10              down_valid <= 0;
11          else
12              down_valid <= sf_empty;
13      end
14
15  endmodule
```

```
1   module sab_example2_tb;
2
3       wire [7:0] up_data, down_data;
4       wire up_valid, down_valid;
5       wire up_ready, down_ready;
6       wire clk, rst_n;
7
8       stimulator STIM(
9           .clk(clk),
10          .rst_n(rst_n),
11          .up_data(up_data),
12          .up_valid(up_valid),
```

```
13          .up_ready(up_ready),
14          .down_ready(down_ready)
15      );
16
17      sab_example2 DUT(
18          .clk(clk),
19          .rst_n(rst_n),
20          .up_data(up_data),
21          .up_valid(up_valid),
22          .up_ready(up_ready),
23          .down_data(down_data),
24          .down_valid(down_valid),
25          .down_ready(down_ready)
26      );
27
28      scoreboard SCB(
29          .clk(clk),
30          .rst_n(rst_n),
31          .up_data(up_data),
32          .up_valid(up_valid),
33          .up_ready(up_ready),
34          .down_ready(down_ready),
35          .down_data(down_data),
36          .down_valid(down_valid)
37      );
38
39  endmodule
40
```

例程 6-10　下游主动反制时例 6-3 的 edel 和代码

```
1   `timescale 1ns/1ps
2
3   module stimulator(clk, rst_n, up_data, up_valid,
4   up_ready, down_ready);
5
6       output reg clk, rst_n;
7       output reg [7:0] up_data;
8       output reg up_valid;
9       input up_ready;
10      output reg down_ready;
11
12      initial begin : generator_clk
13          clk = 1;
14          rst_n = 0;
15
16          #200
17          @ (posedge clk)
18          rst_n = 1;
19
20          #200000 $stop;
21      end
22
23      always #10 clk = ~clk;
24
25      initial begin : upstram
26          up_data = 0;
27          up_valid = 0;
28
29          #200
30          forever begin
31              @ (posedge clk)
32              if (up_ready)
33                  if (({$random} % 16) > 4)
34                      begin
35                          up_data = {$random} % 256;
36                          up_valid = 1;
37                      end
38                  else
39                      up_valid = 0;
40              else
41                  up_valid = 0;
42          end
43      end
44
45      initial begin : downstram
46          down_ready = 0;
47
48          #220
49          forever begin
50              @ (posedge clk)
51              if(({$random} % 16) > 4)
52                  down_ready = 1;
53              else
54                  down_ready = 0;
55          end
56      end
57
58  endmodule
```

例程 6-11　下游主动反制时例 6-3 的 ABV 激励器

激励器中,按照下游主动反制的规则,其 45 行至 56 行,下游主动发出随机的就绪信号,51 行按照 3/4 的概率设置 down_ready 为真;其中 25 行至 43 行,上游根据 dut 发出的反制上游的信号 up_ready,如下游要(up_ready 为真),则用 33 行的随机数决定是给(up_valid 为真,同时加载 up_data)或不给(up_valid 为假),这由 33 行至 39 行描述,是上游根据反制,被动叫"走"叫"停"的权利部分。若下游反制的 up_ready 为假,表明下游不要(up_ready 为假),则上游不能给(up_valid 为假),这在 40 行和 41 行描述。

```
1   `timescale 1ns/1ps
2
3   module scoreboard(clk, rst_n, up_data, up_valid,
4       up_ready, down_ready, down_data,
5       down_valid);
6
7       input clk, rst_n;
8       input [7:0] up_data;
9       input up_valid, up_ready;
10      input down_ready;
11      input [7:0] down_data;
12      input down_valid;
13
14      reg [7:0] mem [65535:0];
15      reg r0, t0;
16      integer i, j;
17
18      //DownReadyLatency=1
19      always @ (posedge clk) r0 <= down_ready;
20
21      //UpReadyLatency=1
22      always @ (posedge clk) t0 <= up_ready;
23
24      initial begin
25          i = 0;
26
27          #220
28          forever begin
29              @ (posedge clk)
30              if (t0 && up_valid) begin
31                  mem[i] = up_data;
32                  i = i + 1;
33              end
34          end
35      end
36
37      initial begin
38          j = 0;
39          #220
40          forever begin
41              @ (posedge clk)
42              if (r0 && down_valid) begin
43                  if (down_data == mem[j])
44                      $display("Ok: up_data=%0d,
45                      down_data=%0d", mem[j],
46                      down_data);
47                  else
48                      $error("Error: up_data=%0d,
49                      down_data=%0d", mem[j],
50                      down_data);
51                  j = j + 1;
52              end
53          end
54      end
55
56  endmodule
```

例程 6-12　下游主动反制时例 6-3 的 ABV 记分板

2. 具有有限状态机控制的下游主动反制

流节点系统大多数情况下需要采用有限状态机(FSMD)控制方案(见图 6-40 和图 6-41),任意节点都有叫停上下游流传输的可能。此时的流节点需要:

(1) 响应上下游叫停的同时,自身也可以叫停,仍然保证数据流的连续性和无错误。

(2) 下游主动反制,必须恢复到河流的就绪潜伏期,通常为正常同步的单拍潜伏期。

(3) 为了调整就绪潜伏期,必须使用先进先出缓存,而且是将先进先出缓存放置在输出端。

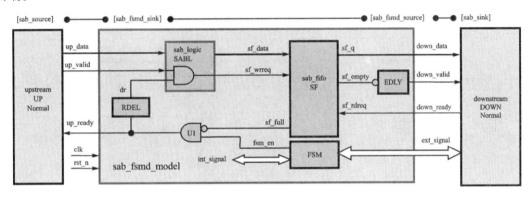

图 6-40　具有有限状态机控制的下游主动反制流节点架构方案

当有限状态机发出本级的叫停(fsm_en=0),当前流节点通过 U2 叫停上游(up_ready=0),然后根据就绪潜伏期为 1(正常的单拍潜伏期),通过 RDEL 和 U1 叫停下游(sf_wrreq=0),其节拍分析如图 6-41 所示。

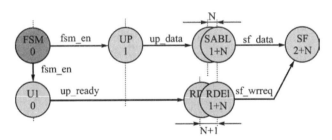

图 6-41　流缓冲调节就绪潜伏期为 1 时的本地反制节拍分析

例 6-4：如图 6-42 所示的具有正常单拍潜伏期的流传输中,上游发出 16b 的数据,编码器逻辑需分成两个 8b 编码,并传输给解码器,解码器将 8b 逻辑装配成 16b 逻辑,发送给下游。其间编码器每两拍需要叫停一拍上游,解码器亦每两拍需要叫停一拍下游。例子中编码解码使用相同的 KEY 做异或。

例 6-4 的流传输中,16b(字)和 8b(字节)的转换,并不需要同步信号对齐字边界,而是全程采用握手机制(下游主动反制握手规则)。编码器 sabf_encoder 通过 up_ready 反制其上游 UP;解码器 sabf_decoder 则通过 down_valid 制约其下游。

其异或编码架构(见图 6-43),节拍分析(见图 6-44)和状态转移(见图 6-45)如下。

下游主动反制时,其状态机对上游发出的叫停信号和响应上游发出的数据有效信号之间,要符合就绪潜伏期。状态机并不直接和上游做"拉锯式"握手,而是用下游反制出流的两拍停

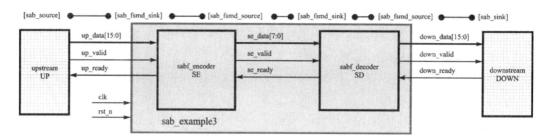

图 6 - 42　使用有限状态机的下游主动反制时例 6 - 4 的架构

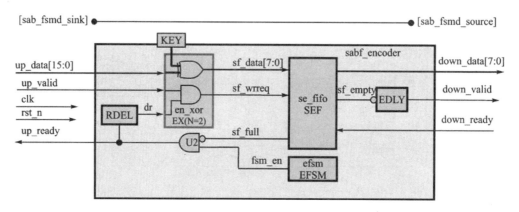

图 6 - 43　使用有限状态机的下游主动反制时例 6 - 4 的编码器

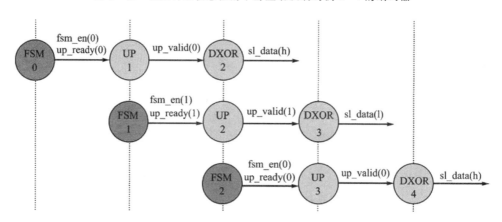

图 6 - 44　例 6 - 4 编码器的下游主动反制节拍分析

　　一拍的节奏。其 EX 模块在上游的流叫停后,仍然需要向下游"走"一拍,如图 6 - 46 所示。

　　EX(en_xor)模块是将 16 位的输入装配成 8 位的输出。由于采用先进先出调节,河流的就绪潜伏期为 1 拍,故 EFSM 是通过 fsm_en－＞up_ready,主动制约上游。又由于 EX 需要用两拍完成 16 转 8,故 EFSM 是每向上游要一个字,就停一拍。这里,EFSM 是下游根据自己的需要,主动反制上游的一个例子。注意这里 16 位字转 2 个 8 位字节的过程,全程不需要字边界同步信号,而是采用流节点之间的握手实现。这种下游对流控制的模式称为宿控。

　　其异或解码架构(见图 6 - 47)和状态转移(见图 6 - 48)如下:

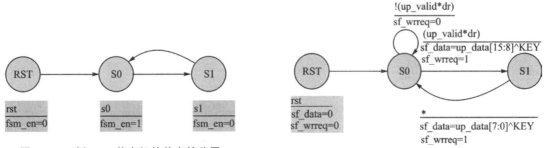

图 6-45 例 6-4 状态机的状态转移图

图 6-46 例 6-4 异或编码器的状态转移图

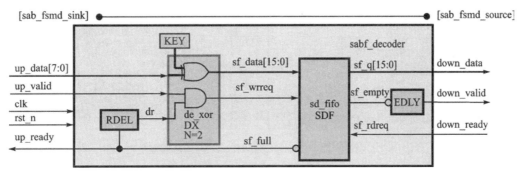

图 6-47 使用有限状态机的下游主动反制时例 6-4 的解码器

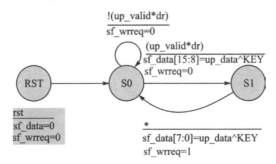

图 6-48 例 6-4 异或解码器的状态转移图

其 ABV 验证平台如图 6-49 所示。

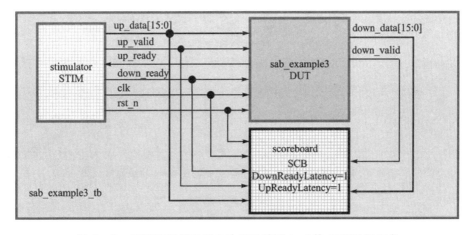

图 6-49 下游有限状态机主动反制时例 6-4 的 ABV 验证平台

其中编码器流缓冲 se_fifo 的宽度为 8,深度为 8,两级流缓冲空间,DX 潜伏期为两拍,根据式(6-3),almost_full 的设置值为 8-2-1=5。解码器流缓冲 sd_fifo 的宽度为 16,深度也为 8,同样根据式(6-3)其 almost_full 的设置值也为 5(8-2-1=5)。两者同步模式都选择单拍的正常同步(Normal synchronous FIFO mode,即 SAB)。代码见例程 6-13 至例程 6-20)。

```
1  module sab_example3(clk, rst_n, up_data, up_valid,
2    up_ready, down_data, down_valid, down_ready);
3      input clk, rst_n;
4      input [15:0] up_data;
5      input up_valid;
6      output up_ready;
7      output [15:0] down_data;
8      output down_valid;
9      input down_ready;
10     wire [7:0] se_data;
11     wire se_valid, se_ready;
12     sabf_encoder SE(
13       .clk(clk),
14       .rst_n(rst_n),
15       .up_data(up_data),
16       .up_valid(up_valid),
17       .up_ready(up_ready),
18       .down_data(se_data),
19       .down_valid(se_valid),
20       .down_ready(se_ready)
21     );
22     sabf_decoder SD(
23       .clk(clk),
24       .rst_n(rst_n),
25       .up_data(se_data),
26       .up_valid(se_valid),
27       .up_ready(se_ready),
28       .down_data(down_data),
29       .down_valid(down_valid),
30       .down_ready(down_ready)
31     );
32  endmodule
```

例程 6-13　下游 FSM 主动反制时例 6-4 的顶层代码

```
1  module sabf_encoder(clk, rst_n, up_data, up_valid,
2    up_ready, down_data, down_valid, down_ready);
3
4      parameter KEY = 8'h55;
5
6      input clk, rst_n;
7      input [15:0] up_data;
8      input up_valid;
9      output up_ready;
10     output [7:0] down_data;
11     output reg down_valid;
12     input down_ready;
13
14     reg dr;
15     wire [7:0] sf_data;
16     wire sf_wrreq, sf_empty, sf_full, fsm_en;
17
18     always @ (posedge clk)
19     begin : RDEL
20       if (!rst_n)
21         dr <= 0;
22       else
23         dr <= up_ready;
24     end
25
26     assign up_ready = (~sf_full & fsm_en);
27
28     always @ (posedge clk)
29     begin : EDEL
30       if (!rst_n)
31         down_valid <= 0;
32       else
33         down_valid <= ~sf_empty;
34     end
35
36     en_xor EX(
37       .clk(clk),
38       .rst_n(rst_n),
39       .up_data(up_data),
40       .up_valid(up_valid),
41       .dr(dr),
42       .sf_data(sf_data),
43       .sf_wrreq(sf_wrreq)
44     );
45
46     se_fifo SEF(
47       .clock(clk),
48       .data(sf_data),
49       .rdreq(down_ready),
50       .wrreq(sf_wrreq),
51       .almost_full(sf_full),
52       .empty(sf_empty),
53       .q(down_data)
54     );
55
56     efsm EFSM(
57       .clk(clk),
58       .rst_n(rst_n),
59       .fsm_en(fsm_en)
60     );
61
62  endmodule
```

例程 6-14　下游有限状态机主动反制时例 6-4 的编码器代码

```
1   module efsm(clk, rst_n, fsm_en);          15              else
2                                              16                  case (state)
3       input clk, rst_n;                      17                      s0 : begin
4       output reg fsm_en;                     18                              fsm_en <= 1;
5       reg state;                             19                              state <= s1;
6       localparam s0 = 1'b0;                  20                          end
7       localparam s1 = 1'b1;                  21
8       always @ (posedge clk)                 22                      s1 : begin
9       begin                                  23                              fsm_en <= 0;
10          if (!rst_n)                        24                              state <= s0;
11              begin                          25                          end
12                  fsm_en <= 0;               26                  endcase
13                  state <= s0;               27          end
14              end                            28  endmodule
```

例程 6 - 15　下游有限状态机主动反制时例 6 - 4 的反制状态机代码

```
1   module en_xor(clk, rst_n, up_data, up_valid, dr,    24          case (state)
2   sf_data, sf_wrreq);                                 25              s0 : if (!(up_valid && dr))
3                                                        26                  begin
4       parameter KEY = 8'h55;                           27                      sf_wrreq <= 0;
5       input clk, rst_n;                                28                      state <= s0;
6       input [15:0] up_data;                            29                  end
7       input up_valid, dr;                              30              else
8       output reg [7:0] sf_data;                        31                  begin
9       output reg sf_wrreq;                             32                      sf_data <= up_data[15:8] ^ KEY;
10                                                       33                      sf_wrreq <= 1;
11      reg state;                                       34                      state <= s1;
12      localparam s0 = 1'b0;                            35                  end
13      localparam s1 = 1'b1;                            36
14                                                       37              s1 : begin
15      always @ (posedge clk)                           38                      sf_data <= up_data[7:0] ^ KEY;
16      begin                                            39                      sf_wrreq <= 1;
17          if (!rst_n)                                  40                      state <= s0;
18              begin                                    41                  end
19                  sf_data <= 0;                        42          endcase
20                  sf_wrreq <= 0;                       43      end
21                  state <= s0;                         44
22              end                                      45  endmodule
23          else                                         46
```

例程 6 - 16　下游有限状态机主动反制时例 6 - 4 编码器的异或编码单元

```
1   module sabf_decoder(clk, rst_n, up_data,       30      begin: EDLY
2   up_valid, up_ready,  down_data, down_valid,    31          if (!rst_n)
3   down_ready);                                   32              down_valid <= 0;
4                                                  33          else
5       parameter KEY = 8'h55;                     34              down_valid <= ~sf_empty;
6                                                  35      end
7       input clk, rst_n;                          36
8       input [7:0] up_data;                       37      de_xor DX(
9       input up_valid;                            38          .clk(clk),
10      output up_ready;                           39          .rst_n(rst_n),
11      output [15:0] down_data;                   40          .up_data(up_data),
12      output reg down_valid;                     41          .up_valid(up_valid),
13      input down_ready;                          42          .dr(dr),
14                                                 43          .sf_data(sf_data),
15      reg dr;                                    44          .sf_wrreq(sf_wrreq)
16      wire [15:0] sf_data;                       45      );
17      wire sf_wrreq, sf_full, sf_empty;          46
18                                                 47      sd_fifo SDF(
19      assign up_ready = ~sf_full;                48          .clock(clk),
20                                                 49          .data(sf_data),
21      always @ (posedge clk)                     50          .rdreq(down_ready),
22      begin : RDEL                               51          .wrreq(sf_wrreq),
23          if (!rst_n)                            52          .almost_full(sf_full),
24              dr <= 0;                           53          .empty(sf_empty),
25          else                                   54          .q(down_data)
26              dr <= up_ready;                    55      );
27      end                                        56
28                                                 57  endmodule
29      always @ (posedge clk)                     58
```

例程 6 - 17　下游有限状态机主动反制时例 6 - 4 编码器的解码器代码

```
1   module sab_example3_tb;                        18          .up_valid(up_valid),
2     wire [15:0] up_data, down_data;              19          .up_ready(up_ready),
3     wire up_valid, down_valid;                   20          .down_data(down_data),
4     wire up_ready, down_ready;                   21          .down_valid(down_valid),
5     wire clk, rst_n;                             22          .down_ready(down_ready)
6     stimulator STIM(                             23      );
7       .clk(clk),                                 24      scoreboard SCB(
8       .rst_n(rst_n),                             25          .clk(clk),
9       .up_data(up_data),                         26          .rst_n(rst_n),
10      .up_valid(up_valid),                       27          .up_data(up_data),
11      .up_ready(up_ready),                       28          .up_valid(up_valid),
12      .down_ready(down_ready)                    29          .up_ready(up_ready),
13    );                                           30          .down_ready(down_ready),
14    sab_example3 DUT(                            31          .down_data(down_data),
15      .clk(clk),                                 32          .down_valid(down_valid)
16      .rst_n(rst_n),                             33      );
17      .up_data(up_data),                         34  endmodule
```

例程 6 - 18　下游有限状态机主动反制时例 6 - 4 的测试代码

```
1   module de_xor(clk, rst_n, up_data, up_valid, dr,   24              end
2     sf_data, sf_wrreq);                               25          else
3                                                       26              case (state)
4     parameter KEY= 8'h55;                             27                  s0 : if (!(up_valid & dr))
5                                                       28                      begin
6     input clk, rst_n;                                 29                          sf_wrreq <= 0;
7     input [7:0] up_data;                              30                          state <= s0;
8     input up_valid, dr;                               31                      end
9     output reg [15:0] sf_data;                        32                  else
10    output reg sf_wrreq;                              33                      begin
11                                                      34                          sf_data[15:8] <= up_data ^ KEY;
12    reg state;                                        35                          sf_wrreq <= 0;
13                                                      36                          state <= s1;
14    localparam s0 = 1'b0;                             37                      end
15    localparam s1 = 1'b1;                             38
16                                                      39                  s1: begin
17    always @ (posedge clk)                            40                      sf_data[7:0] <= up_data ^ KEY;
18    begin                                             41                      sf_wrreq <= 1;
19      if (!rst_n)                                     42                      state <= s0;
20        begin                                         43                  end
21          sf_data <=0;                                44              endcase
22          sf_wrreq <= 0;                              45      end
23          state <= s0;                                46  endmodule
```

例程 6 - 19　下游有限状态机主动反制时例 6 - 4 解码器的异或单元

```
1   `timescale 1ns/1ps                             1   `timescale 1ns/1ps
2   module stimulator(clk, rst_n, up_data, up_valid,  2   module scoreboard(clk, rst_n, up_data, up_valid,
3     up_ready, down_ready);                       3     up_ready, down_ready, down_data, down_valid);
4                                                   4
5     output reg clk, rst_n;                        5     input clk, rst_n;
6     output reg [15:0] up_data;                    6     input [7:0] up_data;
7     output reg up_valid;                          7     input up_valid,up_ready;
8     input up_ready;                               8     input down_ready;
9     output reg down_ready;                        9     input [7:0] down_data;
10    initial begin : generator_clk                 10    input down_valid;
11      clk = 1;                                    11    reg [7:0] mem [65535:0];
12      rst_n = 0;                                  12    reg r0, t0;
13      #200                                        13    integer i, j;
14      @ (posedge clk)                             14
15      rst_n = 1;                                  15    //DownReadyLatency=1
16      #20000 $stop;                               16    always @ (posedge clk) r0 <= down_ready;
17    end                                           17    //UpReadyLatency=1
18    always #10 clk = ~clk;                        18    always @ (posedge clk) t0 <= up_ready;
19    initial begin: upstram                        19
20      up_data = 0;                                20    initial begin
21      up_valid = 0;                               21      i = 0;
22      #200                                        22      #220 .
23      forever begin                               23      forever begin
```

例程 6 - 20　下游有限状态机主动反制时例 6 - 4 验证平台的激励器和计分板

```
24          @ (posedge clk)
25          if (up_ready)
26            if (({$random} % 16) > 4)
27              begin
28                up_data = {$random} % 65536;
29                up_valid = 1;
30              end
31            else
32              up_valid = 0;
33            else
34              up_valid = 0;
35          end
36        end
37        initial begin : downstram
38          down_ready = 0;
39          #220
40          forever begin
41            @ (posedge clk)
42            if (({$random} % 16) > 4)
43              down_ready = 1;
44            else
45              down_ready = 0;
46          end
47        end
48      endmodule
```

```
24          @ (posedge clk)
25          if (t0 && up_valid) begin
26            mem[i] = up_data;
27            i = i + 1;
28          end
29        end
30      end
31
32      initial begin
33        j = 0;
34        #220
35        forever begin
36          @ (posedge clk)
37          if (r0 && down_valid) begin
38            if (down_data == mem[j])
39              $display("Ok: up_data=%0d,
40                down_data=%0d", mem[j], down_data);
41            else
42              $error("Error: up_data=%0d,
43                down_data=%0d", mem[j], down_data);
44            j = j + 1;
45          end
46        end
47      end
48    endmodule
```

例程 6 - 20　　下游有限状态机主动反制时例 6 - 4 验证平台的激励器和计分板(续)

3. 下游主动反制模式总结

下游主动反制上游是流传输中应用最多最重要的一种模式,其特点和基本规律总结如下:

(1) 下游主动反制模式是由下游主动发起的反制。因此,整个流传输的主动控制权在下游,在下游逻辑的宿接口。若需要对流进行控制,能够而且仅能够在下游宿接口对上游源接口的握手中加载激励发出控制,在上游源接口对下游宿接口的握手中获得响应。从控制信号发出,到获得响应的周期为流的就绪潜伏期,如图 6 - 50 所示。

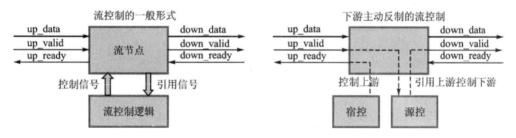

图 6 - 50　下游主动反制时控制上游和引用上游

下游主动反制的流传输具有多个流节点时,根据式 6 - 2 其就绪潜伏期逐级增加,这在大多数情况下是不可容忍的。为了调整数据河流的就绪潜伏期为正常同步的单拍潜伏期,则必须使用先进先出流缓存。使用先进先出时,其 Full 握手必须留出缓存深度(见式 6 - 2)。可以参考式 6 - 3,使用先进先出的 almost_full 选项(缓存深度 BufDepth＞N+1)。

(2) 下游主动反制的基本规则是:下游主动发出可以接收或不可以接收的握手信号,上游则根据下游的信号,被动的发出数据 valid。通俗地说,就是下游可以接收时,上游才有发送和停止发送的权利;若下游不可以接收,则上游必须停。

(3) 使用先进先出缓冲调节就绪潜伏期时,其先进先出位于节点逻辑的输出端口,即先进先出作为输出缓存。

(4) 使用先进先出缓冲时,其 full 信号必须取反后作为发往上游的就绪信号。

（5）使用先进先出缓冲时，其 empty 信号必须取反后，并延迟一拍，作为发往下游的请求信号。

（6）本级流节点没有对流传输的控制并且需要调整就绪潜伏期为单拍时，可参考图 6-31 所示的组织架构。

（7）本级流节点有对流传输的控制并且需要调整就绪潜伏期为单拍时，可参考图 6-40 所示的组织架构

（8）本机流节点不需要调整到单拍的就绪潜伏期时，可参考图 6-27 所示的组织架构和控制。

（9）下游主动反制的优点是流传输安全，信号和握手之间完全遵循同步电路的基本规律，便于设计。

（10）下游主动反制的缺点是控制复杂，连续数据流时不可以形成闭合环路控制，并且有就绪潜伏期发散的问题。

6.2.4　下游快速反制模式

不同于下游主动反制模式，它是一种基于零拍就绪潜伏期的规则，该规则又被称为前置同步模式（Show-Ahead Synchronous mode）或"快餐业务"（见图 6-51）：

1. 下游快速反制模式的规则

（1）上游有数据时，就将 valid 设置为高，并将数据加载到端口（上游想给就给，不想给就不给）。

（2）下游能接收数据时，就将就绪（ready）信号设置为高；不能接收数据时，就将就绪设置为低（下游想收就收，不想收就不收）。

（3）下游宿接口如果捕获到 valid 为高，只要下游能够收（前一拍为就绪），就必须立即捕获数据（下游只要想收而上游已经给了，就必须立即收）。

（4）上游源接口如果捕获到下游就绪，而已经给出数据（前一拍 valid），就知道下游已经取走该数据，于是可以选择继续给新数据 valid=1，或者停止给数据 valid=0（上游先给，然后看下游是否拿走）。

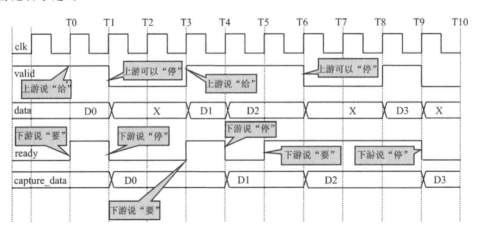

图 6-51　下游快速反制的流传输例子（就绪潜伏期 RL=0）

2. 图 6-51 示例的握手过程

（1）在 T0 时刻之前，上游就已经主动给出了数据 D0，由于没有检测到"就绪"信号（下游未取走），故一直保持；而在 T0 时刻，下游就绪，主动将"就绪"信号置高。

（2）在 T1 时刻，上游检测到"就绪"信号为高，知道 D0 已经取走，故可以继续给数据或停止给数据。因此上游"叫停"了在下游快速反制模式下，上游一旦给出数据，就必须保持到下游取走，不可以中途"叫停"；同样在 T1 时刻，下游由于前一拍就绪，故此时检测到 valid 为高，必须立即取走 D0（捕获到 capture_data）。

（3）在 T2 时刻，上下游都在叫停。

（4）在 T3 时刻，上游主动给数据 D1，下游主动发出就绪（ready＝1）。

（5）在 T4 时刻，上游捕获到下游的"就绪"信号为真，而上一拍的 valid 为高，故知道 D1 已经被取走，于是继续加载 D2；而下游由于捕获到 valid 为真，而前一拍的 ready 为高，故立即捕获 D1，同时下游选择叫停（ready＝0）。

（6）在 T5 时刻，上游捕获的"就绪"信号为低，而前一拍的 valid 为高，知道之前给的数据 D2 还没有被取走，就必须保持（数据和握手）；而下游主动发出可以接收数据的就绪信号（ready＝1）。

（7）在 T6 时刻，上游捕获到下游的"就绪"信号为真，而其前一拍的 valid 为高，故知道 D2 已经被取走，上游选择叫停；下游捕获到上游的 valid，而其前一拍的"就绪"信号为高，就必须立即取走 D2。同时选择继续就绪（ready＝1）。

（8）在 T7 时刻，上游继续叫停，下游继续就绪。对上游而言，虽然捕获到下游的"就绪"信号为真，而前一拍的 valid 为假，故没有数据取走与否的问题；对下游而言，虽然前一拍的"就绪"信号为真，而当前拍的 valid 为假，也没有捕获数据的问题。

（9）在 T8 时刻，上游主动给出 D3，下游继续就绪。

（10）在 T9 时刻，上游捕获到下游的"就绪"信号为真，而前一拍的 valid 为高，故知道 D3 已经被取走。上游继而选择了叫停，而下游此时捕获到 valid 为真，而其前一拍的"就绪"信号为高，故必须立即捕获 D3，同时下游也选择了叫停。

从这个时序例子中可以看到，下游快速反制模式下，下游仍然可以随时叫停，而上游则不同于下游主动反制模式，上游在给出数据后是不可以主动叫停的，仅在下游取走当前数据后（当前"就绪"信号为真）上游才恢复主动（可以主动选择"走"或"停"）。在下游主动反制模式时，上游则必须在下游全部就绪期间，才有叫停的权利。

下游主动反制和下游快速模式中，上游都必须根据下游的反制信号发出叫停，这是相同之处。不同之处在于，下游主动反制时上游必须在全部"就绪"信号为真期间才可以叫停，而下游快速模式则仅需在"就绪"信号为真之前保持，一旦数据取走（检测到当前 ready 为真）之后上游则恢复主动而不必看下游是否"就绪"信号。换一种说法，下游主动反制在下游"就绪"信号为假时，上游必须停，而下游快速模式则不是。在我们的比喻中，下游主动模式的"点餐"，你不点，餐厅不做；而下游快速模式的"快餐"，不论你要不要餐厅都先做好。

SFB 流节点的模型与 SAB 类似，如图 6-52 所示。

对于具有 N 拍潜伏期的流节点，其典型的模型为如图 6-53 所示。

TP 图的流水线节拍分析如图 6-54 所示。

从图中，下游快速模式节点上游的就绪潜伏期为零拍，该节点的下游就绪潜伏期就等于本级节点的延迟，即

$$DownReadyLatency = LogicLatency \qquad (6-4)$$

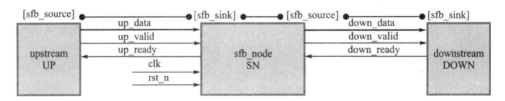

图 6-52　下游快速反制的流传输模型

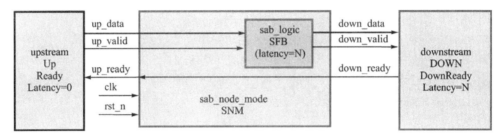

图 6-53　下游快速反制时流节点的典型模型

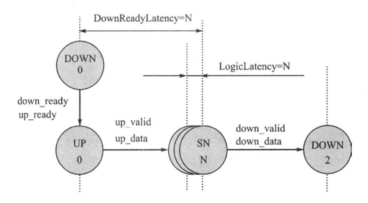

图 6-54　具有 N 拍潜伏期的典型下游快速模式流节点逻辑的节拍分析

例 6-5：同样考虑如同例 6-2 所示的一个具有 2 拍逻辑潜伏期的流节点（见图 6-55），上游的激励模型的就绪潜伏期为零拍，下游的就绪潜伏期则为 2 拍。ABV 验证时，同样根据下游快速反制规则，上下游随机叫停，使用记分板评估是否发生错误。

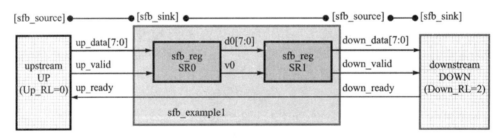

图 6-55　快速流反制的例 6-5

验证平台如图 6-56 所示。

验证平台与例 6-2 不同在于上游的就绪潜伏期为 0（UpReadyLatency=0），故记分板需要引入 up_ready 信号。以下是该例的 Verilog 代码，见例程 6-21～例程 6-23。

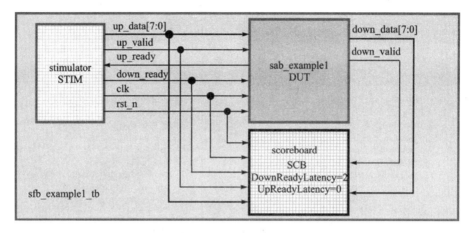

图 6 - 56　快速流反制时例 6 - 5 的 ABV 验证平台

1	module sfb_example1(clk, rst_n, up_data,up_valid,
2	up_ready, down_data, down_valid, down_ready);
3	
4	input clk, rst_n;
5	input [7:0] up_data;
6	input up_valid;
7	output up_ready;
8	output [7:0] down_data;
9	output down_valid;
10	input down_ready;
11	
12	wire [7:0] d0;
13	wire v0;
14	
15	assign up_ready = down_ready;
16	
17	sfb_reg SR0(
18	.clk(clk),
19	.rst_n(rst_n),
20	.up_data(up_data),
21	.up_valid(up_valid),
22	.down_data(d0),
23	.down_valid(v0)
24	);
25	
26	sfb_reg SR1(
27	.clk(clk),
28	.rst_n(rst_n),
29	.up_data(d0),
30	.up_valid(v0),
31	.down_data(down_data),
32	.down_valid(down_valid)
33	);
34	
35	endmodule

1	module sfb_reg(clk, rst_n, up_data, up_valid,
2	down_data, down_valid);
3	
4	parameter KEY = 8'h55;
5	
6	input clk, rst_n;
7	input [7:0] up_data;
8	input up_valid;
9	output reg [7:0] down_data;
10	output reg down_valid;
11	
12	always @ (posedge clk)
13	begin
14	if (!rst_n)
15	begin
16	down_data <= 0;
17	down_valid <= 0;
18	end
19	else
20	begin
21	down_data <= up_data ^ KEY;
22	down_valid <= up_valid;
23	end
24	end
25	
26	endmodule
27	
28	
29	
30	
31	
32	
33	
34	
35	

例程 6 - 21　快速流反制时例 6 - 5 的 Verilog 代码

```
1   module sfb_example1_tb;
2
3       wire [7:0] up_data, down_data;
4       wire up_valid, down_valid;
5       wire up_ready, down_ready;
6       wire clk, rst_n;
7
8       sfb_example1_stimulator STIM(
9           .clk(clk),
10          .rst_n(rst_n),
11          .up_data(up_data),
12          .up_valid(up_valid),
13          .up_ready(up_ready),
14          .down_ready(down_ready)
15      );
16
17      sfb_example1 DUT(
18          .clk(clk),
19          .rst_n(rst_n),
20          .up_data(up_data),
```

```
21          .up_valid(up_valid),
22          .up_ready(up_ready),
23          .down_data(down_data),
24          .down_valid(down_valid),
25          .down_ready(down_ready)
26      );
27
28      sfb_example1_scoreboard SCB(
29          .clk(clk),
30          .rst_n(rst_n),
31          .up_data(up_data),
32          .up_valid(up_valid),
33          .up_ready(up_ready),
34          .down_data(down_data),
35          .down_valid(down_valid),
36          .down_ready(down_ready)
37      );
38
39  endmodule
40
```

例程 6 - 22　　快速流反制时例 6 - 5 的测试代码

```
1   `timescale 1ns/1ps
2   module sfb_example1_stimulator(clk, rst_n,
3       up_data, up_valid, up_ready, down_ready);
4
5       output reg clk, rst_n;
6       output reg [7:0] up_data;
7       output reg up_valid;
8       input up_ready;
9       output reg down_ready;
10
11      initial begin
12          clk = 1;
13          rst_n = 0;
14          #200
15          @ (posedge clk)
16          rst_n = 1;
17          #20000 $stop;
18      end
19      always #10 clk = ~clk;
20      initial begin : upstream
21          up_data = 0;
22          up_valid = 0;
23          #200
24          @ (posedge clk)
25          up_data = {$random} % 256;
26          up_valid = 1;
27          forever begin
28              @ (posedge  clk)
29              if (up_ready) begin
30                  if (({$random} % 256) > 64)
31                      begin
32                          up_data = {$random} % 256;
33                          up_valid = 1;
34                      end
35                  else
36                          up_valid = 0;
37              end
38          end
39      end
40      initial begin : downstream
41          down_ready = 0;
42          #200
```

```
1   `timescale 1ns/1ps
2   module sfb_example1_scoreboard(clk, rst_n,
3       up_data, up_valid, up_ready,
4       down_data, down_valid, down_ready);
5
6       input clk, rst_n;
7       input [7:0] up_data;
8       input up_valid;
9       input up_ready;
10      input [7:0] down_data;
11      input down_valid;
12      input down_ready;
13      reg dr0, dr1;
14      reg [7:0] mem [65535:0];
15      integer i, j;
16
17      always @ (posedge clk)
18      begin
19          dr0 <= down_ready;
20          dr1 <= dr0;
21      end
22      initial begin : upstream
23          i = 0;
24          #200
25          forever begin
26              @ (posedge clk)
27              if (up_valid && up_ready)begin
28                  mem[i] = up_data;
29                  i = i + 1;
30              end
31          end
32      end
33      initial begin : downstream
34          j = 0;
35          #200
36          forever begin
37              @ (posedge clk)
38              if (down_valid && dr1) begin
39                  if (mem[j] == down_data)
40                      $display("OK: up_data=%0d
41                      down_data=%0d",
42                      mem[j], down_data);
```

```
43        forever begin                              43            else
44            @ (posedge clk)                        44                $error("Error: up_data=%0d
45            if (({$random} % 256) > 64)            45                down_data=%0d", mem[j],
46                down_ready = 1;                    46                down_data);
47            else                                   47                j = j + 1;
48                down_ready = 0;                    48            end
49        end                                        49        end
50    end                                            50    end
51                                                   51
52 endmodule                                         52 endmodule
```

例程 6 - 23　快速流反制时例 6 - 5 的激励器和记分板

1. 具有先进先出(FIFO)缓存的下游快速反制

与下游主动反制模式类似,根据式 6 - 5,快速反制时下游的就绪潜伏期为当前节点的逻辑潜伏期,多个流节点连续传输时,为了整个河流均保持为零拍就绪潜伏期,仍然需要使用先进先出构成流缓存,以调节下游的就绪潜伏期为零,如图 6 - 57 所示。

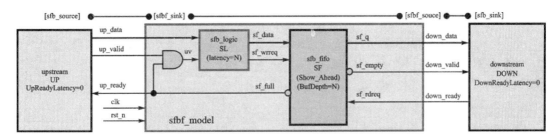

图 6 - 57　使用"先进先出"调整下游快速反制就绪潜伏期为 0 的方案

先进先出调节的原理与 6.2.3 节相同,这里"先进先出"设置要点如下:

(1) 流缓冲深度问题:由于"先进先出"位于流节点逻辑的下游,满标志仍然有溢出问题。当逻辑潜伏期大于 0 时,仍然需要使用 almost_full 的设置。其溢出缓冲深度 BufDepth 的节拍分析如图 6 - 58 所示。

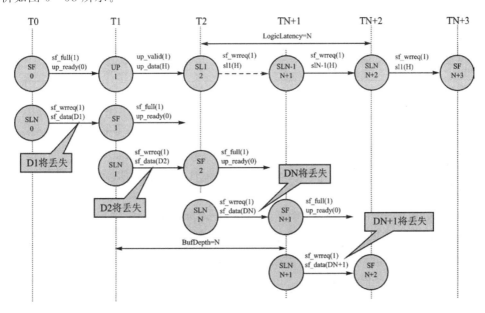

图 6 - 58　使用先进先出(FIFO)快速反制时缓存深度分析

图 6-58 中,在 T0 时刻"先进先出"已满,则 T1 时刻上游逻辑 UP 必须保持原数据(前拍数据)。根据节拍推算,本地逻辑最后一个节点 SLN 在 TN+2 时刻发出的是一个保持前拍的数据。于是,在 T1 拍,由于先进先出已满,故 SLN 发出的数据 D1 将丢失,如果先进先出之后一直满,则 D2 也将丢失,直至 DN 都将丢失。而在 TN+1 时刻,最后一个本地节点 SLN 发出的数据 DN+1,虽然在 TN+2 时刻"先进先出"不捕获,但上游已经保持,并流水至此,该数据 DN+1 并不会丢失。

根据节拍分析,快速反制时的流缓冲深度 BufDepth 为:

$$BufDepth = LogicLatency = N \tag{6-5}$$

LogicLatency 为本地逻辑潜伏期,图 6-58 中示意为 N。

由于先进先出的深度,则使用 Almost_Full 对应 usedw 的最大值 AFull_Usedw_Max 为先进先出深度减去需要的缓冲深度如图 6-59 所示。

$$AlmostFull\_Usedw\_Max = FifoDepth - BufDepth$$

代入后得到下游快速流反制时 FIFO 的 Almost_Full 设置值公式:

$$AlmostFull\_Usedw\_Max = FifoDepth - BufDepth = FifoDepth - N \tag{6-6}$$

据此得到先进先出深度 FifoDepth 必须大于等于 2 倍本地逻辑潜伏期,即

$$FifoDepth \geqslant 2N \tag{6-7}$$

式中:

AlmostFull_Usedw_Max:使用先进先出的 almost_full 端口时的设置值。

BufDepth:下游快速反制模式时,使用先进先出调节下游就绪潜伏期为零(以满足全河流的零就绪潜伏期)所需要的"先进先出"溢出调节(缓冲)深度。

FifoDepth:当前先进先出的深度值。

LogicLatency 和 N:当前流节点中的逻辑潜伏期。

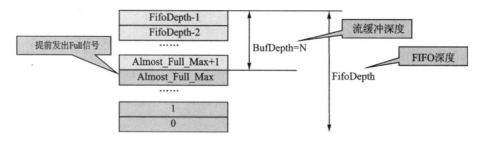

图 6-59 下游快速流反制时先进先出深度和流缓冲深度

(2) 必须将"先进先出"的同步模式调整为快速模式(前置模式)。

(3) 由于"先进先出"的调节作用,上下游的就绪潜伏期均为 0 拍,故先进先出的 empty 信号不需要如下游主动反制一样的一拍延迟。

例 6-6:仍然采用例 6-2 的两级异或,但采用"先进先出"将下游快速模式时下游的就绪潜伏期调整为零拍潜伏期,如图 6-60 所示。

其验证平台如图 6-61 所示。

这里本地逻辑潜伏期 N=2,根据式 6-6,其中流缓冲"先进先出"的缓冲深度 BufDepth=2,当"先进先出"深度设置为 8 时,almost_full 信号的设置值为 8-2=6,握手设置为下游快速反制模式,如图 6-62 至图 6-64 所示。

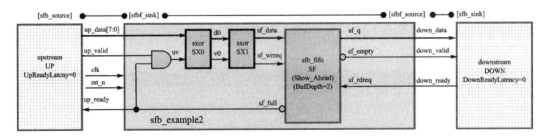

图 6 - 60　快速流反制时例 6 - 6 调整为零的潜伏期

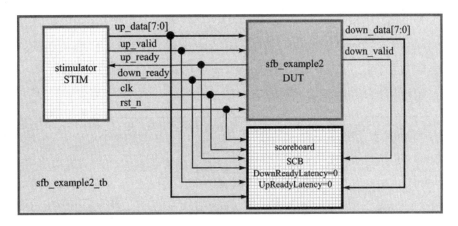

图 6 - 61　快速流反制时例 6 - 6 的 ABV 验证平台

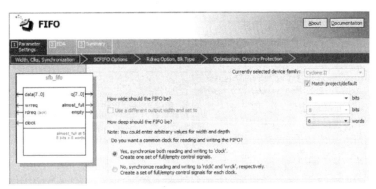

图 6 - 62　下游快速反制时例 6 - 6 中"先进先出"深度设置为 8

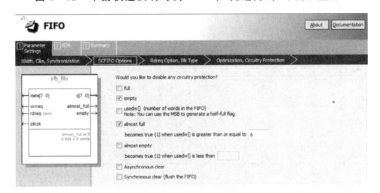

图 6 - 63　下游快速反制时例 6 - 6 中"先进先出"的 almost_full 设置为 6

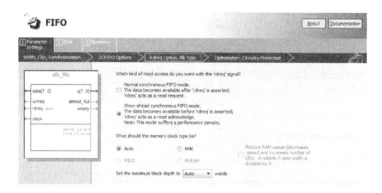

图 6 - 64　下游快速反制时例 6 - 6 中"先进先出"的握手方式设置为"Show-Ahead"

本例子中，逻辑 sxor 仍然使用了异或运算，单拍潜伏期。流传输节点中，握手信号也被同时传输，得到相同的潜伏期见例程 6 - 24 至例程 6 - 27）。

```
1    module sxor(clk, rst_n, up_data, up_valid,
2        down_data, down_valid);
3
4    parameter KEY = 8'h55;
5
6    input clk, rst_n;
7    input [7:0] up_data;
8    input up_valid;
9    output reg [7:0] down_data;
10   output reg down_valid;
11
12   always @ (posedge clk)
13   begin
14       if (!rst_n)
15           begin
16               down_data <= 0;
17               down_valid <= 0;
18           end
19       else
20           begin
21               down_data <= up_data ^ KEY;
22               down_valid <= up_valid;
23           end
24   end
25
26   endmodule
```

例程 6 - 24　下游快速反制时例 6 - 6 的本地例子逻辑

```
1    module sfb_example2(clk, rst_n, up_data, up_valid,
2        up_ready, down_data, down_valid, down_ready);
3
4    input clk, rst_n;
5    input [7:0] up_data;
6    input up_valid;
7    output up_ready;
8    output [7:0] down_data;
9    output down_valid;
10   input down_ready;
11
12   wire [7:0] d0, sf_data, sf_q;
13   wire v0, sf_wrreq, sf_full, sf_empty, sf_rdrequv;
14
15   assign uv = up_valid & up_ready;
16   assign up_ready = ~sf_full;
17
18   sxor SX0(
19       .clk(clk),
20       .rst_n(rst_n),.
21       .up_data(up_data),
22       .up_valid(uv),
23       .down_data(d0),
24       .down_valid(v0)
25   );
26
27   sxor SX1(
28       .clk(clk),
29       .rst_n(rst_n),
30       .up_data(d0),
31       .up_valid(v0),
32       .down_data(sf_data),
33       .down_valid(sf_wrreq)
34   );
35
36   sfb_fifo SF(
37       .clock(clk),
38       .data(sf_data),
39       .rdreq(sf_rdreq),
40       .wrreq(sf_wrreq),
41       .empty(sf_empty),
42       .almost_full(sf_full),
43       .q(sf_q)
44   );
45
46   assign down_data = sf_q;
47   assign sf_rdreq = down_ready;
48   assign down_valid = ~sf_empty;
49
50   endmodule
```

例程 6 - 25　下游快速反制时例 6 - 6 的 Verilog 顶层代码

```
1   module sfb_example2_tb;
2
3      wire clk, rst_n;
4      wire [7:0] up_data, down_data;
5      wire up_valid, down_valid;
6      wire up_ready, down_ready;
7
8      sfb_example2_stimulator STIM(
9         .clk(clk),
10        .rst_n(rst_n),
11        .up_data(up_data),
12        .up_valid(up_valid),
13        .up_ready(up_ready),
14        .down_ready(down_ready)
15     );
16
17     sfb_example2 DUT(
18        .clk(clk),
19        .rst_n(rst_n),
20        .up_data(up_data),
21        .up_valid(up_valid),
22        .up_ready(up_ready),
23        .down_data(down_data),
24        .down_valid(down_valid),
25        .down_ready(down_ready)
26     );
27
28     sfb_example2_scoreboard SCB(
29        .clk(clk),
30        .rst_n(rst_n),
31        .up_data(up_data),
32        .up_valid(up_valid),
33        .up_ready(up_ready),
34        .down_data(down_data),
35        .down_valid(down_valid),
36        .down_ready(down_ready)
37     );
38
39   endmodule
40
41
42
43
44
45
46
```

```
1   `timescale 1ns/1ps
2
3   module sfb_example2_scoreboard(clk, rst_n, up_data, up_valid,
4       up_ready, down_data, down_valid, down_ready);
5
6      input clk, rst_n;
7      input [7:0] up_data;
8      input up_valid;
9      input up_ready;
10     input [7:0] down_data;
11     input down_valid;
12     input down_ready;
13
14     reg [7:0] mem [65535:0];
15     integer i, j;
16
17     initial begin : upstream
18        i = 0;
19        #200
20        forever begin
21           @ (posedge clk)
22           if (up_valid && up_ready) begin
23              mem[i] = up_data;
24              i = i + 1;
25           end
26        end
27     end
28
29     initial begin : downstream
30        j = 0;
31        #200
32        forever begin
33           @ (posedge clk)
34           if (down_valid && down_ready) begin
35              if (mem[j] == down_data)
36                 $display("OK: up_data=%0d down_data=%0d",
37                 mem[j], down_data);
38              else
39                 $error("Error: up_data=%0d down_data=%0d",
40                 mem[j], down_data);
41              j = j + 1;
42           end
43        end
44     end
45
46   endmodule
```

例程 6 – 26　下游快速反制时例 6 – 6 的测试代码和计分板

```
1   `timescale 1ns/1ps
2
3   module sfb_example2_stimulator(clk, rst_n,
4       up_data, up_valid, up_ready, down_ready);
5
6      output reg clk, rst_n;
7      output reg [7:0] up_data;
8      output reg up_valid;
9      input up_ready;
10     output reg down_ready;
11
12     initial begin
13        clk = 1;
14        rst_n = 0;
15
```

```
16        #200
17        @ (posedge clk)
18        rst_n = 1;
19
20        #20000 $stop;
21     end
22
23     always #10 clk = ~clk;
24
25     initial begin : upstream
26        up_data = 0;
27        up_valid = 0;
28
29        #200
30        @ (posedge clk)
```

例程 6 – 27　下游快速反制时例 6 – 6 的激励器

31	up_data = {$random} % 256;
32	up_valid = 1;
33	forever begin
34	@ (posedge clk)
35	if(up_ready) begin
36	if (({$random} % 256) > 64)
37	begin
38	up_data = $random % 256;
39	up_valid = 1;
40	end
41	else
42	up_valid = 0;
43	end
44	end
45	end

46	
47	initial begin : downstream
48	down_ready = 0;
49	
50	#200
51	forever begin
52	@ (posedge clk)
53	if (({$random} % 256) > 64)
54	down_ready = 1;
55	else
56	down_ready = 0;
57	end
58	end
59	
60	endmodule

例程 6 - 27　下游快速反制时例 6 - 6 的激励器（续）

2. 具有有限状态机控制的下游快速反制 SFB_FSM

与下游主动反制的有限状态机控制类似,大多数流节点需要对流进行控制,能够"叫停"河流。下游快速反制本质上仍然是下游反制,但因其就绪潜伏期为 0。因此更灵活,（见图 6 - 65 和图 6 - 66）：

（1）可以发起对上游的控制（up_en）,也可以发起对下游的控制（sf_wrreq）。

（2）为了保持河流的零拍就绪潜伏期,仍然需要"先进先出"调节,调节深度见式 6 - 6。

（3）此时有限状态机对上游信号闭环控制的激励响应为单拍潜伏期,故允许进行连续数据控制。

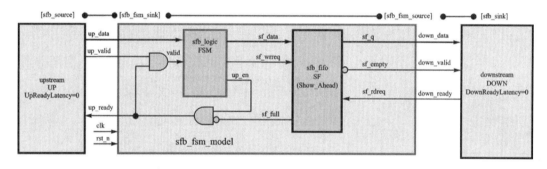

图 6 - 65　具有有限状态机控制的下游快速反制架构方案

图 6 - 66 所示,如在 T0 时刻状态机向上游发出就绪（up_ready＝1）信号,在 T1 时刻上游可以选择发送或停止发送数据,这里示例继续发送数据 D1。在 T1 时刻,状态机发出叫停（up_ready＝0）,于是在 T2 时刻上游会将 D1 保持住。从 T1 时刻状态机发出叫停,到状态机可以在 T2 停止捕获,即状态机可以在 T2 时刻得到 T1 时刻发出信号（激励）的响应,这样有限状态机从发出激励（假）到获得响应（假）的退出潜伏期为一拍（LatencyExit＝1）。

同样可以看到,状态机在 T2 时刻发出就绪（up_ready＝1）信号,在 T3 时刻上游可以选择发送或停止发送数据。而 T3 时刻的状态机则可以捕获 D1。状态机从 T2 时刻发出的激励（真）到 T3 获得响应（真）为一拍,故有限状态机的进入潜伏期为一拍（LatencyEntry＝1）。

这种对称的单拍潜伏期可以比较方便地用于控制目的,其节拍分析图也可以采用零潜伏期矢量的方式绘制,如图 6 - 67 所示。

例 6 - 7：仍然采用例 6 - 4 的架构,上游发出 16b 的数据,编码器逻辑将其分成两个 8b 编

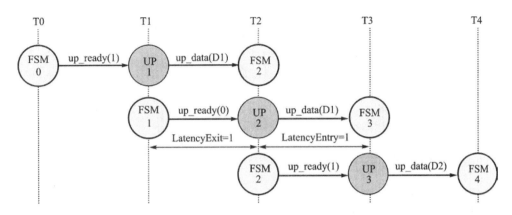

图 6 - 66　下游快速反制时有限状态机与上游信号之间形成单拍潜伏期

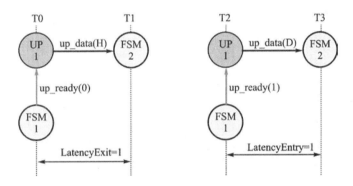

图 6 - 67　下游快速反制时状态机从发出激励到得到响应的等效节拍分析图

码,并传输给解码器,解码器将 8b 逻辑装配成 16b 逻辑,发送给下游。编码解码使用相同的 KEY 做异或。全河流零拍就绪潜伏期(RiverReadyLatency=0),如图 6 - 68 所示。

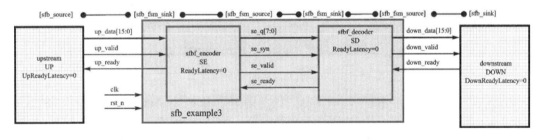

图 6 - 68　下游快速反制时例 6 - 7 的顶层

其中的 se_syn 用于将两个 8b 对齐为一个 16b 字。编码器架构如图 6 - 69 所示。

不同于下游主动反制的例 6 - 4,这里的 ENC 状态机可以直接与上游交互。状态机直接管理下游快速反制的信号:能够"走"就发出 up_en 为真,单拍潜伏期后捕获数据(valid 为真);需要"停"就发出 up_en 为假,单拍潜伏期后就可以停止捕获数据(上游会将该数据保持在端口)。状态转移如图 6 - 70 所示。

其中同步信号 sef_syn 对齐高位字节。解码器架构如图 6 - 71 所示。

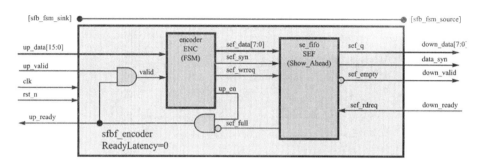

图 6 - 69　下游快速反制时例 6 - 7 的编码器

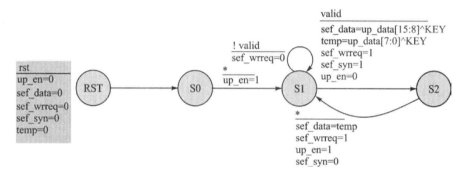

图 6 - 70　下游快速反制时例 6 - 7 编码器的状态转移图

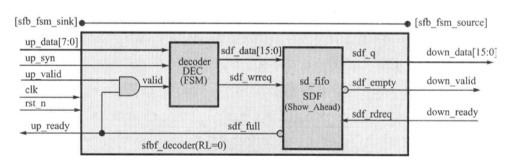

图 6 - 71　下游快速反制时例 6 - 7 的解码器

类似编码器，并化器状态机从发出激励到得到响应是单拍潜伏期，其状态转移如图 6 - 72 所示。

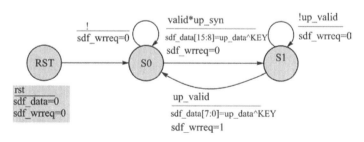

图 6 - 72　下游快速反制时例 6 - 7 解码器的状态转移图

编码器需要将 16b 的流分两次装配成 8b 的流，上游吞吐量快于下游，故编码器需要"叫停"上游。而解码器是将 8b 的流程装配成 16b 的流,其下游吞吐量快于上游,故解码器需要"叫停"下游。图 6 – 73 是 ABV 验证平台。

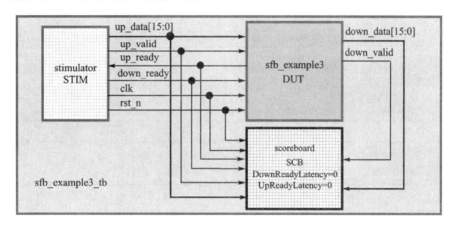

图 6 – 73　下游快速反制时例 6 – 7 的 ABV 验证平台

由于编码器"FIFO"上游的就绪潜伏期为编码器逻辑的潜伏期,即 BufDepth＝2。编码器的深度必须大于 2 倍的潜伏期,故 se_fifo 深度设置为 8(FifoDepth＝8),根据式 6 – 6 其 almost_full 的设置深度为 8－2＝6,以下是编码器 FIFO 的设置项列表于表 6 – 1 之中。

表 6 – 1　下游快速反制时例 6 – 7 中编码器的 GUI 设置

se_fifo(编码器 FIFO)			说　明
书中定义	GUI 提示	设 置 值	
Fifo_Depth	"How Deep should the FIFO be?"	8	编码器 FIFO 的深度＞2BufDepth
Fifo_Width	"How wide should the FIFO be?"	9	编码器 FIFO 的宽度,8 位数据和 1 位同步标志
	"Do you want a common clock for reading and writing the FIFO"	Yes	单时钟 FIFO 模式
Handshake	"Would you like to disable any circuitryproptection"	empty almost_full	握手信号,仅选择 empty 和 almost_full
AlmostFull_Usedw_Max	"become ture(1) when usedw[] is greater than or equal to "	6	BufDepth＝N＝2,据式 6 – 6:AlmostFull_Usedw_Max＝ 8－2＝6
Stream mode	"Which kind of read access do you want with the 'rdreq' signal"	Show-Ahead synchronous mode	流模式选择下游快速反制;即"前置同步模式""Show-Ahead synchronous mode"
	"What should the memory block tyep be"	Auto	存储器资源选择"自动"
	"Output register option for devices with fully synchronous RAM"	No	全同步提速选择,这里选择 No(smallest area)
	"Would like to disable any circuitry protection"	不选	这是选择是否要屏蔽:写操作的溢出检查读操作的断流检查

　　解码器上游的就绪潜伏期为解码器的逻辑潜伏期,即 BufDpeth=1,取大于 2 倍该值设置深度,选择 sd_fifo 的深度为 4(FifoDepth=4),根据式 6-6 算得 almost_full 的设置深度为 4-1=3。解码器 FIFO(sd_fifo)在 GUI 中的设置列表于 6-2 中,代码如例程 6-28 至例程 6-33 所示。

表 6-2　下游快速反制时例 6-7 中解码器的 GUI 设置

sd_fifo(解码器 FIFO)			说　明
书中定义	GUI 提示	设置值	
Fifo_Depth	"How Deep should the FIFO be?"	4	编码器 FIFO 的深度>2BufDepth
Fifo_Width	"How wide should the FIFO be?"	15	编码器 FIFO 的宽度
	"Do you want a common clock for reading and writing the FIFO"	Yes	单时钟 FIFO 模式
Handshake	"Would you like to disable any circuitry proptection"	empty almost_full	握手信号,仅选择 empty 和 almost _full
AlmostFull_ Usedw_Max	"become ture(1) when usedw[] is greater than or equal to "	3	BufDepth=N=1,据式 6-6: AlmostFull_Usedw_Max= 4-1=3
Stream mode	"Which kind of read access do you want with the 'rdreq' signal	Show-Ahead synchronous mode	流模式选择下游快速反制: 即"前置同步模式 "Show-Ahead synchronous mode"
	"What should the memory block tyep be"	Auto	存储器资源选择"自动"
	"Output register option for devices with fully synchronous RAM"	No	全同步提速选择,可选择 No (smallest area)
	"Would like to disable any circuitry protec- tion"	不选	选择是否要屏蔽: 写操作的溢出检查 读操作的断流检查

```
1   module sfb_example3(clk, rst_n, up_data, up_valid,
2     up_ready, down_data, down_valid, down_ready);
3   input clk, rst_n;
4   input [15:0] up_data;
5   input up_valid;
6   output up_ready;
7   output [15:0] down_data;
8   output down_valid;
9   input down_ready;
10  wire [7:0] se_q;
11  wire se_syn, se_valid, se_ready;
12  sfbf_encoder SE(
13    .clk(clk),
14    .rst_n(rst_n),
15    .up_data(up_data),
16    .up_valid(up_valid),
17    .up_ready(up_ready),
18    .down_data(se_q),
19    .data_syn(se_syn),
20    .down_valid(se_valid),
21    .down_ready(se_ready)
22  );
23  sfbf_decoder SD(
24    .clk(clk),
25    .rst_n(rst_n),
26    .up_data(se_q),
27    .up_valid(se_valid),
28    .up_ready(se_ready),
29    .up_syn(se_syn),
30    .down_data(down_data),
31    .down_valid(down_valid),
32    .down_ready(down_ready)
33  );
34  endmodule
```

例程 6-28　下游快速反制时例 6-7 的顶层代码

```
1   module sfbf_encoder(clk, rst_n, up_data, up_valid,      40                  end
2     p_ready, down_data, data_syn, down_valid,             41              s1 : if (!valid)
3     down_ready);                                          42                  begin
4     parameter KEY = 8'h55;                                43                      sef_wrreq <= 0;
5     input clk, rst_n;                                     44                      state <= s1;
6     input [15:0] up_data;                                 45                  end
7     input up_valid;                                       46              else
8     output up_ready;                                      47                  begin
9     output [7:0] down_data;                               48                      sef_data <= up_data[15:8] ^ KEY;
10    output data_syn, down_valid;                          49                      temp <= up_data[7:0] ^ KEY;
11    input down_ready;                                     50                      sef_wrreq <= 1;
12    wire valid;                                           51                      sef_syn <= 1;
13    reg [7:0] sef_data, temp;                             52                      up_en <= 1;
14    reg sef_syn, sef_wrreq, up_en;                        53                      state <= s2;
15    wire [7:0] sef_q;                                     54                  end
16    wire sef_full, sef_empty, sef_rdreq;                  55              s2 : begin
17    reg [1:0] state;                                      56                      sef_data <= temp;
18    localparam s0 = 2'b00;                                57                      sef_wrreq <= 1;
19    localparam s1 = 2'b01;                                58                      up_en <= 1;
20    localparam s2 = 2'b10;                                59                      sef_syn <= 0;
21    assign valid = up_valid & up_ready;                   60                      state <= s1;
22    assign up_ready = up_en & ~sef_full;                  61                  end
23                                                          62              endcase
24    always @ (posedge clk)                                63      end
25    begin : ENC                                           64
26        if (!rst_n)                                       65      se_fifo SEF(
27            begin                                         66          .clock(clk),
28                up_en <= 0;                               67          .data({sef_data, sef_syn}),
29                sef_data <= 0;                            68          .rdreq(sef_rdreq),
30                sef_wrreq <= 0;                           69          .wrreq(sef_wrreq),
31                sef_syn <= 0;                             70          .almost_full(sef_full),
32                temp <= 0;                                71          .empty(sef_empty),
33                state <= s0;                              72          .q({sef_q, data_syn})
34            end                                           73      );
35        else                                              74      assign down_data = sef_q;
36            case (state)                                  75      assign down_valid = ~sef_empty;
37                s0 : begin                                76      assign sef_rdreq = down_ready;
38                        up_en <= 1;                       77
39                        state <= s1;                      78  endmodule
```

例程 6 - 29　下游快速反制时例 6 - 7 的编码器代码

```
1   module sfbf_decoder(clk, rst_n, up_data, up_valid,     35                      state <= s1;
2     up_ready, up_syn, down_data, down_valid,             36                  end
3     down_ready);                                         37              else
4     parameter KEY = 8'h55;                               38                  begin
5     input clk, rst_n;                                    39                      sdf_wrreq <= 0;
6     input [7:0] up_data;                                 40                      state <= s0;
7     input up_valid, up_syn;                              41                  end
8     output up_ready;                                     42              s1 : if (!up_valid)
9     output [15:0] down_data;                             43                  begin
10    output down_valid;                                   44                      sdf_wrreq <= 0;
11    input down_ready;                                    45                      state <= s1;
12    reg [15:0] sdf_data;                                 46                  end
13    reg sdf_wrreq;                                       47              else
14    wire sdf_full, valid, sdf_rdreq, sdf_empty;          48                  begin
15    wire [15:0] sdf_q;                                   49                      sdf_data[7:0] <= up_data ^ KEY;
16    reg state;                                           50                      sdf_wrreq <= 1;
17    localparam s0 = 1'b0;                                51                      state <= s0;
18    localparam s1 = 1'b1;                                52                  end
19    assign up_ready = ~sdf_full;                         53              endcase
20    assign valid = up_valid & up_ready;                  54      end
21    always @ (posedge clk)                               55      sd_fifo SDF(
22    begin : FSM                                          56          .clock(clk),
23        if (!rst_n)                                      57          .data(sdf_data),
24            begin                                        58          .rdreq(sdf_rdreq),
25                sdf_data <= 0;                           59          .wrreq(sdf_wrreq),
26                sdf_wrreq <= 0;                          60          .almost_full(sdf_full),
27                state <= s0;                             61          .empty(sdf_empty),
28            end                                          62          .q(sdf_q)
29        else                                             63      );
30            case (state)                                 64      assign down_data = sdf_q;
31                s0 : if (valid & up_syn)                 65      assign down_valid = ~sdf_empty;
32                        begin                            66      assign sdf_rdreq = down_ready;
33                        sdf_data[15:8] <= up_data ^ KEY; 67
34                        sdf_wrreq <= 0;                  68  endmodule
```

例程 6 - 30　下游快速反制时例 6 - 7 的解码器代码

```verilog
1  module sfb_example3_tb;
2
3      wire clk, rst_n;
4      wire [15:0] up_data, down_data;
5      wire up_valid, down_valid;
6      wire up_ready, down_ready;
7
8      sfb_example3_stimulate STIM(
9          .clk(clk),
10         .rst_n(rst_n),
11         .up_data(up_data),
12         .up_valid(up_valid),
13         .up_ready(up_ready),
14         .down_ready(down_ready)
15     );
16
17     sfb_example3 DUT(
18         .clk(clk),
19         .rst_n(rst_n),
20         .up_data(up_data),
21         .up_valid(up_valid),
22         .up_ready(up_ready),
23         .down_data(down_data),
24         .down_valid(down_valid),
25         .down_ready(down_ready)
26     );
27
28     sfb_example3_scoreboard SCB(
29         .clk(clk),
30         .rst_n(rst_n),
31         .up_data(up_data),
32         .up_valid(up_valid),
33         .up_ready(up_ready),
34         .down_ready(down_ready),
35         .down_data(down_data),
36         .down_valid(down_valid)
37     );
38
39 endmodule
40
```

例程 6 - 31　下游快速反制时例 6 - 7 的测试代码

```verilog
1  `timescale 1ns/1ps
2
3  module sfb_example3_stimulate(clk, rst_n,
4    up_data, up_valid, up_ready, down_ready);
5
6      output reg clk, rst_n;
7      output reg [15:0] up_data;
8      output reg up_valid;
9      input up_ready;
10     output reg down_ready;
11
12     initial begin
13         clk = 1;
14         rst_n= 0;
15
16         #200
17         @ (posedge clk)
18         rst_n = 1;
19
20         #20000 $stop;
21     end
22
23     always #10 clk = ~clk;
24
25     initial begin : Upstream
26         up_data = 0;
27         up_valid = 0;
28
29         #200
30         @ (posedge clk)
31         up_data = {$random} % 65536;
32         up_valid = 1;
33         forever begin
34             @ (posedge clk)
35             if (up_ready) begin
36                 if (({$random} % 256) > 64)
37                     begin
38                     up_data = {$random} % 65536;
39                     up_valid = 1;
40                     end
41                 else
42                     up_valid = 0;
43             end
44         end
45     end
46
47     initial begin : Downstream
48         down_ready = 0;
49
50         #200
51         forever begin
52             @ (posedge clk)
53             if (({$random} % 256) > 64)
54                 down_ready = 1;
55             else
56                 down_ready = 0;
57         end
58     end
59
60 endmodule
```

例程 6 - 32　下游快速反制时例 6 - 7 的激励器

```verilog
1  `timescale 1ns/1ps
2  module sfb_example3_scoreboard(clk, rst_n,
3    up_data, up_valid, up_ready, down_data,
4    down_valid, down_ready);
5  input clk, rst_n;
6  input [15:0] up_data, down_data;
7  input up_valid   up_ready;
8  input down_valid, down_ready;
9  reg [15:0] mem [65535:0];
10 integer i, j;
11 initial begin : upstream
12     i = 0;#200
13     forever begin
14         @ (posedge clk)
15         if (up_valid && up_ready) begin
16             mem[i] = up_data;
17             i = i + 1;
18         end
19     end
20 end
21 initial begin : downstream
22     j = 0;#200
23     forever begin
24         @ (posedge clk)
25         if (down_valid && down_ready) begin
26             if (mem[j] == down_data)
27                 $display("OK: up_data=%0d
28                 down_data=%0d", mem[j],
29                 down_data);
30             else
31                 $error("Error: up_data=%0d
32                 down_data=%0d", mem[j],
33                 down_data);
34             j = j + 1;
35         end
36     end
37 end
38 endmodule
```

例程 6 - 33　下游快速反制时例 6 - 7 的记分板

3. 下游快速反制模式总结

下游快速反制具有 0 拍就绪潜伏期,虽仍是下游控制上游的方案,但上游已经得到单拍潜伏期的激励-响应关系,使下游快速反制的逻辑既控制上游也控制下游,是一种真正可行的流传输方案。很多例子证明,下游快速反制是那些被有限状态机管理(FSMD)方案排除后,必定要选择的流控制电路模型的最终解决方案。其特点和规律如下:

(1) 完整的上下游控制:下游快速反制逻辑节点,可以根据上游到达信号闭环控制上游,可以根据上游到达信号开环控制下游,如 6-74 所示。

图 6-74　下游快速反制时引用上游控制上、下游

(2) 下游快速反制的就绪潜伏期为 0 拍,即从下游快速反制时的下游宿接口发出的"就绪"信号至上游源接口发出握手信号之间的延迟,可以等效为 0 拍潜伏期。由此宿接口的激励-响应潜伏期则是一拍,并且是对称的,如图 6-75 所示。

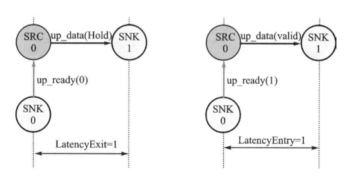

图 6-75　下游快速反制模式宿接口的激励-响应潜伏期

(3) 下游快速反制流传输下游节点的就绪潜伏期,等于本级节点的逻辑延迟 N。因此,下游快速反制流传输仍然会发散就绪潜伏期。如果没有调节措施,单个节点的下游则不再具有零拍就绪潜伏期。

(4) 为了保证全河流的下游快速反制,仍然需要采用"先进先出"缓冲,以调节节点的下游,使得其就绪潜伏期回到零。此时缓冲深度为本级节点的逻辑潜伏期 N,先进先出最小深度为 2N。参见式 6-6 和式 6-7。

(5) 采用"先进先出"缓冲时,必须设置先进先出的握手类型为 Show-Ahead 前置模式。大多数的 IP 均支持该类型。如若没有,则可以自己写。

(6) 下游快速反制规则是:上游主动给出数据,下游没有给出"就绪"信号收条前,上游必须保持;下游能够接收时立即捕获,并给出"就绪"信号收条通知上游该数据被取走;上游一旦得知给出的数据被取走,则主动选择是继续给数据或停止给数据。

（7）带有"先进先出"缓冲的 SFB 的宿接口，可以用"先进先出"的"几乎满"信号（almost_full）取反后直接作为反制上游的"就绪"信号。

（8）宿接口根据发往上游的"就绪"信号和上游的 valid 信号相与，作为当前数据有效标志。

（9）使用 Show-Ahead 前置模式先进先出调节下游就绪潜伏期，可以用该先进先出的empty 信号取反后直接作为下游的数据有效信号 valid 信号。

6.3　主从传输

与单向的流传输不同，主从传输是一种双向传输，即连接传输两端的模块需要互相交换数据信息。而之所以称之为主从传输，意味着对这种传输的控制权，存在谁为主谁为辅的问题。主从传输是数字逻辑中大量应用的一类非常重要的模式，例如数字逻辑与存储器的访问，数字逻辑与以太网模块的接口，CPU 和外围设备的通信等。与流传输类似，主从传输通信也同样要研究解决数字逻辑通信的那些基本要求：无论传输两端如何叫停对方，数据信息都不应该发生错误，并且要有最大的传输效率。

1. 主从传输的基本定义

（1）两个数字模块通信时，有数字信息交换，即数据的流向是双向的。

（2）对这种双向流进行控制的主导者称为主机。

（3）对这种双向流进行控制的辅导者称为从机。

（4）没有伴随地址信息的主从传输，称为主从流传输。

（5）有伴随地址信息的主从传输，称为主从存储器映射传输，也称为存储器映射传输。

（6）在存储器映射传输模式中，发出地址信号的模块为主机，主机也是主要控制命令的发出者。

（7）在存储器映射传输模式中，接收地址信号的模块为从机。从机能够接收主机命令，并有反馈给主机的信息。

（8）主机有控制从机的权利，也有响应从机反馈信号的义务。

（9）从机有接收主机控制的义务，也有反馈或反制主机的权利。

（10）主从传输时，仅有一个主机的单主机系统，则发出地址信号和主要控制命令；

（11）具有多个主机的多主机系统中需要选择谁主导传输控制，这通常是由一个采用特定仲裁策略的仲裁器管理，仲裁器选择其中一个主机成为当前控制主机。

2. 主从传输主要的握手模式

（1）从机请求等待模式 SWR（Slave-Wait Request mode）：主机通过其主导的读写信号制约从机，而从机则使用等待请求信号反制主机。在这两者互相制约的模式中，主机仅在从机就绪后（waitrequest=0），有制约从机的权利，当从机要求其等待时，主机必须保持其已经发出的数据和命令。从机任何时候都有制约主机的权利。因此，类似下游主动反制，从机请求等待模式本质上亦属于从机主动反制模式，如图 6-76 所示。

（2）从机固定等待模式 SWF（Slave-WaitFixedmode）：主机仍然通过其主导控制的读写信号制约从机，而从机则使用固定等待周期叫停主机。此时主机仍然仅在未进入等待周期时有叫停从机的权利，当从机进入固定等待周期后，主机必须保持数据和命令。在从机固定等待

图 6 - 76　主从传输的从机请求等待 SWR 握手模式

模式下,从机并没有随时叫停主机的权利,从机仅仅在主机发出请求后才具有制约主机的主动权。因此,从机固定等待模式属于从机被动反制模式。

(3) 具有可变潜伏期的主从流水线传输 PTV(Pipeline - Transfer with Variable Latency):主从之间发生流水线传输时,从机连续响应主机不同的地址访问,其传输过程可分成两个阶段:第一阶段是从机对主机读写命令的应答阶段,第二阶段是从机对其已经应答的读写命令的执行阶段。每一次数据传输都要经过这两个阶段,而这两个阶段因可以使用流水作业,因而得名流水线传输(Pipeline - Transfer)。在第一阶段(应答阶段或地址阶段)主机使用读写命令制约从机,而从机仍然使用等待请求信号制约主机,与从机请求等待模式类似,此时主从双方都有叫停对方的权利;在第二阶段(执行阶段或数据阶段),从机可以使用另外一根称为done 的信号叫停主机,而主机仅有响应从机叫停信号的义务而没有对等的权利。done 信号在执行流水线读时通常写成 rdata_valid。PTV 在应答阶段和执行阶段均属于如图 6 - 77 所示的从机主动反制。

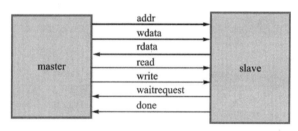

图 6 - 77　主从传输的可变潜伏期流水线 PTV 模式

(4) 具有固定潜伏期的主从流水线传输 PTF(Pipeline - Transfer with Fixed Latency):流水线传输的应答阶段,主机使用读写信号制约从机,从机使用等待请求信号制约主机,在这个阶段从机要求主机等待时,主机必须等待而没有叫停的权利,这个过程与 PTV 相同。进入流水线传输的执行阶段,从机则使用固定潜伏期反制主机,这个阶段主机没有叫停从机的权利。具有可变潜伏期的主从流水线模式的应答阶段属于从机主动反制,在执行阶段属于从机被动反制,如图 6 - 78 所示。

(5) 主从突发传输 BT(Burst - Transfer):突发传输类似流水线传输,也有应答阶段和执行阶段,不同之处在于执行阶段不再需要主机发送地址信息和控制信息。此外,主从突发传输时,既可以执行流水线作业(应答阶段和执行阶段的流水作业),也可以不执行。主从突发传输的应答阶段与 PTF、PTV 相同。在突发读的执行阶段,从机使用 done(rdata_valid)信号制约主机,而主机没有对等权利,此时从机主动;在突发写的执行阶段,主机使用"写"来制约从机,而从机则使用等待请求信号制约主机,这与应答阶段的握手类似,也属于从机主动,因此主从突发传输时从机全程主动,如图 6 - 79 所示。

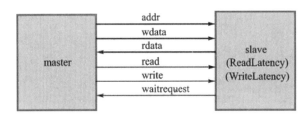

图 6-78　主从传输的固定潜伏期流水线具有可变潜伏期的主从流水线模式

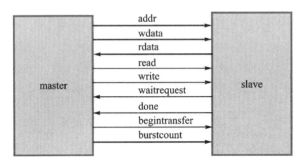

图 6-79　主从突发传输模式

6.3.1　从机请求等待模式

从机请求等待 SWR(Slave-WaitRequest mode)模式,主机从机均有制约叫停对方的权利,也有对等的义务。主机使用其主控命令(read,write)制约从机,而从机则使用称为等待请求信号反制主机。其典型的信号连接(见图 6-80),握手如图 6-81 所示。

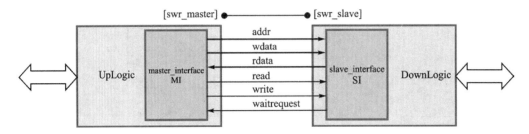

图 6-80　从机请求等待的主从传输模式

如图所示,上位逻辑 UpLogic 使用其主机接口 MI 对接下位逻辑 DownLogic 的从机接口 SI。主机接口 MI 和从机接口 SI 之间的传输为从机请求等待模式,其基本规则如下:

(1)主机 MI 既不发送读命令和也不发送写命令(read=0,write=0)时,称为主机空闲周期。主机发送读写命令和地址数据的周期则称为主机命令周期。

(2)从机 SI 能够接收数据时将等待请求信号设置为假,否则设置为真。前者为从机就绪周期,后者为从机等待周期。

(3)主机在其空闲周期,可以根据主机自己的需要主动启动读写或停止读写,或者说主机在空闲周期可以主动选择进入命令周期或继续空闲周期。

(4)主机在空闲周期若启动读命令或写命令,则进入主机命令周期。在命令周期,主机必须一直保持住其发送的数据和命令,直到捕获从机的应答信号(waitrequest=0)从而结束命令周期进入空闲周期,因而主机在命令周期失去主动控制权。

(5) 从机在就绪周期捕获到主机的命令必须立即响应。

(6) 从机无论何时,均可根据自身需要主动选择进入就绪周期或等待周期。这种从机全程主动的传输模式即以从机请求等待模式命名。

从机请求等待模式的形象比喻是:主机主动选择给或不给,从机可以选择要或不要。若主机给出数据,则必须等待从机取走;从机取走后给出"收条"。主机收到从机的"收条"后,可以继续选择给或不给。而从机一旦给出"收条",就必须立即响应主机给出的命令和数据信息。与流传输的下游快速反制类似,从机请求等待模式亦是一种"快餐业务",是一种支持连续数据传输的快速握手模式。

图 6-81 示意从机请求等待模式连续数据传输的节拍分析,类似下游快速反制模式,其"快餐业务"导致主从按照流水线运行时,每一拍都可用于传输。例如 R1 时刻,主机捕获到从机 R0 发出的就绪 waitreques=0,因而选择继续发送读 A1 请求,而 R1 时刻,从机捕获到主机 R0 发出的读命令,并且其为就绪状态(R0 发出就绪),故立即响应该读命令,将 D0 送出并继续选择就绪。

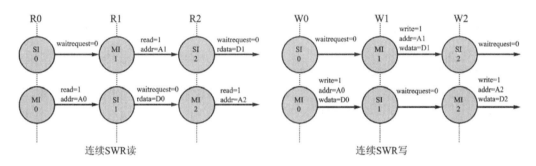

连续SWR读　　　　　　　　　　连续SWR写

图 6-81　主从从机请求等待模式的连续数据传输

1. 主从请求等待读传输

图 6-82 所示的主从请求等待读时序例子中可知:

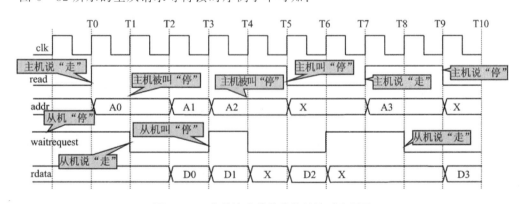

图 6-82　主从请求等待传输的读时序例子

2. 主从请求等待读时序

(1) 在 T0 时刻,主机主动发出读命令(read=1),并加载地址(addr=A0);而在 T0 时刻前,从机已经发出叫停信号(waitreques=1)。

（2）在 T1 时刻，主机捕获到从机发出的叫停（waitrequest＝1），因而被叫停，主机必须保持 T0 发出的读命令和地址信息，而此时从机撤销叫停信号（waitrequest＝0）。

（3）在 T2 时刻，主机捕获到从机 T1 发出的就绪信号（waitrequest＝0），就知 T0 拍发出的读 A0 请求已经被从机响应，则主机选择继续"走"或"停"，而主机选择继续发出读 A1 的请求；而从机在 T2 时刻捕获到主机发出的读 A0，并且从机前一拍发出的是就绪信号（waitrequest＝0），因此从机将数据 D0 送出。

（4）在 T3 时刻，主机捕获到从机 T2 发出的就绪信号（waitrequest＝0），得知 T2 发出的读 A1 请求被从机响应，主机选择继续读 A2；同在 T3 时刻，从机发出叫停（waitrequest＝1）。另外，从机在 T3 捕获到主机的读命令和地址 A1，并且前一拍 T2 时刻从机发出是就绪信号（waitrequest＝0），因而从机必须在此时将地址为 A1 的数据 D1 加载到 rdata 端。

（5）在 T4 时刻，主机捕获到从机在 T3 发出的叫停信号（waitrequest＝1），主机被叫停，使 T3 发出读 A2 的命令和地址被保持。T4 时刻从机选择继续"走"（waitrequest＝0）信号。从机在 T4 时刻虽然捕获到主机 T3 发出的读 A2 的命令（read＝1），但由于前一拍 T3 时刻从机发出的是叫停信号（waitrequest＝1），故从机无须捕获任何数据（rdata＝x）。

（6）在 T5 时刻，主机捕获到从机 T4 时刻发出的"走"信号（waitrequest＝0），主机知道其在 T3 时刻发出的读 A2 请求已经被从机响应，则主机选择叫"停"从机；从机在 T5 时刻继续选择"走"（waitrequest＝0），并且从机捕获到主机的读 A2 命令，而且从机的前一拍 T4 时刻发出的是就绪信号（waitrequest＝0），因而从机立即将地址 A2 的数据 D2 送到 rdata 端。

（7）在 T6 时刻，主机继续叫停（read＝0）；同一时刻从机也主动发出叫停（waitrequest＝1）。虽然从机前一拍 T5 发出的是就绪信号（waitrequest＝0），但当前拍从机捕获到的主机 T5 发出的叫停（read＝0），故从机被叫停。

（8）在 T7 时刻，主机主动发出读 A3 的命令，而从机继续叫停。

（9）在 T8 时刻，主机捕获到从机 T7 发出的叫停（waitrequest＝1），因而被叫停。而从机此时发出就绪信号（waitrequest＝0）。

（10）在 T9 时刻，主机捕获到从机 T8 发出的就绪信号（waitrequest＝0），可知 T7 发出的读 A3 命令已经被从机响应，则主机选择叫停（read＝0）；从机在 T9 捕获到主机 T8 发出的读 A3 命令时，前一拍 T8 发出的是就绪信号（waitrequest＝0），因而从机立即将地址 A3 的数据送出。

通过上述例子，可以看到主从请求等待模式下的主机和从机接口的读驱动策略分别是：

3. 主机接口的读策略

（1）没有发出读命令前，主机任何时候都可以选择发出读命令（读或不读）。

（2）发出读命令后，主机必须保持住命令和地址，直到捕获到从机（前一拍）发出的就绪信号。

（3）主机得到从机响应（waitrequest＝0）后，经过传输潜伏期（TransferLatency＝1）后，必须及时捕获从机给出的数据。

（4）从主机发出读命令至主机捕获到从机就绪信号（waitrequest＝0）的阶段，为主机的读命令周期，其余为主机的空闲周期。

4. 从机接口的读策略

（1）从机任何时候都可以叫停主机（waitrequest＝1）。

（2）从机仅在当前拍捕获到主机的 read 为真，同时前一拍从机就绪（waitrequest＝0），才立即响应主机的读命令,将对应地址的数据送出。

以下是从机请求等待读传输主机典型有限状态机架构和状态转移图图样,如图 6 - 83 所示。

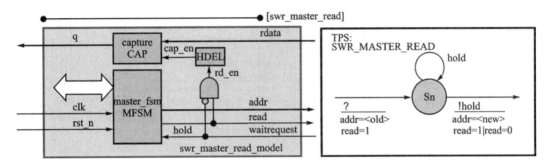

图 6 - 83　主从从机请求等待读传输主机模型和状态转移图样

从机请求等待读传输从机典型有限状态机架构如图 6 - 84 所示。

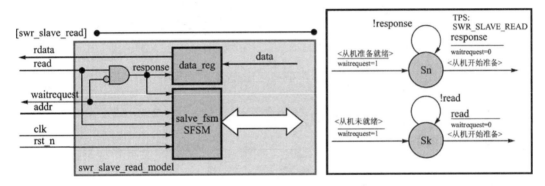

图 6 - 84　主从从机请求等待读传输从机模型

由于从机请求等待模式下从机全程主动,故从机的 SFSM 可根据自身需要,随时发出"叫停"。图中,若前一拍主机发出读命令(read = 1)而从机自身发出的是就绪(waitrequest = 0),则响应该次读(response = 1)。响应读的执行,图中示意典型的数据驱动逻辑,根据响应信号,将对应 addr 端的数据送出。

例 6 - 8:以下是一个无缓存的主从从机请求等待读传输的例子。顶层模块需要从 ROM 中读出首地址为 cont_addr 的 4 个连续存储的 8 位存储器字,并组成 32 位的 cont 字。控制器 CONT 则是 STIM 和 ROM 中的桥梁,控制器将 cont 端对 32 位字的从机请求等待访问,转换为对 ROM 的 8b 字访问。如图 6 - 85 所示,由两个传输组成:

(1) cont 信号传输:主机接口在 STIM 端(cont_Master),从机接口在 CONT 端(cont_Slave)。

(2) mem 信号传输:主机接口在 CONT 端(mem_Master),从机接口在 ROM 端(mem_Slave)。

该例的激励源将采用随机数分别对 STIM 和 ROM 发出叫停,并采用 ABV 验证在主从均随时叫停情况下数据正确的传输。注意这里 cont_ready 和 mem_ready 即是就绪信号负逻辑。

根据主从控制器的讨论,这里 CONT 架构将包含主-从两部分,如图 6 - 86 和图 6 - 87 所示。

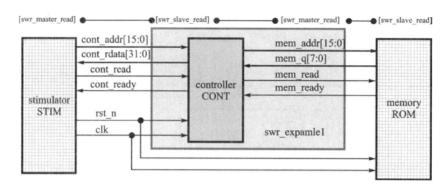

图 6-85 主从机请求等待读传输例 6-8 的架构

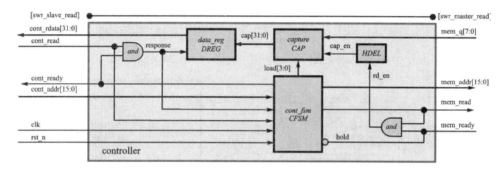

图 6-86 主从机请求等待读传输例 6-8 中的控制器

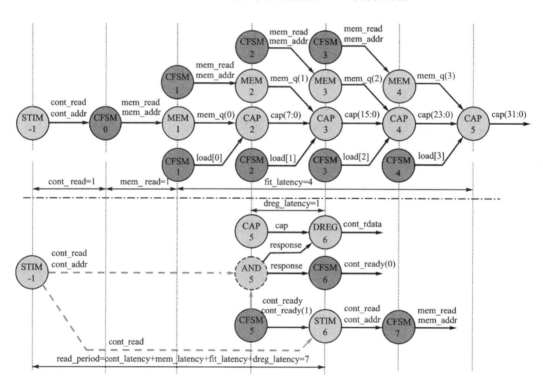

图 6-87 无缓存主从机请求等待中读传输例 6-8 的传输周期分析

在这个双主从连续传输的例子中,每一个主从之间的传输都可以做到无空闲间隔,但两者互连必须考虑到两个主从之间的传输延迟,即图 6-87 所示的 mem_read,cont_read 和 dreg_latency 三个单拍传输潜伏期。因此,该例的上位逻辑激励器连续两次读请求的最小间隔,必须在四拍字组装(fit_latency=4)基础上,额外增加 3 拍。因而无缓存 SWR 用于多级传输时效率比较低(这里是传四停三)。以下是状态转移图(见图 6-88),ABV(见图 6-89)和代码(见例程 6-34 至例程 6-39)。

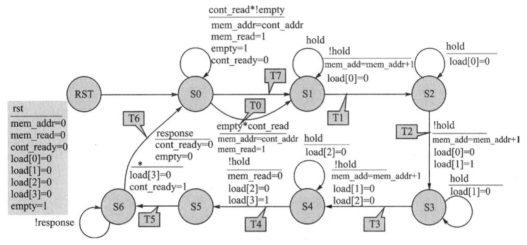

图 6-88　主从机请求等待读传输中例 6-8 的控制器状态转移图

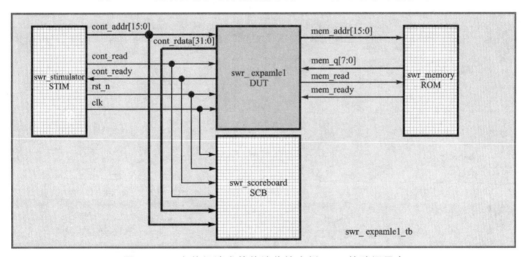

图 6-89　主从机请求等待读传输中例 6-8 的验证平台

```
1   module swr_expamle1_tb;
2
3       wire clk, rst_n;
4       wire [15:0] cont_addr, mem_addr;
5       wire [31:0] cont_rdata;
6       wire [7:0] mem_q;
7       wire cont_read, cont_ready;
8       wire mem_read, mem_ready;
9
10      swr_stimulator STIM(
11          .clk(clk),
12          .rst_n(rst_n),
13          .cont_addr(cont_addr),
14          .cont_read(cont_read),
15          .cont_ready(cont_ready)
16      );
17
18      swr_expamle1 DUT(
19          .clk(clk),
20          .rst_n(rst_n),
21          .cont_addr(cont_addr),
22          .cont_rdata(cont_rdata),
23          .cont_read(c ont_read),
24          .cont_ready(cont_ready),
```

```
25      .mem_addr(mem_addr),
26      .mem_q(mem_q),
27      .mem_read(mem_read),
28      .mem_read y(mem_ready)
29   );
30
31   swr_memory ROM(
32      .clk(clk),
33      .rst_n(rst_n),
34      .mem_addr(mem_addr),
35      .mem_q(mem_q),
36      .mem_read(mem_read),
```

```
37      .mem_ready(mem_ready)
38   );
39
40   swr_scoreboard SCB(
41      .clk(clk),
42      .rst_n(rst_n),
43      .cont_addr(cont_addr),
44      .cont_rdata(cont_rdata),
45      .cont_read(cont_read),
46      .cont_ready(cont_ready)
47   );
48   endmodule
```

例程 6-34　主从机请求等待读传输中例 6-8 的验证平台代码

```
1   module swr_expamle1(clk, rst_n, cont_addr,
2     cont_rdata, cont_read, cont_ready,
3     mem_addr, mem_q, mem_read, mem_ready);
4
5     input clk, rst_n;
6     input [15:0] cont_addr;
7     output [31:0] cont_rdata;
8     input cont_read;
9     output cont_ready;
10    output [15:0] mem_addr;
11    input [7:0] mem_q;
12    output mem_read;
13    input mem_ready;
14
15    controller CONT(
16       .clk(clk),
17       .rst_n(rst_n),
18       .cont_addr(cont_addr),
19       .cont_rdata(cont_rdata),
20       .cont_read(cont_read),
21       .cont_ready(cont_ready),
22       .mem_addr(mem_addr),
23       .mem_q(mem_q),
24       .mem_read(mem_read),
25       .mem_ready(mem_ready)
26    );
27
28    endmodule
```

```
1   `timescale 1ns/1ps
2
3   module swr_memory(clk, rst_n, mem_addr, mem_q,
4     mem_read, mem_ready);
5
6     input clk, rst_n;
7     input [15:0] mem_addr;
8     output reg [7:0] mem_q;
9     input mem_read;
10    output reg mem_ready;
11
12    reg [7:0] mem_data [65535:0];
13    integer i;
14
15    initial for (i=0; i<=65535; i=i+1) mem_data[i] = i;
16
17    always @ (posedge clk)
18    begin
19       if (!rst_n)
20          mem_q <= 0;
21       else if (mem_read & mem_ready)
22          mem_q <= mem_data[mem_addr];
23    end
24
25    initial begin
26       mem_ready <= 0;
27       #20
28       @ (posedge rst_n)
29
30       #220
31       forever begin
32          @ (posedge clk)
33          if (({$random} % 256) >= 64)
34             mem_ready <= 1;
35          else
36             mem_ready <= 0;
37       end
38    end
39
40    endmodule
```

例程 6-35　主从机请求等待读传输时例 6-8 的 Verilog 代码

```
1    `timescale 1ns/1ps                      30   always #10 clk= ~clk;
2                                            31
3    module swr_stimulator(clk, rst_n, cont_add  32   always @ (posedge clk)
4      cont_read, cont_ready);               33   begin : MFSM
5                                            34     if (!rst_n)
6      output reg clk, rst_n;                35        begin
7      output reg [15:0] cont_addr;          36           cont_addr <= 0;
8      output reg cont_read;                 37           cont_read <= 0;
9      input cont_ready;                     38           state <= FREE_PERIOD;
10                                           39        end
11     wire hold;                            40     else case (state)
12     reg state;                            41        FREE_PERIODif (({$random} % 256) >= 64)
13                                           42                  begin
14     localparam FREE_PERIOD = 1'b0;        43                     cont_addr = {$random} % 65536;
15     localparam DATA_PERIOD = 1'b1;        44                     cont_read = 1;
16                                           45                     state <= DATA_PERIOD;
17     assign hold = ~cont_ready;            46                  end
18                                           47               else
19     initial begin                         48                  cont_read = 0;
20        clk = 1;                           49
21        rst_n = 0;                         50        DATA_PERIODif ((!hold)&&(({$random} % 256) >= 64))
22                                           51                  begin
23        #200                               52                     cont_addr = {$random} % 65536;
24        @ (posedge clk)                    53                     cont_read = 1;
25        rst_n = 1;                         54                  end
26                                           55
27        #20000 $stop;                      56     endcase
28     end                                   57   end
29                                           58   endmodule
```

例程 6-36 主从机请求等待读传输时例 6-8 的激励器

```
1    `timescale 1ns/1ps                      30                  addr_pc <= addr_pc + 1;
2                                            31              end
3    module swr_scoreboard(clk, rst_n, cont_addr,  32     end
4      cont_rdata, cont_read, cont_ready);   33
5                                            34   always @ (posedge clk)
6      input clk, rst_n;                     35   begin : HDEL
7      input [15:0] cont_addr;               36     if (!rst_n)
8      input [31:0] cont_rdata;              37        cap_en <= 0;
9      input cont_read, cont_ready;          38     else
10                                           39        cap_en <= response;
11     reg [15:0] addr [65535:0];            40   end
12     wire [7:0] a3, a2, a1, a0;            41
13     reg [15:0] addr_pc, mem_pc;           42   always @ (posedge clk)
14     wire response;                        43   begin : CAP
15     reg cap_en;                           44     if (!rst_n)
16                                           45        mem_pc <= 0;
17     assign a3 = addr[mem_pc][7:0] + 3;    46     else if (cap_en)
18     assign a2 = addr[mem_pc][7:0] + 2;    47        begin
19     assign a1 = addr[mem_pc][7:0] + 1;    48           mem_pc <= mem_pc + 1;
20     assign a0 = addr[mem_pc][7:0] + 0;    49           if (cont_rdata == {a3, a2, a1, a0})
21     assign response = cont_ready & cont_read;  50              $display("OK: addr=%0h
22                                           51                 rdata=%0h", a0, cont_rdata);
23     always @ (posedge clk)                52           else
24     begin : SLAVE_ADDR_REG                53              $error("Error: addr=%0h
25        if (!rst_n)                        54                 rdata=%0h", a0, cont_rdata);
26           add r_pc <= 0;                  55        end
27        else if (response)                 56   end
28           begin                           57
29              addr[addr_pc] <= cont_addr;  58   endmodule
```

例程 6-37 主从机请求等待读传输时例 6-8 的记分板

```
1    module controller(clk,  rst_n, cont_addr,
2      cont_rdata, cont_read, cont_ready,
3      mem_addr, mem_q, mem_read,
4      mem_ready);
5
6      input clk, rst_n;
7      input [15:0] cont_addr;
8      output reg [31:0] cont_rdata;
9      input cont_read;
10     output reg cont_ready;
11     output reg [15:0] mem_addr;
12     input [7:0] mem_q;
13     output reg mem_read;
14     input mem_ready;
15
16     wire response, rd_en;
17     reg [31:0] cap;
18     reg [3:0] load;
19     reg cap_en, empty;
20     wire hold;
21     reg [2:0] state;
22
23     localparam s0 = 3'd0;
24     localparam s1 = 3'd1;
25     localparam s2 = 3'd2;
26     localparam s3 = 3'd3;
27     localparam s4 = 3'd4;
28     localparam s5 = 3'd5;
29     localparam s6 = 3'd6;
30
31     assign response = cont_read & cont_ready;
32
33     always @ (posedge clk)
34     begin : DREG
35       if (!rst_n)
36         cont_rdata <= 0;
37       else if (response)
38         cont_rdata <= cap;
39     end
40
41     always @  (posedge clk)
42     begin : CAP
43       if (!rst_n)
44         cap <= 0;
45       else if (cap_en)
46         case (load)
47           4'b0001  : cap[7:0] <= mem_q;
48           4'b0010  : cap[15:8] <= mem_q;
49           4'b0100  : cap[23:16] <= mem_q;
50           4'b1000  : cap[31:24] <= mem_q;
51         endcase
52     end
53
54     always @ (posedge clk)
55     begin : HDEL
56       if (!rst_n)
57         cap_en <= 0;
58       else
59         cap_en <= rd_en;
60     end
61
62     assign rd_en = mem_read & mem_ready;
63     assign hold = ~mem_ready;
64
65     always @ (posedge clk)
66     begin : CFSM
67       if(!rst_n)
68         begin
69           mem_addr <= 0;
70           mem_read <= 0;
71           cont_ready <= 0;
72           load[0] <= 0;
73           load[1] <= 0;
74           load[2] <= 0;
75           load[3] <= 0;
76           empty <= 1;
77           state <= s0;
78         end
79       else case (state)
80         s0 : if(empty && cont_read)
81           begin
82             mem_addr <= cont_addr;
83             mem_read <= 1;
84             state <= s1;
```

例程 6-38　主从机请求等待读传输时例 6-8 的控制器第一部分

```
85            end
86          else if (!empty && cont_read)
87            begin
88              mem_addr <= cont_addr;
89              mem_read <= 1;
90              cont_ready <= 0;
91              empty <= 1;
92              state <= s1;
93            end
94          else
95              state <= s0;
96
97        s1 : if(hold)
98              state <= s1;
99          else
100            begin
101              mem_addr <= mem_addr + 1;
102              load[0] <= 1;
103              state <= s2;
104            end
105       s2 : if (hold)
106           begin
107             load[0] <= 0;
108             state <= s2;
109           end
110         else
111           begin
112             mem_addr <= mem_addr + 1;
113             load[0] <= 0;
114             load[1] <= 1;
115             state <= s3;
116           end
117
118       s3 : if(hold)
119           begin
120             load[1] <= 0;
121             state <= s3;
122           end
123         else
124
```

```
125         begin
126             mem_addr <= mem_addr + 1;
127             load[1] <= 0;
128             load[2] <= 1;
129             state <= s4;
130         end
131
132     s4 : if (hold)
133         begin
134             load[2] <= 0;
135             state <= s4;
136         end
137     else
138         begin
139             mem_read <= 0;
140             load[2] <= 0;
141             load[3] <= 1;
142             state <= s5;
143         end
144
```

```
145     s5 : begin
146             load[3] <= 0;
147             cont_ready <= 1;
148             state <= s6;
149         end
150
151     s6 : if (!response)
152             state <= s6;
153         else
154             begin
155                 cont_ready <= 0;
156                 empty <= 0;
157                 state <= s0;
158             end
159     endcase
160 end
161
162 endmodule
163
164
```

例程 6 - 39　主从机请求等待读传输时例 6 - 8 的控制器第二部分

2. 主从机请求等待写传输

主从机请求等待写传输与主从机请求等待读传输的握手过程是相同的,故图 6 - 90 所示的写传输例子仍采用图 6 - 82 所示的时序过程。

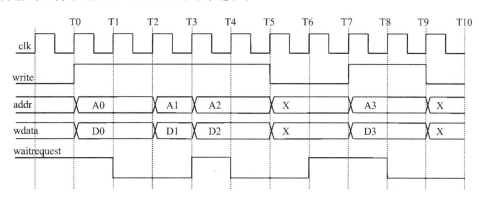

图 6 - 90　主从机请求等待写传输的时序例子

（1）在 T0 时刻,主机主动发出写 A0～D0 的命令,从机此刻继续叫停（waitrequest＝1）。

（2）在 T1 时刻,主机捕获到从机 T0 时刻发出的叫停信号（waitrequest＝1）,保持其 T0 发出写 A0～D0 命令,从机选择就绪（waitrequest＝0）。

（3）在 T2 时刻,主机捕获到从机 T1 时刻发出的就绪信号（waitrequest＝0）,选择继续发出写 A1～D1 的命令,从机继续就绪。

（4）在 T3 时刻,主机捕获到 T2 时刻从机发出的就绪信号（waitrequest＝0）,选择继续发出写 A2～D2 的命令,从机发出叫停（waitrequest＝1）。

（5）在 T4 时刻,主机捕获到从机 T3 时刻发出的叫停信号（waitrequest＝1）,主机保持 T3 发出写 A2～D2 命令,从机选择发出就绪（waitrequest＝0）。

（6）在 T5 时刻,主机捕获到 T4 时刻从机发出的就绪信号（waitrequest＝0）,可知从机已经捕获 T3 发出的 A2～D2 写命令,此时主机选择叫停从机,从机则继续就绪。

（7）在 T6 时刻,主机继续叫停信号（write＝0）,从机也开始叫停（waitrequest＝1）。

（8）在 T7 时刻，主机发出写 A3～D3 命令，从机继续叫停。

（9）在 T8 时刻，主机捕获到从机前一拍 T7 发出的叫停（waitrequest＝1）信号，主机保持其 T7 发出的写 A3～D3 命令，从机则选择发出就绪信号（waitrequest＝0）。

（10）在 T9 时刻，主机捕获到从机 T8 发出的就绪信号（waitrequest＝0），主机结束对写 A3～D3 的保持，选择叫停信号（write＝0），从机继续就绪。

3．主机接口的写驱动策略

（1）没有发出写命令前，主机空闲周期可以选择发出写命令或不写。

（2）发出写命令后，主机进入命令周期，必须保持住命令和地址，直到捕获到从机前一拍发出的就绪信号（waitrequest＝0）。

（3）因此，从主机发出写命令至主机捕获到从机就绪信号（waitrequest＝0）阶段，为主机的写命令周期。其余则为主机的空闲周期。

4．从机接口的写驱动策略

（1）从机任何时候都可以叫停主机（waitrequest＝1）。

（2）从机仅在当前拍捕获到主机的 write 为真，同时前一拍从机就绪（waitrequest＝0），才立即响应主机的写命令，立即将主机发出的 wdata 捕获。

以下是从机请求等待写传输主机典型有限状态机架构和状态转移图图样，如图 6－91 和图 6－92 所示。

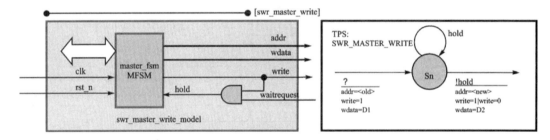

图 6－91　主从机请求等待写传输的主机模型和状态转移图

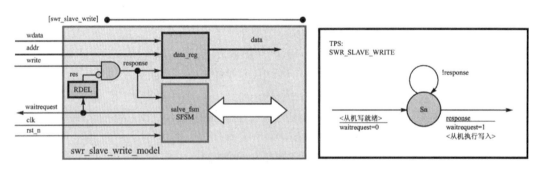

图 6－92　主从机请求等待写传输的从机模型

例 6－9： 图 6－93 所示为一个数据块搬运模块（data_block_carrier），将 RAM 中以 source_addr 为首地址，size 为其长度的数据块搬运到 target_addr 为首地址的区域。

参考图 6－91 所示的主从机请求等待写模型和图 6－83 所示的主从机请求等待读模型，DBC 的架构如图 6－94 所示。

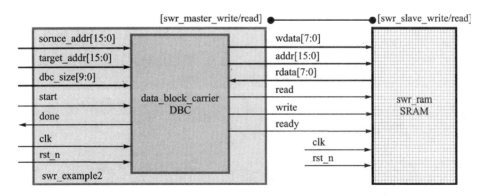

图 6-93　主从机请求等待写传输时例 6-9 框图

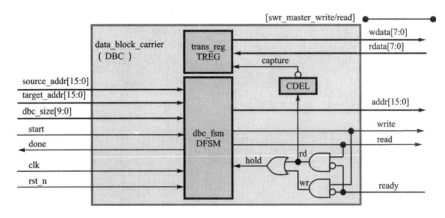

图 6-94　主从机请求等待写传输时例 6-9 的架构

图中,读架构采用图 6-83 的主从机请求等待主机读模型,注意这里的 ready 信号对应 waitrequest 的负逻辑规则名。写架构则采用图 6-91 的主从机请求等待主机写模型。状态转移图也采用对应的状态转移图的特定图案,主机发送读写请求后,必须握手信号,直到握手为假才开始下一个读写请求。考虑到连续数据的读写,读潜伏期比写潜伏期长一拍,故采用流水作业,在 S1 读请求后,紧接着第 2 个读请求,之后才开始读—写循环,图 6-95 为状态转移图。

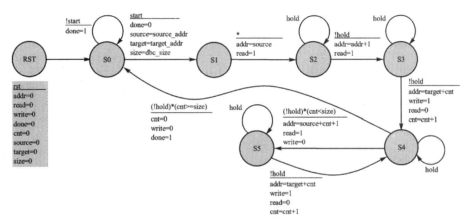

图 6-95　主从机请求等待写传输时例 6-9 的状态转移图

　　验证时,静态随机访问存储器初始化将每个单元的地址的低 8 位写入,并随机发出叫停,激励器随机发出块传输命令,记分板评判每一次的块搬运过程,此时记分极按照图 6 - 92 的机请求等待写从机模型构成捕获逻辑。图 6 - 96 和图 6 - 97 为验证,例程 6 - 40 至例程 6 - 44 为代码。

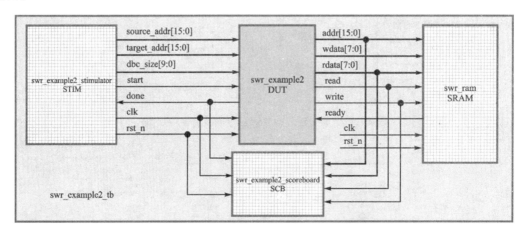

图 6 - 96　主从机请求等待写传输时例 6 - 9 的验证平台

```
1   module swr_example2(clk, rst_n, source_addr, target_addr,
2     dbc_size, start, done,wdata, addr, rdata, read, write, ready);
3
4     input clk, rst_n;
5     input [15:0] source_addr, target_addr;
6     input [9:0] dbc_size;
7     input start;
8     output done;
9     output [7:0] wdata;
10    output [15:0] addr;
11    input [7:0] rdata;
12    output read, write;
13    input ready;
14    data_block_carrier DBC(
15        .clk(clk),
16        .rst_n(rst_n),
17        .source_addr(source_addr),
18        .target_addr(target_addr),
19        .dbc_size(dbc_size),
20        .start(start),
21        .done(done),
22        .wdata(wdata),
23        .addr(addr),
24        .rdata(rdata),
25        .read(read),
26        .write(write),
27        .ready(ready)
28    );
29  endmodule
```

```
1   `timescale 1ns/1ps
2   module swr_ram(clk, rst_n, wdata, addr, rdata,
3     read, write, ready);
4     input clk, rst_n;
5     input [7:0] wdata;
6     input [15:0] addr;
7     output reg [7:0] rdata;
8     input read, write;
9     output reg ready;
10    integer i;
11    reg [7:0] mem [65505:0];
12    initial for (i=0; i<65536; i=i+1) mem[i] = i;
13    always @ (posedge clk)
14    begin
15        if (!rst_n)
16            rdata = 0;
17        else if (read & ready)
18            rdata <= mem[addr];
19    end
20    always @ (posedge clk)
21    begin
22        if (!rst_n)
23            ready <= 0;
24        else if (((|$random} % 256) > 64)
25            ready <= 1;
26        else
27            ready <= 0;
28    end
29  endmodule
```

例程 6 - 40　主从机请求等待写传输时例 6 - 9 的 DUT 和 SRAM

```
1    module data_block_carrier(clk, rst_n, source_addr,
2      target_addr, dbc_size, start, done, wdata, addr,
3      rdata, read, write, ready);
4
5    input clk, rst_n;
6    input [15:0] source_addr, target_addr;
7    input [9:0] dbc_size;
8    input start;
9    output reg done;
10   output reg [7:0] wdata;
11   output reg [15:0] addr;
12   input [7:0] rdata;
13   output reg read, write;
14   input ready;
15
16   reg capture;
17   wire hold, rd, wr;
18   reg [2:0] state;
19   reg [9:0] cnt;
20   reg [15:0] source, target;
21   reg [9:0] size;
22
23   localparam s0 = 3'd0;
24   localparam s1 = 3'd1;
25   localparam s2 = 3'd2;
26   localparam s3 = 3'd3;
27   localparam s4 = 3'd4;
28   localparam s5 = 3'd5;
29
30   assign rd = read & ~ready;
31   assign wr = write & ~ready;
32   assign hold = rd | wr;
33   always @ (posedge clk) capture <= ~rd;
34
35   always @ (posedge clk)
36   begin : TREG
37     if (!rst_n)
38       wdata <= 0;
39     else if (capture)
40       wdata <= rdata;
41   end
42
43   always @ (posedge clk)
44   begin : DFSM
45     if (!rst_n)
46       begin
47         addr <= 0;
48         read <= 0;
49         write <= 0;
50         done <= 0;
51         cnt <= 0;
52         source <= 0;
53         target <= 0;
54         size <= 0;
55         state <= s0;
56       end
57     else
58       case (state)
59         s0 : if (!start)
60           begin
61             done <= 1;
62             state <= s0;
63           end
64         else
65           begin
66             done <= 0;
67             source <= source_addr;
68             target <= target_addr;
69             size <= dbc_size;
70             state <= s1;
71           end
72
73         s1 : begin
74             addr <= source;
75             read <= 1;
76             state <= s2;
77           end
78
79         s2 : if (hold)
80             state <= s2;
81           else
82             begin
83               addr <= addr + 1;
84               read <= 1;
85               state <= s3;
86             end
87
88         s3 : if (hold)
89             state <= s3;
90           else
91             begin
92               addr <= target + cnt;
93               write <= 1;
94               read <= 0;
95               cnt <= cnt + 1;
96               state <= s4;
97             end
98
99         s4 : if (hold)
100            state <= s4;
101          else if (cnt < size)
102            begin
103              addr <= source + cnt + 1;
104              read <= 1;
105              write <= 0;
106              state <= s5;
107            end
108          else
109            begin
110              cnt <= 0;
111              write <= 0;
112              done <= 1;
113              state <= s0;
114            end
115
116        s5 : if (hold)
117            state <= s5;
118          else
119            begin
120              addr <= target + cnt;
121              write <= 1;
122              read <= 0;
123              cnt <= cnt + 1;
124              state <= s4;
125            end
126      endcase
127   end
128
129  endmodule
```

例程 6-41 主从机请求等待写传输时例 6-9 中的数据块搬运模块

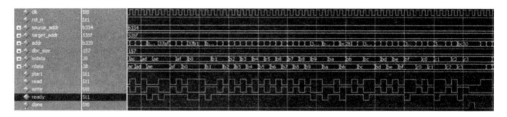

图 6 – 97　例 6 – 9 中主从机请求等待握手时仍保持连续数据传输

```
1    module swr_example2_tb;
2
3        wire clk, rst_n;
4        wire [15:0] source_addr, target_addr, addr;
5        wire [9:0] dbc_size;
6        wire [7:0] wdata, rdata;
7        wire start, done;
8        wire read, write, ready;
9
10       swr_example2_stimulator STIM(
11           .clk(clk),
12           .rst_n(rst_n),
13           .source_addr(source_addr),
14           .target_addr(target_addr),
15           .dbc_size(dbc_size),
16           .start(start),
17           .done(done)
18       );
19
20       swr_example2 DUT(
21           .clk(clk),
22           .rst_n(rst_n),
23           .source_addr(source_addr),
24           .target_addr(target_addr),
25           .dbc_size(dbc_size),
26           .start(start),
27           .done(done) ,
28           .wdata(wdata),
29           .addr(addr),
30           .rdata(rdata),
31           .read(read),
32           .write(write),
33           .ready(ready)
34       );
35
36       swr_ram SRAM(
37           .clk(clk),
38           .rst_n(rst_n),
39           .wdata(wdata),
40           .addr(addr),
41           .rdata(rdata),
42           .read(read),
43           .write(write),
44           .ready(ready)
45       );
46
47       swr_example2_scoreboard SCB(
48           .clk(clk),
49           .rst_n(rst_n),
50           .wdata(wdata),
51           .addr(addr),
52           .read(read),
53           .write(write),
54           .ready(ready),
55           .done(done)
56       );
57
58   endmodule
```

例程 6 – 42　主从机请求等待写传输时例 6 – 9 中的测试代码

```
1    `timescale 1ns/1ps
2
3    module swr_example2_stimulator(clk, rst_n, source_addr, target_addr, dbc_size, start,
4        done);
5
6        output reg clk, rst_n;
7        output reg [15:0] source_addr, target_ addr;
8        output reg [9:0] dbc_size;
9        output reg start;
10       input done;
11
12       initial begin
13           clk = 1;
14           rst_n = 0;
15           source_addr = 0;
16           target_addr = 0;
17           dbc_size = 0;
```

```
18          start = 0;
19
20          #200
21          @ (posedge clk)
22          rst_n = 1;
23
24          #200
25          forever begin
26              @ (posedge clk)
27              if (done) begin
28                  dbc_size = {$random} % 256;
29                  source_addr = ({$random} %(65536 - dbc_size))+dbc_size;
30                  target_addr = ({$random} % (65536 -dbc_size))+dbc_size;
31                  start = 1;
32              end
33              @ (posedge clk);
34          end
35      end
36
37      always #10 clk = ~clk;
38
39      initial #200000 $stop;
40
41  endmodule
```

例程 6 - 43　主从机请求等待写传输时例 6 - 9 中的激励器

```
1   `timescale 1ns/1ps
2
3   module swr_example2_scoreboard(clk, rst_n,
4       wdata, addr, read, write, ready, done);
5
6       input clk, rst_n;
7       input [7:0] wdata;
8       input [15:0] addr;
9       input read, write;
10      input ready;
11      input done;
12
13      reg [7:0] temp [255:0];
14      reg [7:0] rp, wp, res;
15      wire response;
16
17      always @ (posedge clk) res <= ready;
18      assign response = write & res;
19
20      always @ (posedge clk)
21      begin
22          if (!rst_n)
23              rp <= 0;
24          else if (done)
25              rp <= 0;
26          else if (read && ready)
27              begin
28                  temp[rp] <= addr[7:0];
29                  rp <= rp + 1;
30              end
31      end
32
33      always @ (posedge clk)
34      begin
35          if (!rst_n)
36              wp <= 0;
37          else if (done)
38              wp <= 0;
39          else if (response)
40              begin
41                  if (wdata == temp[wp])
42                      $display("OK: rdata=%h wdata=%h",
43                      temp[wp], wdata);
44                  else
45                      $error("ERROR: rdata=%h wdata=%h",
46                      temp[wp], wdata);
47                  wp <= wp + 1;
48              end
49      end
50
51  endmodule
52
```

例程 6 - 44　主从机请求等待写传输时例 6 - 9 中的记分板

6.3.2 从机数据完成模式

主从传输的从机数据完成模式(Slave – DataDone mode)不同于从机请求等待的从机单线反制,从机数据完成时从机采用双线反制机制。在从机请求等待传输中,虽然从机任何时候都有叫停主机的权利,但从机却缺乏一种更重要的权利,就是从响应主机请求到完成主机请求的延迟等待的权利。从机请求等待时,从机一旦使用 waitrequest＝0 响应主机的读写命令,就必须立即执行。或者说,在主从传输的命令阶段,从机具有完全主动的权利,但在主从传输的数据阶段,从机没有任何权利,虽然从机仍然可以发出叫停,但仅是对命令阶段的叫停。这种从机在数据阶段能够发出主动叫停的权利,对于许多高效的数字逻辑通信而言非常需要,例如突发传输,流水线传输等,如图 6 – 98 所示为主从传输的命令周期和数据周期。

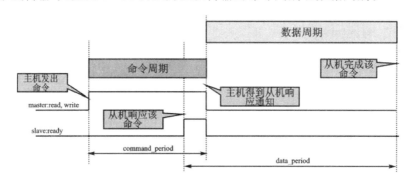

图 6 – 98　主从传输的命令周期和数据周期

主从传输时,从主机发出命令到主机捕获从机响应该命令的期间(ready＝1),为传输的命令周期;从机响应当前命令到从机完成该命令的期间为传输的数据周期。从机请求等待传输时,从机的数据周期是一拍,即立即响应。因此从机请求等待仅需要一根握手信号(waitrequest 规则即可。很多高效能的逻辑传输,例如 DDR2/DDR3 的数据周期并不是一拍,也不是一个常数,导致从机请求等待的单线握手制式就不够了,必须还有另一根指示数据周期结束的通知信号,这就是主从机数据完成模式,如图 6 – 99 所示。

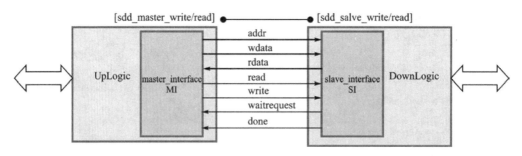

图 6 – 99　主从机数据数据完成传输模式时从机增加了 done 信号的握手数据周期

如图所示,上位逻辑通过从机数据完成(SDD)主机接口 MI 与下位机的从机数据完成(SDD)从机接口(SI)相连。读写的命令周期,如从机请求(SWR)等待,主机在空闲周期主动发出读写命令从而进入命令周期,主机在命令周期仍然需要保持命令和地址数据,直到捕获到从机的应答通知(waitrequest＝0),从而结束当前的命令周期。进入下一个空闲周期;不同于从机请求等待的是,从机并不需要在应答后立即执行主机的命令,而是根据从机自身的需要,在发生若干延迟后才执行主机的读写命令。当前读写命令结束后,则使用 done 信号通知主机。从机数据完成这种双线握手机制,支持突发和流水线传输。典型的流水作业中,主机可以连续发送的读写命令流,从机按照主机的命令流水执行读写,主机则根据 done 握手按流水作业读得数据。

1. 可变数据周期的从机数据完成读模式

在从机数据完成模式中,传输的命令周期主从的握手信号为 master:read−>salve:wait-request;传输的数据周期时从机则用 slave:done 信号握手主机。其中从机从发出响应主机命令的通知 waitrequest=0 到从机完成主机的读写命令后,完全由从机控制,从机数据完成时的数据阶段主机没有叫停的权利。不同于从机请求等待时从机必须立即响应,从机将根据需要,在完成命令后用 done 通知主机。以下是一个 SDD 时读传输的例子(见图 6−100)。SDD 读传输中的 done 信号,写成 rdatavalid。

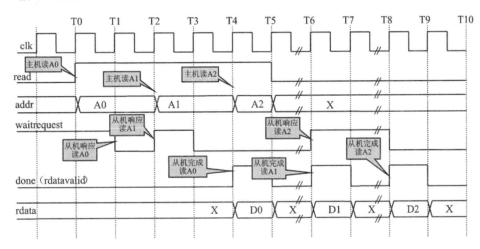

图 6−100　从从机数据完成读传输的时序例子

(1) 在 T0 时刻,主机发出读 A0 命令,而从机继续请求等待。

(2) 在 T1 时刻,主机捕获到从机 T0 发出的请求等待信号 waitrequest=1,可将 T0 发出的读 A0 命令保持住,而从机发出就绪信号 waitrequest=0。

(3) 在 T2 时刻,主机捕获到从机 T1 发出的就绪信号,结束 T0 的读 A0 命令,继而发出读 A1 命令,而从机发出请求等待信号 waitrequest=1。

(4) 在 T3 时刻,主机捕获到从机 T2 发出的请求等待信号,于是将 T2 发出的读 A1 命令保持住,而从机发出就绪信号 waitreque=0。

(5) 在 T4 时刻,主机捕获到从机 T3 发出的就绪信号,结束 T2 的读 A1 命令,继而发出读 A2 的命令;从机继续就绪,还发出完成在 T1 应答的主机读 A0 任务的通知信号 done=1。

(6) 在 T5 时刻,主机捕获到从机 T4 发出的就绪信号,结束 T4 发出的读 A2 命令,使主机选择停止,将 read 置低;同时主机第一次捕获到从机 T4 发出的 done 信号,因而知道从机将 T0 的读 A0 数据返回,主机必须立即捕获 rdata 上的 D0;从机则继续选择就绪信号,并且将 done 设置为低(从机的第 2 个读任务尚未完成)。

(7) 在 T6 时刻,主机继续叫停,从机完成了第 2 个读任务(主机 T2 发出的读 A1 命令,从机 T3 应答接受该命令），则将 done 再次设置为高，同时从机发出叫停（此时主从均叫停）。

（8）在 T7 时刻，主机继续叫停，若主机捕获到从机 T6 发出的 done 信号，知道 T2 读 A1 命令的数据返回了，因此主机立即捕获 rdata 上的 D1；若从机继续叫停，又因从机尚未完成主机的读 A2 命令，故将 done 设置为低。

（9）在 T8 时刻，主机继续叫停；若从机发出就绪信号，则发出完成读 A2 的通知（done＝1）信号。

（10）在 T9 时刻，主机继续叫停，主机捕获到从机 T8 发出的此时完成信号 done＝1，这是主机第三次捕获到 done 高电平，知道其在 T4 发出的读 A2 命令（从机在 T5 应答该命令），其数据已经返回，故主机立即捕获 rdata 上的 D2；则从机继续就绪，由于任务已经完成，没有数据返回，故将信号（done）设置为低。

从机数据完成模式读传输主机采用"先进先出"缓存接收数据时可支持流水作业如图 6－101 和图 6－102 所示。

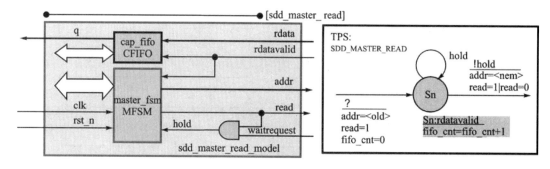

图 6－101　从机数据完成模式读传输的主机模型方案

2. 主机的接口策略

（1）若检测到"保持（hold）"信号为假时，MFSM 可以选择发出读命令或不读命令。

（2）若检测到"保持（hold）"信号为真，则发出的读命令和读地址必须保持不变。

（3）若检测到 rdatavalid 信号为假，则不捕获 rdata。

（4）若检测到 rdatavalid 为真，则必须立即捕获 rdata，装入先进先出缓冲器。

（5）主状态机 MFSM 根据 rdatavalid 信号，判断读数据 rdata 与读请求的关系，完成装配。

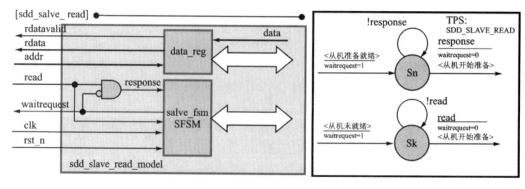

图 6－102　从机数据完成模式读传输的从机模型方案

3. 从机的接口策略

（1）若捕获 response 为真，从机启动本次读任务，并且可根据自身是否允许接收新的读命令而设置 waitrequest 为真或为高。

（2）若捕获 response 为假，也可主动选择就绪（waitrequest＝0）或等待（waitrequest＝1）信号。

（3）从机执行读任务，可将数据返回到 rdata 上时，发出 done 信号（rdatavalid）。

（4）从机在从机数据完成模式传输时，可以执行流水作业。在接收新的读命令时，旧的读命令仍然在执行中，甚至执行多批次的作业（接收新命令同时有多个旧命令仍然在执行中）。

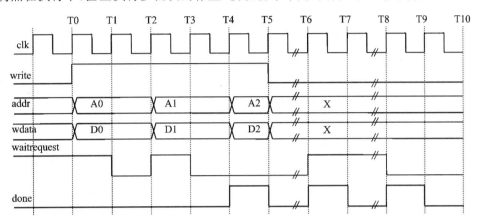

图 6 - 103　主从从机数据完成模式写传输的时序例子

4. 可变数据周期的从机数据完成模式（SDD）写（见图 6 - 103）

（1）在 T0 时刻，主机发出写 A0～D0 请求信号，导致从机继续叫停。

（2）在 T1 时刻，主机捕获到从机 T0 发出的请求等待信号 waitrequest＝1，则将 T0 发出的写 A0～D0 保持，则从机发出就绪信号 waitreques＝0。

（3）在 T2 时刻，主机捕获到从机 T1 发出的就绪信号 waitrequest＝0，从而结束写 A0～D0 命令，继而发出写 A1～D1 命令；从机发出请求等待信号 waitrequest＝1。

（4）在 T3 时刻，主机捕获到从机 T2 发出的等待信号 waitrequest＝1，于是保持其 T2 发出的写 A1～D1 命令，而从机在 T3 发出就绪 waitreque＝0。

（5）在 T4 时刻，主机捕获到从机 T3 发出的就绪信号，从而结束 T2 发出的写 A1～D1 命令，继而发出写 A3～D3 命令；从机在 T4 继续就绪，若发出 done 信号通知主机，则 T0 发出的写 A0～D0 命令已经执行完毕（该命令从机在 T1 应答）。

（6）在 T5 时刻，主机捕获到从机 T4 发出的就绪信号，从而结束 T4 发出的写 A3～D3 命令，继而主机叫停（write＝0）。另外，主机捕获到从机发出的握手信号，得知其写 A0～D0 命令已经被执行。由于在大多数情况下主机并不需要管理这个信号，因而从机数据完成模式写传输时，握手信号并不是必需的；若从机继续就绪，由于第 2 次写命令（A1～D1 写）尚未完成，故将握手信号置低。

（7）在 T6 时刻，主机继续叫停（write＝0），则从机发出请求等待（主从均叫停），同时从机发出握手信号为高，指示写 A1～D1 的任务已经完成。

（8）在 T7 时刻，主机继续叫停，从机也继续叫停，由于从机尚未完成 A2～D2 的写任务，故将握手信号置低。

（9）在 T8 时刻，主机继续叫停，从机发出就绪，从机已经完成 A2～D2 的写任务，故而发出握手信号为真。

（10）在 T9 时刻，主机继续叫停，从机继续就绪，但从机已经没有需要完成的任务了，故将握手信号设置为假。

由于大多数情况下，主机从机数据完成模式写传输时不需要处理从机发出的握手信号，故从机数据完成模式的主机典型写模型架构（见图 6 - 104）和状态转移的特殊图案与主从从机请求等待时写类似。

主从均在命令阶段握手信号时，主机接口逻辑的策略是：
- 主机捕获到"保持"信号为假时，可以主动选择写或不写。选择写时发送地址数据。
- 主机捕获到"保持"信号为真时，将保持已经发出的写命令，含地址和写数据。

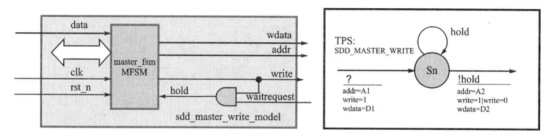

图 6 - 104　主从机数据完成写传输的典型主机模块和状态转移的特定图样

5. 从机接口逻辑（见图 6 - 105）的策略
- 当 response 为真时，立即捕获地址数据信号到从机的缓冲器。
- 从机状态机捕获到 response 为真，将根据从机逻辑需要，可以在某些延迟之后完成将数据写入目标。一旦完成，则发出 done 为真。
- 从机状态机根据从机逻辑接收数据的能力，任何时候都可以通过 waitrequest 规则叫停主机。

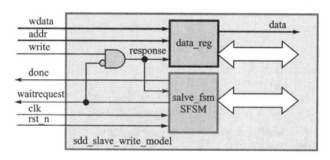

图 6 - 105　主从机数据完成模式写传输的典型从机模块

6. 突发读
非突发传输中，一次有效的传输由命令周期和数据周期组成，一次传输仅完成一个字的主从交换，这在许多现代逻辑通信（例如 SDRAM）中的效率很低，在一个数据周期仅传输一个字，而握手逻辑需要占用很多时空资源。为了使得传输效率提高，一次复杂的命令周期握手带来的一次数据周期，不是一个字，而是一串字。这就是突发传输。这一串字的个数，则由主机发出的突发长度信号所指示。在突发传输中,从机数据完成模式需要握手、命令周期和数据周期信号,仅增加了突发长度 burst_length 端口。其握手规则与从机数据完成模式基本相同,仅 done 信号是在完成指定突发读写任务后由从机发出。突发读传输时,主机若发出读命令,则需要一直保持,直到捕获到从机的应答信号(waitrequest=0),之后主机可以在选择继续读或不读。从机也可以在任何时候选择就绪和请求等待信号,一旦在就绪周期捕获到读命令,从机逻辑就开始执行读突发命令,但从机不必受单拍限制,可以根据自身需要,经过延迟后返回数据。每一次有效的返回,都伴随 done 信号的指示。与可变数据周期的从机数据完成模式读类似,这里的 done 信号,常被写成 rdatavalid(读数据有效)。在命令周期主从用 read->waitrequest 握手;在数据周期仅从机使用 radtavalid 制约主机,此时主机没有(不应该有)制约从机的权利,如图 6-106 和图 6-107 所示。

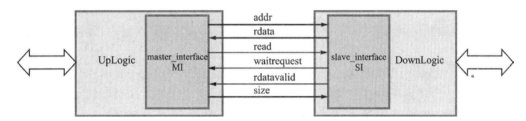

图 6-106　主从突发从机数据完成模式读传输的接口信号原理图

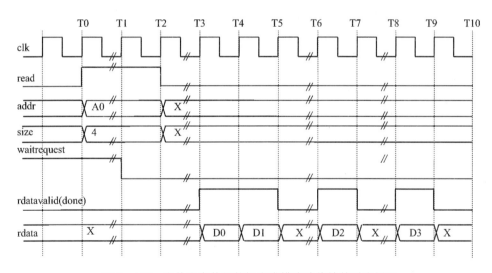

图 6-107　主从突发从机数据完成模式读传输的时序例子

(1) 在 T0 时刻,主机发出读突发命令(read=1),同时加载突发首地址 A0,和突发长度 size=4。这意味主机要从机返回首地址为 A0 的连续 4 个字;从机在 T0 时刻继续叫停(waitrequest=1)。

(2) 在 T1 时刻,主机捕获到从机在 T0 拍发出的等待信号 waitreques=1,因此,将其 T0 拍发出的读突发命令保持住(包括 addr 和 size);从机在 T1 时刻发出就绪(waitrequest=0)。由于从机就绪并捕获到主机的读突发命令,于是从机从 T1 开始执行读突发任务。

(3) 在 T2 时刻,主机捕获到从机在 T1 发出的就绪信号,知道 T0 发出的突发读命令被从机应答了,因而主机结束对 T0 命令的保持,这里主机选择停止读(主机叫停);从机在 T2 时刻继续就绪。另外,由于 T1 开始的突发任务在执行中,数据还未到达,故 rdatavalid 信号为假。

(4) 在 T3 时刻,例子中主机继续叫停(虽然它可以发出新的读突发命令),从机继续就绪(虽然它也可以继续发出就绪信号),从机可将 T1 开始执行的长度为 4 的突发读的首字送到 rdata 上,故同时将 done 设置为高。

(5) 在 T4 时刻,主机继续叫停。但主机捕获到 rdatavalid 为高,知道 T0 发出的读突发的首字到了,主机必须立即取走 D0;从机此时继续就绪,例子中从机已经返回第 2 个字,将 D1 送到 rdata,故继续将 done 设置为高。

(6) 在 T5 时刻,主机继续叫停。但主机第二次捕获到 rdatavalid 为高,知道 T0 发出读突发的第 2 个字到了,主机立即取走 D1;从机继续就绪,另外从机执行突发的第 3 个字还未到达,故将 rdatavalid 设置为低。

(7) 在 T6 时刻,主机继续叫停,而且主机捕获到 rdatavalid 为低,知道突发的第 3 个字还没有到;从机继续就绪,但此时例子中从机已经将突发的第 3 个字 D2 送出,故将 rdatavalid 设置高。

(8) 在 T7 时刻,主机继续叫停,并且主机捕获到从机 T6 发出的 rdatavalid 为高,知道 T0 突发命令的第 3 个字到了,主机立即取走 rdata 上的 D2;从机继续就绪,但从机的执行突发的第 4 个字即最后一个字还未到达,故将 rdatavalid 设置为低。

(9) 在 T8 时刻,主机继续叫停,并且捕获到 rdatavalid 为低,可知突发的第 4 个字还没有到;从机继续就绪,而从机已经将突发第 4 个字也是最后一个字 D3 送到 rdata 上,故同时将 rdatavalid 位置为高。

(10) 在 T9 时刻,主机继续叫停,此时主机第 4 次捕获到 rdatavalid 为高,可知 T0 发出的读 4 字突发命令最后一个字已经到达 rdata 上,主机立即取走 D3。从机继续就绪,由于完成了突发任务,rdata 上没有字送出,将 rdatavalid 设置为低。

突发从机数据完成模式读传输主机模型(见图 6 - 108)与可变周期从机数据完成模式读的主机模型类似:

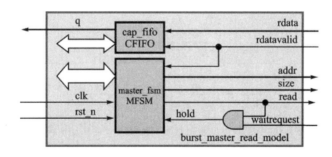

图 6 - 108　突发从机数据完成模式读传输的主机模型

7. 主机逻辑接口的策略

(1) 当保持(hold)为假时,主机可以发出读(read=1),或不读(read=0)命令。

(2) 主机发读命令(read=1)的同时要伴随加载本次突发数据首地址和突发长度。

(3) 读命令发出之后主机握手 hold,若 hold 为真,则保持原命令;若 hold 为假,则可以选择下一个读突发或不读(叫停)。

(4) 主机的数据接收端用 rdatavalid 捕获从机返回的数据,并根据突发读命令,判断是哪一次突发读请求的数据,以及是突发中的第几个字。

突发 SDD 读传输的从机模型(见图 6-109)以及其 TPS(见图 6-110)。

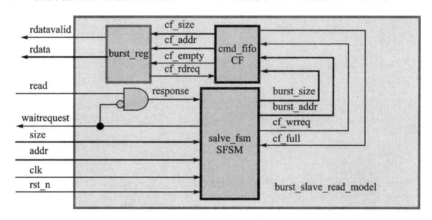

图 6-109　突发从机数据完成模式读传输的从机模型

8. 从机逻辑接口的策略

(1) 从机根据自身情况,随时可以发出叫停(waitrequest=1),当然也可以随时发出就绪(waitrequest=0)信号。waitrequest 信号规则在很多情况下使用其负逻辑的 ready 来替代。

(2) 从机任何时候捕获到 response 为真,就必须立即捕获主机发出的突发读地址和突发长度信号,并且开始执行该次读突发,执行过程可以排队进入流水作业。

(3) 从机的突发流水作业时,首先计数器清零,然后根据突发首地址取首字,发送到 rdata 端口,计数器加一,地址加一,若突发计数器小于长度,则继续读下一个字,否则完成本次突发。

(4) 从机每次加载数据到 rdata 上仅维持一拍,这一拍使 rdatavalid 拉高。其余节拍从机不必要保持,其 rdatavalid 也为低。

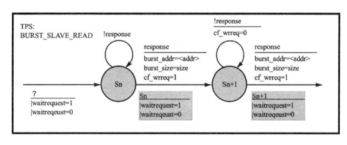

图 6-110　突发从机数据完成模式读传输从机状态机的状态转移表特殊图样

例 6-10:图 6-111 所示为一个突发访问控制器,其 local 端发出的读突发命令,一次突发读 BRAM 首地址为 local_addr 的 4 个字。local 端的信号为 BURST 传输,mem 端信号为从机请求等待传输。

控制器的突发长度固定为 4(size=4),命令队列缓冲长度为 8(CmdFifoLength=8)。例子中上位逻辑 UL 和 BRAM 为非综合模块,控制器综合。验证时,UL 将随机发出突发读命令,有些突发读命令将可能是连续的,是要求流水作业的。记分板则评估每一次传输的正确性。控制器架构是 SWR 读主机(图 6-83)和 BURST 读从机(6-109)的结合(见图 6-112)。

其中命令缓冲先进先出,深度为 8,采用下游快速模式。对应原模型中 waitreques 信号也

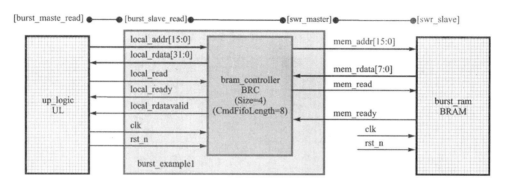

图 6-111　突发读传输的例子

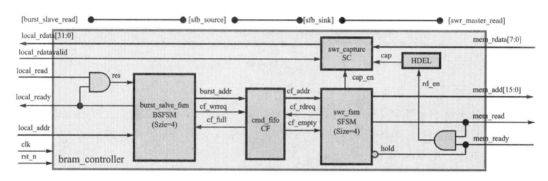

图 6-112　突发读传输时例 6-10 的控制器架构

采用其负逻辑的 ready 替代。突发接口状态机 BSFSM 的状态转移引用图 6-110 的状态转移图的特定图案，如图 6-113 所示。

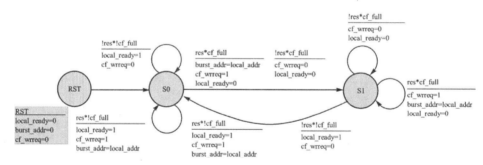

图 6-113　突发读传输时例 6-10 控制器 BSFSM 的状态转移图

控制器中 SWR 读主机 SFSM 的状态转移图如图 6-114 所示。

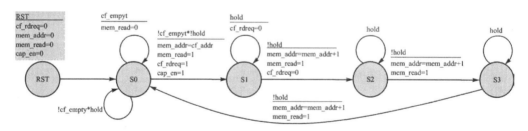

图 6-114　突发读传输时例 6-10 控制器 SFSM 的状态转移图

验证可根据 STIM 和接收数据评估(见图 6 - 115 和图 6 - 116).代码见例程 6 - 45 至例程 6 - 52。

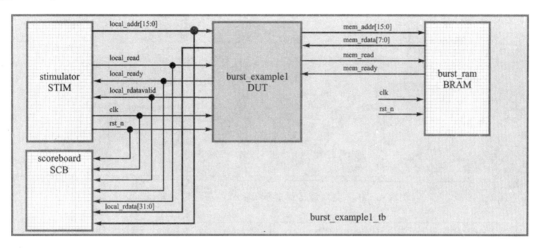

图 6 - 115　突发读传输时例 6 - 10 的验证平台

```
1    module burst_example1(clk, rst_n, local_addr,        16    bram_controller BRC(
2      local_rdata, local_read, local_ready,              17      .clk(clk),
3      local_rdatavalid, mem_addr, mem_rdata,             18      .rst_n(rst_n),
4      mem_read, mem_ready);                              19      .local_addr(local_addr),
5                                                         20      .local_rdata(local_rdata),
6      input clk, rst_n;                                  21      .local_read(local_read),
7      input [15:0] local_addr;                           22      .local_ready(local_ready),
8      output [31:0] local_rdata;                         23      .local_rdatavalid(local_rdatavalid),
9      input local_read;                                  24      .mem_addr(mem_addr),
10     output local_ready, local_rdatavalid;              25      .mem_rdata(mem_rdata),
11     output [15:0] mem_addr;                            26      .mem_read(mem_read) ,
12     input [7:0] mem_rdata;                             27      .mem_ready(mem_ready)
13     output mem_read;                                   28    );
14     input mem_ready;                                   29
15                                                        30    endmodule
```

例程 6 - 45　突发读传输时例 6 - 10 的顶层代码

```
1    module bram_controller(clk, rst_n, local_addr,       19    wire cf_wrreq, cf_rdreq;
2      local_rdata, local_read, local_ready,              20    wire cf_full, cf_empty;
3      local_rdatavalid, mem_addr, mem_rdata,             21    wire res, hold;
4      mem_read, mem_ready);                              22
5                                                         23    assign res = local_read & local_ready;
6      input clk, rst_n;                                  24    always @ (posedge clk) cap = rd_en;
7      input [15:0] local_addr;                           25    assign rd_en = mem_read & mem_ready;
8      output [31:0] local_rdata;                         26    assign hold = ~mem_ready;
9      input local_read;                                  27
10     output local_ready, local_rdatavalid;              28    burst_slave_fsm BSFSM(
11     output [15:0] mem_addr;                            29      .clk(clk),
12     input [7:0] mem_rdata;                             30      .rst_n(rst_n),
13     output mem_read;                                   31      .res(res),
14     input mem_ready;                                   32      .local_ready(local_ready),
15                                                        33      .local_addr(local_addr),
16     wire [15:0] burst_addr, cf_addr;                   34      .burst_addr(burst_addr),
17     wire cap_en, rd_en;                                35      .cf_wrreq(cf_wrreq),
18     reg cap;                                           36      .cf_full(cf_full)
```

例程 6 - 46　突发读传输时例 6 - 10 的顶层控制器

```
37   );
38
39   cmd_fiflCF(
40       .clock(clk),
41       .data(burst_addr),
42       .rdreq(cf_rdreq),
43       .wrreq(cf_wrreq),
44       .almost_full(cf_full),
45       .empty(cf_empty),
46       .q(cf_addr)
47   );
48
49   swr_capture SC(
50       .clk(clk),
51       .rst_n(rst_n),
52       .local_rdata(local_rdata),
53       .local_rdatavalid(local_rdatavalid),
54       .mem_rdata(mem_rdata),
55       .cap_en(cap_en),
56       .cap(cap)
57   );
58
59   swr_fsm SFSM(
60       .clk(clk),
61       .rst_n(rst_n),
62       .cf_addr(cf_addr),
63       .cf_rdreq(cf_rdreq),
64       .cf_empty(cf_empty),
65       .cap_en(cap_en),
66       .mem_addr(mem_addr),
67       .mem_read(mem_read),
68       .hold(hold)
69   );
70 endmodule
```

例程 6 - 46   突发读传输时例 6 - 10 的顶层控制器(续)

```
1  module swr_capture(clk, rst_n, local_rdata,
2      local_rdatavalid, mem_rdata, cap_en, cap);
3
4      input clk, rst_n;
5      output reg [31:0] local_rdata;
6      output reg local_rdatavalid;
7      input [7:0] mem_rdata;
8      input cap_en;
9      input cap;
10
11     reg [1:0] count;
12
13     always @ (posedge clk)
14         local_rdatavalid <= (cap && count == 3);
15
16     always @ (posedge clk)
17     begin
18         if (!rst_n || !cap_en)
19         begin
20             local_rdata <= 0;
21             count <= 0;
22         end
23         else if (cap)
24         begin
25             case (count)
26                 0 : local_rdata[7:0] <= mem_rdata;
27                 1 : local_rdata[15:8] <= mem_rdata;
28                 2 : local_rdata[23:16] <= mem_rdata;
29                 3 : local_rdata[31:24] <= mem_rdata;
30             endcase
31             count <= count + 1;
32         end
33     end
34
35 endmodule
36
```

例程 6 - 47   突发读传输时例 6 - 10 的从机请求等待模式捕获器

```
1  module burst_slave_fsm(clk, rst_n, res,
2      local_ready, local_addr,
3      burst_addr, cf_wrreq, cf_full);
4
5      input clk, rst_n;
6      input res;
7      output reg local_ready;
8      input [15:0] local_addr;
9      output reg [15:0] burst_addr;
10     output reg cf_wrreq;
11     input cf_full;
12
13     reg [1:0] state;
14
15     localparam s0 = 2'b00;
16     localparam s1 = 2'b01;
17     localparam s2 = 2'b10;
18
19     always @ (posedge clk)
20     begin
21         if (!rst_n)
22             begin
23                 local_ready <= 0;
24                 burst_addr <= 0;
25                 cf_wrreq <= 0;
26                 state <= s0;
27             end
28         else
29             case (state)
30                 s0 : if (!res && !cf_full)
31                     begin
32                         local_ready <= 1;
33                         cf_wrreq <= 0;
34                         state <= s0;
35                     end
36                 else if (res && !cf_full)
37                     begin
38                         burst_addr <= local_addr;
39                         cf_wrreq <= 1;
40                         local_ready <= 1;
41                         state <= s0;
42                     end
43                 else if (res && cf_full)
44                     begin
```

例程 6 - 48   突发读传输时例 6 - 10 的从机接口状态机

```
45                burst_addr <= local_addr;
46                cf_wrreq <= 1;
47                local_ready <= 0;
48                state <= s1;
49              end
50            else if (!res && cf_full)
51              begin
52                cf_wrreq <= 0;
53                local_ready <= 0;
54                state <= s1;
55              end
56
57        s1 : if (!res && cf_full)
58              begin
59                cf_wrreq <= 0;
60                local_ready <= 0;
61                state <= s1;
62              end
63            else if (res && cf_full)
64              begin
65                cf_wrreq <= 1;
```

```
66                burst_addr <= local_addr;
67                local_ready <= 0;
68                state <= s1;
69              end
70            else if (res && !cf_full)
71              begin
72                local_ready <= 1;
73                cf_wrreq <= 1;
74                burst_addr <= local_addr;
75                state <= s0;
76              end
77            else if (!res && !d_full)
78              begin
79                local_ready <= 1;
80                cf_wrreq <= 0;
81                state <= s0;
82              end
83          endcase
84      end
85
86  endmodule
```

例程 6-48　突发读传输时例 6-10 的从机接口状态机(续)

```
1   module burst_example1_tb;
2
3     wire clk, rst_n;
4     wire [15:0] local_addr, mem_addr;
5     wire [31:0] local_rdata;
6     wire [7:0] mem_rdata;
7     wire local_read, local_ready, local_rdatavalid;
8     wire mem_read, mem_ready;
9
10    stimulator STIM(
11      .clk(clk),
12      .rst_n(rst_n),
13      .local_addr(local_addr),
14      .local_read(local_read),
15      .local_ready(local_ready),
16      .local_rdatavalid(local_rdatavalid)
17    );
18
19    burst_example1 DUT(
20      .clk(clk),
21      .rst_n(rst_n),
22      .local_addr(local_addr),
23      .local_rdata(local_rdata),
24      .local_read(local_read),
25      .local_ready(local_ready),
26      .local_rdatavalid(local_rdatavalid),
```

```
27      .mem_addr(mem_addr),
28      .mem_rdata(mem_rdata),
29      .mem_read(mem_read),
30      .mem_ready(mem_ready)
31    );
32
33    burst_ram BRAM(
34      .clk(clk),
35      .rst_n(rst_n),
36      .mem_addr(mem_addr),
37      .mem_rdata(mem_rdata),
38      .mem_read(mem_read),
39      .mem_ready(mem_ready)
40    );
41
42    scoreboard SCB(
43      .clk(clk),
44      .rst_n(rst_n),
45      .local_addr(local_addr),
46      .local_rdata(local_rdata),
47      .local_read(local_read),
48      .local_ready(local_ready),
49      .local_rdatavalid(local_rdatavalid)
50    );
51
52  endmodule
```

例程 6-49　突发读传输时例 6-10 的测试代码

```
1   module swr_fsm(clk, rst_n, cf_addr, cf_rdreq,
2     cf_empty, cap_en, mem_addr, mem_read, hold);
3
4     input clk, rst_n;
5     input [15:0] cf_addr;
6     output reg cf_rdreq;
7     input cf_empty;
8     output reg cap_en;
9     output reg [15:0] mem_addr;
10    output reg mem_read;
11    input hold;
12
13    reg [1:0] state;
14    localparam s0 = 2'b00;
15    localparam s1 = 2'b01;
16    localparam s2 = 2'b10;
17    localparam s3 = 2'b11;
18
19    always @ (posedge clk)
20    begin
```

```
21      if(!rst_n)
22        begin
23          cf_rdreq <= 0;
24          mem_addr <= 0;
25          mem_read <= 0;
26          cap_en <= 0;
27          state <= s0;
28        end
29      else
30        case (state)
31          s0 : if (cf_empty)
32                begin
33                  mem_read <= 0;
34                  state <= s0;
35                end
36              else if (!hold)
37                begin
38                  mem_addr <= cf_addr;
39                  mem_read <= 1;
40                  cf_rdreq <= 1;
```

例程 6-50　突发读传输时例 6-10 的从机请求等待读接口状态机

```
41                    cap_en <= 1;
42                    state <= s1;
43                 end
44              else
45                 state <= s0;
46
47       s1 : if (hold)
48              begin
49                 cf_rdreq <= 0;
50                 state <= s1;
51              end
52           else
53              begin
54                 mem_addr <= mem_addr + 1;
55                 mem_read <= 1;
56                 cf_rdreq <= 0;
57                 state <= s2;
58              end
59
60       s2 : if (hold)
```

```
61                 state <= s2;
62              else
63                 begin
64                    mem_addr <= mem_addr + 1;
65                    mem_read <= 1;
66                    state <= s3;
67                 end
68
69       s3 : if (hold)
70                 state <= s3;
71              else
72                 begin
73                    mem_addr <= mem_addr + 1;
74                    mem_read <= 1;
75                    state <= s0;
76                 end
77           endcase
78        end
79
80  endmodule
```

例程 6 - 50   突发读传输时例 6 - 10 的从机请求等待读接口状态机(续)

```
1   `timescale 1ns/1ps
2
3   module stimulator(clk,rst_n, local_addr, local_read,
4     local_ready, local_rdatavalid);
5
6      output reg clk, rst_n;
7      output reg [15:0] local_addr;
8      output reg local_read;
9      input local_ready;
10     input local_rdatavalid;
11
12     initial begin
13        clk = 1;
14        rst_n = 0;
15        local_addr = 0;
16        local_read = 0;
17
18        #200
19        @ (posedge clk)
20        rst_n = 1;
21
22        #200
```

```
23        @ (posedge clk)
24        local_read = 1;
25        local_addr = ({$random} % 16'hfff0) + 4;
26        forever begin
27           @ (posedge clk)
28           if (local_ready) begin
29              if (({$random} % 256) > 64)
30                 begin
31                    local_read = 1;
32                    local_addr = ({$random} % 16'hfff0) + 4;
33                 end
34              else
35                 local_read = 0;
36           end
37        end
38     end
39
40     always #10 clk = ~clk;
41
42     initial #20000 $stop;
43
44  endmodule
```

例程 6 - 51   突发读传输时例 6 - 10 验证平台中的激励器

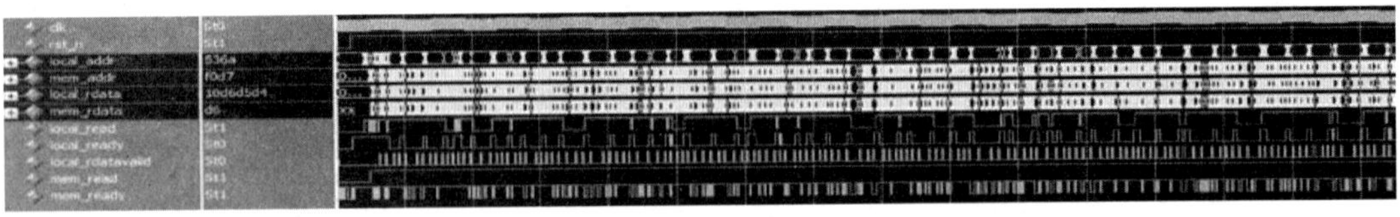

图 6 - 116   突发读传输时例 6 - 10 的仿真波形图

```
1   `timescale 1ns/1ps
2
3   module burst_ram(clk, rst_n, mem_addr,
4     mem_rdata, mem_read, mem_ready);
5
6      input clk, rst_n;
7      input [15:0] mem_addr;
```

```
1   `timescale 1ns/1ps
2   module scoreboard(clk, rst_n, local_addr,
3     local_rdata, local_read, local_ready,
4     local_rdatavalid);
5
6      input clk, rst_n;
7      input [15:0] local_addr;
```

```
8    output reg [7:0] mem_rdata;
9    input mem_read;
10   output reg mem_ready;
11
12   reg [7:0] mem [65535:0];
13   integer i;
14
15   initial for(i=0; i<65536; i=i+1) mem[i] = i;
16
17   initial begin
18       mem_ready = 0;
19
20       forever begin
21           @ (posedge clk)
22           if (({$random} % 256) > 64)
23               mem_ready = 1;
24           else
25               mem_ready = 0;
26       end
27   end
28
29   always @ (posedge  clk)
30   begin
31       if (mem_ready && mem_read)
32           mem_rdata <= mem[mem_addr];
33   end
34
35   endmodule
36
37
38
```

```
8    input [31:0] local_rdata;
9    input local_read, local_ready, local_rdatavalid;
10   reg [7:0] temp [255:0];
11   reg [7:0] rp, wp;
12
13   always @ (posedge clk)
14   begin
15       if (!rst_n)
16           rp <= 0;
17       else if (local_read & local_ready)
18           begin
19               temp[rp] <= local_addr[7:0];
20               rp <= rp + 1;
21           end
22   end
23   always @ (posedge clk)
24   begin
25       if (!rst_n)
26           wp <= 0;
27       else if (local_rdatavalid)
28           begin
29               if (local_rdata[7:0] == temp[wp])
30                   $display("OK: local_addr=%0h
31                       local_rdata=%0h", temp[wp], local_rdata);
32               else
33                   $error("ERROR: local_addr=%0h
34                       local_rdata=%0h", temp[wp], local_rdata);
35               wp <= wp + 1;
36           end
37   end
38   endmodule
```

例程 6 - 52　突发读传输时例 6 - 10 验证平台的突发 RAM 模型和记分板

9. 突发写

突发写传输时,一次突发写传输也同样由命令周期和数据周期组成。前者主从握手,完成传输的准备;后者执行传输操作。其命令周期主从之间使用 write-waitrequest 握手;在其数据周期,主从均有叫停对方的权利,此时主从仍然使用 write-waitrequest 握手。突发写传输时,大多数情况下主机无须管理 done 信号,故从机数据完成的 done 信号可能忽略。主机是否继续发出新的写命令,与写突发的 done 无关,仅与从机是否应答有关,如图 6 - 117 所示。

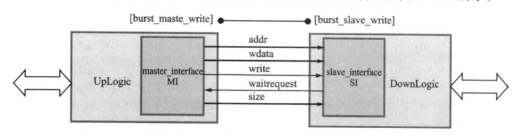

图 6 - 117　主从突发从机数据完成写传输的接口信号

在命令周期,主机有两个状态:空闲状态和等待状态。主机在没有发出写命令时为空闲状态,在空闲状态,主机可以主动选择是否要发出写命令。一旦主机发出了写命令,则主机就进入命令的等待状态,在等待状态,主机必须一直保持其命令(write)和数据(wdata),除非主机捕获到从机的 waitreques=0,主机方退出等待状态,重新进入空闲状态。因此,突发写传输时主机仅在其空闲状态主动,在等待状态主机是被动的。

在命令周期,从机有两个状态:就绪状态和非就绪状态。在非就绪状态 waitrequest＝1,从机可以主动选择退出非就绪状态进入就绪状态;在就绪状态 waitrequest＝0,从机仍然可以主动选择退出就绪状态进入非就绪状态。从机在就绪状态,必须立即响应主机的写命令,开始执行传输,转向传输的数据周期;在从机的非就绪状态,从机不必理会主机的任何命令。因此,突发写传输时从机全程主动。

一旦进入突发写传输的数据周期,不同于突发读,主从双方都具有叫停对方的权利以及响应对方命令的义务。主机使用 write 命令叫停从机,而从机则使用 waitreques 叫停主机。或者说,在突发传输的数据阶段,主从双方都是主动的。图 6-118 为主从突发写传输时序例子。

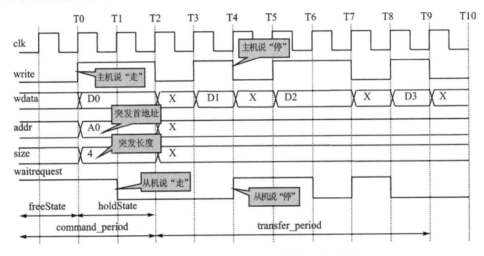

图 6-118　主从突发 SDD 写传输的时序例子

(1) 在 T0 时刻,主机主动发出写命令(write＝1),并且加载数据 wdata＝D0 和突发首地址 addr＝A0,突发长度 size＝4,则主机从命令周期的空闲状态转为等待状态;而从机在 T0 时刻仍然发出请求等待(非就绪 waitrequest＝1)。

(2) 在 T1 时刻,主机捕获到从机的 waitreque 为高,因此其等待状态维持,必须将 write、wdata 和 addr 保持;此时从机主动退出非就绪状态,发出就绪信号(waitreque＝0)。

(3) 在 T2 时刻,主机捕获到从机 waitrequest＝0,从而得知从机已经响应 T0 时刻的写突发命令,转而退出保持状态,结束传输的命令周期进入传输数据周期的空闲状态。此时主机主动选择"叫停":write＝0。这是本次传输数据周期的主机第一次叫停;从机在 T2 时刻,已经进入就绪状态,此时从机捕获到主机发出的 write＝1,必须立即响应(捕获 D0 并执行写)。

(4) 在 T3 时刻,主机由于在空闲状态,主动选择"继续走",将 write 置高,并加载 wdata＝D1。又由于此时传输已经进入数据周期,故地址可以不必发送(突发首地址已经握手成功)。在 T3 时刻,从机继续主动发出就绪信号 waitrequest＝0。

(5) 在 T4 时刻,主机捕获到从机 T3 发出的 waitrequest＝0,退出保持回到空闲,此时主机主动选择"叫停"。这是本次传输数据周期的主机第二次叫停。此时,从机主动发出非就绪握手 waitrequest＝1 转向非就绪状态。另外,由于从机的当前状态是就绪状态,则从机捕获到主机的 write＝1,从机必须立即响应(捕获 D1 并执行写)。

(6) 在 T5 时刻,主机在其空闲状态,主动发出"走":write＝1,并加载 wdata＝D2,从而主机进入等待状态;从机此时继续"叫停":waitreques＝1。

（7）在 T6 时刻，主机捕获到从机 T5 发出的 waitrequest＝1，继续保持（write 和 wdata）；从机此时主动退出非就绪进入就绪（waitrequest＝0）。

（8）在 T7 时刻，主机捕获到 T6 从机发出的就绪 waitrequest＝0，从而退出保持进入空闲。此例中，主机又一次主动发出"叫停"：write＝0，从而使本次传输数据周期主机发出的第三次叫停。此时，从机也主动发出"叫停"：waitreque＝1 从而进入非就绪状态。同样由于从机当前状态为就绪状态，此时捕获到主机 T6 发出的 write＝1，从机必须立即响应（捕获 D2 执行写）。

（9）在 T8 时刻，主机在空闲状态主动发出 write＝1，并加载本次突发的最后一个数据 wdata＝D3；此时从机主动退出非就绪，发出就绪信号 waitrequest＝0。

（10）在 T9 时刻，主机在保持状态捕获到从机 T8 发出的 waitrequest＝0 时，退出保持进入空闲。由于 size＝4，主机已经将本次突发的全部数据发送，故主机退出本次传输的数据周期转向命令周期的空闲状态。此例中，主机选择"叫停"：write＝0；在 T9 时刻，从机继续发出就绪信号 waitrequest＝0，由于从机的当前状态为就绪状态，此时捕获到主机的 write＝1，从机同样必须立即响应（捕获 D3 执行最后一次写）。从机完成本次突发的数据周期，也重新进入命令周期。

突发从机数据完成写传输主机模型与可变周期从机数据完成写的主机模型类似如图 6－119 所示。

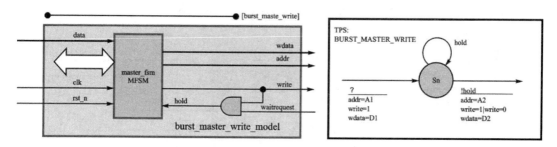

图 6－119　突发从机数据完成（SDD）写传输的主机模型和状态转移图特案

10. 突发从机数据完成（SDD）写传输主机逻辑的接口策略

（1）当 hold 为假时，主机可以主动发出写命令（write＝1），或不写（write＝0）。

（2）主机发写命令（write＝1）的同时要伴随加载本次突发命令周期的信息是：数据首地址和突发长度。

（3）写命令发出之后主机握手 hold，若 hold 为真，则保持原命令（命令周期的所有信号，它们是 write，wdata 和 size）；若 hold 为假，本次传输的命令周期结束，主机可以撤销对 addr 和 size 的保持。但对于 write 命令，则转而执行数据周期的握手：主机可以主动选择"叫停"本次传输的数据突发：若主机继续发出"走"，则 write＝1，若主机选择"停"，则 write＝0。

（4）主机在传输的数据阶段，必须计数本次突发传输的数据个数，完成 size 个数据突发后，退出数据阶段：主动发出新的突发命令周期握手，或主动叫停。

突发从机数据完成（SDD）写传输的从机模型如图 6－120 所示。

11. 突发从机数据完成（SDD）写传输从机逻辑的接口策略

（1）当 response 为真时，立即捕获地址和数据至从机缓冲器。

（2）从机状态机 SFSM 捕获到 response 为真，将根据从机逻辑需要，可以在某些延迟之

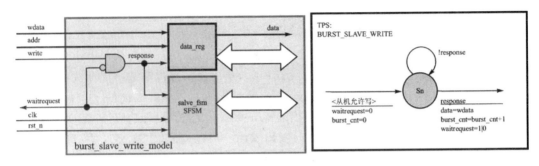

图 6-120　突发从机数据完成写传输的从机模型

后完成将数据写入目标。未完成本次的写之前,可以通过 waitrequest 叫停主机。

(3) 从机状态机 SFSM 根据从机逻辑接收数据的能力,任何时候都可以通过 waitrequest 规则叫停主机。即可以在命令周期叫停,也可以在数据周期叫停。

例 6-11: 图 6-121 所示为一个突发访问控制器,其 local 端发出的写突发命令,一次突发写 BRAM 首地址为 local_addr 的 4 个字。其 local 信号为 BURST 传输,其 mem 信号为从机请求等待模式传输。local 端的宽度为 32 位,mem 端的宽度为 8 位。上位逻辑是 local 信号传输的主机,下位逻辑是由 BRAM 构成的请求等待模式从机。非综合的上位逻辑和下位逻辑,都具有随机叫停的握手信号。综合模块 bust_example2 需要在上下游随机叫停情况下实现最高效率的转发(32 位转 8 位)。

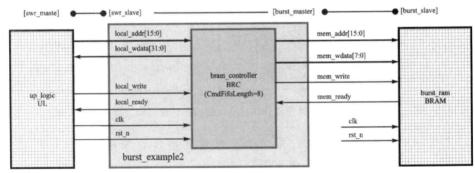

图 6-121　突发写传输的例子

图 6-122 的控制器架构中,其左侧为突发写传输的从机接口,引用突发从机模型(见图 6-120),其右侧为主从机请求等待模式(SWR)写传输的主机接口,引用主从机请求等待模式(SWR)写传输主机模型(见图 6-91)。中间的命令缓冲采用 8 级深度、下游快速反制模式

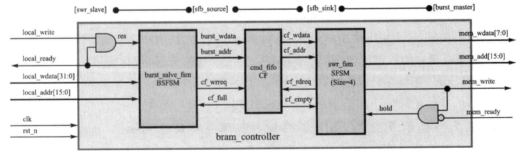

图 6-122　突发写传输时例 6-11 的控制器架构

的先进先出。主控制器在突发接口，及时将 local 上游发出的突发命令写入命令缓冲，除非命令缓冲(CF)已满了，则要叫停上游。SFSM 则在命令缓冲(CF)非空情况下，读出本地发出的写命令，并转换为 4 个 8 位地址后用 mem 端口发出。

突发写从机接口状态机 BSFSM 的状态转移图如图 6-123 所示。

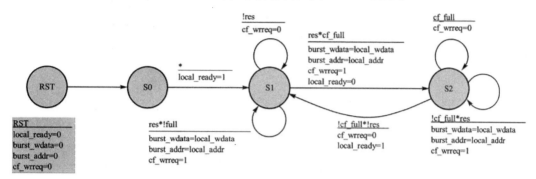

图 6-123　例 6-11 突发写主从机请求等待模式接口状态机的状态转移图

SFSM 的状态转移图如图 6-124 所示。

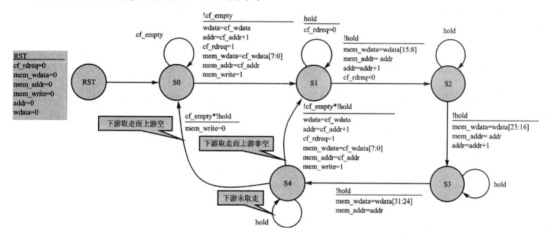

图 6-124　例 6-11 突发写接口状态机的状态转移图

图 6-125 为 ABV 验证架构，例程 6-53 为其顶层代码和命令缓冲器代码，表 6-3 表示 Altera 的 megafunction 的命令缓冲生成设置参数，例程 6-54 为主控制器和突发从机状态机的代码，例程 6-55 为写主机的写状态机代码，例程 6-56 为 ABV 验证架构中非综合目的的下位机模型，同样，例程 6-57 为非综合目的的上位机模型。例程 6-58 为突发代码。

表 6-3　缓存"先进先出"设置为前置同步模式

se_fifo(编码器 FIFO)			说　明
书中定义	GUI 提示	设置值	
Fifo_Depth	"How Deep should the FIFO be?"	8	编码器 FIFO 的深度＞2BufDepth
	"Do you want a common clock for reading and writing the FIFO"	Yes	单时钟 FIFO 模式

se_fifo(编码器 FIFO)			说　明
书中定义	GUI 提示	设置值	
Handshake	"Would you like to disable any circuitry proptection"	empty almost_full	握手信号,仅选择 empty 和 almost _full
AlmostFull_ Usedw_Max	"become ture(1) when usedw[] is greater than or equal to "	4	N=4 AlmostFull_Usedw_Max= 8-4=4
Stream mode	"Which kind of read access do you want with the 'rdreq' signal	Show - Ahead synchronous mode	流模式选择下游快速反制: 即"前置同步模式 "Show - Ahead synchronous mode"

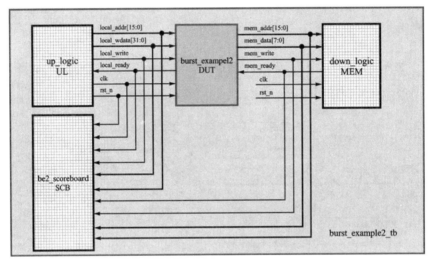

图 6-125　例 6-11 突发写传输例子的代码

```
1   module burst_example2(clk, rst_n, local_addr,
2       local_wdata, local_write, local_ready,
3       mem_addr, mem_wdata, mem_write,
4       mem_ready);
5
6   input clk, rst_n;
7   input [15:0] local_addr;
8   input [31:0] local_wdata;
9   input local_write;
10  output local_ready;
11  output [15:0] mem_addr;
12  output [7:0] mem_wdata;
13  output mem_write;
14  input mem_ready;
15  bram_controller BRC(
16      .clk(clk),
17      .rst_n(rst_n),
18      .local_addr(local_addr),
19      .local_wdata(local_wdata),
20      .local_write(local_write),
21      .local_ready(local_ready),
22      .mem_addr(mem_addr),
23      .mem_wdata(mem_wdata),
24      .mem_write(mem_write),
25      .mem_ready(mem_ready)
26  );
27
28  endmodule
```

```
1   module cmd_fifo(clk, burst_wdata, burst_addr,
2       cf_wrreq, cf_full, cf_wdata, cf_addr,
3       cf_rdreq, cf_empty);
4
5   input clk;
6   input [31:0] burst_wdata;
7   input [15:0] burst_addr;
8   input cf_wrreq;
9   output cf_full;
10  output [31:0] cf_wdata;
11  output [15:0] cf_addr;
12  input cf_rdreq;
13  output cf_empty;
14
15  cmd_fifo_ip CFIFO(
16      .clock(clk),
17      .data({burst_wdata, burst_addr}),
18      .rdreq(cf_rdreq),
19      .wrreq(cf_wrreq),
20      .almost_full(cf_full),
21      .empty(cf_empty),
22      .q({cf_wdata, cf_addr})
23  );
24
25  endmodule
```

例程 6-53　突发写传输例 6-11 的顶层代码和缓存器代码

```
1   module bram_controller(clk, rst_n, local_addr,
2      local_wdata, local_write, local_ready,
3      mem_addr, mem_wdata, mem_write,
4      mem_ready);
5
6      input clk, rst_n;
7      input [15:0] local_addr;
8      input [31:0] local_wdata;
9      input local_write;
10     output local_ready;
11     output [15:0] mem_addr;
12     output [7:0] mem_wdata;
13     output mem_write;
14     input mem_ready;
15
16     wire res;
17     wire [31:0] burst_wdata, cf_wdata;
18     wire [15:0] burst_addr, cf_addr;
19     wire cf_wrreq, cf_full;
20     wire cf_rdreq, cf_empty;
21     wire hold;
22
23     assign res = local_write & local_ready;
24
25     burst_salve_fsm BSFSM(
26        .clk(clk),
27        .rst_n(rst_n),
28        .res(res),
29        .local_ready(local_ready),
30        .local_wdata(local_wdata),
31        .local_addr(local_addr),
32        .burst_wdata(burst_wdata),
33        .burst_addr(burst_addr),
34        .cf_wrreq(cf_wrreq),
35        .cf_full(cf_full)
36     );
37
38     cmd_fifo CF(
39        .clk(clk),
40        .burst_wdata(burst_wdata),
41        .burst_addr(burst_addr),
42        .cf_wrreq(cf_wrreq),
43        .cf_full(cf_full),
44        .cf_wdata(cf_wdata),
45        .cf_addr(cf_addr),
46        .cf_rdreq(cf_rdreq),
47        .cf_empty(cf_empty)
48     );
49
50     swr_fsm SFSM(
51        .clk(clk),
52        .rst_n(rst_n),
53        .cf_wdata(cf_wdata),
54        .cf_addr(cf_addr),
55        .cf_rdreq(cf_rdreq),
56        .cf_empty(cf_empty),
57        .mem_wdata(mem_wdata),
58        .mem_addr(mem_addr),
59        .mem_write(mem_write),
60        .hold(hold)
61     );
62
63     assign hold = mem_write & ~mem_ready;
64
65   endmodule
```

```
1   module burst_salve_fsm(clk, rst_n, res, local_ready,
2      local_wdata, local_addr,
3      burst_wdata, burst_addr, cf_wrreq, cf_full);
4
5      input clk, rst_n, res;
6      output reg local_ready;
7      input [31:0] local_wdata;
8      input [15:0] local_addr;
9      output reg [31:0] burst_wdata;
10     output reg [15:0] burst_addr;
11     output reg cf_wrreq;
12     input cf_full;
13
14     reg [1:0] state;
15     localparam s0 = 2'd0;
16     localparam s1 = 2'd1;
17     localparam s2 = 2'd2;
18
19     always @ (posedge clk)
20     begin
21        if (!rst_n)
22           begin
23              local_ready <= 0;
24              burst_wdata <= 0;
25              burst_addr <= 0;
26              cf_wrreq <= 0;
27              state <= s0;
28           end
29        else case (state)
30           s0 : begin
31              local_ready <= 1;
32              state <= s1;
33           end
34           s1 : if (!res)
35              begin
36                 cf_wrreq <= 0;
37                 state <= s1;
38              end
39           else if (cf_full)
40              begin
41                 burst_wdata <= local_wdata;
42                 burst_addr <= local_addr;
43                 cf_wrreq <= 1;
44                 local_ready <= 0;
45                 state <= s2;
46              end
47           else
48              begin
49                 burst_wdata <= local_wdata;
50                 burst_addr <= local_addr;
51                 cf_wrreq <= 1;
52                 state <= s1;
53              end
54           s2 : if (cf_full)
55              begin
56                 cf_wrreq <= 0;
57                 state <= s2;
58              end
59           else if (!res)
60              begin
61                 cf_wrreq <= 0;
62                 local_ready <= 1;
63                 state <= s1;
64              end
65           else
66              begin
67                 burst_wdata <= local_wdata;
68                 burst_addr <= local_addr;
69                 cf_wrreq <= 1;
70                 state <= s2;
71              end
72        endcase
73     end
74   endmodule
```

例程 6 - 54　突发写传输时例 6 - 11 的控制器和突发从机状态机代码

```verilog
module swr_fsm(clk, rst_n, cf_wdata, cf_addr,
    cf_rdreq, cf_empty, mem_wdata, mem_addr,
    mem_write, hold);

    input clk, rst_n;
    input [31:0] cf_wdata;
    input [15:0] cf_addr;
    output reg cf_rdreq;
    input cf_empty;
    output reg [7:0] mem_wdata;
    output reg [15:0] mem_addr;
    output reg mem_write;
    input hold;

    reg [2:0] state;
    reg [15:0] addr;
    reg [31:0] wdata;

    localparam s0 = 3'd0;
    localparam s1 = 3'd1;
    localparam s2 = 3'd2;
    localparam s3 = 3'd3;
    localparam s4 = 3'd4;

    always @ (posedge clk)
    begin
        if (!rst_n)
            begin
                cf_rdreq <= 0;
                mem_wdata <= 0;
                mem_addr <= 0;
                mem_write <= 0;
                addr <= 0;
                wdata <= 0;
                state <= s0;
            end
        else case (state)
            s0 : if (cf_empty)
                    state <= s0;
                else
                    begin
                        wdata <= cf_wdata;
                        addr <= cf_addr + 1;
                        cf_rdreq <= 1;
                        mem_wdata <=
cf_wdata[7:0];
                        mem_addr <= cf_addr;
                        mem_write <= 1;
                        state <= s1;
                    end

            s1 : if (hold)
                    begin
                        cf_rdreq <= 0;
                        state <= s1;
                    end
                 else
                    begin
                        mem_wdata <= wdata[15:8];
                        mem_addr <= addr;
                        addr <= addr + 1;
                        cf_rdreq <= 0;
                        state <= s2;
                    end

            s2 : if (hold)
                    state <= s2;
                 else
                    begin
                        mem_wdata <= wdata[23:16];
                        mem_addr <= addr;
                        addr <= addr + 1;
                        state <= s3;
                    end

            s3 : if (hold)
                    state <= s3;
                 else
                    begin
                        mem_wdat a <= wdata[31:24];
                        mem_addr <= addr;
                        state <= s4;
                    end

            s4 : if (hold)
                    state <= s4;
                 else if (!hold)
                    begin
                        wdata <= cf_wdata;
                        addr <= cf_addr + 1;
                        cf_rdreq <= 1;
                        mem_wdata <= cf_wdata[7:0];
                        mem_addr <= cf_addr;
                        mem_write <= 1;
                        state <= s1;
                    end
                 else
                    begin
                        mem_write <= 0;
                        state <= s0;
                    end
        endcase
    end

endmodule
```

例程 6 - 55 突发写传输时例 6 - 11 的主机写状态机

```verilog
`timescale 1ns/1ps

module down_logic(clk, rst_n, mem_addr,
    mem_data, mem_write, mem_ready);

    input clk, rst_n;
    input [15:0] mem_addr;
    input [31:0] mem_data;
    input mem_write;
    output reg mem_ready;

    initial begin
        mem_ready = 0;

        #400
        @ (posedge clk)
        mem_ready = 1;

        forever begin
            @ (posedge clk)
            if (({$random} % 256) > 64)
                mem_ready = 1;
            else
                mem_ready = 0;
        end
    end

endmodule
```

例程 6 - 56 突发写传输时例 6 - 11 验证用途的下位机代码

```
1    `timescale 1ns/1ps
2
3
4    module up_logic(clk, rst_n, local_addr, local_wdata, local_write, local_ready);
5
6        output reg clk, rst_n;
7        output reg [15:0] local_addr;
8        output reg [31:0] local_wdata;
9        output reg local_write;
10       input local_ready;
11
12       wire hold = ~local_ready & local_write;
13
14       initial begin
15           clk = 1;
16           rst_n = 0;
17           local_addr = 0;
18           local_wdata = 0;
19           local_write = 0;
20
21           #200
22           @ (posedge clk)
23           rst_n = 1;
24
25           #200
26           @ (posedge clk)
27           local_write = 1;
28           local_addr = ({$random} % 16'hfff0) + 4;
29           local_wdata = ({$random, $random} % (32'hffffffff+1));
30           forever begin
31               @ (posedge clk)
32               if (!hold) begin
33                   if (({$random} % 256) > 64)
34                       begin
35                           local_write = 1;
36                           local_addr = ({$random} % 16'hfff0) + 4;
37                           local_wdata = ({$random, $random} % (32'hffffffff+1));
38                       end
39                   else
40                       local_write = 0;
41               end
42           end
43       end
44
45       always #10 clk = ~clk;
46
47       initial #200_000 $stop;
48
49   endmodule
```

例程 6-57　突发写传输时例 6-11 验证用途的上位机代码

在基于断言的验证中，上位机(swr_master_write)随机发出叫停(见图 6-91)，主机写状态机 SFSM 引用 hold 进行流控制。图 6-126 为其仿真波形。

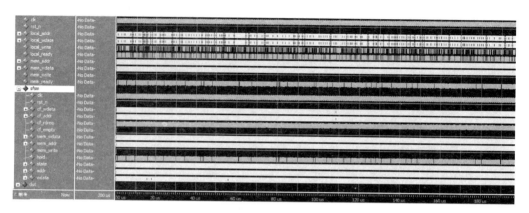

图 6 - 126　突发写传输时例 6 - 11 的 ABV 验证波形

```
1    `timescale 1ns/1ps
2
3    module be2_scoreboard(clk, rst_n, local_addr, local_wdata, local_write, local_ready,
4        mem_addr, mem_data, mem_write, mem_ready);
5
6        input clk, rst_n;
7        input [15:0] local_addr;
8        input [31:0] local_wdata;
9        input local_write, local_ready;
10       input [15:0] mem_addr;
11       input [7:0] mem_data;
12       input mem_write;
13       input mem_ready;
14
15       wire local_res, mem_res;
16       reg [31:0] mdata [65535:0];
17       reg [15:0] maddr [65535:0];
18       reg [31:0] local_cnt, mem_cnt;
19       reg [1:0] burst_cnt;
20       reg [7:0] data [3:0];
21       reg [15:0] addr [3:0];
22
23       assign local_res = local_ready & local_write;
24       assign mem_res = mem_ready & mem_write;
25
26       initial begin
27           local_cnt = 0;
28
29           #200
30           forever begin
31               @ (posedge clk)
32               if (local_res) begin
33                   mdata[local_cnt] = local_wdata;
34                   maddr[local_cnt] = local_addr;
35                   local_cnt = local_cnt + 1;
36               end
37           end
38       end
39
40       initial begin
41           mem_cnt = 0;
42           burst_cnt = 0;
43
44           #200
45           forever begin
46               @ (posedge clk)
47               if (mem_res) begin
48                   data[burst_cnt] = mem_data;
```

例程 6 - 58　突发写传输时例 6 - 11 验证用途的记分板

```
49              addr[burst_cnt] = mem_addr;
50              if (burst_cnt >= 3)
51                  begin
52                      if ((mdata[mem_cnt] == {data[3], data[2], data[1], data[0]}) &&
53                          (maddr[mem_cnt] == addr[0]))
54                          $display("cnt=%0d mdata=%0h data0=%0h data1=%0h data2=%0h
55                              data3=%0h maddr=%0h addr0=%0h", mem_cnt, mdata[mem_cnt],
56                              data[3], data[2], data[1], data[0], maddr[mem_cnt], addr[0]);
57                      else
58                          $error("cnt=%0d mdata=%0h data0=%0h data1=%0h data2=%0h
59                              data3=%0h maddr=%0h addr0=%0h", mem_cnt, mdata[mem_cnt],
60                              data[3], data[2], data[1], data[0], maddr[mem_cnt], addr[0]);
61                      burst_cnt <= 0;
62                      mem_cnt <= mem_cnt + 1;
63                  end
64              else
65                  burst_cnt = burst_cnt + 1;
66              end
67          end
68      end
69
70 endmodule
```

例程 6-58　突发写传输时例 6-11 验证用途的记分板(续)

6.4　习　　题

6.1　如习题 6.1 图所示的下游无反制流传输电路 ST1 中,该电路将上游的半字节流装配成下游的双字节流。尝试为其设计、建模和 ABV 验证,上游和下游模型均为非综合编码,而且上游随机叫停下游(提示:上下游的非综合模型写入激励器和计分板中)。

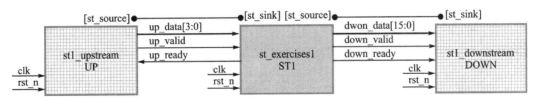

习题 6.1 图

6.2　如习题 6.2 图所示的下游主动反制传输电路 SAB2 中,仍然执行将上游的半字节流装配为双字节流,但下游非综合模型 DOWN 执行反制:当上游数据 up_data 末两位非零时,DOWN 反制叫停上游 down_data[1:0]值对应的节拍。尝试为其设计、建模和 ABV 验证。上下游模型均为非综合目的模型,验证中上下游均随机叫停(提示:SAB2 无须反制其上游)。

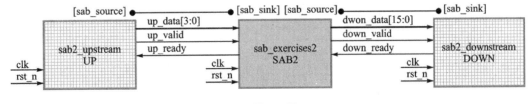

习题 6.2 图

6.3　观察和计算题 6.2 图下游的就绪潜伏期,尝试使用先时先出缓冲,将第 6.2 题河流的就绪潜伏期调整为 **1** 拍,使得最下游 **DOWN** 电路的就绪潜伏期为正常同步。在该设计中,上下游非综合目的模型的对应接口均为下游主动反制 **SAB**,**SABF3** 模型与其对应接口的带先进先出的下游主动反制。

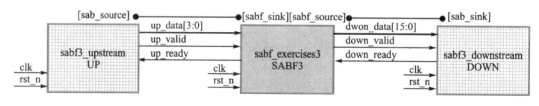

习题 **6.3** 图

6.4 一个具有奇偶校验反馈重传系统中,上游 **UP** 发送一个带偶校验位的数据{**data**[**7:0**],**parity**},若流节点 **SAB4** 检测到错误,则通过 **up_error** 信号反制其上游,上游 **UP** 在收到 **up_error** 为真后,必须重新发送数据。全部河流单拍潜伏期正常同步。尝试为其设计、建模和 **ABV** 验证。验证中,上下游不仅随机叫停,而且上游包含偶校验位在内的数据 **up_data** 均随机生成。

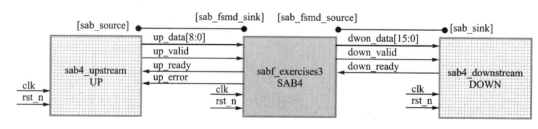

习题 **6.4** 图

6.5 尝试将第 **6.4** 题的奇偶校验改为循环冗余 **CRC – 4** 校验,其多项式为:$g(x) = x^4 + x^3 + 1$,其验证序列为 **11001**,冗余位数 $k = 4$,有效信息位 $n = 8$,尝试为其反馈重传系统进行设计、建模和 **ABV** 验证。同样,上下游验证模型随机叫停,上游数据随机(错误随机)。

6.5 参考文献

[1] Mattias K., Mathias W., Behavioural Models From Modeling Finite Automata to Analysing Business Proceses, Switzerland:Springer, 2016.

[2] Jha, Niraj K. Switching and finite automata theory. Cambridge, UK; New York : Cambridge University Press, 2010.

[3] Krzysztof Iniewski. Hardware Design and Implementation. , Hoboken, New Jersey : Wiley, c2013.

[4] Altera(Intel) Corp. Altera(Intel) Homepage. HTTP://www. altera. com.

[5] Xilinx Corp. Xilinx Homepage. HTTP://www. xilinx. com.

[6] Synopsys Corp. Synopsys Homepage. HTTP://www. synopsys. com.

[7] Candance Corp. Cadance Homepage. HTTP://www. cadance. com.

[8] IBM Corp. IBM Homepage. HTTP://www. ibm. com.

[9] Altera,"Avalon Inteface Specification", San Jose,CA:Altera, 2011.

[10] Xilinx,"AXI Reference Guide", San Jose,CA:Altera, 2011.

第7章 可综合性编码

本章讨论编码的可综合性 CSS(Coding Style for Synthesizable)。

HDL 编码的主要目的是用于综合。为了能够编写逻辑正确、质量优良的代码,HDL 的编制者必须知道代码和综合的关系,即知道什么样的代码和语句会综合出什么样的硬件电路结构。这种展示代码和模型之间关系的课程,称为 CSS,中文称为可综合性编码。另一种情况是 HDL 编码仅用于仿真分析或模型分析等非综合目的,则称为 CSN(Coding Style for Nonsynehesizable),或者 CSV(Coding Style for Verification),中文称为非综合编码。

7.1 编写综合友好的代码

在算法语言中,关于语法的要素通常是 When(何时)、Where(何地)和 What(何事)被 Do(执行),例如 a=a+1。在符合执行要素时,得到计算结果。但 HDL 的可综合性编码并不要求得到计算结果,而是要求得到一个能进行计算的电路。

大量工程实践中暴露出的问题揭示,许多情况下编码者对这个概念并不清楚,导致按软件思维编码,得不到正确的综合结果,或者得到的是低质量的模型结构。为此,有些学者提出综合友好(Synthesis Friendly)这一概念。具体而言,编码者不仅要知道 HDL 的语法知识,而且要掌握代码语句与综合模型对应关系的知识。什么语句对应什么电路,正是可综合性编码所要讨论的问题。

HDL 的代码语句与综合结构之间的关系,可以使用代码-模型分析(CMA,Code‐Modle Analysis)工具进行分析和表述。代码模型分析的基本分析单位是代码语句块(CB,Code Block),每个 CB 对应于一个子电路模型,这个模型或者是显式模型(EM,Explicit‐Model),或者是隐式模型(IM,Implicit‐Model),统称为代码模型(CM,Code‐Model)。代码模型的所有输入输出端口,均与该代码语句块有直接对应关系:

(1) 所有在该代码语句块中被引用的信号,均是输入信号,对应该代码模型的输入端口。

(2) 所有在该代码语句块中被驱动的信号,均是输出信号,对应该代码模型的输出端口。

(3) 代码语句块中的三态代码对应代码模型的双向端口,代码语句块中的数组代码对应于代码模型的向量类端口。

代码语句块在 Verilog 中是指单个语句或由该语句加 begin‐end 块构成的部分。代码语句块中的层次化关系直接反映在对应的代码模型中。图 7‐1 为一个典型的代码模型分析模型,图(b)的 REG 是 Always 语句的综合结果。图(a)代码语句块对应图(b)的代码模型框图(CMB,Code Model Block diagram)。

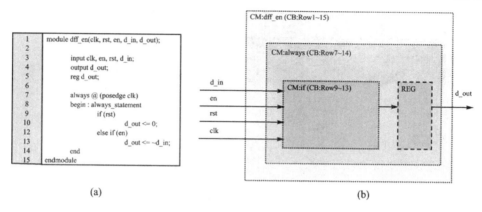

图 7-1　代码-模型分析（CMA）

7.2　并发语句和顺序语句的可综合性

与算法语言类似,在 HDL 的建模代码中,编程者必须知道哪些事情先发生,哪些后发生。或者说,是哪些编码结构会产生并行电路,哪些编码结构会产生串行电路。在一些 HDL 的教材中,也有用软件方式描述这一问题:哪些是并发,哪些是顺序。

对于并发语句和顺序语句,一些 HDL 的教材是这样定义的:在 HDL 中代码出现的顺序改变时,不会影响代码的描述意义,这些代码是并发语句 CAS(Concurrent Assignment State-memts);否则就是顺序语句 SAS(Sequential Assignment Statements)。

例如,在例程 7-1 的顺序语句例子中,由 12 行~17 行构成的 if-else 语句块中,图(a)和图(b)的代码顺序不同,导致该段代码描述的意义不同,因此该段代码为顺序语句。

```
10    always @( posedge clk )  begin
12           if (rst)
13                   count <= 0;
14           else if (count_en)
15                   count <= 8' h55;
16           else
17                   count <= count + 1;
18    end
19
20
```

```
10    always @( posedge clk )  begin
12           if (count_en)
13                   count <= 8'h55;;
14           else if (rst)
15                   count <= 0;
16           else
17                   count <= count + 1;
18    end
19
20
```

(a) 顺序语句例子:复位优先于使能　　　　(b)顺序语句例子:使能优先于复位

例程 7-1　顺序语句的例子

在例程 7-2 所示的并发语句例子中,图(a)和图(b)的代码在 17 行~19 行的顺序不同,但并未导致该段代码描述意义的不同,因此这些代码为并发语句。

```
10    module mux_top(a, b, s, f)
12
13           input a, b, s;
14           output f;
15           wire x1, x2;
16
17           assign x1 = a & ~s;
18           assign x2 = b & s;
19           or u1(f, x1, x2)
20
11    endmodule
```

```
10    module mux_top(a, b, s, f)
12
13           input a, b, s;
14           output f;
15           wire x1, x2;
16
17           assign x2 = b & s;
18           or u1(f, x1, x2)
19           assign x1 = a & ~s;
20
11    endmodule
```

(a)　　　　　　　　　　(b)

例程 7-2　并发语句的例子

HDL 语言将它们的语句分类为并发语句和顺序语句。表 7-1 则是这种划分的一个简表。当讨论某语句是并发和顺序时,指的是其语句块内部下层子语句块之间的关系。至于当前语句块与其他语句块的(外部)关系,则由该语句块所在层次中其上层语句决定,如图 7-2 所示。

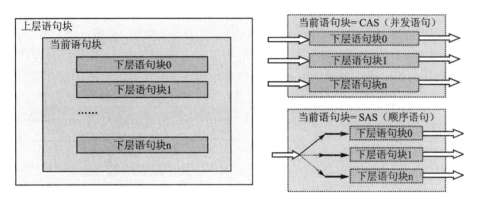

图 7-2　HDL 语句的顺序和并发是指其下层语句的逻辑关系

表 7-2　Verilog 和 VHDL 的顺序和并发语句简表

语句块	Verilog HDL		VHDL	
model	module-endmodule	CAS	architecture <…> begin end architecture <…>	CAS
begin-end	begin-end	CAS	begin-end	CAS
behaviour	always <statements>	CAS	process-begin-end process	CAS
dataflow	assign <statements>	SAS	when-else with-select	SAS
if	if-else	SAS	if-then-end if	SAS
case	case-endcase	SAS	case—when—end case	SAS
loop	while while-begin-end for for-begin-end	CAS	while-loop for-loop	CAS
sub	task-endtask function-endfunction	CAS		

对于并发语句和顺序语句,在可综合性编码中,可以使用代码模型分析 CMA,即按照硬件电路的观点进行分析,比按照软件观点分析更直观和更有效。

代码模型分析认为任何一段具有唯一输出信号的 HDL 的可综合性编码语句都对应一段子电路框图。该段代码中,所有被引用的信号是对应电路框图的输入,所有被驱动的信号是对应电路框图的输出。将框图结构中的信号连接,即可得到该电路综合的结构,从而分析其并联部分和串联部分。并联结构对应于并发语句,可以认为其中的信号过程是同时发生的(精确地说,并联的框图电路中的信号过程也有时序的先后关系);串联结构对应顺序语句,可以认为其中的信号过程是按照逻辑顺序发生的。

注意 CMA 模型的条件要求有唯一的输出信号,当行为语句描述块内部有多个代码段,它们存在相同输出信号时,该行为语句会根据条件描述将它们综合成对应的串联结构,这个代码语句段就是顺序语句,如图 7-3 所示的例子。

在图 7-3 所示意的一个 8 比特 BCD 计数器例子中,图(a)中代码的 8～18 行为隐式模型结构,在这一段代码中,count[3:0]和 count[7:4]即被引用又被驱动,所以它们既是隐式模型电路框图的输入,又是输出,见图(b)所示。在 6 行～18 行的 always 行为语句描述块中,行 8～18 的组合逻辑输出被沿敏感寄存器捕获后输出,其隐式模型框图见图(b)。

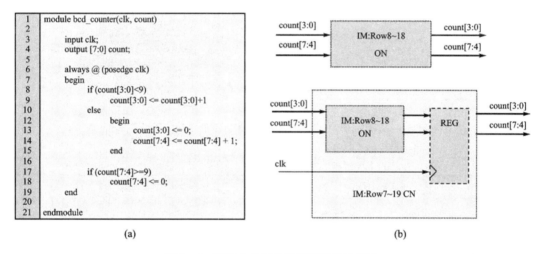

(a)   (b)

图 7-3 可综合代码的代码模型分析例子

对应于 8～15 行和 17～18 行的两个 IF 语句块,虽然看起来是并发的,但其语句的输出信号并不唯一,都包含 count[7:4]这个信号,如果它们都有自己对应的电路框图,则输出相同的信号会导致线与或短路。事实上,行为语句会判断这种情况,并将它们形成一个顺序结构,从而避免线与输出(见图 7-4 代码模型和图 7-5 所示等效的算法流程图)。设计中,当诸代码模型分析框图输出确实存在相同信号从而发生线与时,综合器会发出多重赋值错误的报告。

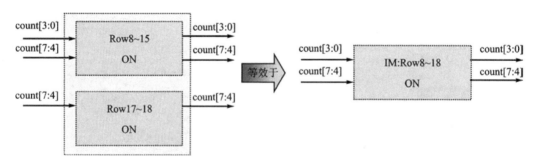

图 7-4 行为语句将并发代码综合成顺序结构

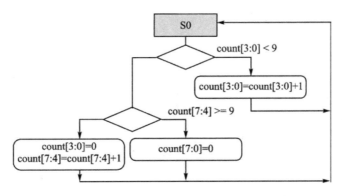

图 7-5 8 比特 BCD 计数器编码的等效算法流程图

7.3 循环语句的可综合性

循环语句,例如 For 循环,While 循环,在行为描述方面有非常重要的用途,但如果仅从软件的观点来对待,在编写可综合代码时将可能发生错误。

HDL 和算法语言 AL(Algorithmic Language)关于循环语句最重要的分歧在于:HDL 的代码模型分析循环语句是一个并发过程,而算法语言的循环语句则是一个顺序过程。充分理解这一区别,是写好循环代码模型分析的基础。

例如,对于一个 Fibonacci 序列发生器,用 C 语言写一个生成 100 个斐波拉契序列数的功能,其 C 代码和算法流程图如图 7-6 所示。在图 7-6(a)C 代码的 For 循环体中,其执行顺序是:12 行=>13 行=>14 行。也就是说,循环体中的语句是按照顺序执行的,从硬件角度来看,这属于 SAS 语句。但如果使用同样的循环,直接将 C 语言翻译为 HDL 代码,并且用于综合目的(可综合性代码),其结果就完全不同了(见图 7-7)。

```
1    void  fibonacci (void)
2    {
3        int d0, d1, n;
4        int k;
5
6        d0 = 1;
7        d1 = 1;
8
9        for (k= 1; k < 100; k = k + 1)
10       {
12           n = d0 + d1;
13           d1 = d0;
14           d0 = n;
15       }
16   }
```

(a) 斐波拉契序列的C语言示例代码

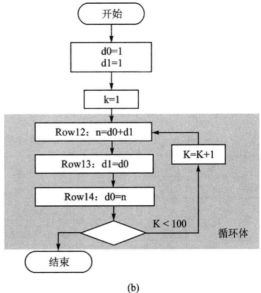

(b)

图 7-6 算法语言的循环语句

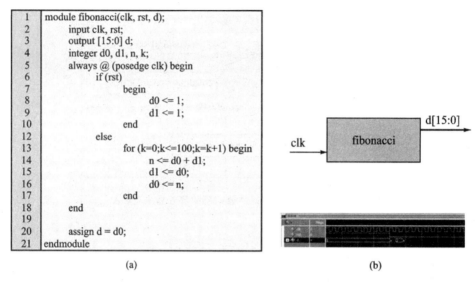

```
1   module fibonacci(clk, rst, d);
2       input clk, rst;
3       output [15:0] d;
4       integer d0, d1, n, k;
5       always @ (posedge clk) begin
6           if (rst)
7               begin
8                   d0 <= 1;
9                   d1 <= 1;
10              end
12          else
13              for (k=0;k<=100;k=k+1) begin
14                  n <= d0 + d1;
15                  d1 <= d0;
16                  d0 <= n;
17              end
18      end
19
20      assign d = d0;
21  endmodule
```

(a)

(b)

图 7 - 7　直接翻译的 C 代码循环语句无法正确运行

在图 7 - 7(a)的 HDL 代码中,直接对应于 C 语言代码,其中 For 循环按照顺序执行的理解,其中 14 行、15 行和 16 行代码应该在每个时钟沿上顺序执行,期望得到如 C 语言那样结果。但仿真的结果却不正确(见图 7 - 7(b)仿真)。以下就其原因展开分析。

HDL 的所有循环语句在用于可综合性编码时,均为并发语句,而非顺序语句。这个概念可以借助代码模型分析得到如图 7 - 8 和图 7 - 9 所示。

从图 7 - 7 的代码模型分析中,可以看到行 14~16 是并联的电路框图,For 语句为其分配了 100 个重复电路。由于是并行过程,复位时,d0 和 d1 被设置为 1,行 20 的 assign 语句将 d0 连接到 d 输出,所以在图 7 - 7(b)仿真图的复位部分,d 输出为 1;复位结束后,在时钟上升沿,n 赋给 d0,d0 + d1 赋给 n,d1 赋给 d0 这三个动作是同时发生的,注意仅当时钟沿之后变更的数值才可被引用(单拍

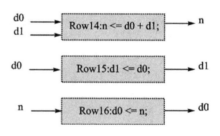

图 7 - 8　代码 14~16 行的代码模型

潜伏期=1),所以表 7 - 2 第 2~4 列中算式左边数值要取自上一拍。从中可以解释图 7 - 7(b)仿真波形在第 2 拍之后一直为 x 这一现象。

表 7 - 2　例子中的并发过程导致输出为不确定值

项　目	Row14: n = d0 + d1	Row15 : d1 = d0	Row16: d0 = n	Row20:d = d0	Row7~10	d	n	k
复　位				d = 1	d1=;d0=1;	1	x	x
第 1 拍	n = 2	d1 = 1	d0 = x	d = x		x	2	0
第 2 拍	n = x + 1 = x	d1 = x	d0 = 2	d = 2		2	x	1
第 3 拍	n = 2 + x = x	d1 = 2	d0 = x	d = x		x	x	2
第 4 拍	n = x + 2 = x	d1 = x	d0 = x	d = x		x	x	3
第 5 拍	n = x + x = x	d1 = x	d0 = x	d = x		x	x	4

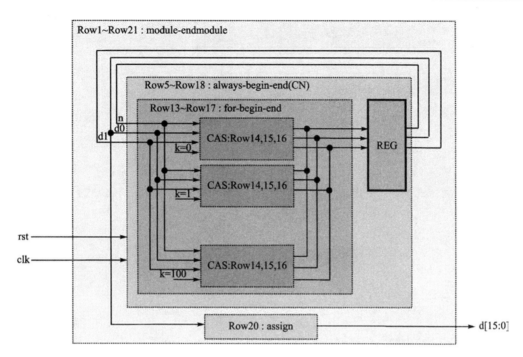

图 7 - 9　整个代码段代码模型框图的 CMB（未绘制 IF 语句部分）

一般而言，HDL 的可综合性编码循环语句，会在当前语句对应层复制出多个循环体语句模块，如图 7 - 10 所示。

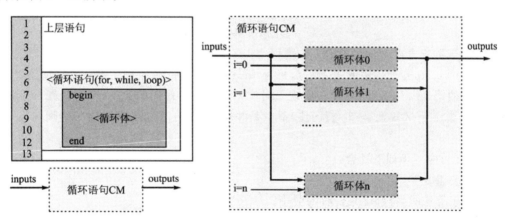

图 7 - 10　循环语句的代码模型框图

例 7 - 1：二进制同步计数器采用同步进位链，对于 n 比特宽度的计数器而言，其输出信号 q 的同步进位按如式（7 - 1）计算，采用结构化方式为其建模并验证，分别固定 8 比特宽度和采用 LPM 指定宽度（默认值为 8），即

$$q = b_n, b_{n-1}, \cdots, b_2, b_1, b_0 \tag{7-1}$$

在时钟沿发生翻转，按位翻转的公式为：

$$b_0 = \overline{b_0}$$
$$b_1 = \overline{b_1} \qquad (当\ b_0 = 1)$$
$$b_2 = \overline{b_2} \qquad (当\ b_0 \cdot b_1 = 1)$$
$$b_3 = \overline{b_3} \qquad (当\ b_0 \cdot b_1 \cdot b_2 = 1) \qquad\qquad (7-2)$$
$$\cdots\cdots$$
$$b_{n-1} = \overline{b_{n-1}} \qquad (当\ b_0 \cdot b_1 \cdot b_2 \cdots b_{n-2} = 1)$$
$$b_n = \overline{b_n} \qquad (当\ b_0 \cdot b_1 \cdot b_2 \cdots b_{n-2} \cdot b_{n-1} = 1)$$

根据按位翻转式 7-2,使用真值表"积与和"方式,可转换为异或运算公式:
$$b_0 = 1 \oplus b_1$$
$$b_1 = b_0 \oplus b_1$$
$$b_2 = (b_0 \cdot b_1) \oplus b_2 \qquad\qquad (7-3)$$
$$b_3 = (b_0 \cdot b_1 \cdot b_2) \oplus b_3$$
$$\cdots\cdots$$
$$b_n = (b_0 \cdot b_1 \cdot b_2 \cdots b_{n-1}) \oplus b_n$$

考虑将式(7-3)中的与门级联,所以可以修改为使能级联公式:
$$b_0 = e_0 \oplus b_0 \qquad 当\ e_0 = 1\ 时$$
$$b_1 = e_1 \oplus b_1 \qquad 当\ e_1 = e_0 \cdot b_0\ 时$$
$$b_2 = e_2 \oplus b_2 \qquad 当\ e_2 = e_1 \cdot b_1\ 时 \qquad\qquad (7-4)$$
$$\cdots\cdots$$
$$b_n = e_n \oplus b_n \qquad 当\ e_n = e_{n-1} \cdot b_{n-1}\ 时$$

据此得到固定宽度 8 比特代码(见例程 7-3 图(a))和采用 for 循环的 lpm 代码(见例程 7-3 图(b))。lpm 代码中的第 14 行,采用 for 循环实现了对应固定 8b 代码的行 8~15;lpm 代码中的第 22 行,采用 for 循环实现了对应固定 8 比特代码的 23~30 行。图(a)中的这些行区块(8~15 行区块,23~30 行区块)显然是并发语句,图(b)是用 for 语句实现并发,使得编码更简洁。

for 语句可应用于如下场合:

(1) 需要重复实现 CAS 语句场合;

(2) 实现算法时,符合 1 条件时的应用;

(3) 非综合目的(CSDS)编码时,可用于 SAS 语句;

(4) 生成语句(generate)可对需要例化的模块进行 for 循环复制,此时用于 CSS 编码时同样实现了 CAS 语句的复制。例程 7-3 展示了这样一种用法。

例程 7-4 使用生成语句实现,其图(b)将公式中异或运算用一个显式模型写出(counter_dff),在图(a)的 21 行对其例化,注意它的实例名为 counter_dff_inst,由于 for 循环,综合的结果是得到从 counter_dff_inst[0] 到 counter_dff_inst[WIDTH-1] 重复例化的并发语句代码。

```
1   module counter_xor_eight(clk, rst, b);
2
3       input clk, rst;
4       output reg [7:0] b;
5
6       wire [7:0] e;
7
8       assign e[0] = 1'b1;
9       assign e[1] = e[0] & b[0];
10      assign e[2] = e[1] & b[1];
11      assign e[3] = e[2] & b[2];
12      assign e[4] = e[3] & b[3];
13      assign e[5] = e[4] & b[4];
14      assign e[6] = e[5] & b[5];
15      assign e[7] = e[6] & b[6];
16
17      always @ (posedge clk)
18      begin
19          if (rst)
20              b <= 0;
21          else
22              begin
23                  b[0] = e[0] ^ b[0];
24                  b[1] = e[1] ^ b[1];
25                  b[2] = e[2] ^ b[2];
26                  b[3] = e[3] ^ b[3];
27                  b[4] = e[4] ^ b[4];
28                  b[5] = e[5] ^ b[5];
29                  b[6] = e[6] ^ b[6];
30                  b[7] = e[7] ^ b[7];
31              end
32      end
33
34  endmodule
```

(a)

```
1   module counter_xor_eight_lpm(clk, rst, b);
2
3       parameter WIDTH = 8;
4       input clk, rst;
5       output reg [WIDTH-1:0] b;
6
7       reg [WIDTH-1:0] e;
8       integer i;
9
10      always @ (*)
11      begin
12          e[0] = 1'b1;
13          for(i=1;i<WIDTH;i=i+1)
14              e[i] <= e[i-1] & b[i-1];
15      end
16
17      always @ (posedge clk)
18      begin
19          if (rst)
20              b <= 0;
21          else
22              for(i=0;i<WIDTH;i=i+1)
23                  b[i] <= e[i] ^ b[i];
24      end
25
26  endmodule
```

(b)

例程 7 - 3　同步计数器的 Verilog 结构化代码

```
1   module counter_structure_lpm(clk, rst, q);
2
3       parameter WIDTH = 8;
4       input clk, rst;
5       output [WIDTH- 1:0] q;
6
7       reg [WIDTH- 1:0] en;
8       integer i;
9       genvar j;
10
11      always @ (*)
12          for(i=0;i<WIDTH;i=i+1) begin
13              if (i==0)
14                  en[i] = 1'b1;
15              else
16                  en[i] <= en[i-1] & q[i-1];
17          end
18
19      generate for(j=0;j<WIDTH;j=j+1)
20          begin : counter_dff_inst
21              counter_dff b_inst(.clk(clk), .rst(rst),
22                  .en(en[j]), .b_out(q[j]));
23          end
24      endgenerate
25
26  endmodule
```

(a)

```
1   module counter_dff(clk, rst, en, b_out);
2
3       input clk, rst, en;
4       output b_out;
5
6       reg b_out;
7
8       always @ (posedge clk)
9       begin
10          if (rst)
11              b_out <= 0;
12          else
13              b_out <= en ^ b_out;
14      end
15
16  endmodule
```

(b)

例程 7 - 4　使用生成语句的 CSS 例子

7.4　行为语句的可综合性

这里讨论的行为语句限于 Verilog 的 always 和 VHDL 的 process。以下分几种情况讨论。

第一种情况(同步电路中的闭节点描述):当 Always 语句的信号敏感表中出现一个沿敏感信号沿且语句块未引用它,对应的代码模型会在其语句块的输出端综合出一个沿敏感的寄存器;当 process 的下层条件语句中出现一个时钟沿事件的引用时,也会在其语句的输出端综合出一个沿敏感的寄存器;从而构成一个闭节点电路,如图 7 - 11 所示。

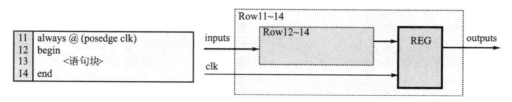

图 7 - 11　Verilog 行为语句 always 的闭节点描述

注意图 7 - 11 的条件,在行 12~14 中,没有出现对 clk 的引用,故综合器会在其对应代码模型(行 12~14)的输出之后,插入一个寄存器,并且时钟 clk 引入该寄存器,如图 7 - 12 所示。

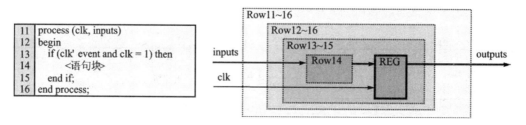

图 7 - 12　VHDL 行为语句 process 的闭节点描述

第二种情况(同步电路中的开节点描述):当 Always 语句的信号敏感表中,没有出现沿敏感信号(见图 7 - 13);当 process 语句块中,未出现对时钟沿事件的引用时(见图 7 - 14)。综合器不会在其输出端生成寄存器,因而得到一个组合电路的描述,或称为时钟开节点电路的描述。

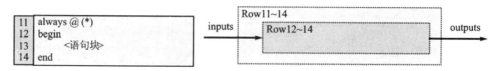

图 7 - 13　Verilog 行为语句 always 的开节点描述

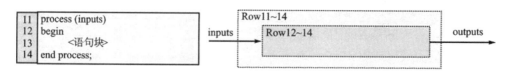

图 7 - 14　VHDL 行为语句 process 的开节点描述

第三种情况：Verilog 的 always 信号敏感表中使用了多个沿敏感信号，有些在语句块内被引用，有些没有；VHDL 的 process 的内部语句中，出现多个对时钟沿事件的引用。此时需要进行代码模型分析：如果信号出现跨时钟域传输，综合器将会报告错误并停止综合；如果信号未出现跨时钟域传输，则会得到对应诸时钟域的闭节点描述。具体而言：always 语句的信号敏感表中可以出现多个沿信号，但未被语句块引用的沿信号最多只能有一个，如出现未引用的时钟沿，综合器会在 always 语句块描述的所有输出信号输出端口插入寄存器，寄存器的时钟就是这个未被引用的沿信号；那些被语句块引用的时钟沿则按照语句的描述进行综合。

例如如图 7－15 所示的 Verilog 代码中，在行 7～13 的 always 语句的信号敏感表中（行7），出现两个时钟沿（clk1 和 clk2），但其语句块（行 8～13）中没有对它们的引用，行为语句因此将为之综合一个输出寄存器，但却不能使用两个时钟沿（一定要的话，将涉及跨时钟域），因此综合器会停止综合，并报告错误。

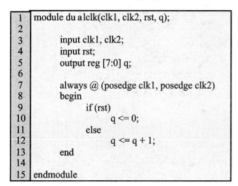
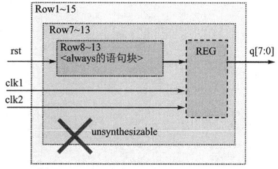

图 7－15　Always 语句中未被引用的时钟超过一个时将不能被综合

相同情况的 VHDL 代码如图 7－16 所示，当出现对多个沿信号的分层引用时，出现了跨时钟域信号，此时综合器会停下来，并报告错误。

在 always 语句中，若信号敏感表出现多个时钟沿，但仅有一个沿信号被语句块引用时，综合器能够正确的给出综合结果。例如图 7－17 的代码中，行 7～9 的信号敏感表中出现三个沿（clk1，rst_n，en_n），但未被语句块引用的仅有 clk1，因此综合器为 clk1 生成输出寄存器，而那些被引用的沿信号，则按照行 11～16 的 if 语句正常形成顺序语句结构。

在 VHDL 的 process 语句中，对引用沿信号的语句块的输出信号中未出现跨时钟域传输时，则综合器会为对应沿信号各自生成一个输出寄存器，得到对应时钟的闭节点模块。

第四种情况：若信号敏感表中出现一个或多个沿信号，这些信号在语句块中全部被引用（Verilog）；若 process 语句块中未引用任何沿信号。此时，综合器不会生成输出寄存器，因此得到组合逻辑或开节点的综合结果。

例如图 7－18 所示代码中，always 语句的信号敏感表（行 7～9）中有三个沿信号（start_n，clear_n 和 rst_n），这三个信号全部被其语句块（行 10～15）引用，因此，综合器生成其 IF 逻辑的代码模式结构。

```
1   library ieee;
2   use ieee.std_logic_1164.all;
3   use ieee.std_logic_arith.all;
4   use ieee.std_logic_unsigned.all;
5
6   entity dualclk is
7       port(
8           clk1 : in std_logic;
9           clk2 : in std_logic;
10          rst  : in std_logic;
11      q     : out std_logic_vector(7 downto 0)
12      );
13  end dualclk;
14
15  architecture behaviour of dualclk is
16
18      signal int_q : std_logic_vector(7 downto 0);
19
20  begin
21
22      process(clk1, clk2, rst)
23      begin
24          if (clk1'event and clk1 ='1') then
25              if (clk2'event and clk2 = '1') then
26                  if (rst='1') then
27                      int_q <= (others => '0');
28                  else
29                      int_q <= int_q + 1;
30                  end if;
31              end if;
32          end if;
33      end process;
34
35
36      q <= int_q;
37  end behaviour
```

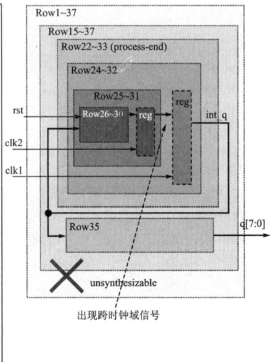

图 7-16　Process 语句中对多个沿信号的引用发生跨时钟域传输

```
1   module singleclk(clk1, en_n, rst_n, q);
2
3       input clk1;
4       input en_n, rstn;
5       output reg [7:0] q;
6
7       always @ (posedge clk1,
8               negedge rst_n,
9               negedge en_n)
10      begin
11          if (rst_n)
12              q <= 0;
13          else if (en_n)
14              q <= 8'h55;
15          else
16              q <= q + 1;
18      end
19
20  endmodule
```

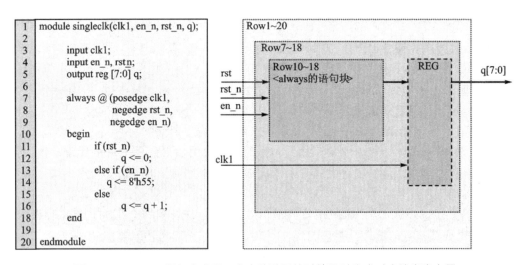

图 7-17　Always 语句中出现一个未被引用的时钟沿时生成对应输出寄存器

　　表 7-3 将上述行为语句的可综合性能做了总结,表中的输入列仅讨论沿敏感信号,对于电平敏感信号这里没有讨论,因为当输入是电平敏感信号时,可以参考 7.2 节表 7-1,按照并发语句进行分析。

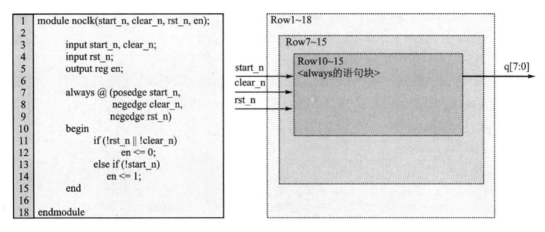

```
1   module noclk(start_n, clear_n, rst_n, en);
2
3       input start_n, clear_n;
4       input rst_n;
5       output reg en;
6
7       always @ (posedge start_n,
8                  negedge clear_n,
9                  negedge rst_n)
10      begin
11          if (!rst_n || !clear_n)
12              en <= 0;
13          else if (!start_n)
14              en <= 1;
15      end
16
18  endmodule
```

图 7 - 18　Always 语句块中没有未引用的沿信号时的代码模型框图

表 7 - 3　always(Verilog)和 process(VHDL)的可综合性

输入	输出	Verilogalways( )—begin—end	VHDL process( )—begin—end process
单沿	CN	1. 信号敏感表中出现一个沿信号 2. 语句块未引用该沿信号 3. 该信号成为 CN 的时钟	1. 信号敏感表中出现该信号 2. 语句块中引用的沿事件信号仅为该信号 3. 该信号成为生成 CN 的时钟
单沿	ON	1. 信号敏感表中出现一个沿信号 2. 语句块引用了该沿信号	1. 信号敏感表出现该信号 2. 语句块中未引用该信号的沿事件
多沿	CN	1. 信号敏感表中出现多个沿信号 2. 沿信号中仅有一个未被语句块引用 3. 未引用沿信号成为 CN 的时钟	1. 信号敏感表出现多个信号 2. 语句块中仅对其中一个信号引用了其沿事件 3. 引用的沿事件信号成为 CN 的时钟
多沿	不可综合	1. 信号敏感表中出现多个沿信号 2. 未被引用的沿信号多于一个	1. 信号敏感表中出现多个信号 2. 语句块中对其中多个信号引用了沿事件 3. 出现跨时钟域传输
多沿	CNs	—	1. 信号敏感表中出现多个信号 2. 语句块中对其中 n 个信号引用了沿事件 3. 未出现跨时钟域传输 4. 综合出 n 个 CN,其时钟对应各自的沿信号
多沿	ON	1. 信号敏感表中出现多个沿信号 2. 语句块完全没有引用这些沿信号	1. 信号敏感表中出现多个信号 2. 语句块中完全没有对这些信号的沿事件引用

7.5　条件语句的可综合性

　　HDL 的条件语句用于大量地行为描述,综合器理解这种描述后,自动生成所对应的门级逻辑,有时这种生成的门级逻辑结构可能会非常复杂和庞大。

这里讨论的条件语句包括行为条件语句和数据流条件语句，如表 7-4 所列。

项　目		Verilog		VHDL

行为-条件
Behavior – Conditions
	IF	if＜条件表达式＞
		　＜语句块＞
			IF 语句	if＜条件表达式＞ then
				　＜语句块＞
				end if;

		if＜条件表达式＞
		else if＜语句块＞
				if＜条件表达式＞ then
				　＜语句块＞
				end if;

		if＜条件表达式＞
		else if＜语句块＞
		……
		else＜语句块＞
				if＜条件表达式＞ then
				　＜语句块＞
				elsif＜条件表达式＞ then
				　＜语句块＞
				……
				else
				　＜语句块＞
				end if;

	CASE	case (＜条件表达式＞) 　＜分支＞:＜语句块＞ …… 　default :＜语句块＞	CASE 语句	case＜条件表达式＞ is 　when＜分支＞=＞＜语句块＞ …… 　when others =＞＜语句块＞ end case;
数据流-条件 Dataflow – Conditons	ASSIGN	assign＜条件表达式＞? 　＜真值语句块＞: 　＜假值语句块＞	WHEN – ELSE	z＜=＜语句块＞ when＜条件＞ else …… 　＜语句块＞ when＜条件＞ else ＜语句块＞;
			WITH	with　＜条件表达式＞　select z＜=＜语句块＞ when＜分支＞, …… 　＜语句块＞ when＜分支＞, 　＜语句块＞ when others;

　　HDL 在处理条件语句的综合时，与软件处理方式最大的不同，就是对于不管(don't care)/不选(don't select)条件的处理。后者此时不做任何事情，而 HDL 则要继续管理所有的输出信号。EDA 综合器通常是用电平敏感的锁存器和沿敏感的寄存器对不管/不选条件进行管理；即不管/不选时使用锁存器/寄存器保持原有的信号不变。

　　不管条件是指当前条件语句的所有列举条件分支中，当前条件未被列举。不选条件是指当前条件语句列举的那些条件分支语句中，当前条件并未获得指向(选择)时的处理。

条件语句进行代码模型分析时,将就全部条件和部分条件、输出线与和输出非线与,以及开节点和闭节点的情况分别进行讨论。

(1) 当语句中描述了对全部条件的处理语句时(例如使用了 else,default,others 等语句),而条件块 CB 中全部代码模型输出各自独立的信号(例如图 7-19(b)的 10 行,11 行和 12 行的代码模型,它们各自输出独立的 a,b 和 s 信号),此时综合器将会对这些独立的输出信号用锁存器来管理不选条件时的输出,如图 7-19 所示。当前条件选择的代码模型输出,对应的锁存器使能(信号透明);当前条件未选择的代码模型输出,对应的锁存器屏蔽(信号保持)。

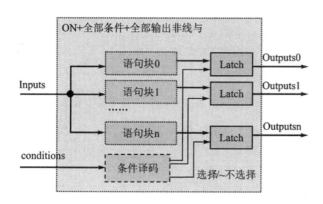
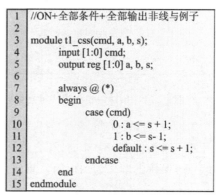

```
1   //ON+全部条件+全部输出非线与例子
2   module t1_css(cmd, a, b, s);
3       input [1:0] cmd;
4       output reg [1:0] a, b, s;
5
6
7       always @ (*)
8       begin
9           case (cmd)
10              0 : a <= s + 1;
11              1 : b <= s- 1;
12              default : s <= s + 1;
13          endcase
14      end
15  endmodule
```

图 7-19　ON＋全部条件＋全部输出非线与信号时的代码模型框图

(2) 当条件语句位于一个闭节点机器中,综合器会为该机器内所有输出信号生成对应的寄存器,此时图 7-19 中的锁存器被闭节点机器的输出寄存器所替代,如图 7-20 所示。

在图 7-20 中,沿敏感寄存器的使能端 ena 连接到条件译码器的输出,当 ena 为高电平时,寄存器在时钟沿采样;当 ena 为低电平时,寄存器保持,用以实现不管/不选信号的处理。但此时出现的问题是,条件译码组合逻辑输出的毛刺可能导致寄存器错误,为避免这样的错误,通常综合器会使用不带毛刺的主条件信号直接驱动这些使能端,再用一个多路器闭环反馈,构成对信号的保持,如图 7-21 所示。

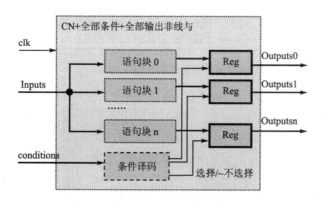
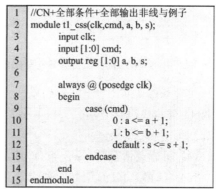

```
1   //CN+全部条件+全部输出非线与例子
2   module t1_css(clk,cmd, a, b, s);
3       input clk;
4       input [1:0] cmd;
5       output reg [1:0] a, b, s;
6
7       always @ (posedge clk)
8       begin
9           case (cmd)
10              0 : a <= a + 1;
11              1 : b <= b + 1;
12              default : s <= s + 1;
13          endcase
14      end
15  endmodule
```

图 7-20　闭环＋全部条件＋全部输出非线与信号时的代码模型框图

在图 7-21 中,综合器对条件译码逻辑符号选通的多个条件信号进行判断,取其中主控信号控制寄存器的使能端 ena,其他复合逻辑的控制信号则控制闭环多路器:当该信号选通时,主控信号和多路器选择信号均是高电平;当该信号未被选通时,或者主控信号为低电平,寄存器屏蔽,信号保持;或者主控信号高电平,但选择信号是低电平,同样信号保持。有时,综合器不使用 ena 信号,完全用闭环＋多路器方式实现信号保持。

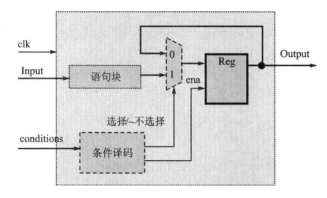

图 7 - 21　条件语句在闭环机器中使用多路器＋闭环信号方式实现不管/不选时的信号保持

　　条件语句在使用闭环＋多路器结构用于保持信号的用法很普遍,当条件语句对代码模型信号的选通条件多于一个时,综合器会根据情况生成如图 7 - 21 的 RTL 结构并用于不管/不选信号的保持。本文为图面简洁目的,在后续可综合分析中,仍然使用图 7 - 20 方式表示这种广义的不管/不选寄存器输出结构。

　　(3) 开节点机器中描述了对全部条件的处理语句并具有唯一输出线与信号时的框图,如图 7 - 22 所示。

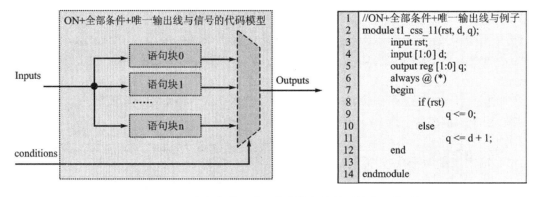

图 7 - 22　开环＋全部条件＋唯一输出线与信号时的代码模型框图

　　此时条件块 CB 中全部代码模型输出仅包含唯一的相同信号(例如图 7 - 22(a) 的第 9 行和第 11 行的代码模型,它们有同一的输出信号 q),此时综合器会用一个多路器构成其输出管理。

　　(4) 闭节点情况时,综合器会为该信号生成一个沿敏感的输出寄存器,如图 7 - 23 所示。

　　(5) 有时候,HDL 语句中并未对全部条件进行描述(例如没有写 else,others 语句),综合器不仅要处理不选条件的输出信号,还要处理不管条件的输出信号,同样是采用锁存器(ON)/寄存器(CN)方式,即对于不选/不管条件时的输出信号保持不变。

　　根据条件语句块对应子语句的代码模型输出信号线与方式的不同,部分条件可分成全部输出非线与、唯一输出线与、唯一输出线与＋多输出非线与这三种情况加以讨论。

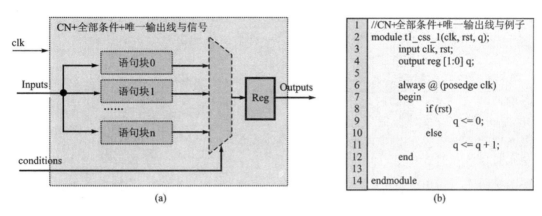

图 7 - 23 闭环＋全部条件＋唯一输出线与信号时的代码模型框图

当开节点(ON)条件块中全部代码模型均输出各自独立的信号时,称为全部输出非线与(例如图 7 - 24(b)中第 10 行和第 12 行的代码模型,它们各自输出 a 和 b 信号),综合器将生成图 7 - 24(a)所示的代码模型,使用锁存器处理不管/不选条件时的输出信号。

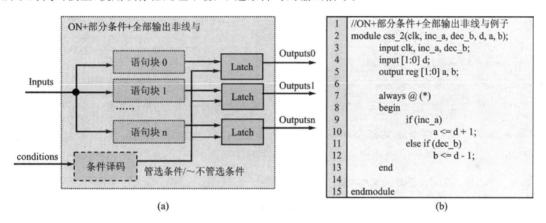

图 7 - 24 ON＋部分条件＋全部输出非线与信号时的代码模型框图

(6) 在闭节点(CN)结构中使用条件语句,并符合上述情况时,综合器为条件语句代码块的所有输出信号生成对应的寄存器,此时,图 7 - 24 中的锁存器被这些寄存器替代(见图 7 - 25)。在这种画法下,隐含表示了闭环＋多路器的结构(见图 7 - 23)。

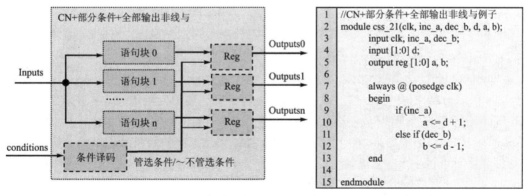

图 7 - 25 闭环＋部分条件＋全部输出非线与信号时的代码模型框图

（7）开环＋部分条件＋唯一输出线与时的代码模型框图如图 7 - 27 所示，图 7 - 27(a)代码的第 14 行和第 16 行的两个代码模型具有唯一的输出信号 q，直接相连时发生线与输出，因此综合器会先用一个多路器处理该信号，使之避免线与，然后用锁存器处理不管和不选条件的输出：当前条件为管制条件时，多路器输出对应代码模型的线与信号；锁存器对于不管条件和不选条件的信号启动屏蔽，此时信号得到保持。

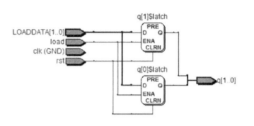

图 7 - 26　图 8 - 27 的 RTL 视图

对于图 7 - 27，由于锁存器原型带有清理端，则多路器被化简了，如图 7 - 26 所示。

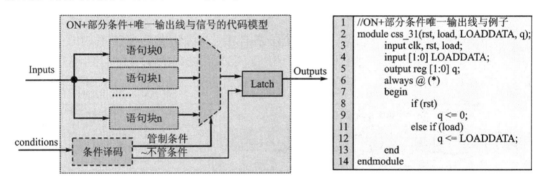

图 7 - 27　开环＋部分条件＋唯一输出线与信号时的代码模型框图

（8）闭节点时，综合器同样会用闭环生成的输出寄存器替代锁存器，在图 7 - 28 中，则按照闭环＋多路器的形式实现不管/不选信号的保持。

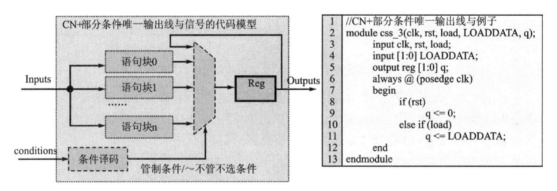

图 7 - 28　CN＋部分条件＋唯一输出线与信号时的代码模型框图

（9）当语句块的诸输出信号，不仅包括唯一的线与信号，还包括多个非线与信号（条件语句的描述仍旧为部分条件），则综合器会对唯一线与的代码模型输出信号采用多路器＋锁存器形式，而对一个或多个非线与信号采用锁存器输出的形式，如图 7 - 29 所示。

图 7 - 29(b)代码中的第 10 行、第 12 行和第 14 行，这三个代码模型输出唯一的（线与）信号 q，综合器对该信号采用如图(a)所示的多路器＋锁存器的方式输出：管制条件通过多路器输出，不管/不选条件时的输出(保持)则通过锁存器实现。而图(b)代码中的第 16 行和第 18 行的代码块，所对应的二个代码模型具有不同的输出 a 和 b，综合器则会为每个信号生成一个

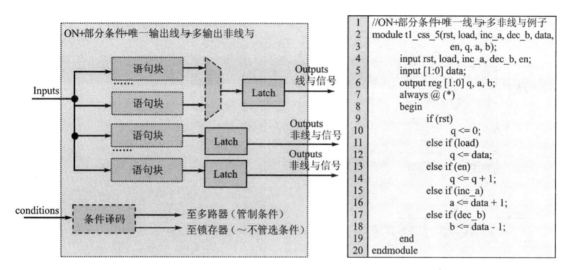

```
1   //ON+部分条件+唯一输出线与+多输出非线与例子
2   module t1_css_5(rst, load, inc_a, dec_b, data,
3                   en, q, a, b);
4       input rst, load, inc_a, dec_b, en;
5       input [1:0] data;
6       output reg [1:0] q, a, b;
7       always @ (*)
8       begin
9           if (rst)
10              q <= 0;
11          else if (load)
12              q <= data;
13          else if (en)
14              q <= q + 1;
15          else if (inc_a)
16              a <= data + 1;
17          else if (dec_b)
18              b <= data - 1;
19      end
20  endmodule
```

图 7 - 29　开环＋部分条件＋唯一输出线与＋多输出非线与时的代码模型框图

锁存器输出,用于处理这些非线与信号的不管/不选条件时的输出。

(10) 闭节点情况时,图 7 - 29(a)中的锁存器被寄存器所替代。同样,这种由寄存器维持不管/不选信号的方式会采用图 7 - 23 所示的闭环反馈＋多路器的形式。图 7 - 30 为简化的绘制方法。

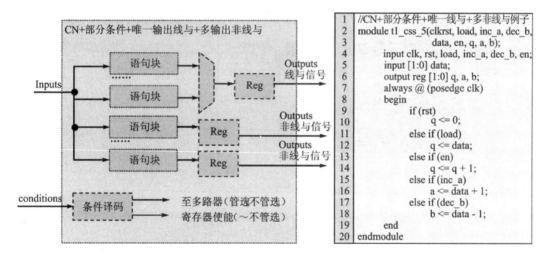

```
1   //CN+部分条件+唯一线与+多非线与例子
2   module t1_css_5(clkrst, load, inc_a, dec_b,
3                   data, en, q, a, b);
4       input clk, rst, load, inc_a, dec_b, en;
5       input [1:0] data;
6       output reg [1:0] q, a, b;
7       always @ (posedge clk)
8       begin
9           if (rst)
10              q <= 0;
11          else if (load)
12              q <= data;
13          else if (en)
14              q <= q + 1;
15          else if (inc_a)
16              a <= data + 1;
17          else if (dec_b)
18              b <= data - 1;
19      end
20  endmodule
```

图 7 - 30　闭环＋部分条件＋唯一输出线与＋多输出非线与时的代码模型框图

(11) 当 HDL 代码的编制者使用了诸如 else 等描述全部条件的语句,此时条件语句的多个代码模型输出信号中,若包含一个以上的线与信号,但没有非线与信号,综合器会为每一个线与信号生成一个多路器＋锁存器的输出结构,如图 7 - 31 所示。在图(b)的例子代码中,第 12 行、第 14 行和第 18 行的代码模型具有相同的线与输出信号 q,第 12 行和第 16 行的代码模式具有相同的另一个线与输出信号 done,因此综合器会为每个信号生成一个多路器结构:使用多路器处理全部管制条件。

(12) 闭节点时,电平敏感的锁存器被沿敏感的寄存器所替代,而寄存器保持不选信号的方法同样有两种:或者单信号驱动寄存器的使能端,或者采用闭环反馈＋多路器的形式(见

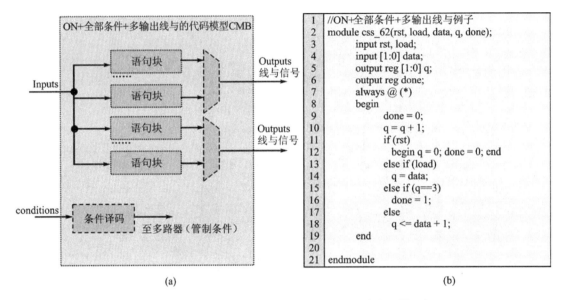

图 7 - 31　开环＋全部条件＋多输出线与信号时的代码模型框图

图 7 - 23）。由于全部条件都被描述，因此这里不存在不管信号。同样，图 7 - 32 采用了简化的代码模型框图的绘制方法（没有将闭环反馈＋多路器结构绘制）。

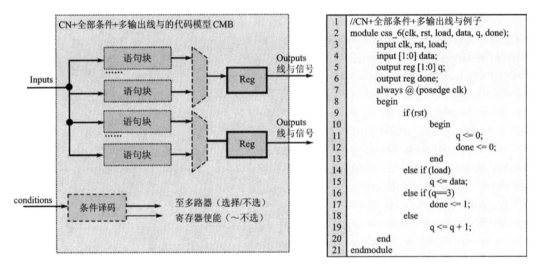

图 7 - 32　闭环＋全部条件＋多输出线与信号时的代码模型框图

上述条件语句的代码模型分析结果，列于表 7 - 5 中。

多个条件语句处于并发语句结构中，同样是禁止发生线与的；若这些处于并发语句的条件语句的诸代码模型中，具有相同的输出信号，直接相连这些信号则将发生线与。若当前层的语句为行为语句，综合器会查找这些发生并发语句线与的条件，试图将它们合并为一个条件语句从而得到顺序语句结构。当这种尝试不成功时，将会停止综合并报错。其他情况下，综合器会发出重复赋值的错误信息。详见 7.2 节"并发语句和顺序语句的可综合性"。

条件语句嵌套时，综合器会试图执行化简过程，或者直接执行嵌套的代码模型框图。

表 7 - 5　条件语句的可综合性简表

条　件	非线与	线与	非线与输出		线与输出	
			ON	CN	ON	CN
全部条件	—	无	—	—	—	—
	—	唯一	—	—	多路器	多路器＋寄存器
	—	多个	—	—	多路器	多路器＋寄存器
	—	多个	—	—	多路器	多路器＋寄存器
部分条件	一个或多个	无	锁存器	寄存器		
	无	唯一	—		多路器＋锁存器	多路器＋寄存器
	多个	唯一	锁存器	寄存器	多路器＋锁存器	多路器＋寄存器
	多个	多个	锁存器	寄存器	多路器＋锁存器	多路器＋寄存器

　　通过上述条件语句的代码模型分析,可以知道条件语句有时会产生锁存器的输出结构,锁存器是具有记忆功能的器件,因此对应的电路已经不是简单的组合电路,至少用组合电路进行称谓和分析是不合适的。因此,使用条件的行为语句,将其表述成有限自动机是一种现代趋势,而在同步电路中,描述为闭节点电路和开节点电路更为合理,并且便于分析。详见第 5 章《同步设计基础》。

　　条件行为语句的锁存器生成,将导致毛刺和冒险竞争输出,锁存器输入端的毛刺将导致输出的错误捕获,称为非安全行为。因此综合理论认为锁存器是非安全行为的"罪魁祸首",条件行为又是生成锁存器的"温床",条件语句安全行为的指南,则是用多路器替代锁存器,达到"灭锁"的目的。具体而言,就是在条件行为语句中,要做到"全条件,全信号(全线与)"。换句话说,也就是 if 语句必须有 else,case 语句必须有 default,并且条件语句中的所有输出信号,必须在每一个条件分支中描述(或重复描述)。

　　表 7 - 5 中的所有锁存器输出结构,并不是一个确定的综合后的 RTL 结构,这是因为在开节点应用时,其信号下游的寄存器会捕获这些信号,构成跨机器的开节点。所以说开节点并不是无节点(组合或电平敏感输出),而是由不同描述机器的 FA＋REG 形成的节点。当存在这种情况时,综合器会将锁存器进行化简,并用寄存器替代,详见 7.6 节"锁存器和开节点"。

7.6　锁存器和开节点

　　锁存器是电平敏感的时序电路,具有记忆能力,它被使能时输入和输出构成透明传输,所以它不能过滤毛刺,因此只要可能,综合器总是会用沿敏感的寄存器替代这些锁存器。当这些尝试不成功时,综合器会给出警告信息。

　　如今,"打倒锁存器"的口号和当年"打倒 Goto"的口号同样响亮。但又正如软件领域那样,至今"Goto"也还没有被彻底打倒,锁存器在许多情况下还在应用,例如 7.5 节《条件语句的可综合性》中的讨论。但一个重要的注意点是:开节点应用和无节点应用的区别。前者锁存器被去除,后者锁存器被保留。

　　在一个开节点的描述中(见图 7 - 33),前级输出组合逻辑信号或电平敏感信号或其组合,后级的代码模型框图中,至少有一个寄存器会捕获前级的输出,由此构成开节点应用(详见7.5节)。这些组合逻辑和电平敏感信号以及更多的一些时钟沿无关的信号部分,用有限自动机表示。

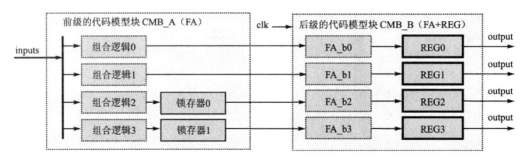

图 7-33 时钟开节点和锁存器的例子

在图 7-33 例子中,前级代码模块 CMB_A 中,没有使用时钟沿的描述,其代码模型电路或者是组合逻辑,或者是组合逻辑+锁存器,所有这些时钟沿无关信号的电路称为有限自动机。CMB_A 的输出端连接至后级代码模块 CMB_B 的输入端,在 CMB_B 中,所有输入信号接入有限自动机,而对应的所有输出用寄存器捕获。由于 CMB_B 描述的结构是一个 FA+REG 的结构(每个信号有且有唯一的寄存器),所以 CMB_B 是一个闭节点机器。而 CMB_A 的描述中,虽然仅为有限自动机,但其与后级 CMB_B 的有限自动机合并后,构成一个跨代码模型的等效节点。

具体而言,在图 7-33 中,前级(上游)的代码模块和后级(下游)的代码模块综合器打平后分析的框图如图 7-34 所示,时钟信号作用于寄存器 0 至寄存器 3,用于同步电路的时钟沿捕获。

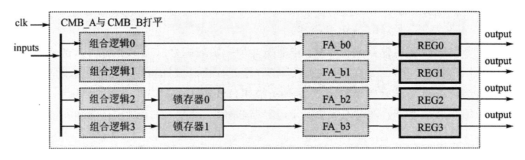

图 7-34 前级开节点和后级闭节点打平

这样前级 CMB_A 的组合逻辑和锁存器也应该表示为有限自动机,如图 7-35 所示。其中 FA_a0 由组合逻辑 0 构成,FA_a1 由组合逻辑 1 构成,FA_a2 由组合逻辑 2+锁存器 0 构成,而 FA_a3 则由组合逻辑 3+锁存器 1 构成。

对于有限自动机,其串联后仍然是有限自动机,故可将图 7-35 中串联部分的有限自动机等效表示,如图 7-36(a)所示。其中 FA_ab0 由 FA_a0 和 FA_b0 串联等效,FA_ab1 由 FA_a1 和 FA_b1 串联等效,……。由于并联的有限自动机可以被描述成一个集合有限自动机,所以可以将图 7-35(a)等效为用有限自动机组 FA_abs 和寄存器组 REGs 表示的等效电路(见图 7-36(b))。

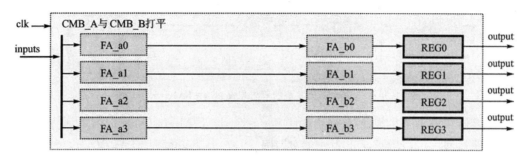

图 7 – 35　前级开节点用有限自动机表示

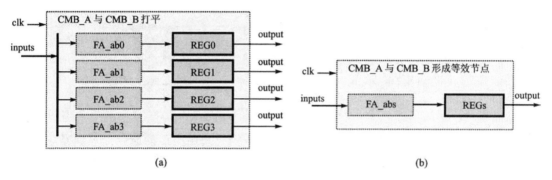

图 7 – 36　前级开节点的有限自动机与后级节点的寄存器形成的等效节点

　　由此看出,虽然代码模块 CMB_A 其输出信号并没有引用时钟沿捕获,但该信号在其后级(下游)电路中被引用时钟沿的寄存器捕获,因此仍然形成一个时钟节点,此时 CMB_A 称为开节点(ON,Open Node)机器。如果 CMB_A 的有限自动机信号的下游始终没有寄存器,此时 CMB_A 称为空节点(NN,Null Node)机器,其有限自动机输出的时钟无关信号(组合逻辑或电平敏感信号)将带有所有可能的毛刺和竞争冒险,综合器此时会给出警告信息。

　　综合器会努力消灭锁存器,条件是锁存器位于开节点路径中。Synopsys 通常是这样实现的:当锁存器位于开节点路径中,意味着其输出信号的下游至少会有一个寄存器,此时无论路由多少个有限自动机,都可以串联成一个等效的有限自动机。位于开节点中的锁存器,其使能端被开节点机器中描述的译码电路所驱动:当 ena 为高电平时,上游组合逻辑(或 FA)的信号穿透锁存器;当 ena 为低电平时,锁存器的信号得到保持。例如 7.5 节中讨论的条件语句中的不管/不选时输出信号的保持。图 7 – 37 为去锁存器之前的电路结构,图 7 – 38 为它的等效电路。

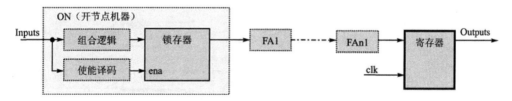

图 7 – 37　去锁存器化之前的代码模型

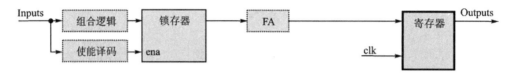

图 7 - 38　去锁存器化之前的等效电路（FA＝FA1＋…＋FAn）

去锁存器有很多种方案，著名综合软件 Snopsysy 以及 Altera Quartus II 均采用的是闭环反馈＋多路器的形式，如图 7 - 39 所示。对照图 7 - 38，其中 ena＝1 时，相当于 sel＝`cl；ena＝0 时，相当于 sel＝`cn。

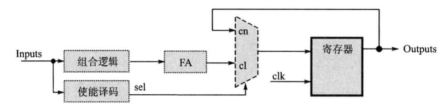

图 7 - 39　去锁存器化之后的电路结构

当锁存器输出信号的下游具有多个分支时，综合器也采用类似的原则处理。当这些分支信号流的全部下游路径上至少存在一个寄存器时，该锁存器所在机器仍然是开节点机器，它下游所有的信号都会被沿敏感的寄存器捕获，如图 7 - 40 所示。

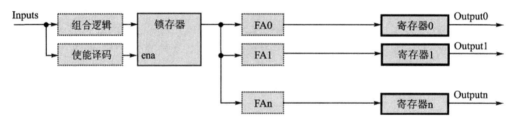

图 7 - 40　锁存器下游全部分支均有寄存器的等效电路

综合器此时会对下游的每个分支生成一个对应的闭环反馈＋多路器的结构，如图 7 - 41 所示。去锁前和去锁后的电路分析如下：去锁前电路中（见图 7 - 40）ena＝1 时，组合逻辑输出

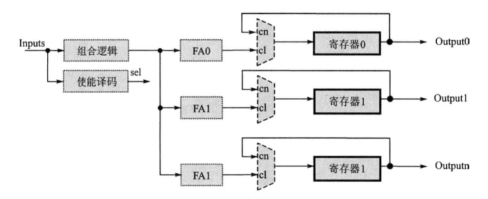

图 7 - 41　锁存器下游全部分支均有寄存器的去锁存器电路

穿透锁存器到达 FA0~FAn,此时去锁后电路(见图 7-41)对应的 sel=`cl,下游分支诸路有限状态机输出被多路器选择,加载到对应的寄存器输入端;去锁前电路中(见图 7-40)ena=0时,组合逻辑的输出被锁存器阻拦,锁存器保持原信号值输出,此时去锁后电路(见图 7-41)对应的 sel=`cn,下游分支的诸路信号被多路器屏蔽,多路器选择闭环反馈信号,因此诸寄存器保持原信号的输出值不变。

　　若锁存器下游仅部分分支路径有寄存器、部分分支无寄存器时,综合器会对于有寄存器的分支按开节点处理,对于无寄存器的分支则按空节点处理。也就是说,对于空节点分支的信号流路径,仍然使用锁存器,因此仍然存在毛刺和冒险竞争,此时,综合器会给出警告信息,如图 7-42 所示。

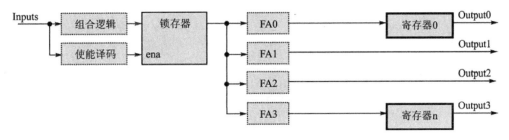

图 7-42　锁存器下游部分分支有寄存器的等效电路例子

　　图 7-42 为部分开节点情况时去锁前的电路例子,图 7-43 则为对应的去锁电路。由于FA1 和 FA2 的输出无寄存器捕获,对应路径为空节点。而 FA0 和 FA3 的输出有寄存器捕获,对应路径为开节点。以下是去锁前后电路的对照分析。

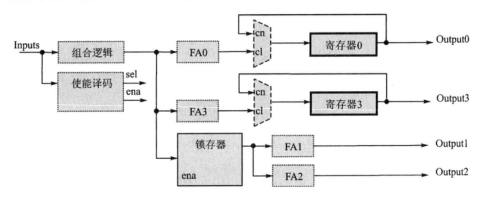

图 7-43　锁存器下游部分分支有寄存器的去锁存器电路

　　去锁前 ena=1(见图 7-42),对应于去锁后(见图 7-43)电路中 sel=`cl,以及 ena=1,此时开节点路径中寄存器捕获输出组合逻辑+FA0,以及组合逻辑+FA3,空节点路径锁存器透明输出组合逻辑至 FA1 和 FA2。

　　去锁前 ena=0 时(见图 7-42),对应去锁后电路(见图 7-43)中 sel=`cn,以及 ena=0,此时开节点路径中寄存器闭环反馈,保持原信号,空节点路径中则通过锁存器保持原信号。

　　综上所述,锁存器的可综合结构如表 7-6 所列。

表 7-6　锁存器的可综合结构（去锁存器结构）

去锁存器前			去锁存器后	
全部 ON 路径	全部路径	CL+LATCH+FA+REG	全部锁存器取消	CL+FA+CN_MUX+REG
部分 ON 路径 部分 NN 路径	ON 路径	CL+LATCH+FA+REG	ON 路径锁存器取消	CL+FA+CN_MUX+REG
	NN 路径	CL+LATCH+FA	NN 路径锁存器保留	CL+LATCH+FA
全部 NN 路径	全部路径	CL+LATCH+FA	全部锁存器保留	CL+LATCH+FA

注：表中缩写词含义如下：

ON：开节点（Opened Node）；

NN：空节点（None Node）；

CL：组合逻辑（Combinational Logic）；

LATCH：锁存器，电平敏感；

REG：寄存器，触发器，沿敏感；

FA：有限自动机（Finite Automata），对于表中开节点路径，它包含所有时钟沿无关的电路。

7.7　状态机的可综合性

现代各类规模的数字电路建模，其基本的设计方法就是使用状态机，包括有限状态机（FSM），算法机（ASM），线性序列机（LSM）等（详见第 4 章"有限状态机"），如何正确地设计出符合目标硬件电路的状态机，则是本节讨论的内容。

在 4.3 节中讨论了有限状态机的理论和编码结构，无论是何种机器，原则上都可以应用前几节的内容对其的综合性进行分析。由于状态机也是由若干个循环行为描述加上条件语句构成，因此应用前几节综合性分析的内容，即可得到一般性的结论，这里并没有例外。

综合器对于状态机却有着特别的要求，例如状态机的编译码，门级实现时的面积/速度优化，以及布局和路由的约束等。因此，对于状态机的可综合性而言，一个重要的问题就是如何让综合器识别出设计代码中的状态机。反过来说，采用什么样的编码风格描述的状态机，才可以被综合器识别，从而得到必要的优化。

对于大多数综合工具而言，将能够被综合器识别的状态机称为显式状态机 ES（Explicit State Machines），而不能被综合器识别的状态机则称为隐式状态机 IS（Implicit State Machines）。对于前者的一般定义是：具有显式声明的寄存器和显示描述的状态转移逻辑，否则就是后者。但实际情况比这个定义要复杂。显式状态机会出现在分析综合的报告中。

在 Verilog HDL 情况下，Quartus II 要求的显式状态机必须符合如下要求：

（1）建议二段式描述，即 FSM_2S 风格：它由两个循环行为语句块组成，第一个循环行为语句块为开节点描述，即电平敏感的循环行为体；第二个循环行为语句块为闭节点描述，即沿敏感的循环行为体。虽然大多数手册上对该要求仅是建议，但实际上大多数综合器能够识别各种 Verilog 状态机。

（2）显式声明的状态寄存器以及显式描述的状态转移逻辑。

（3）状态寄存器的宽度必须大于 1，或者说，状态（枚举）数必须大于 2。

（4）为状态码赋值，可以用 parameter 也可以用 define 语句。如果需要在综合后的结构中能够找到状态码，建议用 parameter；如果要求安全的封装代码，则应该选择 define。

（5）不要在状态机中的状态转移逻辑中使用算术类型的描述，如 state＝state＋1。据此，线性序列机则不是显式状态机。

（6）不要将状态变量用作输出信号。

（7）不要用有符号变量作为状态变量。

（8）使用简单的异步或同步复位定义上电后的状态。

在 VHDL 情况下，Quartus II 要求的显式状态机必须符合如下要求：

（1）仍然建议二段式描述，但其他类型也能识别。

（2）显式声明的状态寄存器以及显式描述的状态转移逻辑。

（3）状态寄存器的宽度必须大于 1，或者说，状态（枚举）数必须大于 2。

（4）使用简单的异步或同步复位定义上电后的状态。

（5）必须使用 type‐is 语句显示声明状态寄存器，使用 signal＜variable＞：std_logic_vec-tor 方式则无法识别。

不符合上述要求的状态机代码将不能被综合器识别，也就称为隐式状态机。隐式状态机可能包含 4.3 节所讨论的各类状态机，也包括例如计数器、移位寄存器之类的数字逻辑。

显式状态机和隐式状态机从 RTL 结构上并没有太大的区别，重要的区别是显式状态机能够被综合器自动地执行门级优化，而隐式状态机则需要人工执行这些优化，如图 7‐44 所示。

实际编码时，究竟如何编写状态机，是写显式状态机还是写隐式状态机，有许多选择和考虑。尽管部分手册和文献上推荐编写显示状态机的代码，但笔者不认为这是必需的。状态机理论发展很快，不同的公司和团体甚至有不同的认识，具有自己（企业级）的理论根据，在这些理论尚未被标准化之前，这种大包大揽的状态机优化（工具和策略）并不能解决所有的问题，甚至并不是最好的解决方案。

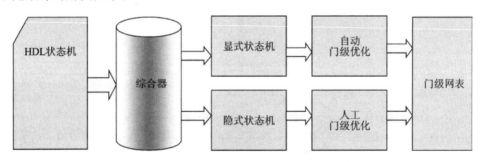

图 7‐44　显式状态机和隐式状态机

无论是显式状态机的自动优化或隐式状态机的人工优化，一个同样重要的优化策略是状态的编译码问题。状态机在执行状态转移时，无论是米利机或摩尔机，都要根据当前状态或当前输入产生多路器的分支选择，如图 7‐45 所示。其中图（a）为 FSM_2S_2（二段式代码的第二段）的代码模型框图，图（b）为多路器的门级结构，采用或非＋与非门的方案例子。选通某信号时，状态译码器输出该选择位线为 1，其余为 0，于是 0 输入的或非门输出 1 至与非门，而 1 输入的或非门选通（信号反相输出），其输出参与与非门与其余 1 输入的相与，信号被再次反相后输出。实际综合时,整体的门级结构还将执行化简。

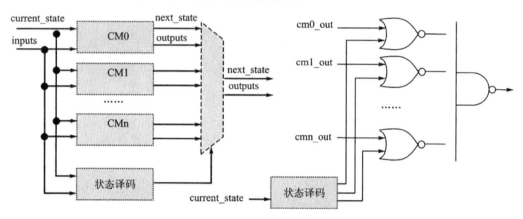

图 7 - 45 状态译码的门级实现(或非+与非)

状态机的稳定性和速度性能,很大程度由状态的编译码方案决定。一个好的状态机编译码方案可能牺牲一些面积,但会获得稳定性和速度性能的提升。常用的编码方案如表 7 - 7 所列。

表 7 - 7 状态机常用的编码方案

	二进制(Binary)	独热码(One—Hot)	格雷码(Gray)	约翰逊(Johnson)
0	0000	0000_0000_0000_0001	0000	0000_0000
1	0001	0000_0000_0000_0010	0001	0000_0001
2	0010	0000_0000_0000_0100	0011	0000_0011
3	0011	0000_0000_0000_1000	0010	0000_0111
4	0100	0000_0000_0001_0000	0110	0000_1111
5	0101	0000_0000_0010_0000	0111	0001_1111
6	0110	0000_0000_0100_0000	0101	0011_1111
7	0111	0000_0000_1000_0000	0100	0111_1111
8	1000	0000_0001_0000_0000	1100	1111_1111
9	1001	0000_0010_0000_0000	1101	1111_1110
10	1010	0000_0100_0000_0000	1111	1111_1100
11	1011	0000_1000_0000_0000	1110	1111_1000
12	1100	0001_0000_0000_0000	1010	1111_0000
13	1101	0010_0000_0000_0000	1011	1110_0000
14	1110	0100_0000_0000_0000	1001	1100_0000
15	1111	1000_0000_0000_0000	1000	1000_0000

在表 7 - 7 中,独热码和格雷码的相邻码元仅一位发生变化,稳定性最好,但独热码的译码逻辑最简单,速度最快,但所需要的面积最大。格雷码有采用一些特定的技术结构,可兼顾速度和面积。约翰逊编码简单,但译码面积稍大。

当使用显式状态机描述时,Altera 缺席时的设置是:如果状态数(状态的枚举数量)小于

5,则使用二进制(Binary 或者 Sequential);如果状态数大于等于 5 但小于 50,则使用独热码;其他情况则使用格雷码。显式状态机的状态编码也可以人工修改,例如 Altera 的 Quartus II 中如图 7-46 所示。

(1) 单击菜单[Assignments]-[Settings]。

(2) 在 Settings 窗口的分类 Category 中选择分析和综合设置 Analysis & Synthesis Settings。

(3) 在帧 Analysis & Synthesis Settings 中选择更多设置 More Settings。

(4) 在 More Analysis & Synthesis Settings 窗口中,在 Options 中选择 Name 为状态机处理 State Machine Processing,修改设置 Setting 中的 Auto(缺席设置)为指定的设置。

隐式状态机的状态码编码方案,可以在代码中描述,例如:

Verilog 中用 Parameter 设置状态的编码方案(parameter s0 = 8'b0000_0001;),

VHDL 中用 Constant 设置(constate s0 : std_logic_vector(7 downto 0) := "00000001")

具体可参考后续的例子代码。

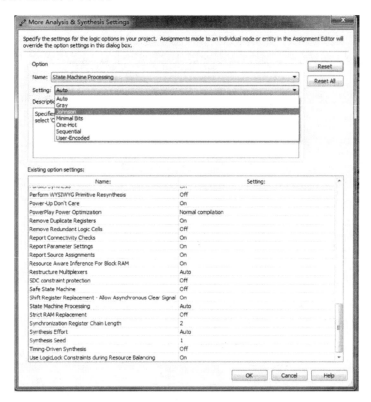

图 7-46　显式状态机人工指定状态编码(Quartus II)

7.7.1　显式米利状态机设计例子:曼彻斯特编码器

例 7-2:使用显式米利状态机方案为曼彻斯特编码器(Manchester Encoder)建模和验证,如图 7-47 所示。

曼彻斯特编码输入信号 d_in 为基带信号,是基带时钟 clk 域信号;输出信号 d_out 为频带

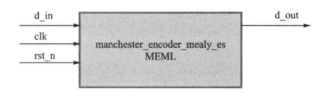

图 7 - 47　显式米利状态机方案的曼彻斯特编码器

信号,是频带时钟 clk2 域信号。曼彻斯特编码的基带时钟和频带时钟是倍频关系。编码器的状态机时钟则是频带时钟 clk2,因此,基于节点的激励-响应关系是以 clk2 为参照,一个基带比特对应两个频带比特。曼彻斯特编码器的编码原则是:若基带信号为 1,则频带输出的两个比特是前 1 后 0;若基带信号为 0,则频带输出的两个比特是前 0 后 1。频带两个比特对应一个基带比特的对齐关系则依据 clk=1,此时 clk 即是基带时钟,又是基-频对齐的同步信号。

首先讨论米利显式状态机,遵循本节上述的规则要求:

(1) 采用二段式状态机描述(FSM_2S)。

(2) 状态枚举数大于 2。

(3) 状态变量不被运算,不输出。

根据 FSM_2S 的开节点输入输出的零拍潜伏期,d_in 和 d_out 的激励-响应为 0 拍。据此得到图 7 - 48:在 T0 时刻,基频对齐(clk=1)d_in=0 的激励导致 T0 和 T1 时刻 d_out 前 0 后 1 的响应;在 T2 时刻,基频对齐(clk=1)d_in=1 的激励导致 T2 和 T3 时刻 d_out 前 1 后 0 的响应;在 T4 时刻,基频对齐(clk=1)d_in=1 的激励继续导致 T4 和 T5 时刻 d_out 前 1 后 0 的响应。图 7 - 49 为状态转移图,例程 7 - 5 为其代码,图 7 - 50 为仿真波形。

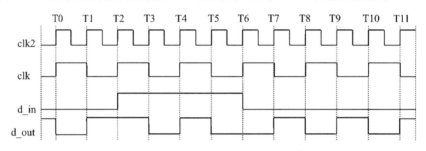

图 7 - 48　Manchester 编码器 Mealy_NBD_ON 方案的设计时序

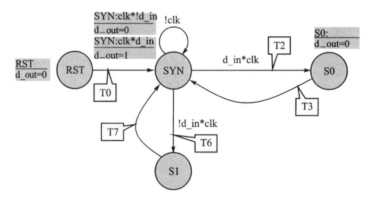

图 7 - 49　Machester 编码器 Mealy_NBD_ON 方案的状态转移图

```
1   module manchester_encoder_es(clk, clk2,        29              //NBD
2       rst_n, d_in, d_out);                        30              if (clk && d_in)
3                                                    31                  d_out = 1;
4   input clk, clk2, rst_n;                          32              else  if (clk && !d_in)
5   input d_in;                                      33                  d_out = 0;
6   output reg d_out;                                34              //EBD
7                                                    35              if (!clk)
8   reg [1:0] current_state, next_state;             36                  next_state = syn;
9                                                    37              else if (d_in)
10  localparam  syn = 2'd0;                          38                  next_state = s0;
11  localparam s0 = 2'd1;                            39              else if (!d_in)
12  localparam s1 = 2'd2;                            40                  next_state = s1;
13                                                   41          end
14  always @ (posedge clk2)                          42
15  begin : LSM_2S1                                  43          s0 : begin
16      current_state <= next_state;                 44              d_out = 0;
17  end                                              45              next_state = syn;
18                                                   46          end
19  always @ (*)                                     47
20  begin                                            48          s1 : begin
21      if (!rst_n)                                  49              d_out = 1;
22          begin                                    50              next_state = syn;
23              d_out = 0;                           51          end
24              next_state = syn;                    52      endcase
25          end                                      53      end
26      else                                         54
27          case (current_s tate)                    55  endmodule
28              syn : begin                          56
```

例程 7-5　曼彻斯特编码器 Mealy_NBD_ON 方案的 Verilog 代码

图 7-50　曼彻斯特编码器 Mealy_NBD_ON 方案的仿真波形

　　显式状态机推荐的二段式状态机是开节点机器,故状态转移图宜用 NBD 描述(参见 4.4 节)。图 7-19 的状态枚举数为三,大于 2,满足显式状态机的要求。例程 7-5 中,30～33 行描述的是图 7-19 中 syn 状态下的基于转移图中的节拍描述,行 35～40 描述的是图 7-19 中 syn 状态的基于转移图中的节点描述。例程 7-6 为该模型的代码,图 7-50 为其仿真波形,与设计时序(见图 3-48)一致。

```
1   `timescale 1ns/1ps                       11              .clk2(clk2),
2                                             12              .rst_n(rst_n),
3   module manchester_encoder_es_tb;          13              .d_in(d_in),
4                                             14              .d_out(d_out)
5       reg clk, clk2, rst_n;                 15          );
6       reg d_in;                             16
7       wire d_out;                           17      initial begin
8                                             18              clk = 1;
9       manchester_encoder_es DUT(            19              clk2 = 1;
10          .clk(clk),                        20              rst_n = 0;
```

```
21              d_in = 0;
22
23              #200
24              @ (posedge clk)
25              rst_n = 1;
26
27              #200
28              @ (posedge clk)
29              d_in = 1;
30              @ (posedge clk)
```

```
31                  @ (posedge clk)
32                  d_in = 0;
33
34                  #200 $stop;
35          end
36
37          always #5 clk2 = ~clk2;
38          always @ (posedge clk2) clk = ~clk;
39
40  endmodule
```

例程 7 - 6　曼彻斯特编码器 Mealy_NBD_ON 方案的代码

例程 7 - 5 在 Quartus II 编译后,其状态机被工具识别为显式状态机(状态机视图),图 7 - 51 所示。

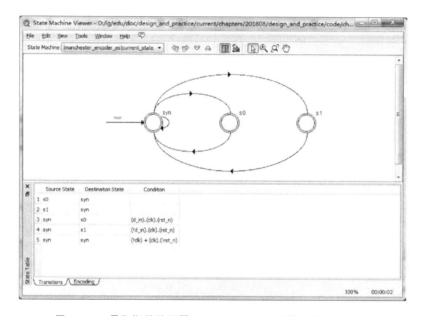

图 7 - 51　曼彻斯特编码器 Mealy_NBD_ON 方案的状态机视图

7.7.2　显式摩尔状态机设计例子:曼彻斯特编码器

例 7 - 3:使用显式摩尔状态机方案为曼彻斯特编码器建模和验证,如图 7 - 52 所示。

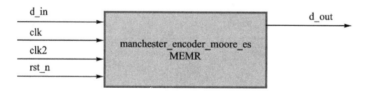

图 7 - 52　显式摩尔状态机方案的曼彻斯特编码器

显式状态机设计仍然遵循 ES 的规则要求:

(1) 采用二段式状态机描述(FSM_2S)。

(2) 状态枚举数大于 2。

（3）状态变量不运算，不输出。

根据图 7-52 以及二段式状态机的代码模型（见 4.3.2），得到的架构如图 7-53 所示。

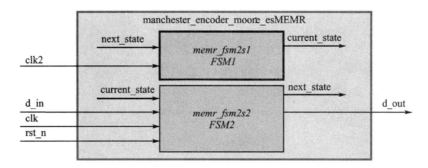

图 7-53　显式摩尔状态机方案曼彻斯特编码器的架构

根据架构（见图 7-53）展开的节拍分析图，如图 7-54 所示。

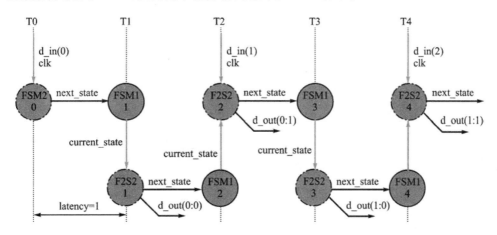

图 7-54　显式摩尔状态机方案曼彻斯特编码器的节拍分析

节拍分析（见图 7-54）中：

（1）T0 时刻开节点 FSM2 的激励信号 d_in 和 clk，和响应信号 next_state，具有零拍潜伏期，故图中 d_in 和 clk 使用零拍矢量线绘制。T0 状态为摩尔机的临界状态。这里的 clk 信号用做基-频同步对齐，在曼彻斯特编码器的 clk2 时钟域中，做同步信号用。

（2）T1 时刻闭节点 FSM1 的激励信号 next_state 和响应信号 current_state 具有一拍潜伏期，故图中 next_state 使用单拍矢量线绘制。

（3）T1 时刻开节点 FSM2 的激励信号 current_state 和响应信号 next_state 和 d_out 具有零拍潜伏期，故图中 current_state 使用零拍矢量线绘制。d_out 在 T1 输出 T0 时刻基带比特 d_in(0) 的第 1 个曼彻斯特码 d_out(0:0)。

（4）T2 时刻闭节点 FSM1 的激励信号 next_state 和响应信号具有单拍潜伏期，故 next_sate 绘制为单拍矢量线。

（5）T2 时刻开节点 FSM2 的激励信号 current_state 和响应信号 d_out 具有零拍潜伏期，故 current_state 绘制为零拍矢量线。在 T2 时刻 FSM2 输出 T0 时刻 d_out 的基带比特 d_in(0) 对应的第 2 个曼彻斯特码 d_out(0:1)。此时 T2 时刻的状态是一个摩尔状态（状态-输出）。

（6）同在 T2 时刻，开节点 FSM2 的激励信号 d_in 和 clk，与响应信号 next_state，具有零拍潜伏期，故 d_in 和 clk 信号绘制为零拍矢量线。此时 T2 时刻的状态亦是一个临界状态。

（7）其余节拍类推。

（8）摩尔机的特点是状态机的输入和输出之间的"因果关系"，必须满足"先转移再输出"，描述"输入-状态转移"关系的状态称为临界状态，描述"状态-输出"关系的状态称为摩尔状态。

（9）从节拍分析图中可以得到曼彻斯特编码的潜伏期 latency＝1，即基带比特 d_in 被激励至频带第一个比特被激励的延迟，为 1 拍。

据此得到状态转移图（见图 7－55），代码（见例程 7－7）和仿真波形，如图 7－56 所示。

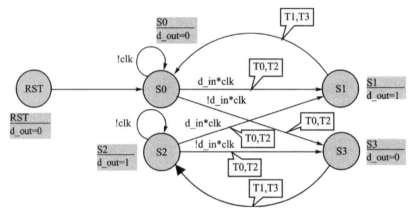

图 7－55　曼彻斯特编码器的显式状态机的状态转移图（Moore_NBD_ON）

```
 1  module manchester_encoder_moore_es(clk, clk2,
 2      rst_n, d_in, d_out);
 3
 4      input clk, clk2, rst_n;
 5      input d_in;
 6      output reg d_out;
 7
 8      reg [1:0] current_state, next_state;
 9
10      localparam s0 = 2'd0;
11      localparam s1 = 2'd1;
12      localparam s2 = 2'd2;
13      localparam s3 = 2'd3;
14
15      always @ (posedge clk2)
16      begin : FSM1
17          current_state <= next_state;
18      end
19
20      always @ (*)
21      begin : FSM2
22          if (!rst_n)
23              begin
24                  d_out = 0;
25                  next_state = s0;
26              end
27          else
28              case (current_state)
29              s0 :  begin
30                      d_out = 0;
31                      if (!clk)
32                          next_state = s0;
33                      else if (d_in)
34                          next_state = s1;
35                      else
36                          next_state = s3;
37                  end
38
39              s1:   begin
40                      d_out = 1;
41                      next_state = s0;
42                  end
43
44              s2:   begin
45                      d_out = 1;
46                      if (!clk)
47                          next_state = s2;
48                      else if (d_in)
49                          next_state = s1;
50                      else
51                          next_state = s3;
52                  end
53
54              s3:   begin
55                      d_out = 0;
56                      next_state = s2;
57                  end
58              endcase
59          end
60
61  endmodule
62
```

例程 7－7　曼彻斯特编码器的显式摩尔状态机代码

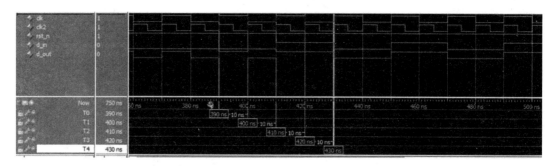

图 7-56 曼彻斯特编码器的显式摩尔状态机的仿真波形

图 7-56 的仿真波形中：

(1) T0 时刻，d_in 为 0（对齐 clk＝1），导致 1 拍潜伏期后 T1 和 T2 的 d_out 前 0 后 1。

(2) T2 时刻，d_in 为 1（对齐 clk＝1），导致 1 拍潜伏期后 T3 和 T4 的 d_out 前 1 后 0。

例程 7-8 为其代码，图 7-57 为其状态机视图。

```
1    `timescale 1ns/1ps
2
3    module manchester_encoder_moore_es_tb;
4
5        reg clk, clk2, rst_n;
6        reg d_in;
7        wire d_out;
8
9        manchester_encoder_moore_es DUT(
10            .clk(clk),
11            .clk2(clk2),
12            .rst_n(rst_n),
13            .d_in(d_in),
14            .d_out(d_out)
15        );
16
17        initial begin
18            clk = 1;
19            clk2 = 1;
20            rst_n = 0;
21            d_in = 0;
22
23            #200
24            @ (posedge clk)
25            rst_n = 1;
26
27            #200
28            @ (posedge clk)
29            d_in = 1;
30            @ (posedge clk)
31            d_in = 0;
32            @ (posedge clk)
33            d_in = 1;
34            @ (posedge clk)
35            d_in = 0;
36            @ (posedge clk)
37            d_in = 1;
38            @ (posedge clk)
39            d_in = 1;
40            @ (posedge clk)
41            d_in = 0;
42            @ (posedge clk)
43            d_in = 0;
44
45            #200 $stop;
46        end
47
48        always #5 clk2 = ~clk2;
49        always @ (posedge clk2) clk = ~clk;
50
51    endmodule
52
```

例程 7-8 曼彻斯特编码器显式摩尔状态机的代码

显式状态机被 EDA 识别，在 Quartus II 平台的视图中显示状态转移图和状态转移表，其综合和优化将得到工具的直接支持。否则，EDA 工具将视为一般的自动机逻辑（隐式状态机）。

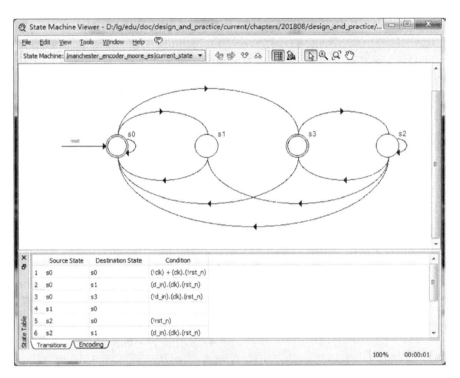

图 7 - 57　曼彻斯特编码器显式摩尔状态机的视图

7.8　Verilog 的阻塞赋值和非阻塞赋值

关于 Verilog HDL 语言中的阻塞赋值(Blocking assignment)和非阻塞赋值(Nonblocking assignments)的综合问题,是 Verilog HDL 编码中讨论最多的一类问题。这也是 Verilog 工程实践中最令人困惑的问题。令人惊讶的是,VHDL 语言完全没有这个困惑。

阻塞和非阻塞赋值这原本是软件领域进程管理的术语,这在 HDL 语言之前就出现了。阻塞是指函数调用结果返回之前,调用代码所在的线程会被挂起,CPU 此时不会给线程分配时间片,即线程暂停运行。函数只有得到结果之后才会返回。非阻塞则不会将当前线程挂起,而是立即返回。只有深刻了解 C 中阻塞和非阻塞的含义,才能理解 Verilog 的阻塞和非阻塞。

图 7 - 58 为阻塞模式的示意图,应用进程调用函数后,调用线程会进行必要的运算从而得到需要的结果,运算可能需要一段时间,在结果没有出来之前,当前调用线程不会返回任何数值,应用进程必须等待返回标志。这段等待返回期间,应用进程(线程)不能做任何事情,处理器不为其分配时间片,这称为被挂起。直到调用线程返回(返回标志＋返回值),应用进程才重新得到时间片,继续运行。

在非阻塞模式下,应用进程调用函数后,调用线程会立即返回(返回标志＋返回值),此时,函数的运算并没有得到结果,调用线程的返回只是一个应答信号。处理器会给应用进程和调用线程都分配时间片,应用进程这时要做的事情是通过查询的方式得到函数的计算结果,如图 7 - 59 所示。

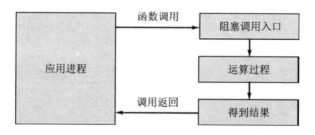

图 7-58 应用进程在阻塞模式下等待调用返回期间被挂起

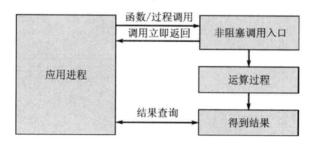

图 7-59 应用进程在非阻塞模式下立即得到返回值而不被挂起

如 7-58 和图 7-59 所示,C 语言在处理算符表达式的运算时(例如 f=a+b+1;s=f/2;),会按照语法顺序,先计算 b+1,得到结果后接着计算 a+(b+1),最后结果返回给 f。全部语词分析过程用堆栈完成,而每次的计算,则根据算符(Operator)、算符左侧部分(LHS,Left-Hand Side)、算符右侧部分(RHS,Right-Hand Side),按照先 RHS,后 LHS 原则,用一个线程函数进行计算。C 编译器根据语法和设置,选择阻塞过程和非阻塞过程。阻塞赋值时,RHS 返回结果前,LHS 所在进程要等待。例如 f=a+b+1 在返回之前,其所在进程被挂起,所有后续语句(s=f/2)都要停下来,直到 f 的计算完成;非阻塞赋值时,LHS 所在进程的后续语句不必等待 RHS,所在进程的后续语句仍然可以执行。例如 f 等号的 RHS 返回结果前,进程以查询 f 和 s 方式运行。

在 C 语言情况下,进程阻塞被挂起的方法是不分配时间片。也就是说,阻塞时,该段代码不能运行。进程非阻塞不被挂起的方法是查询,当非阻塞时,代码仍然要按照语法顺序执行等待,但进程仍然在运行,实现顺序等待的方式是查询。在这里,阻塞和非阻塞并不影响代码的并行结构和顺序结构,它们的差异仅是进程管理的方法不同。

阻塞模式下,CPU 的开销得到节约,但对于实时应用不利。非阻塞模式下,实时性能很好,但 CPU 开销较大。阻塞模式与早期等待返回模式的区别:前者会将当前进程挂起,不占开销;后者会无限制的占用 CPU 开销。

软件中阻塞和非阻塞最显见的例子是进程死机现象:某些早期浏览器在打开一个网址时,由于路由问题,网址数据未及时返回,不仅该浏览器无画面,甚至导致电脑死机;某些软件在运行过程中,由于数据或程序设计问题,需要大量的运行时间,早期的等待返回模式下,可能导致电脑死机;现代阻塞/非阻塞模式下,即便某段代码出现死循环,电脑仍然可以正常运行,甚至可以单击当前进程的退出按钮。

由于 Verilog HDL 具有 C 语言的特色,C 编译器中阻塞和非阻塞的概念被 Verilog 的综合器继承。Verilog 综合器在分析和综合赋值语句时,不仅继承和应用了 C 的阻塞和非阻塞的概念,相关的概念和方法,如 RHS,LHS,函数/运算符重载等也被应用。同样,用于综合目的的阻塞和非阻塞语句,也完全不会影响代码的 CAS 和 RAS 的可综合性(参见 7.2 节),它们的区别更多地在非硬件应用和非综合应用,如仿真模拟等。

　　Verilog 综合器,将一个运用于非综合目的的循环行为语句块 always、Assign、Initial 等语句视作一个进程,在进程中,按照类似 C 编译器的方法,依据算符堆栈先 RHS 后 LHS 进行分析和计算。如果当前算符为阻塞赋值符"=",则阻塞赋值符的 RHS 返回之前,当前进程被挂起,后续语句不被执行;如果当前算符为非阻塞赋值符"<=",则非阻塞赋值符的 RHS 立即返回一个响应标志,当前进程获得这个标志后,接着用查询的方式继续运行后续语句,直到当前进程所有后续语句都得到 RHS 的返回值后,才一次性的更新当前进程中所有的 LHS。如图 7-60 所示。

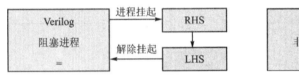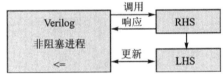

图 7-60　Verilog HDL 的阻塞进程和非阻塞进程

　　值得注意的是:用于非综合目的的阻塞和非阻塞用于处理语句进程的执行方式,而用于综合目的硬件描述语言 HDL 主要讨论的是硬件的拓扑关系。严格而言,后者并没有进程执行方式的问题,只有电路的拓扑关系描述。由于 Verilog 历史的原因,这种将软件风格直接应用于硬件描述的方式虽然有许多非议,但它能够一直保留至今,仍然有它存在的理由。如 Cilitti 在《Advanced Digital Design with the Verilog HDL》中就声称坚持用非阻塞赋值描述沿敏感信号,用阻塞赋值描述电平敏感信号。

　　以下是一个使用关于反馈振荡器阻塞赋值引起争议的典型例子,如图 7-61 所示。

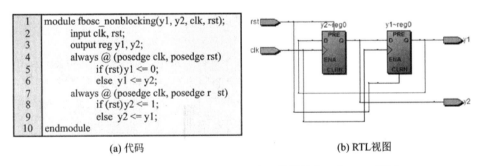

(a) 代码　　　　　　　　　　　**(b) RTL视图**

图 7-61　非阻塞赋值例子的反馈振荡器其代码和 RTL 视图

　　图 7-61 为使用非阻塞赋值语句描述的反馈振荡器,图(a)为代码,图(b)为综合后的 RTL 视图。异步复位后 y2 寄存器置 1,y1 寄存器置 0。在时钟上升沿,y2 和 y1 交叉耦合进行捕获。图 7-62(a)为它的代码,图(b)分别为 ModelSim 的前仿和后仿波形。

　　当使用阻塞赋值时,代码如图 7-63(a)所示,而这段使用阻塞赋值语句的代码综合后得到的 RTL 视图(见图 7-63(b))竟然与非阻塞赋值语句综合后的 RTL 视图(见图 7-61(b))完全相同。更令人惊讶的是,具有完全相同的 RTL 硬件结构的两段代码,其 RTL 的仿真竟然不同,见图 7-62(b)的 RTL 仿真波形,此时 y1 和 y2 无振荡输出。

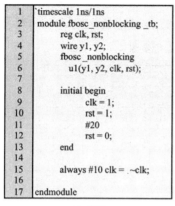

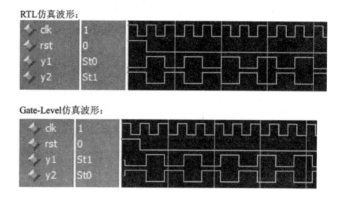

(a) 代码　　　　　　　　　　　　　　(b) 前仿和后仿波形

图 7 − 62　非阻塞赋值反馈振荡器的代码和前后仿真波形

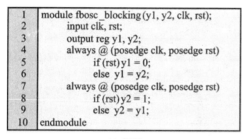

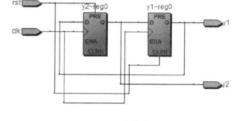

(a) 代码　　　　　　　　　　　　　　(b) RTL仿真波形

图 7 − 63　阻塞赋值例子的反馈振荡器其代码和 RTL 视图

　　注意到阻塞代码和非阻塞代码的 RTL 视图一致,说明其硬件描述是一致的,这可以用 7.5 节《条件语句的可综合性》中的方法进行解释,而图 7 − 62 和图 7 − 64 的门级仿真的一致, 进一步说明硬件描述是正确和一致的。这两种描述的代码在真正下板时也不会有任何问题。 此时,阻塞赋值语句代码的 RTL 仿真波形(见图 7 − 64(a):y1 和 y2 无振荡)为一种不真实的 仿真结果。

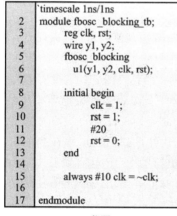

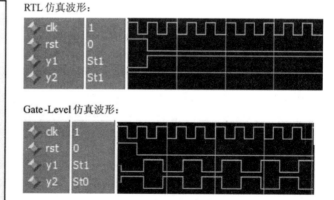

(a) 代码　　　　　　　　　　　　　　(b) 前仿后仿的波形

图 7 − 64　阻塞赋值反馈振荡器的 Testbehcn 和前后仿真波形

现在就上例的阻塞赋值的 RTL 仿真波形问题进行分析,是什么原因导致这种不真实的无振荡输出如表 7-8 所列。

表 7-8　非阻塞赋值反馈振荡器仿真软件运行步骤

time(ns)	step	testbench(图 7-64)	nonblocking(图 7-61)	LHS	RHS	y1	y2	clk	rst
	0					x	x	x	x
0	1	R9:clk=1;		1	1	x	x	1	x
	2	R10:rst=1;		1	1	x	x	1	1
	3		R5:if (rst) y1<=0;	x	0	x	x	1	1
	4		R8: if (rst) y2<=1;	x	1	x	x	1	1
	5		Update_Nonblocking			0	1	1	1
10	6	R15:always #10 clk=~clk;				0	1	0	1
	7	R12:rst=0;				0	1	0	0
	8	R15:always #10 clk=~clk;				0	1	1	0
20	9		R6:else y1 <= y2;	0	1	0	1	1	0
	10		R9:else y2 <= y1;	1	0	0	1	1	0
	11		Update_Nonblocking			1	0	1	0
30	12	R15:always #10 clk=~clk;				1	0	1	0
40	13	R15:always #10 clk=~clk;				1	0	1	0
	14		R6:else y1 <= y2;	1	0	1	0	1	0
	15		R9:else y2 <= y1;	0	1	1	0	1	0
	16		Update_Nonblocking			0	1	1	0

首先讨论非阻塞时的仿真软件(见图 7-62)的运行情况见表 7-8:启动仿真后,仿真软件首先执行位于 Initial 语句中第 9 行的 clk=1 和第 10 行的 rst=1,由于它们都是阻塞赋值,所以语句执行完毕,RHS 会返回到 LHS,对应 step1 和 step2,clk 和 rst 信号都被置 1;由于 clk 从 x 到 1 的正跳变,仿真软件运行 fbosc_nonblocking 模块中的第 5 行(step3),由于是非阻塞赋值,R5 执行后,其 RHS(0)并没有返回 LHS(x),接着第 6 行(step4)的非阻塞也被执行,同样它的 RHS(1)也没有返回 LHS(x),之后,软件软件知道当前进程中所有非阻塞已经被响应,其所有 RHS 已经得到,则进行一次更新(step5),将所有非阻塞赋值的 RHS 返回到 LHS。

之后,仿真软件的时标走到 10 ns(step6),运行 testbench 中的 15 行,clk 被反相为 0;再过 10 ns,仿真软件的时标走到 20 ns,它首先运行 testbench 中的 12 行,rst 被置 0;接着运行 testbench 中的第 15 行,clk 被反相为 1,得到时钟上沿后,仿真软件会接着运行振荡器模块的第 6 行(step9)y1<=y2;同样由于是非阻塞,其 RHS(1)并不立即返回 LHS(0)。接着是第 9 行(step10)y2<=y1;其 RHS(0)并不立即返回 LHS(1),仿真软件得到当前进程在当前时钟沿上所有的 RHS 后,开始一次更新(step11),将所有非阻塞赋值符的 RHS 返回到 LHS。

根据表 7-8 的规律,非阻塞赋值的反馈振荡器的 RTL 和 Gate-Level 仿真波形均有正常的振荡波形输出,如图 7-62 所示。

阻塞赋值时(见图 7-63),仿真软件的运行步骤如表 7-9 所列。表中 step1 和 step2 与非阻塞时一样,仿真软件会在上电后运行程序代码中 Initial 语句中的第 9 行和第 10 行,对 clk

和 rst 初始化,同样阻塞赋值使得语句执行后 LHS 得到 RHS 的返回值。step3 和 step4 由于使用阻塞赋值,故 fbosc_blocking 模块中的第 5 行和第 8 行执行后,LHS 分别得到 RHS,这里没有更新步骤。在 step8,时钟第二次出现上沿,仿真软件据执行模块中的第 6 行 y1＝y2;根据阻塞赋值,RHS(1)被返回到 LHS(1),因此第 6 行执行完毕后,原 y1 的 0 就变更为 1。接着仿真软件执行模块的第 9 行 y1＝y2;同样,第 9 行执行完毕后,其 RHS(1)被返回到 LHS(1),y2 维持 1 没有变化。根据表 7－9 的时钟沿规律,随后的步骤中,y1 和 y2 均被仿真器输出为1,故得到无振荡的 RTL 波形,如图 7－64 所示。

表 7－9　　阻塞赋值反馈振荡器仿真软件运行步骤

time(ns)	step	程序代码(图 7－64)	模块(图 7－63)	LHS	RHS	y1	y2	clk	rst
	0					x	x	x	x
0	1	R9:clk=1;		1	1	x	x	1	x
	2	R10:rst=1;		1	1	x	x	1	1
	3		R5:if (rst) y1=0;	0	0	0	x	1	1
	4		R8: if (rst) y2=1;	1	1	0	1	1	1
10	6	R15:always #10 clk=~clk;				0	1	0	1
20	7	R12:rst=0;				0	1	0	0
	8	R15:always #10 clk=~clk;				0	1	1	0
	9		R6:else y1 = y2;	1	1	1	1	1	0
	10		R9:else y2 = y1;	1	1	1	1	1	0
30	12	R15:always #10 clk=~clk;				1	1	0	0
40	13	R15:always #10 clk=~clk;				1	1	1	0
	14		R6:else y1 = y2;	1	1	1	1	1	0
	15		R9:else y2 = y1;	1	1	1	1	1	0

　　从软件的角度来看,阻塞赋值得到的 RTL 仿真波形并没有错,但真实硬件会如何运行,从门级仿真寻找答案,即在门级网表中,用硬件结构化的方式而不是用软件进程的方式描述具体的硬件模型。

　　表 7－9 中,step9 和 step10 发生在不同的时刻,对应寄存器 y1 和 y2 的捕获不在同一个时刻,因此得到无振荡输出。有些文献认为这是阻塞导致的竞争,事实上,如果硬件确定(见图 7－61 和图 7－63),此时是否发生竞争取决于时序分析。TimeQuest 会计算所有寄存器路径上的建立关系和保持关系,在时序未违规情况下(Slack＞0),图 7－65 这种寄存器的交叉耦合,应该在同一时刻完成,所以硬件电路的实际瞬时过程适合用非阻塞赋值描述,VHDL 正是这样做的。如果系统存在时序违规(Slack＜0),则描述这种电路的抽象模型,无论是 Verilog 的阻塞赋值,非阻塞赋值,或者是 VHDL 语言,都会发生同样的竞争,导致电路不稳定。

　　必须指出,虽然 Verilog 的阻塞赋值应用于综合目的有争议,但进入验证为王的时代后,同样的阻塞语言回到以执行指令流为根本的计算机中,此时阻塞语句竟然比非阻塞重要得多,此时阻塞的进程管理和线程管理特性得到发扬,它"反转"了。Verilog 还有很多这样"反转"的故事,最终导致新的 HDVL 语言 SystemVerilog 是继承 Verilog 而非 VHDL。

　　从代码模型分析的角度看,阻塞和非阻塞并没有本质区别。阻塞和非阻塞的实质是进程

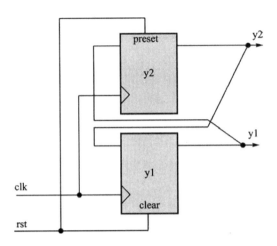

图 7 - 6　硬件电路的瞬时(并行)过程适用于非阻塞赋值描述

挂起的事实,这对于描述硬件电路串联和并联的拓扑关系并不贴切。关于阻塞赋值和非阻塞赋值一种有趣的观点是"乱了敌人,也乱了自己",它对于编程时不必要的麻烦远比它对分析综合的贡献大得多。传说中的 Verilog 四大怪:

　　　"寄存器,自己猜";

　　　"阻与不阻随便来";

　　　"常数当作参数用";

　　　"分号当帽头上戴"。

　　但是,在验证为王的时代,HDL 代码又重新回到电脑上,此时的阻塞语句的进程管理使得非综合目的的应用更方便和灵活,此时阻塞赋值语句竟然大放异彩,Verilog 反转了! 正应验了那句话:上帝也疯狂!

　　虽然 Verilog 有这些"可恨"之处,但可爱之处也很多(或者更多)。VHDL 虽没有"四大怪"硬伤,但它也会有一些"可恨"之处。正确的观点是:"吸其精华,去其糟粕",不要被阻塞和非阻塞困扰住自己,即可以遵循在沿敏感语句中使用非阻塞,在电平敏感语句中使用阻塞的一般性用法,也提倡类似 VHDL 那样,在全部行为赋值语句中使用非阻塞。

7.9　参考文献

　　[1]　Himanshu B.，*Advanced ASIC Chip Synthesis*，Boston，New York：Kluwer Acadimc Pubishers，2002.

　　[2]　"*Physical Compier User Guide*"，Synopsys：2000.

　　[3]　"*DFT Compiler User Guide*"，Synopsys：2000.

　　[4]　Alexander B.，Larysa T.，et al. *Logic Synthesis for FPGA－Based Finite State Machines*，Cham Heidelberg，New York：Springer，2016.

　　[5]　Alexander B.，Larysa T.，et al. *Logic Synthesis for Finite State Machine Based on Linear Chains of States*，*Cham Heidelberg*，New York：Springer，2016.

　　[6]　Adamski，M.，Barkalov，A. *Architectural and Sequential Synthesis of Digital Devices*. University of Zielona Gora Press，2006.

［7］Altera(Intel) Corp. Altera(Intel) Homepage. HTTP://www. altera. com.

［8］Xilinx Corp. Xilinx Homepage. HTTP://www. xilinx. com.

［9］Synopsys Corp. Synopsys Homepage. HTTP://www. synopsys. com.

［10］Candance Corp. Cadance Homepage. HTTP://www. cadance. com.

［11］IBM Corp. IBM Homepage. HTTP://www. ibm. com.

第8章 开漏输出和 I^2C 控制器设计实践

从本章开始,使用前述理论进行综合实践。本章重点讨论 I^2C 控制器。虽然 I^2C 控制器的速度不高,控制逻辑也不算太复杂。但纵览林林总总的 I^2C 的解决方案,有些并没有做到综合友好,有些甚至没有做到安全设计,各种源自 C 语言或嵌入算法的 HDL 代码,使得 I^2C 控制器的设计被蒙上一层面纱,或者代码复杂,或者不安全不稳定。本章将使用同步电路的观点,以及 CMOS 安全设计的观点,并综合运用状态机的线性序列机理论,采用国际上通常的解决方案为 I^2C 控制器提供一个设计,建模和验证的现代设计案例。

8.1 线与驱动和开漏输出

I^2C 总线(Inter – Integrated Circuit)采用两根低速信号线,包含所有总线具有的属性,例如主从控制属性和冲突仲裁属性等。由于两根信号线中有一根用于时钟 SCL,实际控制的仅为一根数据信号线 SDA 线。依据 SDA 线,挂在总线上的设备能够互相握手,正确地传输数据,正是依靠线与驱动逻辑才得以实现,如图 8 – 1 所示。

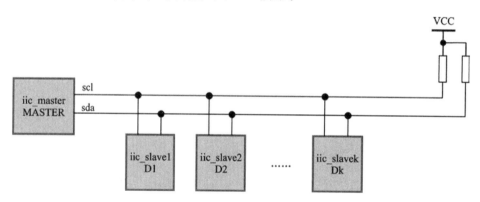

图 8 – 1 I^2C 采用单端(single – ended)线与信号作为总线

图为 I^2C 的典型主从传输架构。主机和从机之间,通过单端标准的单线进行交互。其之所以成为可能,正是由于线与的结果,如图 8 – 2 所示。

在总线控制中,主从之间必须能读总线的数据和状态,也必须能够写总线的数据和状态。这种对于同一根信号线,既读又写的机制如下所示:

(1)总线上的设备,若要读取线与总线上的数据和状态,则将其输出开关设置为断开。(sda_out=1),从 sda_in 读出的是当前总线的数据和状态。

(2)总线上的设备,若在总线上写1,则 sda_out=1,对应输出开关断开,上拉为高电平;若在总线上写0,则 sda_out=0,对应输出开关闭合,下拉为低电平。

(3)总线上的主从设备,依据 sda 与 scl 的配合规则,确定当前设备是读或是写。

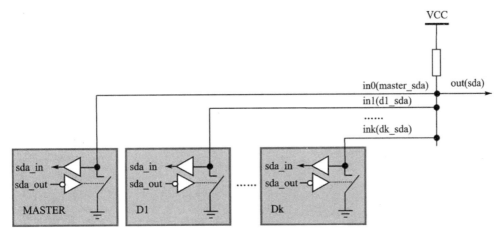

图 8 - 2　单端信号线实现总线的双向读写控制原理

显然,图 8 - 2 中,线与规则成立,即

$$out = in0 \cdot in1 \cdots ink \qquad (8-1)$$

根据式(8 - 1),任何设备输出端若为低电平,则强行将总线拉低。因此,这样的线与结构有可能发生多个设备驱动线路为低,但这并不影响总线的效能。如果采用 CMOS 的互补驱动的线与结构,则极有可能发生短路(国内康化光,阎石教材中多处提及这样危险),如 8 - 3 所示。

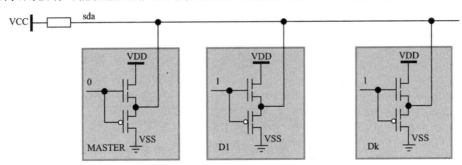

图 8 - 3　图腾柱互补驱动线与

在图中,如 MASTER 输出低电平,而其余设备输出高电平,则 MASTER 图腾柱的上位管截止,下位管导通;而其余设备的图腾柱的上位管导通,下位管截止,势必形成如图所示的短路情形,如图 8 - 4 所示。

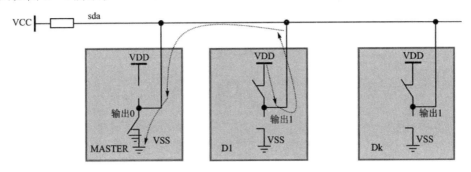

图 8 - 4　图腾柱互补驱动线与时的短路危险

在发生这种 CMOS 线与短路时,可能 CMOS 的内部电流保护电路能够动作,从而避免器件损坏。但这种危险仍然是许多 CMOS 手册中强调需要避免的。发生短路时,即便保护电路动作,也极有可能使得正常的逻辑变动紊乱,从而导致系统失败。对于线与驱动的比较典型的安全做法,则是开漏输出驱动(或双极性器件集电极开路输出)。现代 FPGA 器件中,其 IOE 均支持开漏输出。Altera 开漏输出的集成芯片,属于 Primitive,免费使用,如图 8-5 所示。

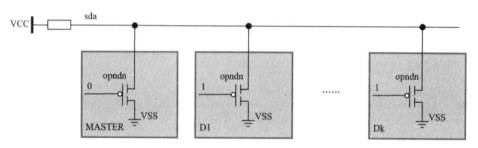

图 8-5 开漏输出安全驱动线与信号

采用开漏输出驱动线与信号时,若发生对线与 0 和 1 同时驱动,却不会发生任何危险,这是因为开漏驱动为截止时,线与信号与地的连接线已经断开,如图 8-6 所示。

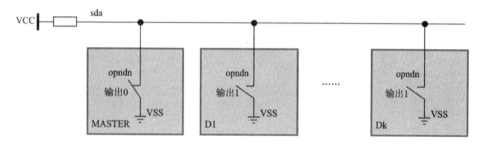

图 8-6 开漏输出安全驱动线与信号的等效电路

QuartusII 中,线与 IP 的名称,调用方法和原理图符号如下表 8-1 所列。

表 8-1 QuartusII 中的开漏输出

名　　称	opndrn
IP 位置	primitive/buffer
原理图符号	OPNDRN in ▷ out inst
例化	opndrn ＜name＞(.in(), .out())

续表 8－1

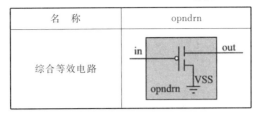

名　称	opndrn
综合等效电路	

8.2　基于开漏输出和线与的验证

如图 8－7 所示，采用开漏输出驱动线与结构的 I²C 信号时：

(1) 驱动器的 I²C 信号端口仅仅两个，即 sda 和 scl。

(2) 驱动器架构层，包含两个开漏输出电路，一个用于 sda 驱动，一个用于 scl 驱动。

(3) 驱动器架构层，包含一个支持开漏输出的驱动源 device_opndrn。

(4) 驱动源的 I²C 信号端口有四个，分别是 sda_in、sda_out、scl_in 和 scl_out。

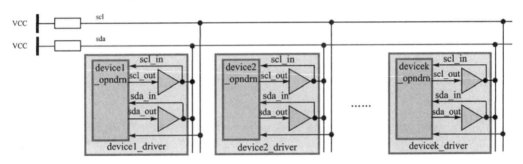

图 8－7　开漏输出驱动 I²C 信号

对驱动器 device_driver 进行功能验证时，需要使用驱动源 device_opndrn 模型而不是驱动器本身，并在程序代码中实现线与，如图 8－8 所示。

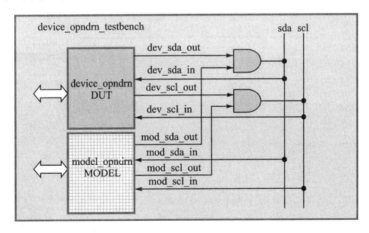

图 8－8　开漏输出驱动器的源级验证

8.3 I²C 的命令

8.3.1 启动命令

启动命令的动作序列(见图 8 - 9)：

(1) 在 T0 时刻,iic_scl 低电平中间位置,主机驱动 iic_sda 为高。

(2) 在 T2 时刻,iic_scl 高电平中间位置,主机驱动 iic_sda 为低。

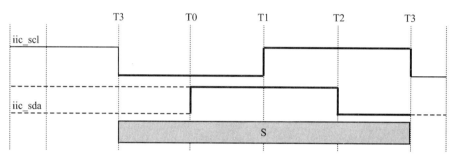

图 8 - 9   I²C 的启动命令周期

8.3.2 停止命令

停止命令的动作序列(见图 8 - 10)：

(1) 在 T0 时刻,iic_scl 低电平中间位置,主机驱动 iic_sda 为低。

(2) 在 T2 时刻,iic_scl 高电平中间位置,主机驱动 iic_sda 为高。

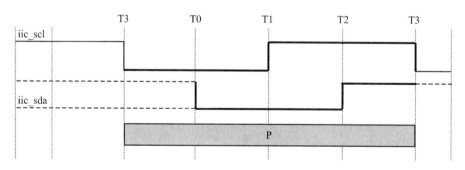

图 8 - 10   I²C 的停止命令周期

8.3.3 读命令

读命令的动作序列(含读应答),(见图 8 - 11)：

(1) 在 T0 时刻,iic_scl 低电平中间位置,从机驱动 iic_sda 为数据比特(0 或 1)。

(2) 在 T2 时刻,iic_scl 高电平中间位置,主机读出 iic_sda 的数据比特(0 或 1)。

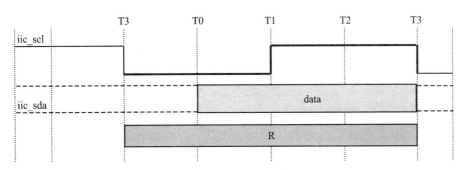

图 8 - 11　I²C 的读命令周期

8.3.4　写命令

写命令的动作序列(含写应答),(见图 8 - 12):

(1) 在 T0 时刻,iic_scl 低电平中间位置,主机驱动 iic_sda 为数据比特(0 或 1)。

(2) 在 T2 时刻,iic_scl 高电平中间位置,从机读出 iic_sda 的数据比特(0 或 1)。

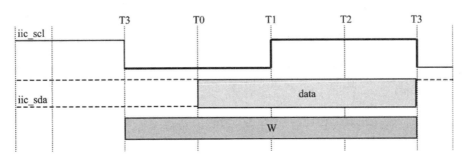

图 8 - 12　I²C 的写命令周期

8.4　具有开漏输出的 I²C 控制器设计

本节以 Microchip 的 24LC64 的 I²C 端口驱动为例,系统地介绍基于线与驱动的设计和验证过程。包括开漏驱动源 imd_opendrn.v 的设计和源代码,并在 8.5 节示例了使用该驱动器进行 EEPROM 设备读取和自检的一个实验电路。

8.4.1　设计需求

I²C 控制器设计需求:

(1) 设计一个 I²C 控制器,支持对具有 I²C 总线的 64 K 串行闪存器件(例如 EEPROM 设备 24LC64)的访问。

(2) 支持 I²C 总线,采用开漏输出安全驱动。

(3) 支持如表 8 - 2 所列的控制字节格式:

表 8 - 2　控制器的 I^2C 控制字节格式

起始位 (Start_bit)	控制字节(Control_Byte)							读/写(R/W)	应答位 (Ack_bit)
	从机地址(Slave_Address)								
	控制码(Control_Code)				片选码(Chip_Select_ Code)				
S	1	0	1	0	DA2	DA1	DA0	1 = Read 0 = Write	Ak

（4）支持如表 8 - 3 所列的 13 位双字节的数据访问地址：

表 8 - 3　控制器的 13 位双字节数据地址

数据地址高位字节(Address_High_Byte)								数据地址低位字节(Address_Low_Byte)							
X	X	X	A12	A11	A10	A9	A8	A7	A6	A5	A4	A3	A2	A1	A0

（5）支持字节写如图 8 - 13 所示。

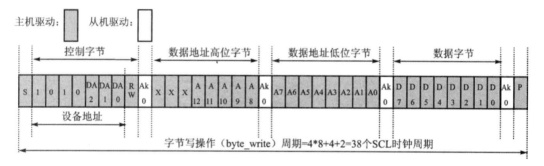

图 8 - 13　支持 I^2C 的字节写时序

（6）支持页面写如图 8 - 14 所示。

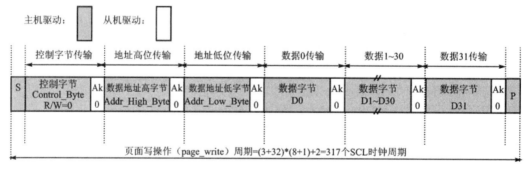

图 8 - 14　支持 I^2C 的页面节写时序

（7）支持随机读如图 8 - 15 所示。

（8）支持顺序读如图 8 - 16 所示。

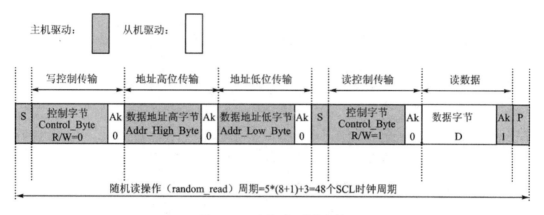

图 8-15　支持 I²C 的随机读

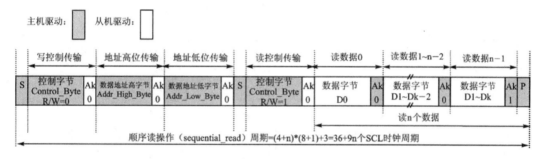

图 8-16　支持 I²C 的顺序读

8.4.2　顶层设计(主机驱动器)

顶层设计中与上游内核对接端,采用主从传输的从机请求等待模式,下游则是 I²C 的接口,其顶层框图如图 8-17 所示。

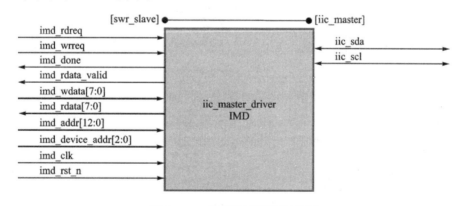

图 8-17　I²C 控制器的顶层框图

8.4.3　顶层架构(含开漏和驱动源)

图 8-18 所示为 imd_opndrn 为 I²C 驱动器的驱动源,例程 8-1 为其顶层代码。

图中,OD_SDA 和 OD_SCL 分别为对应的开漏输出模型。在对应的 Verilog 编码(例程 9-1)

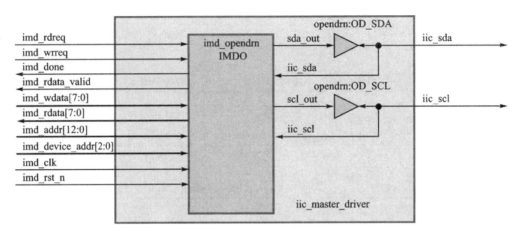

图 8 - 18　I²C 控制器的顶层架构

```
1   module iic_master_driver(imd_clk, imd_rst_n,        24          .imd_done(imd_done),
2       imd_rdreq, imd_wrreq, imd_done,                 25          .imd_rdata_valid(imd_rdata_valid),
3       imd_rdata_valid, imd_wdata, imd_rdata,          26          .imd_wdata(imd_wdata),
4       imd_addr, imd_device_addr,                      27          .imd_rdata(imd_rdata),
5       i2c_sda, i2c_scl);                              28          .imd_addr(imd_addr),
6                                                       29          .imd_device_a ddr(imd_device_addr),
7       input imd_clk, imd_rst_n;                       30          .sda_out(sda_out),
8       input imd_rdreq, imd_wrreq;                     31          .i2c_sda(i2c_sda),
9       output imd_done, imd_rdata_valid;               32          .scl_out(scl_out),
10      input [7:0] imd_wdata;                          33          .i2c_scl(i2c_scl)
11      output [7:0] imd_rdata;                         34      );
12      input [12:0] imd_addr;                          35
13      input [2:0] imd_device_addr;                    36      opndrn OD_SDA(
14      inout i2c_sda;                                  37          .in(sda_out),
15      inout i2c_scl;                                  38          .out(i2c_sda)
16                                                      39      );
17      wire sda_out, scl_out;                          40
18                                                      41      opndrn OD_SCL(
19      imd_opendrn IMDO(                               42          .in(scl_out),
20          .imd_clk(imd_clk),                          43          .out(i2c_scl)
21          .imd_rst_n(imd_rst_n),                      44      );
22          .imd_rdreq(imd_rdreq),                      45
23          .imd_wrreq(imd_wrreq),                      46  endmodule
```

例程 8 - 1　I²C 控制器的顶层代码

中,第 17 行为图 8 - 18 的中间信号,分别是 sda_out 和 scl_out;第 19 行至第 34 行,为开漏输出驱动器 imd_opendrn 的例化代码;第 36 行至 39 行以及第 41 行至 44 行,为开漏输出 IP 原语 opndrn 的例化,分别用于数据信号和时钟信号的开漏输出驱动。

8.4.4　开漏驱动源设计

这里采用线性序列机解决方案,在 LSM_1S 中产生动作序列(或状态),由两个部分组成,其 msq 部分产生命令序列,lsq 部分产生一个 scl 时钟周期中从 T0 到 T3 的 4 个部分。imd_clk 频率为 scl 的四倍。rd_wrn 为控制字节中的读写码,用于 LSM1 的转移控制。wb 为写比特,rb 为读比特,用于 iic_out 的读写操作。图 8 - 19 为其架构,例程 8 - 2 为其代码。

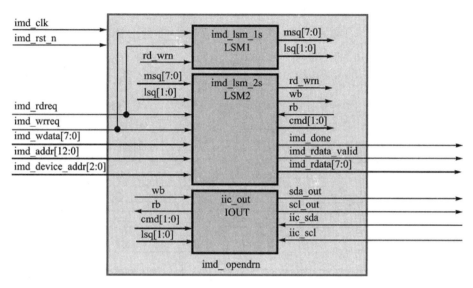

图 8 - 19 开漏 I²C 驱动源的线性序列机解决方案

1	`` `include "imd_opendrn_head.v" ``	32	imd_lsm_2s LSM2(
2	module imd_opendrn(imd_clk, imd_rst_n,	33	.imd_clk(imd_clk),
3	imd_rdreq, imd_wrreq, imd_done,	34	.imd_rst_n(imd_rst_n),
4	imd_rdata_valid, imd_wdata, imd_rdata,	35	.msq(msq),
5	imd_addr, imd_device_addr,	36	.lsq(lsq),
6	sda_out, i ic_sda, scl_out, iic_scl);	37	.imd_rdreq(imd_rdreq),
7		38	.imd_wrreq(imd_wrreq),
8	input imd_clk, imd_rst_n;	39	.imd_wdata(imd_wdata),
9	input imd_rdreq, imd_wrreq;	40	.imd_addr(imd_addr),
10	output imd_done, imd_rdata_valid;	41	.imd_device_addr(imd_device_addr),
11	input [7:0] imd_wdata;	42	.imd_done(imd_done),
12	output [7:0] imd_rdata;	43	.imd_rdata_valid(imd_rdata_valid),
13	input [12:0] imd_addr;	44	.imd_rdata(imd_rdata),
14	input [2:0] imd_device_addr;	45	.wb(wb),
15	output sda_out;	46	.rb(rb),
16	input iic_sda;	47	.rd_wrn(rd_wrn),
17	output scl_out;	48	.cmd(cmd)
18	input iic_scl;	49	);
19	wire [7:0] msq;	50	iic_out IOUT(
20	wire [1:0] lsq;	51	.imd_clk(imd_clk),
21	wire wb, rb, rd_wrn;	52	.imd_rst_n(imd_rst_n),
22	wire [1:0] cmd;	53	.wb(wb),
23	imd_lsm_1s LSM1(	54	.rb(rb),
24	.imd_clk(imd_clk),	55	.cmd(cmd),
25	.imd_rst_n(imd_rst_n),	56	.lsq(lsq),
26	.imd_rdreq(imd_rdreq),	57	.sda_out(sda_out),
27	.imd_wrreq(imd_wrreq),	58	.scl_out(scl_out),
28	.rd_wrn(rd_wrn),	59	.iic_sda(iic_sda),
29	.msq(ms q),	60	.iic_scl(iic_scl)
30	.lsq(lsq)	61	);
31	);	62	endmodule

例程 8 - 2 开漏 I²C 驱动源的顶层代码

1. 开漏驱动源的 I²C 输出驱动器

命令与信号:一个命令周期由 4 个 imd_clk 时钟周期(lsq 描述的 4 个小节)组成,如图 8 - 20 所示。

(1) T0 周期始于 iic_scl 的下降沿,止于 iic_scl 低电平的中心,其对应命令小节 lsq=0。

(2) T1 周期始于 iic_scl 低电平的中心位置,止于 iic_scl 的上升沿,其对应 lsq=1。

(3) T2 周期始于 iic_scl 的上升沿,止于 iic_scl 高电平的中心,其对应 lsq=2。

(4) T3 周期始于 iic_scl 高电平中心,止于 iic_scl 的下降沿,其对应 lsq=3。

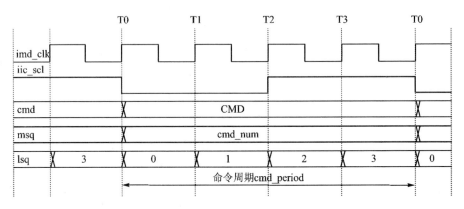

图 8-20 I²C 信号与线性序列机信号的命令周期

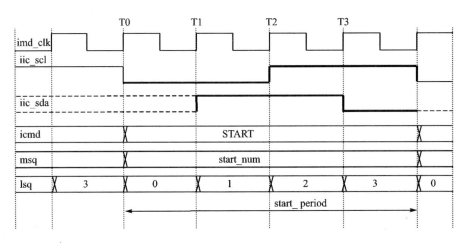

图 8-21 IOUT 的 start 命令周期

2. 启动命令 start(见图 8-21)

其状态转移如表 8-4 所列。

表 8-4 start 命令的线性序列机动作序列

msq	lsq	动作 Action	说明 Note
[start]	0	sda_out=1	[start]为 start 命令的序列编号
	1	scl_out=1	
	2	sda_out=0	
	3	scl_out=0	

(1) 停止命令 stop 见表 8-5 和图 8-22 的表述。

表 8 - 5 stop 命令的线性序列机动作序列

msq	lsq	动作 Action	说明 Note
[stop]	0	sda_out＝0	[stop]为 stop 命令的序列编号
	1	scl_out＝1	
	2	sda_out＝1	
	3	scl_out＝0	

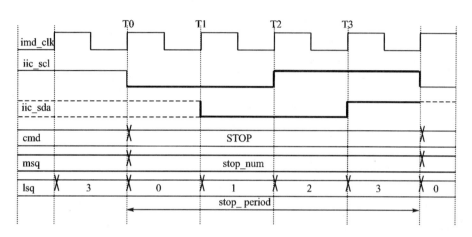

图 8 - 22 IOUT 的 stop 命令周期

（2）读命令 read 见图 8 - 23 和表 8 - 6 之描述。

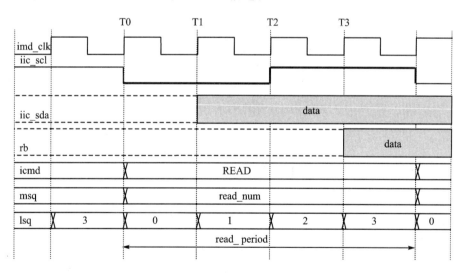

图 8 - 23 IOUT 的 read 命令周期

状态转移表如表 8 - 6 所列。

表 8 - 6 read 命令的线性序列机动作序列

msq	lsq	动作 Action	说明 Note
[read]	0	sda_out＝1	[read]为 read 命令的序列编号 rb 是 IOUT 的读数据输出端口
	1	scl_out＝1	
	2	rb＝iic_sda	
	3	scl_out＝0	

（3）写命令 write 见图 8 - 24 和表 8 - 7 之描述。

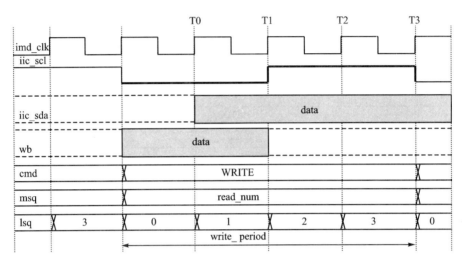

图 8 - 24 IOUT 的 write 命令周期

表 8 - 7 write 命令的 LSM 动作序列

msq	lsq	动作 Action	说明 Note
[write]	0	sda_out＝wb	[write]为 write 命令的序列编号 wb 是 IOUT 的写数据输入端口
	1	scl_out＝1	
	2		
	3	scl_out＝0	

（4）输出驱动器代码见例程 8 - 3。

```
1   `include "imd_opendrn_head.v"
2
3   module iic_out(imd_clk, imd_rst_n, wb, rb, cmd, lsq,
4       sda_out, scl_out, iic_sda, iic_scl);
5
6       input imd_clk, imd_rst_n;
7       input wb;
8       output reg rb;
9       input [1:0] cmd;
10      input [1:0] lsq;
11      output reg sda_out, scl_out;
12      input iic_sda, iic_scl;
13
14      always @ (posedge imd_clk)
```

```
15      begin : IOUT
16          if (!imd_rst_n)
17              begin
18                  sda_out <= 1;
19                  scl_out <= 1;
20                  rb <= 0;
21              end
22          else
23              case (cmd)
24              `START : case (lsq)
25                  0 : sda_out <= 1;
26                  1 : scl_out <= 1;
27                  2 : sda_out <= 0;
28                  3 : scl_out <= 0;
```

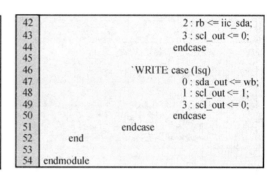

```
29                          endcase              42                      2 : rb <= iic_sda;
30                                               43                      3 : scl_out <= 0;
31          `STOP:  case (lsq)                   44                  endcase
32                  0 : sda_out <= 0;            45
33                  1 : scl_out <= 1;            46          `WRITE case (lsq)
34                  2 : sda_out <= 1;            47                  0 : sda_out <= wb;
35                  3 : scl_out <= 0;            48                  1 : scl_out <= 1;
36              endcase                          49                  3 : scl_out <= 0;
37                                               50                  endcase
38                                               51              endcase
39          `READ:  case (ls q)                  52      end
40                  0 : sda_out <= 1;            53
41                  1 : scl_out <= 1;            54 endmodule
```

例程 8 - 3   开漏 I²C 驱动源的输出驱动器代码

2. 开漏驱动源的线性序列机

字节写的 msq 序列见图 8 - 25。

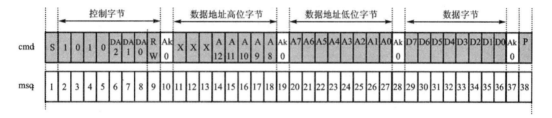

图 8 - 25   线性序列机的字节写序列编号

随机读的 msq 序列见图 8 - 26。

图 8 - 26   线性序列机的随机读的序列编号

据此,msq 对应的命令如表 8 - 8 所列。

表 8 - 8   I²C 开漏驱动器线性序列机的 msq 定义

msq	命　令	驱动者	说　明
1	启动命令:S	主机:Master	地址传输阶段: 设备地址 数据访问地址
2~9	控制字节:Control_Byte	主机:Master	
10	从机应答:AK	从机:Slave	
11~18	数据地址高字节:Addr_High_Byte	主机:Master	
19	从机应答:AK	从机:Slave	
20~27	数据地址低字节:Addr_Low_Byte	主机:Master	
28	从机应答:AK	从机:Slave	

续表 8 - 8

msq	命　　令	驱动者	说　　明
29~36	写数据字节:Write_Data	主机:Master	写数据字节传输阶段
37	从机应答:AK	从机:Slave	写数据字节传输阶段
38	写停止命令:P	主机:Master	写数据字节传输阶段
39	重新启动命令:S	主机:Master	读命令传输阶段
40~47	读控制字节:Control_Byte	主机:Master	读命令传输阶段
48	从机应答:AK	从机:Slave	读命令传输阶段
49~56	读数据字节:Read_Data	从机:Slave	读数据字节传输阶段
57	主机读应答:AK	主机:Master	读数据字节传输阶段
58	读停止命令:P		

对应的状态转移表(见表8-9)和代码(见例程8-4,例程8-5和例程8-6)如下:

表 8 - 9　I²C 开漏驱动器线性序列机的状态转移表

state		LSM_1S				LSM_2S	
name	msq	lsq=0	lsq=1	lsq=2	lsq=3	lsq=0	lsq=3
Reset	0	msq=0; lsq=0;				'CMD_RESET	
Idle	0	(imd_wrreq‖imd_rdreq);lsq=1	lsq=lsq+1	lsq=lsq+1	lsq=0; msq=msq+1	'CMD_IDLE	cmd='START
S(Start)	1	lsq=lsq+1	lsq=lsq+1	lsq=lsq+1	lsq=0; msq=msq+1		cmd='WRITE;wb=1
Controll_Byte	2~8	lsq=lsq+1	lsq=lsq+1	lsq=lsq+1	lsq=0; msq=msq+1		cmd='WRITE; wb={3'b010,dev_addr,1'b0}
Controll_Byte	9	lsq=lsq+1	lsq=lsq+1	lsq=lsq+1	lsq=0; msq=msq+1		cmd='READ
AK	10	lsq=lsq+1	lsq=lsq+1	lsq=lsq+1	lsq=0; msq=msq+1		ack=rb; cmd='WRITE
Addr_High_Byte	11~17	lsq=lsq+1	lsq=lsq+1	lsq=lsq+1	lsq=0; msq=msq+1		cmd='WRITE; wb=addr[12:8]
Addr_High_Byte	18	lsq=lsq+1	lsq=lsq+1	lsq=lsq+1	lsq=0; msq=msq+1		cmd='READ
AK	19	lsq=lsq+1	lsq=lsq+1	lsq=lsq+1	lsq=0; msq=msq+1		cmd='WRITE; wb=addr[7]; ack=rb
Addr_Low_Byte	20~26	lsq=lsq+1	lsq=lsq+1	lsq=lsq+1	lsq=0; msq=msq+1		cmd=WRITE; wb=addr[6:0]
Addr_Low_Byte	27	lsq=lsq+1	lsq=lsq+1	lsq=lsq+1	lsq=0; msq=msq+1		cmd='READ
AK	28	lsq=lsq+1	lsq=lsq+1	lsq=lsq+1	(! rd_wrn); lsq=0;msq=msq+1 (rd_wrn); lsq=0; msq=39		ack=rb (! rd_wrn);cmd=WRITE; wb=wdata[7] (rd_wrn);cmd=START
Write_Data	29~35	lsq=lsq+1	lsq=lsq+1	lsq=lsq+1	lsq=0; msq=msq+1		cmd='WRITE; wb=wdata[6:0]
Write_Data	36	lsq=lsq+1	lsq=lsq+1	lsq=lsq+1	lsq=0; msq=msq+1		cmd='READ
AK	37	lsq=lsq+1	lsq=lsq+1	lsq=lsq+1	lsq=0; msq=msq+1		ack=rb; cmd='STOP
P(Stop)	38	lsq=lsq+1	lsq=lsq+1	lsq=lsq+1	lsq=0; msq=0		cmd='NOP; imd_done=1
S(ReStart)	39	lsq=lsq+1	lsq=lsq+1	lsq=lsq+1	lsq=0; msq=msq+1		cmd='WRITE; wb=1
Control_Byte	40~46	lsq=lsq+1	lsq=lsq+1	lsq=lsq+1	lsq=0; msq=msq+1		cmd=WRITE; wb={3'b010,dev_addr,1'b1}

续表 8-9

state		LSM_1S					LSM_2S
Control_Byte	47	lsq=lsq+1	lsq=lsq+1	lsq=lsq+1	lsq=0；msq=msq+1		cmd=`READ
AK	48	lsq=lsq+1	lsq=lsq+1	lsq=lsq+1	lsq=0；msq=msq+1		ack=rb；cmd=`READ
Read_Data	49～55	lsq=lsq+1	lsq=lsq+1	lsq=lsq+1	lsq=0；msq=msq+1		rdata[7:1]=rb；cmd=`READ
Read_Data	56	lsq=lsq+1	lsq=lsq+1	lsq=lsq+1	lsq=0；msq=msq+1		rdata[0]=rb；cmd=`WRITE；wb=1
AK	57	lsq=lsq+1	lsq=lsq+1	lsq=lsq+1	lsq=0；msq=msq+1		cmd=`STOP
P(Stop)	58	lsq=lsq+1	lsq=lsq+1	lsq=lsq+1	lsq=0；msq=0		cmd=`NOP；imd_done=1；imd_rdata=rdata；imd_rdata_valid=1

`CMD_RESET：imd_done=1；imd_rdata_valid=0；imd_rdata=0；wdata=0；rdata=01；dev_addr=0；addr=0；ack=0；wb=0；cmd=NOP；rd_wrn=0

`CMD_IDLE：(imd_wrreq) rd_wrn=0；(imd_rdreq) rd_wrn=1；imd_rdata_valid=0；

imd_done=0；wdata=imd_wdata；dev_addr=imd_device_addr；addr_addr=imd_addr

```
1   module imd_lsm_1s(imd_clk, imd_rst_n, imd_rdreq,
2   rd_wrn, imd_wrreq, msq, lsq);
3       input imd_clk, imd_rst_n;
4       input imd_rdreq, imd_wrreq, rd_wrn;
5       output reg [7:0] msq;
6       output reg [1:0] lsq;
7       always @ (posedge imd_clk)
8       begin : LSM1
9         if (!imd_rst_n)
10          begin
11            msq <= 0;
12            lsq <= 0;
13          end
14        else
15          case ({msq, lsq})
16            {8'd0, 2'd0} if (imd_rdreq || imd_wrreq)
17              lsq <= 1;
18            {8'd28, 2'd3} : if (!rd_wrn)
19                begin lsq <= 0; msq <= 29; end
20            else
21                begin lsq <= 0; msq <= 39; end
22
23            {8'd38, 2'd3}   begin lsq <= 0; msq <= 0; end
24            {8'd58, 2'd3}   begin lsq <= 0; msq <= 0; end
25            default:    if (lsq >= 3)
26                begin lsq <= 0; msq <= msq + 1; end
27            else
28                lsq <= lsq + 1;
29          endcase
30      end
31
32   endmodule
```

例程 8-4　I²C 开漏驱动器线性序列机 LSM_1S 的代码

```
1    `include "imd_opendrn_head.v"
2
3    module imd_lsm_2s(imd_clk, imd_rst_n, msq, lsq, imd_rdreq, imd_wrreq, rd_wrn,
4        imd_wdata, imd_addr, imd_device_addr, imd_done, imd_rdata_valid, imd_rdata,
5        wb, rb, cmd);
6
7        input imd_clk, imd_rst_n;
8        input [7:0] msq;
9        input [1:0] lsq;
10       input imd_rdreq, imd_wrreq;
11       input [7:0] imd_wdata;
12       input [12:0] imd_addr;
13       input [2:0] imd_device_addr;
14       output reg imd_done, imd_rdata_valid;
15       output reg [7:0] imd_rdata;
16       output reg rd_wrn, wb;
17       input rb;
18       output reg [3:0] cmd;
19
20       reg [7:0] wdata, rdata;
21       reg [2:0] dev_addr;
22       reg [12:0] addr;
23       reg ack;
24
```

```
25    always @ (posedge imd_clk)
26    begin : LSM2
27        if (!imd_rst_n)
28            begin
29                imd_done <= 1;
30                imd_rdata_valid <= 0;
31                imd_rdata <= 0;
32                wdata <= 0;
33                rdata <= 0;
34                dev_addr <= 0;
35                addr <= 0;
36                ack <= 0;
37                wb <= 1;
38                cmd <= `WRITE;
39                rd_wrn <= 0;
40            end
41        else
42            case ({msq, lsq})
43                {8'd0, 2'd0}:    if (imd_wrreq || imd_rdreq) begin
44                                     rd_wrn <= imd_rdreq;
45                                     imd_done <= 0;
46                                     imd_rdata_valid <= 0;
47                                     wdata <= imd_wdata;
48                                     dev_addr <= imd_device_addr;
49                                     addr <= imd_addr;
50                                 end
51                {8'd0, 2'd3}:    cmd <= `START;
52                {8'd1, 2'd3}:    begin cmd <= `WRITE; wb <= 1; end
53                {8'd2, 2'd3}:    begin cmd <= `WRITE; wb <= 0; end
54                {8'd3, 2'd3}:    begin cmd <= `WRITE; wb <= 1; end
55                {8'd4, 2'd3}:    begin cmd <= `WRITE; wb <= 0; end
56                {8'd5, 2'd3}:    begin cmd <= `WRITE; wb <= dev_addr[2]; end
57                {8'd6, 2'd3}:    begin cmd <= `WRITE; wb <= dev_addr[1]; end
58                {8'd7, 2'd3}:    begin cmd <= `WRITE; wb <= dev_addr[0]; end
59                {8'd8, 2'd3}:    begin cmd <= `WRITE; wb <= 0; end
60                {8'd9, 2'd3}:    begin cmd <= `READ; end
61                {8'd10, 2'd3}:   begin ack <= rb; cmd <= `WRITE; end
62                {8'd11, 2'd3}:   begin cmd <= `WRITE; end
63                {8'd12, 2'd3}:   begin cmd <= `WRITE; end
64                {8'd13, 2'd3}:   begin cmd <= `WRITE; wb <= addr[12]; end
65                {8'd14, 2'd3}:   begin cmd <= `WRITE; wb <= addr[11]; end
66                {8'd15, 2'd3}:   begin cmd <= `WRITE; wb <= addr[10]; end
67                {8'd16, 2'd3}:   begin cmd <= `WRITE; wb <= addr[9]; end
68                {8'd17, 2'd3}:   begin cmd <= `WRITE; wb <= addr[8]; end
69                {8'd18, 2'd3}:   begin cmd <= `READ; end
70                {8'd19, 2'd3}:   begin ack = rb; cmd <= `WRITE; wb <= addr[7]; end
71                {8'd20, 2'd3}:   begin cmd <= `WRITE; wb <= addr[6]; end
72                {8'd21, 2'd3}:   begin cmd <= `WRITE; wb <= addr[5]; end
73                {8'd22, 2'd3}:   begin cmd <= `WRITE; wb <= addr[4]; end
74                {8'd23, 2'd3}:   begin cmd <= `WRITE; wb <= addr[3]; end
```

例程 8 - 5 I^2C 开漏驱动器线性序列机 LSM_2S 的代码

```
75                {8'd24, 2'd3}:   begin cmd <= `WRITE; wb <= addr[2]; end
76                {8'd25, 2'd3}:   begin cmd <= `WRITE; wb <= addr[1]; end
77                {8'd26, 2'd3}:   begin cmd <= `WRITE; wb <= addr[0]; end
78                {8'd27, 2'd3}:   begin cmd <= `READ; end
79                {8'd28, 2'd3}:   begin
80                                     ack <= rb;
81                                     if (!rd_wrn)
82                                         begin
83                                             cmd <= `WRITE;
84                                             wb <= wdata[7];
85                                         end
86                                     else
87                                         cmd <= `START;
88                                 end
89                {8'd29, 2'd3}:   begin cmd <= `WRITE; wb <= wdata[6]; end
90                {8'd30, 2'd3}:   begin cmd <= `WRITE; wb <= wdata[5]; end
91                {8'd31, 2'd3}:   begin cmd <= `WRITE; wb <= wdata[4]; end
92                {8'd32, 2'd3}:   begin cmd <= `WRITE; wb <= wdata[3]; end
93                {8'd33, 2'd3}:   begin cmd <= `WRITE; wb <= wdata[2]; end
```

```
94   {8'd34, 2'd3}:       begin cmd <= `WRITE; wb <= wdata[1]; end
95   {8'd35, 2'd3}:       begin cmd <= `WRITE; wb <= wdata[0]; end
96   {8'd36, 2'd3}:       begin cmd <= `READ; end
97   {8'd37, 2'd3}:       begin ack <= rb; cmd <= `STOP; end
98   {8'd38, 2'd3}:       begin wb <= 1; cmd <= `WRITE; imd_done <= 1; end
99   {8'd39, 2'd3}:       begin wb <= 1; cmd <= `WRITE; end
100  {8'd40, 2'd3}:       begin wb <= 0; cmd <= `WRITE; end
101  {8'd41, 2'd3}:       begin wb <= 1; cmd <= `WRITE; end
102  {8'd42, 2'd3}:       begin wb <= 0; cmd <= `WRITE; end
103  {8'd43, 2'd3}:       begin wb <= dev_addr[2]; cmd <= `WRITE; end
104  {8'd44, 2'd3}:       begin wb <= dev_addr[1]; cmd <= `WRITE; end
105  {8'd45, 2'd3}:       begin wb <= dev_addr[0]; cmd <= `WRITE; end
106  {8'd46, 2'd3}:       begin wb <= 1; cmd <= `WRITE; end
107  {8'd47, 2d3}:        begin cmd <= `READ; end
108  {8'd48, 2'd3}:       begin ack <= rb; cmd <= `READ; end
109  {8'd49, 2'd3}:       begin rdata[7] <= rb; cmd <= `READ; end
110  {8'd50, 2'd3}:       begin rdata[6] <= rb; cmd <= `READ; end
111  {8'd51, 2'd3}:       begin rdata[5] <= rb; cmd <= `READ; end
112  {8'd52, 2'd3}:       begin rdata[4] <= rb; cmd <= `READ; end
113  {8'd53, 2'd3}:       begin rdata[3] <= rb; cmd <= `READ; end
114  {8'd54, 2'd3}:       begin rdata[2] <= rb; cmd <= `READ; end
115  {8'd55, 2'd3}:       begin rdata[1] <= rb; cmd <= `READ; end
116  {8'd56, 2'd3}:       begin rdata[0] <= rb; cmd <= `WRITE; wb <= 1; end
117  {8'd57, 2'd3}:       begin cmd <= `STOP; end
118  {8'd58, 2'd3}:       begin
119                           cmd <= `WRITE; wb <= 1; imd_done <= 1;
120                           imd_rdata_valid <= 1; imd_rdata <= rdata;
121                       end
122               endcase
123       end
124
125 endmodule
```

例程 8-6 I²C 开漏驱动器线性序列机 LSM_2S 的代码(续)

在线性序列机的状态转移表 8-9 中,按照 I²C 的命令序列 msq 执行对应的 4 个 lsq 动作。根据图 8-19 的架构,线性序列机 LSM_2S 发给 IOUT 的命令 cmd 和 wb 信号 rb 信号,这些信号均为闭节点,根据同步电路离散信号分析的结论(参见 5.8 节),这些信号均为单拍矢量,从激励至引用为 1 拍,故状态转移表(见表 8-9)中,读写操作的 cmd 和写操作的 wb 必须先一拍发出。例如在 S(start)的 lsq=3,先行发出 cmd=write 命令,又例如控制字节的 msq 序列是 2~9,这里 8 位控制字节的最高位 MSB 提前在 msq=1 时发出,而 LSB 则在 msq=8 时发出。在 msq=9 时发出的 cmd=write,则是以后的写应答 AK 的命令。

线性序列机第一段 LSM_1S(见例程 8-4)由 msq 和 lsq 产生组成的状态序列,遵循表 8-9 中 LSM_1S 一系列的动作,而大部分相同的动作写在 25 行至 28 行的 default 分支中,第 16 行至第 24 行则描述了表 8-9 中几个关键而不同的动作。

8.4.5 开漏驱动源的验证

I²C 设备的验证需要该设备的仿真模型,通常这种仿真模型是采用 CSV 编码(Coding Style for Verification,基于验证的编码),例子代码中包含有 Microchip 公司 ATLC64 的 CSV 仿真模型(源代码:<例子程序文件夹>\code\chapter8\iic_master_driver\at24c64_model.v)。

代码中(例程 8-7),开漏驱动源在代码中进行 I²C 的线与验证(参见 8.2 节)。

```
 1   `timescale 1us/1ns                               61        );
 2                                                    62
 3   module iic_master_driver_tb;                     63        initial begin
 4                                                    64            imd_clk = 1;
 5       reg imd_clk;                                 65            imd_rst_n = 0;
 6       reg imd_rst_n;                               66            imd_rdreq = 0;
 7       reg imd_rdreq, imd_wrreq;                    67            imd_wrreq = 0;
 8       wire imd_done, imd_rdata_valid;              68            imd_wdata = 0;
 9       wire [7:0] imd_rdata;                        69            imd_device_addr = 0;
10       reg [7:0] imd_wdata;                         70            imd_addr = 0;
11       reg [2:0] imd_device_addr;                   71
12       reg [12:0] imd_addr;                         72            #200
13       wire iic_scl,iic_sda;                        73            @ (posedge imd_clk)
14       wire scl_out,sda_out;                        74            imd_rst_n = 1;
15       wire scl_od, sda_od;                         75
16                                                    76            #200
17       reg [39:0] cmd_monitor;                      77            @ (posedge imd_clk)     //100H写入55H
18                                                    78            imd_wrreq = 1;
19       `define START 2'd0                           79            imd_addr = 13'h0100;
20       `define STOP  2'd1                           80            imd_wdata = 8'h55;
21       `define READ  2'd2                           81            @ (posedge imd_clk)
22       `define WRITE 2'd3                           82            imd_wrreq = 0;
23                                                    83            @ (posedge imd_clk)
24       always @ (*)                                 84            @ (posedge imd_clk)
25       begin                                        85            @ (posedge imd_done)
26           case (DUT.cmd)                           86
27               `START : cmd_monitor = "START";      87            @ (posedge imd_clk)     //110H写入66H
28               `STOP  : cmd_monitor = "STOP";       88            imd_wrreq = 1;
29               `READ  : cmd_monitor = "READ";       89            imd_addr = 13'h0110;
30               `WRITE: cmd_monitor = "WRITE";       90            imd_wdata = 8'h66;
31               default : cmd_monitor = "?????";     91            @ (posedge imd_clk)
32           endcase                                  92            imd_wrreq = 0;
33       end                                          93            @ (posedge imd_clk)
34                                                    94            @ (posedge imd_clk)
35       assign iic_scl = scl_out & scl_od;           95            @ (posedge imd_done)
36       assign iic_sda = sda_out & sda_od;           96
37                                                    97            @ (posedge imd_clk)     //从100H读出55H
38       imd_opendrn DUT(                             98            imd_rdreq = 1;
39           .imd_clk(imd_clk),                       99            imd_addr = 13'h0100;
40           .imd_rst_n(imd_rst_n),                  100            @ (posedge imd_clk)
41           .imd_rdreq(imd_rdreq),                  101            imd_rdreq = 0;
42           .imd_wrreq(imd_wrreq),                  102            @ (posedge imd_clk)
43           .imd_done(imd_done),                    103            @ (posedge imd_clk)
44           .imd_rdata_valid(imd_rdata_valid),      104            @ (posedge imd_done)
45           .imd_rdata(imd_rdata),                  105
46           .imd_wdata(imd_wdata),                  106            @ (posedge imd_clk)     //从110H读出66H
47           .imd_device_addr(imd_device_addr),     107            imd_rdreq = 1;
48           .imd_addr(imd_addr),                    108            imd_addr = 13'h0110;
49           .iic_scl(iic_scl),                      109            @ (posedge imd_clk)
50           .iic_sda(iic_sda),                      110            imd_rdreq = 0;
51           .scl_out(scl_out),                      111            @ (posedge imd_clk)
52           .sda_out(sda_out)                       112            @ (posedge imd_clk)
53       );                                          113            @ (posedge imd_done)
54                                                   114
55       at24c64_model I2C(                          115            #200 $stop;
56           .scl(iic_scl),                          116        end
57           .scl_od(scl_od),                        117
58           .sda(iic_sda),                          118        always #1.25 imd_clk = ~imd_clk;
59           .sda_od(sda_od),                        119
60           .a(3'd0)                                120   endmodule
```

例程 8 - 7　I²C 开漏驱动器的验证平台代码

执行仿真后,得到仿真波形如图 8 - 27 和图 8 - 28 所示。

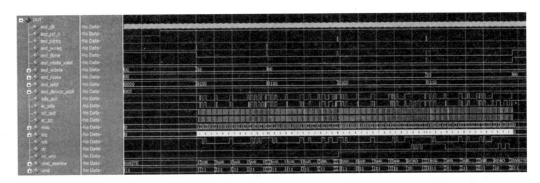

图 8-27 I²C 开漏驱动源的仿真波形全程

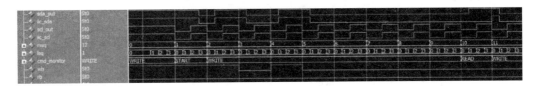

图 8-28 I²C 开漏驱动源的仿真波形局部

8.5 应用例子

在下面的应用例子中,控制器模块对闪存芯片 AT24C64 芯片进行扫描检查,按地址顺序执行写入和读出,如果读出和写入不一致,则报告错误,并终止扫描。由于是读写的顺序检查,每一次读和写一个字节,故 I²C 控制器部分仅仅需要字节写和随机读即可。全部源代码位于:"<例子程序文件夹>\code\chapter8\imd_example\"。设计要求为:

(1) 从 0 地址到 13'h1fff,顺序执行一次写和一次读。

(2) 将该写入的数据和读出的数据用数码管显示,最大值 8191D。

(3) 读写状态显示分别用一个 LED 灯指示,显示时间为 100 ms。

(4) 若读出的数据与写入数据不符合,则停止运行,指示错误的 LED 灯亮。

实验所需要的开发资源:

(1) 分频器模块:frequency_divider_mealy_fsm1s.v。

(2) 开发版资源:jf3.tcl。

(3) 七段数码管驱动:led6_driver.v。

(4) 二进制转 BCD(LPM):bin2bcd.v。

(5) at24c64 的仿真模型:at24c64_model.v。

据此,得到顶层框图设计(见图 8-29),以及其端口见表 8-10 说明。根据顶层设计和需求,得到开漏驱动源架构,如图 8-31 所示。

8.5.1 顶层设计

全局置位后,图 8-29 所示的顶层,将开始执行 13 位地址的闪存自检过程,其 iic_sda 和 iic_scl 连接的具有 I²C 接口的 EEPROM 设备;seg_n 和 sel 端口则连接到开发板的七段数码

管引脚(前者是七段码,后者是字选
择);read_n、write_n 和 error_n 则连
接到负逻辑指示灯,分别指示读周期、
写周期和错误周期。同样,支持开漏
输出的 I^2C 设备,其第二层必定是一
个 开 漏 驱 动 源 ie_opendrn_v10,
图 8-30 为顶层和开漏驱动源的关
系:在顶层架构中,是由开漏驱动源和
开漏驱动器电路组成。

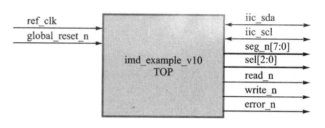

图 8-29　I^2C 控制器例子的顶层框图

　　端口说明如表 8-10 所列。

表 8-10　I^2C 控制器例子顶层信号说明表

信号名	宽度	方向	说明
ref_clk	1	input	锁相环参考时钟,50M
global_reset_n	1	input	全局复位信号,负逻辑
iic_sda	1	inout	I^2C 的 sda 信号
iic_scl	1	inout	I^2C 的 scl 信号
seg_n[7:0]	8	output	七段数码管的七段码总线
sel[2:0]	3	output	七段数码管的字选信号,sel 为 0 位选择 MSB
read_n	1	output	读周期指示,负逻辑,用于接 LED 指示读周期
write_n	1	output	写周期指示,负逻辑,用于接 LED 指示写周期
error_n	1	output	错误指示,负逻辑,用于指示检测到错误

8.5.2　具有开漏驱动源的顶层架构

　　使用开漏驱动源的顶层架构(见图 8-30),以及其架构(见图 8-31)如下:

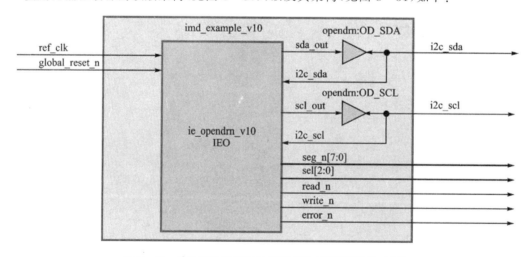

图 8-30　I^2C 控制器例子的顶层架构(开漏驱动驱动源)

开漏驱动源(见图 8-31)中,使用了 6 个组件,形成 7 个例化的部件(见表 8-11)。其中的 I²C 开漏驱动源则是 8.4.4 节讨论和实现的模型,它具有通过 imd 前缀的流信号透明访问 I²C 设备(EEPROM 设备)的能力。主控制器协调指挥所有的 6 个组件运行(见图 8-32)。

(1) 主控制器向 IMD 的 data 地址处(此时 data 为 0)写入 55H。

(2) 写结束后延迟 50 ms,并在同一地址处读出该数据。若有错则 error_n 为真,停在 s7。

(3) 若当前读出数据无错,则再次延迟 50 ms,然后地址数据加一(data+1),转 s0 继续写。

(4) 反复循环,直至 data=8191 后停止在 s7。

注意:主控制器输出地址数据 data,转换为十进制后通过 led_driver 在七段数码管显示。

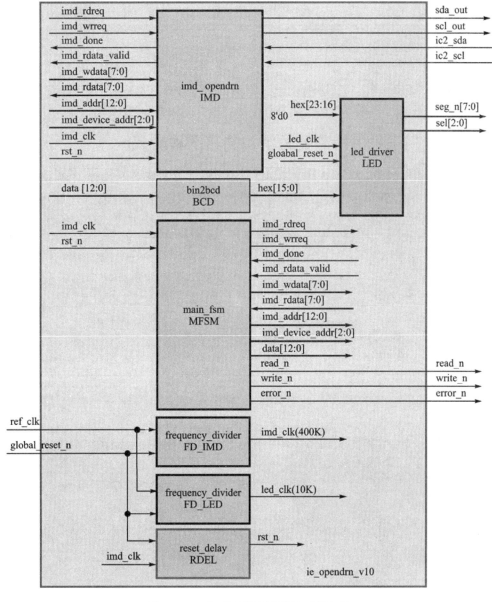

图 8-31　I²C 控制器例子的驱动源架构

其中组件说明如表 8-11 所列。

表 8-11　I^2C 控制器例子驱动源架构中的组件说明

组件名	实例名	提供者	功能说明
imd_opendrn	IMD	8.4	I^2C 主机驱动器
led_driver	LED	3.9.1	七段数码管的驱动器(六字)
bin_bcd	BCD	3.3	二进制转 BCD 码,这里采用参数可定制的转换器
main_fsm	MFSM	当前章节	主控状态机
frequency_divider	FD_IMD	4.5	从参考时钟 50 MHz 的参考时钟 ref_clk,分频为 400 kHz 的 imd 时钟
frequency_divider	FD_LED	4.5	从参考时钟 50 MHz 的参考时钟 ref_clk,分频为 10 kHz 的 led 时钟
reset_delay	RDEL	当前章节	将异步全局时钟复位 global_reset_n 得到本地同步复位信号 rst_n

图 8-31 中,使用参数可定制的分频器(frequency_divider),将 50 MHz 参考时钟分频为 10 kHz 的七段数码管时钟 led_clk 和 400 kHz 的 imd_clk,IMD 模块在 400 kHz 的 imd_clk 驱动下,将得到 100 kHz 的 I^2C 时钟 iic_scl。当前设计中具有两个相关时钟域,即 400 kHz 的 imd_clk 和 10 kHz 的 led_clk,它们的同步复位信号由 RDEL 模块生成。

8.5.3　设计例子中主控制器的状态转移图和验证

图 8-32 为主控制器的状态转移图,置位后 s0~s3 完成一次字节写,s3 延迟 50 ms 后,至 s5 将该地址数据读出,并与写入的数据比较,相同(正确)则转 s6 后,地址递增(data+1)转 s0 继续,否则报错转 s7 执行死循环。当地址检查至 8 191 个后仍然正确,则从 s6 转 s7 死循环,并报告完成检查。验证代码和仿真波形,可参见"<例子程序文件夹>\code\chapter8\imd_example\"中的文件。

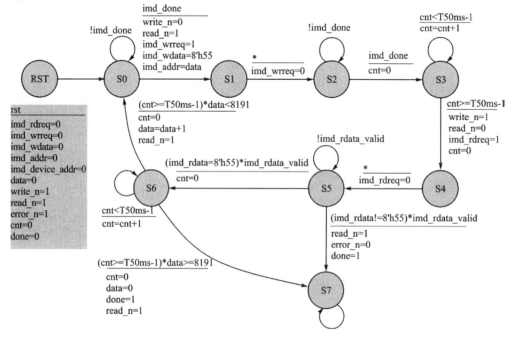

图 8-32　主控制器的状态转移

基于开漏驱动源的验证(见 8.2 节)如图 8-33 所示。

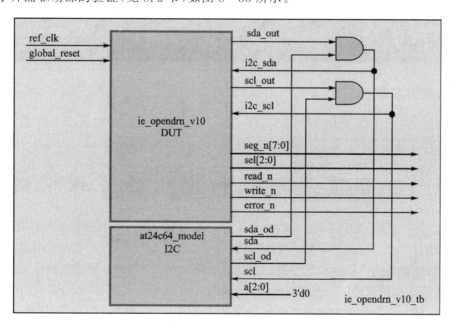

图 8-33　I²C 控制器例子的开漏线与验证

第9章 精简指令集CPU设计实践

本章将通过一个内置程序 SPM(Stored - Program Machine)的精简指令集 CPU,完整地介绍一个 CPU"造芯"的现代设计实践。

9.1 分段序列机和控制的管理模式

在 4.9 节中介绍过算法机(ASM)的概念。算法机中的一种常用方式是对数据通道(DATAPATH)的控制,称为算法机的控制管理模式(ASMD)。当控制机是由有限状态机(FSM)组成时,则称为有限状态机的控制管理模式(FSMD)。其中有限状态机作为控制器,实现逻辑则由称为数据通道的有限自动机完成,如图 9-1 所示。此时,数据通道执行具体的逻辑功能,接受控制器的指挥,并向有限状态机反馈必要的信息。正如 4.9 节介绍,这种控制器+有限自动机的组合(FSMD,ASMD,LSMD)是许多复杂设计的首选解决方案。以下的 RISC - CPU 的设计实践,将采用有限状态机(FSMD)的控制管理模式。

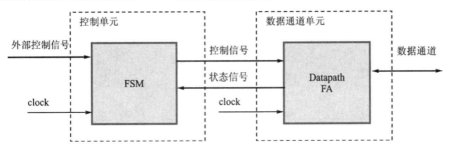

图 9-1 控制和逻辑实现分离的有限状态的控制管理模式

由于类似 RISC - CPU 的控制过程大都可用线性序列机描述,即用节拍等于状态的形式,在不同节拍的取指和执行指令的操作,相同指令执行相同指令周期,这种分段的线性序列的描述,同样可以使用线性序列机(LSM)方式,称为分段线性序列机 PLSM(Partitioned LSM)。在分段线性序列机中,有若干个线性序列段,当前状态在线性序列段时,按线性序列机方式设计和运行;状态分支的时候,则按照有限状态机(FSM)方式进行转移如图 9-2 所示。

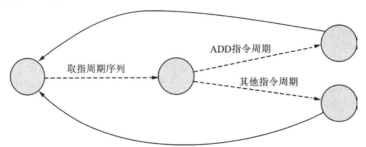

图 9-2 用分段线性序列机描述 RISC - CPU

例如,取指序列的状态转移表是一个线性序列,如表 9-1 所列。

表 9-1　分段线性序列机的动作序列用序列机的状态转换表进行设计

节拍(Beat)	设置动作(Assert)	恢复动作(Deassert)	潜伏期(Latency)	说明(Note)
Reset	load_ir=0			
0	load_ir=1			
…		load_ir=0	IR=ir	

对于 PLSM 规划,则可以使用如图 9-2 所示的状态转移图(SDG)描述分段转移,对于每个线性序列用对应的状态转移表(SMF)描述(参见 4.10 节和表 9-1)。对于 RISC_CPU 设计中的线性序列分段和总体运行控制,则采用有限状态机的状态转移图描述和设计,如图 9-2 所示。

以上这种使用数据通道和它的控制器方式(ASMD 或 FSMD)广泛应用于许多场合。由于线性序列机是有限状态机的特例,所以分段线性序列机方式归类于有限状态机。在 RISC_CPU 设计中,使用数据通道描述指令的获取,运算和数据的读取以及外部接口的访问等功能,数据通道中的模块,根据简单的命令信号执行简单的数据流操作;使用单独的控制器指挥数据通道协同完成一些复杂的操作,此时,控制器按照序列机的状态转移(SMF)表的序列,向数据通道发出一系列命令,这些命令在合适的时候发往合适的地点,因此需要进行潜伏期的规划和计算。

9.2　需求和指令

以 RISC_SPM 架构为例,完整运用上述设计方案和同步电路理论和工具,完成 HDL 的设计实践。例子中使用 Verilog 的 Memory 语句描述存储器,既用于保存指令,又用于访问数据,该例子为冯·诺依曼结构。

在这个例子中,使用一个具有 4 条运算指令(加、减、与、非)、2 条数据访问指令(读、写)和 2 条转移指令(无条件跳转、零标志转移)的 RISC_CPU,它有四个寄存器,分别为 R0～R3,并且有一个自己的存储器,如图 9-3 所示。置位后,通过运行手编的汇编机器码,验证设计并下板实际测试(流水灯等)。

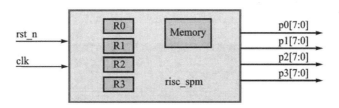

图 9-3　设计例子 RISC_SPM

RISC_SPM 例子中的设计需求如下:
- 四个 8 位寄存器:R0、R1、R2、R3。
- 宽度为 8 位、深度为 256 字的芯片内存储器。
- 具有 4 个 8 位的输出端口:p0、p1、p2、p3,用于驱动实验设备。
- 双操作数指令,即源操作数和目标操数。
- 具有 4 条运算指令:ADD、AND、NOT、SUB。

- 具有 2 条间接寻址的数据访问指令：RD、WR。
- 具有 2 条间接寻址的转移指令：BR(无条件转移)和 BRZ(零标志转移)。
- 具有 1 条空操作指令和 1 条停机指令：NOP、HALT。
- 具有 1 条输出指令 OUT。
- 具有内部寄存器的增量指令 INC 和减量指令 DEC。
- 具有 1 条立即数指令 IMM。
- 具有一个外部中断请求端口，支持一个外部中断源。

通过这个 RISC_SPM 设计例子，介绍和体验现代"造芯"的一个虽简单但完整的实践过程。内置存储器机器(SPM)，可以使用 FPGA 内部的存储器资源构成，这在教学实验时非常方便。但不足之处是，FPGA 芯片内部的存储器资源通常并不多，不足以支持更大的程序和数据。因此，这个 RISC_SPM 并不适合直接作为 CPU 核使用。

基于上述设计需求，指令格式有两种：短指令格式(用于访问寄存器)和长指令格式(用于访问存储器中的数据)。

短指令格式：

操作码				源		目标	
B7	B6	B5	B4	B3	B2	B1	B0

长指令格式：

表 9 - 2　RISC - SPM 的指令格式

操作码				源		目标		地址							
B15	B14	B13	B12	B11	B10	B9	B8	B7	B6	B5	B4	B3	B2	B1	B0

指令码的设计如表 9 - 3 所列。

表 9 - 3　RISC - SPM 指令的机器码表

指　令	机器码(短指或长指高字节)			机器码(长指低字节)	标志位	动　作
	操作码	源	目标	地　址	z_flag	
NOP	0000	??	??			none
ADD	0001	src	dest		影响	dest+src=>dest
SUB	0010	src	dest		影响	dest−src=>dest
AND	0011	src	dest		影响	dest&src=>dest
NOT	0100	src	dest		影响	~src=>dest
RD *	0101	??	dest	addr		memory[addr]=>dest
WR *	0110	src	??	addr		src=>dest
BR *	0111	??	??	addr		memory[addr]=>pc

BRZ *	1000	??	??	addr		if(z_flag)
						　　memory[addr]=>pc
						else
						　　none

续表 9-3

指　令	机器码（短指或长指高字节）			机器码（长指令低字节）	标志位	动　作
	操作码	源	目标	地　址	z_flag	
OUT	1001	src	port			src＝＞port
INC	1010	??	dest		影响	src＋1＝＞dest
DEC	1011	??	dest		影响	src－1＝＞dest
IMM *	1100	??	dest	addr		addr＝＞dest
RTI	1101	??	??			ret_reg＝＞pc（中断返回）
HALT	1111	??	??			停机直到复位

注：
带 * 号为长指令格式；?? 号表示不用管
复位向量 RST_VECTOR＝8'h00
中断向量 INT_VECTOR＝8'hF0

9.3　顶层设计和顶层架构

根据需求,得到顶层框图如图 9-4 所示以及它的端口说明,如 9-4 所列。

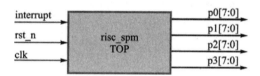

图 9-4　精简指令集 CPU 设计例子的顶层框图

表 9-4　顶层端口列表

端口名	宽　度	方　向	说　明
clk	1	input	工作时钟 50M
rst_n	1	input	同步复位信号,负逻辑
interrupt	1	input	外部中断请求
p0	8	output	八位输出端口 0,用于驱动实验设备
p1	8	output	八位输出端口 1,用于驱动实验设备
p2	8	output	八位输出端口 2,用于驱动实验设备
p3	8	output	八位输出端口 3,用于驱动实验设备

以实现需求和指令为目的,RISC_SPM 的架构设计如图 9-5 所示。

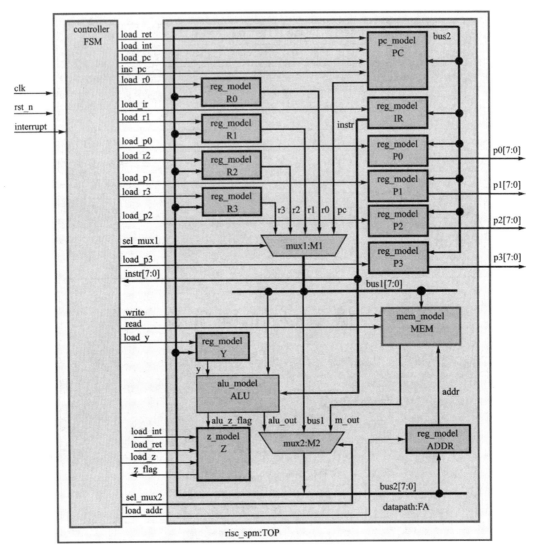

图 9 - 5　RISC_SPM 的顶层架构

9.4　中断设计和系统层次结构

控制器模块内含中断标志寄存器和主控制器。中断标志寄存器触发中断标志位 int_flag，并接受主控制器的中断屏蔽(int_mask)和清中断标志(int_clera)的控制，如图 9 - 6 所示。

中断标志寄存器中的内部中断标志 interrupt_flag，由外部中断请求触发为 1，由控制器发出的清中断标志 int_clear 清除为 0，其架构见图 9 - 7，代码见例程 9 - 1。

系统构成全部层次系统(显模 Explicit Model 架构)如图 9 - 8 所示。

1. 进入中断

(1) 外部中断请求触发中断标志寄存器为真。

(2) 若控制器管理的中断屏蔽 int_mask 为假，则中断标志位 int_flag 为真。

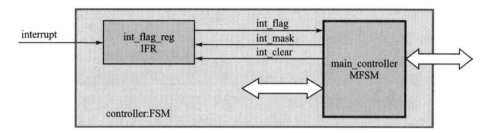

图 9-6 主控制内的中断标志寄存器

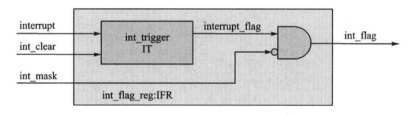

图 9-7 中断标志寄存器 IFR 的架构

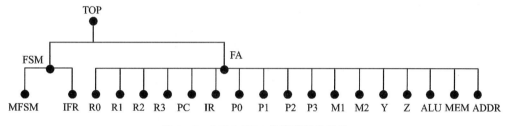

图 9-8 RISC_SPM 的代码层次结构

（3）控制器在取指周期的第一个时钟周期,若检测到 int_flag 为真,则向计数器发出装入中断向量命令 load_int。load_int 也发送给 Z,Z 将零标志位保存到 z_reg 中。

（4）计数器模块在收到装入中断向量命令 load_int 后,将当前计数器保存到中断返回寄存器 ret_reg 中,将中断向量装入计数器。

（5）控制器关中断（中断屏蔽为 int_mask 设置为真）。

（6）控制器开始取指周期,进入中断服务程序。

2. 退出中断

（1）中断服务程序的最后一条指令是中断返回指令 RTI。

（2）控制器的取指周期,执行 RTI,向计数器发出装入返回地址 load_ret 的命令,同时向中断标志寄存器发出清中断标志命令 int_clear。

（3）程序指针模块在收到装入返回地址 load_ret 命令后,将保存的现场地址 ret_reg 重新装入程序指针。该命令也发送给 Z,Z 则将现场零标志位 z_reg 恢复给 z_flag。

（4）中断标志寄存器在收到清中断标志命令 int_clear 后,清除中断标志。

（5）控制器开始继续运行恢复现场后的被中断的源程序。

```
1    module int_flag_reg(clk, rst_n, interrupt, int_flag, int_mask, int_clear);
2
3        input clk, rst_n, interrupt;
4        output int_flag;
5        input int_mask, int_clear;
6
7        reg interrupt_flag;
8
9        always @ (posedge int_clear, posedge interrupt, negedge rst_n)
10       begin
11           if (!rst_n)
12               interrupt_flag <= 0;
13           else if (interrupt)
14               interrupt_flag <= 1;
15           else if (int_clear)
16               interrupt_flag <= 0;
17       end
18
19       assign int_flag = ~int_mask & interrupt_flag;
20   endmodule
```

例程 9 – 1   中断标志寄存器代码

顶层代码如例程 9 – 2 所示。

```
1    module risc_spm(clk, rst_n, interrupt,p0, p1,p2, p3);
2
3        input clk, rst_n;
4        input interrupt;
5        output [7:0] p0, p1, p2, p3;
6
7        wire load_pc, inc_pc,load_int, load_ret
8        wire load_r0,load_r1, load_r2, load_r3;
9        wire load_ir;
10       wire load_p0, load_p1, load_p2, load_p3;
11       wire [2:0] sel_mux1;
12       wire [7:0] instr;
13       wire write, read;
14       wire load_y, load_z;
15       wire z_flag;
16       wire [1:0] sel_mux2;
17       wire load_addr;
18
19       controller FSM(
20           .clk(clk),
21           .rst_n(rst_n),
22           .interrupt(interrupt),
23           .load_int(load_int),
24           .load_ret(load_ret),
25           .load_pc(load_pc),
26           .inc_pc(inc_pc),
27           .load_r0(load_r0),
28           .load_r1(load_r1),
29           .load_r2(load_r2),
30           .load_r3(load_r3),
31           .load_ir(load_ir),
32           .load_p0(load_p0),
33           .load_p1(load_p1),
34           .load_p2(load_p2),
35           .load_p3(load_p3),
36           .sel_mux1(sel_mux1),
37           .instr(instr),
38           .write(write),
39           .read(read),
40           .load_y(load_y),
41           .load_z(load_z),
42           .z_flag(z_flag),
43           .sel_mux2(sel_mux2),
44           .load_addr(load_addr)
45       );
46
47       datapath FA(
48           .clk(clk),
49           .rst_n(rst_n),
50           .load_int(load_int),
51           .load_ret(load_ret),
52           .load_pc(load_pc),
53           .inc_pc(inc_pc),
54           .load_r0(load_r0),
55           .load_r1(load_r1),
56           .load_r2(load_r2),
57           .load_r3(load_r3),
58           .load_ir(load_ir),
59           .load_p0(load_p0),
60           .load_p1(load_p1),
61           .load_p2(load_p2),
62           .load_p3(load_p3),
63           .sel_mux1(sel_mux1),
64           .instr(instr),
65           .write(write),
66           .read(read),
67           .load_y(load_y),
68           .load_z(load_z),
69           .z_flag(z_flag),
70           .sel_mux2(sel_mux2),
71           .load_addr(load_addr),
72           .p0(p0),
73           .p1(p1),
74           .p2(p2),
75           .p3(p3)
76       );
77
78   endmodule
```

例程 9 – 2   RISC_SPM 的顶层代码

9.5 RISC_SPM 的数据通道设计

据图 9-5,数据通道内,有限状态机部分共有如表 9-5 所列 17 个组件,分别用 6 个模块进行例化,如表 9-5 所列。

表 9-5 RISC_SPM 数据通道中的组件列表

序 号	组件实例名	模块名	节点类型	潜伏期	说 明
1	R0	reg_model	CN	1	通用寄存器 R0,在 load_r0 为高时,捕获 Bus2 信号并输出
2	R1	reg_model	CN	1	通用寄存器 R1,在 load_r1 为高时,捕获 Bus2 信号并输出
3	R2	reg_model	CN	1	通用寄存器 R2,在 load_r2 为高时,捕获 Bus2 信号并输出
4	R3	reg_model	CN	1	通用寄存器 R3,在 load_r3 为高时,捕获 Bus2 信号并输出
5	MEM	mem_model	CN	2	存储器,读存储器时,write 为低,Memory[addr] 输出;写存储器时,write 为高,Bus1 写入 Memory[addr]
6	PC	pc_model	CN	1	程序计数器,当 load_pc 为高时,Bus2 写入 PC;当 inc_pc 为高时,PC 加一;复位后 PC 清零。
7	IR	reg_model	CN	1	指令寄存器,当 load_ir 为高时,Bus2 写入 IR
8	ALU	alu_model	ON	0	算术逻辑单元,开节点(组合逻辑),ALU 根据当前指令 instr,将 Y 和 Bus1 的输入进行对应的运算,结果输出至 Bus2,零标志位输出至 Z 寄存器。
9	Y	reg_model	CN	1	Y 寄存器,在 load_y 为高时,捕获 Bus2 信号,输出至 ALU
10	Z	z_model	CN	1	Z 标志位寄存器,当 load_z 为高时,捕获 ALU 输出的 alu_z_flag
11	ADDR	reg_model	CN	1	地址寄存器,当 load_add 为高时,ADDR 捕获 Bus2 并输出至 Memory
12	M1	mux1	ON	0	多路器 1,开节点,根据 sel_mux1 进行分路选择
13	M2	mux2	ON	0	多路器 2,开节点,根据 sel_mux2 进行分路选择
14	P0	reg_model	CN	1	
15	P1	reg_model	CN	1	
16	P2	reg_model	CN	1	
17	P3	reg_model	CN	1	

9.5.1 通用寄存器模块 reg_model

通用寄存器(见图 9-9)执行如下功能:

(1) 同步复位,复位的 q 初始为 0;

(2) 闭节点,单拍潜伏期;

(3) 使能 en 为真时,时钟上沿捕获 data 输出 q。

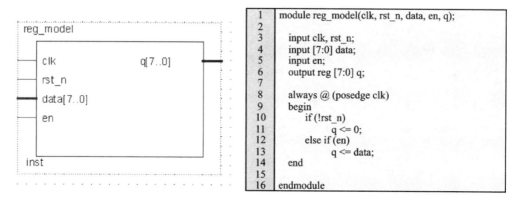

```
1   module reg_model(clk, rst_n, data, en, q);
2
3       input clk, rst_n;
4       input [7:0] data;
5       input en;
6       output reg [7:0] q;
7
8       always @ (posedge clk)
9       begin
10          if (!rst_n)
11              q <= 0;
12          else if (en)
13              q <= data;
14      end
15
16  endmodule
```

图 9 - 9　通用寄存器模型框图

9.5.2　存储器模块 mem_model

存储器模块(见图 9 - 10),代码(见例程 9 - 3)执行如下功能:

(1) 闭节点,单拍潜伏期;

(2) 同步复位,复位后 m_out 清零;

(3) 写命令 write 为真时,bus1 数据写入存储器 addr 单元;

(4) 读命令 read 为真时,m_out 输出 addr 单元。

其中的程序文件"program1.txt"用于放置指令机器码和数据,可用于放置和生成网表下板。

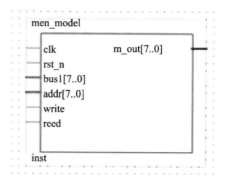

图 9 - 10　存储器模型框图

```
1   module mem_model(clk, rst_n, bus1, addr, write, read, m_out);
2
3       input clk, rst_n;
4       input [7:0] bus1, addr;
5       input write, read;
6       output reg [7:0] m_out;
7
8       reg [7:0] mem [255:0];
9
10      initial begin
11          $readmemb("program1.txt", mem);
12      end
13
14      always @ (posedge clk)
15      begin
16          if (!rst_n)
17              m_out <= 0;
18          else if (write)
19              mem[addr] <= bus1;
20          else if (read)
21              m_out <= mem[addr];
22      end
23
24  endmodule
25
26
```

例程 9 - 3　存储器模型代码

9.5.3　程序指针模块 pc_model

程序指针模块(见图 9 - 11)和代码(见例程 9 - 4)执行以下功能:

(1) 闭节点,单拍潜伏期;

（2）同步复位、复位时指针指向复位向量 RST_VECTOR；

（3）load_pc 为真时，指针装入 data 上的新地址；

（4）load_int 为真时，指针指向中断向量 INT_VECTOR；

（5）load_ret 为真时，指针装入中断返回地址。

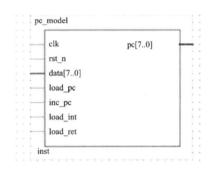

图 9-11　程序指针模型框图

```
1   //risc_spm_head.v
2   //instruction
3   `define NOP 4'b0000
4   `define ADD 4'b0001
5   `define SUB 4'b0010
6   `define AND 4'b0011
7   `define NOT 4'b0100
8   `define RD  4 'b0101
9   `define WR  4'b0110
10  `define BR  4'b0111
11  `define BRZ 4'b1000
12  `define OUT 4'b1001
13  `define INC 4'b1010
14  `define DEC 4'b1011
15  `define IMM 4'b1100
16  `define RTI  4'b110 1
17  `define HLT 4'b1111
18
19  //mux1
20  `define SEL_M1_R0 3'd0
21  `define SEL_M1_R1 3'd1
22  `define SEL_M1_R2 3'd2
23  `define SEL_M1_R3 3'd3
24  `define SEL_M1_PC 3'd4
25
26  //mux2
27  `define SEL_M2_ALU 2'd0
28  `define SEL_M2_BUS 2'd1
29  `define SEL_M2_MEM 2'd2
30
31  //vector
32  `define RST_VECTOR 8'h00
33  `define INT_VECTOR 8'h F 0
```

```
1   `include "risc_spm_head.v"
2
3   module pc_model(clk, rst_n, data, load_pc, inc_p  c, load_int,
4       load_ret, pc);
5
6       input clk, rst_n;
7       input [7:0] data;
8       input load_pc, inc_pc;
9       input load_int, load_ret;
10      output reg [7:0] pc;
11
12      reg [7:0] ret_reg;
13
14      always @ (posedge clk)
15      begin
16          if (!rst_n)
17              pc <= `RST_VECTOR;
18          else if (load_pc)
19              pc <= data;
20          else if (load_int)
21              begin
22                  ret_reg <= pc;
23                  pc <= `INT_VECTOR;
24              end
25          else if (load_ret)
26              pc <= ret_reg;
27          else if (inc_pc)
28              pc <= pc + 1;
29      end
30
31  endmodule
```

例程 9-4　头文件和程序指针模块代码

9.5.4　多路器模块

多路器 M1 和 M2（见图 9-12），代码（见例程 9-5）功能：

（1）开节点，安全行为描述；

（2）分别根据对应的 sel，从多路输入中选择对应的信号输出。

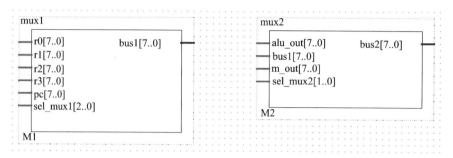

图 9-12　多路器 M1 和 M2 的模型框图

```
1   `include "risc_spm_head.v"
2
3   module mux1(r0, r1, r2, r3, pc, sel_mux1, bus1);
4
5     input [7:0] r0, r1, r2, r3, pc;
6     input [2:0] sel_mux1;
7     output reg [7:0] bus1;
8
9     always @ (*)
10    begin
11      case (sel_mux1)
12        `SEL_M1_R0    :    bus1 = r0;
13        `SEL_M1_R1    :    bus1 = r1;
14        `SEL_M1_R2    :    bus1 = r2;
15        `SEL_M1_R3    :    bus1 = r3;
16        `SEL_M1_PC    :    bus1 = pc;
17        default       :    bus1 = pc;
18      endcase
19    end
20
21  endmodule
```

```
1   `include "risc_spm_head.v"
2
3   module mux2(alu_out, bus1, m_out, sel_mux2, bus2);
4
5     input [7:0] alu_out, bus1, m_out;
6     input [1:0] sel_mux2;
7     output reg [7:0] bus2;
8
9     always @ (*)
10    begin
11      case (sel_mux2)
12        `SEL_M2_ALU    :    bus2 = alu_out;
13        `SEL_M2_BUS    :    bus2 = bus1;
14        `SEL_M2_MEM :    bus2 = m_out;
15        default        :    bus2 = bus1;
16      endcase
17    end
18
19  endmodule
```

例程 9-5　多路器 M1 和 M2 的代码

9.5.5　算术逻辑单元模块 alu_model

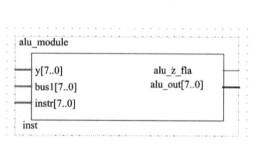

```
1   `include "risc_spm_head.v"
2   module alu_module(y, bus1, instr, alu_z_fla, alu_out);
3
4     input [7:0] y, bus1;
5     input [7:0] instr;
6     output alu_z_fla;
7     output reg [7:0] alu_out;
8
9     always @ (*)
10    begin
11      case (instr[7:4])
12        `ADD:    alu_out = bus1 + y;
13        `SUB :    alu_out = bus1 - y;
14        `AND:    alu_out = bus1 & y;
15        `NOT:    alu_out = ~y;
16        `INC :    alu_out = bus1 + 1;
17        `DEC :    alu_out = bus1 - 1;
18        default :  alu_out = 0;
19      endcase
20    end
21  endmodule
```

图 9-13　算术逻辑单元模块框图和代码

算术逻辑单元功能：

(1) 开节点，安全行为描述；

(2) 根据指令码中的操作码，执行 6 条算术指令：ADD、SUB、AND、NOT、INC、DEC。

9.5.6　零标志寄存器模块 z_model

零标志寄存器模型(见图 9 - 14)功能：

(1) 闭节点，单拍潜伏期；

(2) 同步复位，复位初始化 z_flag 为 0，内部寄存器 z_reg 为 0；

(3) load_z 为真时，z_flag 捕获 alu 输出的 alu_z_fal；

(4) load_int 为真时，将零标志位 z_flag 保存到 z_reg 中；

(5) load_ret 为真时，将进入中断现场的零标志位 z_reg 恢复。

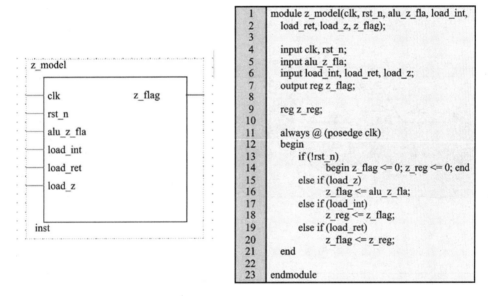

```
1   module z_model(clk, rst_n, alu_z_fla, load_int,
2       load_ret, load_z, z_flag);
3
4       input clk, rst_n;
5       input alu_z_fla;
6       input load_int, load_ret, load_z;
7       output reg z_flag;
8
9       reg z_reg;
10
11      always @ (posedge clk)
12      begin
13          if (!rst_n)
14              begin z_flag <= 0; z_reg <= 0; end
15          else if (load_z)
16              z_flag <= alu_z_fla;
17          else if (load_int)
18              z_reg <= z_flag;
19          else if (load_ret)
20              z_flag <= z_reg;
21      end
22
23  endmodule
```

图 9 - 14　零标志寄存器模型的框图和代码

9.6　主控制器设计 MFSM

主控制器设计任务是：管理 datapah:FA，管理外部输入端口，以及管理中断标志寄存器。

9.6.1　取指周期

路径分析：

(1) 将 pc 送地址寄存器(见图 9 - 15)。

(2) 从存储器中取出指令，送中断寄存器(见图 9 - 16)。

节拍分析(见图 9 - 17)。

取值周期的状态转移表(见表 9 - 6)。

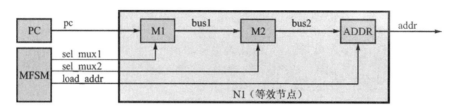

图 9-15　取指周期路径分析一

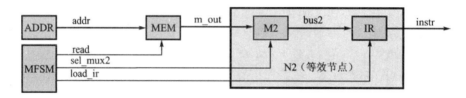

图 9-16　取指周期路径分析二

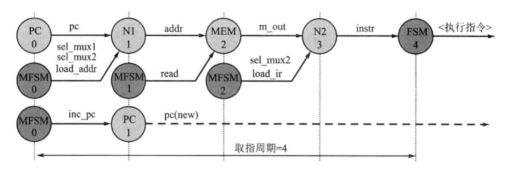

图 9-17　取指周期节拍分析

表 9-6　取指周期状态转移表

节拍 Beat	状态转移 LSM_2S1	输出驱动 LSM_2S2			说　明
		Assert	Deassert	Others	
reset	state=s0		load_addr=0 read=0 load_ir=0 inc_pc=0 read=0	sel_mux1=`SEL_PC sel_mux2=`SEL_BUS	复　位
s0	state=s1	load_addr=1 inc_pc=1		sel_mux1=`SEL_PC sel_mux2=`SEL_BUS	取指周期开始
s1	state=s2	read=1	load_addr=0 inc_pc=0		
s2	state=s3	load_ir=1	read=0	sel_mux2=`SEL_MEM	
s3	state=s4		load_ir=0		取指周期结束

注意:取指周期包含中断的处理以及代码,见 9.6.1 的"路径分析"后中断进入周期。

9.6.2　运算指令周期

运算指令(见表 9 - 3)的 6 条:ADD、SUB、AND、NOT、INC、DEC 均为短指。

路径分析:

(1) 将源操作数<src>送到 Y 寄存器如图 9 - 18 所示。

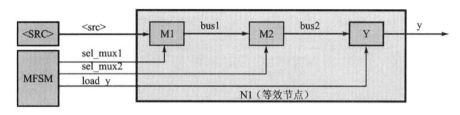

图 9 - 18　运算指令路径分析一

(2) 将目标操作数<dest>送 ALU,将 alu_out 送目标寄存器<DEST>,如图 9 - 19 所示。

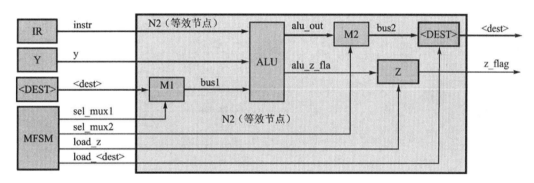

图 9 - 19　运算指令路径分析二

图 9 - 19 中,根据同步电路等效节点串并联的讨论(见 5.6.5 节),末端寄存器(<DEST>和 Z)与前端 FA(M1、ALU、M2),组成等效节点 N2。根据同步电路(见第 5 章)的讨论,N2 节点具有全部同步节点的特征,其输入为激励,输出为响应,激励-响应相差一拍,即节点的单拍潜伏期(同步电路第一定理)。节拍分析如图 9 - 20 所示。

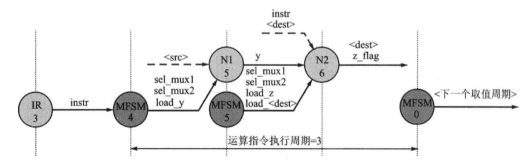

图 9 - 20　运算指令执行周期节拍分析

图中,根据取值周期分析,中断寄存器第 3 拍发出指令 instr,主状态机第 4 拍开始引用它,因此,指令的执行周期是从第 4 拍开始的。在第 6 拍,N2 节点具有两个延迟信号(激励-响应非单拍),此时在节拍分析图中可以采用如图 9-20 的简化绘制方法,使得图面更简洁。加入运算指令执行周期的状态转移表(见表 9-7)以及代码(见例程 9-6)。

表 9-7 运算指令的状态转移表

节拍 Beat	状态转移 LSM_2S1	输出驱动 LSM_2S2			说明 Note
		Assert	Deassert	Others	
reset	state＝s0		load_addr＝0 read＝0 load_ir＝0 load_y＝0 load_z＝0 load_r0＝0 load_r1＝0 load_r2＝0 load_r3＝0 inc_pc＝0 read＝0	sel_mux1＝`SEL_PC sel_mux2＝`SEL_BUS	复位
s0	state＝s1	load_addr＝1 inc_pc＝1		sel_mux1＝`SEL_PC sel_mux2＝`SEL_BUS	取指周期开始
s1	state＝s2	read＝1	load_addr＝0 inc_pc＝0		
s2	state＝s3	load_ir＝1	read＝0	sel_mux2＝`SEL_MEM	
s3	state＝s4		load_ir＝0		取指周期结束
s4	state＝s5	load_y＝1		sel_mux1＝`SEL_<SRC> sel_mux2＝`SEL_BUS	运算指令 ADD, SUB, AND, NOT, INC, DEC 开始
s5	state＝s6	load_z＝1 load_<dest>＝1	load_y＝0	sel_mux1＝`SEL_<DEST> sel_mux2＝`SEL_ALU	
s6	state＝s0		load_z＝0 load_<dest>＝0		运算指令执行周期结束

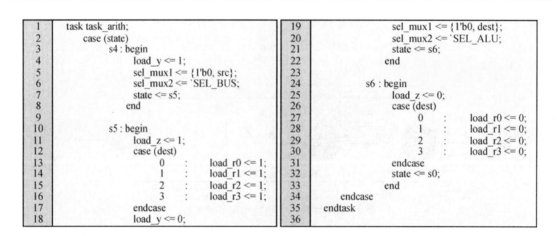

```
1    task task_arith;                          19              sel_mux1 <= {1'b0, dest};
2      case (state)                            20              sel_mux2 <= `SEL_ALU;
3        s4 : begin                            21              state <= s6;
4           load_y <= 1;                       22          end
5           sel_mux1 <= {1'b0, src};           23
6           sel_mux2 <= `SEL_BUS;              24        s6 : begin
7           state <= s5;                       25           load_z <= 0;
8          end                                 26           case (dest)
9                                              27              0   :    load_r0 <= 0;
10       s5 : begin                            28              1   :    load_r1 <= 0;
11          load_z <= 1;                       29              2   :    load_r2 <= 0;
12          case (dest)                        30              3   :    load_r3 <= 0;
13             0   :   load_r0 <= 1;           31           endcase
14             1   :   load_r1 <= 1;           32           state <= s0;
15             2   :   load_r2 <= 1;           33          end
16             3   :   load_r3 <= 1;           34      endcase
17          endcase                            35    endtask
18          load_y <= 0;                       36
```

例程 9-6 运算指令的任务代码

9.6.3 读指令周期

读指令(见表 9 - 3)助记符为:RD,长指。

路径分析:

(1) 将 pc 指向的当前读指令的低字节地址,送到地址(ADDR),如图 9 - 21 所示。

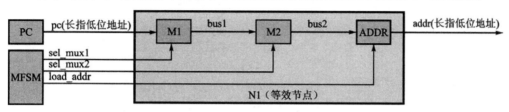

图 9 - 21 读指令路径分析一

(2) 从存储器取出长指的低位指令,低位指令是数据的地址,将它送地址寄存器,如图 9 - 22 所示。

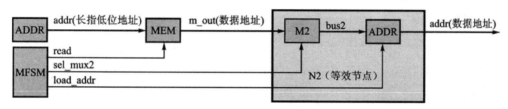

图 9 - 22 读指令路径分析二

(3) 从存储器中取出数据,送目标寄存器,如图 9 - 23 所示。

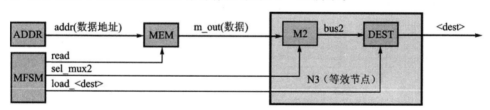

图 9 - 23 读指令路径分析三

读指令执行周期的节拍分析,如图 9 - 24 所示。

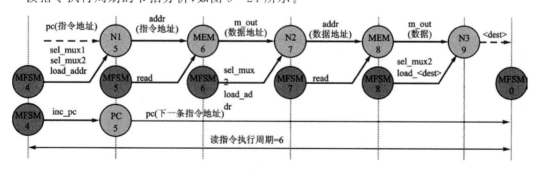

图 9 - 24 读指令执行周期的节拍分析

加入读指令的状态转移见表 9 - 8 以及代码(见例程 9 - 7)。

表 9 - 8 读指令的状态转移

节拍 Beat	状态转移 LSM_2S1	输出驱动 LSM_2S2			说明 Note
		Assert	Deassert	Others	
reset	state=s0		load_addr=0 read=0 load_ir=0 load_y=0 load_z=0 load_r0=0 load_r1=0 load_r2=0 load_r3=0 inc_pc=0 read=0	sel_mux1=`SEL_PC sel_mux2=`SEL_BUS	复位
s0	state=s1	load_addr=1 inc_pc=1		sel_mux1=`SEL_PC sel_mux2=`SEL_BUS	取指周期开始
s1	state=s2	read=1	load_addr=0 inc_pc=0		
s2	state=s3	load_ir=1	read=0	sel_mux2=`SEL_MEM	
s3	state=s4		load_ir=0		取指周期结束
s4	state=s5	load_addr=1 inc_pc=1		sel_mux1=`SEL_PC sel_mux2=`SEL_BUS	读指令 RD 执行周期开始
s5	state=s6	read=1	load_addr=0 inc_pc=0		
s6	state=s7	load_addr=1	read=0	sel_mux2=`SEL_MEM	
s7	state=s8	read=1	load_addr=0		
s8	state=s9	load_<dest>=1	read=0	sel_mux2=`SEL_MEM	
s9	state=s0		load_<dest>=0		读指令执行周期结束

```
1   task task_rd;
2       case (state)
3           s4 : begin
4               load_addr <= 1;
5               inc_pc <= 1;
6               sel_mux1 <= `SEL_PC;
7               sel_mux2 <= `SEL_BUS;
8               state <= s5;
9           end
10
11          s5 : begin
12              read <= 1;
13              load_addr <= 0;
14              inc_pc <= 0;
15              state <= s6;
16          end
17
18          s6 : begin
19              load_addr <= 1;
20              read <= 0;
21              sel_mux2 <= `SEL_MEM;
22              state <= s7;
23          end
24
25          s7 : begin
26              read <= 1;
27              load_addr <= 0;
28              state <= s8;
29          end
30
31          s8 : begin
32              case (dest)
33                  0  :    load_r0 <= 1;
34                  1  :    load_r1 <= 1;
35                  2  :    load_r2 <= 1;
36                  3  :    load_r3 <= 1;
37              endcase
38              read <= 0;
39              sel_mux2 <= `SEL_MEM;
40              state <= s9;
41          end
42
43          s9 : begin
44              case (dest)
45                  0  :    load_r0 <= 0;
46                  1  :    load_r1 <= 0;
47                  2  :    load_r2 <= 0;
48                  3  :    load_r3 <= 0;
49              endcase
50              state <= s0;
51          end
52      endcase
53   endtask
54
```

例程 9 - 7 读指令的任务代码

9.6.4　写指令周期

写指令(见表 9-3)助记符为:WR,长指

路径分析:

(1) 将 pc 指向的当前写指令的低字节地址,送到地址寄存器,如图 9-25 所示。

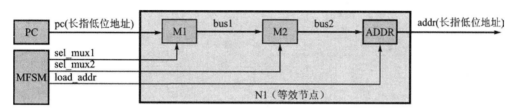

图 9-25　写指令路径分析一

(2) 从存储器取出长指低字节(数据地址),送地址寄存器,如图 9-26 所示。

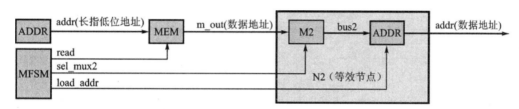

图 9-26　写指令路径分析二

(3) 将源操作数送存储器,写入存储器,如图 9-27 所示。

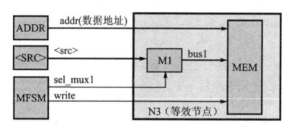

图 9-27　写指令路径分析三

写指令执行周期的节拍分析,如图 9-28 所示。

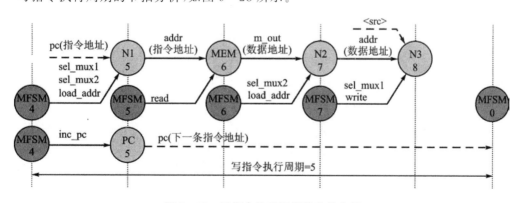

图 9-28　写指令执行周期的节拍分析

加入写指令的状态转移见表 9 - 9,以及代码(见例程 9 - 8)。

表 9 - 9　写指令的状态转移

节拍 Beat	状态转移 LSM_2S1	输出驱动 LSM_2S2			说明 Note
		Assert	Deassert	Others	
reset	state＝s0		load_addr＝0 read＝0 load_ir＝0 load_y＝0 load_z＝0 load_r0＝0 load_r1＝0 load_r2＝0 load_r3＝0 inc_pc＝0 read＝0 write＝0	sel_mux1＝ `SEL_PC sel_mux2＝ `SEL_BUS	复位
s0～s3					取指周期
s4	state＝s5	load_addr＝1 inc_pc＝1		sel_mux1＝ `SEL_PC sel_mux2＝ `SEL_BUS	写指令 WR 执行周期开始
s5	state＝s6	read＝1	load_addr＝0 inc_pc＝0		
s6	state＝s7	load_addr＝1	read＝0	sel_mux2＝ `SEL_MEM	
s7	state＝s8	write＝1	load_addr＝0	sel_mux1＝ `SEL_＜SRC＞	
s8	state＝s0		write＝0		

```
1    task task_wr;
2        case (state)
3            s4 : begin
4                load_addr <= 1;
5                inc_pc <= 1;
6                sel_mux1 <= `SEL_PC;
7                sel_mux2 <= `SEL_BUS;
8                state <= s5;
9            end
10
11           s5 : begin
12               read <= 1;
13               load_addr <= 0;
14               inc_pc <= 0;
15               state <= s6;
16           end
17
18           s6 : begin
19               load_addr <= 1;
20               read <= 0;
21               sel_mux2 <= `SEL_MEM;
22               state <= s7;
23           end
24
25           s7 : begin
26               write <= 1;
27               load_addr <= 0;
28               sel_mux1= {1'b0, src};
29               state <= s8;
30           end
31
32           s8 : begin
33               write <= 0;
34               state <= s0;
35           end
36       endcase
37   endtask
38
```

例程 9 - 8　写指令的任务代码

9.6.5　无条件转移指令周期

无条件转移指令(见表 9 - 3)助记符为:BR,长指,间接寻址。

路径分析：

（1）将 pc 指向的当前写指令的低字节地址,送到地址寄存器,如图 9-29 所示。

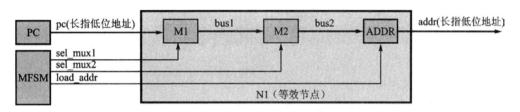

图 9-29 无条件转移指令路径分析一

（2）从存储器中取出指令低位(间接转移地址),送地址寄存器,如图 9-30 所示。

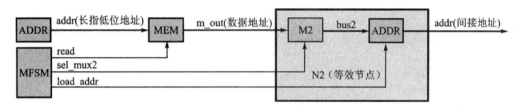

图 9-30 无条件转移指令路径分析二

（3）从存储器中取出直接地址送 PC,如图 9-31 所示。

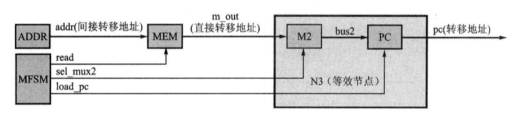

图 9-31 无条件转移指令路径分析三

节拍分析如图 9-32 所示。

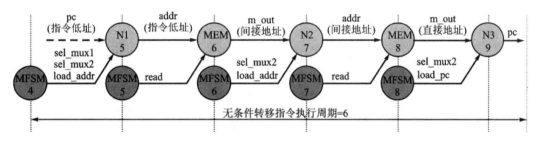

图 9-32 无条件转移指令执行周期的节拍分析

加入无条件转移指令的状态转移见表 9-10,以及代码(见例程 9-9)。

表 9 - 10　无条件转移指令的状态转移

节拍 Beat	状态转移 LSM_2S1	输出驱动 LSM_2S2			说明 Note
		Assert	Deassert	Others	
reset	state＝s0		load_addr＝0 read＝0 load_ir＝0 load_y＝0 load_z＝0 load_r0＝0 load_r1＝0 load_r2＝0 load_r3＝0 inc_pc＝0 read＝0 write＝0 load_pc＝0	sel_mux1＝'SEL_PC sel_mux2＝'SEL_BUS	复位
s0～s3					取指周期
s4	state＝s5	load_addr＝1 inc_pc＝1		sel_mux1＝'SEL_PC sel_mux2＝'SEL_BUS	无条件转移指令 BR 执行周期开始
s5	state＝s6	read＝1	load_addr＝0 inc_pc＝0		
s6	state＝s7	load_addr＝1	read＝0	sel_mux2＝'SEL_MEM	
s7	state＝s8	read＝1	load_addr＝0		
s8	state＝s9	load_pc＝1	read＝0	sel_mux2＝'SEL_MEM	
s9	state＝s0		load_pc＝0		BR 指令执行周期结束

```
1    tas k task_br;
2        case (state)
3            s4 : begin
4                load_addr <= 1;
5                inc_pc <= 1;
6                sel_mux1 <= 'SEL_PC;
7                sel_mux2 <= 'SEL_BUS;
8                state <= s5;
9            end
10
11           s5 : begin
12               read <= 1;
13               load_addr <= 0;
14               inc_pc <= 0;
15               state <= s6;
16           end
17
18           s6 : begin
19               load_addr <= 1;
20               read <= 0;
21               sel_mux2 <= 'SEL_MEM;
22               state <= s7;
23           end
24
25           s7 : begin
26               read <= 1;
27               load_addr <= 0;
28               state <= s8;
29           end
30
31           s8 : begin
32               load_pc <= 1;
33               read <= 0;
34               sel_mux2 <= 'SEL_MEM;
35               state <= s9;
36           end
37
38           s9 : begin
39               load_pc <= 0;
40               state <= s0;
41           end
42       endcase
43   endtask
44
```

例程 9 - 9　无条件转移 BR 指令的任务代码

9.6.6 空操作指令周期

空操作指令(见表 9-3)助记符为：NOP，短指。空操作指令在执行周期立即跳转到下一个取指周期，故其状态转移表为图 9-33。

节拍 Beat	状态转移 LSM_2S1	输出驱动 LSM_2S2			说明 Note
		Assert	Deassert	Others	
reset	state＝s0		＜布尔量初始化＞	＜其余控制信号初始化＞	复位
s0～s3					取指周期
s4	state＝s0				空操作指令 NOP 周期

图 9-33 空操作指令的状态转移

9.6.7 零标志转移指令周期

零标志转移指令(见表 9-3)助记符为：BRZ，长指，间接寻址。

在取指周期第四拍，主控制器知道当前指令的操作码是 BRZ 后，检测 z_flag，若零标志位真(最近一次 ALU 的计算结果为零)，则执行 BR 周期；否则，执行一次带修正 PC 指针的空操作，如

if (z_flag)

＜执行无条件转移 BR＞

else

＜执行一次修正 PC 指针的空操作＞

修正 PC 指针的空操作(BRZ_NOP)，其状态转移为表 9-11，代码见例程 9-10。

表 9-11 零标志转移(z_flag＝0)指令的状态转移表

节拍 Beat	状态转移 LSM_2S1	输出驱动 LSM_2S2			说明 Note
		Assert	Deassert	Others	
reset	state＝s0		load_addr＝0 read＝0 load_ir＝0 load_y＝0 load_z＝0 load_r0＝0 load_r1＝0 load_r2＝0 load_r3＝0 inc_pc＝0 read＝0 write＝0 load_pc＝0	sel_mux1＝`SEL_PC sel_mux2＝`SEL_BUS	复位
s0～s3					取指周期
s4	state＝s5	inc_pc＝1			BRZ_NOP 周期开始
s5	state＝s0		inc_pc＝0		BRZ_NOP 周期结束

```
1    task task_brz_nop;
2        case (state)
3            s4    :    begin
4                          inc_pc <= 1;
5                          state <= s5;
6                      end
7
8            s5    :    begin
9                          inc_pc <= 0;
10                         state <= s0;
11                     end
12       endcase
13   endtask
```

例程 9-10　零标志转移空操作(brz_nop)的任务代码

9.6.8　端口输出指令周期

端口输出指令(见表 9-3)助记符为：OUT，短指。目标地址 dest 即为端口地址 port。
路径分析：

将源操作数送目标端口 port，如图 9-34 所示。

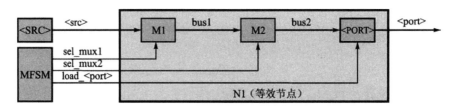

图 9-34　输出指令的路径分析

节拍分析如图 9-35 所示。

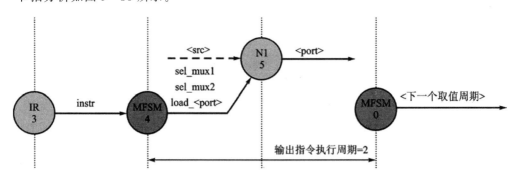

图 9-35　输出指令执行周期的节拍分析

加入输出指令的状态转移见表 9-12，代码见例程 9-11。

表 9 - 12　输出指令 OUT 的状态转移表

节拍 Beat	状态转移 LSM_2S1	输出驱动 LSM_2S2			说明 Note
		Assert	Deassert	Others	
reset	state＝s0		load_addr＝0 read＝0 load_ir＝0 load_y＝0 load_z＝0 load_r0＝0 load_r1＝0 load_r2＝0 load_r3＝0 inc_pc＝0 read＝0 write＝0 load_pc＝0	sel_mux1＝ 'SEL_PC sel_mux2＝ 'SEL_BUS	复位
s0～s3					取指周期
s4	state＝s5	load_＜port＞＝1		sel_mux1＝ SEL_＜SRC＞ sel_mux2＝ 'SEL_BUS	端口输出指令 OUT 执行周期开始
s5	state＝s0		load_＜port＞＝0		OUT 指令结束

```
1    task task_out;
2        case (state)
3            s4 : begin
4                case (dest)
5                    0    :    load_p0 <= 1;
6                    1    :    load_p1 <= 1;
7                    2    :    load_p2 <= 1;
8                    3    :    load_p3 <= 1;
9                endcase
10               sel_mux1 <= {1'b0, src};
11               sel_mux2 <= 'SEL_BUS;
12               state <= s5;
13           end
14
15           s5 : begin
16               case (dest)
17                   0    :    load_p0 <= 0;
18                   1    :    load_p1 <= 0;
19                   2    :    load_p2 <= 0;
20                   3    :    load_p3 <= 0;
21               endcase
22               state <= s0;
23           end
24       endcase
25    endtask
26
```

例程 9 - 11　输出指令 OUT 的任务代码

9.6.9　立即数指令周期

立即数指令(见表 9 - 3)助记符为:IMM,长指。指令低字节为立即数,装入目标寄存器 ＜DEST＞中。

路径分析:

(1) 将 pc 指向的当前立即数指令的低字节地址,送到地址寄存器,如图 9 - 36 所示。

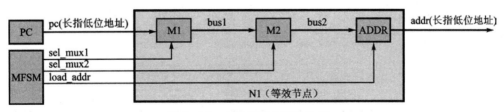

图 9 - 36　立即数指令路径分析一

（2）从存储器中取出指令低位（立即数），送目标寄存器＜DEST＞，如图 9 - 37 所示。

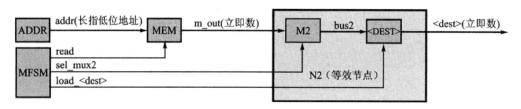

图 9 - 37　立即数指令路径分析二

立即数指令路径的节拍分析如图 9 - 38 所示。

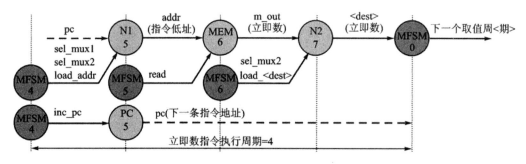

图 9 - 38　立即数指令路径分析三

加入立即数指令的状态转移见表 9 - 13，代码见例程 9 - 12。

表 9 - 13　立即数 IMM 指令的状态转移

节拍 Beat	状态转移 LSM_2S1	输出驱动 LSM_2S2			说明 Note
		Assert	Deassert	Others	
reset	state＝s0		load_addr＝0 read＝0 load_ir＝0 load_y＝0 load_z＝0 load_r0＝0 load_r1＝0 load_r2＝0 load_r3＝0 inc_pc＝0 read＝0 write＝0 load_pc＝0	sel_mux1＝ 'SEL_PC sel_mux2＝ 'SEL_BUS	复位
s0～s3					取指周期
s4	state＝s5	load_addr＝1 inc_pc＝1		sel_mux1＝ 'SEL_PC sel_mux2＝ 'SEL_BUS	立即数指令 IMM 执行周期开始
s5	state＝s6	read＝1	load_addr＝0 inc_pc＝0		
s6	state＝s7	load_＜dest＞＝1	read＝0	sel_mux2＝ 'SEL_MEM	
s7	state＝s0		load_＜dest＞＝0		IMM 指令执行周期结束

```
1    task task_imm;                          1 : load_r1 <= 1;
2        case (state)                        2 : load_r2 <= 1;
3            s4 : begin                      3 : load_r3 <= 1;
4                load_addr <= 1;         endcase
5                inc_pc <= 1;            read <= 0;
6                sel_mux1 <= `SEL_PC;    sel_mux2 <= `SEL_MEM;
7                sel_mux2 <= `SEL_BUS;   state <= s7;
8                state <= s5;         end
9            end
10                                       s7 : begin
11           s5 : begin                      case (dest)
12               read <= 1;                      0 : load_r0 <= 0;
13               load_addr <= 0;                 1 : load_r1 <= 0;
14               inc_pc <=  0;                   2 : load_r2 <= 0;
15               state  <= s6;                   3 : load_r3 <= 0;
16           end                              endcase
17                                            state <= s0;
18           s6 : begin                   end
19               case (dest)          endcase
20                   0 : load_r0 <= 1;  endtask
```

例程 9 - 12　立即数 IMM 指令的任务代码

9.6.10　中断返回指令周期

立即数指令(见表 9 - 3)助记符为:RTI,短指。

控制器在指令执行周期执行 RTI 时,将向 PC 发出 load_ret 命令,同时向中断标志寄存器发出清中断标志和重新开中断(中断屏蔽 int_mask=0)命令。其对应的状态转移见表 9 - 14,代码见例程 9 - 13。

表 9 - 14　中断返回指令的状态转移表

节拍 Beat	状态转移 LSM_2S1	输出驱动 LSM_2S2			说明 Note
		Assert	Deassert	Others	
reset	state=s0		load_addr=0 read=0 load_ir=0 load_y=0 load_z=0 load_r0=0 load_r1=0 load_r2=0 load_r3=0 inc_pc=0 read=0 write=0 load_pc=0 int_clear=0 load_ret=0 load_int=0	sel_mux1=`SEL_PC sel_mux2=`SEL_BUS int_mask=0	复位
s0~s3					取指周期
s4	state=s5	load_ret=1 int_clear=1		int_mask=0	中断返回指令 RTI 执行周期开始
s5	state=s0		load_ret=0 int_clear=0		RTI 指令执行周期结束

```
1    task task_rti;
2        case (state)
3            s4    :    begin
4                           load_ret <= 1;
5                           int_clear <= 1;
6                           int_mask <= 0;
7                           state <= s5;
8                       end
9            s5    :    begin
10                          load_ret <= 0;
11                          int_clear <= 0;
12                          state <= s0;
13                      end
14       endcase
15   endtask
```

例程 9－13　中断返回 RTI 指令的任务代码

9.6.11　中断进入周期

中断进入是外部硬件的中断请求引发,控制器在取指周期的第 1 拍(s0)检测中断标志位 int_flag,若为真,则执行中断进入周期(向 PC 发出转入中断向量命令,向中断标志寄存器发出关中断命令),否则,正常取指。其对应的状态转移见表 9－15,代码见例程 9－14。

表 9－15　中断进入状态转移

节拍 Beat	条件 Condition	状态转移 LSM_2S1	输出驱动 LSM_2S2			说明 Note
			Assert	Deassert	Others	
reset		state＝s0		load_addr＝0 read＝0 load_ir＝0 load_y＝0 load_z＝0 load_r0＝0 load_r1＝0 load_r2＝0 load_r3＝0 inc_pc＝0 read＝0 write＝0 load_pc＝0 int_clear＝0 load_ret＝0 load_int＝0	sel_mux1＝'SEL_PC sel_mux2＝'SEL_BUS int_mask＝0	复位
s0	int_flag＝1	state＝s10	load_int＝1		int_mask＝1	中断进入周期开始 装入中断向量,开中断
	int_flag＝0	state＝s1	load_addr＝1 inc_pc＝1		sel_mux1＝'SEL_PC sel_mux2＝'SEL_BUS	取指周期开始
s1		state＝s2	read＝1	load_addr＝0 inc_pc＝0		
s2		state＝s3	load_ir＝1	read＝0	sel_mux2＝'SEL_MEM	
s3		state＝s4		load_ir＝0		取指周期结束
s10		state＝s0		load_int＝0		中断进入周期结束

```
1      task task_fetch;                        20                 load_addr <= 0;
2        case (state)                          21                 inc_pc <= 0;
3          s0 : if (int_flag)                  22                 state <= s2;
4               begin                          23             end
5                 load_int <= 1;               24
6                 int_mask <= 1;               25         s2 : begin
7                 state <= s10;                26             load_ir <= 1;
8               end                            27             read <= 0;
9             else                             28             sel_mux2 <= `SEL_MEM;
10             begin                           29             state <= s3;
11                load_addr <= 1;              30         end
12                inc_pc <= 1;                 31
13                sel_mux1 <= `SEL_PC;         32         s3 : begin
14                sel_mux2 <= `SEL_BUS;        33             load_ir <= 0;
15                state <= s1;                 34             state <= s4;
16             end                             35         end
17                                             36     endcase
18         s1 : begin                          37 endtask
19               read <= 1;                    38
```

例程 9 - 14　含中断进入取值周期(task_fetch)的任务代码

9.6.12　基于 PSM 的状态转移图

图 9 - 39 为分段线性序列机的状态转移图。例程 9 - 15 为主控制器代码。实验中,控制

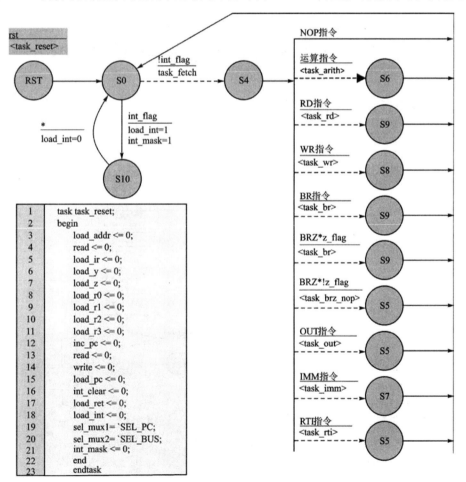

图 9 - 39　主控制器的状态转移图和复位 task 代码

器以及全部代码完成后,则可以开始编写机器码程序进行实际测试验证。在之后的小节中,采用当前指令汇编程序,手编机器码,既是对 CPU 编译过程的一次体验,也是对已经完成的 CPU 的一次验证。

```
1    always @ (posedge clk)
2    begin: MFSM
3        if (!rst_n)
4            begin
5                task_reset;
6                state <= s0;
7            end
8        else
9            case (state)
10               s0, s1, s2, s3: task_fetch;
11               s10: begin
12                   load_int <= 0;
13
14                   state <= s0;
15               end
16               default: case (opcode)
17                   `NOP: state <= s0;
18                   `ADD task_arith;
19                   `AND task_arith;
20                   `NOT: task_arith;
21                   `RD : task_rd;
22                   `WR : task_wr;
23                   `BR : task_br;
24                   `BRZ: if (z_flag)
25                       task_br;
26                   else
27                       task_brz_nop;
28                   `OUT: task_out;
29                   `INC task_arith;
30                   `DEC: task_arith;
31                   `IMM task_imm;
32                   `RTI: task_rti;
33                   `HLT:  state <= s4;
34               endcase
35           endcase
36   end
```

例程 9 - 15　主控制器代码

注意:ris_spm 的全部完整代码可以参阅本书代码:"<例子代码安装路径>\code\chapter9"。

9.7　测试程序一:简单的循环

9.7.1　程序流程框图和数据区

在图 9 - 40 测试程序中,使用 r0 构成从 255 增量到 0 循环,循环中 r1 则从 0 递增到 255。这两个寄存器的值,输出给 p0 和 p1 端口。若发生错误,则停机。

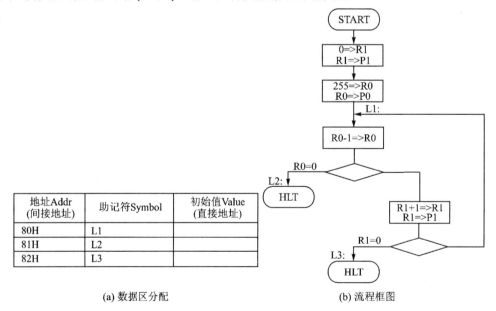

地址Addr (间接地址)	助记符Symbol	初始值Value (直接地址)
80H	L1	
81H	L2	
82H	L3	

(a) 数据区分配　　　　　　　　　　(b) 流程框图

图 9 - 40　简单的循环流程框图和数据分配表

注意:risc_spm 采用间接寻址,以支持动态链接库(编译自动化)。首先分配间接地址,编译得到机器码和机器码地址后,在将直接地址填写到对应间接地址的数据初始值(直接地址),这在编译技术中称为二次扫描。

9.7.2　手编机器码表

手编机器码见表 9-16,其步骤是:

表 9-16　简单循环的手编机器码表

地　址	汇编程序	机器码高位	机器码低位	说　明
00H	IMM ♯0, R1	1100_00_01	00000000	
02H	OUT R1, P1	1001_01_01		
03H	IMM ♯255, R0	1100_00_00	11111111	
05H	OUT R0, P0	1001_00_00		
06H	L1: DEC R0, R0	1011_00_00		
07H	BRZ L2	1000_00_00	1000_0001	L2 的间接地址 81H
09H	INC R1, R1	1010_01_01		
0AH	OUT R1, P1	1001_01_01		
0BH	BRZ L3	1000_00_00	1000_0010	L3 的间接地址 82H
0DH	BR L1	0111_00_00	1000_0000	L1 的间接地址 80H
0FH	L2: HLT	1111_00_00		
10H	L3: HLT	1111_00_00		

(1) 根据算法流程图和数据地址(见图 9-40),填写汇编程序。图 9-40 的标号为间接地址,填写在数据地址,机器码(长指)的地址部分,装配的即是数据地址(转移标号的间接地址)。

(2) 根据指令的机器码表(见表 9-3)和标号间接地址(见图 9-40),将汇编程序人工翻译为机器码。注意长指占两个字节(有高位和低位),短指仅一个字节。

(3) 全部机器码编译完成后,则从第一条指令开始,逐行(看清长指或短指)分配地址。第一条指令的地址,应该对应复位向量 RST_VECTOR。

(4) 全部地址分配完成后,则将标号位置的直接地址,填写到数据区的初始值部分,初始值部分对应的是转移标号的直接地址。这就是编译系统的"二次扫描",如表 9-17 所列。

表 9-17　二次扫描后的数据分配表

地址 Addr (间接地址)	助记符 Symbol	初始值 Value (直接地址)
80H	L1	06H
81H	L2	0FH
82H	L3	10H

9.7.3　测试程序 TXT 文件

在 mem_model. v 文件中,指定存储器的初始文件为"program1. txt":

```
initial begin
    $ readmemb("program1.txt"，mem);
end
```

为了使 mem_model.v 文件被综合、被仿真，需要：

（1）在 Quartus II 中新建 TXT 文件，另存为"program1.txt"，保存到 risc_spm 文件夹根目录下（见例程 9 - 16）。编译后，网表中将会有这个程序。

（2）仿真时，需要在 Nativelink 中加入 txt 文件后可以进入仿真。

```
1    // program1.txt
2    //测试程序一：简单循环测试
3
4    @00  //指令首地址（复位向量）
5
6    11000001   00000000    //              IMM  #0, R1
7    10010101               //              OUT R1, P1
8    11000000   11111111    //              IMM  #255, R0
9    10010000               //              OUT R0, P0
10   10110000               //L1: DEC  R0, R0
11   10000000   10000001    //              BRZ L2
12   10100101               //              INC R1, R1
13   10010101               //              OUT R1,P1
14   10000000   10000010    //              BRZ L3
15   011100 00  10000000    //              BR L1
16   11110000               //L2: HLT
17   11110000               //L3: HLT
18
19
20   @80H       //数据首地址
21   00000110               //L1(间接地址80H，直接地址06H)
22   00001111               //L2(间接地址81H，直接地址0FH)
23   00010000               //L3(间接地址82H，直接地址10H)
```

例程 9 - 16　简单程序的编程文件"program1.txt"

9.7.4　测试平台和仿真波形

在代码（见例程 9 - 17）中，加入了用 ASCII 码显示的指令信号 monitor，它与 introduction 中的 opcode 对应。在仿真波形中（见图 9 - 41），能够观察到正常停机，以及 P0 和 P1 的正常输出。所有指令的节拍与设计一致。

```
1    `include "risc_spm_head.v"
2    `timescale 1ns/1ps
3
4    module risc_spm_tb;
5
6        reg clk, rst_n;
7        reg interrupt;
8        wire [7:0] p0, p1, p2, p3;
9
10       reg [23:0] monitor;
11
12       always @ (*)
13       begin
14           case (DUT.instr[7:4])
15               `NOP :      monitor = "NOP";
```

```
16           `ADD :      monitor = "ADD";
17           `SUB :      monitor = "SUB";
18           `AND :      monitor = "AND";
19           `NOT :      monitor = "NOT";
20           `RD  :      monitor = "RD";
21           `WR  :      monitor = "WR";
22           `BR  :      monitor = "BR";
23           `BRZ :      monitor = "BRZ";
24           `OUT :      monitor = "OUT";
25           `INC :      monitor = "INC";
26           `DEC :      monitor = "DEC";
27           `IMM :      monitor = "IMM";
28           `RTI :      monitor = "RTI";
29           `HLT :      monitor = "HLT";
30           default : moni tor = "???";
```

31	endcase
32	end
33	
34	risc_spm DUT(
35	.clk(clk),
36	.rst_n(rst_n),
37	.interrupt(interrup t),
38	.p0(p0),
39	.p1(p1),
40	.p2(p2),
41	.p3(p3)
42	);
43	
44	initial begin
45	clk = 1;

46	rst_n = 0;
47	interrupt = 0;
48	
49	#200
50	@ (posedge clk)
51	rst_n = 1;
52	
53	#200
54	@ (DUT.instr[7:4] == `HLT)
55	#200 $stop;
56	end
57	
58	always #10 clk = ~clk;
59	
60	endmodule

例程 9 - 17　简单程序的测试代码

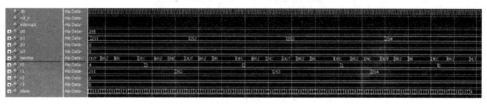

图 9 - 41　简单程序的仿真波形

9.8　测试程序二：流水灯程序

在流水灯测试程序中，将体验汇编子程序的编制和使用方法（机器编译方法），体验间接寻址的重要意义。在该测试程序中，可使用 P0 端口驱动 4 个 LED 指示灯，使之逐个点亮和熄灭。为了使人眼可以观察到灯的闪烁，灯开和关的时间必须延时至数十毫秒，如图 9 - 42 和图 9 - 43 所示。

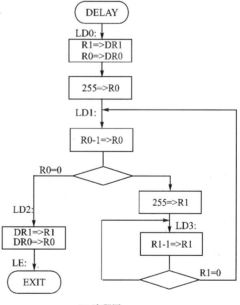

地址 Addr	助记符 Symbol	初始值 Value	说明 Note
80H	DR0	X	R0现场保护
81H	DR1	X	R1现场保护
82H	LD0		间接寻址标号
83H	LD1		间接寻址标号
84H	LD2		间接寻址标号
85H	LD3		间接寻址标号
86H	LE		间接寻址标号
87H	LCNT	0	流水计数
88H	L0		间接寻址标号
89H	L1		间接寻址标号
8AH	L2		间接寻址标号
8BH	L3		间接寻址标号
8CH	L4		间接寻址标号
8DH	L5		间接寻址标号

(a) 数据区分配　　　　　　　　　　(b) 流程图

图 9 - 42　延时子程序的流程框图和数据区分配

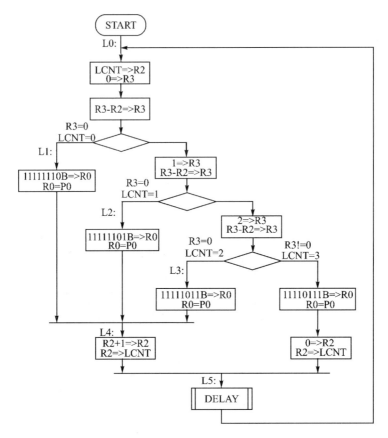

图 9-43　流水灯主程序框图

9.8.1　程序流程框图和数据区

在图中所示的延迟循环中,子程序入口是 LD0,子程序的出口时 LE,中间经过二级 256 循环,足够延迟到眼睛可以观察的时间间隔。使用该子程序时:

(1) 首先修改 LE 的直接地址,将需要返回的直接地址写入 LE 即可。

(2) 然后使用转移语句,转移至 LD0。

9.8.2　手编机器码表

手编机器码如表 9-18 的顺序是:

表 9-18　流水灯的手编机器码表

地 址	汇编程序		机器码高位	机器码低位	说 明
00H	L0:	RD　LCNT, R2	0101_00_10	1000_0111	主程序入口
02H		IMM　♯0, R3	1100_00_11	0000_0000	
04H		SUB　R2, R3	0010_10_11		
05H		BRZ　L1	1000_00_00	1000_1001	
07H		IMM　♯1, R3	1100_00_11	0000_0001	

地　　址	汇编程序		机器码高位	机器码低位	说　　明
09H		SUB　R2, R3	0010_10_11		
0AH		BRZ　L2	1000_00_00	1000_1010	
0CH		IMM　♯2, R3	1100_00_11	0000_0010	
0EH		SUB　R2, R3	0010_10_11		
0FH		BRZ　L3	1000_00_00	1000_1011	
11H		IMM　♯247, R0	1100_00_00	1111_0111	11110111B＝247
13H		OUT　R0, P0	1001_00_00		
14H		IMM　♯0, R2	1100_00_10	0000_0000	
16H		WR　R2, LCNT	0110_10_00	1000_0111	
18H		BR　L5	0111_00_00	1000_1101	
1AH	L1：	IMM　♯254, R0	1100_00_00	1111_1110	11111110B＝254
1CH		OUT　R0, P0	1001_00_00		
1DH		BR　L4	0111_00_00	1000_1100	
1FH	L2：	IMM　♯253, R0	1100_00_00	1111_1101	11111101B＝253
21H		OUT　R0, P0	1001_00_00		
22H		BR　L4	0111_00_00	1000_1100	
24H	L3：	IMM　♯251, R0	1100_00_00	1111_1011	11111011＝251
26H		OUT　R0, P0	1001_00_00		
27H	L4：	INC　R2, R2	1010_10_10		
28H		WR　R2, LCNT	0110_10_00	1000_0111	
2AH	L5：	RD　L0, R1	0101_00_01	1000_1000	读 L0 直接地址
2CH		WR　R1, LE	0110_01_00	1000_0110	设置返回；写到 LE 中
2EH		BR　LD0	0111_00_00	1000_0010	进入延时子程序
30H	LD0：	WR　R1, DR1	0110_01_00	1000_0001	保护现场 R1
32H		WR　R0, DR0	0110_00_00	1000_0000	保护现场 R0
34H		IMM　♯255, R0	1100_00_00	1111_1111	
36H	LD1：	DEC　R0, R0	1011_00_00		
37H		BRZ　LD2	1000_00_00	1000_0100	
39H		IMM　♯255, R1	1100_00_01	1111_1111	
3BH	LD3：	DEC　R1, R1	1011_01_01		
3CH		BRZ　LD1	1000_00_00	1000_0011	
3EH		BR　LD3	0111_00_00	1000_0101	
40H	LD2：	RD　DR1, R1	0101_00_01	1000_0001	恢复现场 R1
42H		RD　DR0, R0	0101_00_00	1000_0000	恢复现场 R0
44H		BR　LE	0111_00_00	1000_0110	子程序返回

（1）根据算法流程图和数据地址（见图 9 - 42 和图 9 - 43）填写汇编程序。图中的标号为

间接地址,填写在数据地址,机器码(长指)的地址部分即装配的即是数据地址(转移标号的间接地址)。

(2) 根据指令的机器码表(见表9-3)和标号间接地址(见图9-42),将汇编程序人工翻译为机器码。注意长指占两个字节(有高位和低位),短指仅一个字节。

(3) 全部机器码编译完成后,则从第一条指令开始,逐行(看清长指或短指)分配地址。第一条指令的地址,应该对应复位向量 RST_VECTOR。

(4) 全部地址分配完成后,则将标号位置的直接地址,填写到数据区的初始值部分,初始值部分对应的是转移标号的直接地址,即编译系统的"二次扫描",如表9-19所列。

表 9 - 19 流水灯测试程序数据区的二次扫描

地址 Addr	助记符 Symbol	初始值 Value	说明 Note
80H	DR0	x	R0 现场保护
81H	DR1	x	R1 现场保护
82H	LD0	30H	间接寻址标号
83H	LD1	36H	间接寻址标号
84H	LD2	40H	间接寻址标号
85H	LD3	3BH	间接寻址标号
86H	LE	x	间接寻址标号
87H	LCNT	0	流水计数
88H	L0	00H	间接寻址标号
89H	L1	1AH	间接寻址标号
8AH	L2	1FH	间接寻址标号
8BH	L3	24H	间接寻址标号
8CH	L4	27H	间接寻址标号
8DH	L5	2AH	间接寻址标号

9.8.3 测试程序 TXT 文件

在 mem_model. v 文件中,指定存储器的初始文件为"program2. txt"(见例程9-18):
initial begin
    end $ readmemb("program2. txt", mem);
为了使这个文件可以被综合,可以被仿真,需要:

(1) 在 Quartus II 中建立和保存这个 TXT 文件,命名为"program2. txt",并保存到 risc_spm 文件夹根目录下。

(2) 仿真时,需要在 Nativelink 中,加入"program2. txt"后该程序才可以进入仿真。

```
1   // program2.txt
2   //测试程序二：流水灯
3   
4   @00 //指令首地址（复位向量）
5   
6   01010010 10000111 //L0: RD LCNT, R2
7   11000011 00000000 //     IMM #0, R3
8   00101011          //     SUB R2, R3
9   10000000 10001001 //     BRZ L1
10  11000011 00000001 //     IMM #1, R3
11  00101011          //     SUB R2, R3
12  10000000 10001010 //     BRZ   L2
13  11000011 00000010 //     IMM #2, R3
14  00101011          //     SUB R2, R3
15  10000000 10001011 //     BRZ L3
16  11000000 11110111 //     IMM #247, R0
17  10010000          //     OUT R0, P0
18  11000010 00000000 //     IMM #0, R2
19  01101000 10000111 //     WR R2, LCNT
20  0111000 0 10001101 //    BR L5
21  11000000 11111110 //L1: IMM #254, R0
22  10010000          //     OUT R0, P0
23  01110000 10001100 //     BR L4
24  11000000 11111101 //L2: IMM #253, R0
25  10010000          //     OUT R0, P0
26  01110000 10001100 //     BR L4
27  11000000 11111011 //L3: M M #251, R0
28  10010000          //     OUT R0, P0
29  10101010          //L4: NC R2, R2
30  01101000 10000111 //     WR R2, LCNT
31  01010001 10001000 //L5: RD L0, R1
```

```
32  01100100 10000110 //     WR R1, LE
33  01110000 10000010 //     BR LD0
34  01100100 10000001 //LD0: WR R1, DR 1
35  01100000 10000000 //     WR R0, DR0
36  11000000 11111 111 //    IMM #255, R0
37  10110000          //LD1: DEC R0, R0
38  10000000 10000100 //     BRZ LD2
39  11000001 11111 111 //    IMM #255, R1
40  10110101          //LD3: DEC R1, R1
41  10000000 10000011 //     BRZ LD1
42  01110000 10000101 //     BR LD3
43  01010001 10000001 //LD2: RD DR1, R1
44  01010000 10000000 //     RD DR0, R0
45  01110000 10000110 //     BR LE
46  
47  @80 //数据首地址
48  00000000          //DR0=x
49  00000000          //DR1=x
50  00110000          //LD0=30H
51  00110110          //LD1=36H
52  01000000          //LD2=40H
53  00111011          //LD3=3BH
54  00000000          //LE=x
55  00000000          //LCNT=0
56  00000000          //L0=00H
57  00011010          //L1=1AH
58  00011111          //L2=1FH
59  00100100          //L3=24H
60  00100111          //L4=27H
61  00101010          //L5=2AH
62
```

例程 9-18　流水灯测试程序的 TXT 文件

9.8.4　测试平台和仿真波形

与测试程序一相比，其代码（见例程 9-19）仅 53 行修改为 2 ms 的停仿真，其余相同。仿真时，为了减少循环延迟带来仿真时间过长，修改“program2.txt”中的第 36 行和第 39 行，将立即数 255 修改为 7：

原 36 行：11000000 11111111 //　　　IMM　♯255，R0

修改为：11000000 00000111 //　　　IMM　♯7，R0

原 39 行：11000001 11111111 //　　　IMM　♯255，R1

修改为：11000001 00000111 //　　　IMM　♯7，R1

```
1   `include "risc_spm_head.v"
2   `timescale 1ns/1ps
3   
4   module risc_spm_tb;
5   
6      reg clk, rst_n;
7      reg interrupt;
8      wire [7:0] p0, p1, p2, p3;
9   
10     reg [23:0] monitor;
11  
12     always @ (*)
13     begin
14        case (DUT.in str[7:4])
15           `NOP :      monitor = "NOP";
```

```
16           `ADD :      monitor = "ADD";
17           `SUB :      monitor = "SUB";
18           `AND :      monitor = "AND";
19           `NOT :      monitor = "NOT";
20           `RD :       monitor = "RD";
21           `WR :       monitor = "WR";
22           `BR :       monitor = "BR";
23           `BRZ :      monitor = "BRZ";
24           `OUT :      monitor = "OUT";
25           `INC :      monitor = "INC";
26           `DEC :      monitor = "DEC";
27           `IMM :      monitor = "IMM";
28           `RTI :      monitor = "RTI";
29           `HLT :      monitor = "HLT";
30           default :   monitor = "???";
```

```
31          endcase                         46          rst_n = 0;
32      end                                 47          interrupt = 0;
33                                          48
34  risc_spm DUT(                           49          #200
35      .clk(clk),                          50          @ (posedge clk)
36      .rst_n(rst_n),                      51          rst_n = 1;
37      .interrupt(interrupt),              52
38      .p0(p0),                            53          #200 0_000    $stop;
39      .p1(p1),                            54      end
40      .p2(p2),                            55
41      .p3(p3)                             56      always #10 clk = ~clk;
42  );                                      57
43                                          58  endmodule
44  initial begin                           59
45      clk = 1;                            60
```

例程 9 - 19　测试程序二的测试代码

注意：实际下板时需要再修改为原 255 的值才可以观察到灯的闪烁，如图 9 - 44 所示。

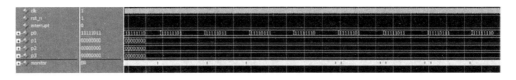

图 9 - 44　流水灯的仿真波形

9.9　测试程序三：Fibonacci 序列中断

本章的第三个测试程序，是在流水灯作为主程序运行的基础上，加入外部按键触发的中断请求，CPU 的中断服务程序执行一次 Fibonacci 序列的更新，将 Fibonacci 序列用 P1 和 P2 输出。

9.9.1　程序流程框图和数据区

由于主程序仍然采用流水灯（见 9.8 节），故这里仅需要设计中断服务程序，如图 9 - 45 所示。

9.9.2　手编机器码表

表 9 - 20　Fibonacci 序列中断服务程序机器码

地　址	汇编程序	机器码高位	机器码低位	说　明
50H	LT0: WR　R1, TR1	0110_01_00	1001_0001	中断服务程序入口
52H	WR　R0, TR0	0110_00_00	1001_0000	
54H	RD　F2, R1	0101_00_01	1000_1111	
56H	OUT　R1, P2	1001_01_10		
57H	IMM　#144, R0	1100_00_00	1001_0000	
59H	SUB　R1, R0	0010_01_00		
5AH	BRZ　LT1	1000_00_00	1001_0011	

地　址	汇编程序	机器码高位	机器码低位	说　明
5CH	RD　F1，R0	0101_00_00	1000_1110	
5EH	OUT　R0，P1	1001_00_01		
5FH	WR　R1，F1	0110_01_00	1000_1110	
61H	ADD　R0，R1	0001_00_01		
62H	WR　R1，F2	0110_01_00	1000_1111	
64H	BR　LT2	0111_00_00	1001_0100	
66H	LT1：RD　F1，R0	0101_00_00	1000_1110	
68H	OUT　R0，P1	1001_00_01		
69H	IMM　♯0，R0	1100_00_00	0000_0000	
6BH	WR　R0，F1	0110_00_00	1000_1110	
6DH	IMM　♯1，R1	1100_00_01	0000_0001	
6FH	WR　R1，F2	0110_01_00	1000_1111	
71H	LT2：RD　TR1，R1	0101_00_01	1001_0001	
73H	RD　TR0，R0	0101_00_00	1001_0000	
75H	RTI	1101_00_00		中断返回
F0H	BR　LT0	0111_00_00	1001_0010	中断向量

地址 Addr	助记符 Symbol	初始值 Value	说明 Note
80H	DR0	X	R0延迟保护
81H	DR1	X	R1延迟保护
82H	LD0		间接寻址标号
83H	LD1		间接寻址标号
84H	LD2		间接寻址标号
85H	LD3		间接寻址标号
86H	LE		间接寻址标号
87H	LCNT	0	流水计数
88H	L0		间接寻址标号
89H	L1		间接寻址标号
8AH	L2		间接寻址标号
8BH	L3		间接寻址标号
8CH	L4		间接寻址标号
8DH	L5		间接寻址标号
8EH	F1	0	Fibonacci No.1
8FH	F2	1	Fibonacci No.2
90H	TR0	X	R0中断保护
91H	TR1	X	R1中断保护
92H	LT0		间接寻址标号
93H	LT1		间接寻址标号
94H	LT2		间接寻址标号

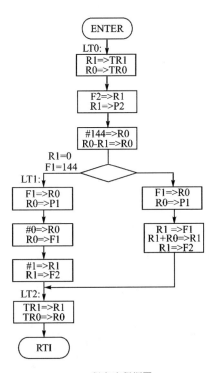

(a) 数据区分配　　　　　　　　　　(b) 程序流程框图

图 9 - 45　中断测试程序的框图和数据区

注意：由于 P1 和 P2 端口是 8 位，最大无符号数是 255，因此仅能够显示如下 12 个 8 位的 Fibonacci 序列（最后 2 个序列）：0，1，1，2，3，5，8，13，21，34，55，89，144。144 之后再次按键，则从 0 继续开始。

根据机器码表（见表 9 - 20），得到数据区的二次扫描表（见表 9 - 21）。

表 9 - 21　流水灯＋Fibonacci 中断数据区的二次扫描

地址 Addr	助记符 Symbol	初始值 Value	说明 Note
80H	DR0	x	R0 延迟保护
81H	DR1	x	R1 延迟保护
82H	LD0	30H	间接寻址标号
83H	LD1	36H	间接寻址标号
84H	LD2	40H	间接寻址标号
85H	LD3	3BH	间接寻址标号
86H	LE	x	间接寻址标号
87H	LCNT	0	流水计数
88H	L0	00H	间接寻址标号
89H	L1	1AH	间接寻址标号
8AH	L2	1FH	间接寻址标号
8BH	L3	24H	间接寻址标号
8CH	L4	27H	间接寻址标号
8DH	L5	2AH	间接寻址标号
8EH	F1	0	Fibonacci No. 1
8FH	F2	1	Fibonacci No. 2
90H	TR0	x	R0 中断保护
91H	TR1	x	R1 中断保护
92H	LT0	50H	间接寻址标号
93H	LT1	66H	间接寻址标号
94H	LT2	71H	间接寻址标号

9.9.3　测试程序 TXT 文件

在 mem_model. v 文件中，指定存储器的初始文件为"program3. txt"：
initial begin
　　$ readmemb("program3. txt"，mem)；
end
并且在仿真的 Nativelink 中加入这个文件。TXT 文件代码见例程 9 - 21。

9.9.4　测试平台和仿真波形

测试平台使用流水灯的代码：例程 9 - 19 中仅 44 行以下的修改见例程 9 - 20。

```
44    initial begin
45        #2001
46        forever begin
47            #30_000
48            interrupt = 1;
49            #20
50            interrupt = 0;
51        end
52    end
53
54    always #10 clk = ~clk;
55
56    initial #2000_000 $stop;
57  endmodule
```

例程 9 - 20　测试程序三的代码修改部分

1	// program3.txt	
2	//测试程序三：流水灯+Fibonacci中断	
3		
4	@00　//指令首地址（复位向量）	
5	01010010 10000111	//L0:　RD LCNT, R2
6	11000011 00000000	//　　IMM #0, R3
7	00101011	//　　SUB R2, R3
8	10000000 10001001	//　　BRZ L1
9	11000011 00000001	//　　IMM #1, R3
10	00101011	//　　SUB R2, R3
11	10000000 10001010	//　　BRZ L2
12	11000011 00000010	//　　IMM #2, R3
13	00101011	//　　SUB R2, R3
14	10000000 10001011	//　　BRZ L3
15	11000000 11110111	//　　IMM #247, R0
16	10010000	//　　OUT R0, P0
17	11000010 00000000	//　　IMM #0, R2
18	01101000 10000111	//　　WR R2, LCNT
19	01110000 10001101	//　　BR L5
20	11000000 11111110	//L1:IMM #254, R0
21	10010000	//　　OUT R0, P0
22	01110000 10001100	//　　BR L4
23	11000000 11111101	//L2:IMM #253, R0
24	10010000	//　　OUT R0, P0
25	01110000 10001100	//　　BR L4
26	11000000 11111011	//L3:IMM #251, R0
27	10010000	//　　OUT R0, P0
28	10101010	//L4:　INC R2, R2
29	01101000 10000111	//　　WR R2, LCNT
30	01010001 10001000	//L5:　RD L0, R1
31	01100100 10000110	//　　WR R1, LE
32	01110000 10000010	//　　BR LD0
33	01100100 10000001	//LD0: WR R1, DR1
34	01100000 10000000	//　　WR R0, DR0
35	11000000 00000111	//　　IMM #255, R0
36	10110110	//LD1: DEC R0, R0
37	10000000 10000100	//　　BRZ LD2
38	11000001 00000111	//　　IMM #255, R1
39	10110101	//LD3: DEC R1, R1
40	10000000 10000011	//　　BRZ LD1
41	01110000 10000101	//　　BR LD3
42	01010001 10000000	//LD2: RD DR1, R1
43	01010000 10000000	//　　RD DR0, R0
44	01110000 10000110	//　　BR LE
45		
46	@50	//中断服务程序入口
47	01100100 10010001	//LT0:　WR R1, TR1
48	01100000 10010000	//　　　WR R0, TR0
49	01010001 10001111	//　　RD F2, R1
50	10010110	//　　OUT R1, P2
51	11000000 10010000	//　　IMM #144, R0
52	00100100	//　　SUB R1, R0
53	10000000 10010011	//　　BRZ LT1
54	01010000 10001110	//　　RD F1, R0
55	10010001	//　　OUT R0, P1
56	01100100 10001110	//　　WR R1, F1
57	00010001	//　　ADD R0, R1
58	01100100 10001111	//　　WR R1, F2
59	01110000 10010100	//　　BR LT2
60	01010000 10001110	//LT1: RD F1, R0
61	10010001	//　　OUT R0, P1
62	11000000 00000000	//　　IMM #0, R0
63	01100000 10001110	//　　WR R0, F1
64	11000001 00000001	//　　IMM #1, R1
65	01100100 10001111	//　　WR R1, F2
66	01010001 10010001	//LT2: RD TR1, R1
67	01010000 10010000	//　　RD TR0, R0
68	11010000	//　　RTI
69		
70	@F0	//中断向量
71	01110000 10010010	//　　BR LT0
72		
73		
74	@80	//数据首地址
75	00000000	//DR0=x
76	00000000	//DR1=x
77	00110000	//LD0=30H
78	00110110	//LD1=36H
79	01000000	//LD2=40H
80	00111011	//LD3=3BH
81	00000000	//LE=x
82	00000000	//LCNT=0
83	00000000	//L0=00H
84	00011010	//L1=1AH
85	00011111	//L2=1FH
86	00100100	//L3=24H
87	00100111	//L4=27H
88	00101010	//L5=2AH
89	00000000	//F1=0
90	00000001	//F2=1
91	00000000	//TR0=x
92	00000000	//TR1=x
93	01010000	//LT0=50H
94	01100110	//LT1=66H
95	01110001	//LT2=71H
96		

例程 9 - 21　测试程序三的 TXT 文件

仿真波形如图 9 - 46 所示。

图 9 - 46   测试程序三的仿真波形

在这段仿真中，其主程序延迟数据仍然将 ♯ 255 修改为 ♯ 7，便于观察。仿真中，每 30 μs 激励一次中断请求，可以观察到 P1 和 P2 输出 12 对正确的 Fibonacci 序列：0 - 1，1 - 1，1 - 2，2 - 3，3 - 5，5 - 8，8 - 13，13 - 21，21 - 34，34 - 55，55 - 89，89 - 144。再次触发中断，回到 0 - 1。

注意：实际下板测试时，务必将 TXT 文件数据区的延迟 ♯ 7 修改为 ♯ 255，否则无法观察到灯的闪烁。对应例程 9 - 21 中的 35 行和 38 行。另外，下板时需要加键盘去抖和七段数码管显示，以及 Bin2BCD 转换这些模块。

9.10   参考文献

[1] Hennessy JL，Patterson DA. Computer Architecture-A Quantitave Approach. 4th ed. San Francisco，CA：Morgan Kaufman，2006.

[2] Charles H. Roth，Jr.，Larray L. Kinney. Fundamentals of Logic Design. 7th ed. Stamford：Pengage Learning，2014.

[3] Mano，M. Morris and MIchael D. Ciletti，Digital Design，5th ed. Upper Saddle River，NJ：Prentice Hall，2012.

[4] Jha，Niraj K. Switching and finite automata theory. Cambridge，UK ； New York ： Cambridge University Press，2010.

[5] Givone，Donald D. Digital Principles and Design. New Youk：McGraw-HIll，2003.

[6] Charles H. Roth，Jr.，Larray L. Kinney. Fundamentals of Logic Design 7th ed. Stamford：Pengage Learning，2014.

[7] Mano，M. Morris and MIchael D. Ciletti，Digital Design，5th ed. Upper Saddle River，NJ：Prentice Hall，2012.

[8] Jha，Niraj K. Switching and finite automata theory. Cambridge，UK ； New York ： Cambridge University Press，2010.

[9] Givone，Donald D. Digital Principles and Design. New Youk：McGraw - HIll，2003.

[10] Keaslin H. Digital integrated circuit design. Cambrige Unverisity Press，2008.

[11] 胡振波，手把手教你设计 CPU - RISC - V 处理器. 北京：人民邮电出版社，2018.

[12] David A. Patterson，John L. Hennessy. Computer Organization and Design RISC - V Edition：The Hardware Software Inteface. 5th ed. 北京：机械工业出版社，2015.

[13] William Stallings. Computer Organization & Architecture 2th ed. 北京：清华大学出版社，2006.

[14] 夏宇闻，韩彬，Verilog 数字系统设计教程. 4 版. 北京：北京航空航天大学出版社.

[15] Michael D. Ciletti，Advanced Digital Design with the Verilog HDL. Second Edition. 北京：电子工业出版社，2014.

第10章 数字扩频通信设计实践

本章将通过 FPGA 在通信技术领域应用的一个例子，进行一次比较深刻的电子设计自动（EDA）实践。通过该例实践，将运用到 HDL 建模的理论和方法，运用到有限状态机的有限状态机管理模式的解决方案，以及有限状态机的状态转移图和算法机的 charts，运用到同步设计中比较复杂的潜伏期分析和节拍分析（TP）图应用，同时，也对于现代通信技术有一个概括性地介绍。

数字通信技术在现代社会中随处可见，本书并不打算就数字通信技术本身展开详细讨论，仅就一个数字通信领域的技术案例：扩频 SS(Spreda Spectrum)和直接序列扩频 DSSS(Direct Sequence Spread Spectrum)的 FPGA 解决方案，用现代电子设计自动化（EDA）的观点和方法进行设计和实践。

1948 年，美国贝尔实验室的香农(C. E. Shannon)发表了《通信的数学原理》，为现代通信理论做了奠基。其中对通信模型的描述仍然适用于今天，如图 10 - 1 所示。

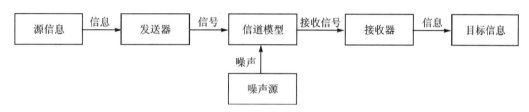

图 10 - 1 香农的通信模型

信息发送者将包括文字、声音以及图像等源信息传输给远程的接收者，发送器加工这些信号，通过无线电或者光缆等媒介传输给远程的接收器，这些传输媒介构成信道。信息的发送者将原始信息提供给发送器，发送器将称为基带信号的原始信号加工成得以在信道上传输的频带信号，信道中的噪声会对这些频带信号产生干扰，信道输出的信号则是接收器接收端的信号，接收器的任务则从被噪声干扰了的频带接收信号中还原出基带原始信号，并提供给接收者。

在该模型中，信号、噪声、信道与通信容量之间的关系，香农给出下面的公式（即香农定理）：

$$C = Wlg(1 + S/N) \tag{10-1}$$

式中：

C 为信道容量，即信道单位时间内传输的比特位数，单位是 bps。

W 为信道的带宽，即信道的负荷能力，单位为 Hz。

S/N 为信噪比，其中 lg(1 + S/N) 即用对数形式描述的信噪比，单位是分贝(DB)。

香农定理阐明：若信道带宽 W 不变，则信噪比 S/N 与信道容量 C 成正比。若信号强度 S 不变，则噪声强度 N 与信道容量 C 成反比。噪声越大，信道容量则越小。

现代通信系统中，信号强度是受各种因素的限制（例如手机）。已经证明，低强度的信号具有比较好的通信能力,例如蓝牙和 Wifi。另一方面,噪声是现实存在的,某些应用环境甚至具有很高的噪声强度。在这样一个信号强度受限、噪声环境不可控的条件下,现代通信所需要的通信质量将如何实现,或者说在高噪声环境中的通信将如何实现。

10.1　理解扩频和直接序列扩频

根据香农定理,在信噪比固定,欲增加信道容量时,可以通过提供额外的带宽 W 实现;或者在信噪比增加时(噪声很大的系统中),通过增加带宽 W 使得信道容量维持。总之,增加带宽是通信增容的重要措施。增加带宽有很多种方法,应用于无线信道时,一种行之有效而且常用的方法则是将通信频率范围(频段)扩展,例如原先从 5 000 kHz 到 5 020 kHz 的 20 kHz 频段扩展为 5 000 kHz 到 5 040 kHz 的 40 kHz 频段。但是数字通信中,由 0 和 1 组成的基带信号是如何转变为频带信号,频带增加后,基带信号与频带信号的关系又是如何。

1. 基带信号的优点

通信系统中,基带信号经过调制器转变为频带信号(见图 10-2)。有许多种数字信号调制方法实现频带转变,例如频移键控(FSK)、脉冲编码调制(PCM)、调频等。详细描述这些调制方法和理论显然超出本书的范围,这里仅关注这样一些约定:

(1) 通过调制,每一个频带信息比特将对应于一个基带信息比特。

(2) 单位时间的频带信息比特增加,意味着信道频谱扩展,带宽增加。

(3) 扩频后的频带信息比特仍然需要一一对应的基带信息比特。

(4) 扩频前单比特的原始基带信息必须加工成多比特的基带信息,即基带扩频算法。

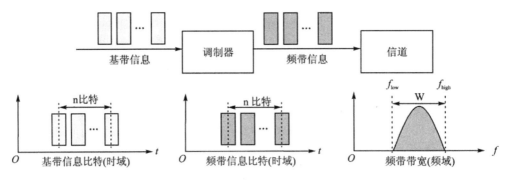

图 10-2　未扩频时频带信息比特数与基带信息比特数相同

如图 10-2 所示,未扩频时,输入至调制器的基带信息比特数 n,与从调制器输出的频带信息比特数 n 相同或基本相同。对于大多数调制算法,意味着一对一的调制模式,如图 10-2 所示。

根据香农定理(式 10-1),基带和频带的信道容量是相同的(单位时间发送的比特位数),对应单位时间 n 信息比特的频带信息,其频谱带宽为 W,它也就是信道带宽 W,这样,在信噪比 S/N 固定时,W 仅与 C 有关,即

$$W = C/\lg(1 + S/N) \qquad (10-2)$$

这就是说,噪声固定时,增加基带容量 C,带宽 W 即可增加。现实的通信系统中,基带通信容量并不需要增加,但噪声却会因为环境不同而变坏,在恶劣的噪声环境中如何保证原设计

的通信容量是个现实问题。另外,信道带宽在通常项目的可行性报告中已经给出它的限制值。所以,真正需要解决的问题是:基带容量 C_b 不变情况下,如何在许可的范围内增加频带容量 C_f,从而实现一对多的调制,如图 10-3 所示。但调制技术(例如 FSK)本身通常仍然是一对一,即一个基带比特对应调制一个频带比特,因此图 10-3 的真实实现方法是:在基带使用适当的扩容技术,使得源信息容量 C_s 在基带被扩充至 C_{be},然后用基带的 C_e 输送给一对一机制的调制器,使得调制器输出容量为 C_{fe},如图 10-4 所示。

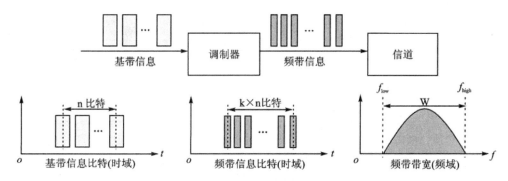

图 10-3　扩频后的频带信息比特数是基带信息比特数的 k 倍

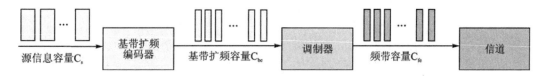

图 10-4　由基带扩频编码器构成的扩频通信

由图 10-4 对照式 10-2 可以看到,在信息容量 C 未改变的情况下增加了带宽 W,这意味着它可以容忍更低的信噪比。通信系统中,基带扩频编码器按照特定的数学规则将源信息 C_s 加工成 C_{be},如果扩频倍数为 k,则 C_{be} 为:

$$C_{be} = k \cdot C_s \tag{10-3}$$

接收器中,频带信号经过解调器还原为容量为 C_{be} 的基带扩频信号,解调器则使用同样的算法将基带扩频信号还原为容量为 C_s 的目标信息,这就是如图 10-5 所示的扩频通信系统。

2. 扩频通信系统的特点与应用

(1) 抑制干扰能力很强,信噪比可以小于 1。

(2) 信号的功率谱密度可以很低,为 WiFi、蓝牙等技术的实现提供可能。

(3) 信号便于隐蔽和保密。

(4) 可用以实现具有随意选址能力的码分多址(CDMA)通信(可用于移动通信技术)。

(5) 可用于高精度测量。

(6) 抗多径衰落。

以图 10-5 中的 SS 编/译码器的数学模型为例,为了抵抗具有特定统计分布规律的信道噪声,有许多理论和模型涉及这些扩频算法研究,其中之一便是直接序列扩频。

从图 10-4 可以看到,扩频器将一个比特的源信息,加工成 k 比特的扩频信息,这种一对多的编码方式构成扩频算法。直接扩频序列是这样一种扩频算法:对于二进制单比特的 0 和 1 而言,直接对应一个固定的比特序列,即编码前的单比特为 0,编码后由一个长度为 k 的常数

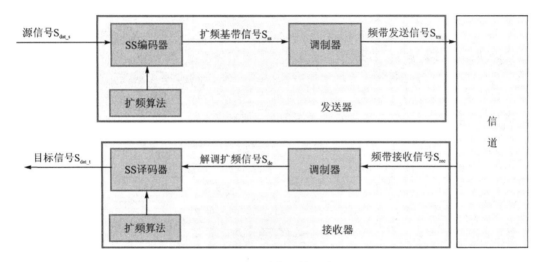

图 10-5　扩频通信系统

比特序列组成(图 10-6 中的 ZERO 序列);编码前的比特 1,编码后亦由一个长度同样为 k 的另一个常数比特序列组成(图 10-6 中为 ONE 序列)。译码时则反之,将 ZORE 序列译为比特 0,将 ONE 序列译为比特 1,如图 10-6 所示。

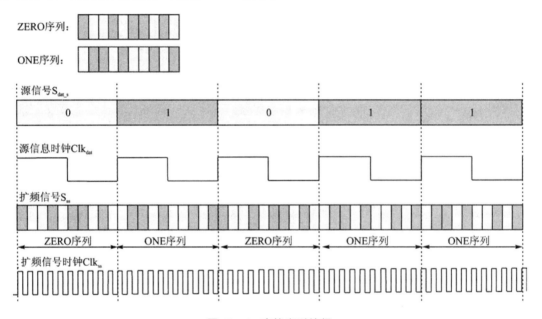

图 10-6　直接序列扩频

在图 10-6 中,源信号的比特 0 扩频后用 ZERO 序列替代,源信号的比特 1 扩频后用 ONE 序列替代,应注意扩频前后信号的时钟频率的改变。从信噪比的观点看,未扩频的通信系统,噪声干扰若导致单个频带比特传输发生错误(即 $S_{trs}-S_{rec}$ 比特错误),则接收信息 S_{dat_t} 比特与源信息 S_{dat_s} 比特将出错;而扩频后的通信系统,噪声干扰若要影响接收信息比特 S_{ta},则噪声能量必须导致 k 个频带比特中的大多数发生错误,该大多数的取值依据于判决算法。因此可见,直接序列扩频具有很强的抗干扰能力。实际应用时,其信噪比可以小于 1(即噪声淹没信号的环境),直接序列扩频仍然可以提供可靠的通信。直接序列扩频是高安全性高抗扰性的一种数字通信的传输方式。直接序列扩频通过利用高速率的扩频序列在发射端扩展信号的频谱,而在接收端用相同的扩频码序列进行解扩,把展开的扩频信号还原成原来的信号。直接序列扩频技术在无线通领域得到了广泛的应用,例如信号基站、无线电视、蜂窝手机、无线监视器等,已经成为一种成熟可靠的工业应用方案。

3. 直接序列扩频中的直接序列(direct sequence),其数学模型的要求

(1) 直接序列应该具有抵抗信道噪声频谱的分布规律,通常要求高斯分布。

(2) 直接序列的 ZERO 序列和 ONE 序列应该具有最大的汉明距离(即差异最大),通常应该互为反码。

(3) 为了保密需要,直接序列应该具有隐蔽性和抵抗密码攻击的性能。

(4) 该序列必须有合适的翻转率,其 0 和 1 的个数满足均衡条件。

(5) 直接序列的数学模型应该便于实现:由于直接序列扩频(DSSS)对于直接序列(DS)数学模型的要求,一种应用比较多的解决方案是采用模拟高速噪声信道频谱分布的随机编码模型作为直接序列,由于这种随机编码模型是用预先设计的实际上是常数的随机数构成,则将这种随机数称为伪随机数 PRN(Pseudo Noise)。用伪随机数 PRN 作为直接序列模型时,将这种模拟信道噪声的直接序列模型称为伪随机噪声 PN,于是,直接序列是用伪随机噪声构成,如图 10-7 所示。

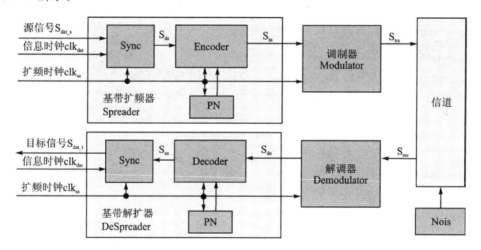

图 10-7　采用伪随机噪声的直接序列扩频方案(相同时钟域方案)

图 10-7 采用相同时钟域方案,因此在扩频器和解扩器中,都具有同步器。扩频器中,同步器将低速的信息时钟域 clk_{dat} 信号 S_{dat_s} 同步到高速的扩频时钟域 clk_{ss} 信号 S_{ds} 中;在解扩器中,同步器将高速的扩频时钟域 clk_{ss} 信号 S_{es} 同步到低速的信息时钟域 clk_{dat} 信号 S_{dat_t} 中。

4. 采用伪随机噪声的直接序列扩频通信具有的特点

(1) 抑制干扰能力强,甚至可以容忍信噪比小于 1 的噪声环境。

(2) 信号的功率谱密度低,为 WiFi、蓝牙、移动通信等限制功率的无线通信技术提供可能。

(3) 具有一定的保密性和隐蔽性。

(4) 支持移动通信等技术方案中需要的码分多址(CDMA)的选址通信模式。

（5）可用于无线测量。

（6）具有抗短波通信中的多径衰落功能。

10.2 线性反馈移位寄存器的 M 序列

伪随机噪声序列可以从固定的随机表得到，实际应用中，多数采用具有随机特性的线性序列作为 PN 信号。数字通信中，描述模二运算的线性序列常使用多项表达式，即

$$F(x) = \sum_{i=0}^{n} C_i x^i = 0 \tag{10-4}$$

用于描述二进制线性序列：$S = B_n B_{n-1} \cdots B_i \cdots B_1 B_0$，式中，$B_i = C_i (i = 0,1,\cdots,n)$。

例 10 - 1： 对于二进制序列：$S = 10110011$，这里 $n = 7$。

其线性多项式为：

$$F(x) = 1 \cdot x^7 + 0 \cdot x^6 + 1 \cdot x^5 + 1 \cdot x^4 + 0 \cdot x^3 + 0 \cdot x^2 + 1 \cdot x^1 + 1 \cdot x^0$$
$$= x^7 + x^5 + x^4 + x + 1$$

使用多项式描述线性序列的好处是线性多项式可以用数学方式（例如整除求余项）讨论线性序列的特性。

为了使用直接序列扩频，用作直接序列的伪随机噪声模型序列（PN），要求：

● 该序列必须有一定的翻转率（0 和 1 均衡）并均匀分布。

● 该序列便于保密，编码后没有副本很难解码。

● 功率谱密度要求高斯分布。

M 序列则是符合上述要求的一种 LFSR 方案。M 序列是目前广泛应用的一种伪随机序列，例如扩频通信，卫星通信的码分多址，数字数据中的加密、加扰、同步、误码率测量等领域。由于其模型结构类似字母 M，所以称其为 M 序列，如图 10 - 8 所示。

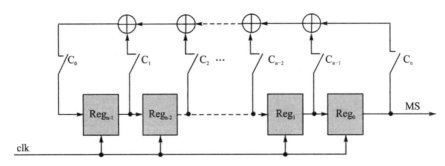

图 10 - 8 M 序列的移位寄存器结构

图 10 - 8 中的 C_i 为开关常量，1 为闭合，0 为开路。因此，对于 M 序列的多项式为：

$$MS(x) = \sum_{i=0}^{n} C_i x^i \tag{10-5}$$

不是任何多项式序列都具有作为直接序列的性能。研究指出，仅本原多项式（Primitive Polynomia）具有上述必须的直接序列（DS）特性。本原多项式是一个 n 次不可约多项式。如果一个多项式只能被 1 和自身整除，则这种不可约多项式就称为本原多项式。

M 序列部分常用本原多项式如表 10 - 1 所列。

表 10 - 1　2～10 阶部分常用本原多项式

n	多项式
2	$x^2 + x + 1$
3	$x^3 + x + 1$
4	$x^4 + x + 1$
5	$x^5 + x^2 + 1$
6	$x^6 + x + 1$
7	$x^7 + x^3 + 1$
8	$x^8 + x^4 + x^3 + x^2 + 1$
9	$x^9 + x^4 + 1$
10	$x^{10} + x^3 + 1$

例 10 - 2：图 10 - 9 为五阶本原多项式的建模和验证，并讨论它的规律。

根据表 10 - 1，五阶本原多项式为：$MS5(x) = x^5 + x^2 + 1$，根据图 10 - 8，它的架构如图 10 - 9 所示。

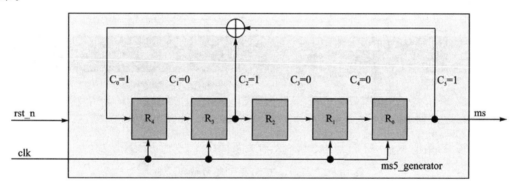

图 10 - 9　五阶本原多项式的 M 序列发生器

建模（见例程 10 - 1），默认参数 R_INIT 为 5'b00001，仿真波形如图 10 - 10 和图 10 - 11 所示。

```
1   module ms5_generator(clk, rst_n, ms);
2
3       input clk;
4       input rst_n;
5       output ms;
6
7       reg [4:0] R;
8
9       parameter R_ INIT = 5'b00001;
10
11      always @ (posedge clk)
12      begin
13          if (!rst_n)
14              R <= R_INIT;
15          else
16              begin
17                  R[0] <= R[1];
```

```
1   `timescale 1ns/1ps
2
3   module ms5_generator_tb;
4
5       reg clk, rst_n;
6       wire ms;
7
8       ms5_generator
9           #(.R_INIT(5 b00001))
10          u1(.clk(clk),  .rst_n(rst_n), .ms(ms));
11
12      initial begin
13          clk = 1;
14          rst_n = 0;
15          #200.1
16          rst_n = 1;
17
```

18		R[1] <= R[2];
19		R[2] <= R[3];
20		R[3] <= R[4];
21		R[4] <= R[3] ^ R[0];
22		end
23		end
24		
25		assign ms = R[0];
26		
27	endmodule	

18		#5000 $stop;
19		end
20		
21		always #10 clk = ~clk;
22		
23	endmodule	
24		
25		
26		
27		

例程 10-1　五阶本原 M 序列发生器的 Verilog 代码

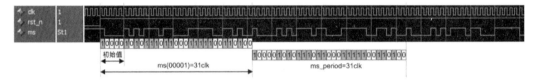

图 10-10　五阶本原 M 序列发生器初始值为 00001 时的仿真波形

当初始值设置为 R_INIT＝10000 时,仿真波形为:

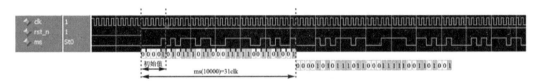

图 10-11　五阶本原 M 序列发生器初始值为 10000 时的仿真波形

继续改变初始值 R_INIT,得到表 10-2 和关系如图 10-12 所示。

表 10-2　五阶本原 M 序列随机数和周期

序　号	序列名	R_INIT	PRN	ms 周期(31 比特)	说　明
1	ms01	5'b00001	1	31'b10000_10101_11011_00011_11100_11010_0	ms01 <= (ms02 sla 1) 一算术左移
2	ms16	5'b10000	16	31'b00001_01011_10110_00111_11001_10100_1	ms16 <= (ms01 sla 1) 一算术左移
3	ms08	5'b01000	8	31'b00010_10111_01100_01111_10011_01001_0	ms08 <= (ms16 sla 1) 一算术左移
4	ms20	5'b10100	20	31'b00101_01110_11000_11111_00110_10010_0	ms20 <= (ms08 sla 1) 一算术左移
5	ms10	5'b01010	10	31'b01010_11101_10001_11110_01101_00100_0	ms05 <= (ms20 sla 1) 一算术左移
6	ms21	5'b10101	21	31'b10101_11011_00011_11100_11010_01000_0	ms21 <= (ms05 sla 1) 一算术左移
7	ms26	5'b11010	26	31'b01011_10110_00111_11001_10100_10000_1	ms26 <= (ms21 sla 1) 一算术左移
8	ms29	5'b11101	29	31'b10111_01100_01111_10011_01001_00001_0	ms29 <= (ms26 sla 1) 一算术左移
9	ms14	5'b01110	14	31'b01110_11000_11111_00110_10010_00010_1	ms14 <= (ms29 sla 1) 一算术左移
10	ms23	5'b10111	23	31'b11101_10001_11110_01101_00100_00101_0	ms23 <= (ms14 sla 1) 一算术左移
11	ms27	5'b11011	27	31'b11011_00011_11100_11010_01000_01010_0	ms27 <= (ms23 sla 1) 一算术左移
12	ms13	5'b01101	13	31'b10110_00111_11001_10100_10000_10101_0	ms13 <= (ms27 sla 1) 一算术左移
13	ms06	5'b00110	06	31'b01100_01111_10011_01001_00001_01011_1	ms06 <= (ms13 sla 1) 一算术左移

序　号	序列名	R_INIT	PRN	ms 周期(31 比特)	说　明
14	ms03	5'b00011	03	31'b11000_11111_00110_10010_00010_10111_0	ms03 <= (ms06 sla 1) 一算术左移
15	ms17	5'b10001	17	31'b10001_11110_01101_00100_00101_01110_1	ms17 <= (ms03 sla 1) 一算术左移
16	ms24	5'b11000	24	31'b00011_11100_11010_01000_01010_11101_1	ms24 <= (ms17 sla 1) 一算术左移
17	ms28	5'b11100	28	31'b00111_11001_10100_10000_10101_11011_0	ms28 <= (ms24 sla 1) 一算术左移
18	ms30	5'b11110	30	31'b01111_10011_01001_00001_01011_10110_0	ms30 <= (ms28 sla 1) 一算术左移
19	ms31	5'b11111	31	31'b11111_00110_10010_00010_10111_01100_0	ms31 <= (ms30 sla 1) 一算术左移
20	ms15	5'b01111	15	31'b11110_01101_00100_00101_01110_11000_1	ms15 <= (ms31 sla 1) 一算术左移
21	ms07	5'b00111	07	31'b11100_11010_01000_01010_11101_10001_1	ms07 <= (ms15 sla 1) 一算术左移
22	ms19	5'b10011	19	31'b11001_10100_10000_10101_11011_00011_1	ms19 <= (ms07 sla 1) 一算术左移
23	ms25	5'b11001	25	31'b10011_01001_00001_01011_10110_00111_1	ms25 <= (ms19 sla 1) 一算术左移
24	ms12	5'b01100	12	31'b00110_10010_00010_10111_01100_01111_1	ms12 <= (ms25 sla 1) 一算术左移
25	ms22	5'b10110	22	31'b01101_00100_00101_01110_11000_11111_0	ms22 <= (ms12 sla 1) 一算术左移
26	ms11	5'b01011	11	31'b11010_01000_01010_11101_10001_11110_0	ms11 <= (ms22 sla 1) 一算术左移
27	ms05	5'b00101	5	31'b10100_10000_10101_11011_00011_11100_0	ms05 <= (ms11 sla 1) 一算术左移
28	ms18	5'b10010	18	31'b01001_00001_01011_10110_00111_11001_1	ms18 <= (ms05 sla 1) 一算术左移
29	ms09	5'b01001	9	31'b10010_00010_10111_01100_01111_10011_0	ms09 <= (ms18 sla 1) 一算术左移
30	ms04	5'b00100	4	31'b00100_00101_01110_11000_11111_00110_1	ms04 <= (ms09 sla 1) 一算术左移
31	ms02	5'b00010	2	31'b01000_01010_11101_10001_11110_01101_0	ms02 <= (ms04 sla 1) 一算术左移

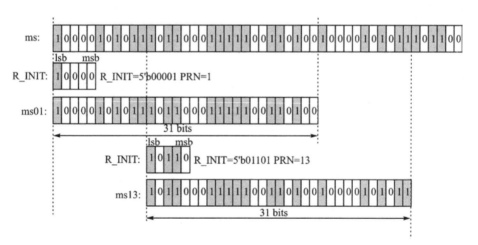

图 10 - 12　五阶本原 M 序列初始值 R_INIT 与输出序列 ms 的关系

经过观察发现,五阶本原 M 序列 $MS5(x) = x^5 + x^2 + 1$ 有如下特性:

(1) 无论如何变换初始值,ms 序列不变,仅 ms 周期的开始位置变化。

(2) PRN 的每一个值对应于 ms5_generator 的一个初始值 R_INIT,它是 ms 序列中从 MSB 开始的头 5 个比特。

(3) 每一个相邻的 ms 序列,其相位仅相差一个时钟周期。

（4）PRN 中没有 0。

（5）每 31 个时钟周期循环一次，因此 31 个时钟周期构成 ms 周期。

（6）在一个 ms 周期内，每一个周期的输出序列 ms 和伪随机数 PRN 均不同，而且构成随机分布。

10.3　汉明码和汉明码编译码器

根据图 10-5 和图 10-7，扩频基带信号 S_{ss} 在接收端还原到基带后为 S_{de}，由于线路噪声的干扰，虽然经过直接序列扩频机制的判决，但仍有可能发生错误（S_{ss} 与 S_{de} 的某些比特位不同）。数字通信系统必须知道是否传输正确，必须有处理错误传输的能力。一种通过编码发现和纠正错误的机制则被广泛应用，这就是大名鼎鼎的纠错码 ECC（Error Correction Code），汉明码则是 ECC 中著名而经典的一种线性分组码。

在仙农时代，二战结束时，贝尔实验室聚集了很多人才，他们那时的工作对我们今天数字世界的影响非常重要，如图基（John Tukey）创始了现代统计学，汉明（Richard Wesley Hamming）成功地进行了纠错码研究，格雷（Frank Gray）提出来格雷码。汉明码（Hamming codes）是纠错码理论重要的基础。

我们知道奇偶校验码能发现奇数个错误，汉明希望能有更好的编码数学结构，不仅能发现更多的错误，而且还能够纠正错误。1950 年，他利用奇偶校验码发现错误的基本功能，用其分组判决，构造出称为汉明（7,4）码的结构，这就是现在线性分组码的前身。

汉明（7,4）码中，全部码长是 7 位：C7C6C5C4C3C2C1，其中 4 位原始信息位 D 与 3 位奇偶效验位 P 通过如下方式组成，见表 10-3。

表 10-3　汉明（7,4）码的编码方式

C7	C6	C5	C4	C3	C2	C1	说　明
D3	D2	D1	P3	D0	P2	P1	信息位 D 与校验位 P 的排列形式
D3		D1		D0		P1	原始信息位 C7C5C3 与附加位 C1 组成偶校验
D3	D2			D0	P2		原始信息位 C7C6C3 与附加位 C2 组成偶校验
D3	D2	D1	P3				原始信息位 C7C6C5 与附加位 C4 组成偶校验

如果由附加位 C1 组成的奇偶校验码 C7C5C3C1 发现错误，可以推断 C7C5C3 这三位中有一位出错；如果由附加位 C2 组成的奇偶校验码 C7C6C3C2 发现错误，可以推断 C7C6C3 中有一位出错；如果由附加位 C4 组成的奇偶校验码 C7C6C5C4 发现错误，则可以推断 C7C6C5 中有一位出错。

根据 1,2,4 这三组奇偶校验码的指示，可以准确地知道原始信息位 C7C6C5C3 哪个出了错，可用图 10-13（a）所示。比如 1,2 同时报错但 4 组无错，可以断定 C3 错了。例如：原始信息码 1101 通过（7,4）码进行编码为如图 10-13 和图 10-14 所示。

编码后的 1100110 经过传输，假设因为线路噪音变为 1110110

发送信息：1100110 ⟶ 接收到的信息：1110110

位：7654321　　　　　　　位：7654321

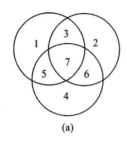

C7	C6	C5	C4	C3	C2	C1	说　　明
1	1	0	P	1	P	P	信息位D与效验位P的排列形式
1		0		1		0	C1=0使得该组1的个数为2个
1	1			1	1		C2=0使得该组1的个数为4个
1	1	0	0				C4=1使得该组1的个数为2个
1	1	0	0	1	1	0	1100110为1101的(7,4)编码

(a)　　　　　　　　　　　　　　　　　(b)

图 10 - 13　汉明码纠错示例

由图 10 - 14 可以准确发现错误：

C1 组 C7C5C3C1＝1110,3 个 1,该组有错误

C2 组 C7C6C3C2＝1111,4 个 1,该组没错

C4 组 C7C6C5C4＝1110,3 个 1,该组有错误

根据分组,由 C1 组和 C4 组集合,肯定 C5C7 有错,由 C2 组的圆,得到 C7 没错,于是出错的肯定是 C5。为了纠正它,将收到的 C5＝0 改为 C5＝1 即可。

汉明在提出(7,4)码的过程中,还建立了基础的编码理论。经过高伯(Goppa)和谢伐斯曼(Tsfasman)的发展,现代纠错码已经是计算机和数字系统中最重要的技术之一。

例 10 - 3：图 10 - 15 为汉明(7,4)码的编码器和译码器建模并验证。

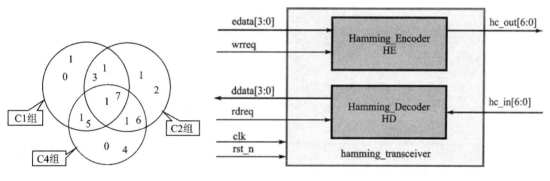

图 10 - 14　分组纠错示例　　　　　　　图 10 - 15　汉明码收发器例子

编码时,将 4 比特的 edata[3:0]加入 3 个分组校验位 P1P2 和 P3,按照表 10 - 3 组织成 7 比特的 hc_out[7:1],如图 10 - 16 所示。

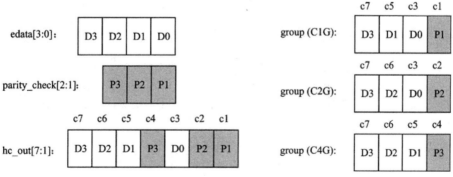

图 10 - 16　汉明 7 - 4 码编码器的数据组织

偶校验时,三个分组校验码的码值分别为:

$$\begin{cases} P1 = D3 \oplus D1 \oplus D0 \\ P2 = D3 \oplus D2 \oplus D0 \\ P3 = D3 \oplus D2 \oplus D1 \end{cases} \qquad (10-6)$$

汉明编码器的 Verilog 代码如例程 10 - 2 所列。

```verilog
1   module hamming_encoder(clk, rst_n, edata, wrreq, hc_out);
2
3       input clk, rst_n;
4       input [3:0] edata;
5       input wrreq;
6       output reg [7:1] hc_out;
7
8       wire p1, p2, p3;
9
10      always @ (posedge clk)
11      begin
12          if (!rst_n)
13              hc_out <= 0;
14          else if (wrreq)
15              begin
16                  hc_out[7] <= edata[3];
17                  hc_out[6] <= edata[2];
18                  hc_out[5] <= edata[1];
19                  hc_out[4] <= p3;
20                  hc_out[3] <= edata[0];
21                  hc_out[2] <= p2;
22                  hc_out[1] <= p1;
23              end
24      end
25
26      assign p3 = edata[3] ^ edata[2] ^ edata[1];    //D3D2D1 和 p3 组成偶校验
27      assign p2 = edata[3] ^ edata[2] ^ edata[0];    //D3D2D0 和 p2 组成偶校验
28      assign p1 = edata[3] ^ edata[1] ^ edata[0];    //D3D1D0 和 p1 组成偶校验
29
30  endmodule
```

例程 10 - 2　汉明 7 - 4 码编码器的 Verilog 代码

解码时,则首先根据 7 比特的 hc_in[7:1] 计算三个校验组的偶校验结果,根据三个校验组的交集判断单比特错误位置如图 10 - 17 所示。

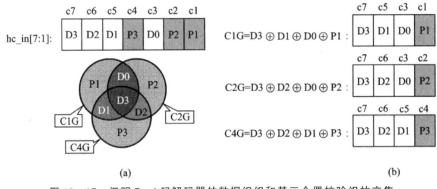

图 10 - 17　汉明 7 - 4 码解码器的数据组织和其三个偶校验组的交集

根据图 10-17(a) 中三组圆的集合判决逻辑,可得到基于单比特错误的纠错编码见表 10-4。

表 10-4　汉明 7-4 码单比特错误的纠错

{C4G,C2G,C1G}	Error Bit	ECC	说　明
000	—	ddata[3:1]=hc_in[7:5]; ddata[0]=hc_in[3];	数据位无错
001	P1	ddata[3:1]=hc_in[7:5]; ddata[0]=hc_in[3];	数据位无错
010	P2	ddata[3:1]=hc_in[7:5]; ddata[0]=hc_in[3];	数据位无错
011	D0	ddata[3:1]=hc_in[7:5]; ddata[0]=~hc_in[3];	纠 D0
100	P3	ddata[3:1]=hc_in[7:5]; ddata[0]=hc_in[3];	数据位无错
101	D1	ddata[3:2]=hc_in[7:6]; ddata[1]=~hc_in[5];ddata[0]=hc_in[3];	纠 D1
110	D2	ddata[3]=hc_in[7] ddata[2]=~hc_in[6];ddata[1]=hc_in[5]; ddata[0]=hc_in[3];	纠 D2
111	D3	ddata[3]=~hc_in[7]; ddata[2:1]=hc_in[6:5];ddata[0]=hc_in[3];	纠 D3

汉明解码器的 Verilog 代码如例程 10-3 所列。

```
1   module hamming_decoder(clk, rst_n, ddata, rdreq, hc_in);
2
3       input clk;
4       input rst_n;
5       output reg [3:0] ddata;
6       input rdreq;
7       input [7:1] hc_in;
8
9       wire c1g, c2g, c4g;
10
11      assign c1g = hc_in[7] ^ hc_in[5] ^ hc_in[3] ^ hc_in[1];
12      assign c2g = hc_in[7] ^ hc_in[6] ^ hc_in[3] ^ hc_in[2];
13      assign c4g = hc_in[7] ^ hc_in[6] ^ hc_in[5] ^ hc_in[4];
14
15      always @ (posedge clk)
16      begin
17          if (!rst_n)
18              ddata <= 0;
19          else if (rdreq)
20              case ({c4g, c2g, c1g})
21                  3'b000  : begin     //3 组均无错
22                      ddata[3] <= hc_in[7];
23                      ddata[2] <= hc_in[6];
24                      ddata[1] <= hc_in[5];
25                      ddata[0] <= hc_in[3];
26                          end
27
28                  3'b001  :  begin  //C1 组错校验位P1错
29                      ddata[3] <= hc_in[7];
30                      ddata[2] <= hc_in[6];
31                      ddata[1] <= hc_in[5];
32                      ddata[0] <= hc_in[3];
33                          end
34
35                  3'b010  :  begin  //C2 组校验位P2 错
36                      ddata[3] <= hc_in[7];
37                      ddata[2] <= hc_in[6];
38                      ddata[1] <= hc_in[5];
39                      ddata[0] <= hc_in[3];
40                          end
41  //C1组和C2 组有错判断数据位C3错
42                  3'b011 : begin
43                      ddata[3] <= hc_in[7];
44                      ddata[2] <= hc_in[6];
45                      ddata[1] <= hc_in[5];
46                      ddata[0] <= ~hc_in[3];
47                          end
48  //仅C4 组有错判断校验位C4错
49                  3'b100 : begin
50                      ddata[3] <= hc_in[7];
51                      ddata[2] <= hc_in[6];
52                      ddata[1] <= hc_in[5];
53                      ddata[0] <= hc_in[3];
54                          end
55
56  //C4组和C1 组有错判断数据位C5错
57                  3'b101 : begin
58                      ddata[3] <= hc_in[7];
59                      ddata[2] <= hc_in[6];
60                      ddata[1] <= ~hc_in[5];
61                      ddata[0] <= hc_in[3];
62                          end
63  //C4组和C2 组有错判断数据位C6错
64                  3'b110 : begin
65                      ddata[3] <= hc_in[7];
66                      ddata[2] <= ~hc_in[6];
67                      ddata[1] <= hc_in[5];
68                      ddata[0] <= hc_in[3];
69                          end
70  //C4组 C2 组 C1 均有错判断数据位C7错
71                  3'b111 : begin
72                      ddata[3] <= ~hc_in[7];
73                      ddata[2] <= hc_in[6];
74                      ddata[1] <= hc_in[5];
75                      ddata[0] <= hc_in[3];
76                          end
77              endcase
78      end
79
80  endmodule
```

例程 10-3　汉明 7-4 码解码器的 Verilog 代码

将汉明编码器和汉明解码器组装为汉明收发器的代码如例程 10-4 所列。

```
1   module hamming_transceiver(clk, rst_n, edata, ddata, wrreq, rdreq,      hc_out, hc_in);
2
3       input clk;
4       input rst_n;
5       input [3:0] edata;
6       output [3:0] ddata;
7       input wrreq, rdreq;
8       output [6:0] hc_out;
9       input [6:0] hc_in;
10
11      hamming_encoder encoder(.clk(clk), .rst_n(rst_ n), .edata(edata), .wrreq(wrreq), .hc_out(hc_out));
12
13      hamming_decoder decoder(.clk(clk), .rst_n(rst_n), .ddata(ddata), .rdreq(rdreq), .hc_in(hc_in));
14
15  endmodule
```

例程 10-4　汉明 7-4 码收发器的顶层代码

为了验证汉明收发器,使用如图 10-18 所示的架构构建测试平台。其中粗实线框模型为综合目的风格的代码,这里用作被测试模型;网格填充模型为非综合目的风格的代码,这里用作验证的激励,模拟噪声和验证记分板。根据验证理论,这里参考模型位于记分板中,验证论分数将比较参考模型和被测试模型,以产生验证断言,这里用 Verilog 的系统任务报告这些验证断言。

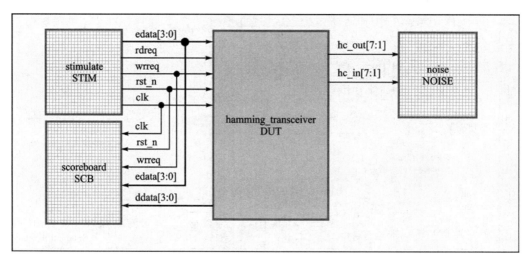

图 10-18　验证汉明收发器的测试平台

激励模块和噪声模块以及记分板的 Verilog 代码如例程 10-5 至例程 10-7 所列。对应图 10-18 的测试平台顶层代码如下:

仿真波形如图 10-19 所示。断言报告在为时 5 μs 的随机噪声测试中,显示验证成功如图 10-20 所示。

```
1    `timescale 1ns/1ps
2
3    module stimulate(clk, rst_n, edata, rdreq, wrreq);
4
5        output reg clk, rst_n;
6        output reg [3:0] edata;
7        output reg rdreq, wrreq;
8
9        initial begin
10           clk = 1;
11           rst_n = 0;
12           edata = 0;
13           rdreq = 0;
14           wrreq = 0;
15           #200.1
16           rst_n = 1;
17
18           #200
19           forever begin
20               #20 edata = {$random} % 5'b10000;
21                   wrreq = 1;
22               #20 edata = {$random} % 5'b10000;
23                   rdreq = 1;
24           end
25       end
26
27       always #10 clk = ~clk;
28
29       initial #5000 $stop;
30
31   endmodule
```

```
1    `timescale 1ns/1ps
2
3    module nois(clk, hc_in, hc_out);
4
5        input clk;
6        input [6:0] hc_in;
7        output reg [6:0] hc_out;
8
9        integer pn, i;
10
11       initial begin
12           pn = 0; hc_out = 0;
13           forever begin
14               @ (posedge clk);
15               pn = {$random} % 7;
16               #1
17               for (i=0; i<7; i=i+1) begin
18                   if (i != pn)
19                       hc_out[i] = hc_in[i];
20                   else
21                       hc_out[i] = ~hc_in[i];
22               end
23           end
24       end
25
26   endmodule
```

例程 10 - 5　汉明收发器测试平台中的激励模型和噪声模型代码

```
1    `timescale 1ns/1ps
2    module scoreboard(clk, wrreq, edata, ddata);
3        input clk, wrreq;
4        input [3:0] edata;
5        input [3:0] ddata;
6        reg [3:0] data1, data2;
7        always @ (posedge clk) begin  data1 <= edata;  data2 <= data1; end
8        always @ (*)
9        begin
10           if (wrreq) begin
11               #1 if (data2 == ddata)  $display("Ok:time= %0t :edata=%0d ddata=%0d", $time, data2, ddata);
12                   else $error("Error:time= %0t :edata=%0d ddata=%0d", $time, data2, ddata);
13           end
14       end
15   endmodule
```

例程 10 - 6　汉明收发器测试平台中的验证记分板

```
1    `timescale 1ns/1ps
2
3    module hamming_transceiver_tb;
4
5        wire clk, rst_n;
6        wire [7:1] hc_out, hc_in;
7        wire [3:0] edata, ddata;
8        wire wrreq, rdreq;
9
10       hamming_transceiver dut(
11           .clk(clk), .rst_n(rst_n), .edata(edata),
12           .ddata(ddata), .wrreq(wrreq), .rdreq(rdreq),
13           .hc_out(hc_out), .hc_in(hc_in)
14       );
15
16       stimulate stim(
```

```
17              .clk(clk), .rst_n(rst_n), .edata(edata),
18              .rdreq(rdreq), .wrreq(wrreq)
19          );
20
21          nois nois(
22              .clk(clk), .hc_in(hc_out), .hc_out(hc_in));
23
24          scoreboard scb(.clk(clk), .wrreq(wrreq),
25              .edata(edata), .ddata(ddata));
26
27      endmodule
```

例程 10 - 7　汉明收发器验证平台的 Verilog 代码

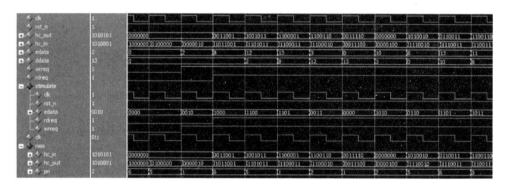

图 10 - 19　汉明码收发器的仿真波形

```
VSIM(paused)> run -all
# Ok:time= 421000 :edata=0 ddata=0
# Ok:time= 461000 :edata=2 ddata=2
# Ok:time= 481000 :edata=8 ddata=8
# Ok:time= 501000 :edata=12 ddata=12
# Ok:time= 521000 :edata=13 ddata=13
# Ok:time= 541000 :edata=3 ddata=3
# Ok:time= 561000 :edata=0 ddata=0
# Ok:time= 581000 :edata=10 ddata=10
# Ok:time= 601000 :edata=6 ddata=6
# Ok:time= 621000 :edata=13 ddata=13
# Ok:time= 641000 :edata=11 ddata=11
# Ok:time= 661000 :edata=2 ddata=2
# Ok:time= 681000 :edata=13 ddata=13
# Ok:time= 701000 :edata=3 ddata=3
# Ok:time= 721000 :edata=10 ddata=10
# Ok:time= 741000 :edata=2 ddata=2
# Ok:time= 761000 :edata=1 ddata=1
# Ok:time= 781000 :edata=8 ddata=8
```

图 10 - 20　汉明收发器验证平台记分板给出的断言报告

10.4　最小二乘法判决和解扩

　　如图 10 - 7 所示,直接序列扩频在解码端需要将来自解调器输出的还原基带扩频信号 S_{de} 解码为基带原频信号 S_{es},这称为解扩。由于信道噪声的影响,加噪后的信号 S_{de} 与未加噪的信号 S_{ss} 相比,在一个扩频周期内(k 个扩频时钟周期),可能有若干个比特位发生错误,此时解码端则需要采用适当的方法,将已经受到噪声影响的 S_{de} 信号,正确的还原为扩频编码时的基带原始(原频)信号 S_{ds}，如图 10 - 21 所示。

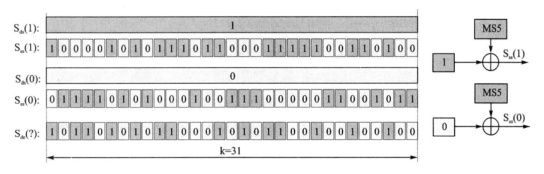

图 10 - 21　直接序列扩频解扩时的判决问题

图中，解码时 S_{de} 信号已经受到噪声干扰，它既不同于 $S_{ss}(0)$，也不同于 $S_{ss}(1)$，此时解码器需要解决的问题是：判断 S_{de} 信号更接近于 $S_{ss}(0)$ 还是更接近于 $S_{ss}(1)$，用数学的语言叙述则是：S_{de} 序列与 $S_{ss}(0)$ 序列的相关性更高，还是与 $S_{ss}(1)$ 的相关性更高。相关性高者获得解码判决权。

可采用很多数学方法解决直接解扩时的相关判决，例如相关系数法等，但诸多相关分析方法的基础却几乎相同，那就是由德国数学家高斯(C. F. Gauss)提出的最小二乘法。

最小二乘法的基本思想是将时间序列问题转换为多维空间的点距问题，由此得以解决数学中的相关分析和拟合等问题。虽然最小二乘法涉及较深入的数学讨论，但它将时间序列转换为多维空间点距(矢量)的基本思想却不难理解。

设 X 和 Y 是长度为 n 的序列：

$$
\begin{cases}
X = \{x(0),x(1),x(2),\cdots,x(n-2),x(n-1)\} \\
Y = \{y(0),y(1),y(2),\cdots,y(n-2),y(n-1)\}
\end{cases}
\tag{10-7}
$$

或者说 x 和 y 是时间 t 的函数，则 X 和 Y 是按时间 t 展开的序列：

$$
\begin{cases}
x(t) = F_x(t) \quad t=0,1,\cdots,n-1 \\
y(t) = F_y(t) \quad t=0,1,\cdots,n-1
\end{cases}
\tag{10-8}
$$

若有长度相同的序列 X 和 Y1 以及 Y2，需要解决的问题则可以表述为 X 是与 Y1 更接近，还是与 Y2 更接近，即它们的相关性问题。高斯将这些时间序列转换为多维空间的点，通过测量这些空间点之间的距离，用于判断它们之间的接近程度。要理解这种时空转换，可以从 n=2 开始，此时：

$$
\begin{cases}
X = \{x(0),x(1)\} \\
Y1 = \{y1(0),y1(1)\} \\
Y2 = \{y2(0),y2(1)\}
\end{cases}
\tag{10-9}
$$

将式 10 - 9 换一种写法，用字母 A 和 B 替换 X 和 Y，得到：

$$
\begin{cases}
A = \{a(0),b(1)\} \\
B1 = \{b1(0),b1(1)\} \\
B2 = \{b2(0),b2(1)\}
\end{cases}
\tag{10-10}
$$

再将式 10 - 10 换一种写法，将时钟序列 0 的变量换作 x，将时间序列 1 的变量换作 y，得到：

$$\begin{cases} A = \{x_0, y_0\} \\ B1 = \{x_1, y_1\} \\ B2 = \{x_2, y_2\} \end{cases} \tag{10-11}$$

现在判断 A 与 B1 和 B2 的接近程度时,将它们视为二维平面中的三个点,用它们之间的距离作为它们接近程度的度量。这里所要做的,则是计算点 A 与点 B1 的距离 S_{a_b1},以及点 A 与点 B2 的距离 S_{a_b2},距离短者为更接近者。

$$\begin{cases} S_{a\_b1} = \sqrt{(x_0 - x_1)^2 + (y_0 - y_1)^2} \\ S_{a\_b2} = \sqrt{(x_0 - x_2)^2 + (y_0 - y_2)^2} \end{cases} \tag{10-12}$$

如果 $n=3$,仍然可以这样处理:

$$\begin{cases} A = \{x_0, y_0, z_0\} \\ B1 = \{x_1, y_1, z_1\} \\ B2 = \{x_2, y_2, z_2\} \end{cases} \tag{10-13}$$

将 $n=3$ 的时间序列转换为三维空间中的点,用两点之间的距离来度量两个时间序列的接近程度:

$$\begin{cases} S_{a\_b1} = \sqrt{(x_0 - x_1)^2 + (y_0 - y_1)^2 + (z_0 - z_1)^2} \\ S_{a\_b2} = \sqrt{(x_0 - x_2)^2 + (y_0 - y_2)^2 + (z_0 - z_2)^2} \end{cases} \tag{10-14}$$

高斯证明了当 n 大于 3 时,这种变换以及点距计算的公式仍然有效(即多维空间点距计算),时间序列的相关性问题仍然可以用对应维度空间中的点距来度量。若有序列 A,B1 和 B2,则

$$\begin{cases} A = \{a(0), b(1), \cdots, b(n-1)\} \\ B1 = \{b1(0), b1(1), \cdots, b1(n-1)\} \\ B2 = \{b2(0), b2(1), \cdots, b2(n-1)\} \end{cases} \tag{10-15}$$

用 A 与 B1 的接近程度可计算点 A 与点 B1 在 n 维空间中的距离 S_{a_b1},而 A 与 B2 的接近程度则可计算点 A 与点 B2 在 n 维空间中的距离 S_{a_b2},距离短者为更接近者。两点之间的距离反映了对应两个时间序列的相关联程度,即

$$\begin{cases} S_{a\_b1} = \sqrt{\sum (a_i - b1_i)^2} \\ S_{a\_b2} = \sqrt{\sum (a_i - b2_i)^2} \end{cases} \tag{10-16}$$

比较 A 点与 B1 和 B2 的空间距离,即可判定时间序列 X 与 Y1 和 Y2 的接近程度,这就是最小二乘法的基本思想。研究某函数最接近样本函数时(最佳拟合),则将研究函数和样本函数看成是多维空间的两个点,使之趋于接近的算法,就是求距离的最小值即平方和的最小值。

10.5　串行通信收发器的管理架构

在现代高速串行通信收发器中,包含诸多功能模块。按照对这些模块管理模式的不同,可以分成流式管理架构和控制器管理架构。前者按照数据流组织上下游模块的握手(见图 10-22),

通过流节点之间的握手信号实现整个系统的有序管理(参见第 6 章"数字逻辑通信");后者则是根据由有限状态机组成控制器发出的命令,统一管理那些称为数据通道(Datapatih)部分的诸模块(参见第 4 章"有限状态机")。

在串行通信系统中,无论数据处理过程如何,总可以看成是将源端的发送数据成功地传输至目标端,从而还原后得到接收数据。这可以视为数据从源(上游)至目标(下游)的流的传输,为了成功地实现这种传输,不可避免地需要对具有不同流速端口的模块进行"叫停"的管理,"叫停"信号的发出或接收方,可能是上游模块,也可能是下游模块。当整个系统均按照这种流机制进行管理时,正确的"叫停"信号使得数据传输过程不会丢失和错发数据,从而实现成功的流传输,如图 10-22 所示。图 10-23 则为 FSMD 架构。

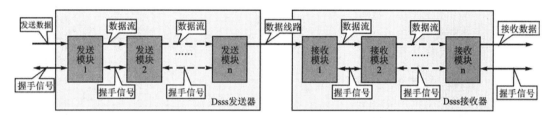

图 10-22　串行通信收发器的流管理架构

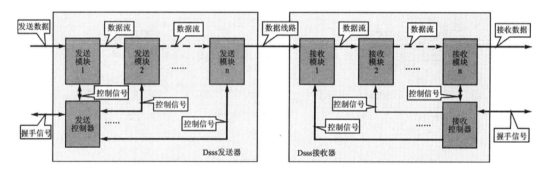

图 10-23　串行通信收发器的有限状态机的管理架构

对串行通信诸模块进行统一有效控制的管理模式则是图 10-23 所示经典的有限状态机管理模式,采用有限状态机作为通信设备发送端和接收端的中心控制器,由中心控制器发出统一的命令指挥诸模块有序协调的完成传输任务,如图 10-23 所示。

实践中,无论是流管理架构或有限状态机的管理架构,均能够正确可靠地实现串行传输的目的。但相比较而言,流管理架构的实现要容易,但系统扩展时需要对整个系统进行更新;而有限状态机管理架构的实现需要精确的潜伏期分析(例如节拍分析图)支持,实现时略微复杂,但其维护和更新则比较方便。具体应用中视情况选择其一,或者两种模式兼而有之。

本章后续的示例中,包含对流管理模式实践的讨论。

10.6　串行通信的同步

1. 接收端接收发送端信息的具备能力
为了成功地实现串行通信,发送端发出的每一个信息能够被接收端正确的捕获,则接收端需要具备如下能力：

（1）能够正确地分辨线路信号的比特位边缘。

（2）能够正确地分辨由诸比特组成的字节边缘。

（3）能够正确地分辨由诸字节组成的字边缘。

（4）能够正确地分辨由诸字组成的帧边缘。

2．获得边缘信息的机制

接收端正确获得以上边缘信息的机制称为通信的同步。分别称为：

（1）比特位同步，或比特位对齐，由于接收端对比特位信息的捕获取决于捕获时钟，故比特位同步又称为时钟同步。

（2）字节同步，或字节对齐。

（3）字同步，或字对齐。

（4）帧同步，或帧对齐。

10.6.1　串行通信的比特位同步

对于基带发送器而言，其输出的基带串行信号相对于发送时钟的沿对齐；对于基带接收器而言，其输入的基带串行信号，应该相对于接收时钟的中心位置对齐，方能正确捕获该比特信息，如图 10-24 所示。

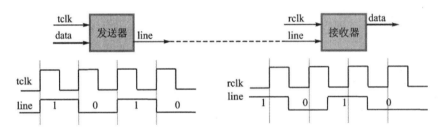

图 10-24　比特位同步要求接收器能够获得正确的捕获时钟位置

接收时钟如果为接收端的固定时钟（接收端输出），高速通信时，发送时钟和接收时钟将因温度和电磁兼容环境的变化造成频率漂移和相位抖动，由于发送时钟和接收时钟是独立的两个系统，这种频飘和抖动都将使得基带信号的捕获发生错误（即接收端基带信号捕获点偏离线路比特位的边缘位置）。更重要的是，线路传输的延迟也受各种因素的影响从而发生变化，它也将带来接收端比特位边缘的变化，使得采用固定时钟捕获方案时发生错误，如图 10-25 所示。

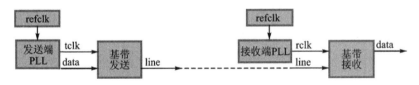

图 10-25　本地固定时钟无法满足高速串行的基带收发时钟的同步

为了解决串行通信基带信号的时钟同步，现代通信技术使用如下解决方案：

（1）随路时钟方案：在发送端除了发送基带数据信号外，还增加一个信道发送基带时钟信号。这个基带时钟信号将伴随基带信号在信道中传输，使得该时钟信号具有与线路传输延迟近似的延迟特性,因此也称为随路时钟。接收端用随路时钟既可以保持与源时钟的同步,也可以近似保持与线路延迟特性的同步。如图 10 - 26 所示,接收端并不能直接使用该随路时钟(见图 10 - 24(b)),必须移动一个特定的相位后,方能正确的捕获对应的比特信号。在随路时钟系统中,通常使用锁滞环 DLL 或动态相位调整 DPA 实现这种相移。随路时钟典型的例子是标准的低压差分信号(LVDS)。

图 10 - 26　采用随路时钟方案实现的串行通信时钟同步

(2) 时钟恢复方案:当高速串行通信的速度进一步提高时,采用随路时钟的锁相环或动态相位调整,都不能有效地跟踪线路的频率和相位的变化。此时需要更高级的一种处理:取消随路时钟,采用接收端在接收信号中恢复时钟的方法,即采用数据时钟恢复 CDR。采用 CDR 的好处是接收端时钟能够最大限度地跟踪源时钟和线路的延迟特性。CDR 方案典型的例子是 USB3.0。采用数据时钟恢复方案时,要求线路信号的频率特性除了具有符合线路传输要求外(例如要求一定的频带,消除直流成分),还要求线路信号必须具有一定的变化率(不能长时间为 0 或 1),以满足数据时钟恢复的要求,因此必须对原始信号进行数据时钟(CDR)编码。满足线路频率均衡的编码方案如曼彻斯特编码(Manchester Code);满足数据时钟信号变化率的编码方案如 IBM 的 8B/10B,如图 10 - 27 所示。

图 10 - 27　采用时钟恢复方案的串行通信时钟同步

在后续直接序列扩频通信收发器的例子中,忽略比特对齐的具体实现,认为接收端已经获得正确的比特位置,即随路时钟方案时忽略锁相环和动态相位调整模块,无随路时钟方案时忽略数据时钟模块和 8B/10B 模块。

10.6.2　帧同步

串行通信的时钟同步,保证在接收端能够正确还原发送端的比特信息,但由这些连续比特序列组成的字节、字和帧,必须明确它们的边界,才能够正确地装配还原。

如图 10 - 28 所示,每 8 个比特组成一个字节,接收器需要在连续比特序列中明确字节边界,方能装配正确的字节;每 n 个字节组成一个字,接收器需要在连续字节序列中明确字边界,方能够装配正确的字;每 m 个字组成一帧,接收器需要在连续字序列中明确帧边界,方能够装配正确的帧。如忽略通信过程中的同步丢失,理论上接收器只要获得到一次帧边缘,便可以正确的还原字和字节。为了得到帧边缘,通常由若干特殊 bit 序列组成帧标志,用这些帧标志信

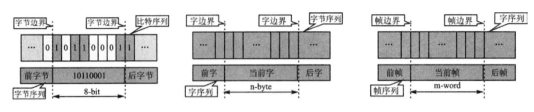

图 10-28 串行通信的帧同步

息作为帧头,以此获得帧边界,故又称为帧同步,如图 10-28 所示。

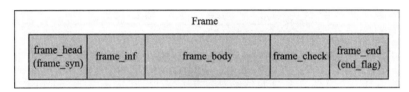

图 10-29 包含帧同步标志的帧结构例子

在图 10-29 所示的帧结构例子中,帧头字由特定的比特序列组成,接收器在获得该序列时得到帧边界,所以又称为帧同步标志。一种称为积极设计的帧同步方案是确保在帧内其他部分不会出现相同的帧同步标志,接收器会在整个运行时间检测帧同步标志;另一种称为保守设计的帧同步方案是接收端仅在特定时间段(例如一帧的尾部,或线路空闲状态时)检测同步标志。

图 10-29 例子中,帧头字部分记载有关当前帧的信息,例如数据长度和数据类型等;frame-body 部分加载数据的主体;frame-check 部分进行帧的 ECC 检测和纠错,比较常用的帧纠错使用循环冗余检测 CRC;frame-end 部分则记载帧结束标志。

真实的通信过程中可能发生同步丢失,即先前用帧同步头获得的帧边缘,通信过程中出现帧对齐错误。这时,就需要再次用帧同步头标志进行同步操作,以再次获得同步。出现帧对齐错误的数据要丢弃或者警告处理。

在后续直接序列扩频通信收发器的例子中,使用如表 10-5 所列的简化处理的保守帧结构如表 10-5 所列。

表 10-5 用于后续直接序列扩频收发器例子简化处理的悲观帧结构

帧结构名称	信 息	说 明
Frame_Head	8'b10101100	帧头,帧同步标志
Frame_Body	512 word	512 字的数据体,word＝7bit
Frame_Parity	1word	按字偶校验

为了直接序列扩频收发器例子代码讨论的方便和简洁,表 10-5 不包括帧信息部分(frame-inf)和帧尾(frame-end),接收器仅在每一帧结束后的时间段进行帧头检测(保守设计)。为了与数据体的 7-3 汉明码配合,每字由 7 比特组成,不再进行字节部分的处理。

10.6.3 串行通信的串并转换

为了节约宝贵的信道成本,现代大多数通信系统均采用串行通信,即在特定时刻仅一个信息比特被传输,例如光纤通信,卫星通信,WiFi,移动通信等(MIMO 技术本质上仍然是串行通信)。这些位于信道中的串行数据和位于处理设备中并行数据,则需要在通信处理过程中进行转换。现代通信系统将数字设备中的并行数据转换为信道串行数据的设备称为串化器 SER，将信道串行数据转换为数字设备并行数据的设备称为并化器，将串并转换器或相关技术统称为串并转换器(SERDES)，串并转换器是 FPGA/ASIC 现代应用的一个重要方面，是现代高速通信理论的基础。在以下的直接序列扩频收发器例子中，将以表 10-5 中的 7 比特字，在发送端进行串化处理，在接收端进行并化处理。

10.7　直接扩频收发器的流式管理架构实践

以下将讨论一个使用流管理架构的五阶本原 M 序列直接序列扩频发送器和接收器的设计、建模和验证例子。在这个例子中，基本的要求和约定如下：

(1) 用于直接序列扩频接收器和发生器。

(2) 用于直接序列扩频的伪随机序列的 M 序列为真五阶本原多项式。

(3) 使用汉明 7-4 码作为基带纠错。

(4) 采用流式管理架构，即通过上下游握手和必要的先入先出，实现发送端和接收端的全系统管理。例子中采用均衡河流就绪潜伏期为常数的下游主动反制 SAB_FSMD 机制(参见 6.2.3 节)。

(5) 比特同步(比特对齐)方案采用数据时钟，但建模例子中忽略数据时钟的建模，验证时接收端的频带时钟直接采用发送端的频带时钟(由于忽略数据时钟，也就同时忽略 8B/10B 编码)。

(6) 帧同步(帧对齐)方案采用保守的帧头检测方案，而字对齐则依据帧对齐方案。

(7) 发送器和其上游之间，接收器和其下游之间，采用具有双时钟先入先出的标准 LIP (Avalon)接口，以支持不同时钟的内核逻辑与其建立通信。

(8) 直接序列扩频通信的解扩采用最小二乘法判决。ABV 验证时统计误码率。

(9) 忽略频带编码的物理意义，仅保留频带编码的逻辑意义，在该项目中对调制器的描述仅保留其逻辑意义。即关于基带对频带的调制，仅描述基带的 0 和 1 对应频带的 8 位有符号数的负和正信号，调制幅度在调制模块中定制。

(10) 信道的验证描述将加入具有平均谱密度的白噪声模型，噪声模型的调制幅度可定制，或者说信噪比可定制。观察信噪比(SNR)接近 1(0 dB)时，系统的比特误码率 BER。

(11) 将发送器项目命名为 dsss_ms5_st_transmitter。

(12) 将接收器项目命名为 dsss_ms5_st_receiver。

10.7.1　帧格式设计

如 10.6 节所述，串行通信的接收端必须有正确的基带比特边缘位置和正确的基带帧边缘(含字边缘)位置信息。在当前的设计中，频带比特边缘对齐问题采用忽略(CDR)方案，默认频带比特已经对齐了。而基带比特边缘对齐则包括扩频后的基带比特边缘对齐和扩频前的基带比特边缘对齐。对于前者，一种设计方案是帧头由若干个固定的比特位组成，直接序列的解扩端使用保守设计方案，在每一帧的开始位置检测已知的帧头比特，从而获得扩频后(解扩前)的基带比特边缘，再根据帧头后续的标志位序列，获得扩频前(解扩后)的基带比特边缘。因此，一个为当前项目定制特定的帧格式是必需的。其帧头包括扩频前的同步帧头(由若干相同比特位组成)和扩频后的同步帧头(由一个特定的比特序列组成)，如图 10-30 所示。

说明：

(1) 帧结构的字发送顺序为从左至右(帧头至帧尾)逐字发送。

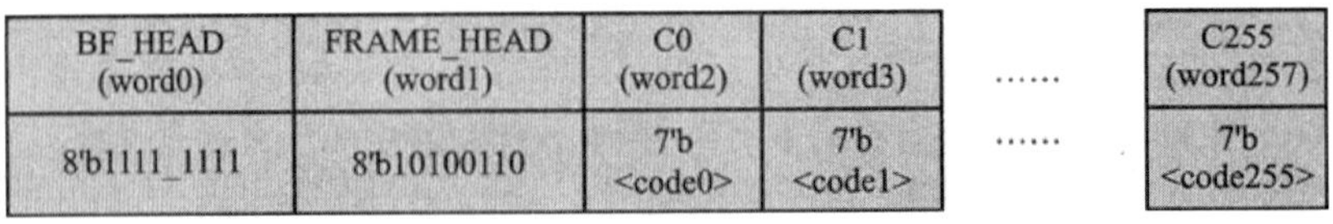

BF_HEAD (word0)
FRAME_HEAD (word1)
C0 (word2)
C1 (word3)
……
C255 (word257)
8'b1111_1111
8'b10100110
7'b <code0>
7'b <code1>
……
7'b <code255>

图 10-30 直接序列扩频收发器 MS5 的基带帧结构

(2) 串行信道的比特发送顺序为 MSB first，即当前发送字的最高位先发，最低位后发。

(3) 采用悲观(保守)的帧同步方案，即串行信道每完成一帧的比特计数(帧比特长度为 $2\times8+256\times7=1\ 808$ Bit/帧)，将自动进行一次扩频前比特位同步和扩频后的比特位同步(为方便讨论，本章将直接序列扩频前信号称为基带信号 base_signal，直接序列扩频后信号称为频带信号 freq_signal，将量化到信道的信号称为信道信号 chan_signal。于是，频带信号与频带时钟同步，基带信号与基带时钟同步)。

10.7.2 发送器设计

发送器采用先进的流式管理架构，保证上游逻辑任何时候写入发送缓冲器的数值都可以正确高效地进行帧装配，这期间包括 8 比特信号转 4 比特汉明码，以及帧结构装配全过程。

trs_data[7:0]
trs_wrreq
trs_full
freq_clk
freq_rst_n
dsss_ms5_st_transmitter
DMST
chan_out[7:0]

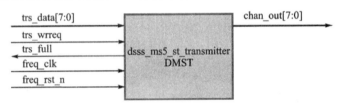

图 10-31 发送器顶层框图

1. 顶层设计

图中，端口功能如表 10-6 所列。

表 10-6 流式发送器端口信号

端口名	宽 度	方 向	说 明
trs_data	8	Input	发送缓冲器(发送 FIFO)数据输入端口，基带信号
trs_wrreq	1	Input	发送缓冲器(FIFO)写请求，SAB 模式，基带信号
trs_full	1	Output	发送缓冲器(FIFO)的满握手，SAB 模式，基带信号
freq_clk	1	Input	频带时钟，即扩频后时钟，五阶本原为基带时钟频率的 32 倍
rst_n	1	Input	全局复位信号，对于相关时钟域，与基带对齐(基带时钟沿的右侧逼近信号)
chan_out	8	Output	信道输出信号(八位有符号数)，频带调制后信号，这里半幅调制：+64(1 调制)，−64(0 调制)

2. 顶层架构

图 10-32 所示为流管理模式的发送器架构。

图中发送缓冲器接收发送端上游的数据流，汉明编码器模块 HE 握手发送缓冲器，向发送缓冲器发出读请求，构成下游主动反制接口模式。串化器为流传输的下游末端，通过握手 HE 反制上游控制整个帧的串化，同时装配帧头信号(base_syn 和 freq_syn)。MG 模块，发出与基带时钟对齐的具有指定密钥的 31 个 ms5 序列，扩频模块在频带时钟 freq_clk 驱动下，将基带

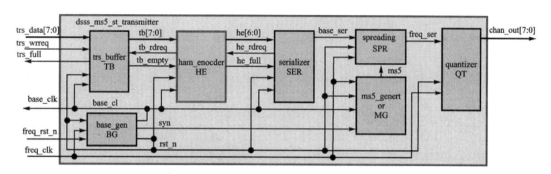

图 10 - 32　流式发送器架构框图

串行信号 base_ser 扩频为频带串行信号 freq_ser,并通过量化器发送到信道上 chan_out。基带时钟信号以及基带同步信号,均由 base_gen 模块分频产生,五阶本原多项式将使 31 个频带时钟周期产生一个基带时钟周期,这 31 个频带周期中的最后一个周期用作基频同步信号 syn。例程 10 - 8 为其顶层代码。

```verilog
1    module dsss_ms5_st_transmitter(freq_clk,
2        rst_n, trs_data, trs_wrreq, trs_full, chan_out);
3
4        input freq_clk, rst_n;
5        input [7:0]trs_da ta;
6        input trs_wrreq;
7        output trs_full;
8        output [7:0] chan_out;
9
10       wire [7:0] tb;
11       wire tb_rdreq, tb_empty, base_clk;
12       wire [6:0] he;
13       wire he_rdreq, he_full, syn;
14       wire base_ser, freq_ser, ms5;
15
16       base_gen BG(
17           .freq_clk(freq_clk),
18           .rst_n(rst_n),
19           .base_clk(base_clk),
20           .syn(syn)
21       );
22
23       trs_buffer TB(
24           .base_clk(base_clk),
25           .rst_n(rst_n),
26           .trs_data(trs_data),
27           .trs_wrreq(trs_wrreq),
28           .trs_full(trs_full),
29           .tb(tb),
30           .tb_rdreq(tb_rdreq),
31           .tb_empty(tb_empty)
32       );
33
34       ham_enocder HE(
35           .ba se_clk(base_clk),
36           .rst_n(rst_n),
37           .tb(tb),
38           .tb_rdreq(tb_rdreq),
39           .tb_empty(tb_empty),
40           .he(he),
41           .he_rdreq(he_rdreq),
42           .he_full(he_full)
43       );
44
45       serializer SER(
46           .base_clk(base_clk),
47           .rst_n(rst_n),
48           .he(he),
49           .he_rdreq(he_rdreq),
50           .he_full(he_full),
51           .base_ser(base_ser)
52       );
53
54       spreading SPR(
55           .freq_clk(freq_clk),
56           .rst_n(rst_n),
57           .base_ser(base_ser),
58           .ms5(ms5),
59           .freq_ser(freq_ser)
60       );
61
62       ms5_genertor MG(
63           .base_clk(base_clk),
64           .freq_clk(freq_clk),
65           .rst_n(rst_n),
66           .syn(syn),
67           .ms5(ms5)
68       );
69
70       quantizer QT(
71           .freq_clk(freq_clk),
72           .rst_n(rst_n),
73           .freq_ser(freq_ser),
74           .chan_out(chan_out)
75       );
76
77   endm odule
78
```

例程 10 - 8　流式发送器顶层代码

3. 基带时钟发生器和基频同步

基带时钟发生器 BG(Base Gen)是引用频带时钟 freq_clk,分频得到基带时钟 base _clk,以及生成对应的基频同步信号。基频同步信号用于指示基带信号在频带的边界位置,这是扩频通信的重要特点。对于发送器,基频同步采用尾同步位置比较方便,而接收器则采用头同步位置,如图 10 - 33 所示。

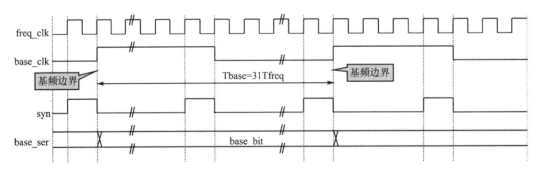

图 10 - 33　发送器的基频同步和基带时钟

4. 串化器

串化器为发送流的终端,含两个帧头(基频同步头 BF_HEAD 和帧同步头 FREAME_HEAD),进行帧组装。采用线性序列机设计方案。高位首发(MSB First)。he_full 信号指示其上游 HE 模块的输出缓冲中,已经有超过一帧的数据(256 个汉明 7—4 码)。采用正常同步下游动反制模式,SLSM2 发出 he_rdreq,到 HE 有效的潜伏期是 2 拍,其架构如图 10 - 34 所示。

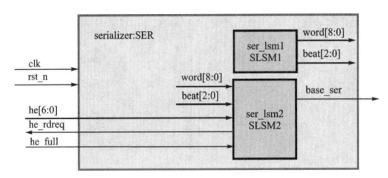

图 10 - 34　流式发送器中串化器的架构

线性序列机的状态转移表设计见表 10 - 7,代码见例程 10 - 9。

线性序列由 word 和 beat 组成,根据 10.7.1 的帧格式设计,word0 为 8 比特的基频同步头 BF_HEAD,word1 为 8 比特的帧同步头 FRAME_HEAD,而从 word2 至 word257,为 7 比特的帧内码字 C0 至 C255。线性序列运行至 C255(word257)最后一个比特被串化后,完成一个帧的全部串化。根据当前设计中的保守帧同步原则,立即转下一帧的基频同步和帧同步,而这进入下一帧的串化过程,发生在 word0:beat0,此时线性序列机必须检测到其上游发送的 he_full 信号。he_full 信号为真时,指示上游的先进先出缓冲中至少有一帧数据可用。

表 10 - 7　流式发送器中串化器模块的状态转移

状态节拍		条件	LSM_1S	LSM_2S	说　明
word	beat	condition			
reset			beat＝0; word＝0;	base_ser＝1; he_rdreq＝0;	
0	0	he_full	beat＝beat+1;	base_ser＝bf_head[7];	bf_head＝`BF_HEAD
	0	！he_full	beat＝0;	base_ser＝1	
	1		beat＝beat+1;	base_ser＝bf_head[6];	
	2		beat＝beat+1;	base_ser＝bf_head[5];	
	3		beat＝beat+1;	base_ser＝bf_head[4];	
	4		beat＝beat+1;	base_ser＝bf_head[3];	
	5		beat＝beat+1;	base_ser＝bf_head[2];	
	6		beat＝beat+1;	base_ser＝bf_head[1];	
	7		beat＝0;word＝word+1;	base_ser＝bf_head[0];	
1	0		beat＝beat+1;	base_ser＝frame_head[7];	frame_head＝`FRAME_HEAD
	1		beat＝beat+1;	base_ser＝frame_head[6];	
	2		beat＝beat+1;	base_ser＝frame_head[5];	
	3		beat＝beat+1;	base_ser＝frame_head[4];	
	4		beat＝beat+1;	base_ser＝frame_head[3];	
	5		beat＝beat+1;	base_ser＝frame_head[2];	
	6		beat＝beat+1;	base_ser＝frame_head[1]; he_rdreq＝1;	
	7		beat＝0;word＝word+1;	base_ser＝frame_head[0]; he_rdreq＝0;	
2~256	0~4		beat＝beat+1;	base_ser＝he[6~2];	C0~C254
	5		beat＝beat+1;	base_ser＝he[1]; he_rdreq＝1;	
	6		beat＝0;word＝word+1;	base_ser＝he[0]; he_rdreq＝0;	
257	0~5		beat＝beat+1;	base_ser＝he[6~1];	C255
	6		beat＝0;word＝0;	base_ser＝he[0];	

```
1   module serializer(base_clk, rst_n, he, he_rdreq,
2     he_full, base_ser);
3
4     input base_clk, rst_n;
5     input [6:0] he;
6     output reg he_rdreq;
7     input he_full;
8     output reg base_ser;
9
10    parameter [7:0] FREQ_SYN = 8'hff;
11    parameter [7:0] BASE_SYN = 8'ha6;
12
13    reg [8:0] word;
14    reg [2:0] beat;
15
```

```
16    always @ (posedge base_clk)
17    begin : LSM_1S
18      if (!rst_n)
19        begin
20          beat <= 0;
21          word <= 0;
22        end
23      else
24        casex (word)
25          0 : case (beat)
26            0 : if (he_full) beat <= beat + 1;
27            7 : begin beat <= 0; word <= word + 1; end
28            default : beat <= beat + 1;
29          endcase
30
```

```
31        1 : case (beat)
32            7 : begin beat <= 0; word <= word + 1; end
33            default : beat <= beat + 1;
34          endcase
35
36        257:case (beat)
37            6 : begin beat <= 0; word <= 0; end
38            default : beat <= beat + 1;
39          endcase
40
41        default:case (beat)
42            6 : begin
43                beat <= 0; word <= word + 1;
44            end
45            default : beat <= beat + 1;
46          endcase
47        endcase
48      end
49
50  always @ (posedge base_clk)
51  begin : LSM_2S
52    if (!rst_n)
53      begin
54        base_ser <= 0;
55        he_rdreq <= 0;
56      end
57    else
58      case (word)
59        0 : case (beat)
60            0 : if (he_full) base_ser <= FREQ_SYN[7];
61            default : base_ser <= FREQ_SYN[7-beat];
62          endcase
63
64        1 : case (beat)
65            6 : begin
66                base_ser <= BASE_SYN[1];
67                he_rdreq <= 1;
68            end
69            7 : begin
70                base_ser <= BASE_SYN[0];
71                he_rdreq <= 0;
72            end
73            default : base_ser <= BASE_SYN[7- beat];
74          endcase
75
76        257: base_ser <= he[6-beat];
77        default : case (beat)
78            5 : begin
79                base_ser <= he[1];
80                he_rdreq <= 1;
81            end
82            6 : begin
83                base_ser <= he[0];
84                he_rdreq <= 0;
85            end
86            default : base_ser <= he[6-beat];
87          endcase
88      endcase
89    end
90
91  endmodule
92
93
94
95
96
```

例程 10-9　流式发送器串化器代码

5. 汉明编码器

　　HE 模块采用下游主动反制的有限状态机的控制管理握手模式(参见 6.2.3 节),将下移的就绪潜伏期调整到同步电路正常的一拍,并且给出一帧数据满的指示 he_full,其架构设计如图 10-35 所示。

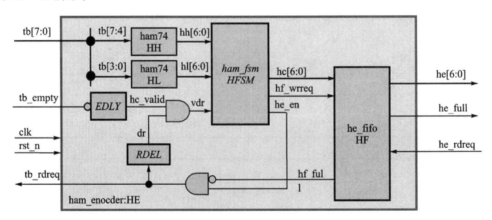

图 10-35　流式发送器中汉明编码器架构

　　图中 HF 的深度设置为 512,almost_full 设置在 256,满足 N+1=2 的调节要求。按照流水线设计,该架构支持连续帧缓冲(此时数据 HC 无空闲间隔)。下游主动反制模式使得该架构也支持非连续帧缓冲(数据 HC 会有空闲延迟)。HFSM 采用下游主动控制(宿控),以得到一拍输入二拍输出的控制节奏(见图 10-36),图 10-37 是 HFSM 的状态转移图(注意 he_en-vdr

的潜伏期为 2),例程 10-10 为其代码。

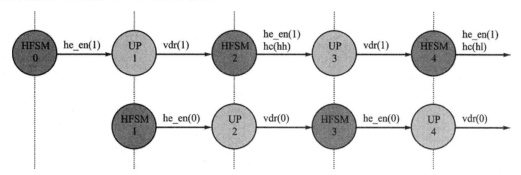

图 10-36 汉明编码器的下游宿控节拍分析

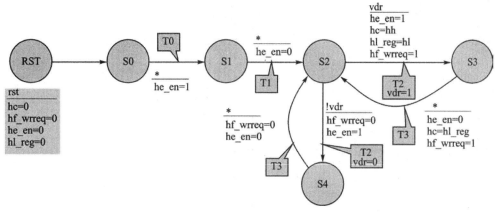

图 10-37 流式发送器中汉明编码器控制状态机的状态转移

```
1   module ham74(data, q);
2
3       input [3:0] data;
4       output [6:0] q;
5
6       wire p1, p2, p3;
7
8       assign p3 = data[3] ^ data[2] ^ data[1];
9           //D3D2D1 和 p3 组成偶校验
10      assign p2 = data[3] ^ dat a[2] ^ data[0];
11          //D3D2D0 和 p2 组成偶校验
12      assign p1 = data[3] ^ data[1] ^ data[0];
13          //D3D1D0 和 p1 组成偶校验
14
15      assign q[6] = data[3];
16      assign q[5] = data[2];
17      assign q[4] = data[1];
18      assign q[3] = p3;
19      assign q[2] = data[0];
20      assign q[1] = p2;
21      assign q[0] = p1;
22
23  endmodule
```

```
1   module he_fifo(clk, hc, hf_wrreq, hf_full,
2       he, he_full, he_rdreq);
3
4       input clk;
5       input [6:0] hc;
6       input hf_wrreq;
7       output hf_full;
8       output [6:0] he;
9       output he_full;
10      input he_rdreq;
11
12      he_fifo_ip HFIP(
13          .clock(clk),
14          .data(hc),
15          .rdreq(he_ rdreq),
16          .wrreq(hf_wrreq),
17          .almost_full(hf_full),
18          .q(he)
19      );
20
21      assign he_full = hf_full;
22
23  endmodule
```

例程 10-10 流式发送器汉明编码器中的 ham74 模块和 he_fifo 模块代码

例程 10 - 11 中,仅 ham74 和 he_fifo 这两个模块用显模,其余部分皆为隐模,故该段代码中包含这两种模型。

```verilog
1    module ham_enocder(base_clk, rst_n, tb, tb_rdreq,
2       tb_empty, he, he_rdreq, he_full);
3
4       input base_clk, rst_n;
5       input [7:0] tb;
6       output tb_rdreq;
7       input tb_empty;
8       output [6:0] he;
9       input he_rdreq;
10      output he_full;
11
12      wire [6:0] hh, hl;
13      reg hc_valid, dr;
14      wire vdr, hf_full;
15      reg [6:0] hc, hl_reg;
16      reg hf_wrreq, he_en;
17      reg [2:0] state;
18
19      localparam s0 = 3'd0;
20      localparam s1 = 3'd1;
21      localparam s2 = 3'd2;
22      localparam s3 = 3'd3;
23      localparam s4 = 3'd4;
24
25      ham74 HH(.data(tb[7:4]), .q(hh));
26
27      ham74 HL(.data(tb[3:0]), .q(hl));
28
29      always @ (posedge base_clk)
30      begin : EDLY
31         if (!rst_n)
32            hc_yalid <= 0;
33         else
34            hc_valid <= ~tb_empty;
35      end
36
37      always @ (posedge base_clk)
38      begin : RDEL
39         if (!rst_n)
40            dr <= 0;
41         else
42            dr <= tb_rdreq;
43      end
44
45      assign vdr = hc_valid & dr;
46      assign tb_rdreq = ~hf_full & he_en;
47
48      always @ (posedge base_clk)
49      begin : HFSM
50         if (!rst_n)
51            begin
52               hc <= 0;
53               hf_wrreq <= 0;
54               he_en <= 0;
55               hl_reg <= 0;
56               state <= s0;
57            end
58         else
59            case (state)
60               s0 : begin
61                  he_en <= 1;
62                  state <= s1;
63               end
64
65               s1 : begin
66                  he_en <= 0;
67                  state <= s2;
68               end
69
70               s2 : if (!vdr)
71                  begin
72                     hf_wrreq <= 0;
73                     he_en <= 1;
74                     state <= s 4;
75                  end
76                  else
77                  begin
78                     he_en <= 1;
79                     hc <= hh;
80                     hl_reg <= hl;
81                     hf_wrreq <= 1;
82                     state <= s3;
83                  end
84
85               s3 : begin
86                  he_en <= 0;
87                  hc <= hl_reg;
88                  hf_wrreq <= 1;
89                  state <= s2;
90               end
91
92               s4 : begin
93                  hf_wrreq <= 0;
94                  he_en <= 0;
95                  state <= s2;
96               end
97            endcase
98      end
99
100     he_fifo HF(
101        .clk(base_clk),
102        .hc(hc),
103        .hf_wrreq(hf_wrreq),
104        .hf_full(hf_full),
105        .he(he),
106        .he_full(he_full),
107        .he_rdreq(he_rdreq)
108     );
109  endmodule
```

例程 10 - 11　流式汉明编码器的顶层代码

6. 伪随机噪声模块和基带频率分频器

伪随机噪声采用五阶本原多项式的 M 序列,使用指定密钥 KEY 产生对应的 31 个比特序列,并使 31 个比特序列与基带信号对齐,如图 10 - 37 所示。架构时钟发生器产生一个同步信号,是 31 个频带周期中最后一个(见图 10 - 38),例程 10 - 12 为其代码。

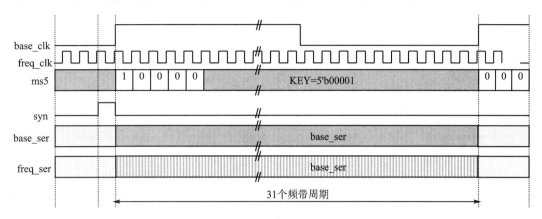

图 10 - 38　M 序列与基带信号的同步

关于五阶本原多项式的 M 序列原理和架构,参见 10.2 节"线性反馈移位寄存器"。

```
1   module ms5_genertor(base_clk, freq_clk,
2       rst_n, syn, ms5);
3
4       parame ter KEY = 5'b00001;
5
6       input base_clk, freq_clk, rst_n, syn;
7       output ms5;
8
9       reg [4:0] r;
10
11      always @ (posedge freq_clk)
12      begin : MS
13          if (!rst_n || syn)
14              r <= KEY;
15          else
16              begin
17                  r[0] <= r[1];
18                  r[1] <= r[2];
19                  r[2] <= r[3];
20                  r[3] <= r[4];
21                  r[4] <= r[3] ^ r[0];
22              end
23      end
24
25      assign ms5 = r[0];
26
27  endmodule
28
29
30
31
```

```
1   module base_gen(freq_clk, rst_n, base_clk, syn);
2
3       input freq_clk, rst_n;
4       output reg base_clk, syn;
5
6       reg [4:0] cnt;
7
8       always @ (posedge freq_clk)
9       begin : LSM_1S
10          if (!rst_n || cnt >= 30)
11              cnt <= 0;
12          else
13              cnt <= cnt + 1;
14      end
15
16      always @ (posedge freq_clk)
17      begin : LSM_2S
18          if (!rst_n)
19              begin
20                  base_clk <= 0;
21                  syn <= 0;
22              end
23          else
24              case (cnt)
25                  0 : begin base_clk <= 1; syn <= 0; end
26                  16    :      base_clk <= 0;
27                  30    :      syn <= 1;
28              endcase
29      end
30
31  endmodule
```

例程 10 - 12　M 序列发生器代码和基带时钟发生器代码

注意:这里基带时钟发生器(base_gen:BG)是用线性序列机方案实现。

7. 扩频器和量化器

扩频器在频带时钟内工作,伪随机序列 ms5 和基带信号 base_ser 异或。量化器将频带串行信号量化为有符号值,频带比特 1 量化为 +64,频带比特 0 量化为 -64。例程 10 - 13 为量化器的代码。

```
1    module spreading(freq_clk, rst_n,
2        base_ser, ms5, freq_ser);
3
4        input freq_clk, rst_n;
5        input base_ser, ms5;
6        output reg freq_ser;
7
8        always @ (posedge freq_clk)
9        begin
10           if (!rst_n)
11               freq_ser <= 0;
12           else
13               freq_ser <= base_ser ^ ms5;
14       end
15
16   endmodule
17
18
```

```
1    module quantizer(freq_clk, rst_n, freq_ser,
2        chan_out);
3
4        input freq_clk, rst_n;
5        input freq_ser;
6        output reg signed [7:0] chan_out;
7
8        always @ (posedge freq_clk)
9        begin
10           if (!rst_n)
11               chan_out <=    -64;
12           else if (freq_ser)
13               chan_out <= 64;
14           else
15               chan_out <=    -64;
16       end
17
18   endmodule
```

例程 10-13   扩频器和量化器代码

8. 发送器的验证

发送器接收器采用信道加噪方式进行一个比较完整复杂的 ABV 验证,则发送器的验证采用比较简单的方法:在发送端根据握手信号,持续发送从 0~127 的字节数据,这些数据刚好组成一帧,循环反复的发送,在 he 端应该能够观察到稳定完整的 0 至 255 的汉明 74 码。其代码如例程 10-14,仿真波形如图 10-39 至图 10-44 所示。

```
1    `timescale 1ns/1    ps
2
3    module dsss_ms5_st_transmitter_tb;
4
5        reg freq_clk, rst_n;
6        reg [7:0] trs_data;
7        reg trs_wrreq;
8        wire trs_full;
9        wire signed [7:0] chan_out;
10
11       reg [6:0] i;
12
13       dsss_ms5_st_transmitter DUT(
14           .freq_clk(freq_clk),
15           .freq_rst_n(rst_n),
16           .trs_data(trs_da    ta),
17           .trs_wrreq(trs_wrreq),
18           .trs_full(trs_full),
19           .chan_out(chan_out)
20       );
21
22       initial begin
23           freq_clk = 1;
24           rst_n = 0;
25           trs_data = 0;
26           trs_wrreq = 0;
```

```
27           i=0;
28
29           #200
30           @ (posedge freq_clk)
31           rst_n = 1;
32
33           #200
34           forever begin
35               @ (posedge DUT.base_clk)
36               if (trs_full)
37                   trs_wrreq = 0;
38               else
39                   begin
40                       trs_wrreq = 1;
41                       trs_data = i;
42                       i = i + 1;
43                   end
44           end
45       end
46
47       always #5 freq_clk = ~freq_clk;
48
49       initial #2000_000 $stop;
50
51   endmodule
52
```

例程 10-14   发送器的代码

发送缓冲端的波形：

图 10-39　发送端持续发送 00H～7FH 的字节数据(128 个字节)

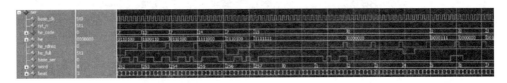

图 10-40　串化器入口观察到连续稳定的帧字数据

由于发送端根据握手持续发送数据,串化器入口端应该能够连续稳定的得到从 0～128 的汉明码。帧头 0 和 1 的编码序列也可以正确地观察到。这意味着发送器的流管理模式正常运行。

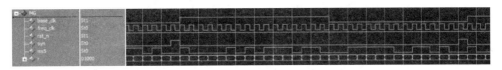

图 10-41　伪随机数发生器的 M 序列与基带的对齐检查

图 10-41 中,可以观察到密钥为 5'b00001 的 M 序列,并与基带时钟的对齐关系。31 个比特 M 序列的开始头 5 个比特,按照 LSB First 原则,即是该序列的密钥。

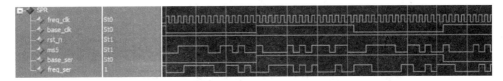

图 10-42　扩频器中基带串行信号与 M 序列的对齐关系

在扩频器信号中,可以观察到基带串行信号 base_ser,并与 M 序列(KEY=5'b00001)的对齐关系;图中 base_ser 为 1 的扩频编码周期,输出的频带串行信号是 M 序列的反码,而且有一个单拍潜伏期延迟。

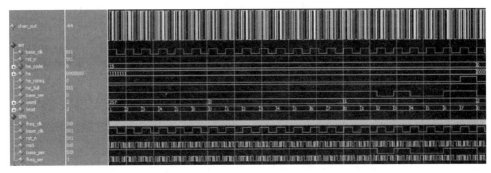

图 10-43　量化器与扩频串化器的频带同步信号和基带同步信号

观察量化器、扩频器和串化器部分的频带同步信号（word＝0，base_ser＝8'b11111111），以及基带同步信号（word＝1，base_ser＝8'hA6）。这里的 base_ser 与 word 和 beat 计数，有一个单拍潜伏期延迟。

图 10-44　下游主动反制模式使下游保持连续的同时上游自动均衡流速

在当前设计的流模式中，下游有串化过程，有汉明码编码过程，都将导致上游需要被叫停，流模式的优越性就在与，下游最高效率运行同时，上游的流速被自动均衡。流模式的另一个好处是，变更灵活方便，如果需要在整个河流中插入新的处理节点，仅仅需要注意保持并调整插入河流后的下游就绪潜伏期仍然维持在正常同步的单拍潜伏期即可。

当前设计中，有两个中文表述的"流"，一个是同步电路流水线的"流"（pipeline），一个是数字逻辑通信中流传输的"流"（streaming）。当前设计例子则是两者皆得的一个现代设计例子。

10.7.3　接收器设计

接收器设计中，涉及的关键技术如下：

（1）频带时钟同步，当前设计忽略。

（2）基频同步，当前设计采用样本帧和密钥帧的距离检测方案。

（3）最小二乘法判决，当前设计采用流水线设计，仅需要 2 个平方器和 31 个累加器。

（4）接收器的流式管理，当前设计采用下游无反制的流传输方案。

1. 顶层设计

接收器设计中，在信道数据接收端口，如何恢复出时钟边界是高速通信系统最重要的问题之一（参见 10.6.1《串行通信的比特位同步》）。由于频带同步不是本书的重点，在这个例子中，将忽略频带时钟同步，可以认为已经用比特对齐（时钟恢复）（CDR）技术在接收端口恢复出频带时钟。建模和验证时，则直接使用发送端的频带时钟信号（认为已经恢复），如图 10-45 所示。

图 10-45　流式接收器顶层框图（忽略频带时钟同步 CDR）

端口功能如表 10-8 所列。

表 10 - 8　流式接收器端口信号

端口名	宽　度	方　向	说　明
chan_in	8	Input	信道输入信号,8 位有符号数,频带调制后信号,并且被信道噪声污染后的信号
freq_clk	1	Input	从信道输入信号中恢复的频带时钟,忽略 CDR 部分
rst_n	1	Input	同步复位信号,负逻辑
rec_data	8	Output	接收器缓冲区输出的数据,基带信号
rec_rdreq	1	Input	接收器缓冲区的读请求信号,基带信号
rec_usedw	8	Output	接收缓冲区的使用量指示,过半时,下游逻辑必须及时读取,基带信号
rec_error	1	Output	直接序列扩频-解扩的错误指示,基带信号,它在一个基带时钟周期为高指示有一个错误
base_clk	1	Output	基带时钟,是从频带时钟分频得到

接收器的流管理,采用上游的源控方案,即下游无反制的流传输模式。这是因为接收器的最上游的流速要快于所有下游的流速(最上游为 7 位汉明码组成的帧码字 C,下游需要 2 个 C 组成一个字节,故下游的字节流速慢于汉明码流速)。

2. 基频信号的对齐(基-频同步)

发送端,基带信号与频带信号的密钥,构成正确的对齐关系,即一个基带比特,一定是与特定密钥的 31 个比特序列对齐(见图 10 - 46)。在接收端必须将频带比特序列中的基带对齐位置恢复,从而得到每 31 个频带比特对应一个基带比特的关系。

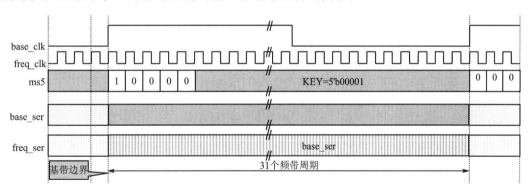

图 10 - 46　在发送端基带信号与频带信号按密钥对齐

扩频通信中,发送端这种基带—频带对齐关系,在接收端需要恢复,如图 10 - 47 所示。

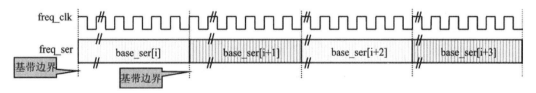

图 10 - 47　基-频的对齐位置

帧格式中,频带同步头 FREQ_SYN 就是用于这种基-频对齐,又称为基-频同步,其解决方案之一则是样本帧判决法(见图 10 - 48)。

（1）接收端按照保守帧同步原则，在每一帧的起始位置开始基-频同步和帧同步。

（2）在频带时钟的任意位置开始截取 31 个比特（样本帧），并记录下位置 p_i。

（3）用样本帧和 31 个本原帧做最小二乘法对比，得到样本帧的 M 序列 ms_k。

（4）根据五阶 31 个本原帧序列的顺序表，用样本帧的序列 ms_k，查得与当前约定密钥序列 ms_0 的距离。

（5）从 p_i 位置加上这个距离，即得到当前基-频同步位置 $p_k = p_{i+dis}$。

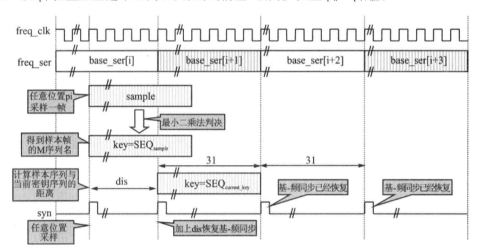

图 10-48 样本帧判决法恢复基-频同步

图 10-48 所示方案是用一个样本帧与 31 个本原帧进行最小二乘法相关判决。另一种基-频同步方案则是用 31 个样本帧（连续取样）与当前本原帧（当前密钥帧）进行最小二乘法相关判决。前者面积比较大，但速度更快，判决率不如后者；后者面积比较小，但速度相对慢一些（需要至少 62 个频带周期），判决率更好一些（允许更小一些的信噪比）。本章的设计例子中采用前者。注意这里所叙的帧为频带帧，由 31 个频带比特组成，并非 10.7.1 节的基带帧。

3. 顶层架构

图 10-49 所示为流管理接收器的顶层架构。

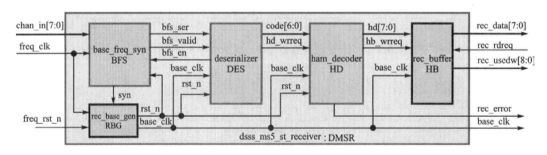

图 10-49 流式接收器的顶层架构

接收器流传输的起点是基频同步状态（BFS），它根据 bfs_en 信号，启动基-频同步，一旦获得同步，则 bfs_valid 为真，并且持续发送 base_ser 和 syn 信号。并化器（DES）则实现帧结构的帧边界检测（BASE_SYN），并且据此获得帧码字 C0～C255，流传输模式无须先进先出调节。HD 模块将上游的汉明码重新解码为四比特信号，并且重新装配为一个字节，辅化器

(DES)发送给下游 HD,接收器流传输的终点是接收缓存 HB,HB 通过 rec_usedw 向其下游发送缓冲接收量指示,通知下游及时读取缓冲器数据,避免缓冲器溢出导致的数据丢失。例程 10 - 15 为流式接收器顶代码。

```
1    module dsss_ms5_st_receiver(freq_clk,
2        freq_rst_n , chan_in,
3        rec_data, rec_rdreq, rec_usedw,
4        base_clk, rec_error);
5
6        input freq_clk, freq_rst_n;
7        input [7:0] chan_in;
8        output [7:0] rec_data;
9        input rec_rdreq;
10       output [7:0] rec_usedw;
11       output base_clk, rec_error;
12
13       wire syn, bfs_ser, bfs_valid, bfs_en;
14       wire rst_n;
15       wire [6:0] code;
16       wire [7:0] hd;
17       wire hd_wrreq, hb_wrreq;
18
19       base_freq_syn BFS(
20           .freq_clk(freq_clk),
21           .rst_n(rst_n),
22           .syn(syn),
23           .chan_in(chan_in),
24           .bfs_ser(bfs_ser),
25           .bfs_valid(bfs_valid),
26           .bfs_en(bfs_en)
27       );
28
29       rec_base_  gen RBG(
30           .freq_clk(freq_clk),
31           .freq_rst_n(freq_rst_n),
32           .syn(syn),
33           .rst_n(rst_n),
34           .base_clk(base_clk)
35       );

36
37       deserializer DES(
38           .base_clk(base_clk),
39           .rst_n(rst_n),
40           .base_ser(bfs_ser),
41           .bfs_valid(bfs_valid),
42           .bfs_en(bfs_en),
43           .code(code),
44           .hd_wrreq(hd_wrreq   )
45       );
46
47       ham_decoder HD(
48           .base_clk(base_clk),
49           .rst_n(rst_n),
50           .code(code),
51           .hd_wrreq(hd_wrreq),
52           .hd(hd),
53           .hb_wrreq(hb_wrreq),
54           .rec_error(rec_error)
55       );
56
57       rec_buffer RB(
58           .base_clk(base_clk),
59           .hd(hd),
60           .hb_wrreq(hb_wrreq),
61           .rec_d ata(rec_data),
62           .rec_rdreq(rec_rdreq),
63           .rec_usedw(rec_usedw)
64       );
65
66    endmodule
67
68
69
70
```

例程 10 - 15　流式接收器顶层代码

4. 基-频同步器

图 10 - 50 中,差分平方器将输入信道信号 chan_in 与基带 1 的量化振幅 AMP 做差值平方计算,同时又与基带 0 的量化值量化振幅－AMP 做差值平方计算。

$$\begin{cases} dsp = (chan\_in - AMP)^2 \\ dsn = (chan\_in + AMP)^2 \end{cases} \tag{10-17}$$

量化振幅设计为＋64～－64 的峰-峰值(Half - VPP,AMP＝64),是 8 位无符号满幅峰-峰 Full－VPP(＋127～－128)的一半,为加噪测试留出空间。

平方和累加器 ds_acc,其输出的 sum[i][25:0],最高 5 位是其顺序号 S,剩余 21 位为平方和,则

$$\begin{cases} sum[i][25:21] = i \\ sum[i][20:0] = qs \end{cases} (i=0,1,\cdots,30) \tag{10-18}$$

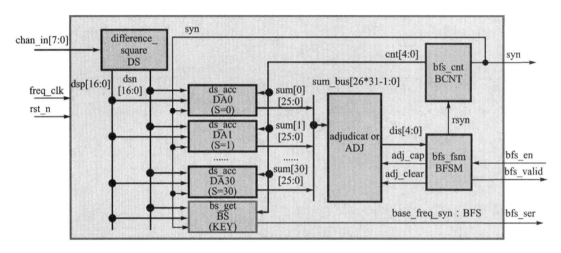

图 10-50   基-频同步器架构

在 DA0～DA31 中,其平方和 qs 将根据各自顺序号 S 所对应的 key 序列,在对应的 cnt 节拍中,取 dsp 或 dsn 加入 qs 中(syn 为假时):

$$qs = qs + \begin{cases} dsp(key[cnt]=1) \\ dsn(key[cnt]=0) \end{cases} \qquad (10-19)$$

syn 为真时 qs 设置为当前值:

$$qs = \begin{cases} dsp(key[cnt]=1) \\ dsn(key[cnt]=0) \end{cases} \qquad (10-20)$$

判决器 ADJ 在得到控制器的 adj_cap 命令后,找到 sum[0][20:0] 至 sum[30][20:0] 中的最小者 sum[k][20:0],将 k 作为判决距离,则

$$\begin{cases} sum[k][20:0] = Min[(sum[i][20:0])(i=0,1,2,\cdots,30)] \\ dis = k \end{cases} \qquad (10-21)$$

判决器(ADJ)在得到状态机的 adj_clear 信号后,将判决值清零,开始同步,在一个同步周期(31 个频带时钟周期)内获取判决值(dis),采样帧与密钥帧的距离判决值得到后,判决器根据 adj_cap 命令,捕获这个判决值,保持住,并发送给 SG,SG 引用这个新的判决值,重新发出同步信号,这个第二次由 SG 发出的同步信号对应新的判决后的值,称为再同步信号,同步到密钥序列。之后再过一个同步周期,基带信号发生器(BS)使用已经基-频对齐的同步信号,从频带信号(dsp,dsn)中恢复基带信号 base_ser。

图 10-50 中,累加器的 LPM 参数,按照五阶本原多项式顺序排列(见 10-9),若 S=0 的序列名是约定 KEY 序列,则样本帧的序号就是样本帧和密钥帧(Key=ms01)的距离 dis。

基频同步计数器(BCNT)在 cnt_en 为真时,执行模 31 的计数,cnt 是基频同步的基数,始终是从 0 计数到 30。而基频同步信号发生器则根据不同的判决值,将同步信号(syn)加载在 cnt 对应的计数值上(见图 10-51),基频同步节拍分析(见图 10-52)。

表 10 - 9　累加器的序列(Key＝ms01)

序号 S	序列名	序号 S	序列名	序号 S	序列名	序号 S	序列名
0	ms01	8	ms12	16	ms24	24	ms29
1	ms02	9	ms25	17	ms17	25	ms26
2	ms04	10	ms19	18	ms03	26	ms21
3	ms09	11	ms07	19	ms06	27	ms10
4	ms18	12	ms15	20	ms13	28	ms20
5	ms05	13	ms31	21	ms27	29	ms08
6	ms11	14	ms30	22	ms23	30	ms16
7	ms22	15	ms28	23	ms14	31	ms00

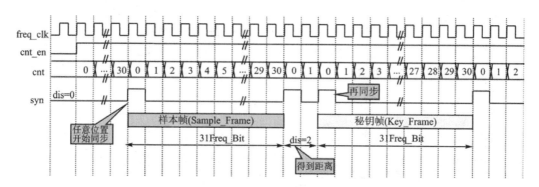

图 10 - 51　基频同步计数器和基频同步信号发生器的时序例子

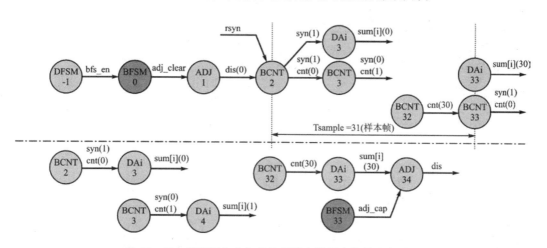

图 10 - 52　基频同步之初始位置样本帧同步信号发出时序

图 10 - 52 中，从基频同步状态机 BFSM 获得基频同步使能命令 bfs_en 开始，以发出 adj_clear 信号为当前节拍分析的起算点 T0。adj_clear 单拍矢量发送判决器 ADJ，使得 ADJ 响应输出距离 dis 为 0，即对齐当前约定密钥的样本帧序列。因此在 T2 拍，基频计数器可以响应 dis(0)和再同步命令 rsyn，发出第一个样本帧同步信号 syn，并且 cnt 清零，图 10 - 53 为再同步时序节拍分析。

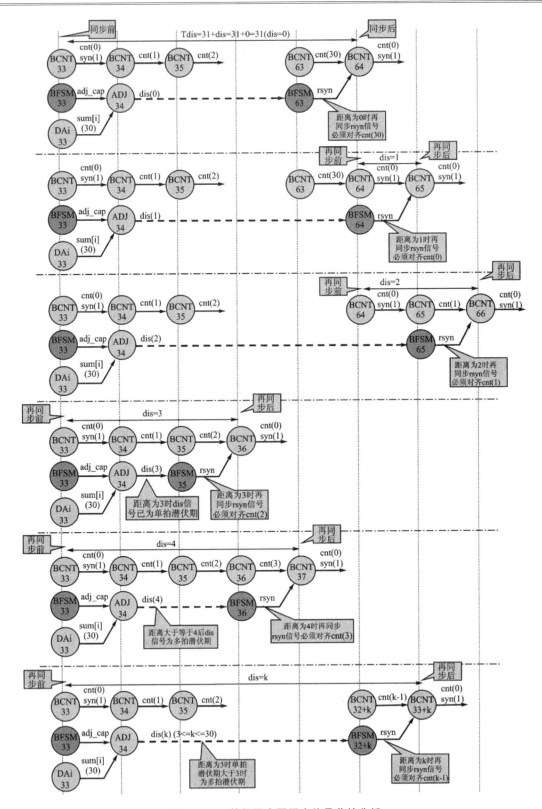

图 10 - 53　基频同步再同步信号节拍分析

图 10-53 中,T33 时刻累加器阵列 DAi 得到全部 31 个序列的平方差累加值,故判决器 ADJ 在 T34 即可输出样本帧和密钥帧的距离。也就是说,T34 时系统才可以得到距离值,据此推算,当距离值为 0 时,发送给 BCNT 的再同步信号,必须等到 cnt 为 30 时才能对齐 dis (0),从样本帧同步到第一个基频同步,调制的间隔则是 31+0;同理分析,直到 dis=3 时,样本帧同步 syn 和第一个基频同步的距离,才可以直接引用距离值(dis)。图 10-51 为基带恢复时序。

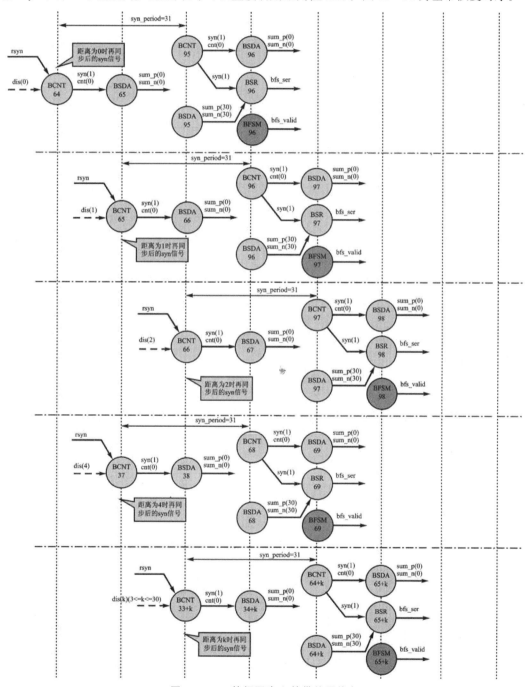

图 10-54　基频同步之基带信号恢复

根据节拍分析,得到基频同步器控制状态机的状态转移图,如图 10 - 55 所示。

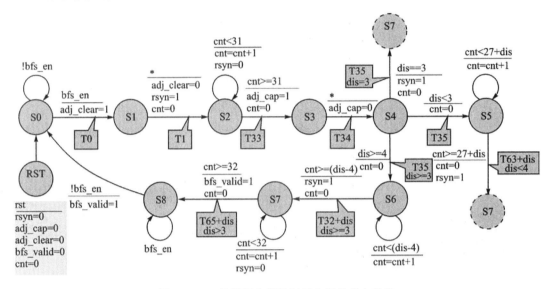

图 10 - 55　基频同步器控制状态机的状态转移

状态转移图的设计仍然依据"无限的节拍对应有限的转移"这一原则,即依据节拍关系产生控制和握手,节拍之间的间隔处理,参考第 5 章"同步电路基础"中的信号间隔控制的内置计数器,米利状态机,闭节点输出的状态转移表的特定图样,如图 10 - 56 所示。

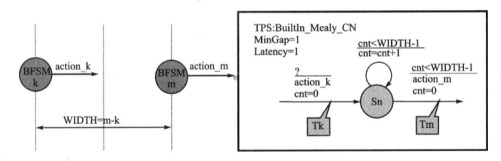

图 10 - 56　状态转移图设计中节拍和转移关系的实现

S5 状态的控制间隔,$k=35$,$m=63+dis$,因此 $WIDTH=m-k=63+dis-35=28+dis$,$WIDTH-1=27+dis$;

S6 状态的控制间隔,$k=35$,$m=32+dis$,则 $WIDTH=m-k=32+dis-35=dis-3$,$WIDTH-1=dis-4$;

S7 状态的控制间隔,$k=32+dis$,$m=65+dis$,$WIDTH=m-k=65+dis-(32+dis)=33$,$WIDTH-1=32$。

基带信号生成器 BS:bs_get,根据获得基频同步后的同步信号,以及约定密钥,用最小二乘法判断当前频带帧对应的基带信号是 1 或 0,其架构如图 10 - 57 所示。

图中 key_p 和 key_n 是当前约定密钥的原码和反码,用于计算当前频带帧对应的基带 1 编码和 0 编码的平方差之和,基带信号生成器以 sum_p 和 sum_n 中较小的那个,判决基带信号是 1 或 0。

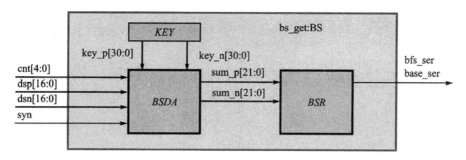

图 10-57　基带信号生成器架构

基频同步器的代码见例程 10-16～例程 10-20,仿真波形如图 10-58～图 10-61 所示。

```
1    `include "dsss_ms5_st_transceiver_head.v"
2
3    module base_freq_syn(freq_clk, rst_n, syn, chan_in,
4        bfs_ser, bfs_valid, bfs_en);
5
6        input freq_clk, rst_n;
7        output syn;
8        input signed [7:0] chan_in;
9        output bfs_ser, bfs_valid;
10       input bfs_en;
11
12       wire [16:0] dsp, dsn;
13       wire [4:0] cnt, dis;
14       wire [25:0] sum [30:0];
15       wire [26*31-1:0] sum_bus;
16       wire rsyn, adj_cap, adj_clear;
17       genvar i, j;
18
19       //Temp test
20       wire [20:0] int_sum [30:0];
21       wire [4:0] int_seq [30:0];
22
23       difference_square DS(
24           .freq_clk(freq_clk),
25           .rst_n(rst_n),
26           .chan_in(chan_in),
27           .dsp(dsp),
28           .dsn(dsn)
29       );
30
31       generate for (i=0; i<=30; i=i+1)
32       begin : Da_For
33           ds_acc
34           #(.S(i))
35           DA(
36               .freq_clk(freq_clk),
37               .rst_n(rst_n),
38               .dsp(dsp),
39               .dsn(dsn),
40               .cnt(cnt),
41               .syn(syn),
42               .sum(sum[i])
43           );
44       end
45       endgenerate
46
47       generate for (j=0; j<=30; j=j+1)
48       begin : Sum_bus_For
49           assign sum_bus[((j+1)*26-1):j*26] = sum[j];
50           //Temp test
51           assign int_sum[j] = sum[j][20:0];
52           assign int_seq[j] = sum[j][25:21];
53       end
54       endgenerate
55
56       bs_get #(.KEY(`CUR_KEY))
57       BS(
58           .freq_clk(freq_clk),
59           .rst_n(rst_n),
60           .dsp(dsp),
61           .dsn(dsn),
62           .syn(syn),
63           .cnt(cnt),
64           .bfs_ser(bfs_ser)
65       );
66
67       adjudicator ADJ(
68           .freq_clk(freq_clk),
69           .rst_n(rst_n),
70           .sum_bus(sum_bus),
71           .dis(dis),
72           .adj_cap(adj_cap),
73           .adj_clear(adj_clear)
74       );
75
76       bfs_cnt BCNT(
77           .freq_clk(freq_clk),
78           .rst_n(rst_n),
79           .rsyn(rsyn),
80           .cnt(cnt),
81           .syn(syn)
82       );
83
84       bfs_fsm BFSM(
85           .freq_clk(freq_clk),
86           .rst_n(rst_n),
87           .dis(dis),
88           .adj_cap(adj_cap),
89           .adj_clear(adj_clear),
90           .rsyn(rsyn),
91           .bfs_en(bfs_en),
92           .bfs_valid(bfs_valid)
93       );
94
95   endmodule
96
```

例程 10-16　流式接收器的基频同步器顶层代码

```verilog
1   `include "dsss_ms5_st_transceiver_head.v"
2   module bs_get(freq_clk, rst_n, dsp, dsn, syn, cnt, bfs_ser);
3
4   input freq_clk, rst_n;
5   input [16:0] dsp, dsn;
6   input syn;
7   input [4:0] cnt;
8   output reg bfs_ser;
9
10  parameter KEY = 1;
11  `define DEF_SKEY
12  `include "bfs_head.vh"
13  wire [30:0] key_p, key_n;
14  reg [21:0] sum_p, sum_n;
15
16  assign key_p = SKEY(KEY, 0);
17  assign key_n = ~key_p;
18
19  always @ (posedge freq_clk)
20  begin : BSDA
21      if (!rst_n)
22          begin
23              sum_p <= 0;   sum_n <= 0;
24          end
25      else if (syn)
26          begin
27              sum_p <= key_p[30-cnt] ? dsp : dsn;
28              sum_n <= key_n[30-cnt] ? dsp : dsn;
29          end
30      else
31          begin
32              sum_p <= sum_p + (key_p[30-cnt] ? dsp : dsn);
33              sum_n <= sum_n + (key_p[30-cnt] ? dsp : dsn);
34          end
35  end
36
37  always @ (posedge freq_clk)
38  begin : BSR
39      if (!rst_n)
40          bfs_ser <= 0;
41      else if (syn)
42          bfs_ser <= (sum_p < sum_n) ? 0 : 1;
43  end
44  endmodule
```

例程 10 - 17   流式接送器基频同步器的基带信号发生器代码

```verilog
1   module bfs_fsm(freq_clk, rst_n, dis, adj_cap, adj_clear,
2       rsyn, bfs_en, bfs_valid);
3
4   input freq_clk, rst_n;
5   input [4:0] dis;
6   output reg adj_cap, adj_clear, rsyn;
7   input bfs_en;
8   output reg bfs_valid;
9
10  reg [5:0] cnt;
11  reg [3:0] state;
12
13  localparam s0 = 4'd0;
14  localparam s1 = 4'd1;
15  localparam s2 = 4'd2;
16  localparam s3 = 4'd3;
17  localparam s4 = 4'd4;
18  localparam s5 = 4'd5;
19  localparam s6 = 4'd6;
20  localparam s7 = 4'd7;
21  localparam s8 = 4'd8;
22
23  always @ (posedge freq_clk)
24  begin
25      if (!rst_n)
26          begin
27              rsyn <= 0;
28              adj_cap <= 0;
29              adj_clear <= 0;
30              bfs_valid <= 0;
31              cnt <= 0;
32              state <= s0;
33          end
34      else
35          case (state)
36              s0 : if (!bfs_en)
37                      state <= s0;
38                  else
39                      begin
40                          adj_clear <= 1;
41                          state <= s1;
42                      end
43              s1 : begin
44                      adj_clear <= 0;
45                      rsyn <= 1;
46                      cnt <= 0;
47                      state <= s2;
48                  end
49
50              s2 : if (cnt < 31)
51                      begin
52                          cnt <= cnt + 1;
53                          rsyn <= 0;
54                          state <= s2;
55                      end
56                  else
57                      begin
58                          adj_cap <= 1;
59                          cnt <= 0;
60                          state <= s3;
61                      end
62
63              s3 : begin
64                      adj_cap <= 0;
65                      state <= s4;
66                  end
67              s4 : if (dis < 3)
68                      begin
69                          cnt <= 0;
70                          state <= s5;
71                      end
72                  else if (dis == 3)
73                      begin
74                          rsyn <= 1;
75                          cnt <= 0;
76                          state <= s7;
77                      end
78                  else
79                      begin
80                          cnt <= 0;
81                          state <= s6;
82                      end
83              s5 : if (cnt < (27 + dis))
84                      begin
85                          cnt <= cnt + 1;
86                          state <= s5;
87                      end
88      
```

```
89                    else
90                      begin
91                          cnt <= 0;
92                          rsyn <= 1;
93                          state <= s7;
94                      end
95
96          s6 : if (cnt >= (dis- 4))
97                begin
98                    rsyn <= 1;
99                    cnt <= 0;
100                   state <= s7;
101               end
102             else
103               begin
104                   cnt <= cnt + 1;
105                   state <= s6;
106               end
107
108         s7 : if (cnt < 32)
109               begin
110                   cnt <= cnt + 1;
111                   rsyn <= 0;
112                   state <= s7;
113               end
114             else
115               begin
116                   bfs_valid <= 1;
117                   cnt <= 0;
118                   state <= s8;
119               end
120
121         s8 : if (bfs_en)
122                   state <= s8;
123             else
124               begin
125                   bfs_valid <= 0;
126                   state <= s0;
127               end
128       endcase
129     end
130 endmodule
```

例程 10 - 18　基频同步器的控制状态机代码

```
1  module bfs_cnt(freq_clk, rst_n, rsyn, cnt, syn);
2
3      input freq_clk, rst_n;
4      input rsyn;
5      output reg [4:0] cnt;
6      output reg syn;
7
8      always @ (posedge freq_clk)
9      begin
10         if (!rst_n)
11             begin
12                 cnt <= 0;
13                 syn <= 0;
14             end
15         else if (rsyn)
16             begin
17                 cnt <= 0;
18                 syn <= 1;
19             end
20         else if (cnt >= 30)
21             begin
22                 cnt <= 0;
23                 syn <= 1;
24             end
25         else
26             begin
27                 cnt <= cnt + 1;
28                 syn <= 0;
29             end
30     end
31
32 endmodule
33
```

```
1  module ds_acc(freq_clk, rst_n, dsp, dsn, cnt, syn, sum);
2
3      parameter S = 0;
4
5      input freq_dk, rst_n;
6      input [16:0] dsp, dsn;
7      input [4:0] cnt;
8      input syn;
9      output [25:0] sum;
10
11     `define DEF_SKEY
12     `include "bfs_head.vh"
13
14     wire [30:0] key;
15     wire [4:0] seq;
16     reg [20:0] int_sum;
17
18     assign key = ~SKEY(`CUR_KEY, S);
19     assign seq = S;
20
21     always @ (posedge freq_clk)
22     begin
23         if (!rst_n)
24             int_sum <= 0;
25         else if (syn)
26             int_sum <= (key[30-cnt] ? dsp : dsn);
27         else
28             int_sum <= int_sum + (key[30-cnt] ? dsp : dsn);
29     end
30
31     assign sum = {seq, int_sum};
32
33 endmodule
```

例程 10 - 19　基频同步计数器和累加器代码

```
1    module adjudicator(freq_clk, rst_n, sum_bus, dis, adj_cap, adj_clear);
2
3        input freq_clk, rst_n;
4        input [(26*31-1):0] sum_bus;
5        output reg [4:0] dis;
6        input adj_cap, adj_clear;
7
8        wire [25:0] sum [30:0];
9        wire [25:0] cmp_lt [31:0];
10       genvar i, j;
11
12       generate for (j=0; j<=30; j=j+1)
13       begin : sum_for
14           assign sum[j] = sum_bus[((j+1)*26-1):j*26];
15       end
16       endgenerate
17
18       assign cmp_lt[0] = {5'd0, 21'h1f_ffff};
19       generate for (i=0; i<=30; i=i+1)
20       begin : Lt_for
21           assign cmp_lt[i+1] = (sum[i][20:0] < cmp_lt[i][20:0]) ? sum[i] : cmp_lt[i];
22       end
23       endgenerate
24
25       always @ (posedge freq_clk)
26       begin
27           if (!rst_n || adj_clear)
28               dis <= 0;
29           else if (adj_cap)
30               dis <= cmp_lt[31][25:21];
31       end
32
33   endmodule
```

例程 10 - 20   基频同步判决器代码

根据图 10 - 53,dis=0 时,T33 的 syn 为同步前,T64 的 syn 为同步后,实际调整=64-33=31=31+0。

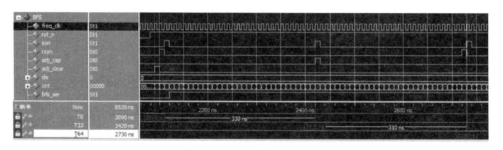

图 10 - 58   距离为 0 时的基频同步仿真波形

据图 10 - 53,dis=1 时,T64 的 syn 为同步前,T65 的 syn 为同步后,实际调整=65-64=1。

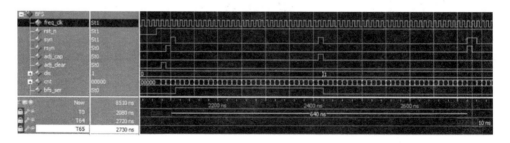

图 10 - 59   距离为 1 时的基频同步仿真波形

据图 10-53,dis=3 时,T33 的 syn 为同步前,T36 为同步后,实际调整=36-33=3。

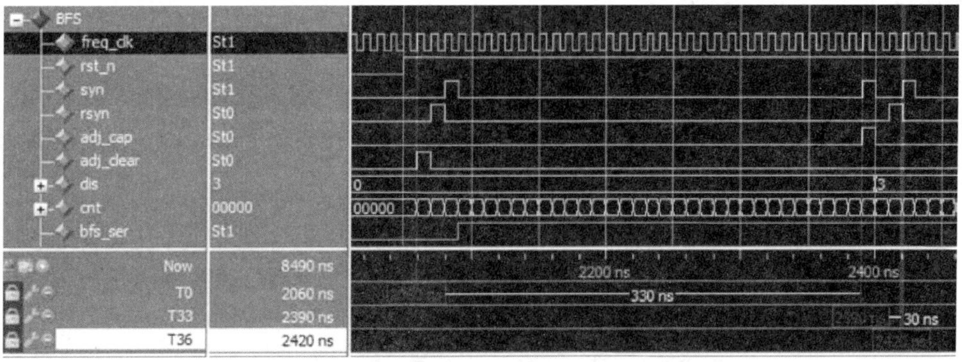

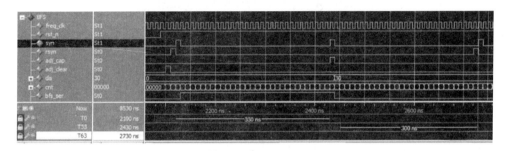

图 10-60 距离为 3 时的基频同步仿真波形

同样据图 10-53,dis=30 时,同步前的 syn 应该是 T33,同步后的 syn 是 T33+k= T(33+30)=T63,实际调整=63-33=30。

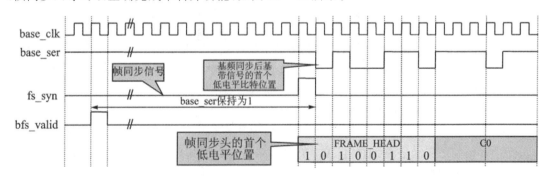

图 10-61 距离为 30 时的基频同步仿真波形

5. 基带帧边界对齐(帧同步)

基频同步后,接收端已恢复基带串行信号。在基带串行序列中,必须准确地定位帧边界(帧同步),才可以正确完成串转并功能,如图 10-62 所示。

图 10-62 帧边界恢复的条件

帧格式设计中的帧同步头 FRAME_HEAD 进行帧同步时,其识别依据是:

(1) 在收到的基频同步后的串行序列中,出现帧同步头 FRAME_HEAD 的码字。

(2) 在此之前,必须是信道空闲字。由于基频同步头采用 8'hFF,即空闲字为 1,因此,空闲字之后的首个低电平比特,也必须是帧同步码字的首个低电平比特。

6. 帧同步和并化器

架构设计如图 10 - 63 所示。

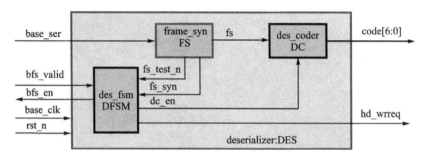

图 10 - 63　并化器架构

图中帧同步器 FS,采用移位比较方案,用序列中的第一个零启动(A6H),如图 10 - 64 所示。

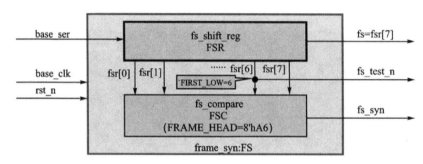

图 10 - 64　帧同步器架构

并化器执行如下功能:

(1) 检测帧边界,即基带帧同步。

(2) 获得基带帧同步后,串转并后装配帧码字 C0～C255 输出。

(3) 保守帧同步方案,管理基频同步信号 bfs_en,包含帧边界检测失败的同步。

(4) 采用 FSMD 控制方案。

(5) 采用下游无反制流传输,通信接收器的下游无反制。接收缓冲器无反制,下游内核逻辑将管理接收缓冲器,由于有串转并的过程,读缓冲的速度一定快于写缓冲的速度,上游流速快于下游,保证了缓冲永远不满,保证了通信数据不会溢出丢失。

图 10 - 65 和图 10 - 66 为其节拍分析。

图中:

(1) H:帧同步头 BASE_HEAD,H7 为其最高位,H0 为其最低位。当前 BASE_HEAD= 8'hA6,则 H6 是其首个低电平序列。

(2) C:C 为帧内码字,宽度 7 位,C6 为其最高位,C0 为其最低位。

(3) M:M 为基频同步后首个基带信号(基频同步头)至帧同步头首比特的基带周期。

状态转移图见图 10 - 67,代码见例程 10 - 21 和例程 10 - 22。

状态转移图的设计过程仍然是依据节拍分析,引用 5.8.5 节中的内置计数器,米利机,闭节点的状态转移表的特定图样得到并化器顶层以及编码器、帧同步器代码(参见图 10 - 56)。这里:

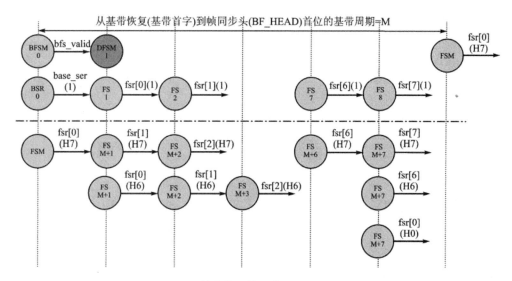

图 10-65   并化器之帧同步信号移位节拍分析

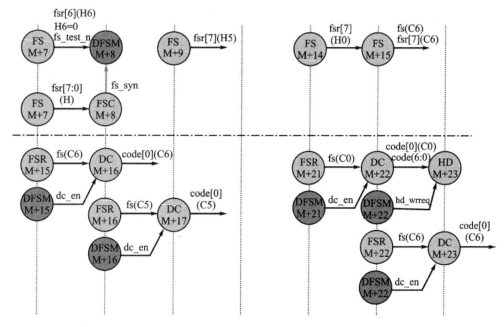

图 10-66   并化器节拍分析之并化和写入缓存

S1 的控制间隔：k＝1，m＝7，WIDTH＝m－k＝6，故 WIDTH－1＝5。

S3 的控制间隔：k＝M＋8，m＝M＋15，WIDTH＝m－k＝M＋15－（M＋8）＝7，故 WIDTH－1＝6。

S4 的控制间隔：k＝M＋15，m＝M＋22，WIDTH＝m－k＝M＋22－（M＋15）＝7，WIDTH－1＝6。

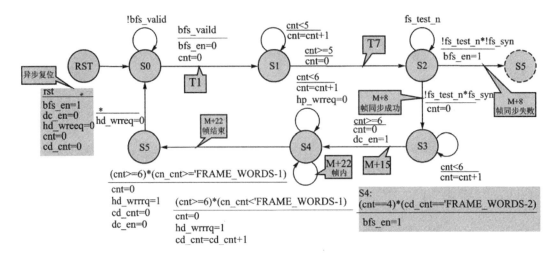

图 10 – 67　并化器的状态转移

```
1   module deserializer(base_clk, rst_n,
2       base_ser, bfs_valid, b fs_en,
3       code, hd_wrreq);
4
5   input base_clk, rst_n;
6   input base_ser, bfs_valid;
7   output bfs_en;
8   output [6:0] code;
9   output hd_wrreq;
10
11  wire fs_syn, dc_en, fs, fs_test_n;
12
13  frame_syn FS(
14      .base_clk(base_clk),
15      .rst_n(rst_n),
16      .base_ser(base_ser),
17      .fs_test_n(fs_test_n),
18      .fs_syn(fs_syn),
19      .fs(fs)
20  );
21
22  des_coder DC(
23      .base_clk(base_clk),
24      .rst_n(rst_n),
25      .fs(fs),
26      .dc_en(dc_en),
27      .code(code)
28  );
29
30  des_fsm DFSM(
31      .base_clk(base_clk),
32      .rst_n(rst_n),
33      .bfs_valid(bfs_valid),
34      .bfs_en(bfs_en),
35      .fs_test_n(fs_test_n),
36      .fs_syn(fs_syn),
37      .dc_en(dc_en),
38      .hd_wrreq(hd_wrreq)
39  );
40
41  endmodule
```

```
1   module des_coder(base_clk, rst_n, fs, dc_en, code);
2
3       input base_clk, rst_n;
4       input fs, dc_en;
5       output reg [6:0] code;
6
7       always @ (posedge base_clk)
8       begin
9           if (!rst_n)
10              code <= 0;
11          else if (dc_en)
12              code <= {code[5:0], fs};
13      end
14
15  endmodule
```

```
1   `include "dsss_ms5_st_transceiver_head.v"
2   module frame_syn(base_clk, rst_n, base_ser,
3       fs_test_n, fs_syn, fs);
4       input base_clk, rst_n;
5       input base_ser;
6       output fs_test_n;
7       output reg fs_syn;
8       output fs;
9       reg [7:0] fsr;
10      assign fs_test_n = fsr[`BS_FIRST_LOW];
11      always @ (posedge base_clk)
12      begin : FSR
13          if (!rst_n)
14              fsr <= 0;
15          else
16              fsr <= {fsr[6:0], base_ser};
17      end
18      assign fs = fsr[7];
19      always @ (*)
20      begin : FSC
21          if (!rst_n)
22              fs_syn <= 0;
23          else
24              fs_syn = (fsr == `BASE_SYN);
25      end
26  endmodule
```

例程 10 – 21　并化器顶层以及并化编码器和帧同步器代码

```verilog
1    `include "dsss_ms5_st_transceiver_head.v"
2
3    module des_fsm(base_clk, rst_n, bfs_valid,
4      bfs_en,
5      fs_test_n, fs_syn, dc_en, hd_wrreq);
6
7      input base_clk, rst_n;
8      input bfs_valid;
9      output reg bfs_en;
10     input fs_test_n, fs_syn;
11     output reg dc_en, hd_wrreq;
12
13     reg [2:0] state;
14     reg [3:0] cnt;
15     reg [8:0] cd_cnt;
16
17     localparam s0 = 3'd0;
18     localparam s1 = 3'd1;
19     localparam s2 = 3'd2;
20     localparam s3 = 3'd3;
21     localparam s4 = 3'd4;
22     localparam s5 = 3'd5;
23
24     always @ (posedge base_clk, negedge rst_n)
25     begin
26        if (!rst_n)
27           begin
28              bfs_en <= 1;
29              dc_en <= 0;
30              hd_wrreq <= 0;
31              cnt <= 0;
32              cd_cnt <= 0;
33              state <= s0;
34           end
35        else
36           case (state)
37              s0 : if (!bfs_valid)
38                 state <= s0;
39              else
40                 begin
41                    bfs_en <= 0;
42                    cnt <= 0;
43                    state <= s1;
44                 end
45
46              s1 : if (cnt < 5)
47                 begin
48                    cnt <= cnt + 1;
49                    state <= s1;
50                 end
51              else
52                 begin
53                    cnt <= 0;
54                    state <= s2;
55                 end
56
57              s2 : if (fs_test_n)
58                 state <= s2;
59              else if (!fs_syn)
60                 begin
61                    bfs_en <= 1;
62                    state <= s5;
63                 end
64              else
65                 begin
66                    cnt <= 0;
67                    state <= s3;
68                 end
69
70              s3 : if (cnt < 6)
71                 begin
72                    cnt <= cnt + 1;
73                    state <= s3;
74                 end
75              else
76                 begin
77                    cnt <= 0;
78                    dc_en <= 1;
79                    state <= s4;
80                 end
81
82              s4 : begin
83                    if ((cnt == 2) && (cd_cnt ==
84                 `FRAME_WORDS- 2)) bfs_en <= 1;
85                    if (cnt < 6)
86                       begin
87                          cnt <= cnt + 1;
88                          hd_wrreq <= 0;
89                          state <= s4;
90                       end
91                    else if (cd_cnt <
92                 `FRAME_WORDS- 1)
93                       begin
94                          cnt <= 0;
95                          hd_wrreq <= 1;
96                          cd_cnt <= cd_cnt + 1;
97                          state <= s4;
98                       end
99                    else
100                      begin
101                         cnt <= 0;
102                         hd_wrreq <= 1;
103                         cd_cnt <= 0;
104                         dc_en <= 0;
105                         state <= s5;
106                      end
107                end
108
109             s5 : begin
110                   hd_wrreq <= 0;
111                   state <= s0;
112                end
113          endcase
114    end
115
116   endmodule
```

例程 10 - 22　并化器控制状态机代码

7. 汉明解码器

在无反制的接收器流传输中,汉明解码器每两个基带时钟的汉明 74 码输入,对应一个基带时钟的字节输出,故上游无堆积,下游无须对上游反制。在无反制的流传输中,汉明解码器不需要配置流缓冲,全程上游控制。汉明解码器的架构设计和节拍分析分别如图 10-68 和图 10-69 所示。

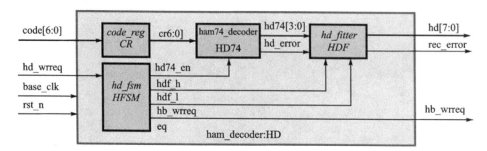

图 10-68　汉明解码器架构

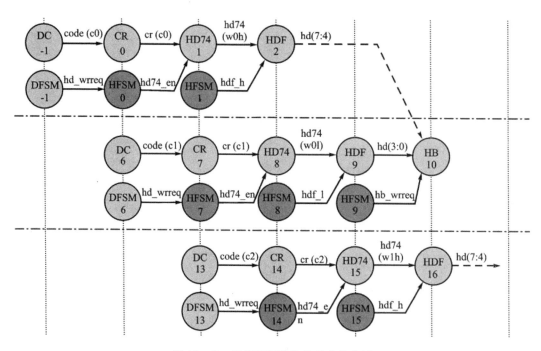

图 10-69　汉明解码器的信号节拍分析

图 10-69 中,code(c0)表示当前 code 中为帧码字 C0;hd74(w0h)表示当前 hd74 中是帧字节 w0 的高四位,状态转移图如图 10-70 所示。

图 10-69 分析了一个完整的汉明解码输出周期(写下游缓冲周期)。使用"平移"操作,可以观察分析流水线信号的时间分布(沿着节拍分析图水平观察)和空间分布(沿着节拍分析图纵向观察)。图 10-70 的状态转移图,则根据节拍规律,得到准确的控制。例程 10-23 和例程 10-24 分别为顶层代码和译码器代码。

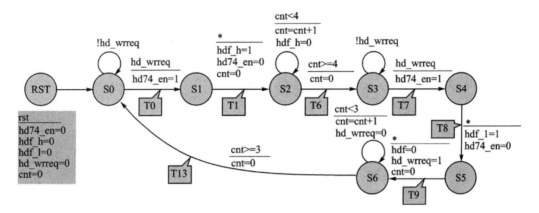

图 10 - 70 汉明解码器的状态转移图

```
1   module ham_decoder(base_clk, rst_n, code,
2      hd_wrreq, hd, hb_wrreq, rec_error);
3
4      input base_clk, rst_n;
5      input [6:0]code;
6      input hd_wrreq;
7      output reg [7:0] hd;
8      output reg hb_wrreq;
9      output reg rec_error;
10
11     reg [6:0] cr;
12     wire [3:0] hd74;
13     reg hd74_en, hdf_h, hdf_l;
14     reg [2:0] state;
15     reg [2:0] cnt;
16     wire hd_error;
17
18     localparam s0 = 3'd0;
19     localparam s1 = 3'd1;
20     localparam s2 = 3'd2;
21     localparam s3 = 3'd3;
22     localparam s4 = 3'd4;
23     localparam s5 = 3'd5;
24     localparam s6 = 3'd6;
25
26     always @ (posedge base_clk)
27     begin : CR
28        cr <= code;
29     end
30
31     ham74_decoder HD74(
32        .base_clk(base_clk),
33        .rst_n(rst_n),
34        .data(cr),
35        .en(hd74_en),
36        .q(hd74),
37        .hd_error(hd_error)
38     );
39
40     always @ (posedge base_clk)
41     begin : HDF
42        if (!rst_n)
43           begin
44              hd <= 0;
45              rec_error <= 0;
46           end
47        else if (hdf_h)
48           begin
```

```
49              hd[7:4] <= hd74;
50              rec_error <= hd_error;
51           end
52        else if (hdf_l)
53           begin
54              hd[3:0] <= hd74;
55              rec_error <= hd_error;
56           end
57        else
58           rec_error <= 0;
59     end
60
61     always @ (posedge base_clk)
62     begin : HFSM
63        if (!rst_n)
64           begin
65              hd74_en <= 0;
66              hdf_h <= 0;
67              hdf_l <= 0;
68              hb_wrreq <= 0;
69              cnt <= 0;
70              state <= s0;
71           end
72        else
73           case (state)
74              s0 : if (!hd_wrreq)
75                 state <= s0;
76              else
77                 begin
78                    hd74_en <= 1;
79                    state <= s1;
80                 end
81
82              s1 : begin
83                 hdf_h <= 1;
84                 hd74_en <= 0;
85                 cnt <= 0;
86                 state <= s2 ;
87              end
88
89              s2 : if (cnt < 4)
90                 begin
91                    cnt <= cnt + 1;
92                    hdf_h <= 0;
93                    state <= s2;
94                 end
95              else
96                 begin
```

```
97                  cnt <= 0;
98                  state <= s3;
99              end
100
101     s3 : if (!hd_wrreq)
102              state <= s3;
103          else
104              begin
105                  hd74_en <= 1;
106                  state <= s4;
107              end
108
109     s4 : begin
110              hdf_l <= 1;
111              hd74_en <= 0;
112              state <= s5;
113          end
114
115     s5 : begin
116              hdf_l <= 0;
117                  hb_wrreq <= 1;
118                  cnt <= 0;
119                  state <= s6;
120              end
121
122     s6 : if (cnt < 3)
123              begin
124                  cnt <= cnt + 1;
125                  hb_wrreq <= 0;
126                  state <= s6;
127              end
128          else
129              begin
130                  cnt <= 0;
131                  state <= s0;
132              end
133          endcase
134     end
135
136 endmodule
```

例程 10 - 23　　汉明解码器顶层代码

```
1   module ham74_decoder(base_clk, rst_n, data,
2       en, q, hd_error);
3
4       input base_clk, rst_n;
5       input [6:0] data;
6       input en;
7       output reg [3:0] q;
8       output reg hd_error;
9
10      wire c1g, c2g, c4g;
11
12      assign c1g = data[6] ^ data[4] ^ data[2] ^
13      data[0];
14      assign c2g = data[6] ^ data[5] ^ data[2] ^
15      data[1];
16      assign c4g = data[6] ^ data[5] ^ data[4] ^
17      data[3];
18
19      always @ (posedge base_clk)
20      begin
21          if (!rst_n)
22              begin
23                  q <= 0;
24                  hd_error <= 0;
25              end
26          else if (en)
27              case ({c4g, c2g, c1g})
28              3'b000 : begin //3 组均无错
29                      q[3] <= data[6];
30                      q[2] <= data[5];
31                      q[1] <= data[4];
32                      q[0] <= data[2];
33                      hd_error <= 0;
34                  end
35
36              3'b001 : begin // 校验位 P1 错
37                      q[3] <= data[6];
38                      q[2] <= data[5];
39                      q[1] <= data[4];
40                      q[0] <= data[2];
41                      hd_error <= 1;
42                  end
43
44              3'b010 : begin // 校验位 P2 错
45                      q[3] <= data[6];
46                      q[2] <= data[5];
47                      q[1] <= data[4];
48                      q[0] <= data[2];
49                      hd_error <= 1;
50                  end
51
52              3'b011 : begin // 数据位 C3 错
53                      q[3] <= data[6];
54                      q[2] <= data[5];
55                      q[1] <= data[4];
56                      q[0] <= ~data[2];
57                      hd_error <= 1;
58                  end
59
60              3'b100 : begin // 校验位 C4 错
61                      q[3] <= data[6];
62                      q[2] <= data[5];
63                      q[1] <= data[4];
64                      q[0] <= data[2];
65                      hd_error <= 1;
66                  end
67
68              3'b101 : begin // 数据位 C5 错
69                      q[3] <= data[6];
70                      q[2] <= data[5];
71                      q[1] <= ~data[4];
72                      q[0] <= data[2];
73                      hd_error <= 1;
74                  end
75
76              3'b110 : begin // 数据位 C6 错
77                      q[3] <= data[6];
78                      q[2] <= ~data[5];
79                      q[1] <= data[4];
80                      q[0] <= data[2];
81                      hd_error <= 1;
82                  end
83
84              3'b111 : begin
85                      q[3] <= ~data[6];
86                      q[2] <= data[5];
87                      q[1] <= data[4];
88                      q[0] <= data[2];
89                      hd_error <= 1;
90                  end
91          endcase
92      end
93
94  endmodule
```

例程 10 - 24　　汉明 74 译码器代码

10.7.4 收发器的 ABV 验证

1. 验证要求

收发器的基于断言验证 ABV(Assert - Based Verification)：

(1) 发送器的数据缓冲端写入 8 位随机数，写入时间随机，一次连续写入的数据个数(字节数)也随机。

(2) 发送器发出量化信道信号 chan_out 通过噪声源 noise_source 干扰，作为接收器的量化信道信号输入 chan_in，振幅为 AMP。噪声源为指定振幅 NOISE_AMP 的白噪声。

(3) 计分板将发送器的每一次写入数据和接收器的每一个读出数据进行比对，并统计报告比特误码率(BER)和当前信噪比(SNR)。

(4) 为了支持 3，计分板和激励器各设置一个指针，计分板内部设置一个环形缓冲，模256。当环形缓冲器 bufw 快满时，激励器停止发送。

比特误码率：BER＝基带信号中发现的错误次数/基带信号传输总数。

信噪比的功率比形式：$SNR = \dfrac{信号功率}{噪声功率} = \dfrac{AMP^2/R}{NOISE\_AMP^2/R} = \left(\dfrac{AMP}{NOISE\_AMP}\right)^2$。

信噪比的分贝形式：$SNR(dB) = 20Log\left(\dfrac{AMP}{NOISE\_AMP}\right)$。

验证代码中的信噪比(SNR)为功率比形式。AMP 为信号源振幅，NOISE_AMP 为噪声振幅。

2. 验证架构

直接序列扩频收发器 ABV 验证架构如图 10 - 71 所示。

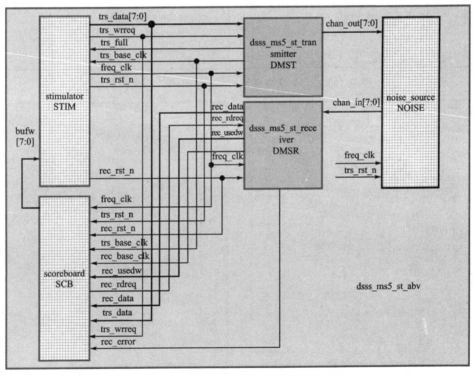

图 10 - 71 直接序列扩频收发器的 ABV 验证架构

3. 验证代码

直接序列扩频收发器的 ABV 顶层代码、激励器代码、计分数和噪声源分别如例程 10 - 25 至例程 10 - 28 所列。

```
1    module dsss_ms5_st_abv;
2
3       wire freq_clk, trs_rst_n, rec_rst_n;
4       wire [7:0] trs_data;
5       wire trs_wrreq;
6       wire trs_full, trs_base_clk;
7       wire rec_base_clk;
8       wire [7:0] rec_usedw;
9       wire rec_rdreq;
10      wire [7:0] bufw;
11      wire [7:0] rec_data;
12      wire signed [7:0] chan_in, chan_out;
13      wire rec_error;
14
15      stimulator STIM(
16         .freq_clk(freq_clk),
17         .trs_rst_n(trs_rst_n),
18         .rec_rst_n(rec_rst_n),
19         .trs_data(trs_data),
20         .trs_wrreq(trs_wrreq),
21         .trs_full(trs_full),
22         .trs_base_clk(trs_base_clk),
23         .bufw(bufw)
24      );
25
26      scoreboard SCB(
27         .freq_clk(freq_clk),
28         .trs_rst_n(trs_rst_n),
29         .rec_rst_n(rec_rst_n),
30         .trs_base_clk(trs_base_clk),
31         .rec_base_clk(rec_base_clk),
32         .rec_usedw(rec_usedw),
33         .rec_rdreq(rec_rdreq),
34         .rec_data(rec_data),
35         .trs_data(trs_data),
36         .trs_wrreq(trs_wrreq),
37         .bufw(bufw),
38         .rec_error(rec_error)
39      );
40
41      dsss_ms5_st_transmitter DMST(
42         .freq_clk(freq_clk),
43         .freq_rst_n(trs_rst_n),
44         .trs_data(trs_data),
45         .trs_wrreq(trs_wrreq),
46         .trs_full(trs_full),
47         .base_clk(trs_base_clk),
48         .chan_out(chan_out)
49      );
50
51      dsss_ms5_st_receiver DMSR(
52         .freq_clk(freq_clk),
53         .freq_rst_n(rec_rst_n),
54         .chan_in(chan_in),
55         .rec_data(rec_data),
56         .rec_rdreq(rec_rdreq),
57         .rec_usedw(rec_usedw),
58         .base_clk(rec_base_clk),
59         .rec_error(rec_error)
60      );
61
62      noise_source NOISE(
63         .freq_clk(freq_clk),
64         .trs_rst_n(trs_rst_n),
65         .chan_in(chan_in),
66         .chan_out(chan_out)
67      );
68
69   endmodule
70
```

例程 10 - 25   直接序列扩频收发器的 ABV 顶层代码

```
1    `timescale 1ns/1ps
2
3    module stimulator(freq_clk, trs_rst_n, rec_rst_n,
4       trs_data, trs_wrreq, trs_full, trs_base_clk, bufw);
5
6       output reg freq_clk, trs_rst_n, rec_rst_n;
7       output reg [7:0] trs_data;
8       output reg trs_wrreq;
9       input trs_full, trs_base_clk;
10      input [7:0] bufw;
11      integer i;
12
13      initial begin
14         freq_clk = 1;
15         trs_rst_n = 0;
16         rec_rst_n = 0;
17         trs_data = 0;
18         trs_wrreq = 0;
19
20         #200
21         @ (posedge freq_clk)
22         trs_rst_n = 1;
23
24         //接收机随机置位
25         for (i=0; i<=({$ramdon} % 32); i=i+1) begin
26            @ (posedge freq_clk);
27         end
28         rec_rst_n = 1;
29
30         //随机发送
31         #200
32         forever begin
33            @ (posedge trs_base_clk)
34            if (!trs_full && (bufw < 250))
35               begin
36                  if (({$random} % 256) >= 64)
37                     begin
38                        trs_wrreq <= 1;
39                        trs_data <= {$random} % 256;
40                     end
41                  else
42                     trs_wrreq <= 0;
43               end
44            else
45               trs_wrreq <= 0;
46         end
47      end
48
49      always #5 freq_clk = ~freq_clk;
50
51      initial #2000_000 $stop;
52
53   endmodule
54
```

例程 10 - 26   直接序列扩频收发器 ABV 验证的激励器代码

```
1    `timescale 1ns/1ps
2    `include "dsss_ms5_st_transceiver_head.v"
3
4    module scoreboard(freq_clk, trs_rst_n, rec_rst_n,
5        trs_base_clk, rec_base_clk,   rec_usedw,
6        rec_rdreq, rec_data, trs_data, trs_wrreq, bufw,
7        rec_error);
8
9        input freq_clk, trs_rst_n, rec_rst_n ;
10       input trs_base_clk, rec_base_clk;
11       input [7:0] rec_usedw;
12       output reg rec_rdreq;
13       input trs_wrreq;
14       input [7:0] rec_data, trs_data;
15       output [7:0] bufw;
16       input rec_error;
17
18       reg [7:0] trs_ptr, rec_ptr;
19       reg [7:0] mem [65535:0];
20       reg rec_rdreq_delay;
21       reg [63:0] error_cnt, code_cnt;
22
23       always @ (posedge rec_base_clk,
24           negedge rec_rst_n)
25       begin
26           if (!rec_rst_n)
27               error_cnt <= 0;
28           else if (rec_error)
29               error_cnt <= error_cnt + 1;
30       end
31
32       assign bufw = trs_ptr  - rec_ptr + 256;
33
34       always @ (posedge trs_base_clk,
35           negedge trs_rst_n)
36       begin
37           if (!trs_rst_n)
38               begin
39                   trs_ptr <= 0;
40                   code_cnt <= 0;
41               end
42                   trs_ptr <= trs_ptr + 1;
43                   code_cnt <= code_cnt + 1;
44               end
45       end
46
47       always @ (posedge rec_base_clk)
48           rec_rdreq_delay < = rec_rdreq;
49
50       always @ (posedge rec_base_clk,
51           negedge rec_rst_n)
52       begin
53           if (!rec_rst_n)
54               rec_rdreq <= 0;
55           else if (rec_usedw > 2)
56               rec_rdreq <= 1;
57           else
58               rec_rdreq <= 0;
59       end
60
61       always @ (posedge rec_base_clk,
62           negedge rec_rst_n)
63       begin
64           if (!rec_rst_n)
65               rec_ptr <= 0;
66           else if (rec_rdreq_delay)
67               begin
68                   if (mem[rec_ptr] == rec_data)
69  $display("OK: time=%0t ptr=%0d mem=%0d data=%0d
70      SNR=%.2f BER=%.2f", $time, rec_ptr, mem[rec_ptr],
71      rec_data, (`AMP+0.0)/`NOISE_AMP,
72      (error_cnt+0.0)/cod e_cnt);
73                   else
74  $error("ERROR: time=%0t ptr=%0d mem=%0d
75      data=%0d SNR=%.2f BER=%.2f", $time, rec_ptr,
76      mem[rec_ptr], (`AMP+0.0)/`NOISE_AMP,
77      (error_cnt+0.0)/code_cnt);
78                   rec_ptr <= rec_ptr + 1;
79               end
80       end
81
82   endmodule
```

例程 10 - 27　直接序列扩频收发器 ABV 验证时的计分板

```
1    `timescale 1ns/1ps
2    `include "dsss_ms5_st_transceiver_head.v"
3
4    module noise_source(freq_clk, trs_rst_n, chan_in, chan_out);
5
6        input freq_clk, trs_rst_n;
7        input signed [7:0] chan_out;
8        output reg signed [7:0] chan_in;
9        reg signed [7:0] noise_signal;
10
11       always @ (posedge freq_clk)
12       begin
13           if (!trs_rst_n)
14               begin
15                   chan_in <= 0;
16                   noise_signal <= $random % `NOISE_AMP;
17               end
18           else
19               begin
20                   noise_signal <= $random % `NOISE_AMP;
21                   chan_in = chan_out + noise_signal;
22               end
23       end
24
25   endmodule
```

例程 10 - 28　直接序列扩频收发器 ABV 验证时的噪声源

计分板中信噪比等于信号源振幅和噪声振幅之比，即 $SNR=(AMP/(NOISE\_AMP-1))^2$。代码分子中加上 0.0 是用于得到浮点结果。

4. 仿真波形和验证结果

信噪功率比等于 4，即 12dB 时（SNR=4，SNR(dB)=12）对应的头文件定义见例程 10-29，图 10-72 至图 10-74 为仿真波形。

```
1    //Current Key(must is 1~31)
2    `define CUR_KEY           1          //当前密钥设置为1,即ms01 序列
3
4    //Frame
5    `define BS_FIRST_LOW      6          //首个低位比特位置
6    `define FRAME_WORDS       256        //帧内码字长度
7    `define BF_HEAD           8'hFF      //基频同步头
8    `define FRAME_HEAD        8'hA6      //帧同步头
9
10   //Quantizer
11   `define AMP               16         //信号振幅
12
13   //Noise
14   `define NOISE_AMP         9          //噪声振幅
```

例程 10-29　信噪比为 12 dB 时的头文件定义

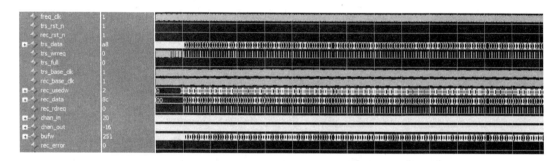

图 10-72　信噪比为 12 dB20 万次传输的全程仿真波形(无误码)

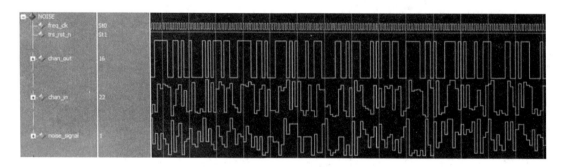

图 10-73　信噪比为 12 dB 时加噪前后的信道信号

20 万次传输，全程无错误，误码率（BER）=0。因为 chan_in 的均方差较小，噪声的均方差在 31 阶最小二乘法的控制阈之内。当信噪功率比接近 1 即 0.274 dB 时 SNR=1.032=0.274 dB 的头文件定义，见例程 10-30。

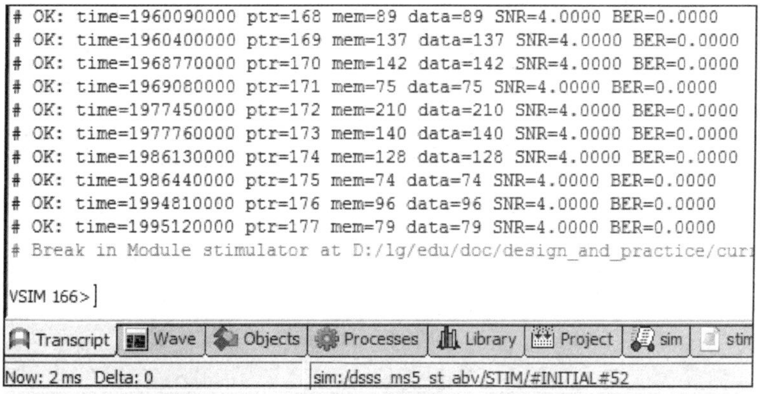

```
# OK: time=1960090000 ptr=168 mem=89 data=89 SNR=4.0000 BER=0.0000
# OK: time=1960400000 ptr=169 mem=137 data=137 SNR=4.0000 BER=0.0000
# OK: time=1968770000 ptr=170 mem=142 data=142 SNR=4.0000 BER=0.0000
# OK: time=1969080000 ptr=171 mem=75 data=75 SNR=4.0000 BER=0.0000
# OK: time=1977450000 ptr=172 mem=210 data=210 SNR=4.0000 BER=0.0000
# OK: time=1977760000 ptr=173 mem=140 data=140 SNR=4.0000 BER=0.0000
# OK: time=1986130000 ptr=174 mem=128 data=128 SNR=4.0000 BER=0.0000
# OK: time=1986440000 ptr=175 mem=74 data=74 SNR=4.0000 BER=0.0000
# OK: time=1994810000 ptr=176 mem=96 data=96 SNR=4.0000 BER=0.0000
# OK: time=1995120000 ptr=177 mem=79 data=79 SNR=4.0000 BER=0.0000
# Break in Module stimulator at D:/lg/edu/doc/design_and_practice/cur

VSIM 166>
```

Transcript	Wave	Objects	Processes	Library	Project	sim	stim

Now: 2 ms Delta: 0 　　　　　　sim:/dsss_ms5_st_abv/STIM/#INITIAL#52

图 10 - 74　信噪功率比为 4(12 dB)时运行 20 万次传输后的脚本报告

```
1   //Current Key(must is 1~31)
2   `define CUR_KEY          1              //当前密钥设置为1,即 ms01 序列
3
4   //Frame
5   `define BS_FIRST_LOW     6              //首个低位比特位置
6   `define FRAME_WORDS      256            //帧内码字长度
7   `define BF_HEAD          8'hFF          //基频同步头
8   `define FRAME_HEAD       8'hA6          //帧同步头
9
10  //Quantizer
11  `define AMP              64             //信号振幅
12
13  //Noise
14  `define NOISE_AMP        64             //噪声振幅
```

例程 10 - 30　信噪功率比为 1.032 时的头文件定义

图 10 - 75 至图 10 - 77 为 SNR＝1.032＝0.274 dB 的仿真波形。

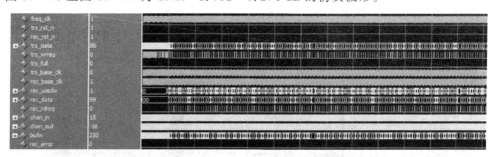

图 10 - 75　信噪比接近 1 时全程无误码(20 万次传输)

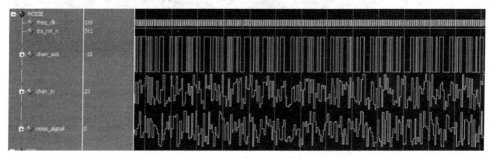

图 10 - 76　信噪比接近 1、加噪声前后的信道信号

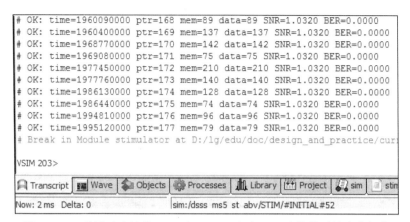

图 10-77 信噪功率比为 1.032(0.274 dB)时 20 万次传输后的脚本报告

可见最小二乘法判决仍然在起作用,虽然 chan_in 的均方差已经变大,即接近五阶最小二乘法的判决阈,但仍然小于这个阈。当信噪功率比等于 1(0 dB)时,当前系统(五阶 M 序列)的误码率开始大于零,例程 10-31、图 10-78 至图 10-80 分别为信噪功率比为 1 时的头文件定义,20 万次传输中的误码,诸信号的仿真波形和 20 万次传输的误码率为 0.0601。

```
1    //Current Key(must is 1~31)
2    `define CUR_KEY          1            //当前密钥设置为1,即ms01序列
3
4    //Frame
5    `define BS_FIRST_LOW     6            //首个低位比特位置
6    `define FRAME_WORDS      256          //帧内码字长度
7    `define BF_HEAD          8'hFF        //基频同步头
8    `define FRAME_HEAD       8'hA6        //帧同步头
9
10   //Quantizer
11   `define AMP              32           //信号振幅
12
13   //Noise
14   `define NOISE_AMP        33           //噪声振幅
```

例程 10-31 信噪功率比为 1(0 dB)时的头文件定义

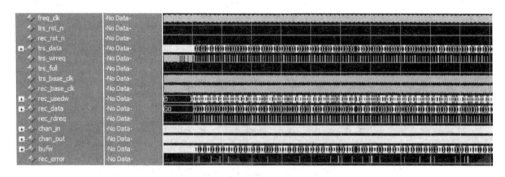

图 10-78 信噪功率比为 1(0 dB)时 20 万次传输中出现误码

信噪功率比大于等于 1(0 dB)时,chan_in 的均方差已经足够大,超过五阶(n=31)最小二乘法的判断阈,开始出现误码。这说明:

(1) 当前设计仅可以用于信噪比大于 1,甚至接近 1 的应用环境。

(2) 当前设计在信噪比大于等于 1 时,误码开始出现。

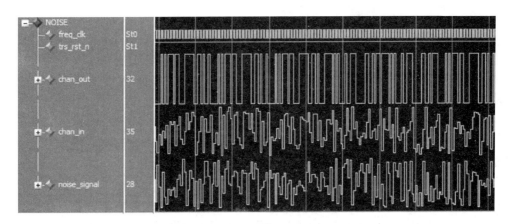

图 10-79　信噪功率比为 1(0 dB)时信道诸信号的仿真波形

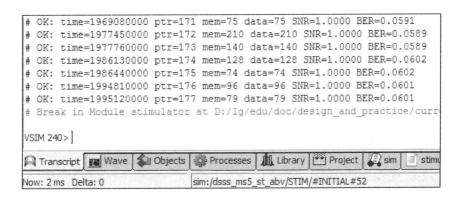

图 10-80　信噪功率比为 1(0 dB)时 20 万次传输的误码率为 0.060 1

（3）直接序列扩频的误码出现后，当前设计的 74 汉明码对于拦截错误的贡献率有限，这是由于其检二纠一的特性所致。为了提高拦截率（高斯噪声或白噪声），则应该使用具有多元纠正且性能更好的纠错码，例如卷积纠错码。

（4）若需要应用在信噪比大于等于 1 的环境，则需要使用更高阶的 M 序列。

由于涉及直接序列扩频算法和涉及通信理论的讨论已经超出本书的范围，有兴趣的读者可以参阅本章的引文。

5. 设计总结

本章讨论的重点是五阶 M 序列直接序列扩频收发器的硬件设计和实现，总结如下：

本章使用五阶 M 序列本原多项式 $x^5 + x^2 + 1$ 作为直接序列的伪噪声 PN 用于扩频(n=31)。

（1）使用了汉明 74 码做直接序列扩频误码后的拦截。

（2）使用流管理模式，全系统的正常工作和效率的实现，依据的是流组织。

（3）发送器的流管理模式，采用下游主动反制模式。这是因为上游发出的字节，下游需要装配汉明码和串化，导致上游流速慢，下游流速快，下游必须控制上游。

（4）接收器的流管理模式，采用下游无反制流传输模式。这是因为在接收器上游的每一个帧内字都需要在下游并化和装配成字节，导致上游快，下游慢。而上游接收端，根据帧同步决定是否收到数据 base_ser，以此来控制下游。这样接收器仅仅需要上游控制下游，并不需要下游的反制。

（5）当前的设计，仅可以用于信噪比大于或接近 0 dB 的环境。若需要在信噪比小于等于 0 dB 环境时，则需要使用更高阶的 M 序列（六阶以上）作为伪随机噪声。

（6）若为当前设计提供更高的直接序列扩频误码拦截率，则需要使用性能更好的纠错码，例如卷积纠错码或更大的线性分组码。

（7）算法确定后，全部设计过程的顺序是：架构设计→节拍分析→状态转移图（表）设计。其中架构设计是硬件设计的核心和基础。依据架构，根据同步电路的物理定理，可以得到确定的节拍关系，最后依据"无限节拍对应有限转移"的有限状态机物理规律，设计与节拍分析吻合的控制状态机（状态转移图或表）。

（8）本章的架构设计过程和流管理模式采用了下游主动反制模式的标准架构（见 6.2.3 节）。

（9）本章的状态机设计过程中，间隔控制模式采用了米利机的内置计数器和闭节点类型的 TPS 图样，见 5.8.5 节内容。

（10）最后为当前设计做了基于断言的 ABV 验证。

10.8　参考文献

［1］V. Chandra Sekar，Communication System，New Delhi，India：Oxford University Press，2012.

［2］Don Torrieri，Seread－Spectrum Communication System. 3rd ed. New York：Springer，2015.

［3］Charles H. Roth，Jr. ，Larray L. Kinney. Fundamentals of Logic Design. 7th ed. Stamford：Pengage Learning，2014.

［4］Mano，M. Morris and MIchael D. Ciletti，Digital Design. 5th ed. Upper Saddle River，NJ：Prentice Hall，2012.

［5］Jha，Niraj K. Switching and finite automata theory. Cambridge，UK ；New York ：Cambridge University Press，2010.

［6］Givone，Donald D. Digital Principles and Design. New Youk：McGraw－HIll，2003.

［7］Keaslin H. Digital integrated circuit design. Cambrige Unverisity Press，2008.

［8］田日才，迟永刚. 扩频通信. 2 版. 北京：清华大学出版社，2014 年.

［9］Don Torrieri，Principles of Spread－Spectrum Communication System 3rd ed. Springer，2014.

［10］Gordon L. S. ，Priciples of Mobile Communication. 3rd ed. Springer，2014.

［11］Michael D. Ciletti，Advanced Digital Design with the Verilog HDL. 2th ed. 北京：电子工业出版社，2014 年.

［12］Lei Guan. FPGA－based Digital Convolution for Wireless Applications. AG：Springer，2017.

第 11 章　数字图像中值滤波的设计实践

本章将通过一个数字图像处理的例子:"中值滤波器的设计实践",完整介绍数字图像技术的 EDA 设计全过程,包括算法和算法实现,架构设计,节拍分析,流水线设计,控制状态机设计以及图像 EDA 的可视化验证方法。图像算法并不是本书重点,感兴趣的读者可以参阅相关引文。

中值滤波属于非线性空间滤波,是在计算像素的邻域模板(本章采用 3×3)中用统计排序中间数值(50%)为最佳计算值。中值滤波常被用于被椒盐噪声污染的图像,是最常使用的图像去噪方法,其算法比较简洁,适合作为教学讨论。本章示例了统计排序算法的 EDA 硬件实现,避免算法直译,使得综合性和可实现性得以提高。另外,本章通过图像中值滤波器示例了一个比较复杂的流水线系统的全部设计过程。

数值图像 EDA 处理的一个非常重要但又普遍存在的问题是"验证难",它不同于直接采用 ABV 的数值处理,这是因为图像验证最终是需要人的眼睛判断的(图像的人工智能技术的引入另当别论)。数字图像工程的设计者在整个设计过程中如完全不知道自己设计的实际性能,仅在最终接入了实际硬件才可视,这或者需要另外的一个图像硬件平台(仅用于验证),或者最终依靠 EDA 实现的图像硬件。这样就缺失了完全不需要实际硬件支持的验证(Verification)的意义,带来研发效率、时间和研发成本的损失。本章将介绍图像 EDA 验证的 MAT-LAB - EDA - MATLAB 的可视化过程,通过这种方法,在设计编码后,设计者就可以得到适合人眼评估的图像处理结果。因此,本章需要使用 MATLAB 工具。

设计目标:中值滤波器应具有如下性能指标:

(1) 采用 3×3 的固定模板(基于教学例子考虑,没有支持流行的自适应算法和更复杂的中值算法)。

(2) 彩色图像的中值滤波处理,3×3 邻域模板的 9 个 8 位无符号排序后取中值。

(3) 图像尺寸可以参数可定制,默认宽度 600 像素,默认高度 400 像素,默认深度 8 位。

(4) 设计图像处理的目标帧速是:200 帧/s。

(5) 图像的验证采用 MATLAB - EDA - MATLAB 流程,源图像的加噪(椒盐噪声)在 MATLAB 中完成,目标图像(经过中值滤波后的图像)亦是在 MATLAB 中显示。验证过程中,在 MATLAB 中可以观察到源图像,被噪声污染的图像和经过中值滤波去噪后的图像。

基于上述设计任务,本章的阅读需要读者具有如下的知识背景:

(1) 数字图像处理的背景知识。

(2) Intel (Altera) Quaruts 工具使用的背景知识。

(3) ModelSim 工具使用的背景知识。

(4) MATLAB 工具使用的背景知识。

(5) Photoshop 工具使用的背景知识。

(6) 状态机设计的背景知识(参见本书第 4 章)。

(7) 同步电路流水线设计和潜伏期分析的背景知识(参见本书第 5 章)。

11.1　概念和方法

以像素阵列显示的图像是离散化的,像素阵列的规模是该图像的分辨率,常见的有 1 024×768,800×600,1 920×1 080,4 096×2 160(4K)。彩色数字图像的像素是由三原色组成,彩色编码制式(色彩空间)有 RGB、YUV、CMYK 等。在 RGB 模式下,一个像素由红绿蓝三个颜色分量组成,若每一个分量用一个字节描述,全零最暗,全 1 最亮,则该像素需要 24 个 Bit 描述,称为像素深度。YUV 模式是将图像用亮度分量(Y)、红色差(Y)和蓝色差(V)组成,YUV 模式更便于处理人类的视觉冗余,是更常用的编码方式。YUV 模式又称为 YC_bC_r 色彩空间。YUV 色彩空间和 RGB 色彩空间有线性转换关系。

一个宽为 600、高为 400 的数字源图像 S 是由如下的像素阵列组成,如表 11-1 所列。

表 11-1　源图像 S 的像素阵列

ps(0,0)	ps(0,1)	ps(0,2)	……	ps(0,597)	ps(0,598)	ps(0,599)
ps(1,0)	ps(1,1)	ps(1,2)	……	ps(1,597)	ps(1,598)	ps(1,599)
ps(2,0)	ps(2,1)	ps(2,2)	……	ps(2,597)	ps(2,598)	ps(2,599)
……	……	……	……	……	……	……
ps(397,0)	ps(397,1)	ps(397,2)	……	ps(397,597)	ps(397,598)	ps(397,599)
ps(398,0)	ps(398,1)	ps(398,2)	……	ps(398,597)	ps(398,598)	ps(398,599)
ps(399,0)	ps(399,1)	ps(399,2)	……	ps(399,597)	ps(399,598)	ps(399,599)

表中 ps(row, col),ps 为 S 图像的像素点;row 为行号,从 0~399(即 HIGH-1);col 为列号,从 0~599(即 WIDTH-1)。

数字图像滤波处理是对源图像做某种变换,例如放大缩小,滤镜处理,边界和模式识别等。这些图像处理的过程,是将源图像 S 转换为目标图像 T,通常这种转换前后,源图像 S 和目标图像 T 的像素规模(分辨率)是相同的,如表 11-2 所列。

表 11-2　目标图像 T 的像素阵列

pt(0,0)	pt(0,1)	pt(0,2)	……	pt(0,599)	pt(0,598)	pt(0,599)
pt(1,0)	pt(1,1)	pt(1,2)	……	pt(1,597)	pt(1,598)	pt(1,599)
pt(2,0)	pt(2,1)	pt(2,2)	……	pt(2,597)	pt(2,598)	pt(2,599)
……	……	……	……	……	……	……
pt(397,0)	pt(397,1)	pt(397,2)	……	pt(397,597)	pt(397,598)	pt(397,599)
pt(398,0)	pt(398,1)	pt(398,2)	……	pt(398,597)	pt(398,598)	pt(398,599)
pt(399,0)	pt(399,1)	pt(399,2)	……	pt(399,597)	pt(399,598)	pt(399,599)

若图像滤波处理的目的是采用指定算法(函数 Fun_Image)将 S 转变为 T,即

$$T = Fun\_Image[S] \tag{11-1}$$

具体到 T 图像的像素 t,则有:

$$t(row,col) = Fun\_Image[S] \tag{11-2}$$

但就式(11-2)而言,目标图像的某个像素点换算过程中,并不需要源图像的所有像素点

参与,因 S 是源图像中全部阵列中的像素。或者说,数字离散化后,目标图像像素的数值仅仅与源图像对应坐标的邻域有关,与目标图像坐标过远的源图像像素,对于计算结果影响甚微,可以忽略,从而减轻计算负荷。这种仅仅用源图像邻域像素计算目标图像像素的方法,构成现代数字图像处理的主要方法,而这个邻域,则是围绕着目标像素为中心点($z5$),或者是一个 3x3 的阵列(见表 11-3),或者是一个 5x5 的阵列,称为邻域计算模板。邻域计算模板通常是固定的,在一帧图像的计算过程中,其规模保持不变,但类似中值滤波有时需要考虑自适应算法,此时的邻域计算模板的尺寸则是一个变数,采样估值不足时则扩充其尺寸。

表 11-3　数字图像滤波处理的 3×3 模板

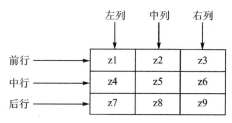

于是,式(11-2)可修改为:

$$pt(row,col) = Fun\_Image[Z] \mid (Z5 = ps(row,col)) \tag{11-3}$$

使用如表 11-3 所列的模板,覆盖源图像阵列之上,从左至右,从上至下扫描,计算模板中心点 Z5 坐标的目标像素。这种 Fun_Image 的计算通常使用卷积形式:

$$t(row,col) = Fun\_Image[Z] = \sum_{i=1}^{9}(k_i \cdot z_i) \mid (z5 = ps(row,col)) \tag{11-4}$$

式中,k_i 为系数,其数值取决于所采用的算法。对于中值滤波而言,其中唯一为 1 的系数,对应 Z 阵列中的中间值(50%):

$$k_i = \begin{cases} 0 & others \\ 1 & (z_i = MID(Z)) \end{cases} (i=1,2,\cdots,9) \tag{11-5}$$

式中 MID(Z) 是 Z 阵列的中间值。

对于源图像阵列的上下左右边界,3×3 模板计算诸元不全,得不到正确的卷积计算结果,则作为边界处理(填零或者填镜像)。当前设计选择边界用 0 填写。

考虑到书籍出版的色彩限制,当前设计使用单色(灰度)模式,源彩色图像首先需要转换为灰度模式的 bmp 文件,然后使用 MATLAB 处理与 EDA 工具对接的格式。单色的灰度模式,对应彩色图像的亮度分量 Y,当前设计采用 8 bit 深度。

为简化设计,源图像存放在存储器 SRAM 中,单拍潜伏期的读写,存储器单元的宽度为 1 个像素(8 bit)。存储器中源图像数据是连续存储的,如图 11-1 所示。

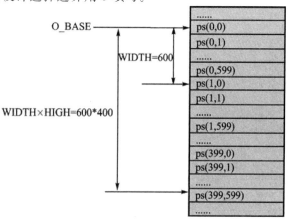

图 11-1　源图像在存储中的连续存放

图中，O_BASE 即为源图像 S 的基地址，对应存放图像左上角像素 ps(0,0)。目标图像 T 实际并不写入存储器中，而是用 Verilog 的系统任务，写到文件中，交由 MATLAB 处理。

11.2　流水线吞吐量

若要支持 600x400 分辨率的设计帧速率，则系统必须是流水线架构，而且有额定吞吐量要求。考虑到设计例子的代码量和复杂度，可将流水线系统吞吐量的设计目标设定为：平均每一拍一个像素（1Byte/T_{clk}）。若在存储器接口处观察，则每一个时钟周期流水线存储器都应该或者读或者写，没有任何无效的空闲周期，如图 11-2 所示。

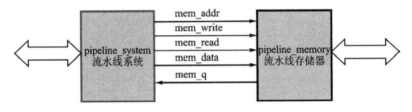

图 11-2　图像处理流水线系统的存储器接口

读入计算模板三个行（zrow0，zrow1，zrow2）的读操作，必须占用三个周期，流水线写操作一个周期，由此流水线的一个读写周期则是由 4 个时钟周期构成。为了实现平均每一拍一个像素的吞吐量，则数据总线的宽带必须是 4 个字节，才能在一个读写周期（4 个时钟周期）写入 4 个像素，从而实现平均一个时钟周期一个像素的吞吐量目标，如图 11-3 所示。该设计忽略了 Camera 对存储器的写入。

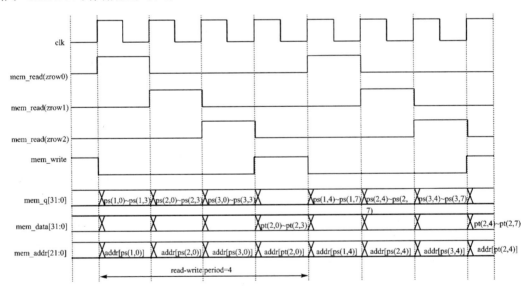

图 11-3　流水线系统的吞吐量考虑一次读写 4 个像素（平均一拍写一个像素）

如图 11-4 所示，基于吞吐量的考虑（1 Byte/T_{clk}），访问存储器必须一次读写 4 个像素（一个字）。

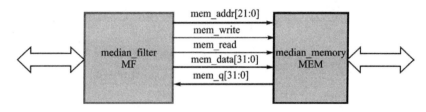

图 11 - 4　中值滤波器的存储器接口

11.3　中值滤波器的架构设计

该架构设计按照如下需求：

(1) 流水线设计，无任何不必要的空闲周期。

(2) 吞吐量为 1 Byte(1 Pixel)/T_{clk}。

(3) 静态图像处理，图像存放于 median_memory 中，并且忽略图像的写入。

(4) 中值滤波算法。

(5) 外部信号控制启动一帧图像的中值滤波，滤波器完成后给出 done 信号。

(6) 图像存储器 median_memory 为非综合目的模块，单拍潜伏期，仅用于验证。

11.3.1　顶层设计

顶层端口框图（见图 11 - 5），顶层端口信号的说明见表 11 - 4，接口逻辑为下游主动反制模式（虽然有地址，但这些地址信号用做信息传递，因而并非主从模式）。上游逻辑需要启动一次中值滤波时，若握手 mf_done 为真，则发出启动信号 mf_start，同时给出源图像的基地址 mf_obase 和目标图像的基地址 mf_dbase。

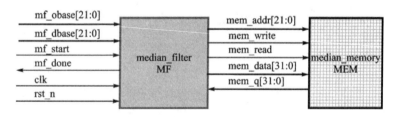

图 11 - 5　中值滤波器的顶层框图

中值滤波器的端口说明如表 11 - 4 所列。

表 11 - 4　中值滤波器顶层端口信号

端口名	宽度	方　向	说　明
clk	1	Input	中值滤波器的时钟信号，也作为验证时钟
rst_n	1	Input	中值滤波器的同步复位信号，也作为验证的同步复位信号
mf_obase	22	Input	源图像基地址，指向源图像左上角的像素地址
mf_dbase	22	Input	目标图像基地址，指向目标图像左上角的像素地址
mf_start	1	Input	中值滤波器启动信号为真时，启动一帧计算

端口名	宽　度	方　　向	说　　明
mf_done	1	Output	中值滤波器的完成信号为真时完成当前帧的计算,上游据此可以发出下一个启动信号
mem_addr	22	Output	中值滤波器访问存储器的地址信号
mem_write	1	Output	中值滤波器访问存储器的写命令
mem_read	1	Output	中值滤波器访问存储器的读命令
mem_data	32	Output	中值滤波器访问存储器的写数据
mem_q	32	Output	中值滤波器访问存储器的读数据

11.3.2　顶层架构设计

顶层架构设计由地址发生器 addr_generator:AG,中值计算流水线 median_pipeline:MP 和主控制器 mf_controller:LSM 组成如图 11 - 6 所示。

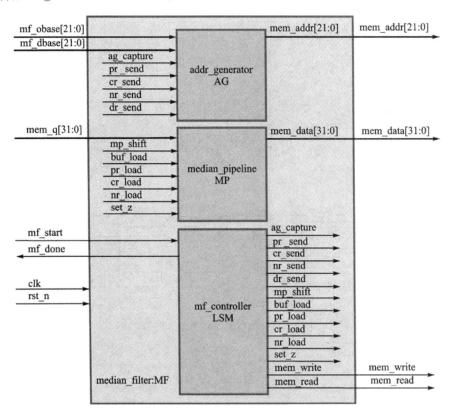

图 11 - 6　中值滤波器的顶层架构

地址发生器根据控制器的命令,发出计算模板所需要的前一行的地址,或者是当前行的地址,或者是下一行的地址,又或者是目标图像的地址。这些地址均指向存储器中连续 4 个像素组成的字边界。控制器在正确的时间,发出正确的控制信号,从而协调流水线计算单元准确高效(无任何空闲周期)的运行。

　　中值计算流水线模块,亦是根据主控制器的命令,完成从捕获存储器数据到全部中值计算,并组成一个目标的像素字(或四个像素),写入存储器的全过程。主控制器线性序列机(LSM)、地址发生器(AG)和中值计算流水线(MP)构成有限状态机管理模式(FSMD)系统(见图 11 - 6)以及顶层代码(见例程 11 - 1)。

```
1    module median_filter(clk, rst_n, mf_obase,
2        mf_dbase, mf_start, mf_done,
3        mem_addr, mem_write, mem_read,
4        mem_da ta, mem_q);
5
6    input clk, rst_n;
7    input [21:0] mf_obase, mf_dbase;
8    input mf_start;
9    output mf_done;
10   output [21:0] mem_addr;
11   output mem_write, mem_read;
12   output [31:0] mem_data;
13   input [31:0] mem_q;
14
15   wire ag_capture, pr_send, cr_send,
16   nr_send, dr_send;
17   wire mp_shift, buf_load;
18   wire pr_load, cr_load, nr_load, set_z;
19
20   addr_generator AG(
21       .clk(clk),
22       .rst_n(rst_n),
23       .mf_obase(mf_obase),
24       .mf_dbase(mf_dbase),
25       .ag_capture(ag_capture),
26       .pr_send(pr_send),
27       .cr_send(cr_send),
28       .nr_send(nr_sen d),
29       .dr_send(dr_send),
30       .mem_addr(mem_addr)
31   );
32

33       median_pipeline MP(
34           .clk(clk),
35           .rst_n(rst_n),
36           .mem_q(mem_q),
37           .mp_shift(mp_shift),
38           .buf_load(buf_load),
39           .pr_load(pr_load),
40           .cr_load(cr_load),
41           .nr_load(nr_load),
42           .set_z(set_z),
43           .mem_data(mem_ data)
44       );
45   mf_controller LSM(
46       .clk(clk),
47       .rst_n(rst_n),
48       .mf_start(mf_start),
49       .mf_done(mf_done),
50       .ag_capture(ag_capture),
51       .pr_send(pr_send),
52       .cr_send(cr_send),
53       .nr_send(nr_send),
54       .dr_send(dr_send),
55       .mp_shift(mp_shift),
56       .buf_load(buf_load),
57       .pr_load(pr_load),
58       .cr_load(cr_load),
59       .nr_load(nr_load),
60       .set_z(set_z),
61       .mem_write(mem_write),
62       .mem_read(mem_read)
63   );
64   endmodule
```

例程 11 - 1　中值滤波器的顶层代码

图 11 - 6 中诸模块的端口和功能如表 11 - 5 和表 11 - 6 所列。

表 11 - 5　地址发生器模块的端口信号

addr_generator:AG			地址发生器:根据主控制器的命令,发出存储器的读写地址信号
端口名	宽　度	方　向	说　明
clk	1	Input	地址发生器的时钟信号,端口信号
rst_n	1	Input	地址发生器的同步复位信号,端口信号。复位时四个内部地址寄存器: pr_addr＝mf_obase;　　　　　　//源图像前行字地址 cr_addr＝mf_obase＋WIDTH;　　//源图像中行字地址 nr_addr＝mf_obase＋2＊WIDTH;　//源图像后行字地址 dr_addr＝mf_dbase;　　　　　　//目标图像字地址
mf_obase	22	Input	源图像基地址,端口信号
mf_dbase	22	Input	目标图像基地址,端口信号

addr_generator:AG			地址发生器:根据主控制器的命令,发出存储器的读写地址信号
端口名	宽度	方向	说明
ag_capture	1	Input	地址发生器使能信号。该信号为真时,地址发生器捕获 mf 端的地址信号
pr_send	1	Input	前行地址送出信号。该信号为真时,地址发生器送出 pr_addr,并将其加 4,指向前行的下一个字地址
cr_send	1	Input	中行地址送出信号。该信号为真时,地址发生器送出 cr_addr,并将其加 4,指向中行的下一个字地址
nr_send	1	Input	后行地址送出信号。该信号为真时,地址发生器送出 nr_addr,并将其加 4,指向后行的下一个字地址
dr_send	1	Input	目标图像的字地址。该信号为真时,地址发生器送出 dr_addr,并将其加 4,指向下一个字地址
mem_addr	22	Output	存储器的地址信号

表 11-6　中值流水线模块的端口信号

median_pipeline:MP			中值计算流水线:根据主控制器的命令和读出的源图像字,计算目标图像字,并写入存储器
端口名	宽度	方向	说明
clk	1	Input	中值流水线的时钟信号,端口信号
rst_n	1	Input	中值流水线的同步复位信号,端口信号
mem_q	22	Input	存储器读出的源图像字(连续四像素)
mp_shift	1	Input	中值流水线的移动命令,为真时,流水线运行
buf_load	1	Input	中值流水线缓冲器的装入命令,为真时,将三个行缓冲器一次装入流水缓冲器
pr_load	1	Input	中值流水线前行缓冲器的装入命令,为真时,mem_q 装入 prow 行缓冲器
cr_load	1	Input	中值流水线中行缓冲器的装入命令,为真时,mem_q 装入 crow 行缓冲器
nr_load	1	Input	中值流水线后行缓冲器的装入命令,为真时,mem_q 装入 nrow 行缓冲器
set_z	1	Input	中值流水线的边界设置命令,为真时,将目标图像边界像素设置为 0
mem_data	32	Output	写入存储器的目标图像字(四像素)

　　架构设计是将设计目标细化为具体功能模块的过程,是一个自上而下、由繁至简的过程,具体要求有:

　　(1)图像中值处理时需要连续的读写存储器,因此必须有一个模块用于管理生成这些读写地址,即图 11-6 的 addr_generator:AG 模块。AG 模块根据控制器的命令,或者捕获上游逻辑的图像基地址,或者发出前行地址、中行地址和后行地址,以及目标图像地址,并自动修正这些地址指针,使之指向下一个。

　　(2)图像中值算法流水线采用一个独立的模块完成,这就是 median_pipeline:MP。

　　(3)由地址发生器(AG)和中值算法流水线(MP)组成实现逻辑任务的数据通道,则一个独立的控制器用于管理(发送控制命令和接收反馈信息和顶层信息),这个管理器则是图 11-6 中的 mf_controller:线性序列机(LSM)。

　　(4)地址发送器模块根据控制器发出的不同的地址送出命令发出存储器访问地址。

（5）图像中值流水线（MP）模块需要从存储器中读出的三行数据，因此就要有对应的从 mem_q 捕获到对应的行缓冲器中的装入信号（pr_load，cr_load，nr_load）。

（6）图像中值流水线模块需要能够控制器流水作业的使能信号，即 mp_shift 信号。

（7）为实现全程流水作业时，三行数据装入后必须有一个能够同时捕获三行缓冲的流水线缓冲寄存器，流水线缓冲寄存器的装入信号就是 buf_load。

表 11-7 为主控信号列表。

表 11-7　主控制器模块的端口信号

mf_controller:LSM			主控制器：采用 FSMD 模式，主控制器发出所有的控制信号，协调完成图像数据的读写和中值计算
端口名	宽度	方向	说明
clk	1	Input	主控制器的时钟信号，端口信号
rst_n	1	Input	主控制器的同步复位信号，端口信号
ag_capture	1	Output	主控制器发给地址发生器的基地址捕获信号。当它为真时，主控制捕获 mf_obasehe mf_dbase 至主控制内部寄存器 obase，dbase 中
pr_send	1	Output	主控制器发送给地址发生器的前行地址送出命令
cr_send	1	Output	主控制器发送给地址发生器的中行地址送出命令
nr_send	1	Output	主控制器发送给地址发生器的后行地址送出命令
dr_send	1	Output	主控制器发送给地址发生器的目标图像地址送出命令
mp_shift	1	Output	主控制器发送给中值流水线的移动命令，它为真时，流水线运行
buf_load	1	Output	主控制器发送给中值流水线的流水缓冲装入命令，它为真时，流水线的三个行缓冲器一次装入流水缓冲器
pr_load	1	Output	主控制器发往中值流水线的前行缓冲器装入命令，它为真时，mem_q 装入 prow 行缓冲器
cr_load	1	Output	主控制器发往中值流水线的中行缓冲器的装入命令，它为真时，mem_q 装入 crow 行缓冲器
nr_load	1	Output	主控制器发往中值流水线的后行缓冲器的装入命令，它为真时，mem_q 装入 nrow 行缓冲器
set_z	1	Output	主控制器发往中值流水线的边界设置命令，它为真时，将目标图像边界像素设置为 0
mem_write	1	Output	主控制器发往存储器的写命令
mem_read	1	Output	主控制器发往存储器的读命令

11.3.3　中值算法的硬件实现

数字图像的中值滤波算法（见 11.1 节）是用 3×3 模板中 9 个像素的统计排序中间值作为目标图像的计算值，以此屏蔽掉统计中噪声产生的最大值。显然，由于 9 个像素的错位，图像的清晰度一定会受到影响。数字图像的中值滤波用于去除这种具有极值干扰的"椒盐噪声"非常有效，但它是以牺牲图像的清晰度为代价的。

正如 11.1 节中算法的介绍，要得到 9 个像素的中间值，需要：

（1）将这 9 个数进行排序（冒泡排序算法）。

（2）用其中第 5 个数作为中值输出。

（3）目标图像的边界填零（当前设计简化处理边界问题，以突出 EDA 硬件实现的重点。实际项目中考虑边界处理时，常采用在目标像素计算的不完整领域中填零或镜像值）。

以下设计中示范了该算法的硬件实现例子。

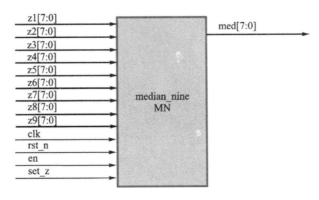

图 11-7　中值算法九选一模块的顶层框图

1. 中值算法机的顶层设计

中值算法机 median_nine 执行从 z1～z9 的 9 个无符号数值中找到其中间值（见图 11-7）。这里采用两拍潜伏期（插入两个流水线寄存器）。为了使得行为描述的算法具有可综合性，流水线设计算法实现过程强调硬件架构的支持和解释。图中 set_z 信号用于设置左右边界值（填零）。

2. 中值算法机的架构设计

中值算法机架构设计见图 11-8、表 11-8 至表 11-10 和例程 11-2。

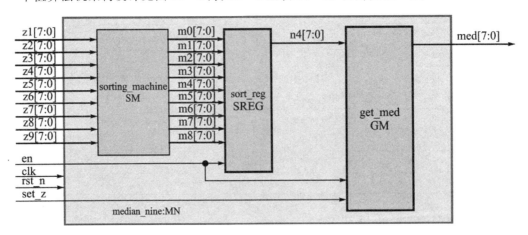

图 11-8　中值算法模块架构框图

架构中各个模块组件的功能和端口说明如表 11-8 所列。

表 11－8　排序算法自动机功能和端口信号说明

模块名(实例名)	sorting_machine:SM			
功能描述	排序算法自动机(冒泡法):将输入的 z1～z9 的 9 个无符号数,采用冒泡排序输出 m0～m9,其中 m0 为最大数,m9 为最小数,降序排列。有限自动机逻辑(组合逻辑＋安全行为),开节点,零拍潜伏期			
信号名	方　向	宽　度	说　明	
z1～z9	输入	8	图像 3×3 模板的 9 个数值,无符号数	
m0～m8	输出	8	完成降序排序的 9 个数值,无符号数	

表 11－9 排序数值流水线寄存器的功能和端口信号说明。

表 11－9　排序数值流水线寄存器的功能和端口信号说明

模块名(实例名)	sorting_reg:SREG		
功能描述	排序数值寄存器:将排序算法自动机输出的排序信号 m0～m9,用流水线寄存器捕获,输出 n0～n8。闭节点,单拍潜伏期		
信号名	方　向	宽　度	说　明
clk	输入	1	时钟信号
rst_n	输入	1	同步复位信号
en	输入	1	同步使能信号
m0～m8	输入	8	自动机输出的已经完成排序的 9 个数值,开节点同步信号
n0～n8	输出	8	经过流水线寄存器捕获后的 9 个排序数值,闭节点同步信号。其中 n4 为中间值

表 11－10 中值取值机的功能和端口信号说明。

表 11－10　中值取值机的功能和端口信号说明

模块名(实例名)	get_med:GM		
功能描述	中值取值机:从已经排序的 9 个数(SREG.n0～n8)中,取统计排序中间值 n4 作为输出 med。闭节点,单拍潜伏期		
信号名	方　向	宽　度	说　明
clk	输入	1	时钟信号
rst_n	输入	1	同步复位信号
en	输入	1	同步使能信号
set_z	输入	1	同步边界设置信号
n4	输入	8	经过流水线寄存器捕获后的 9 个排序数值的中间值,闭节点同步信号
med	输出	8	输出中间值。当 en 为真且 set_z 为假时,med 输出 n4;当 en 为真且 set_z 为真时,med 输出零

```
1   module median_nine(clk, rst_n, en, set_z,  z1, z2, z3, z4, z5, z6, z7, z8, z9, med);
2
3       input clk, rst_n, en, set_z;
4       input [7:0] z1, z2, z3, z4, z5, z6, z7, z8, z9;
5       output [7:0] med;
6
7       wire [7:0] m0, m1, m2, m3, m4, m5, m6, m7, m8;
8       wire [7:0] n4;
9
10      sorting_machine SM(
11          .z1(z1), .z2(z2), .z3(z3), .z4(z4), .z5(z5),
12          .z6(z6), .z7(z7), .z8(z8), .z9(z9),
13          .m0(m0), .m1(m1), .m2(m2), .m3(m3), .m4(m4),
14          .m5(m5), .m6(m6), .m7(m7), .m8(m8)
15      );
16
17      sort_reg SREG(
18          .clk(clk), .rst_n(rst_n), .en(en),
19          .m0(m0), .m1(m1), .m2(m2), .m3(m3), .m4(m4),
20          .m5(m5), .m6(m6), .m7(m7), .m8(m8),
21          .n4(n4)
22      );
23
24      get_med GM(
25          .clk(clk), .rst_n(rst_n), .en(en),
26          .set_z(set_z),
27          .n4(n4),
28          .med(med)
29      );
30
31  endmodule
```

例程 11 - 2　　中值算法机的顶层代码

3. 排序算法自动机

排序算法采用冒泡法,其架构组织如图 11 - 9 所示。

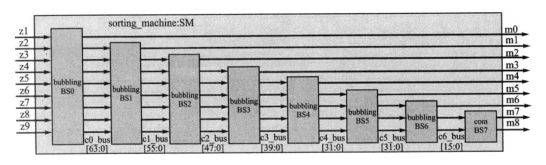

图 11 - 9　　排序机自动机的冒泡算法架构

图中 bubbling 为冒泡算法自动机,它将输入端信号的最大数"冒泡"浮到最上面的输出通道上。BS0 浮起最大数 m0,BS1 接着浮起第二大数 m1,…,BS6 浮起 m6,最后 BS7 是一个二端口降序(比较-交换),将剩余的两个数中的大数在 m7 输出,较小的那个数则在 m8 输出。类似算法语言的冒泡算法,但这里是使用组合逻辑实现,算法的中间过程表现为实际的中间信号(c0_bus 至 c6_bus)。

避免算法直译,是 EDA 综合友好的要求。类似这样的冒泡法 C 程序,是由两个嵌套的循环语句构成,若直接翻译,或者不可综合,或者综合效率低,可实现性(feasibility)指标亦低。EDA 算法实现的基本要求是:设计者在运用行为语句编码描述时,必须知道这些行为会综合什么电路;反之,设计者若能够用电路结构描述出需要的行为时,则它必然可综合。

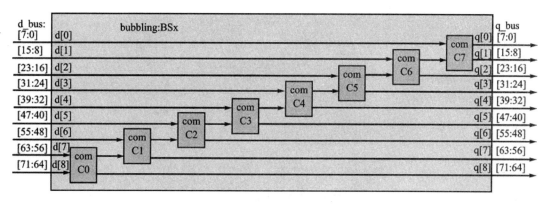

图 11 - 10　冒泡算法自动机的逻辑架构

4. 冒泡算法自动机(见图 11 - 10)

冒泡算法自动机的实现架构由二端口排序(降序)自动机 cmp 的 8 个例化组成如表 11 - 11 所列。

表 11 - 11　二端口降序机端口说明

模块名(实例名):	com:C0～C7		
功能描述	二端口排序机:将两个输入端口 d0 和 d1 中的较大数输出至 q0,较小数输出至 q1,零拍潜伏期		
信号名	方　向	宽度	说　明
d0～d1	输入	8	8 位无符号数
q0	输出	8	d0 和 d1 中较大的那个数
q1	输出	8	d0 和 d1 中较小或相等的那个数

二端口排序机的框图符号如图 11 - 11 所示,代码如例程 11 - 3 所列。

图 11 - 11　二输入降序器

二端口的比较排序算法:

$$q_0 = \begin{cases} d_1 & (d_1 > d_0) \\ d_0 & (d_1 \leqslant d_0) \end{cases} \tag{11-6}$$

$$q_1 = \begin{cases} d_0 & (d_1 > d_0) \\ d_1 & (d_1 \leqslant d_0) \end{cases} \tag{11-7}$$

```
1   module cmp(d0, d1, q0, q1);
2
3       input [7:0] d0, d1;
4       output reg [7:0] q0, q1;
5
6       always @ (*)
7       begin
8           if(d1 > d0)
9               begin
10                  q0 = d1;
11                  q1 = d0;
```

```
1   module sort_reg(clk, rst_n, en, m0, m1, m2, m3, m4, m5, m6, m7, m8,
2       n0, n1, n2, n3, n4, n5, n6, n7, n8);
3
4       input clk, rst_n;
5       input en;
6       input [7:0] m0, m1, m2, m3, m4, m5, m6, m7, m8;
7       output reg [7:0] n0, n1, n2, n3, n4, n5, n6, n7, n8;
8
9       always @ (posedge clk)
10      begin
11          if (!rst_n)
```

```
12              end
13          else
14              begin
15                  q0 = d0;
16                  q1 = d1;
17              end
18      end
19
20  endmodule
21
22
23
24
25
```

```
12              begin
13                  n0 <= 0; n1 <= 0; n2 <= 0;
14                  n3 <= 0; n4 <= 0; n5 <= 0;
15                  n6 <= 0; n7 <= 0; n8 <= 0;
16              end
17          else if (en)
18              begin
19                  n0 <= m0; n1 <= m1; n2 <= m2;
20                  n3 <= m3; n4 <= m4; n5 <= m5;
21                  n6 <= m6; n7 <= m7; n8 <= m8;
22              end
23      end
24
25  endmodule
```

例程 11 – 3　二端口排序机和排序数值寄存器的代码

例程 11 – 4 中排序机自动机(sorting_machine)代码的综合意义为图 11 – 9 的架构描述。其中的冒泡算法自动机 bubbling,其综合意义见图 11 – 10 架构的描述。而冒泡机中引用的二端口排序机模型(见例程 11 – 3(a))其综合意义见图 11 – 11 和其算法的描述。冒泡机代码中,使用了三个结构化循环,其中 15 行至 20 行,i 循环语句是描述端口总线 d_bus 分离出 9 个 d 信号的电路;其中 22 行至 27 行,描述图 11 – 10 中的 C0;其中 29 行至 38 行的 j 循环语句,描述图 11 – 10 中从 C1 至 C6 的电路结构;其中 47 至 51 行的 k 循环,描述 9 个信号组成 q_bus 的电路。图 11 – 10 中的 C7 在代码中则是以第 40 行至 45 行描述。EDA 算法实现的行为语句和结构化语句,在以上代码中,都以非常明确的可综合性体现。在这里,算法不再是抽象的行为和 RTL 操作,不仅 What do,亦需要 How to do。算法实现的意义在于 RTL 可综合。

```
1   module sorting_machine(z1, z2, z3, z4, z5, z6, z7, z8, z9,
2       m0, m1, m2, m3, m4, m5, m6, m7, m8);
3
4       input [7:0] z1, z2, z3, z4, z5, z6, z7, z8, z9;
5       output [7:0] m0, m1, m2, m3, m4, m5, m6, m7, m8;
6
7       wire [63:0] c0_bus;
8       wire [55:0] c1_bus;
9       wire [47:0] c2_bus;
10      wire [39:0] c3_bus;
11      wire [31:0] c4_bus;
12      wire [23:0] c5_bus;
13      wire [15:0] c6_bus;
14
15      bubbling #(.WIDTH(8), .PORT_NUM(9))BS0(
16          .d_bus({z1, z2, z3, z4, z5, z6, z7, z8, z9}),
17          .q_bus({c0_bus, m0})
18      );
19
20      bubbling #(.WIDTH(8), .PORT_NUM(8))BS1(
21          .d_bus(c0_bus),
22          .q_bus({c1_bus, m1})
23      );
24
25      bubbling #(.WIDTH(8), .PORT_NUM(7))BS2(
26          .d_bus(c1_bus),
27          .q_bus({c2_bus, m2})
28      );
29
30      bubbling #(.WIDTH(8), .PORT_NUM(6))BS3(
31          .d_bus(c2_bus),
32          .q_bus({c3_bus, m3})
33      );
34
```

```
1   module bubbling(d_bus, q_bus);
2
3       parameter WIDTH = 8;
4       parameter PORT_NUM = 9;
5
6       input [WIDTH*PORT_NUM - 1:0] d_bus;
7       output [WIDTH*PORT_NUM-1:0] q_bus;
8
9       genvar i, j, k;
10
11      wire [7:0] c [PORT_NUM -3:0];
12      wire [7:0] d [PORT_NUM -1:0];
13      wire [7:0] q [PORT_NUM -1:0];
14
15      generate for (i=0; i<PORT_NUM; i=i+1)
16      begin : GF_D
17          assign d[i] = d_bus[((i+1)*WIDTH-1)
18              :i*WIDTH];
19      end
20      endgenerate
21
22      cmp C0(
23          .d0(d[PORT_NUM-2]),
24          .d1(d[PORT_NUM-1]),
25          .q0(c[PORT_NUM-3]),
26          .q1(q[PORT_NUM-1])
27      );
28
29      generate for (j=PORT_NUM3; j>=1; j=j-1)
30      begin : GF_CMP
31          cmp Cx(
32              .d0(d[j]),
33              .d1(c[j]),
34              .q0(c[j-1]),
```

```
35        bubbling #(.WIDTH(8), .PORT_NUM(5))BS4(
36            .d_bus(c3_bus),
37            .q_bus({c4_bus, m4})
38        );
39
40        bubbling #(.WIDTH(8), .PORT_NUM(4)) BS5(
41            .d_bus(c4_bus),
42            .q_bus({c5_bus, m5})
43        );
44
45        bubbling #(.WIDTH(8), .PORT_NUM(3))BS6(
46            .d_bus(c5_bus),
47            .q_bus({c6_bus, m6})
48        );
49
50        cmp BS7(
51            .d0(c6_bus[7:0]),
52            .d1(c6_bus[15:8]),
53            .q0(m7),
54            .q1(m8)
55        );
56
57    endmodule
```

```
35                .q1(q[j+1])
36            );
37        end
38        endgenerate
39
40        cmp C7(
41            .d0(d[0]),
42            .d1(c[0]),
43            .q0(q[0]),
44            .q1(q[1])
45        );
46
47        generate for (k=0; k<PORT_NUM; k=k+1)
48        begin : GF_Q
49            assign q_bus[((k+1)*8-1):k*8] = q[k];
50        end
51        endgenerate
52
53    endmodule
54
55
56
57
```

例程 11-4 排序自动机和冒泡自动机的代码

5. 中值取值机

中值取值器(见图 11-25 和例程 11-5)的任务是根据排序结果取中间值输出,并根据边界设置信号 set_z 将目标图像的边界像素填零。这里的中值取值机作了一些简化处理,突出了重点,实际的中值取值机需要在 med 中屏蔽图像噪声中均方差比较大的那些极限值。

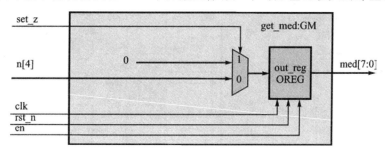

图 11-12 中值取值机架构

```
1    module get_med(clk, rst_n, en, set_z, n4, med);
2
3        input clk, rst_n, en, set_z;
4        input [7:0] n4;
5        output reg [7:0] med;
6
7        always @ (posedge clk)
8        begin : OREG
9            if (!rst_n)
10               med <= 0;
11           else if (en)
12               begin
13                   if (set_z)
14                       med <= 0;
15                   else
16                       med <= n4;
17               end
18       end
19
20   endmodule
```

例程 11-5 中值取值机的代码

6. 中值算法机的等效节点

中值算法机的流水线架构(见图 11 - 8)中,SM 和 CM 为开节点,分别于其下游的 SREG 和 GM 构成两个等效节点 NSM 和 NGM,之后的节拍分析中将使用这两个等效节点,如图 11 - 13 所示。

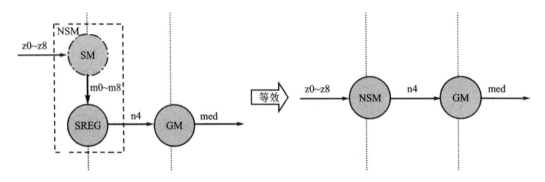

图 11 - 13　中值算法机的等效节点

如果需要更进一步的提速,可以依据算法架构插入更多的流水线。最终的流水线架构在 RTL 级代码中,如能以一个节点一个逻辑单元的实现,则电路将达到或接近内核最高速度。

11.3.4　中值计算流水线

执行算法的流水线架构如图 11 - 14 所示,例程 11 - 6 为其代码。

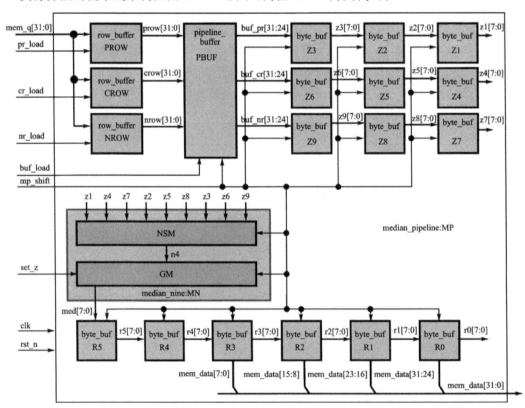

图 11 - 14　中值流水线架构框图

```
1    module median_pipeline(clk, rst_n,       71    byte_buf Z9(                      141        .med(med)
2      mem_q, mp_shift, buf_load, pr_load,    72       .clk(clk),                     142      );
3      cr_load, nr_load, set_z, mem_data);    73       .rst_n(rst_n),                 143
4                                              74       .data(buf_nr[31:24]),          144    byte_buf R5(
5      input clk, rst_n;                       75       .en(mp_shift),                 145       .clk(clk),
6      input [31:0] mem_q;                     76       .q(z9)                         146       .rst_n(rst_n),
7      input mp_shift, buf_load, pr_load;      77      );                             147       .data(med),
8      input cr_load, nr_load, set_z;          78                                     148       .en(mp_shift),
9      output [31:0] mem_data;                 79    byte_buf Z2(                      149       .q(r5)
10                                             80       .clk(clk),                     150      );
11     wire [31:0] prow, crow, nrow;           81       .rst_n(rst_n),                 151
12     wire [31:0] buf_pr, buf_cr, buf_nr;     82       .data(z3),                     152    byte_buf R4(
13     wire [7:0] z1, z2, z3, z4, z5, z6 ;     83       .en(mp_shift),                 153       .clk(clk),
14     wire [7:0] z7, z8, z9;                  84       .q(z2)                         154       .rst_n(rst_n),
15     wire [7:0] left, mid, right, med;       85      );                             155       .data(r5),
16     wire [7:0] r5, r4, r3, r2, r1, r0;      86                                     156       .en(mp_shift),
17                                             87    byte_buf Z5(                      157       .q(r4)
18     row_buffer PROW(                        88       .clk(clk),                     158      );
19        .clk(clk),                           89       .rst_n(rst_n),                 159
20        .rst_n(rst_n),                       90       .data(z6),                     160    byte_buf R3(
21        .data(mem_q),                        91       .en(mp_shift),                 161       .clk(clk),
22        .load(pr_load),                      92       .q(z5)                         162       .rst_n(rst_n),
23        .q(prow)                             93      );                             163       .data(r4),
24       );                                    94                                     164       .en(mp_shift),
25                                             95    byte_buf Z8(                      165       .q(r3)
26     row_buffer CROW(                        96       .clk(clk),                     166      );
27        .clk(clk),                           97       .rst_n(rst_n),                 167
28        .rst_n(rst_n),                       98       .data(z9),                     168    byte_buf R2(
29        .data(mem_q),                        99       .en(mp_shift),                 169       .clk(clk),
30        .load(cr_load),                     100       .q(z8)                         170       .rst_n(rst_n),
31        .q(crow)                            101      );                             171       .data(r3),
32       );                                   102                                     172       .en(mp_shift),
33                                            103    byte_buf Z1(                      173       .q(r2)
34     row_buffer NROW(                       104       .clk(clk),                     174      );
35        .clk(clk),                          105       .rst_n(rst_n),                 175
36        .rst_n(rst_n),                      106       .data(z2),                     176    byte_buf R1(
37        .data(mem_q),                       107       .en(mp_shift),                 177       .clk(clk),
38        .load(nr_load),                     108       .q(z1)                         178       .rst_n(rst_n),
39        .q(nrow)                            109      );                             179       .data(r2),
40       );                                   110                                     180       .en(mp_shift),
41                                            111    byte_buf Z4(                      181       .q(r1)
42     pipeline_buffer PBUF(                  112       .clk(clk),                     182      );
43        .clk(clk),                          113       .rst_n(rst_n),                 183
44        .rst_n(rst_n),                      114       .data(z5),                     184    byte_buf R0(
45        .prow(prow),                        115       .en(mp_shift),                 185       .clk(clk),
46        .crow(crow),                        116       .q(z4)                         186       .rst_n(rst_n),
47        .nrow(nrow),                        117      );                             187       .data(r1),
48        .buf_load(buf_load),               118                                     188       .en(mp_shift),
49        .mp_shift(mp_shift),                119    byte_buf Z7(                      189       .q(r0)
50        .buf_pr(buf_pr),                    120       .clk(clk),                     190      );
51        .buf_cr(buf_cr),                    121       .rst_n(rst_n),                 191
52        .buf_nr(buf_nr)                     122       .data(z8),                     192    assign mem_data =
53       );                                   123       .en(mp_shift),                 193      {r0, r1, r2, r3};
54                                            124       .q(z7)                         194
55     byte_buf Z3(                           125      );                             195    endmodule
56        .clk(clk),                          126                                     196
57        .rst_n(rst_n),                      127    median_nine MN(                   197
58        .data(buf_pr[31:24]),               128       .clk(clk),                     198
59        .en(mp_shift),                      129       .rst_n(rst_n),                 199
60        .q(z3)                              130       .en(mp_shift),                 200
61       );                                   131       .set_z(set_z),                 201
62                                            132       .z1(z1),                       202
63     byte_buf Z6(                           133       .z2(z2),                       203
64        .clk(clk),                          134       .z3(z3),                       204
65        .rst_n(rst_n),                      135       .z4(z4),                       205
66        .data(buf_cr[31:24]),               136       .z5(z5),                       206
67        .en(mp_shift),                      137       .z6(z6),                       207
68        .q(z6)                              138       .z7(z7),                       208
69       );                                   139       .z8(z8),                       209
70                                            140       .z9(z9),                       210
```

例程 11 - 6 中值计算流水线代码

1. 中值计算流水线的组成

(1) row_buf 模块例化的 PROW、CROW 和 NROW,为行缓冲寄存器,用于捕获存储器读出的连续四像素组成的像素字。

(2) pipeline_buf 模块例化的 PBUF 为流水线缓冲器,用于支持流水线运行。

(3) byte_buf 模块例化的 Z1~Z9,构成 3×3 的卷积模板。

(4) median_nine 模块实现 3x3 模板的中值九选一,两拍潜伏期,对应 NSM 和 GM 两个等效节点。

(5) byte_buf 模块例化的 R5~R0 寄存器,用于将中值流水线输出的目标图像像素组装成一个像素字。其中 R5 和 R4,用于调节流水线的均衡(与四周期的地址信号对齐)。

(6) 设计中,图像数据最高位对应图像的左边界,最低位对应图像的右边界。

2. 流水线系统设计的要点

(1) 单节点模型符合同步电路节点激励-响应的单拍潜伏期规律。

(2) 多节点模型中若由 n 个节点(闭节点或等效节点)组成,则该多节点模型的激励-响应潜伏期为 n 拍。

(3) 流水线的多节点模型,虽然信号输入(激励)至信号输出(响应)的潜伏期为 n 拍,但两个连续信号的间隔仍然必须是一拍,否则它不能支持流水作业。

在图 11-14 中,三个行缓冲寄存器(rou_buffer 的三个例化),其输入和输出之间间隔是一拍,但连续两个信号(例如连续两个 prow 信号)的间隔则不是一拍,故这三个节点并不是流水线节点。而图中其余所有的节点(黑色粗线框),不仅输出间隔是一拍,连续两个信号的间隔(例如 z5,n4,med,r2)均是一拍,故它们都是流水线节点。特别,对于 median_nine:MN 模型,它是由两个闭节点组成(NSM 和 GM),故其潜伏期为 2 拍,但它的连续两个 med 输出的间隔仍然维持在 1 拍,故 MN 是一个流水线多节点模型,支持需要的流水线作业。

11.3.5　地址发生器

地址发生器(见图 11-15)是一个有限自动机,根据控制器的命令做出对应的响应。之所以称之为有限自动机,区别于有限状态机,它根据硬件逻辑框架自动运行,并不需要内部的控制器。例程 11-7 中使用行为语句描述了这种内部无控制逻辑的电路,根据第 7 章可综合编码的讨论,同步电路中的闭节点的条件行为对应的综合结构是一个具有多个输入端口的多路器电路,每一个输入端口对应一个条件分支语句块,例如 31 行至 37 行综合为一个复位输入

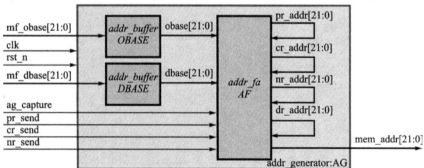

图 11-15　地址发生器架构框图

块,其中赋值号左侧的每一个信号都会连接到其对应多路器的输入端口;多路器的选择信号则连接到条件译码逻辑,条件译码逻辑的输入则是 30 行的 rst_n,38 行的 ag_capture,45 行的 pr_send,50 行的 cr_send,55 行的 nr_send 和 65 行的 dr_send。29 行至 65 行代码中的每一个输出信号(赋值号左侧信号),都有其自己的多路器。行为语句中没有列出或没有选中的,综合器将用寄存器保持。

图中,OBASE 和 DBASE 模块用于与 ag_capture 信号对齐,例程 11 - 7 为其代码。

```
1    module addr_generator(clk, rst_n, mf_obase,
2       mf_dbase, ag_capture, pr_send, cr_send,
3       nr_send, dr_send, mem_addr);
4
5    parameter WIDTH = 600;
6    parameter HIGH = 400;
7
8    input clk, rst_n;
9    input [21:0] mf_obase, mf_dbase;
10   input ag_capture, pr_send, cr_send ;
11   input nr_send, dr_send;
12   output reg [21:0] mem_addr;
13
14   reg [21:0] obase, dbase;
15   reg [21:0] pr_addr, cr_addr;
16   reg [21:0] nr_addr, dr_addr;
17
18   always @ (posedge clk)
19   begin : OBASE
20      obase <= mf_obase;
21   end
22
23   always @ (posedge clk)
24   begin : DBASE
25      dbase <= mf_dbase;
26   end
27
28   always @ (posedge clk)
29   begin : AF
30      if (!rst_n)
31         begin
32            pr_addr <= 0;
33            cr_addr <= 0;
34            nr_addr <= 0;
35            dr_addr <= 0;
36            mem_addr <= 0;
37         end
38      else if (ag_capture)
39         begin
40            pr_addr <= obase;
41            cr_addr <= obase + WIDTH;
42            nr_addr <= obase + 2*WIDTH;
43            dr_addr <= dbase;
44         end
45      else if (pr_send)
46         begin
47            mem_addr <= pr_addr;
48            pr_addr <= pr_addr + 4;
49         end
50      else if (cr_send)
51         begin
52            mem_addr <= cr_addr;
53            cr_addr <= cr_addr + 4;
54         end
55      else if (nr_send)
56         begin
57            mem_addr <= nr_addr;
58            nr_addr <= nr_addr + 4;
59         end
60      else if (dr_send)
61         begin
62            mem_addr <= dr_addr;
63            dr_addr <= dr_addr + 4;
64         end
65   end
66   endmodule
```

例程 11 - 7　中值滤波器的地址发送器代码

11.4　节拍分析

流水线系统设计的主要工作就是节拍分析,本章采用节拍分析(TP)图分析(见 5.8.3 节)。表 11 - 12 为本节分析中节点名与实例名的对应关系如表 11 - 12 所列。

表 11 - 12　节拍分析图中节点名与实例名的对照

节点名	实例名	说　明
PN		中值滤波器顶层的上游节点
AB	(OBASE, DBASE)	源图像基地址寄存器和目标图像基地址寄存器的等效节点
AF	AF	地址发生器
PR	PROW	前行缓冲器

节点名	实例名	说　明
CR	CROW	中行缓冲器
NR	NROW	后行缓冲器
XR	(PROW，CROW，NROW)	三个行缓冲器的等效节点
PB	PBUF	流水线缓冲器
Z1~Z9	Z1~Z9	卷积模板 3x3 阵列的 9 个节点
ZR	(Z3，Z6，Z9)	3x3 卷积模板的右列等效节点
ZM	(Z2，Z5，Z8)	3x3 卷积模板的中列等效节点
ZL	(Z1，Z4，Z7)	3x3 卷积模板的左列等效节点
Z	(ZR,ZM,ZL)	3x3 卷积模板左中右三列的等效节点（填满 9 个像素）
NSM	NSM	中值算法的 NSM 等效节点
GM	GM	中值算法的 GM 节点
R0~R5	R0~R5	计算结果寄存器
R3_0	(R3，R2，R1，R0)	结果寄存器 R3~R0 的等效节点（mem_data）
MEM	MEM	图像存储器节点
LSM	LSM	主控制器（线性序列机 LSM）

节拍分析中使用了如下变量描述节拍（常数变量和状态变量）如表 11-13 所列。

表 11-13　节拍分析中使用的常数变量和状态变量

变量名	类　型	范　围	说　明
WIDTH	constant，parameter		图像宽度，默认 600
HIGH	constant，parameter		图像高度，默认 400
row	state signal	row＝0，1，…，HIGH－3	状态行数，图像 0 行和 HIGH－1 行为边界，故实际计算总行数为 HIGH－2
col	state signal	col＝0，1，…，(WIDTH/4－1)	状态列数，一次读取四个像素，故总的 LSM 列数为 WIDTH/4
beat	state signal	beat＝0，1，2，3	流水线读写周期的四个节拍
k	state signal	$k=0,1,\cdots,S$ $S=(WIDTH/HIGH_p)/4-1$	k 为流水线读写周期计数值 S 为流水线读写周期计数终点 $HIGH_p=HIGH-2$

如节拍分析图分析中（见图 11-16 至图 11-23），节拍值 index 可表述为 k 的线性函数。但线性序列机引用节拍进行控制时，直接使用 k 并不方便，常常需要执行乘法运算（虽然某些乘法可以用左移替代）。为了避免节拍引用时有乘法逻辑，故当前设计中，引用节拍时使用由行、列和节拍形式组成的索引。节拍索引与行、列和小节的换算关系为：

$$index = row \times WIDTH + col \times 4 + beat + 1(index > 0) \tag{11-8}$$

而逆运算，行、列和小节与节拍值的关系则为：

$$row = (index - 1) \backslash WIDTH \tag{11-9}$$

$$col = (index - 1 - row \times WIDTH) \backslash 4 \tag{11-10}$$

$$beat = index - 1 - row \times WIDTH - col \times 4 \tag{11-11}$$

由于 k 为读写周期的计数值,图像中每行的读写周期总数 K_{row} 为:

$$K_{row} = WIDTH/4 \tag{11-12}$$

一帧图像参与计算的行数 $HIGH_p$(除去最上最下两行边界的计算高度)为:

$$HIGH_p = HIGH - 2 \tag{11-13}$$

因此读写周期计数 k 和计数 k 的终点 S 与图像尺寸的关系为:

$$k = 0,1,\cdots K_{row} - 1, K_{row}, \cdots, 2K_{row}, \cdots, HIGH_p \times K_{row} - 1 = 0,1,\cdots, S \tag{11-14}$$

$$S = HIGH_p \times K_{row} - 1 = HIGH_p \times WIDTH/4 - 1 \tag{11-15}$$

11.4.1 地址发生器信号节拍分析

图 11-16 为地址发生器的信号节拍分析。

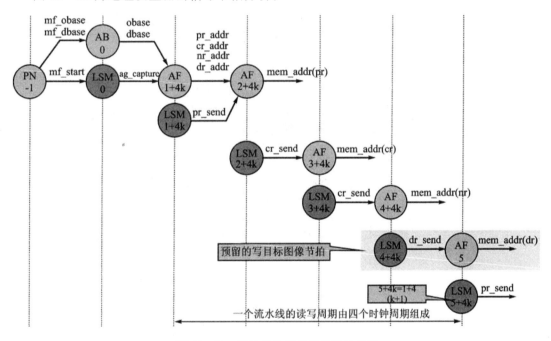

图 11-16 地址发生器的信号节拍分析

图中 mem_addr(pr)为当前存储地址是前行的字地址,圆括号中的 nr、cr 和 dr 分别为中行、后行和目标行地址。灰色的目标图像地址(ds_send)节拍序列为预留的动作。

11.4.2 行缓冲器和流水线缓冲器的信号节拍分析

图 11-17 为行缓冲器和流水线缓冲器信号的节拍分析。

11.4.3 计算阵列信号节拍分析

图 11-18 为计算阵列信号节拍分析。

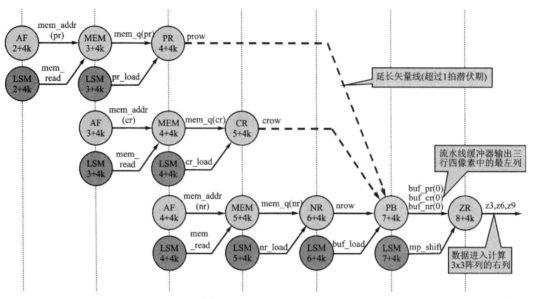

图 11 - 17　行缓冲器信号和流水线缓冲器的节拍分析

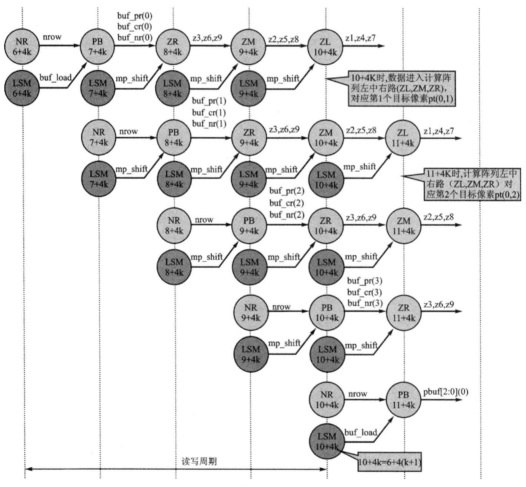

图 11 - 18　计算阵列信号节拍分析

11.4.4　中值计算信号节拍分析

图 11 - 19 为中值计算信号的节拍分析。

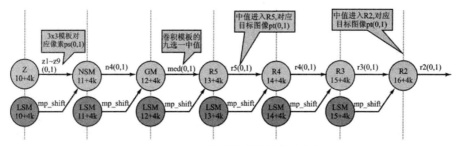

图 11 - 19　中值计算信号的节拍分析

TP 图分析时应采用的技巧：

（1）节拍分析图节点圆圈中，大写字母是架构中的节点电路的例化名，对应架构图中黑色粗线框的电路。

（2）节拍分析图中节点名下方的数字是相对节拍。

（3）节拍分析图中节拍为 0 的节拍为节拍分析的参考点，其余所有节拍点均参照此，例如 11 - 16 中的 LSM 的 0 拍，是 pr_send 设置的那一拍。仿真和示波器分析时，找到这一拍，所有其余节拍都可以参照此得到。

11.4.5　目标字装配寄存器信号节拍分析

图 11 - 20 为目标字装配寄存器信号节拍分析。

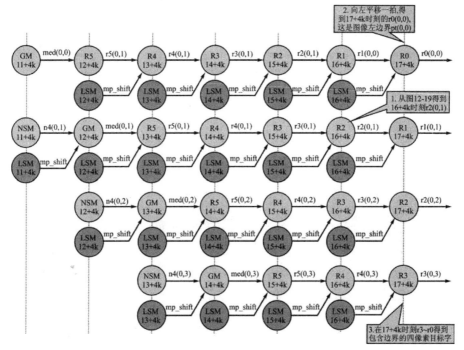

图 11 - 20　目标字装配寄存器信号节拍分析

11.4.6 边界设置信号节拍分析

图 11-21 为边界设置信号节拍分析。

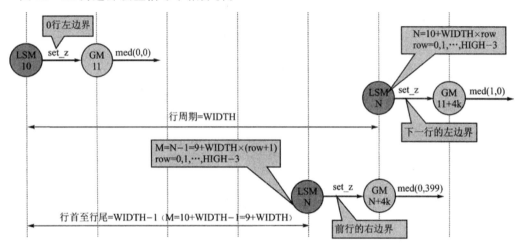

图 11-21 边界设置信号节拍分析

跨行时,流水线仍然可以连续运行,保持一个时钟一个像素的平均速度(吞吐量),是由于 3x3 模板跨行装入时,仅有两拍具有混合跨行像素(无效值),这两个无效数据节拍,前一个用于当前行右边界,后一个用于下一行左边界。图 11-22 为跨行时流水线仍连续运行。

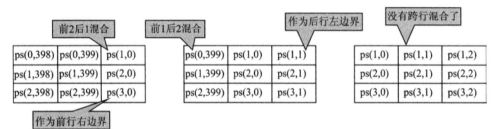

图 11-22 跨行时流水线仍连续运行

11.4.7 存储器写入信号节拍分析

图 11-23 为存储器写入信号节拍分析。

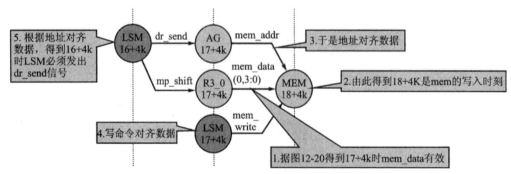

图 11-23 存储器写入信号节拍分析

11.4.8　信号冲突检查

信号冲突检查是流水线设计中的潜伏期(节拍)分析的重点:

(1) 当前流水线设计中的所有信号中,是否有某一个信号在同一个时刻,既要为真,又要为假(布尔量);或者既要为 A,又要为 B(数字量),这将使得逻辑上产生相悖的不合理的驱动。

(2) 某信号是否存在不可能出现的不合理驱动。

(3) 流水线中的器件是否出现不可能被响应的驱动,例如当前设计中的单口存储器,读操作和写操作是分开的,并且一次只能响应一个操作。如果同时有两个读请求,则是不可能被响应的。

表 11-14 是所有控制信号的节拍表。

表 11-14　控制信号节拍

控制信号名	信号类型	Assert 时刻	Deassert 时刻	引用自	说　明
ag_capture	boolean	0	Others	图 11-16	帧图像的基地址捕获
pr_send	boolean	$1+4k\ (k=0,1,\cdots,S)$	Others	图 11-16	发送前行字地址命令
cr_send	boolean	$2+4k\ (k=0,1,\cdots,S)$	Others	图 11-16	发送中行字地址命令
nr_send	boolean	$3+4k\ (k=0,1,\cdots,S)$	Others	图 11-16	发送后行字地址命令
mem_read	boolean	$2+4k\ (k=0,1,\cdots,S)$ $3+4k\ (k=0,1,\cdots,S)$ $4+4k\ (k=0,1,\cdots,S)$	Others	图 1117	存储器读命令
pr_load	boolean	$3+4k\ (k=0,1,\cdots,S)$	Others	图 11-17	前行缓冲器装入命令
cr_load	boolean	$4+4k\ (k=0,1,\cdots,S)$	Others	图 11-17	中行缓冲器装入命令
nr_load	boolean	$5+4k=1+4(k+1)=1+4p$ $(p=1,2,\cdots,S+1)$	Others	图 11-17	后行缓冲器装入命令 $p=k+1\ (k=0,1,\cdots,S)$
buf_load	boolean	$6+4k=2+4(k+1)=2+4p$ $(p=1,2,\cdots,S+1)$	Others	图 11-17	流水线缓冲器装入命令
mp_shift	switch	$7+4k=3+4(k+1)=3+4p$ $(p=1,2,\cdots,S+1)$	$16+4S$	图 11-17	流水线移动(使能)命令
set_z(left)	boolean	N	Others	图 11-21	设置左边界命令 $N=10+WIDTH\times row$ $row=0,1,\cdots,HIGH-3$
set_z(right)	boolean	M	Others	图 11-21	$M=9+WIDTH\times(row+1)$ $row=0,1,\cdots,HIGH-3$
dr_send	boolean	$16+4k=4+4(k+3)=4+4q$ $(q=3,4,\cdots,S+3)$	Others	图 11-23	$q=k+3\ (k=0,1,\cdots,S)$
mem_write	boolean	$17+4k=1+4(k+4)=1+4r$ $(r=4,5,\cdots,S+4)$	Others	图 11-23	$r=k+4\ (k=0,1,\cdots,S)$
$k=0,1,\cdots,S$ $S=(WIDTH\times(HIGH-2))/4-1$					k 为流水线读写周期计数 S 为读写周期计数终点

据表 11-14,存储器读和写命令无冲突:$2+4k$,$3+4k$,$4+4k$,$17+4k$(例如 $k=3$ 时三行 mem_read 时刻是,$2+4k=14$,$3+4k=15$,$4+4k=16$,与 $k=0$ 时的 mem_write 时刻 $17+4k=17$)。R5 和 R4 寄存器就是为此设计,用于均衡,否则就冲突(读写命令为在同一拍出错)。同样可检查地址发生器以及其余信号,据表 11-14 均无冲突。根据流水线吞吐量的设计,11-14 中,md_shift 为真的时间段,则是流水线运行时间段 Tp:

$$
\begin{aligned}
T_p &= (16+4S) - (7+4k) \\
&= 16 + 4 \times [(WIDTH \times HIGH_p)/4 - 1] - 7 \\
&= 5 + WIDTH \times HIGH_p \\
&= Latency_{system} + Size_p
\end{aligned}
\tag{11-16}
$$

式中:

S:读写周期计数值的终点,$S=(WIDTH \times HIGH_p)/4-1$;

k:读写周期计数值;

WIDTH:图像的宽度;

$HIGH_p$:图像的计算高度,当前设计中是去除顶行和底行,则:$HIGH_p = HIGH - 2$;

$Latency_{system}$:单帧图像的流水线缓冲潜伏期,这里等于 5 拍。连续帧流水时不计入速度;

$Size_p$:图像的计算尺寸,$Size = WIDTH \times HIGH_p$。

11.5　控制器设计

根据中值滤波器 median_filter 的顶层(见图 11-6),其控制器 mf_controller 如 11-24 所示。

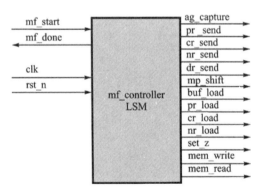

图 11-24　控制器顶层框图(引自顶层架构图 11-6)

控制器采用线性序列机 LSM 解决方案,其架构如图 11-25 所示。

线性序列机的 LSM_2S1,根据 mf_start 启动线性序列(终止符类型),并产生由 row、col 和 beat 组成的状态(WIDTH=600,HIGH=400),其状态转移如表 11-15 所列。

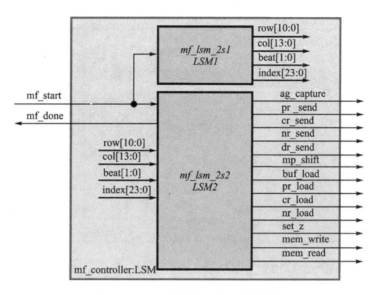

图 11 - 25　中值滤波器的控制器架构

表 11 - 15　序列机第一段的状态转移

State				LSM_2S1	Note
index	row	col	beat		
Reset				row＝0；col＝0；beat＝0；index＝0；	
0	0	0	0	(mf_start)：index＝1	
1	0	0	0	beat＝beat＋1	
2	0	0	1	beat＝beat＋1	
3	0	0	2	beat＝beat＋1	
4	0	0	3	beat＝0；col＝col＋1；	
5	0	1	0	beat＝beat＋1	
6	0	1	1	beat＝beat＋1	
7	0	1	2	beat＝beat＋1	
8	0	1	3	beat＝0；col＝col＋1	
……	……	……	……		
597	0	149	0	beat＝beat＋1	LAST_COL＝WIDTH/4－1
598	0	149	1	beat＝beat＋1	
599	0	149	2	beat＝beat＋1	
600	0	149	3	beat＝0；col＝0；row＝row＋1	
601	1	0	0	beat＝beat＋1	
602	1	0	1	beat＝beat＋1	
603	1	0	2	beat＝beat＋1	
604	1	0	3	beat＝0；col＝col＋1；	

	State			LSM_2S1	Note
	……	……	……		
238201	397	0	0	beat＝beat＋1	
238202	397	0	1	beat＝beat＋1	
238203	397	0	2	beat＝beat＋1	
238204	397	0	3	beat＝0；col＝col＋1；	
	……	……	……		
238813	398	3	0	row＝0；col＝0；beat＝0； index＝0；	Last mem_write@17+4S TERMINAL＝17+4S＝238813 S＝(600 * 398)/4-1＝59699

表 11 - 15 中各个状态信号的驱动条件如下：

表 11 - 16　线性序列机状态信号(LSM_2S1)驱动条件

状态信号	范　围	驱动条件	说　明
index	$0\sim(17+4S)$	if (index＝0 && mf_start) index <= 1； else if (index >= TERMINAL) index <= 0； else if (index > 0) index <= index + 1；	TERMINAL ＝ 17 + 4S ＝238813
beat	$0\sim3$	if (index > 0) beat <= beat + 1；	

col	$0\sim$LAST_COL	if (beat ＝＝ 3) begin
		　if (col >= LAST_COL) col <= 0；
		　else col <= col + 1；
		end
			LAST _ COL ＝ WIDTH/4
			-1＝ 149

row	$0\sim398$	if (beat ＝＝ 3 && col ＝＝ LAST_COL) row <= row + 1；	398＝HIGH-2

线性序列机 LSM 的第二段,在特定的状态下执行不同的动作。引用状态的 k 函数表达式的行、列和小节形式可以节约资源(乘法器)。式 11 - 12 至式 11 - 15 讨论了索引和行、列和小节的转换式,以下讨论 k 函数与行、列和小节的转换公式。

若 k 的线性函数为：

$$index＝c + 4k \tag{11-17}$$

如 c 大于 4,则 c 总可以转换为：

$$c＝t + 4 \times p \tag{11-18}$$

代入式 11 - 17,得到：

$$index＝c + 4k＝t + 4(k + p)(t＝1,2,3,4) \tag{11-19}$$

则得到 k 线性函数列和小节的转换关系：

$$beat＝t - 1 \tag{11-20}$$

$$col＝pmod(WIDTH/4) \tag{11-21}$$

线性序列机第二段根据状态产生输出,参考 11 - 14 得到各个控制信号的驱动条件,如表 11 - 17 所列。

表 11-17　线性序列机控制信号(LSM_2S2)驱动条件

控制信号	驱动条件	表 11-14	说　明
mf_done	if (index==0 && mf_start) mf_done <= 0； else if (index == TERMINAL) mf_done <= 1；		TERMINAL =17+4S =238813
ag_capture	if (index==0 && mf_start) ag_capture <= 1； else ap_capture <= 0；	0	
pr_send	if (index>0 && beat== 0) pr_send <= 1； else pr_send <= 0；	1+4k (k=0,1,…,S)	beat=0
cr_send	if (beat == 1) cr_send <= 1；else cr_send <= 0；	2+4k (k=0,1,…,S)	beat=1
nr_send	if (beat == 2) nr_send <= 1；else nr_send <= 0；	3+4k (k=0,1,…,S)	beat=2

mem_read	if (beat == 1 || beat == 2 || beat == 3)
	　　mem_read <= 1；
	else
	　　mem_read <= 0；
		2+4k (k=0,1,…,S)
		3+4k (k=0,1,…,S)
		4+4k (k=0,1,…,S)
			beat=1
			beat=2
			beat=3

pr_load	if (beat == 2) pr_load <= 1；else pr_load <= 0；	3+4k (k=0,1,…,S)	beat=2
cr_load	if (beat == 3) cr_load <= 1；else cr_load <= 0；	4+4k (k=0,1,…,S)	beat=3
nr_load	if (col > 0 && beat == 0) nr_load <= 1； else nr_load <= 0；	5+4k =1+4(k+1) (k=0,1,…,S)	beat=0, col>0
buf_load	if(index > 5 && beat == 1) buf_load <= 1； else buf_load <= 0；	6+4k =2+4(k+1) (k=0,1,…,S)	beat=1, col>0
mp_shift	if (index > 6 && beat == 2) 　　mp_shift <= 1； else if (row == LAST_ROW && col == 2 && beat == 3) 　　mp_shift <= 0；	Assert： 7+4k=3+4(k+1) (k= 0)=7 Deassert： 16+4k=4+4(k+3) (k =S) 238812	7+4k： beat=2, col=1 16+4S： row=398 =LAST_ROW col=2 beat=3

set_z	if (col == 2 && beat == 1)
	　　set_z <= 1；　//Left
	else if (row > 0 && col == 2 && beat == 0)
	　　set_z <= 1；　//Right
	else
	　　set_z <= 0；
		left：
		N=10+WIDTH * row
		(row=0,1,…,HIGH-3)
		<余数>=N-1=9
		(row=0,1,…HIGH-3)
		right：
		M=9+ WIDTH * (row+1)
		<余数>=M-1=8
		(row=0,1,…HIGH-3)
			left <余数>：
			9=2+4(k+2)
			col=2
			beat=1
			right <余数>：
			8=4+4(k+1)
			row>0
			col=2
			beat=0

控制信号	驱动条件	表 11 - 14	说　明
dr_send	if (index > 15 && beat == 3) dr_send <= 1； else dr_send <= 0；	16+4k=4+4(k+3)	index > 15，beat =3
mem_write	if (index > 16 && beat == 0) mem_write <= 1； else mem_write <= 0；	17+4k=1+4(k+4)	index > 16，beat =0

　　控制器的规范设计流程,是架构-节拍-状态转移图/表,依据状态机理论的"无限节拍对应有限转移"物理规律,以及依据同步电路的基于节点的激励-响应单拍潜伏期物理规律,根据诸信号之间的"先来后到,前因后果"得到最终设计。设计中,应该遵循"架构优先"的原则,首先完成架构的设计。在这里,架构是"骨架",节拍是"血肉"。架构和节拍之间必须符合状态机和同步电路的物理规律。之后,则是依附于"骨架"和"血肉",设计者为之裁剪"合体的新衣",即状态转移图/表。

　　流水线系统的控制器设计的特点,是要增加信号节拍的周期分析,既要分析同一个信号流在各个节点中的节拍关系(时间分布),又要分析在同一个节拍点上,系统中诸节点不同的信号关系(空间分布)。节拍周期分析使用本书介绍的节拍分析图的平移作业比较快捷方便。

　　例如图 11 - 17 的节拍分析图中行缓冲器和流水线缓冲器信号节拍分析,横向沿着时间轴从 2+4k 到 8+4k 进行观察,是行缓冲器节点和流水线缓冲器节点在这些节拍的信号分布;若站在 4+4k 的时间点上沿着空间轴观察,则是在这个时刻,PR、MEM、LSM 和 AF 节点的信号分布。节拍分析图的绘制,仅需要在 Word 中,将沿 AF - MEM -<行缓冲器>的一个流水线复制后,向右下方平移一拍,修改必要的控制信号即可得到。流水线节拍分析时,节点的时刻标度,可以引用一个线性函数,例如 4+4k。这里 k 是流水线的读写周期计数值。由于当前的一个读写周期由四个节拍组成,故 5+4k=1+4*(k+1)。例程 11 - 8 为其代码。

```
1   module mf_controller(clk, rst_n, mf_start, mf_done,
2      ag_capture, pr_send,   cr_send, nr_send, dr_send,
3      mp_shift, buf_load, pr_load, cr_load, nr_load, set_z,
4      mem_write, mem_read);
5
6      parameter WIDTH = 600;
7      parameter HIGH = 400;
8
9      input clk, rst_n;
10     input mf_start;
11     output reg mf_done , ag_capture , mp_shift;
12     output reg pr_send, cr_send, nr_send, dr_send;
13     output reg buf_load, pr_load, cr_load, nr_load  ;
14     output set_z, reg mem_write, mem_read;
15
16     localparam HIGH_P = HIGH -2;
17     localparam SIZE_P = WIDTH*HIGH_P;
18     localparam S = SIZE_P/4 -1;  *
19     localparam TERMINAL = 17+4*S;
20     localparam LAST_COL = WIDTH/4-1;
21     localparam LAST_ROW = HIGH - 2;
22
23     reg [10:0] row;
24     reg [13:0] col;
25     reg [1:0] beat;
26     reg [23:0] index;
27
28     always @ (posedge clk)
29     begin : LSM_2S1
30       if (!rst_n)
31         begin
32           row <= 0;
33           col <= 0;
34           beat <= 0;
35           index <= 0;
36         end
37       else  begin
38         if (index == 0 && mf_start)
39           index <= 1;
40         else if (index >= TERMINAL)
41           index <= 0;
42         else if (index > 0)
43           index <= index + 1;
44         if (index > 0) beat <= beat + 1;
45         if (beat == 3 ) begin
46           if (col >= LAST_COL)
47             col <= 0;
48           else
49             col <= col + 1;
50         end
51         if (beat == 3 && col == LAST_COL)
52           row <= row + 1;
53
54       end
55     end
56
57     always @ (posedge clk)
58     begin : LSM_2S2
59       if (!rst_n)
60         begin
61           mf_done <= 1;
```

```
59              ag_capture <= 0;
60              pr_send <= 0;
61              cr_send <= 0;
62              nr_send <= 0;
63              dr_send <= 0 ;
64              mp_shift <= 0;
65              buf_load <= 0;
66              pr_load <= 0;
67              cr_load <= 0;
68              nr_load <= 0;
69              set_z <= 0;
70              mem_write <= 0;
71              mem_read <= 0;
72          end
73      else begin
74          if (index == 0 && mf_start)
75              mf_done <= 0;
76          else if (index == TERMINAL)
77              mf_done <= 1;
78          if (index==0 && mf_start) ag_capture <= 1;
79          else ag_capture <= 0;
80          if (index>0 && beat == 0) pr_send <= 1;
81          else pr_send <= 0;
82          if (beat == 1) cr_send <= 1;
83          else cr_send <= 0;
84          if (beat == 2) nr_send <= 1;
85          else nr_send <= 0;
86          if (beat == 1 || beat == 2 || beat == 3)
87              mem_read <= 1;
88          else
89              mem_read <= 0;
```

```
90          if (beat == 2) pr_load <= 1;
91          else pr_load <= 0;
92          if (beat == 3) cr_load <= 1;
93          else cr_load <= 0;
94          if (col > 0 && beat == 0) nr_load <= 1;
95          else nr_load <= 0 ;
96          if (index > 5 && beat == 1) buf_load <= 1;
97          else buf_load <= 0;
98          if (index > 6 && beat == 2)
99              mp_shift <= 1;
100         else if (row == LAST_ROW && col == 2
101             && beat == 3)
102             mp_shift <= 0;
103         if (col == 2 && beat == 1)
104             set_z <= 1; //Left
105         else if (row > 0 && col == 2 && beat == 0)
106             set_z <= 1; //Right
107         else
108             set_z <= 0;
109         if (index > 15 && beat == 3) dr_send <= 1;
110         else dr_send <= 0;
111         if (index > 16 && beat == 0)
112             mem_write <= 1;
113         else mem_write <= 0;
114      end
115   end
116
117 endmodule
118
119
```

例程 11 - 8 中值滤波器控制器代码

11.6 中值滤波器的可视化验证

中值滤波器(median_filter)的图像验证,需要采用源图像至目标图像的可视化验证。可视化验证的理由,是由于数字图像处理的结果最终仍然需要由人的眼睛进行评估,其验证流程如图 11 - 26 所示。

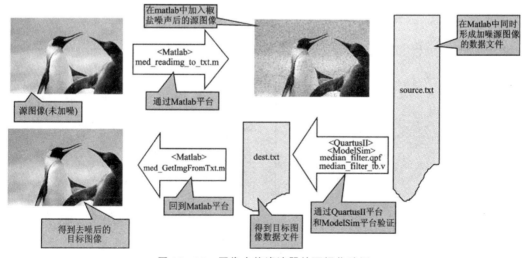

图 11 - 26 图像中值滤波器的可视化验证

可视化验证的完整流程如下：

（1）准备源图像，使用 Photoshop 工具裁剪为尺寸为 600×400 的灰度图像，保存为 8 位 bmp 格式。

（2）在 MATLAB 工具平台下，命令行下使用"med_readimg_to_txt.m"文件，将源 bmp 图像加入"椒盐"噪声，并转换为 16 进制 Verilog 的 txt 数据文件（"source.txt"）。

（3）将"source.txt"源图像数据文件复制到中值滤波器（median_filter）文件夹的 image 子目录下。

（4）启动 QuarutsII 的中值滤波器工程（"median_filter.qpf"），确定设置 Nativelink 指向中值滤波器的测试平台（"median_filter_tb.v"），同时 Nativelink 设置中包括"source.txt"。

（5）QuartusII 中启动 RTL 仿真，运行 ModelSim 仿真至停机结束，得到中值滤波器输出的目标图像数据文件"dest.txt"，退出仿真后，复制"dest.txt"文件至 image 子目录中。

（6）回到 MATLAB 工具，命令行下使用"med_GetImgFromTxt.m"文件，将目标图像数据文件 dest.txt 转换为 bmp 目标图像（以及 MATLAB 图像）。目标图像则是经过中值滤波处理后去除了椒盐噪声后的图像。

11.6.1　中值滤波器的可视化验证平台

参照中值滤波器的顶层设计（见图 11-5），验证平台（见图 11-27）中加入隐模编写的激励源。其中激励源和存储器均为非综合目的编码（见例程 11-9 和例程 11-10）。

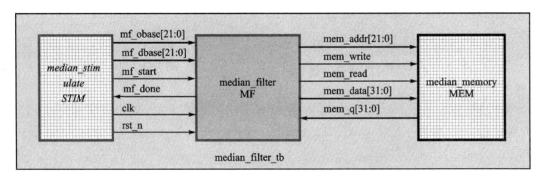

图 11-27　中值滤波器的验证平台

```
1   `timescale 1ns/1ps                    17        .mf_obase( mf_obase),
2                                         18        .mf_dbase(mf_dbase),
3   module  median_filter_tb;             19        .mf_start(mf_start),
4                                         20        .mf_done(mf_done),
5       reg clk, rst_n;                   21        .mem_addr(mem_addr),
6       reg [21:0] mf_obase, mf_dbase;    22        .mem_write(mem_write),
7       reg mf_start;                     23        .mem_read(mem_read),
8       wire mf_done;                     24        .mem_data(mem_data),
9       wire [21:0] mem_addr;             25        .mem_q(mem_q)
10      wire mem_write, mem_read;         26    );
11      wire [31:0] mem_data;             27
12      wire [31:0] mem_q;                28    median_memory MEM(
13                                        29        .clk(clk),
14      median_filter DUT(                30        .rst_n(rst_n),
15          .clk(clk),                    31        .mem_addr(mem_addr),
16          .rst_n(rst_n),                32        .mem_write(mem_write),
```

```
33              .mem_read(mem_read),
34              .mem_data(mem_data),
35              .mem_q(mem_q)
36          );
37
38      initial begin
39          clk = 1;
40          rst_n = 0;
41          mf_obase = 0;
42          mf_dbase = 0;
43          mf_start = 0;
44
45          #200
46          @ (posedge clk)
47          rst_n = 1;
48
49          #200
50          @ (posedge clk)
51          mf_obase = 22'h0;
52          mf_dbase = 22'h20_0000;
53          mf_start = 1;
54          @ (posedge clk)
55          mf_start = 0;
56
57          #200
58          @ (posedge mf_done)
59          #200 $stop;
60      end
61
62      always #10 clk = ~clk;
63
64      initial #100_000_000 $stop;        //100ms
65
66      endmodule
```

例程 11 - 9　中值滤波器的综合代码

```
1   module median_memory(clk, rst_n, mem_addr, mem_write, mem_read, mem_data, mem_q);
2
3       input clk, rst_n;
4       input [21:0] mem_addr;
5       input mem_write, mem_read;
6       input [31:0] mem_data;
7       output reg [31:0] mem_q;
8
9       reg [7:0] mem [22'h3fffff:0];
10      integer dest_file;
11
12      initial $readmemh("source.txt", mem);
13      initial dest_file = $fopen("dest.txt");
14
15      always @ (posedge clk)
16      begin
17          if(mem_write)
18                  $fdisplay(dest_file, "%0h %0h %0h %0h",
19                      mem_data[31:24], mem_data[23:16], mem_data[15:8], mem_data[7:0]);
20          else if (mem_read)
21                  mem_q <= {mem[mem_addr], mem[mem_addr + 1], mem[mem_addr + 2], mem[mem_addr + 3]};
22      end
23
24  endmodule
```

例程 11 - 10　中值滤波器验证平台中的存储器代码

代码(例程 11 - 9)中，50 至 55 行，启动一帧的中值滤波(start 并给出源图像基地址和目标图像基地址)；68 行则等待当前帧计算结束。存储器代码(见例程 11 - 10)中，将源图像 TXT 文件(source.txt)初始化到存储器中，读存储器时仿真读出这些图像数据；但写存储器确没有执行仿真写，而是将写入存储器的数据，直接写入到 TXT 文件中(dest.txt)。存储器读出源图像文件 source.txt 和存储器写入的目标图像文件 dest.txt，均由 MATLAB 处理。

11.6.2　源图像的 Photoshop 处理

源图像可以是任何 Photoshop 允许格式，使用 photoshop 完成裁剪和图像格式转换，得到 600×400 的 256 级灰度图像，其步骤如下：

（1）将"penguins.jpg"和"temple"两张彩色图片文件复制到 image 子目录中,如图 11-28 所示。

图 11-28 可视化验证的源图像准备

（2）启动 Photoshop,打开 image 子目录中的源图像（penguins.jpg 和 temple.jpg）,如图 11-29 所示。

图 11-29 在 Photoshop 中打开源图像

（3）选择"矩形选框工具",在图像中拖动出一个合适的窗口用于加噪和去噪验证,如图 11-30 所示。

图 11-30 在 Photoshop 中从源图像中取样

单击下拉菜单的【编辑】→【复制】，或直接使用快捷键 Ctrl＋C 复制到系统的粘贴板。

（4）单击下拉菜单【文件】→【新建】，在"新建"窗口中设置宽为 600，高为 400 的图像尺寸，如图 11－31 所示。

图 11－31　调整图像尺寸为 600×400

（5）将 Photoshop 中源图像复制到当前 Photoshop 的标题窗口，使用右键弹出的自由变换工具编辑图像的适配尺寸和位置，如图 11－32 所示。

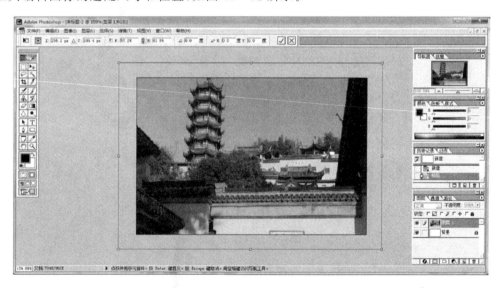

图 11－32　使用 Photoshop 的自由变换工具调整图像的适配尺寸和位置

（6）再次单击"矩形选框工具"，在弹出的对话框中选择"应用"，如图 11－33 所示。

（7）单击下拉菜单的【图像】→【模式】→【灰度】，弹出对话框中单击"拼合"按键，如图 11－34 所示。

图 11 - 33　确定当前选择

图 11 - 34　图像模式改变前需要拼合

（8）按下"拼合"键后，图像已经完成彩色转同灰度，如图 11 - 35 所示。

图 11 - 35　源彩色图像已经转变为 600×400 的灰度图像

（9）单击下拉菜单的【文件】→【存储为】，选择"bmp"输出格式，在弹出的对话框中为 bmp 命名（将寺庙图像命名为 source_temple. bmp，将企鹅图像命名为 source_penguins. bmp），如图 11 - 36 所示。

（10）单击"保存"后，在弹出的 BMP 选项对话框中，选择格式为 Windows 却深度为 8 位的图像，如图 11 - 37 所示。

图 11 - 36　图像保存为 bmp 格式

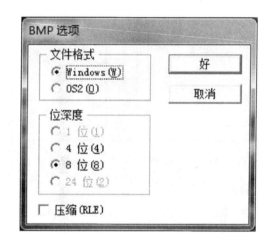

图 11 - 37　保存时选择 BMP 格式为宽和深均 8 位

(11) 将两个 BMP 源图像文件(source_temple. bmp 和 source_penguins. bmp)复制到 image 子目录中,完成源图像的准备。

这一小节的核心是准备一个宽为 600 像素、高为 400 像素的 256 级灰度图像。彩色图像的中值滤波亦是将 RGB 模式或 RUV 模式的三通道分量单独处理,得到三分量各自的目标图像后再合成为彩色图像。本章节重点讨论的是 EDA 的实现,故仅以单通道的中值滤波为例。另外,从彩色图像得到 600×400、256 级灰度图像不仅可以用 Photoshop 工具得到,也可以直接使用 MATLAB 得到。考虑到熟悉 MATLAB 图像裁剪 GUI 操作的人可能并不多,而使用 Photoshop 则更加直观和大众化。

11.6.3 使用 MATLAB 的 M 函数处理

在 MATLAB 中使用两个 M 函数文件,实现源图像和目标图像仿真数据可视化(见例程 11-11)。

```
1    function img_size =
2       med_readimg_to_txt(input_bmp, output_txt);
3    % s=med_readimg_to_txt('sobel_t1.bmp',
4       'test11 .txt');
5
6    img = imread(input_bmp);
7    figure('Name', '无噪声'), imshow(img);
8
9    img1=imnoise(img, 'salt & pepper', 0.1);
10   figure('Name', '去噪声前'), imshow(img1);
11
12   gm=medfilt2(img);
13   figure('Name', 'Matlab 去噪声'), imshow(gm);
14
15   fid = fopen(output_txt, 'w');
16   fprintf(fid, '@00r \ \n');
17   [rows cols] = size(img);
18   for m = 1:rows
19       for n = 1:cols
20           if (mod(n,16) == 0)
21               fprintf(fid, '%2xr\ \n', img1(m, n));
22           else
23               fprintf(fid, '%2x ', img1(m, n));
24           end
25       end
26       fprintf(fid,\'r\n\r\n');
27   end
28
29   fclose(fid);
30   img_size.width = cols;
31   img_size.high = rows;
```

```
1    function img =
2       med_GetImgFromTxt(ImgTxt_File_Name, Col,
3       Row, OutImgFile_Name);
4    %i=med_GetImgFromTxt('post_process_dat.txt',
5       600, 400, 'test11.bmp');
6
7    fid = fopen(ImgTxt_File_Name, 'r');
8
9    img1 = fscanf(fid,'%x',[Col Row2]);
10   img1 = img1';
11   img = uint8(img1);
12   figure('Name', '去噪声后'), imshow(img)
13
14   imwrite(img, OutImgFile_Name, 'bmp');
15
16   fclose(fid);
```

例程 11-11   MATLAB 的 M 代码(源图像加噪并转 TXT 文件)

med_readimg_to_txt 函数:

格式:med_readimg_to_txt(input_bmp, output_txt)。

功能:为 256 级灰度的验证源图像加入密度为 10% 的"椒盐"噪声,显示加噪前后的图像,并转换为符合存储器代码初始化文件格式(例程 11-10)的 source. txt 文件。

参数 input_bmp:输入 bmp 图像文件名。

参数 output_txt:输出 txt 文件名。

例子:s=med_readimg_to_txt('source_temper. bmp', 'source_temper. txt')。

med_GetImgFromTxt. m 函数:

格式:med_GetImgFromTxt(ImgTxt_File_Name, Col, Row, OutImgFile_Name)。

功能:将 Verilog 的仿真输出的目标图像数据文件,转换为 BMP 图像并显示和输出。

参数 ImgTxt_File_Name:输入 TXT 文件名,即例程 11-10 输出的 dest. txt 文件。

参数 Col:图像宽度,即验证图像的 WIDTH。

参数 Row:图像高度,即验证图像的 HIGH。

参数:OutImgFile_Name,目标 BMP 图像的输出文件名。

例子:i=med_GetImgFromTxt('dest_temper. txt', 600, 400, 'dest_temper. bmp')。

11.6.4　源图像加噪并转换为 TXT 文件

在 MATLAB 中的操作步骤如下：

（1）将 med_readimg_to_txt. m 和 med_GetImgFromTxt. m 这两个 M 函数文件复制到图像子目录中。

（2）启动 MATLAB，将当前工作路径定位到图像子文件夹。

（3）在 MATLAB 的命令行窗口提示符后输入，如图 11 - 38 所示。

＞＞s1＝med_readimg_to_txt('source_temple. bmp', 'source_temple. txt')。

图 11 - 38　在 MATLAB 的命令行输入 M 函数为源图加噪和转换

输入回车后，MATLAB 运行该 M 函数，执行加噪和转换，并且在 MATLAB 环境中直接显示三个图像窗口，分别是无噪声源图、加入 10%"椒盐"噪声的源图像和在 MATLAB 中使用二维中值滤波软件去噪声后的图像，用于与硬件去噪声后的图像对照，如图 11 - 39 至图 11 - 41 所示。

图 11 - 39　未加噪的寺庙照片源图像

图 11－40　加入 10%椒盐噪声的寺庙图片

图 11－41　经 MATLAB 软件中值滤波去噪后的寺庙图片

11.6.5　通过仿真得到硬件处理的目标图像数据文件

（1）将 image 文件夹已经生成的 source_temper. txt 复制到 median_filter 根目录下。

（2）启动或回到 QuarutsⅡ的 median_filter 工程中。

（3）在 Nativelink 中设置（工具：ModelSim－Altera，语言：Verilog），加入该 source_temple. txt 文件，指向 median_filter_tb. v。

（4）修改存储器中代码（例程 11－10）的第 12 行和 13 行为：

initial \$ readmemh("source_temple. txt"，mem)

initial dest_file ＝ \$ fopen("dest_temple. txt ")

（5）启动仿真（下拉菜单【Tools】→【Run EDA Simulation Tool】→【EDA RTL Simulation】）

（6）等待仿真结束后退出 ModelSim，如图 11－42 所示。

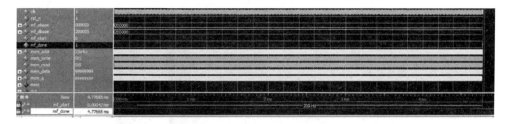

图 11－42　ModelSim 中的仿真波形（单帧全程，帧速率 209）

存储器端口观察其无间隔的流水线（三拍读一拍写），如图 11－43 所示。

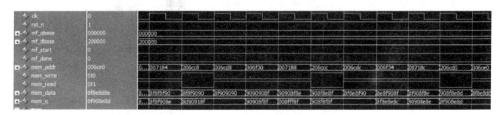

图 11－43　仿真局部观察（存储器端口的流水线）

11.6.6　显示硬件仿真得到的目标图像

（1）将仿真目录（\median_filter\simulation\modelsim）中的目标图像数据文件 dest_temple.txt 复制到 image 文件夹（\median_filter\image）。

（2）回到 MATLAB，在命令行中输入，如图 11－44 所示。

＞＞i1＝med_GetImgFromTxt('dest_temple.txt'，600，400，'dest_temple.bmp')。

图 11－44　在 MATLAB 的命令行输入 M 函数得到目标图像

回车后，MATLAB 直接显示经过硬件中值滤波去噪前后的图像，如图 11－45 和图 11－46

所示。

图 11 – 45　中值滤波前加噪的寺庙图像

图 11 – 46　经过硬件中值滤波去噪后的寺庙图像

同样的方法,得到企鹅图像的可视化验证如图 11 – 47 至图 11 – 50 所示。

图 11 - 47　未加噪的企鹅源图像

图 11 - 48　加入 10 %椒盐噪声后的企鹅图像

图 11 - 49　经 MATLAB 软件中值滤波去噪后的企鹅图像

图 11 - 50　经 median_filter 硬件中值滤波去噪后的企鹅图像

11.7　参考文献

［1］Gonzalez，R. C. and Woods，R. E. Digital Image Processing Using MATLAB，3rd ed.，Upper Saddle River，NJ：Prentice-Hall，2011.

［2］Eng，H.-L. and Ma，K.-K. "Noise Adaptive Soft-Swithing Median Filter"，IEEE Trans. Image Processing，vol. 10，no. 2，pp. 242-251，2001.

［3］Charles H. Roth，Jr.，Larray L. Kinney. Fundamentals of Logic Design 7th ed. Stamford：Pengage Learning，2014.

［4］Mano，M. Morris and MIchael D. Ciletti，Digital Design，5th ed. Upper Saddle River，NJ：Prentice Hall，2012.

［5］Jha，Niraj K. Switching and finite automata theory. Cambridge，New York，UK：Cambridge University Press，2010.

［6］Givone，Donald D. Digital Principles and Design. New Youk：McGraw-HIll，2003.

［7］Keaslin H. Digital integrated circuit design. Cambrige Unverisity Press，2008.

［8］刘帅奇,郑伟,赵杰,等. 数字图像融合算法分析与应用,北京:机械工业出版社,2018.

［9］Michael D. Ciletti. Advanced Digital Design with the Verilog HDL. 2thed. 北京:电子工业出版社,2014.

附 录

附录一 英文缩写对照

- ABV：Assert – Based Verification，基于断言的验证
- AI：Artificial Intelligence，人工智能
- Altera：Altera Corporation，美国阿尔特拉公司
- AMD：Advanced Micro Devices，美国超威半导体公司
- AMP：Amplitude，振幅
- AMS：Analogue And Mixed – Signal，数模混合
- ASIC：Application Specific Integrated Circuit，专用途集成电路
- ASM：Algorithmic State Machine，算法状态机或算法机
- ASMC：Algorithmic State Machine Charts，算法机流程图
- ASMD：Algorithmic State Machine and Datapath，算法机的控制管理模式
- Assert：断言，将布尔量设置为真
- ASSP：Application Specific Standard Product，专用标准化产品
- BER：Bit Error Ration，比特误码率，或位误码率
- BT：Burst – Transfer，突发传输
- CAD：Computer – Aided Design，计算机辅助设计
- CAS：Concurrent Assignment Statements，并发语句
- CDR：Clock and Data Recovery，数据时钟恢复，非源同步通信的比特对齐（时钟恢复）
- Cisco：Cisco System Corporation，美国思科系统公司，总部位于加州圣何塞
- CL：Combinational Logic，组合逻辑
- CM：Code – Model，代码模型
- CMA：Code – Model Analysis，代码模型分析
- CMB：Code Model Block diagram，代码模型框图
- CMOS：Complementary Metal – Oxide – Semiconductor，互补金属氧化物半导体
- CN：Closed Node，同步电路中的闭节点
- CPLD：Complex Programmable Logic Device，复杂可编程逻辑器件，现代 FPGA 的前身
- CRC：Cyclic Redundancy Check，循环冗余校验
- CSS：Coding Style for Synthesizable，可综合编码
- CSN：Coding Style for Nonsynehesizable，非综合目的编码
- DAT：Data Arrival Time，STA 分析中的数据到达时间（Synopsys 模型）
- DATMP：Data Arrival Time on Multicycle Paths，STA 中的多径数据到达时间

- DDR：Double Data Rate SDRAM，双速率同步动态随机访问存储器
- Dessert：反断言，将布尔量设置为假
- DES：Deserializer，并化器
- DFA：Deterministic Finite Automation，确定性有限自动机
- DFF：Data‐type Flip Flop，D 类型触发器
- DLL：Delay‐Locked Loop：锁滞环
- DPA：Dynamic Phase Adjustment，动态相位调整，源同步通信的比特位对齐(时钟恢复)
- DPI：Directed Programmable Interface，直接编程接口
- DR：Design Reference，Testbench 中的(数学)参考模型
- DRT：Data Require Time，STA 分析中的数据需要时间(Synopsys 模型)
- DSSS：Direct Sequence Spread Spectrum，直接序列扩频通信
- DTA：Dynamic Timing Analysis，动态时序分析
- DUT：Design Under Test，Testbench 中的设计验证模型
- EBD：Edge‐Based Description，状态转移图中基于转移(节拍)的描述
- ECC：Error Correction Code，纠错码
- EDA：Electronic Design Automation，电子设计自动化
- EIA：Electronic Industries Association，美国电子工业协会
- EEPROM：Electrically Erasable Programmable Read Only Memory，电可擦除可编程只读存储器
- EM：Explicit Modeling，显式建模
- EMC：Electro Magnetic Compatibility，电磁兼容性能
- EMI：Electro‐Magnetic Interference，电磁干扰
- EN：Equivalent Node，同步电路中的等效节点
- ENIAC：Electronic Numerical Integrator And Calculator，世界第一台电子计算机
- EPROM：Erasable Programmable Read Only Memory，可擦除可编程只读存储器
- ES：Explicit State Machines，显式状态机
- ES‐FA：Edge Sensitive Finite Automata，沿敏感有限自动机
- FA：Finite Automata，有限自动机
- FIFO：First In and First Out，先进先出，典型的流缓冲
- FLASH：Flash memory，闪存
- FPGA：Field Programmable Gate Array，现场可编程门阵列
- FSM：Finite State Machine，有限状态机
- FSM_1S：One‐Segment Description，有限状态机的一段式描述(使用 1 个循环行为体描述)
- FSM_2S：Two‐Segments Description，有限状态机的二段式描述(使用 2 个循环行为体描述)
- FSM_3S：Three‐Segments Description，有限状态机的三段式描述(使用 3 个循环行为体描述)
- FSMD：Finite State Machine and Datapath，有限状态机的控制管理模式
- FSK：Frequency‐Shift Keying，频移键控

- GAL:Generic Array Logic,通用逻辑阵列
- GPS:Global Position System,全球定位系统
- HDL:Hardware Design Language,硬件设计语言
- HDTV:High – Definition TV,高清晰度电视
- HP:Hewlett – Packard corporation,美国惠普公司
- IC:Integrated Circuit,集成电路
- IBM:International Business Machines corporation,国际商业机器公司
- IIC:Inter – Integrated Circuit,集成电路总线,英文缩写 I^2C
- INN:Input Node,同步电路中的输入节点
- Intel:Integrated Electronics Corporation,美国英特尔公司
- IM:Implicit Modeling,隐式建模
- IP:Intellectual Property,源于 EDA 的现代术语:知识产权
- IS:Implicit State Machines,隐式状态机
- ISP:In System Programmable,在线编程
- JEDEC:Joint Electron Device Engineering Council,美国电子器件工程联合委员会
- LE:Logic Elements,FPGA/ASIC 中的逻辑单元
- LFSR:Linear Feedback Shift Register,线性反馈移位寄存器
- LIP:Local Interface Protocol,本地接口协议
- LPM:Library of Parameterized Modules,参数可定制模块
- LSB:Least Significant Bit,最低有效位
- LS – FA:Level Sensitive Finite Automata,电平敏感有限自动机
- LSM:Linear Sequential Machine,线性序列机
- LSMD:Linear Sequential Machine and Datapath,线性序列机的控制管理模式
- LSM_M:Linear Sequential Machine with Modulus,带模数运行的线性序列机
- LSM_T:Linear Sequential Machine with Terminator,带终止符运行的线性序列机
- LUT:Look – Up Table,查找表(在 PLD 中采用多路器架构实现)
- LVDS:Low Voltage Differential Signaling,低压差分信号(标准)
- LVTTL:Low – Voltage Transistor – Transistor Logic,低电压晶体管–晶体管逻辑,单端标准
- LVCMOS:Low – Voltage Complementary Metal – Oxide – Semiconductor,低电压互补金属氧化物半导体
- MA:Manual Assembly On Bit,人工按位装配
- MEALY:Mealy State Machine,米利型状态机
- Metastability:亚稳定性
- MOORE:Moore State Machine,摩尔型状态机
- MSB:Most Significant Bit,最高有效位
- MTBF:Mean Time Between Failure,平均无故障时间
- NBD:Node – Based Description,状态转移图中基于节点(状态)的描述
- NFA:Nondeterministic Finite Automaton,非确定性有限自动机
- NM:Noise Margin,噪声容限

- NMOS：N – channel Metal – Oxide – Semiconductor，N 沟道金属氧化物半导体
- NN：Null Node，同步电路中的空节点
- NODE：同步电路中的最小分析单位，节点
- OC：Open – Collector Output，TTL 管的集电极开路输出
- OD：Open – Drain Output，MOS 管的漏极开路输出
- ON：Opened Node，同步电路中的开节点
- OOP：Object Oriented Programming，面向对象程序设计
- OSCI：Open SystemC Initiative，SystemC 的开源组织
- OTP：One – Time Programmable，一次性可编程
- OTPROM：One Time Programmable Read Only Memory，一次性可编程只读存储器
- OUTN：Output Node，同步电路中的输出节点
- OVM：Open Verification Methodology，开放验证方法学
- OVI：Open Verilog International，Verilog 的开源组织
- PAL：Programmable Array Logic，可编程阵列逻辑，或阵列固定与阵列可编程
- PCB：Printed Circuit Board，印刷电路板
- PCM：Process – Closed State Machine，过程紧密型状态机，状态机章节
- PCM：Pulse – Code Modulation，脉冲编码调制，通信章节
- PDN：Pull – Down Network，CMOS 管的下拉网络
- PLA：Programmed Logic Array，可编程逻辑阵列，与阵列固定或阵列可编程
- PLD：Programmable Logic Device，可编程逻辑器件
- PLSM：Partitioned Linear Sequential Machine，分段线性序列机
- PLL：Phase – Locked Loop；锁相环
- PMOS：P – channel Metal – Oxide – Semiconductor，P 沟道金属氧化物半导体
- PN：Pseudo Noise，伪噪声
- POR：Power On Reset，上电复位（电路）
- POS：Product – Of – Sums，布尔表达式的和之积形式
- PRN：Pseudo – Random Numbers，伪随机数
- PROM：Programmable Read – Only Memory，可编程的只读存储器
- PSM：Partitioned Sequential Machine，分段序列机
- PTF：Pipeline – Transfer with Fixed Latency，具有固定潜伏期的主从流水线传输
- PTV：Pipeline – Transfer with Variable Latency，具有可变潜伏期的主从流水线传输
- PUN：Pull – Up Network，CMOS 管的上拉网络
- PWM：Pulser – Width Modulation，脉冲宽度调制
- RAM：Random – Access Memory，随机访问存储器
- RISC：Reduced Instruction – Set Computer，精简指令集计算机
- ROM：Read – Only Memory，只读存储器
- RTL：Register Transfer Level，寄存器传输级
- SAS：Sequence Assignment Statements，顺序语句
- SDC：Synopsys Design Constrain，Synopsys 的设计约束
- SDD：Slave – DataDone mode，主从传输的从机数据完成模式

- SER：Serializer，串化器
- SERDES：串并转换器
- SEU：Single Event Upset，单粒子翻转
- SI：Signal Integrity，信号完整性
- SL：Sequential Logic，时序逻辑
- SLACK：Slack，STA 的时序余量
- SM：Sequential Machine，序列机
- SMF：Sequential Machine Flow，序列机 SM/LSM 的状态转移表
- SNR：Signal Noise Ration，信噪比
- SOP：Sum – Of – Products，布尔表达式的积之和形式
- SPM：Stored – Program Machine，内置程序机器（精简指令集 CPU）
- SRAM，Static Random – Access Memory，静态随机访问存储器
- SROM：Static Read – Only Memory，静态只读存储器
- SS：Spread Spectrum，扩频通信
- SSN：Simultaneous Switching Noise，同步翻转噪声
- ST：Stream – Transfer，流传输
- SAB：Sink – Active Backpressure mode，下游主动反制模式
- SABF：Sink – Active Backpressure mode with FIFO，具有流缓冲的下游主动反制模式
- SAB_FSMD：Sink – Active Backpressure mode with FSMD，具有控制管理架构的下游主动反制模式
- SFB：Sink – Fast Backpressure mode，下游快速反制模式
- SFBF：Sink – Fast Backpressure mode with FIFO，具有流缓冲的下游快速反制模式
- SFB – FSM：Sink – Fast Backpressure mode with FSM，带有控制的下游快速反制模式
- SPB：Sink – Passivity Backpressure，下游被动反制模式
- STA：Static Timing Analysis，静态时序分析
- STB：ST with Backpressure，具有反制的流传输
- STD：State Transition Diagram，状态转移图
- STG：State Transition Graphs，状态转移图
- SWF：Slave – WaitFixed mode，主从传输的从机固定等待模式
- SWR：Slave – WaitRequest mode，主从传输的从机请求等待模式
- TA：Timing Analysis，时序分析
- TCM：Time – Closed State Machine，时间紧密型状态机
- Tco：Clock Output，触发器的时钟输出时间
- TG：Transmission Gate，CMOS 管的传输门
- Th：Hold Time，触发器的保持时间
- Top – Down：自上而下的设计流程
- TP：Ticks Process Charts，TP 图（节拍分析图）
- Tid：Inertial Delay，惯性延迟
- Tpd：Pin to pin Delay，同步电路连续信号分析中管脚至管脚的延迟
- TPS：The Pattern of STG，状态转移图的特定图样，可快速准确的应用于现场设计

- Tsu：Setup Time，触发器的建立时间
- TTL：Transistor – Transistor Logic：晶体管-晶体管逻辑，电平标准为单端标准 Single -Ended
- Ttd：Transport Delay，传输延迟
- UART：Universal Asynchronous Receiver/Transmitter，通用异步收发器
- UIC：Universal Integrated Circuit，通用集成电路
- UVM：Universal Verification Methodology，通用验证方法学
- VCO：Voltage Controlled Oscillator，电压控制振荡器
- Verilog：Verilog HDL，Verilog 硬件描述语言
- VHDL：Very High – Speed Integrate Circuit Hardware Description Language，甚高速集成电路硬件描述语言
- VMM：Verification Methodology Manual，验证方法学
- VTT：Voltage and Temperature Tracking，电压温度跟踪

附录二　电路逻辑符号对照表

名　称		表 达 式	国际标准 IEEE Std 91—1984 IEEE Std 91a—1991	国家标准 GB/T 4728.12—2008
非	NOT	$B=\overline{A}$		
与	AND	$B=A_0 \cdot A_1 \cdot \cdots \cdot A_n$		
或	OR	$B=A_0 + A_1 + \cdots + A_n$		
与非	NAND	$B=\overline{A_0 \cdot A_1 \cdot \cdots \cdot A_n}$		
或非	NOR	$B=\overline{A_0 + A_1 + \cdots + A_n}$		
异或	XOR	$Y=A \cdot \overline{B} + \overline{A} \cdot B$		

附录三 代码模型框图/架构图绘制规则

名　称	本书约定绘制方式 AG	
本书采用的规则 AG(Architecture Graphic)	绘制特征	绘制例子
电路框图: 1. HDL 组件描述框图 2. HDL 局部部件框图 3. 目标硬件模型框图 4. 目标硬件架构图 5. 具有嵌套结构的代码模型框图	矩形框	a[7:0] → c_out → b[7:0] → rca8 sum[7:0] → c_in → H1
开节点模型: 1. 组合电路模型描述框图 2. 电平敏感模型框图 3. 零拍潜伏期模型框图 4. 有限自动机模型框图	边框宽度:细 边框颜色:黑	〈边框〉 颜色: 黑 宽度: 细
闭节点模型: 1. 单拍潜伏期同步逻辑模型框图 2. 单拍潜伏期的沿敏感模型框图	边框宽度:粗 边框颜色:黑	〈边框〉 颜色: 黑 宽度: 粗
多节点模型: 1. 多拍潜伏期同步逻辑模型框图 2. 多拍潜伏期的沿敏感模型框图 3. 不确定潜伏期的同步逻辑模型框图	边框宽度:粗 边框颜色:灰	〈边框〉 颜色: 灰 宽度: 粗
显式综合模型: 1. RTL 代码直接描述的电路模型 2. IP 代码描述的电路模型 3. 源语模型	边框类型:实线	〈边框〉 类型: 实线
隐式综合模型: 1. RTL 代码非直接描述的电路模型 2. 综合器额外生成的电路模型 3. 根据语法约定额外生成的模型	边框类型:虚线	〈边框〉 类型: 虚线
综合目的模型: 1. 用于综合目的的代码模型 2. 可转换为门级网表的 RTL 模型 3. 门级网表模型	填充类型:单色填充	〈边框〉 类型: 单色

名　称	本书约定绘制方式 AG	
本书采用的规则 AG(Architecture Graphic)	绘制特征	绘制例子
具有嵌套关系的模型： 1. 代码模型的嵌套 2. RTL 级的嵌套 3. 自上而下的层次结构	填充色： 当前层：WB：25% 上一层：WB：15% 上二层：WB：5% 大于二层：WB：0% 下一 层：WB：35% 小于一层：WB：50%	当前层
非综合目的模型： 1. 用于非综合目的代码模型 2. 仿真模型 3. 跨平台的数学分析模型	填充类型：网格填充	〈填充〉 类型：网格
单比特信号线 1. 代码中的宽度为 1 的 Net 信号 2. 代码中的宽度为 1 的 wire 和 reg 信号 3. 代码模型的单比特输出信号 4. 代码模型的单比特输入信号	线条宽度：细	〈线条〉 宽度：细　c_in
多比特信号线 1. 代码中的宽度大于 1 的 Net 信号 2. 代码中的宽度大于 1 的 wire 信号 3. 代码模型的多比特输出信号，输出总线 4. 代码模型的多比特输入信号，输入总线	线条宽度：粗	〈线条〉 宽度：粗　a[15:0]
信号级联省略线 1. 代码中的省略中间级模型的多级级联线 2. 电路中跨越多级省略子框图的级联线	线条类型：虚线	〈线条〉 宽度：虚线　c_in[0]
模型名： 1. HDL 显式模型的模型名 2. HDVL 语言中的实体 entity 名 3. Verilog HDL 语言中的 module 名 4. HDL 语言中的隐式模型名	字符： 大小写：全部小写 命名规则：ANSI 位置：矩形框中居首行	〈字符〉 大小写：小写 命名规则：ANSI　rca8 H1
实例名： 1. HDL 结构化编码中的实例名 2. HDL 验证中的验证模型实例名	字符： 大小写：全部大写 命名规则：ANSI 位置：矩形框中居第二行	〈字符〉 大小写：大写 命名规则：ANSI　rca8 H1

续表

名　称	本书约定绘制方式 AG	
本书采用的规则 AG(Architecture Graphic)	绘制特征	绘制例子
信号名： 1. HDL 语言中行为激励信号的信号名 2. HDL 语言中非行为激励信号的信号名 3. RTL 描述的信号名 4. Gate_Level 描述的信号名 5. 目标硬件和 IP 核中的信号名	字符： 大小写：全部小写 命名规则：ANSI 位置：线号线段上方	
常数和参数： 1. HDL 语言中的常数和参数名 2. VHDL 语言中的类属 generic 名 3. Verilog HDL 语言中的参数 parameter 名 4. IP 核中的参数名 5. 非综合目的模型中的常数名和参数名	字符： 大小写：全部大写 命名规则：ANSI 位置：矩形框括弧中	

注　意：

1. 代码模型框图和架构图是现代数字电路分析的重要依据，是节拍分析(同步离散信号分析)和时序分析(同步电路连续信号分析)的源头，是硬件实现和可综合编码(综合友好)的基础，是现代数字设计(同步信号分析、代码模型分析和可综合性分析)不可或缺的要素。

2. 国内，代码模型框图的绘制方法，暂时没有相应的国家标准。

3. 国外，代码模型框图的绘制方法，也暂时没有相对完整的国际标准。国外文献中 DFG (Data Flow Graphic)定义亦无法直接用于复杂的同步信号分析、代码模型分析和可综合性分析。